张红霞 程晓雷 孙传志 编著

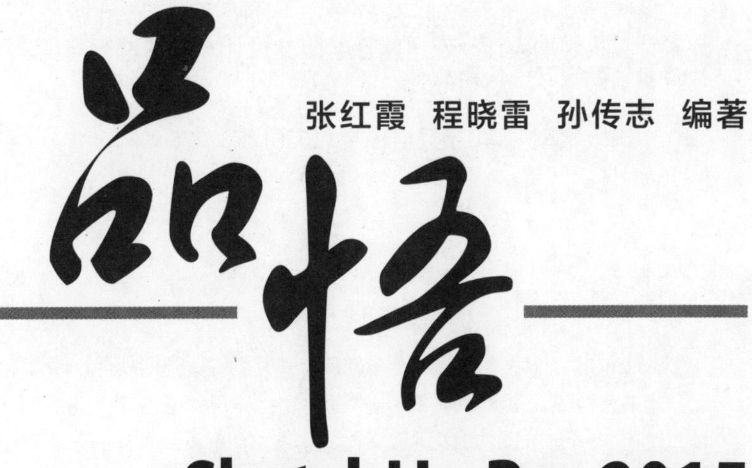

——SketchUp Pro 2015 建筑与园林景观设计

人民邮电出版社

北京

图书在版编目（CIP）数据

品悟 : SketchUp Pro 2015建筑与园林景观设计 / 张红霞，程晓雷，孙传志编著. -- 北京 : 人民邮电出版社，2016.3
ISBN 978-7-115-41581-3

Ⅰ. ①品… Ⅱ. ①张… ②程… ③孙… Ⅲ. ①建筑设计－计算机辅助设计－应用软件②园林设计－景观设计－计算机辅助设计－应用软件 Ⅳ. ①TU201.4②TU986.2

中国版本图书馆CIP数据核字(2016)第027764号

内容提要

SketchUp是一款直接面向设计过程而开发的三维绘图软件，易学易用、功能强大。

本书共18章，通过大量的专业实例，由浅入深、图文并茂地介绍了SketchUp Pro 2015的基本知识，以及使用SketchUp Pro 2015进行室内、建筑、园林景观设计的方法和技巧。

通过对本书的学习，读者不仅可以掌握SketchUp Pro 2015的软件操作技能，更能通过典型的应用实例体验到真实的设计，从而在工作中熟练应用SketchUp Pro 2015，提高工作效率。随书光盘提供了书中范例的源文件、素材文件，以及视频教学文件，供读者在学习本书的过程中调用、参考。

本书结构清晰、内容翔实，可以作为高校建筑学、城市规划、环境艺术、园林景观及产品造型等专业的学生学习SketchUp的专业教材，也可以作为建筑设计、园林设计、规划设计行业的从业人员的自学参考书。

◆ 编　　著　张红霞　程晓雷　孙传志
　责任编辑　李永涛
　责任印制　杨林杰
◆ 人民邮电出版社出版发行　　北京市丰台区成寿寺路11号
　邮编　100164　　电子邮件　315@ptpress.com.cn
　网址　http://www.ptpress.com.cn
　北京天宇星印刷厂印刷
◆ 开本：787×1092　1/16
　印张：41
　字数：1 029千字　　2016年3月第1版
　印数：1－2 000册　　2016年3月北京第1次印刷

定价：168.00元（附光盘）

读者服务热线：(010)81055410　印装质量热线：(010)81055316
反盗版热线：(010)81055315

关于本书

SketchUp是直接面向设计过程而开发的三维绘图软件，并且有一个响亮的中文名字：设计大师！它可以快速和方便地对三维创意进行创建、观察和修改。传统铅笔草图的优雅自如，现代数字科技的速度与弹性，通过SketchUp得到了完美结合，它可以算得上是电子设计中的“铅笔”。

目前，在实际工作中，多数设计师无法直接在电脑里进行构思并及时与业主交流，只好以手绘草图为主，原因很简单：几乎所有软件的建模速度都跟不上设计师的思路，SketchUp的诞生解决了这一难题；SketchUp是一款适合于设计师使用的软件，它操作简单，可以让用户专注于设计本身；它能让设计师的设计工作事半功倍！它能让设计师的设计构思和表达完美地结合起来。

有至理名言曰:“万丈高楼平地起”，我们只有学好基础知识，并多加练习，才能逐渐成长为设计高手。

内容和特点

本书主要针对SketchUp Pro 2015软件进行讲解，图文并茂，注重基础知识，删繁就简，贴近工程实际，把建筑设计、园林景观和室内设计等专业基础知识和软件操作技巧有机地融合到各个章节中。

全书共分为18章，按照从软件基础建模到行业设计，由基本知识到实战案例的顺序进行编排。书中包含大量实例，供读者巩固练习之用，各章主要内容介绍如下。

- 第1章：介绍了SketchUp Pro 2015软件的基础知识，还包括环境艺术的内容、SketchUp与环艺设计之间的联系，并以一个园林景观亭的案例进行入门训练，带领读者进入SketchUp的世界。
- 第2章：本章主要讲解了SketchUp Pro 2015中文版安装和组件安装，以及认识SketchUp工作界面，最后还以一个快速入门案例带大家进入SketchUp世界。通过学习，读者可以快速熟悉SketchUp软件，为下一章学习打下良好的基础。
- 第3章：本章我们将会学习到SketchUp高级绘图设置，主要是菜单栏中窗口下的一些命令，包括材质、组件、群组、样式、图层、场景、雾化和柔化边线、照片匹配和模型信息命令，知识点丰富，且非常重要，希望读者认真学习并能尽快掌握。
- 第4章：本章主要介绍SketchUp的辅助设计功能，其主要作用是对模型进行不同的编辑操作，并与实例进行结合，内容丰富且非常重要，希望读者认真学习。SketchUp辅助设计工具包括主要工具、建筑施工工具、测量工具、镜头工具、漫游工具、截面工具、视图工具、样式工具和构造工具等。
- 第5章：本章主要学习SketchUp基本绘图功能，介绍了如何利用绘图工具制作不同的模型，利用编辑工具对模型进行不同的编辑，其次讲解了实体工具和沙盒工具，最终补充讲解了如何在线搜索模型和组件，希望读者能认真学习并能迅速掌握。

- 第6章：本章主要介绍Google地球免费版。谷歌地球（Google Earth，GE）是一款Goolge公司开发的虚拟地球仪软件，Google地球分为免费版与专业版两种。
- 第7章：本章主要介绍SketchUp材质。材质组成大致包括：颜色、纹理、贴图、漫反射和光泽度、反射与折射、透明与半透明、自发光。材质在SketchUp中应用广泛，它可以将一个普通的模型添加上丰富多彩的材质，使模型展现得更生动。
- 第8章：本章主要介绍SketchUp插件，它的作用是配合SketchUp程序使用。当需要做某一特定功能时，插件能做较为复杂的模型，让设计师的工作效率大大提高。
- 第9章：本章将介绍渲染知识，这里主要介绍V-Ray for SketchUp 2015渲染器和Artlantis 5渲染器。这两个渲染器能与SketchUp完美地结合，渲染出高质量的图片效果。
- 第10章：本章主要介绍SketchUp中常见的建筑、园林、景观小品的设计方法，并以真实的设计图来表现模型在日常生活中的应用。
- 第11章：介绍了SketchUp在地形场景中的应用。
- 第12章：介绍了如何将CAD图纸导入SketchUp中创建建筑规划模型。
- 第13章：通过两种不同的方法在SketchUp中创建住宅楼。
- 第14章：介绍了在SketchUp中如何创建乡村农舍模型。
- 第15章：介绍了如何在SketchUp中对一个公园创建园林设计。
- 第16章：介绍了如何利用SketchUp进行室内装修设计，创建一个现代温馨的客厅效果。
- 第17章：介绍了如何在SketchUp中创建一个现代的庭院景观模型。
- 第18章：介绍了SketchUp在城市规划设计中的应用。

本书以精辟的功能命令解说+完全实战的方法，将SketchUp Pro 2015软件的全新学习方法一览无余地奉献给读者。

书中精心安排了几十个具有针对性的实例，不仅可以帮助读者轻松掌握软件的使用方法，应对建筑外观设计、园林景观设计、室内装修设计等实际工作的需要，更能使读者通过典型的应用实例体验真实的设计过程，从而提高工作效率。

读者对象

本书可以作为各高校建筑学、城市规划、环境艺术、园林景观及产品造型等专业的学生学习SketchUp的专业教材，也可以作为建筑设计、园林设计、规划设计行业从业人员的自学参考书。

附盘内容

本书所附光盘内容分为3部分，简要介绍如下。

1．源文件及素材文件

本书所有实例所用到的源文件及素材文件都按章收录在附盘的“源文件”文件夹中，读者可以调用和参考这些文件。

2．结果文件及效果图文件

本书所有实例的结果文件及相关的效果图文件都按章收录在附盘的“结果文件”文件夹中，读者可以调用和参考这些文件。

3．视频文件

本书所有实例的操作过程都录制成了“.wmv”动画文件，并按章收录在附盘的“视频”文件夹中。

注意：播放动画文件前要安装配套光盘根目录下的“tscc.exe”插件。

作者信息

本书主要由“设计之门”的张红霞与大连财经学院的程晓雷、孙传志编写，参与编写的还有陈旭、黄成、孙占臣、罗凯、刘金刚、王俊新、董文洋、张学颖、鞠成伟、杨春兰、刘永玉、金大玮，王全景、马萌、高长银、戚彬、张庆余、赵光、刘纪宝、王岩、郝庆波、任军、秦琳晶、李勇、闫伍平、李华斌等，他们为本书提供了大量的实例和素材，在此诚表谢意。

感谢您选择了本书，希望我们的努力对您的工作和学习有所帮助。由于作者水平有限，加之时间仓促，书中不足和错误在所难免，恳请各位朋友和专家批评指正！

电子函件：shejizhimen@163.com（作者），liyongtao@ptpress.com.cn（责任编辑）。

设计之门

2016年2月

目录 CONTENTS

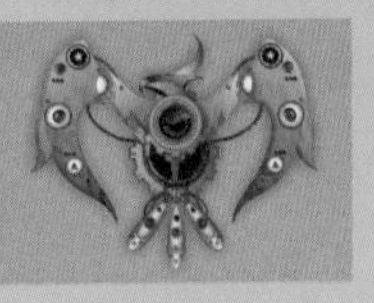

第1章 SketchUp Pro 2015与环境艺术 1

1.1 SketchUp Pro 2015概述 1

1.1.1 SketchUp Pro 2015的特点 1

1.1.2 SketchUp系统需求 3

1.1.3 SketchUp版本界面 4

1.2 环境艺术概述 5

1.2.1 环境艺术的定义 5

1.2.2 环境艺术发展方向 5

1.3 SketchUp与环艺设计 5

1.3.1 建筑设计 6

1.3.2 城市规划 6

1.3.3 室内设计 6

1.3.4 景观设计 7

1.3.5 园林设计 7

1.4 入门案例——园林小品“亭”的设计 8

1.5 本章小结 11

第2章 学习SketchUp关键的第一步 12

2.1 SketchUp Pro 2015中文版安装 12

2.2 认识SketchUp Pro 2015工作界面 14

2.2.1 启动主界面 14

2.2.2 主界面介绍 15

2.3 SketchUp视图操作 18

2.3.1 切换视图 18

2.3.2 环绕观察 20

2.3.3 平移和缩放 20

2.4 SketchUp对象选择 21

2.4.1 一般选择 21

2.4.2 窗选与窗交 23

2.5 基本绘图配置 24

2.5.1 模型信息设置 24

2.5.2 图层设置 26

2.6 案例——室内家具设计 28

2.7 本章小结 32

第3章 SketchUp高级绘图设置 33

3.1 组件设置 33

3.2 群组设置 36

3.3 材质设置 38

3.4 样式设置 40

3.5 雾化设置 47

3.6 柔化边线设置 50

3.7 场景设置 52

3.8 照片匹配 60

3.9 本章小结 62

第4章 SketchUp辅助设计工具 63
4.1 主要工具 63
4.1.1 选择工具 63
4.1.2 制作组件工具 65
4.1.3 油漆桶工具 65
4.1.4 擦除工具 66
4.2 阴影工具 67
4.3 建筑施工工具 69
4.3.1 卷尺工具 69
4.3.2 尺寸工具 71
4.3.3 量角器工具 73
4.3.4 文本标注工具 74
4.3.5 轴工具 76
4.3.6 三维文本工具 78
4.4 镜头工具 79
4.4.1 环绕工具 80
4.4.2 平移工具 81
4.4.3 缩放工具 81
4.5 漫游工具 82
4.5.1 定位镜头工具 82
4.5.2 正面观察工具 83
4.5.3 漫游工具 84
4.6 截面工具 85
4.7 视图工具 86
4.8 样式工具 87
4.9 构造工具 89
4.9.1 卷尺工具 89
4.9.2 尺寸工具 90
4.9.3 量角器工具 91
4.9.4 测量角度 91
4.9.5 文本标注工具 92
4.9.6 轴工具 94
4.9.7 三维文本工具 95
4.10 案例——填充房屋材质 95
4.11 本章小结 98

第5章 SketchUp绘图工具 99
5.1 基本绘图工具 99
5.1.1 线条工具 99
5.1.2 矩形工具 101
5.1.3 圆形工具 103
5.1.4 圆弧工具 104
5.1.5 徒手画工具 104
5.1.6 多边形工具 105
5.2 修改工具 107
5.2.1 移动工具 107
5.2.2 推/拉工具 109
5.2.3 旋转工具 110
5.2.4 跟随路径工具 112
5.2.5 拉伸工具 114
5.2.6 偏移复制工具 115
5.3 实体工具 121
5.3.1 外壳工具 121
5.3.2 相交工具 122
5.3.3 并集工具 122
5.3.4 去除工具 123
5.3.5 修剪工具 124
5.3.6 拆分工具 124
5.4 沙盒工具 128
5.4.1 启用沙盒工具 128
5.4.2 等高线创建工具 128
5.4.3 网格创建工具 129
5.4.4 曲面拉伸工具 130
5.4.5 曲面平整工具 131
5.4.6 曲面投射工具 131
5.4.7 添加细部工具 133
5.4.8 翻转边线工具 133
5.5 运用3D模型库 134
5.6 添加组件模型 136
5.7 综合案例 138
5.8 本章小结 150

第6章 巧用Google地球 152
6.1 Google Earth简介 152
6.2 Google Earth安装 153
6.3 Google Earth主界面 154

6.3.1 搜索栏......155
6.3.2 添加地标......155
6.3.3 图层视窗......156
6.3.4 导航控制栏......157
6.4 在Google地球中预览......157
6.5 案例——利用Google Earth绘制地形图......160
6.6 本章小结......164

第7章 材质与贴图......165
7.1 使用材质......165
7.1.1 导入材质......165
7.1.2 材质生成器......166
7.1.3 材质应用......167
7.2 材质贴图......169
7.2.1 “锁定别针”模式......169
7.2.2 “自由别针”模式......170
7.2.3 贴图技法......170
7.3 材质与贴图应用案例......176
7.4 本章小结......194

第8章 SketchUp插件应用技巧......195
8.1 SketchUp Pro 2015扩展插件商店......195
8.2 SketchUp Pro 2015中文插件......203
8.2.1 安装插件方法一......203
8.2.2 安装插件方法二......205
8.3 建筑插件及其应用......206
8.4 细分/光滑插件及其应用......215
8.5 倒角插件及其应用......222
8.6 组合表面推拉插件及其应用......224
8.7 本章小结......228

第9章 SketchUp效果图的高级渲染和后期处理......229
9.1 V-Ray渲染器......229
9.1.1 V-Ray简介......229
9.1.2 V-Ray for SketchUp Pro 2015的安装......230
9.1.3 V-Ray for SketchUp工具栏......232
9.2 Artlantis渲染器......273
9.2.1 Artlantis与V-Ray的区别......273
9.2.2 Artlantis的操作流程......274
9.2.3 Artlantis工具介绍......274
9.2.4 Artlantis渲染器的安装......274
9.3 本章小结......297

第10章 建筑/园林/景观小品的设计......298
10.1 建筑单体设计......298
10.2 园林水景设计......306
10.3 园林植物造景设计......316
10.4 园林景观照明小品设计......341
10.5 园林景观设施小品设计......349
10.6 园林景观提示牌设计......365
10.7 本章小结......375

第11章 地形场景设计......376
11.1 地形在景观中的应用......376
11.1.1 景观结构作用......376
11.1.2 美学造景......376
11.1.3 工程辅助作用......377
11.2 地形工具......377
11.2.1 等高线创建工具......378
11.2.2 网格创建工具......379
11.2.3 曲面拉伸工具......379
11.2.4 曲面平整工具......380
11.2.5 曲面投射工具......380
11.2.6 添加细部工具......381
11.2.7 翻转边线工具......382
11.3 创建地形......382
11.4 本章小结......390

第12章 规划建筑模型设计......391
12.1 某公司建筑楼规划案例......391
12.1.1 设计解析......391
12.1.2 方案实施......392

12.1.3 建模流程......395
12.1.4 导入组件......413
12.1.5 添加场景页面......415
12.1.6 导出图像......417
12.1.7 后期处理......418
12.2 某工业厂区规划案例......427
12.2.1 设计解析......427
12.2.2 方案实施......429
12.2.3 建模流程......430
12.2.4 填充材质......441
12.2.5 导入组件......443
12.2.6 添加场景......443
12.2.7 后期处理......445
12.3 本章小结......449

第13章 住宅规划设计......450

13.1 住宅小区建模......450
13.1.1 设计解析......450
13.1.2 方案实施......451
13.1.3 建模流程......454
13.1.4 添加场景页面......469
13.1.5 导出图像......471
13.1.6 后期处理......473
13.2 单体住宅楼建模......482
13.2.1 设计解析......482
13.2.2 建模流程......483
13.2.3 添加场景及渲染......495
13.2.4 后期处理......496
13.3 本章小结......498

第14章 乡村简约农舍设计......499

14.1 设计解析......499
14.2 方案实施......500
14.2.1 整理CAD图纸......500
14.2.2 导入图纸......501
14.2.3 创建图层......503
14.2.4 调整图纸......504
14.3 建模流程......504
14.3.1 创建房屋结构......504
14.3.2 创建屋顶......506
14.3.3 完善模型......508
14.3.4 填充材质......509
14.3.5 导入组件......510
14.3.6 添加场景......511
14.4 渲染设计......513
14.5 后期处理......520
14.6 本章小结......524

第15章 公园园林设计......525

15.1 设计解析......525
15.2 方案实施......526
15.2.1 整理CAD图纸......526
15.2.2 导入图纸......527
15.3 建模流程......529
15.3.1 创建其他模型......529
15.3.2 创建古典亭......531
15.3.3 创建花架......536
15.3.4 填充材质......538
15.3.5 导入组件......541
15.3.6 添加场景页面......542
15.4 渲染设计......543
15.5 后期处理......551
15.6 本章小结......555

第16章 现代室内装修设计......556

16.1 设计解析......556
16.2 方案实施......557
16.2.1 整理CAD图纸......557
16.2.2 导入图纸......558
16.3 建模流程......559
16.3.1 创建室内空间......559
16.3.2 绘制装饰墙......560
16.3.3 绘制阳台......562
16.3.4 填充材质......563
16.3.5 导入组件......566
16.3.6 添加场景页面......568

16.4 渲染设计 569
16.5 后期处理 577
16.6 本章小结 581

第17章 庭院景观设计 582

17.1 私人住宅庭院景观 582
17.1.1 设计解析 582
17.1.2 方案实施 583
17.1.3 建模流程 585
17.1.4 填充材质 588
17.1.5 导入组件 590
17.1.6 添加场景页面 591
17.1.7 渲染模型 594
17.1.8 后期处理 600
17.2 单位庭院小景 606
17.2.1 设计解析 606
17.2.2 方案实施 607
17.2.3 建模流程 608
17.2.4 填充材质 612
17.2.5 添加场景及渲染 614
17.2.6 后期处理 615
17.3 本章小结 618

第18章 城市街道规划设计 619

18.1 设计解析 619
18.2 方案实施 620
18.2.1 整理CAD图纸 620
18.2.2 导入图纸 621
18.3 建模流程 622
18.3.1 创建斑马线 622
18.3.2 创建马路贴图 623
18.3.3 创建人行铺砖 624
18.3.4 创建绿化带 625
18.3.5 导入组件 625
18.3.6 添加场景页面 627
18.3.7 导出图像 628
18.3.8 后期处理 631
18.4 本章小结 642

第1章
SketchUp Pro 2015与环境艺术

本章主要介绍SketchUp Pro 2015软件基础知识、环境艺术概述及环艺设计，带领大家快速进入SketchUp的世界。

1.1 SketchUp Pro 2015概述

SketchUp最初是由@Last Software公司开发而成的，后来该公司被Google公司收购，所以SketchUp又被称为Google SketchUp。SketchUp是一套直接面向设计方案创作过程的设计工具，其创作过程不仅能够充分表达设计师的思想，而且完全能够满足与客户即时交流的需要。它使得设计师可以直接在电脑上进行十分直观的构思，是三维建筑设计方案创作的优秀工具。SketchUp是一款极受欢迎并且易于使用的3D设计软件，官方网站将它比喻为电子设计中的“铅笔”。

SketchUp的开发公司@Last Software成立于2000年，规模虽小，却以SketchUp闻名，在2006年3月15日被Google收购，所以又称为Google SketchUp。Google收购SketchUp是为了增强Google Earth的功能，让使用者可以利用SketchUp建造3D模型，并放入Google Earth中，使得Google Earth所呈现的地图更具立体感，更接近真实世界。使用者更可以透过一个名叫Google 3D Warehouse的网站，寻找与分享各式各样利用SketchUp建造的3D模型。

目前Google已将SketchUp Pro出售给TrimbleNavigation。今天给大家分享的是目前最新的SketchUp Pro 2015中文版，SketchUp Pro 2015改进了大模型的显示速度（LayOut中的矢量渲染速度提升了10倍多），并有更强的阴影效果。

图1-1所示为SketchUp Pro 2015建立的大型3D场景模型。

图1-2所示为SketchUp Pro 2015渲染的建筑室内设计模型。

图1-1

图1-2

1.1.1 SketchUp Pro 2015的特点

一、一如既往的简洁操作界面

SketchUp Pro 2015的界面一如既往地沿袭了SketchUp 8的简洁界面，所有功能都可以通过界面菜单与工具按钮在操作界面内完成。对于初学者来说，可以很快上手；对于成熟的设计师来说，不用再受软件复杂的操作束缚，而可以专心于设计。图1-3所示为SketchUp 2015 Pro向导界面，图1-4所示为操作界面。

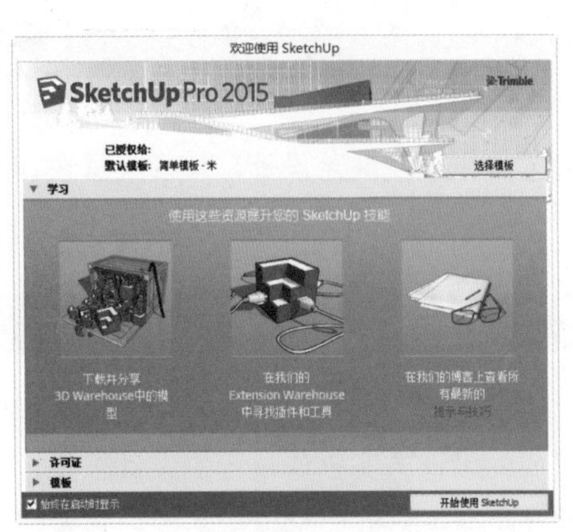

图1-3

图1-4

二、直观的显示效果

在使用SketchUp进行设计创作时，可以实现“所见即所得”，即在设计过程中的任何阶段，都可以以三维成品的方式展示在眼前，并能以不同的风格显示，因此，设计师在进行项目创作时，可以与客户直接进行交流。图1-5和图1-6所示为创作模型显示的不同风格。

图1-5

图1-6

三、全面的软件支持与互换

SketchUp不但能在模型建立上满足建筑制图高精度的要求，还能完美地结合V-Ray、Artlantis渲染器，渲染出高质量的效果图。它还能与AutoCAD、Revit、3ds Max、Piranesi等软件结合使用，快速导入和导出DWG、DXF、JPG、3DS格式文件，实现方案构思、效果图与施工图绘制的完美结合。图1-7所示为V-Ray渲染效果，图1-8所示为Piranesi彩绘效果。

图1-7

图1-8

四、强大的推拉功能

其方便的推拉功能，能让设计师将一个二维平面图快速方便地生成3D几何体，无需进行复杂的三维建模。图1-9所示为二维平面，图1-10所示为三维模型。

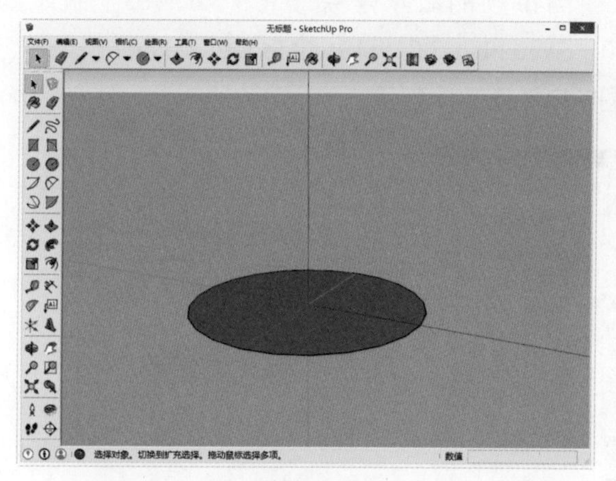

图1-9

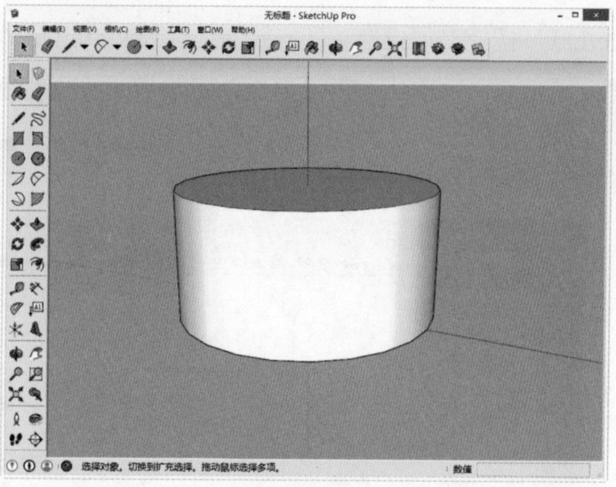

图1-10

五、自主的二次开发功能

SketchUp可以通过Ruby语言自主性开发一些插件，全面提升了SketchUp的使用效率。图1-11所示为建筑插件，图1-12所示为细分/光滑插件。

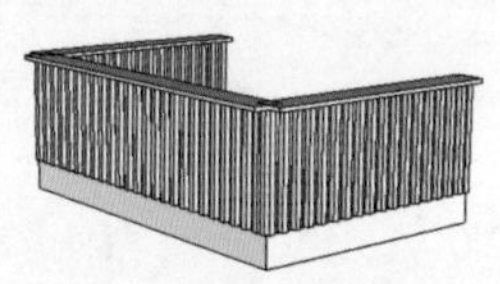

图1-11

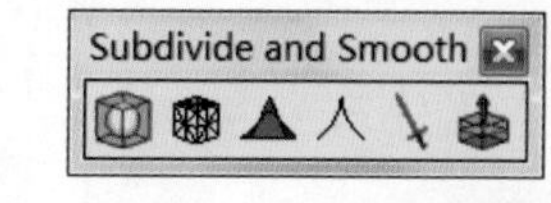

图1-12

1.1.2 SketchUp系统需求

和许多计算机程序一样，需要满足特定的硬件和软件要求，才能安装和运行 SketchUp，推荐配置如下。

一、软件配置

- Windows/7/8/10。
- IE 8.0 或更高版本。
- .NET Framework 4.0 或更高版本。

SketchUp 可在 64 位版本的 Windows 上运行，但会作为 32 位应用程序运行。

二、硬件配置

- 2GHz 以上的处理器。
- 2GB 以上的内存。
- 500MB 的可用硬盘空间。
- 512MB 以上的 3D 显卡，请确保显卡驱动程序支持 OpenGL 1.5 或更高版本。
- 三键滚轮鼠标。

● 某些 SketchUp 功能需要有效的互联网连接。

1.1.3 SketchUp版本界面

SketchUp版本的更新速度很快，真正进入中国市场的版本是SketchUp 3.0。每个版本的SketchUp初始界面都会有一定变化，SketchUp 4.0、SketchUp 5.0、SketchUp 6.0、SketchUp 7.0、SketchUp 8.0、SketchUp 2015的初始界面分别如图1-13～图1-18所示。

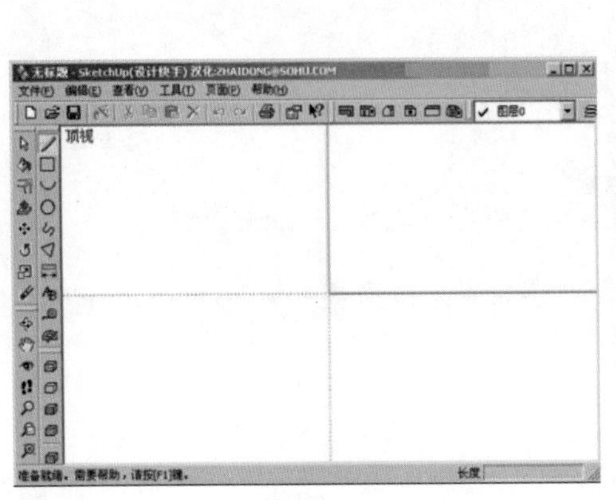

图1-13

图1-14

图1-15

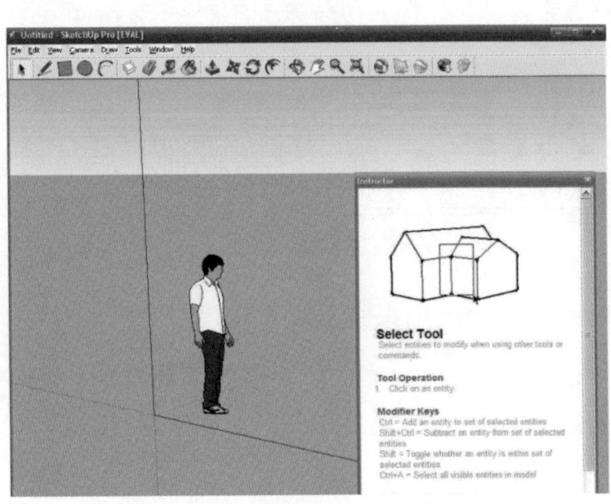

图1-16

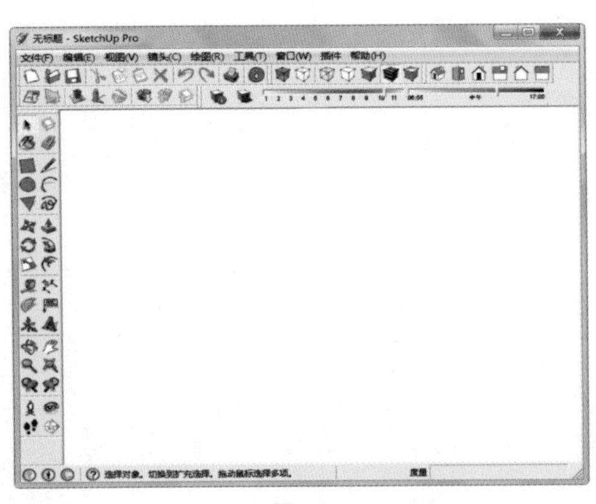

图1-17

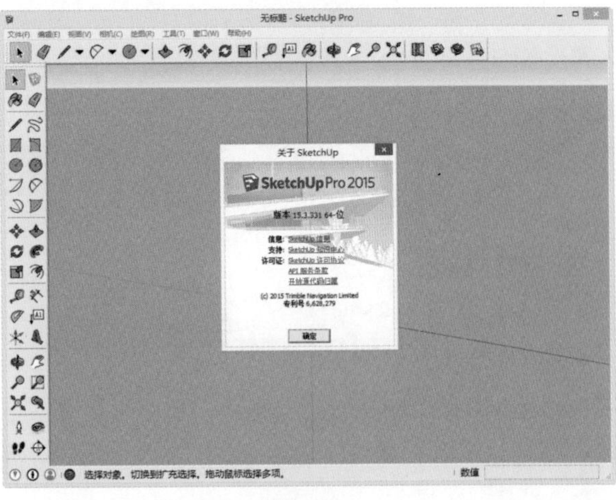

图1-18

1.2 环境艺术概述

环境艺术（简称环艺）是绿色的艺术与科学，是创造和谐与持久的艺术与科学。城市规划、建筑设计、室内设计、园林景观设计，以及城雕、壁画、建筑园林景观小品等都属于环境艺术范畴。

1.2.1 环境艺术的定义

环境艺术（Environmental Art）又被称为环境设计（Environmental Design），是一个尚在发展中的学科，目前还没有形成完整的理论体系。关于它的学科对象研究和设计的理论范畴及工作范围，包括定义的界定都没有比较统一的认识和说法。

著名环境艺术理论家多伯（RichardP·Dober）说："环境艺术作为一种艺术，它比建筑艺术更巨大，比规划更广泛，比工程更富有感情。这是一种重实效的艺术，早已被传统所瞩目的艺术。环境艺术的实践与人影响其周围环境功能的能力、赋予环境视觉次序的能力及提高人类居住环境质量和装饰水平的能力是紧密地联系在一起的"。多伯对环境艺术的定义，是迄今为止笔者所见到的、具有权威性、比较全面、比较准确的定义。虽然他说这只是从艺术角度讲的，但是它已经远远超出了过去门类艺术的陈腐观念。该定义指出，环境艺术范围广泛，历史悠久，不仅具有一般的视觉艺术特征，还具有科学、技术、工程特征。在多伯定义的基础上，我们将环境艺术的定义概括为：环境艺术是人与周围的人类居住环境相互作用的艺术。图1-19和图1-20所示为环境艺术效果。

图1-19

图1-20

1.2.2 环境艺术发展方向

环境艺术主要分两个方向：一是室内装潢设计，二是室外景观设计。可以说这两个专业的就业方向都是非常广阔的，主要原因是随着我国经济特别是房地产行业的迅速发展，无论是室内装潢还是室外景观设计，都需要大量的人才。从过去的房屋设计到现在的室外设计、广场设计、园林设计、街道设计、景观设计、城市道路桥梁设计等，都可以看出该专业的发展速度之快。同时，随着人们生活水平的提高，设计也由过去偏重于硬件设施环境的设计，转变为今天重视人的生理、行为、心理环境创造等更广泛和更深意义的理解，其除了美观外，还要有艺术性、欣赏性、创造联想性等。

1.3 SketchUp与环艺设计

SketchUp是一款直观面向设计师，注重设计创作过程的软件，全球很多建筑工程企业和大学几乎都会使用它来进行创作。SketchUp与环艺设计两者紧密联系，使原本单一的设计变得丰富多彩，能产生很多意想不到的设计效果。如在建筑设计、城市规划、室内设计、景观设计、园林设计中，都体现了环艺设计的作用。

1.3.1 建筑设计

建筑设计，指在建筑物建造之前，设计者按照建设任务，把施工过程中所存在的或可能发生的问题，事先做好设想，拟定好解决这些问题的办法、方案，用图纸和文件表达出来，并使建成的建筑物能充分地满足使用者和广大社会所期望的各种要求。总之，建筑设计是一种需要有预见性的工作，要预见到可能发生的各种问题。

SketchUp主要运用在建筑设计的方案阶段，在这个阶段需要建立一个大致模型，然后通过这个模型来看出建筑体量、尺度、材质、空间等一些细节的构造。

图1-21和图1-22所示为利用SketchUp建立的建筑模型。

图1-21

图1-22

1.3.2 城市规划

城市规划，指研究城市的未来发展、城市的合理布局和综合安排城市各项工程建设的综合部署，是一定时期内城市发展的蓝图。SketchUp可以设置特定的经纬度和时间，模拟出城市规划中的环境、场景配置，并赋予环境真实的日照效果。

图1-23和图1-24所示为利用SketchUp建立的规划模型。

图1-23

图1-24

1.3.3 室内设计

室内设计，是指为满足一定的建造目的而进行的准备工作，对现有的建筑物内部空间进行深加工的增值准备工作，从而创造功能合理、舒适优美、满足人们物质和精神生活需要的室内环境。

SketchUp在室内设计中的应用范围越来越广，能快速地制作出室内三维效果图，如室内场景、室内家具建模等。

图1-25和图1-26所示为利用SketchUp建立的室内设计模型。

图1-25

图1-26

1.3.4 景观设计

景观设计是一门建立在广泛的自然科学和人文与艺术学科基础上的应用学科，主要是指对土地及土地上的空间和物体的设计，把人类向往的大自然表现出来。

SketchUp在景观设计中，有构建地形高差方面直观的效果，而且有大量丰富的景观素材和材质库，在这个领域应用最为普遍。

图1-27和图1-28所示为利用SketchUp创建的景观模型。

图1-27

图1-28

1.3.5 园林设计

园林设计是一门研究如何应用艺术和技术手段处理自然、建筑和人类活动之间复杂关系，达到和谐完美、生态良好、景色如画之境界的一门学科。它包括的范围很广，如庭园、宅园、小游园、花园、公园及城市街区等。其中公园设计内容比较全面，具有园林设计的典型性。

SketchUp在园林设计中起到非常有价值的作用，有大量丰富的组件提供给设计师，一定程度上提高了设计的工作效率和成果质量。

图1-29和图1-30所示为利用SketchUp创建的园林模型。

图1-29

图1-30

1.4 入门案例——园林小品“亭”的设计

本节以一个制作园林景观亭的入门训练为例，带读者慢慢进入SketchUp的世界，这样就算是一个初学者，也能很快地根据操作步骤顺利完成这个案例，并能快速熟悉SketchUp工具。图1-31所示为效果图。

图1-31

结果文件：\Ch01\亭子.skp

视频文件：\Ch01\亭子.wmv

1．单击【多边形】按钮，创建一个八边形，如图1-32所示。

2．单击【圆弧】按钮，绘制圆弧，形成的截面如图1-33、图1-34和图1-35所示。

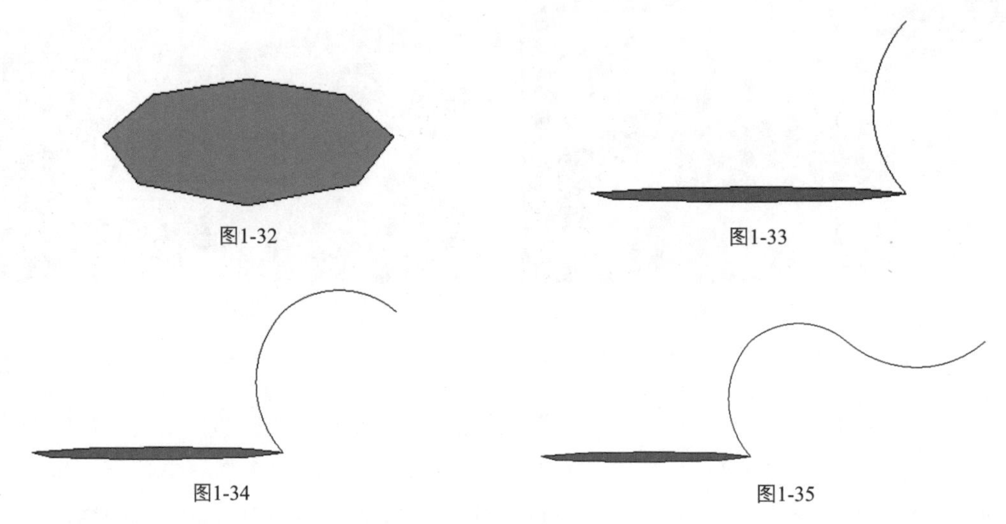

图1-32　图1-33

图1-34　图1-35

3．继续绘制圆弧，如图1-36、图1-37和图1-38所示。

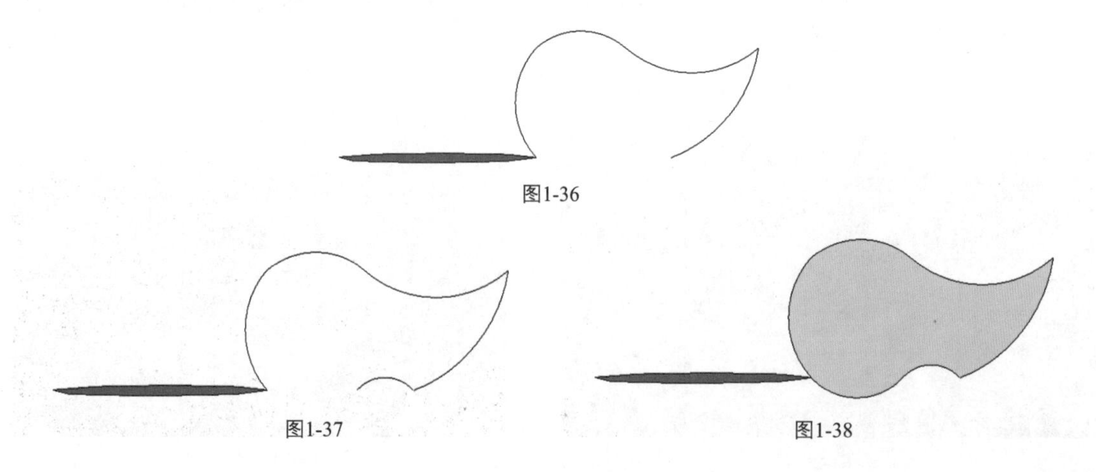

图1-36

图1-37　图1-38

4. 选择多边形面，再单击【跟随路径】按钮，最后选择截面，如图1-39和图1-40所示。

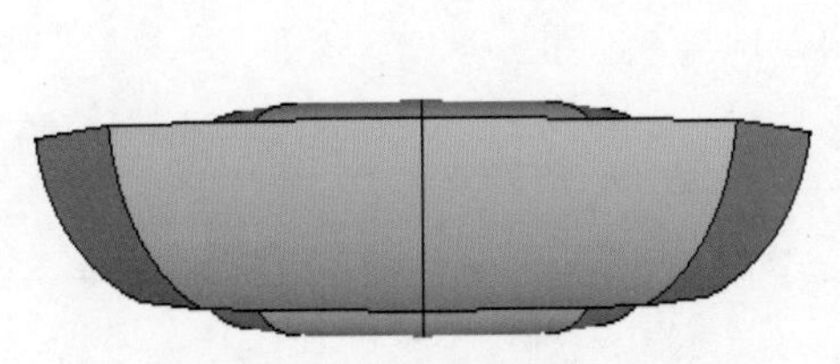
图1-39

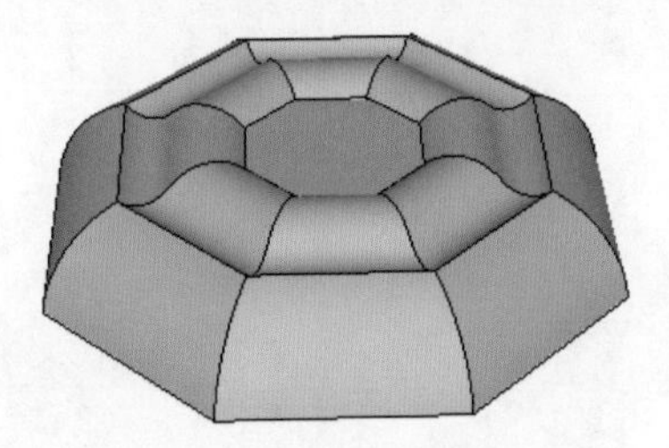
图1-40

5. 单击【推/拉】按钮，拉出一定距离，如图1-41所示。

6. 单击【拉伸】按钮，进行自由缩放，如图1-42和图1-43所示。

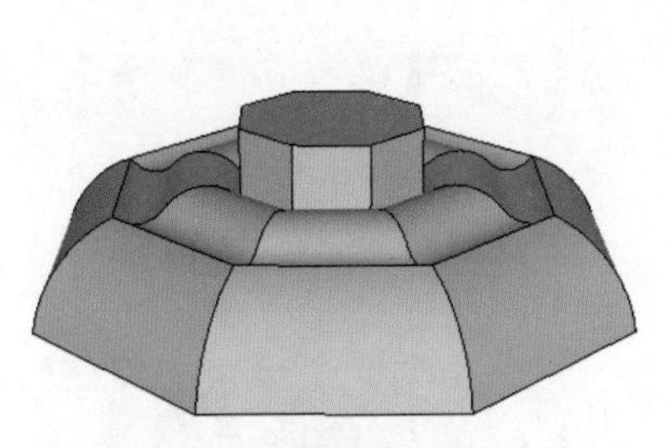
图1-41

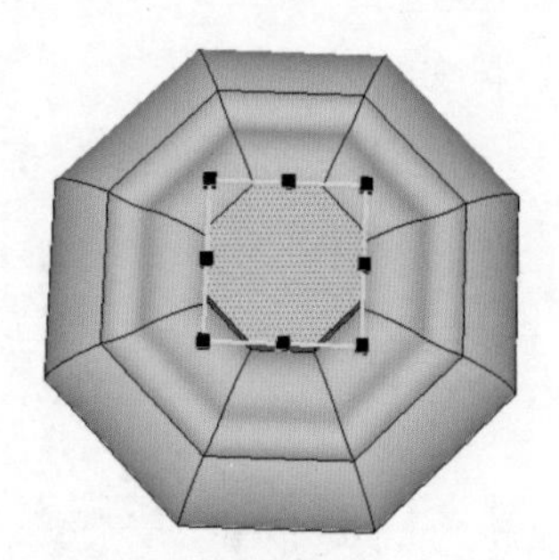
图1-42

7. 绘制一个圆球放置到顶上，如图1-44所示。

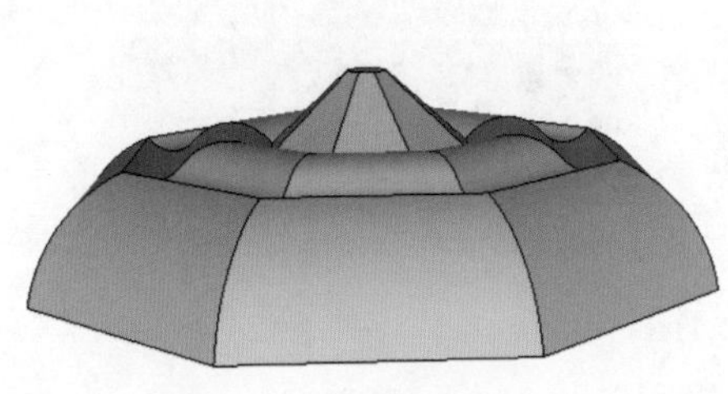
图1-43

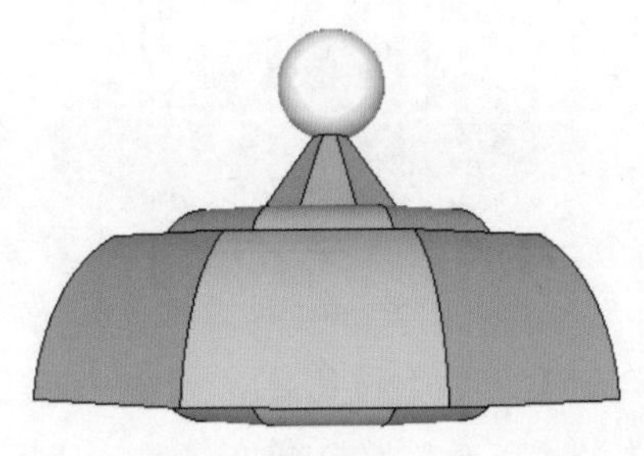
图1-44

8. 单击【线条】按钮，封闭面，单击【偏移】按钮，偏移复制面，如图1-45和图1-46所示。

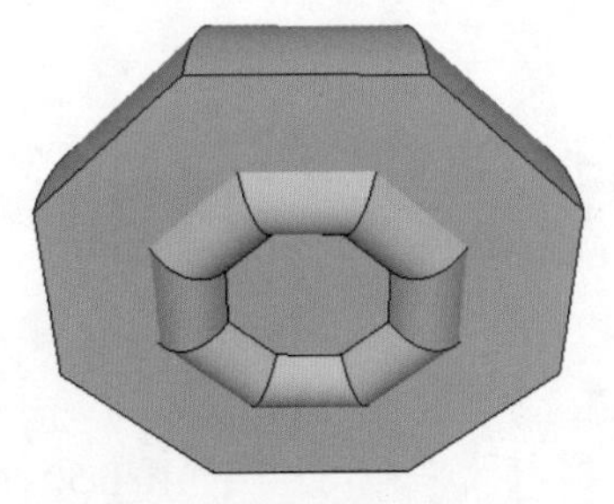
图1-45

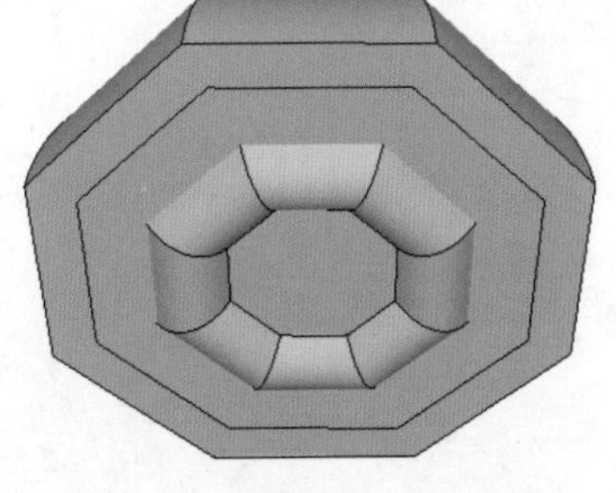
图1-46

9. 将多余的面删除，如图1-47所示。

10. 单击【圆】按钮，绘制圆面，然后单击【推/拉】按钮，拉伸一定距离，如图1-48和图1-49所示。

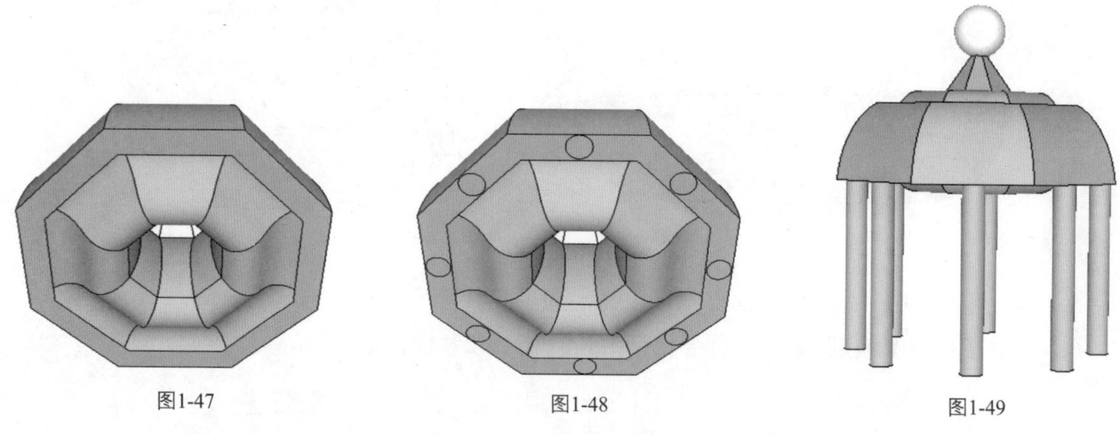

图1-47　图1-48　图1-49

11. 单击【圆】按钮，绘制圆，然后单击【偏移】按钮，向里偏移复制，如图1-50和图1-51所示。

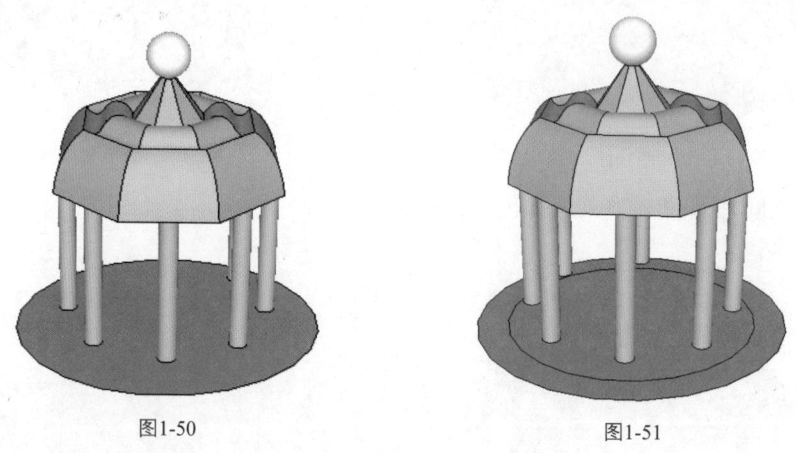

图1-50　图1-51

12. 单击【推/拉】按钮，拉出一定距离，如图1-52所示。
13. 单击【矩形】按钮和【推/拉】按钮，推拉出一个矩形草坪，如图1-53所示。

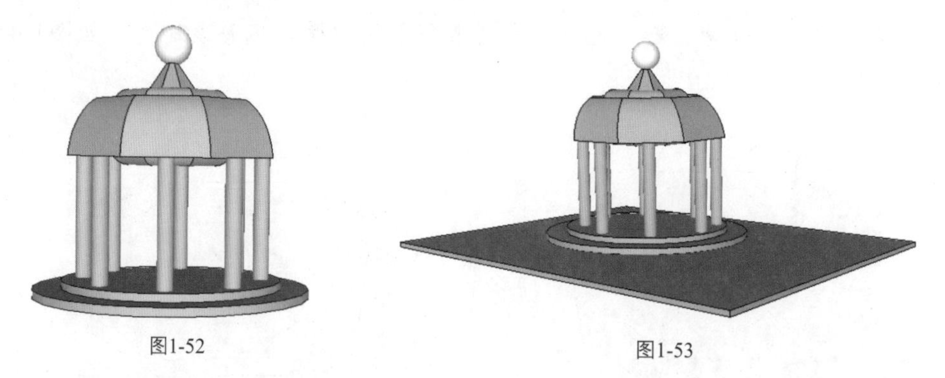

图1-52　图1-53

14. 填充适合的材质，导入人物、植物组件作为装饰，效果如图1-54和图1-55所示。
15. 选择【窗口】/【场景】命令，为园林景观亭创建一个场景页面，并显示其阴影效果，如图1-56和图1-57所示。

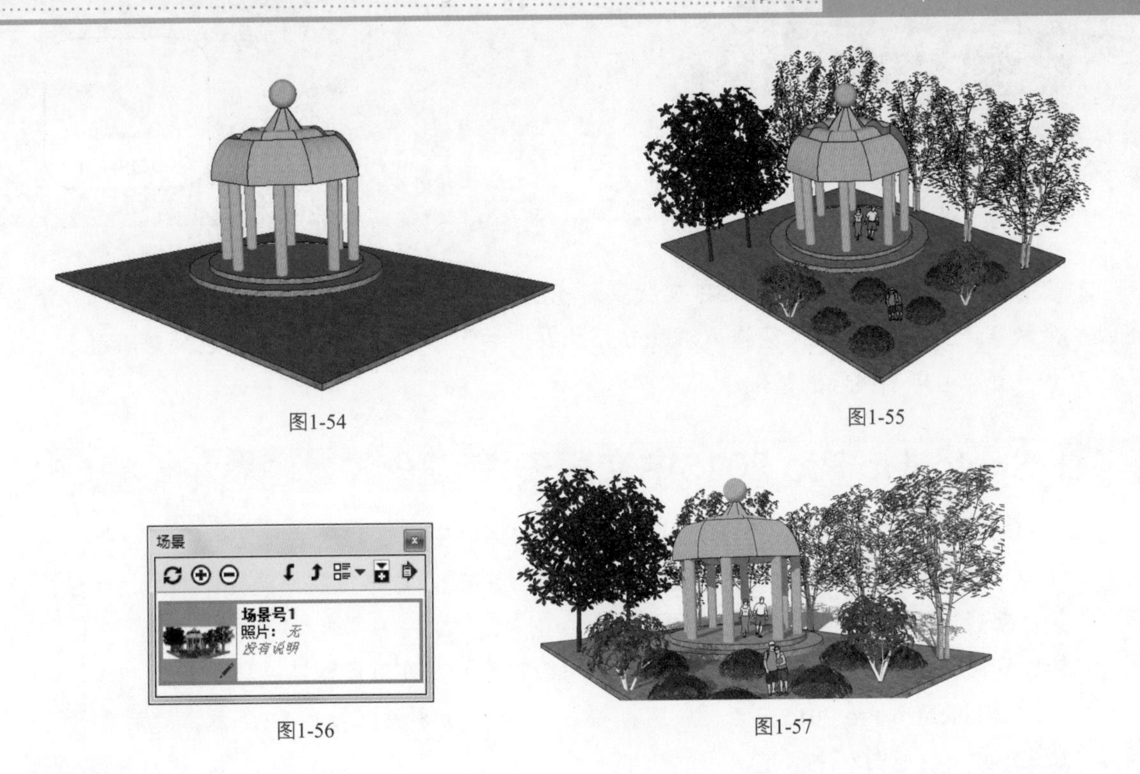

图1-54

图1-55

图1-56

图1-57

提示

如果对 SketchUp软件不是很熟悉，可以在后期学习完其他内容后，再进行入门训练，根据自身掌握程度决定。

1.5 本章小结

本章首先学习了SketchUp Pro 2015软件的基础知识，包括它的特点、系统需求、版本界面更新等。其次了解了环境艺术的内容，从它的定义和发展方向进行分析。然后掌握了SketchUp与环艺设计之间的联系，并从建筑设计、城市规划、室内设计、景观设计、园林设计5个方面进行了着重分析。最后以一个园林景观亭的案例进行入门训练，带领读者进入SketchUp的世界。

第2章 学习SketchUp关键的第一步

本章主要讲解SketchUp Pro 2015中文版安装和组件安装，以及认识SketchUp工作界面，最后还以一个快速入门案例带领大家进入SketchUp世界。通过学习，读者可以快速熟悉SketchUp软件，为下一章学习打下良好的基础。

2.1 SketchUp Pro 2015中文版安装

SketchUp Pro 2015中文版，是一个可以让你在3D环境中探索和表达想法的简单且强大的工具，SketchUp Pro 2015做到了传统的CAD软件无法做到的功能，不仅容易学习，而且易于使用，而且能够让您轻松存取Google的大量地理资源。

这里以安装SketchUp Pro 2015中文版为例，可以在官网或在其他网站搜索下载。

1. 双击SketchUp Pro 2015安装程序图标，启动安装界面，如图2-1所示。随后打开安装窗口，如图2-2所示。

图2-1

> **提示**
>
> 如果不希望继续安装软件程序，可以单击安装界面中的【Cancel】按钮关闭。

2. 单击 下一个(N) 按钮，弹出SketchUp Pro 2015安装许可协议对话框，勾选 我接受许可协议中的条款(A) 复选框，如图2-3所示。

图2-2

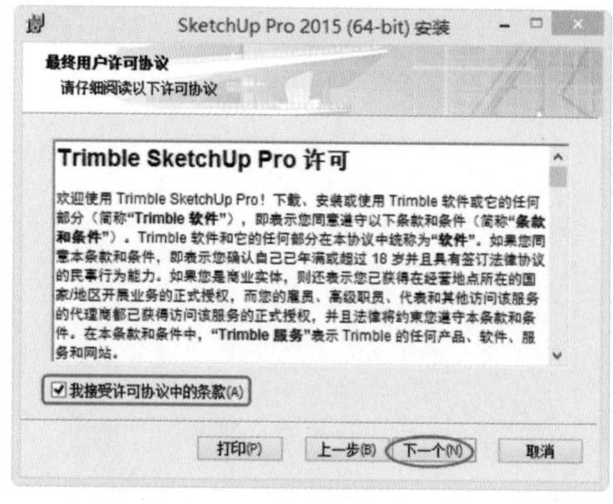

图2-3

3. 单击 下一个(N) 按钮，弹出SketchUp Pro 2015安装目标文件夹对话框，如图2-4所示，单击 更改(C)... 按钮，可自己选择安装文件夹，在此选择D盘文件夹。
4. 单击 下一个(N) 按钮，弹出SketchUp Pro 2015准备安装对话框，如图2-5所示，如果你想更改之前的操作，可以单击 上一步(B) 按钮，如果已确定之前的操作，那么单击 安装(I) 按钮，即可进行安装。

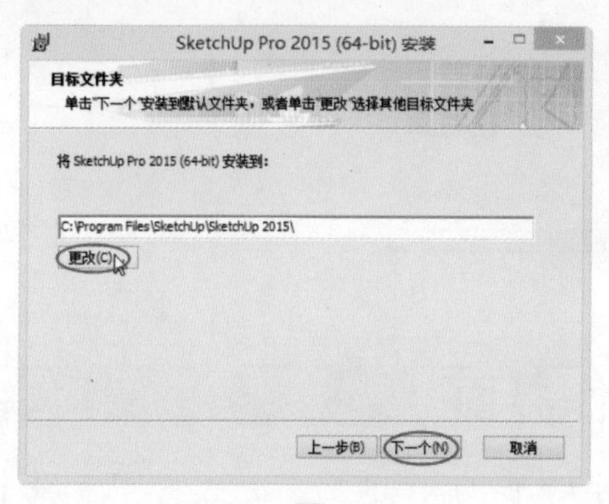

图2-4

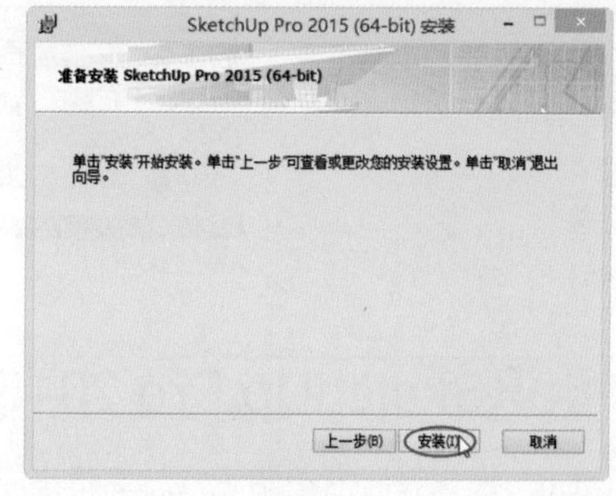

图2-5

5. 图2-6所示为SketchUp Pro 2015安装完成界面，单击 完成(F) 按钮，即完成了整个程序的安装，返回电脑桌面，会出现一个图标。

图2-6

6. 激活软件。双击桌面上的SketchUp Pro 2015图标，弹出图2-7所示的使用向导。单击向导窗口中的【添加许可证】按钮，打开【许可证】页面。

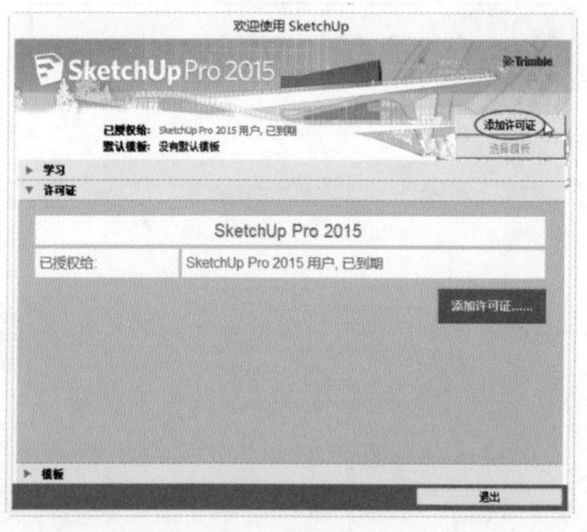

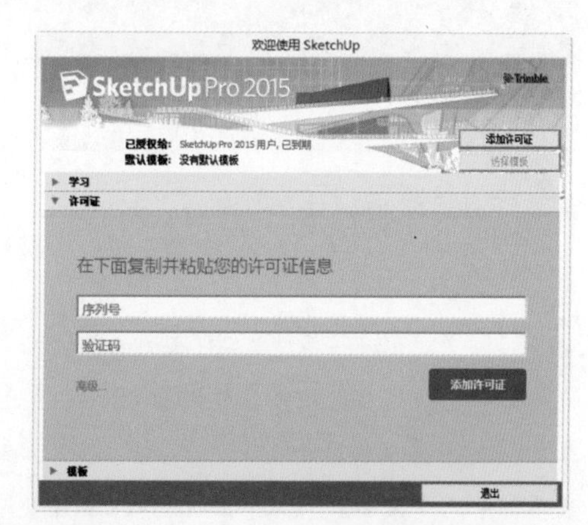

图2-7

7. 然后输入购买正版软件时给的软件序列号及验证码，并单击【添加】按钮，完成授权注册，如图2-8所示。

图2-8

2.2 认识SketchUp Pro 2015工作界面

SketchUp的操作界面简捷明了，就算不是专业设计方面的人都能轻易上手，是极受设计师欢迎的三维设计软件，目前无论是大学校园，设计院，还是设计公司，80%的人都使用这款软件。

2.2.1 启动主界面

完成软件正版授权后，即可使用授权的SketchUp Pro 2015了，否则仅仅使用具有一定期限的试用版。

在获得授权许可的SketchUp Pro 2015使用向导窗口中，单击 选择模板 按钮，弹出系统默认的模板类型，选择“建筑设计-毫米”模板（也可以选择通用模板“简单模板-米”），单击 开始使用 SketchUp 按钮，即可启动SketchUp Pro 2015应用程序，如图2-9所示。

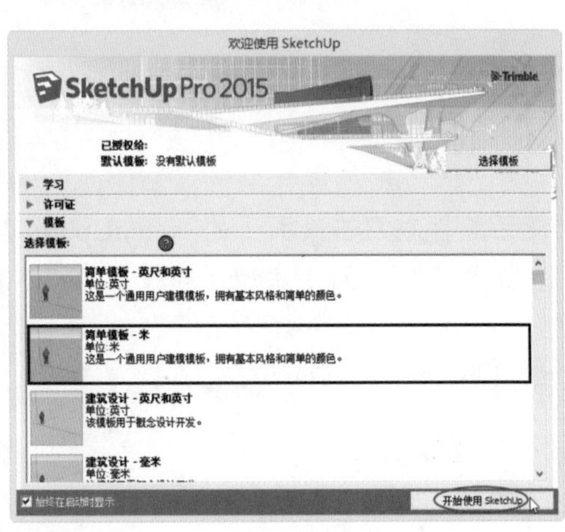

图2-9

提示

向导窗口是默认启动软件程序时自动显示的。您可以勾选或取消勾选【始终在启动时显示】复选框来控制向导窗口的显示与否。当然，也可以在SketchUp操作界面中重新开启向导窗口的显示，选择菜单栏中的【帮助】|【欢迎使用 SketchUp专业版】命令，会再次弹出向导窗口，并勾选【始终在启动时显示】复选项。

图2-10所示为SketchUp Pro 2015操作主界面。

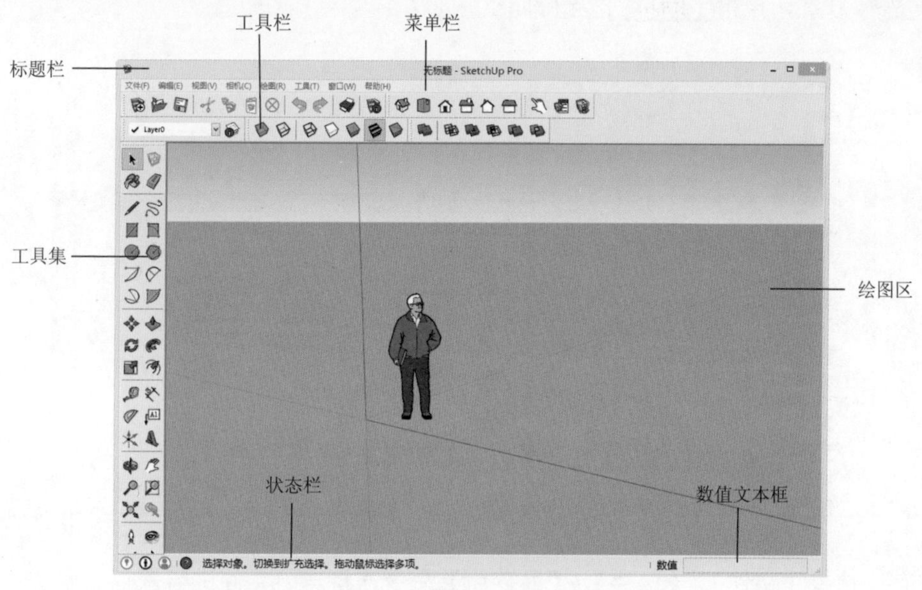

图2-10

2.2.2 主界面介绍

主界面主要是指绘图窗口，主要由标题栏、菜单栏、工具栏、绘图区、状态栏和数值控制栏组成。

● 标题栏——在绘图窗口的顶部，右边是关闭、最小化、最大化按钮，左边为无标题SketchUp，说明当前文件还没有进行保存。

● 菜单栏——在标题栏的下面，默认菜单包括文件、编辑、视图、镜头、绘图、工具、窗口和帮助选项。

● 工具栏——在菜单的下面，左边是标准工具栏，包括新建、打开、保存、剪切等，右边属于自选工具，可以根据需要自由设置添加。

● 绘图区——是创建模型的区域，绘图区的3D空间通过绘图轴标识别，绘图轴是3条互相垂直且带有颜色的直线。

● 状态栏——位于绘图区左下面，左端是命令提示和SketchUp 的状态信息，这些信息会随着绘制的东西而改变，主要是对命令的描述。

● 数值文本框——位于绘图区右下面，数值控制栏可以显示绘图中的尺寸信息，也可以输入相应的数值。

● 工具集：工具集中放置建模时所需的其他工具。例如在菜单栏中选择【视图】/【工具栏】命令，打开【工具栏】对话框。勾选建模所需的工具，单击【确定】按钮，即可添加所需工具条，再将工具条拖到左侧的工具集中。

SketchUp菜单栏主要介绍了对模型文件的所有基本操作命令，主要包括文件菜单、编辑菜单、视图菜单、镜头菜单、绘图菜单、工具菜单、窗口菜单、帮助菜单。

1．文件菜单

文件菜单主要是一些基本操作，如图2-11所示。除常用新建、打开、保存、另存为命令外，还有Google地球中预览、地理位置、建筑模型制作工具3D模型库、导入与导出命令。

● 新建：选择【新建】命令即可创建名为“标题-SketchUp”的新文件。

● 打开：选择【打开】命令，弹出打开文件对话框，如图2-12所示，单击你想打开的文件，呈蓝色选中状态，单击 打开(O) 按钮即可。

图2-11

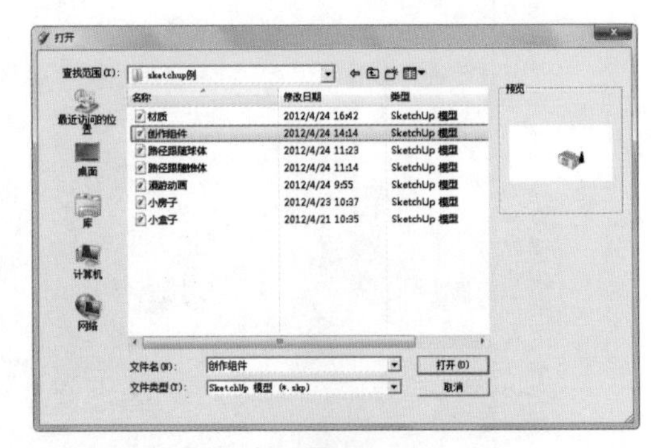

图2-12

● 保存：选择【文件】/【保存】/【另存为】命令，将当前文件进行保存。

● 另存为模板：是指按自己意愿设计模板进行保存，以方便每次启动程序选择自己设计的模板，而不用单一选择默认模板，图2-13所示为另存为模板对话框。

● 发送到LayOut：SketchUp Pro 2015发布了增强布局的LayOut 2015功能，执行该命令，可以将场景模型发送到Lay Out中进行图纸布局与标注等操作。

● 在Google地球中预览/地理位置：需要和【地理位置】命令配合使用，先给当前模型添加地理位置，再选择在Google地球中预览模型，如图2-14所示。

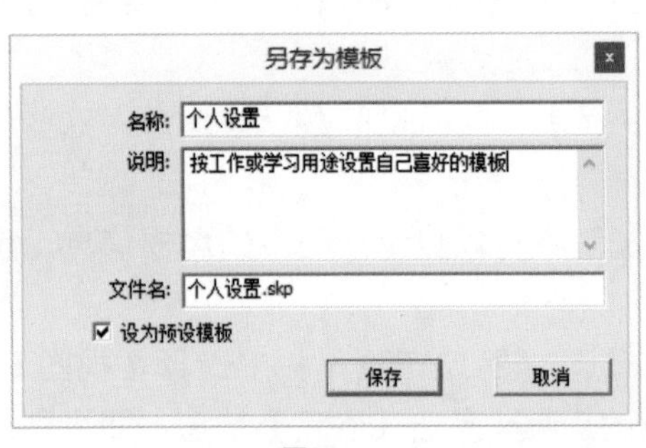

图2-13

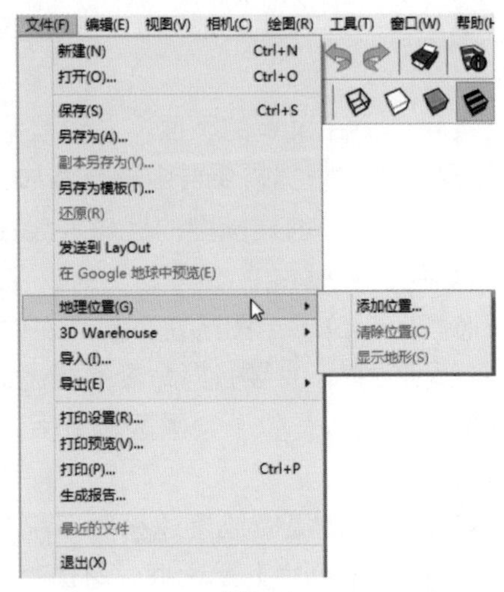

图2-14

● 3D Warehouse（模型库）：选择【获取模型】命令，可以在Google官网在线获取你所需要的模型，然后直接下载到场景中，对于设计者来说非常方便；选择【共享模型】命令，可以在Google官网注册一个账号，将自己的模型上传，与全球用户共享。选择【分享组件】命令，可以将用户创建的组件模型上传到网络与其他用户分享。图2-15所示为获取3D模型的网页界面。

● 导入：SketchUp可以导入*.dwg格式的CAD图形文件，*.3ds格式的三维模型文件，还有*.jpg、*bmp、*.psd等格式的文件，如图2-16所示。

图2-15

- 导出：SketchUp可以导出三维模型、二维图形、剖面、动画几种效果，如图2-17所示。

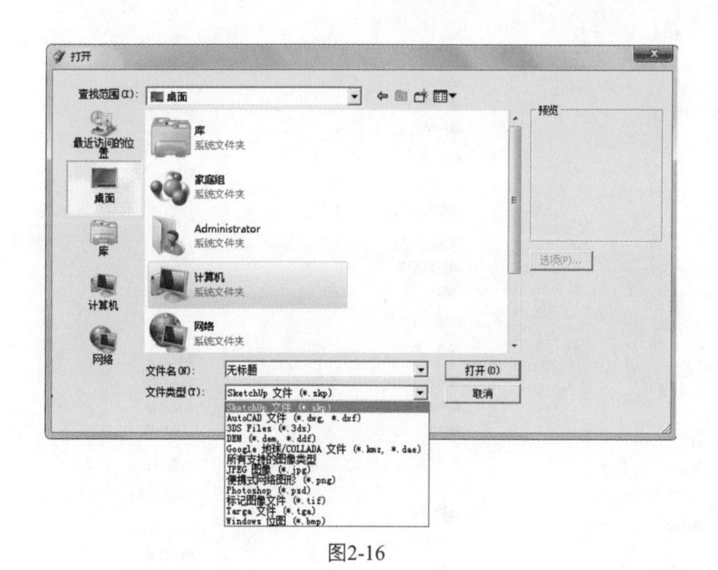

图2-16

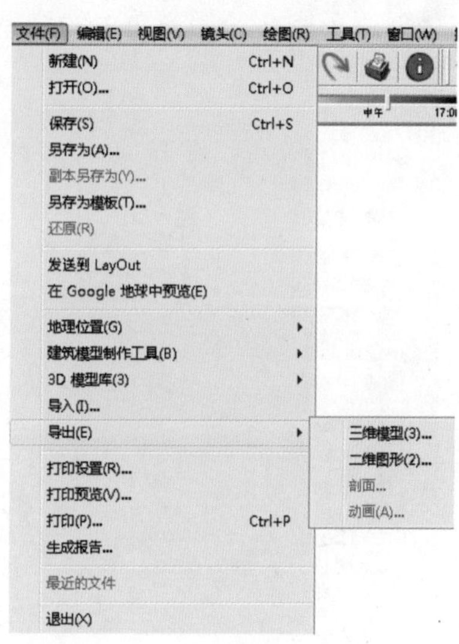

图2-17

2．编辑菜单

主要对绘制模型进行编辑。包括常用的复制、粘贴、剪切、还原、重做命令，还有原位粘贴、删除导向器、锁定、创建组件、创建组、相交平面等命令，如图2-18所示。

3．视图菜单

主要是更改模型中的模型显示。包括工具栏、场景标签、隐藏几何图形、截面、截面切割、轴、导向器、阴影、雾化、边线样式、正面样式、组件编辑、动画等命令，如图2-19所示。

4．相机菜单

相机菜单主要包括用于更改模型视点的一些命令，如图2-20所示。

5．绘图菜单

绘图菜单，包括线条、圆弧、徒手画、矩形、圆、多边形命令，如图2-21所示。

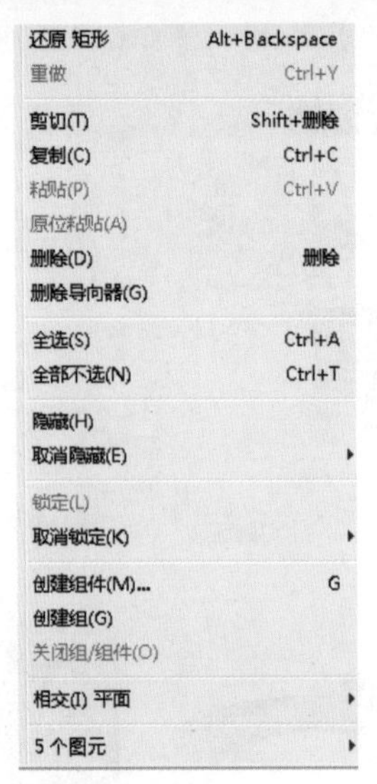

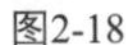

图2-18

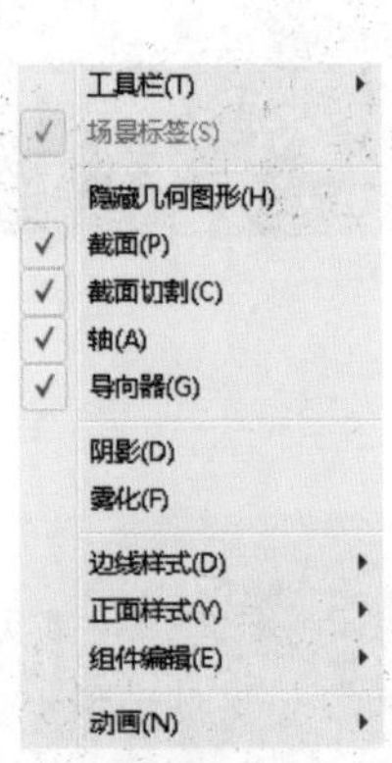

图2-19

6．工具菜单

工具菜单，包括选择、橡皮擦、颜料桶、移动、旋转等常用工具命令，如图2-22所示。

7．窗口菜单

主要用于查看绘图窗口中的模型情况，如图2-23所示。

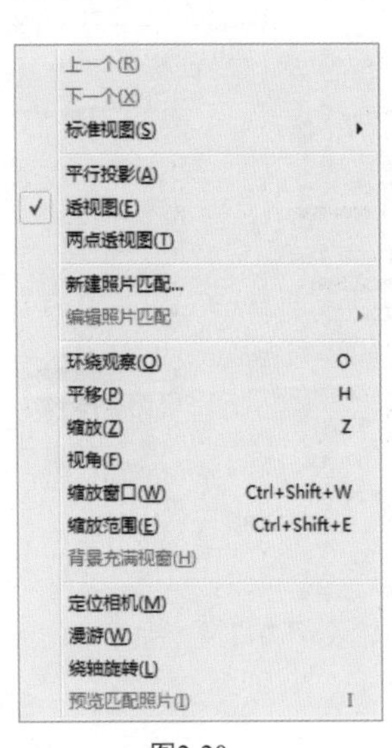

图2-20

图2-21

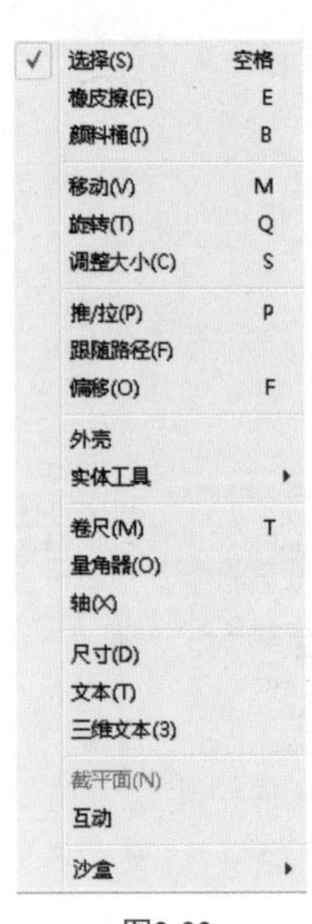

图2-22

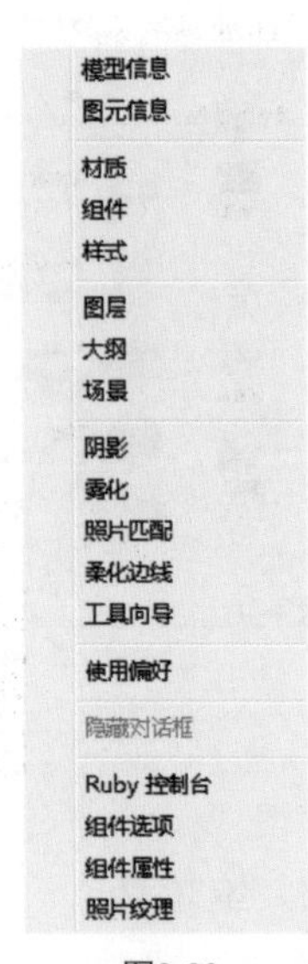

图2-23

2.3 SketchUp视图操作

在使用SketchUp进行方案推敲的过程中，常需要通过视图切换、缩放、旋转、平移等操作，以确定模型的创建位置或观察当前模型在各个角度下的细节结果。这就要求用户必须熟练掌握SketchUp视图操作的方法与技巧。

2.3.1 切换视图

在创建模型过程中，通过单击SketchUp【视图】工具栏中的6个按钮，切换视图方向。【视图】工具栏如图2-24所示。

图2-24

图2-25所示为6个标准视图的预览情况。

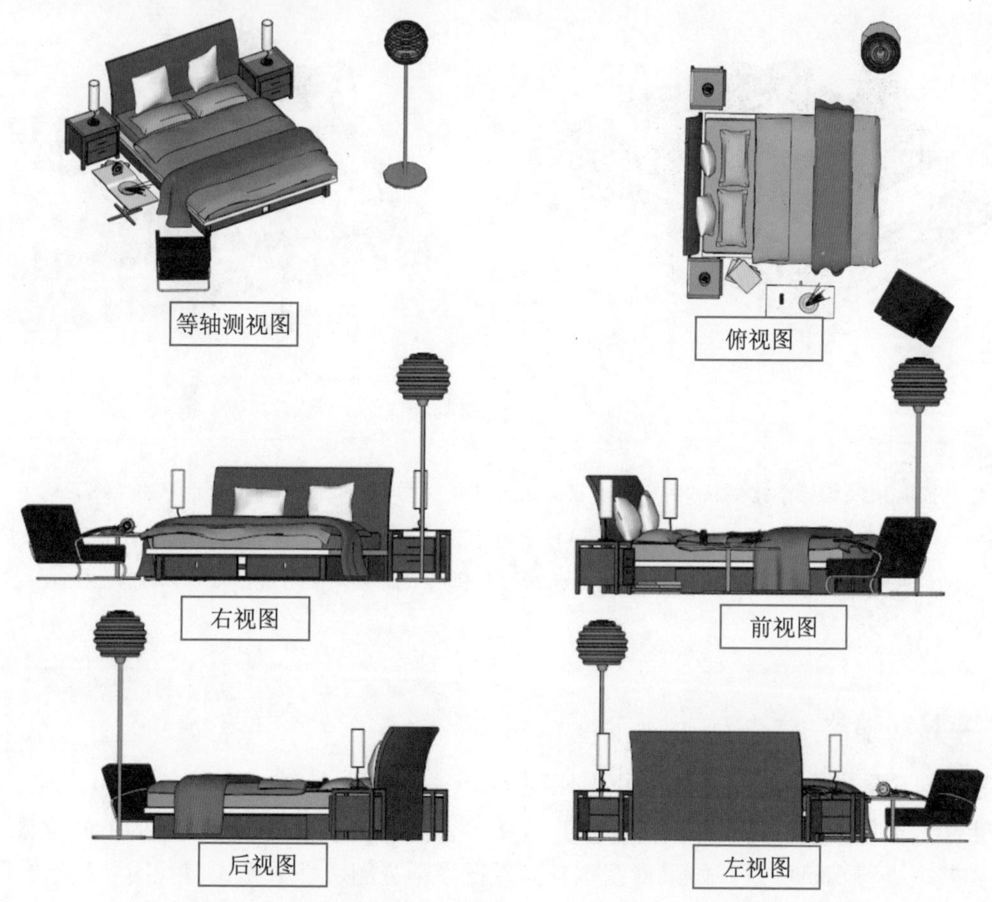

图2-25

SketchUp视图包括平行投影视图、透视图和两点透视图。图2-25的6个标准视图就是平行投影视图的具体表现。图2-26所示为某建筑物的透视图和两点透视图。

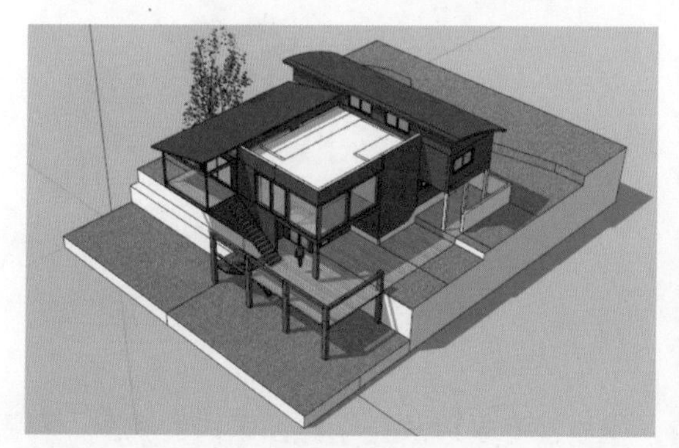

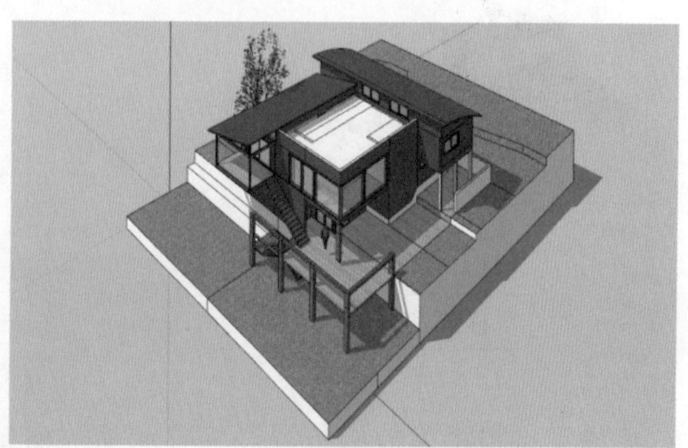

图2-26

要得到平行投影视图或透视图，可在菜单栏中执行【相机】/【平行投影】命令，或【相机】/【透视图】命令。

2.3.2 环绕观察

环绕观察可以观察全景模型，给人以全新的、真实的立体感受。在【大工具集】工具栏中单击【环绕观察】按钮，然后在绘图区按住左键拖动，可以在任意空间角度观察模型，如图2-27所示。

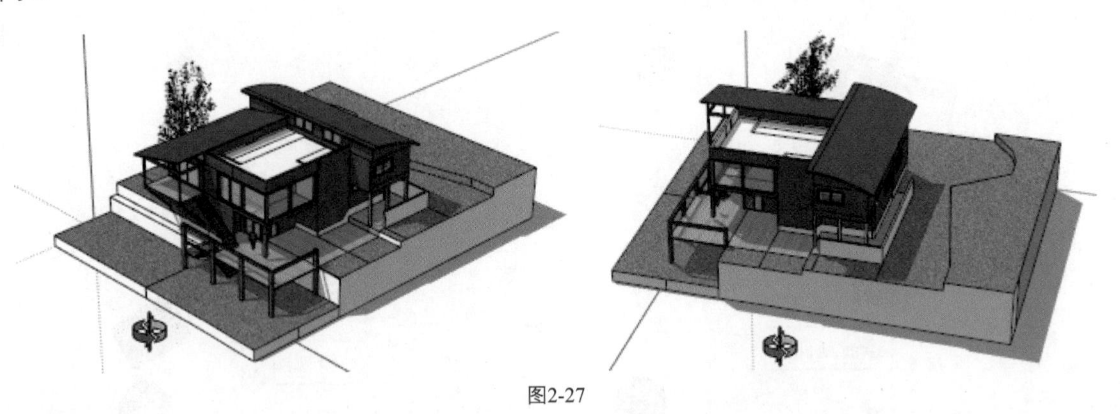

图2-27

提示

您也可以按住鼠标中键不放，然后拖动模型进行环绕观察。如果使用鼠标中键双击绘图区的某处，会将该处旋转置于绘图区中心。这个技巧同样适用于“平移”工具和“实时缩放”工具。按住Ctrl键的同时旋转视图，能使竖直方向的旋转更加流畅。利用页面保存常用视图，可以减少“环绕观察”工具的使用。

2.3.3 平移和缩放

平移和缩放是操作模型视图的常见基本工具。

利用【大工具集】工具栏中的【平移】工具，可以拖动视图至绘图区的不同位置。平移视图其实就是平移相机位置。如果视图本身为平行投影视图，那么无论将视图平移到绘图区何处，模型视角都不会发生改变，如图2-28所示。若视图为透视图，那么平移视图到绘图区不同的位置，视角会发生图2-29所示的改变。

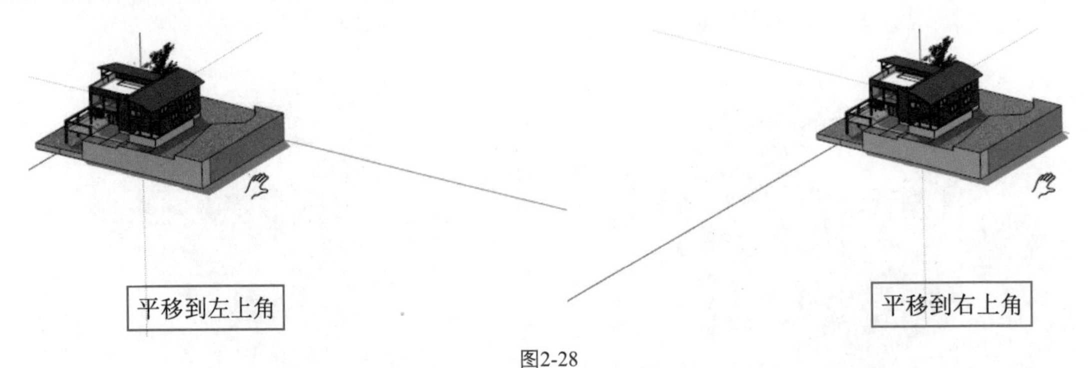

图2-28

缩放工具包括缩放相机视野工具和缩放窗口。缩放视野是缩放整个绘图区内的视图，利用【缩放】工具，在绘图区上下拖动鼠标，可以缩小视图或放大视图，如图2-30所示。

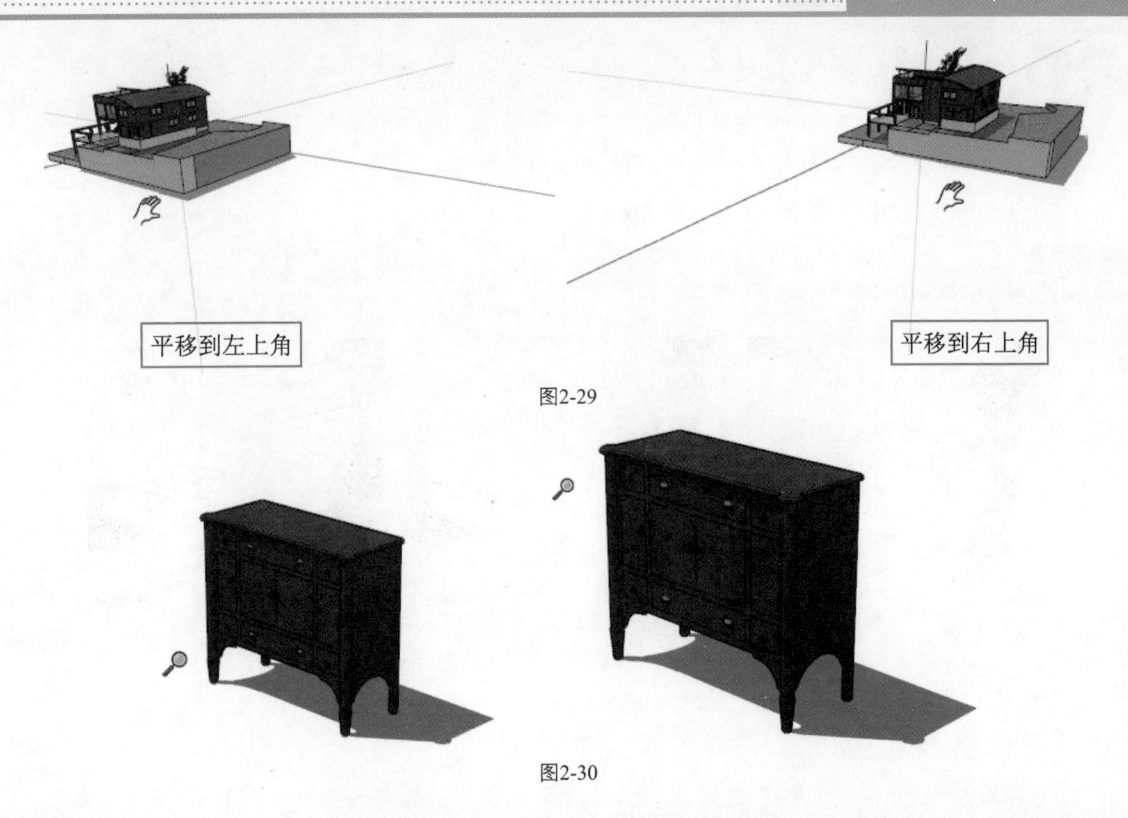

图2-29

图2-30

2.4 SketchUp对象选择

在制图过程中，常需要选择相应的物体，因此必须熟练掌握选择物体的方式。SketchUp常用的选择方式有一般选择、框选与叉选、扩展选择3种。

2.4.1 一般选择

【选择】工具可以通过单击【主要】工具栏中的【选择】按钮，或直接按空格键激活【选择】命令，下面以实例操作进行说明。

源文件：\Ch02\休闲桌椅组合2.skp

1. 启动SketchUp Pro 2015。单击【标准】工具栏中的【打开】按钮，然后从光盘路径中打开“\源文件\Ch02\休闲桌椅组合.skp”模型，如图2-31所示。
2. 单击【主要】工具栏中的【选择】按钮，或直接按空格键激活【选择】命令，绘图区中显示箭头符号。
3. 在休闲桌椅组合中任意选中一个模型，该模型将显示边框，如图2-32所示。

图2-31

图2-32

SketchUp中最小的可选择对象为“线”“面”与“组件”。本例组合模型为“组件”，因此无法直接选择到“面”或“线”。但如果选择组件模型并执行右键快捷菜单中的【分解】命令，即可以选择该组件模型中的“面”或“线”元素了，如图 2-33所示。若该组件模型由多个元素构成，需要多次进行分解。

图2-33　分解组件模型后，①选择“线”②选择面

4. 选择一个组件、线或面后，若要继续选择，可按Ctrl键（光标变成 ）连续选择对象即可，如图2-34所示。
5. 按Shift键（光标变成 ）可以连续选择对象，也可以反向选择对象，如图2-35所示。

图2-34

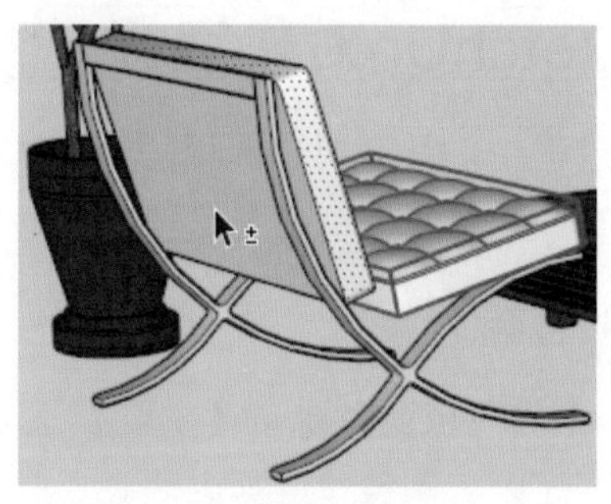

图2-35

6. 按Ctrl+Shift组合键，此时光标变成 ，可反选对象，如图2-36所示。

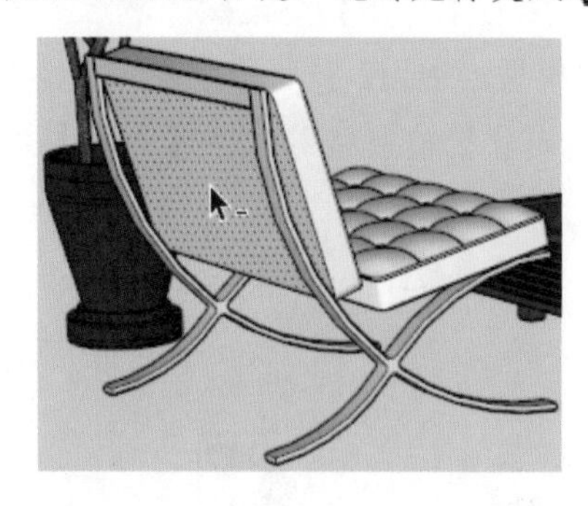

图2-36

如果误选了对象，就可以按 Shift键进行反选，还可以按 Ctrl+Shift组合键反选。

2.4.2 窗选与窗交

窗选与窗交都是利用【选择】命令，以矩形窗口框选方式进行选择。窗选是由左至右画出矩形进行框选，窗交是由右至左画出矩形进行框选。

窗选的矩形选择框是实线，窗交的矩形选择框为虚线，如图2-37所示。

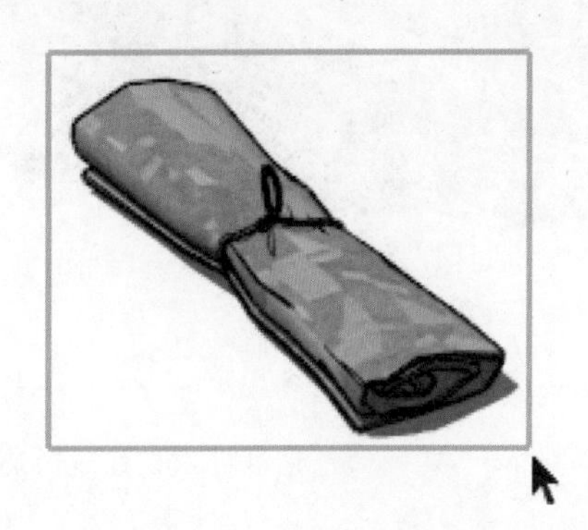
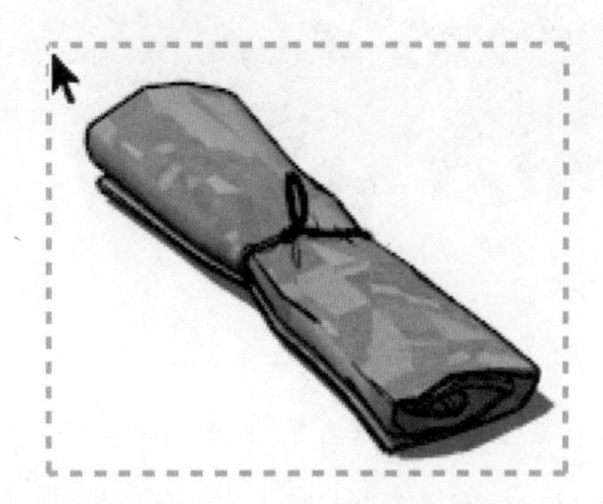

图2-37 左图是窗选选择，右图是窗交选择

源文件：\Ch02\餐桌组合2.skp

1. 启动SketchUp Pro 2015。单击【标准】工具栏中的【打开】按钮，然后从光盘路径中打开“\源文件\Ch02\餐桌组合.skp”模型，如图2-38所示。
2. 在整个组合模型中要求一次性选择3个椅子组件。保留默认的视图，在图形区的合适位置拾取一点作为矩形框的起点，然后从左到右画出矩形，将其中3个椅子组件包容在矩形框内，如图2-39所示。

图2-38

图2-39

提示

要想完全选中3个组件，3个组件必须被包含在矩形框内。另外，被矩形框包容的还有其他组件，若不想选中它们，按Shift键反选即可。

3. 框选后，可以看见同时被选中的3个椅子组件（选中状态为蓝色高亮显示组件边框），如图2-40所示。在图形区空白区域单击鼠标，即可取消框选结果。
4. 下面用窗交方法同时选择3个椅子组件。在合适的位置处从右到左画出矩形框，如图2-41所示。

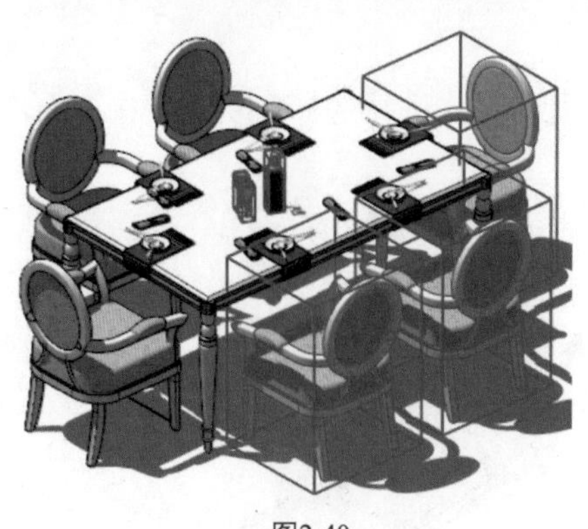

图2-40

图2-41

提示

窗交选择与窗选不同的是，无需将所选对象完全包容在内，而是矩形框包容对象或经过所选对象，但凡矩形框经过的组件都会被选中。

5. 如图2-42所示，矩形框所经过的组件被自动选中，包括椅子组件、桌子组件和桌面上的餐具。
6. 如果是将视图切换到俯视图，再利用窗选或窗交来选择对象会更加容易，如图2-43所示。

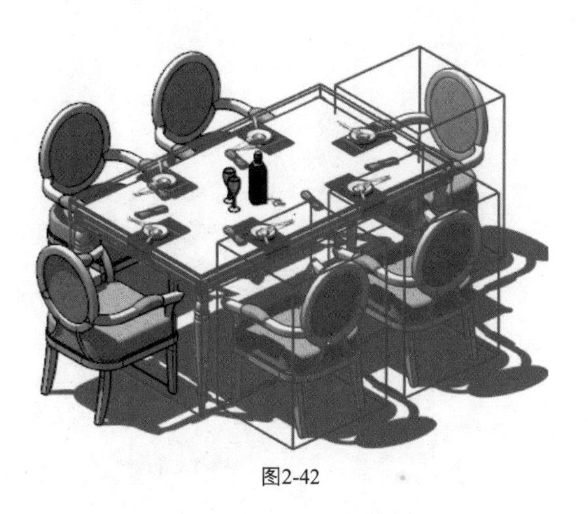

图2-42

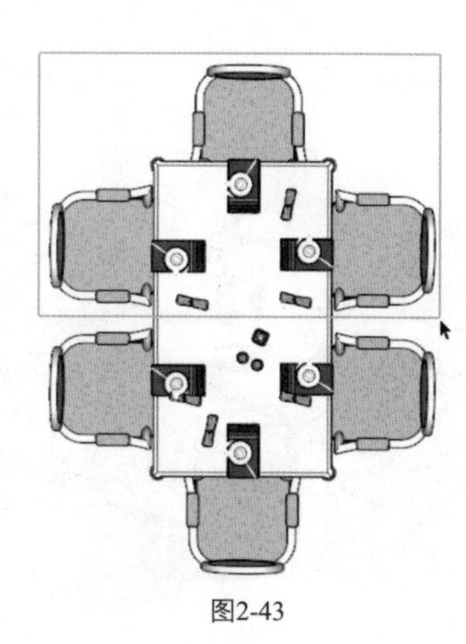

图2-43

2.5 基本绘图配置

绘图前，需要对SketchUp进行绘图配置，以帮助我们快速而精确地绘图。下面介绍一些基本设置，在下一章中我们会学习到高级设置。

2.5.1 模型信息设置

SketchUp模型信息设置，主要是用于显示或者修改模型信息，包括尺寸、单位、地理位置、动画、统计信息、文本、文件、信用、渲染、组件等选项。

选择【窗口】/【模型信息】命令，弹出“模型信息”对话框。

● “尺寸”选项卡，主要用于设置模型尺寸、文字大小、字体样式、颜色、文本标注引线等，如图2-44所示。

- “单位”选项卡，主要用于设置文件默认的绘图单位和角度单位，如图2-45所示。

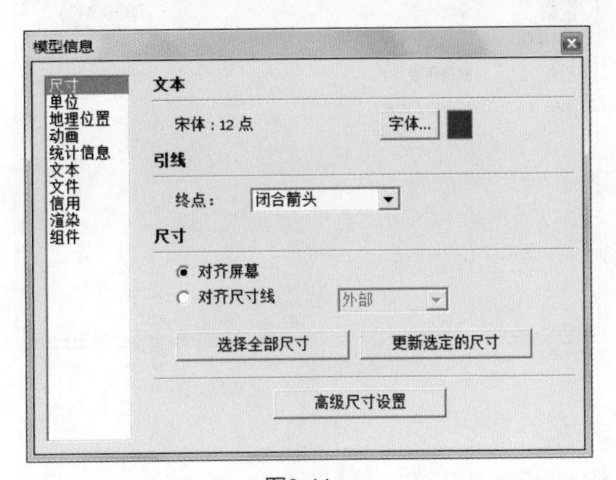

图2-44

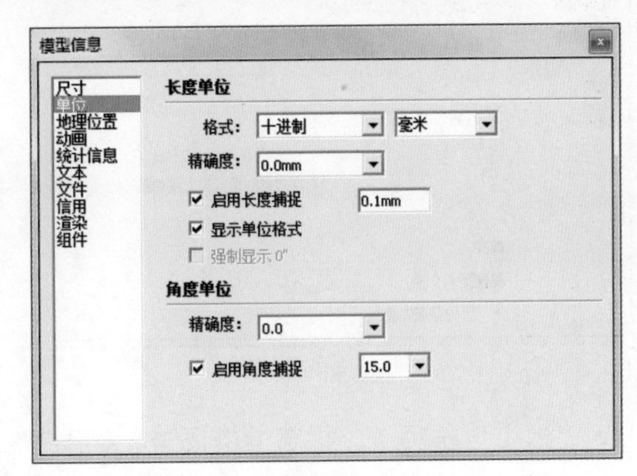

图2-45

- “地理位置”选项卡，主要用于设置模型所处地理位置和太阳方位，如图2-46所示。
- “动画”选项卡，主要用于设置“场景动画”转换时间和延迟时间，如图2-47所示。

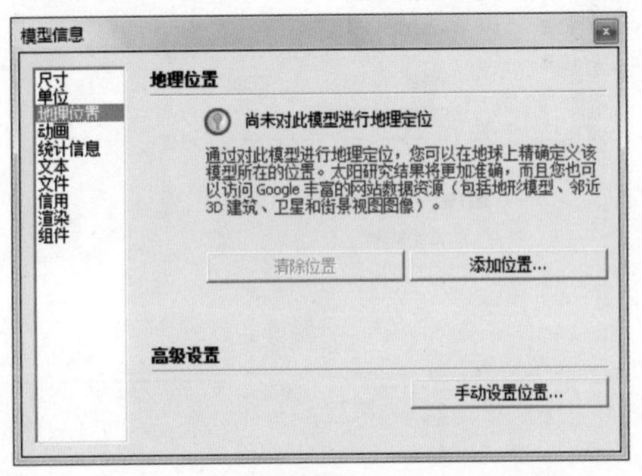

图2-46

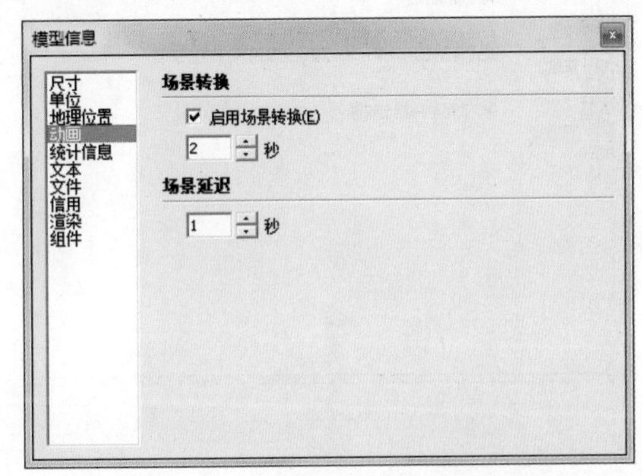

图2-47

- “统计信息”选项卡，用于统计当前模型的边线、面、组件等一系列的数，如图2-48所示。
- “文本”选项卡，用于设置屏幕文本、引线文本、引线，如图2-49所示。

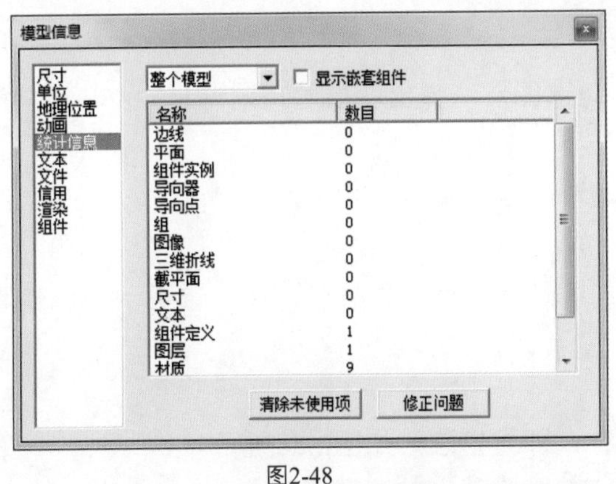

图2-48

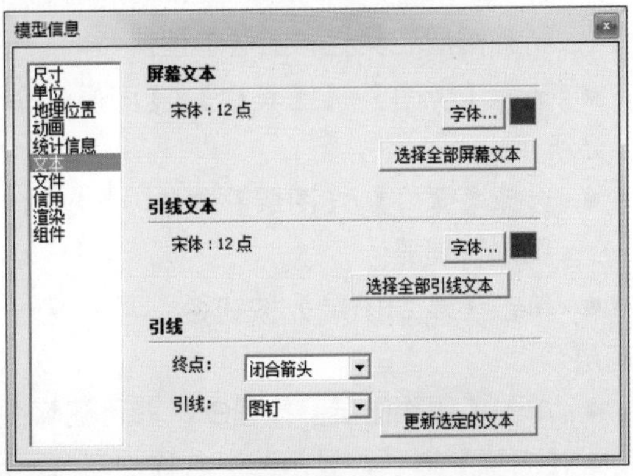

图2-49

- “文件”选项卡，用于显示当前文件的存储位置、使用版本等，如图2-50所示。
- “信息”选项卡，显示当前模型的作者和组件作者，如图2-51所示。

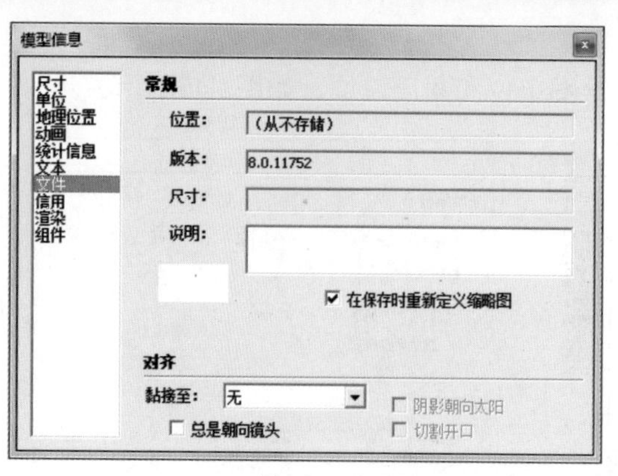

图2-50

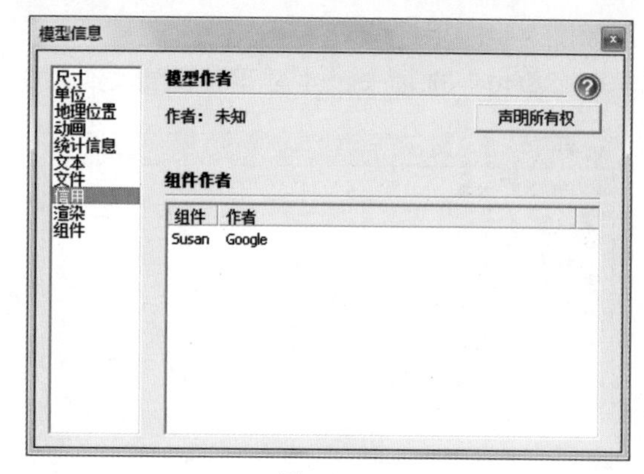

图2-51

- “渲染”选项卡，提高渲染质量，如图2-52所示。
- “组件”选项卡，可以控制相似组件或其他模型的显隐效果，如图2-53所示。

图2-52

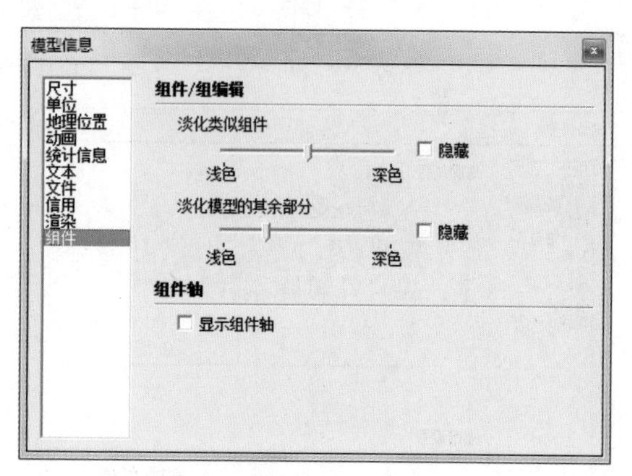

图2-53

2.5.2 图层设置

SketchUp图层，要对一些模型进行一种打包组合的方式进行编辑，特别是在做一些复杂的模型，图层工具可以显示隐藏，方便用户操作起来更方便流畅。主要操作有创建、打开、删除和关闭，通过图层可以对某组模型进行单独编辑，而不影响其他模型。

1．打开图层工具栏和图层管理器

- 选择【视图】/【工具栏】/【图层】命令，勾选图层，弹出图层管理对话框，如图2-54和图2-55所示。
- 选择【窗口】/【图层】命令，弹出图层编辑对话框，如图2-56所示。

2．图层管理器

- 单击【添加图层】按钮⊕，可新建一个图层，名称为“图层1”，图2-57所示为新建两个图层。
- 单击【删除图层】按钮⊖，即可删除图层。
- 【名称】选项，显示图层名称，双击图层名称，即可修改，如图2-58所示。
- 【可见】选项，打勾表示显示当前图层，不打勾则隐藏当前图层。
- 【颜色】选项，表示当前图层颜色，单击颜色块，出现编辑材质对话框，如图2-59所示。

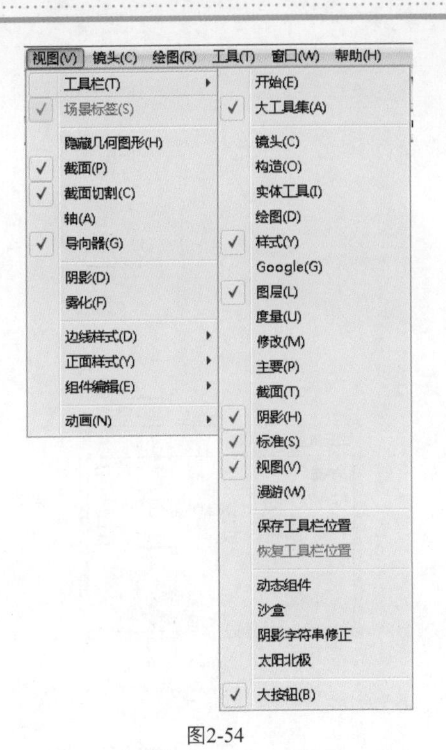

图2-54

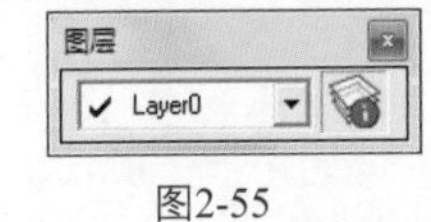

图2-55

图2-56

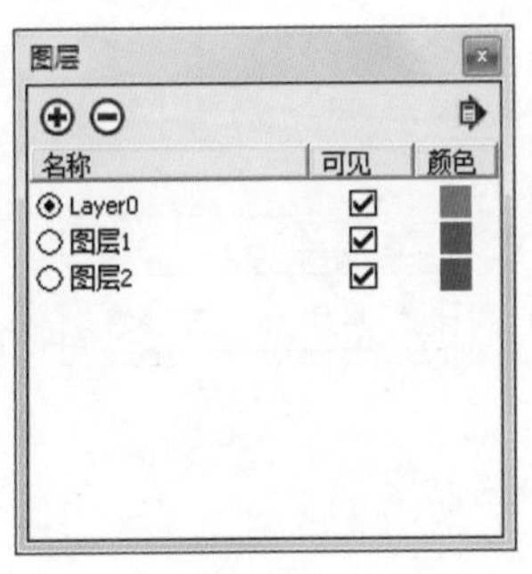

图2-57

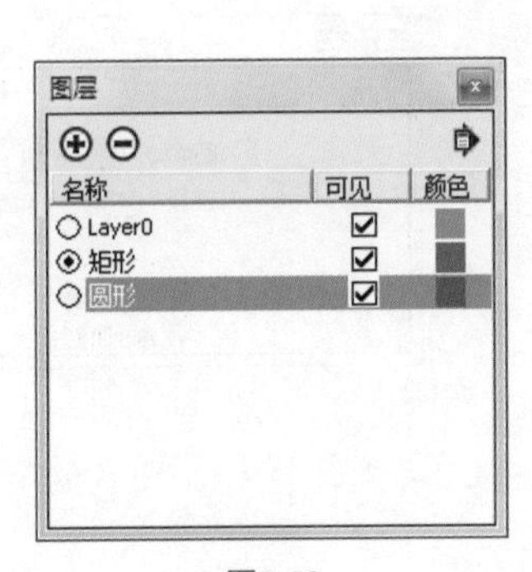

图2-58

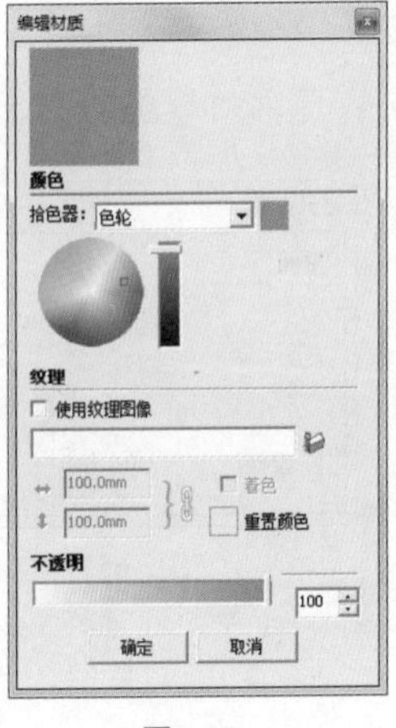

图2-59

源文件：\Ch02\别墅模型.skp

1. 打开光盘中的“\源文件\Ch02\别墅模型.skp”，如图2-60所示。

2. 选择【窗口】/【图层】命令，打开图层管理器，只有一个默认图层，如图2-61所示。

图2-60

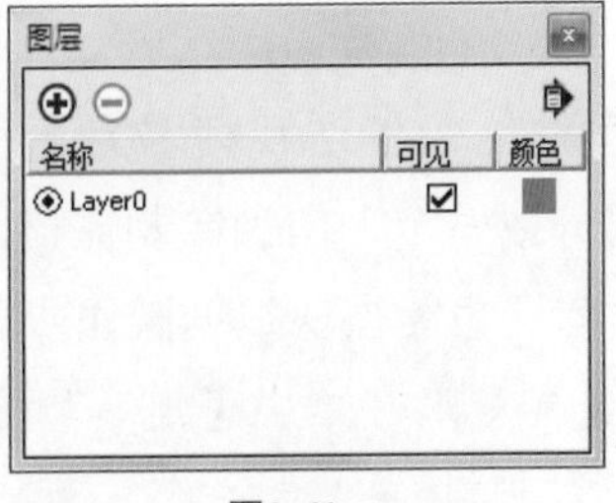

图2-61

3. 单击【添加图层】按钮⊕，以这个别墅模型的组成结构来命名几个图层名称，图2-62所示为新命名的图层。
4. 对着模型屋顶单击鼠标右键，选择【图元信息】命令，弹出“图元信息”对话框，如图2-63和图2-64所示。

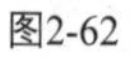
图2-62

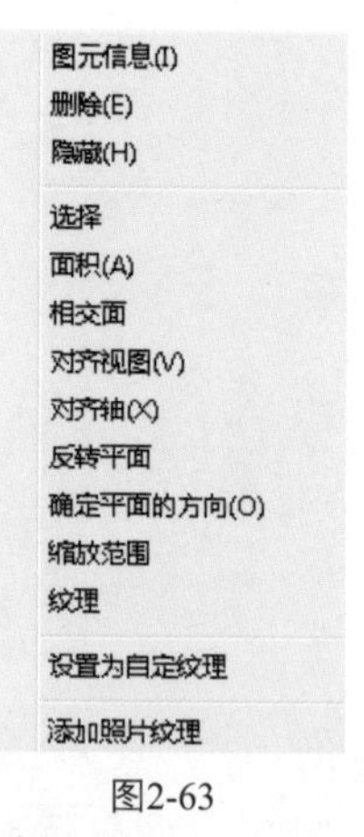

图2-63

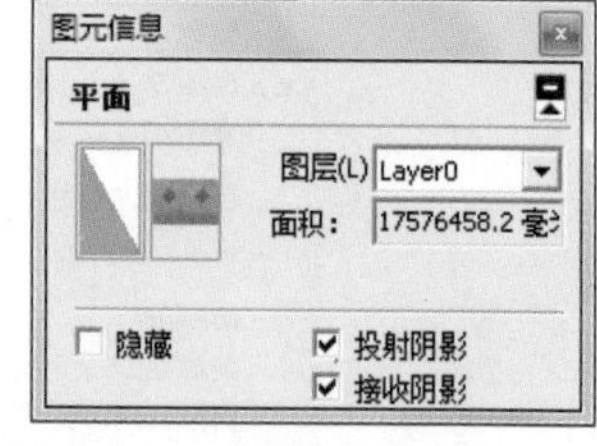

图2-64

5. 单击图层，新建的几个图层即在下拉列表中，如图2-65所示。
6. 选择“屋顶”图层，当前选中的屋顶即可添加到“层顶”图层中，如图2-66所示。
7. 按住Ctrl键一次可以多选择几个屋顶面，然后选择图层工具栏中的“屋顶”图层，同样可以对模型进行分层，如图2-67所示。

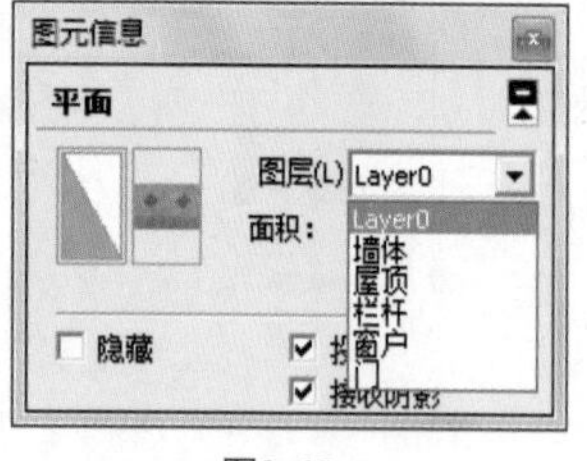

图2-65

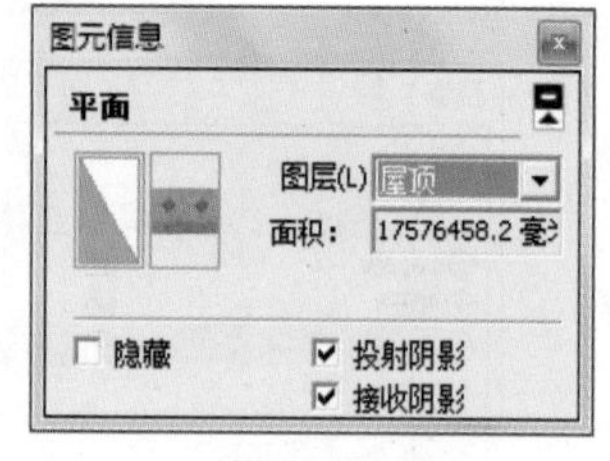

图2-66

图2-67

8. 利用上述方法，依次对窗户、墙体、栏杆、门，进行按类分图层。

提示

在图层管理对话框中，可见选项不能全部不勾选，必须有一个图层显示为当前图层。颜色设置也可以绘制好模型后再进行更改。

2.6 案例——室内家具设计

结果文件：\Ch02\结果文件\梳妆台.skp

视频文件：\Ch02\视频\梳妆台.wmv

本部分以一个入门训练制作梳妆台为例，带领读者朋友们慢慢进入SketchUp的世界。就算是一个初学者，也能很快根据操作步骤顺利完成这个案例，并能快速熟悉SketchUp工具。

1. 绘制矩形。单击【矩形】按钮，在场景中绘制一个长为350mm、宽为300mm的矩形。同样再绘制一个宽为350mm，长为1000mm的矩形，如图2-68和图2-69所示。

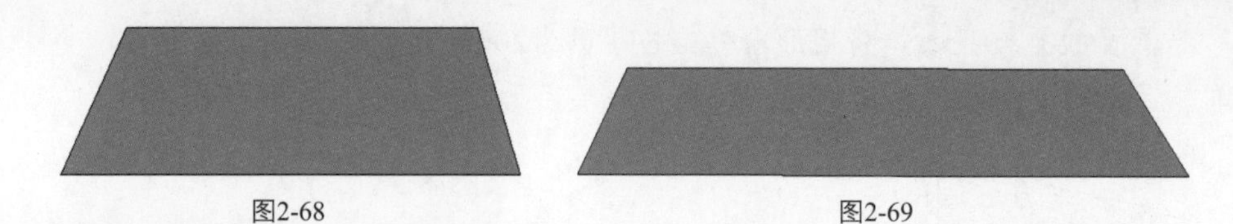

图2-68　　图2-69

2. 单击【推/拉】按钮，将矩形面分别向上推拉400mm和150mm，如图2-70和图2-71所示。

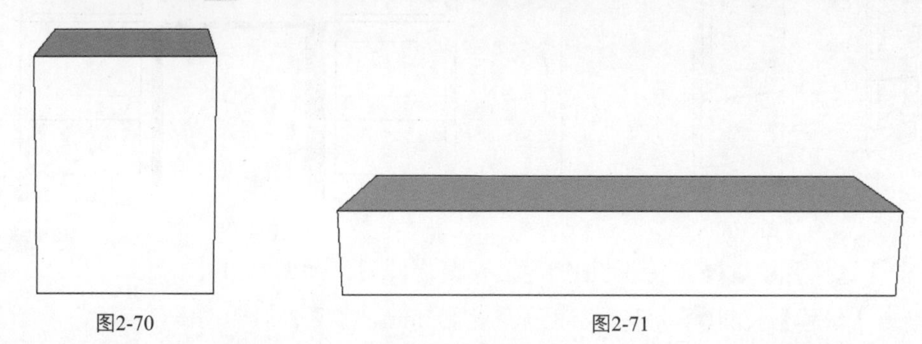

图2-70　　图2-71

3. 选择【编辑】/【创建组】命令，将两个推拉矩形分别创建组，如图2-72所示。

4. 单击【移动】按钮，进行移动组合，并按住Ctrl键不放，进行水平复制矩形组，如图2-73、图2-74和图2-75所示。

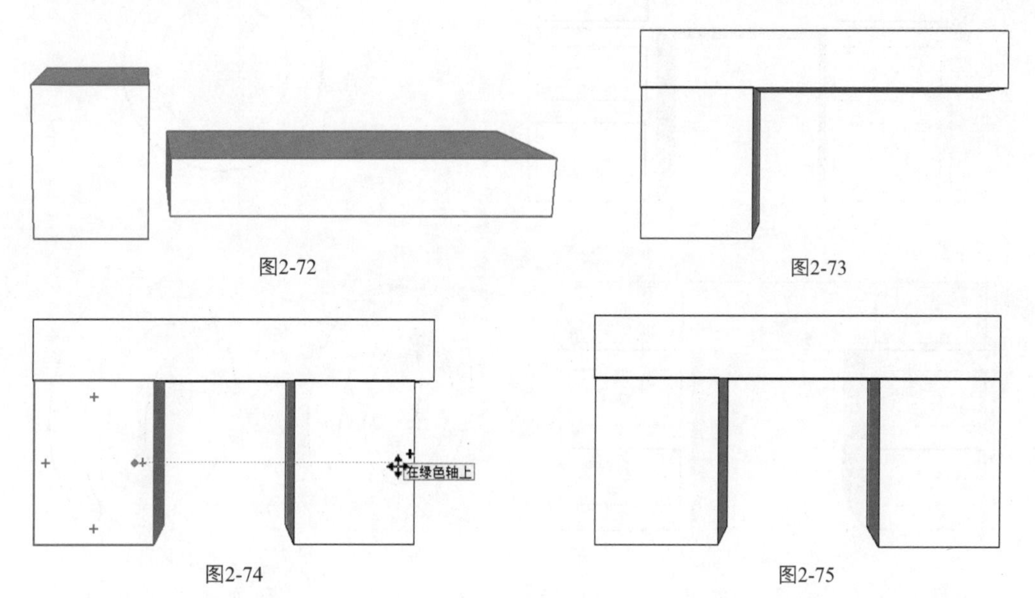

图2-72　　图2-73

图2-74　　图2-75

5. 单击【矩形】按钮，分别绘制两个长为250mm、宽为120mm的矩形面，如图2-76所示。

6. 单击【选择】按钮，按住Ctrl键不放，复制矩形面，如图2-77所示。

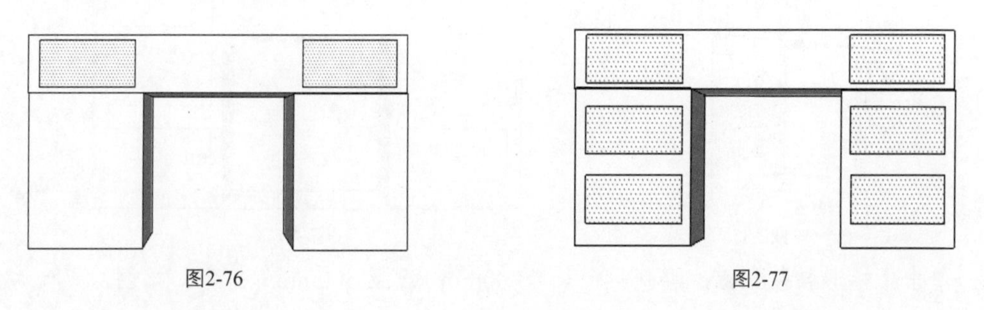

图2-76　　图2-77

7. 单击【推/拉】按钮，将矩形向外推拉距离为20mm，如图2-78所示。

8. 单击【圆】按钮，在矩形面上绘制两个半径为15mm的圆，如图2-79所示。

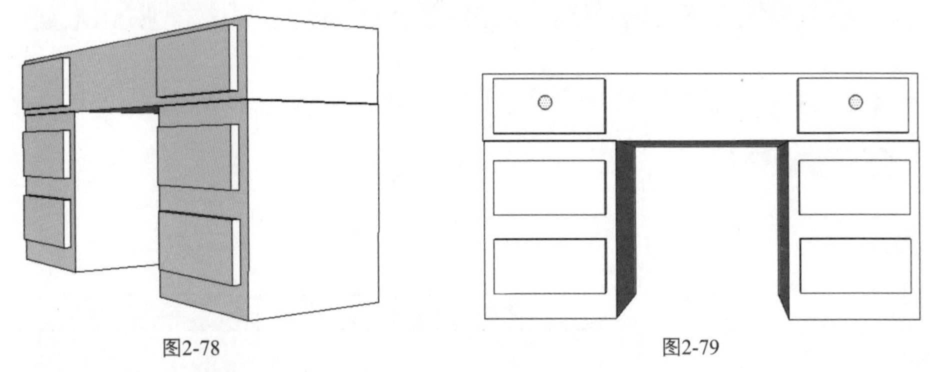

图2-78　　图2-79

9. 单击【选择】按钮，按住Ctrl键不放，复制圆面，如图2-80所示。

10. 单击【偏移】按钮，将圆向里偏移复制5mm，如图2-81和图2-82所示。

11. 单击【推/拉】按钮，分别向外推拉5mm和10mm，如图2-83和图2-84所示。

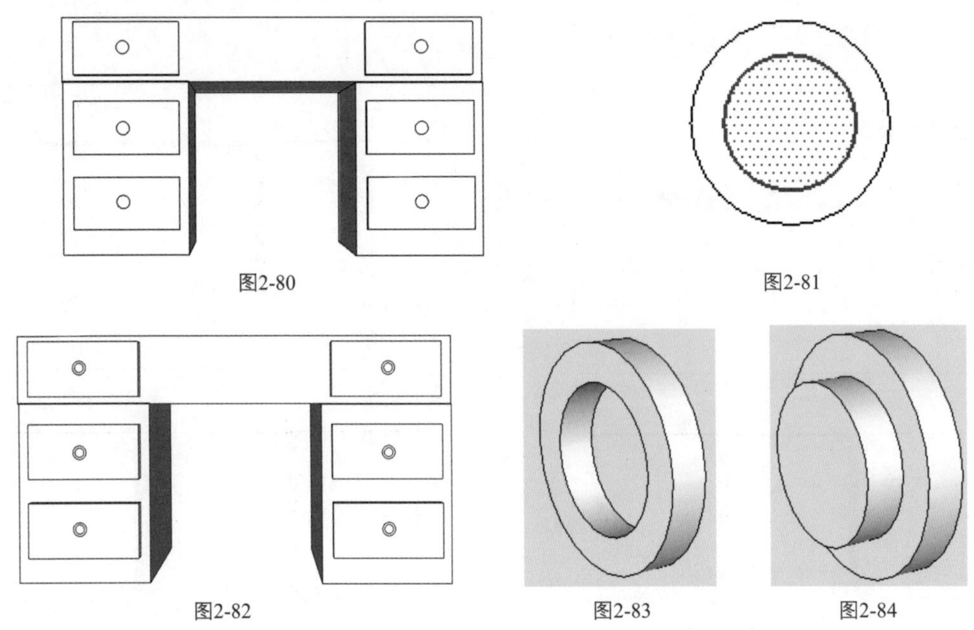

图2-80　　图2-81

图2-82　　图2-83　　图2-84

12. 完成其他推拉效果，选择【编辑】/【创建组】命令，将模型创建群组，如图2-85和图2-86所示。

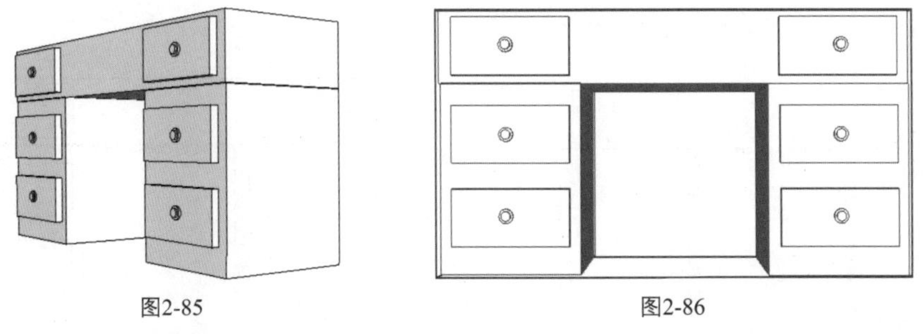

图2-85　　图2-86

13. 单击【矩形】按钮，绘制一个长为800mm、宽为500mm的矩形，如图2-87所示。

14. 单击【推/拉】按钮，向里推拉15mm，如图2-88所示。

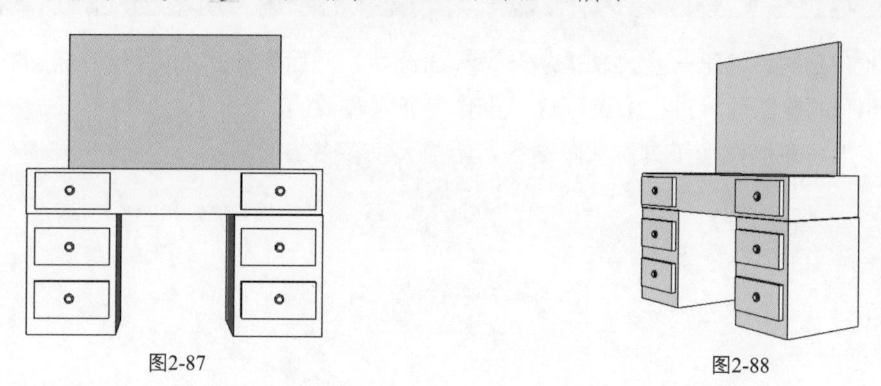

图2-87　　图2-88

15. 单击【偏移】按钮，将矩形面向内偏移复制30mm，如图2-89所示。

16. 单击【推/拉】按钮，向里推拉5mm，如图2-90所示。

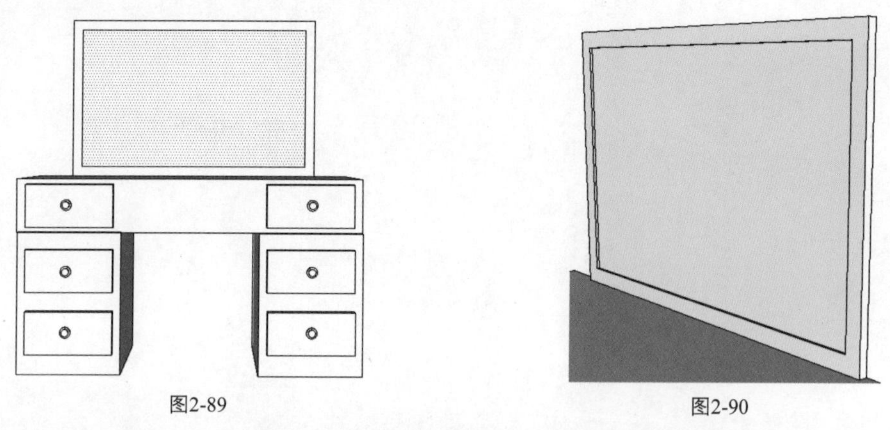

图2-89　　图2-90

17. 单击【油漆桶】按钮，打开材质编辑器对话框，填充适合的材质，如图2-91所示。

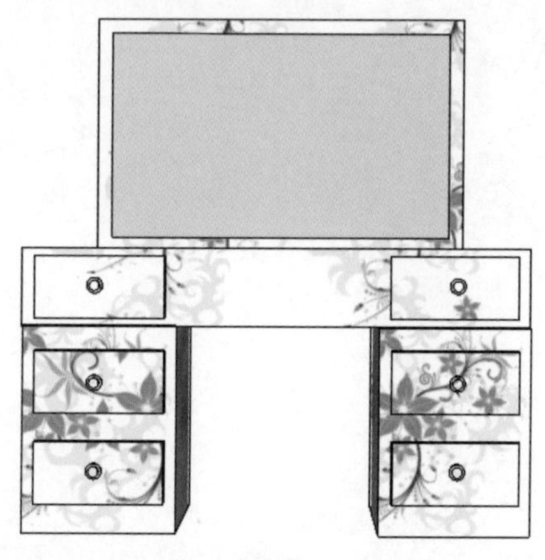

图2-91

提示

如果对 SketchUp软件不是很熟悉的读者，可以在后期学习完其他内容后，再进行入门训练，根据自身掌握程度决定。

2.7 本章小结

学习SketchUp的关键第一步，就是从熟悉界面开始，然后掌握基本操作和一般的对象选择。最后对SketchUp的绘图环境进行配置，这个操作是非常重要的。

本章是为下一章的图形工具讲解做准备，希望大家多多练习。

第3章 SketchUp高级绘图设置

上一章学习了SketchUp入门操作及基本绘图设置，这一章我们将会学习到SketchUp高级绘图设置，主要是菜单栏中窗口下的一些命令，包括材质、组件、群组、样式、图层、场景、雾化和柔化边线、照片匹配和模型信息命令，主要是对模型在不同环境下进行不同的设置，知识点丰富，且非常重要，希望读者们认真学习，并能迅速掌握。

3.1 组件设置

SketchUp组件就是将一个或多个几何体组合，使之操作起来更为方便。组件可以自己制作，也可以下载组件，在模型中当要重复制作某部分时，使用组件能让设计师工作效率大大提高。

一、创建组件方法

- 选择【编辑】/【创建组件】命令，如图3-1所示。
- 选中模型，单击鼠标右键选择【创建组件】命令，如图3-2所示。

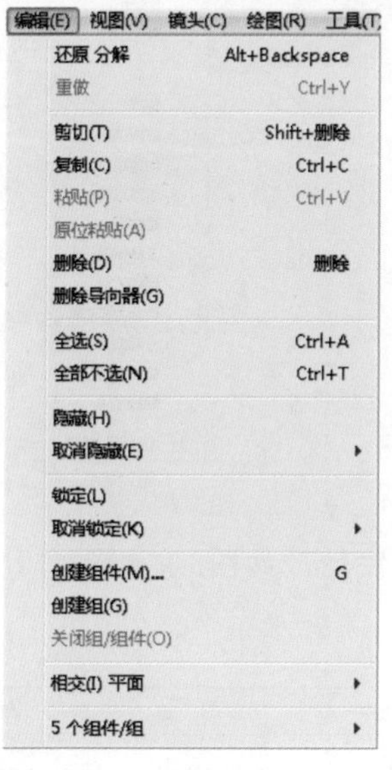

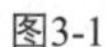
图3-1

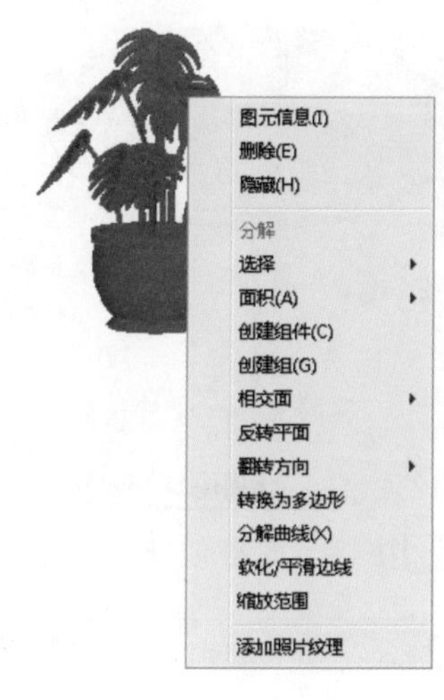

图3-2

二、组件右键菜单

- 删除，删除当前组件。
- 隐藏，对选中组件进行隐藏。取消隐藏，选择【编辑】/【取消隐藏】命令。
- 锁定，对选中组件进行锁定，锁定呈红色选中状态，不能对它进行任何操作，再次单击鼠标右键，选择【解锁】命令即可，图3-3所示为锁定状态。
- 分解，可以将组件进行拆分。
- 翻转方向，将当前组件按轴方向进行翻转，如图3-4和图3-5所示。

图3-3

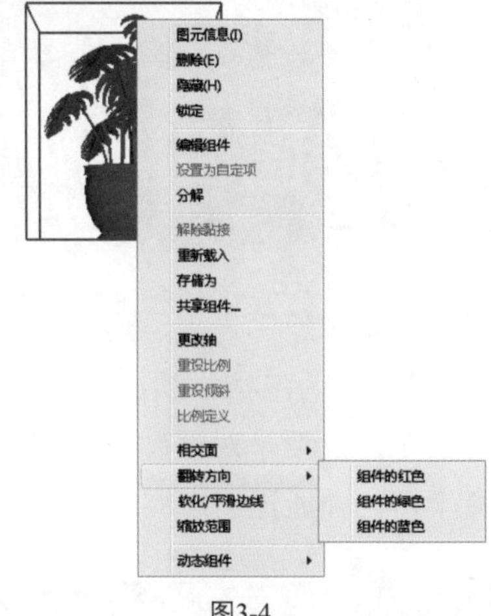

图3-4

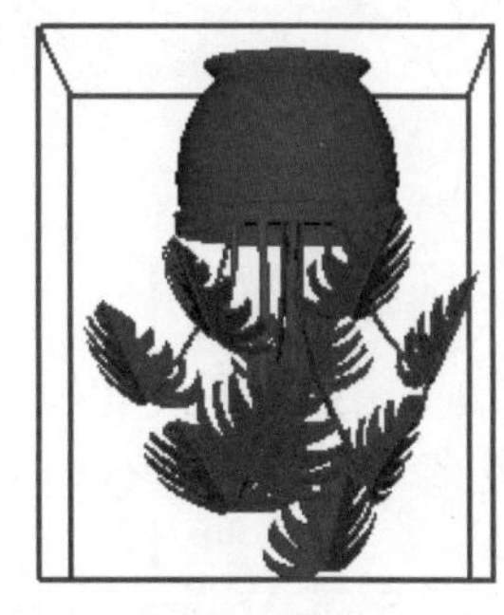

图3-5

源文件：\Ch03\圆桌.skp

1．打开圆桌模型，选中整个模型，如图3-6所示。

2．单击鼠标右键，选择【创建组件】命令，弹出创建组件对话框，如图3-7和图3-8所示。

图3-6

图3-7

3．重新命名，单击 设置组件轴 按钮，可以设置组件轴，如图3-9和图3-10所示。

4．单击 创建 按钮，即可创建组件，如图3-11所示。

创建组件
常规
名称(N)：组件#2
描述(E)：
对齐
黏接至：无 设置组件轴
切割开口
总是朝向镜头
阴影朝向太阳
用组件替换选择内容
取消 创建

图3-8

图3-9

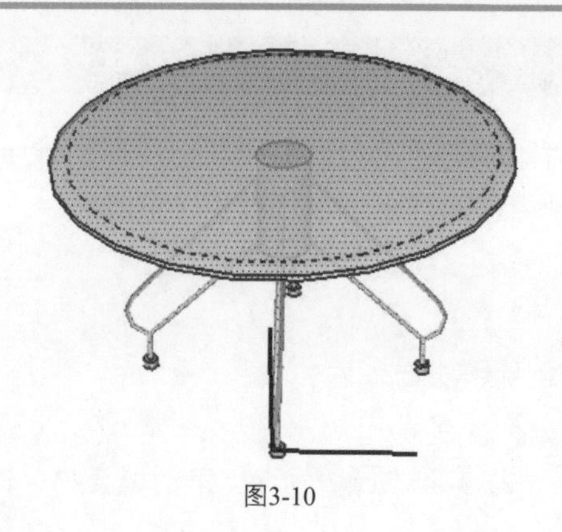
图3-10

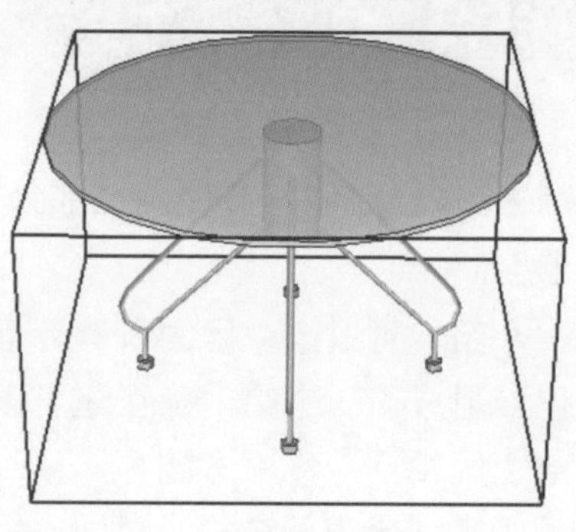
图3-11

提示

“切割开口”一般要进行勾选，表示应用组件与表面相交位置自动开口，如在自定义门、窗时需要勾选该选项，这样才能切割出门窗洞口。

源文件：\Ch03\壁灯.skp

1．打开壁灯模型，该模型已创建组件，如图3-12所示。

2．双击进入组件编辑状态，如图3-13所示。

3．选中灯罩面，填充一种材质，如图3-14、图3-15和图3-16所示。

图3-12

图3-13

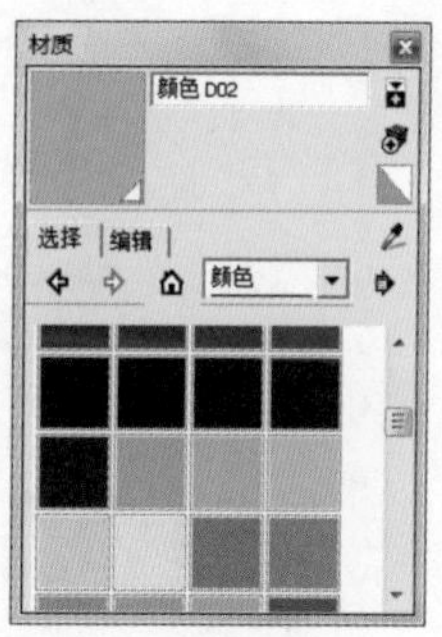

图3-14

4．在空白处单击一下，即可取消组件编辑，如图3-17所示。

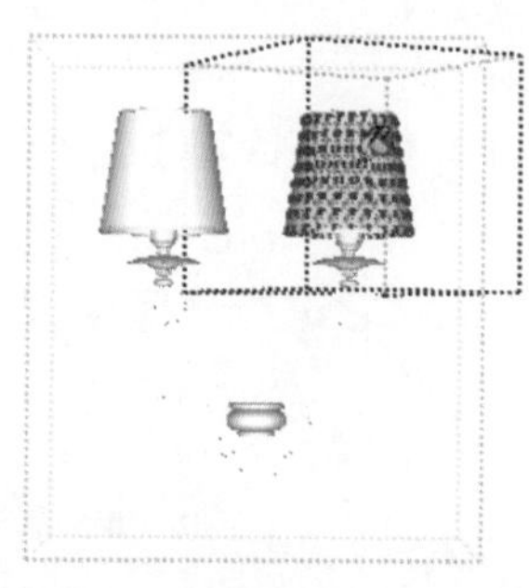
图3-15

图3-16

图3-17

提示

如遇到双击组件进入编辑状态后，仍然不能直接对它进行编辑，这是因为里面包含了群组，那么需要再次双击群组，才可对它进行编辑，这是一种嵌套群组的方式。

3.2 群组设置

SketchUp中群组，就是将一些点、线、面或者实体进行组合，群组可以临时管理一些组件，对于设计师来说，操作时非常方便，这部分主要学习创建群组、编辑群组、嵌套组。

一、群组优点

- 选中一个组就可以选中组内所有元素。
- 如果已经形成了一个组，那么还可以再次创建群组。
- 组与组之间相互操作不影响。
- 可以用组来划分模型结构，对同一组可以一起添加材质，节省了单一填充材质的时间。

二、创建群组方法

- 选中要创建群组的物体，选择【编辑】/【创建组】命令，如图3-18所示。
- 选中要创建群组的物体，用右键单击选择【创建组】命令，如图3-19所示。

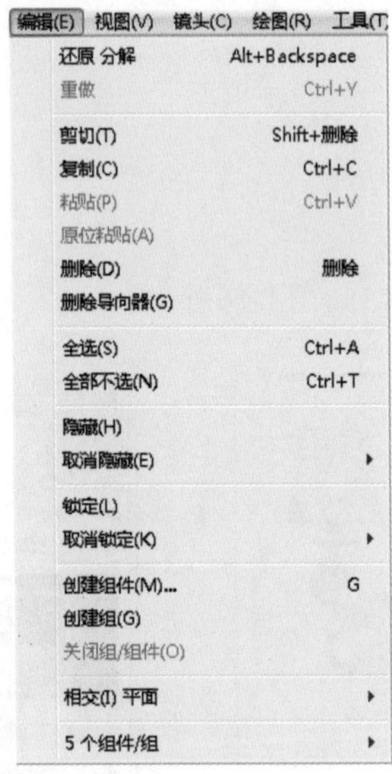

图3-18

图3-19

三、群组右键菜单

选中群组，单击鼠标右键，出现常用操作群组命令。

- 删除，删除当前群组。
- 隐藏，对选中群组进行隐藏。取消隐藏，选择【编辑】/【取消隐藏】命令，如图3-20所示。
- 锁定，对选中群组进行锁定，锁定呈红色选中状态，不能对它进行任何操作，再次单击鼠标右键，选择【解锁】命令即可，如图3-21和图3-22所示。
- 分解，可以将群组拆分成多个组，如图3-23所示。

源文件：\Ch03\帐篷.skp

1. 打开帐篷模型，如图3-24所示。
2. 选中模型，如图3-25所示。
3. 单击鼠标右键选择【创建组】命令，如图3-26所示。
4. 图3-27所示为已经创建好的群组。
5. 双击群组，呈虚线编辑状态，如图3-28所示。

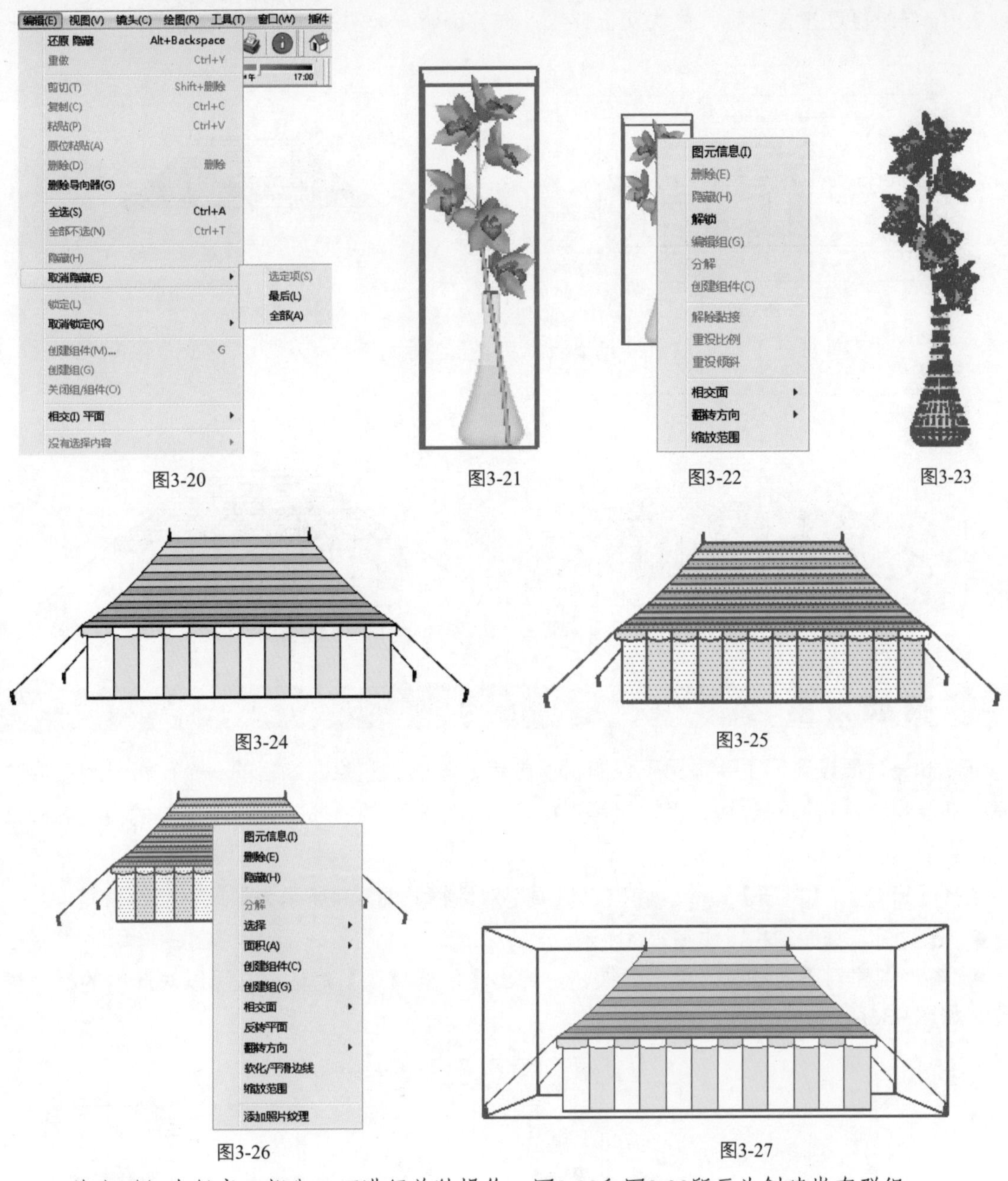

图3-20　图3-21　图3-22　图3-23

图3-24　图3-25

图3-26　图3-27

6．单击群组内任意一部分，可进行单独操作，图3-29和图3-30所示为创建嵌套群组。

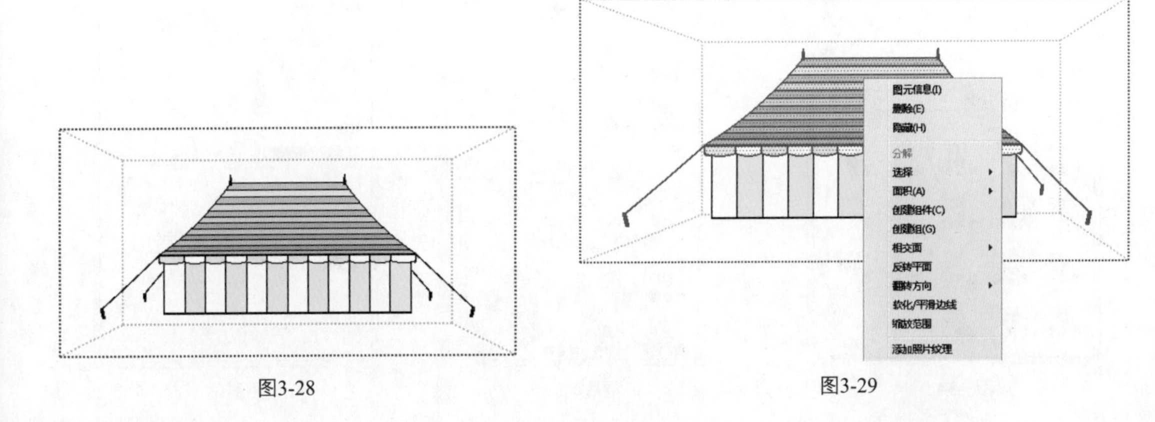

图3-28　图3-29

7．给群组修改当前材质，依次双击群组，进行编辑，如图3-31和图3-32所示。

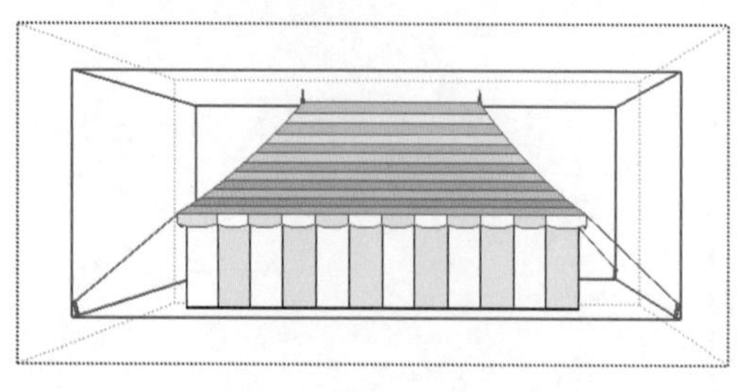

图3-30

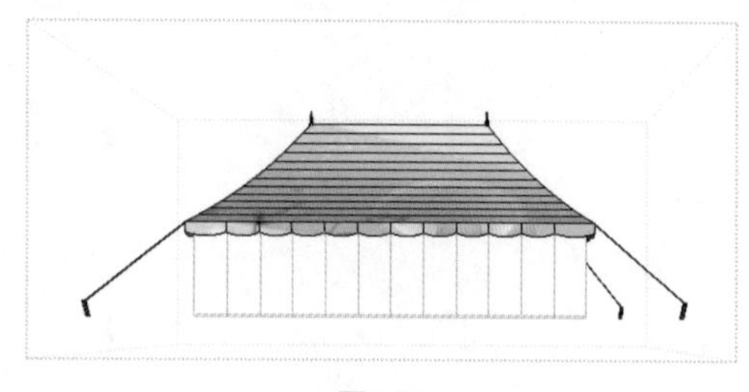

图3-31

8．在空白处单击一下即可取消群组编辑，如图3-33所示。

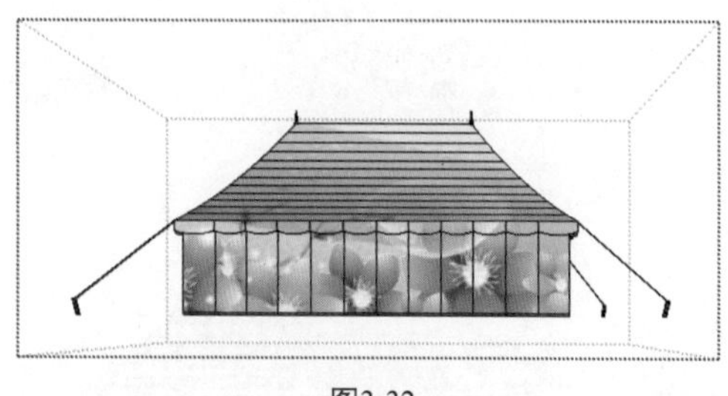

图3-32

图3-33

3.3 材质设置

SketchUp材质设置，主要是用于控制材质应用、添加、删除、编辑的一个面板，材质库非常丰富，功能强大，可以对边线、面、组等直接应用丰富多彩的材质，让一个简单的模型看起来更直观，更现实。

选择【窗口】/【材质】命令，弹出“材质”对话框，图3-34所示为默认材质编辑器。

- ：显示辅助窗格，如图3-35所示。
- ：“创建材质”按钮，单击此按钮，弹出【创建材质】对话框，可以对选中的材质进行修改，如图3-36所示。

图3-34

图3-35

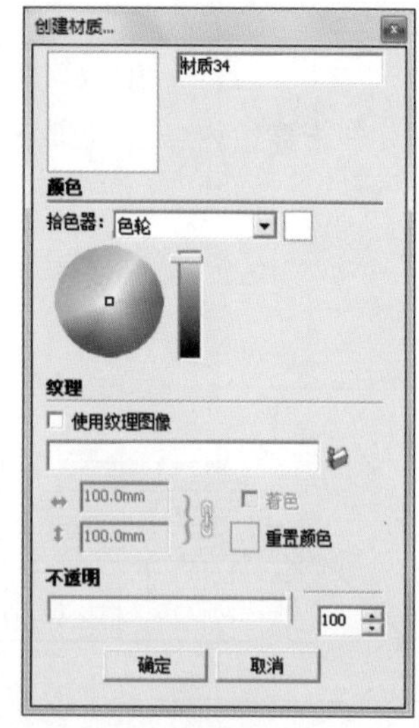

图3-36

- ：将材质恢复到预设样式。
- ：样本颜料，对当前选中的材质进行吸取样式。
- 【选择】选项：选择不同的材质，图中为默认材质文件夹。
- 【编辑】选项：对材质进行编辑，如果场景没有使用材质，则呈灰色状态。

源文件：\Ch03\沙发skp

1. 打开沙发模型，如图3-37所示。填充一种默认的颜色材质，如图3-38所示。这时再选择【编辑】选项，当前选项才被激活，如图3-39所示。

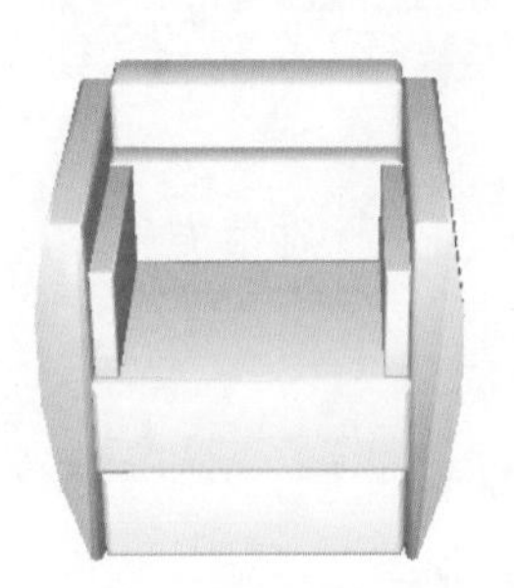

图3-37

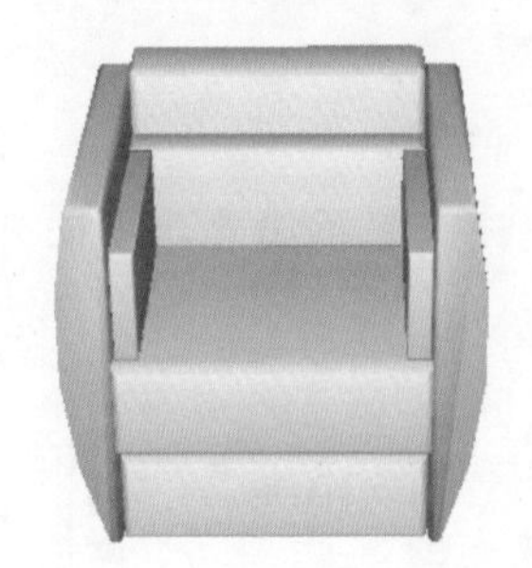

图3-38

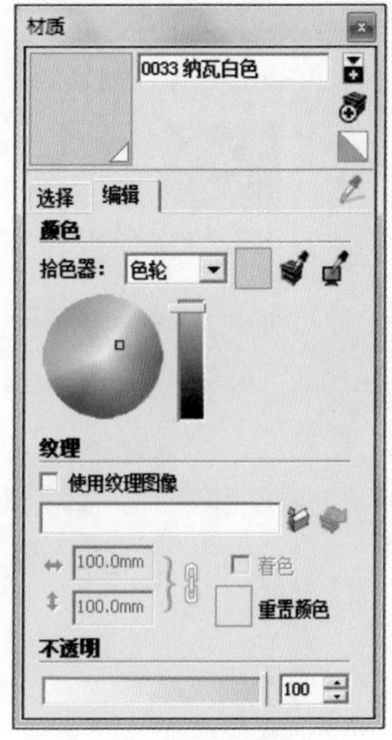

图3-39

2. 颜色：对当前材质进行颜色修改，可以利用“拾色器”进行颜色修改，图3-40所示为修改颜色，图3-41所示为修改后的颜色材质。
3. ：当对设置颜色不满意时，单击此按钮，即可恢复材质原来的颜色。
4. ：匹配模型中对象的颜色。
5. ：匹配屏幕上的颜色，也就是场景中背景的颜色。

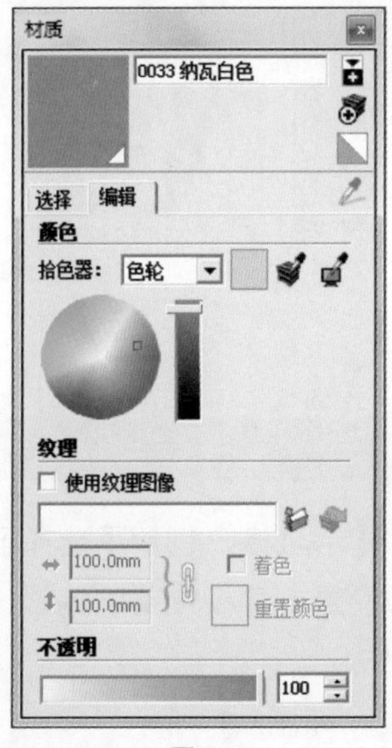

图3-40

图3-41

6. 纹理：勾选“使用材质纹理图像”复选项，单击按钮，可以添加一张图片作为自定义纹理材质，如图3-42、图3-43和图3-44所示。

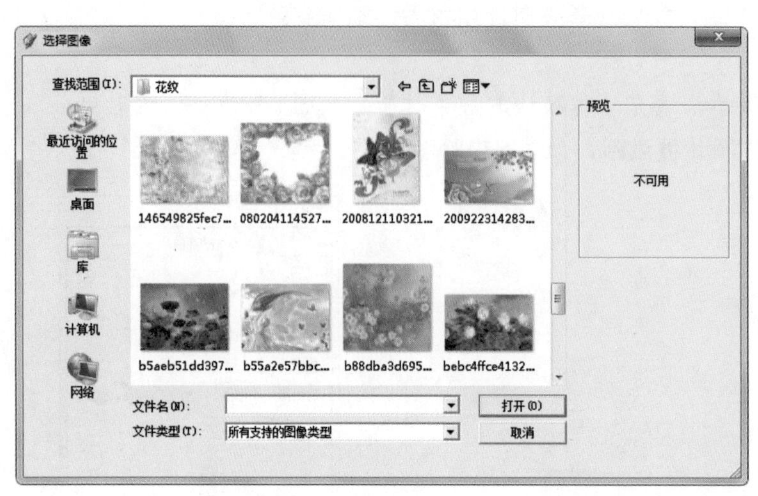

图3-42

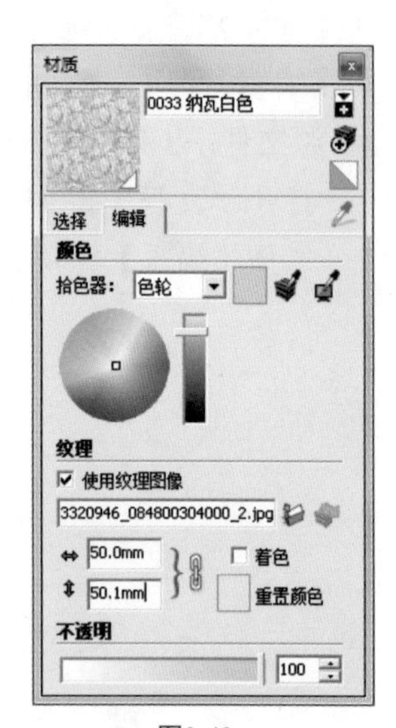

图3-43

7. 宽度和高度：如果对当前材质填充效果不满意，可以更改宽和高，使材质填充更均匀，如图3-45和图3-46所示。

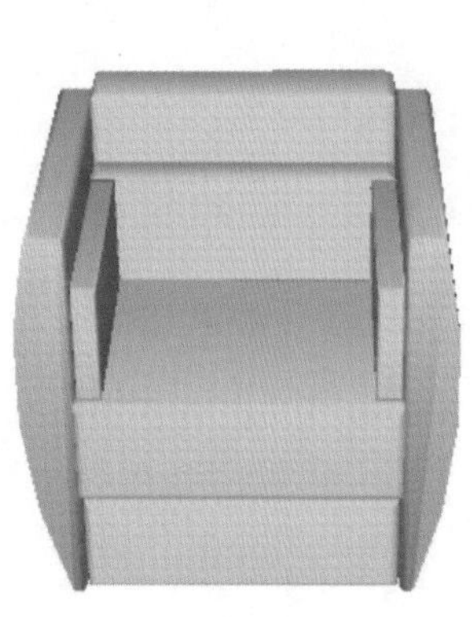

图3-44

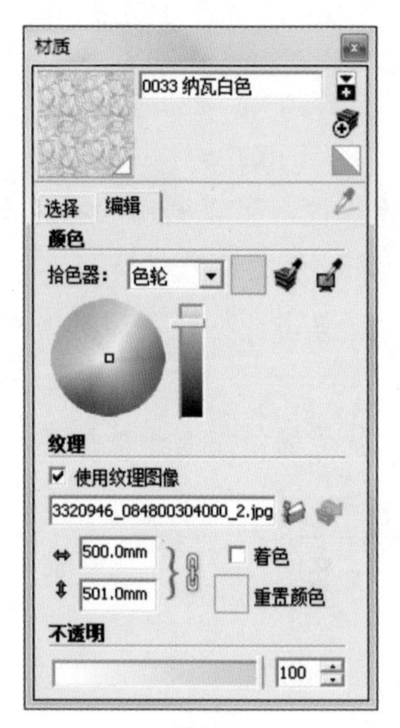

图3-45

图3-46

8. 不透明度：根据需要设置材质透明度。

3.4 样式设置

SketchUp样式设置，用于控制SketchUp不同的样式显示风格，包含了选择不同设计样式的设置，也包含了对边线设置、平面设置、背景设置、水印设置、建模设置的编辑，还有两种样式的混合，内容丰富，是SketchUp中很重要的一个功能。

选择【窗口】/【样式】命令，弹出【样式】管理器，如图3-47所示。

图3-47

一、显示样式

以一幢建筑模型为例，来展示不同的样式风格。

源文件：\Ch03\建筑模型3.skp

1. 打开建筑模型，如图3-48所示。

2. 双击样式文件夹，选择“带框的染色边线”样式，如图3-49所示。

图3-48

图3-49

3. 图3-50和图3-51所示为手绣样式。

图3-50

图3-51

4. 图3-52和图3-53所示为帆布上的笔刷样式。

5. 图3-54和图3-55所示为沙岩色和蓝色样式。

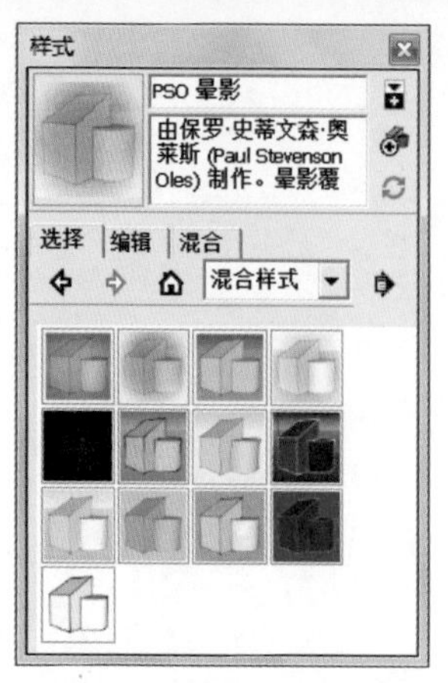

图3-52

图3-53

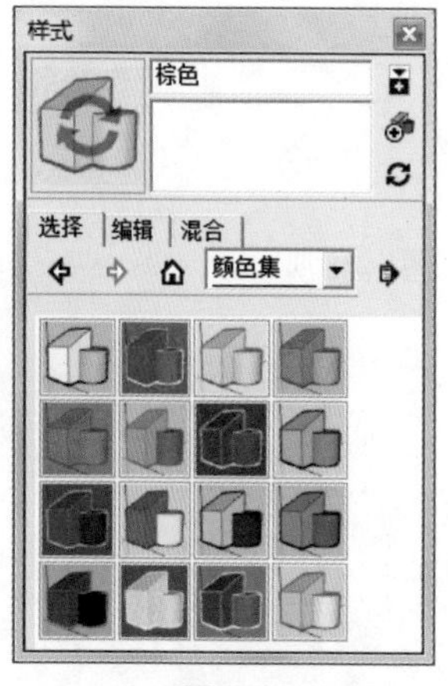

图3-54

图3-55

二、编辑样式

以一个景观塔模型为例，对它的背景颜色进行不同的设置。

源文件：\Ch03\景观塔.skp

1．打开模型，单击【背景设置】按钮，图3-56和图3-57所示为默认的背景样式。

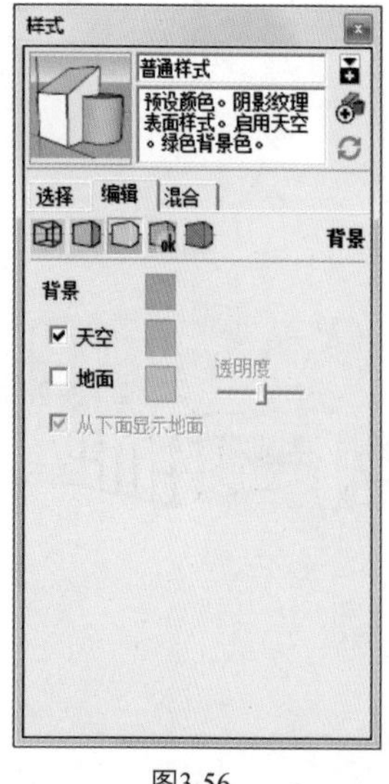

图3-56

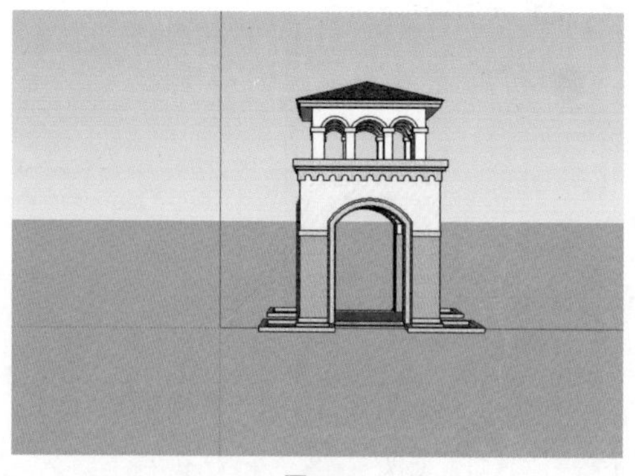
图3-57

2．勾选“地面”复选项，则背景以地面颜色显示，如图3-58和图3-59所示。

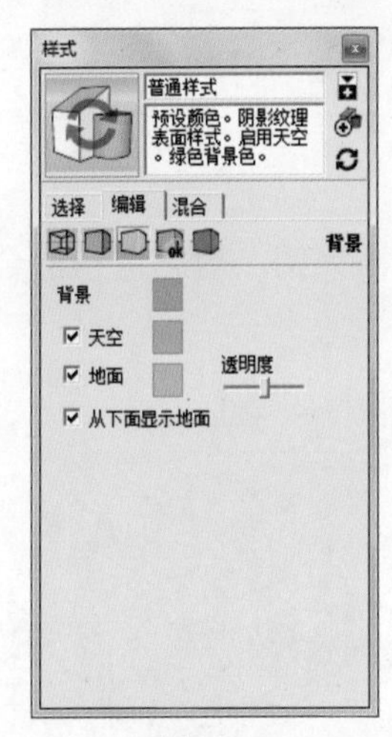

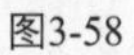
图3-58

图3-59

3．将“天空”复选项取消勾选，则会以背景颜色显示，如图3-60和图3-61所示。

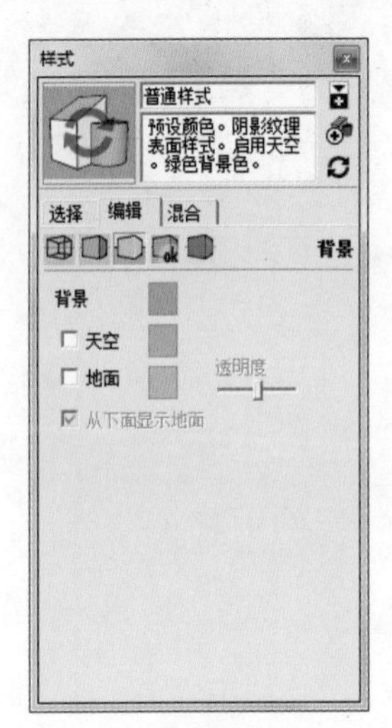

图3-60

图3-61

4．单击颜色块，即可修改当前背景颜色，如图3-62和图3-63所示。

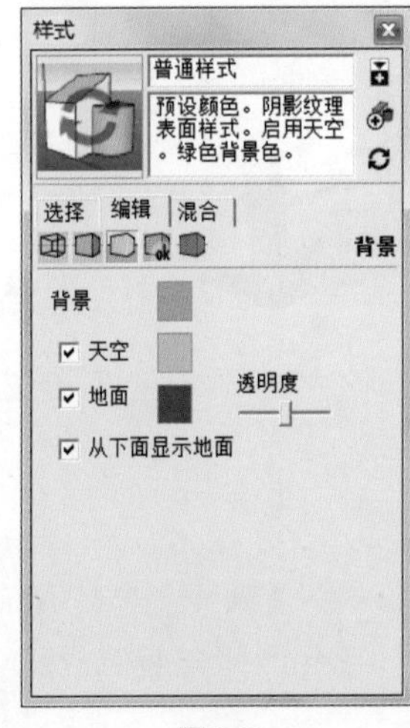

图3-62

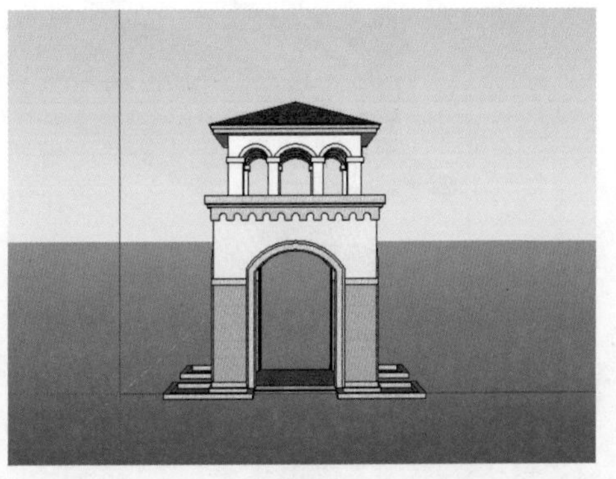
图3-63

提 示

如果想将修改后的颜色样式恢复到初始状态，再选择预设样式即可。

案例——创建混合水印样式

在混合样式里包括了编辑样式和选择样式，这里以一个木桥为例，对它进行混合样式设置。图3-64所示为效果图。

图3-64

源文件：\Ch03\木桥.skp、水印图片.jpg
结果文件：\Ch03\混合水印样式.skp
视频：\Ch03\混合水印样式.wmv

1. 打开木桥模型，如图3-65所示。

图3-65

2. 在【混合样式】选项里选择一种样式，这时指针变成一个“吸管”，表示在吸取当前样式。移动指针到编辑样式里，这时指针又变成了一个“油漆桶”，如图3-66和图3-67所示。

图3-66

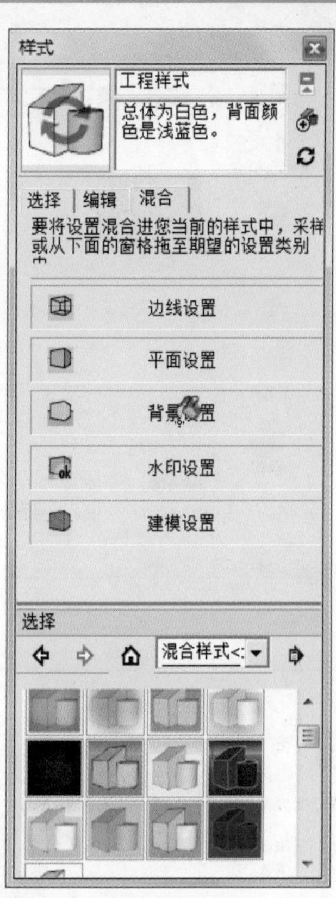

图3-67

3. 依次单击“边线设置”“背景设置”和“水印设置”，即可完成当前混合样式效果，如图3-68所示。

4. 单击【水印设置】按钮，弹出【水印设置】选项组，如图3-69所示。

图3-68

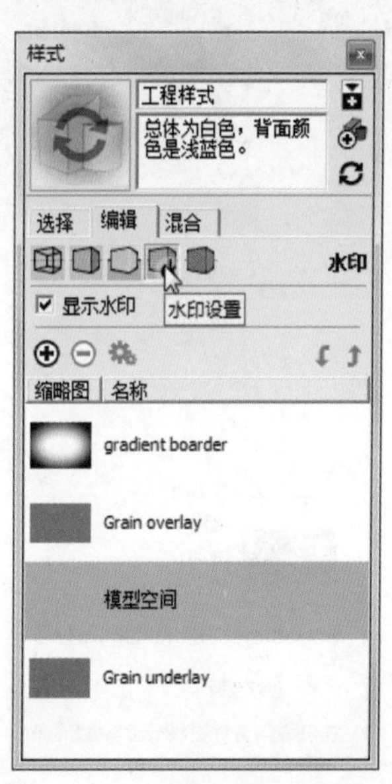

图3-69

5. 单击【添加水印】按钮⊕，选择一张图片，弹出【选择水印】对话框，选择图片以背景样式显示在场景中，如图3-70和图3-71所示。

图3-70

图3-71

6. 依次单击[下一个>>]按钮，对水印背景进行设置，如图3-72和图3-73所示。

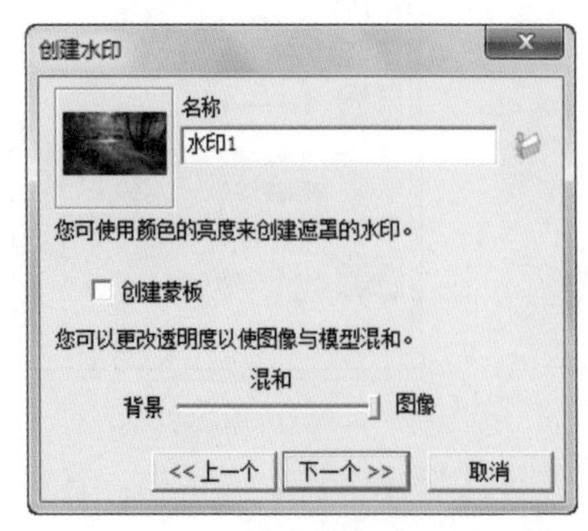

图3-72

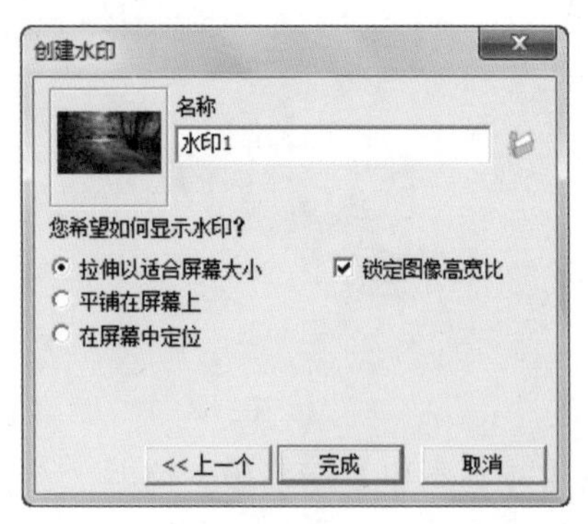

图3-73

7. 单击[完成]按钮，即可完成混合水印样式背景，如图3-74所示。

图3-74

3.5 雾化设置

SketchUp雾化设置，它能给模型增加一种起雾的特殊效果。选择【窗口】/【雾化】命令，弹出【雾化】管理器，如图3-75所示。

图3-75

案例——创建商业楼雾化效果

这里以一片商业区模型为例，对它进行雾化设置操作，图3-76所示为雾化效果。

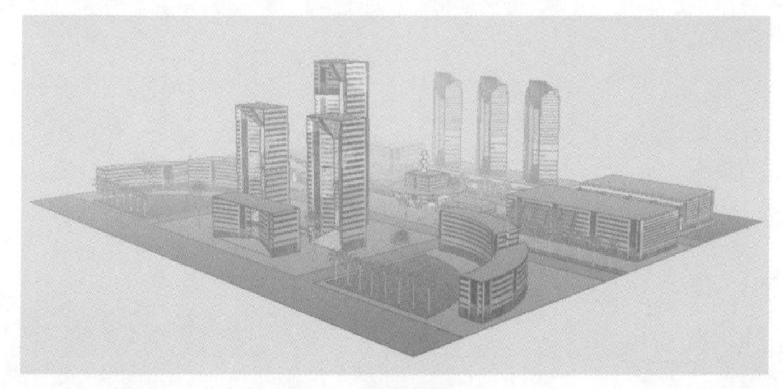

图3-76

源文件：\Ch03\商业楼.skp

结果文件：\Ch03\商业楼雾化效果.skp

视频：\Ch03\商业楼雾化效果.wmv

1．打开商业楼模型，如图3-77所示。

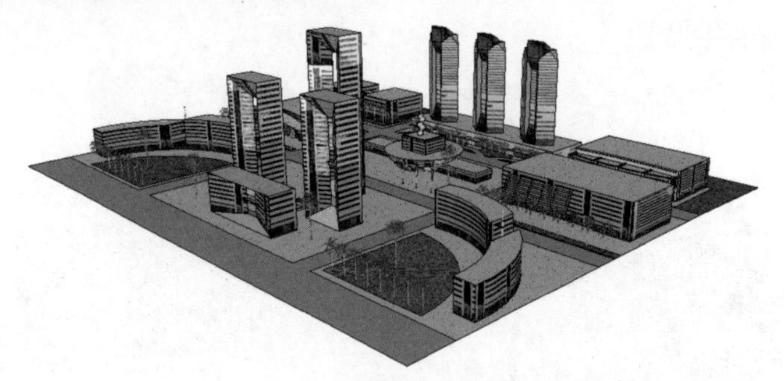

图3-77

2. 勾选“显示雾化”复选框，给模型添加一种雾化效果，如图3-78和图3-79所示。

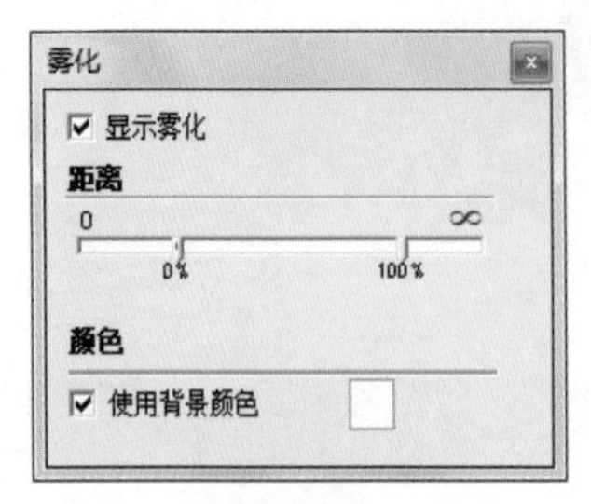

图3-78

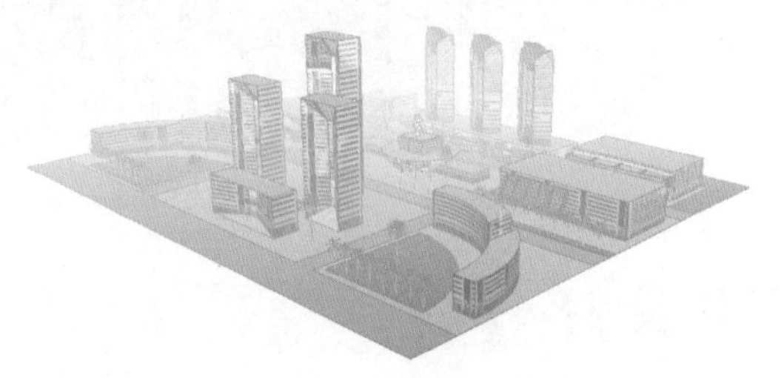

图3-79

3. 取消勾选“使用背景颜色”复选框，单击颜色块，可设置不同的颜色雾化效果，如图3-80、图3-81和图3-82所示。

图3-80

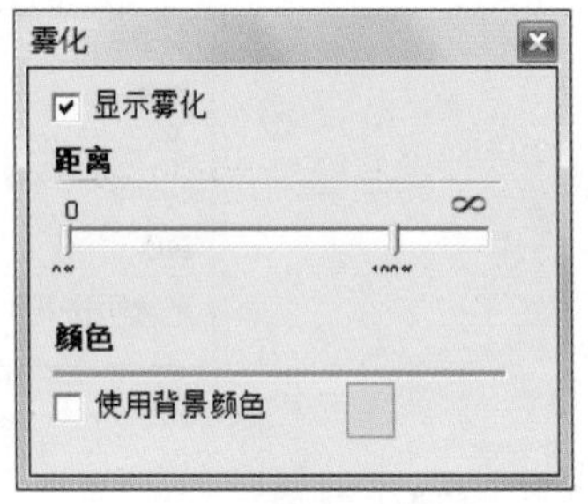

图3-81

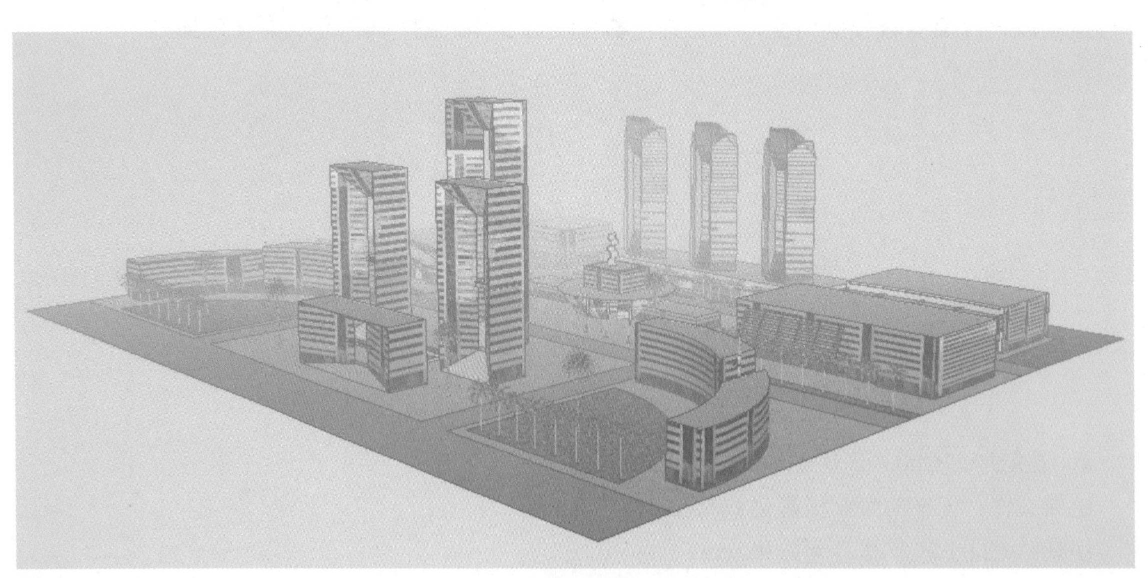

图3-82

案例——创建渐变颜色天空

本例主要应用了样式、雾化设置功能来完成渐变天空，图3-83所示为效果图。

图3-83

源文件：\Ch03\住宅模型1.skp
结果文件：\Ch03\渐变颜色天空.skp
视频：\Ch03\渐变颜色天空.wmv

1．打开住宅模型，如图3-84所示。

图3-84

2．选择【窗口】/【样式】命令，选择【编辑】选项，如图3-85所示。
3．勾选“天空”和“地面”复选项，如图3-86所示。

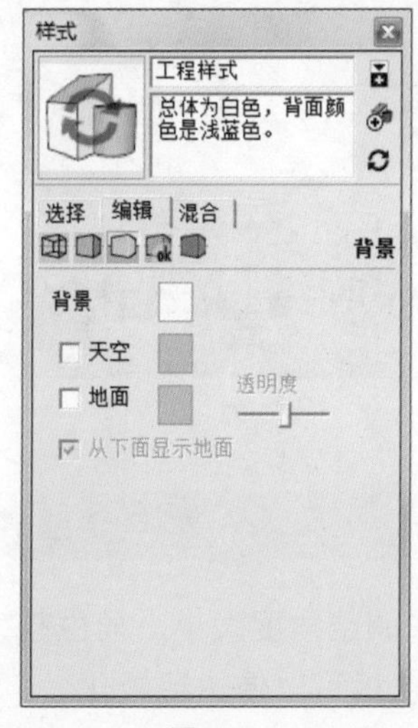

图3-85

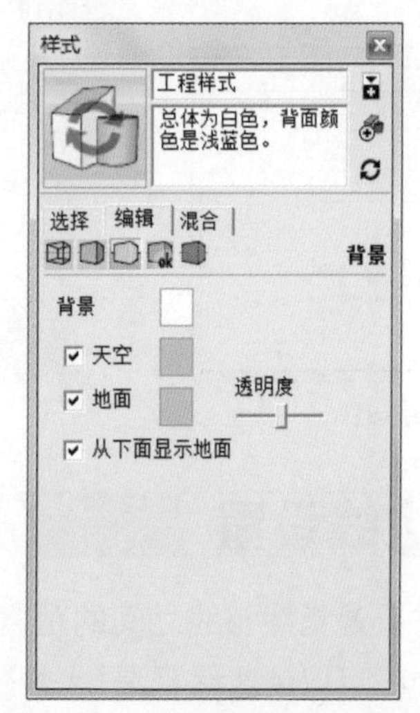

图3-86

4．选择颜色块调整颜色，将天空颜色调整为天蓝色，如图3-87和图3-88所示。

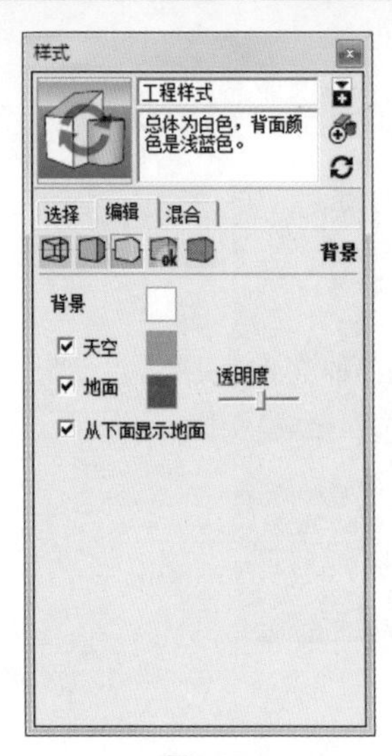

图3-87

图3-88

5. 选择【窗口】/【雾化】命令，勾选“显示雾化”复选框，取消勾选“使用背景颜色”复选框，设置一种橘黄色，如图3-89和图3-90所示。

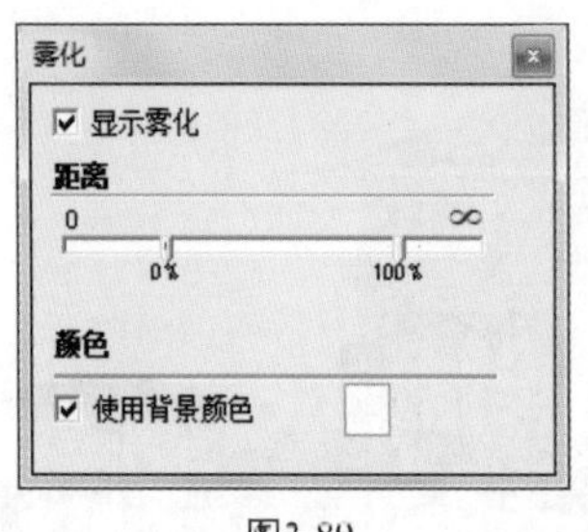

图3-89

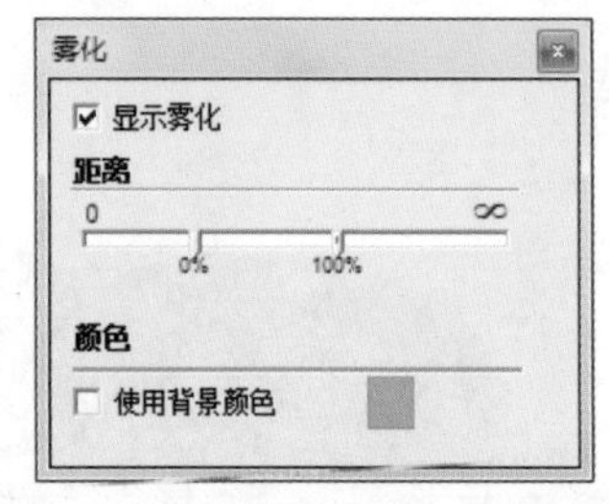

图3-90

6. 将“距离”两个滑块调到两端，天空即由蓝色渐变到橘黄色，如图3-91和图3-92所示。

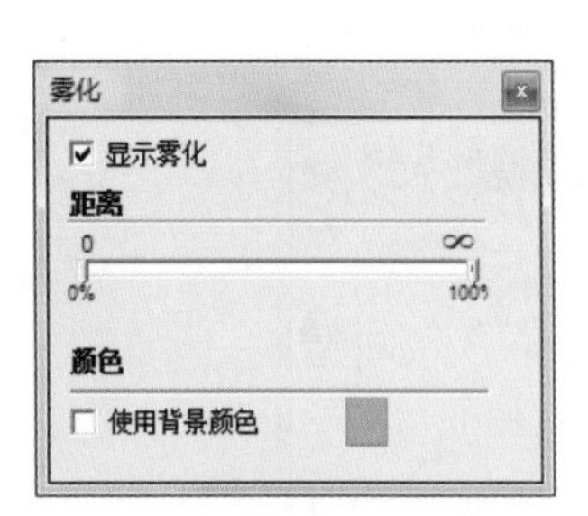

图3-91

图3-92

3.6 柔化边线设置

柔化边线，主要是指线与线之间的距离，拖动滑块调整角度大小，角度越大，边线越平滑，“平滑法线”复选框可以使边线平滑，“软化共面”复选框可以使边线软化。

选择菜单栏【窗口】/【柔化边线】命令，弹出“柔化边线”管理器，如图3-93所示。

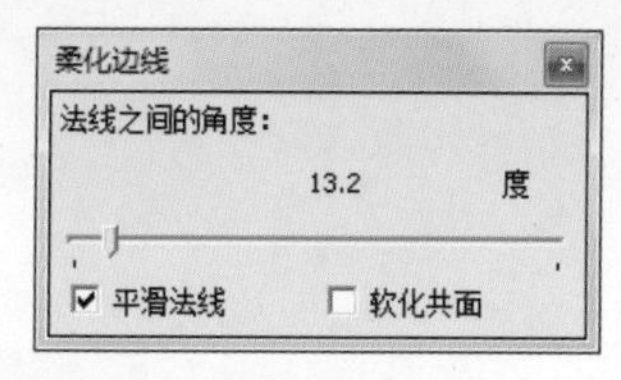

图3-93

案例——创建雕塑柔化边线效果

本例主要应用了柔化边线设置功能，对一个景观小品雕塑的边线进行柔化，图3-94所示为效果图。

图3-94

源文件：\Ch03\雕塑.skp

结果文件：\Ch03\雕塑柔化边线效果.skp

视频：\Ch03\雕塑柔化边线效果.wmv

1．打开雕塑模型，如图3-95所示。

2．选中模型，选择【窗口】/【柔化边线】命令，如图3-96和图3-97所示。

图3-95

图3-96

3．在【柔化边线】管理器中调整滑块，对边线进行柔化，如图3-98和图3-99所示。

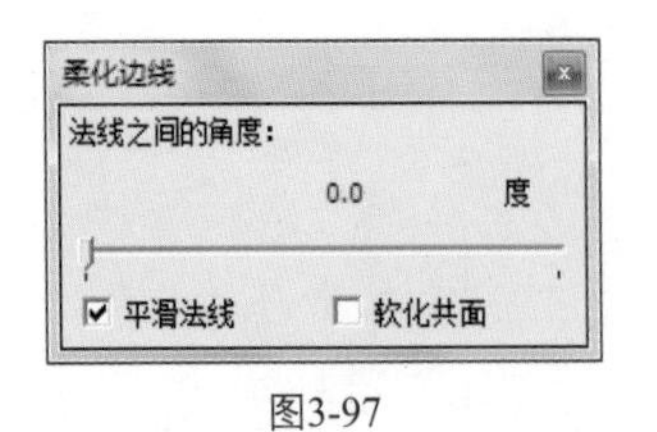

图3-97

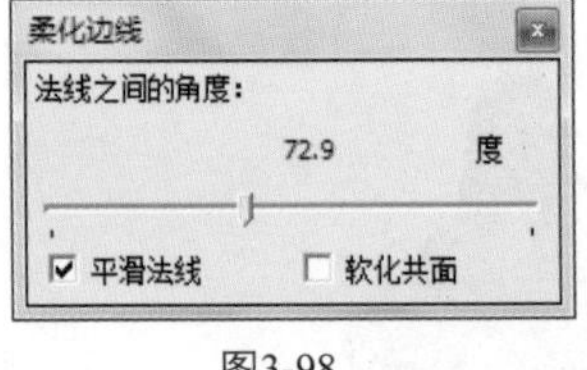

图3-98

图3-99

4. 选中“软化共面”复选框，调整后的平滑边线和软化共面效果如图3-100和图3-101所示。

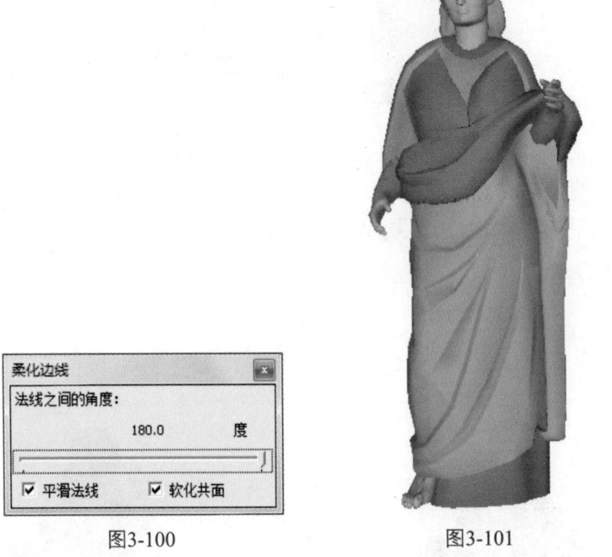

图3-100

图3-101

提示

【柔化边线】管理器，需选中模型才会启用，不选中则以灰色状态显示。

3.7 场景设置

SketchUp场景设置，用于控制SketchUp场景的各种功能，从【窗口】菜单或从“场景标签”激活【场景】对话框。【场景】信息面板包含该模型的所有场景信息，列表中的场景会按在运行动画时显示的顺序显示。

选择【窗口】/【场景】命令，弹出“场景”对话框，如图3-102所示。

图3-102

案例——创建阴影动画

本例主要利用“阴影”工具和场景设置进行结合，设置一个模型的阴影动画。

源文件：\Ch03\住宅模型2.skp

结果文件：\Ch03\阴影动画场景.skp、阴影动画视频.avi

视频：\阴影动画.wmv

1. 打开住宅模型，如图3-103所示。

图3-103

2. 选择【窗口】/【阴影】命令，如图3-104所示。
3. 将阴影日期设为2012年11月30日，如图3-105所示。

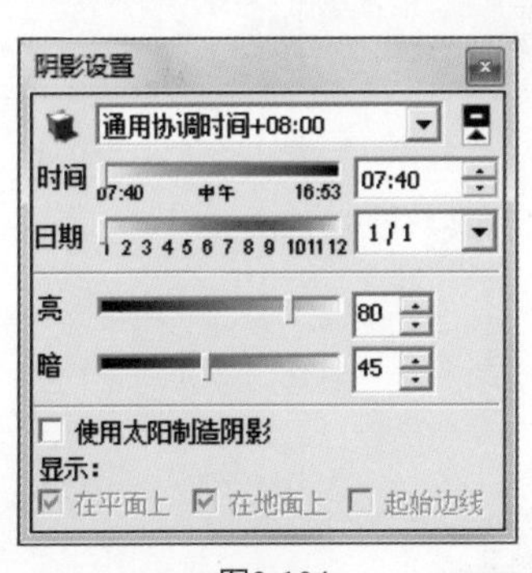

图3-104

图3-105

4. 将阴影时间滑块拖动到最左边凌晨，如图3-106所示。
5. 单击【显示/隐藏阴影】按钮，显示模型阴影，如图3-107所示。
6. 选择【窗口】/【场景】命令，单击【添加场景】按钮⊕，创建场景1，如图3-108所示。

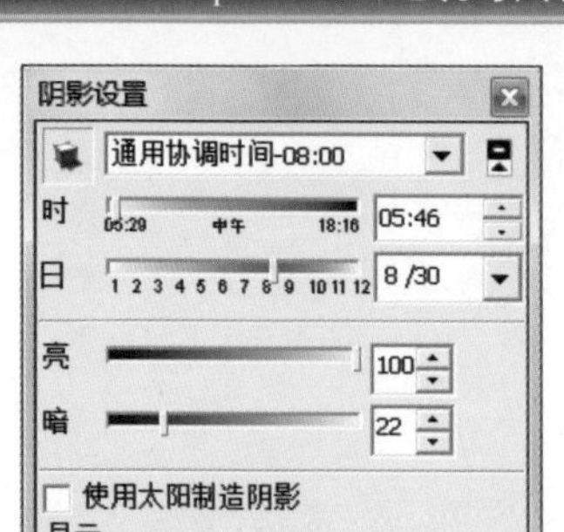

图3-106

图3-107

7．将阴影时间滑块拖动到中午，如图3-109所示。

图3-108

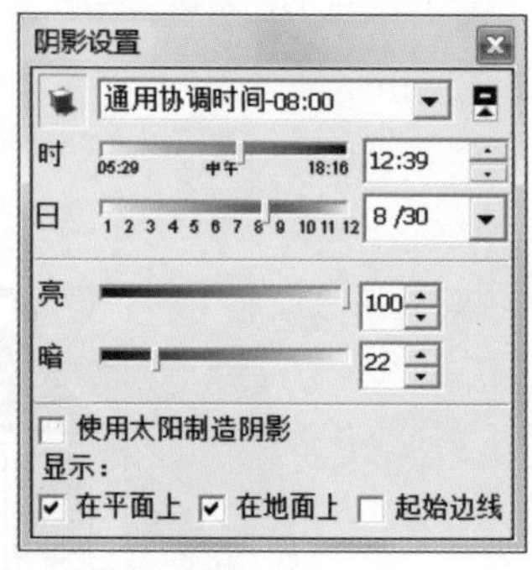

图3-109

8．单击【添加场景】按钮⊕，创建场景2，如图3-110和图3-111所示。

9．将阴影时间滑块拖动到最右边的晚上，如图3-112所示。

图3-110

图3-111

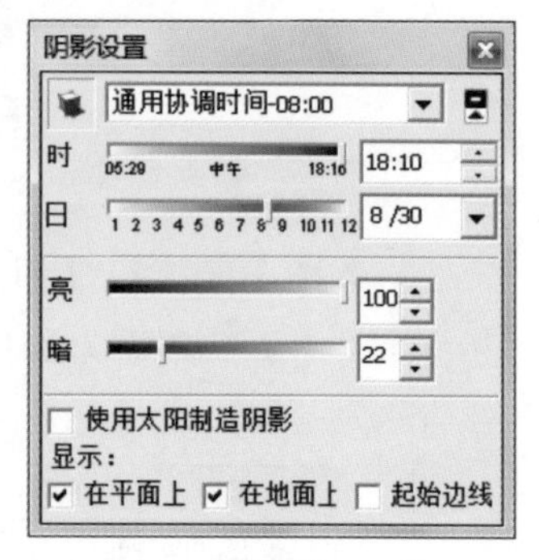

图3-112

10．单击【添加场景】按钮⊕，创建场景3，如图3-113和图3-114所示。

图3-113

图3-114

11. 选择【窗口】/【模型信息】命令，弹出【模型信息】面板，设置动画参数，如图3-115所示。

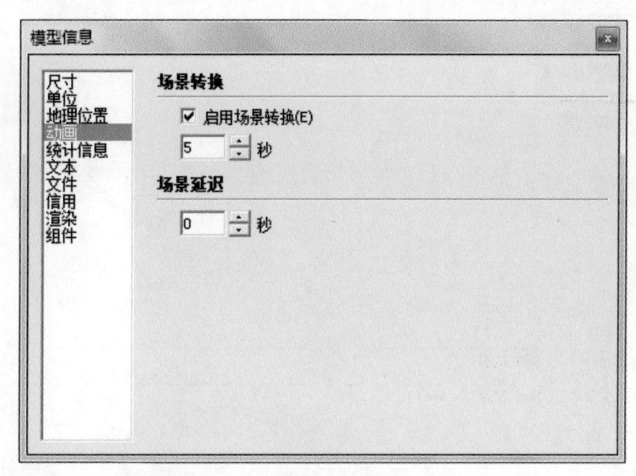

图3-115

12. 选择左上方场景号，单击鼠标右键，选择【播放动画】命令，弹出【动画】对话框，单击"播放"按钮，如图3-116和图3-117所示。

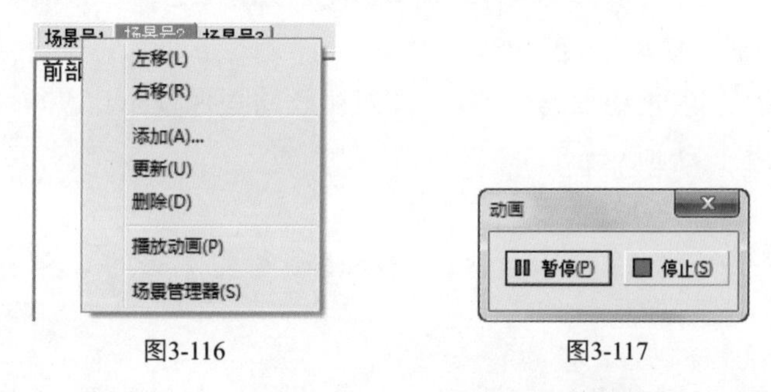

图3-116　　图3-117

13. 选择【文件】/【导出】/【动画】命令，将阴影动画导出，如图3-118和图3-119所示。

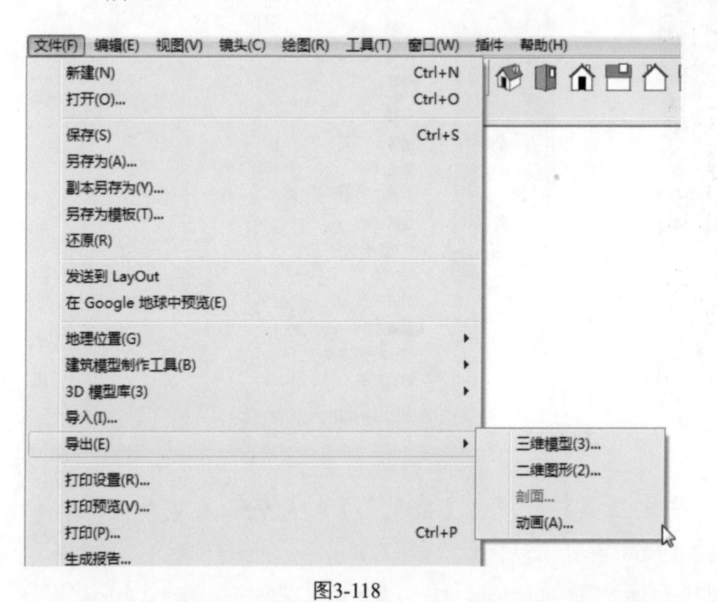

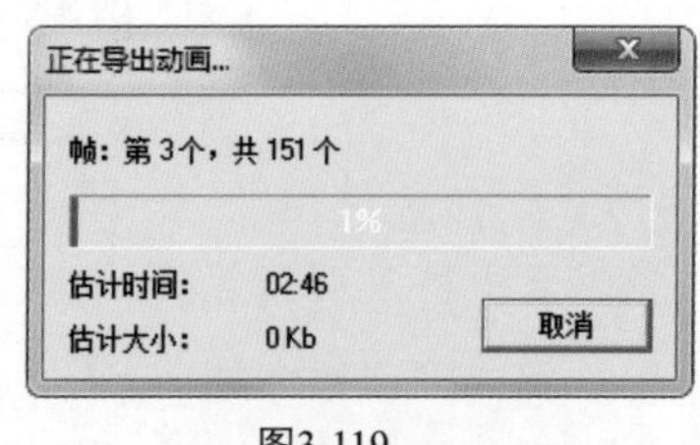

图3-118　　图3-119

14. 图3-120所示为阴影动画输出视频文件，读者可以到光盘中观看动画效果。

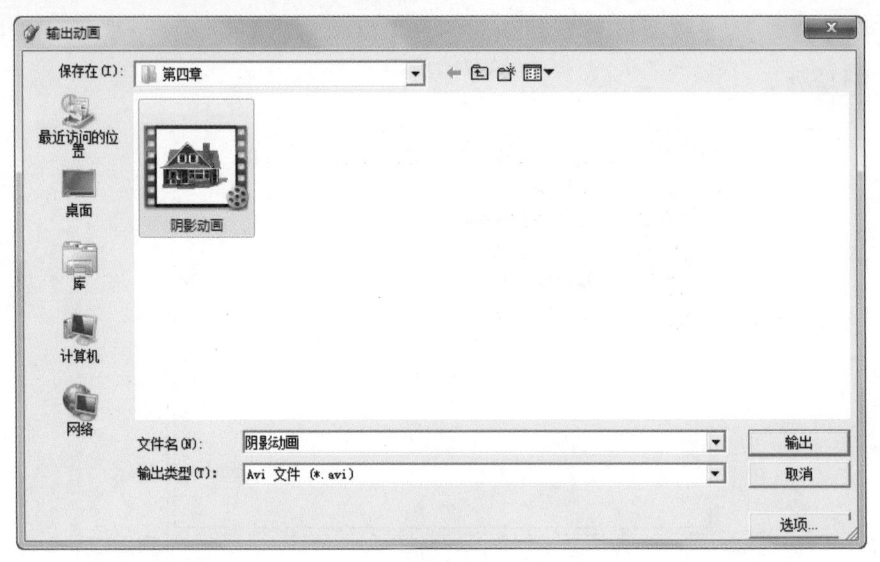

图3-120

案例——创建建筑生长动画

本例主要利用了“剖切”工具和场景设置功能来完成建筑生长动画。

源文件：\Ch03\建筑模型2.skp

结果文件：\Ch03\建筑生长动画场景.skp、建筑生长动画视频.avi

视频：\Ch03\建筑生长动画.wmv

1. 打开建筑模型，如图3-121所示。
2. 将整个模型选中，单击鼠标右键，选择【创建组】命令，创建一个群组，如图3-122所示。

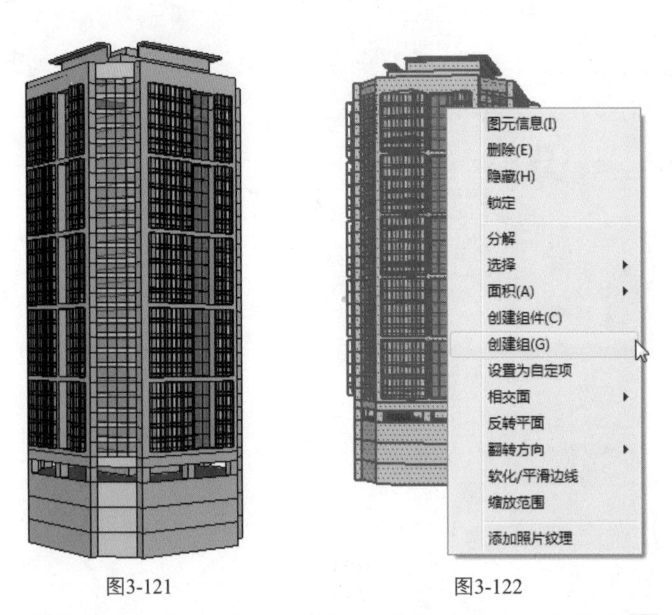

图3-121　　图3-122

3. 双击进入群组编辑状态，打开剖切工具栏，单击【截平面】按钮，在模型底部添加一个剖面，如图3-123、图3-124和图3-125所示。
4. 将剖面选中，单击【移动】按钮，按住Ctrl键不放，复制3个剖面，如图3-126、图3-127和图3-128所示。

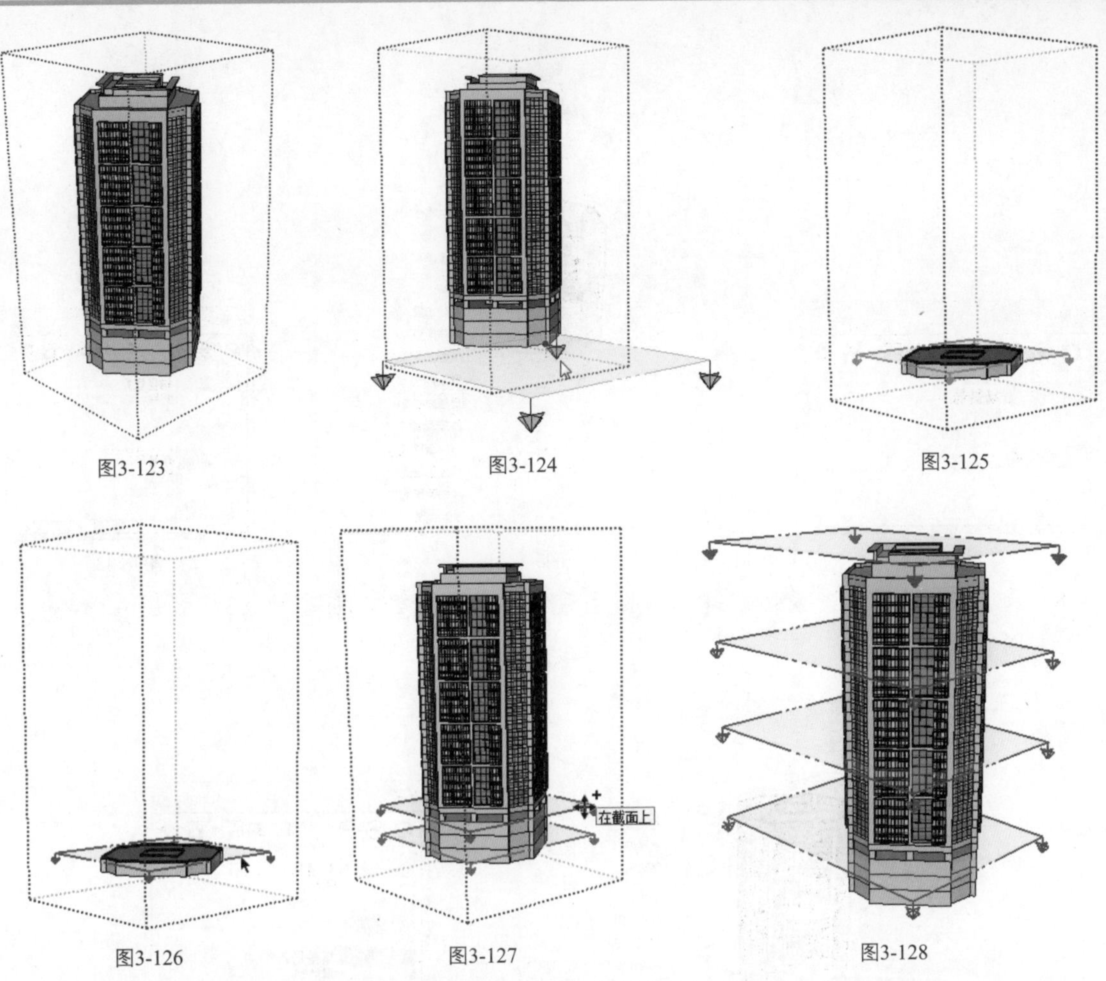

图3-123　图3-124　图3-125

图3-126　图3-127　图3-128

5. 选择第一层剖面，单击鼠标右键选择【活动切面】命令，其他切面自动隐藏，如图3-129和图3-130所示。

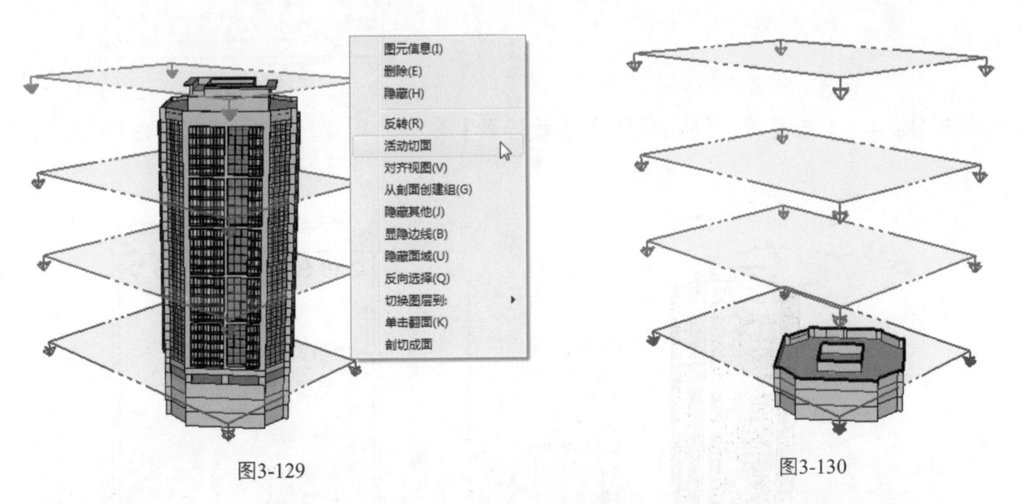

图3-129　图3-130

6. 选择【窗口】/【场景】命令，单击【添加场景】按钮⊕，创建第1个剖面场景，如图3-131所示。

7. 选中剖面2，单击鼠标右键，选择【活动切面】命令，创建场景2，如图3-132和图3-133所示。

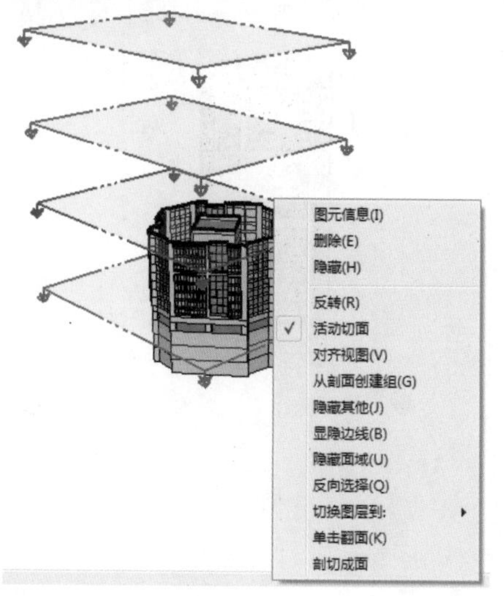

图3-131　　图3-132　　图3-133

8. 选中剖面3，单击鼠标右键，选择【活动切面】命令，创建场景3，如图3-134和图3-135所示。

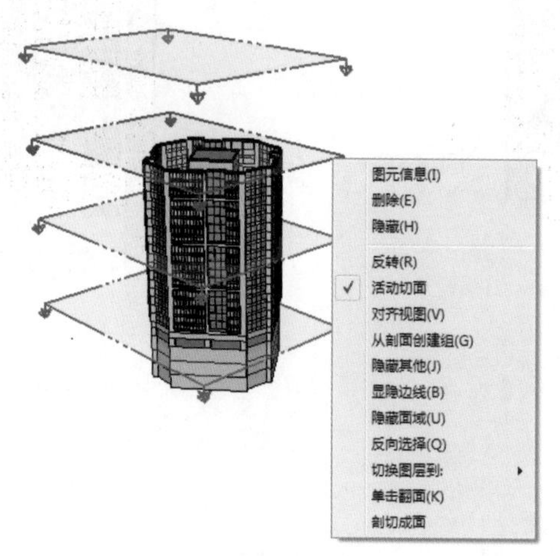

图3-134　　图3-135

9. 选中剖面4，单击鼠标右键，选择【活动切面】命令，创建场景4，如图3-136和图3-137所示。

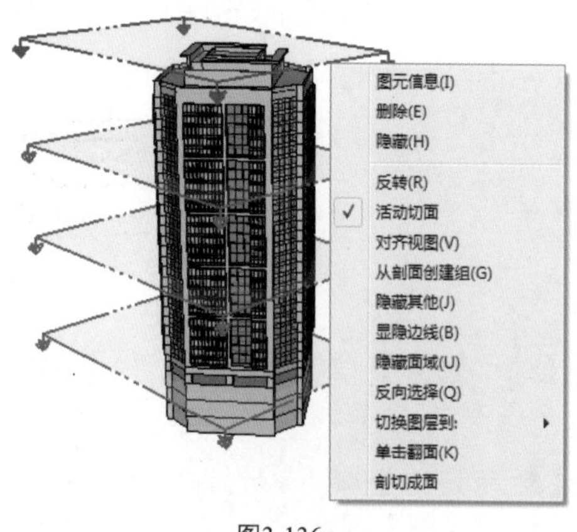

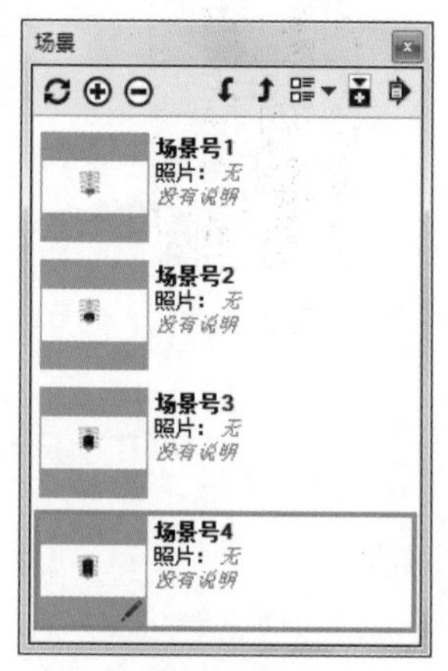

图3-136　　图3-137

10. 选择左上方场景号，单击鼠标右键，选择【播放动画】命令，弹出“动画”对话框，单击“播放”按钮，如图3-138和图3-139所示。

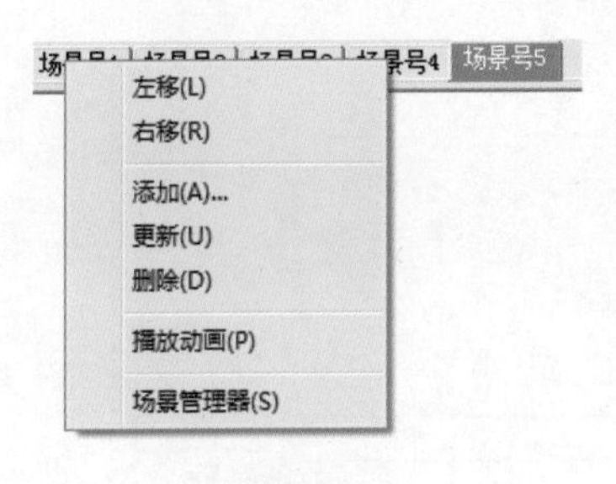

图3-138

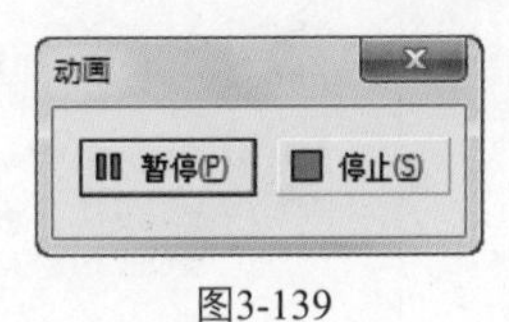

图3-139

11. 选择【窗口】/【模型信息】命令，弹出【模型信息】面板，选择【动画】选项，将参数设置为如图3-140所示。

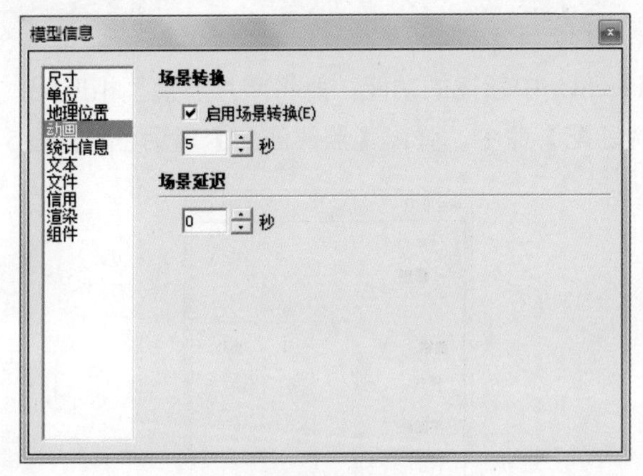

图3-140

12. 选择【文件】/【导出】/【动画】命令，将动画输出，如图3-141和图3-142所示。

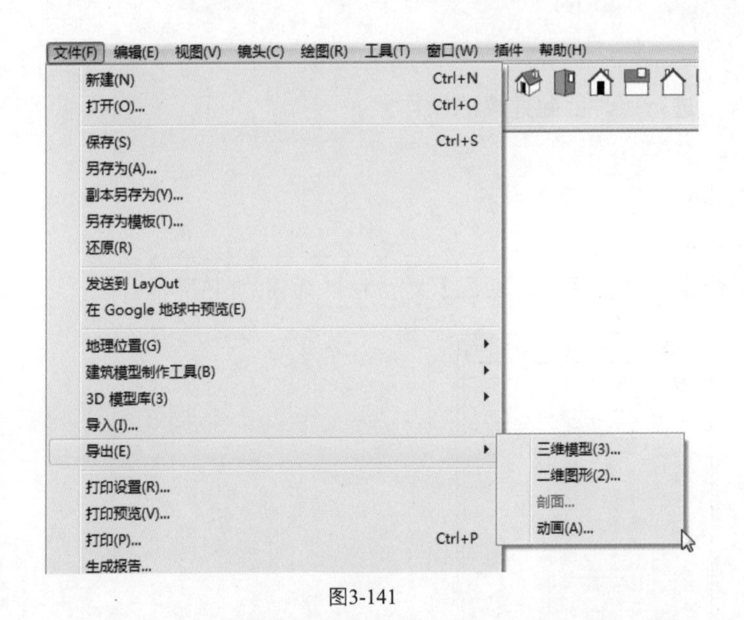

图3-141

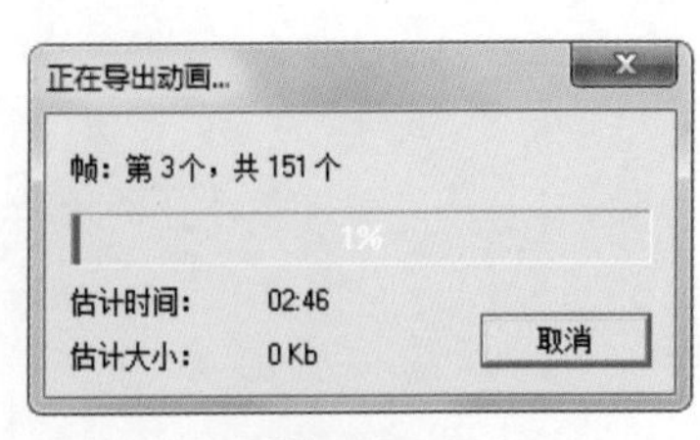

图3-142

13. 图3-143所示为建筑生长动画输出视频文件，读者可以到光盘中观看动画效果。

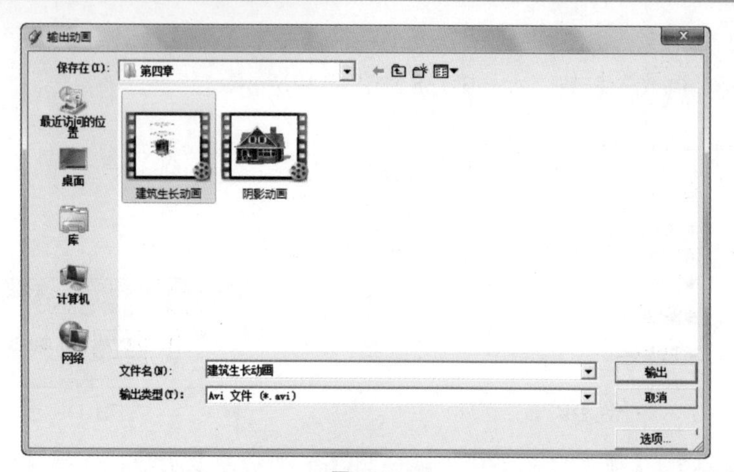

图3-143

3.8 照片匹配

照片匹配，这是在SketchUp中新增的功能，能将照片与模型相匹配，创建不同样式的模型。选择【窗口】/【照片匹配】命令，弹出【照片匹配】对话框，如图3-144所示。

图3-144

案例——照片匹配建模

下面以一张简单的建筑照片为例，进行照片匹配建模的操作。

源文件：\Ch03\照片.jpg

结果文件：\Ch03\照片匹配建模.skp

视频文件：\Ch03\照片匹配建模.wmv

1. 选择【窗口】/【照片匹配】命令，弹出【照片匹配】对话框，如图3-145所示。

图3-145

2. 单击⊕按钮，导入光盘中的照片，如图3-146所示。
3. 调整红绿色轴的4个控制点，如图3-147所示。

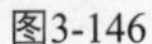
图3-146

图3-147

4. 单击鼠标右键，选择【完成】命令，鼠标指针变成一支笔，如图3-148和图3-149所示。

图3-148

图3-149

5. 绘制模型轮廓，使它形成一个面，如图3-150和图3-151所示。

图3-150

图3-151

6. 单击 从照片投影纹理 按钮，将纹理投射到模型上，选择场景左上方的【照片】命令，单击鼠标右键，选择【删除】命令，将照片删除，如图3-152和图3-153所示。
7. 单击【线条】按钮，将面进行封闭，这样就形成了一个简单的照片匹配模型，如图3-154所示。

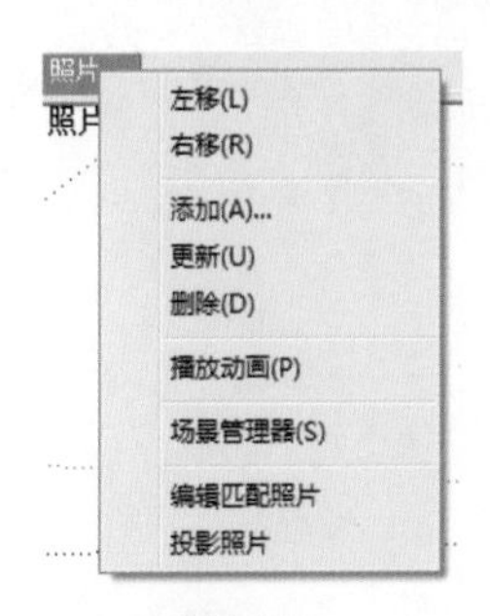

图3-152

图3-153

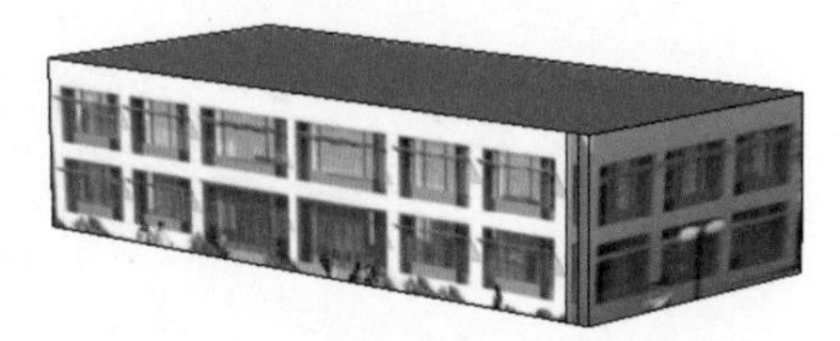
图3-154

提示

调整红绿色轴的方法是分别平行该面的上水平沿和下水平沿（当然在画面中不是水平，但在空间中是水平的，表示与大地平行）。然后用绿色的虚线界定另一个与该面垂直的面，同样是平行于该面的上下水平沿。此时你能看到蓝线（即*Z*轴）垂直于画面中的地面，另外绿线与红线在空间中互相垂直形成了*xy*平面。

3.9 本章小结

本章我们主要学习了SketchUp绘图设置功能，利用不同的绘图设置功能，可以对模型进行一些不同的设置，比如如何利用材质编辑器对材质进行设置，如何创建组件、创建群组，对背景设置不同的样式风格，如何创建多个场景，如何对模型添加雾化和柔化边线效果，并学会了新功能利用一张照片来创建模型。最后以几个实例操作来令读者更加详细了解绘图设置的用法。本章知识丰富而且重要，是SketchUp学习过程中必不可少的章节。

第4章 SketchUp辅助设计工具

本章主要介绍SketchUp的辅助设计功能，其主要作用是对模型进行不同的编辑操作，并与实例进行结合，内容丰富且非常重要，希望读者认真学习。

SketchUp辅助设计工具包括主要工具、建筑施工工具、测量工具、镜头工具、漫游工具、截面工具、视图工具、样式工具和构造工具等。

4.1 主要工具

SketchUp主要工具包括选择工具、制作组件工具、油漆桶工具、擦除工具。图4-1所示为主要工具条。

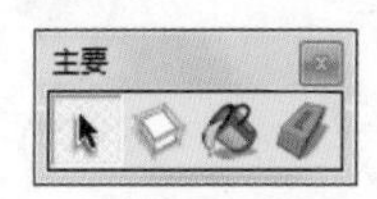

图4-1

4.1.1 选择工具

选择工具，主要配合其他工具或命令使用，可以选择单个模型和多个模型。使用选择工具指定要修改的模型，选择内容中包含的模型被称为选择集。

下面对一个装饰品模型进行选中边线、选中面、删除边线、删除面等操作，来详细了解选择工具的应用。

源文件：\Ch04\装饰品.skp

1. 打开装饰品模型，如图4-2所示。

图4-2

提示

单击【选择】按钮并按住Ctrl键，可以选中多条线。若按Ctrl+A组合键可以选中整个场景中的模型。

2. 单击【选择】按钮，选中模型的一条线，按Del键删除线，如图4-3和图4-4所示。

图4-3

图4-4

3．选择面，按Del键删除面，如图4-5和图4-6所示。

图4-5

图4-6

4．选中部分模型，选择【编辑】菜单中的【删除】命令，也可以删除，如图4-7和图4-8所示。

5．删除效果如图4-9所示。如果想撤销删除，可以选择【编辑】菜单中的【还原】命令。

图4-7

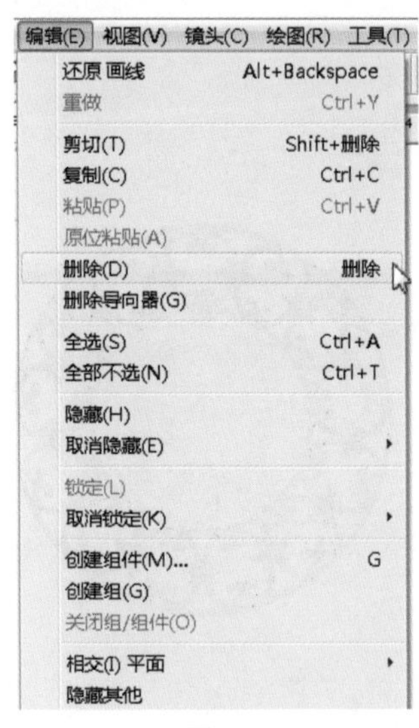

图4-8

图4-9

提示

按快捷键 Ctrl+A可以对当前所有模型进行全选，按快捷键 Del可以删除选中的模型、面、线，按快捷键 Ctrl+Z可以返回上一步操作。

4.1.2 制作组件工具

制作组件工具，能将场景中的模型制作成一个组件。

源文件：\Ch04\盆栽.skp

1. 打开盆栽模型，如图4-10所示。
2. 单击【选择】按钮，将模型选中，如图4-11所示。

图4-10

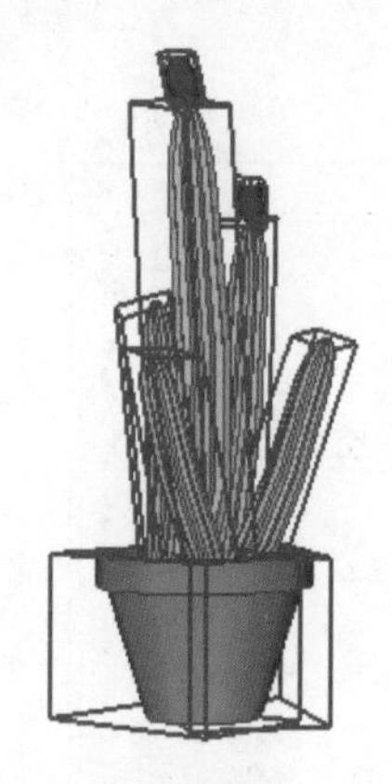

图4-11

3. 单击【制作组件】按钮，弹出【创建组件】对话框，如图4-12所示。
4. 在【创建组件】对话框中输入名称，如图4-13所示。
5. 单击 创建 按钮，即可创建一个盆栽组件，如图4-14所示。

图4-12

图4-13

图4-14

当场景中没有选中的模型时，制作组件工具呈灰色状态，即不可使用。必须是场景中有模型需要操作，制作组件工具才会被启用。

4.1.3 油漆桶工具

油漆桶工具主要是对模型添加不同的材质。

源文件：\Ch04\石凳.skp

1. 打开石凳模型，如图4-15所示。

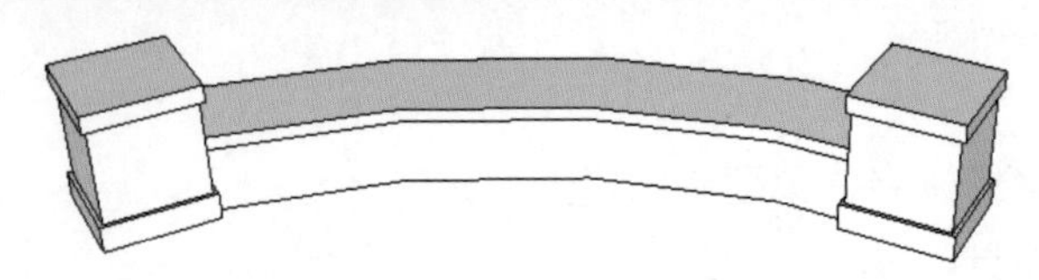

图4-15

2．单击【颜料桶】按钮，弹出【材质】对话框，如图4-16所示。

3．双击【材质】对话框中默认的“石头”文件夹，选择其中的一种颜色材质，如图4-17所示。

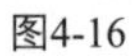
图4-16

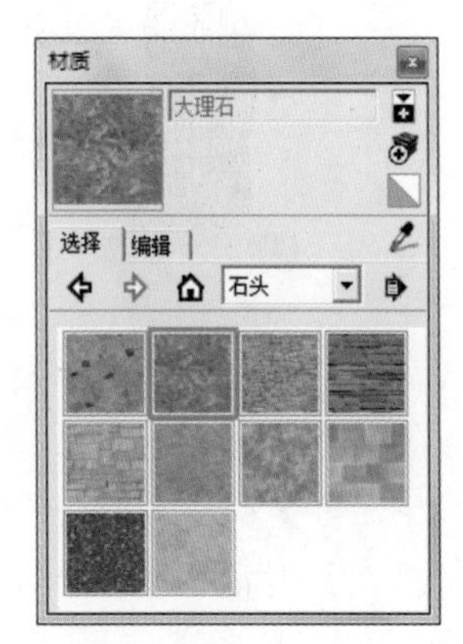

图4-17

4．将鼠标指针移到模型上，指针变成形状，如图4-18所示。

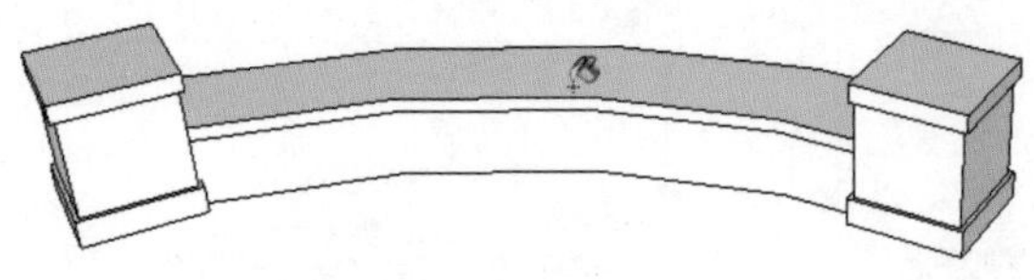

图4-18

5．单击鼠标左键，即可添加材质，如图4-19所示。

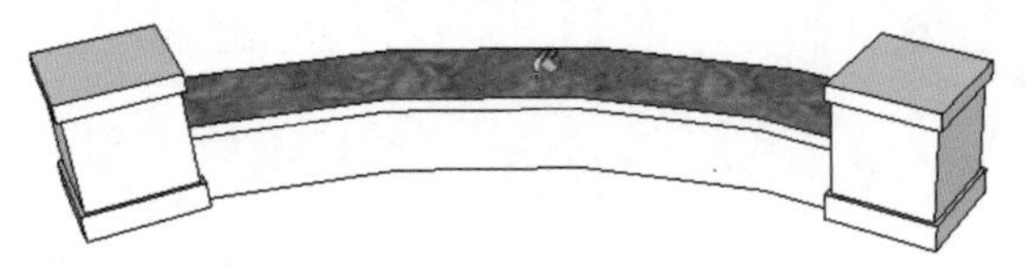

图4-19

6．依次对其他面填充材质，如图4-20所示。

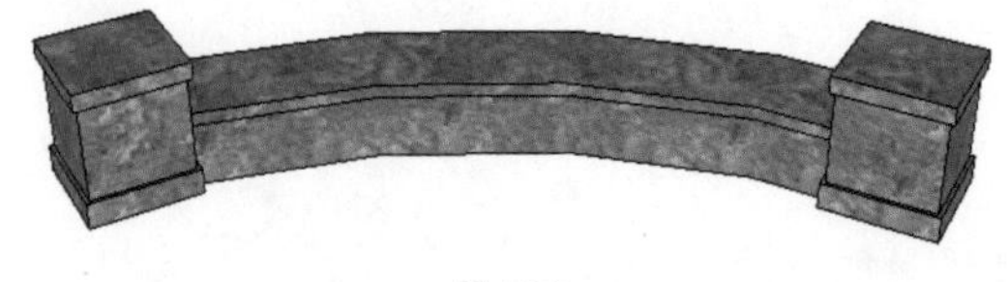

图4-20

4.1.4 擦除工具

擦除工具又称橡皮擦工具，主要是对模型不需要的地方进行删除，但无法删除平面。

源文件：\Ch04\装饰画.skp

1. 打开装饰画模型，如图4-21所示。

2. 单击【擦除】按钮，鼠标指针变成擦除工具，按住鼠标左键不放，对着模型的边线进行单击，如图4-22所示。

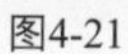

图4-21

图4-22

3. 单击线条，即可擦除线和面，擦除效果与之前讲的利用选择工具进行删除类似，如图4-23所示。

4. 单击【擦除】按钮并按住Shift键，不是删除线，而是隐藏边线，如图4-24所示。

图4-23

图4-24

单击【擦除】按钮并按住 Ctrl键，可以软化边缘，单击【擦除】按钮并同时按住 Ctrl+Shift组合键，可以恢复软化边缘，按 Ctrl+Z组合键也可以恢复操作步骤。

4.2 阴影工具

SketchUp阴影工具能为模型提供日光照射和阴影效果，包括一天以及全年时间内的变化，相应的计算是根据模型位置（经纬度、模型的坐落方向和所处时区）进行的。

阴影包括阴影设置和启用阴影，主要是对场景中的模型进行阴影设置，可以通过直接在“模型信息”对话框中的“地理位置”面板中输入数据来启用阴影。

选择【窗口】/【阴影】命令，弹出“阴影设置”对话框，如图4-25所示。选择【视图】/【工具栏】/【阴影】命令，弹出“阴影”工具栏，如图4-26所示。

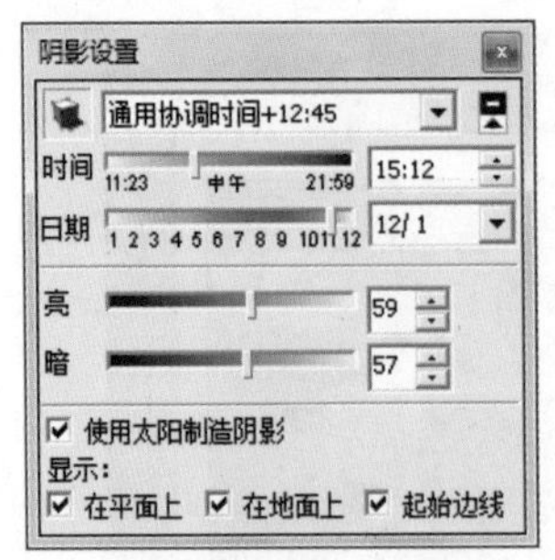

图4-25

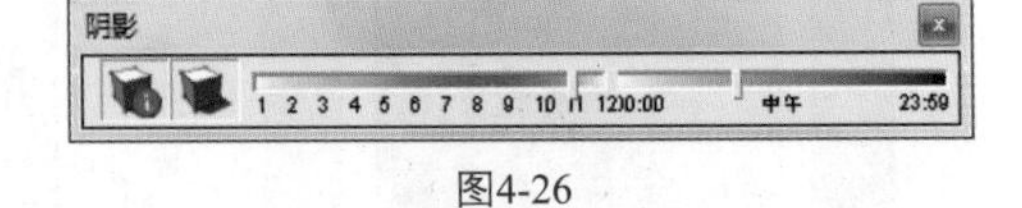

图4-26

● 按钮：表示显示或者隐藏阴影。

● 通用协调时间+08:00：也可以称为标准世界统一时间，选择下拉列表中不同的时间，可以改变阴影变化，如图4-27所示。

●【时间】选项：可以根据滑块调整改变时间，调整阴影变化，也可在右边框输入准确值，如图4-28、图4-29、图4-30和图4-31所示。

图4-27

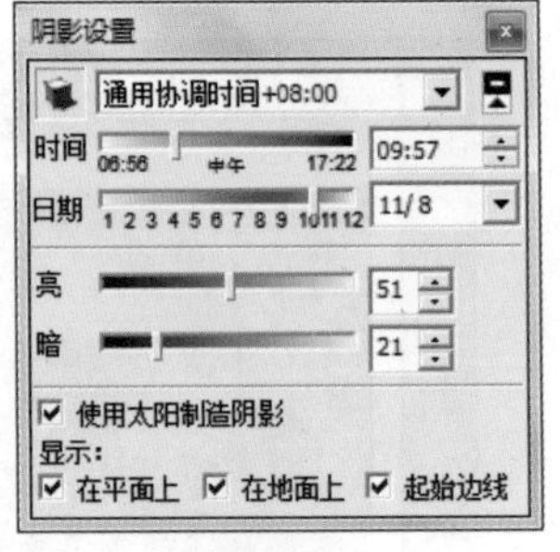

图4-28

图4-29

图4-30

图4-31

●【日期】选项：可以根据滑块调整改变日期，也可在右边框输入准确值。

●【亮/暗】选项：主要是调整模型和阴影的亮度和暗度，也可以在右边框输入准确值，如图4-32和图4-33所示。

●【使用太阳制造阴影】复选框：勾选则代表在不显示阴影的情况下，依然按场景中的太阳光来表示明暗关系，不勾选则不显示。

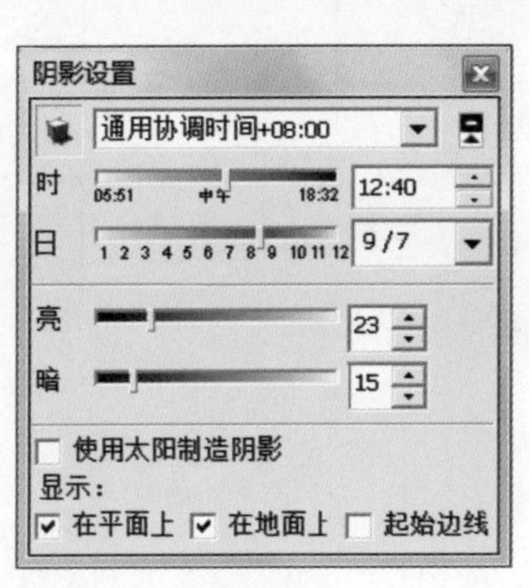

图4-32

图4-33

● 【在平面上】复选框：启用平面阴影投射，此功能要占用大量的3D图形硬件资源，因此可能会导致性能降低。

● 【在地面上】复选框：启用在地面（红色/绿色平面）上的阴影投射。

● 【起始边线】：启用与平面无关的边线的阴影投射。

SketchUp中的时区是根据图像的坐标设置的，鉴于某些时区跨度很大，某些位置的时区可能与实际情况相差多达一个小时（有时相差的时间会更长）。夏令时不作为阴影计算的因子。

4.3 建筑施工工具

建筑施工工具，又称为构造工具，主要对模型进行一些基本操作，包括卷尺工具、尺寸工具、量角器工具、文本标注工具、轴工具、三维文本工具。图4-34所示为建筑施工工具条。

图4-34

4.3.1 卷尺工具

卷尺工具主要对模型任意两点之间进行测量，同时还可以拉出一条辅助线，对建立精确模型非常有用。

一、测量模型

下面测量一个矩形块的高度和宽度。

1. 创建一个矩形块模型，如图4-35所示。
2. 单击【擦除】按钮，指针变成一个卷尺，单击确定要测量的第一点，呈绿点状态，如图4-36所示。
3. 按住左键不放拖动到测量的第二点，单击确定，数值输入栏中会显示精度长度，测量的值和数值栏一样，图4-37和图4-38所示为高度和宽度。

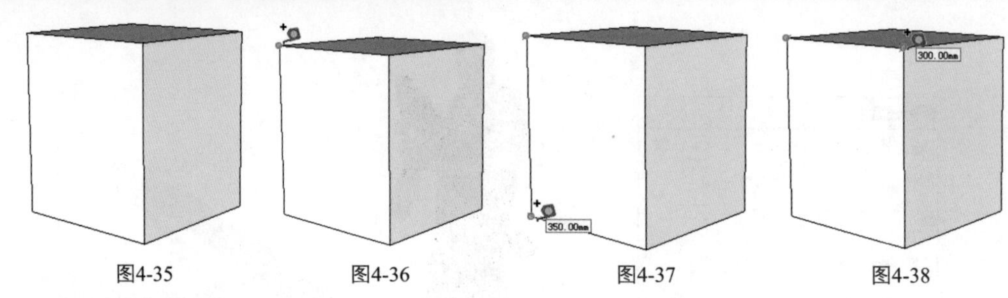

图4-35　图4-36　图4-37　图4-38

二、辅助线精确建模

下面对矩形块进行精确测量建模。

1．单击【卷尺】按钮，单击边线中点，如图4-39所示。
2．按住左键不放向下拖动，拉出一条辅助线，在数值栏中输入30mm，按Enter键结束，即可确定当前辅助线与边距离为30mm，如图4-40所示。

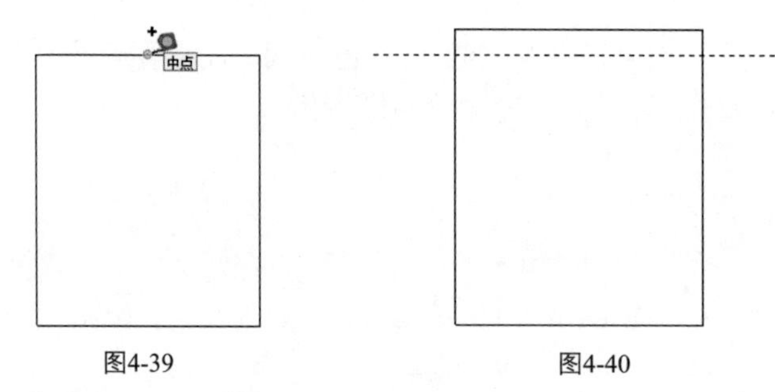

图4-39　图4-40

3．分别对其他三边拖出30mm的辅助线，如图4-41所示。
4．单击【线条】按钮，单击辅助线相交的4个点，即可画出一个精确封闭面，如图4-42和图4-43所示。

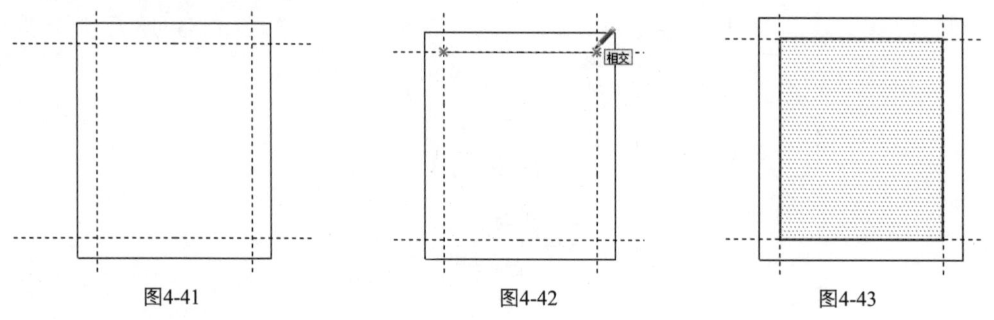

图4-41　图4-42　图4-43

5．辅助线精确建立模型完毕，选择【视图】菜单中的【导向器】命令，即可隐藏辅助线，如图4-44所示。
6．对精确的面添加一种半透明玻璃材质，如图4-45所示。

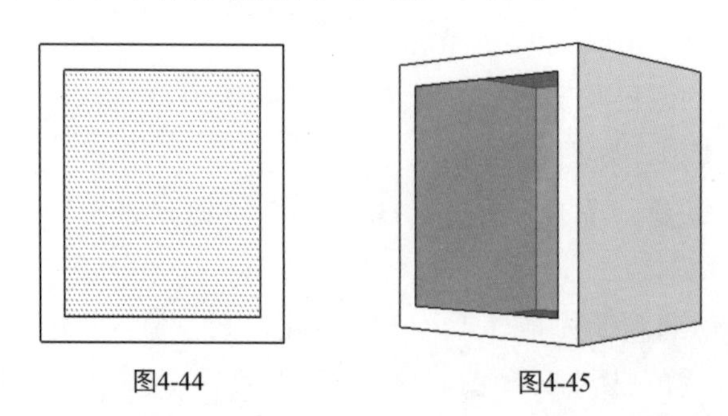

图4-44　图4-45

4.3.2 尺寸工具

尺寸工具主要对模型进行精确标注，可以对中心、圆心、圆弧、边线进行标注。

源文件：\Ch04\门.skp

一、标注边线方法一

1．打开门模型，单击【尺寸】按钮，指针变成一个箭头，单击确定第一点，如图4-46和图4-47所示。

图4-46

图4-47

2．拖动鼠标不放到第二点，单击确定，如图4-48所示。

3．按住左键不放向外拖动，单击确定一下，即可标注当前边线，如图4-49和图4-50所示。

图4-48

图4-49

图4-50

二、标注边线方法二

1．单击【尺寸】按钮，直接移到边线上，呈蓝色状态，如图4-51所示。

2．按住左键不放向外拖动，即可标注当前边线，如图4-52和图4-53所示。

3．利用同样的方法，对其他边进行测量，如图4-54所示。

4．选中尺寸，如图4-55所示，按Del键，即可删除尺寸。

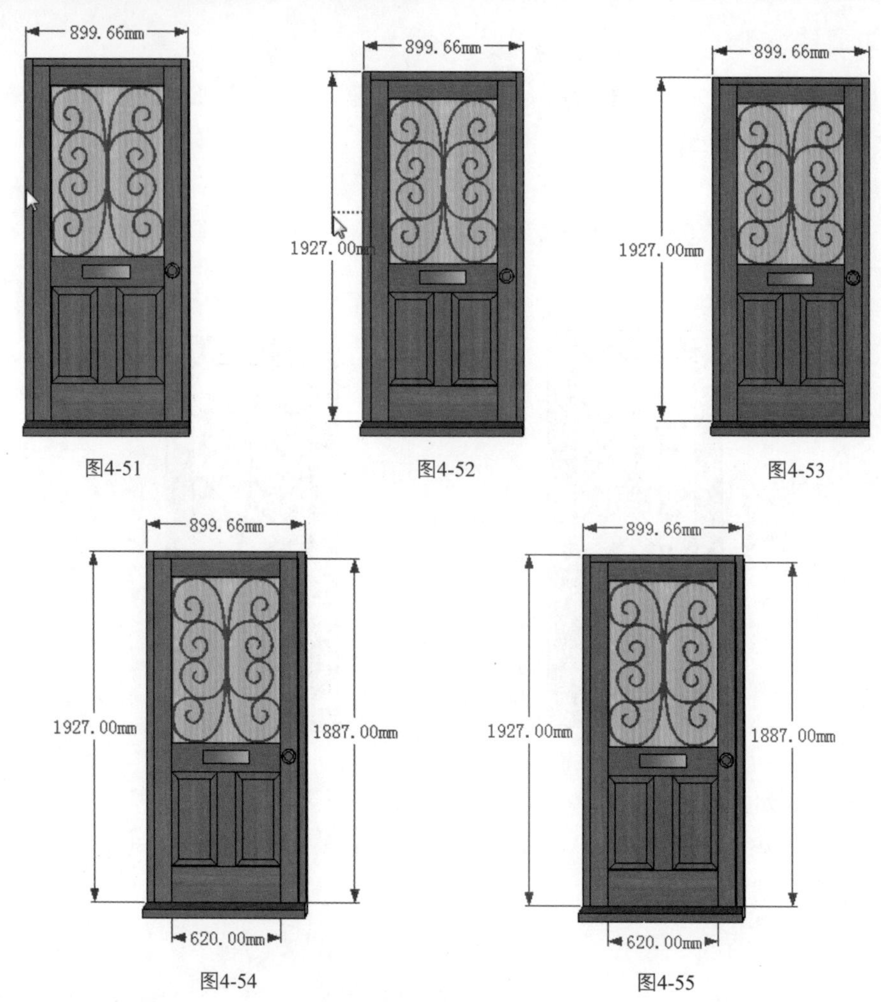

图4-51　图4-52　图4-53

图4-54　图4-55

三、标注圆心、圆弧

在场景中绘制一个圆和圆弧，对圆和圆弧进行标注。

1. 图4-56所示为一个圆和圆弧。
2. 单击【尺寸】按钮，移到圆或者圆弧的边线上，如图4-57所示。

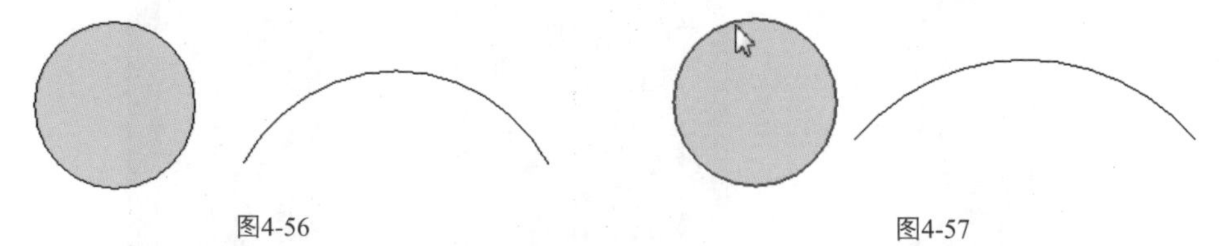

图4-56　图4-57

3. 按住左键不放向外拖动，出现标注圆、圆弧的尺寸大小，如图4-58所示。
4. 单击确定，即可确定标注尺寸，标注中“DIA”表示直径，圆弧中“R”表示半径，如图4-59所示。

图4-58　图4-59

对于单条直线，只需单击直线并移动光标，即可标注该直线的尺寸。如果尺寸失去了与几何图形的直接链接，或其文字经过了编辑，则可能无法显示准确的测量值。

4.3.3 量角器工具

量角器工具主要测量角度和创建有角度的辅助线，按住Ctrl键测量角度，不按Ctrl键可创建角度辅助线。

源文件：\Ch04\模型1.skp

1. 打开一个多边形模型，如图4-60所示。
2. 单击【量角器】按钮，光标变成量角器，将鼠标指针移动到要测量角度的第一点上，如图4-61所示。

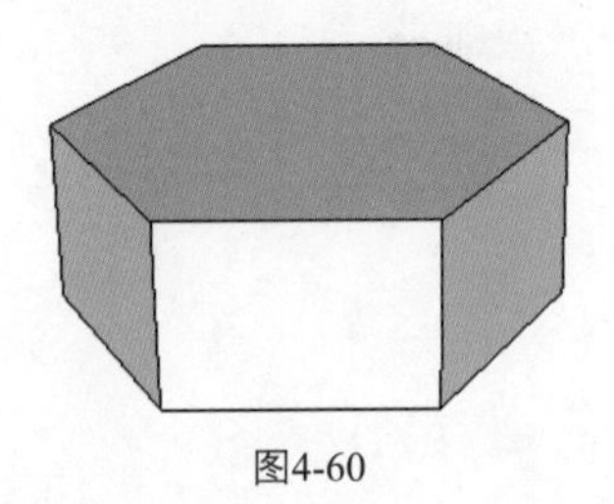

图4-60

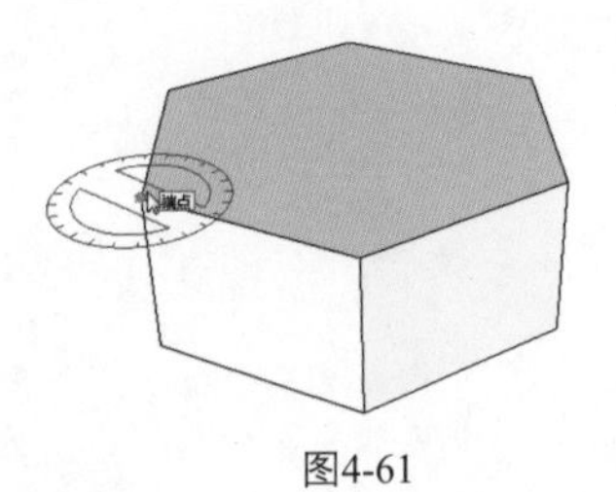

图4-61

3. 拖动鼠标到第二点，单击确定，如图4-62所示。
4. 松开鼠标，拖动一条辅助线，如图4-63所示。
5. 将辅助线移到准确测量角度的第三点，即可测量当前模型的角度，如图4-64所示。

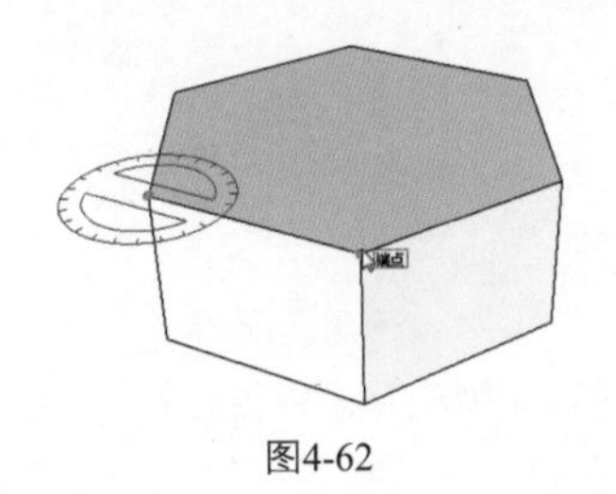

图4-62

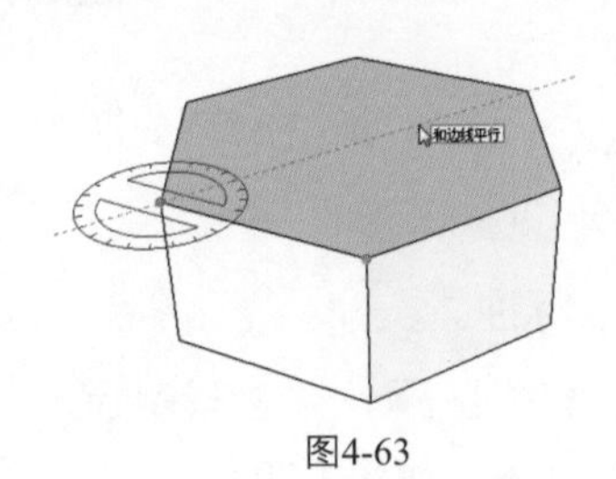

图4-63

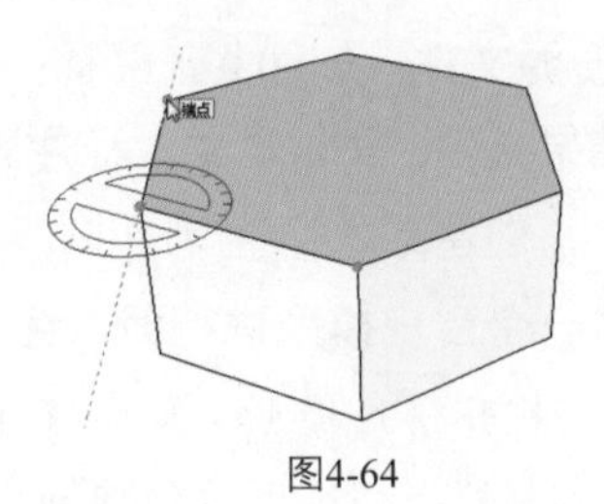

图4-64

SketchUp 最高可接受 0.1° 的角度精度，按住 Shift键然后单击图元，可锁定该方向的操作。

6. 单击确定，即可测量当前的角度，查看下方数值控制栏，即可得到当前模型的垂直角度，如图4-65和图4-66所示。

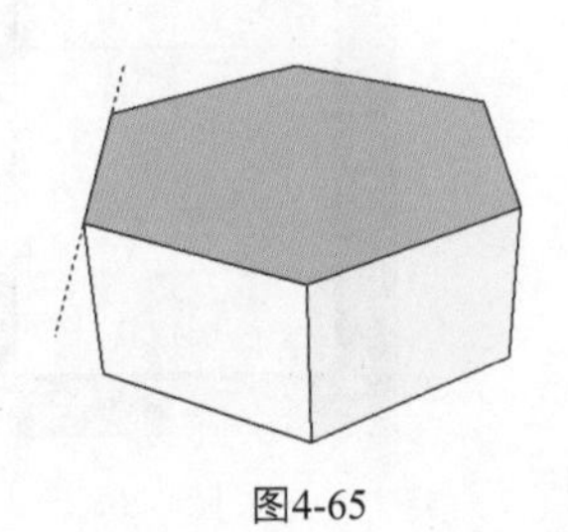

图4-65

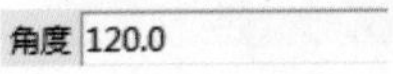

角度 120.0

图4-66

7. 选中辅助线，按Del键删除，也可选择【编辑】/【删除导向器】命令，将辅助线删除，如图4-67和图4-68所示。

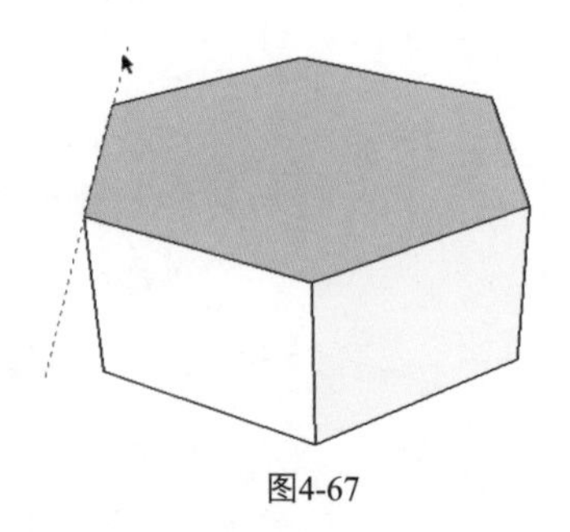
图4-67

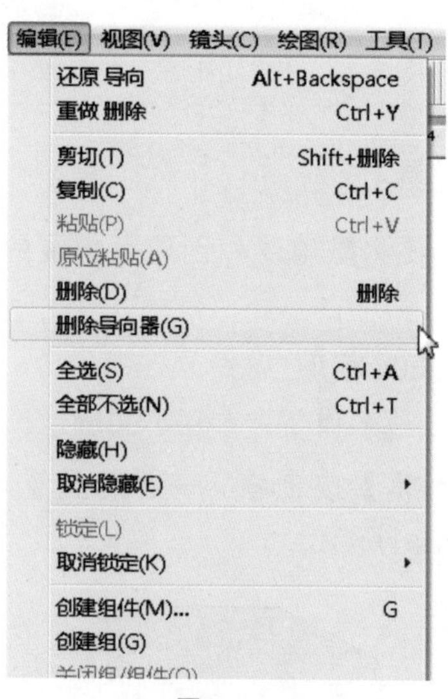

图4-68

提示

辅助线，在SketchUp中又称为导向器，导向器可以隐藏，也可以删除。

4.3.4 文本标注工具

文本标注工具可以对模型的点、线、面等任意一个位置进行标注。

源文件：\Ch04\窗户.skp

结果文件：\Ch04\文本标注.skp

一、创建文本标注

对一个窗户模型进行面、线、点标注。

1. 打开窗户模型，单击【文本】按钮，单击模型面，如图4-69所示。
2. 向外拖动，即可创建面文本标注，如图4-70所示。

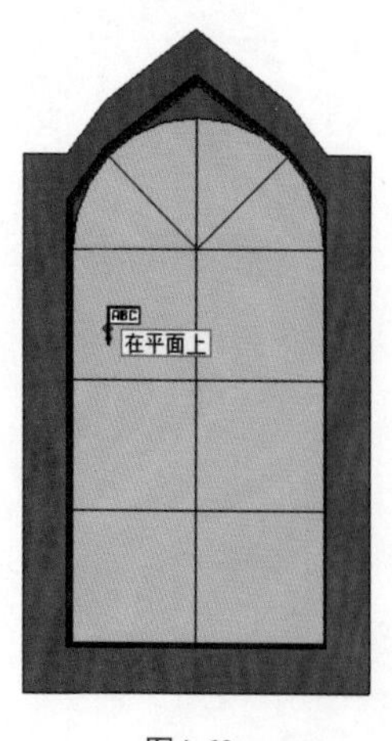

图4-69

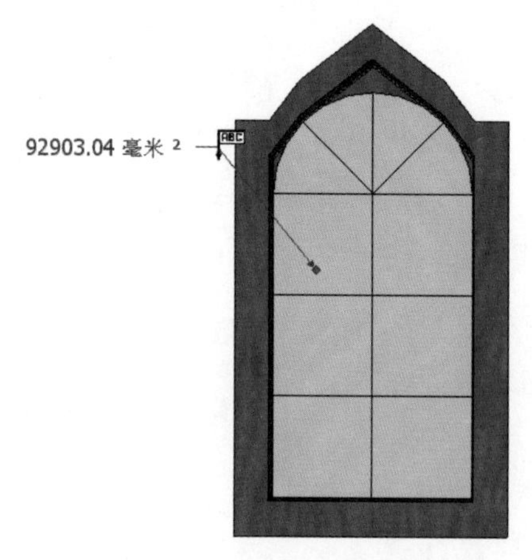

图4-70

3. 单击确定，即可确定面的标注，如图4-71所示。

4. 利用同样的方法，单击模型点向外拖动，即可创建点文本标注，如图4-72和图4-73所示。

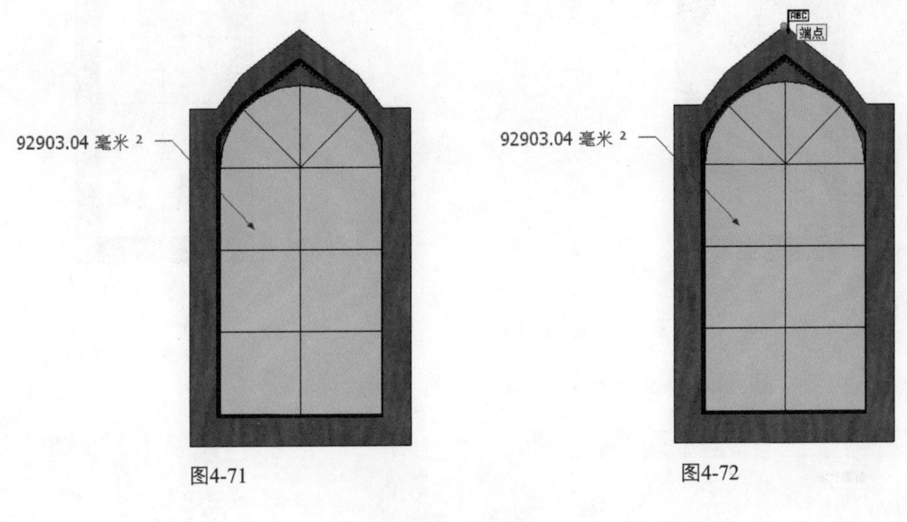

图4-71　图4-72

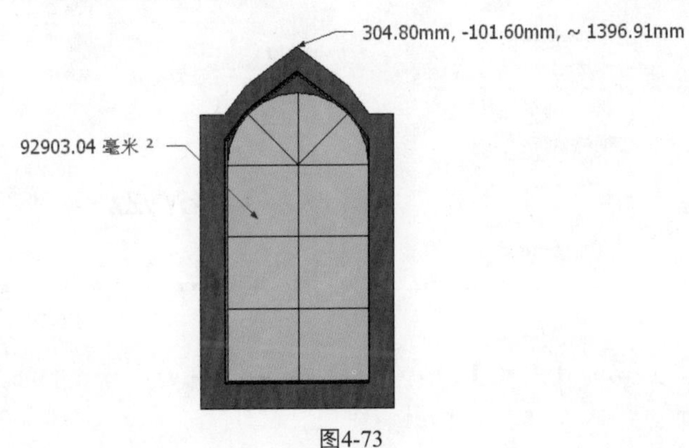

图4-73

5. 对模型的线进行标注，如图4-74和图4-75所示。

图4-74　图4-75

二、修改文本标注

以上对模型的文本标注都是以默认方式标注的，还可以对它进行修改标注。

1. 单击【文本】按钮，对着标注进行双击，标注呈蓝色状态，即可修改里面的内容，如图4-76和图4-77所示。

2. 选择【窗口】/【模型信息】命令，弹出【模型信息】对话框，选择下拉列表中的【文本】选项，如图4-78所示。

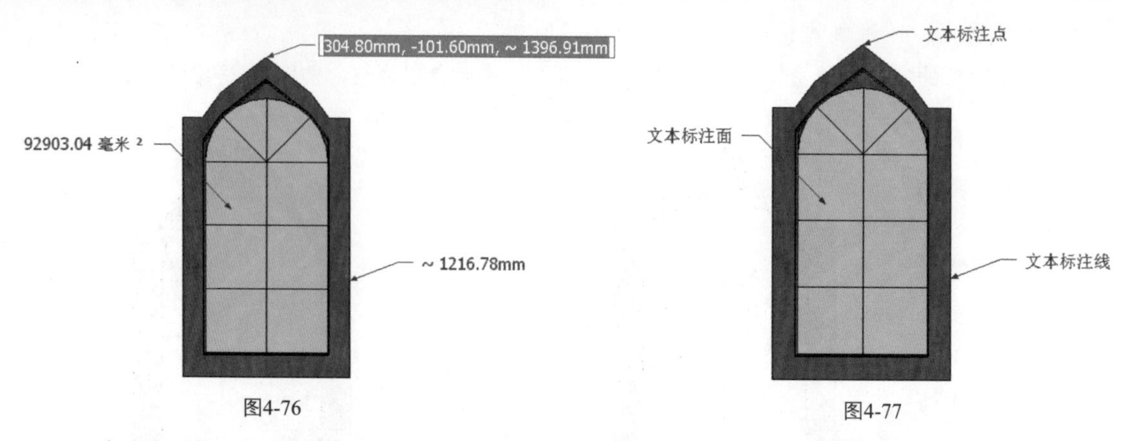

图4-76　　　　图4-77

3. 单击【引线文本】里的【字体】按钮，可以对字体大小、样式进行修改，单击 确定 按钮，即可修改文本标注字体，如图4-79所示。

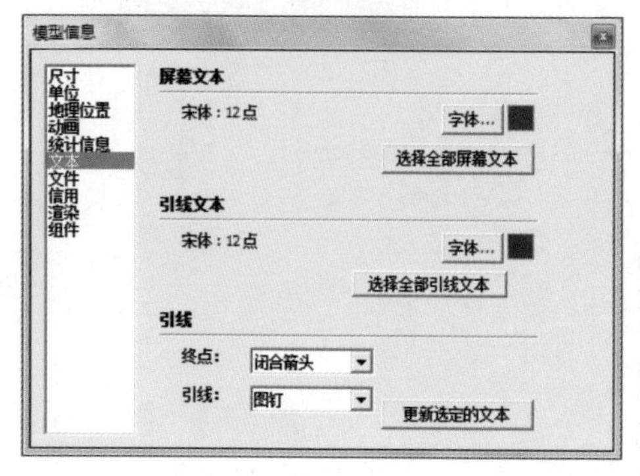

图4-78

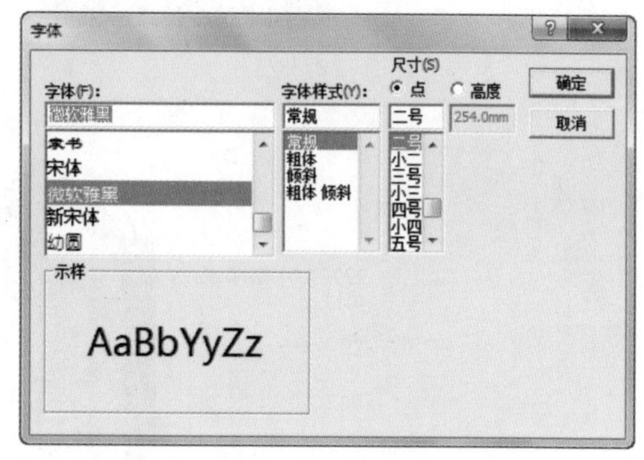

图4-79

4. 单击【引线文本】里的【颜色】块，可以对文字颜色进行修改，如图4-80所示。
5. 在【引线】里可以设置引线，如图4-81所示。
6. 设置好字体、颜色、引线后，按Enter键结束操作，图4-82所示为修改后重新设置的文本标注。

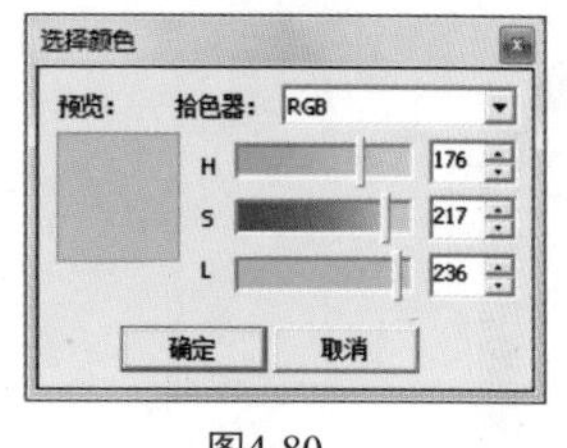

图4-80

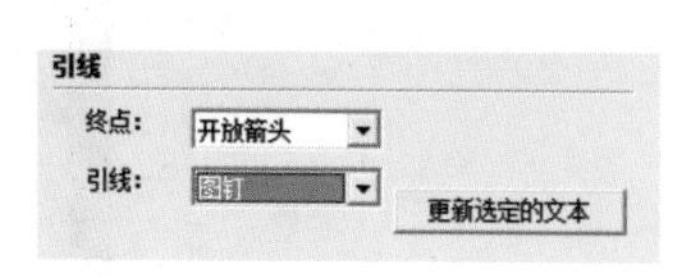

图4-81

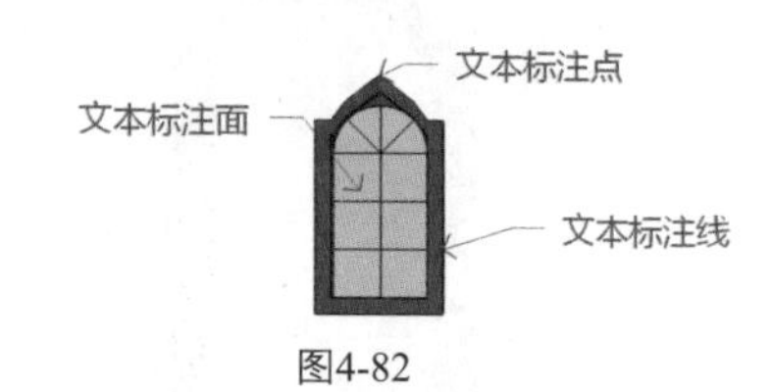

图4-82

4.3.5 轴工具

轴工具，即坐标轴，可以使用轴工具移动或重新确定模型中的绘图轴方向。还可以使用这个工具对没有依照默认坐标平面确定方向的对象进行更精确的比例调整。

源文件：\Ch04\小房子.skp

一、手动设置轴

以一个小房子模型为例，手动改变它的轴方向。

1. 打开小房子模型，如图4-83所示。

2. 单击【轴】按钮，单击确定轴心点，如图4-84所示。

3. 按住鼠标不放拖动到另一端点，单击确定x轴，如图4-85所示。

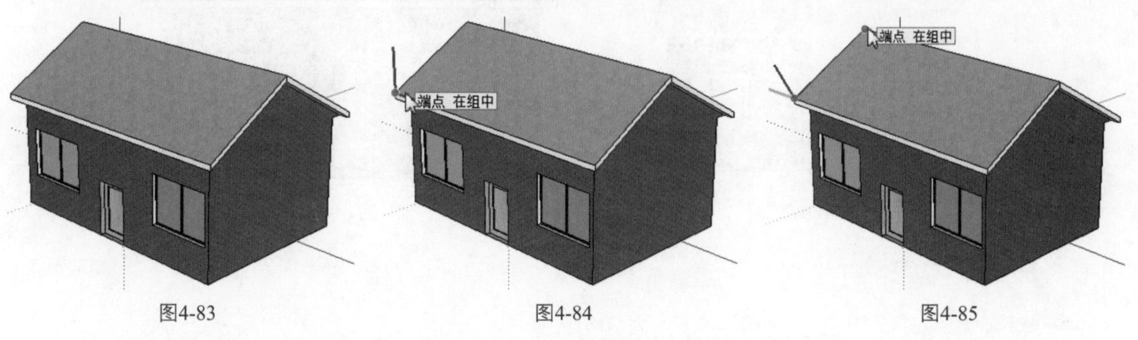

图4-83　　图4-84　　图4-85

4. 移动鼠标到另一端点，单击确定y轴，如图4-86所示。

5. 通过设置轴方向，确定了当前平面，即可很方便地在平面上进行绘制，如图4-87所示。

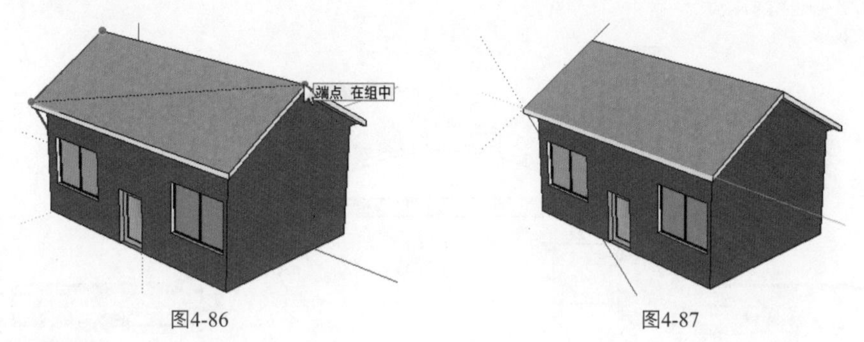

图4-86　　图4-87

二、自动设置轴

以一个小房子模型为例，自动改变它的轴方向。

1. 选中一个面，单击鼠标右键，选择【对齐轴】命令，即可自动将选中的面设置为与x轴、y轴平行的面，如图4-88所示。

2. 图4-89所示为设置轴后的效果。

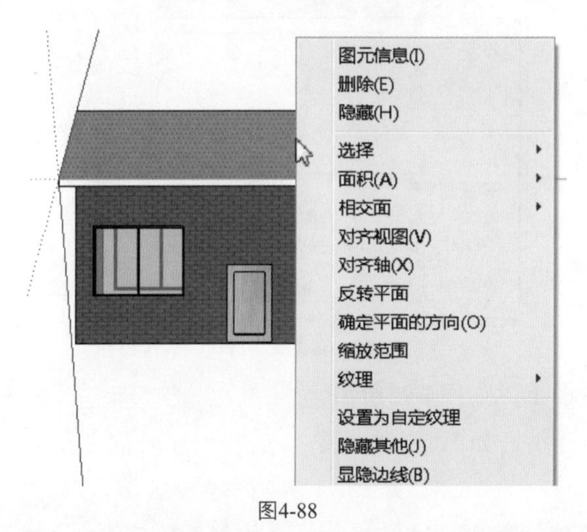

图4-88

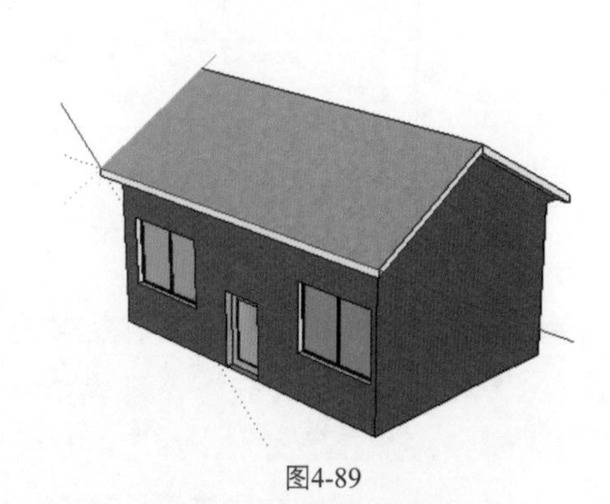

图4-89

3. 如果想恢复轴方向，可用鼠标右键单击轴，选择【重设】命令，即可恢复轴方向，如图4-90和图4-91所示。

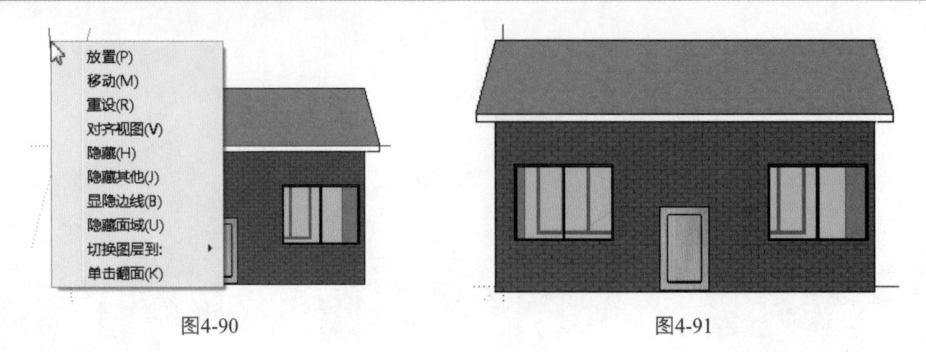

图4-90　　　　图4-91

4.3.6 三维文本工具

三维文本工具可以创建文本的三维几何图形。

源文件：\Ch04\学校大门.skp

下面以一个实例来讲解如何为模型添加三维文字。

1. 打开学校大门模型，如图4-92所示。

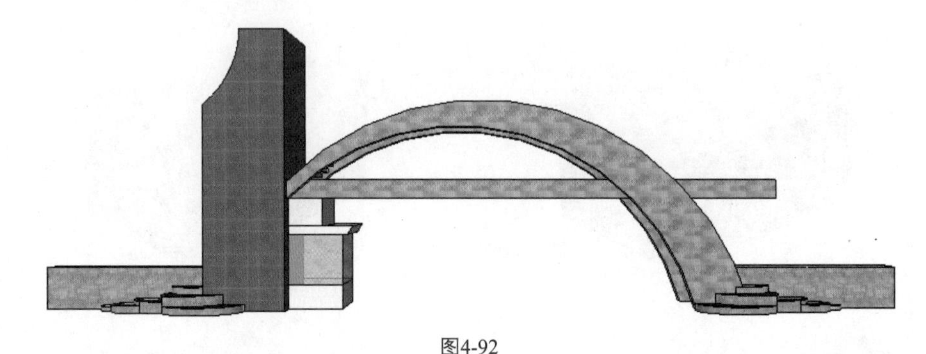

图4-92

2. 单击【三维文本】按钮，弹出【放置三维文本】对话框，如图4-93所示。
3. 在文本框中输入“欣”，分别按需要在字体、对齐、高度选项中进行设置，如图4-94所示。

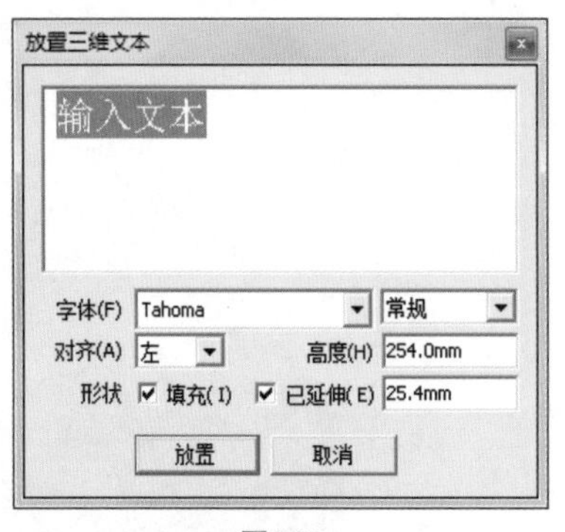

图4-93　　　　图4-94

4. 单击放置命令，移动鼠标放置到模型面上，如图4-95所示。
5. 单击【拉伸】按钮，可直接缩放文字大小，如图4-96所示。
6. 继续添加三维文本，如图4-97所示。
7. 单击【颜料桶】按钮，在弹出的材质编辑器中，选择一种适合的材质给三维文本填充材质，如图4-98所示。

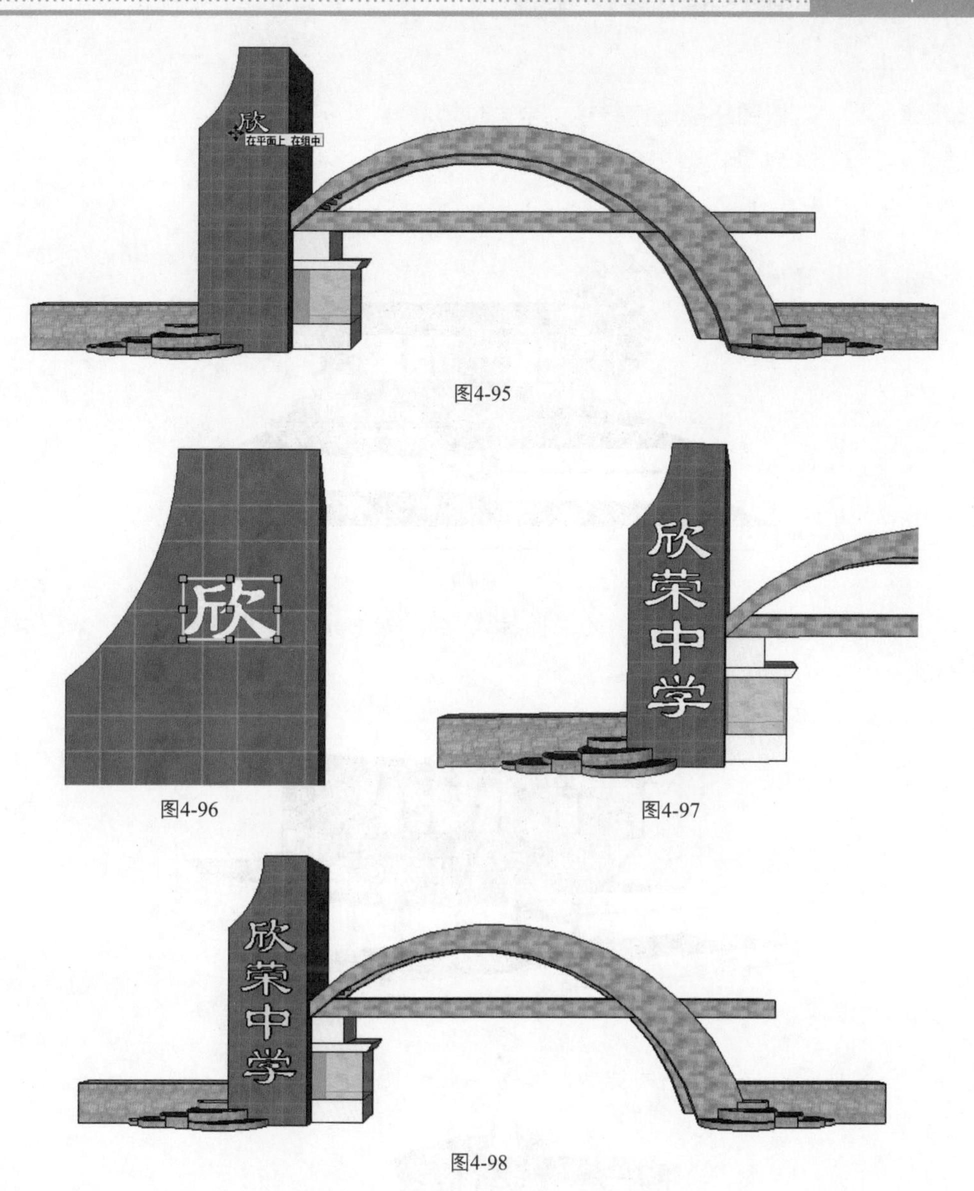

图4-95

图4-96

图4-97

图4-98

提示

创建三维文本时必须选中“填充”和“已延伸”复选框，否则产生的文本没有立体效果。在放置三维时会自动激活移动工具，利用选择工具在空白处单击一下，即可取消移动工具。

4.4 镜头工具

SketchUp镜头工具主要对模型控制不同角度的视图显示，包括环绕观察工具、平移工具、缩放工具、缩放窗口工具、缩放范围工具、上一个和下一个工具。图4-99所示为镜头工具条。

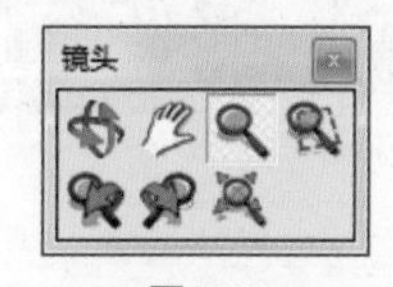

图4-99

4.4.1 环绕工具

环绕观察工具，可以围绕模型旋转镜头全方位地观察。

源文件：\Ch04\别墅模型1.skp

1．打开别墅模型，如图4-100所示。

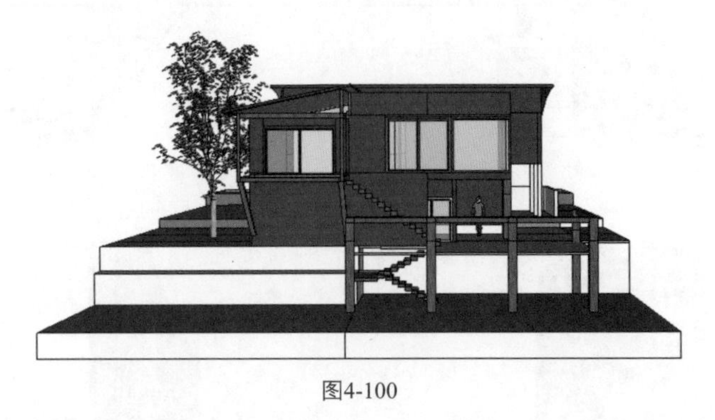

图4-100

2．单击【环绕观察】按钮，按住鼠标左键不放进行不同方位的拖动，如图4-101所示。

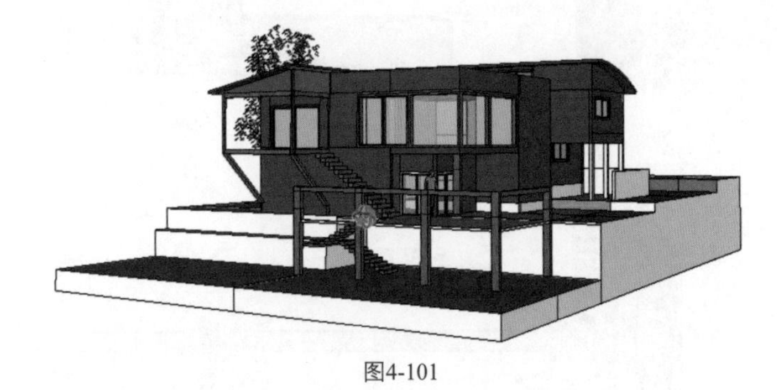

图4-101

3．从不同角度观察房屋模型的结构，如图4-102和图4-103所示。

图4-102

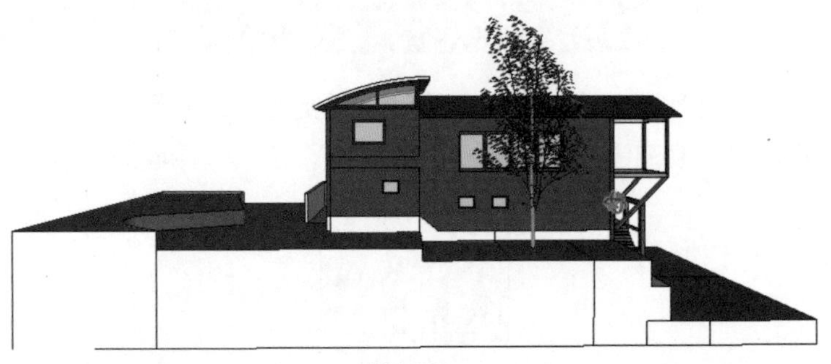

图4-103

4.4.2 平移工具

平移工具主要进行垂直和水平移动镜头来查看模型。

1. 单击【抓手】按钮，在场景中按住鼠标左键不放，执行左右平移，如图4-104所示。

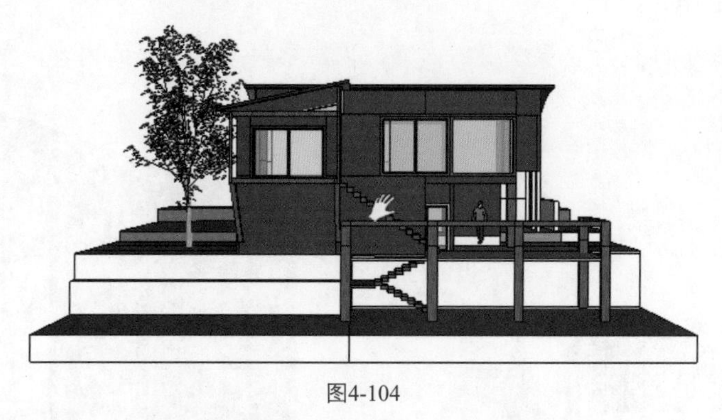

图4-104

2. 执行垂直方向平移，如图4-105所示。

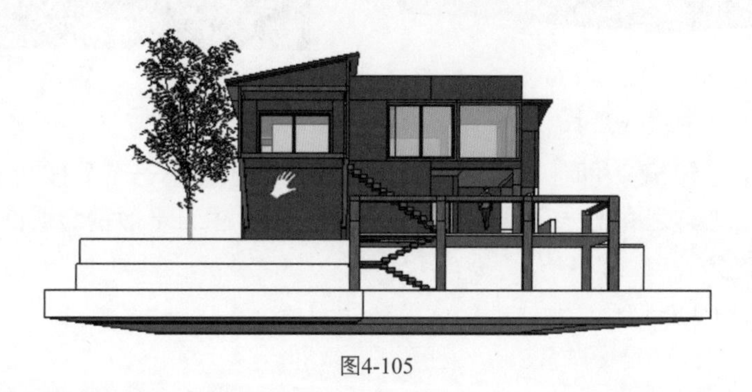

图4-105

环绕观察工具使用时按住鼠标左键和Shift键，可以进行暂时的平移操作。

4.4.3 缩放工具

缩放工具主要对模型进行放大或者缩小，以方便观察。

源文件：\Ch04\别墅模型2.skp

一、缩放工具

1. 打开别墅模型。
2. 单击【缩放】按钮，按住鼠标左键不放，向上移动即可放大靠近模型，向下移动即可远离模型，图4-106和图4-107所示为模型产生的远近对比。

图4-106　图4-107

二、缩放窗口工具

缩放窗口工具可以对模型的某一特定部分进行放大观察。

1. 单击【缩放窗口】按钮，按住左键不放，在模型窗户的周围绘制一个矩形缩放窗口，如图4-108所示。
2. 缩放窗口工具将放大缩放窗口中的内容，以观察模型窗户里的内容，如图4-109所示。

图4-108

图4-109

三、上一个和下一个缩放工具

单击【上一个】按钮，即返回上一个缩放操作。单击【下一个】按钮，即可撤销当前返回缩放操作。两个工具之间是一个相互切换的缩放工具，相当于撤销与返回命令。

四、缩放范围工具

单击【缩放范围】按钮，可以把场景里的所有模型充满视窗。

当使用鼠标滚轮时，光标的位置决定缩放的中心；当使用鼠标左键时，屏幕的中心决定缩放的中心。

4.5 漫游工具

SketchUp漫游工具，主要对模型进行漫游观察，包括定位镜头工具、漫游工具、正面观察工具。图4-110所示为漫游工具条。

图4-110

4.5.1 定位镜头工具

定位镜头工具，使用定位镜头工具可以将镜头置于特定的眼睛高度，以查看模型的视线或在模型中漫游。第一种方法是将镜头置于某一特定点上方的视线高度处，第二种方法是将镜头置于某一特定点，且面向特定方向。

源文件：\Ch04\别墅模型3.skp

一、定位镜头工具使用方法一

1. 打开别墅模型，单击【定位镜头】按钮，移到场景中，如图4-111所示。

2. 在数值控制栏中以“高度偏移”名称显示，输入5000mm，确定视图高度，按Enter键结束操作。

3. 在场景中单击确定一下，定位镜头工具变成了一对眼睛，表示正在查看模型，如图4-112所示。

图4-111

图4-112

二、定位镜头工具使用方法二

1. 单击【定位镜头】按钮，移到场景中，单击确定视点位置，按住鼠标左键不放拖向目标点，这时产生的虚线就是视线的位置，如图4-113所示。

2. 松开鼠标，即可以当前视线距离查看模型，如图4-114所示。这时数值控制栏以“眼睛高度”名称显示，输入不同值改变视线高度进行查看模型。

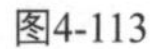

图4-113

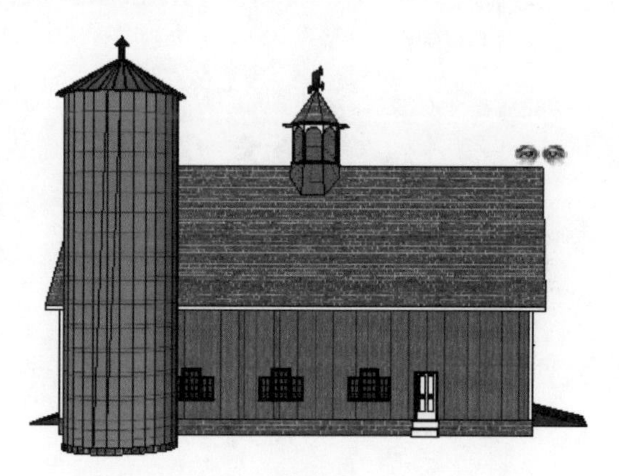

图4-114

提示

如果从平面视图放置镜头，视图方向会默认为屏幕上方，即正北方向。使用“卷尺”工具和“度量”工具栏可将平行构造线拖离边线，这样可实现准确的镜头定位。

4.5.2 正面观察工具

正面观察工具可以围绕固定的点移动镜头，类似于让一个人站立不动，然后观察四周，即向上、下（倾斜）和左右（平移）观察。正面观察工具在观察空间内部或者在使用定位镜头工具后评估可见性时尤其有用。

1. 单击【正面观察】按钮，光标变成一双眼睛，在使用定位镜头工具的时候，正面观察工具就被自动激活。按住鼠标左键不放，上移或下移可倾斜视图；向右或向左移动可平移视图。在观察时可以配合缩放工具、环绕观察工具使用。
2. 图4-115和图4-116所示为上下左右观察模型。

图4-115

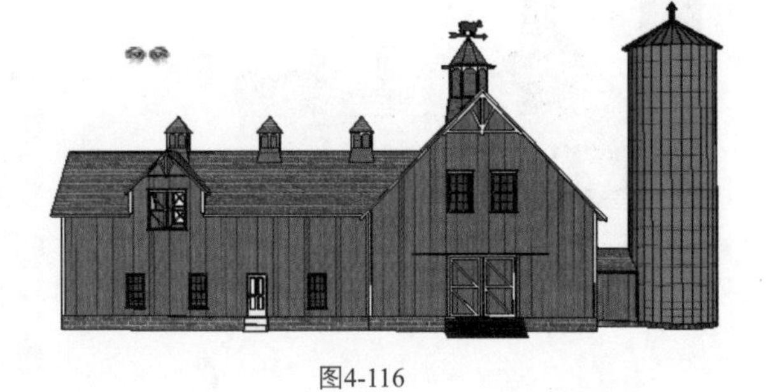
图4-116

4.5.3 漫游工具

漫游工具，使用漫游工具可以穿越模型，就像是正在模型中行走一样，特别是漫游工具会将镜头固定在某一特定高度，然后操纵镜头观察模型四周，但漫游工具只能在透视图模式下使用。

1. 单击【漫游】按钮，鼠标指针变成了一双脚，如图4-117所示。
2. 在场景中任意单击一点，多了一个“十”字光标，按住鼠标左键不放，向前拖动，就像走路一样一直往前走，直到离模型越来越近，观察越来越清楚，如图4-118和图4-119所示。

图4-117

图4-118

图4-119

4.6 截面工具

SketchUp截面工具，又称剖切工具，主要控制剖面效果，使用剖切工具可以很方便地对模型内部进行观察，减少编辑模型时所需要隐藏的操作。图4-120所示为截面工具条。

图4-120

选择【视图】/【工具栏】/【截面】命令，即可出现截面工具条。

源文件：\Ch04\建筑模型1.skp

1. 打开建筑模型，如图4-121所示。
2. 选择【截平面】按钮，移动鼠标指针到面上，如图4-122所示。

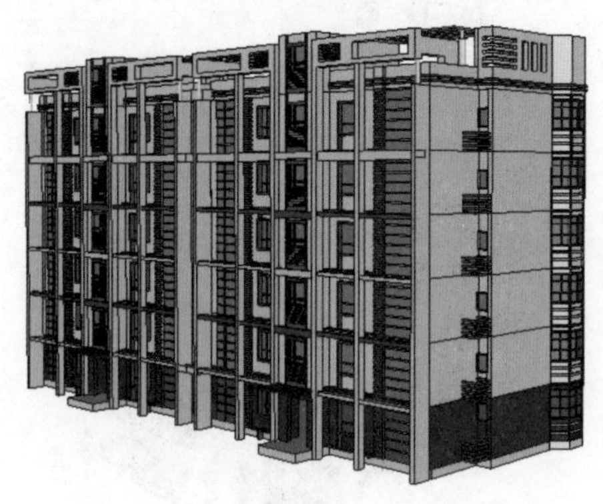

图4-121

图4-122

3. 对着面单击，即产生一种添加剖面效果，如图4-123所示。
4. 单击【选择】按钮，单击呈蓝色选中状态，如图4-124所示。

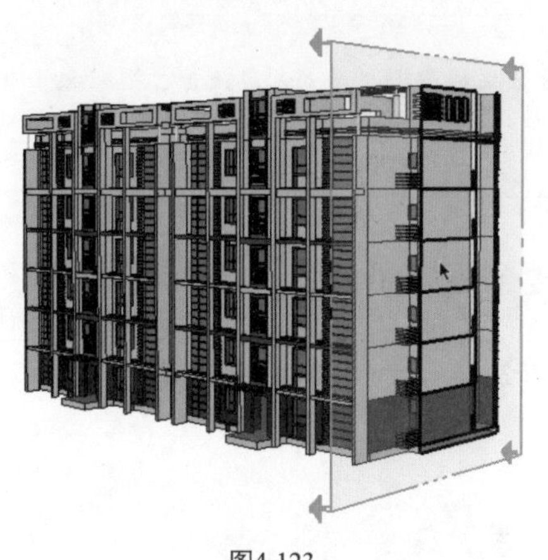

图4-123

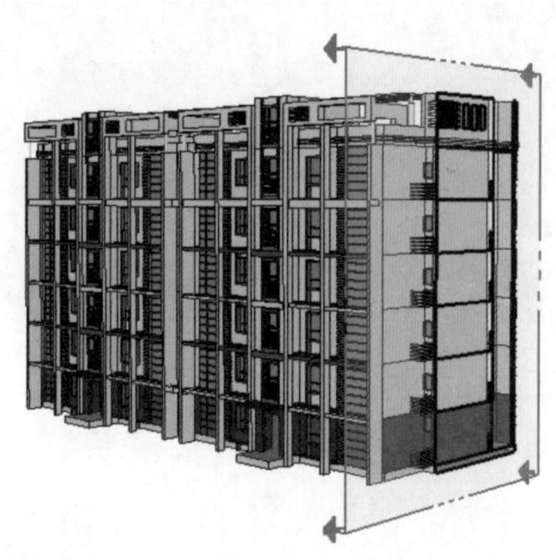

图4-124

5. 单击【移动】按钮，按住左键不放，可以移动剖面的大小，来观察模型建筑内部结构，如图4-125和图4-126所示。
6. 同时单击【显示截平面】按钮和【显示截面切割】按钮，显示剖切面，如图4-127所示。
7. 单击【显示截面切割】按钮，显示剖切效果，如图4-128所示。

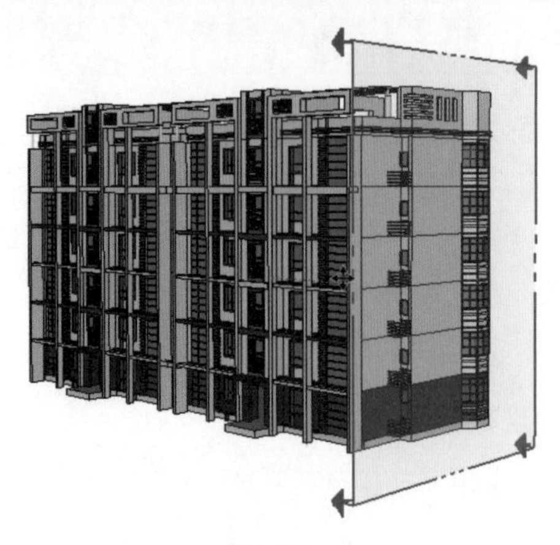

图4-125

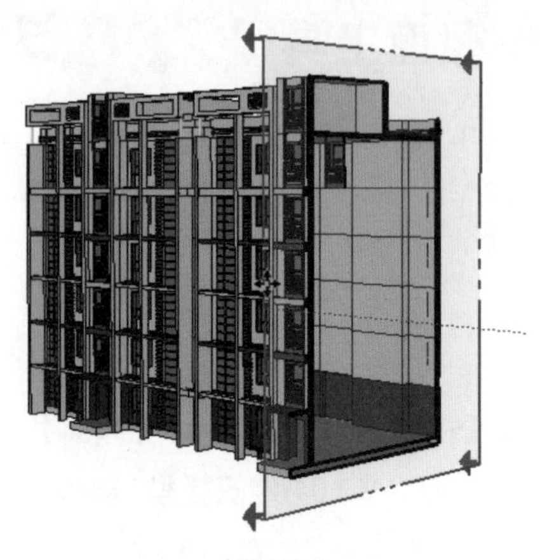

图4-126

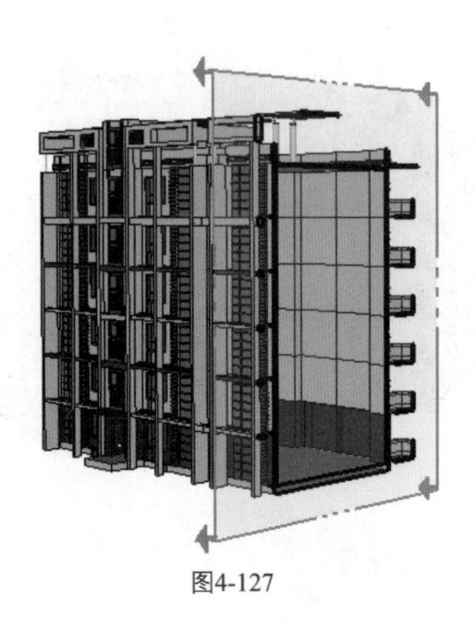

图4-127

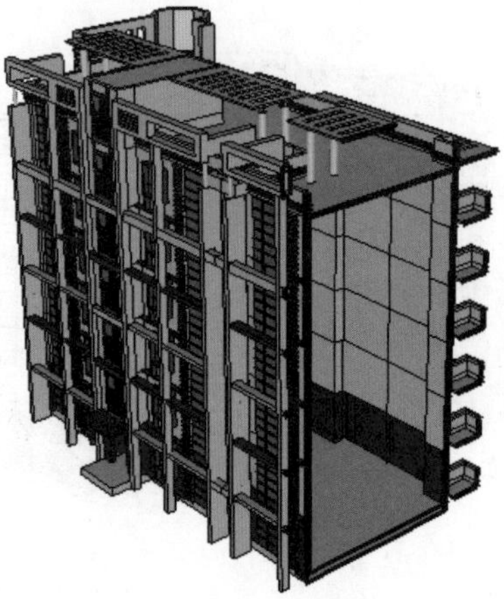

图4-128

提示

截平面工具只能是隐藏部分模型而不是删除模型，如果截平面工具条里所有的工具按钮都不选择，则可以恢复完整模型。

4.7 视图工具

视图工具主要对模型进行不同角度的观看，包括等轴视图、俯视图、主视图、右视图、后视图和左视图。图4-129所示为视图工具条。

图4-129

选择【视图】/【工具栏】/【视图】命令，即可出现视图工具条。

源文件：\Ch04\别墅模型4.skp

1. 打开建筑模型，单击【等轴】按钮，显示等轴视图，如图4-130所示。
2. 单击【俯视图】按钮，显示俯视图，如图4-131所示。

图4-130

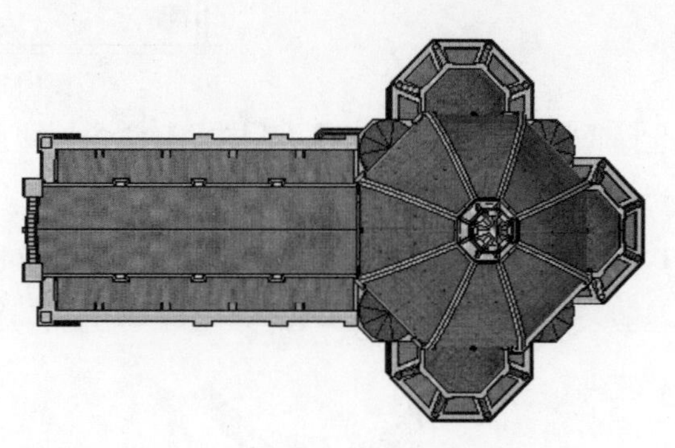

图4-131

3. 单击【主视图】按钮，显示主视图，如图4-132所示。
4. 单击【右视图】按钮，显示右视图，如图4-133所示。

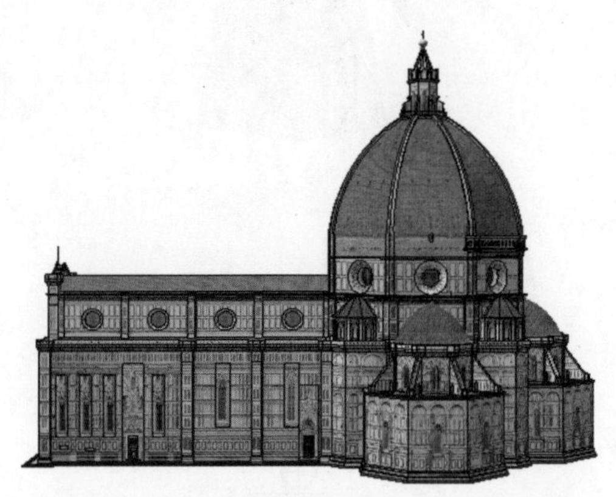

图4-132

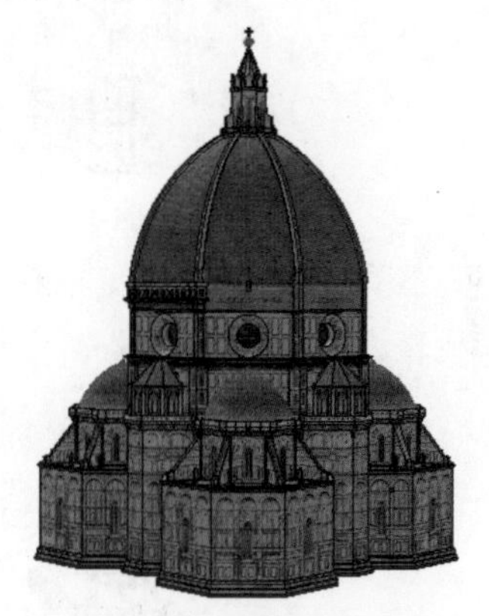

图4-133

5. 单击【后视图】按钮，显示后视图，如图4-134所示。
6. 单击【左视图】按钮，显示左视图，如图4-135所示。

图4-134

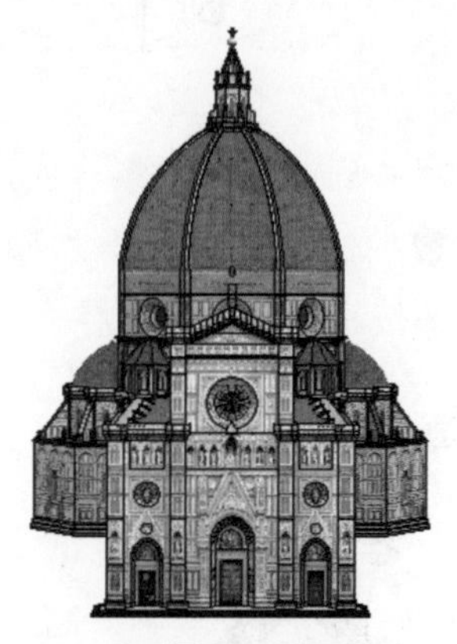

图4-135

4.8 样式工具

样式工具主要对模型显示不同类型的样式，包括X射线、后边线、线框、隐藏线、阴影、阴影纹理、单色7种显示模式。图4-136所示为样式工具条。

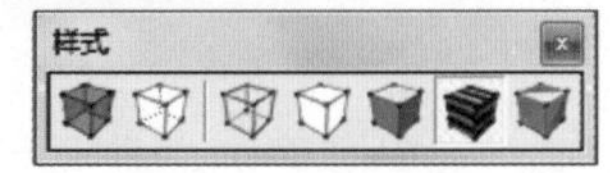

图4-136

选择【视图】/【工具栏】/【样式】命令，即可出现样式工具条。

源文件：\Ch04\风车.skp

1. 打开风车模型，选择按钮，显示X射线样式，如图4-137所示。
2. 选择按钮，显示后边线样式，如图4-138所示。

图4-137

图4-138

3. 选择按钮，显示线框样式，如图4-139所示。
4. 选择按钮，显示隐藏线样式，如图4-140所示。

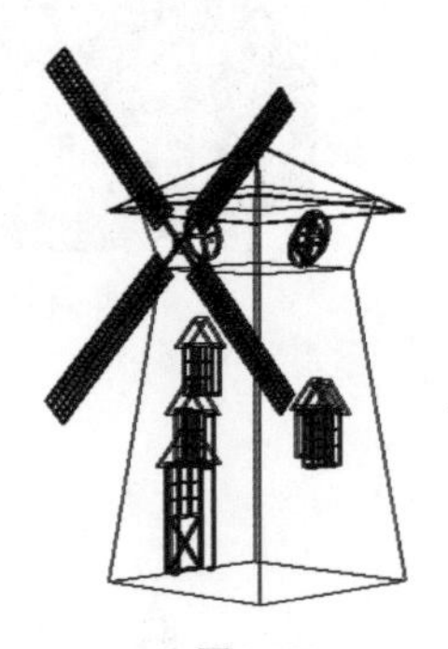

图4-139

图4-140

5. 选择按钮，显示阴影样式，如图4-141所示。
6. 选择按钮，显示阴影纹理样式，如图4-142所示。
7. 选择按钮，显示单色样式，如图4-143所示。

图4-141

图4-142

图4-143

4.9 构造工具

SketchUp构造工具，主要对模型进行一些基本操作，包括卷尺工具、尺寸工具、量角器工具、文本工具、轴工具、三维文本工具。图4-144所示为构造工具条。

图4-144

4.9.1 卷尺工具

卷尺工具主要对模型任意两点之间进行测量，同时还可以拉出一条辅助线，对建立精确模型非常有用。

源文件：\Ch04\文件柜.skp

一、测量模型

以测量一个文件柜为例，操作步骤如下。

1. 打开文件柜模型，如图4-145所示。
2. 单击【擦除】按钮，指针变成一个卷尺，单击确定要测量的第一点，呈绿点状态，如图4-146所示。
3. 按住鼠标左键不放拖动到测量的第二点，单击确定，查看数值输入栏显示精度长度，测量的值和数值栏一样，如图4-147所示。

二、辅助线精确建模

对文件柜背面精确测量建立玻璃面为例，操作步骤如下。

1. 选择文件柜背面，单击【卷尺】按钮，单击边线中心，如图4-148所示。

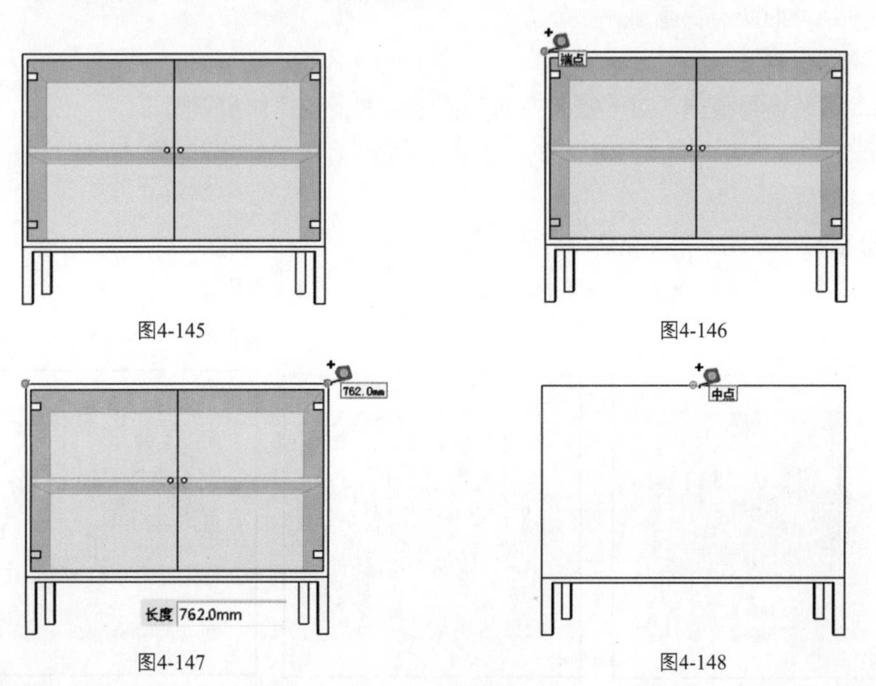

图4-145　图4-146

图4-147　图4-148

2. 按住鼠标左键不放向下拖动，拉出一条辅助线，在数值栏中输入40mm，以Enter结束，即可确定当前辅助线与边距离为40mm，如图4-149所示。

3. 分别对其他三边拖出40mm的辅助线，如图4-150所示。
4. 单击【线条】按钮，点击辅助线相交4个点，即可画出一个精确封闭面。
5. 辅助线精确建立模型完毕，选择【视图】菜单中的【导向器】命令，即可隐藏辅助线，如图4-151所示。
6. 对精确的面添加一种半透明玻璃材质，如图4-152所示。

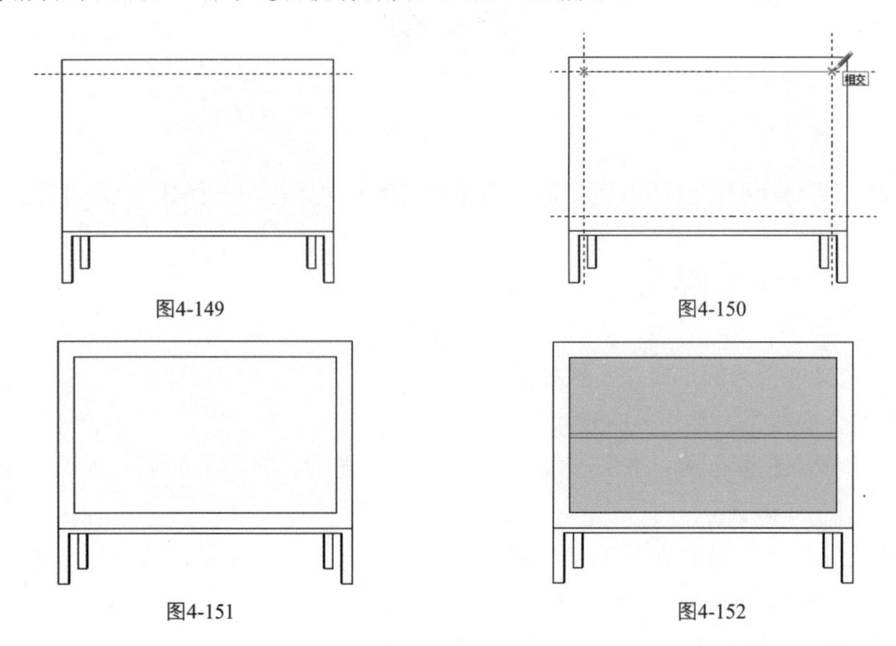

图4-149　图4-150

图4-151　图4-152

4.9.2 尺寸工具

尺寸工具主要对模型进行精确标注，可以对中心、圆心、圆弧、边线标注。

源文件：\Ch04\装饰画.skp

一、标注边线方法一

打开光盘下装饰画模型，对一幅装饰画宽度进行测量，操作步骤如下。

1. 打开装饰画模型，单击【尺寸】按钮，指针变成一个箭头，单击确定第一点，如图4-153所示。
2. 拖动鼠标不放到第二点，单击确定，如图4-154所示。
3. 按住左键不放向外拖动，即可标注当前边线，如图4-155所示。

图4-153

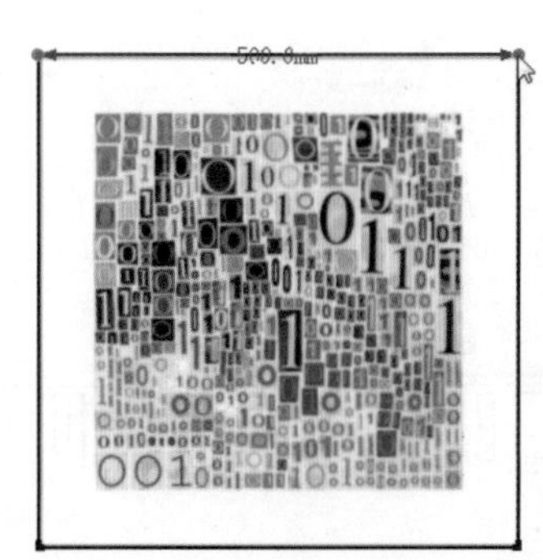

图4-154

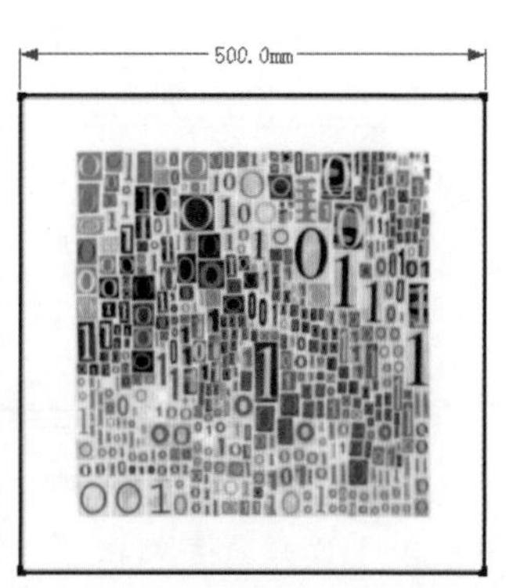

图4-155

对一幅装饰画的高度进行测量，操作步骤如下。

1. 单击【尺寸】按钮，直接移到边线上，呈蓝色状态，如图4-156所示。
2. 按住左键不放向外拖动，即可标注当前边线，如图4-157所示。
3. 选中尺寸，按键盘Del键，即可删除尺寸，如图4-158所示。

图4-156

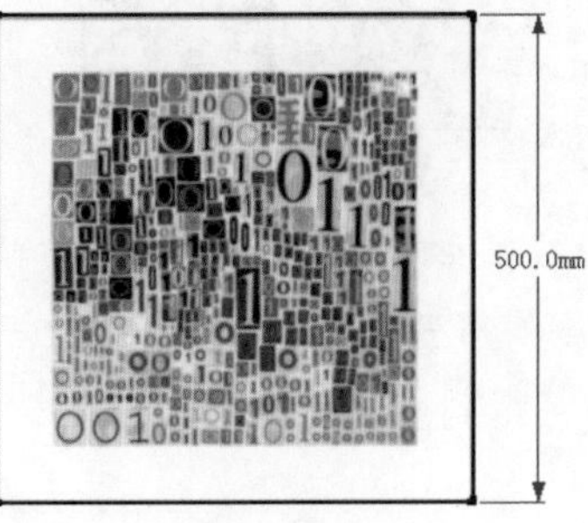

图4-157

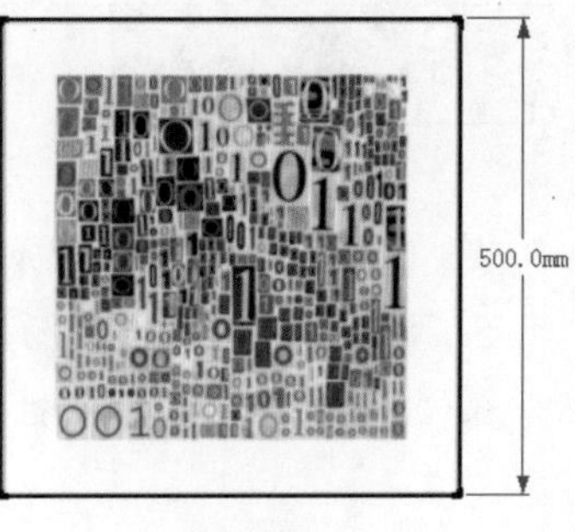

图4-158

二、标注圆心、圆弧

对绘制的圆和圆弧进行标注，操作步骤如下。

1. 图4-159所示为一个圆和圆弧。
2. 单击【尺寸】按钮，移到圆或者圆弧的边线上，按住左键不放向外拖动，即可标注圆、圆弧的尺寸，圆标注中“DIA”表示直径，圆弧中“R”表示半径，如图4-160所示。

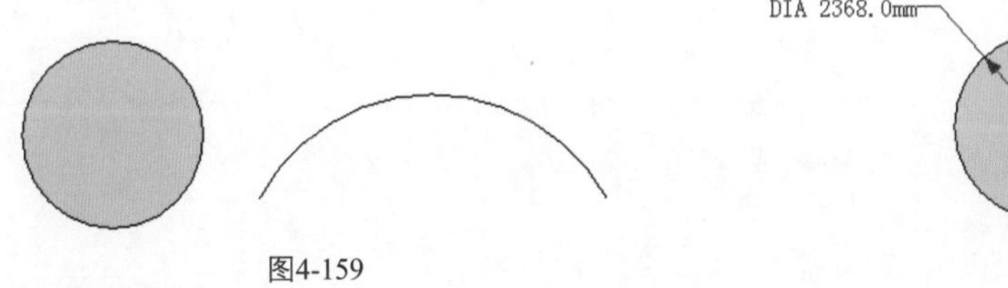

图4-159

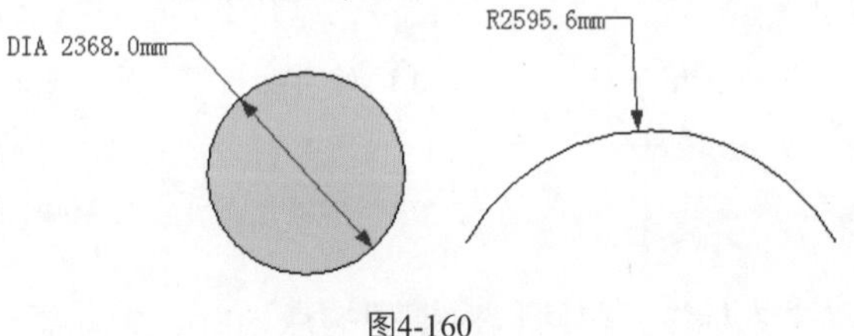

图4-160

提示

对于单条直线，只需点击直线并移动光标，即可标注该直线的尺寸。如果尺寸失去了与几何图形的直接链接，或其文字经过了编辑，则可能无法显示准确的测量值。

4.9.3 量角器工具

量角器工具主要测量角度和创建有角度的辅助线，按住Ctrl键测量角度，不按Ctrl键创建角度辅助线。

结果文件：\Ch04\三角形.skp

4.9.4 测量角度

对一个建立的三角形测量它的角度，操作步骤如下。

1. 绘制图4-161所示的一个三角形。
2. 单击【量角器】按钮，光标变成量角器，将鼠标移动到要测量角度的第一点上，如图4-162所示。

3．拖动鼠标到第二点，单击确定，如图4-163所示。

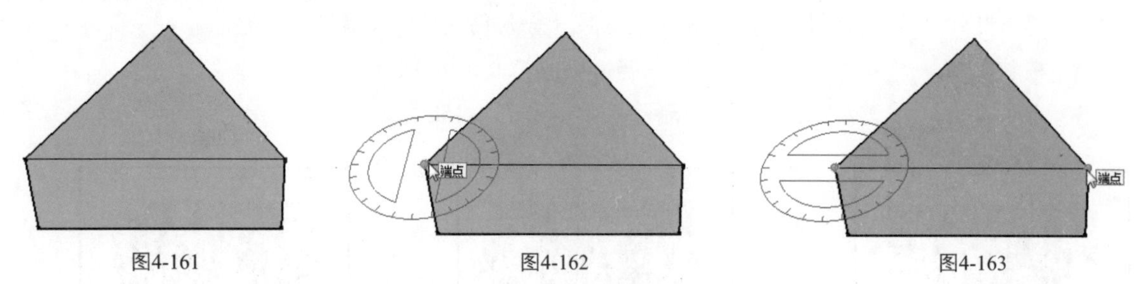

图4-161　图4-162　图4-163

4．松开鼠标，拖动一条辅助线，如图4-164所示。

5．将辅助线移到准确测量角度的第三点，即可测量当前三角形的角度，如图4-165所示。

6．查看下方数值控制栏，即可得到当前三角形的角度，如图4-166所示。

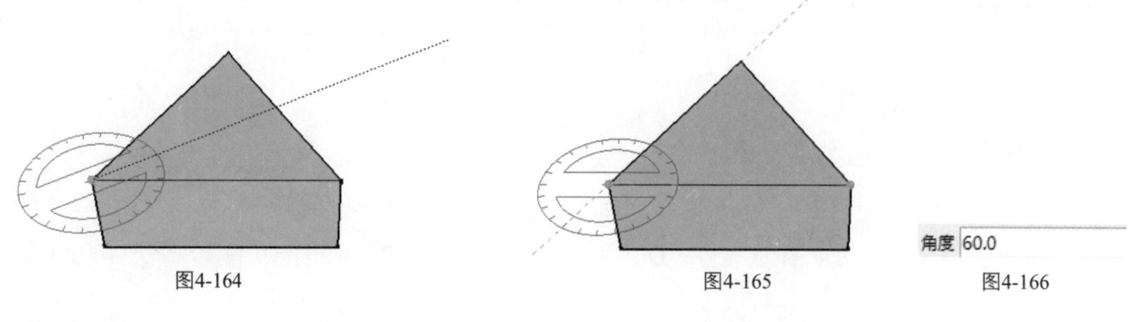

图4-164　图4-165　图4-166

提示

SketchUp最高可接受0.1°的角度精度，按住Shift键然后单击图元，可以锁定该方向的操作。

4.9.5　文本标注工具

文本标注工具可以对模型的点、线、面任意一个位置进行标注。

源文件：\Ch04\窗户.skp

一、创建文本标注

对一个窗户模型进行标注，操作步骤如下。

1．打开窗户模型，单击【文本】按钮，单击模型面向外拖动，即可创建面文本标注，如图4-167所示。

2．单击模型点向外拖动，即可创建点文本标注，如图4-168所示。

3．单击边线向外拖动，即可创建线文本标注，如图4-169所示。

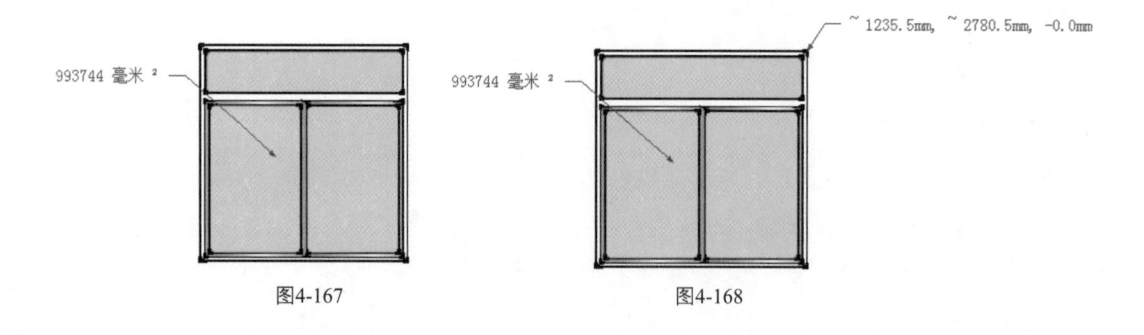

图4-167　图4-168

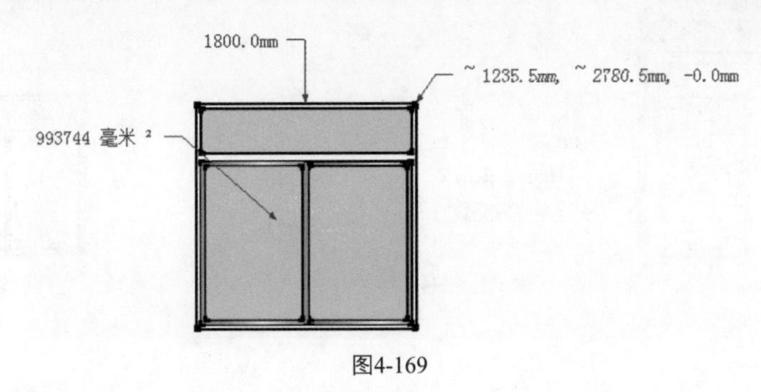

图4-169

二、修改文本标注

以上3个图的文本标注都是默认方式，显示字体较小看不清，修改标注操作步骤如下。

1. 单击【文本】按钮，对着标注进行双击，标注呈蓝色状态，即可修改里面内容，如图4-170和图4-171所示。

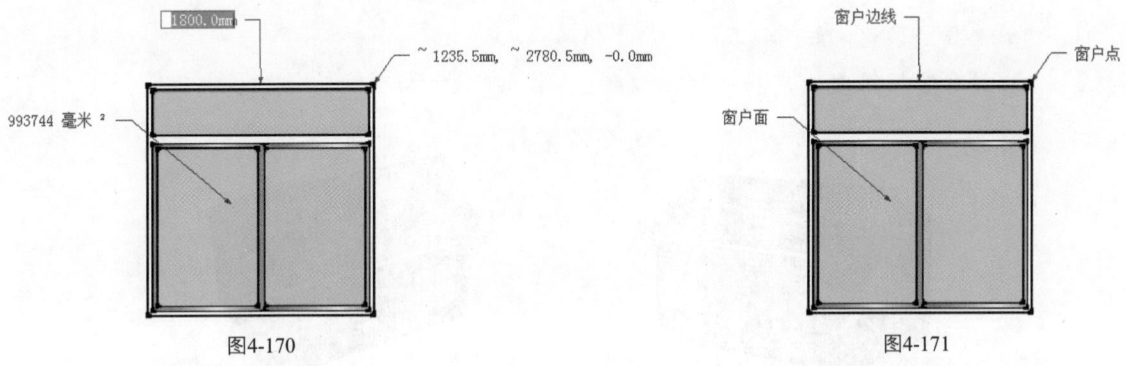

图4-170　　图4-171

2. 这时发现文本标注字体太小，或者颜色不喜欢，选择【窗口】【模型信息】命令，弹出“模型信息”对话框，选择下拉列表中的【文本】选项，如图4-172所示。
3. 选择【引线文本】里的【字体】选项，可以对字体大小样式进行修改，单击 确定 按钮，即可修改文本标注字体，如图4-173所示。

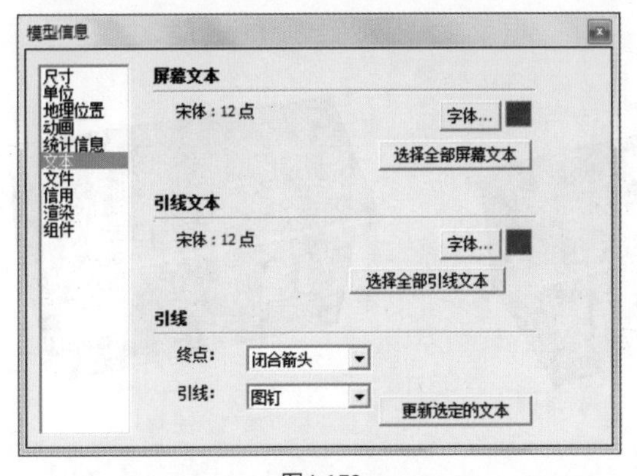

图4-172

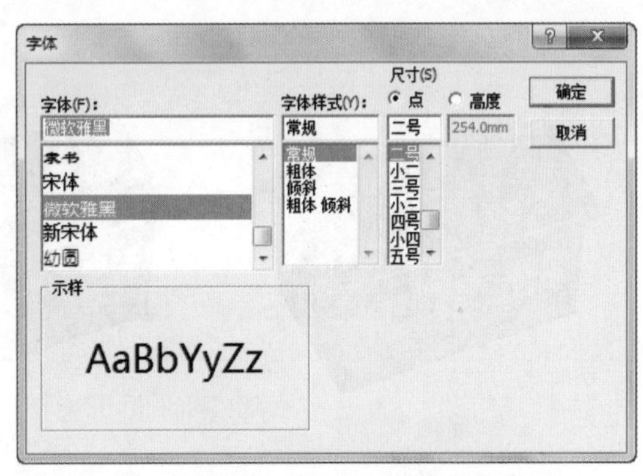

图4-173

4. 选择【引线文本】里的【颜色】块，可以对文字颜色进行修改，如图4-174所示。
5. 在【引线】里可以设置引线，如图4-175所示。
6. 设置好字体、颜色、引线后，以Enter命令结束操作，图4-176所示为修改后重新设置的文本标注。

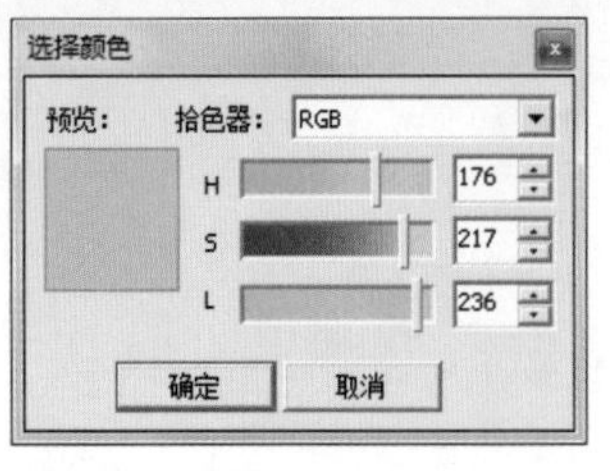

图4-174

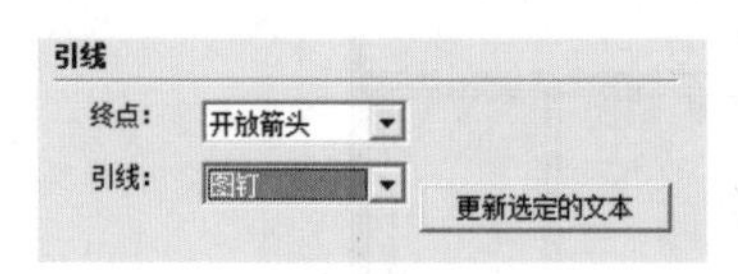

图4-175

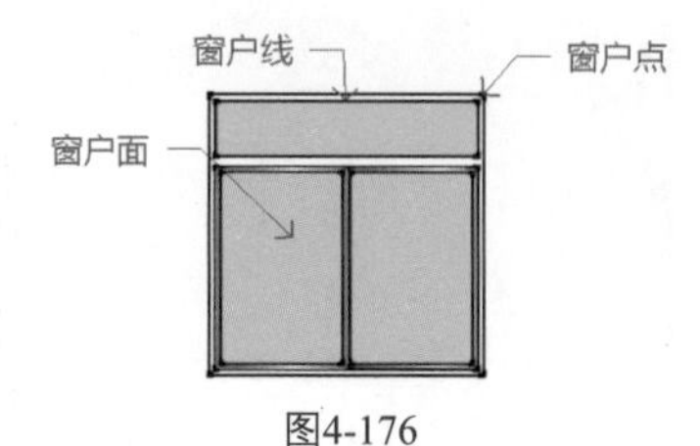

图4-176

4.9.6 轴工具

轴工具即坐标轴，可以使用轴工具移动或重新确定模型中的绘图轴方向。还可以使用这个工具对没有依照默认坐标平面确定方向的对象进行更精确的比例调整。

源文件：\Ch04\小房子.skp

一、手动设置轴

以一个小房子模型为例，手动改变它的轴方向，操作步骤如下。

1. 打开小房子模型，如图4-177所示。
2. 单击【轴】按钮，单击确定轴心点，如图4-178所示。

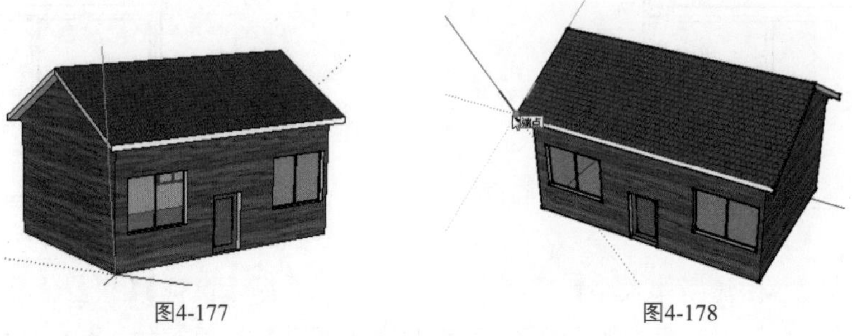

图4-177　　图4-178

3. 按住鼠标不放拖动到另一端点，单击确定x轴，如图4-179所示。
4. 移动鼠标到另一端点，单击确定y轴，如图4-180所示。
5. 经过设置轴方向，确定了当前平面，即可很方便地在平面上进行绘制，如图4-181所示。

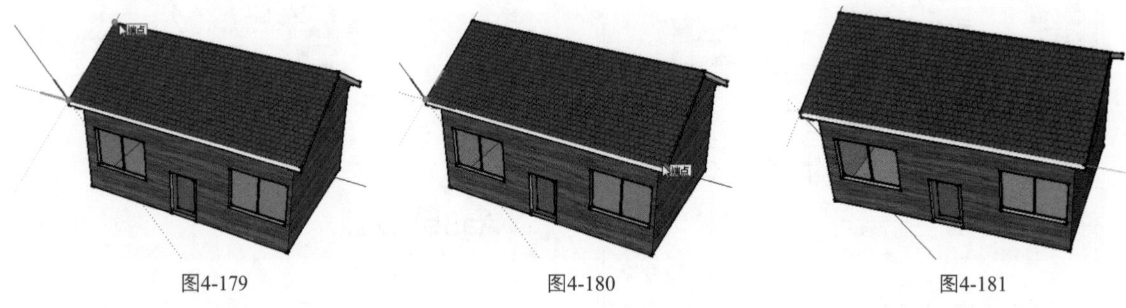

图4-179　　图4-180　　图4-181

二、自动设置轴

以一个小房子模型为例，自动改变它的轴方向，操作步骤如下。

1. 先选中一个面，对着面单击鼠标右键，选择【对齐轴】命令，即可自动将选中面设置为与x轴、y轴平行的面，如图4-182所示。
2. 图4-183所示为设置轴后的效果。

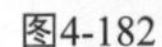

图4-182

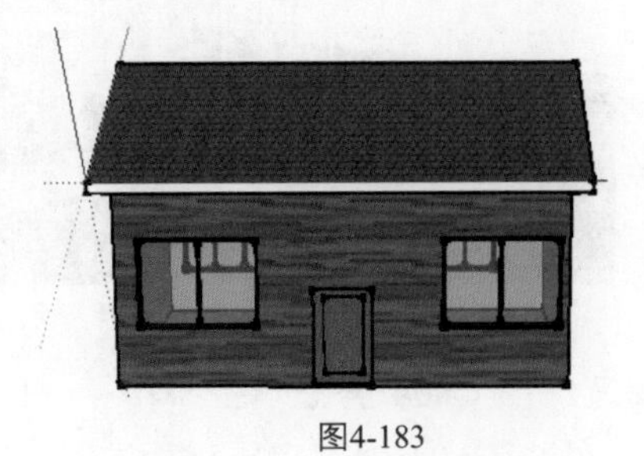

图4-183

4.9.7 三维文本工具

三维文本工具可以创建文本的三维几何图形。

结果文件：\Ch04\三维文字.skp

如何调整、放置三维文字，操作步骤如下。

1. 单击【三维文本】按钮，弹出“放置三维文本”对话框，如图4-184所示。
2. 在文本框中输入“草图大师”，分别按需要在“字体”、“对齐”、“高度”选项中进行设置，如图4-185所示。

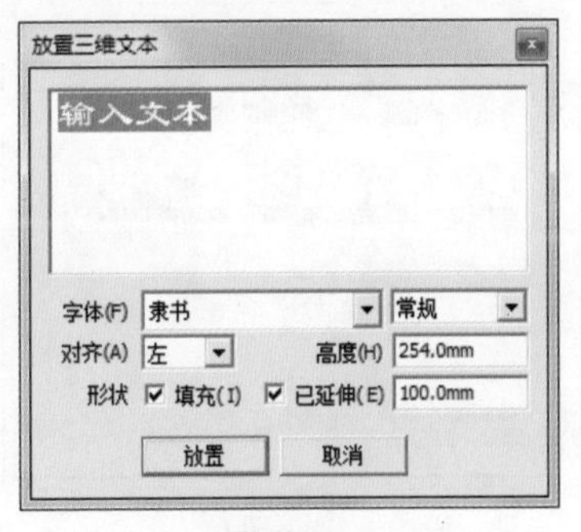

图4-184

图4-185

3. 单击 放置 按钮，移动鼠标放置到场景中，如图4-186和图4-187所示。

图4-186

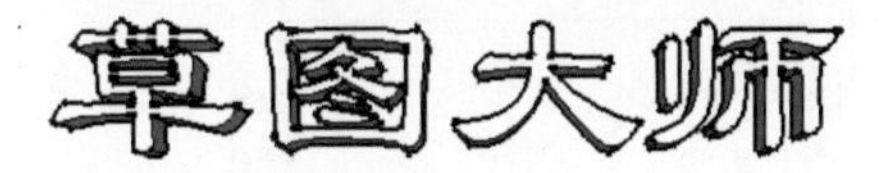

图4-187

提示

创建三维文本时，必须选中“填充”和“已延伸”复选框，否则产生的文本会没有一种立体效果。在放置三维时会自动激活移动工具，利用选择工具在空白处单击一下，即可取消移动工具。

4.10 案例——填充房屋材质

本案例主要利用颜料桶工具对一个房屋模型填充适合的材质，图4-188所示为效果图。

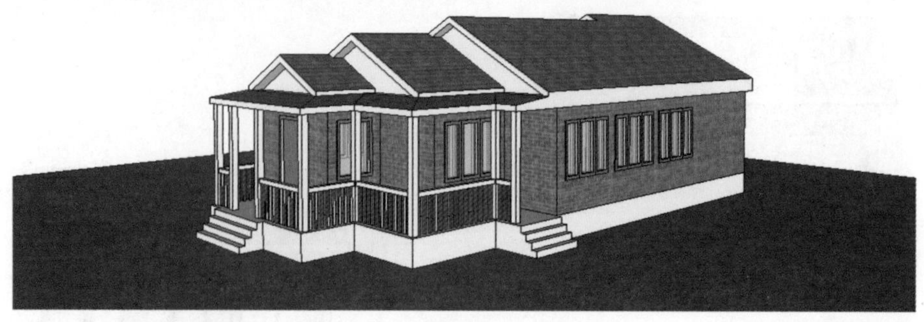

图4-188

源文件：\Ch04\房屋模型.skp

结果文件：\Ch04\填充房屋材质.skp

视频：\Ch04\填充房屋材质.wmv

1．打开房屋模型，如图4-189所示。

2．选择【窗口】/【材质】命令，弹出【材质】管理器对话框，如图4-190所示。

图4-189

图4-190

3．选择一种砖材质，填充墙体，如图4-191和图4-192所示。

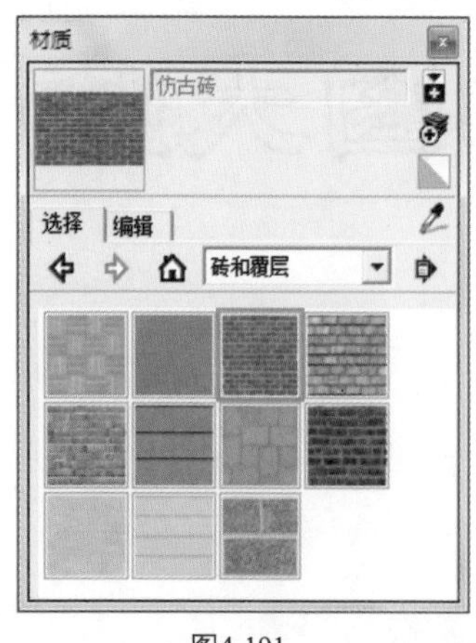

图4-191

图4-192

4．如果填充的材质尺寸过大或者过小，可以修改材质尺寸，如图4-193和图4-194所示。

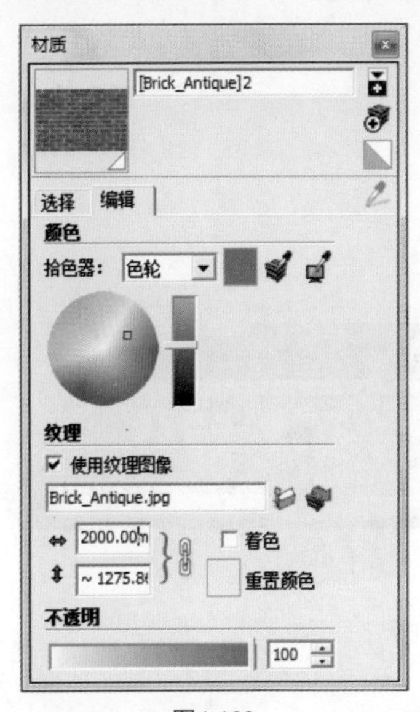

图4-193

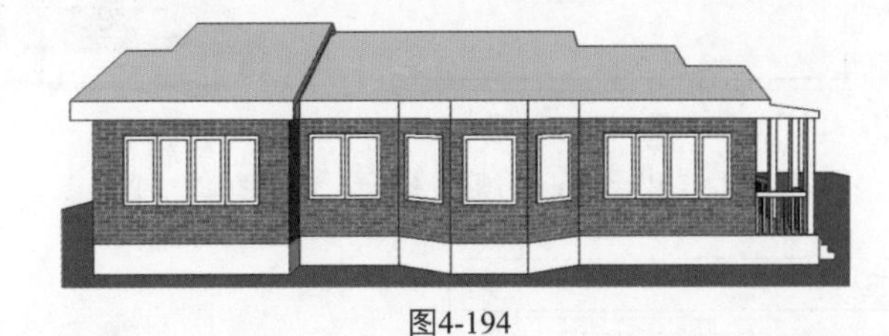

图4-194

5．选择一种屋顶材质，填充屋顶，如图4-195和图4-196所示。

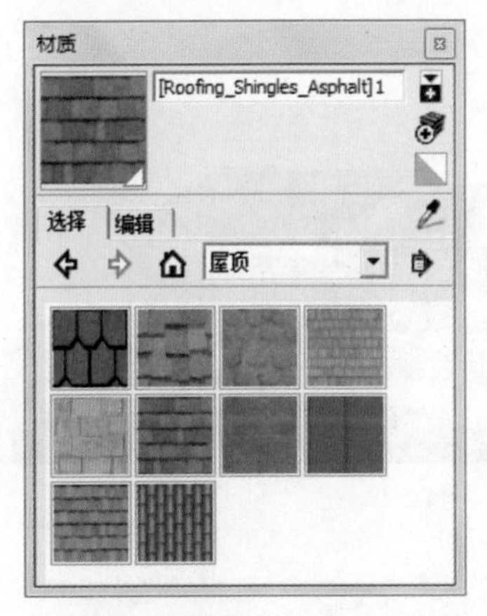

图4-195

图4-196

6．选择一种木质纹材质，填充门和窗框，如图4-197和图4-198所示。

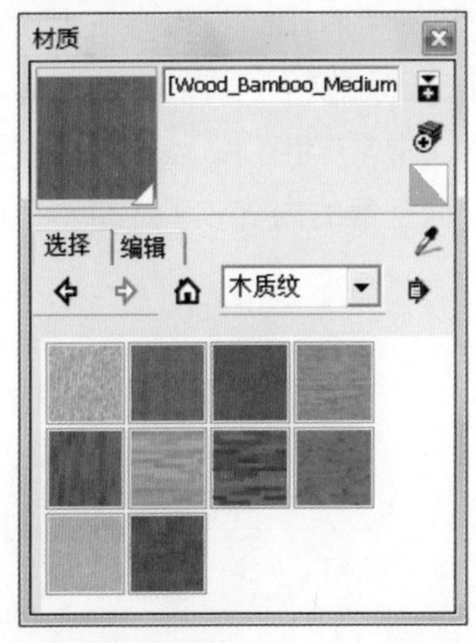

图4-197

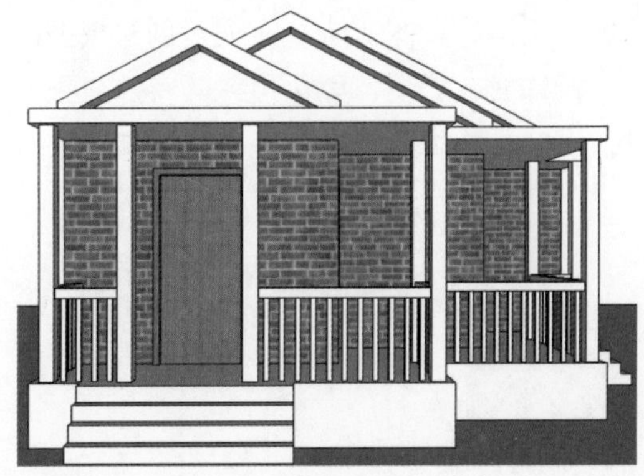

图4-198

7．选择一种半透明材质，填充玻璃，如图4-199和图4-200所示。

图4-199

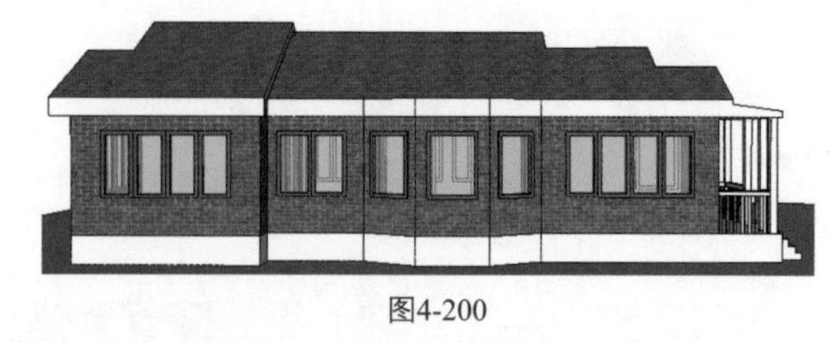

图4-200

8．选择一种草皮材质，填充地面，如图4-201和图4-202所示。

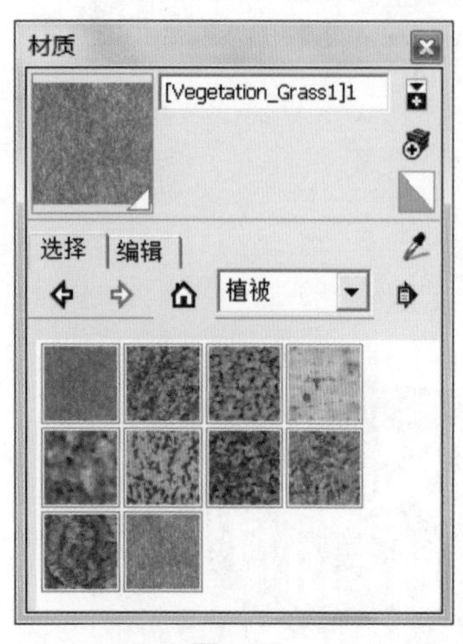

图4-201

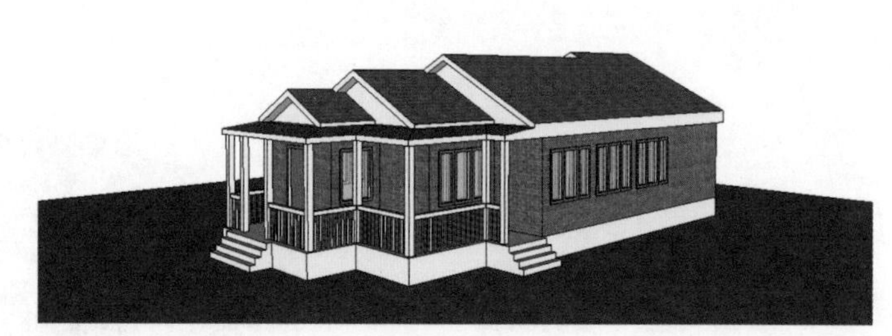

图4-202

4.11 本章小结

本章主要学习了SketchUp的功能设计，包括辅助设计工具、基本绘图工具、修改工具、实体工具、绘图设置5部分。辅助设计工具主要是对已创建好的模型进行编辑操作；基本绘图工具主要是绘制模型；修改工具主要是对创建的模型进行实际操作，比如偏移、旋转、拉伸等；实体工具主要是了解其工具的具体方法，在很多创建模型的过程中，常常会用到；绘图设置主要是对创建好的模型进行样式、雾化、柔化边线等特殊效果的设置。这一章的内容较多，每一节后面都以一个实例进行讲解，希望读者能对SketchUp有更深的认识。

第5章

SketchUp绘图工具

上一章学习了SketchUp辅助设计功能，这一章主要学习SketchUp基本绘图功能，主要介绍了如何利用绘图工具制作不同的模型，利用编辑工具对模型进行不同的编辑，其次讲解了实体工具和沙盒工具，最终再补充讲解如何在线搜索模型和组件，希望读者们能认真学习，并且能迅速掌握。

5.1 基本绘图工具

SketchUp绘图工具包括线条工具、矩形工具、圆形工具、圆弧工具、徒手画工具、多边形工具。图5-1所示为绘图工具条。

图5-1

5.1.1 线条工具

线条工具，使用线条工具可以绘制直线和实体，直线和实体可以相互结合成一个表面。线条工具也可用来拆分表面或复原删除的表面。

一、绘制直线

利用线条工具绘制一条简单的直线。

1. 单击【线条】按钮，此时光标变成铅笔，按住鼠标左键确定直线的起点，如图5-2所示。
2. 如果想画精确直线，可在数值控制栏中输入数值，这时数值栏以“长度”名称显示，如输入“300”，按Enter键结束操作，如图5-3所示。

图5-2 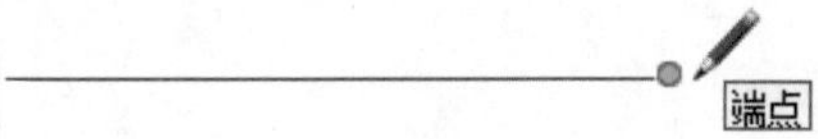　　图5-3

3. 拖动鼠标不放，确定第二点，即可绘制简单的一条直线，如图5-4和图5-5所示。结束直线绘制，按Esc键退出。

长度 300

图5-4　　图5-5

二、绘制封闭面

利用线条工具绘制一个三角形封闭面。

1. 单击【线条】按钮，按住鼠标左键确定直线的起点，如图5-6所示。
2. 拖动鼠标不放，确定第二点，再确定第三点，即可画出一个三角形的面，如图5-7

所示。

3. 如果三点不相接，则不能形成封闭面，如图5-8所示。

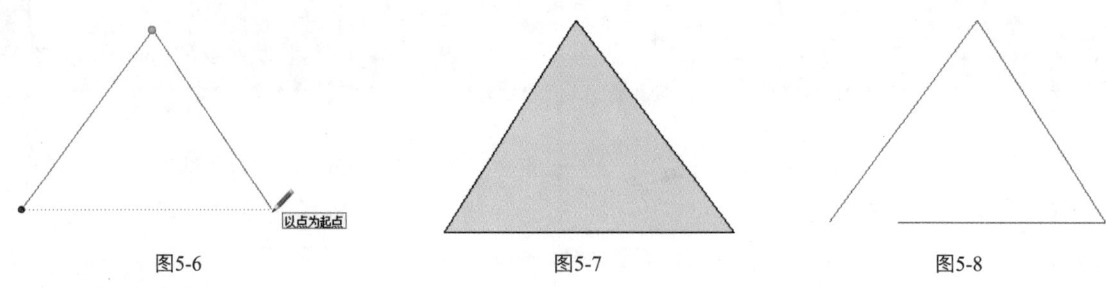

图5-6　　图5-7　　图5-8

三、拆分直线

将一条直线拆分成5段。

1. 单击【线条】按钮，画出一条直线，选中直线，单击鼠标右键，选择【拆分】命令，如图5-9所示。
2. 这时数值控制栏变成以“段”名称显示，如输入5，则直接被拆分成5段，按Enter键结束操作，如图5-10和图5-11所示。

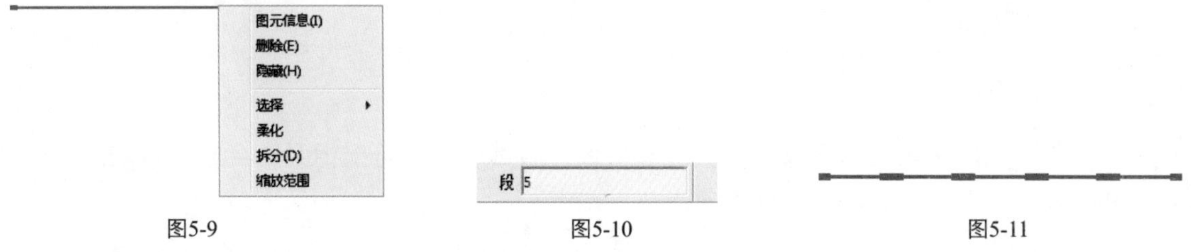

图5-9　　图5-10　　图5-11

四、拆分面

对绘制的一个矩形面拆分多个面。

1. 单击【线条】按钮，绘制一个矩形面，如图5-12所示。
2. 单击【线条】按钮，在面上绘制直线，如图5-13和图5-14所示。

图5-12

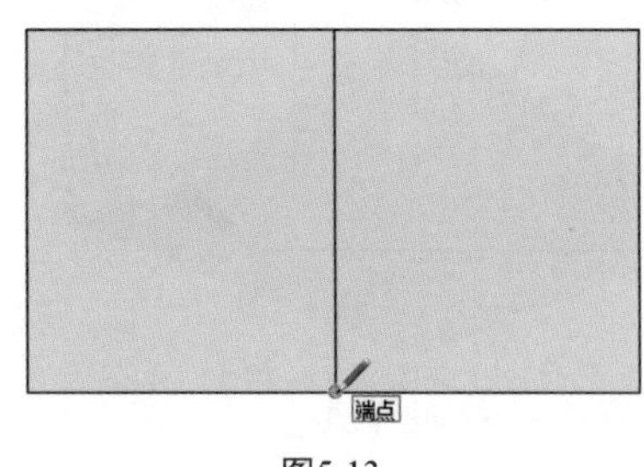

图5-13

3. 图5-15所示为拆分的4个面。

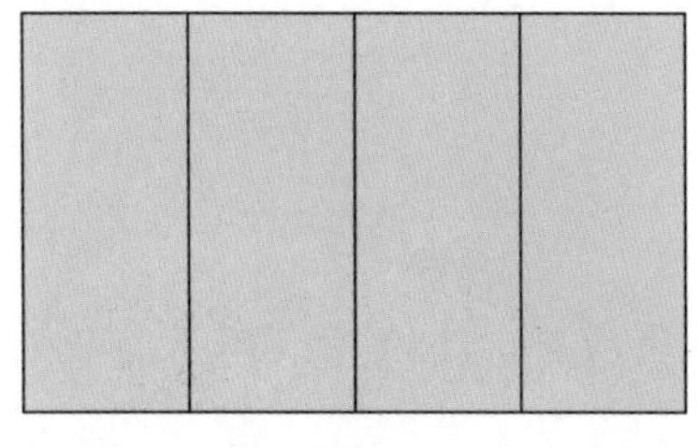

图5-14

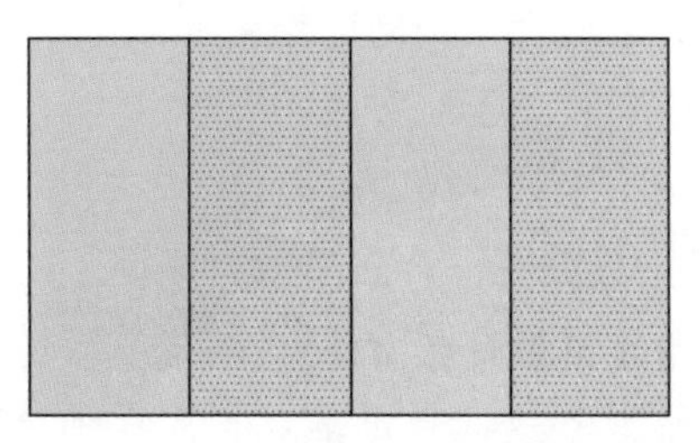

图5-15

五、绘制平行直线

绘制两条平行的直线。

1. 单击【线条】按钮，绘制直线，当自动变成红色、蓝色、绿色线段时，会提示在轴上，这时就可以绘制与轴相平行的直线，如图5-16所示。
2. 单击【线条】按钮，先画出一条直线，然后画出另一条与之平行的直线，当直线变成紫红色并提示和边线平行，这时就可以绘制平行直线了，如图5-17所示。

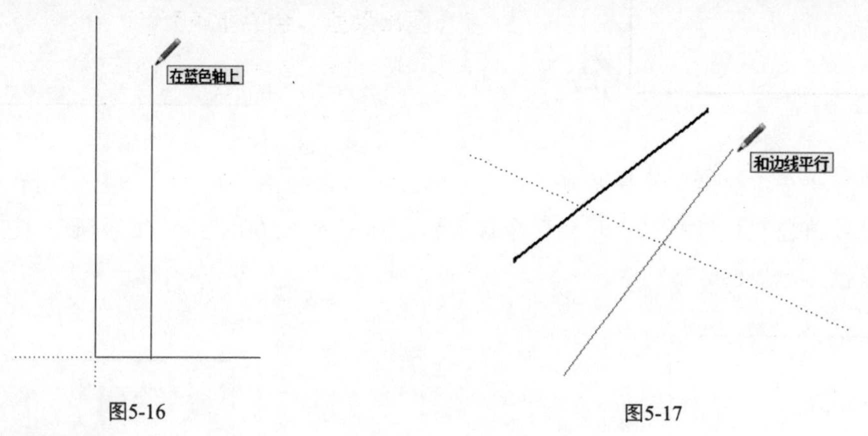

图5-16　　图5-17

六、绘制垂直线

1. 单击【线条】按钮，绘制一条直线，如图5-18所示。
2. 利用线条工具，捕捉中心点，如图5-19所示。

图5-18　　图5-19

3. 向上垂直绘制一条直线，松开鼠标，即可绘制一条过中心点垂直的线条，如图5-20和图5-21所示。

图5-20　　图5-21

没有输入单位时，SketchUp会使用当前默认的单位。

5.1.2 矩形工具

矩形工具主要是绘制矩形平面模型，还可以绘制正方形模型。

一、绘制矩形

如何绘制一个矩形，操作步骤如下。

1．单击【矩形】按钮▢，鼠标指针变成一支带矩形的铅笔。单击场景中的任意地方，设置矩形的第一个角点。按对角方向移动光标，设置矩形的第二个角点，如图5-22所示。

2．松开鼠标，即绘制好一个矩形，如图5-23所示。

图5-22　　图5-23

3．当出现“金色截面”的提示时，说明绘制的是黄金分割的矩形，如图5-24所示。

4．这时数值控制栏变成以“尺寸”名称显示，如输入“500，300”的矩形，按Enter键结束操作，如图5-25所示。

图5-24　　图5-25

二、绘制正方形

1．单击【矩形】按钮▢，当出现“方线帽”时，说明绘制的是正方形，如图5-26所示。

提示

由于SketchUp版本不同，绘制矩形时显示的“金色截面”代表的是黄金分割，绘制正方形时显示的“方线帽”代表的是平方。

2．松开鼠标，即可绘制一个正方形，如果在数值控制栏中输入“500，500”的数值，按Enter键结束操作，也可绘制一个正方形，如图5-27所示。

图5-26　　图5-27

提示

如果输入负值（-100，-100），SketchUp 将把负值应用到与绘图方向相反的方向，并在这个新方向上应用新的值。

5.1.3 圆形工具

圆形是由若干条首尾相接的线段组成的。

一、绘制圆形

下面介绍如何绘制一个精确的半径圆。

1. 单击【圆形】按钮，这时鼠标指针变成带圆的铅笔，如图5-28所示。
2. 在场景中单击任意一点，拖动鼠标，即可画出一个圆形，如图5-29所示。
3. 这时数值控制栏变成以“半径”名称显示，如输入“3000”，则可以画出半径为3000mm的圆形，如图5-30所示。

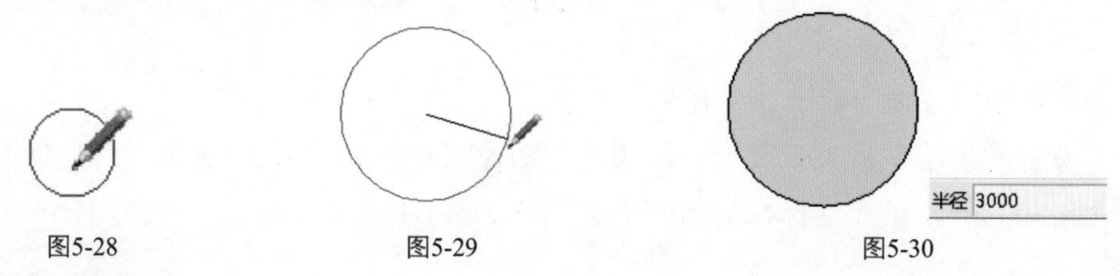

图5-28　　图5-29　　图5-30

二、设置圆形边数

设置圆的边数，边数越大，边缘越圆滑；边数越小，则边缘越清晰。圆形边数的设置形式是xs（如：8s表示8条边，最少是3条）。

1. 单击【圆形】按钮，画出圆，利用鼠标滑轮进行滚动放大，直到看到圆形的线段为止，如图5-31所示。
2. 在以“半径”名称的数值控制栏中输入3000s，说明当前圆形以3000条边显示，边缘非常圆滑，按Enter键结束操作，如图5-32所示。

图5-31　　图5-32

3. 如果在数值栏中输入3s，则以三角形显示，如图5-33所示。

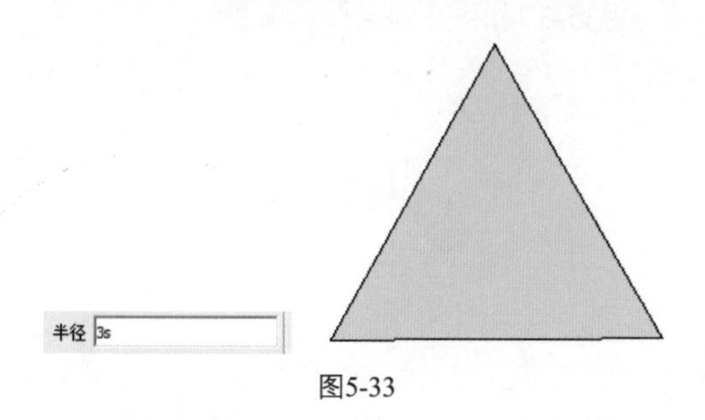

图5-33

提示

使用“圆”工具绘制的圆，实际上是由线段围合而成的，圆的段数较多时，曲率看起来平滑，但是较多的段数会使模型变得更大，从而降低系统性能，其实较小的片段数值结合柔化边线和平滑表面，也可以取得圆润的几何体外观。

5.1.4 圆弧工具

圆弧是由多条线段相互连接组合而成的，主要用于绘制圆弧实体。

一、绘制圆弧

绘制一段精确圆弧。

1. 单击【圆弧】按钮，这时鼠标指针变成带圆弧的铅笔。单击场景中确定圆弧第一点，拖动鼠标不放，单击确定第二点。这时数值控制栏出现以“长度”为名称的输入栏，如输入“2000”，则表示弧长为2000mm，如图5-34所示。

图5-34

2. 拖动鼠标不放，向上拉伸，如图5-35所示。
3. 这时数值控制栏又出现以“凸出”为名称的输入栏，如输入“500”，则圆弧向上拉伸凸出500mm，松开鼠标，绘制完成圆弧，如图5-36所示。

图5-35　　图5-36

提示

绘制弧线（尤其是连续弧线）的时候常常会找不准方向，可以通过设置辅助面，然后在辅助面上绘制弧线来解决。

二、绘制圆弧相切

绘制两段圆弧相切的效果。

单击【圆弧】按钮，先绘制一段圆弧。单击圆弧端点，向上拖动，当出现一条青色的圆弧时，说明两个圆弧已相切，如图5-37和图5-38所示。

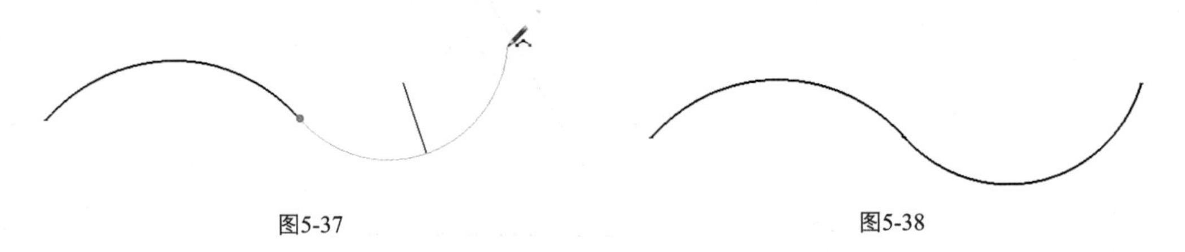

图5-37　　图5-38

提示

当出现绘制错误时，可以按Esc键取消操作，这个命令适用于所有的工具。

5.1.5 徒手画工具

徒手画工具，可绘制曲线模型和3D折线模型形式的不规则手绘线条。曲线模型由多条连接在一起的线段构成。这些曲线可作为单一的线条，用于定义和分割平面，但它们也具备连接性，即选择其中一段就选择了整个模型。曲线模型可用来表示等高线地图或其他有机形状中的等高线。

利用徒手画工具绘制任意的形状。

1. 单击【徒手画】按钮，鼠标指针变为一支带曲线的铅笔。在场景中单击确定起点，按住鼠标不放，即可绘制不规则曲线，如图5-39所示。
2. 当起点与终点相结合时，即可绘制出一个封闭的面，如图5-40所示。

图5-39　　图5-40

5.1.6 多边形工具

使用多边形工具可绘制普通的多边形图元。在开始绘制多边形前，按住Shift键，可将绘图操作锁定到画多边形的方向。

一、绘制多边形

绘制多边形，默认的多边形为6条边。

1. 单击【多边形】按钮，鼠标指针变成一支带多边形的铅笔。在场景中单击确定画多边形的中心点，如图5-41所示。
2. 按住鼠标不放向外拖动，以确定多边形大小，松开鼠标，即多边形绘制完成，如图5-42所示。

图5-41　　图5-42

二、绘制精确多边形

绘制精确八边形和五边形。

1. 单击【多边形】按钮，在数值控制栏处出现以"侧面"为名称的输入栏，如输入"8s"，即可绘制八边形，如图5-43所示。
2. 单击【多边形】按钮，当按住鼠标不放向外拖动多边形时，在数值控制栏处出现以"半径"名称的输入栏，如输入"2000"，则可绘制半径为2000mm的多边形，按Enter结束操作，图5-44所示为精确五边形半径为2000mm。

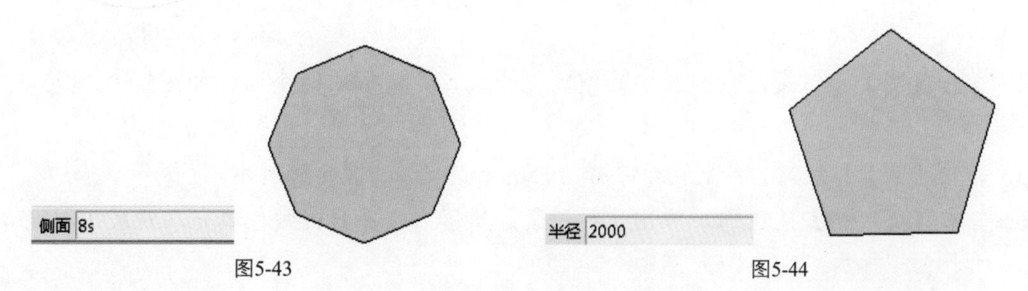

图5-43　　图5-44

在数值控制栏中输入内容的具体格式取决于计算机的区域设置。对于一些欧洲用户来说，分隔符是分号，而非逗号。

案例——绘制太极八卦

本案例主要应用线条工具、圆弧工具、圆工具、推拉工具进行模型创建，图5-45所示为效果图。

图5-45

结果文件：\Ch05\太极八卦.skp

视频：\Ch05\太极八卦.wmv

1. 单击【圆弧】按钮，绘制一段长为1000mm的圆弧，如图5-46所示。
2. 凸出部分为300mm，如图5-47和图5-48所示。

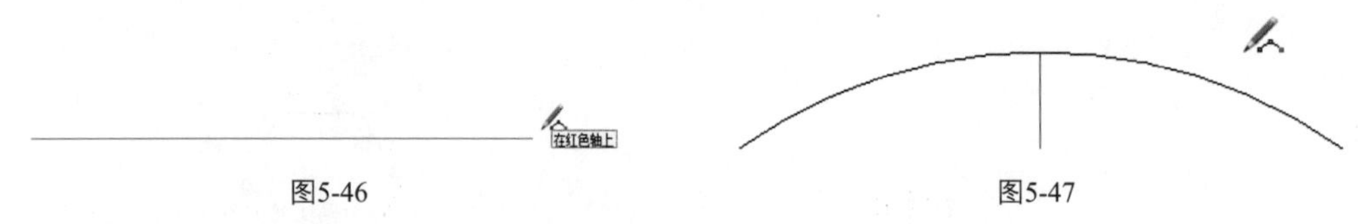

图5-46　　图5-47

3. 继续绘制圆弧相切，距离和凸出部分一样，如图5-49、图5-50和图5-51所示。

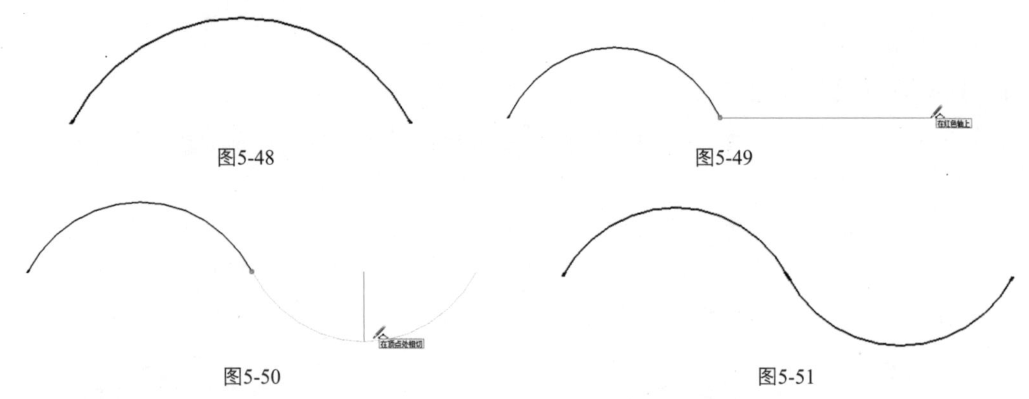

图5-48　　图5-49

图5-50　　图5-51

4. 单击【圆】按钮，沿圆弧中心绘制一个圆，使它形成两个面，如图5-52、图5-53和图5-54所示。
5. 单击【圆】按钮，绘制两个半径为150mm的圆，如图5-55所示。
6. 单击【颜料桶】按钮，弹出【材质】编辑器，选择黑白颜色填充，效果如图5-56和图5-57所示。

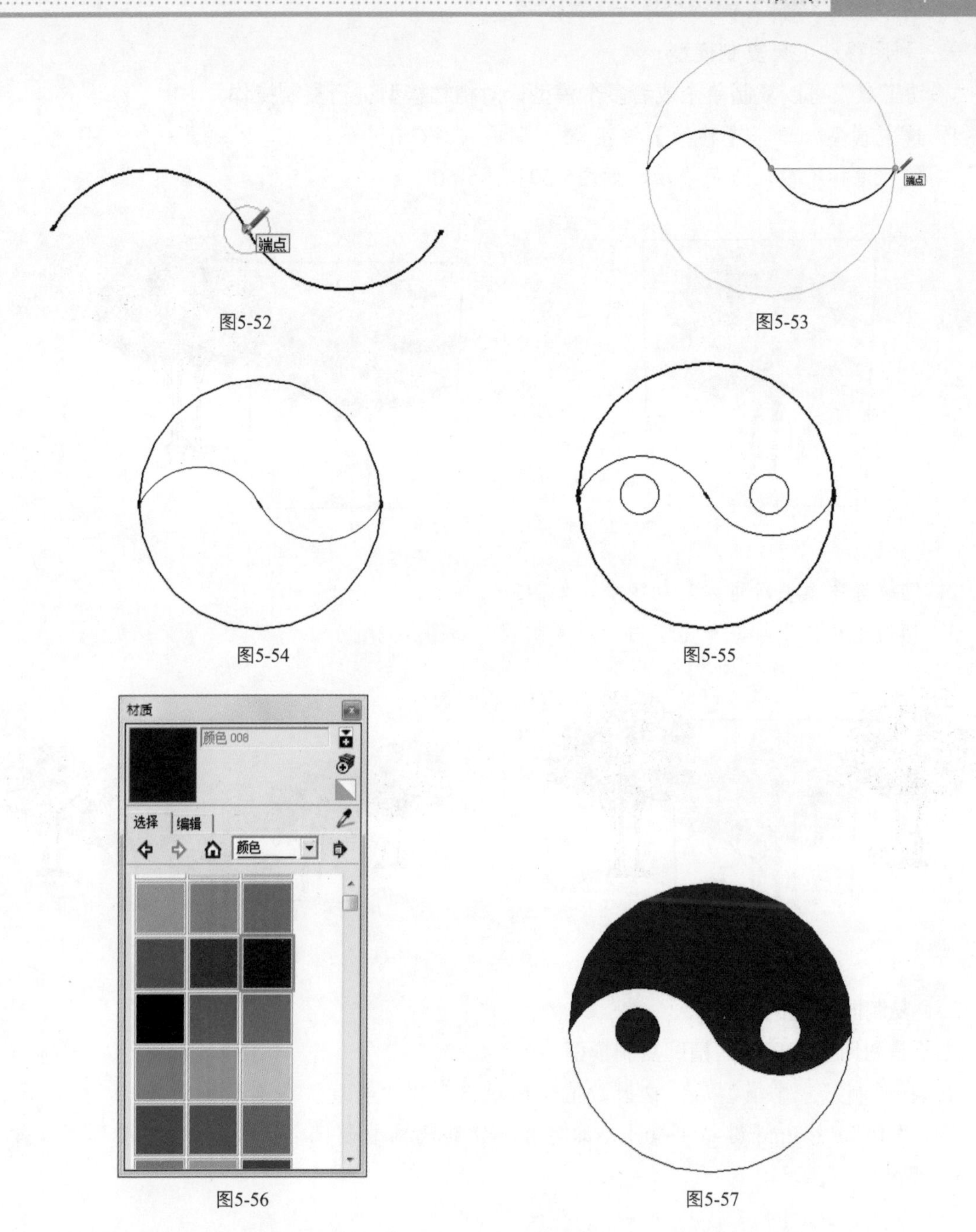

图5-52 图5-53

图5-54 图5-55

图5-56 图5-57

5.2 修改工具

SketchUp修改工具包括移动工具、推/拉工具、旋转工具、跟随路径工具、拉伸工具、偏移复制工具。图5-58所示为修改工具条。

图5-58

5.2.1 移动工具

移动工具可以移动、拉伸和复制几何图形，此工具还可用于旋转组件和组。

一、利用移动工具复制模型

“移动工具”可以复制单个或者多个模型，对植物模型进行复制操作。

1. 选中模型，单击【移动】按钮，同时按住Ctrl键不放，这时多了一个“+”号，按住鼠标不放，进行拖动，如图5-59和图5-60所示。

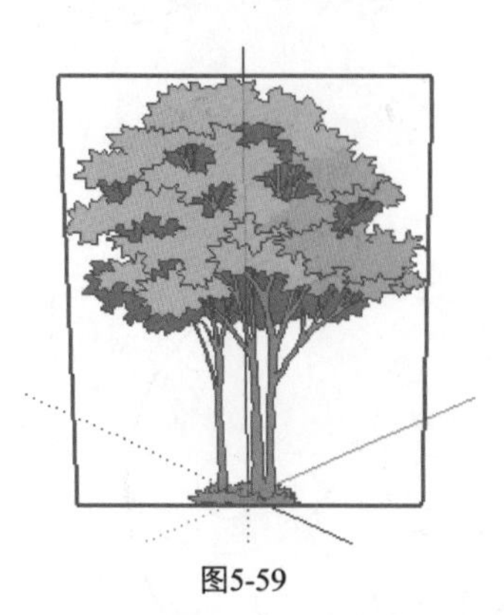

图5-59

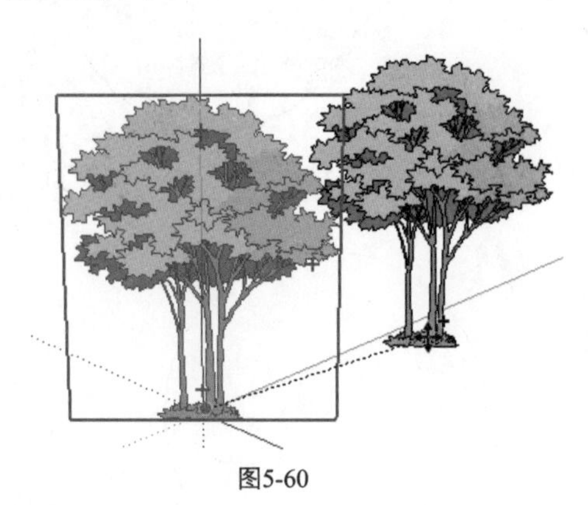

图5-60

2. 继续选中模型，可以复制多个，如图5-61所示。
3. 切换到选择工具，单击空白处，复制效果如图5-62所示。

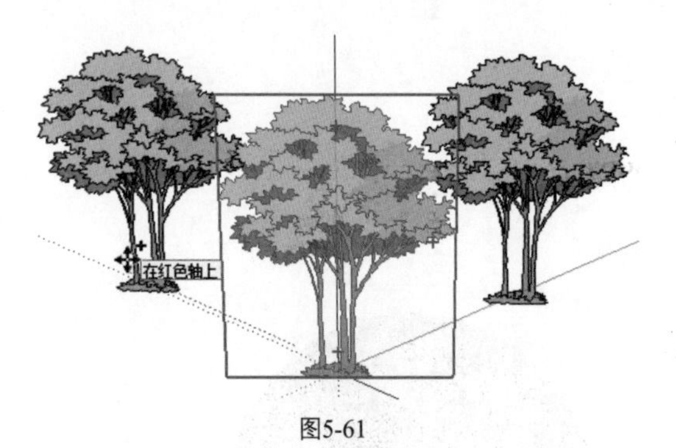

图5-61

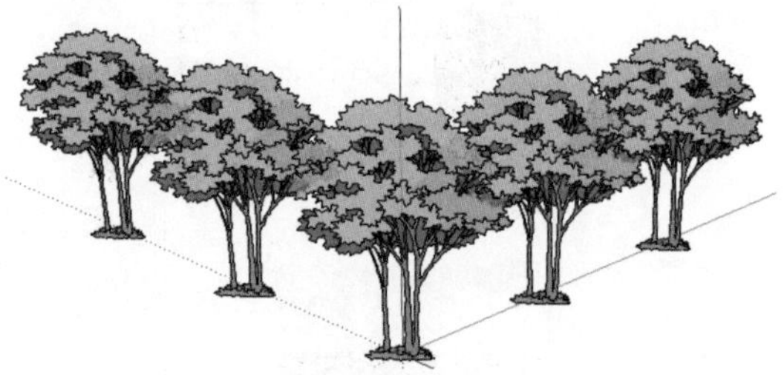

图5-62

二、复制同等比例模型

主要是利用数值控制栏精确复制模型。

1. 当复制好一个模型后，这时数值控制栏出现以“长度”为名称的输入栏，如输入“/10”，按Enter键结束操作，即可在一定距离内复制10个模型，如图5-63和图5-64所示。

图5-63

图5-64

2. 如在“长度”名称栏输入“x10”，按Enter键结束操作，即可复制同等距离的模型，如图5-65和图5-66所示。

图5-65

图5-66

提示

复制同等比例模型，在创建包含多个相同项目的模型（如栅栏、桥梁和书架）时特别有用，因为柱子或横梁以等距离间隔排列。

5.2.2 推/拉工具

推/拉工具，可以将不同类型的二维平面（圆、矩形、抽象平面）推拉成三维几何体模型。下面以创建一个园林景观中的石阶模型为例。

1. 单击【矩形】按钮，在场景中绘制一个矩形平面，如图5-67所示。
2. 单击【线条】按钮，绘制矩形面，如图5-68所示。

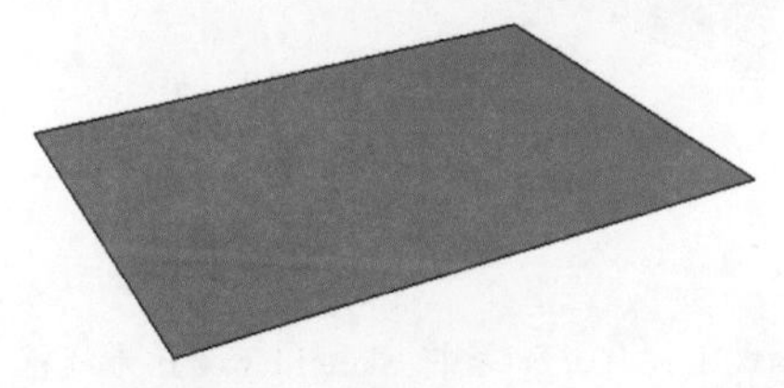

图5-67

图5-68

3. 单击【推/拉】按钮，选择一个面，如图5-69所示。

图5-69

将一个面推拉一定的高度后，如果在另一个面上双击鼠标左键，则该面将拉伸同样的高度。

4. 按住左键不放，向上推拉一定的距离，如图5-70和图5-71所示。

图5-70

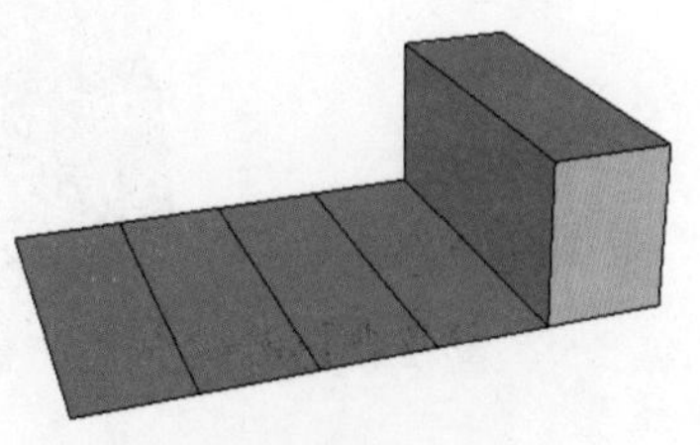

图5-71

5. 继续单击【推/拉】按钮，推拉另外的矩形面，并且推拉出层次，形成石阶，如图5-72和图5-73所示。

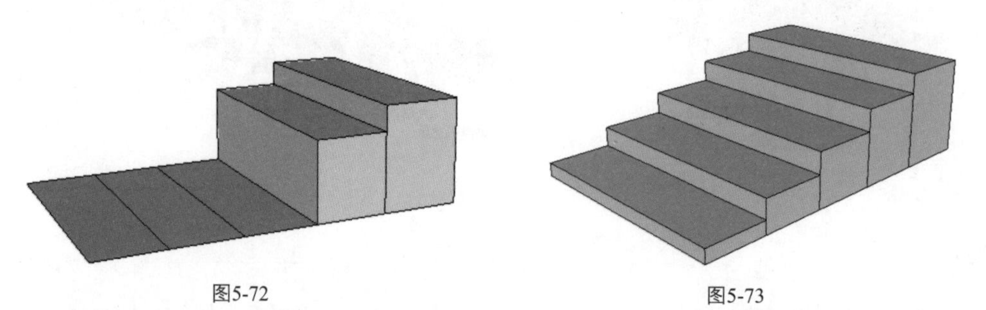

图5-72　　图5-73

6. 单击【颜料桶】按钮，为石阶填充适合的材质，如图5-74和图5-75所示。

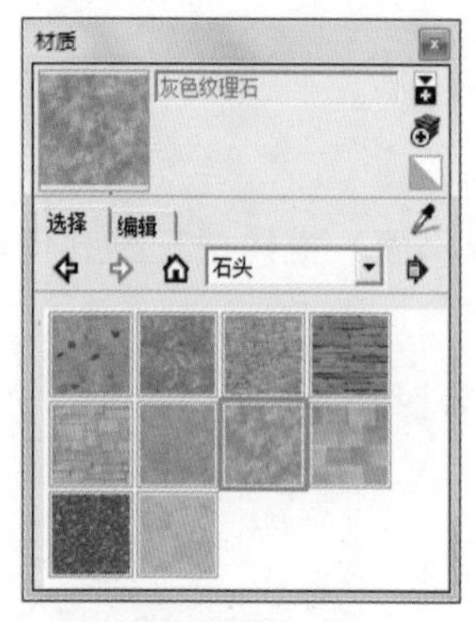

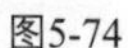

图5-74

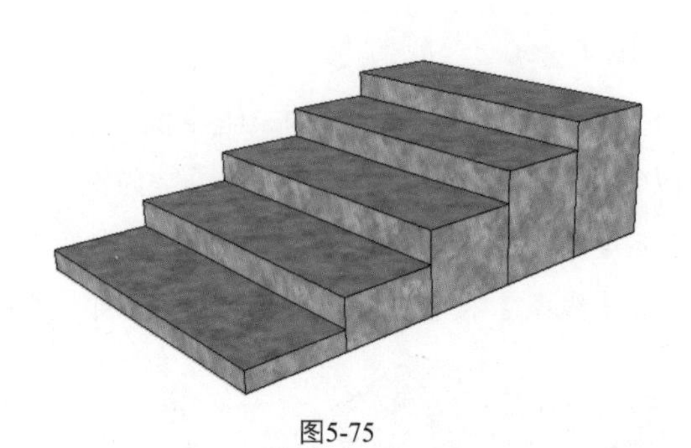

图5-75

提示

"推/拉"工具只能在平面上进行，因此不能在"线框"模式下操作。如果将SketchUp设置为线框渲染风格，就不能使用此功能。

5.2.3 旋转工具

旋转工具，确定旋转的轴心点、起点位置、终点位置进行旋转，同时还可以拉伸、扭曲或复制模型。

源文件：\Ch05\中式餐桌.skp

旋转工具也可对模型进行同等距离的复制操作，这里主要对餐桌快速创建周围的餐椅。

1. 打开中式餐桌，如图5-76所示。

图5-76

2. 选中要旋转的模型，单击【旋转】按钮，以轴为中心原点进行旋转复制，如图5-77和图5-78所示。

图5-77

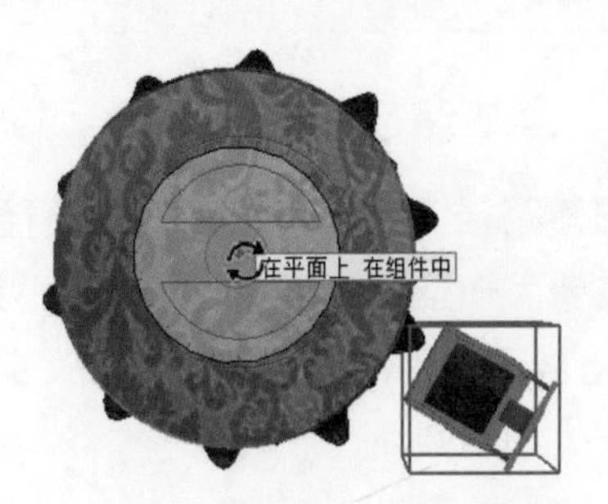

图5-78

3. 按住左键不放，拖出一条辅助线，按住Ctrl键不放，复制模型，如图5-79和图5-80所示。

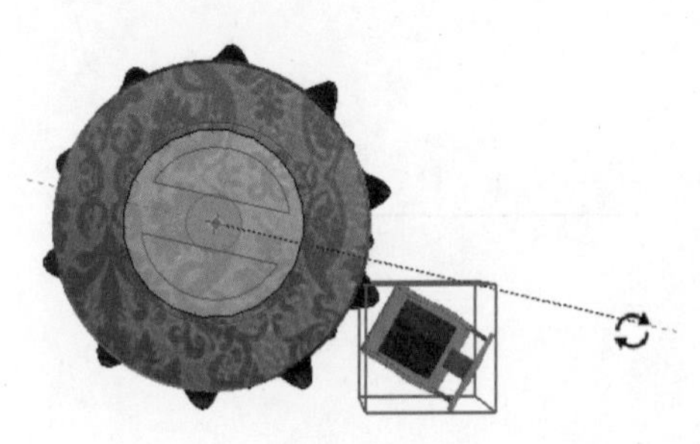

图5-79

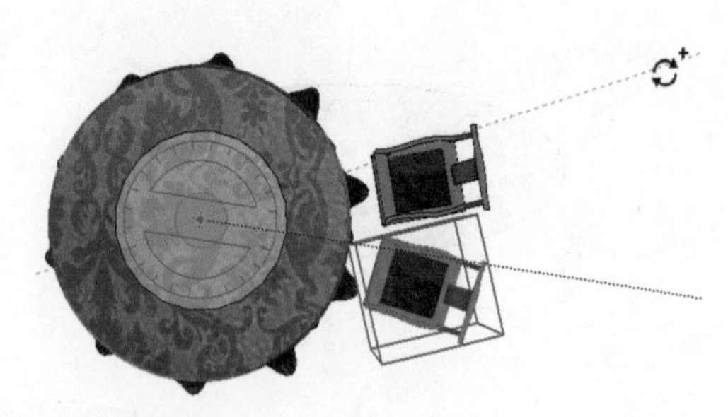

图5-80

4. 单击确定旋转的位置，这时数值控制栏出现以“角度”为名称的输入栏，如输入“12x”，则表示以当前的角度复制同等距离的12个模型，如图5-81和图5-82所示。

图5-81

角度 12x

图5-82

5. 按Enter键结束当前操作，并在场景中单击一下，即可旋转复制模型，如图5-83所示。

图5-83

提示

在旋转复制模型时，输入“12x”或者“12*”都一样，都可以复制同等距离的模型。

5.2.4 跟随路径工具

跟随路径工具，可以沿一条路径复制平面轮廓，沿路径手动或自动拉伸平面，从而创建模型，当要为模型添加细节时，这个工具特别有用。

结果文件：\Ch05\圆环.skp、球体.skp、锥体.skp

一、创建圆环

1. 单击【圆】按钮，绘制一个平面，如图5-84所示。
2. 单击【圆】按钮，在圆的边上绘制一个小圆面，形成放样的截面，如图5-85和图5-86所示。

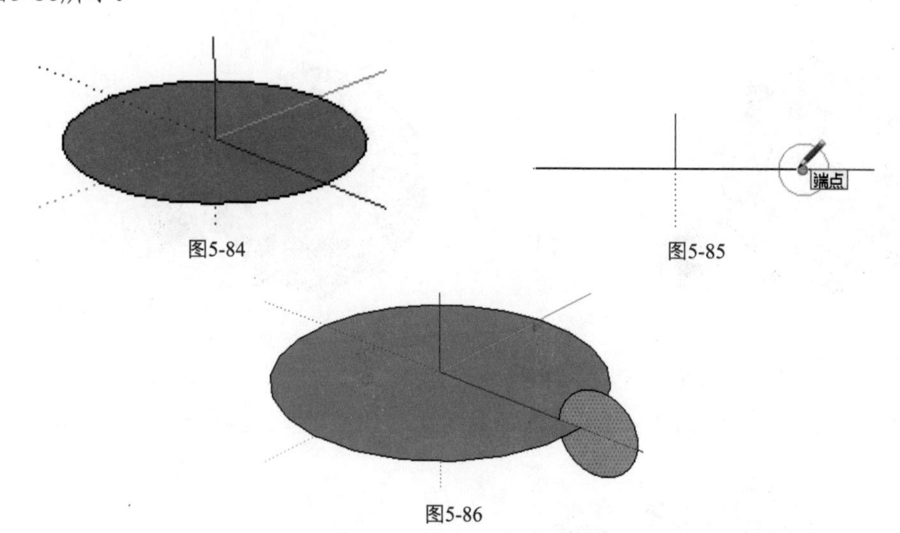

图5-84

图5-85

图5-86

3. 先单击大圆面，再单击【跟随路径】按钮，最后单击半圆面，如图5-87、图5-88和图5-89所示。

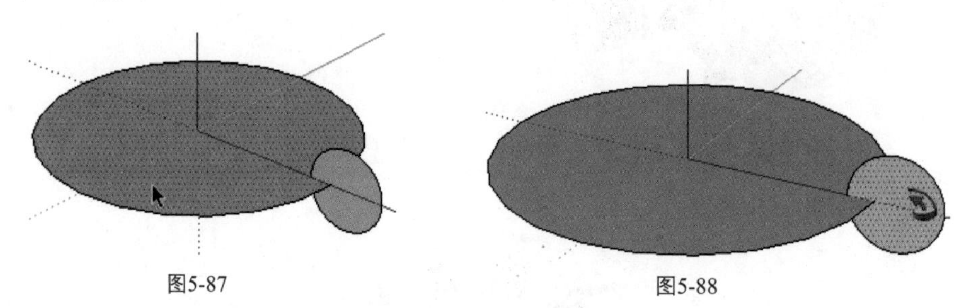

图5-87

图5-88

4. 将中间的面删除，圆环效果如图5-90所示。

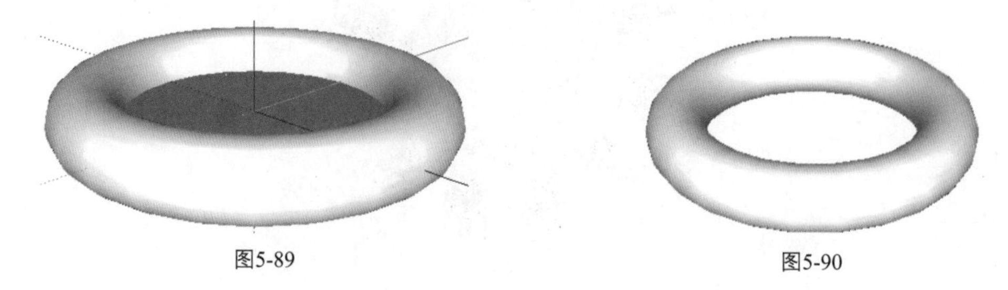

图5-89

图5-90

二、创建球体

1. 单击【圆】按钮，在绘图场景中以坐标中心点为圆心绘制一个半径为500mm的圆，如图5-91所示。
2. 单击【线条】按钮，由中心沿蓝轴方向绘制一条长为500mm的直线，如图5-92所示。

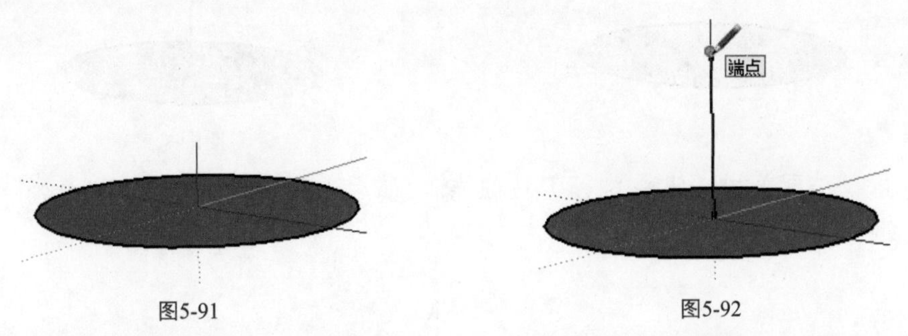

图5-91 图5-92

3. 调整一下坐标轴的方向，方便捕捉中心点，单击【圆】按钮，如图5-93所示。
4. 沿刚才绘制的直线画一个圆，并删除刚才绘制的直线，如图5-94和图5-95所示。

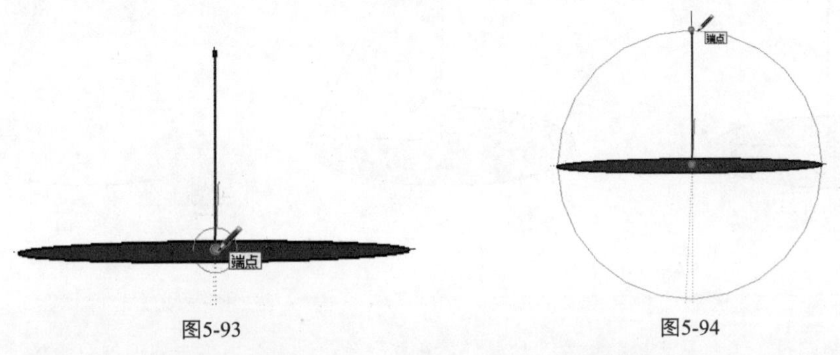

图5-93 图5-94

5. 先选择第二个绘制的圆面，单击【跟随路径】按钮，最后选择第一个圆面，即可生成一个球体，如图5-96所示。

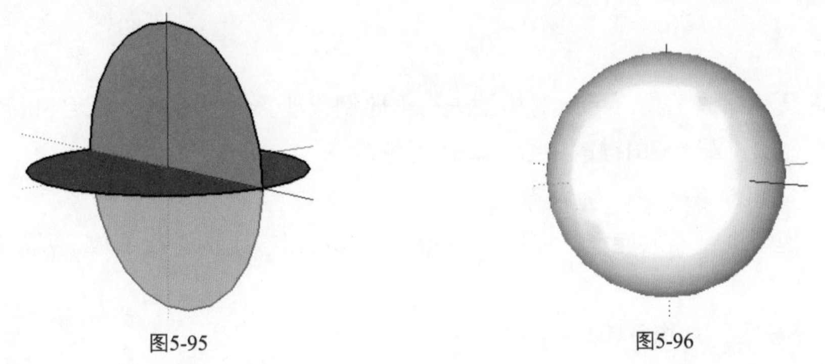

图5-95 图5-96

三、创建锥体

1. 单击【圆】按钮，在绘图场景中以坐标中心点为圆心绘制一个半径为200mm的圆，如图5-97所示。
2. 单击【线条】按钮，由中心沿蓝轴方向绘制一条长为400mm的直线，如图5-98所示。
3. 单击【线条】按钮，绘制一个三角面，如图5-99和图5-100所示。

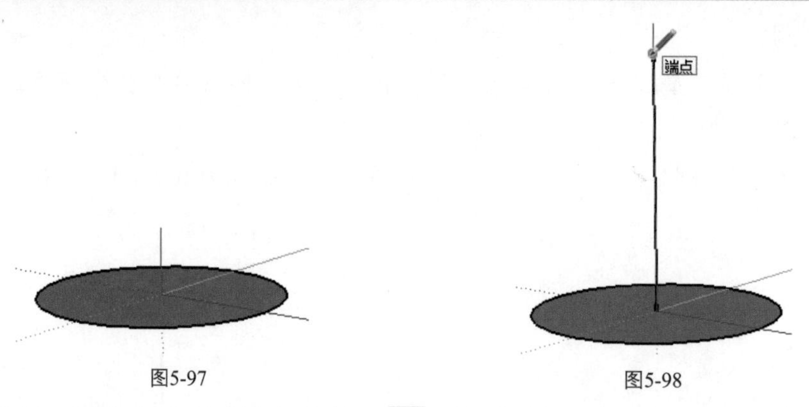

图5-97　　图5-98

4．选择圆面，再单击【跟随路径】按钮，最后选择三角面，即可生成一个圆锥体，如图5-101所示。

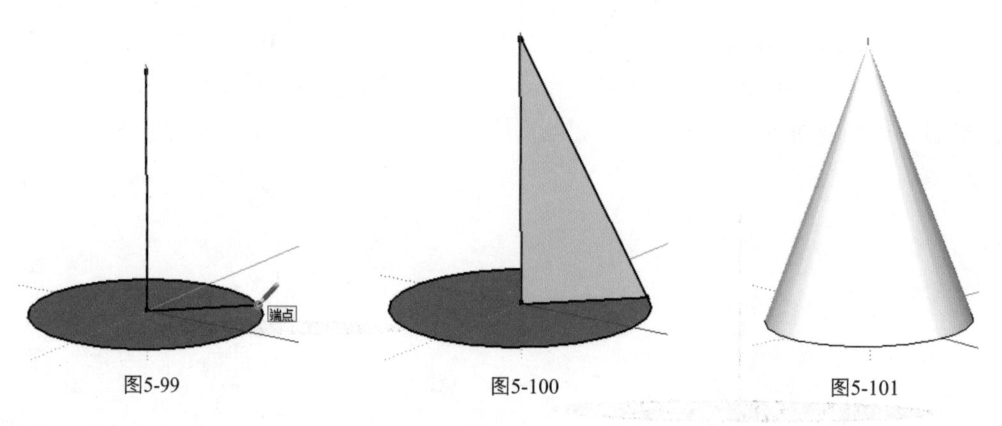

图5-99　　图5-100　　图5-101

> **提示**
>
> 为了使“跟随路径”工具从正确的位置开始放样，在放样开始时，必须单击邻近剖面的路径。否则，“跟随路径”工具会在边线上挤压，而不是从剖面到边线。

5.2.5　拉伸工具

拉伸工具，又称缩放工具，可以对模型进行等比例或非等比例缩放，配合Shift键可以切换等比例／非等比例缩放，配合Ctrl键以中心为轴进行缩放。

源文件：\Ch05\凉亭.skp

对一个凉亭模型进行缩放操作，可以自由缩放，也可以按比例进行缩放，从而改变当前模型的结构。

1．打开凉亭模型，如图5-102所示。

2．单击【选择】按钮，选中模型的某一部分，如图5-103所示。

3．单击【拉伸】按钮，如图5-104所示。

4．单击任意一个控制点，出现虚线，按住左键进行缩放，如图5-105所示。

5．单击【选择】按钮，即可取消控制点，确定缩放模型，如图5-106所示。

6．利用同样的方法缩放另一边的控制点，如图5-107所示。

7．最后的缩放效果如图5-108所示。

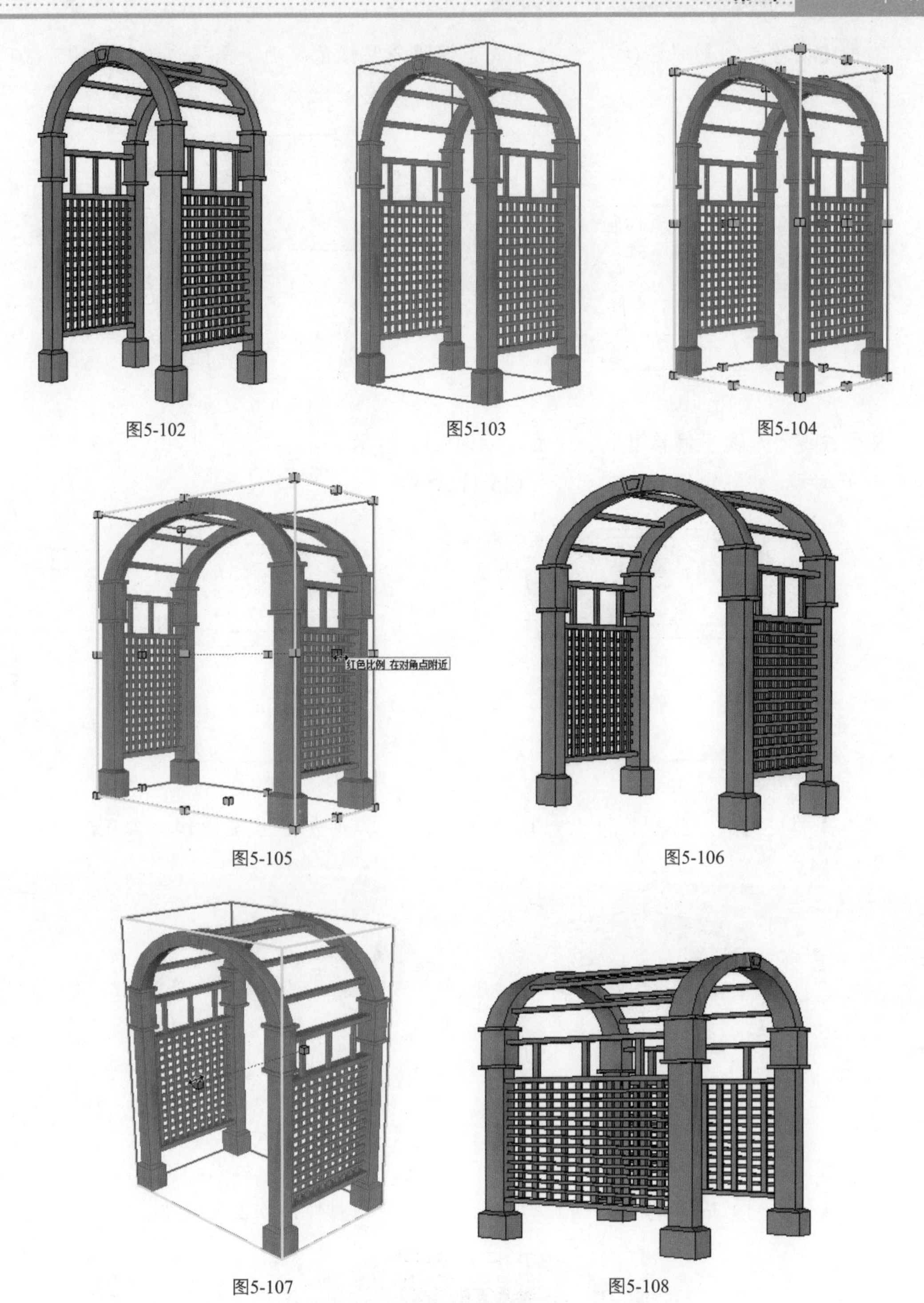

图5-102　图5-103　图5-104

图5-105　图5-106

图5-107　图5-108

5.2.6 偏移复制工具

偏移复制工具，可以偏移复制同一平面两条或两条以上的相交线，可以在原表面的内部或外部偏移表面的边线，偏移一个表面将建立一个新的表面。

源文件：\Ch05\模型1.skp

下面利用偏移复制工具完善一个花坛模型为例，进行实际讲解。

1．图5-109所示为已创建好的一部分花坛模型。

2. 单击【偏移复制】按钮，指针变成了带两个偏移角，确定偏移边线，如图5-110所示。

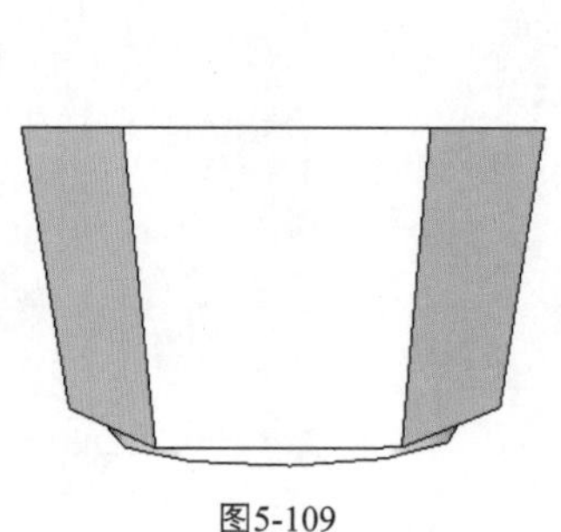
图5-109

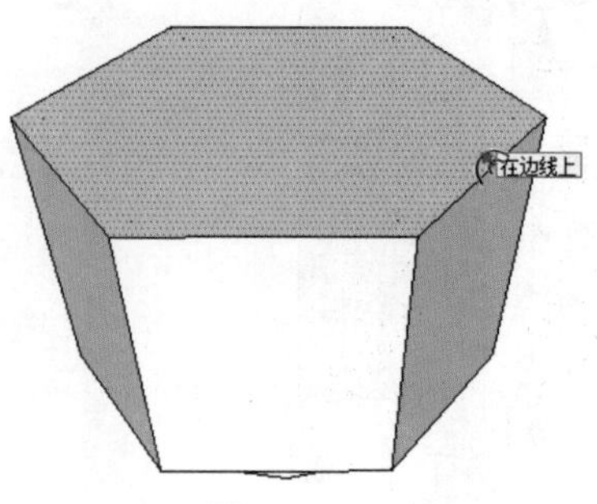

图5-110

3. 按住左键不放向里偏移复制一个面，如图5-111所示。
4. 松开鼠标，即确定偏移复制面，如图5-112所示。

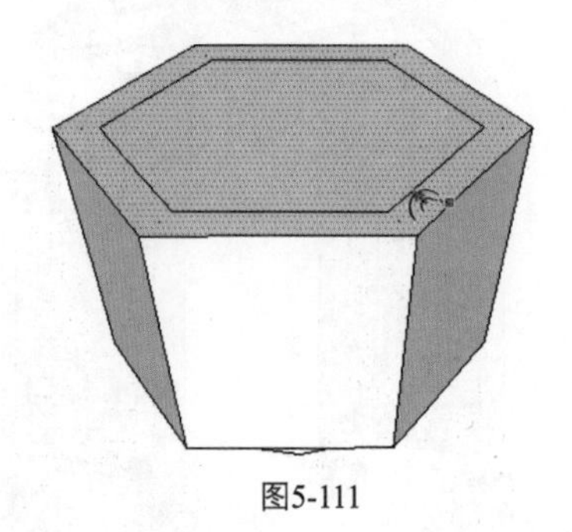
图5-111

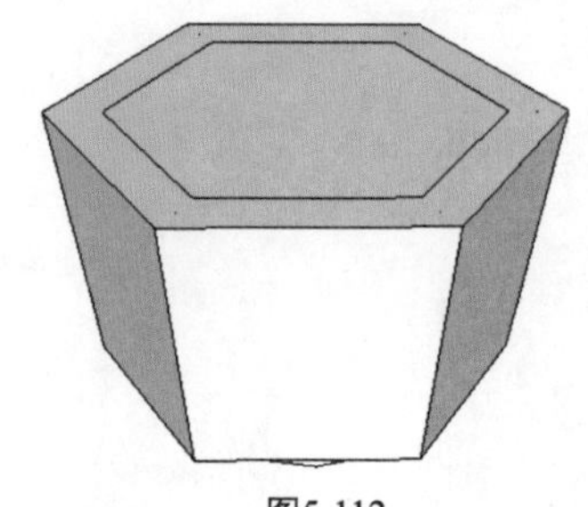
图5-112

5. 单击【推/拉】按钮，可以对偏移复制的面单独进行推拉操作，如图5-113和图5-114所示。

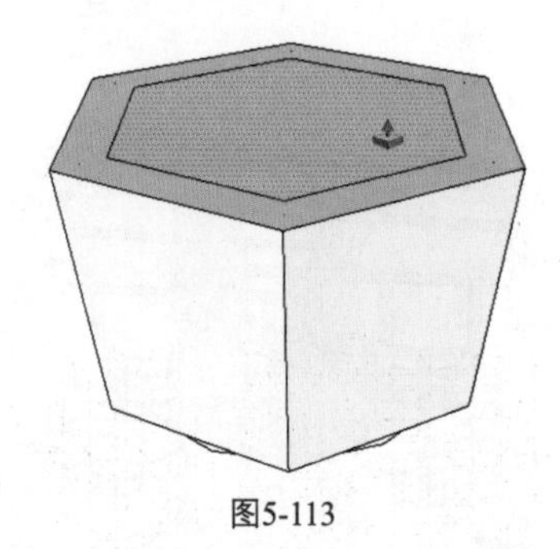
图5-113

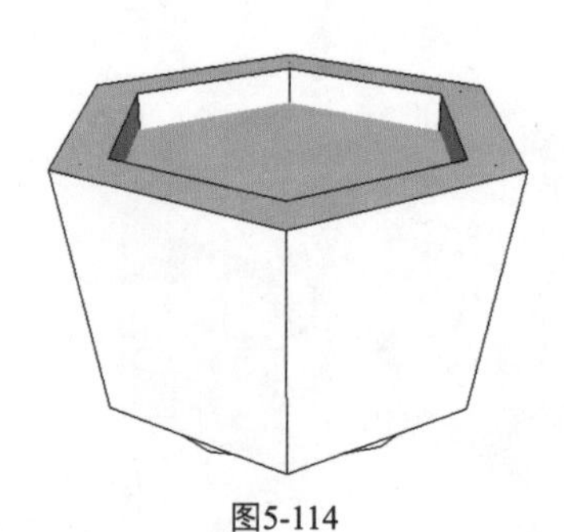
图5-114

6. 单击【颜料桶】按钮，对创建的花坛填充适合的材质，如图5-115所示。

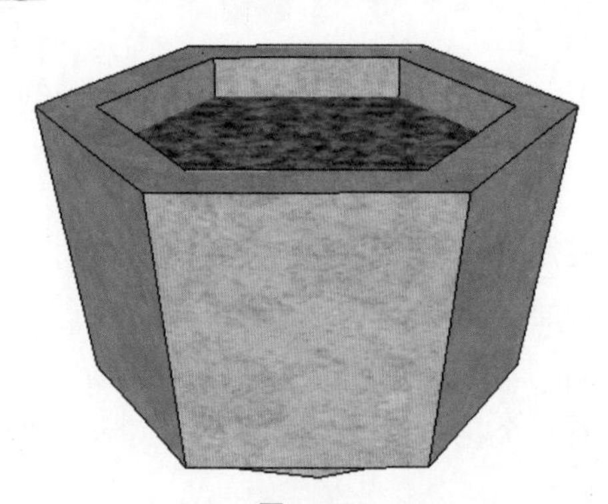
图5-115

案例——创建雕花图案

本案例将导入一张CAD雕花图纸，制作雕花模型，图5-116所示为效果图。

图5-116

源文件：\Ch05\雕花图纸.dwg

结果文件：\Ch05\雕花图案.skp

视频：\Ch05\雕花图案.wmv

1. 选择【文件】/【导入】命令，在“文件类型”中选择“AutoCAD文件（*.dwg，*.dxf）”，如图5-117和图5-118所示。

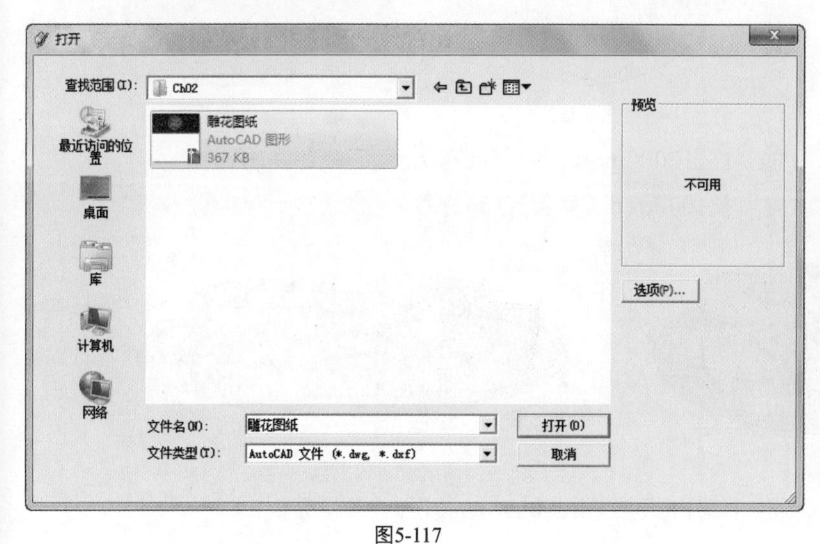

图5-117

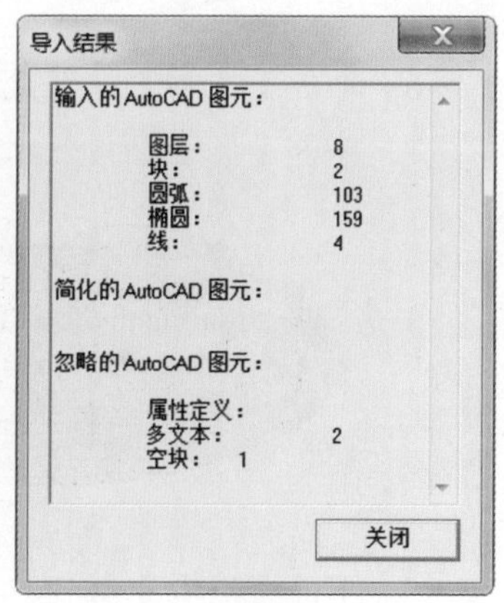

图5-118

2. 单击 关闭 按钮，导入图案如图5-119所示。

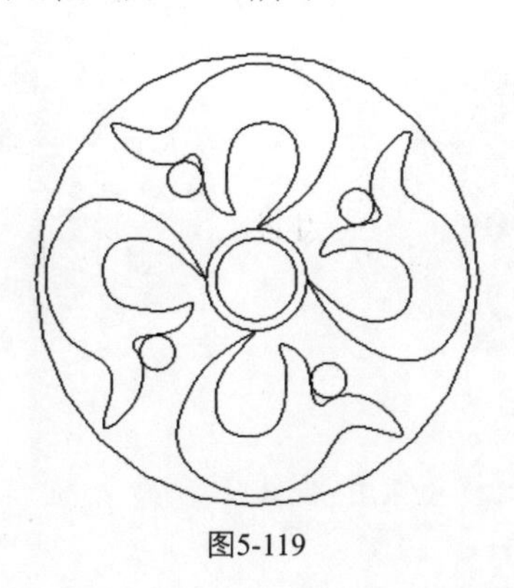

图5-119

3．单击【线条】按钮，沿边线对图案进行封闭面操作，如图5-120和图5-121所示。

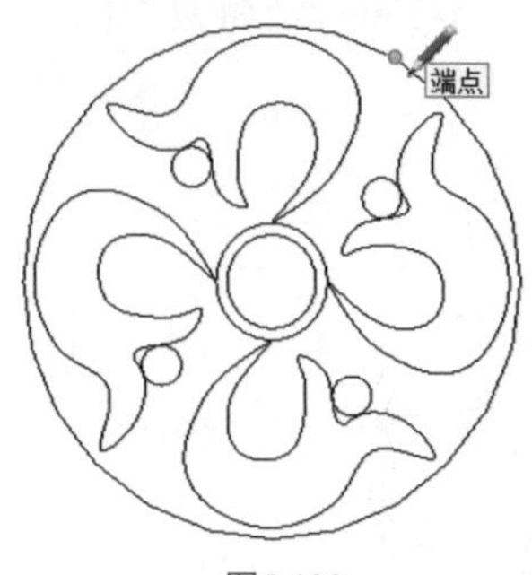

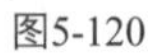
图5-120

图5-121

4．将要单独推拉的面进行单独描边封面，如图5-122和图5-123所示。

5．单击【偏移】按钮，将外框向外偏移复制600mm，如图5-124所示。

图5-122

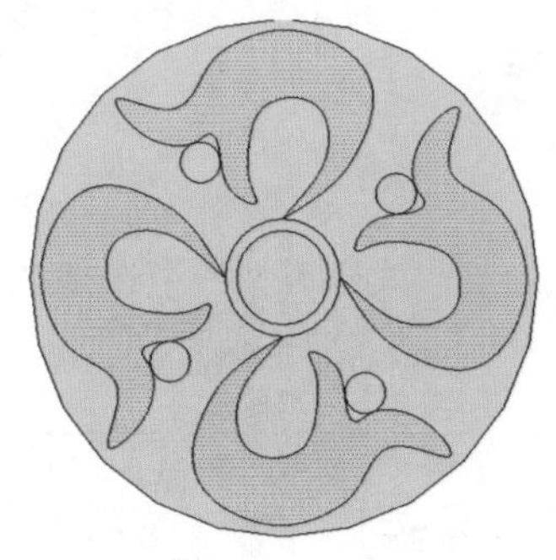
图5-123

图5-124

6．单击【推/拉】按钮，向上拉出2000mm，如图5-125所示。

7．单击【推/拉】按钮，向下推1000mm，如图5-126所示。

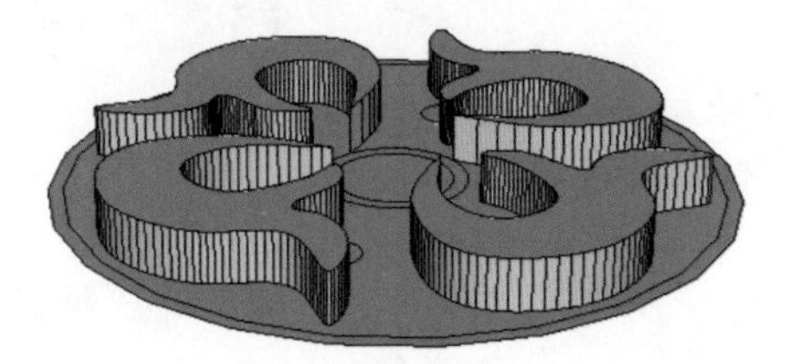
图5-125

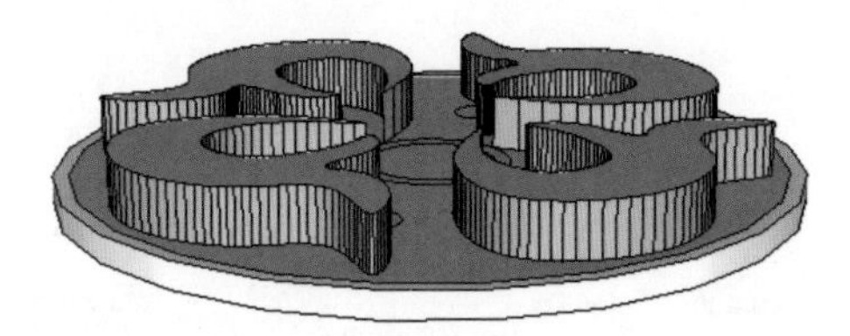
图5-126

8．单击【推/拉】按钮，将4个圆向上拉高2000mm，如图5-127所示。

9．单击【推/拉】按钮，将中间两圆分别拉出2000mm和1000mm，如图5-128所示。

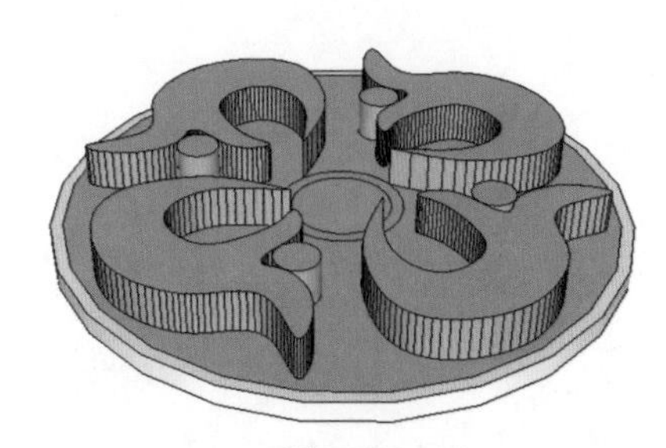
图5-127

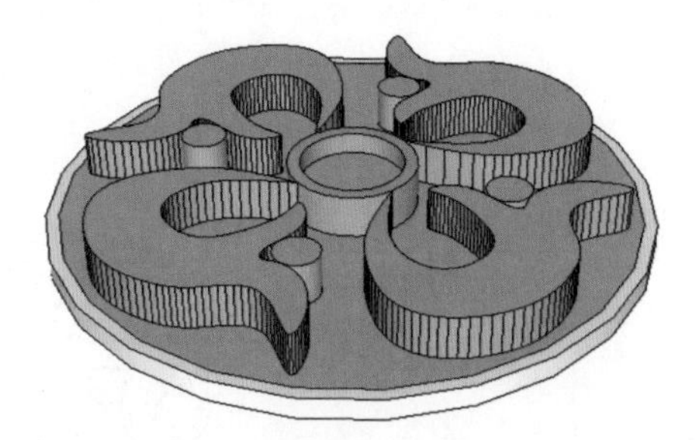
图5-128

10．选中模型，选择【窗口】/【柔化边线】命令，对边线进行柔化，如图5-129、图5-130和图5-131所示。

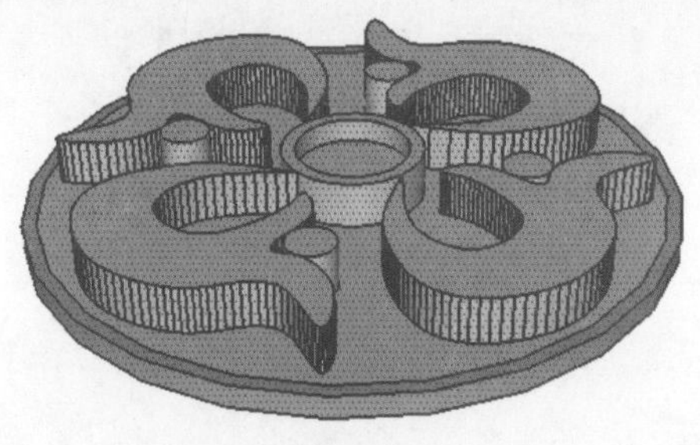

图5-129

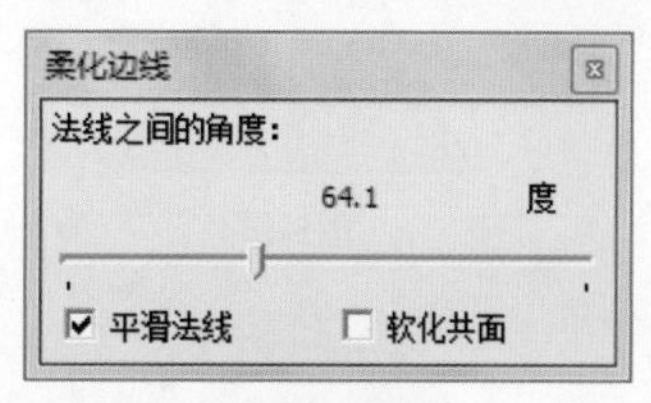

图5-130

11．对创建好的雕花图案填充适合的材质，最终效果如图5-132所示。

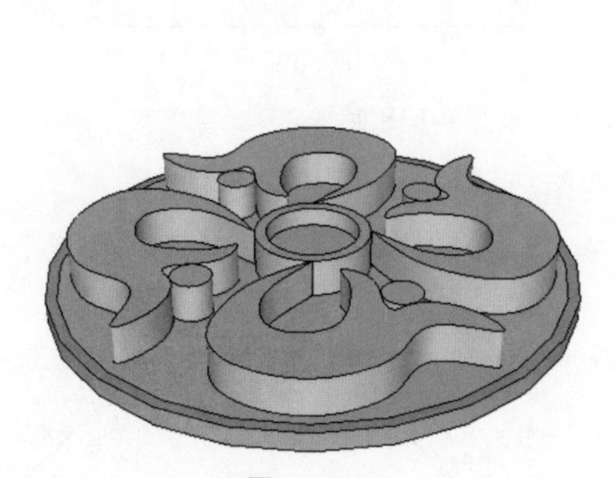

图5-131

图5-132

创建复杂图案的封闭面时，需要读者有足够的耐心，描边时要仔细，一条线没有连接上，就无法创建一个面。遇到无法创建面的情况，可以尝试将导入的线条删掉，直接重新绘制并连接。

案例——创建户外帐篷

本案例主要利用绘制工具制作一个儿童帐篷，图5-133所示为效果图。

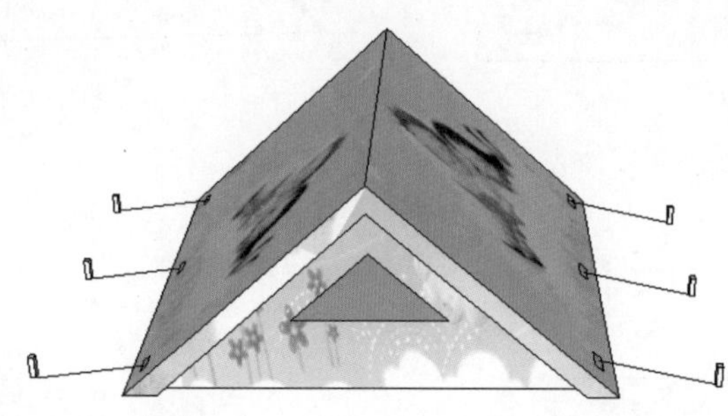

图5-133

结果文件：\Ch05\户外帐篷.skp

视频：\Ch05\户外帐篷.wmv

1．单击【多边形】按钮，绘制一个三角形，如图5-134所示。

2．单击【拉伸】按钮，对三角形进行调整，如图5-135所示。

3．单击【推/拉】按钮，向后推3000mm，如图5-136所示。

4．单击【线条】按钮，绘制出图5-137所示的形状。

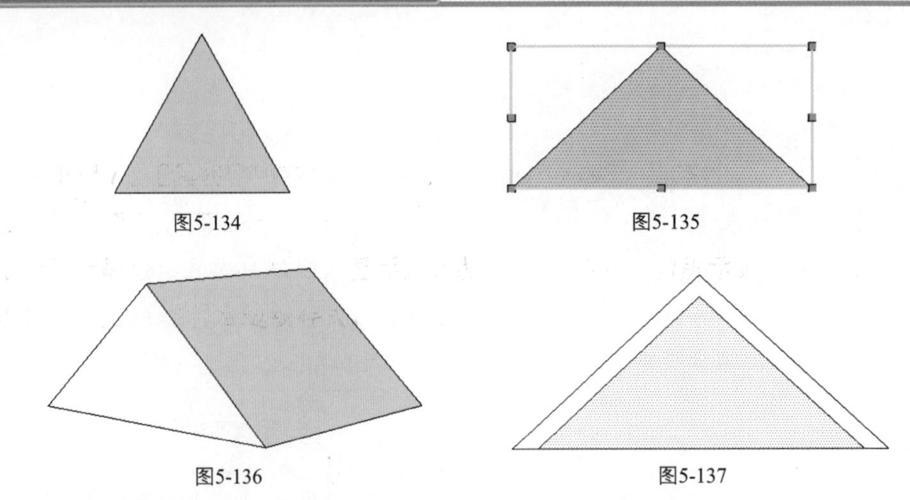

图5-134 图5-135

图5-136 图5-137

5．单击【推/拉】按钮，将面向里推100mm，如图5-138所示。

6．单击【偏移】按钮，偏移复制一个三角形面，如图5-139所示。

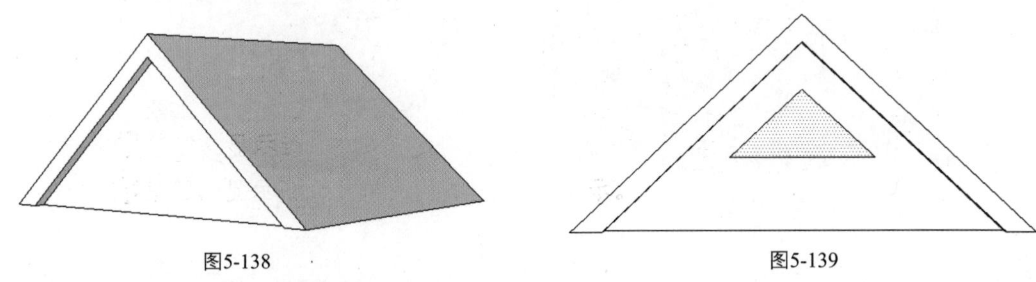

图5-138 图5-139

7．单击【矩形】按钮，绘制3个矩形面，如图5-140所示。

8．单击【线条】按钮，绘制3条线，如图5-141所示。

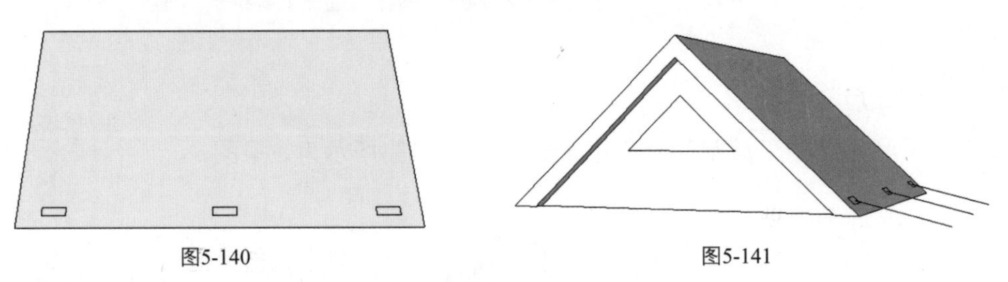

图5-140 图5-141

9．将矩形面删除，如图5-142所示。

10．在模型另一边绘制同样的矩形面和线，如图5-143所示。

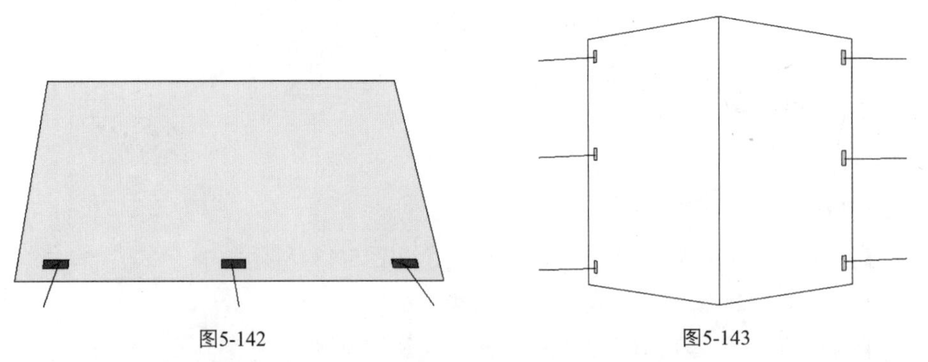

图5-142 图5-143

11．单击【矩形】按钮，在两边分别绘制3个矩形面，如图5-144和图5-145所示。

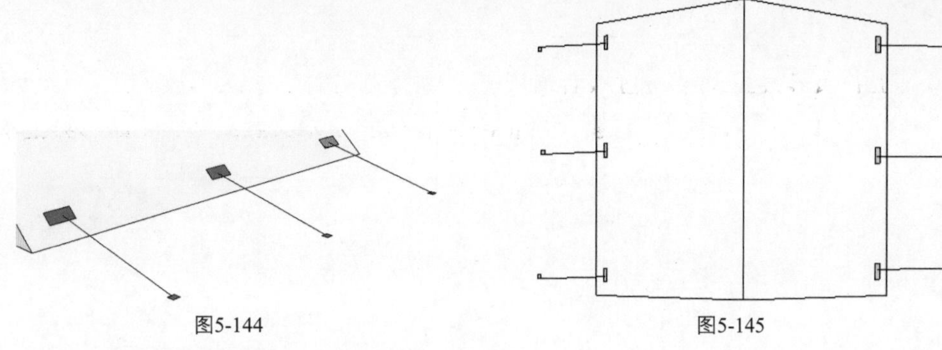

图5-144　　　　图5-145

12．单击【推/拉】按钮，分别拉出一定高度，如图5-146所示。

13．填充适合的材质，最终效果如图5-147所示。

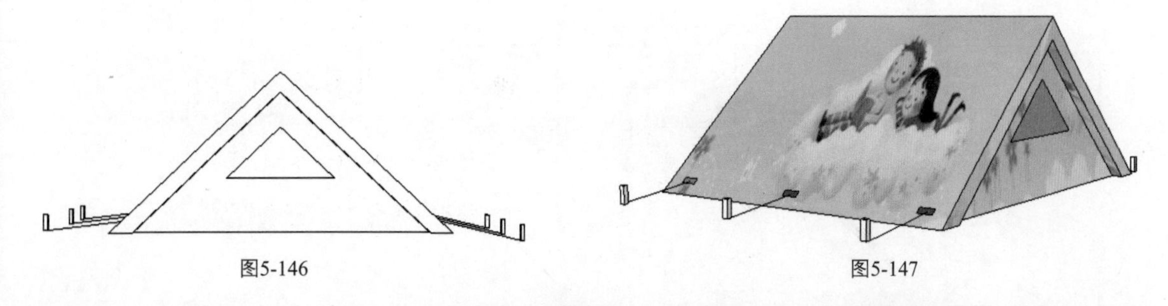

图5-146　　　　图5-147

5.3 实体工具

SketchUp实体工具仅用于SketchUp实体，实体是任何具有有限封闭体积的3D模型（组件或组），实体不能有任何裂缝（平面缺失或平面间存在缝隙）。实体工具包括外壳工具、相交工具、并集工具、去除工具、修剪工具、拆分工具。图5-148所示为实体工具条。

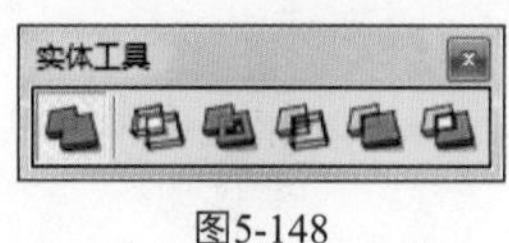

图5-148

5.3.1 外壳工具

外壳工具，用于删除和清除位于交迭组或组件内部的几何图形（保留所有外表面）。执行外壳的结果与执行并集的结果类似，但是执行外壳的结果是只能包含外表面，而执行并集的结果则还能包含内部几何图形。

1．绘制两个圆柱实体，并将它们进行组合，以X射线样式显示，如图5-149所示。

2．分别选中两个实体，选择【编辑】/【创建组】命令，即可创建两个组，如图5-150所示。

3．单击【外壳】按钮，单击确定选中第一个组，如图5-151所示。

4．再单击确定选中第二个组，两个实体的外壳效果如图5-152和图5-153所示。

如果将鼠标指针放在组以外，指针会变成带有圆圈和斜线的箭头；如果将指针放在组内，指针会变成带有数字的箭头。

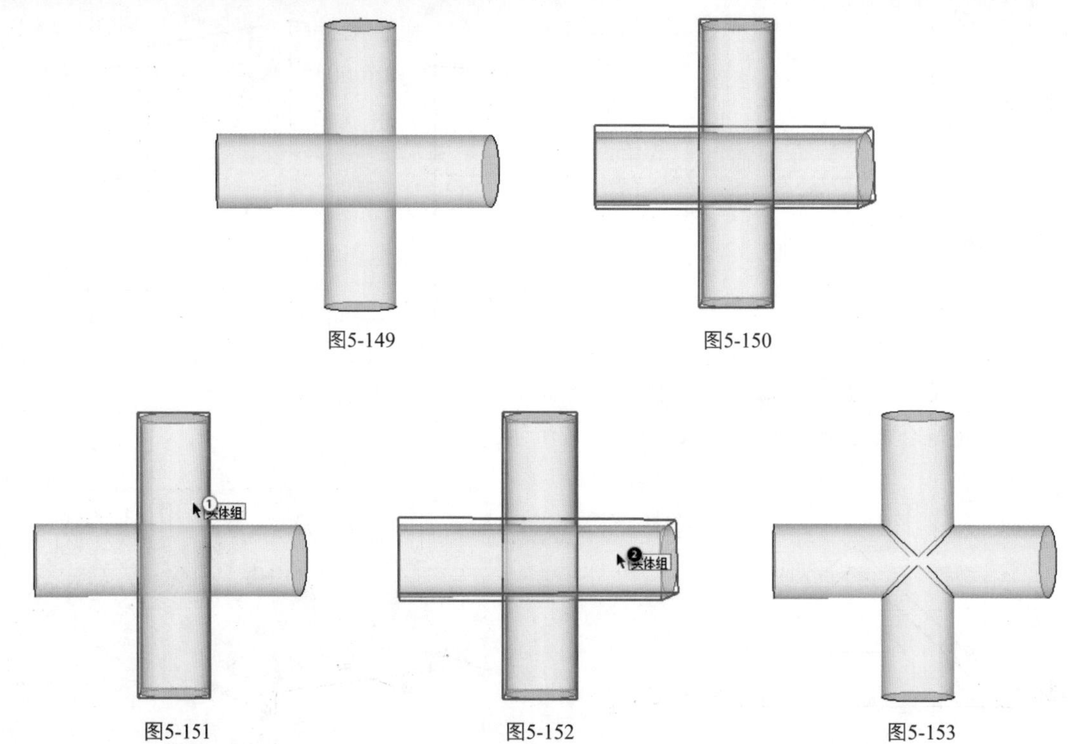

图5-149　图5-150

图5-151　图5-152　图5-153

5.3.2 相交工具

相交工具，相交是指某一组或组件与另一组或组件相交或交迭的几何图形，可以对一个或多个相交组或组件执行相交，从而仅产生相交的几何图形。

1. 同样以两个实体为例，进行组合，并在X射线样式下进行操作，如图5-154所示。
2. 单击【相交】按钮，单击确定选中第一个组，如图5-155所示。
3. 单击确定选中第二个组，如图5-156所示。
4. 两个实体相交的部分即被显示出来，如图5-157所示。

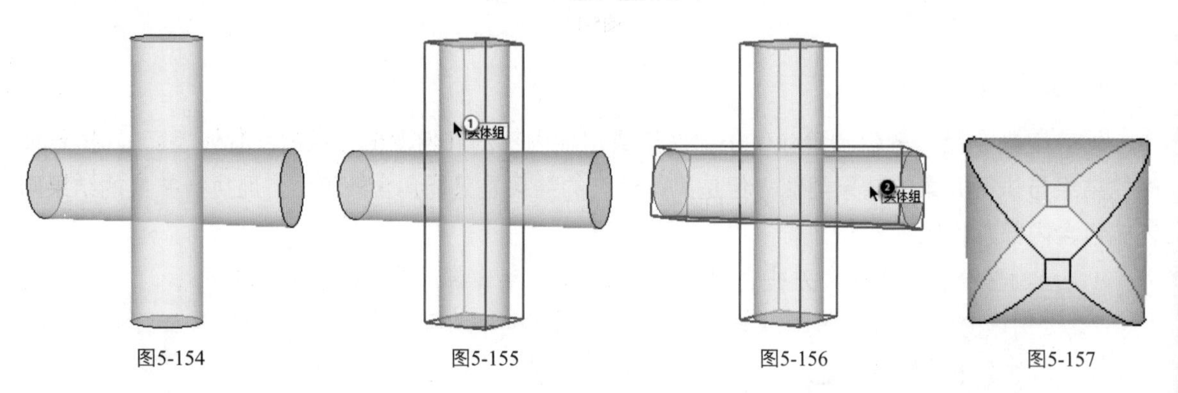

图5-154　图5-155　图5-156　图5-157

5.3.3 并集工具

并集工具，并集是指将两个或多个实体体积合并为一个实体体积。并集的结果类似于外壳的结果。不过，并集的结果可以包含内部几何图形，而外壳的结果只能包含外部平面。

1. 同样以两个实体为例，进行组合，并在X射线样式下进行操作，如图5-158所示。
2. 单击【并集】按钮，单击确定选中第一个组，如图5-159所示。

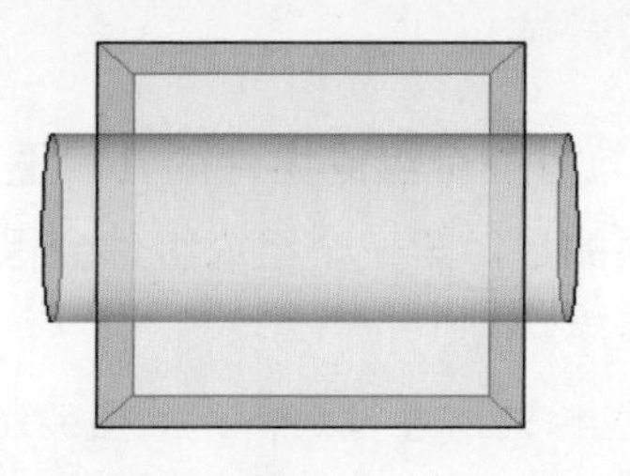
图5-158

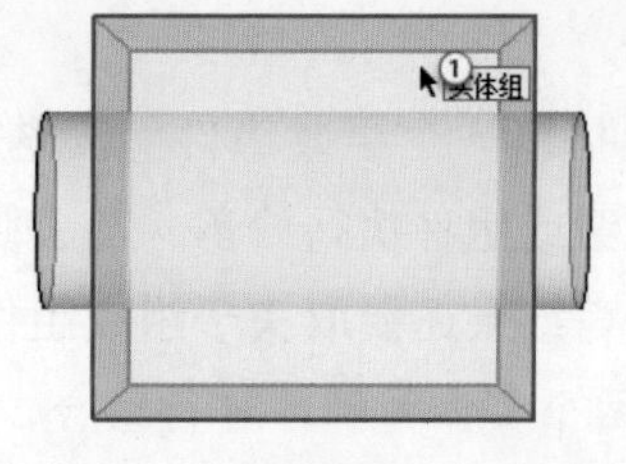

图5-159

3．单击确定选中第二个组，如图5-160所示。

4．两个实体即被组合在一起，并集效果如图5-161所示。

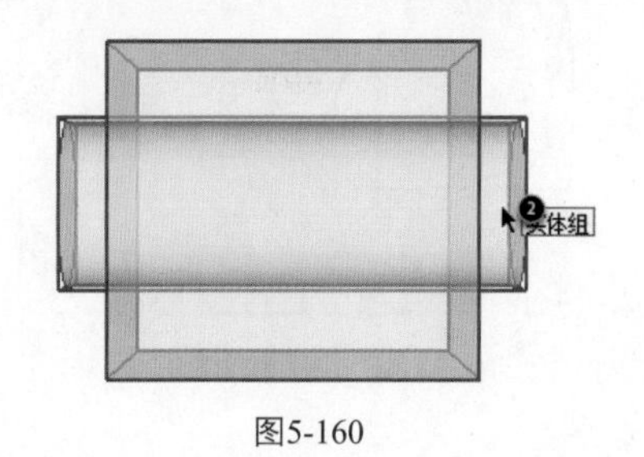

图5-160

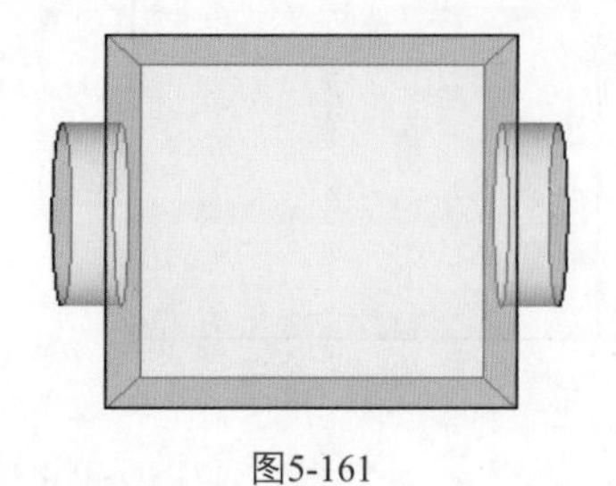
图5-161

5.3.4 去除工具

去除工具，指将一个组或组件的交迭几何图形与另一个组或组件的几何图形进行合并，然后会从结果中删除第一个组或组件。只能对两个交迭的组或组件执行去除操作，所产生的去除效果还要取决于组或组件的选择顺序。

1．同样以两个实体为例，进行组合，并在X射线样式下进行操作，如图5-162所示。

2．单击【去除】按钮，单击确定选中第一个组，如图5-163所示。

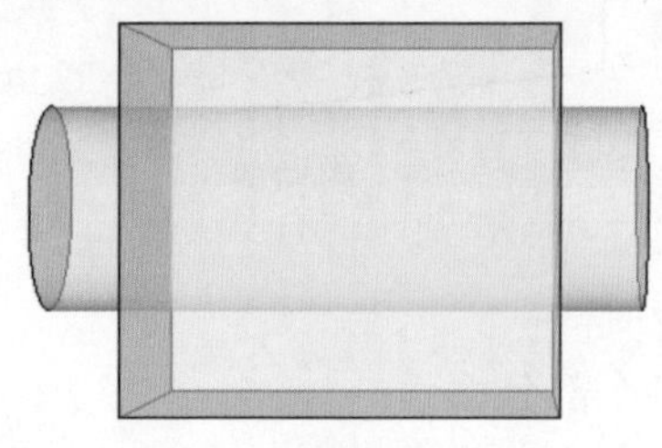
图5-162

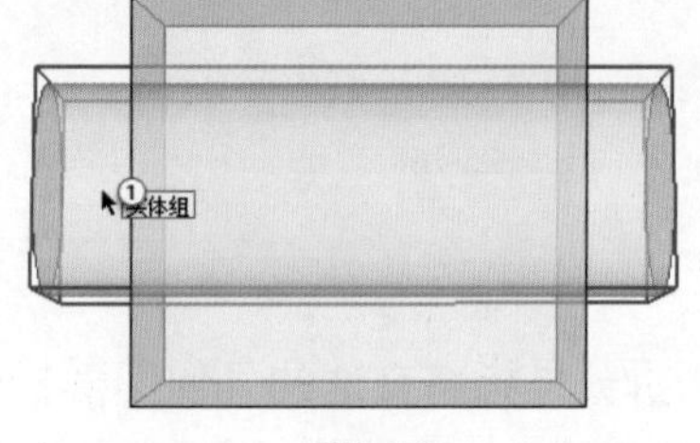

图5-163

3．单击确定选中第二个组，如图5-164所示。

4．去除效果如图5-165所示。

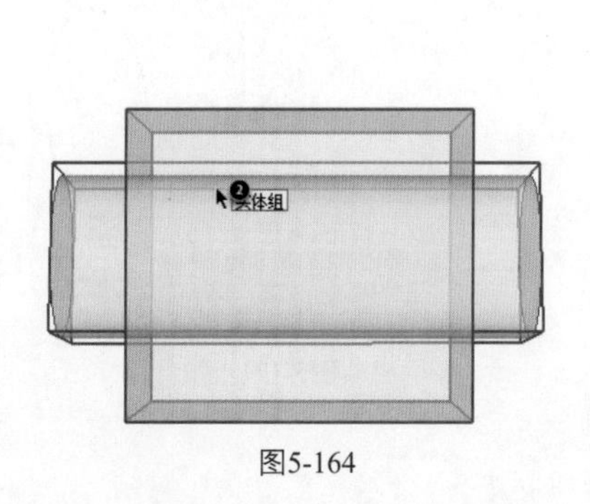

图5-164

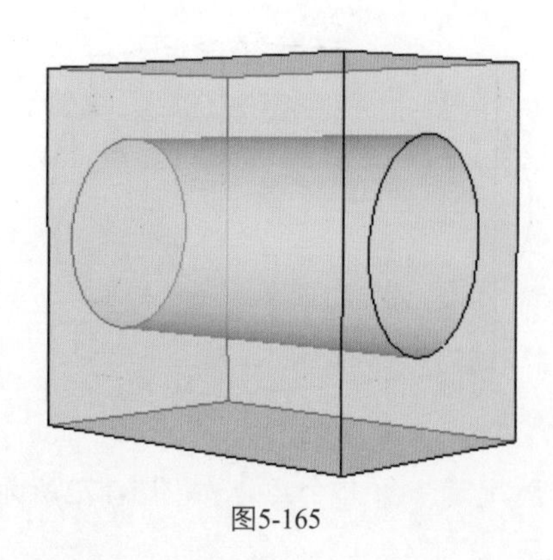
图5-165

5.3.5 修剪工具

修剪工具，指将一个组或组件的交迭几何图形与另一个组或组件的几何图形进行合并，只能对两个交迭的组或组件执行修剪。与去除功能不同的是，第一个组或组件会保留在修剪的结果中，所产生的修剪结果还要取决于组或组件的选择顺序。

1．同样以两个实体为例，进行组合，并在X射线样式下进行操作，如图5-166所示。

2．单击【修剪】按钮，单击确定选中第一个组，如图5-167所示。

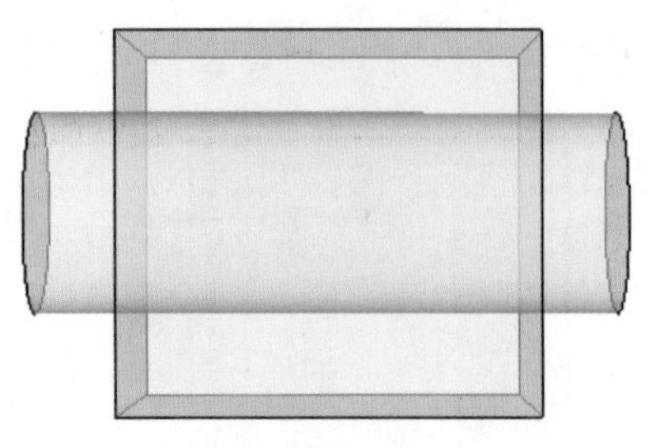

图5-166

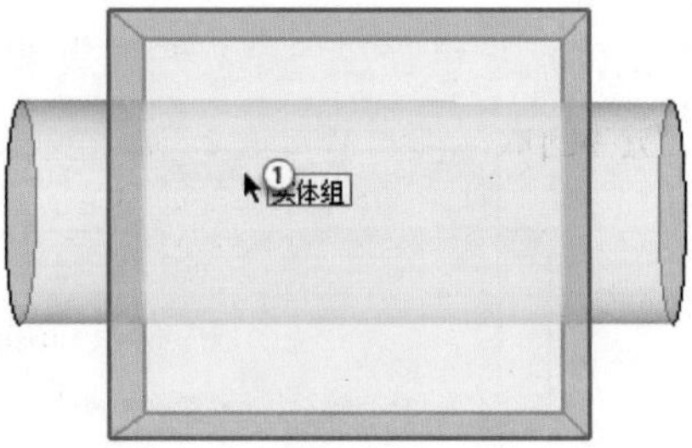

图5-167

3．单击确定选中第二个组，如图5-168所示。

4．单击【移动】按钮，将一个实体移开，修剪效果如图5-169所示。

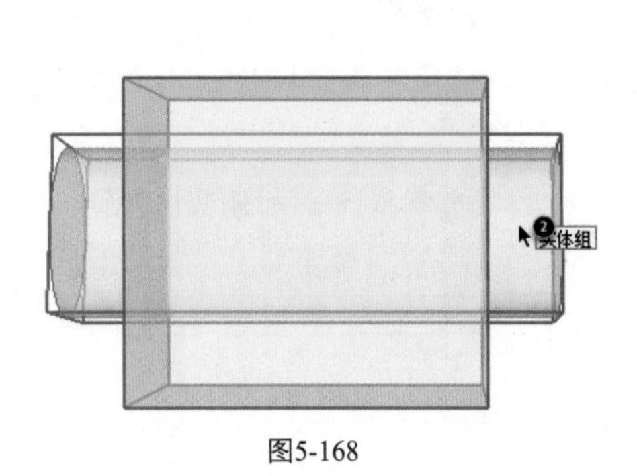

图5-168

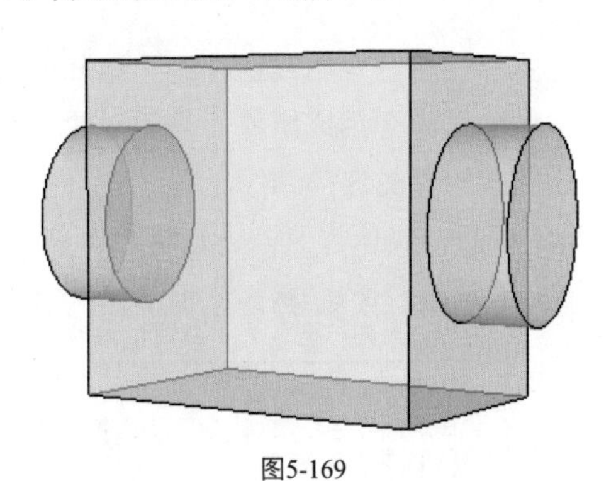

图5-169

5.3.6 拆分工具

拆分工具，拆分是指将交迭的几何图形拆分为各个部分。

1．同样以两个实体为例，进行组合，并在X射线样式下进行操作，如图5-170所示。

2．单击【拆分】按钮，单击确定选中第一个组，如图5-171所示。

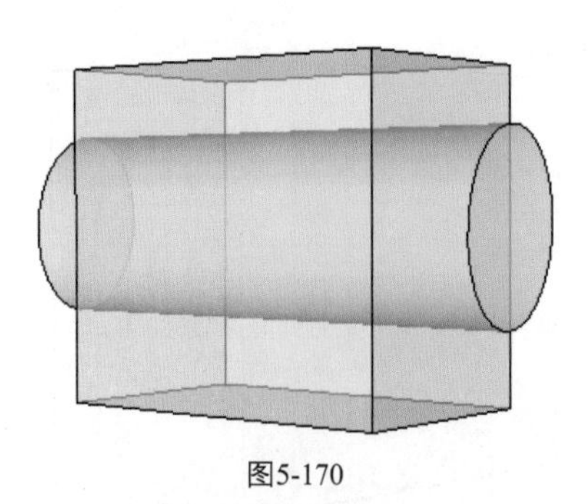

图5-170

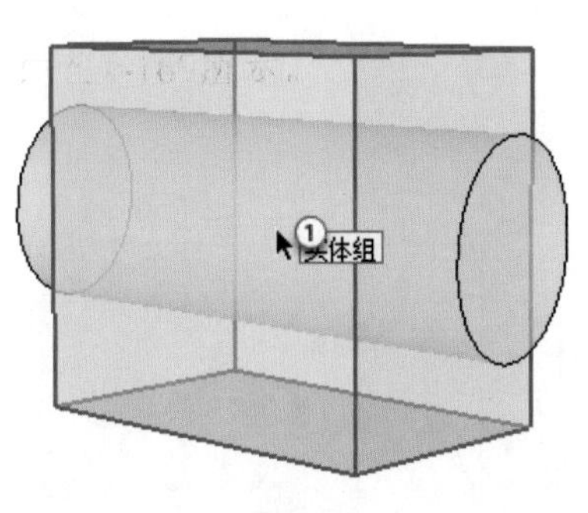

图5-171

3．单击确定选中第二个组，如图5-172所示。

4．单击【移动】按钮，将拆分后的图形移出来，效果如图5-173所示。

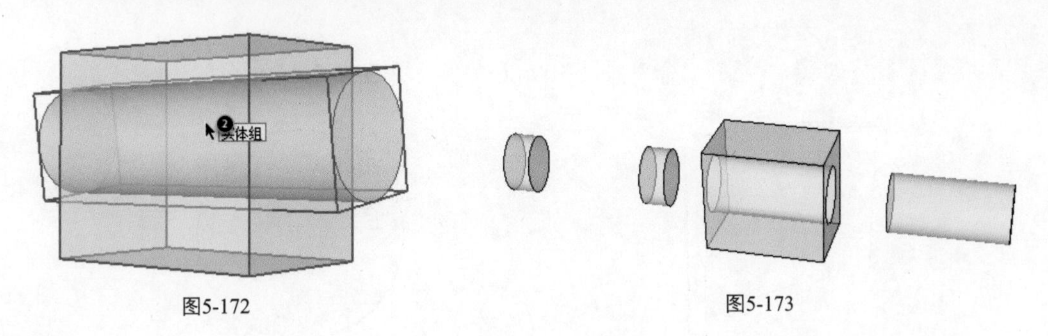

图5-172　　图5-173

提示

在创建实体时，一定要将实体分别创建群组，在组合实体时会因为组合的形状不同，选择的方式不同，产生的效果都会有所变化，读者可以根据不同的需要进行实体工具操作。

案例——创建圆弧镂空墙体

本案例主要应用绘图工具、实体工具创建镂空墙体模型，图5-174所示为效果图。

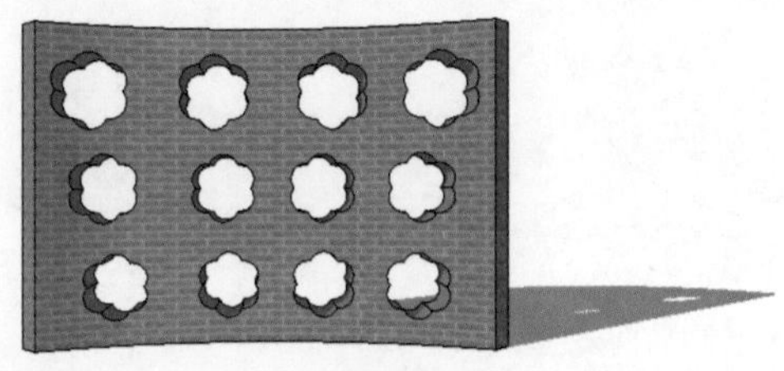

图5-174

结果文件：\Ch05\镂空墙体.skp

视频：\Ch05\圆弧镂空墙体.wmv

1．单击【圆弧】按钮，绘制一段长为5000mm的圆弧，凸出部分为1000mm，如图5-175所示。

2．继续绘制另一段圆弧，并与之相连接，如图5-176所示。

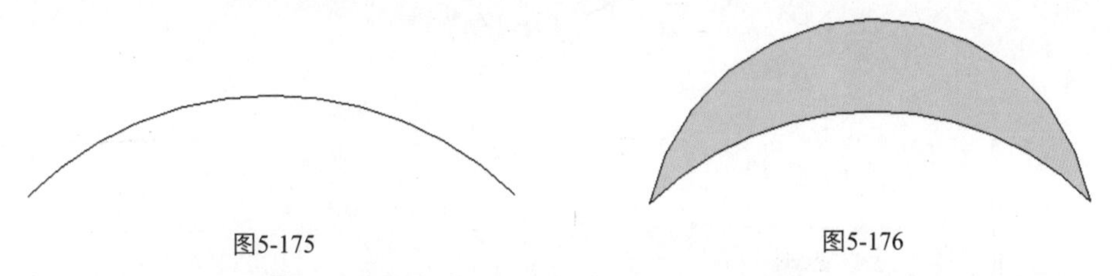

图5-175　　图5-176

3．单击【线条】按钮，绘制两条直线打断面，且将多余的面删除，如图5-177和图5-178所示。

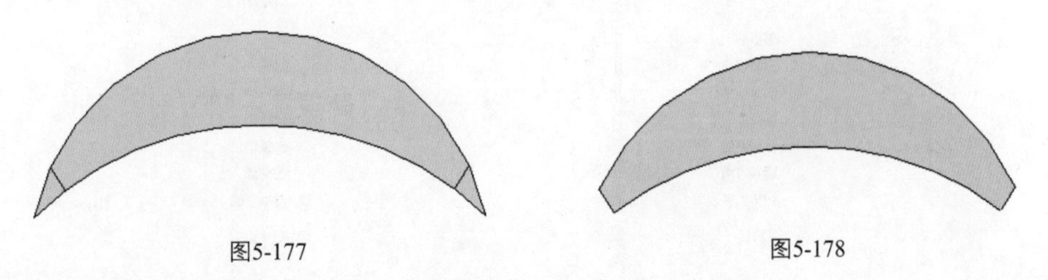

图5-177　　图5-178

4. 单击【推/拉】按钮，将圆弧面向上推高3000mm，形成圆弧墙体，如图5-179所示。

5. 单击【圆】按钮，绘制一个半径为300mm的圆形，如图5-180所示。

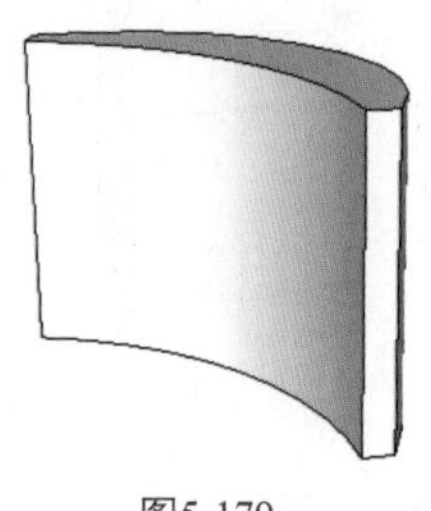
图5-179

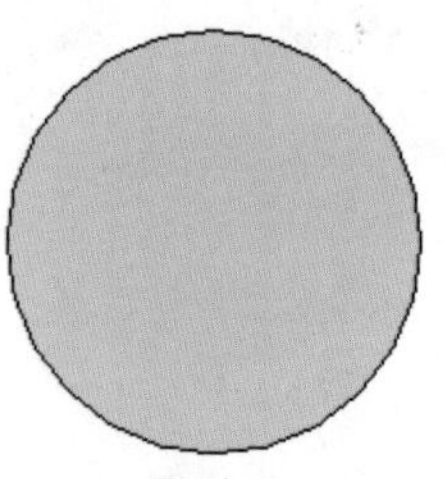
图5-180

6. 单击【圆弧】按钮，沿圆形面边缘绘制圆弧并与之相连接，如图5-181和图5-182所示。

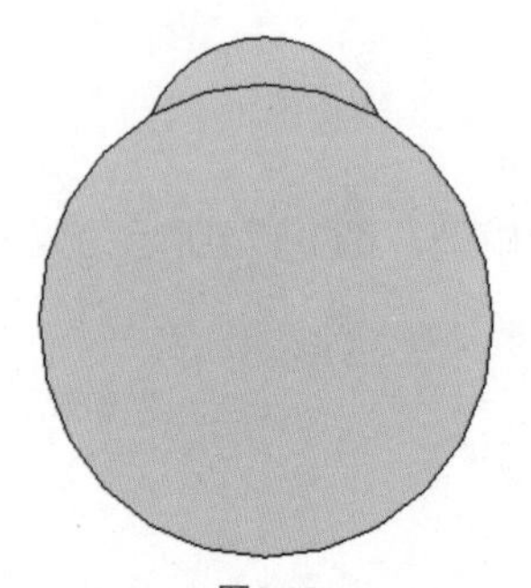
图5-181

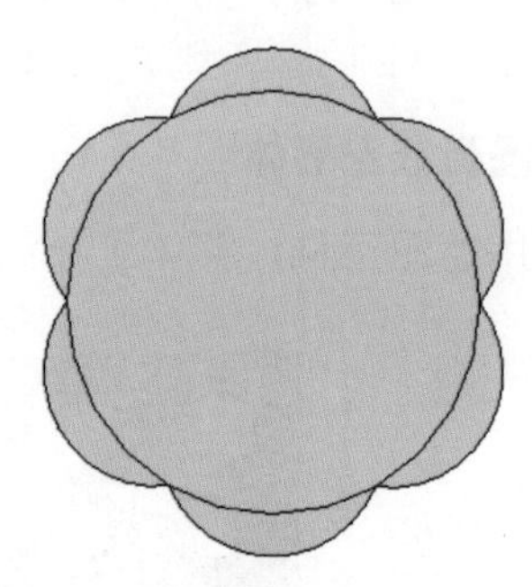
图5-182

7. 单击【擦除】按钮，将圆面删除，如图5-183所示。

8. 单击【推/拉】按钮，将形状推长1500mm，如图5-184所示。

图5-183

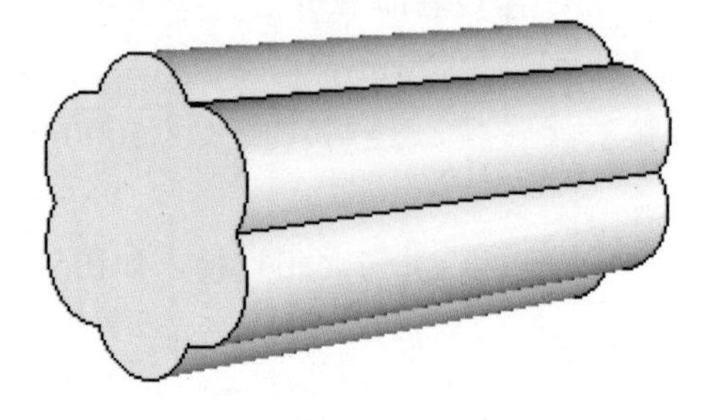
图5-184

9. 将墙体和形状分别选中，创建群组，如图5-185和图5-186所示。

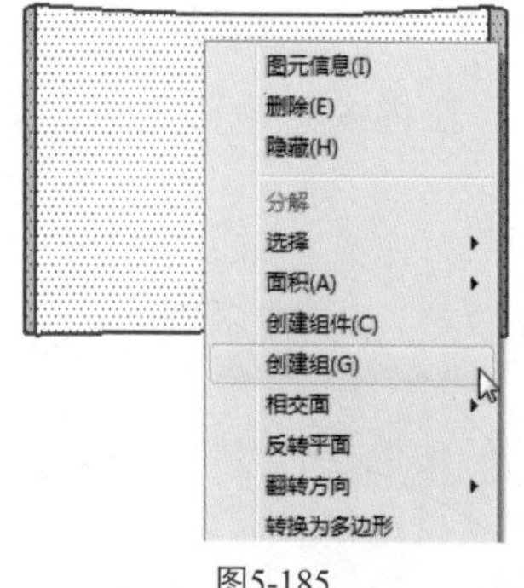

图5-185

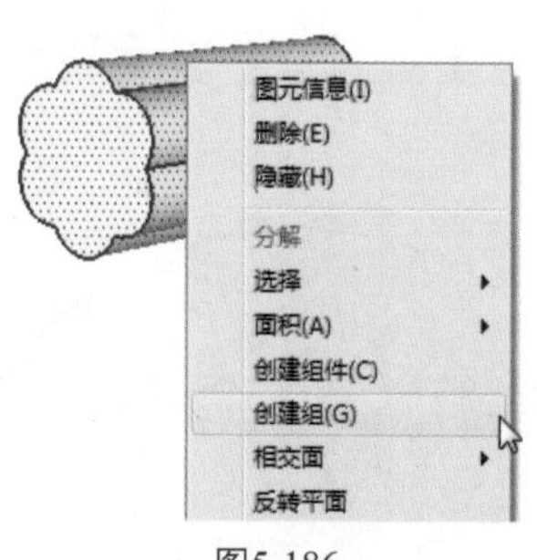

图5-186

10．单击【移动】按钮，将形状移到墙体上，将两个实体进行组合，如图5-187所示。

11．继续单击【移动】按钮，按住Ctrl键不放，复制形状，如图5-188所示。

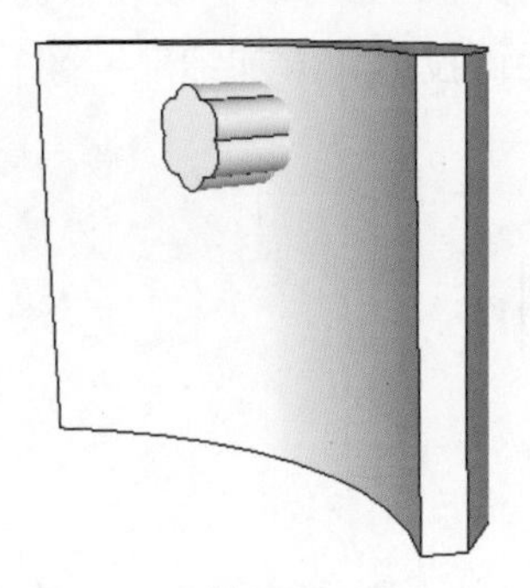

图5-187

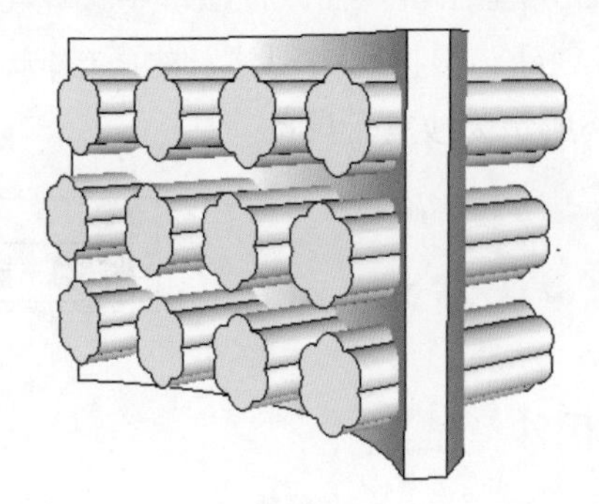

图5-188

12．单击【拉伸】按钮，对复制的形状进行大小缩放，如图5-189所示。

13．单击【去除】按钮，单击确定选中第一个实体组，如图5-190所示。

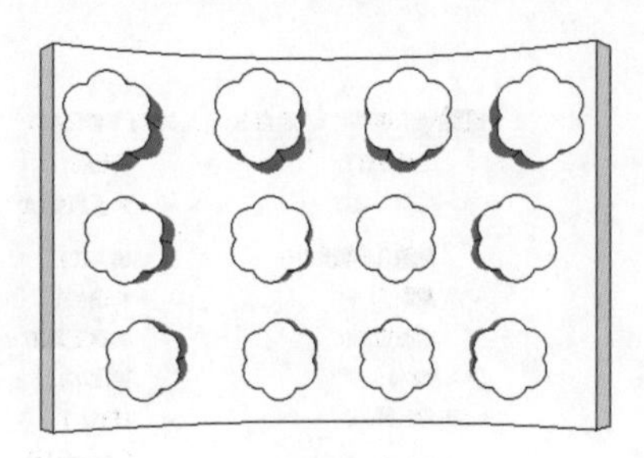

图5-189

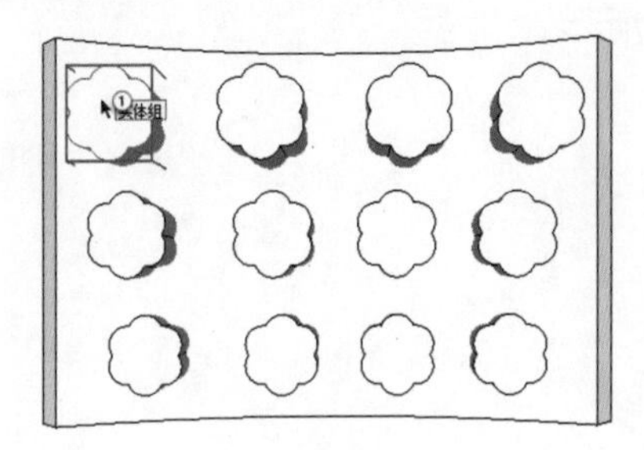

图5-190

14．单击确定选中第二个实体组，如图5-191所示。

15．两个实体产生的去除效果如图5-192所示。

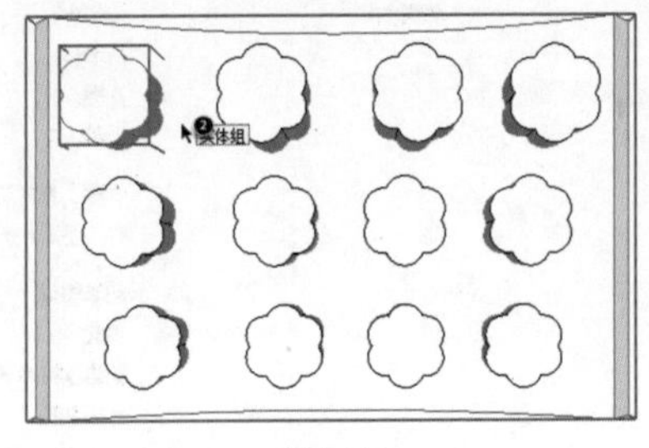

图5-191

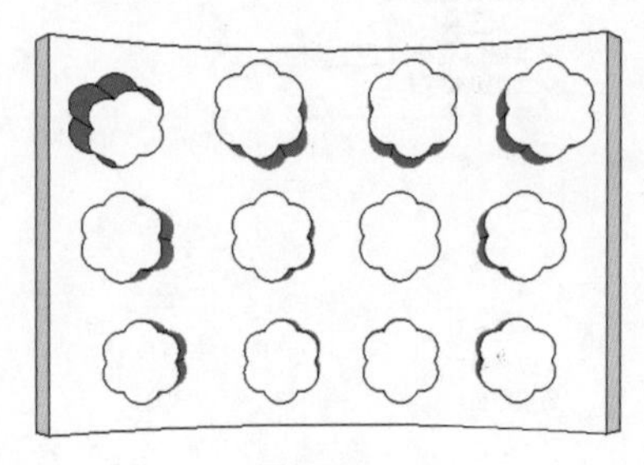

图5-192

16．利用同样的方法，依次对墙体和形状产生去除效果，形成镂空墙体，如图5-193所示。

17．对镂空墙体填充适合的材质，如图5-194所示。

图5-193

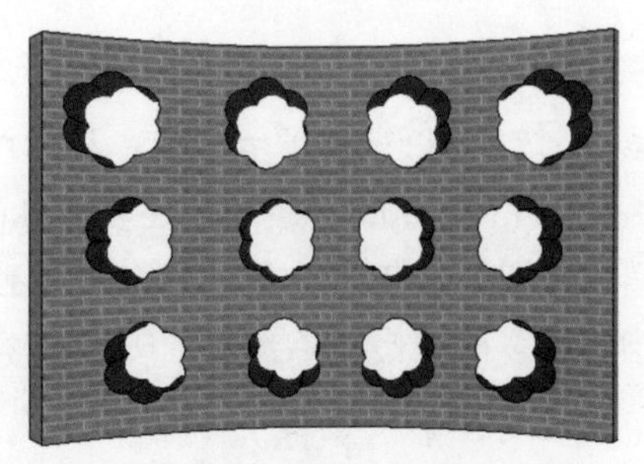

图5-194

5.4 沙盒工具

SketchUp沙盒工具，在以往版本中又叫地形工具，使用沙盒工具可以生成和操纵表面。包括根据等高线创建、根据网络创建、曲面拉伸、曲面平整、曲面投射、添加细部、翻转边线7种工具。图5-195所示为沙盒工具条。

图5-195

5.4.1 启用沙盒工具

在初次使用SketchUp时，沙盒工具是不会显示在工具栏上的，需要进行选择。选择【窗口】/【使偏好】命令，弹出“系统使用偏好”对话框。在对话框左边选择【延长】选项，在左边将沙盒工具进行勾选，选择【视图】/【工具栏】命令，将【沙盒】勾选即可显示工具栏。如图5-196和图5-197所示。

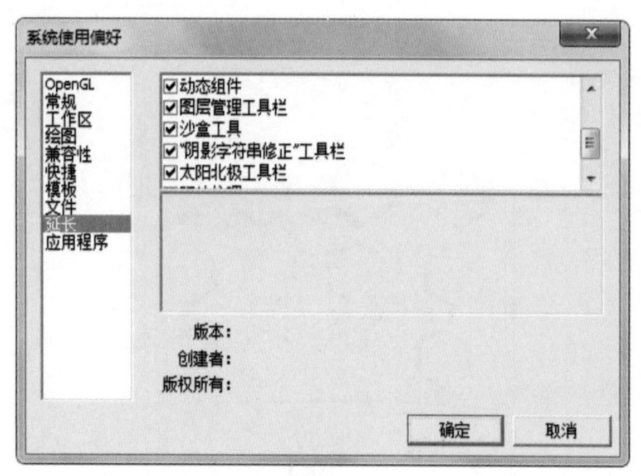

图5-196

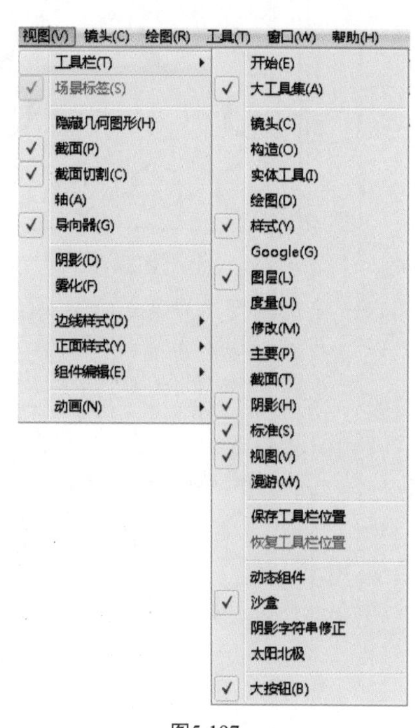

图5-197

5.4.2 等高线创建工具

等高线创建工具可以封闭相邻等高线形成三角面，等高线可以是直线、圆、圆弧、曲线，将这些闭合或者不闭合的线形成一个面，从而产生坡地。

结果文件：\Ch05\创建等高线坡地.skp

1. 单击【圆】按钮，绘制几个封闭曲面，如图5-198所示。
2. 因为需要的是线而不是面，所以需要删除面，如图5-199所示。
3. 单击【选择】按钮，将每条线选中，单击【移动】按钮，移动每条线与蓝轴对齐，如图5-200和图5-201所示。

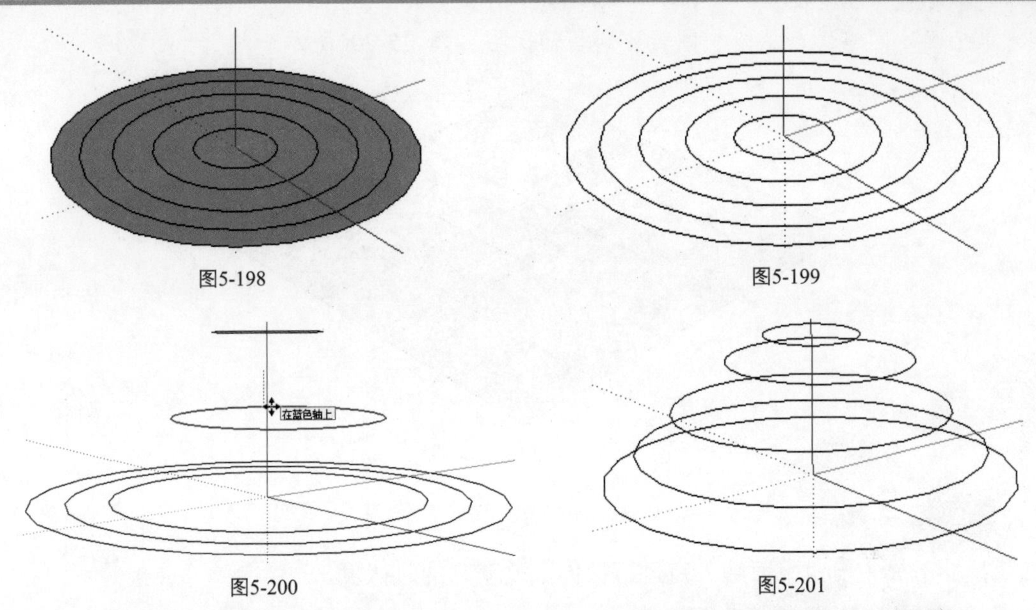

图5-198　图5-199

图5-200　图5-201

4. 单击【选择】按钮，选中等高线，最后单击【根据等高线创建】按钮，即可创建一个像小山丘的等高线坡地，如图5-202和图5-203所示。

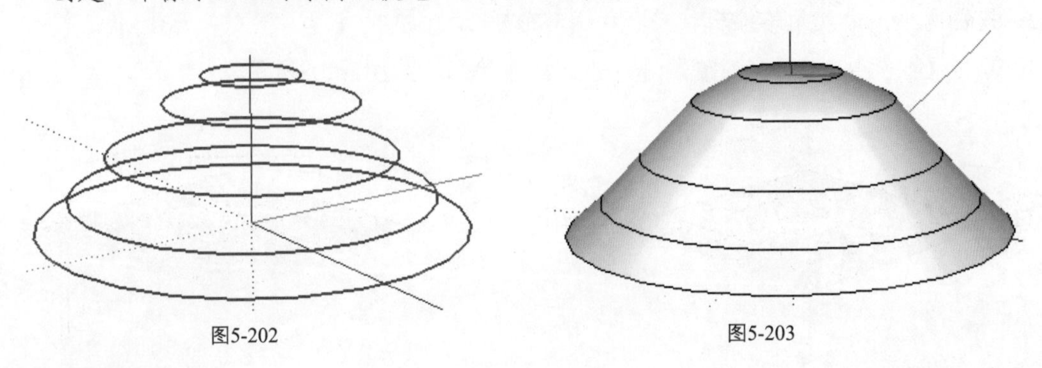

图5-202　图5-203

5.4.3 网格创建工具

网格创建工具主要是绘制平面网格，只有与其他沙盒工具配合使用，才能起到一定的效果。

结果文件：\Ch05\创建网格地形.skp

1. 单击【根据网格创建】按钮，在数值控制栏出现以“删格间距”名称的输入栏，如输入2000mm，以Enter命令结束。
2. 在场景中单击确定第一点，按住鼠标不放向右拖动，如图5-204所示。
3. 单击确定第二点，向下拖动鼠标，如图5-205所示。

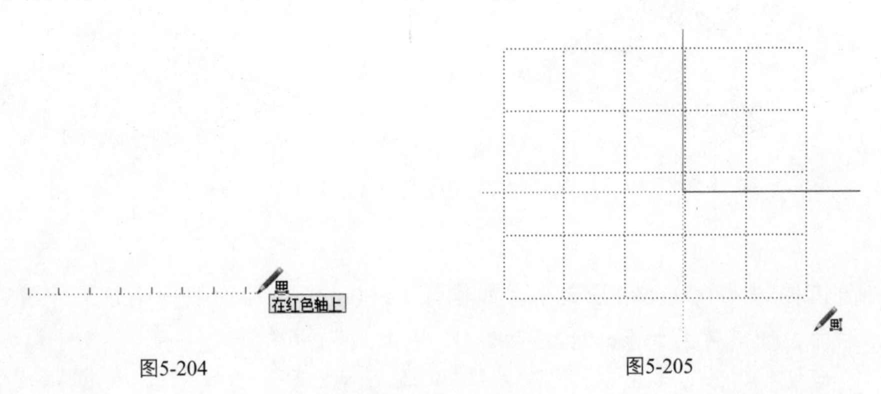

图5-204　图5-205

4．单击确定网格面，从俯视图转换到等轴视图，如图5-206所示。

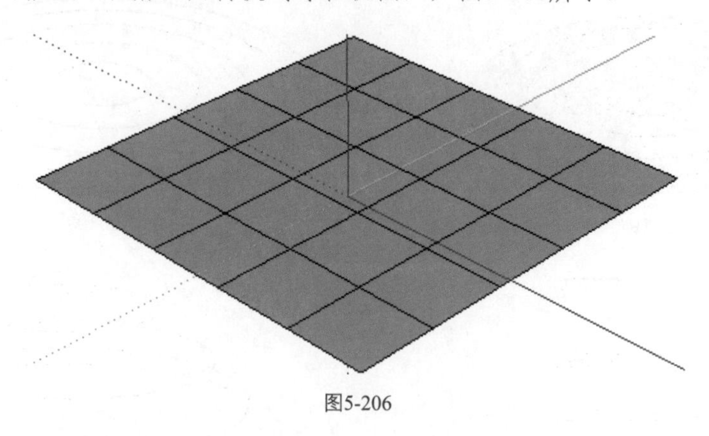

图5-206

5.4.4 曲面拉伸工具

曲面拉伸工具主要对平面线、点进行拉伸，改变它的起伏度。

结果文件：\Ch05\创建曲面拉伸.skp

1．将上一操作的网格作为本次操作的源文件。

2．双击网格，进入网格编辑状态，如图5-207所示。

3．单击【曲面拉伸】按钮，进入曲面拉伸状态，如图5-208所示。

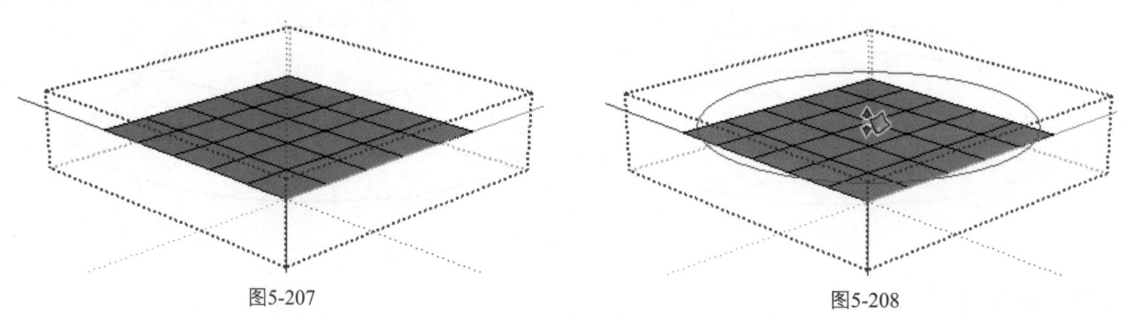

图5-207　　图5-208

4．红色的圈代表半径大小，在数值控制栏输入值可以改变半径大小，如输入“5000mm”，以Enter命令结束。对着网格按住鼠标左键不放，向上拖动，如图5-209所示。

5．松开鼠标，在场景中单击一下，最终效果如图5-210所示。

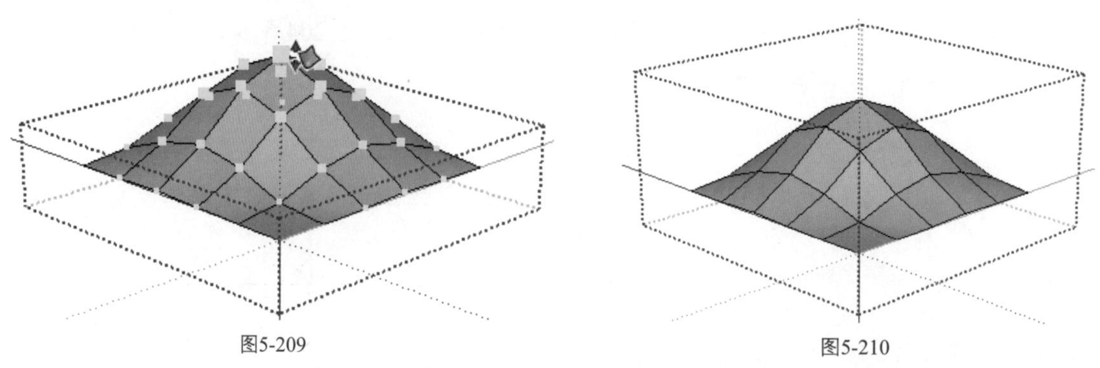

图5-209　　图5-210

6．如在数值控制栏中改变半径大小，如输入“500mm”，曲面拉伸线效果如图5-211所示，曲面拉伸点效果如图5-212所示。

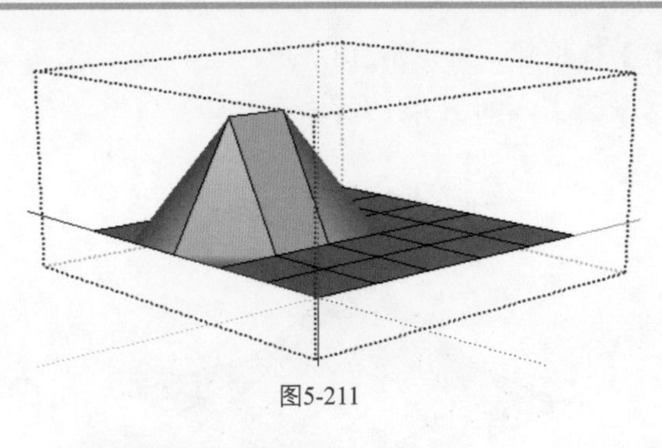

图5-211

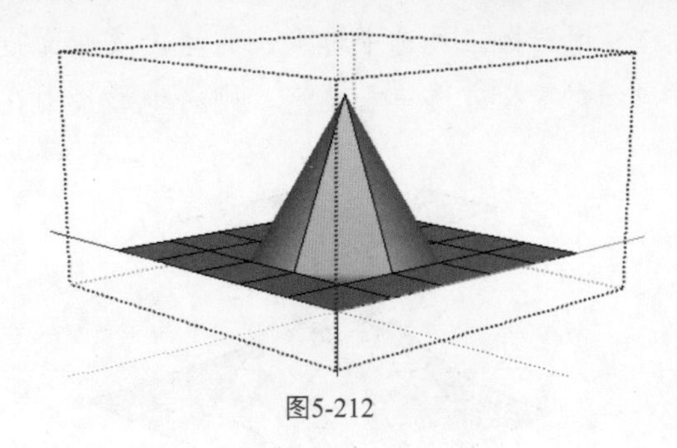

图5-212

5.4.5 曲面平整工具

曲面平整工具，当模型处于有高差距离倾斜时，使用曲面平整工具可以偏移一定的距离将模型放在地形上。

结果文件：\Ch05\曲面平整地形.skp

1. 绘制一个矩形模型，移动放置到地形中，如图5-213所示。
2. 再移动放置到地形上方，如图5-214所示。

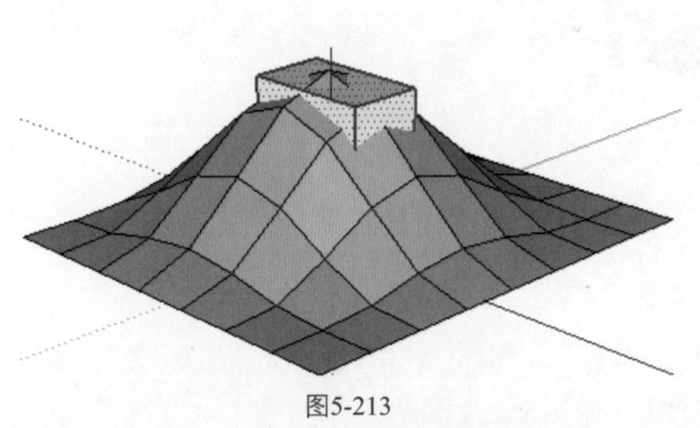

图5-213

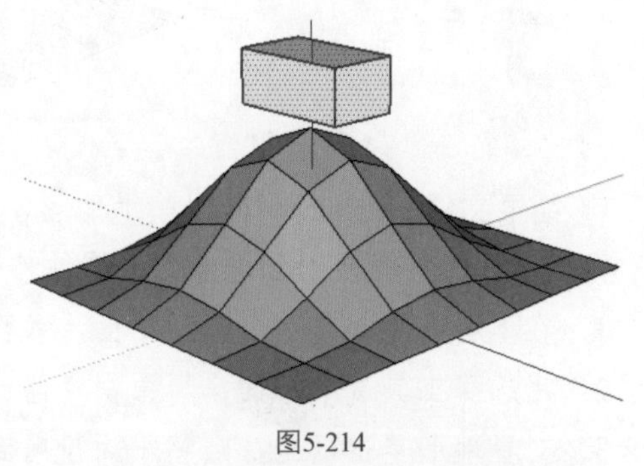

图5-214

3. 单击【曲面平整】按钮，这时矩形模型下方出现一个红色底面，如图5-215所示，单击地形，按住左键不放向上拖动，使矩形模型与底面对齐，如图5-216所示。

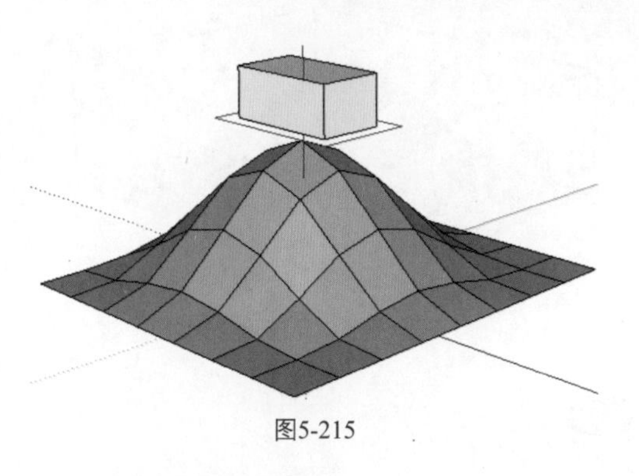

图5-215

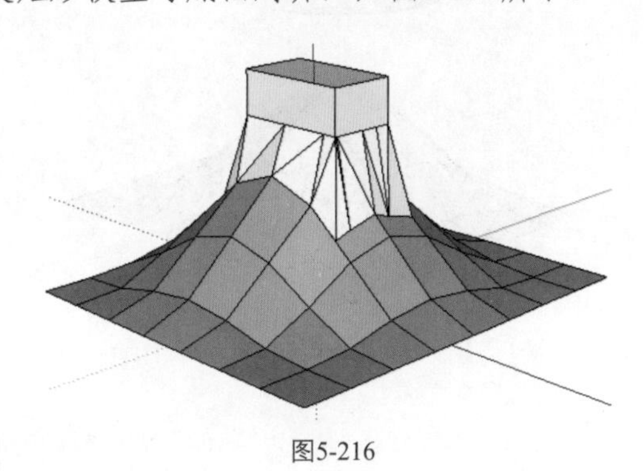

图5-216

5.4.6 曲面投射工具

曲面投射，就是在地形上放置路网，一是要地形投射到水平面上，在平面上绘制路网，二是在平面上绘制路网，再把路网放到地形上。

结果文件：\Ch05\地形投射平面.skp

将地形投射到一个长方形平面上，操作步骤如下。

1. 在地形上方创建一个长方形平面，如图5-217所示。

2．用选择工具选中地形，再单击【曲面投射】按钮，如图5-218所示。

3．对着长方形单击确定，则将地形投射在水平面上，如图5-219所示。

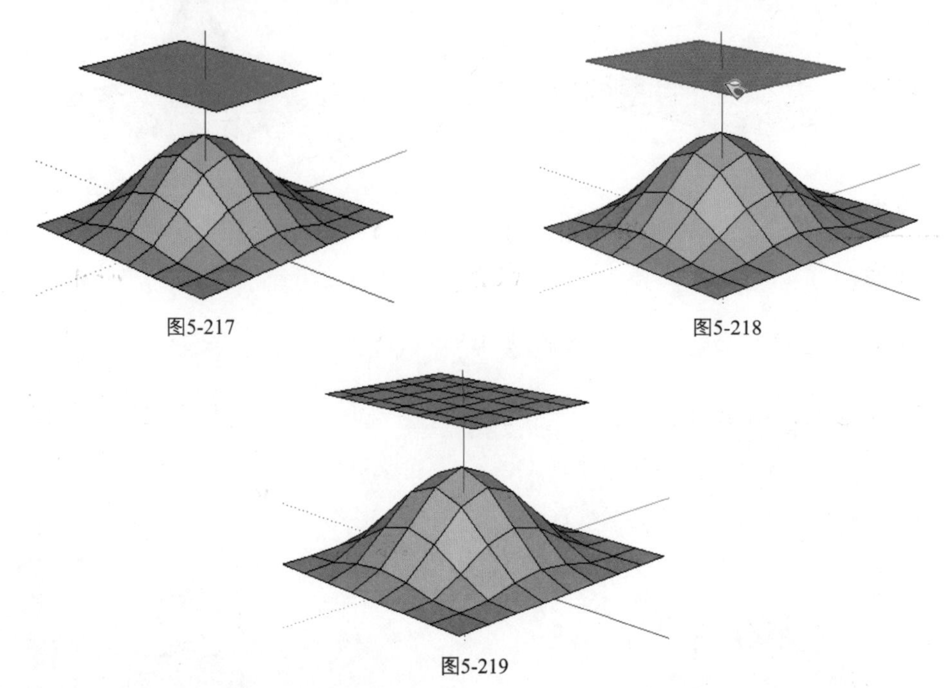
图5-217

图5-218

图5-219

结果文件：\Ch05\平面投射地形.skp

将一个圆形平面投射到地形上，操作步骤如下。

1．在地形上方创建一个圆形平面，如图5-220所示。

2．用选择工具选中平面，再单击【曲面投射】按钮，如图5-221所示。

3．对着地形单击确定，则将平面投射到地形中，如图5-222所示。

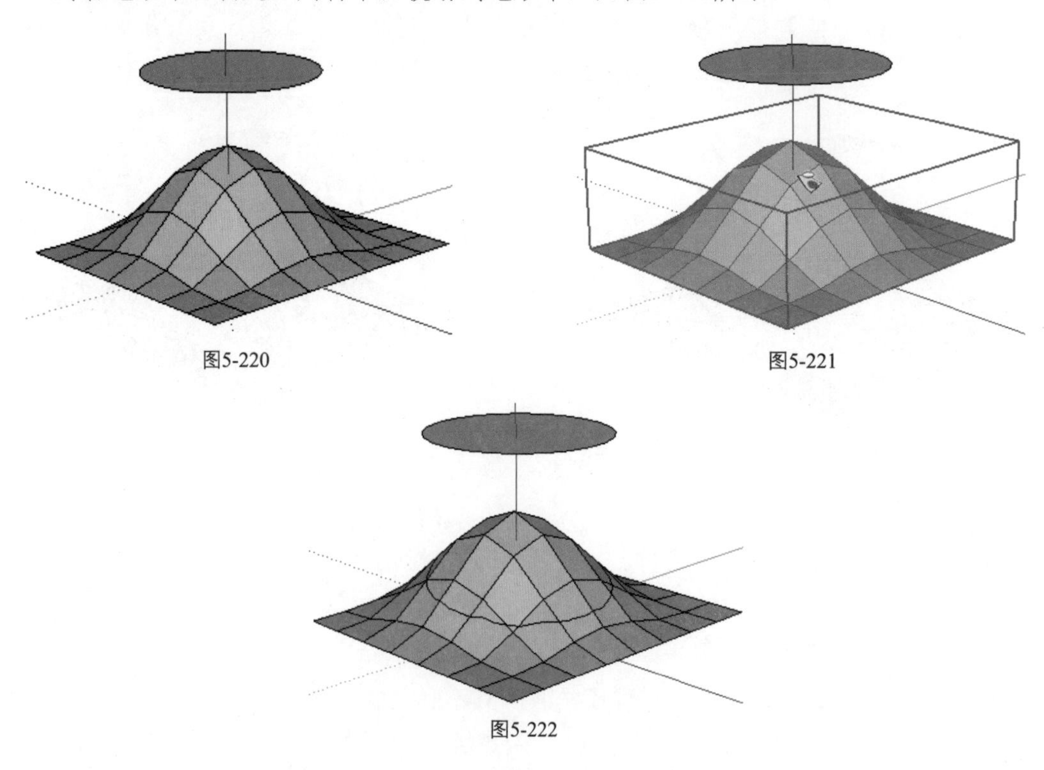
图5-220

图5-221

图5-222

5.4.7 添加细部工具

添加细部工具，主要是将网格地形按需要进行细分，以达到精确的地形效果。

结果文件：\Ch05\细分网格.skp

1. 将上一操作的投射地形结果文件用作本操作的源文件。
2. 双击进入网格地形编辑状态，如图5-223所示。
3. 选中网格地形，如图5-224所示。
4. 单击【添加细部】按钮，当前选中的几个网格即可以被细分，如图5-225所示。

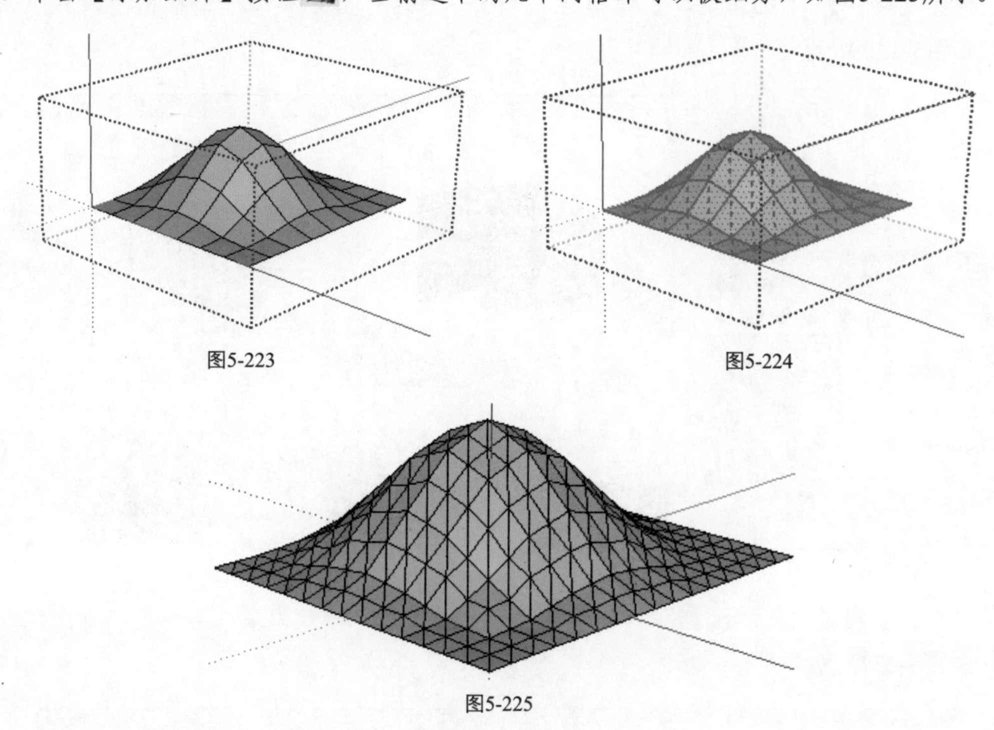

图5-223

图5-224

图5-225

5.4.8 翻转边线工具

翻转边线工具主要是对四边形的对角线进行翻转变换，使模型发生一些微调。

结果文件：\Ch05\翻转边线.skp

1. 继续上一案例。
2. 双击网格地形进入编辑状态，单击【翻转边线】按钮，移到地形线上，如图5-226所示。
3. 单击对角线，此时对角线发生翻转，如图5-227所示。

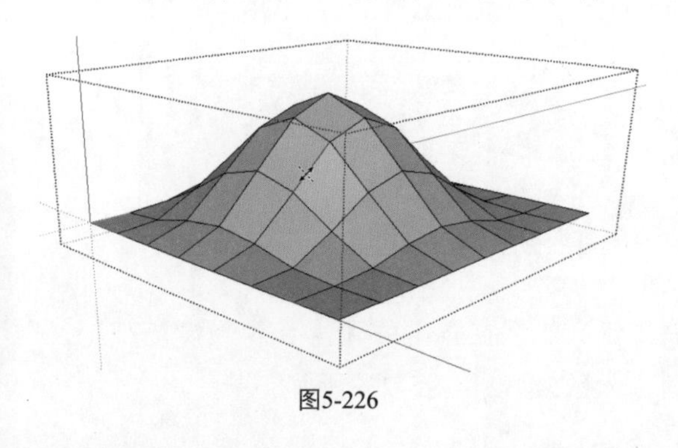

图5-226

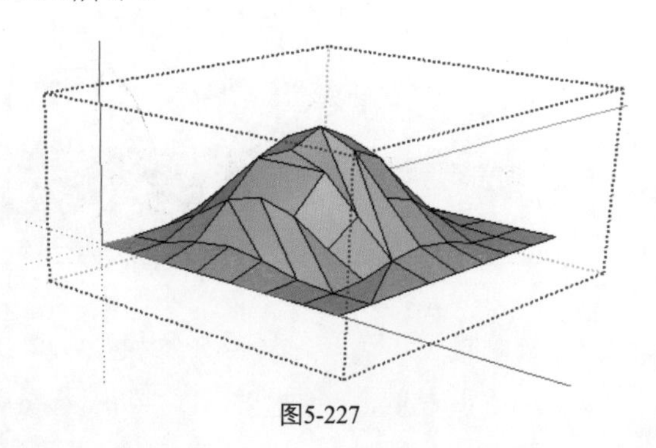

图5-227

5.5 运用3D模型库

3D模型库，可以在Google 3D模型库网在线获取你所需要的模型，然后直接下载到场景中，对于设计者来说非常方便，并且可以将自己设计的模型上传到Google网上，全球用户都会在Google 3D模型库中分享你所制作的模型。

一、获取模型

如何在线获取一个建筑模型，操作步骤如下。

1. 选择【文件】/【3D模型库】/【获取模型】命令，弹出3D模型库对话框，如图5-228和图5-1229所示。

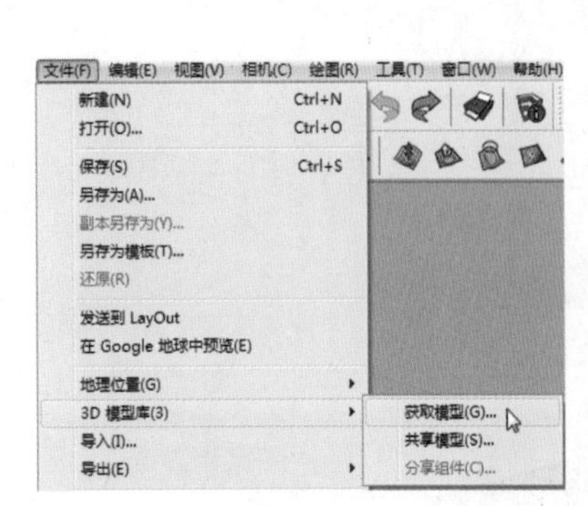

图5-228

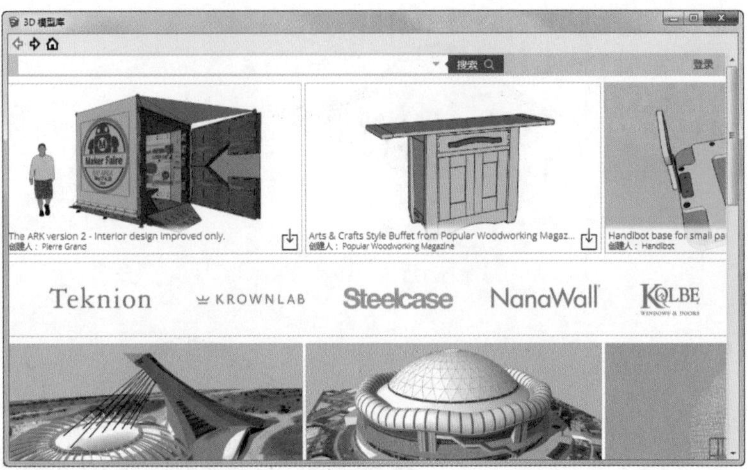

图5-229

2. 如在搜索栏里输入“建筑”，单击搜索按钮，弹出关于建筑模型的对话框，如图5-230和图5-231所示。

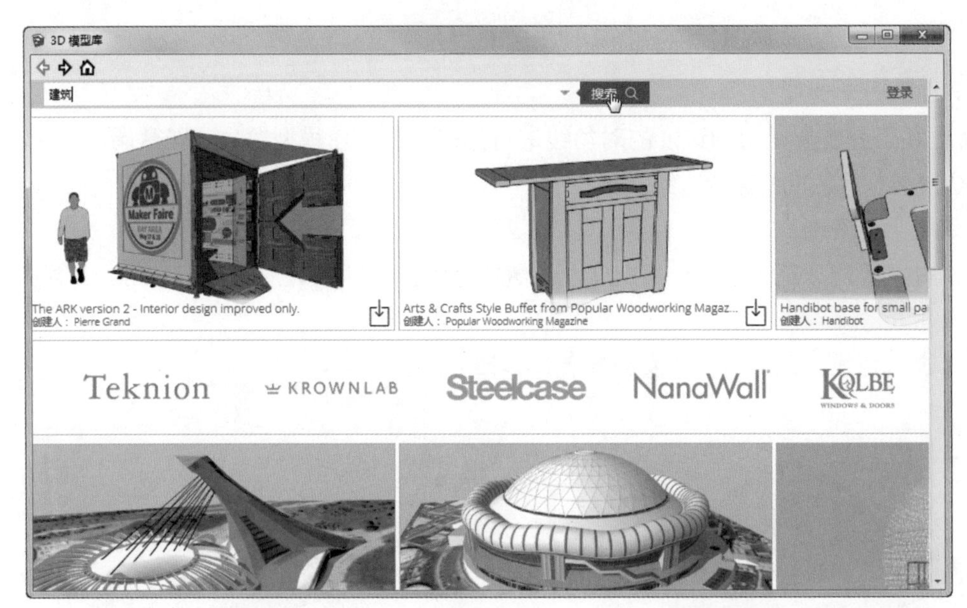

图5-230

3. 浏览模型，选择你所需要的模型，单击按钮，然后在弹出的【是否载入模型？】对话框中单击是(Y)按钮，即可下载模型，如图5-232和图5-233所示。

图5-231

图5-232

图5-233

4. 图5-234所示为正在下载的模型，单击确定一下，即可将模型下载到场景中，图5-235所示为建筑模型。

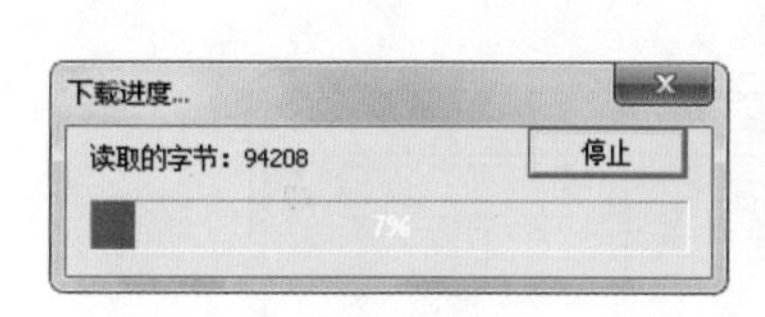

图5-234

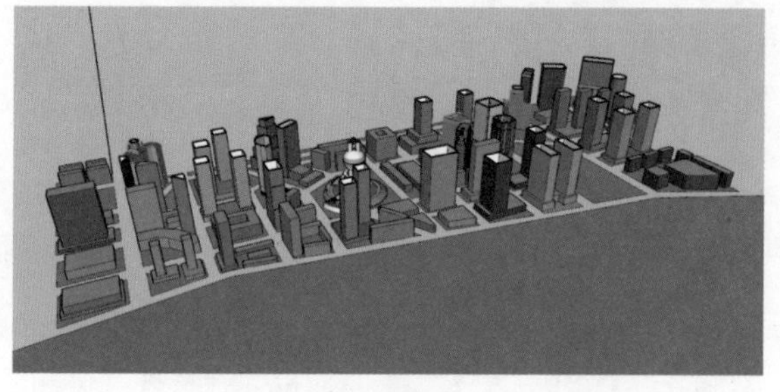
图5-235

5. 利用之前所学的视图工具，可以从不同角度观察下载的模型，图5-236所示为主视图。

图5-236

二、分享模型

选择【文件】/【3D模型库】/【分享模型】命令，会提示用户需要为分享的模型设置标题、说明、URL网址、标记等，如图5-237所示。设置信息后单击【上载】按钮，即可完成模型的上载。上载的模型将会在3D模型库中搜索，并下载使用。

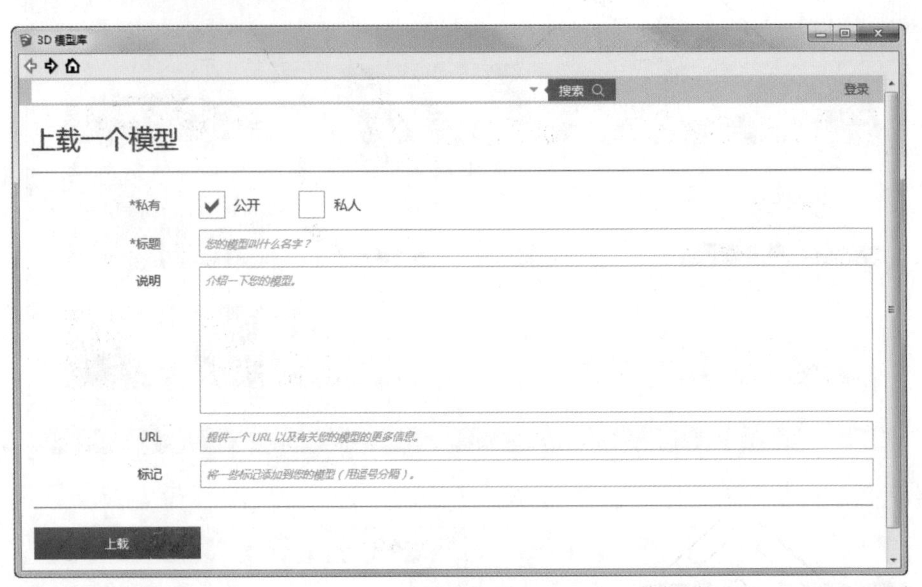

图5-237

5.6 添加组件模型

SketchUp组件应用非常方便，可以自由地选择组件，也可以网络下载组件，组件的应用使设计师们在创作过程中节约了不少时间。

一、在线获取组件模型

如何在线获取一个景观组件，操作步骤如下。

1. 选择【窗口】/【组件】命令，弹出组件对话框，如图5-238和图5-239所示。

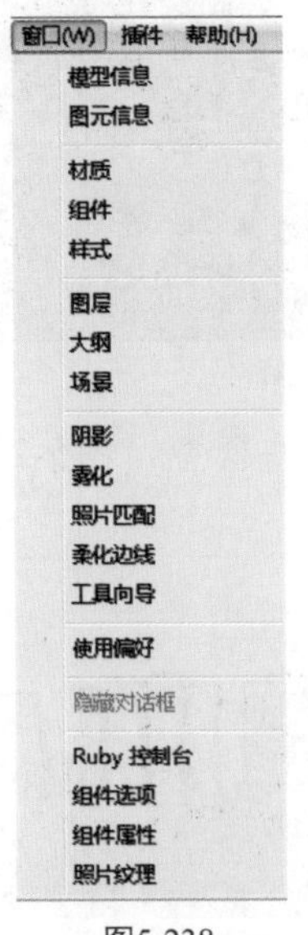

图5-238

图5-239

2. 如在搜索栏里输入“景观”，单击🔍按钮，如图5-240所示。

3. 图5-241所示为正在线搜索景观组件。

4. 景观组件搜索完毕，图5-242所示为组件预览框。

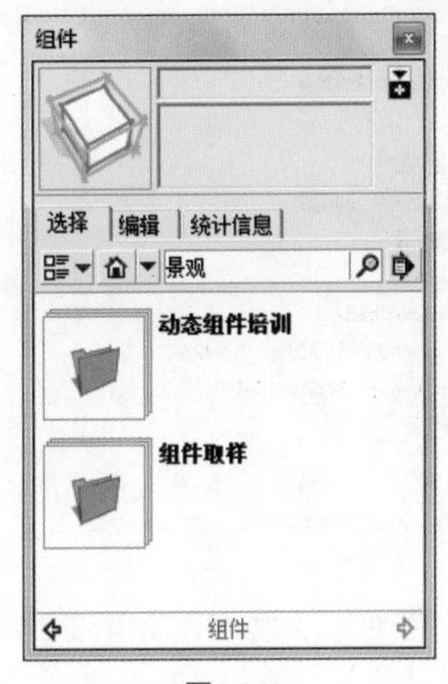

图5-240

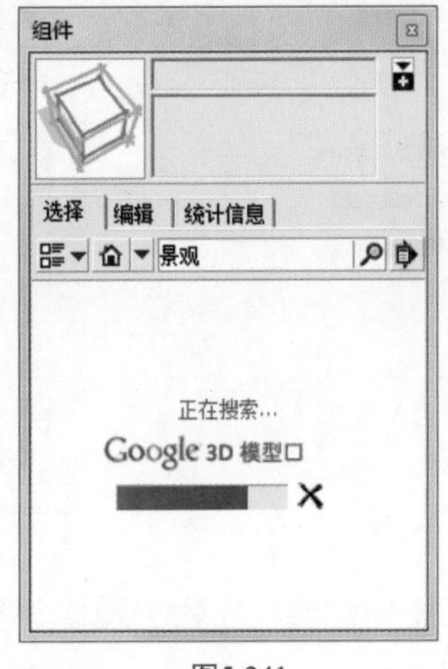

图5-241

图5-242

5. 单击选择你所想要下载的组件模型，图5-243所示为正在下载。
6. 组件模型下载完毕，会自动激活移动工具，如图5-244所示。
7. 单击确定，即将组件模型下载到场景中，如图5-245所示。

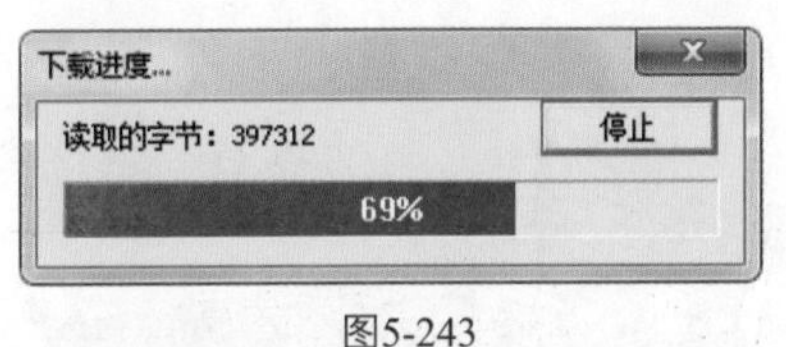

图5-243

图5-244

图5-245

8. 选择缩放工具，进行放大，图5-246所示为景观亭组件模型。

图5-246

二、添加本地组件模型

利用之前所学习的组件安装方法，这里打开SketchUp模型库，这里面包含了各式各样的模型，都是从网上直接下载的单一组件，然后重新命名的新文件夹。

源文件：\Ch05\ SketchUp模型库.skp

1. 选择【窗口】/【组件】命令，弹出“组件”对话框。
2. 单击按钮，弹出下拉列表，如图5-247所示。
3. 选择【打开或创建本地集合】命令，弹出“浏览文件夹”对话框，选择组件文件夹，如图5-248所示。

图5-247

图5-248

4. 单击 确定 按钮，即当前文件夹内的组件模型都添加到了组件对话框中，如图5-249所示。
5. 选择组件模型，移到场景中，如图5-250所示。
6. 单击确定，即可添加本地组件模型，图5-251所示为床组件模型。

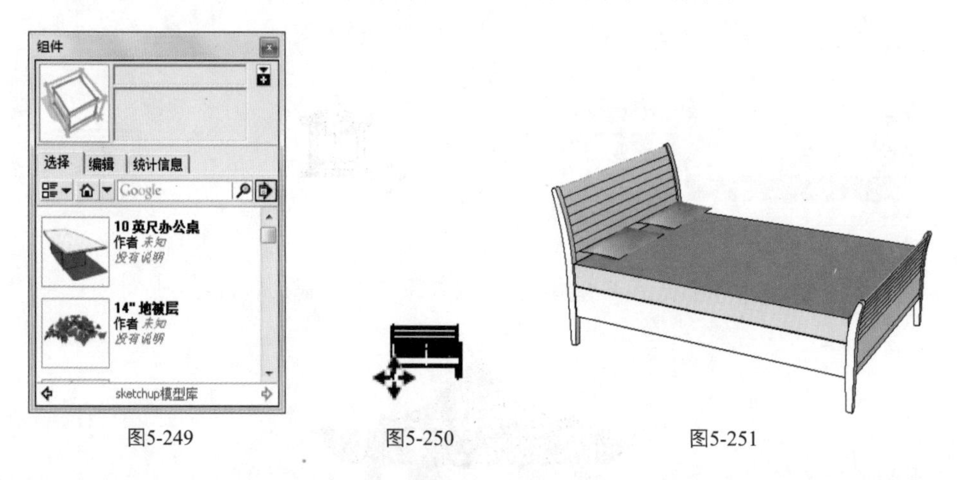

图5-249　　图5-250　　图5-251

5.7 综合案例

下面以几个动手操作的案例来详细讲解SketchUp基本绘图功能的应用。

案例——绘制太极八卦

本案例主要应用线条工具、圆弧工具、圆工具、推拉工具进行模型创建。

结果文件：\Ch05\太极八卦.skp

视频：\Ch05\太极八卦.wmv

1. 单击【圆弧】按钮，绘制一段长为1000mm的圆弧，如图5-252所示。
2. 凸出部分为300mm，如图5-253和图5-254所示。

图5-252　　图5-253

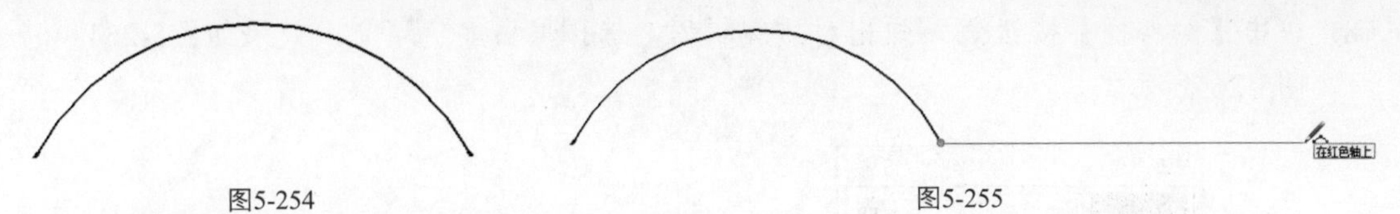

图5-254　　图5-255

3. 继续绘制圆弧相切，距离和凸出部分一样，如图5-255、图5-256和图5-257所示。

图5-256　　图5-257

4. 单击【圆】按钮，延圆弧中心绘制一个圆，使它形成两个面，如图5-258、图5-259和图5-260所示。

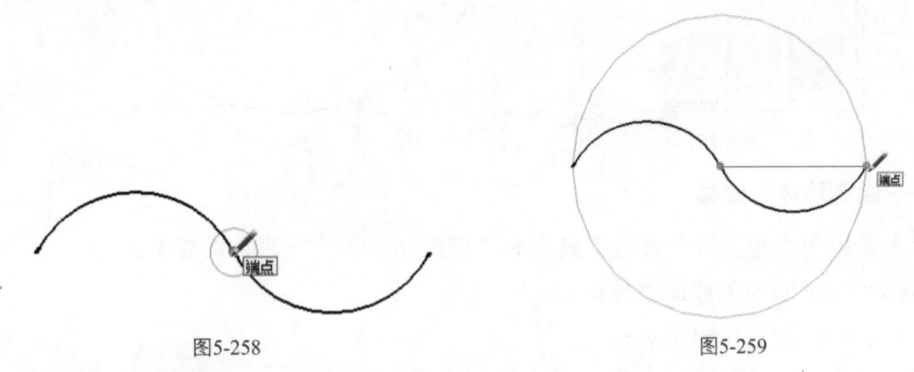

图5-258　　图5-259

5. 单击【圆】按钮，绘制两个半径为150mm的圆，如图5-261所示。

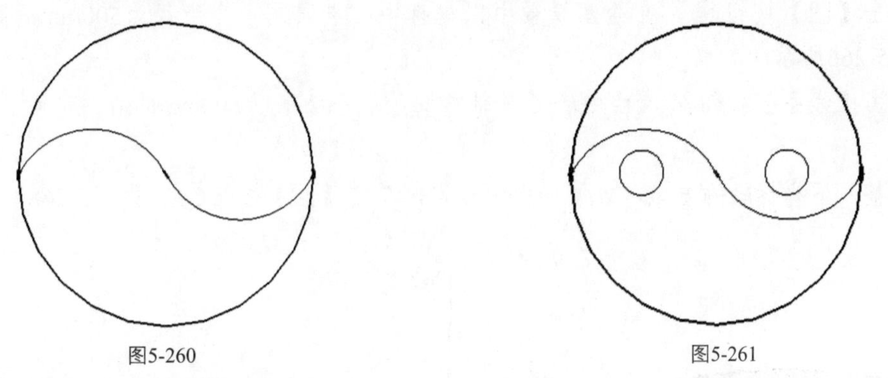

图5-260　　图5-261

6. 单击【推/拉】按钮，将两个圆面向上推拉200mm，如图5-262所示。

7. 单击【推/拉】按钮，将另外两个面向上推拉100mm，如图5-263所示。

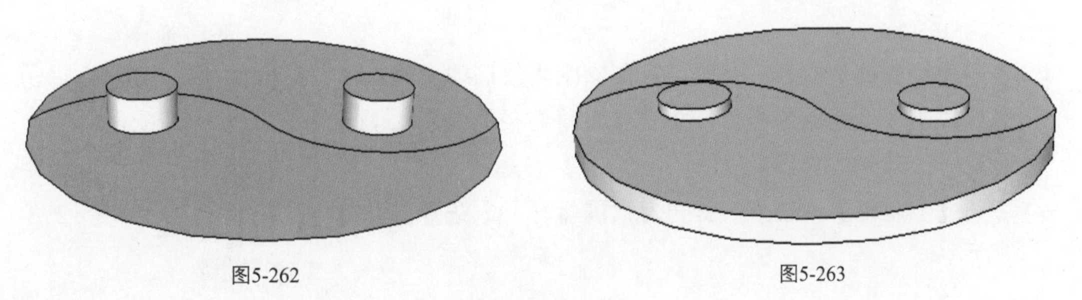

图5-262　　图5-263

8. 单击【颜料桶】按钮，弹出材质编辑器，选择黑白颜色填充，效果如图5-264和图5-265所示。

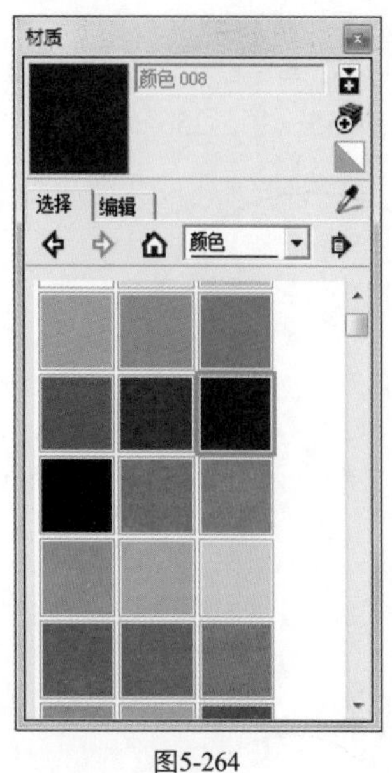

图5-264

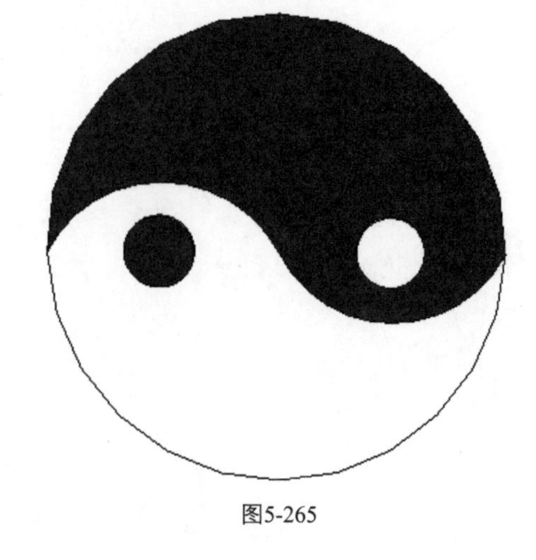

图5-265

案例——绘制球体、锥体

本案例主要应用“圆工具”“直线工具”和“跟随路径工具”来创建模型。

结果文件：\Ch05\创建球体椎体.skp

视频：\Ch05\创建球体椎体.wmv

一、创建球体

1. 单击【圆】按钮，在绘图场景中以坐标中心点绘制一个半径为500mm的圆，如图5-266所示。
2. 单击【线条】按钮，由中心延蓝轴方向绘制一条长为500mm的直线，如图5-267所示。
3. 调整一下坐标轴的方向，方便捕捉中心点，单击【圆】按钮，如图5-268所示。

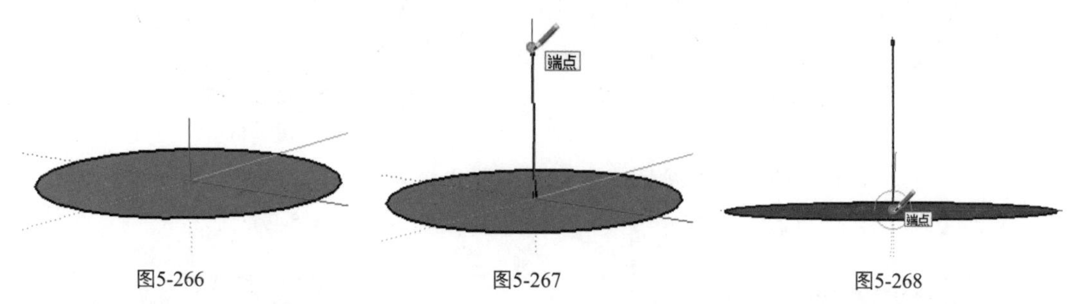

图5-266　　图5-267　　图5-268

4. 沿刚才绘制的直线画一个圆，且删除刚才绘制的直线，如图5-269和图5-270所示。
5. 先选择第二个绘制的圆面，单击【跟随路径】按钮，最后选择第一个圆面，即可生成一个球体，如图5-271所示。
6. 单击【颜料桶】按钮，弹出材质编辑器，选择颜色填充，效果如图5-272和图5-273所示。

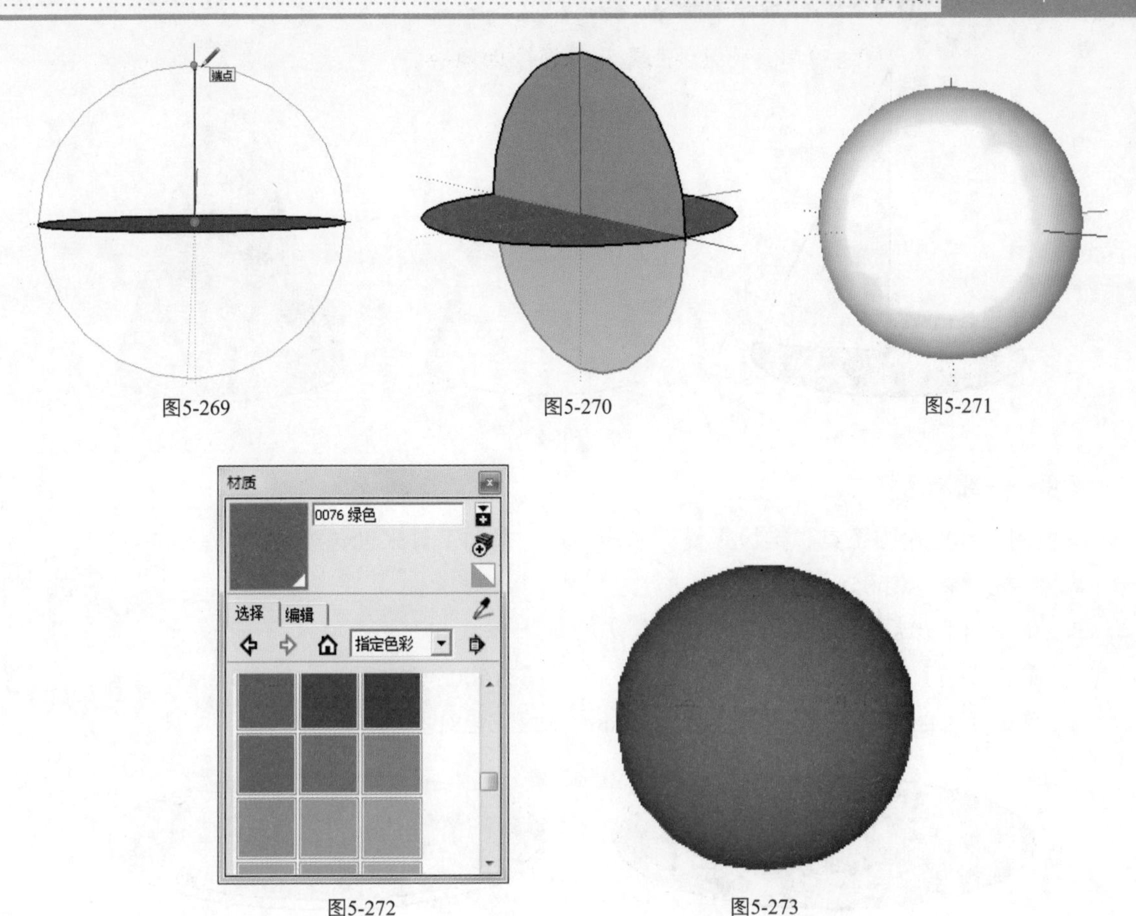

图5-269　图5-270　图5-271

图5-272　图5-273

二、创建锥体

1. 单击【圆】按钮，在绘图场景中以坐标中心点绘制一个半径为200mm的圆，如图5-274所示。
2. 单击【线条】按钮，由中心延蓝轴方向绘制一条长为400mm的直线，如图5-275所示。
3. 单击【线条】按钮，绘制一个三角面，如图5-76和图5-277所示。

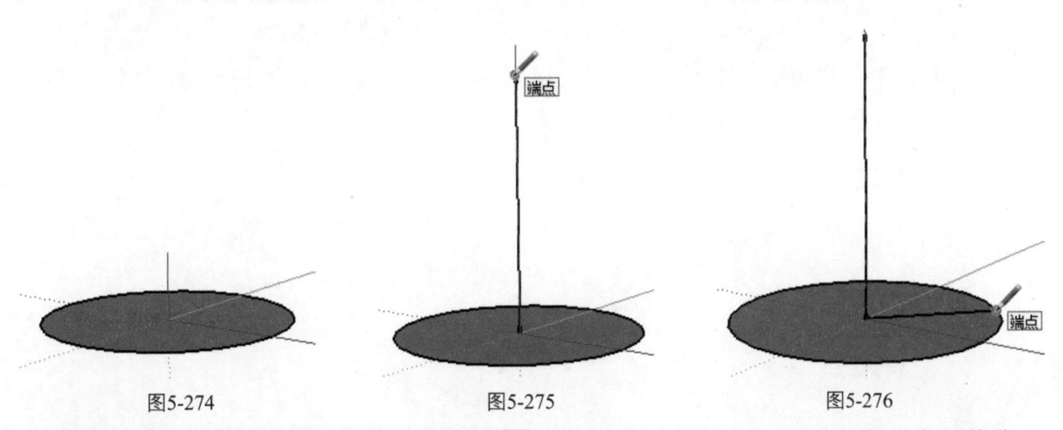

图5-274　图5-275　图5-276

4. 选择圆面，再单击【跟随路径】按钮，最后选择三角面，即可生成一个圆锥体，如图5-278所示。
5. 单击【颜料桶】按钮，弹出材质编辑器，选择颜色填充，效果如图5-279所示。

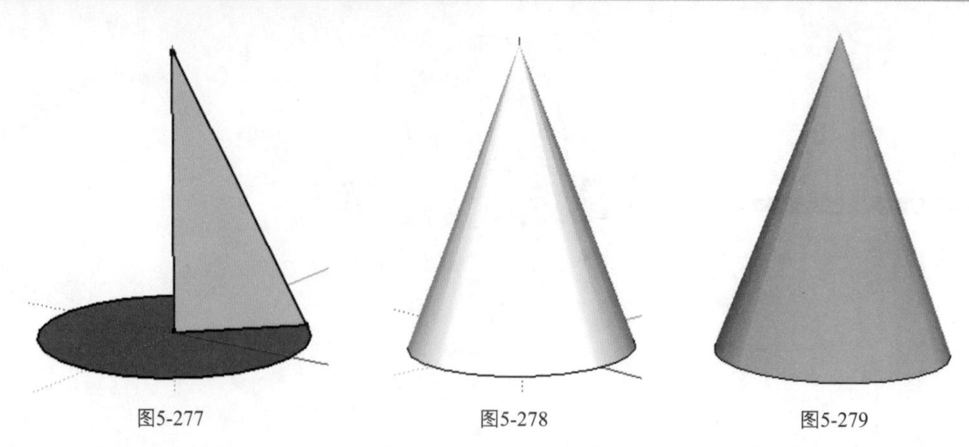

图5-277　　图5-278　　图5-279

案例——绘制吊灯

本案例主要应用圆工具、推拉工具、偏移工具、移动工具来创建模型。

结果文件：\Ch05\吊灯.skp

视频：\Ch05\吊灯.wmv

1. 单击【圆】按钮，在场景中绘制一个半径为500mm的圆形，如图5-280所示。
2. 单击【推/拉】按钮，向上推拉20mm，如图5-281所示。

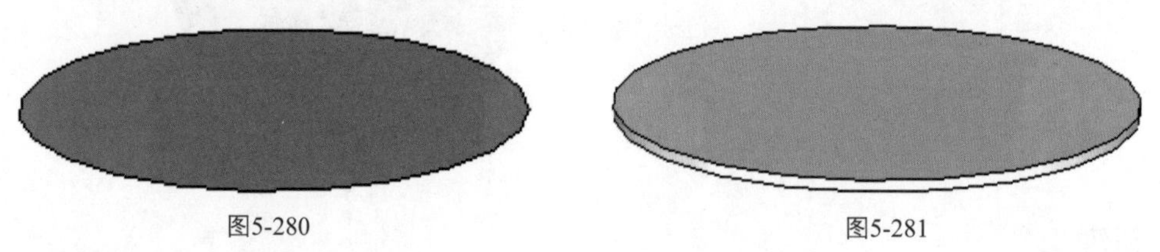

图5-280　　图5-281

3. 单击【偏移】按钮，向内偏移复制50mm，如图5-282所示。
4. 单击【推/拉】按钮，向下推拉10mm，如图5-283所示。

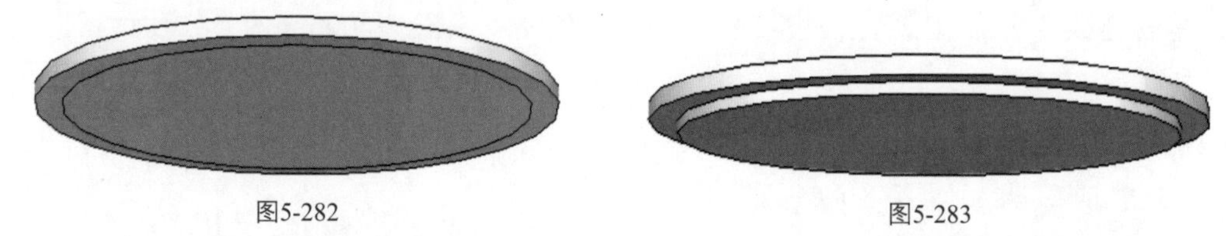

图5-282　　图5-283

5. 单击【圆】按钮，绘制半径为50mm的圆，单击【推/拉】按钮，向下推拉50mm，如图5-284和图5-285所示。

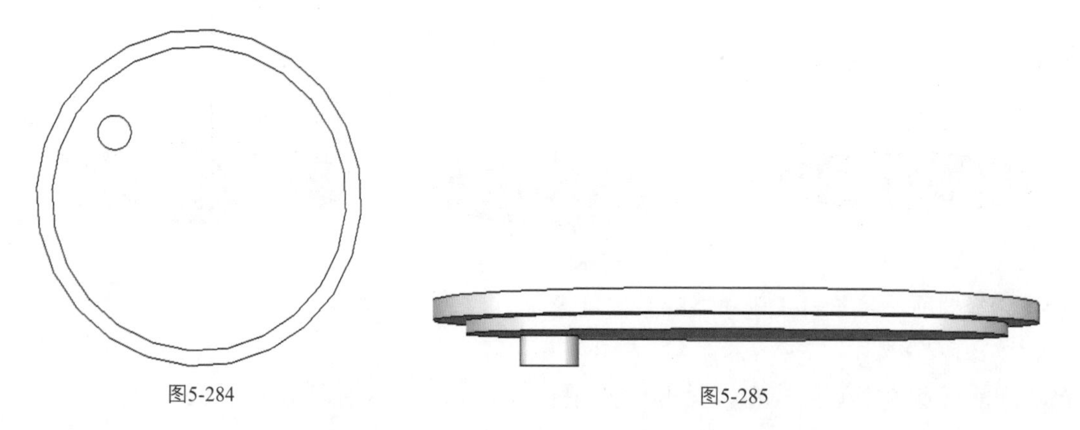

图5-284　　图5-285

6. 单击【偏移】按钮，向内偏移复制45mm，单击【推/拉】按钮，向下推拉300mm，如图5-286所示。

7. 单击【偏移】按钮，将面向外偏移复制80mm，单击【推/拉】按钮，向下推拉100mm，如图5-287和图5-288所示。

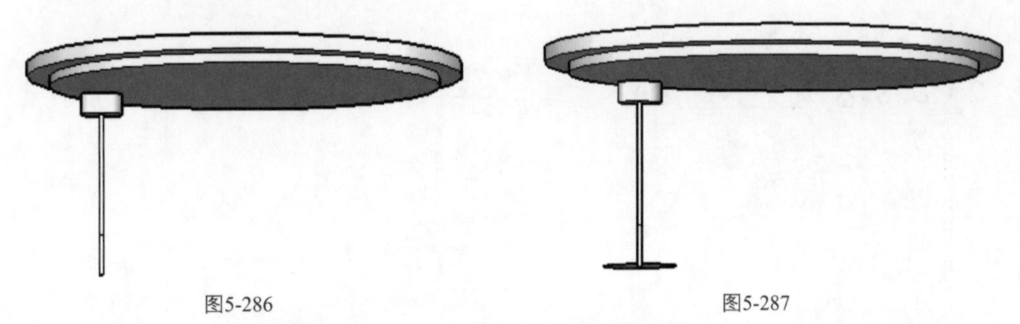

图5-286　　图5-287

8. 选中模型，选择【编辑】/【创建组】命令，如图5-289所示。

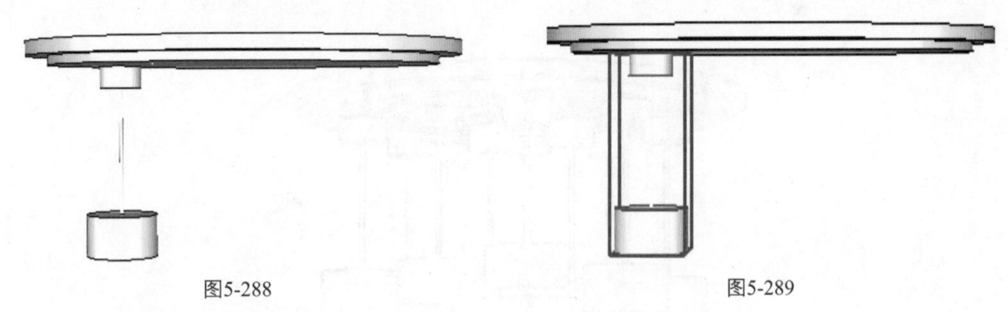

图5-288　　图5-289

9. 单击【移动】按钮，按住Ctrl键不放，进行复制组，如图5-290和图5-291所示。

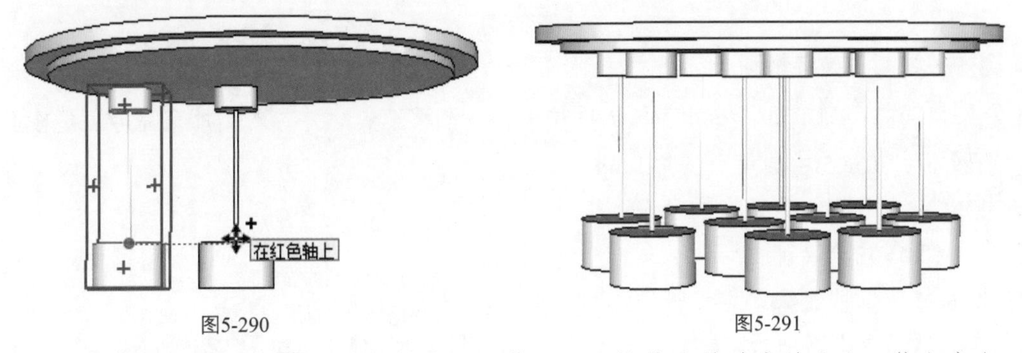

图5-290　　图5-291

10. 单击【拉伸】按钮，对复制的吊灯进行不同拉伸缩放改变其大小，使它突出一个层次感，如图5-292和图5-293所示。

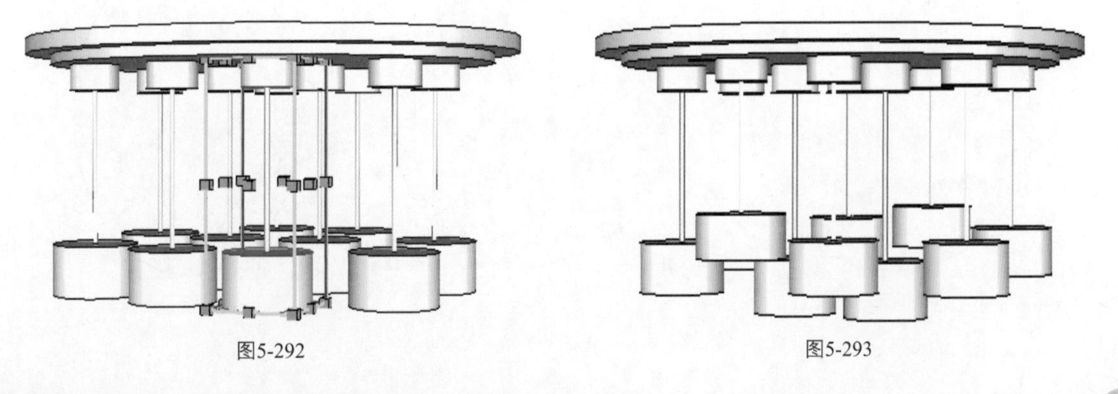

图5-292　　图5-293

11．单击【拉伸】按钮，为制作的吊灯添加一种适合的材质，双击群组填充材质，如图5-294、图5-295和图5-296所示。

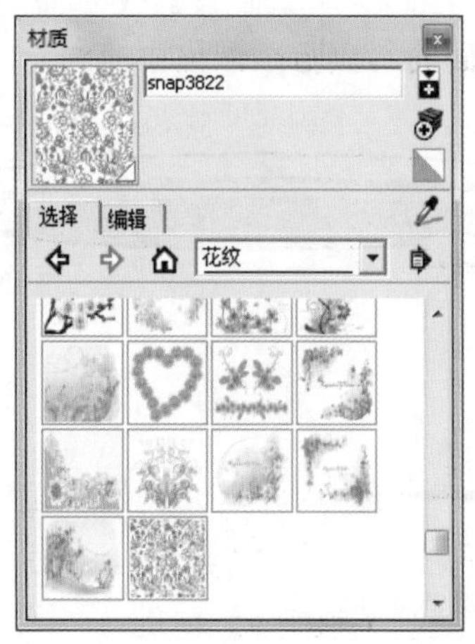

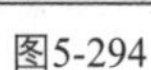

图5-294

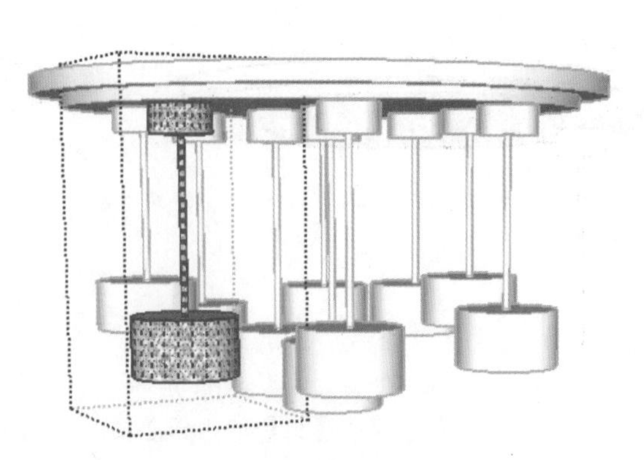

图5-295

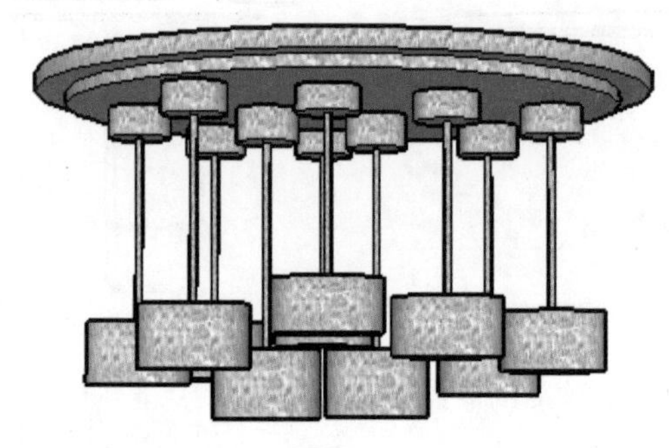

图5-296

案例——绘制古典装饰画

本案例主要应用圆工具、缩放工具、推拉工具、偏移工具，并导入图片来完成创建模型。

源文件：\Ch05\古典美女图片.bmp

结果文件：\Ch05\古典装饰画.skp

视频：\Ch05\古典装饰画.wmv

1．单击【圆】按钮，在场景中绘制一个圆，如图5-297所示。

2．单击【拉伸】按钮，对圆进行缩放成为椭圆，如图5-298和图5-299所示。

图5-297

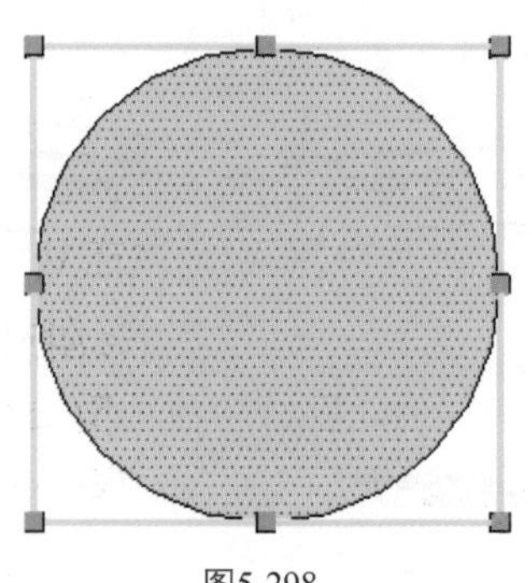

图5-298

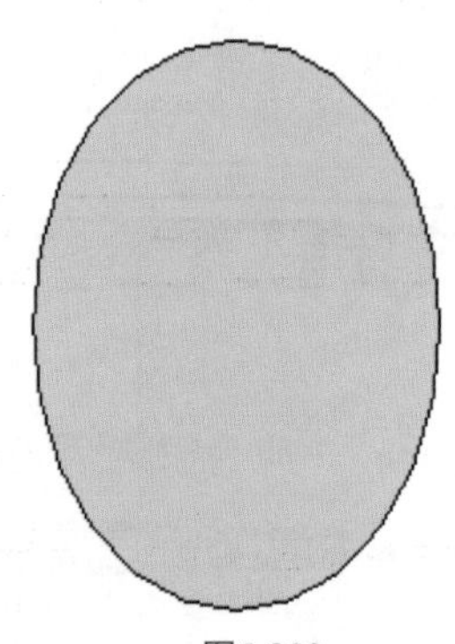

图5-299

3. 单击【拉伸】按钮，向上推拉50mm，如图5-300所示。

4. 单击【偏移】按钮，将面向内偏移复制50mm，如图5-301所示。

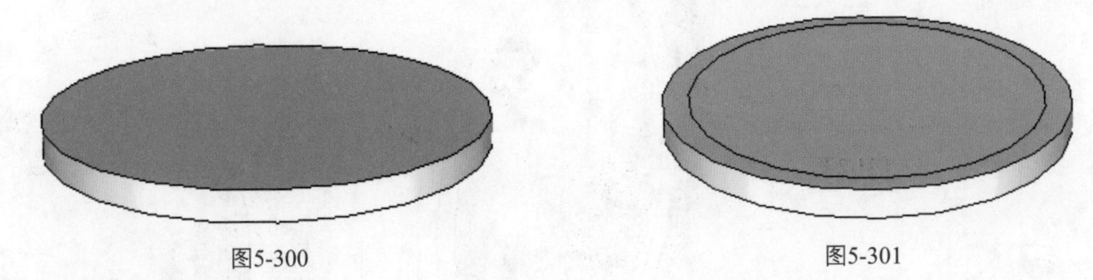

图5-300　　图5-301

5. 单击【推/拉】按钮，向下推拉30mm，如图5-302和图5-303所示。

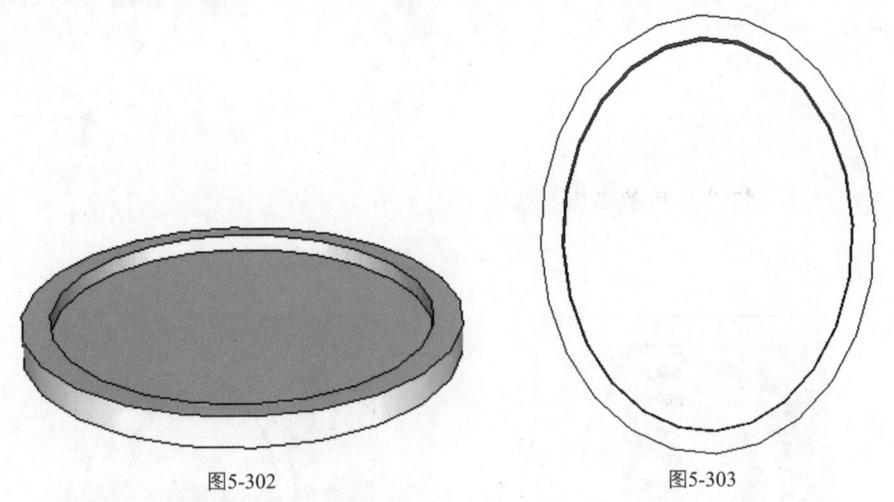

图5-302　　图5-303

6. 单击【圆弧】按钮，在顶方绘制一段圆弧，如图5-304所示。

7. 单击【偏移】按钮，将面向外进行适当偏移复制，如图5-305所示。

8. 将中间的面进行删除，如图5-306所示。

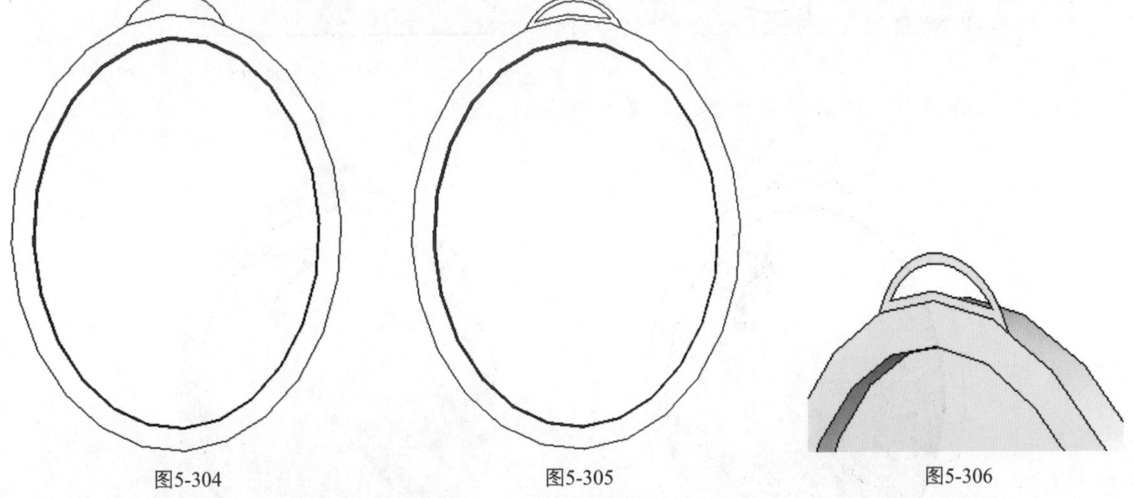

图5-304　　图5-305　　图5-306

9. 单击【推/拉】按钮，向外推拉，效果如图5-307所示。

10. 选择【文件】/【导入】命令，导入古典美女图片，放在框内，如图5-308和图5-309所示。

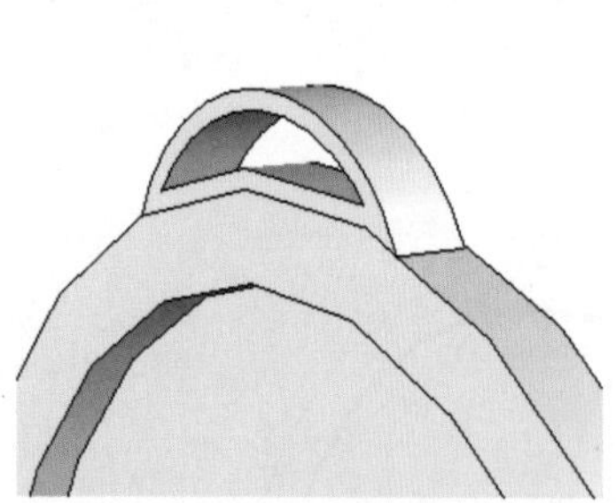

图5-307

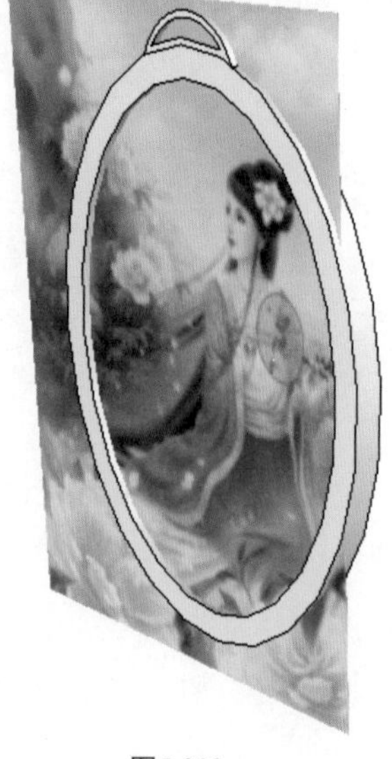

图5-308

图5-309

11．用鼠标右键单击图片，选择【分解】命令，将图片炸开，如图5-310所示。

12．选中多余的部分，将边线面进行删除，如图5-311和图5-312所示。

图5-310

图5-311

13．将边框填充一种适合的材质，装饰画效果如图5-313所示。

图5-312

图5-313

案例——绘制米奇卡通杯

本案例主要应用圆工具、推拉工具、偏移复制工具、圆弧工具、跟随路径工具来创建模型。

源文件：\Ch05\米奇图片.bmp

结果文件：\Ch05\米奇卡通杯.skp

视频：\Ch05\米奇卡通杯.wmv

1．单击【圆】按钮，绘制一个半径为500mm的圆，如图5-314所示。

2．单击【推/拉】按钮，向上推拉800mm，如图5-315所示。

3．单击【偏移】按钮，向内偏移复制50mm，如图5-316所示。

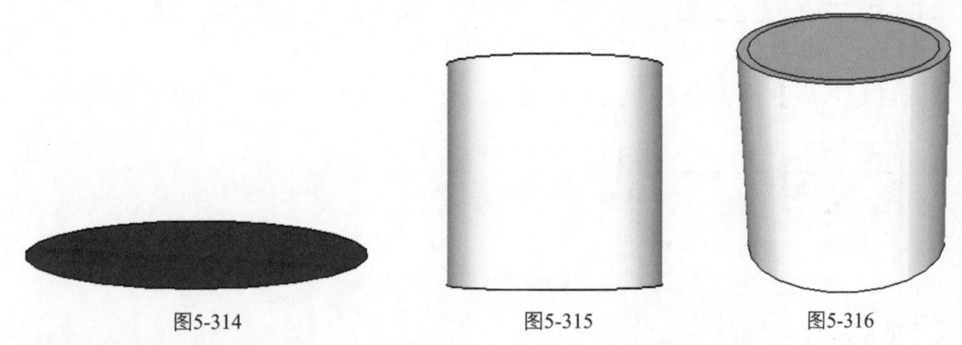

图5-314　　图5-315　　图5-316

4．将中间部分删除，效果如图5-317所示。

5．选择【视图】/【隐藏几何图形】命令，显示虚线，如图5-318所示。

6．单击【圆】按钮，在平面上绘制一个半径为60mm的圆，如图5-319所示。

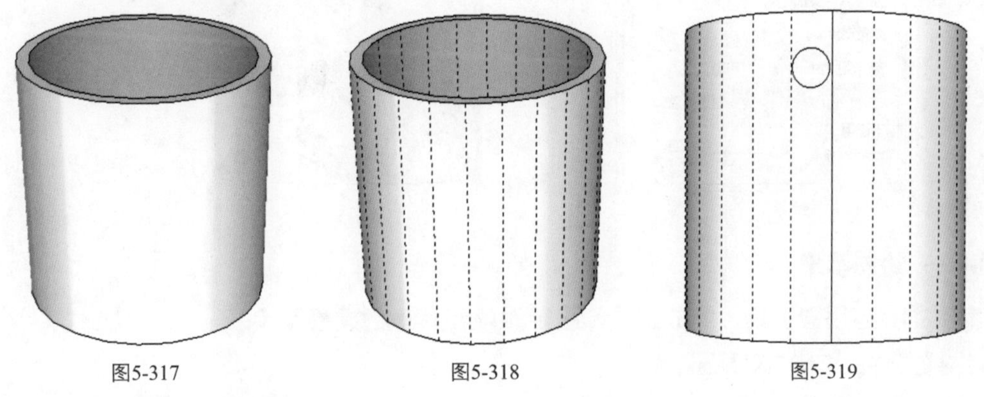

图5-317　　图5-318　　图5-319

7．单击【圆弧】按钮，绘制一段圆弧，如图5-320和图5-321所示。

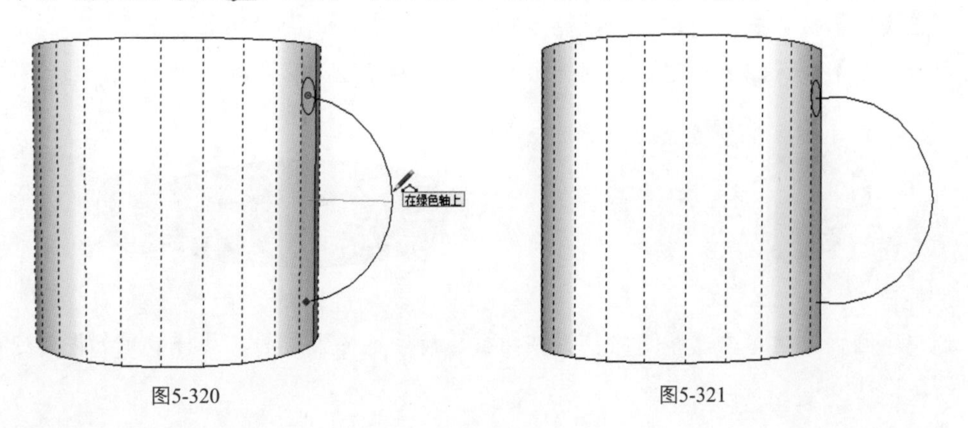

图5-320　　图5-321

8．选中圆弧，再单击【跟随路径】按钮，最后选择圆面，放样效果如图5-322所示。

9．再次选择【视图】/【隐藏几何图形】命令，取消虚线，如图5-323所示。

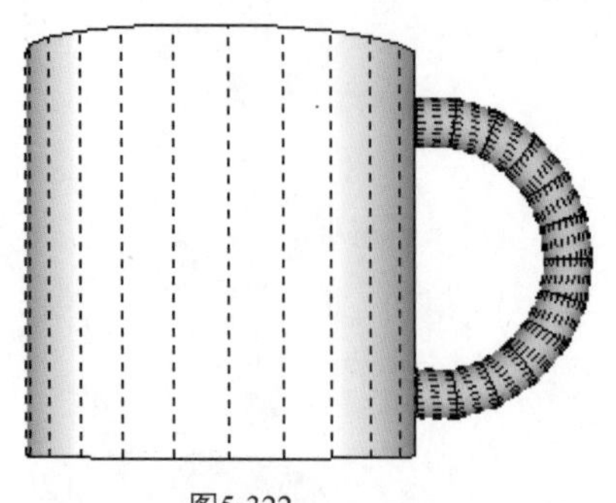
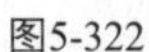
图5-322

图5-323

10．单击【颜料桶】按钮，导入米奇图片，填充材质，如图5-324和图5-325所示。

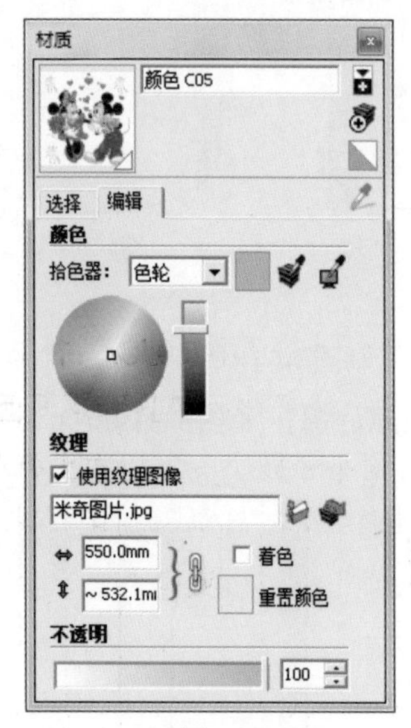

图5-324

图5-325

案例——绘制苹果

本案例主要应用圆工具、缩放工具、路径跟随工具来创建模型。

结果文件：\Ch05\苹果.skp

视频：\Ch05\苹果.wmv

1．单击【圆】按钮，绘制一个半径为3000mm的圆，如图5-326所示。

2．单击【圆】按钮，在旁边绘制一个圆，如图5-327所示。

图5-326

图5-327

3．选中小圆面，再单击【跟随路径】按钮，最后选择大圆面，放样效果如图5-328和图5-329所示。

4．单击【拉伸】按钮，对模型进行缩放，如图5-330和图5-331所示。

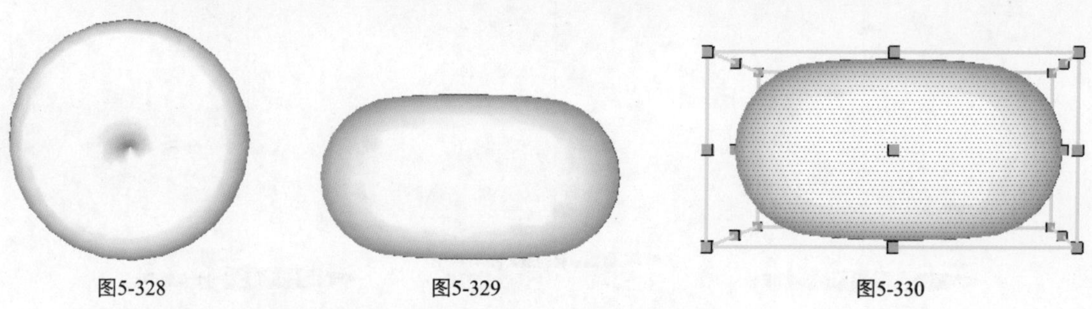

图5-328　　图5-329　　图5-330

5．单击【圆】按钮，绘制一个小圆柱，如图5-332所示。

6．单击【拉伸】按钮，对模型进行缩放，如图5-333所示。

7．选择一种适合的材质填充，如图5-334所示。

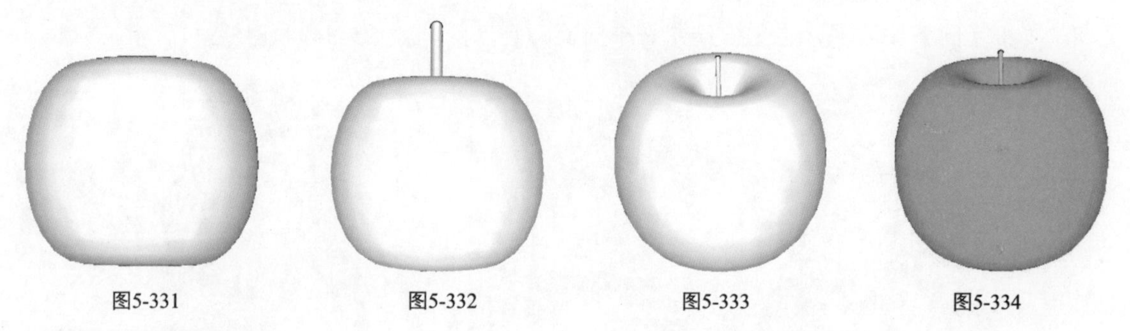

图5-331　　图5-332　　图5-333　　图5-334

案例——绘制花瓶

本案例主要应用圆工具、线条工具、路径跟随工具来创建模型。

结果文件：\Ch05\花瓶.skp

视频：\Ch05\花瓶.wmv

1．单击【圆】按钮，绘制一个半径为500mm的圆，如图5-335所示。

2．单击【线条】按钮，沿垂直方向绘制一条直线，如图5-336所示。

3．单击【线条】按钮，绘制直线，如图5-337所示。

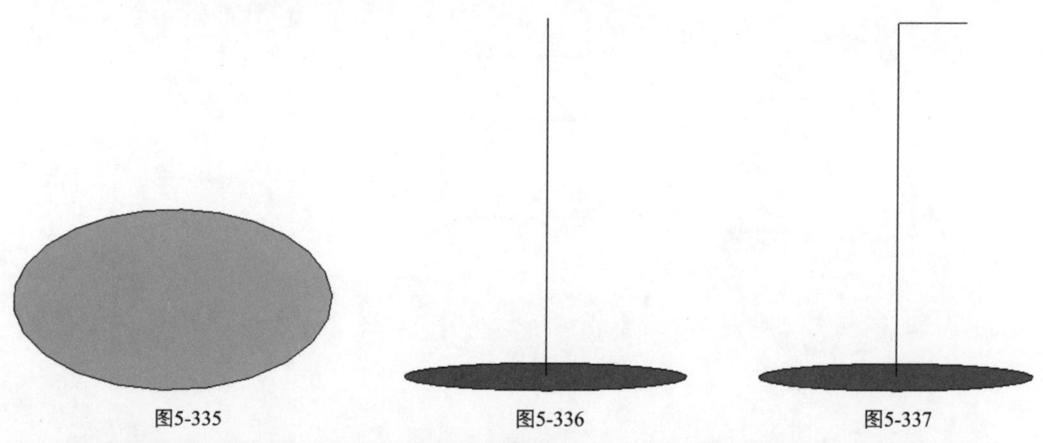

图5-335　　图5-336　　图5-337

4．单击【圆弧】按钮，绘制几段圆弧相连接，如图5-338和图5-339所示。

5．单击【移动】按钮，将面上移一定高度，如图5-340所示。

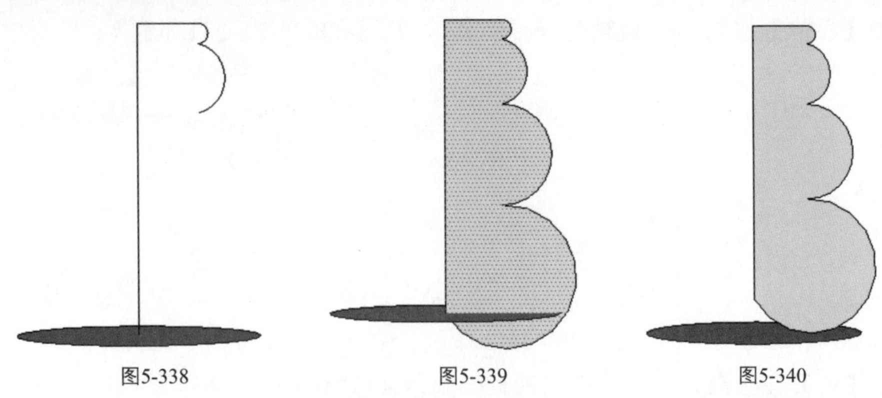

图5-338　　图5-339　　图5-340

6. 选择圆面，再单击【跟随路径】按钮，最后选择圆弧面，放样效果如图5-341所示。

7. 将下方的面进行删除，如图5-342所示。

8. 单击【圆】按钮，在上方绘制一个圆面，且删除，如图5-343和图5-344所示。

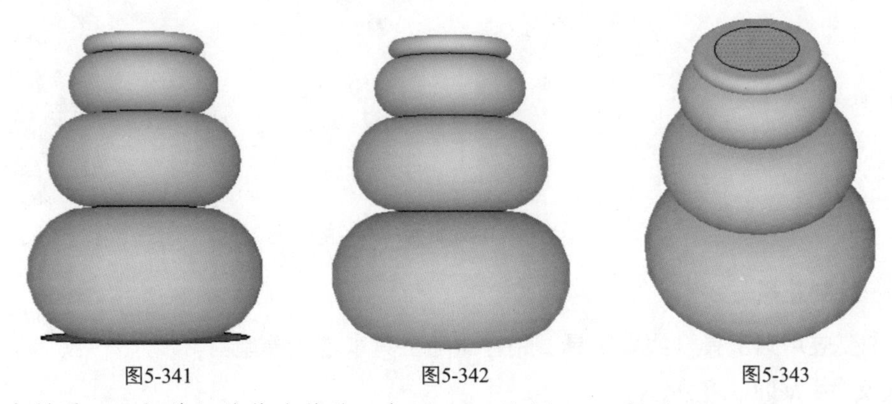

图5-341　　图5-342　　图5-343

9. 填充材质，添加花组件作为装饰，如图5-345和图5-346所示。

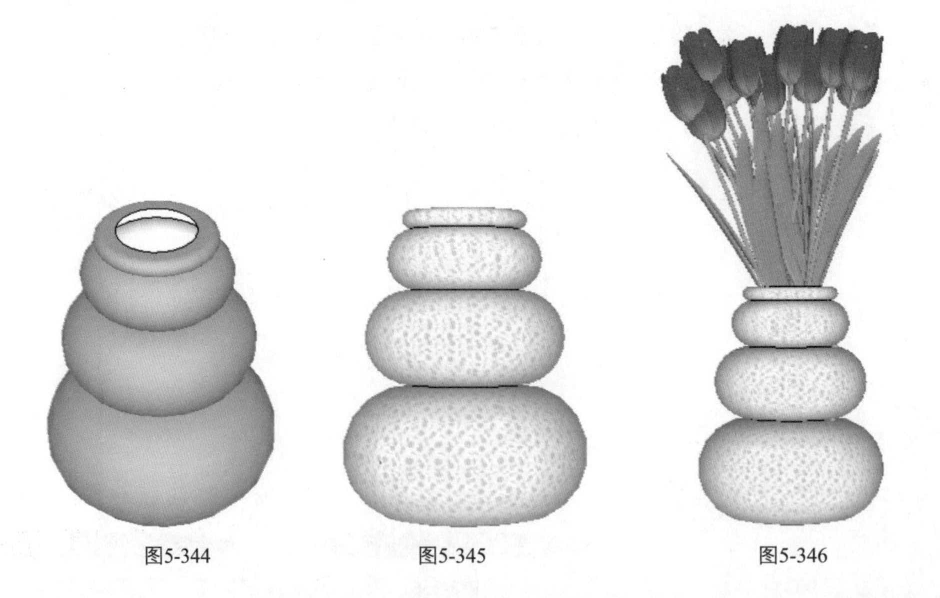

图5-344　　图5-345　　图5-346

5.8 本章小结

本章我们主要学习了SketchUp基本绘图功能，利用绘图工具可以创建一些简单的模型，并用编辑工具对创建的模型进行编辑操作，并了解了如何利用实体工具创建两个实体的不同组合效果，掌握了沙盒工具每个工具的功能，掌握了如何利用3D模型库下载模型，如何添加组件模型，最后以几个实例操作来巩固工具用法，知识内容丰富，并且非常重要，是SketchUp学习中最重要的章节之一。

第6章 巧用Google地球

谷歌地球（Google Earth，GE）是一款Goolge公司开发的虚拟地球仪软件，Google地球分为免费版与专业版两种。本章主要介绍Google地球免费版。

6.1 Google Earth简介

Google Earth来源于Keyhole（钥匙孔）公司自家原有的旗舰软件。Keyhole是一家卫星图像公司，总部位于美国加州山景城（Mountain View），成立于2001年，从事数字地图测绘等业务，它提供的Keyhole软件允许网络用户浏览通过卫星及飞机拍摄的地理图像，这一技术依赖于数以TB计的海量卫星影像信息数据库——而这正是Google Earth的前身。2004年10月27日，Google宣布收购了Keyhole公司，并于2005年6月推出了Google Earth系列软件。整体来说，Google Earth和以前的Keyhole并没有什么太大的差别（影像数据、功能都差不多，只是界面做了调整）——但与Keyhole的运营思路不同的是，Google将最基本版本的Google Earth定义为Free软件，可以不限时间地自由使用。图6-1所示为Google Earth图标。

图6-1 Google Earth图标

Google Earth免费供个人使用，其主要功能主要有如下各项。

- 结合卫星图片、地图，以及强大的Google搜索技术，全球地理信息就在眼前。
- 从太空漫游到邻居一瞥。
- 目的地输入，直接放大。
- 能搜索学校、公园、餐馆、酒店。
- 获取驾车指南。
- 提供3D地形和建筑物，其浏览视角支持倾斜或旋转。
- 保存和共享搜索和收藏夹。
- 添加自己的注释。

- 可以自己驾驶飞机飞行。
- 还可以看火星和月球。
- 可以测量长度、高度。
- 稀有动物跟踪系统。
- 实时天气监测功能。
- 街景视图功能。
- 地球城市夜景功能。

6.2 Google Earth安装

Google Earth版本比较多，可以自行在网络上搜索下载，非常方便。最好大家的系统正确配置了OpenGL驱动程序，如果Google地球出现运行很慢和不响应的迹象，这可能是因为您的系统需要其他视频驱动程序。

源文件：\Ch06\GoogleEarthWin.dwg

1．双击GoogleEarthWin.exe应用程序，弹出图6-2和图6-3所示的对话框。

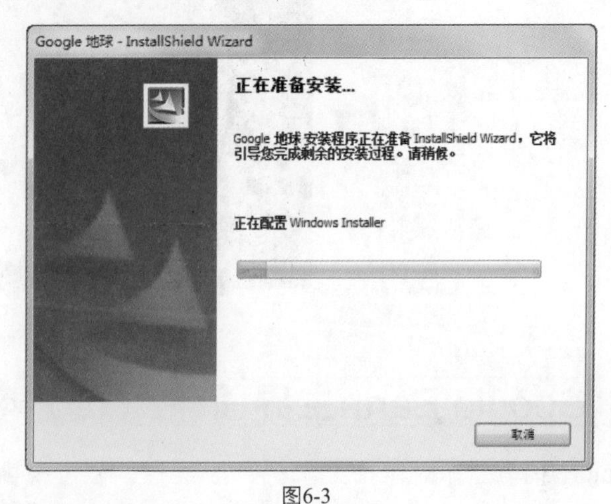

图6-2　　图6-3

2．图6-4所示为安装向导，单击安装(I)按钮，进入正在安装对话框，如图6-5所示。

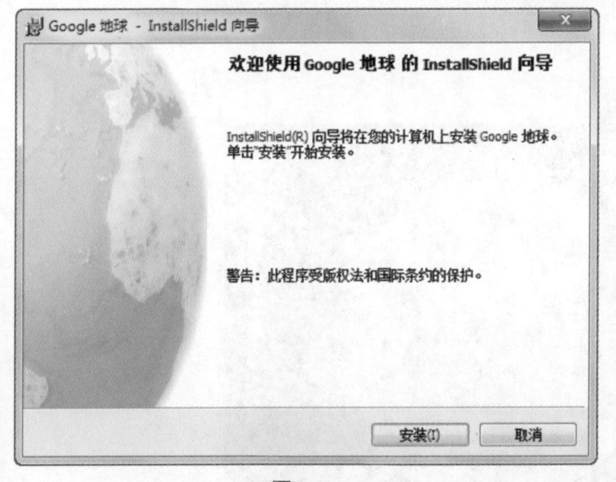

图6-4

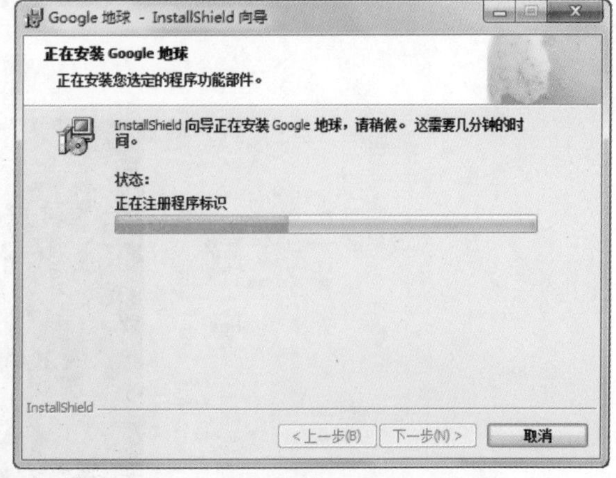

图6-5

3．图6-6所示为安装完成对话框，单击完成(F)按钮，即可启动Google Earth软件，图6-7所示为Google Earth界面。

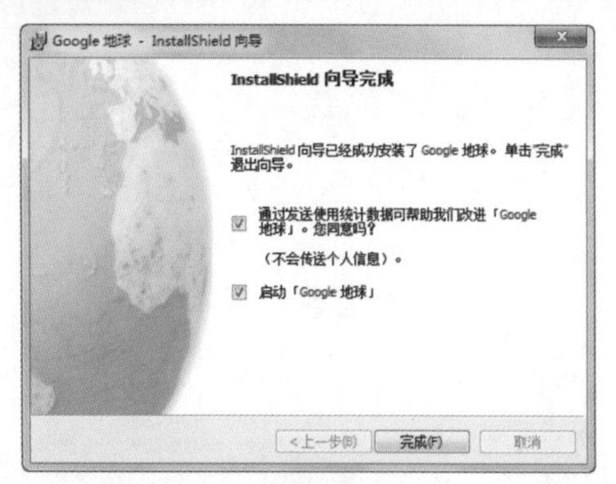

图6-6

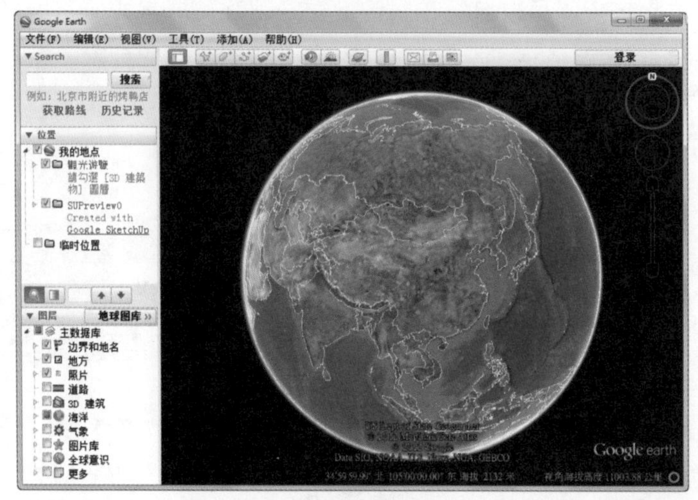

图6-7

6.3 Google Earth主界面

Google Earth主界面包括菜单栏、搜索栏、位置视窗、图层视窗、工具快捷按钮、卫星浏览、导航控制栏。图6-8所示为主界面。

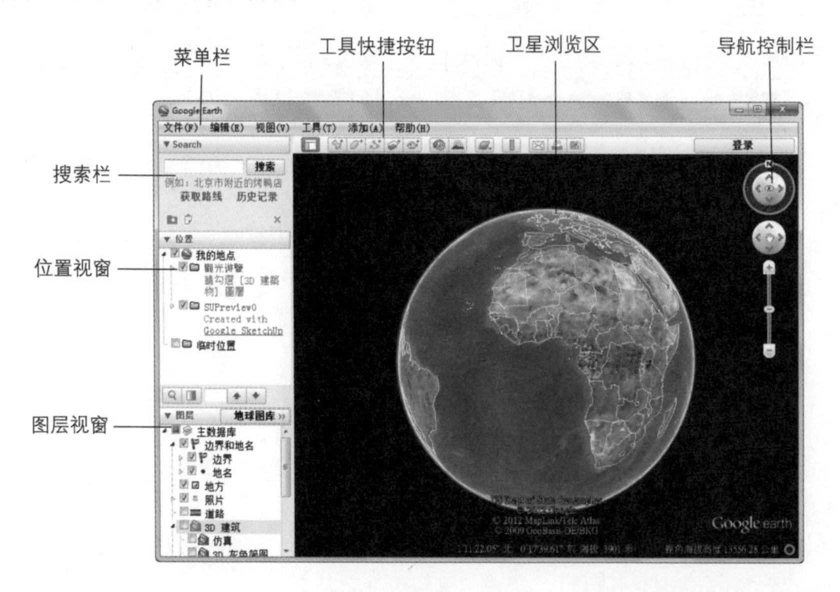

图6-8

6.3.1 搜索栏

可以在栏内输入地理名称和坐标，进行快速定位。如输入“重庆”，单击 搜索 按钮，即可显示重庆地理位置，如图6-9所示。如输入“重庆解放碑”，即可精确显示当前地理环境，如图6-10所示。

图6-9

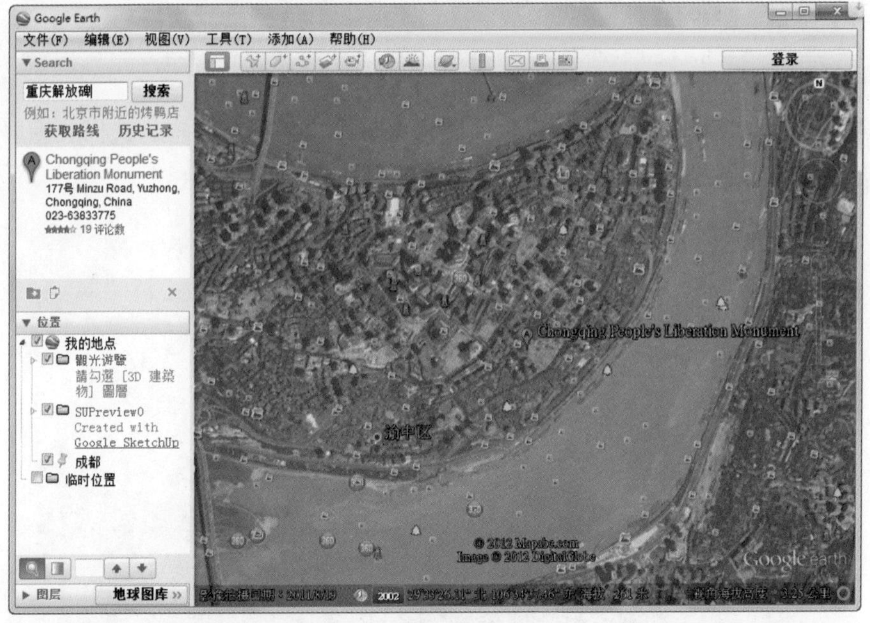

图6-10

6.3.2 添加地标

单击按钮，可为当前搜索的城市添加地标，如图6-11、图6-12和图6-13所示，如想进一步操作，可以单击鼠标右键选择命令即可，如图6-14所示。

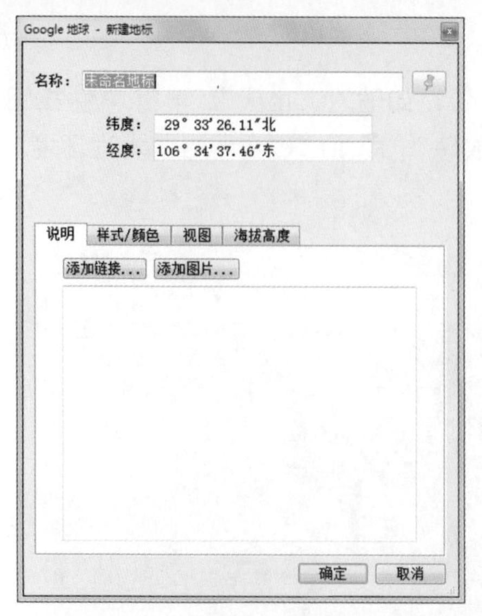

图6-11

图6-12

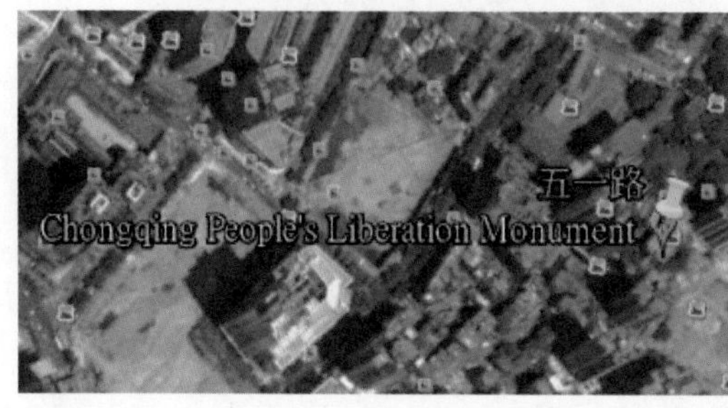

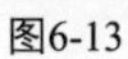
图6-13

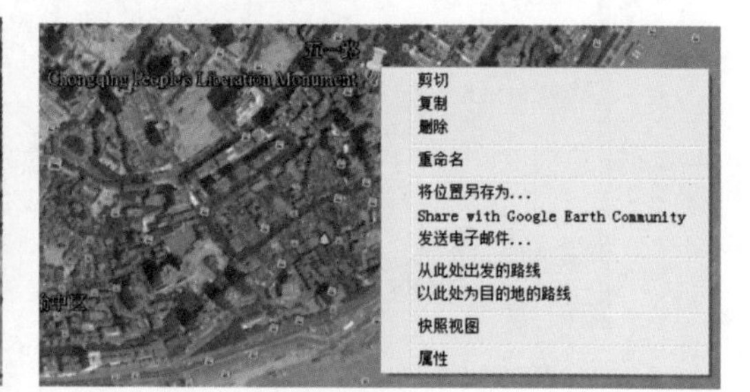

图6-14

6.3.3 图层视窗

内容非常丰富，包括地形、三维建筑物、国家地理杂志等精彩内容。选择“图层”下拉列表中的任何内容，即可在卫星浏览区显示，如图6-15所示。

图6-15

6.3.4 导航控制栏

● 指南针，单击内圈箭头，可以整体移动卫星图，拖动围绕指南针的圆圈来旋转图片方位，单击“N”按钮，恢复上北下南地图方位。

● 缩放工具，利用“+”“-”号缩放图片大小，也可利用鼠标滑滚放大缩放当前地理环境，图6-16所示为放大后效果。

图6-16

● 视图调节工具，改变卫星视图倾斜角度，配合图层里的地形功能，可以看到三维效果。

6.4 在Google地球中预览

选择【视图】/【Google】命令，将它勾选，弹出Google工具栏如，如图6-17和图6-18所示。

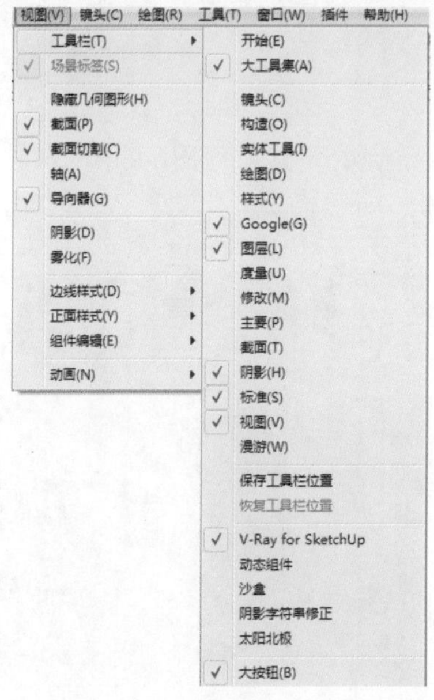

图6-17

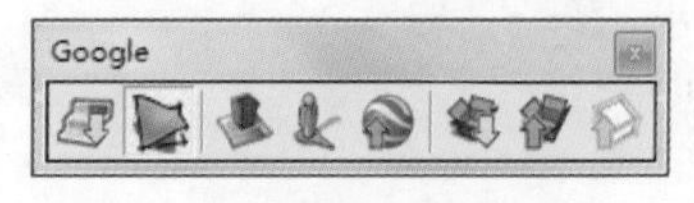

图6-18

源文件：\Ch06\建筑模型.dwg

视频：\Ch06\添加地理位置.wmv

1．打开建筑模型，如图6-19所示。

2．选择【文件】/【地理位置】/【添加位置】命令，弹出“添加位置”对话框，如图6-20和图6-21所示。

3．在搜索框中输入城市名称，如输入“成都”，单击搜索按钮，弹出该城市的地理位置，如图6-22和图6-23所示。

图6-19

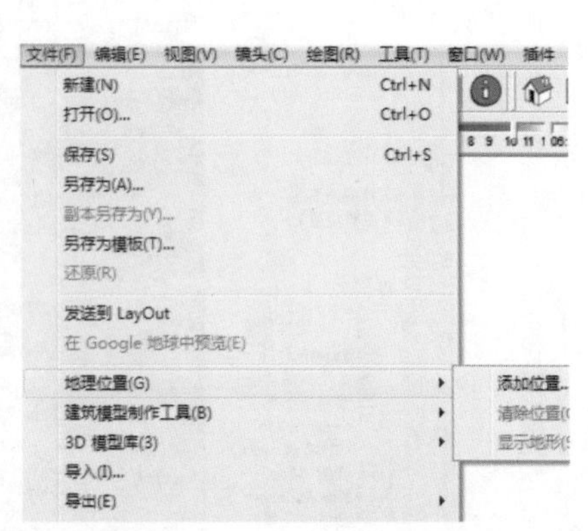

图6-20

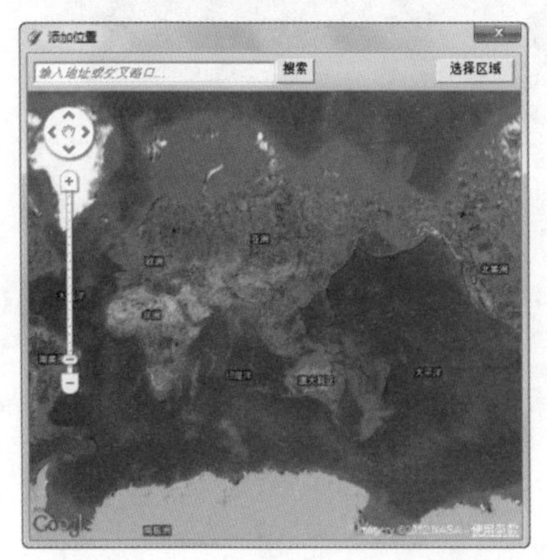

图6-21

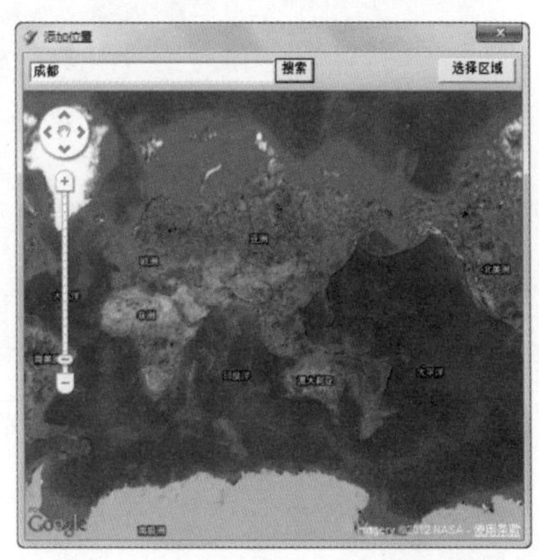

图6-22

4．左边滑块可以进行放大缩小地理位置，调整到适合的位置，如图6-24所示。

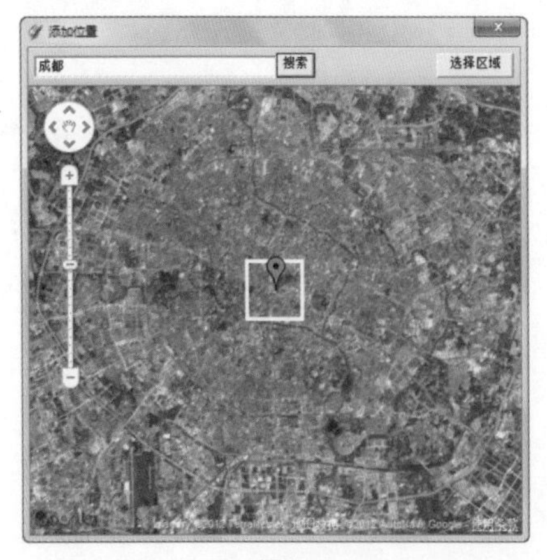

图6-23

图6-24

5. 单击 选择区域 按钮，弹出选择的区域，4个图钉可以调整区域大小，如图6-25所示。

6. 单击 抓取 按钮，添加地理位置完毕，图6-26所示为当前地理位置。

图6-25

图6-26

7. 将模型移到地理位置上，模型放置要准确，图6-27和图6-28所示都为不正确放置。

图6-27　　　　图6-28

8. 图6-29所示为正确放置位置，选择工具栏 按钮，显示当前地形，如图6-30所示。

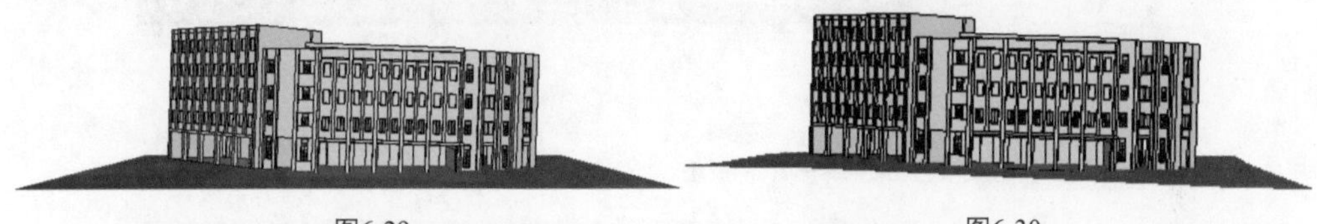

图6-29　　　　图6-30

9. 单击 按钮，自动启动Google Earth，这样就可以在Google 地球中预览地理位置了，如图6-31所示。

图6-31

6.5 案例——利用Google Earth绘制地形图

用Google Earth查找相关地理位置，建立地形，然后导入到CAD软件里画出道路、山体、建筑、等高线之类的信息。

结果文件：\Ch06\等高线地形图.skp

视频：\Ch06\绘制等高线地形图.wmv

1. 启动Google Earth软件，在搜索栏里输入“成都”，搜索地理环境，如图6-32和图6-33所示。

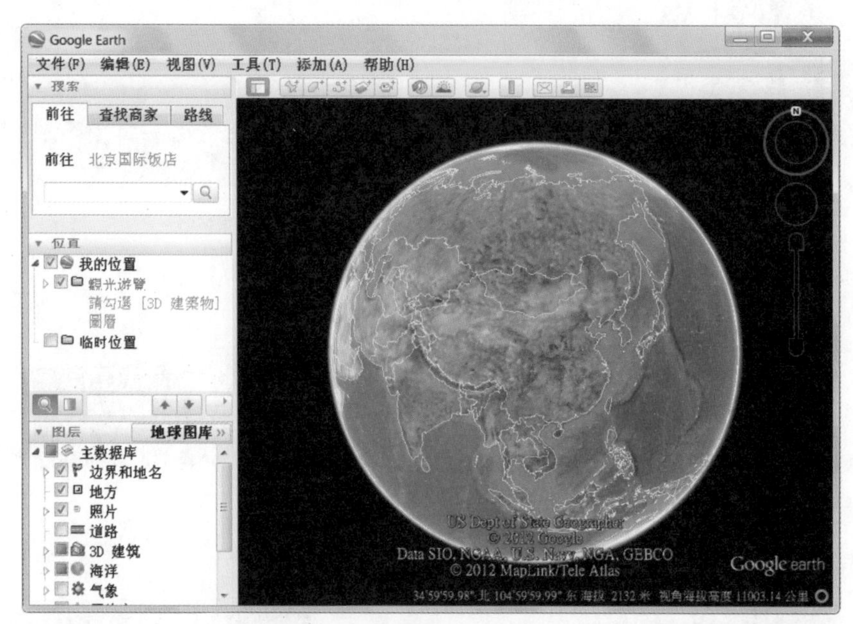

图6-32

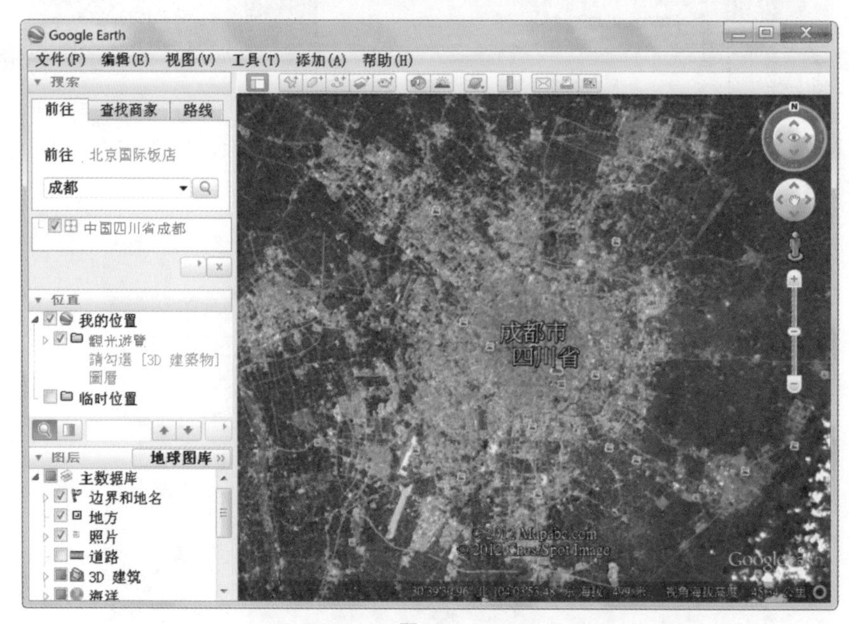

图6-33

2. 在SketchUp中打开Google工具栏，如图6-34所示。

3. 单击按钮，添加位置，如图6-35所示。

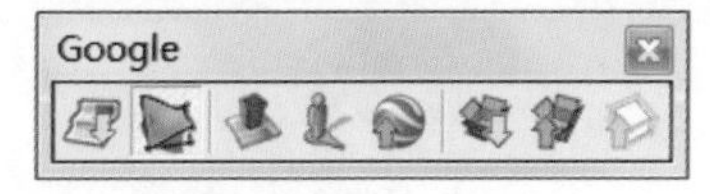

图6-34

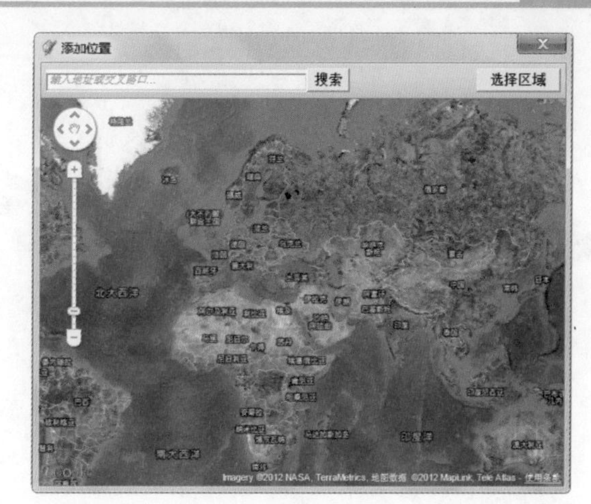

图6-35

4. 在搜索栏中输入“中国成都”，单击 搜索 按钮，如图6-36所示。

5. 调整左边滑块，显示区域，如图6-37所示。

图6-36

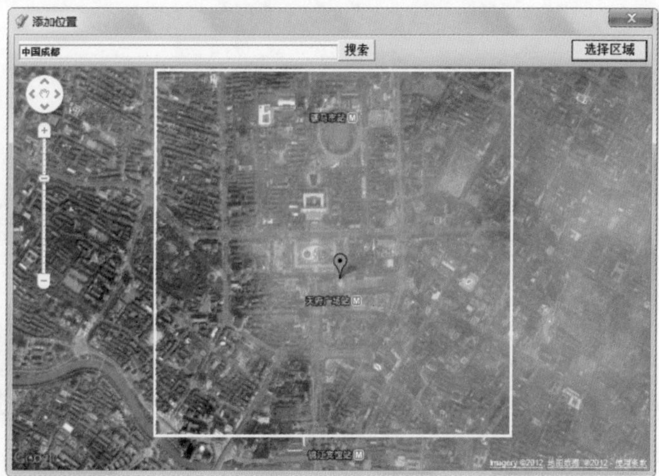

图6-37

6. 单击 选择区域 按钮，调整区域，如图6-38和图6-39所示。

图6-38

图6-39

7. 单击 抓取 按钮，抓取的地形显示如图6-40所示。

8．单击按钮，显示地形，如图6-41所示。

图6-40　　图6-41

9．打开样式工具栏，单击按钮，以单色样式显示，如图6-42所示。

10．选中地形，选择【插件】/【Contours】命令，打开等高线间距设置，如图6-43、图6-44和图6-45所示。

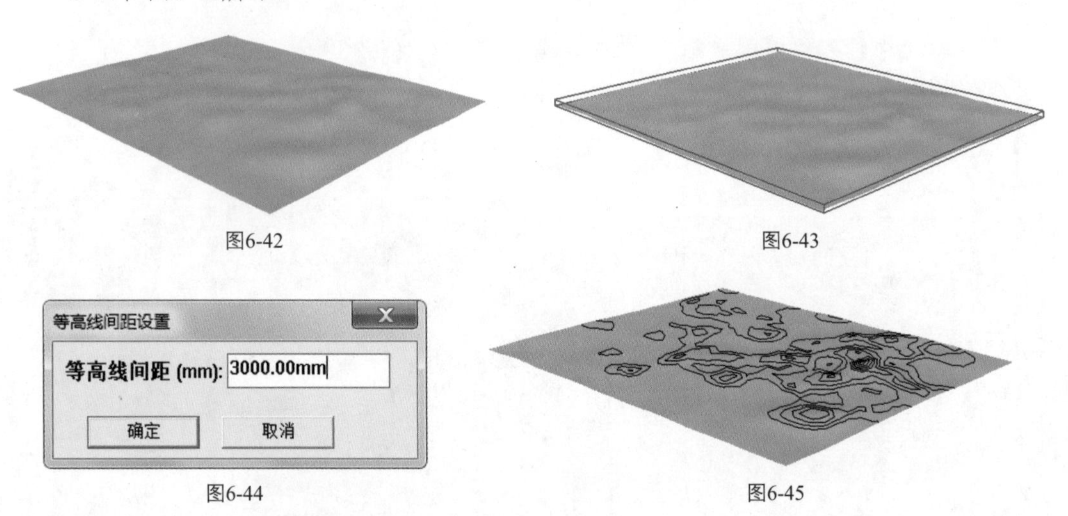

图6-42　　图6-43

图6-44　　图6-45

11．将地形设置为俯视图，选择【文件】/【导出】/【二维图像】命令，如图6-46和图6-47所示。

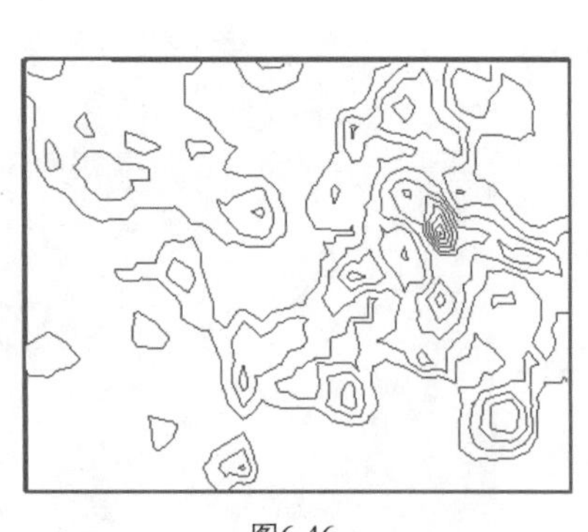

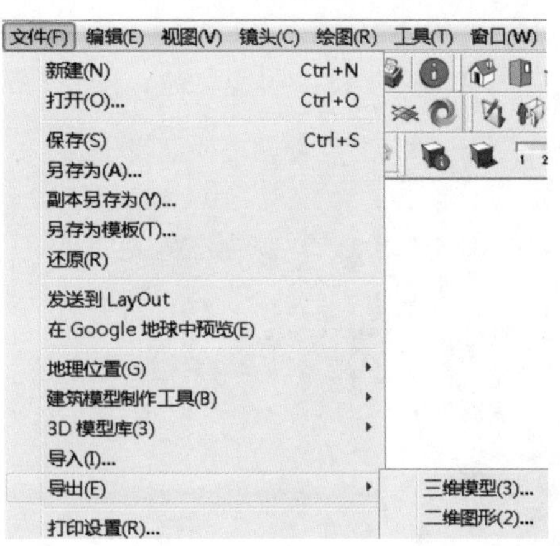

图6-46　　图6-47

12．输出格式为AutoCAD（*.dwg）格式，如图6-48所示。

13．启动AutoCAD软件，打开地形图，如图6-49所示。

14．在命令处输入“PE”，按Enter键，输入“M”，按Enter键，选中地形，按Enter键，选择“合并”，如图6-50和图6-51所示。

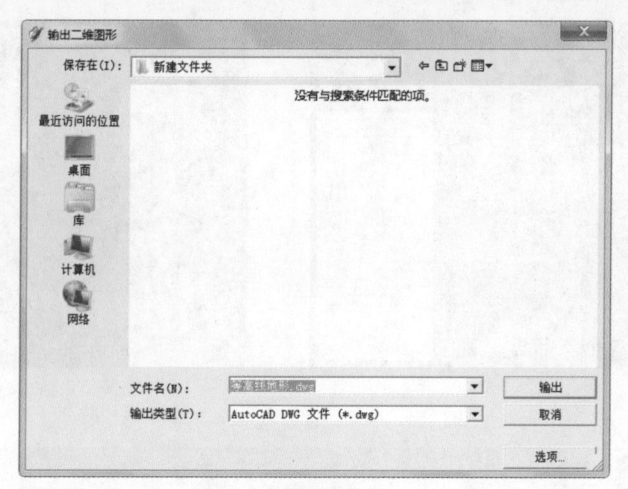

图6-48

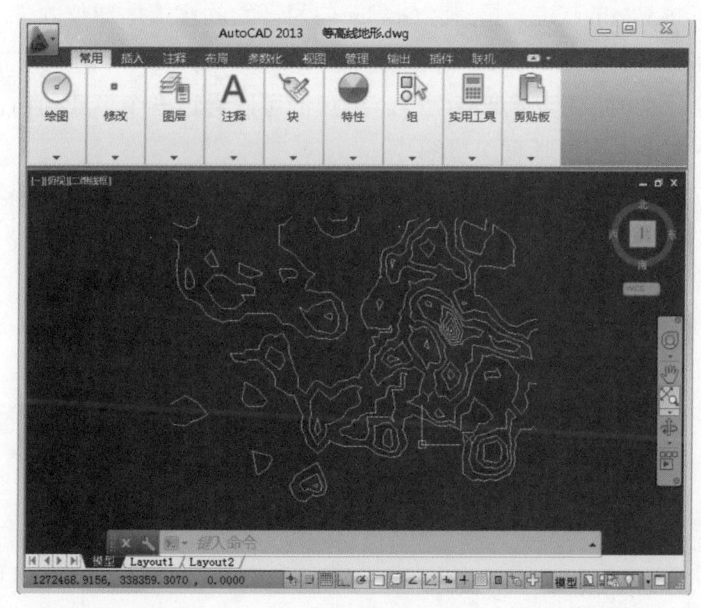

图6-49

15. 重复执行上一步，使线进行合并连接，最后选择“样条曲线”，等高线发生变化，如图6-52和图6-53所示。

PEDIT

PEDIT 选择多段线或 [多条(M)]:

图6-50

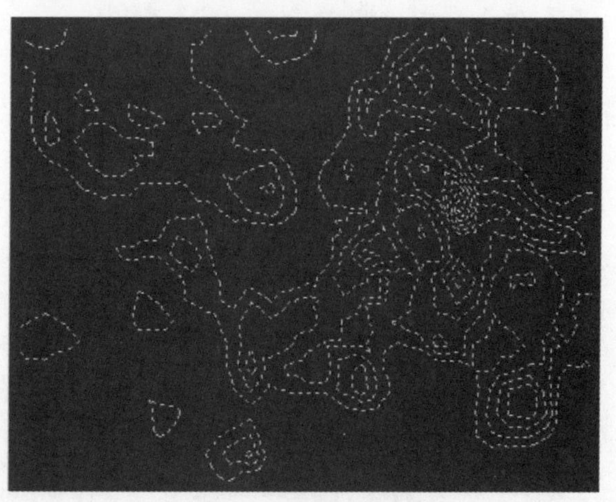

图6-51

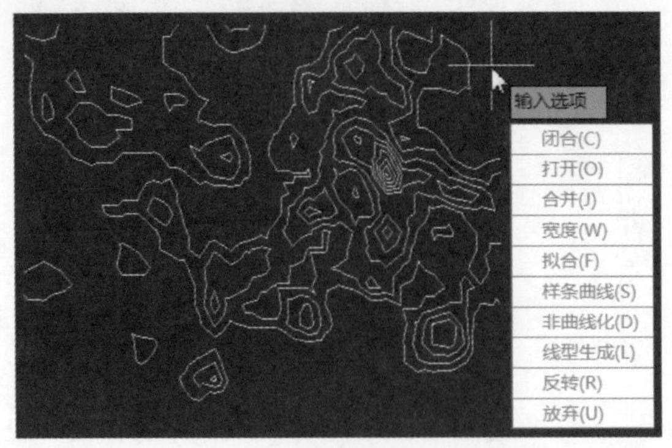

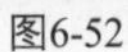
图6-52

图6-53

6.6 本章小结

谷歌地球（Google Earth，GE）是一款Goolge公司开发的虚拟地球仪软件，它把卫星照片、航空照相和GIS布置在一个地球的三维模型上。Google Earth于2005年向全球推出，被“PC世界杂志”评为2005年全球100种最佳新产品之一。用户们可以通过一个下载到自己电脑上的客户端软件，免费浏览全球各地的高清晰度卫星图片。

本章学习了Google Earth的基本功能，要想全面学习，还需要多学习其他绘图软件，以此将掌握更多Google Earth的用途。

第7章 材质与贴图

7 Chapter

SketchUp的材质组成大致包括：颜色、纹理、贴图、漫反射和光泽度、反射与折射、透明与半透明、自发光。材质在SketchUp中应用广泛，它可以将一个普通的模型添加上丰富多彩的材质，使模型展现得更生动。

7.1 使用材质

之前学习了如何使用SketchUp中默认的材质，这部分主要学习如何导入材质及应用材质，如何利用材质生成器将图片生成材质。

7.1.1 导入材质

这里以一组下载好的外界材质为例，教读者们如何学习、如何导入外界材质。

源文件：\Ch07\ SketchUp材质

1. 打开光盘下的“SketchUp材质”文件夹。
2. 选择【窗口】/【材质】命令，弹出材质编辑器对话框，如图7-1所示。
3. 单击按钮，在弹出的菜单中选择【打开或创建材质库】命令，打开光盘下的SketchUp材质，如图7-2和图7-3所示。

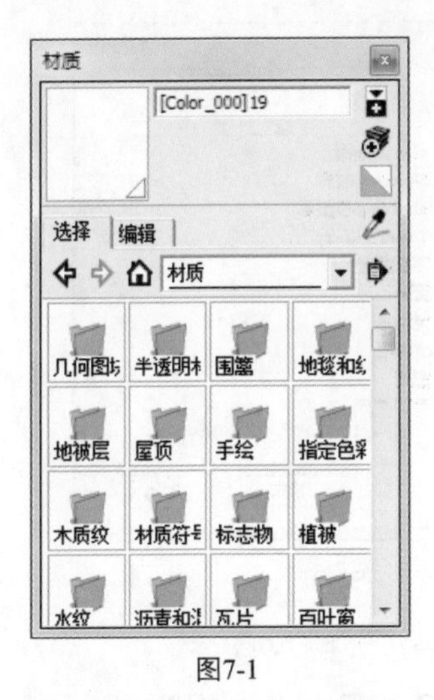

图7-1

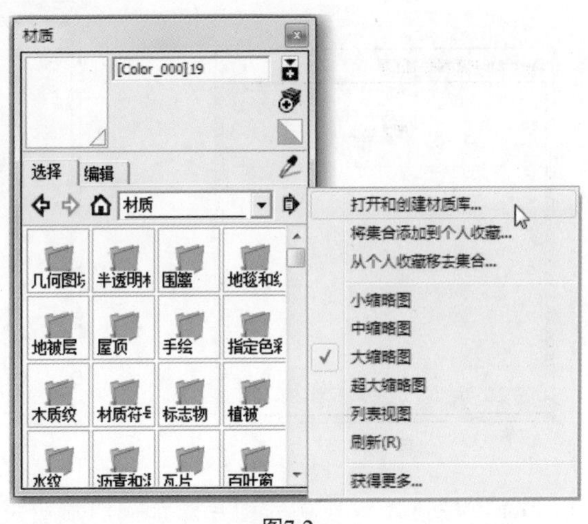

图7-2

4. 单击 确定 按钮，即可将外界的材质导入到“材质”对话框中，如图7-4所示。

提示

导入材质对话框中的材质必须是一个文件夹形式，里面的材质文件格式必须是 *.skm格式。

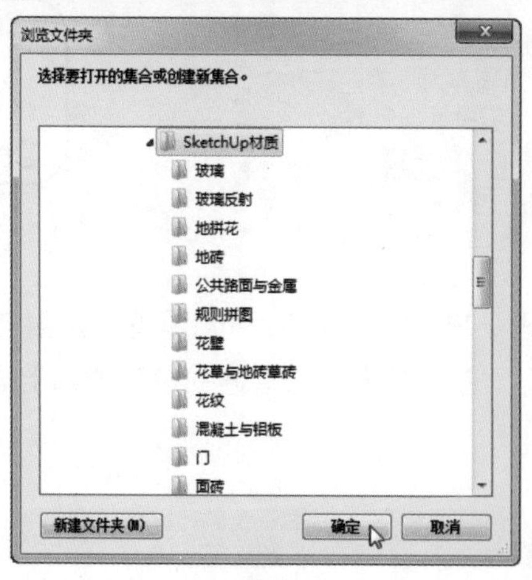

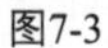
图7-3

图7-4

7.1.2 材质生成器

SketchUp的材质除了系统自带的材质库以外，还可以进行下载添加材质，还可以利用材质生成器自制材质库。材质生成器是个自行下载的“外挂”软件，它可以将一些*.jpg、*.bmp格式的素材图片转换成*.skm格式，SketchUp可以直接使用。

源文件：\Ch07\SKMList.exe

1. 在光盘文件夹下双击 SKMList.exe 程序，弹出“材质库生成工具”对话框，如图7-5所示。
2. 单击 Path ... 按钮，选择想要生成材质的图片文件夹，如图7-6所示。

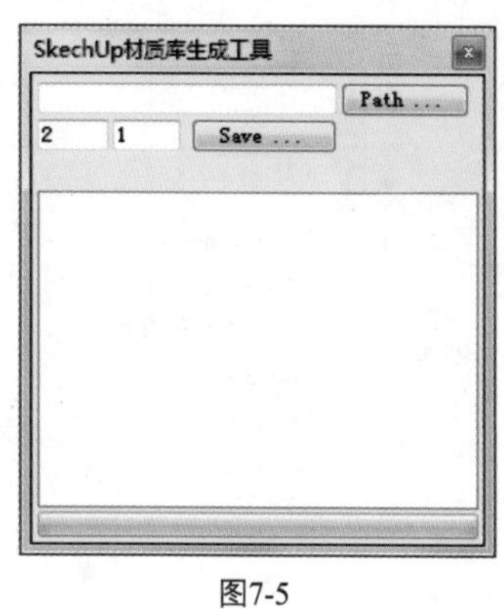

图7-5

图7-6

3. 单击 确定 按钮，即当前的图片添加到材质生成器中，如图7-7所示。
4. 单击 Save ... 按钮，将图片进行保存，弹出“另存为”对话框，如图7-8所示。
5. 单击 保存(S) 按钮，图片生成材质完成，关闭材质库生成工具。
6. 打开“材质”对话框，利用之前学过的方法导入材质，图7-9所示为已经添加好的材质文件夹。
7. 双击文件夹，即可打开应用当前材质，如图7-10所示。

图7-7

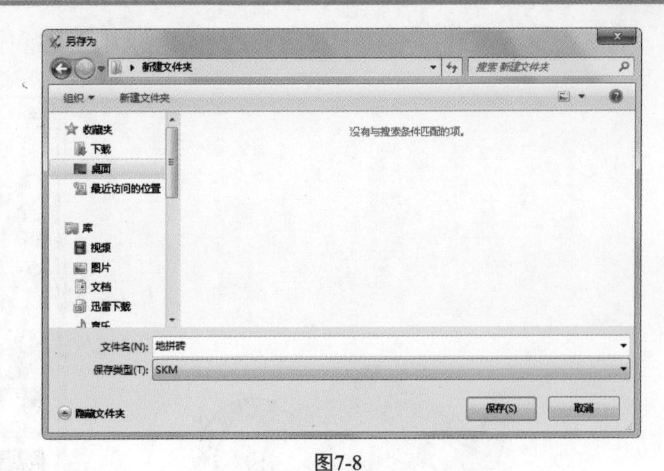

图7-8

图7-9

图7-10

7.1.3 材质应用

利用之前导入的材质，或者自己将喜欢的图片生成材质，应用到模型中。

源文件：\Ch07\茶壶.skp

1. 打开光盘文件夹下的“茶壶.skp”文件，如图7-11所示。
2. 选择【窗口】/【材质】命令，打开“材质”对话框，可以在下拉列表中快速查找之前导入的材质文件夹，如图7-12所示。

图7-11

图7-12

3．将模型进行框选，选择一种适合的材质，如图7-13和图7-14所示。

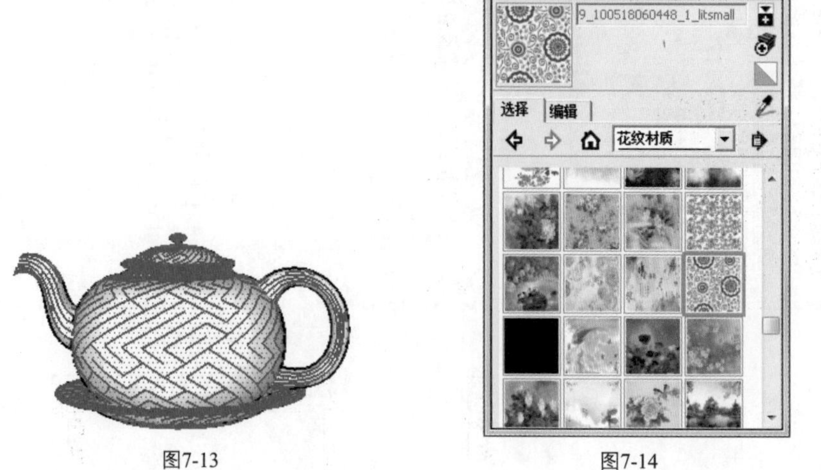

图7-13　　　　图7-14

4．将光标移到模型上，填充材质，如图7-15和图7-16所示。

图7-15　　　　图7-16

5．填充效果不是很理想，选择【编辑】选项，修改一下尺寸，如图7-17和图7-18所示。

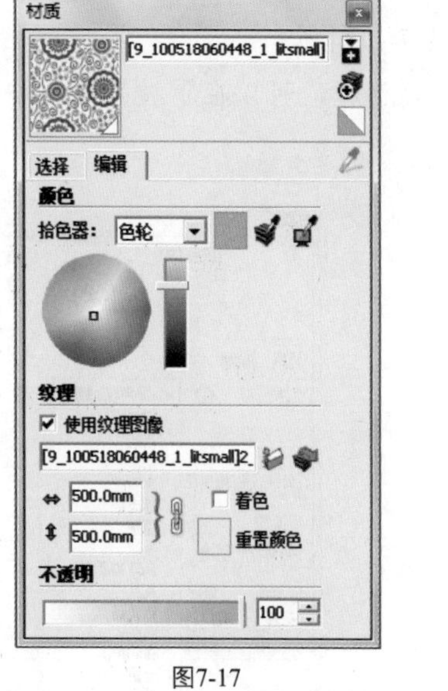

图7-17　　　　图7-18

6．修改一下材质颜色，效果如图7-19和图7-20所示。

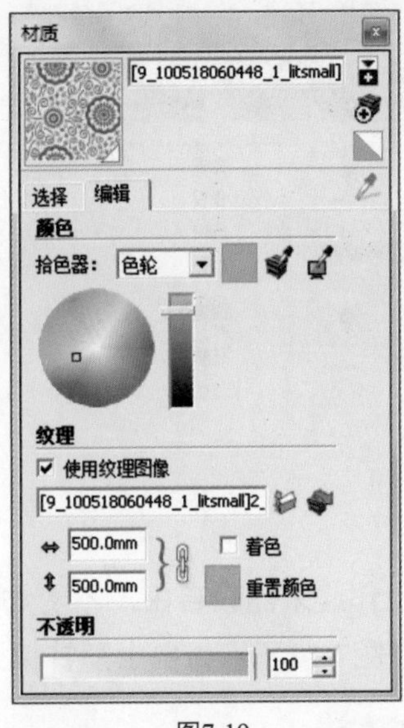

图7-19

图7-20

7.2 材质贴图

SketchUp中的材质贴图是应用于平铺图像的，这就是说在上色的时候，图案或者图形可以垂直或者水平地应用于任何实体，SketchUp贴图坐标包括锁定别针和自由别针两种模式。

7.2.1 “锁定别针”模式

锁定别针模式，每一个别针都有一个固定而且特有的功能。当固定一个或者更多别针的时候，锁定别针模式可以按比例缩放、歪斜、剪切和扭曲贴图。在贴图上单击，可以确保锁定别针模式选中，注意每个别针都有一个邻近的图标，这些图标代表可以应用于贴图的不同功能，可以单击或者拖动图标及其相关的别针。这些功能只存在于锁定别针模式。

一、锁定别针

图7-21所示为锁定别针模式。

- ，拖动此图钉可移动纹理。
- ，拖动此图钉可调整纹理比例和旋转纹理。
- ，拖动此图钉可调整纹理比例和修剪纹理。
- ，拖动此图钉可以扭曲纹理。

二、图钉右键菜单

图7-22所示为图钉右键菜单。

- 完成，退出贴图坐标，保存当前贴图坐标。
- 重置，重置贴图坐标。
- 翻转，水平（左/右）和垂直（上/下）翻转贴图。
- 旋转，可以在预定的角度里旋转90°、180° 和270° 。
- 固定图钉，锁定别针和自由别针的切换。
- 还原，可以撤销最后一个贴图坐标的操作，与“编辑”菜单中的“撤销”命令不同，这个“还原”命令一次只还原一个操作。
- 重复，“重复”命令可以取消还原操作。

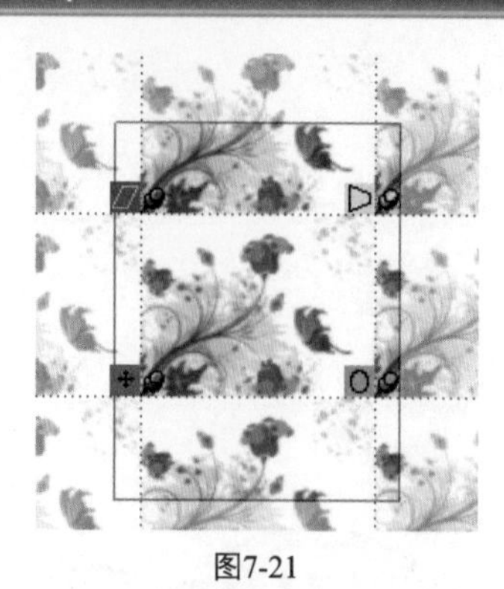

图7-21

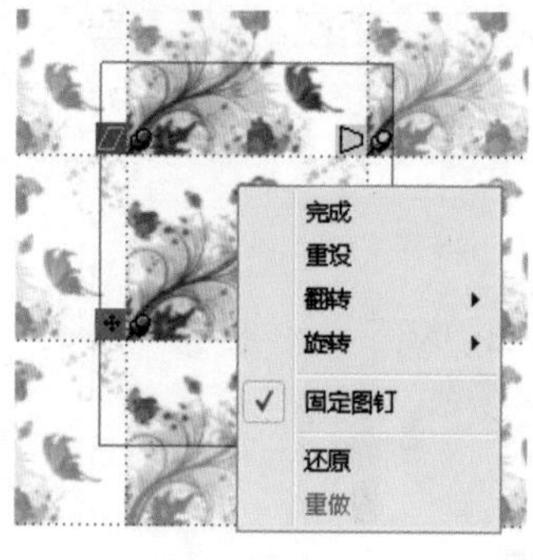

图7-22

7.2.2 “自由别针”模式

自由别针模式，只需将固定图钉取消勾选即可，它操作起来比较自由，不受约束，读者可以根据需要自由调整贴图，但相对来说没有锁定图钉方便。图7-23所示为自由别针模式。

图7-23

7.2.3 贴图技法

在材质贴图中，大致可以分为平面贴图、转角贴图、投影贴图、球面贴图几种方法，每一种贴图方法都有它的不同之处，掌握了这几种贴图技巧，就能尽情发挥材质贴图的最大功能。

一、平面贴图

平面贴图只能对具有平面的模型进行材质贴图，以一个实例来讲解平面贴图的用法。

源文件：\Ch07\立柜门.skp

1．打开“立柜门.skp”，如图7-24所示。

2．打开材质编辑器，给立柜门添加一种适合的材质，如图7-25和图7-26所示。

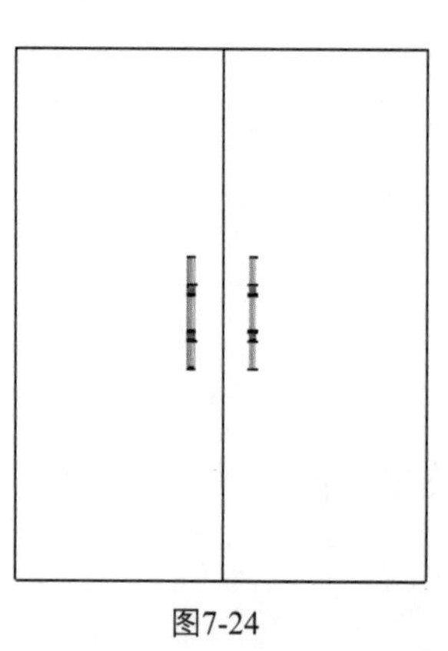

图7-24

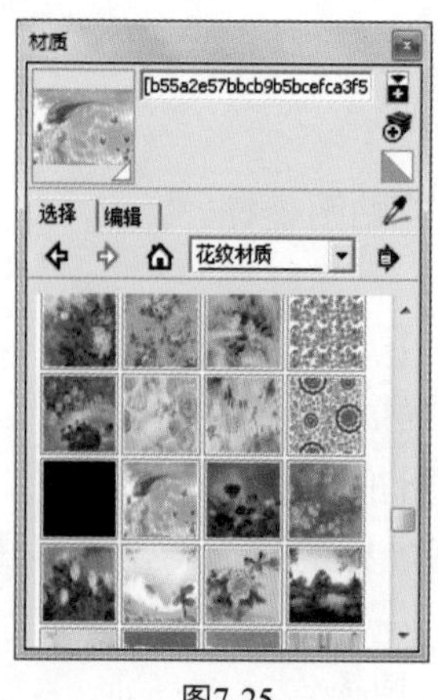

图7-25

图7-26

3. 选中模型面，单击鼠标右键选择【纹理】/【位置】命令，出现锁定别针模式，如图7-27和图7-28所示。

图7-27

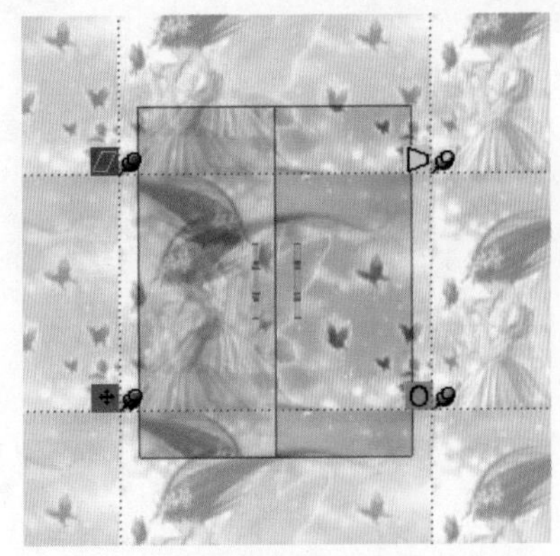

图7-28

4. 根据之前所讲的图钉功能，调整材质贴图的4个图钉，调整完后，单击鼠标右键选择【完成】命令，如图7-29和图7-30所示。

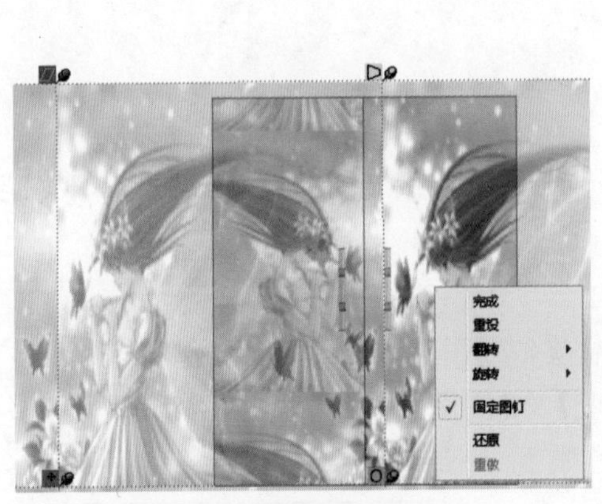

图7-29

图7-30

5. 选中另一面，单击鼠标右键，选择【纹理】/【位置】命令，如图7-31和图7-32所示。

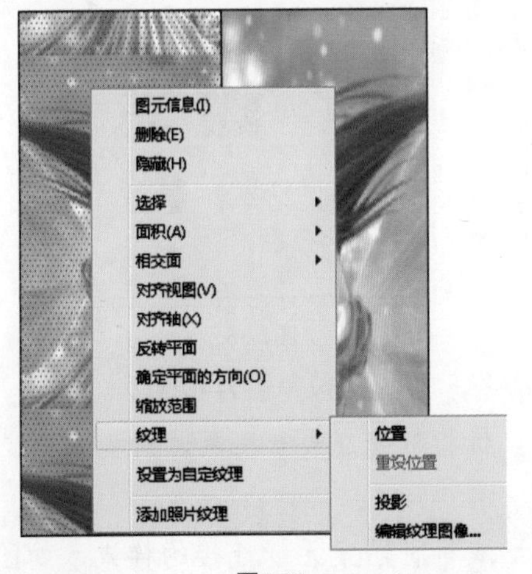

图7-31

图7-32

6. 调整完成后，单击鼠标右键选择【完成】命令，如图7-33和图7-34所示。

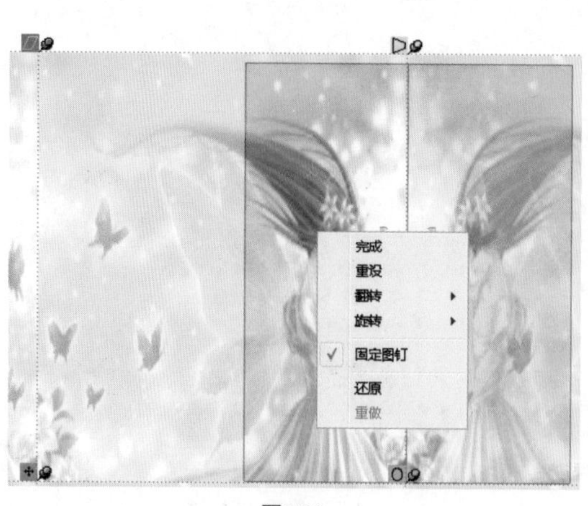

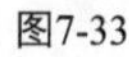

图7-33

图7-34

材质贴图坐标只能在平面进行操作，在编辑过程中，按住Esc键，可以使贴图恢复到前一个位置。按Esc键两次，可以取消整个贴图坐标操作，在贴图坐标中，可以在任何时候使用右键恢复到前一个操作，或者从相关菜单中选择返回。

二、转角贴图

转角贴图，能将模型具有转角的地方进行一种无缝连接贴图，使贴图效果非常均匀。

源文件：\Ch07\柜子.skp

1. 打开“柜子.skp”，如图7-35所示。
2. 打开材质编辑器，给柜子添加适合的材质，如图7-36和图7-37所示。
3. 选中模型面，单击鼠标右键选择【纹理】/【位置】命令，如图7-38所示。

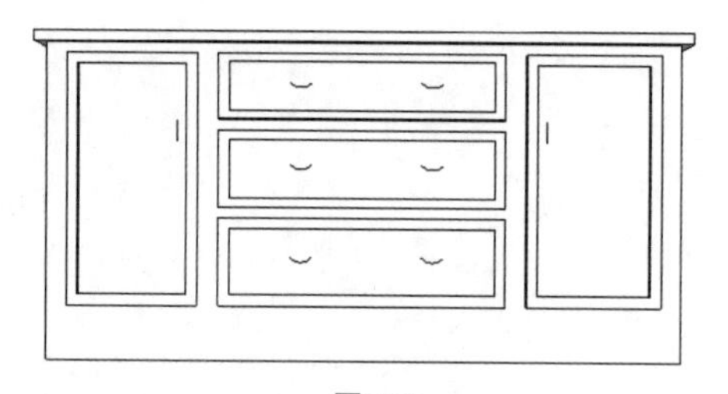

图7-35

图7-36

4. 调整图钉，单击鼠标右键，选择【完成】命令，如图7-39和图7-40所示。
5. 单击【颜料桶】按钮并按住Alt键不放，鼠标指针变成吸管工具，对刚才完成的材质贴图进行吸取样式，如图7-41所示。
6. 吸取材质后，即可对相邻的面填充材质，形成一种图案无缝连接的样式，如图7-42所示。

图7-37

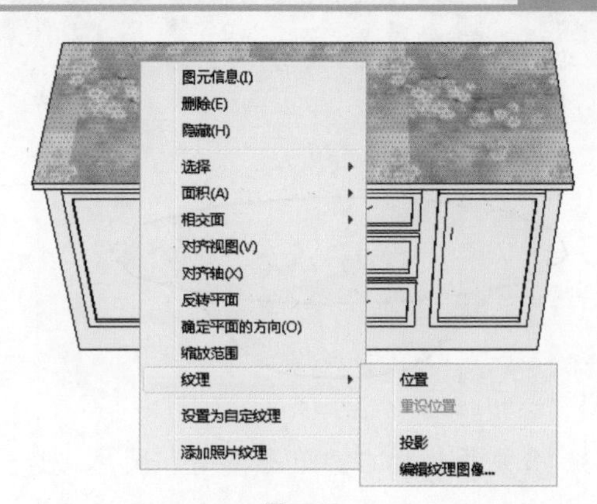

图7-38

图7-39

图7-40

图7-41

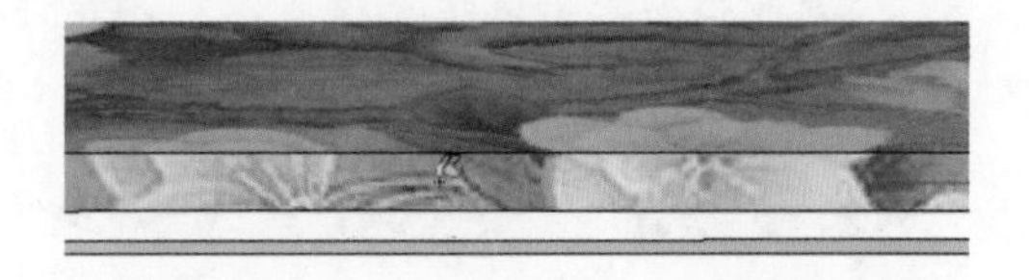

图7-42

7．依次对柜其他地方进行填充材质贴图，效果如图7-43和图7-44所示。

图7-43

图7-44

三、投影贴图

投影贴图，将一张图片以投影的方式将图案投射到模型上。

源文件：\Ch07\咖啡桌.skp

1．打开“咖啡桌.skp”，如图7-45所示。

2．选择【文件】/【导入】命令，导入一张图片，并与模型平行于上方，如图7-46所示。

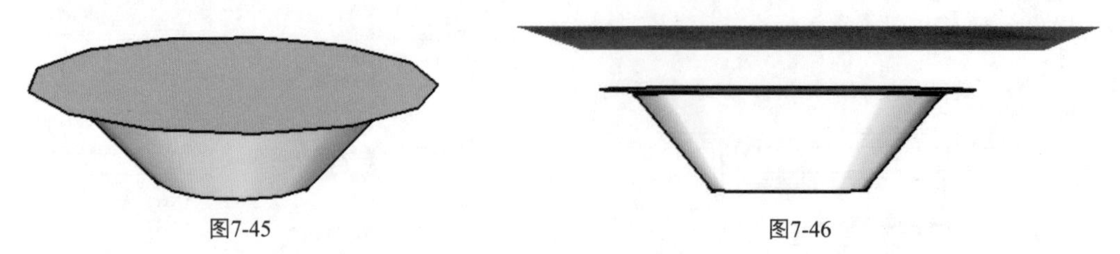

图7-45　　图7-46

3．分别用鼠标右键单击模型和图片，选择【分解】命令，如图7-47所示。

4．用鼠标右键单击图片，选择【纹理】/【投影】命令，如图7-48所示。

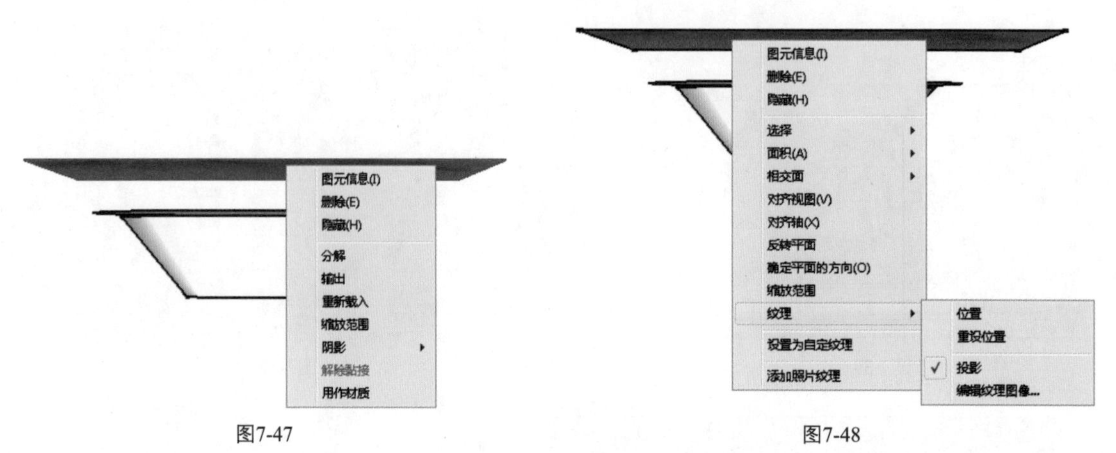

图7-47　　图7-48

5．以X射线方式显示模型，方便查看投影效果，如图7-49所示。

6．打开材质编辑器，单击【样本颜料】按钮，吸取图片材质，如图7-50所示。

7．对着模型单击，填充材质，如图7-51所示。

8．取消X射线样式，将图片删除，最终效果如图7-52所示。

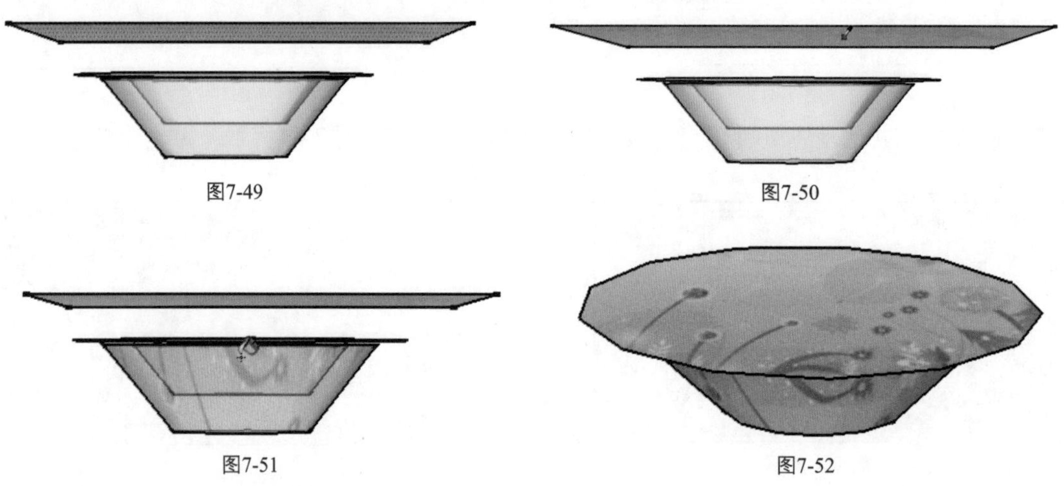

图7-49　　图7-50

图7-51　　图7-52

四、球面贴图

球面贴图，同样以投影的方式将图案投射到球面上。

源文件：\Ch07\地球图片.jpg

1．绘制一个球体和一个矩形面，矩形面长宽与球体直径一样，如图7-53所示。

2. 打开光盘下的“地球图片.jpg”，给矩形面添加自定义纹理材质，如图7-54和图7-55所示。

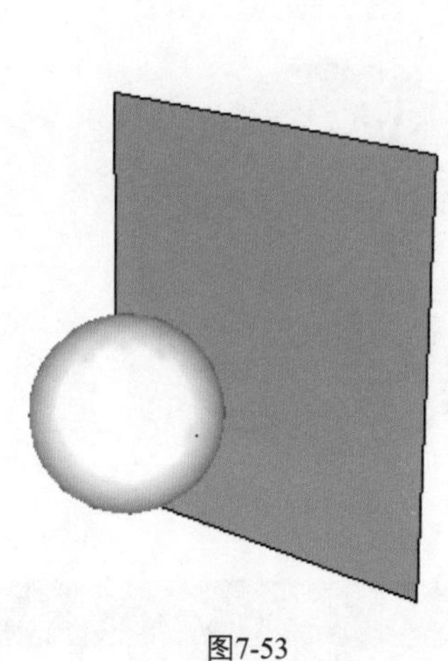

图7-53

图7-54

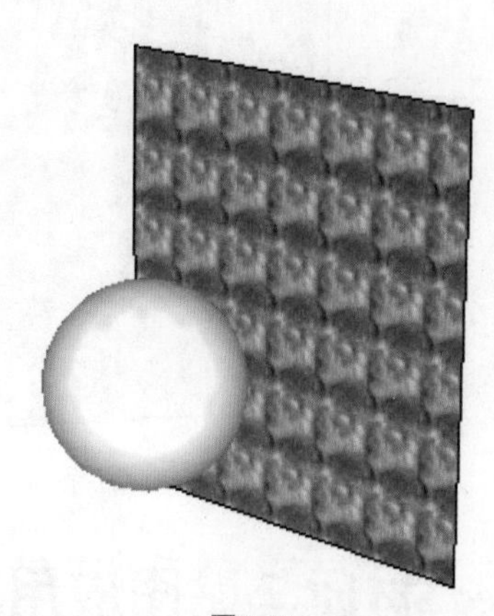

图7-55

3. 填充的纹理不均匀，单击鼠标右键，选择【纹理】/【位置】命令，调整纹理材质，如图7-56和图7-57所示。

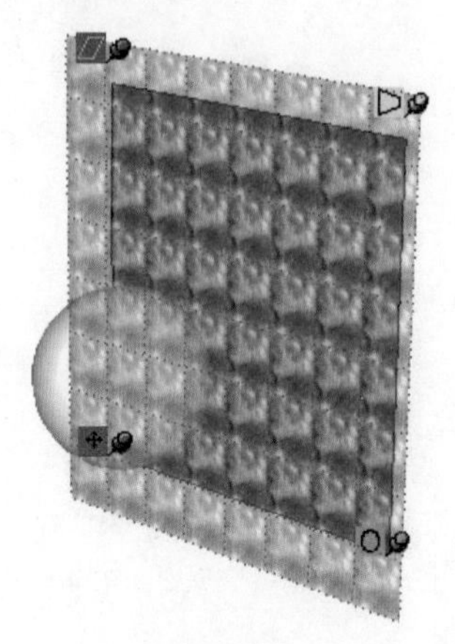

图7-56

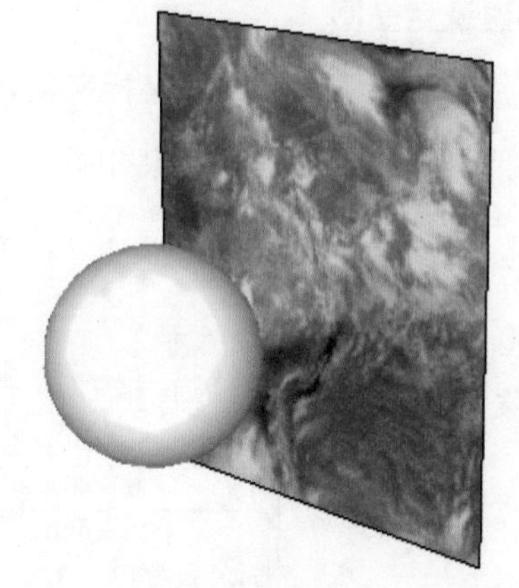

图7-57

4. 在矩形面上单击鼠标右键，选择【纹理】/【投影】命令，如图7-58所示。

5. 单击【样本颜料】按钮，吸取矩形面材质，如图7-59所示。

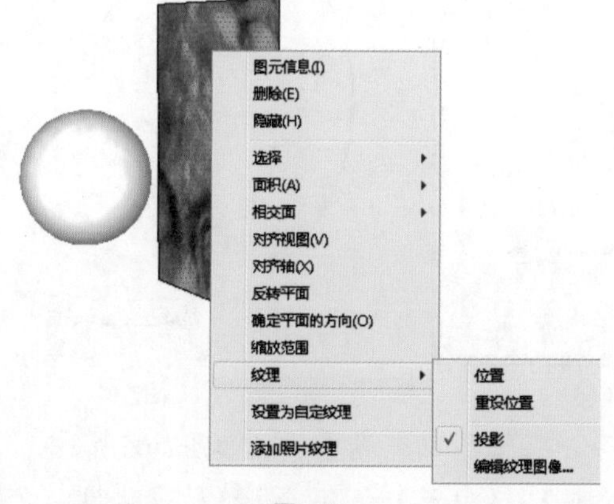

图7-58

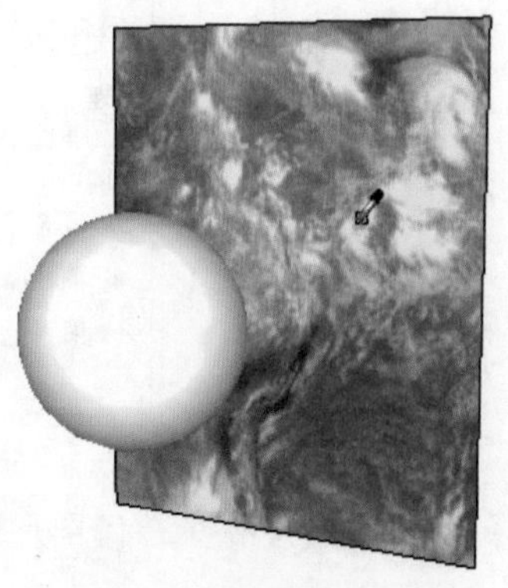

图7-59

6．对着球面单击，即可添加材质，将图片删除，如图7-60和图7-61所示。

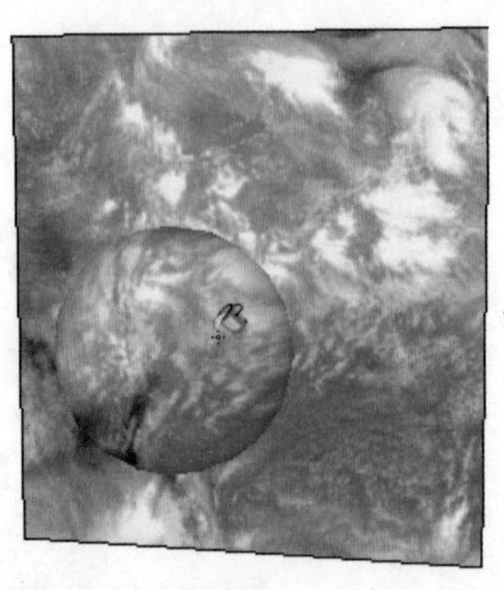

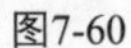

图7-60

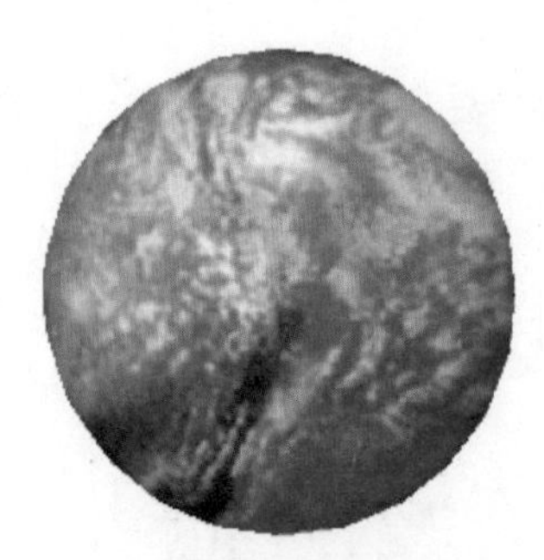

图7-61

7.3 材质与贴图应用案例

在学习了贴图技法后，我们掌握了不同的贴图方法，这一部分以几个实例进行展示，使大家对材质贴图能够更加灵活地应用。

案例——创建瓷盘贴图

本例主要应用了材质工具和贴图坐标来创建贴图。

源文件：\Ch07\瓷盘.skp，图案1.jpg

结果文件：\Ch07\瓷盘.skp

视频：\Ch07\瓷盘贴图.wmv

1．打开瓷盘模型，如图7-62所示。

2．导入图案，填充自定义纹理材质，如图7-63和图7-64所示。

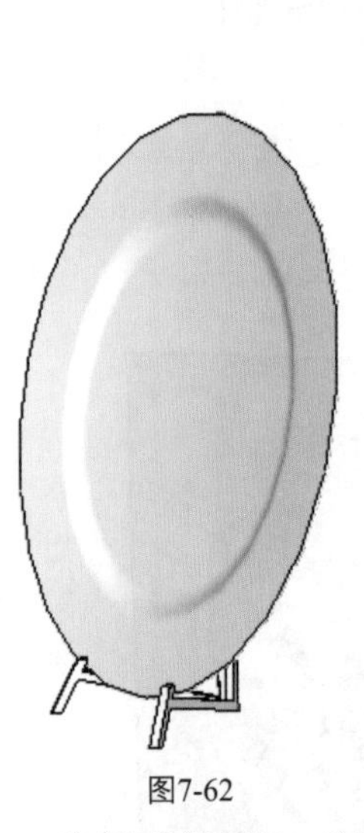

图7-62

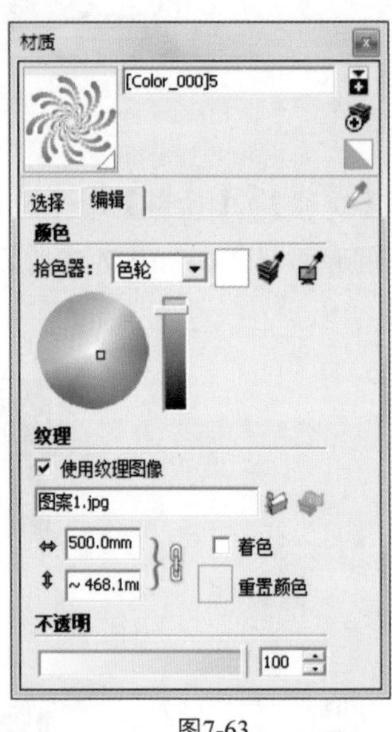

图7-63

图7-64

3．选择【视图】/【隐藏几何图形】命令，将模型以虚线显示，如图7-65所示。

4．用鼠标右键单击模型平面，选择【纹理】/【位置】命令，调整材质贴图，单击鼠标右键，选择【完成】命令，如图7-66、图7-67和图7-68所示。

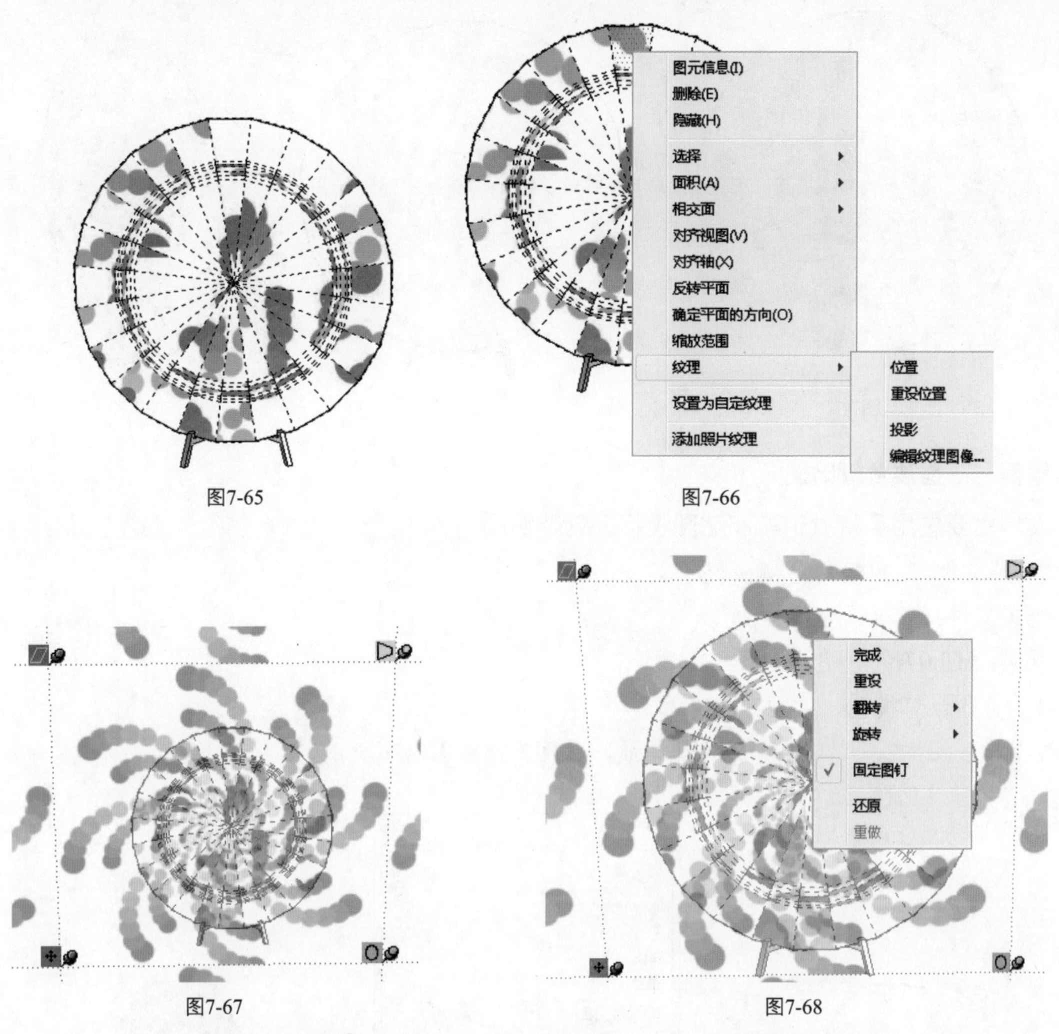

图7-65 图7-66

图7-67 图7-68

5. 单击【样本颜料】按钮，单击一下吸取材质，如图7-69和图7-70所示。

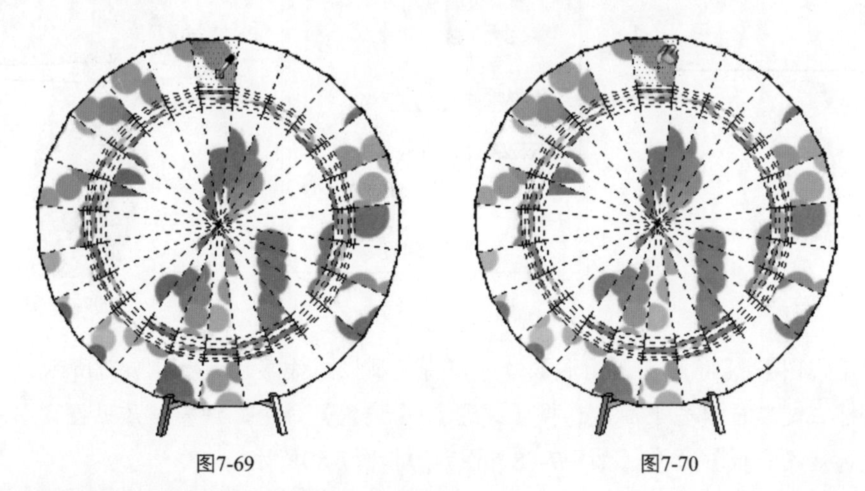

图7-69 图7-70

6. 依次对模型的面进行填充，如图7-71所示。

7. 再次选择【视图】/【隐藏几何图形】命令，将虚线取消，效果如图7-72和图7-73所示。

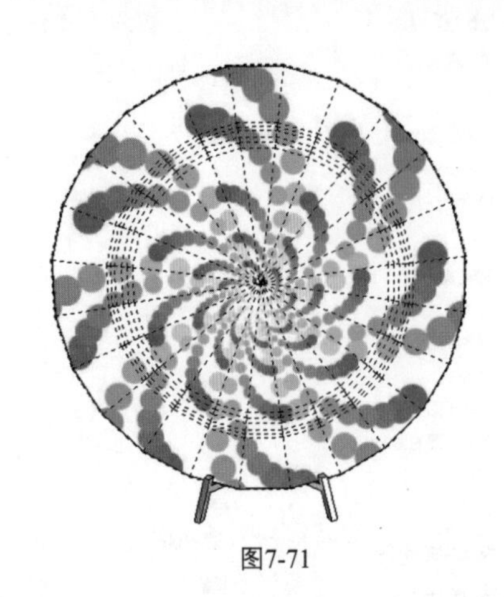
图7-71

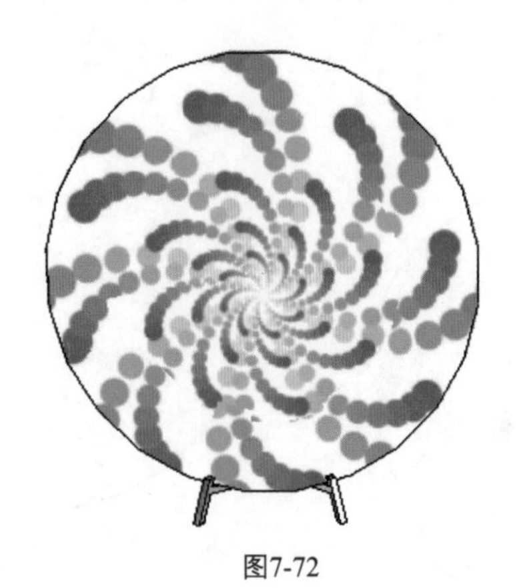
图7-72

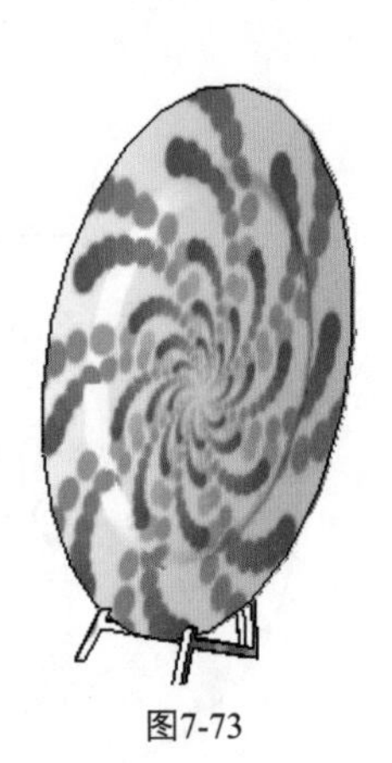
图7-73

案例——创建台灯贴图

本例主要应用了材质工具和贴图坐标来创建贴图。

源文件：\Ch07\台灯.skp，图案2.jpg

结果文件：\Ch07\台灯.skp

视频：\Ch07\台灯贴图.wmv

1. 打开台灯模型，如图7-74所示。
2. 导入图案2，填充自定义纹理材质，如图7-75和图7-76所示。

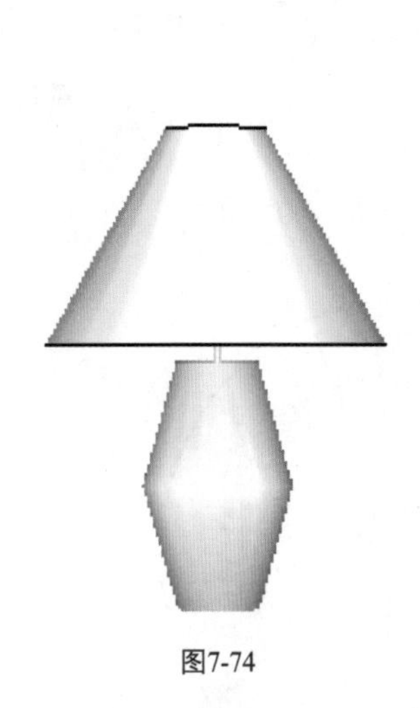
图7-74

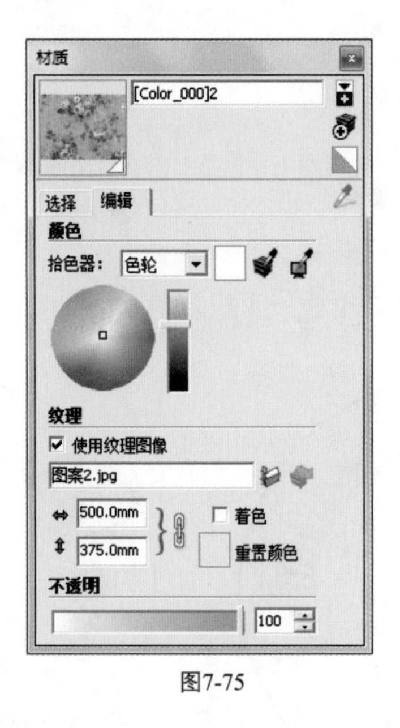

图7-75

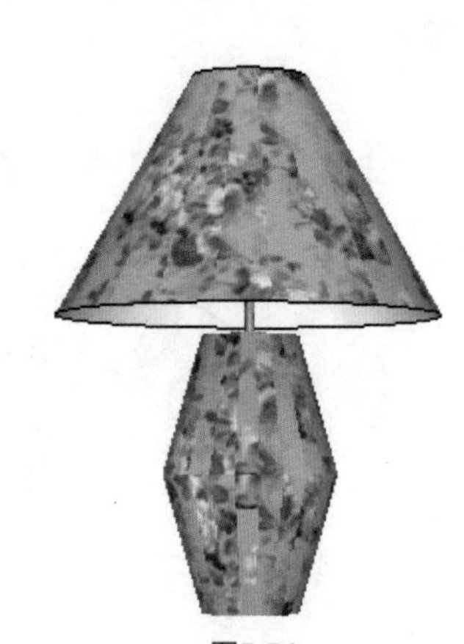
图7-76

3. 选择【视图】/【隐藏几何图形】命令，将模型以虚线显示，如图7-77所示。
4. 用鼠标右键单击模型平面，选择【纹理】/【位置】命令，调整材质贴图，单击鼠标右键选择【完成】命令，如图7-78、图7-79和图7-80所示。
5. 单击【样本颜料】按钮，吸取材质，进行填充，如图7-81和图7-82所示。
6. 依次对模型的面进行填充，如图7-83所示。
7. 再次选择【视图】/【隐藏几何图形】命令，将虚线取消，效果如图7-84所示。

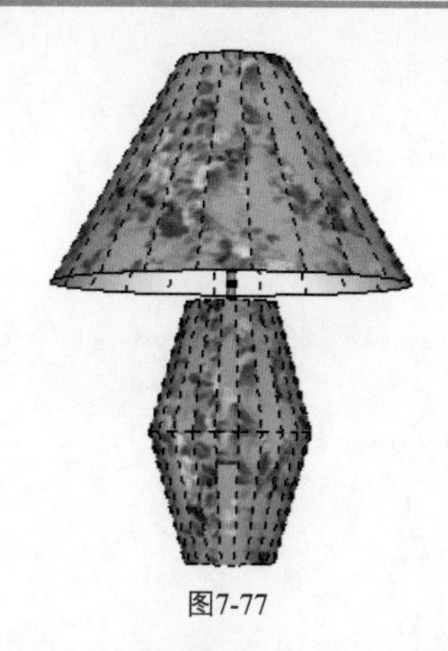
图7-77

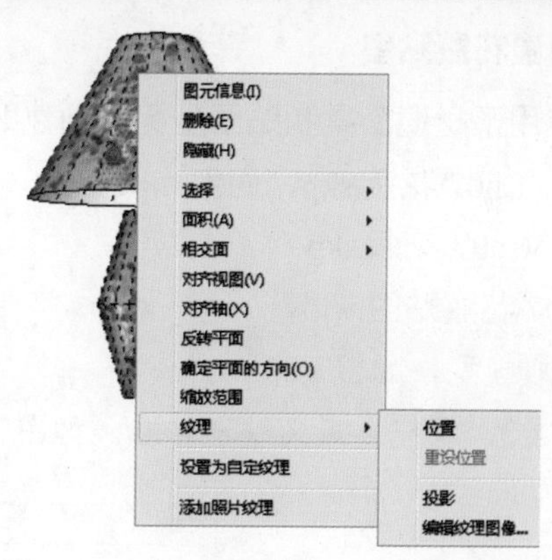

图7-78

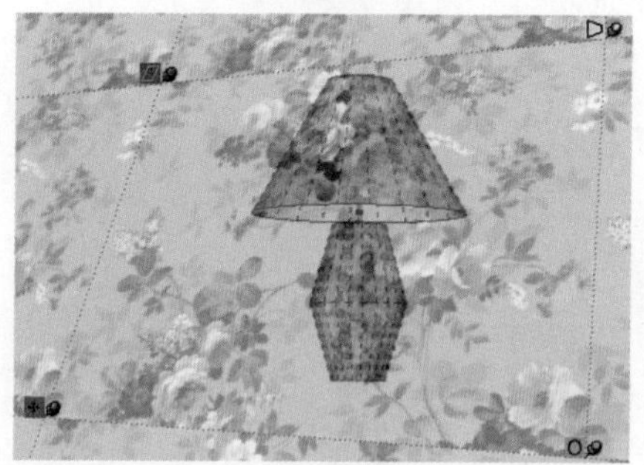
图7-79

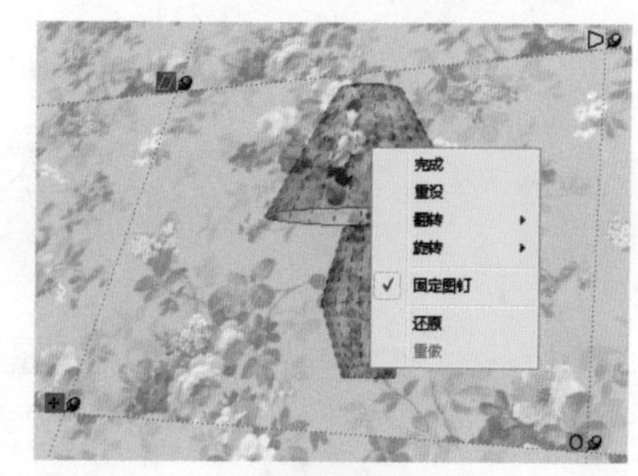

图7-80

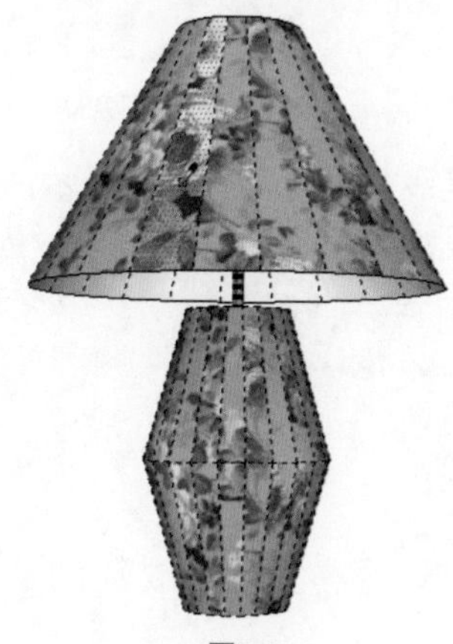
图7-81

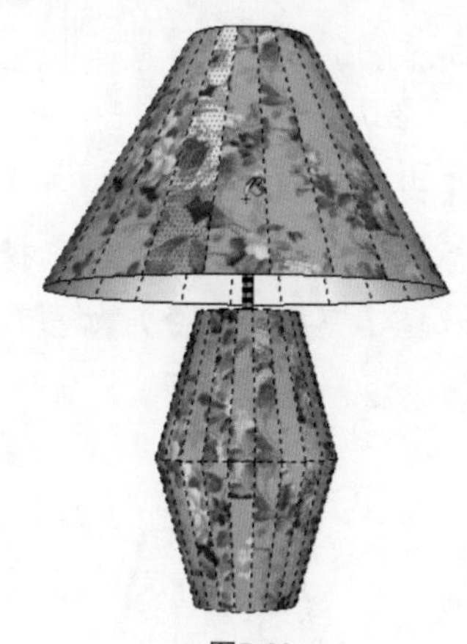
图7-82

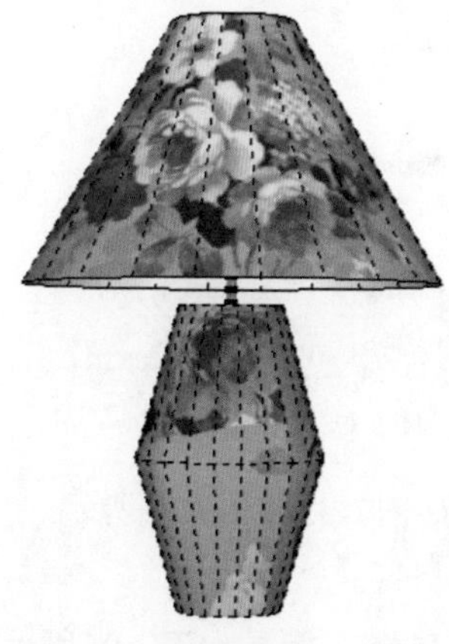
图7-83

图7-84

案例——创建花瓶贴图

本例主要应用了材质工具和贴图坐标来创建贴图。

源文件：\Ch07\花瓶.skp，图案3.jpg

结果文件：\Ch07\花瓶.skp

视频：\Ch07\花瓶贴图.wmv

1. 打开花瓶模型，如图7-85所示。
2. 导入图案3，填充自定义纹理材质，如图7-86和图7-87所示。

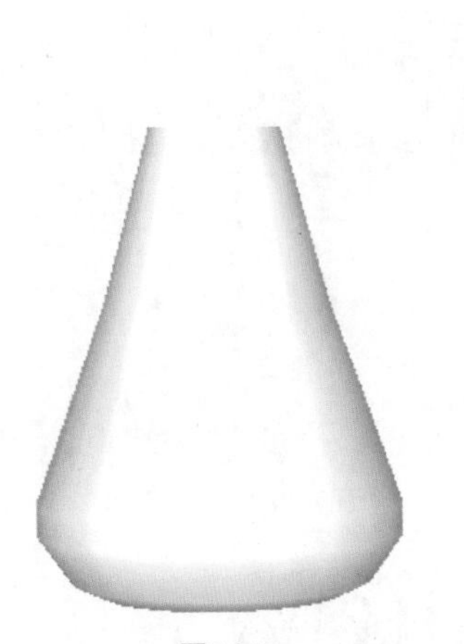
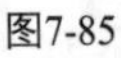
图7-85

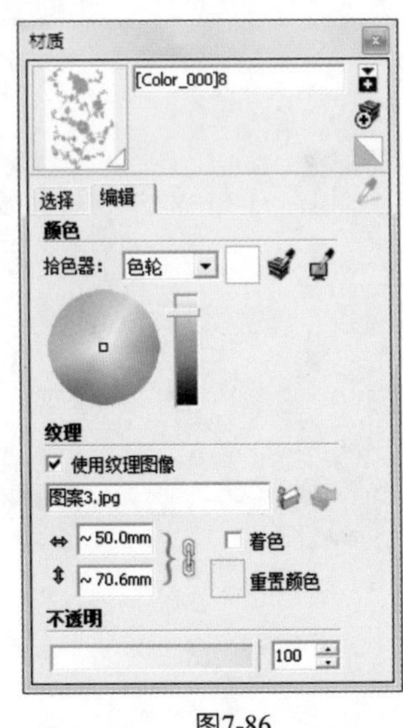

图7-86

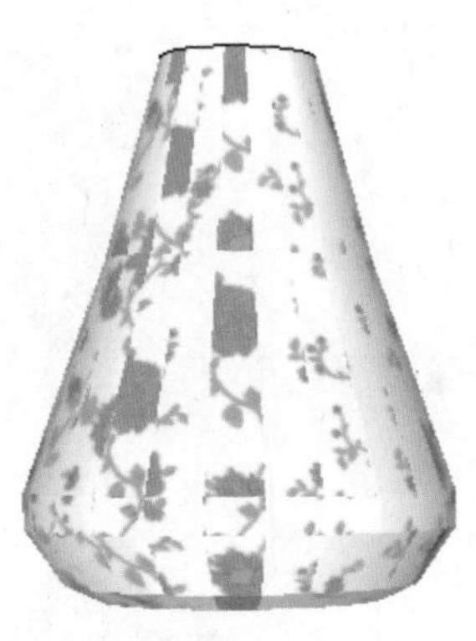
图7-87

3. 选择【视图】/【隐藏几何图形】命令，将模型以虚线显示，如图7-88所示。
4. 用鼠标右键单击模型平面，选择【纹理】/【位置】命令，调整材质贴图，单击鼠标右键选择【完成】命令，如图7-89、图7-90和图7-91所示。

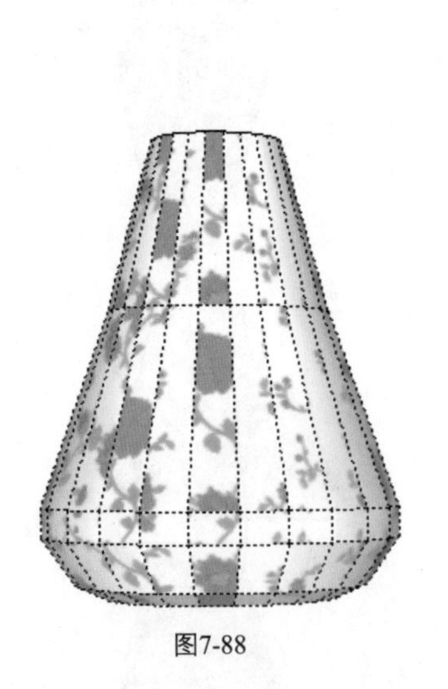
图7-88

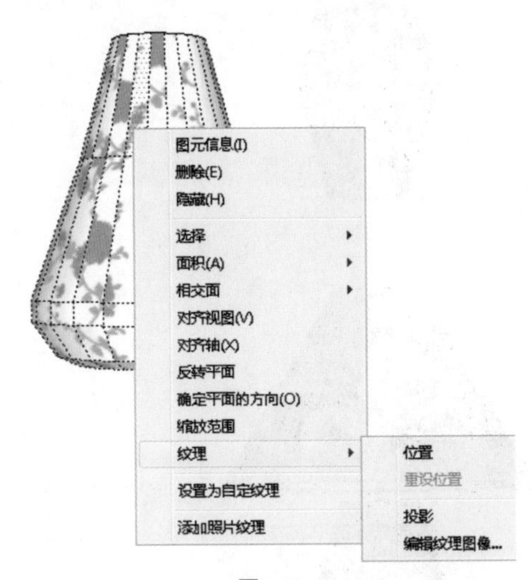

图7-89

5. 单击【样本颜料】按钮，吸取材质，进行填充，如图7-92和图7-93所示。
6. 依次对模型的面进行填充，如图7-94所示。
7. 再次选择【视图】/【隐藏几何图形】命令，将虚线取消，效果如图7-95所示。

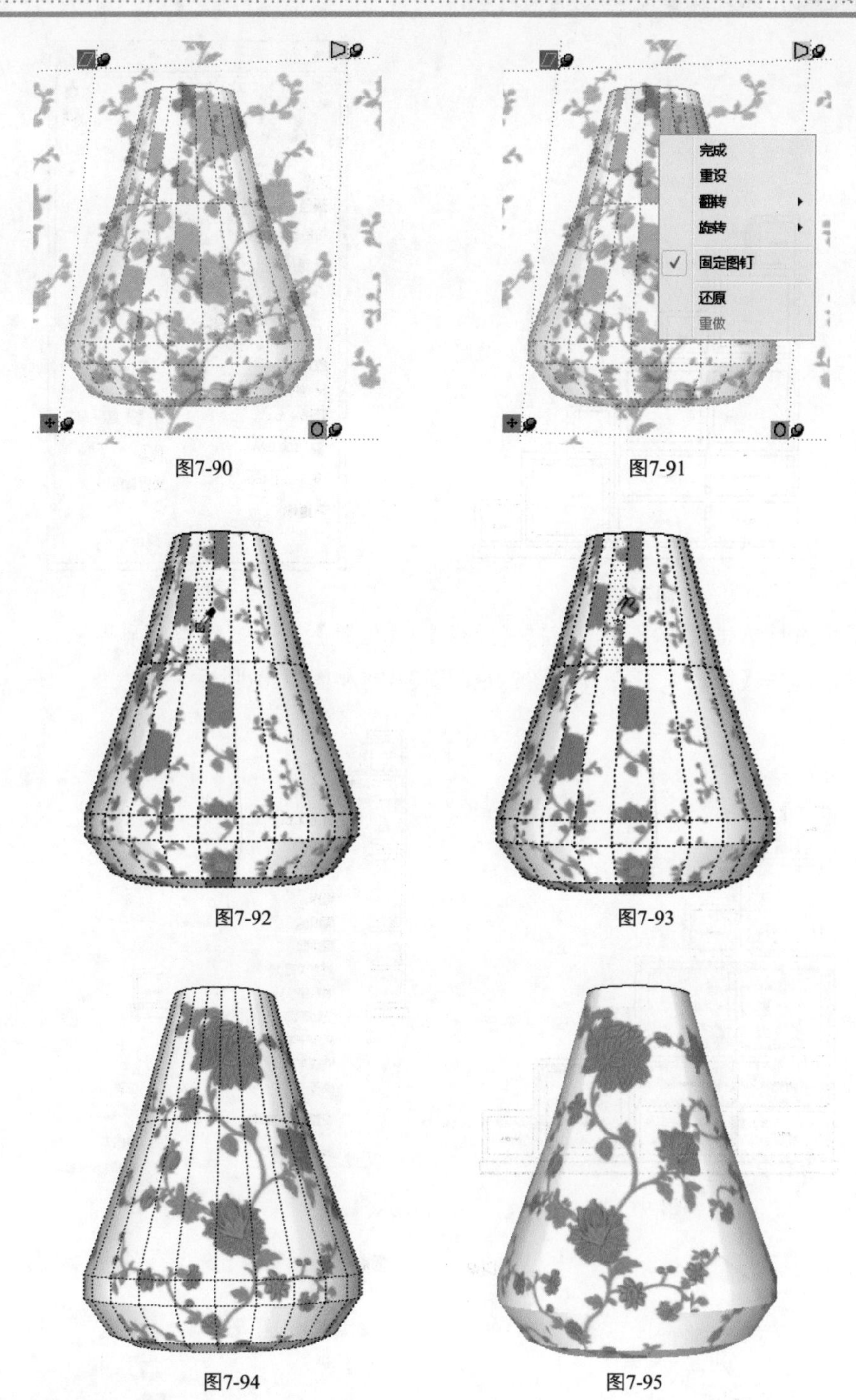

图7-90　图7-91

图7-92　图7-93

图7-94　图7-95

案例——创建储藏柜贴图

本例主要应用了材质工具和贴图坐标来创建贴图。

源文件：\Ch07\储藏柜.skp，图案4.jpg

结果文件：\Ch07\储藏柜.skp

视频：\Ch07\储藏柜贴图.wmv

1．打开储藏柜模型，如图7-96所示。

2．导入图案4，填充自定义纹理材质，如图7-97和图7-98所示。

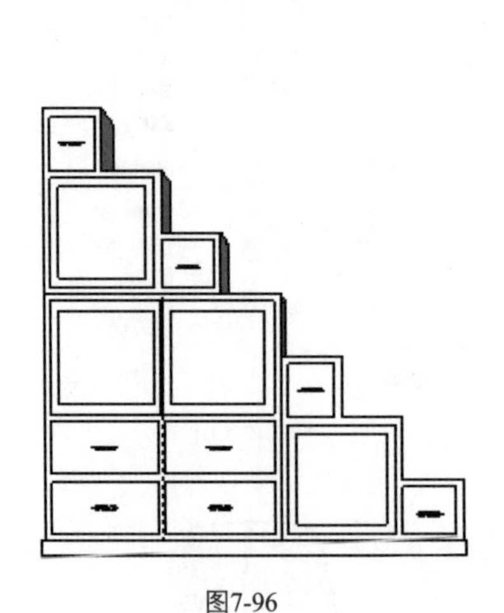

图7-96

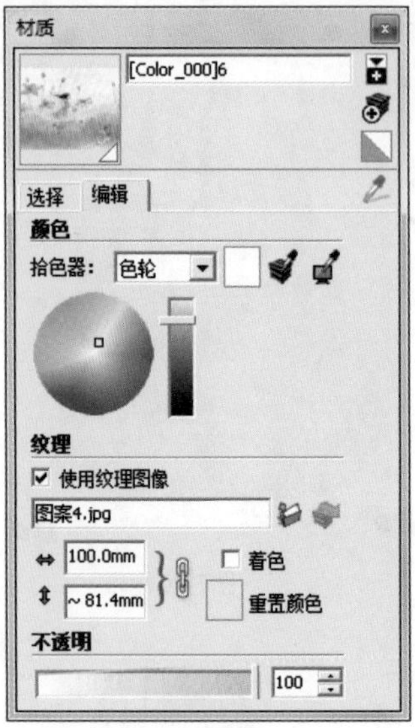

图7-97

3．用鼠标右键单击模型平面，选择【纹理】/【位置】命令，调整材质贴图，单击鼠标右键，选择【完成】命令，如图7-99、图7-100和图7-101所示。

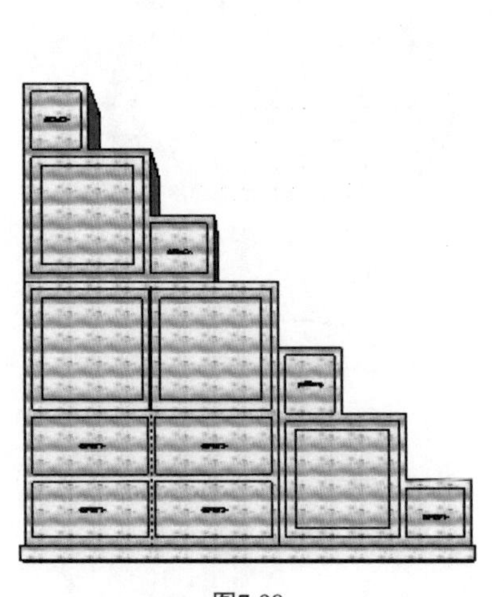

图7-98

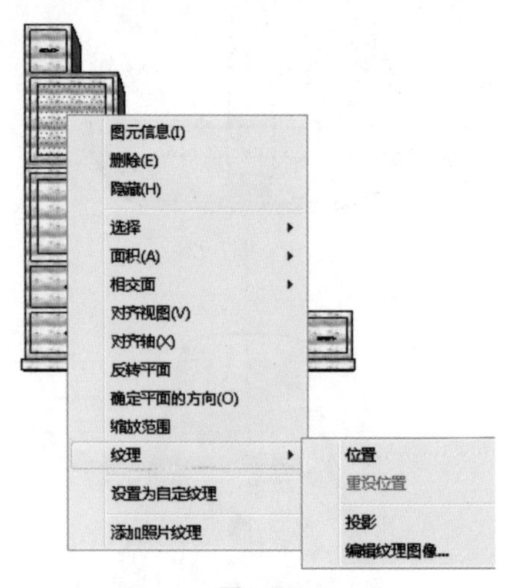

图7-99

图7-100

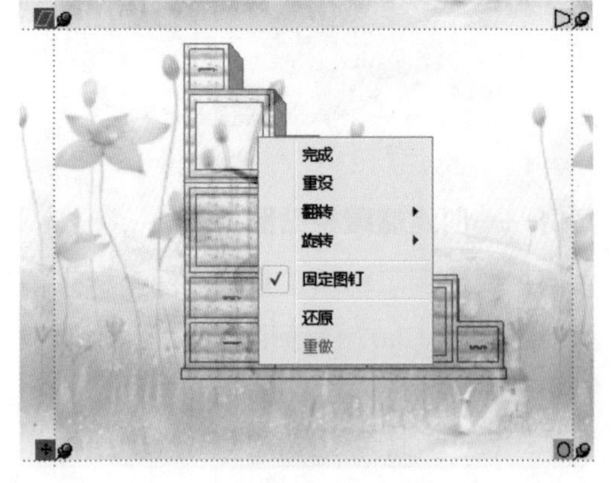

图7-101

4．单击【样本颜料】按钮，吸取材质，进行填充，如图7-102和图7-103所示。

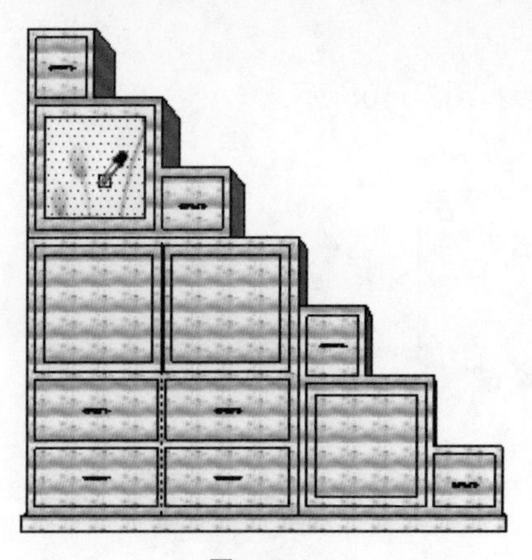

图7-102

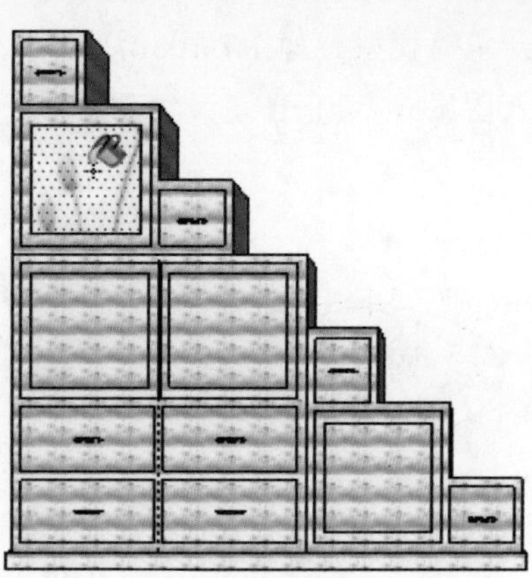

图7-103

5．依次对模型的面进行填充，如图7-104所示。

6．移到模型背面，调整贴图，利用同样的吸取材质方法，填充效果，如图7-105、图7-106和图7-107所示。

图7-104

图7-105

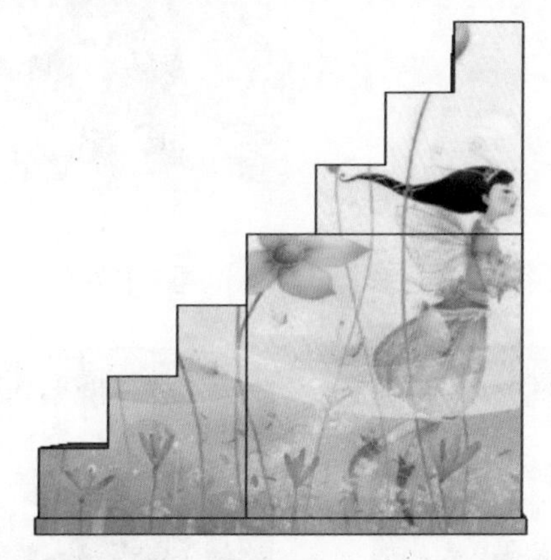

图7-106

图7-107

案例——创建笔筒贴图

本例主要应用了材质工具和贴图坐标来创建贴图。

源文件：\Ch07\笔筒.skp，图案5.jpg

结果文件：\Ch07\笔筒.skp

视频：\Ch07\笔筒贴图.wmv

1. 打开笔筒模型，如图7-108所示。
2. 导入图案5，填充自定义纹理材质，如图7-109和图7-110所示。

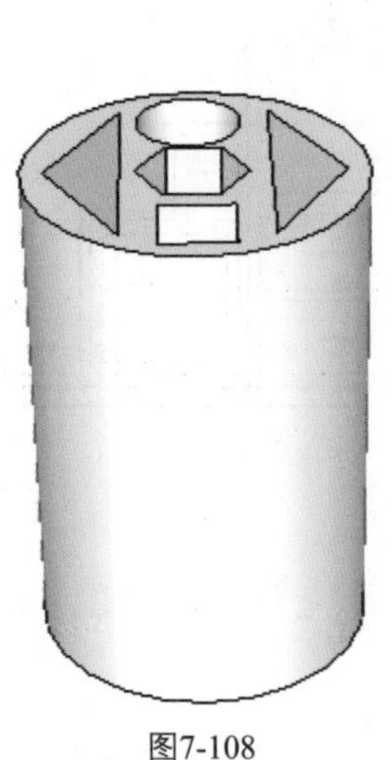

图7-108

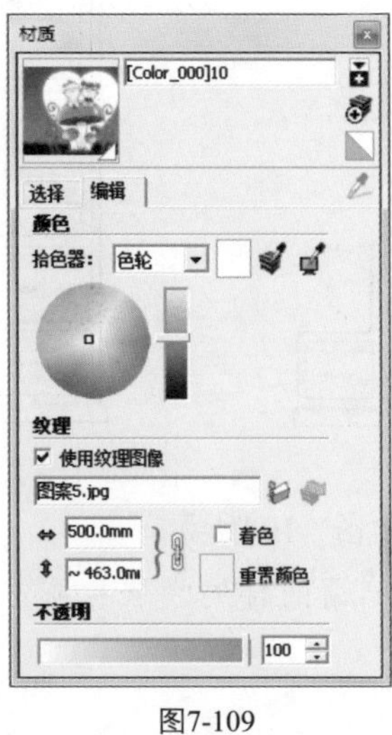

图7-109

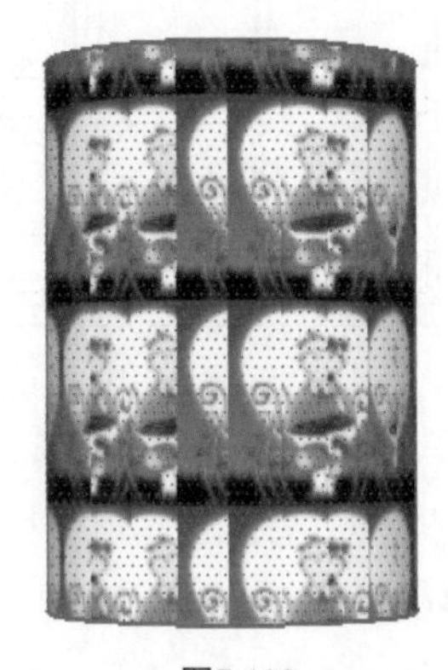

图7-110

3. 选择【视图】/【隐藏几何图形】命令，将模型以虚线显示，如图7-111所示。
4. 用鼠标右键单击模型平面，选择【纹理】/【位置】命令，调整材质贴图，单击鼠标右键选择【完成】命令，如图7-112、图7-113和图7-114所示。

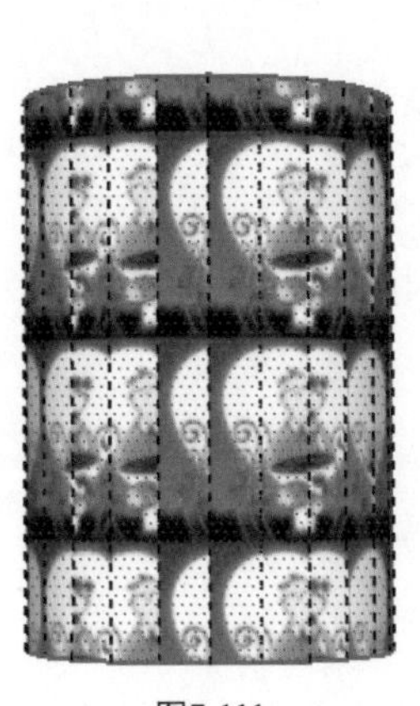

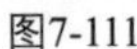

图7-111

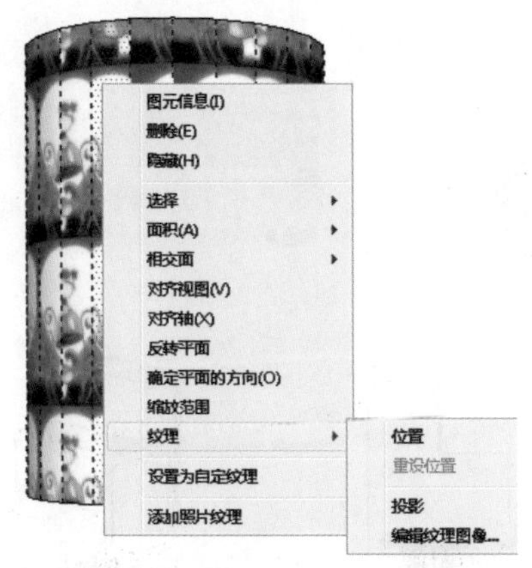

图7-112

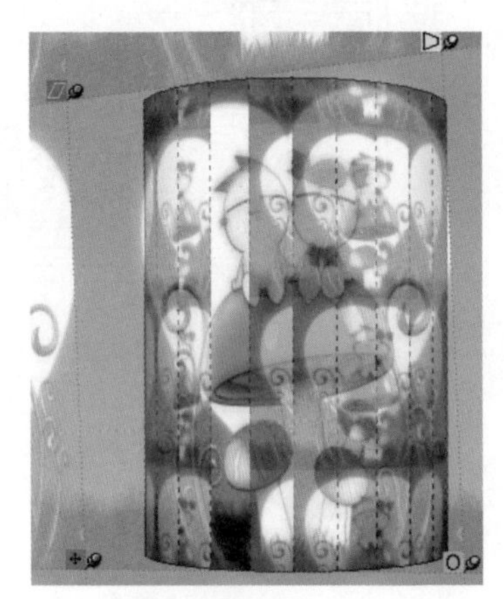

图7-113

5. 单击【样本颜料】按钮，吸取材质，进行填充，如图7-115和图7-116所示。

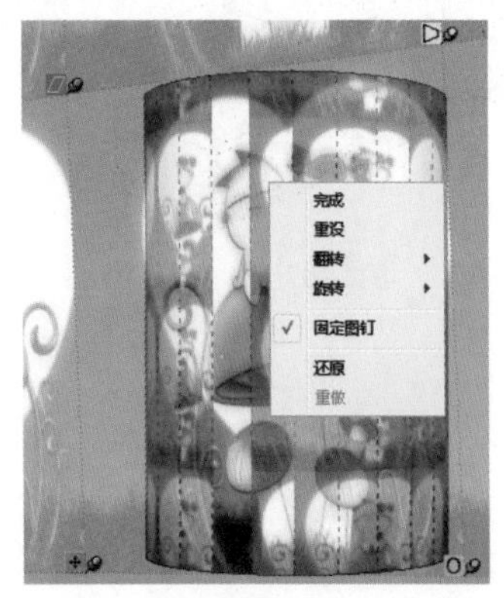

图7-114

图7-115

图7-116

6. 依次对模型的面进行填充，如图7-117所示。
7. 再次选择【视图】/【隐藏几何图形】命令，将虚线取消，效果如图7-118和图7-119所示。

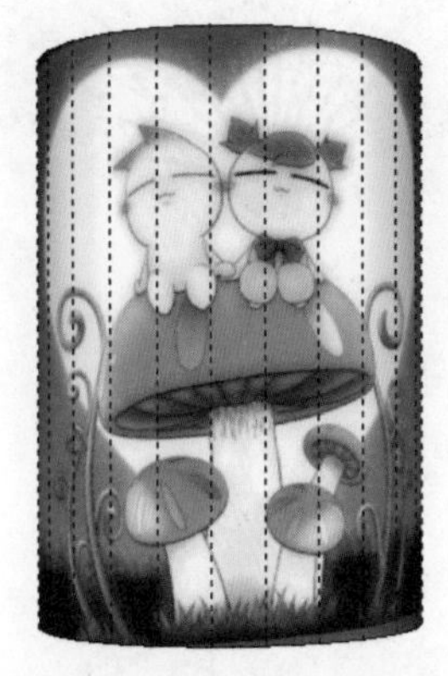
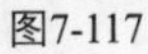
图7-117

图7-118

图7-119

案例——创建折扇贴图

本例主要应用了材质工具和贴图坐标来创建贴图。

源文件：\Ch07\折扇.skp，图案6.jpg

结果文件：\Ch07\折扇.skp

视频：\Ch07\折扇贴图.wmv

1. 打开折扇模型，如图7-120所示。
2. 导入图案6，填充自定义纹理材质，如图7-121和图7-122所示。
3. 选择【视图】/【隐藏几何图形】命令，将模型以虚线显示，如图7-123所示。

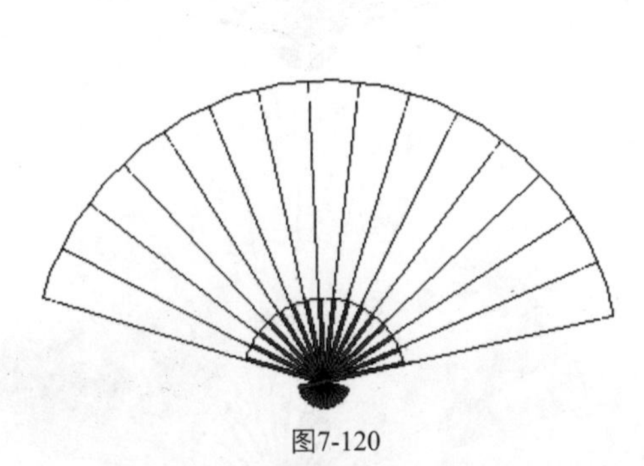
图7-120

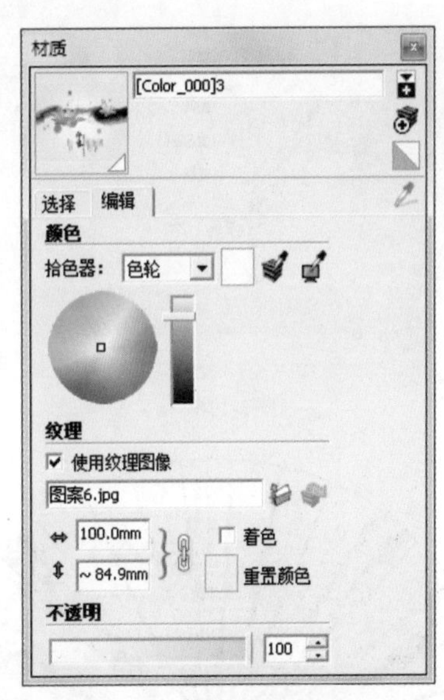

图7-121

4. 用鼠标右键单击模型平面，选择【纹理】/【位置】命令，调整材质贴图，单击鼠标右键，选择【完成】命令，如图7-124、图7-125和图7-126所示。
5. 单击【样本颜料】按钮，吸取材质，进行填充，如图7-127和图7-128所示。
6. 依次对模型的面进行填充，如图7-129所示。

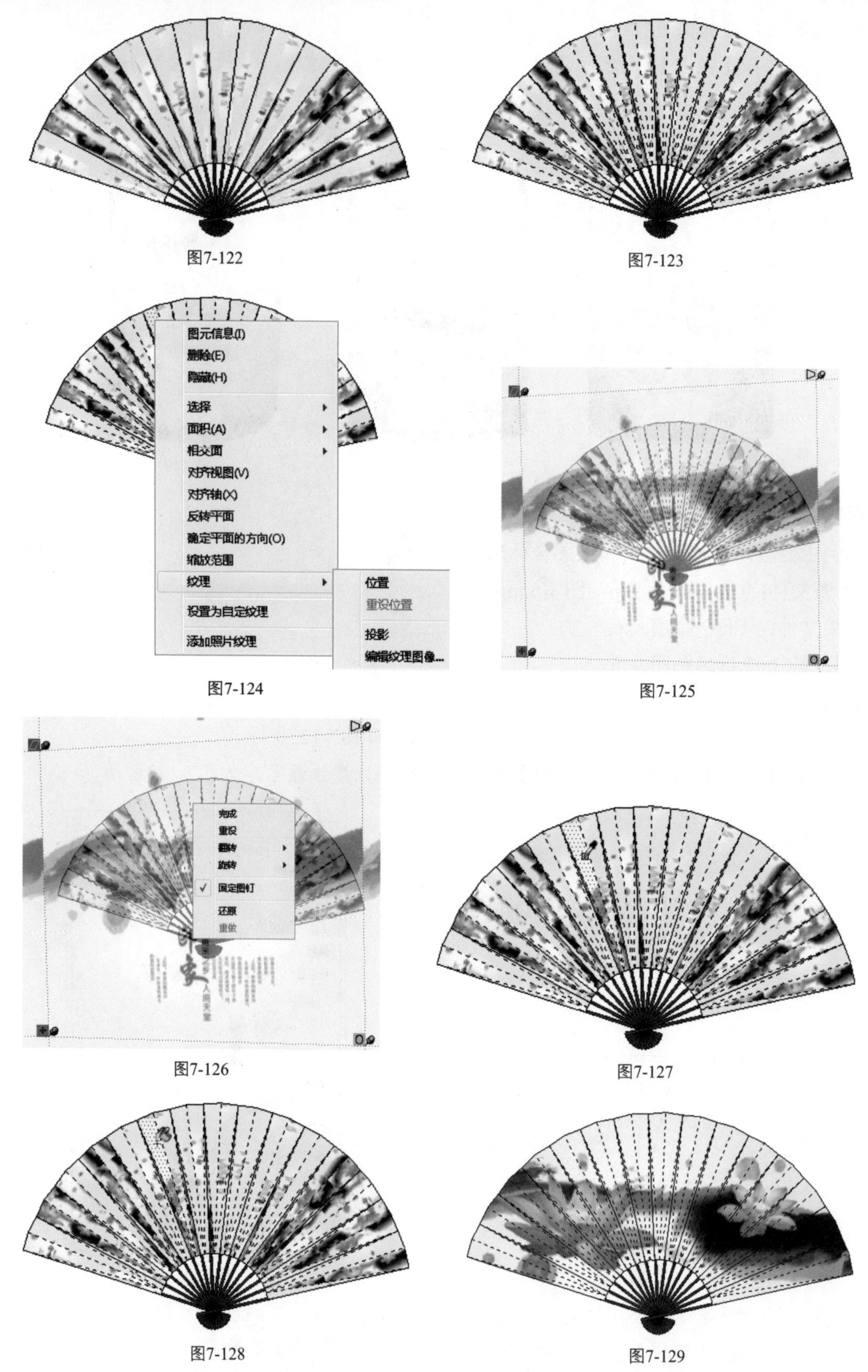

图7-122 图7-123

图7-124 图7-125

图7-126 图7-127

图7-128 图7-129

7．再次选择【视图】/【隐藏几何图形】命令，将虚线取消，效果如图7-130和图7-131所示。

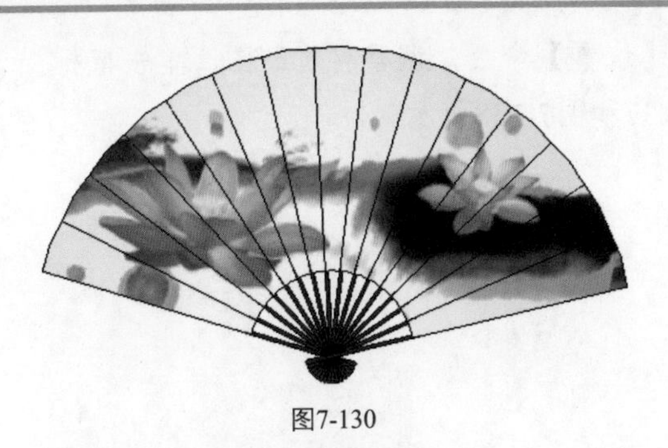

图7-130

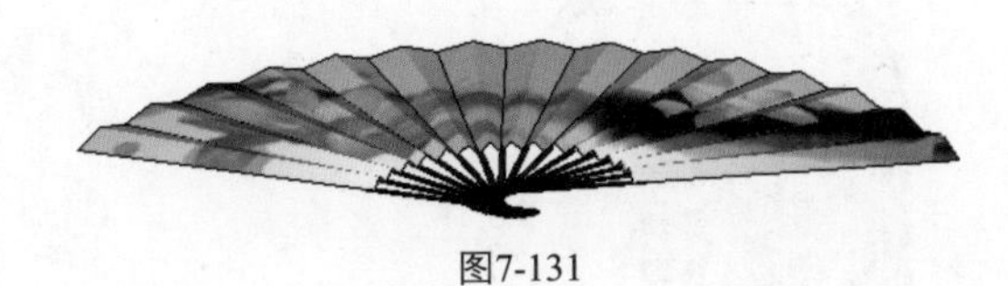

图7-131

案例——创建垃圾桶贴图

本例主要应用了材质工具和贴图坐标来创建贴图。

源文件：\Ch07\垃圾桶.skp，图案7.jpg

结果文件：\Ch07\垃圾桶.skp

视频：\Ch07\垃圾桶贴图.wmv

1．打开垃圾桶模型，如图7-132所示。

2．导入图案7，填充自定义纹理材质，如图7-133和图7-134所示。

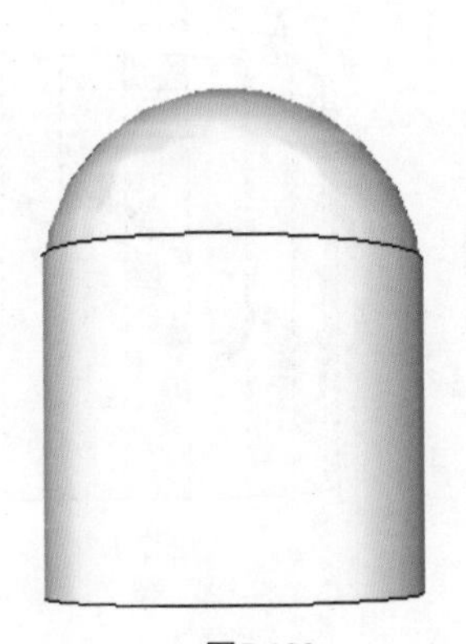

图7-132

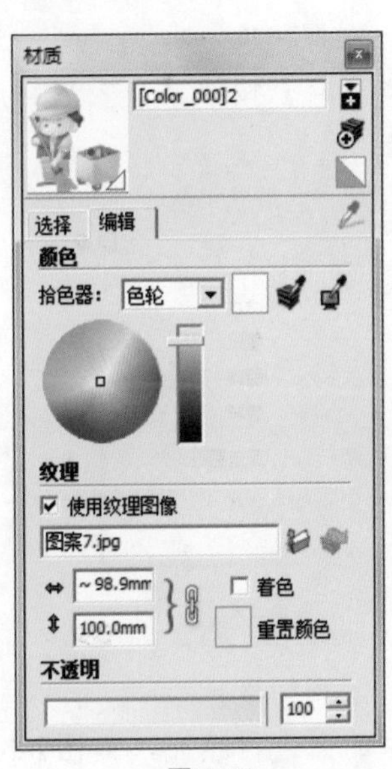

图7-133

3．选择【视图】/【隐藏几何图形】命令，将模型以虚线显示，如图7-135所示。

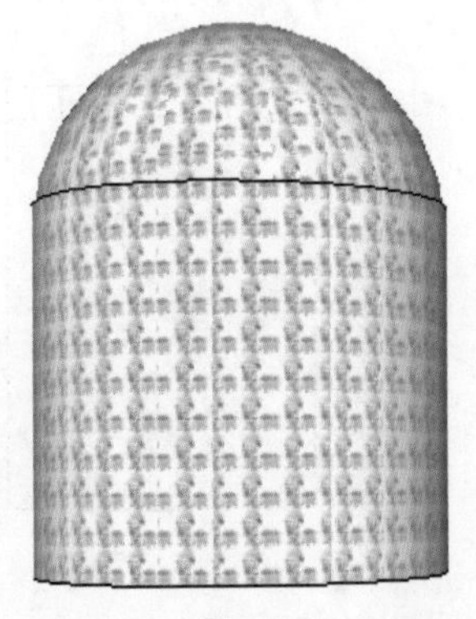

图7-134

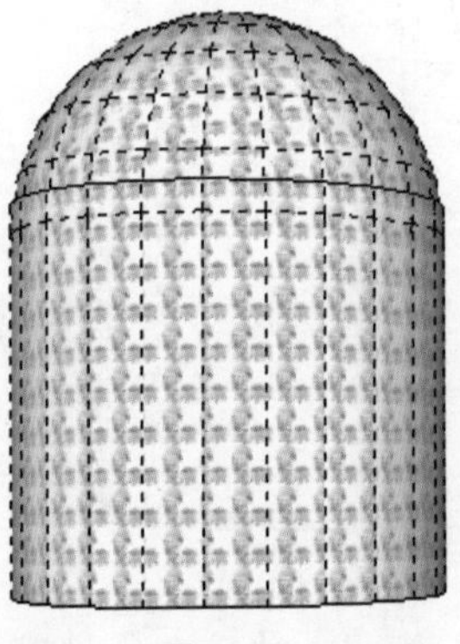

图7-135

4. 用鼠标右键单击模型平面，选择【纹理】/【位置】命令，调整材质贴图，单击鼠标右键选择【完成】命令，如图7-136、图7-137和图7-138所示。

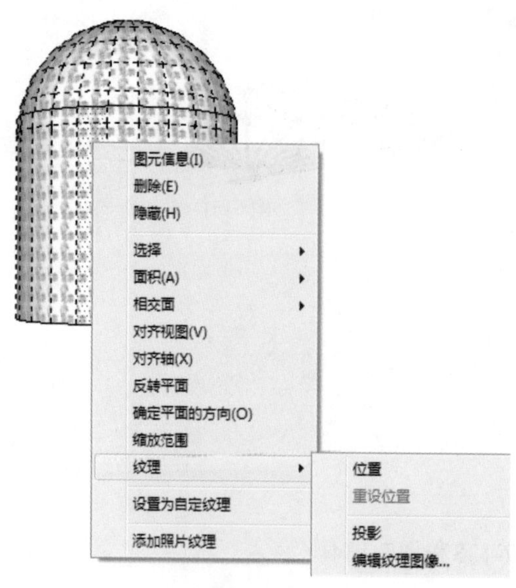

图7-136

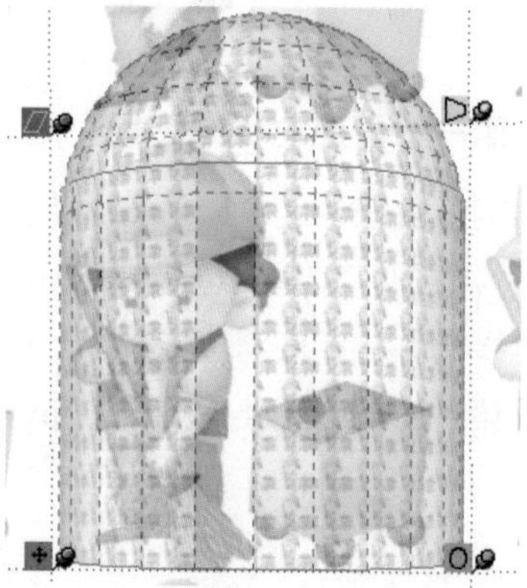

图7-137

5. 单击【样本颜料】按钮，吸取材质，进行填充，如图7-139和图7-140所示。

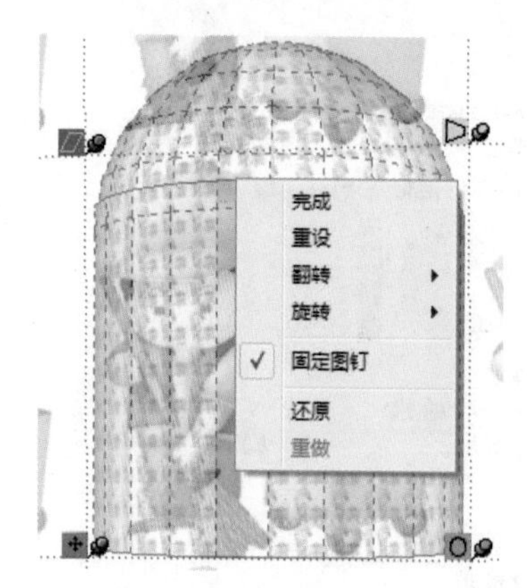

图7-138

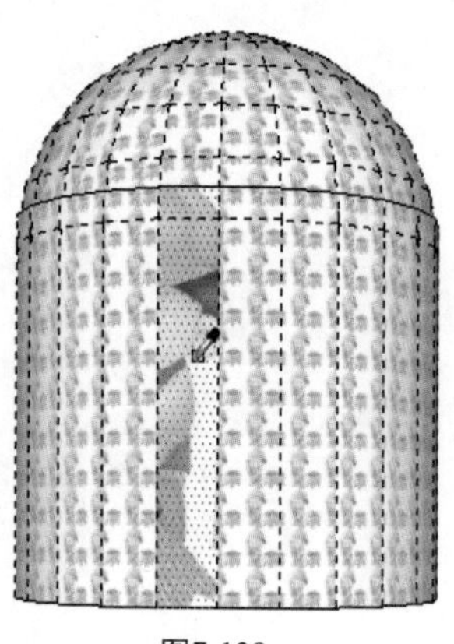

图7-139

6. 依次对模型的面进行填充，如图7-141所示。

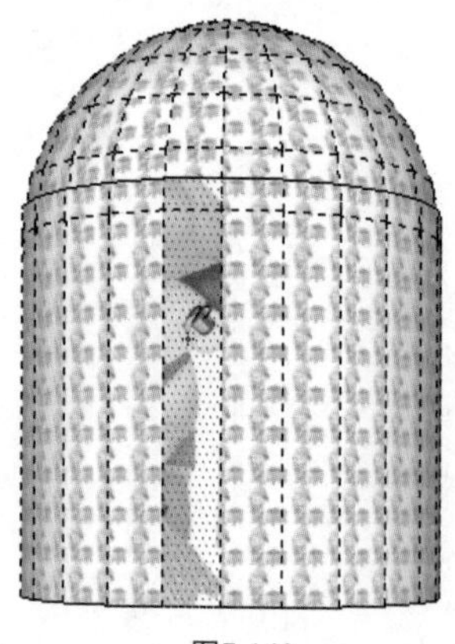

图7-140

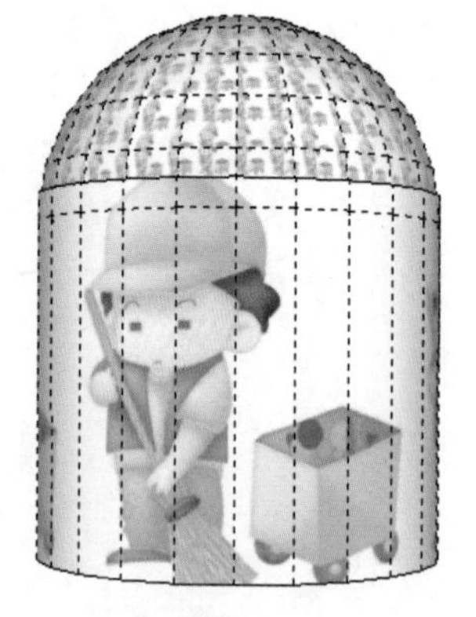

图7-141

7. 选中顶面，填充一种适合的材质，如图7-142、图7-143和图7-144所示。

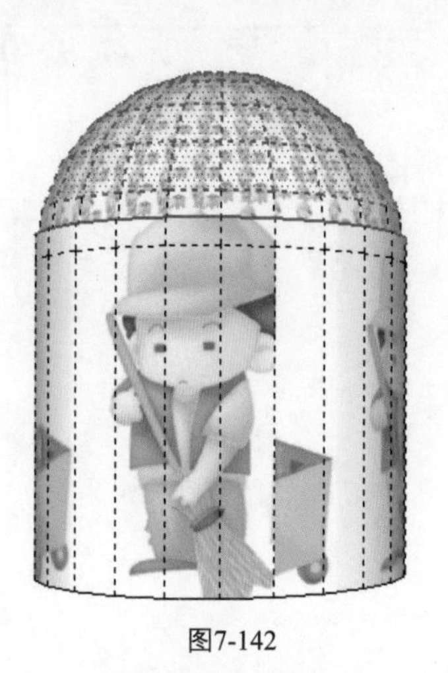
图7-142

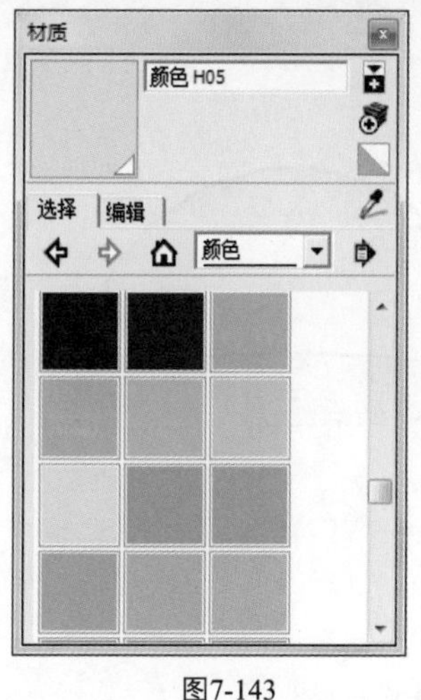

图7-143

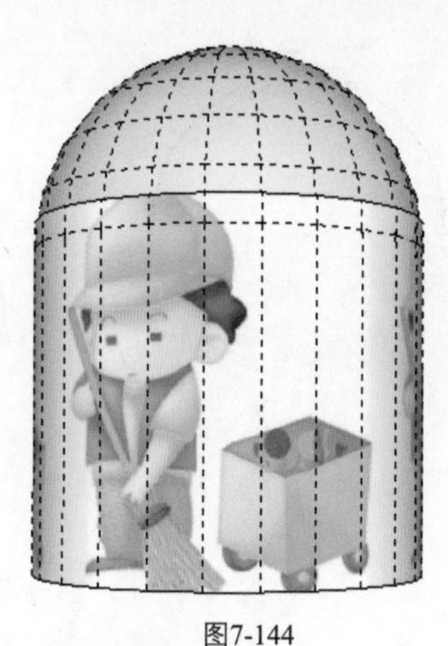
图7-144

8．再次选择【视图】/【隐藏几何图形】命令，将虚线取消，效果如图7-145所示。

图7-145

提示

对于复杂的多面贴图模型，有时在调整贴图坐标时，会因为调整方向错误而产生吸取材质时错位的情况，这时重新调整贴图吸取材质即可。

案例——创建彩虹天空贴图

本例主要应用了材质工具和贴图坐标来创建贴图。

源文件：\Ch07\建筑模型.skp，彩虹.jpg

结果文件：\Ch07\建筑模型.skp

视频：\Ch07\建筑模型贴图.wmv

1．制作一个球体，如图7-146所示。

2．按Del键删除面，即可生成一个半圆，如图7-147所示。

3．选择【文件】/【导入】命令，导入光盘下的彩虹图片，如图7-148所示。

4．用鼠标右键单击图片，选择【分解】命令，如图7-149所示。

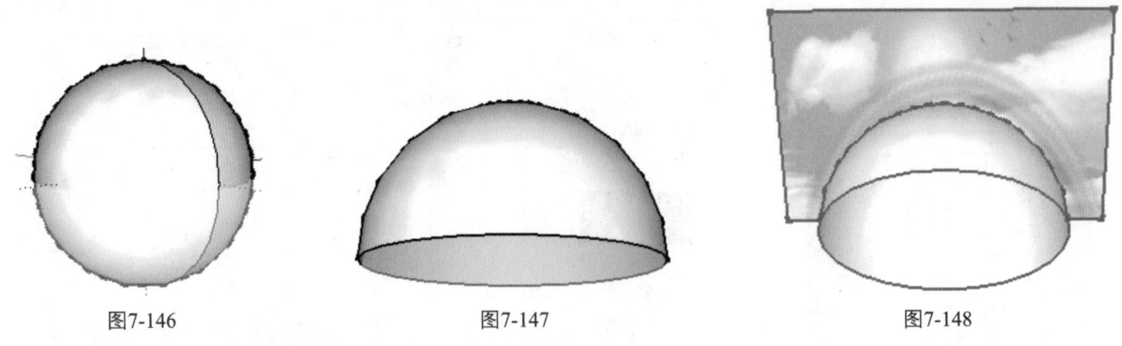

图7-146　　图7-147　　图7-148

5．单击【拉伸】按钮，调整一张图片大小，使它填充材质更均匀，如图7-150所示。

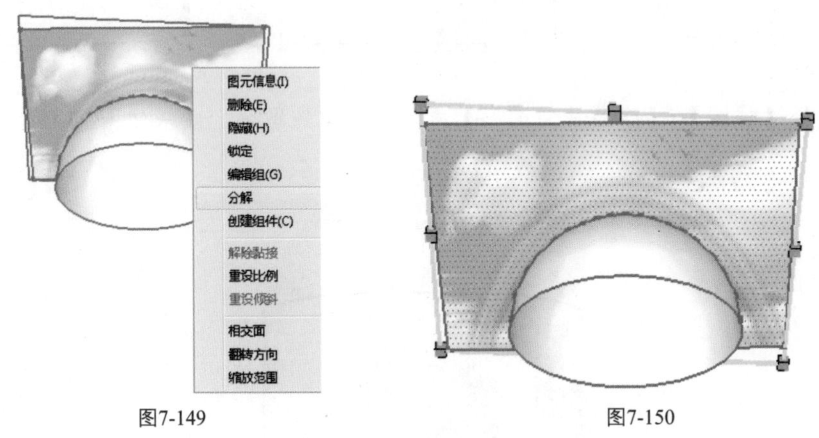

图7-149　　图7-150

6．单击【样本颜料】按钮，吸取图片材质贴图样式，如图7-151所示。

7．单击半圆面，添加彩虹天空材质贴图，删除图片，如图7-152和图7-153所示。

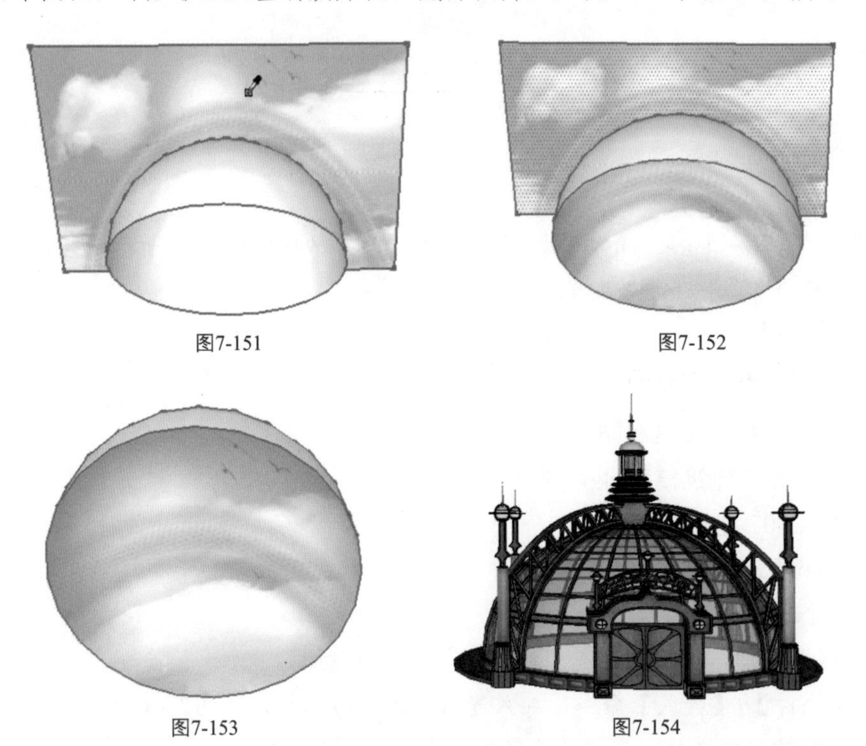

图7-151　　图7-152

图7-153　　图7-154

8．打开光盘下的建筑模型，将模型移到半圆彩虹天空下，地面、建筑、彩虹天空，效果如图7-154和图7-155所示。

9. 选择【窗口】/【场景】命令，添加一个场景，如图7-156所示。

图7-155

图7-156

10. 将半圆进行封面，单击场景号，即可观看彩虹天空，如图7-157所示。

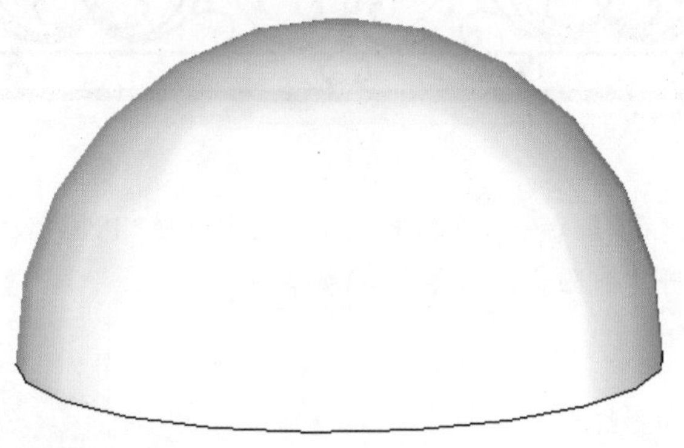

图7-157

案例——创建PNG栏杆贴图

本例主要应用了材质工具和贴图坐标来创建贴图。

源文件：\Ch07\建筑阳台.skp，栏杆.jpg

结果文件：\Ch07\建筑阳台.skp

视频：\Ch07\建筑阳台贴图.wmv

1. 启动Photoshop软件，打开栏杆图片，如图7-158所示。

2. 双击图层解锁，利用魔术棒工具选中白色背景，如图7-159和图7-160所示。

图7-158

图7-159

3. 按Del键将背景删除，如图7-161所示。

图7-160

图7-161

4．选择【文件】/【存储】命令，在格式下拉列表中选择*.PNG格式，如图7-162所示。

5．在SketchUp中打开建筑阳台，如图7-163所示。

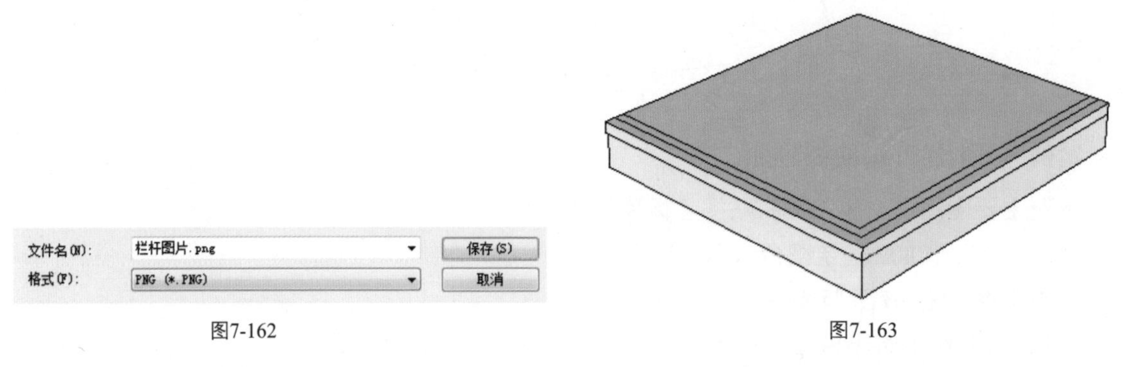

图7-162　　　　图7-163

6．单击【推/拉】按钮，推拉台阳台栏杆的高度为700mm，如图7-164和图7-165所示。

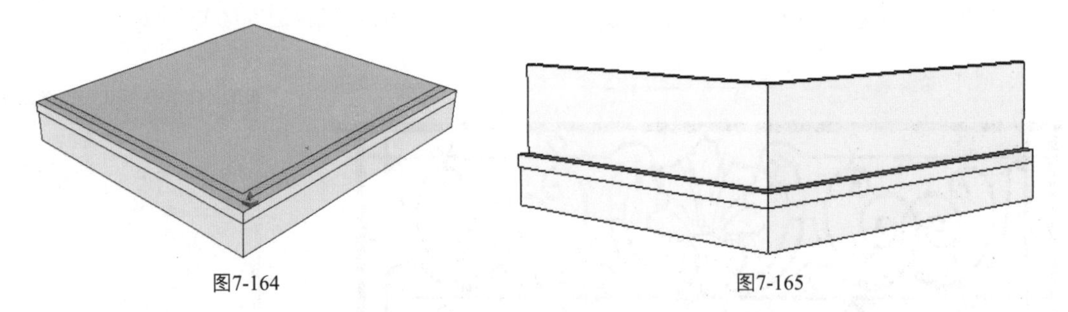

图7-164　　　　图7-165

7．单击【擦除】按钮，将栏杆前的面和多余的线删除，如图7-166所示。

8．选择面，单击鼠标右键，选择【反转平面】命令，如图7-167和图7-168所示。

9．选择【窗口】/【材质】命令，添加处理过后的栏杆图片为材质，如图7-169所示。

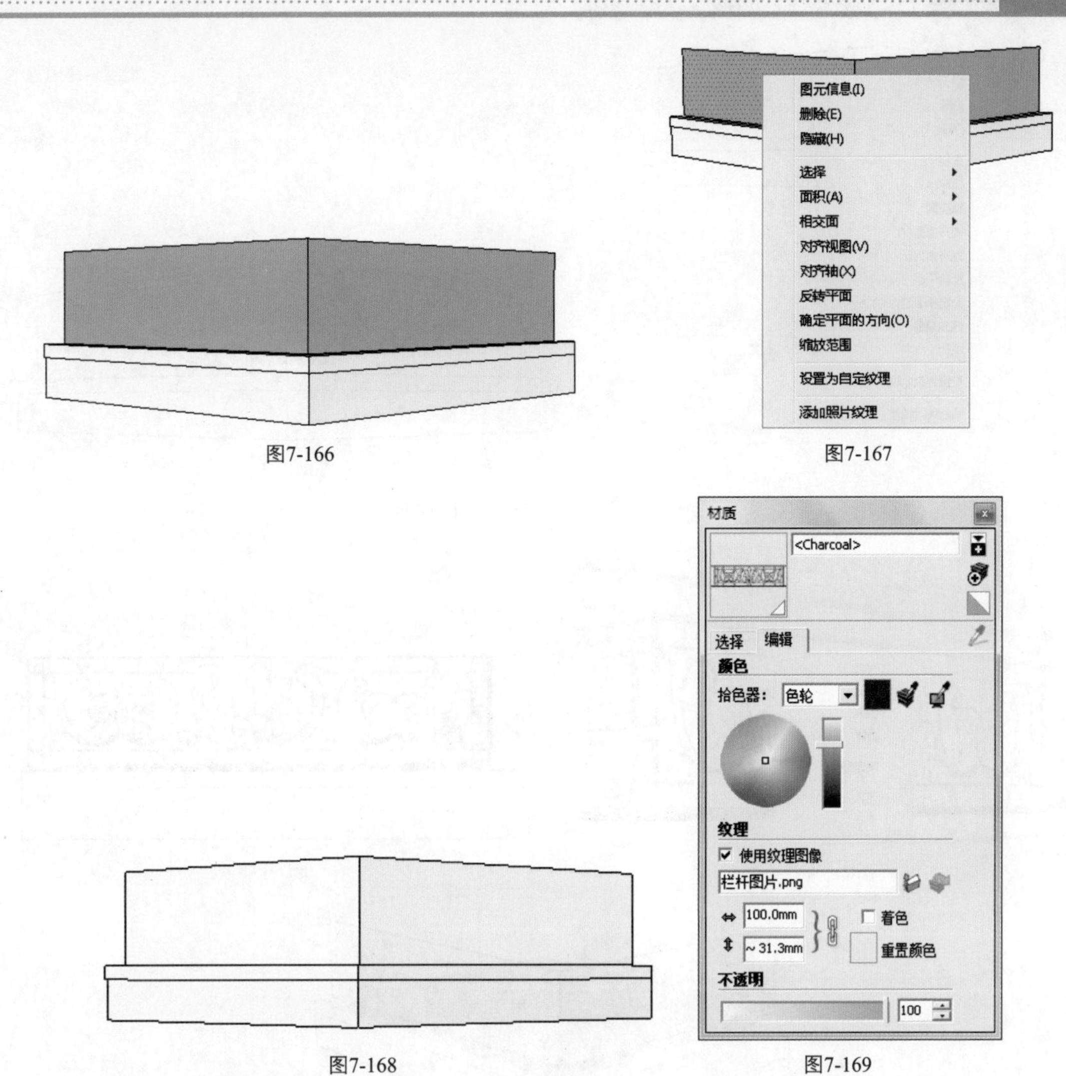

图7-166　　图7-167

图7-168　　图7-169

10．修改一下材质的尺寸，填充效果如图7-170和图7-171所示。

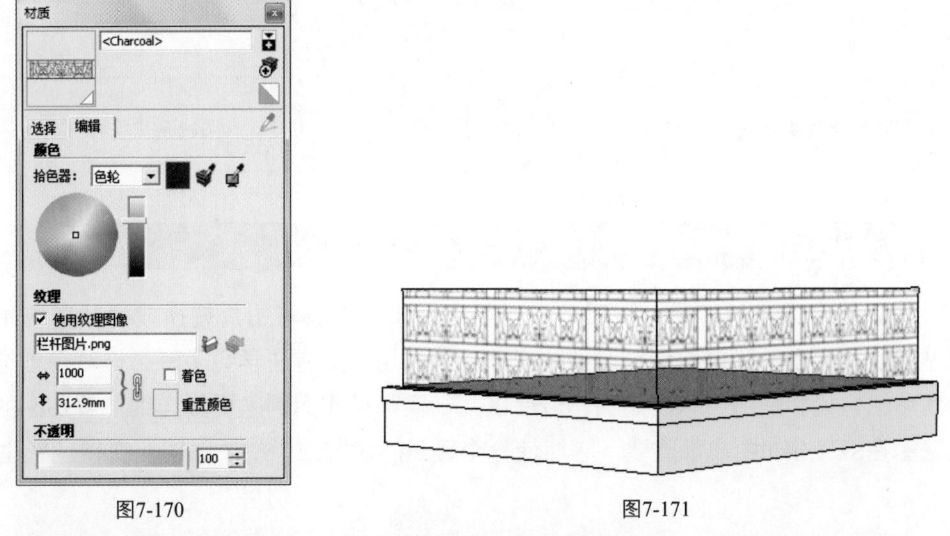

图7-170　　图7-171

11．选中面，单击鼠标右键，选择【纹理】/【位置】命令，调整贴图，如图7-172、图7-173和图7-174所示。

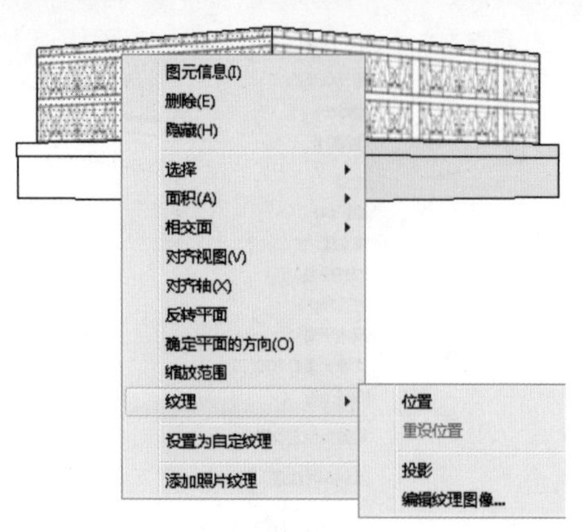

图7-172

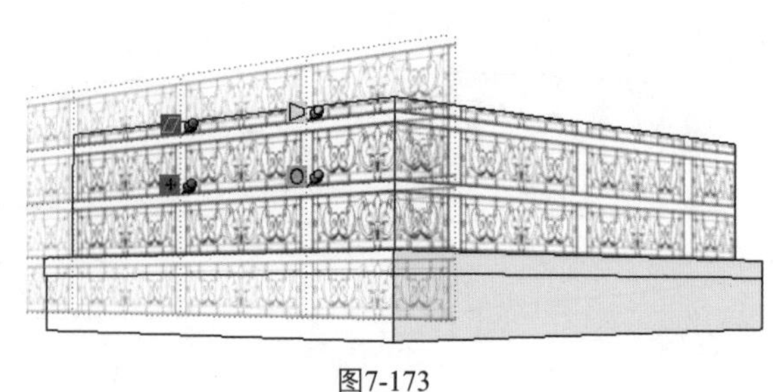
图7-173

12．两个阳台栏杆贴图完毕，效果如图7-175和图7-176所示。

图7-174

图7-175

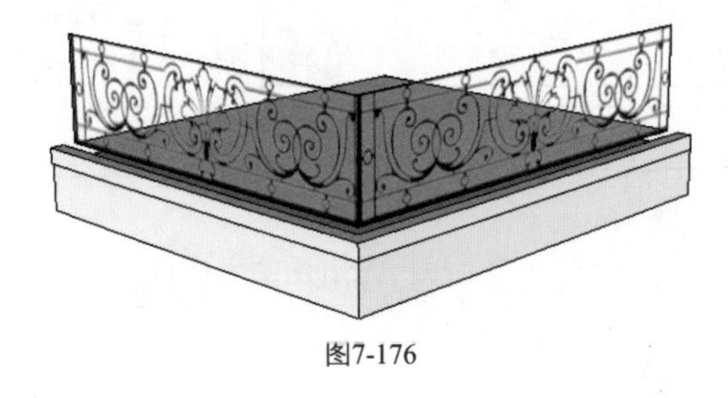
图7-176

PNG存储时为透明格式，而JPG格式不能存储为透明格式，有时在材质贴图应用中会非常方便。

7.4 本章小结

本章我们主要学习了如何导入材质，如何利用材质生面器将图片转换成材质来应用，并认识了材质贴图的锁定别针和自由别针两种贴图技法，利用贴图方法学会了怎么样对模型进行平面贴图、转角贴图、投影贴图、球面贴图。最后以几个实际操作案例来更加详细了解贴图的不同用法。材质贴图在SketchUp中非常重要，它能使一个普通的建筑因为材质贴图而变得色彩生动。

第8章 SketchUp插件应用技巧

本章主要介绍SketchUp插件，它的作用是配合SketchUp程序使用。当需要做某一特定功能时，插件能做较为复杂的模型，让设计师的工作效率大大提高。

8.1 SketchUp Pro 2015扩展插件商店

SketchUp Pro 2015延续了SketchUp Pro 2013扩展插件商店，你可以随心所欲到商店里面浏览，并下载你所需要的各种插件。

下面我们介绍一下如何到SketchUp Pro 2015扩展插件商店里下载插件。

源文件：\Ch08\hosts

1. 打开SketchUp Pro 2015软件。
2. 在菜单栏的【窗口】菜单下选择【Extension Warehouse（扩展程序库）】命令，打开图8-1所示的对话框。对话框没有显示任何链接内容。

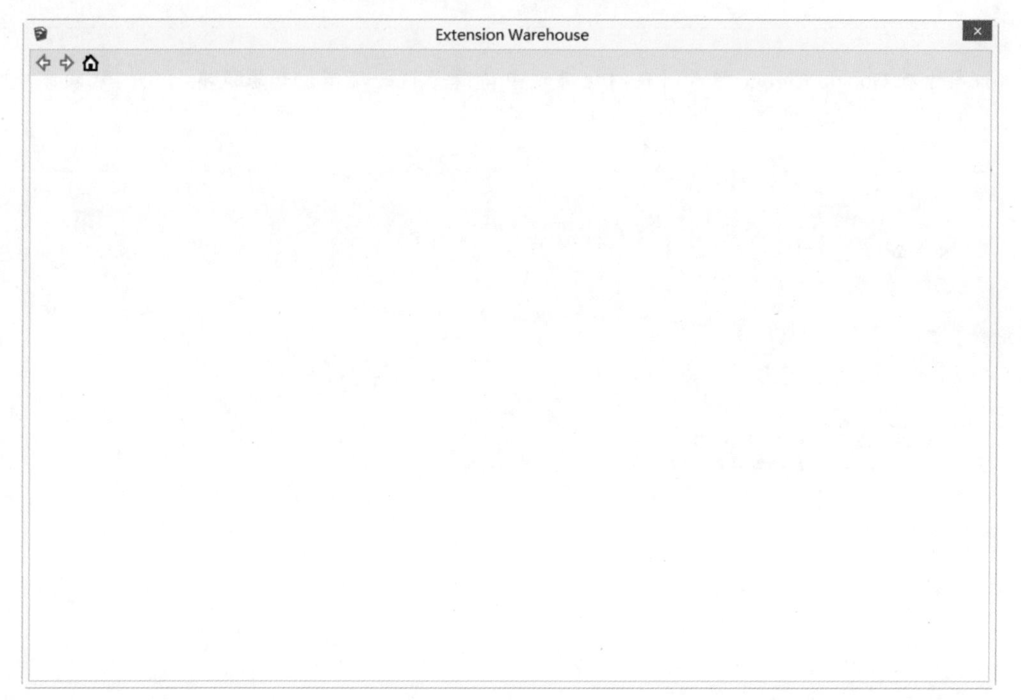

图8-1

提示

网页打开缓慢很正常，除了跟网速有关，还由于Google浏览器不是默认的，而且Google浏览器及其搜索引擎由于各种原因在我国是受到限制的。

3. 等待片刻后，打开扩展程序库的页面，如图8-2所示。

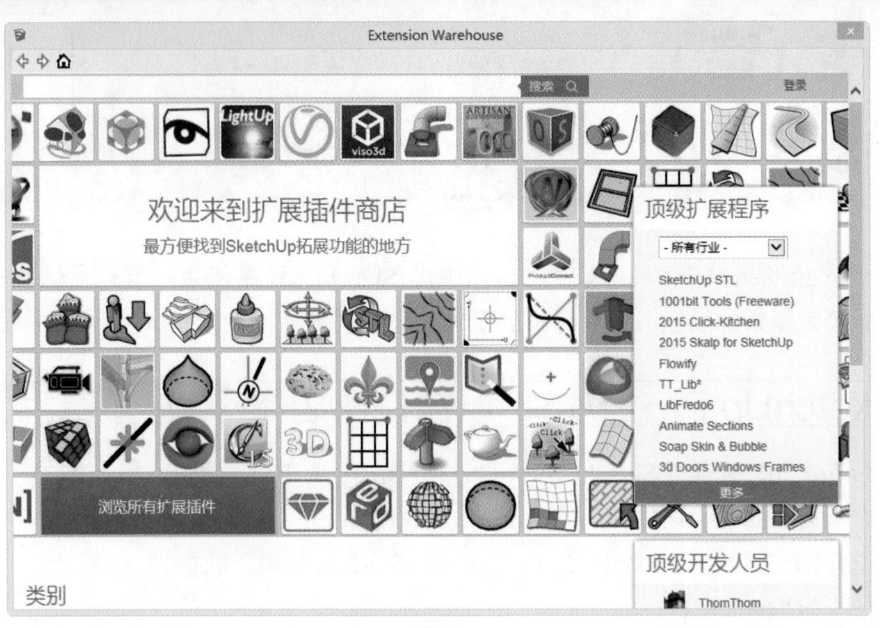

图8-2

4. 要下载SketchUp的插件，就必须先登录Google Chrome账户。在【扩展程序库】窗口顶部右侧单击【登录】按钮，但是接下来你会发现网页打不开，如图8-3所示。

如果你有 Google Chrome账号，我们就跳过申请账号这一环节。如果没有，我们就须先申请账号。

图8-3

5. 接下来，我们需要编辑一个系统的hosts文件。此文件的默认路径为：C:\Windows\System32\drivers\etc。由于在hosts文件中需要增加很多允许访问的ftp站点及其网站，我们特意将完成添加的hosts文件供大家下载，并替换你系统中的hosts文件。也可以复制内容粘贴至你的计算机hosts文件中，如图8-4所示。

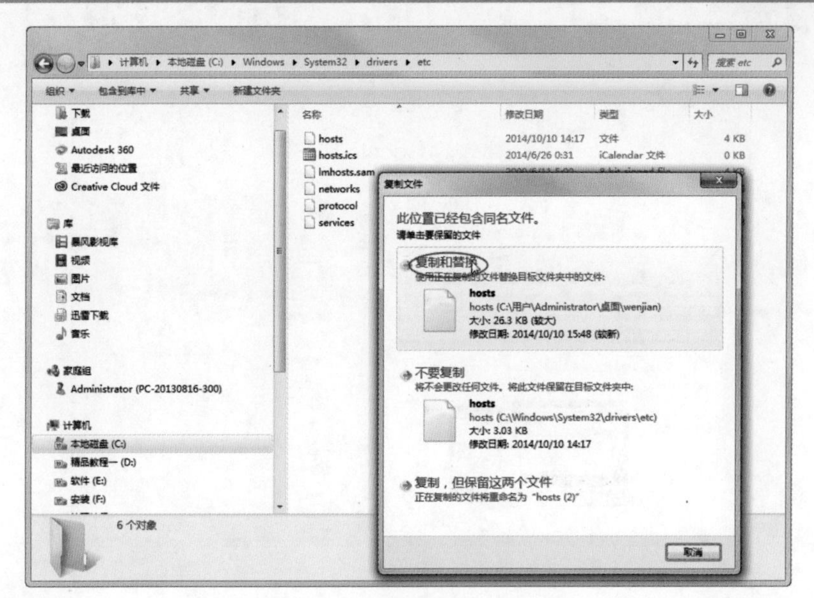

图8-4

hosts是一个没有扩展名的系统文件，可以用记事本等工具打开，其作用就是将一些常用的网址域名与其对应的IP地址建立一个关联“数据库”，当用户在浏览器中输入一个需要登录的网址时，系统会首先自动从hosts文件中寻找对应的IP地址，一旦找到，系统会立即打开对应网页，如果没有找到，则系统会再将网址提交DNS域名解析服务器进行IP地址的解析。

6. 好了，我们可以先关闭SketchUp Pro 2015软件，然后重启。重新执行菜单栏中的【窗口】/【扩展程序库】命令，打开【扩展程序库】窗口。
7. 单击【登录】按钮，就会弹出我们希望看到的Google账户登录页面，如图8-5所示。

图8-5

8. 如果没有账户，请单击下方的【创建账户】按钮，打开创建账户页面，然后逐一输入用户真实有效的信息即可获得账户，如图8-6所示。

图8-6

9．登录后会弹出申请权限页面，页面中的【取消】和【接受】选项皆灰显了，如图8-7所示。

图8-7

10．此时大可不必惊慌，我们可以通过Google Chrome浏览器输入http://extensions.sketchup.com/网址，登录到插件商店，如图8-8所示。

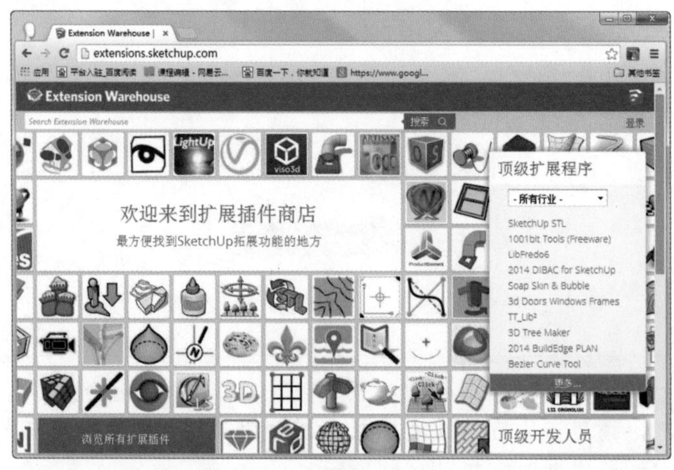

图8-8

Google Chrome浏览器可以即时翻译英文，可以帮助英文较差的朋友。

11. 随后会弹出申请权限页面，在稍等几分钟后，【取消】和【接受】选项都亮显了，表示选项可用。单击【接受】按钮，开始登录SketchUp Pro 2015扩展程序库（扩展插件商店）了，如图8-9所示。

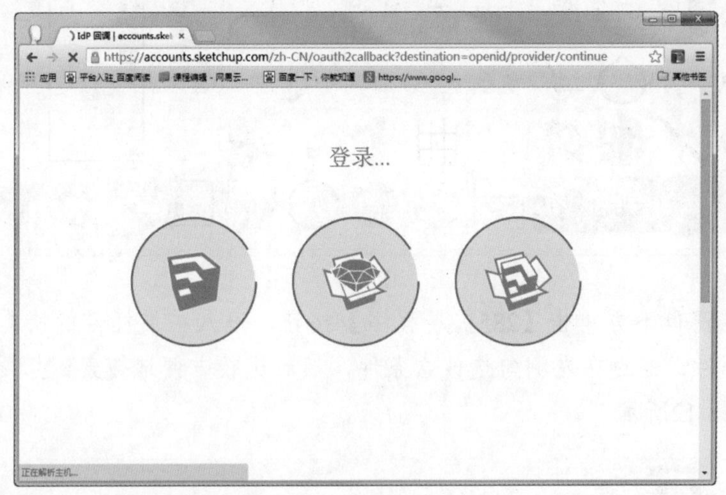

图8-9

12. 此刻我们再返回到SketchUp Pro 2015，在【扩展程序库】窗口中单击右键菜单中的【刷新】选项，同样也显示登录状态，如图8-10所示。

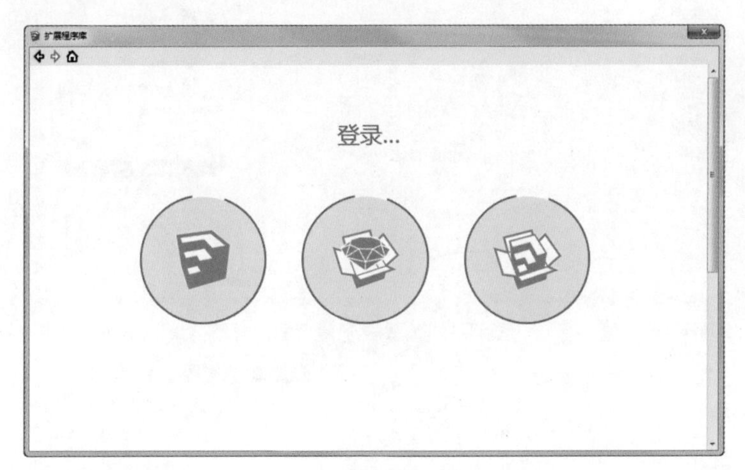

图8-10

如果还没有显示插件商店的页面，就不断刷新页面，直至显示为止。

13. 好了，终于完满解决了这个问题。下面我们就可以开心地下载所需要的SketchUp插件了，不过这些插件都是国外顶级开发人员的辛勤劳作，因此插件的语言也是英文的。在【顶级扩展程序】中，可以选择各个行业或专业的应用插件，如图8-11所示。

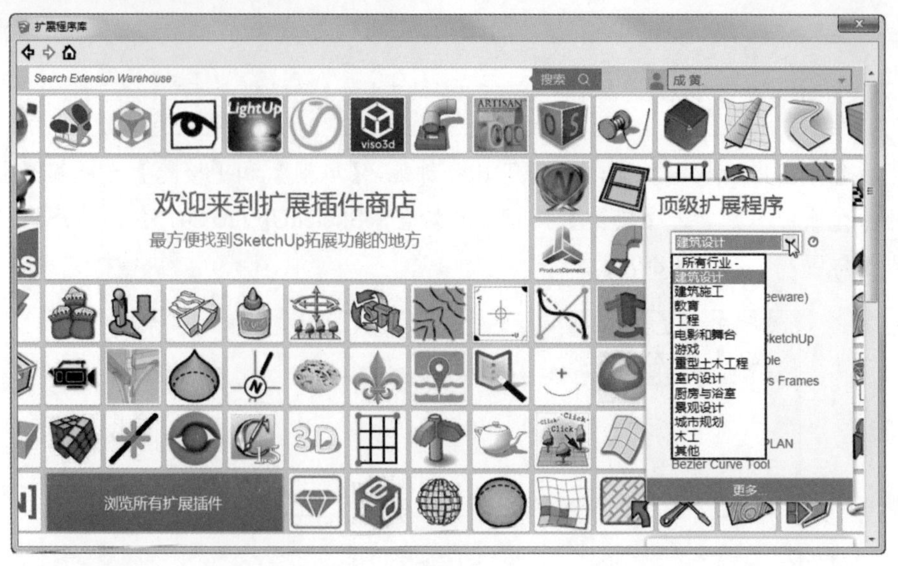

图8-11

14. 你可以在窗口下方单击【285扩展程序】按钮，进入扩展插件的所有搜索结果中去寻找插件，通过在左侧勾选搜索条件，然后比较方便地搜索到想要的各专业插件，如图8-12所示。

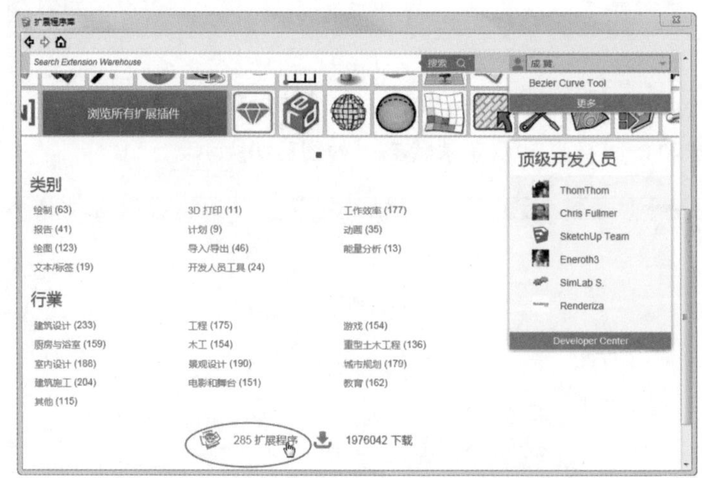

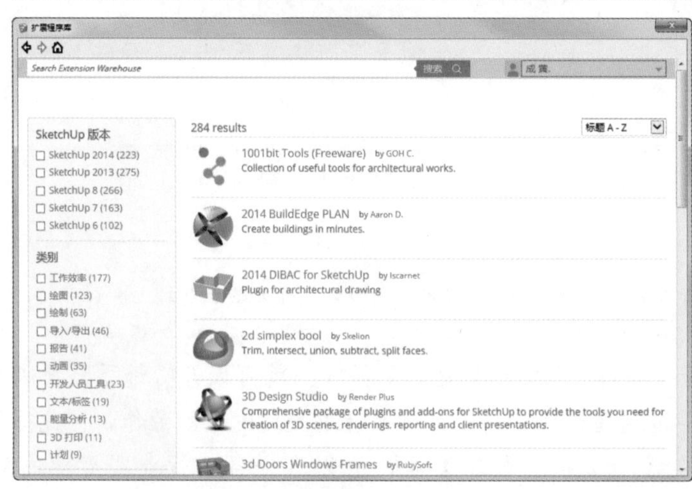

图8-12

15. 若是想让插件名称显示为中文，便于快速找到想要的插件，最好由Google Chrome浏览器进入扩展插件商店，如图8-13所示。

图8-13

因为Google Chrome浏览器中有自带的英文翻译中文的翻译器，而且翻译成功率是目前国内最高的。

16. 为了演示给大家，我们仅仅下载一个建筑插件，在活动筛选器中勾选SketchUp版本为【SketchUp 2015】和行业中的【建筑】，则扩展程序库自动搜索到适合搜索条件的插件，如图8-14所示。

图8-14

17. 选择第一个免费的【1001bit工具】插件进行下载，如图8-15所示。

图8-15

提示

下载的插件为rbz格式的压缩文件，可以通过浏览器的下载工具或者是迅雷下载、旋风下载、快车下载等。

18. 下载成功后开始安装。在SketchUp Pro 2015中执行【窗口】/【系统设置】命令，打开【系统设置】对话框，在左侧列表中选择【扩展】选项，然后单击【安装扩展程序】按钮，如图8-16所示。

19. 然后将先前下载的插件文件打开即可，如图8-17所示。

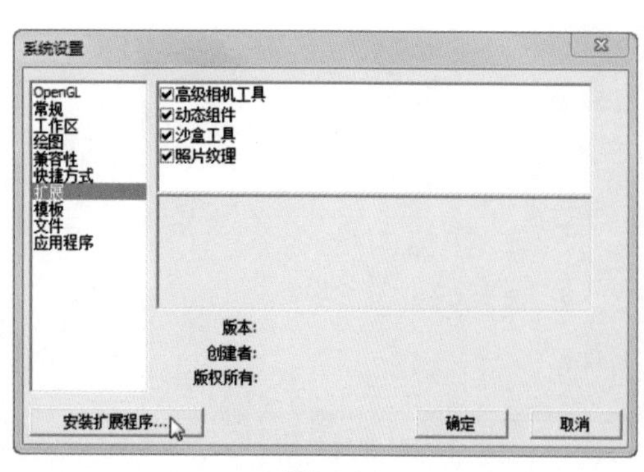

图8-16

图8-17

20. 随后单击【是】按钮开始安装，再单击【已完成扩展程序安装】对话框的【确定】按钮结束安装，如图8-18和图8-19所示。

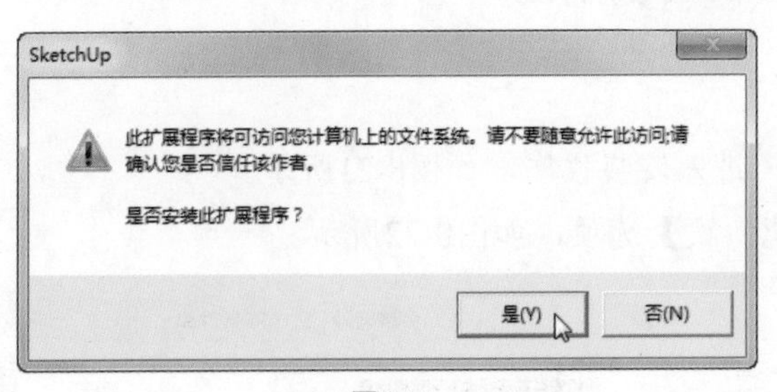

图8-18

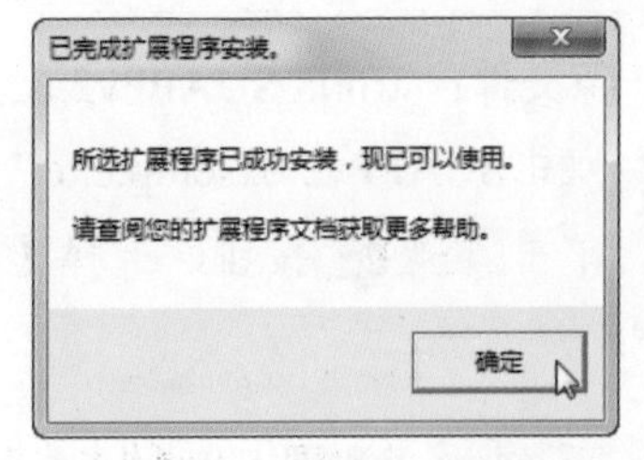

图8-19

21. 图8-20所示为安装成功的【1001bi tools】插件工具。

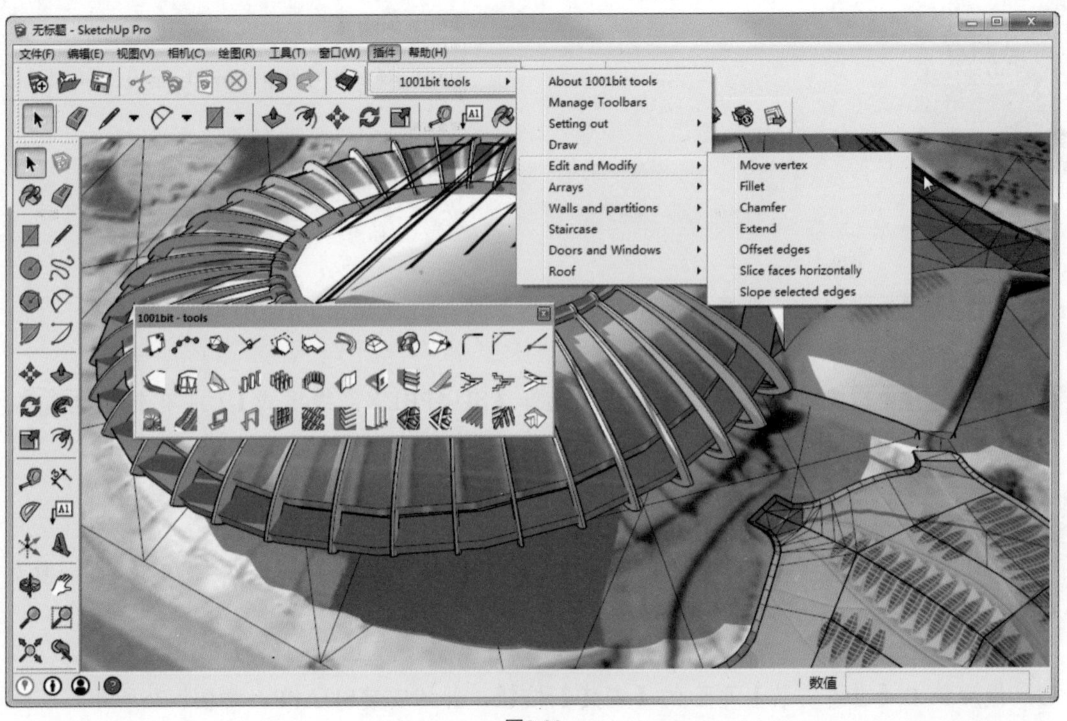

图8-20

8.2 SketchUp Pro 2015中文插件

上一节我们所介绍的SketchUp扩展插件几乎都是英文版，不方便初学者学习，通常我们都会用一些国内顶级开发人员开发的中文插件。下面就简单介绍一下这些插件的安装方法。

SketchUp可安装的插件有两种，第1种是直接安装的应用程序，第2种是扩展名为rb的插件文件。第2种插件的安装只要把文件全部复制到SketchUp安装目录下的Plugins文件夹里就可以了。在安装插件时，应该注意选择同版本插件，避免出现安装失误。在安装完插件后，一定要重新启动SketchUp应用程序，插件工具栏才会自动显示在程序里。

8.2.1 安装插件方法一

这里以安装SUAPP v2.62建筑插件为例进行介绍，SUAPP v2.62是一个单独的外挂插件，适用于SketchUp Pro 2015版本，主要用于建筑设计。

提示

SUAPP v2.62插件不再支持SketchUp 6/7/8版本，安装时请注意。

源文件：\Ch08\SUAPPv2.62setup.exe

1．双击SUAPPv2.62setup.exe应用程序，进入安装程序，如图8-21所示。

2．单击 下一步(N) > 按钮，选择【我同意此协议】选项，如图8-22所示。

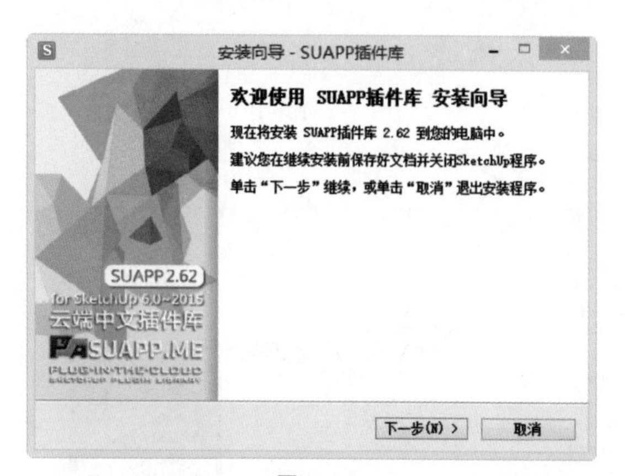

图8-21

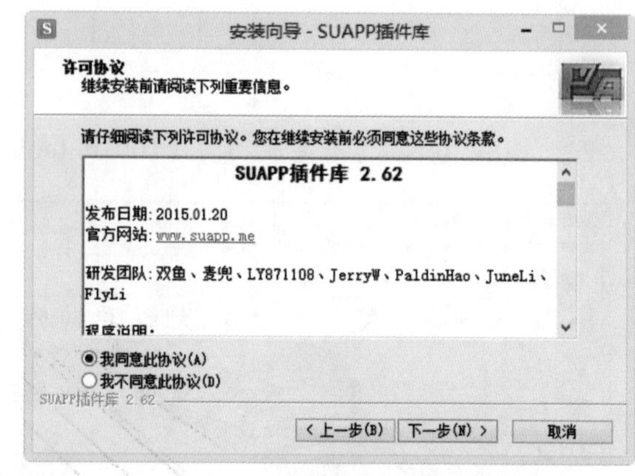

图8-22

3．单击 下一步(N) > 按钮，设置安装路径，通常保持与SketchUp Pro 2015相同的路径，如图8-23所示。

4．单击 下一步(N) > 按钮后，进入安装选项选择【SUAPP1.X离线模式】，再单击 下一步(N) > 按钮，如图8-24所示。

提示

SUAPP v2.62安装时不要选择默认的“SUAPP2.X云端模式”。这个模式是要收费的，是工程设计专用的，不宜学习。

5．最后单击【准备安装】页面的【安装】按钮，开始安装SUAPP，如图8-25所示。

6．图8-26所示为安装完成的页面，最后单击【完成】按钮关闭对话框。

7．重新启动SketchUp，显示SUAPP基本工具栏，如图8-27所示。

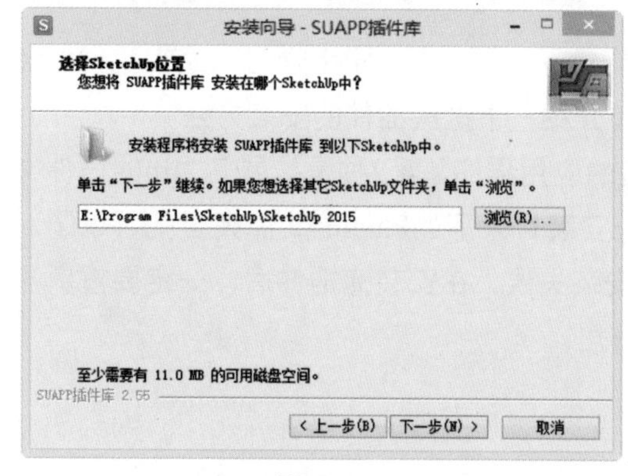

图8-23

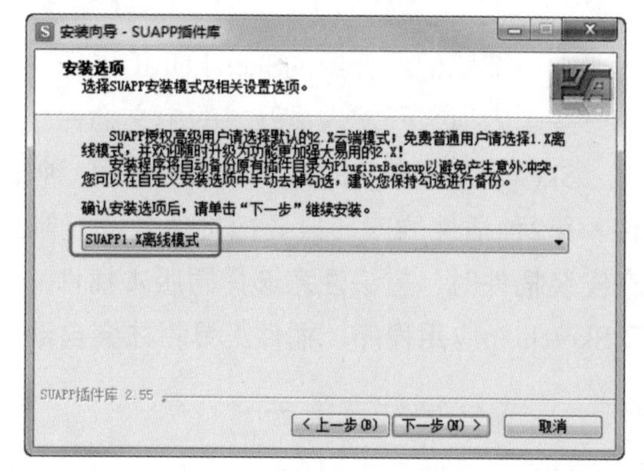

图8-24

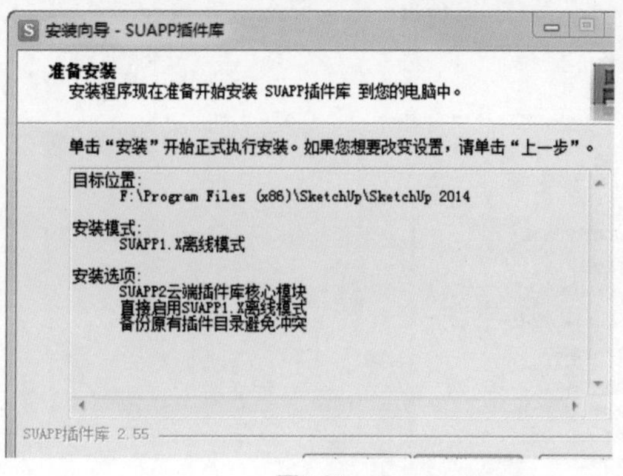

图8-25

图8-26

图8-27

8.2.2 安装插件方法二

这里以下载的rb文件格式插件包为例进行介绍，插件包里面包含了非常丰富的插件，使用非常方便。

源文件：\Ch08\SketchUp2015PluginsALL

1．打开光盘中的SketchUp2015PluginsALL文件夹，如图8-28所示。

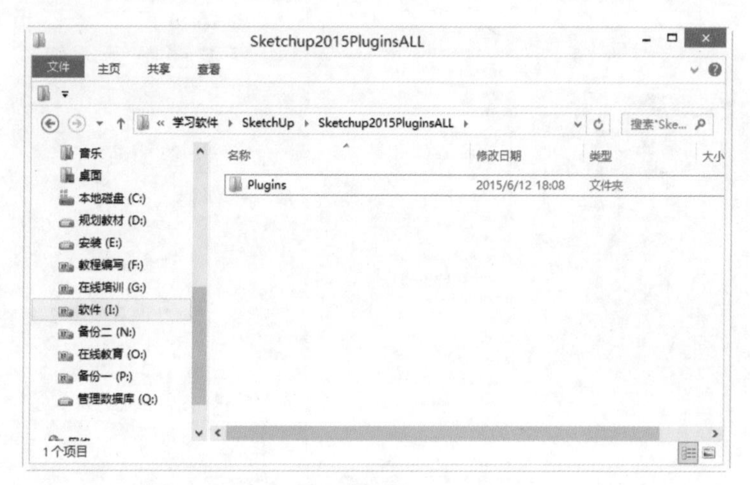

图8-28

2．打开Plugins文件夹，将里面所有的内容复制，如图8-29所示。

3．将复制的文件粘贴到E（你的安装盘符）:\Program Files\SketchUp\SketchUp 2015\Tools目录下，重新启动SketchUp程序，插件安装完成。这时在【插件】选项下可以查看，如图8-30所示。

插件下载的方法很多，读者可以根据需要到各大网站进行搜索下载，但安装的方法大致一样，原始的Plugins文件夹一定要进行重命名，以免因为覆盖而产生混乱。

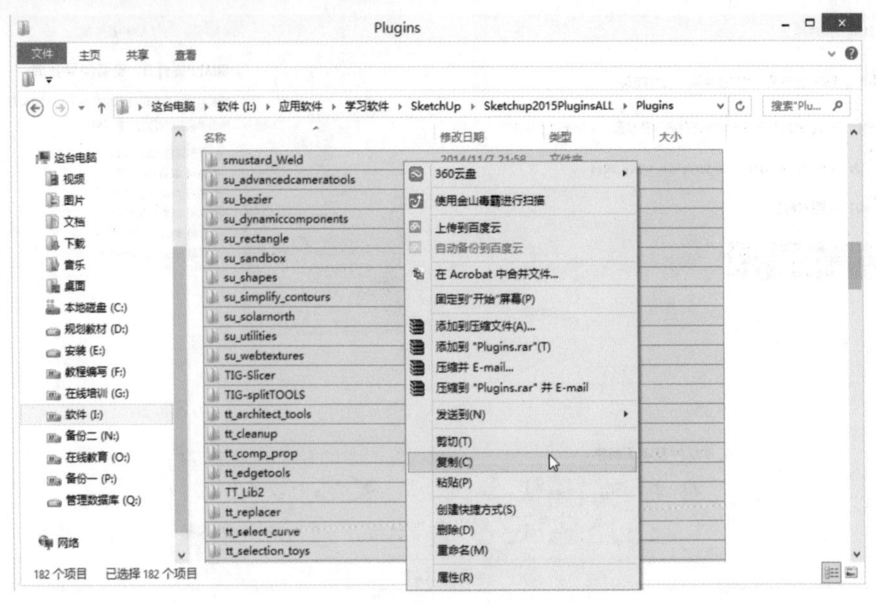

图8-29

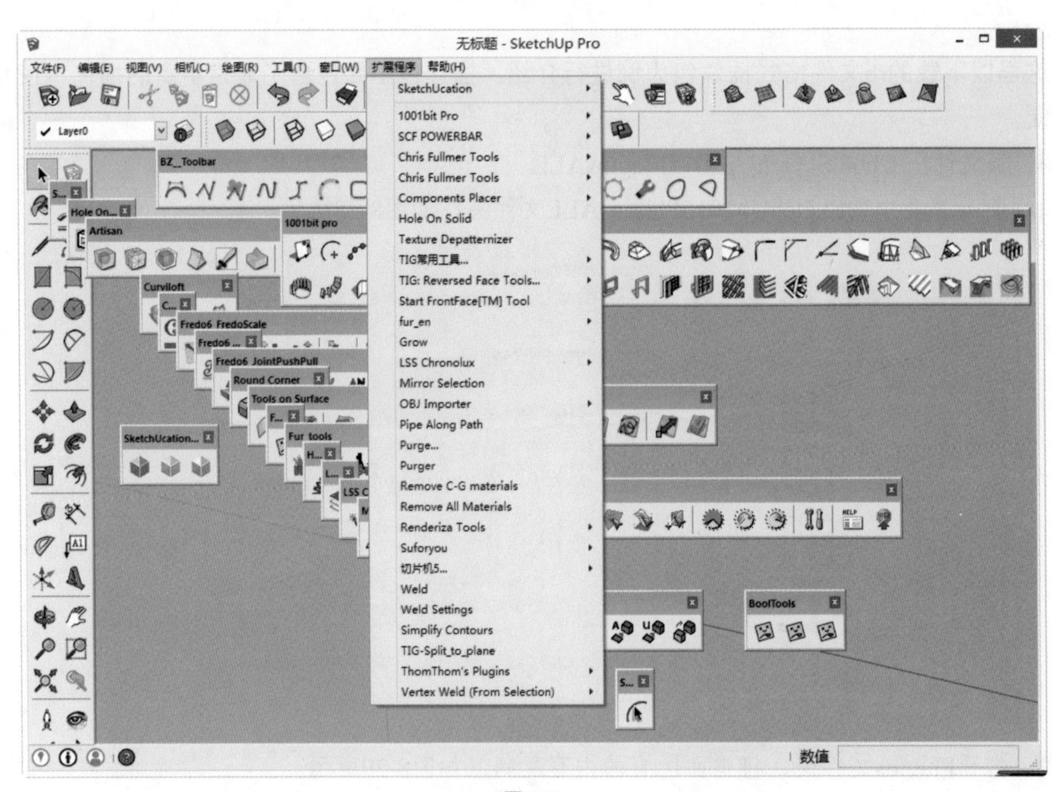

图8-30

8.3 建筑插件及其应用

SUAPP插件，全称是SUAPP中文建筑插件，是一款强大的工具，主要运用在建筑设计方面，它包含有超过100项的实用功能，大大提高了SketchUp的建模能力。

案例——创建墙体开窗

下面以绘制简单的小房子为例，介绍如何为墙体开窗。

源文件：\Ch08\房屋模型.skp

结果文件：\Ch08\墙体开窗.skp

视频：\Ch08\墙体开窗.wmv

1．打开模型，图8-31所示为建好的房屋模型。

2．启动SUAPP工具栏，单击按钮，在弹出的【Create Window】对话框中设置窗户的宽度、高度和样式，如图8-32所示。

图8-31

图8-32

3．单击 确定 按钮，即可出现窗户模型，如图8-33所示。

4．在墙体上单击，即可添加窗户，如图8-34所示。

图8-33

图8-34

5．单击【拉伸】按钮，可调整窗户大小，如图8-35和图8-36所示。

图8-35

图8-36

6．单击【移动】按钮，可以复制并移动窗户，如图8-37和图8-38所示。

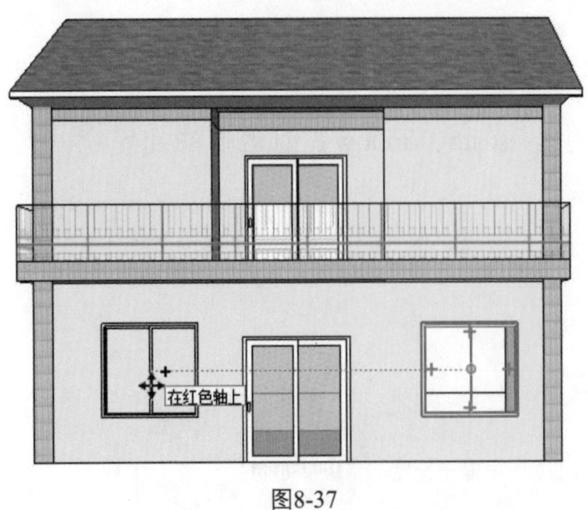

图8-37

图8-38

7．继续为其他墙体开窗，可更改窗户样式，如图8-39所示。

8．墙体开窗只是一个镂空效果，单击【矩形】按钮，在窗户上绘制矩形面，如图8-40所示。

图8-39

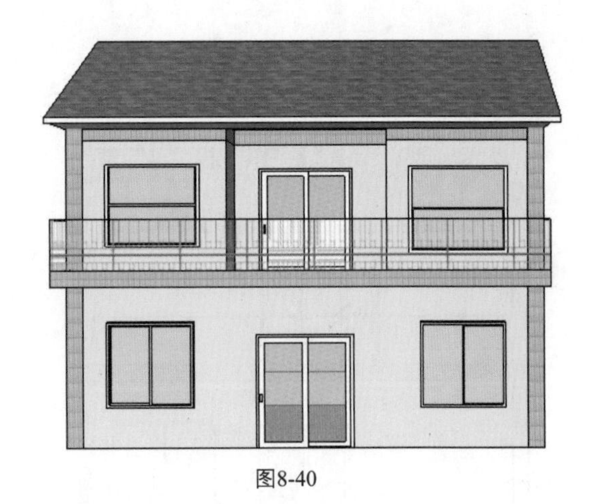
图8-40

9．选择玻璃材质填充，效果如图8-41所示。

图8-41

墙体开窗，其实添加的就是一个窗户组件，也可以对它编辑修改，操作非常方便。

案例——创建玻璃幕墙

下面以一个办公楼模型为例，为它添加玻璃幕墙。

源文件：\Ch08\办公楼.skp

结果文件：\Ch08\玻璃幕墙.skp

视频：\Ch08\玻璃幕墙.wmv

1．打开办公楼模型，如图8-42所示。

2．单击【矩形】按钮，在墙体周围绘制矩形面，如图8-43所示。

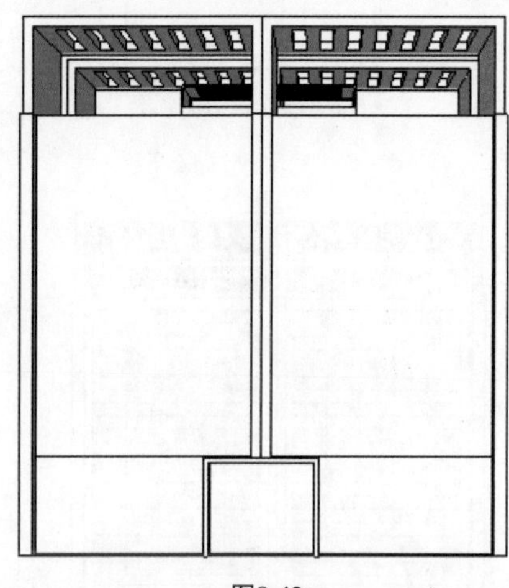

图8-42

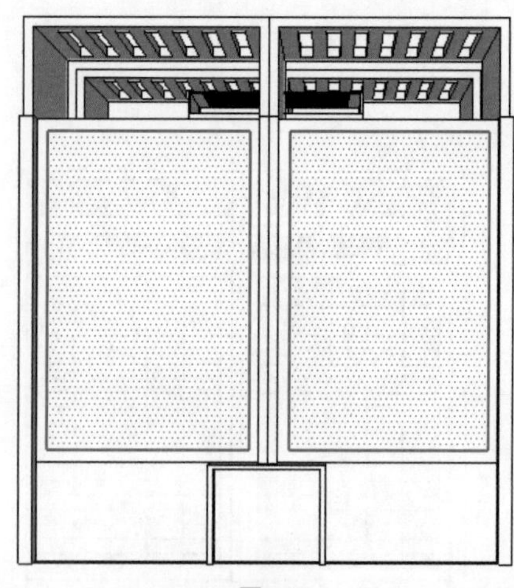

图8-43

3．选中矩形面，如图8-44所示；单击按钮，弹出参数设置对话框，如图8-45所示。

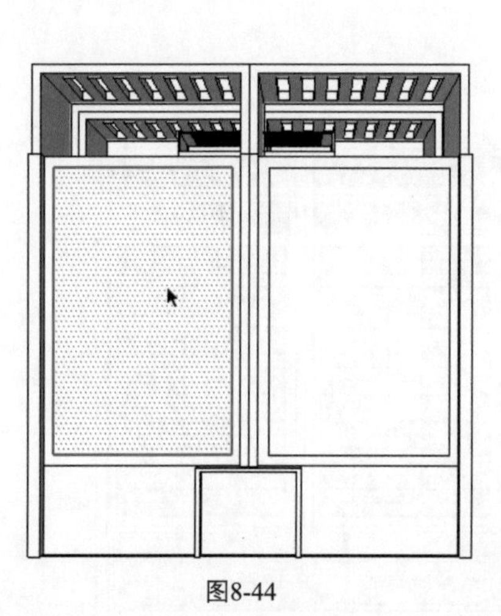

图8-44

图8-45

4．图8-46所示为设置的参数，单击 确定 按钮，即可添加玻璃幕墙，如图8-47所示。

5．选中另一边的矩形面，添加同样的玻璃幕墙，如图8-48所示。

6．继续绘制其他的矩形面，并设置参数，添加玻璃幕墙效果，如图8-49、图8-50和

图8-51所示。

玻璃幕墙参数设置

参数	值
行数	20
列数	5
外框宽[竖向]	50.00mm
外框宽（横向）	50.00mm
内框宽[竖向]	50.00mm
内框宽（横向）	50.00mm
外框厚度	100.00mm
玻璃位置	50.00mm
框颜色	DimGray
玻璃颜色	Blue Glass

确定　取消

图8-46

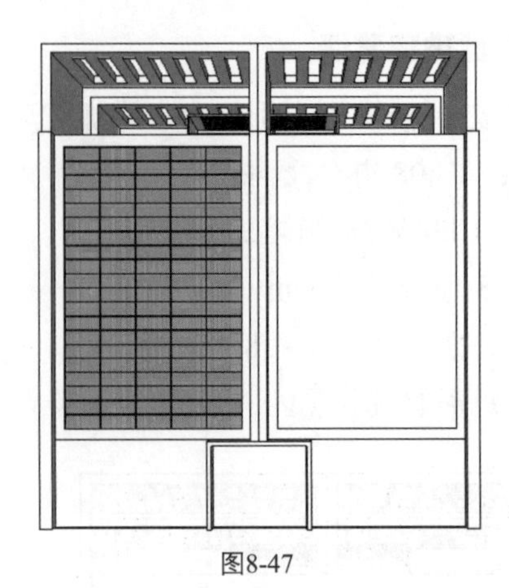

图8-47

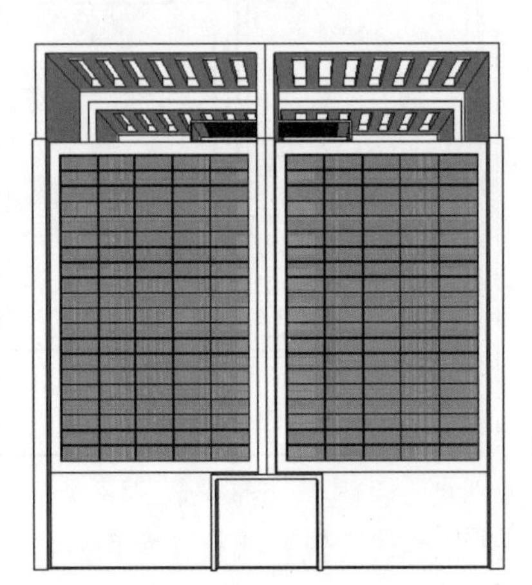

图8-48

图8-49

玻璃幕墙参数设置

参数	值
行数	3
列数	3
外框宽[竖向]	50.00mm
外框宽（横向）	50.00mm
内框宽[竖向]	50.00mm
内框宽（横向）	50.00mm
外框厚度	100.00mm
玻璃位置	50.00mm
框颜色	DimGray
玻璃颜色	Blue Glass

确定　取消

图8-50

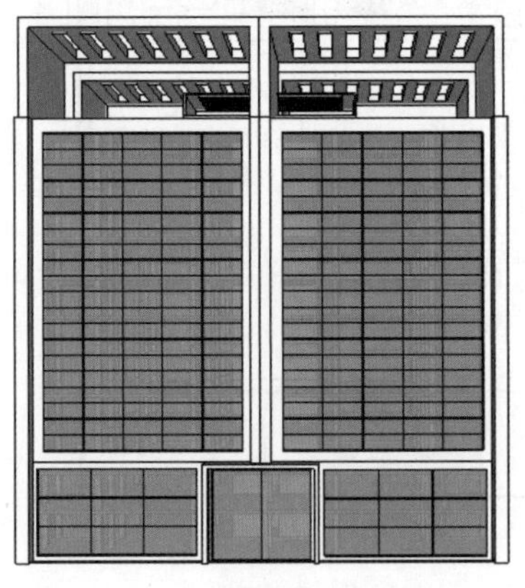

图8-51

7．利用同样的方法，为办公楼其他面添加玻璃幕墙效果，如图8-52和图8-53所示。

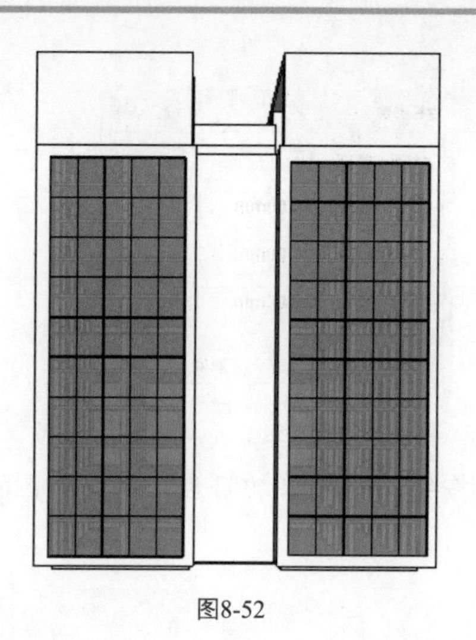

图8-52

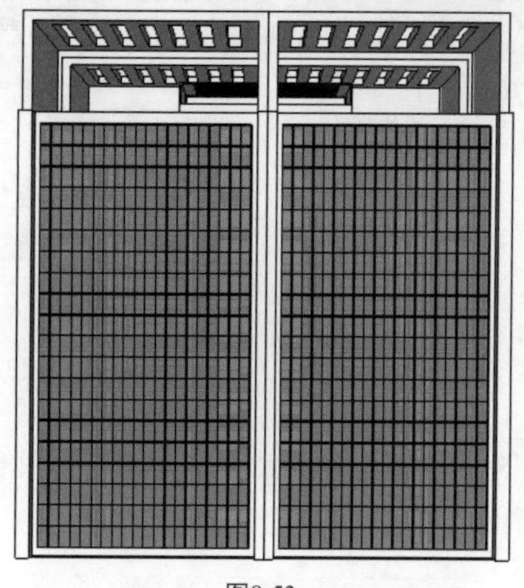

图8-53

玻璃幕墙，只能对四边形墙体进行操作，不能对其他形状的墙体进行操作。

案例——创建阳台栏杆

下面以一个建筑阳台为例，为其添加栏杆。

源文件：\Ch08\阳台.skp

结果文件：\Ch08\阳台栏杆.skp

视频：\Ch08\阳台栏杆.wmv

1．打开阳台模型，如图8-54所示。

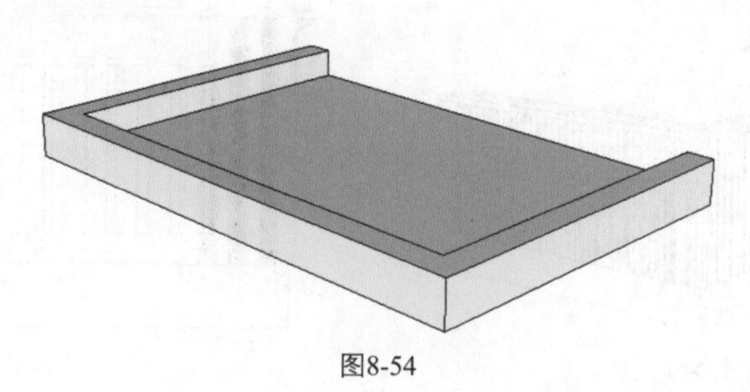

图8-54

2．选中边线，如图8-55所示，单击【创建栏杆】按钮，弹出【栏杆构件】对话框，如图8-56所示。

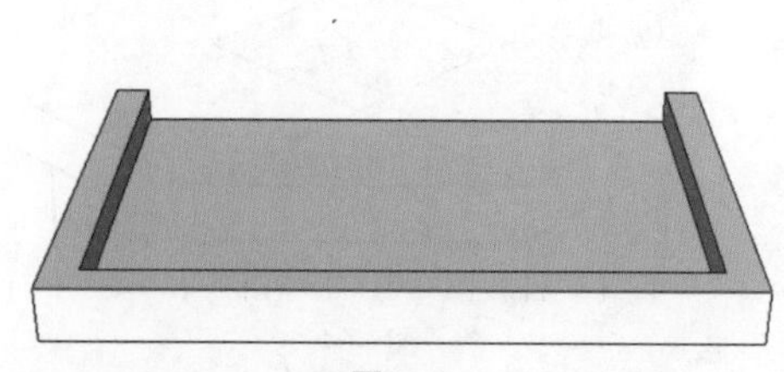

图8-55

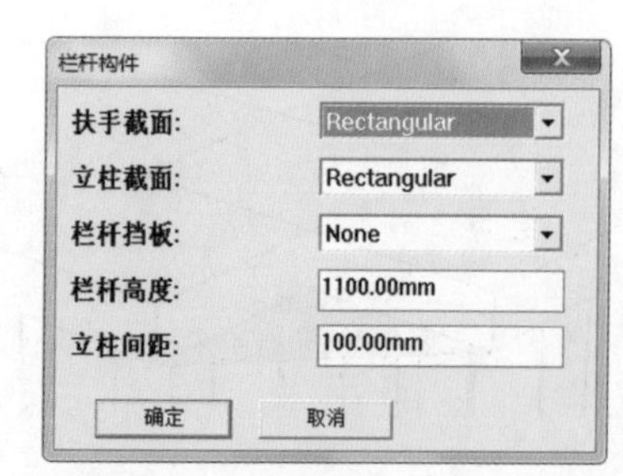

图8-56

3．设置栏杆高度和立柱间距，如图8-57所示，单击 确定 按钮，打开【栏杆参数】对话框，如图8-58所示。

图8-57

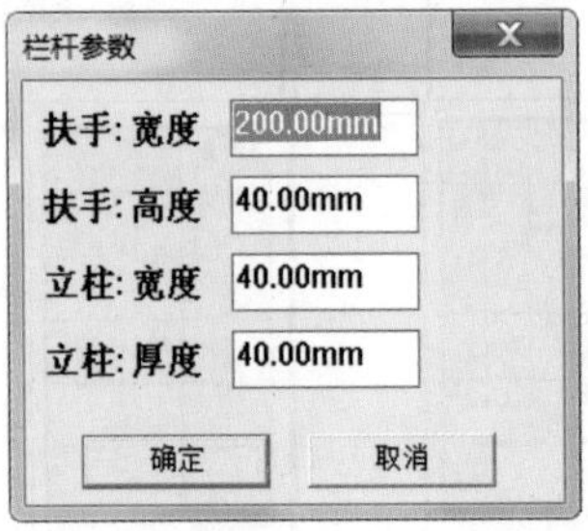

图8-58

4．图8-59所示为设置的栏杆参数，单击 确定 按钮，即可添加阳台栏杆，如图8-60所示。

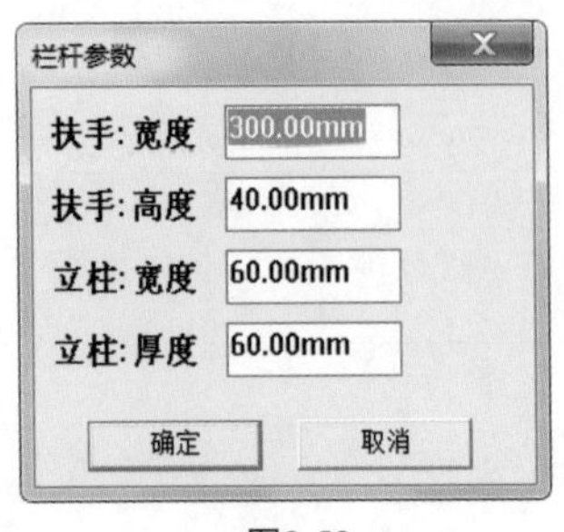

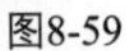
图8-59

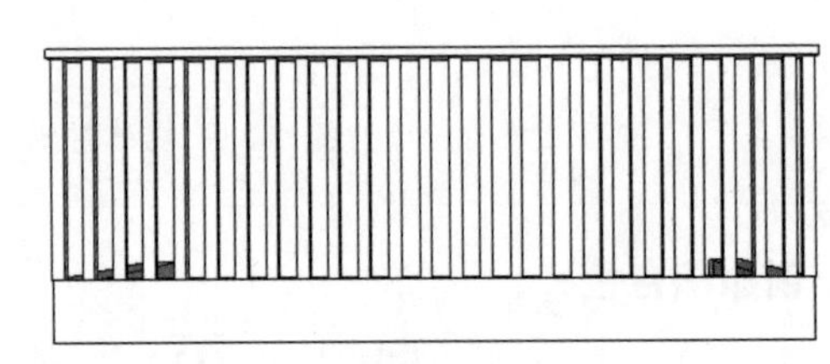

图8-60

5．依次添加其他的阳台栏杆，如图8-61所示。

6．添加的阳台栏杆以组件形式显示，单击【全体炸开】按钮，全体炸开，如图8-62所示。

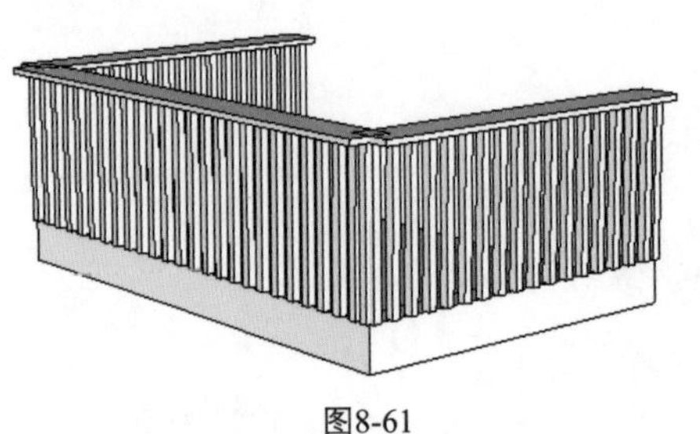

图8-61

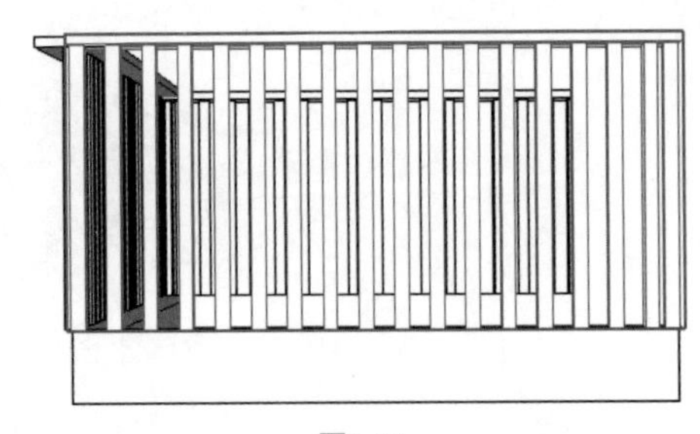

图8-62

7．单击【线条】按钮，连接形状，如图8-63所示，单击【推/拉】按钮，向下推，如图8-64所示。

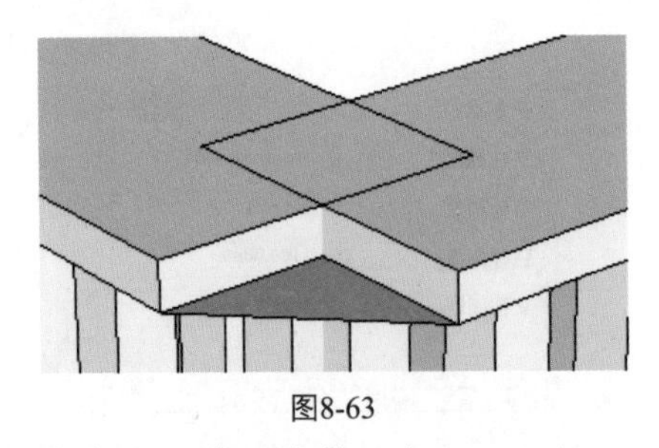

图8-63

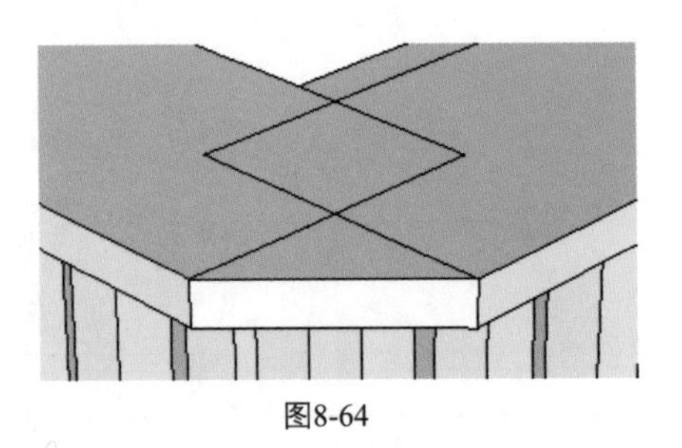

图8-64

8．将多余的线进行隐藏，如图8-65所示。

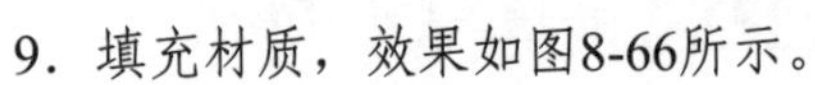

9．填充材质，效果如图8-66所示。

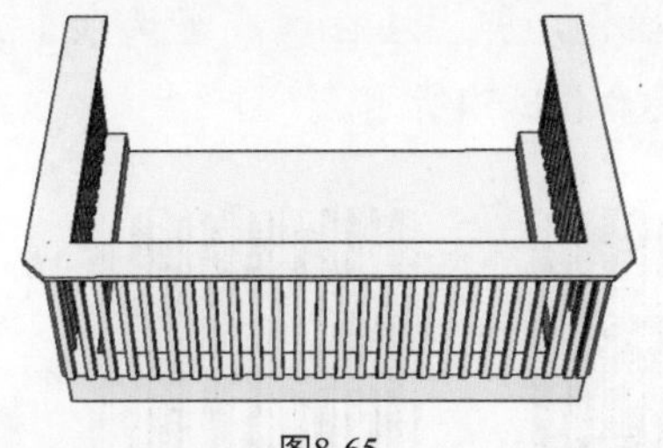

图8-65

图8-66

案例——创建窗帘

本案例主要应用绘图工具和插件工具创建模型，图8-67所示为效果图。

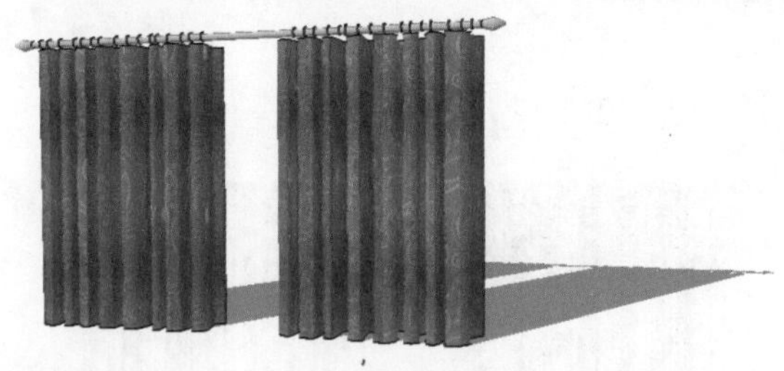

图8-67

结果文件：\Ch08\窗帘.skp

视频：\Ch08\窗帘.wmv

1. 单击【徒手画】按钮，绘制两段曲线形状，如图8-68所示。

图8-68

2. 选择两条曲线，选择【插件】/【线面工具】/【拉线成面】命令，如图8-69和图8-70所示。

图8-69

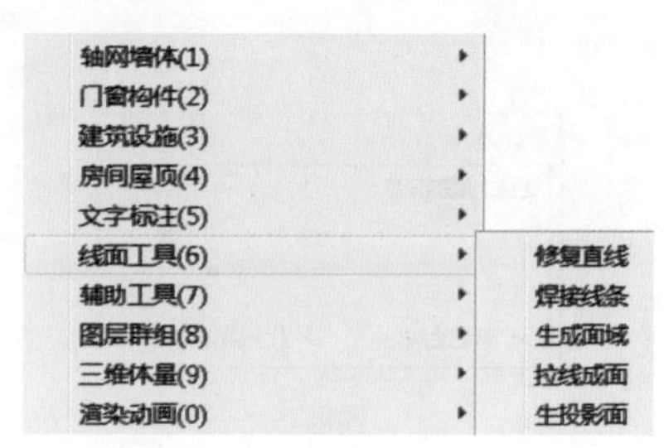

图8-70

3. 单击线上任意一点，将指针向上移动一定距离，如图8-71和图8-72所示。

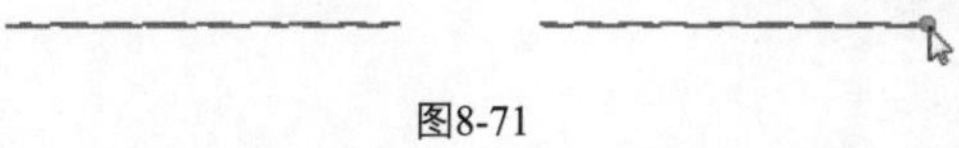

在绿色轴上

图8-71

图8-72

4. 在数值控制栏中输入“1000”，按Enter键结束操作，弹出【自动成组选项】对话框，单击 确定 按钮，即可拉线成面，如图8-73和图8-74所示。

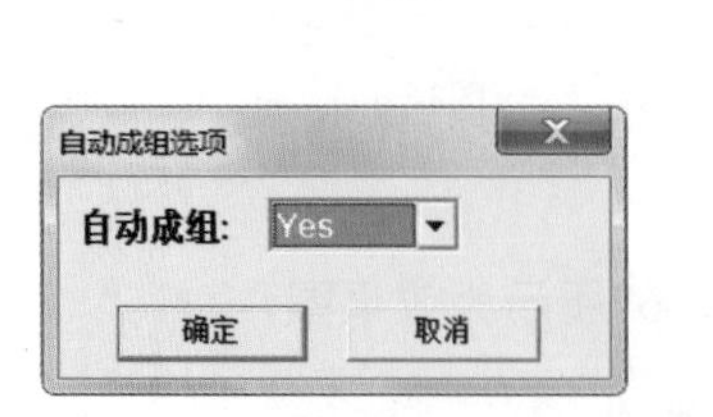

图8-73

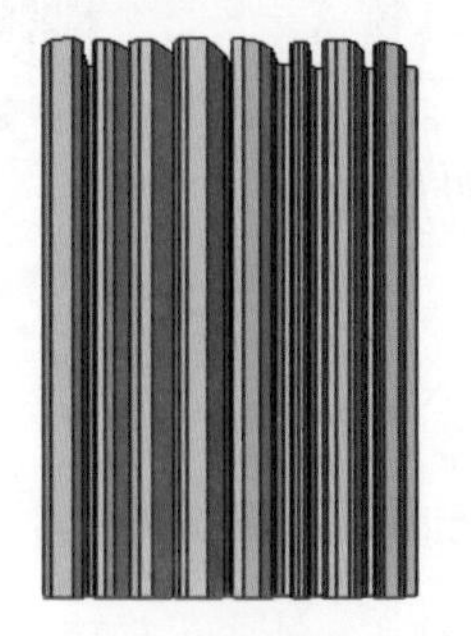

图8-74

5. 为窗帘制作一个挂杆，如图8-75所示。

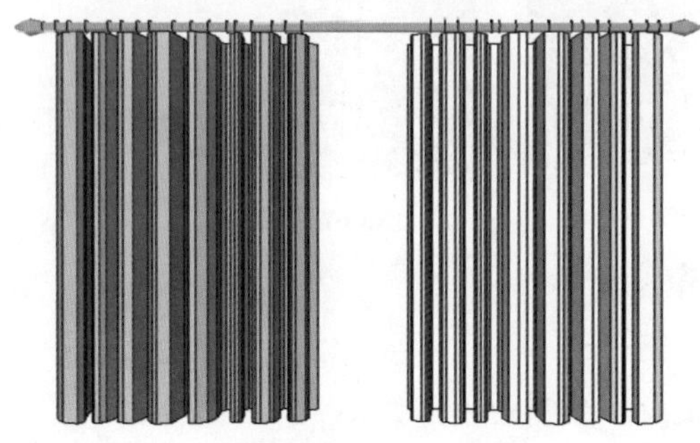

图8-75

6. 选择【窗口】/【柔化边线】命令，对窗帘执行柔化边线效果，如图8-76和图8-77所示。

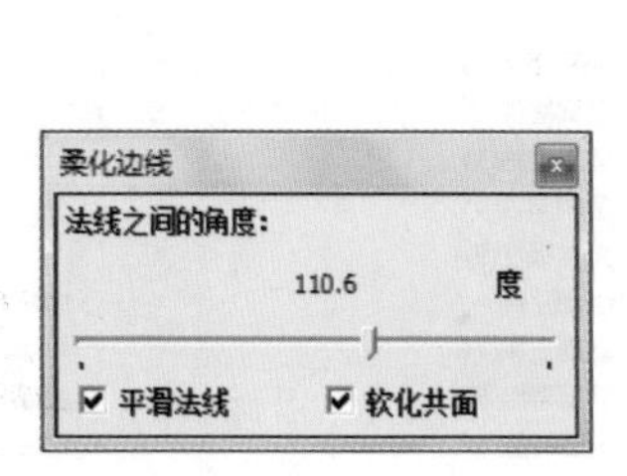

图8-76

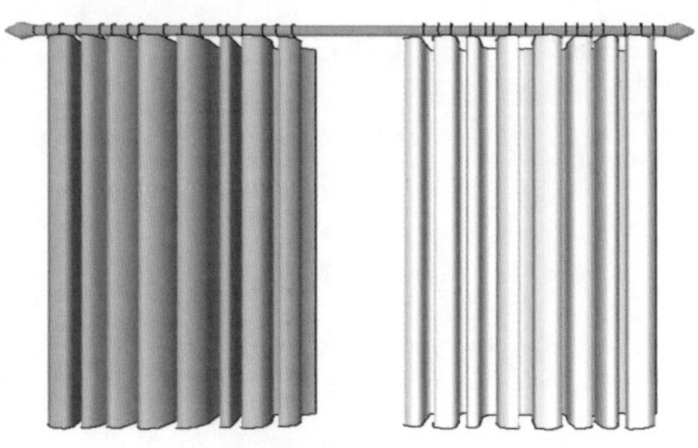

图8-77

7. 为窗帘填充适合的材质，如图8-78所示。

图8-78

8.4 细分/光滑插件及其应用

细分/光滑插件（Subdivide and Smooth），是一个必备的常用工具。使用该工具，可以对模型进一步地细分和光滑。先利用SketchUp制作出大概模型，再利用该插件进行精细处理，会制作出不同效果的模型，其效果非常显著。

选择【视图】/【工具栏】命令，对【Subdivide and Smooth】进行勾选，显示其工具栏，如图8-79所示。

图8-79

一、细分光滑模型

1. 单击【多边形】按钮，绘制一个五边形，然后单击【推/拉】按钮，拉出形状，如图8-80所示。
2. 选中模型，如图8-81所示，单击【细分光滑】按钮，在弹出的对话框中设置参数，如图8-82所示。

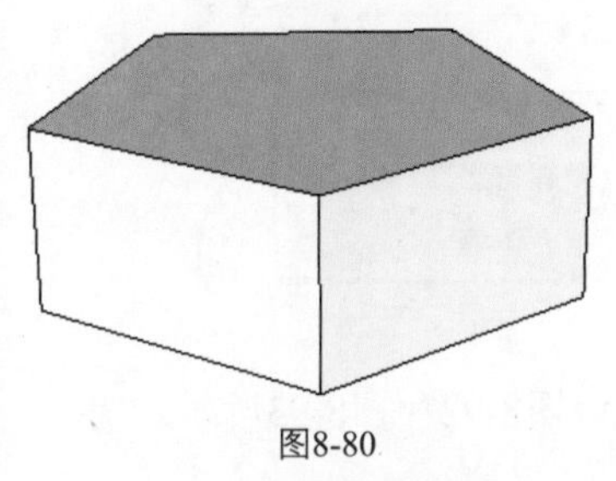

图8-80

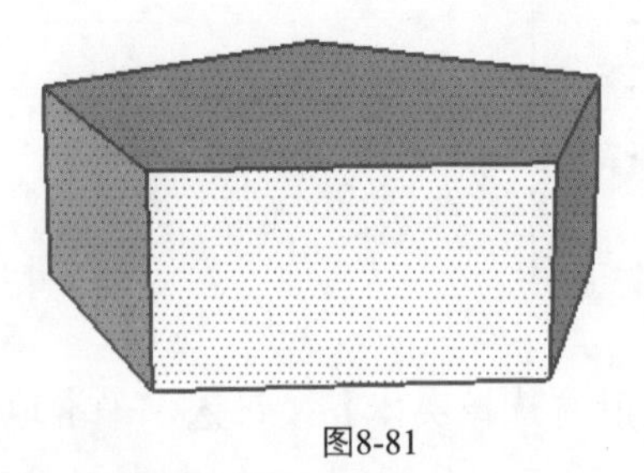

图8-81

图8-82

3. 单击 确定 按钮，细分模型如图8-83所示。
4. 再次选中模型，重新设置细分参数，如图8-84和图8-85所示。

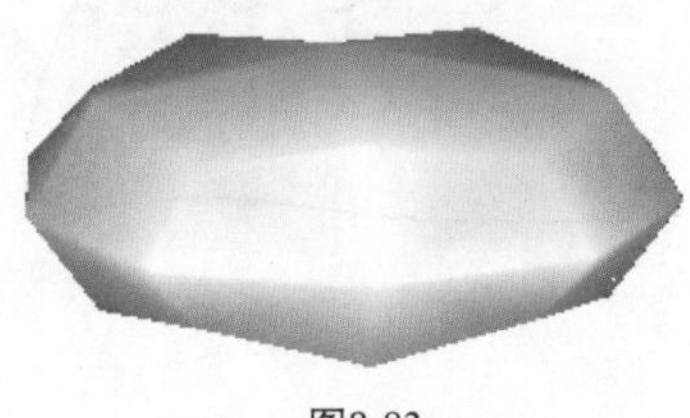

图8-83

图8-84

图8-85

5. 将细分线设为打开状态，可更精细地查看细分效果，如图8-86和图8-87所示。

图8-86

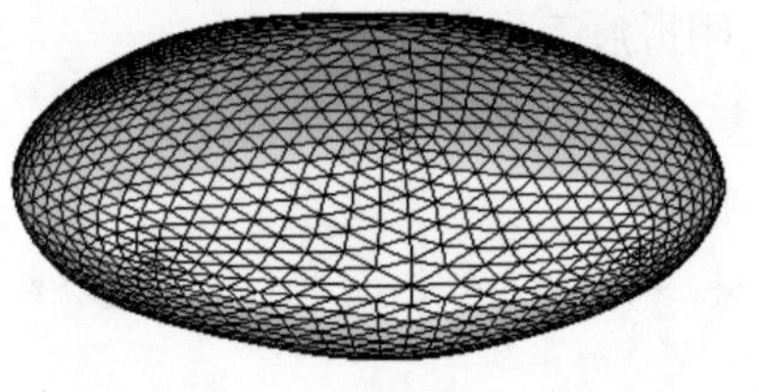

图8-87

在执行细分光滑命令时，模型会根据细分大小来决定它反应的快慢程度，所以不应过于频繁地执行操作，否则会导致死机。

二、细分光滑地形

利用沙盒工具绘制一个简单的地形，用细分/光滑插件工具进行细分光滑地形。

源文件：\Ch08 \地形.skp

1．打开地形模型，如图8-88所示。

2．选中地形，如图8-89所示。

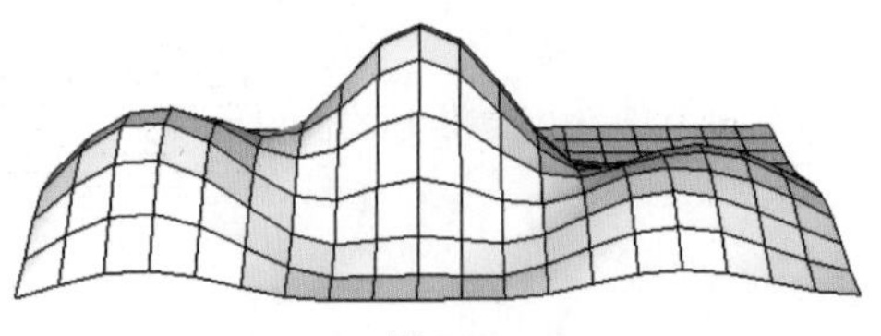

图8-88

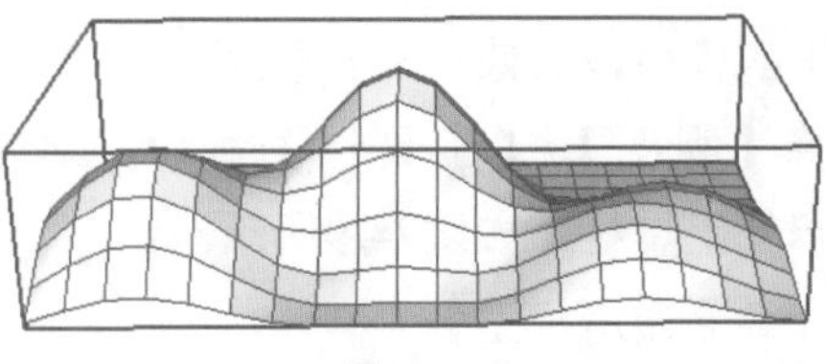

图8-89

3．单击【细分光滑】按钮，在弹出的【细分】对话框中设置参数，如图8-90所示，单击 确定 按钮，结果如图8-91所示。

图8-90

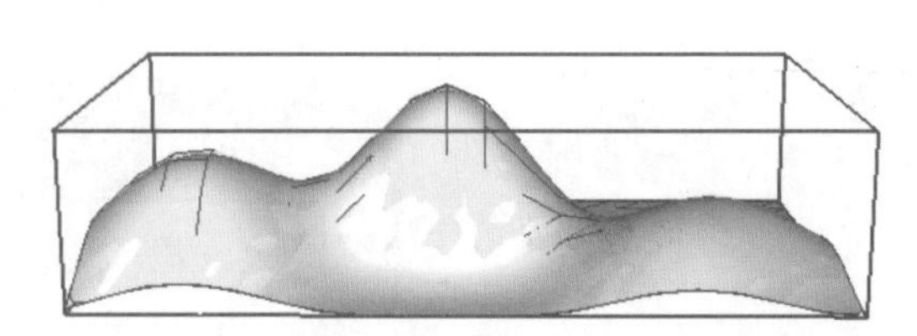

图8-91

4．选中地形，单击【平滑所有选择实体】按钮，平滑地形，如图8-92和图8-93所示。

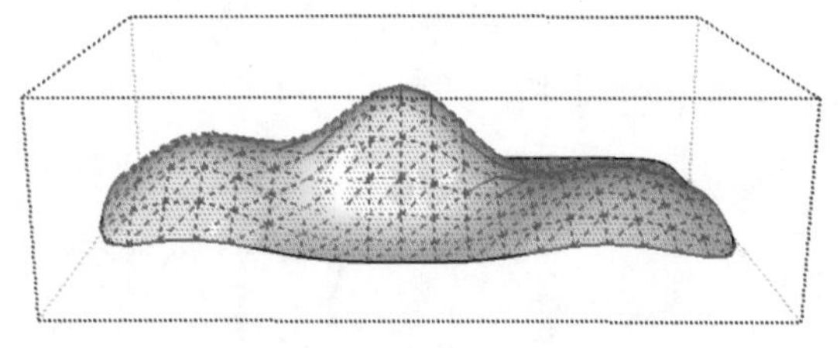

图8-92

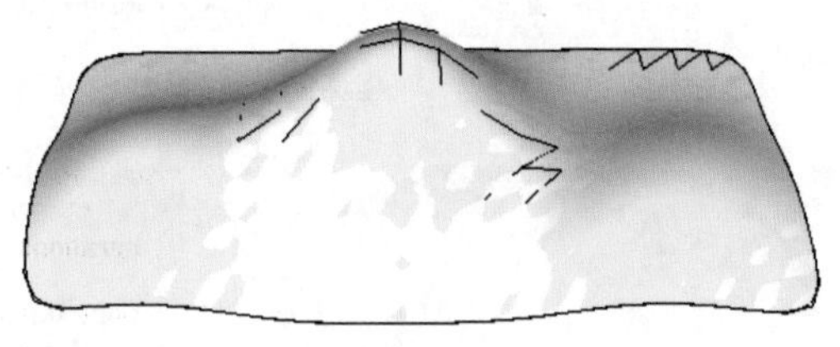

图8-93

三、折痕工具

折痕工具，主要用来产生硬边和尖锐的顶点效果，在对模型光滑之前，使用该工具单击顶点或边线，光滑处理后就可以产生折痕效果。

下面举例说明折痕工具的用法。

1．单击【矩形】按钮，绘制一个矩形，单击【推/拉】按钮，拉起一定高度，如图8-94所示。

2．创建群组，如图8-95所示，双击进入群组编辑状态，如图8-96所示。

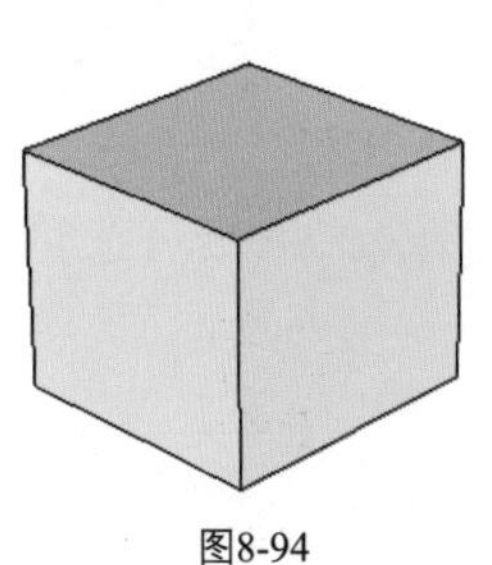

图8-94

图8-95

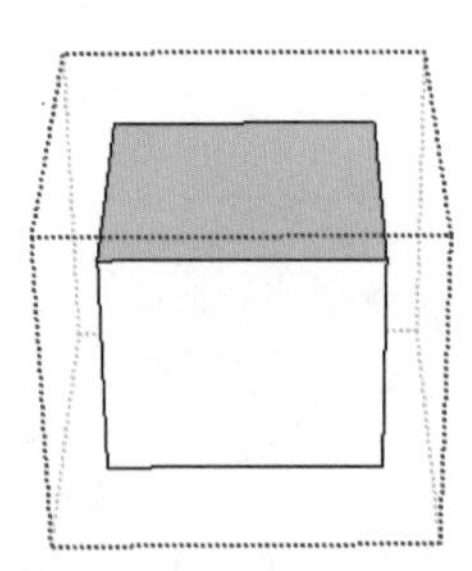

图8-96

3．单击【折痕】按钮，然后单击矩形边线和顶点，如图8-97和图8-98所示。

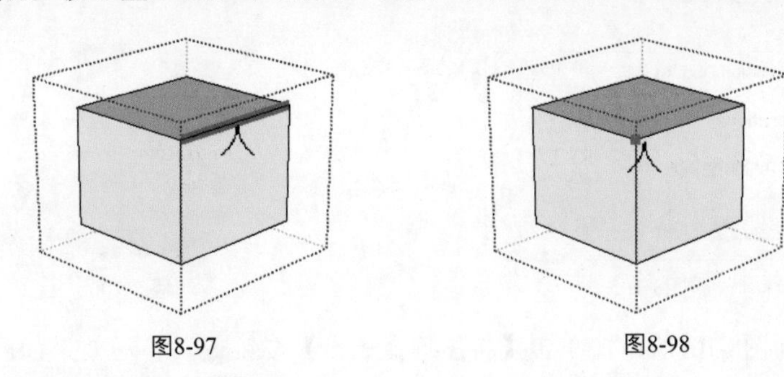

图8-97　　图8-98

4．单击【细分光滑】按钮，在弹出的对话框中设置参数，如图8-99所示，单击 确定 按钮。

5．再次双击进入编辑状态，如图8-100所示。

图8-99

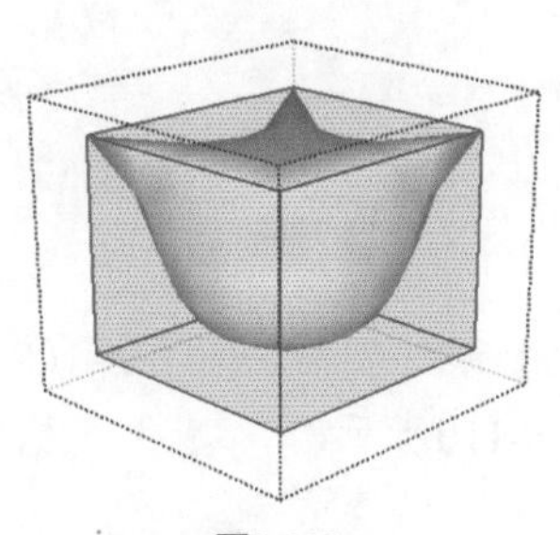

图8-100

6．再次单击【折痕】按钮，单击顶点或边线，如图8-101所示，即可恢复平滑状态，如图8-102所示。

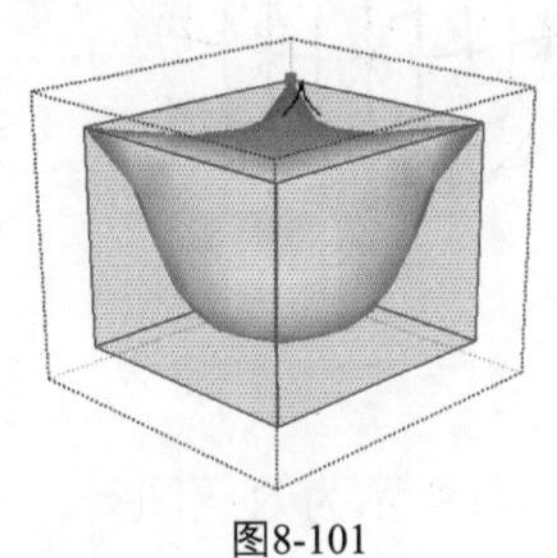

图8-101

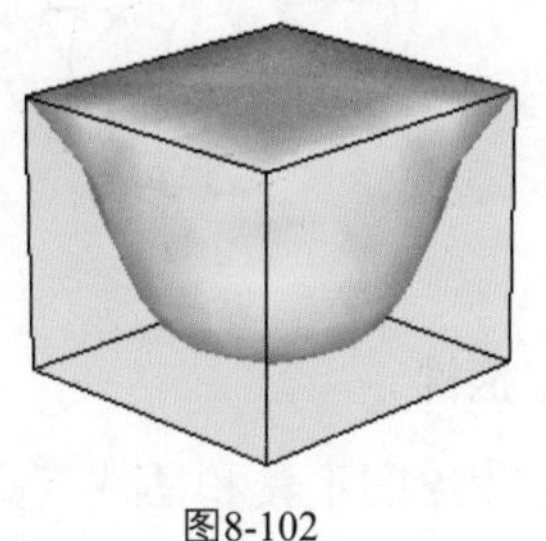

图8-102

四、挤压选择表面工具

这个工具的用法与SketchUp的推拉工具基本相同，即选择模型某一个表面，再利用该工具产生挤压效果。

下面举例说明挤压选择表面工具的用法。

1．单击【多边形】按钮和【推/拉】按钮，拉出图8-103所示的形状。

2．选中模型，如图8-104所示，单击【细分光滑】按钮，设置参数如图8-105所示。

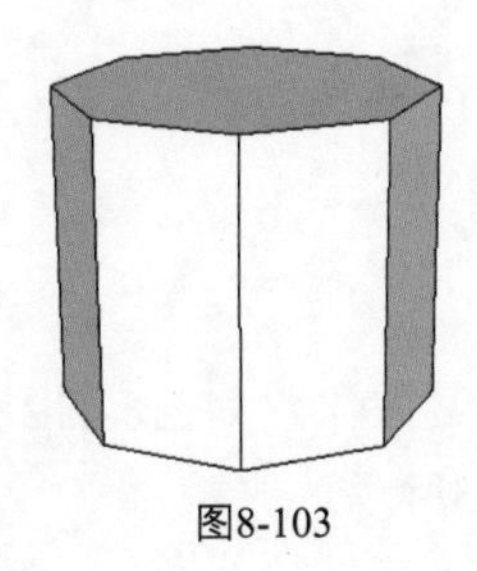

图8-103

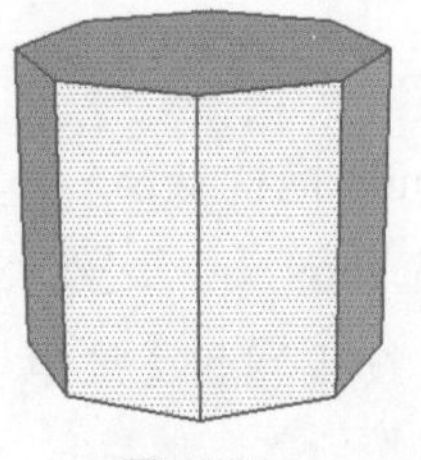

图8-104

3．细分平滑效果如图8-106所示。

图8-105

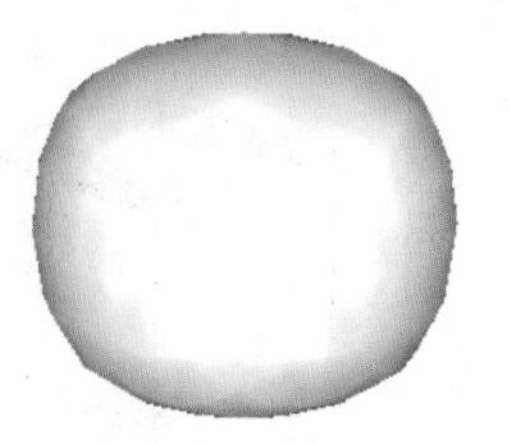
图8-106

4．选中模型，如图8-107所示，单击【挤压选择表面】按钮，挤压效果如图8-108所示。

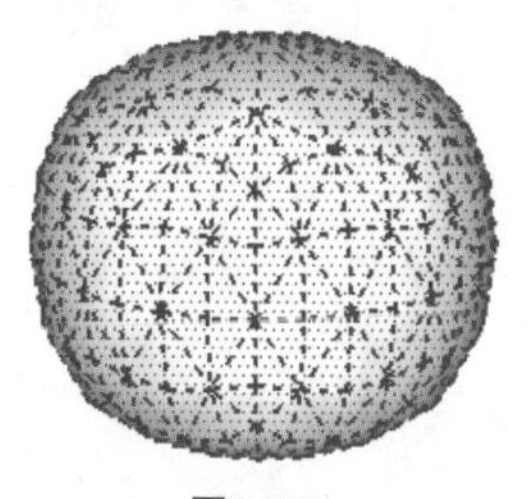
图8-107

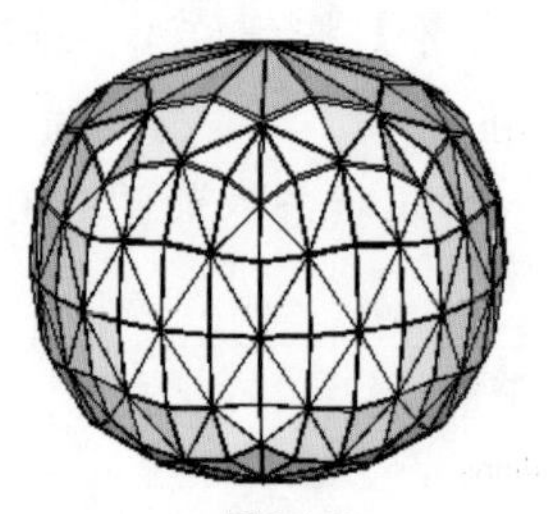
图8-108

5．单独选中部分表面，如图8-109所示，再次单击【挤压选择表面】按钮，挤压效果如图8-110所示。

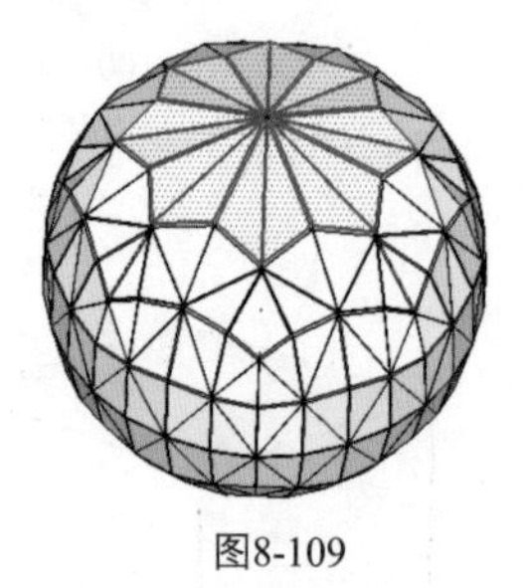
图8-109

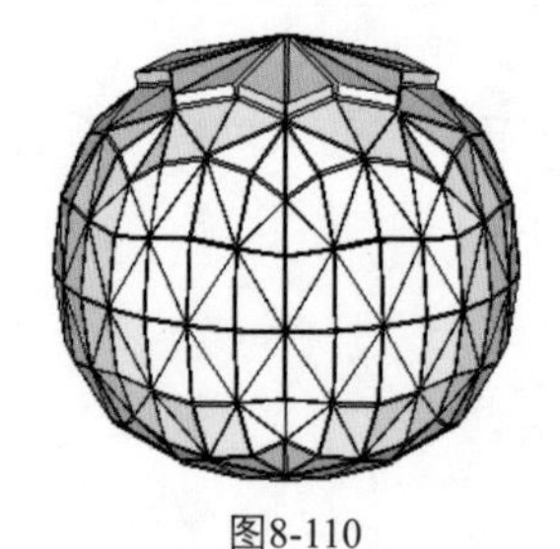
图8-110

案例——制作抱枕

本案例主要应用绘图工具和插件工具创建模型，图8-111所示为效果图。

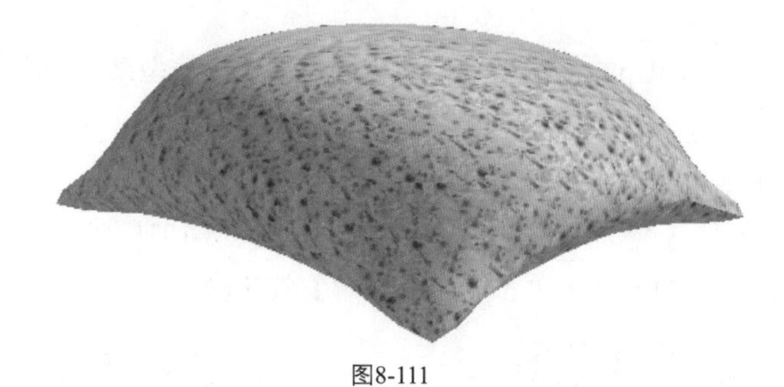
图8-111

结果文件：\Ch08\抱枕.skp

视频：\Ch08\抱枕.wmv

1．利用【矩形】按钮和【推/拉】按钮，绘制立方体，如图8-112所示。

2．单击【折痕】按钮，然后单击顶点，如图8-113所示。

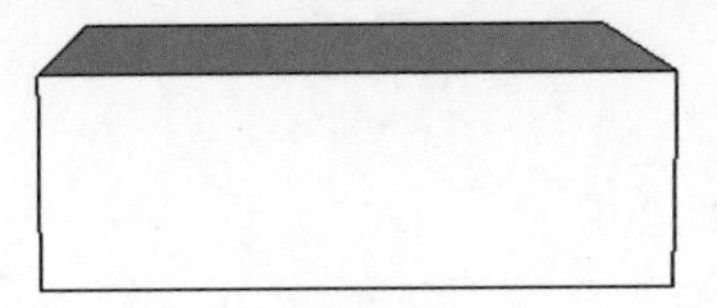
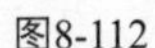

图8-112

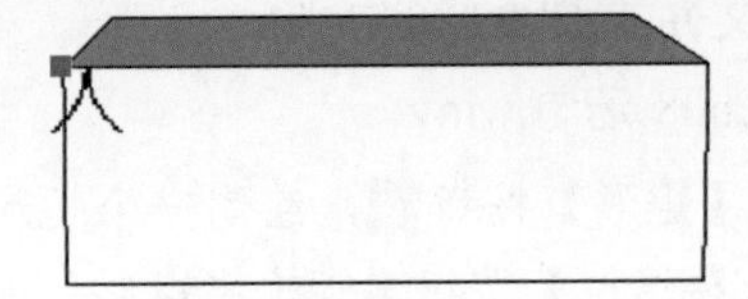

图8-113

3．单击【细分光滑】按钮，细分模型，参数设置和结果如图8-114和图8-115所示。

图8-114

图8-115

4．选中模型，如图8-116所示，单击【平滑所有选择实体】按钮，平滑结果如图8-117所示。

图8-116

图8-117

5．为枕头填充适合的材质，如图8-118所示。

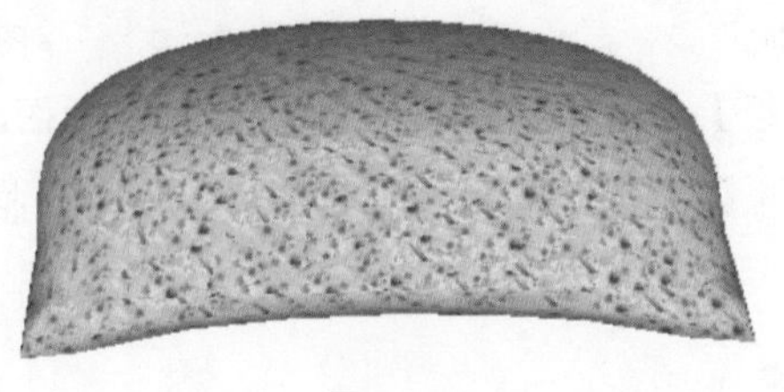

图8-118

案例——制作汤勺

本案例主要应用绘图工具和插件工具创建模型，图8-119所示为效果图。

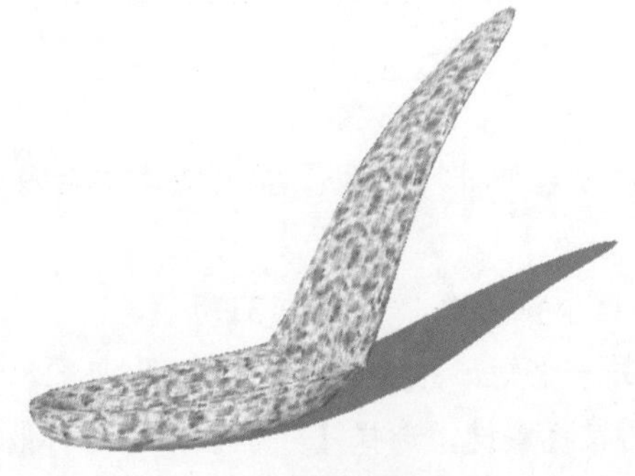

图8-119

结果文件：\Ch08\汤勺.skp

视频：\Ch08\汤勺.wmv

1. 单击【矩形】按钮，绘制一个矩形，如图8-120所示。
2. 单击【推/拉】按钮，拉伸矩形，如图8-121所示。

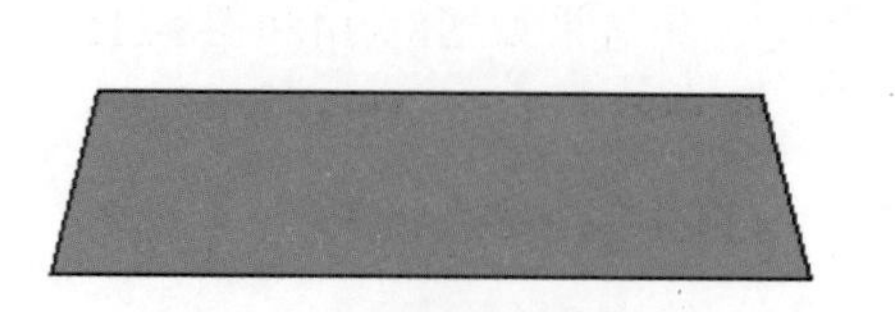
图8-120

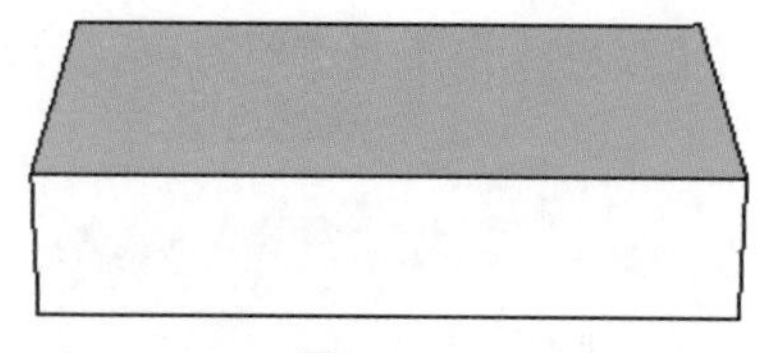
图8-121

3. 单击【偏移】按钮，向里偏移复制一定距离，如图8-122所示。
4. 单击【推/拉】按钮，推拉矩形，如图8-123所示。

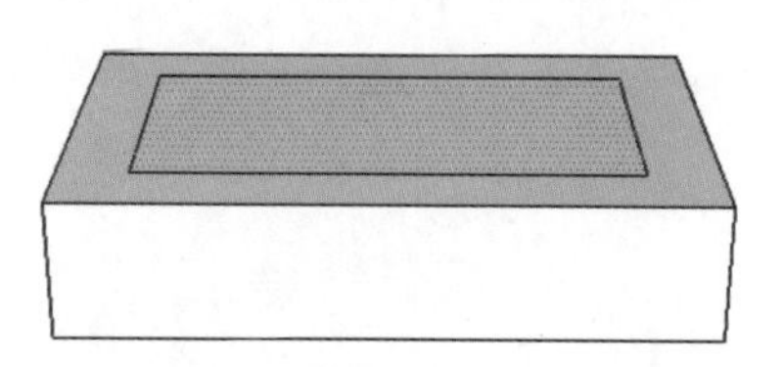
图8-122

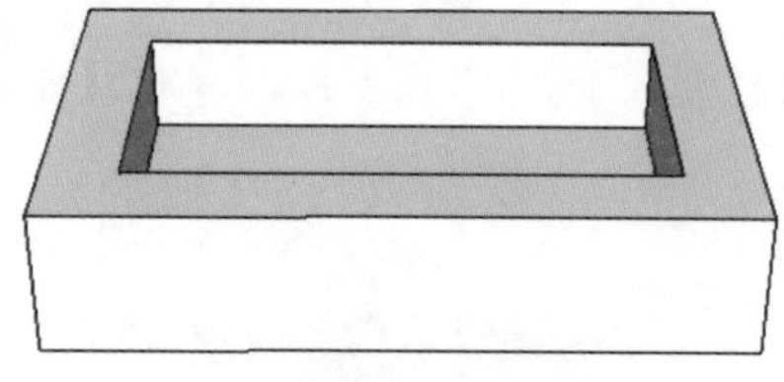
图8-123

5. 单击【拉伸】按钮，缩放拉伸，状态如图8-124所示，结果如图8-125所示。

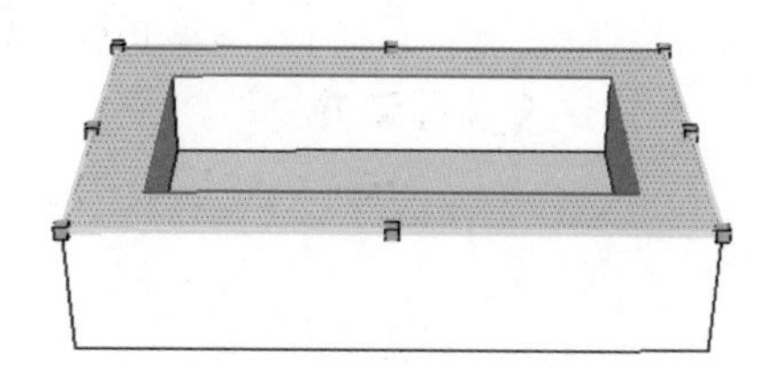
图8-124

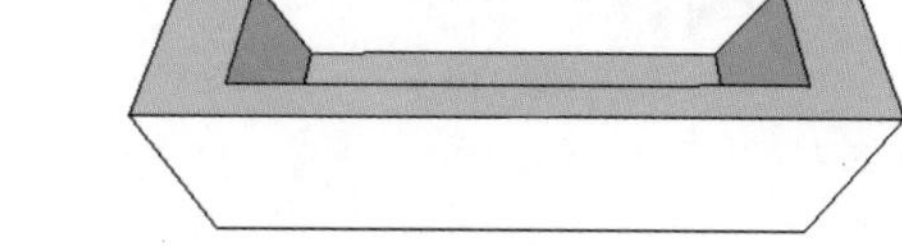
图8-125

6. 选择【编辑】|【创建组】命令，将模型创建为群组，如图8-126所示。
7. 单击【矩形】按钮和【推/拉】按钮，继续绘制矩形并推拉，如图8-127和图8-128所示。

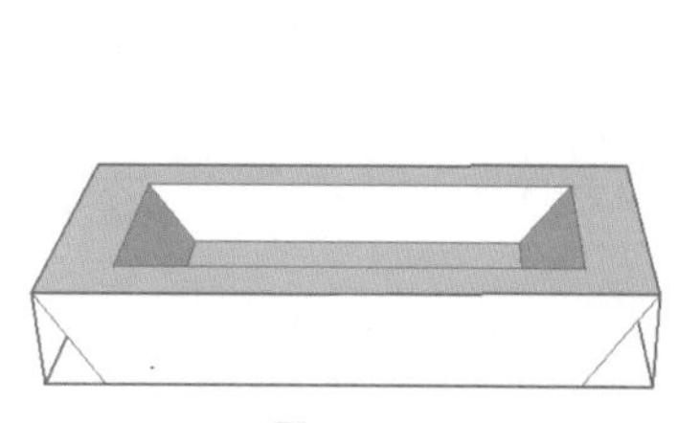
图8-126

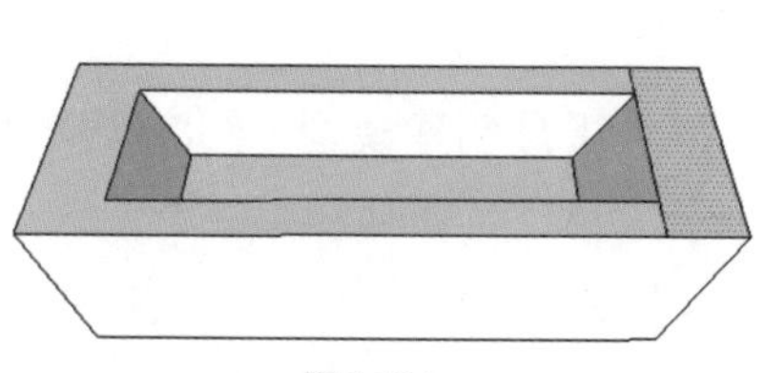
图8-127

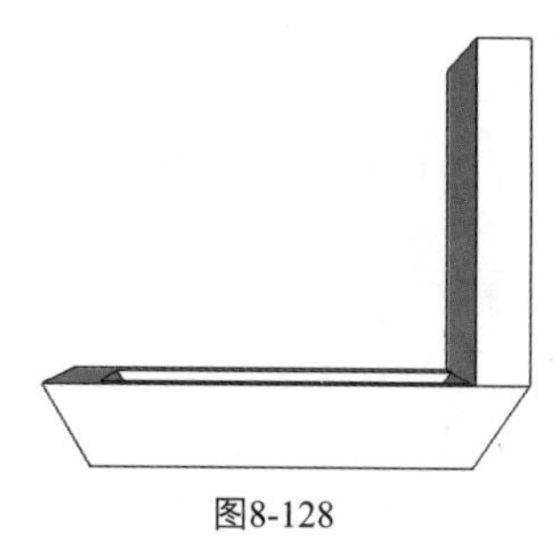
图8-128

8. 选中顶面，如图8-129所示，单击【移动】按钮，向后移动一定距离，如图8-130所示。
9. 单击【拉伸】按钮，缩小拉伸面，如图8-131所示。
10. 利用同样的方法绘制另一个矩形并缩小，分别如图8-132和图8-133所示。
11. 选中制作的模型，单击鼠标右键，选择【分解】命令，打散群组，如图8-134所示。

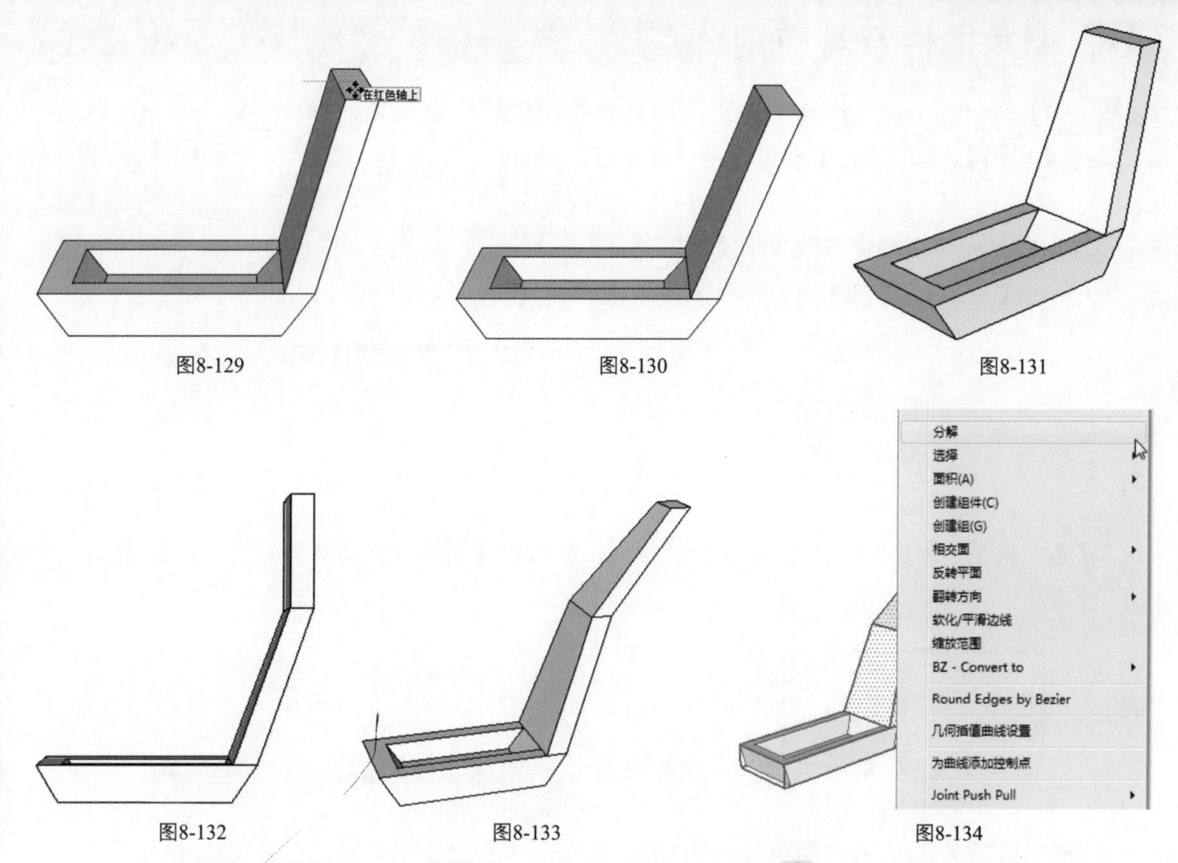

图8-129　图8-130　图8-131

图8-132　图8-133　图8-134

12．打开细分/光滑插件，选中模型，如图8-135所示，单击按钮，弹出【细分】对话框，参数设置如图8-136所示。

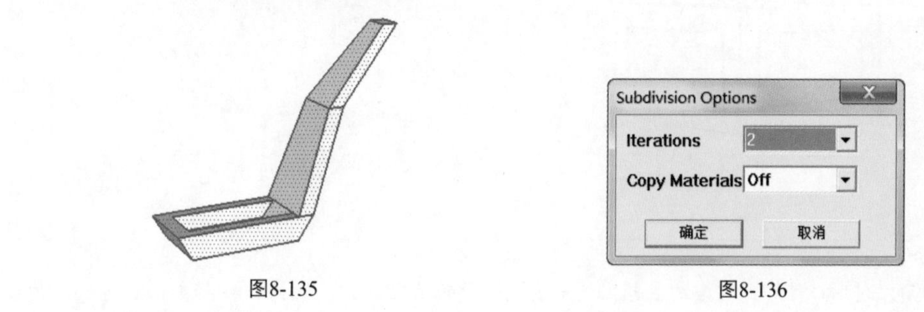

图8-135　图8-136

13．单击 确定 按钮，即完成细分光滑模型，可多执行几次细分效果，如图8-137所示。

14．填充适合的材质，如图8-138所示。

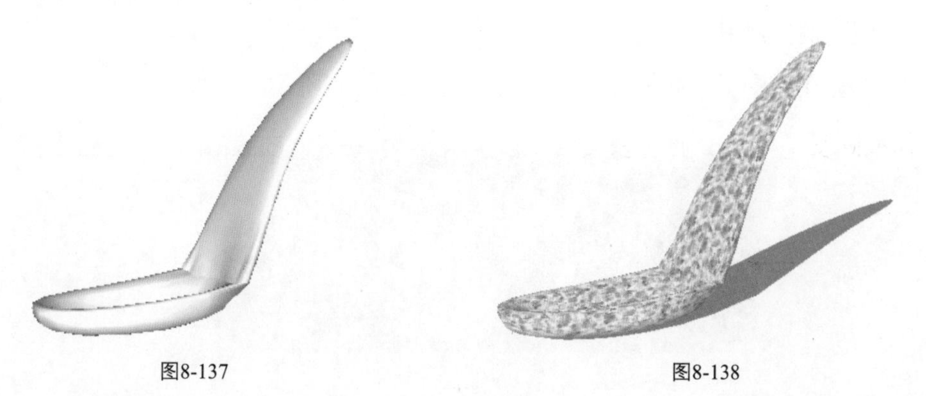

图8-137　图8-138

8.5 倒角插件及其应用

倒角（Round Corner）插件，主要作用是对模型进行任意倒角，弥补了SketchUp工具的不足。选择【视图】/【工具栏】命令，将【Round Corner】进行勾选，显示其工具栏，如图8-139所示。

下面以制作一个矩形倒角效果来说明倒角插件的用法。

1. 利用【矩形】按钮和【推/拉】按钮，绘制并拉出一个矩形，如图8-140所示。

图8-139

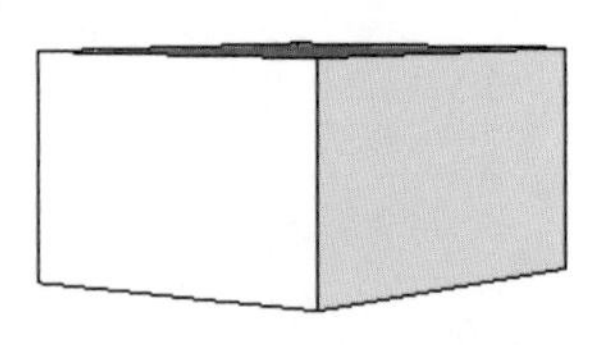
图8-140

2. 选中模型，如图8-141所示，单击按钮，这时出现倒角设置参数工具栏，如图8-142所示。

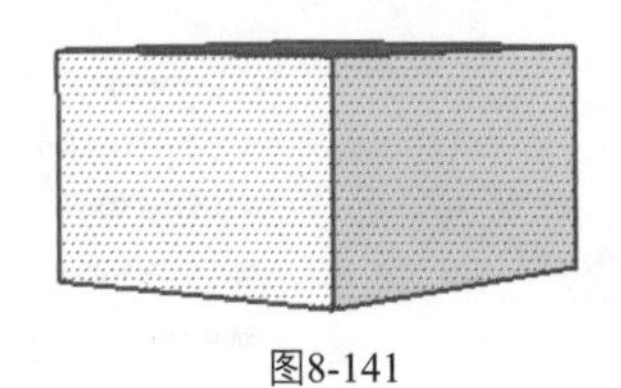
图8-141

图8-142

3. 图8-143所示为选中的倒角面，单击确定按钮，即可看到倒角效果，如图8-144所示。

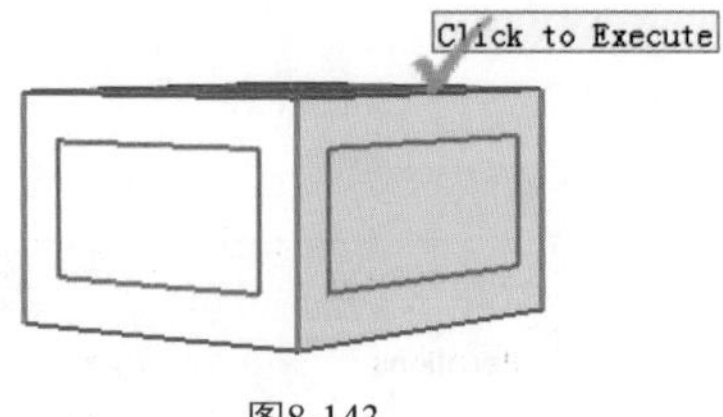

图8-143

图8-144

提示

在运用倒角插件时，倒角面容易发生自相交而造成破面的情况，需要修补面，但修补面的方法很复杂，所以还是建议重新删除面后再绘制。

案例——创建倒角沙发

本案例主要应用绘图工具和插件工具创建模型，图8-145所示为效果图。

图8-145

结果文件：\Ch08\倒角沙发.skp

视频：\Ch08\倒角沙发.wmv

1．单击【矩形】按钮，绘制矩形面，然后单击【推/拉】按钮，拉出一定距离，如图8-146和图8-147所示。

图8-146　　图8-147

2．单击【矩形】按钮，绘制矩形面，然后单击【推/拉】按钮，向下推一定的距离，如图8-148和图8-149所示。

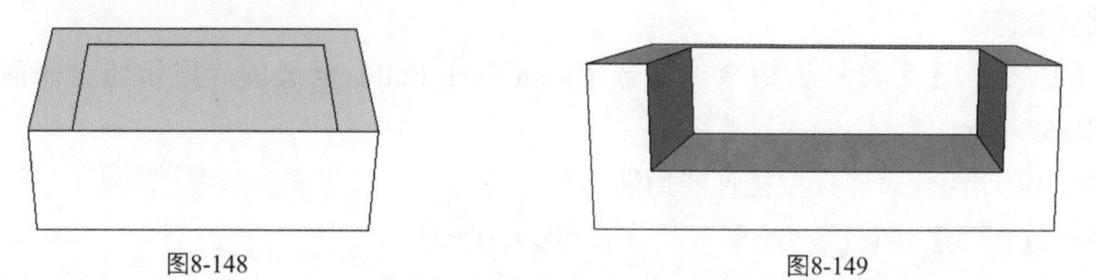

图8-148　　图8-149

3．选中模型，如图8-150所示，打开倒角插件，选择倒角面，如图8-151所示，单击按钮，制作沙发倒角，如图8-152所示。

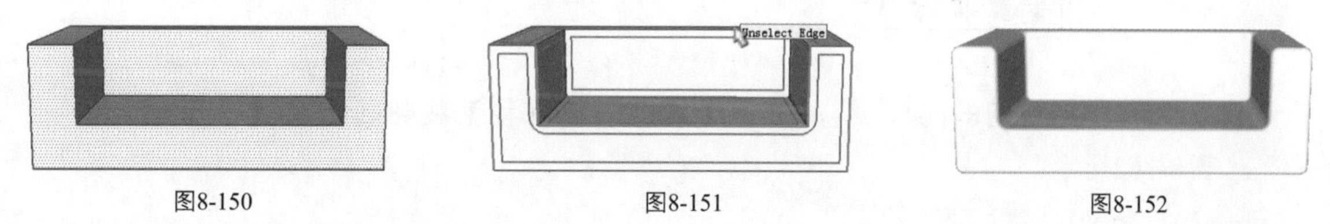

图8-150　　图8-151　　图8-152

4．单击【多边形】按钮，绘制多边形，如图8-153所示，然后单击【推/拉】按钮绘制沙发脚柱，如图8-154所示。

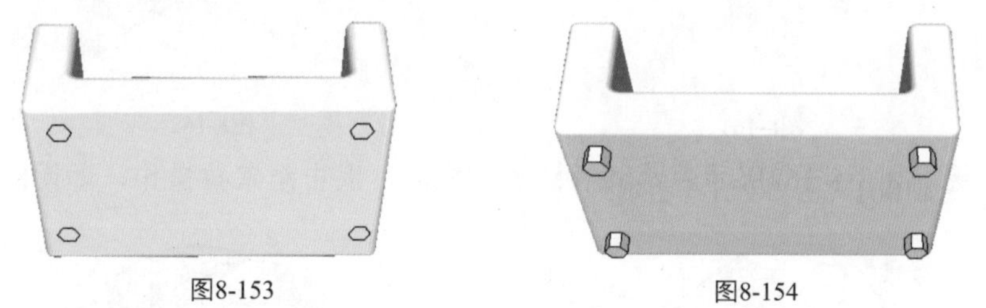

图8-153　　图8-154

5．打开细分/光滑插件，单击【细分光滑】按钮，选中脚柱，如图8-155所示，细分参数如图8-156所示，结果如图8-157所示。

图8-155　　图8-156　　图8-157

6. 填充适合的材质，并添加两个抱枕组件，效果如图8-158所示。

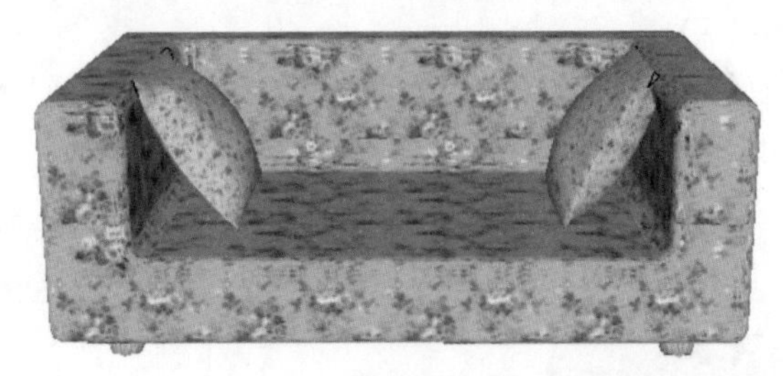

图8-158

8.6 组合表面推拉插件及其应用

组合表面推拉（Joint Push Pull）插件，功能远比推拉工具强大，它的作用可与3ds Max的表面挤压功能相媲美。

选择【视图】/【工具栏】命令，勾选【Joint Push Pull】复选项，显示组合表面推拉工具栏，如图8-159所示。

下面举例说明组合表面推拉插件的用法。

1. 单击【圆弧】按钮，绘制形状，如图8-160所示。

图8-159

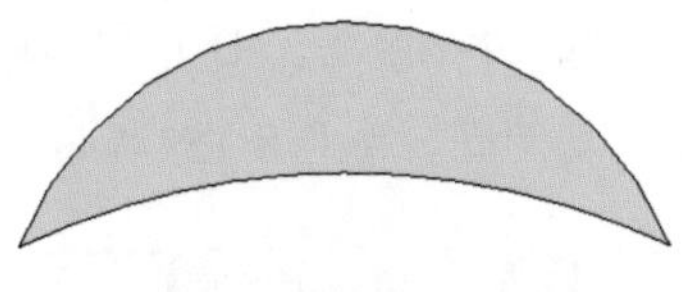

图8-160

2. 选中形状，如图8-161所示，单击【组合表面推拉】按钮，移到平面上，如图8-162所示。

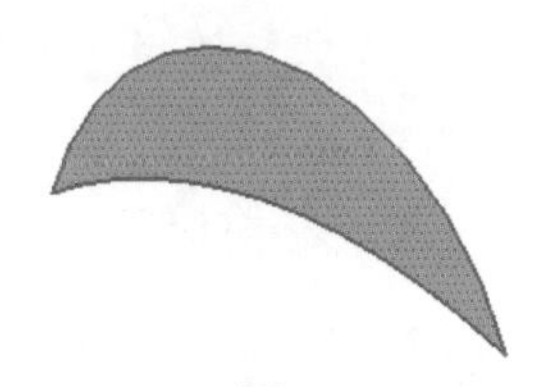

图8-161

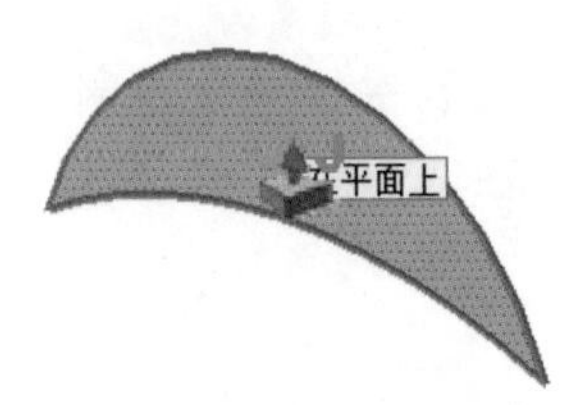

图8-162

3. 推拉形状，如图8-163所示，达到满意的效果后，双击结束拉操作，如图8-164所示。

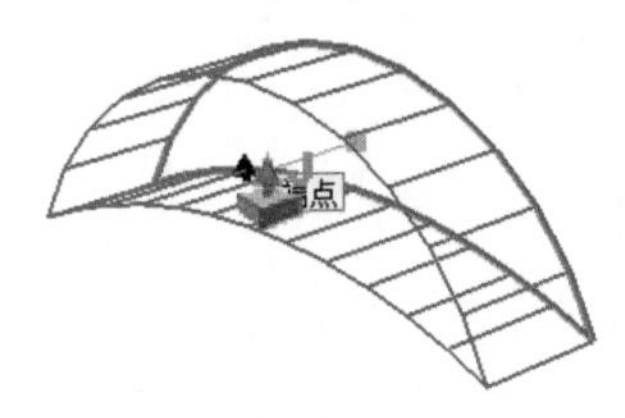

图8-163

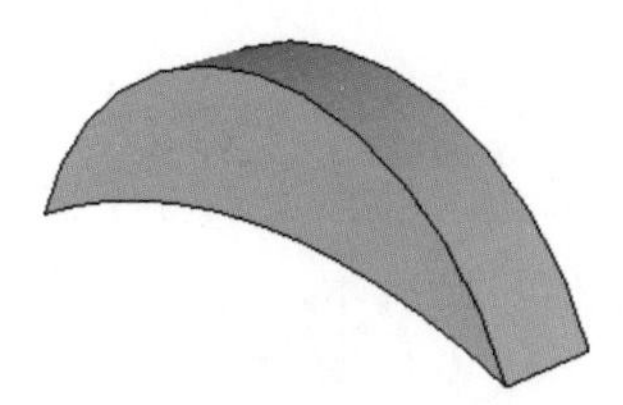

图8-164

4. 选中形状，如图8-165所示，单击【向量推拉】按钮，推拉形状，如图8-166所示，达到满意效果后，双击结束操作，结果如图8-167所示。
5. 单击【法线推拉】按钮，推拉形状，分别如图8-168和图8-169所示，结果如图8-170所示。

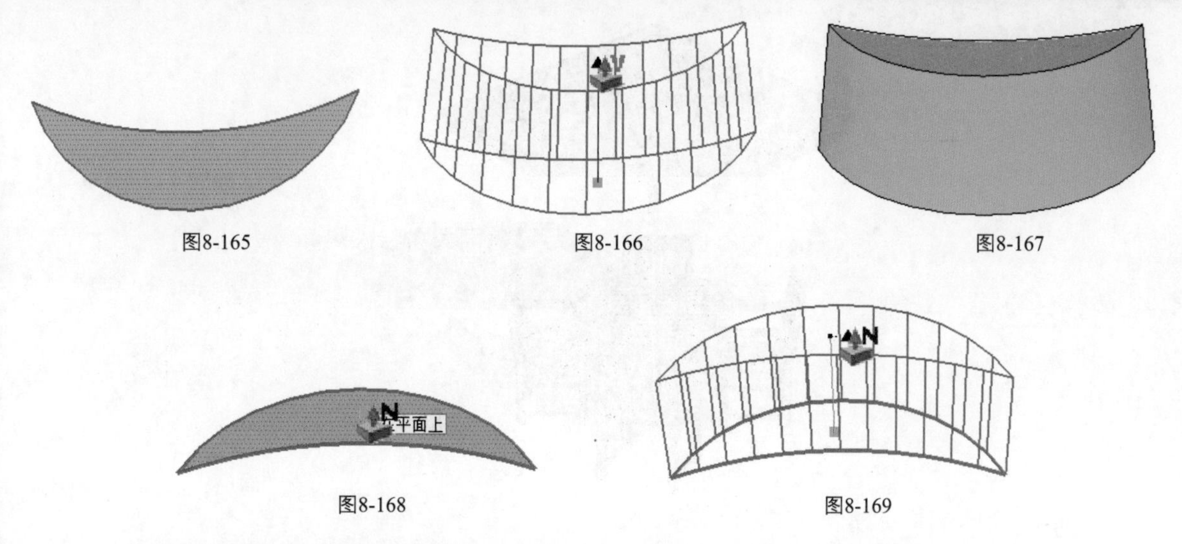

图8-165　　图8-166　　图8-167

图8-168　　图8-169

6. 选择【视图】/【隐藏几何图形】命令，显示虚线，如图8-171所示。

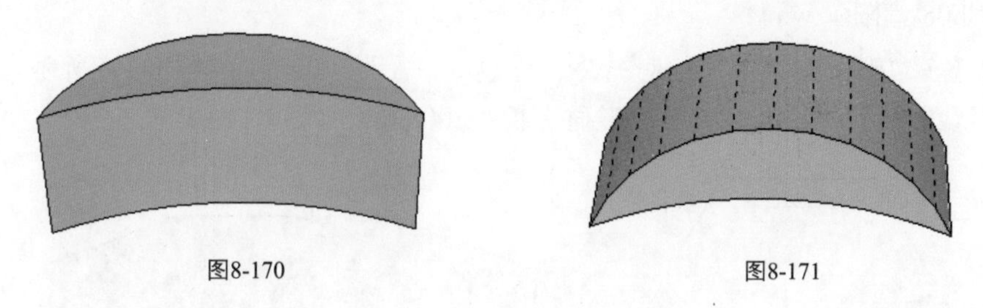

图8-170　　图8-171

7. 单击【组合表面推拉】按钮，可对单独面进行推拉操作，分别如图8-172、图8-173和图8-174所示。

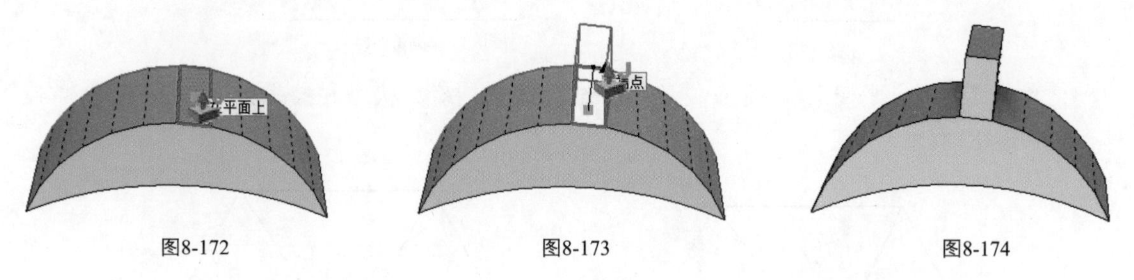

图8-172　　图8-173　　图8-174

8. 单击【法线推拉】按钮，继续进行推拉操作，效果如图8-175和图8-176所示。

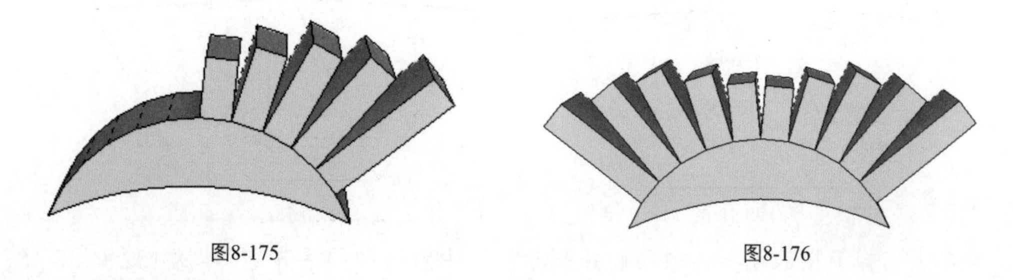

图8-175　　图8-176

案例——创建遮阳伞

本案例主要应用绘图工具和插件工具创建模型，图8-177所示为效果图。

图8-177

结果文件：\Ch08\遮阳伞.skp

视频：\Ch08\遮阳伞.wmv

1. 单击【多边形】按钮，绘制一个六边形，半径为500mm，如图8-178所示。
2. 单击【推/拉】按钮，将多边形向上推拉200mm，如图8-179所示。

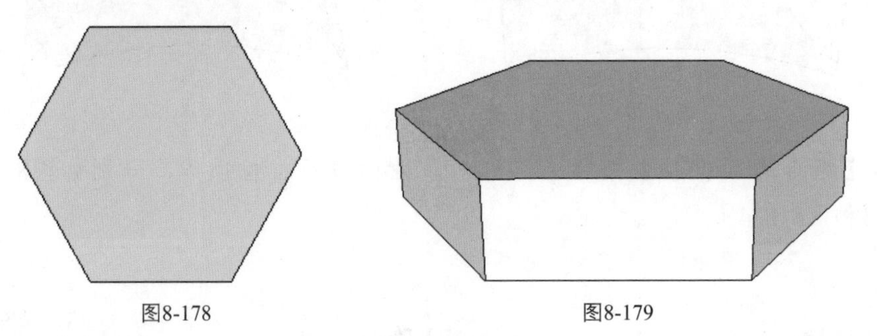

图8-178　　图8-179

3. 单击【拉伸】按钮，将多边形顶面进行缩放，缩放状态和结果分别如图8-180和图8-181所示。

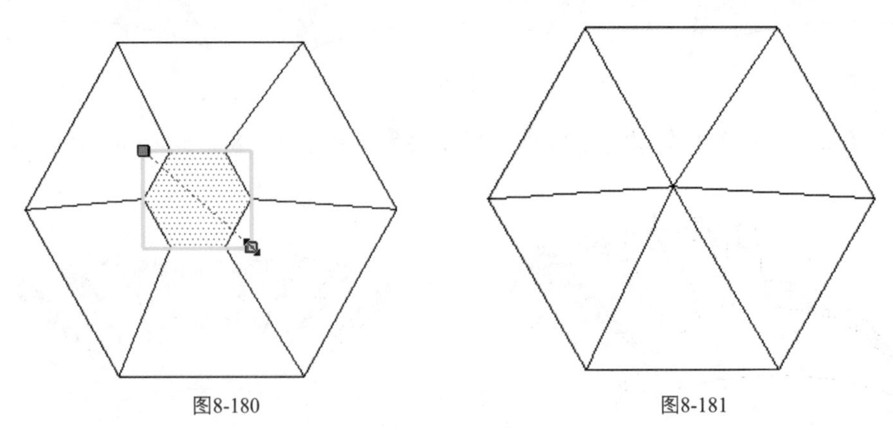

图8-180　　图8-181

4. 单击【选择】按钮，选中底面并删除，选中状态和结果分别如图8-182和图8-183所示。
5. 选中形状，如图8-184所示，单击【组合表面推拉】按钮，移到平面上，如图8-185所示。

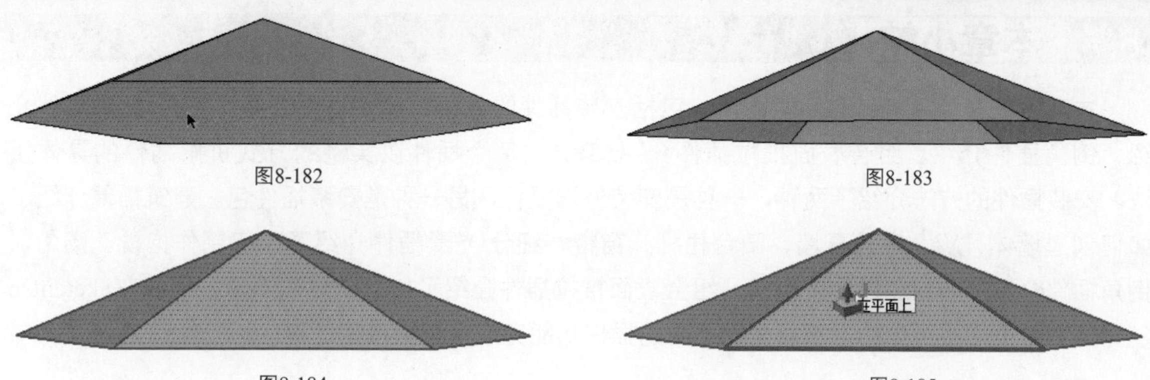

图8-182　　图8-183

图8-184　　图8-185

6. 向上推拉50mm，状态如图8-186所示，双击鼠标结束推拉操作，结果如图8-187所示。

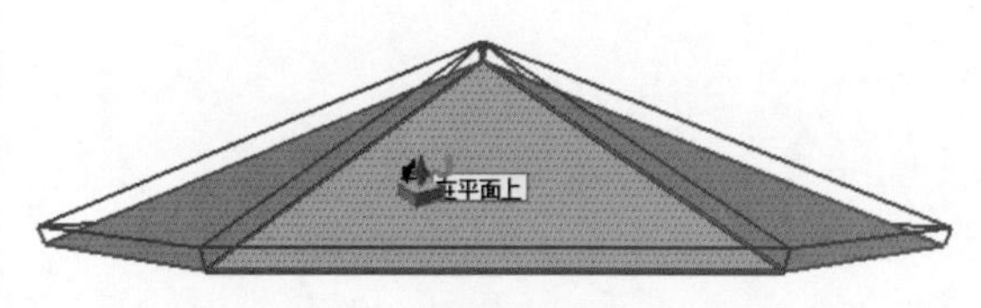

图8-186

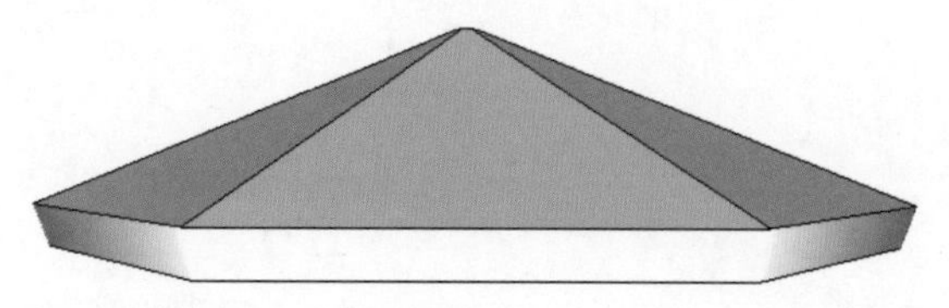

图8-187

7. 单击【推/拉】按钮，选择里面的小圆，如图8-188所示，向下推拉1000mm，结果如图8-189所示。

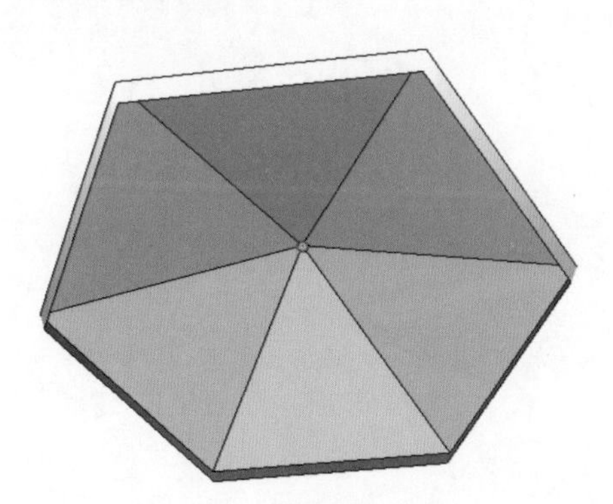

图8-188

图8-189

8. 导入一个桌子组件，将遮阳伞放置于上方，并填充适合的材质，如图8-190所示。

图8-190

8.7 本章小结

本章主要学习了SketchUp的插件，包括安装插件的方法、建筑插件介绍、细分/光滑插件介绍、倒角插件介绍、组合表面推拉插件介绍5部分，每个插件以实例的方式讲解插件的具体用法。安装插件的方法介绍了两种，一种是安装外挂插件，另一种是安装插件包。建筑插件介绍了如何创建墙体开窗、玻璃幕墙、阳台栏杆、窗帘。细分/光滑插件介绍了如何制作抱枕、汤勺。倒角插件介绍了如何创建沙发倒角。组合表面推拉插件介绍了如何创建遮阳伞。插件在SketchUp创建模型时是必不可少的，它能利用不同的插件功能完成复杂的模型创建。

第9章

SketchUp效果图的高级渲染和后期处理

本章将介绍渲染知识，这里主要介绍V-Ray for SketchUp 2015渲染器和Artlantis 5渲染器。这两个渲染器能与SketchUp完美地结合，渲染出高质量的图片效果。

9.1 V-Ray渲染器

由于SketchUp没有内置的渲染器，因此要得到照片级的渲染效果，只能借助其他渲染器来完成。V-Ray渲染器是目前最为强大的全局光渲染器之一，适用于建筑及产品渲染。通过使用此渲染器，既可发挥出SketchUp的优势，又可弥补SketchUp的不足，从而做出高质量的渲染作品。

9.1.1 V-Ray简介

一、V-Ray的优点

- 最为强大的渲染器之一，具有高质量的渲染效果，支持室外、室内及产品渲染。
- V-Ray还支持其他三维软件，如3ds Max、Maya，其使用方式及界面相似。
- 以插件的方式实现对SketchUp场景的渲染，实现了与SketchUp的无缝整合，使用起来很方便。
- V-Ray有最为广泛的用户群，教程、资料、素材非常丰富，遇到困难很容易通过网络找到答案。

二、V-Ray的材质分类

- 标准材质和常用材质，可以模拟出多种材质类型，如图9-1所示。
- 角度混合材质，是与观察角度有关的材质，如图9-2所示。

图9-1

图9-2

- 双面材质，有一种半透明的效果，如图9-3和图9-4所示。

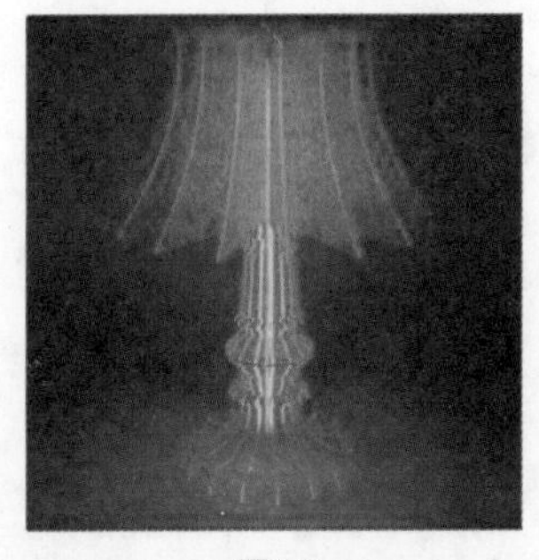

图9-3

图9-4

- SketchUp双面材质，对单面模型的正面及反面使用不同的材质，如图9-5所示。
- 卡通材质，可将模型渲染成卡通效果，如图9-6所示。

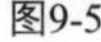
图9-5

图9-6

9.1.2 V-Ray for SketchUp Pro 2015的安装

源文件：\Ch09\ V-Ray 2.0.exe

1. 打开安装程序所在文件夹，启动安装程序V-Ray 2.0.exe，如图9-7所示。
2. 双击应用程序，弹出V-Ray安装对话框，如图9-8所示。

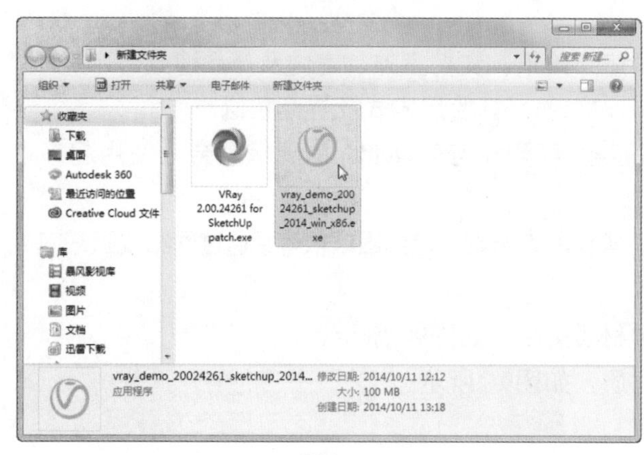

图9-7

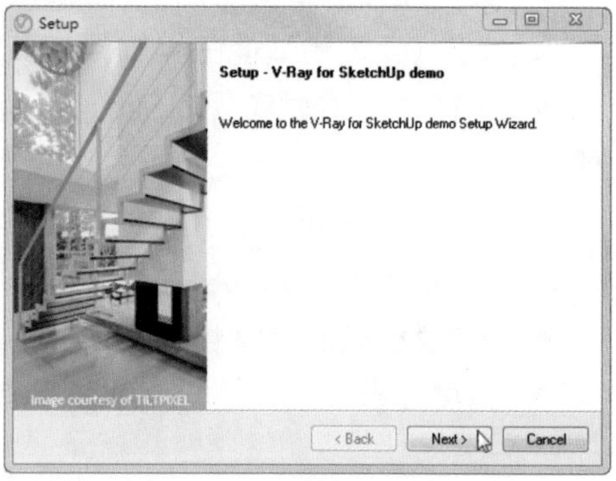

Setup
Setup - V-Ray for SketchUp demo
Welcome to the V-Ray for SketchUp demo Setup Wizard.
Image courtesy of TILTPIXEL
< Back　Next >　Cancel

图9-8

3. 单击 Next > 按钮，弹出安装许可协议对话框，选择 I accept the agreement 选项，如图9-9所示。
4. 单击 Next > 按钮，弹出选择安装程序的对话框。勾选所有复选框，再单击 Next > 按钮，如图9-10所示。

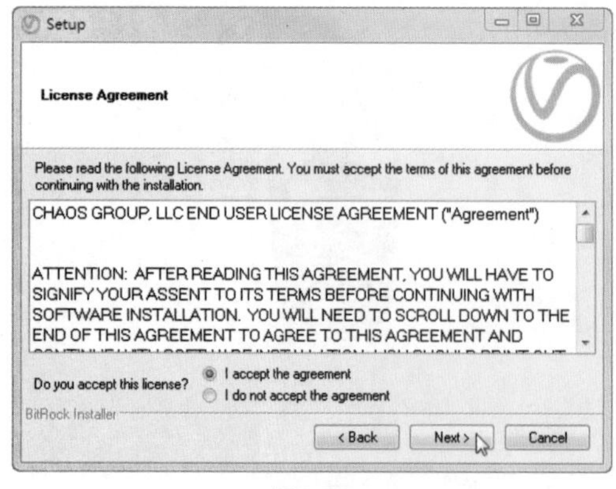

图9-9

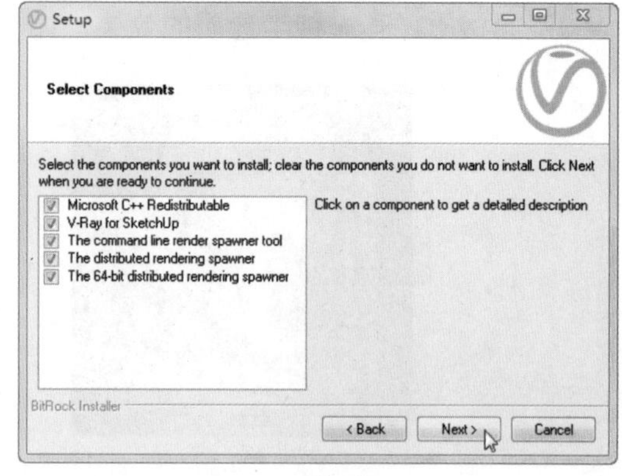

图9-10

5. 接着设置安装路径，安装路径要与SketchUp安装路径一致，如图9-11所示。
6. 单击 Next > 按钮进入准备安装页面，接着再单击 Next > 按钮开始安装，如图9-12所示。

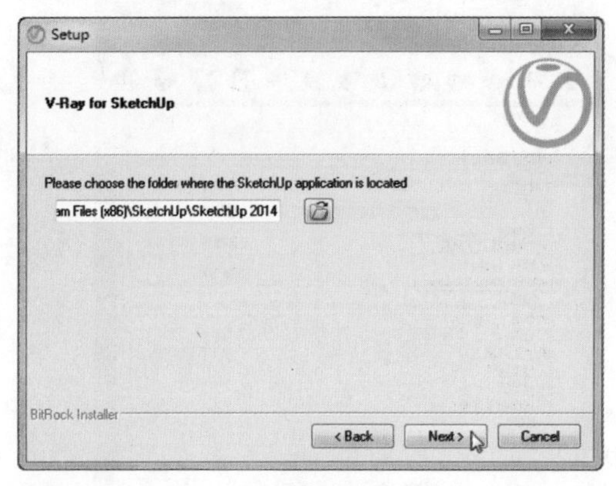

图9-11

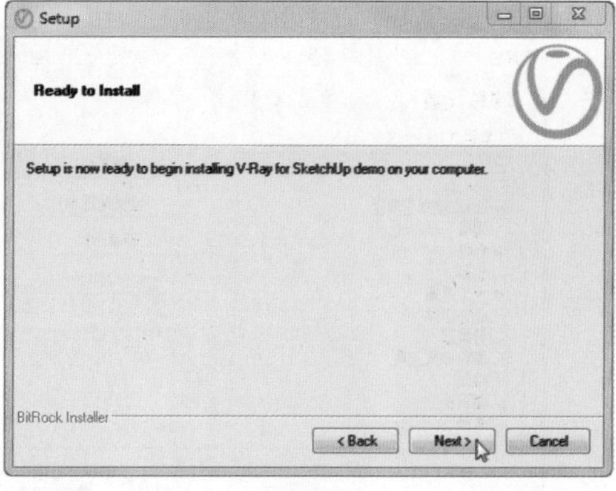

图9-12

V-Ray渲染器安装的版本要与 SketchUp版本一致，也就是要能相互识别，否则会提示安装不成功。

7. 随后安装开始，如图9-13所示。完成安装后单击 Finish 按钮，结束整个安装过程，如图9-14所示。

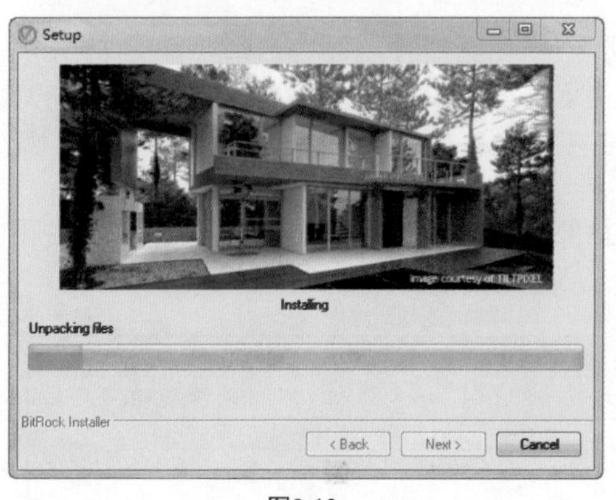

图9-13

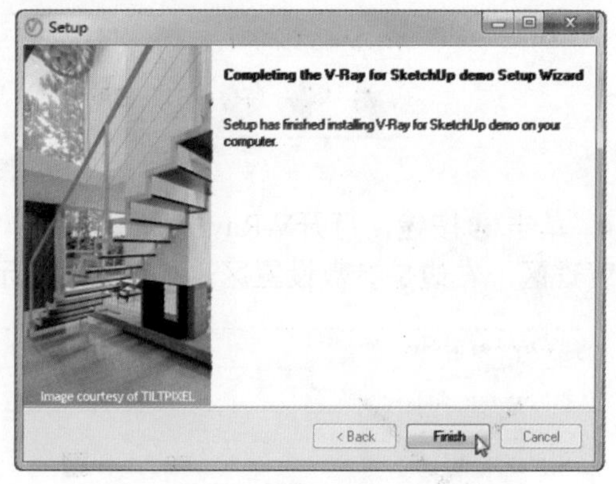

图9-14

8. V-Ray for SketchUp Pro 2015安装完成后，可以用我们提供的汉化程序进行中文汉化。
9. 但是当打开SketchUp Pro 2015后会发现，提供执行菜单栏的【视图】/【工具栏】命令，打开的【工具栏】对话框中找不到安装的V-Ray，如图9-15所示。

这是因为 SketchUp 2015引导的 V-Ray默认路径不是 V-Ray安装路径，默认引导路径是在 Windows系统的隐藏路径下的：C:\Users\Administrator\AppData\Roaming\SketchUp\SketchUp 2015\SketchUp\。

10. 将安装V-Ray路径下（你安装的盘符:\Program Files（x86）\SketchUp\SketchUp 2015）的Plugins文件夹复制到C:\Users\Administrator\AppData\Roaming\SketchUp\SketchUp 2015\SketchUp\路径下，并替换Plugins文件夹。

11．做出上述操作后，重启SketchUp Pro 2015后，即可看到自动导引进来的V-Ray渲染的两个工具条，如图9-16所示。

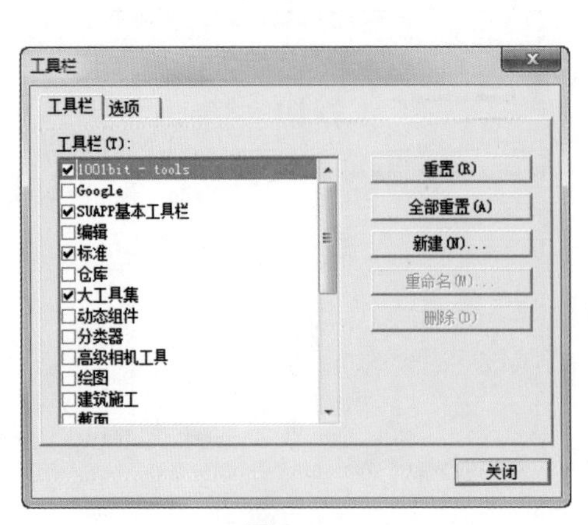

图9-15

图9-16

9.1.3 V-Ray for SketchUp工具栏

图9-17所示为V-Ray渲染工具栏。

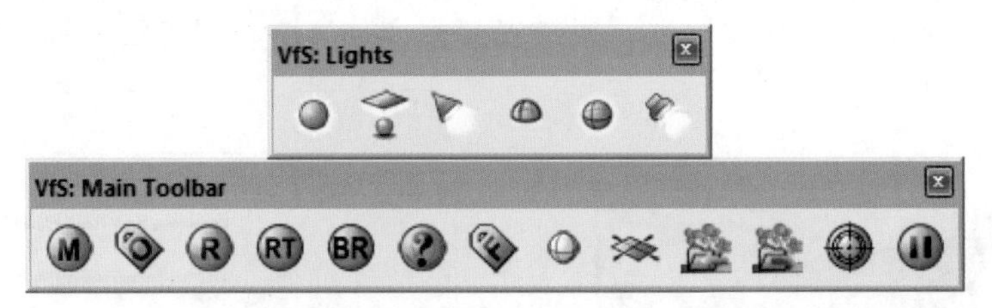

图9-17

● 单击Ⓜ按钮，打开V-Ray材质管理器，它由3部分组成，左上方是材质预览区，左下方是材质管理区，右边是参数设置区，如图9-18所示。

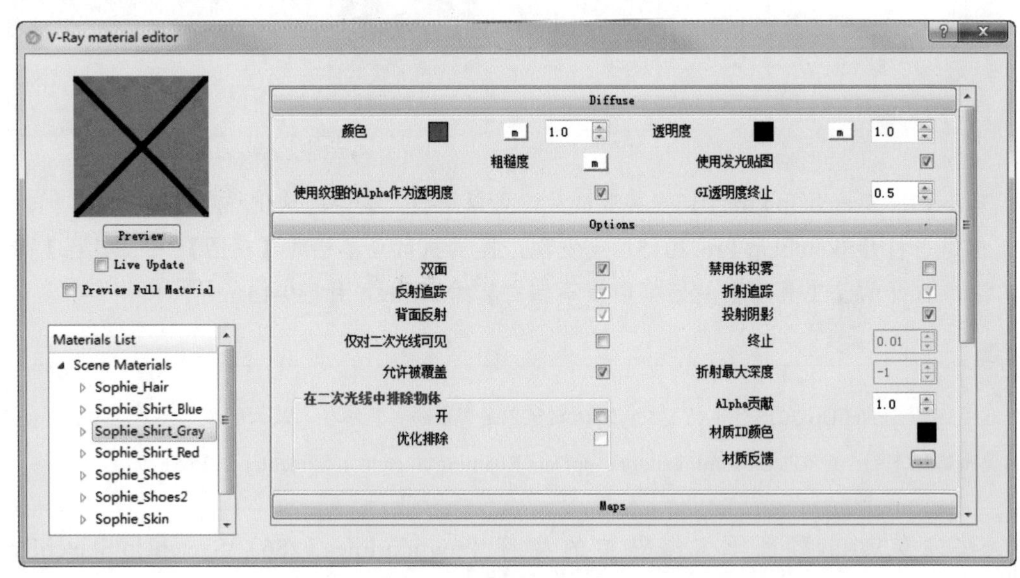

图9-18

● 单击按钮，打开V-Ray渲染选项设置面板，如图9-19所示。

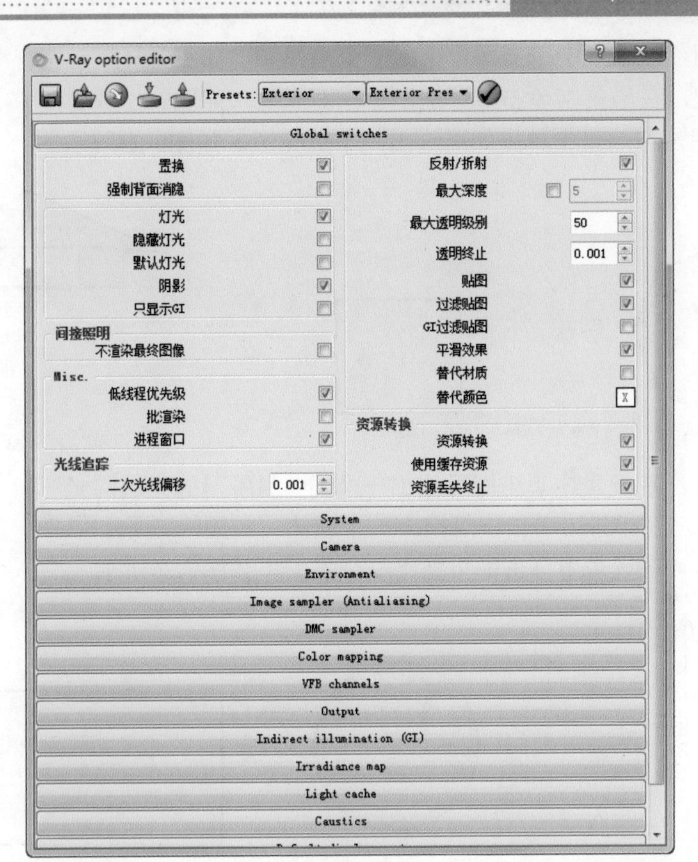

图9-19

- 单击Ⓡ按钮，开始渲染。
- 单击❓按钮，可以获取V-Ray渲染的在线帮助。
- 单击按钮，打开帧缓存窗口，如图9-20所示。

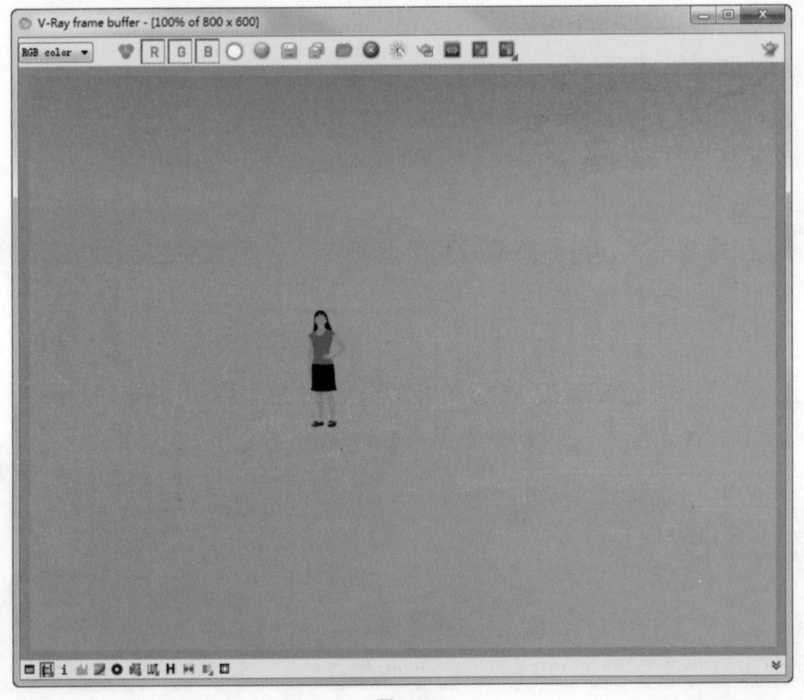

图9-20

- 单击按钮，在场景中单击即可拖出一个点光源，如图9-21所示。
- 单击按钮，在场景中单击即可拖出一个面光源，如图9-22所示。
- 单击按钮，在场景中单击即可拖出一个聚光源，如图9-23所示。

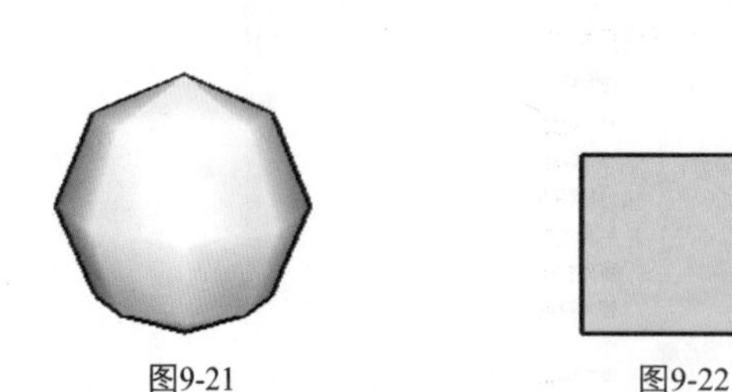
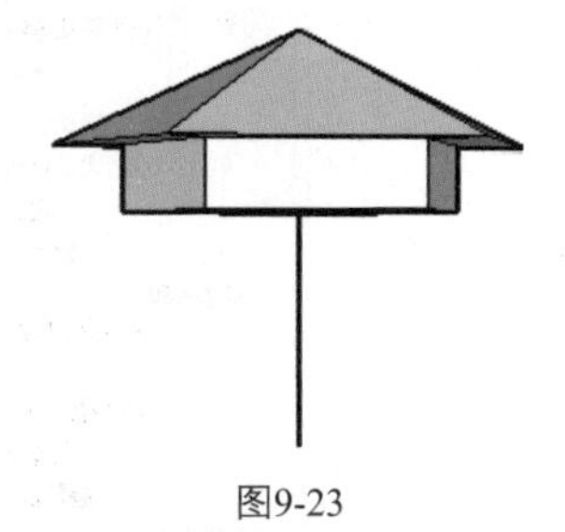

图9-21　　图9-22　　图9-23

- 单击按钮，在场景中单击即可拖出一个图9-24所示的光域网光源。
- 单击按钮，在场景中单击即可拖出一个球体，如图9-25所示。
- 单击按钮，在场景中单击即可拖出一个平面，如图9-26所示。

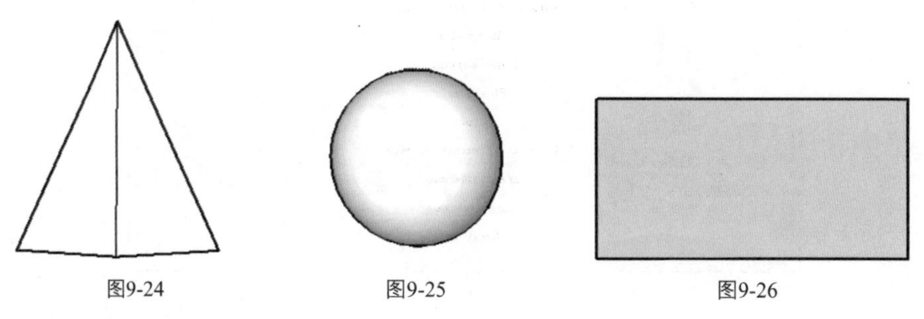

图9-24　　图9-25　　图9-26

案例——室内客厅渲染

本例以V-Ray渲染室内客厅为主进行介绍，主要分为布光前准备、设置灯光、材质调整、渲染出图几个部分。室内客厅建立了3个不同的场景页面，图9-27、图9-28和图9-29所示为渲染之前的效果；图9-30、图9-31和图9-32所示为渲染之后的效果。

源文件：\Ch09\室内客厅.skp

结果文件：\Ch09\室内客厅渲染案例\

视频：\Ch09\室内客厅渲染.wmv

图9-27

图9-28

图9-29

图9-30

图9-31

图9-32

一、布光前准备

布光前准备是指设置灯光之前的准备，一般是按照由主到次的顺序，一盏一盏地加入光源。这样的方式肯定需要进行大量的渲染测试，如果渲染参数很高的话，会花费较长时间，所以先对参数进行设置后再操作，会缩短渲染测试的时间。下面打开V-Ray渲染设置面板对参数进行设置，如图9-33所示。

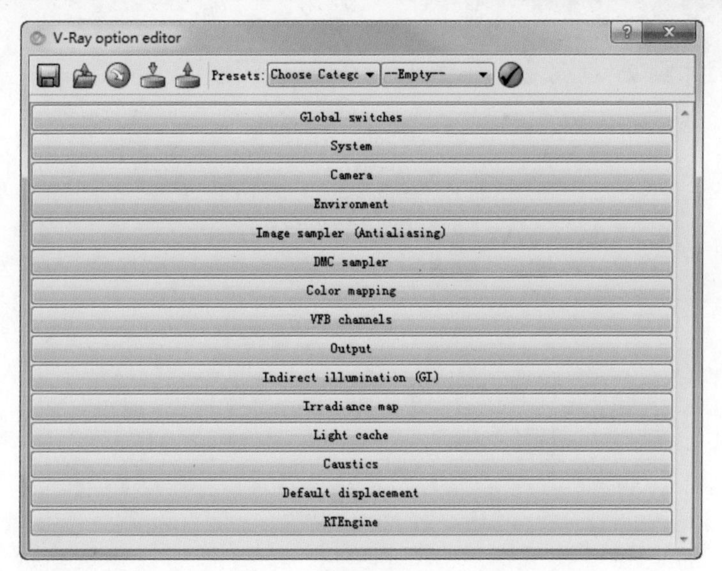

图9-33

1. 设置【Global switches】全局开关。暂时先关闭【反射/折射】选项，勾选【替代材质】选项，并单击替代颜色色块，在弹出的【Select Color】对话框中设置一个灰度值（R170，G170，B170），如图9-34所示。

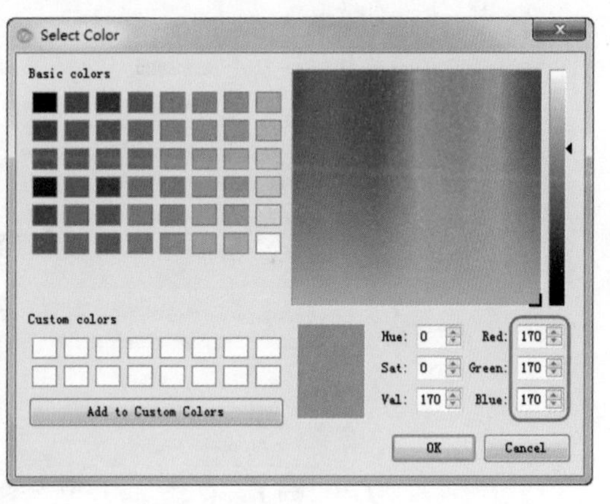

图9-34

V-Ray for SketchUp Pro 2015是安装了汉化才会显示部分中文。

2. 设置【Image sampler（Antialiasing）】图像采样器。【类型】一般推荐使用“固定比率”采样器，这种采样器速度更快，同时关闭【抗锯齿过滤】选项，将【细分】设为“1”，如图9-35所示。
3. 设置纯蒙特卡罗【DMC sampler】采样器，是为了不让测试效果产生太多的黑斑和噪点，将【最小采样】提高为“12”，其他参数全部保持默认值，如图9-36所示。
4. 设置【Color mapping】颜色映射，也就是设置曝光方式。这个选项非常重要，它与场景的特点有很大的关系，【类型】选择“指数曝光”，其余参数为默认，如图9-37所示。

图9-35

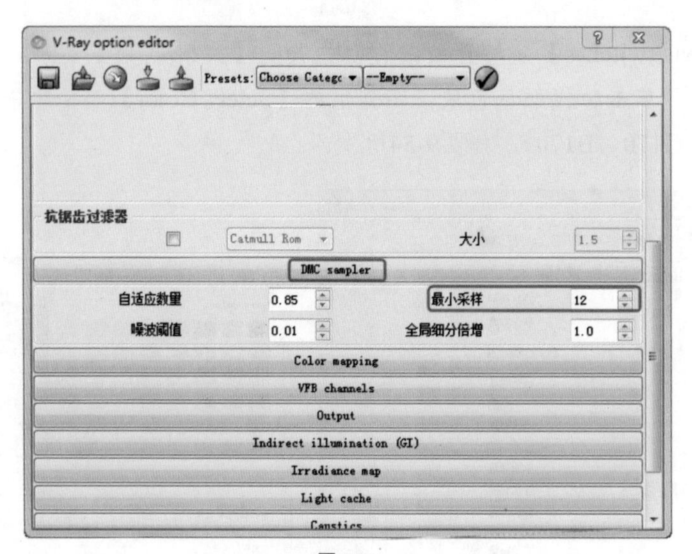

图9-36

图9-37

5. 设置【Irradiance map】发光贴图和【Light cache】灯光缓存，这两项都设定为相对比较低的数值，图9-38和图9-39所示为设置的参数。

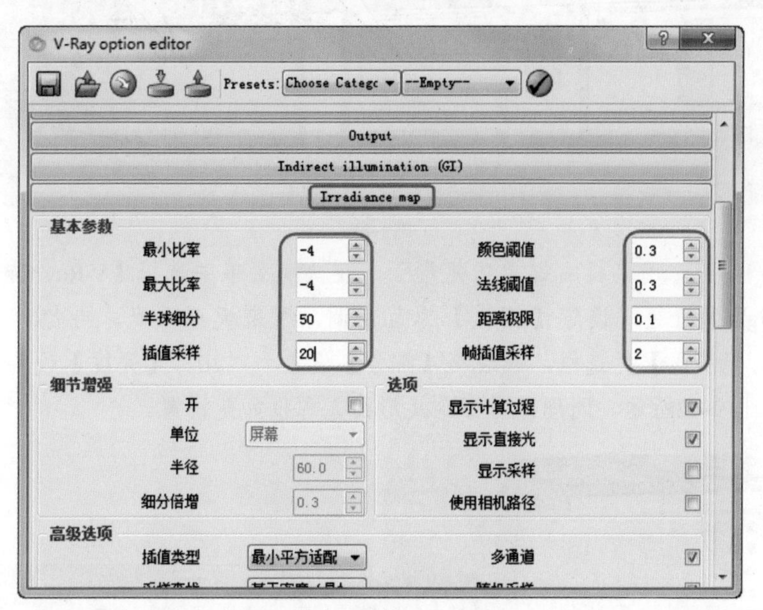

图9-38

图9-39

二、设置灯光

一般在进光的洞口放置一个与洞口大小相同的矩形光，然后将其调节为天空漫射光的颜色，并以适当的倍增来增强天空漫射的效果。

1. 单击按钮，在模型窗户入口处绘制两个矩形面光源，如图9-40所示。

将整个房间滑动鼠标滚轮缩小，直至退出房间以显示整个外部模型。

图9-40

2. 设置灯光参数。用鼠标右键单击矩形面，在快捷菜单中选择【V-Ray for SketchUp】/【Edit light】命令，设置【颜色】为蓝色调，用来模拟天光，再勾选【隐藏】和【忽略灯光法线】复选框，最后将【细分】设置为“20”，【亮度】设为“150”，如图9-41和图9-42所示。同理，另一个矩形面光源也如此设置。

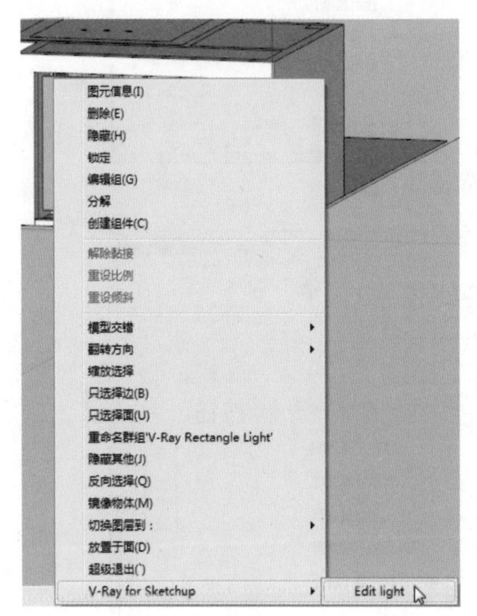

图9-41

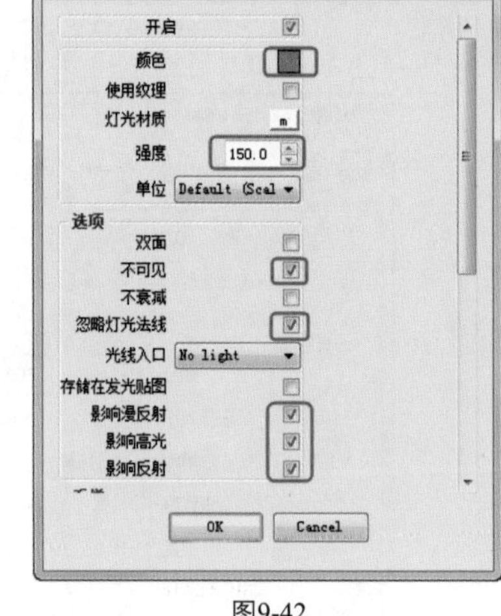

图9-42

3. 为了使场景灯光更加生动，需要为场景增加光域网光源。单击按钮，依次创建光域网光源，如图9-43所示。

图9-43

4. 同样用鼠标右键单击局域网光源，选择【V-Ray for SketchUp】/【编辑光源】命令，设置【滤镜颜色】为暖黄色，【功率】为“200”，如图9-44和图9-45所示。

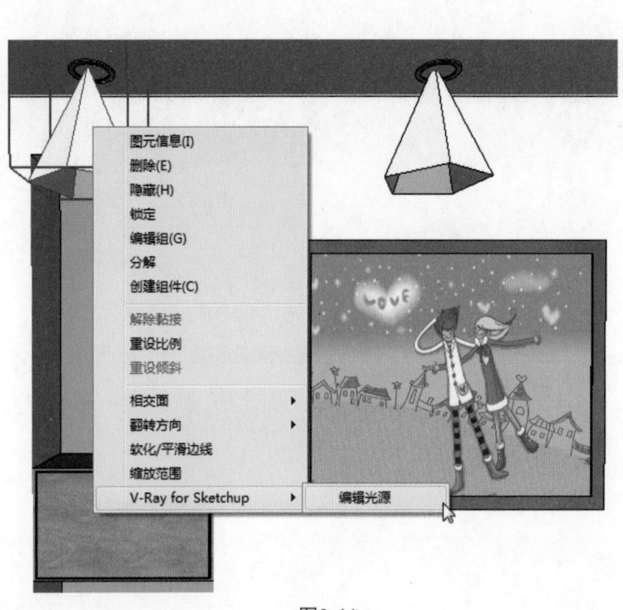

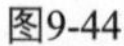
图9-44

图9-45

三、材质调整

一般材质调节的顺序是先主后次，比如地面、墙面和沙发等属于主，其他摆设饰品属于次，最后再对个别细节材质进行调整。注意，在调节材质的时候，应该将【材质覆盖】选项关闭，并激活全局开关里的【反射/折射】选项，如图9-46所示。单击按钮，弹出材质编辑器，如图9-47所示。

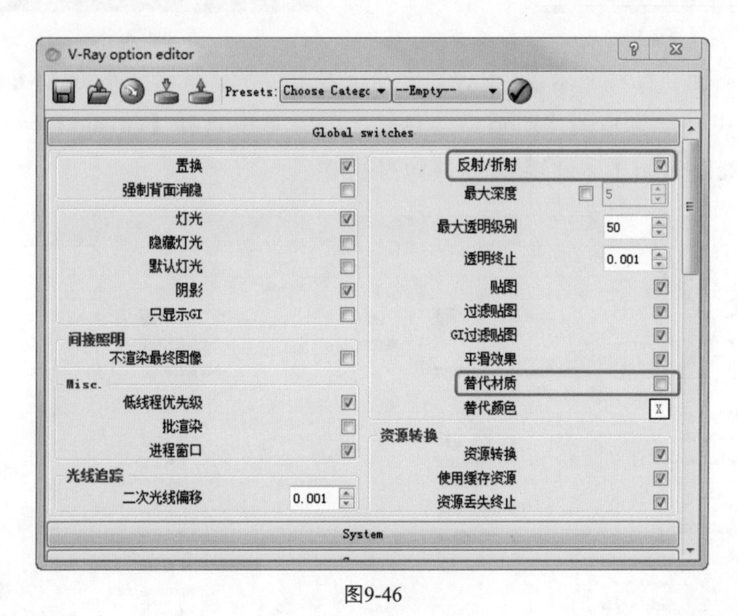

图9-46

（一）设置地砖

1. 单击【颜料桶】按钮，弹出材质管理器对话框，单击【样本颜料】按钮，在地砖上单击以吸取材质，如图9-48和图9-49所示。

图9-47

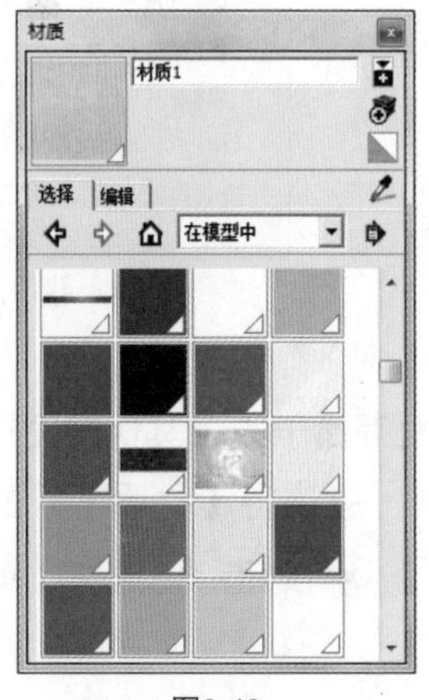

图9-48　　图9-49

2. 该材质的属性会自动显示在V-Ray材质编辑器中，用鼠标右键单击【Materials List】材质列表中自动选中的“材质1”，在弹出的菜单中选择【Greate Layer（创建材质层）】/【Reflection（反射）】命令，如图9-50所示。

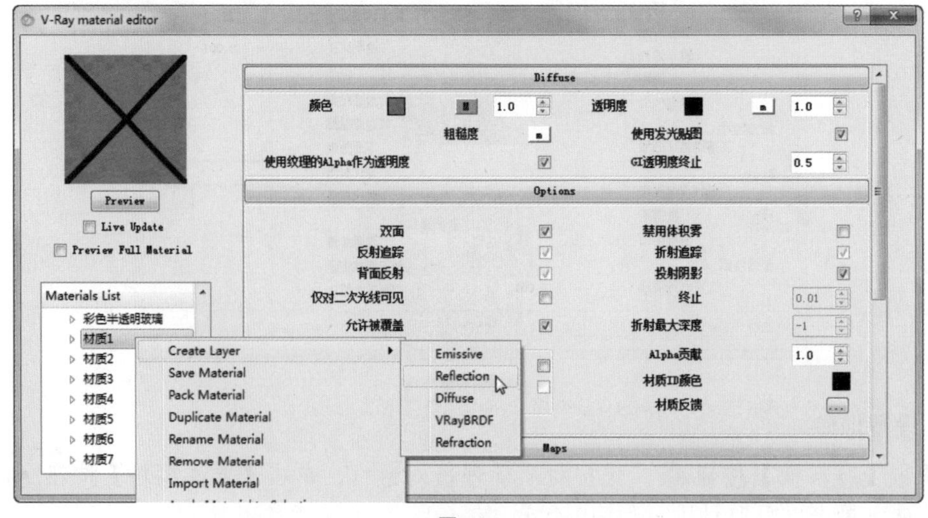

图9-50

3. 将高光光泽度的数值调整为“0.8”，反射光泽度调整为“0.8”，并单击【反射】右侧的【m】按钮，在弹出的对话框中选择TexFresnel“菲涅耳”模式，最后单击 OK 按钮，如图9-51和图9-52所示。

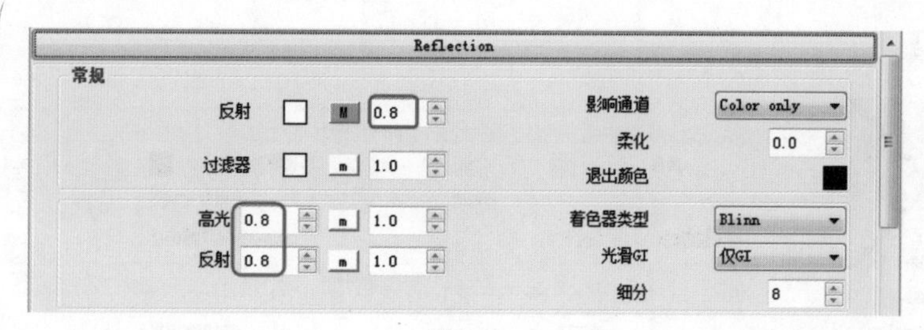

图9-51

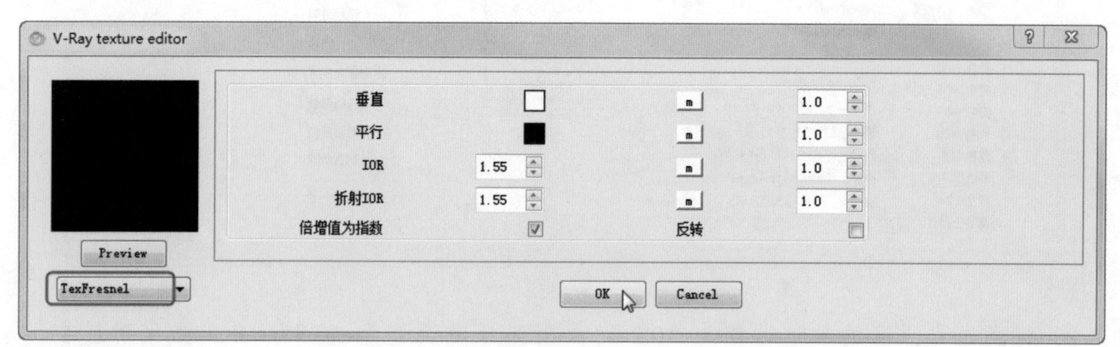

图9-52

提示

在吸取材质后，要单击V-Ray材质编辑器中的【预览】按钮，该材质才会显示在预览框中，高光光泽度和反射光泽度默认值都是“1”。

（二）设置壁砖

1. 单击【样本颜料】按钮，在壁砖上单击，如图9-53和图9-54所示。

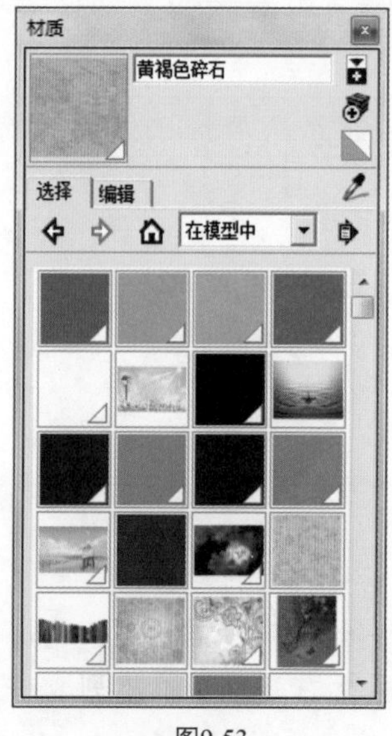

图9-53

图9-54

2. 该材质的属性会自动显示在V-Ray材质编辑器中，用鼠标右键单击【材质列表】中自动选中的材质，在弹出的菜单中选择【Greate Layer（创建材质层）】/【Reflection（反射）】命令，如图9-55所示。

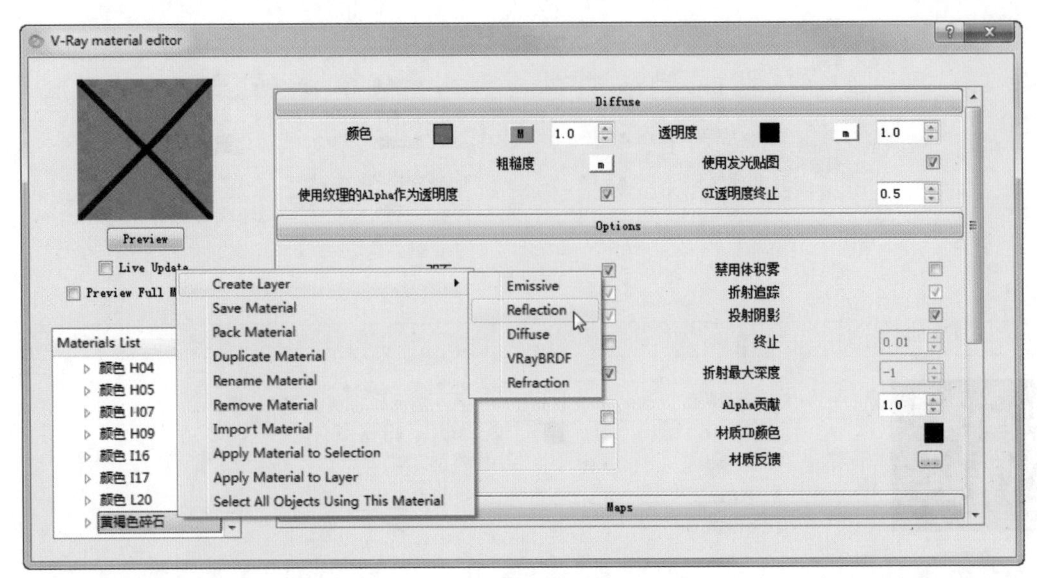

图9-55

3. 将高光光泽度的数值调整为“0.2”，反射光泽度调整为“0.3”，并单击反射层右侧的【m】按钮，在弹出的对话框中选择TexFresnel“菲涅耳”模式，最后单击 OK 按钮，如图9-56和图9-57所示。

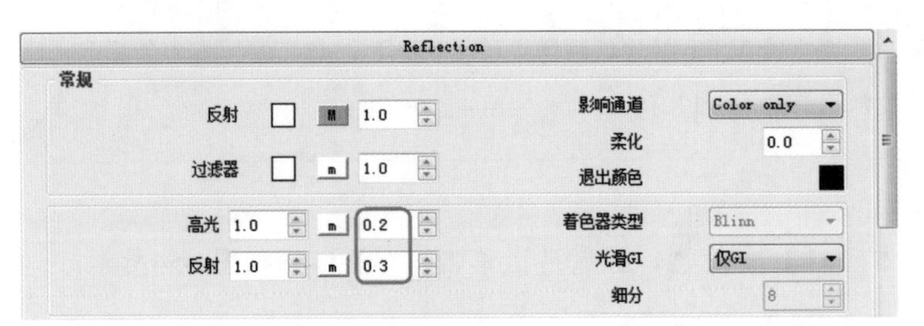

图9-56

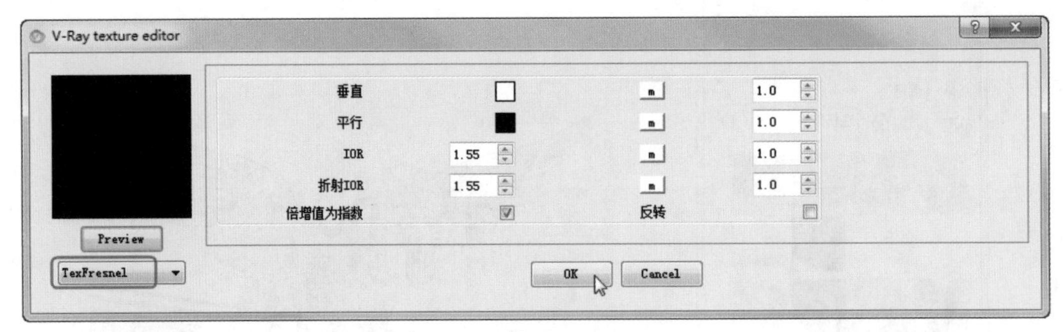

图9-57

（三）设置玻璃

1. 单击【样本颜料】按钮，在玻璃上单击鼠标，如图9-58和图9-59所示。
2. 该材质的属性会自动显示在V-Ray材质编辑器中，用鼠标右键单击材质列表中自动选中的材质，在弹出的菜单中选择【Greate Layer（创建材质层）】/【Reflection（反射)】命令，如图9-60所示。

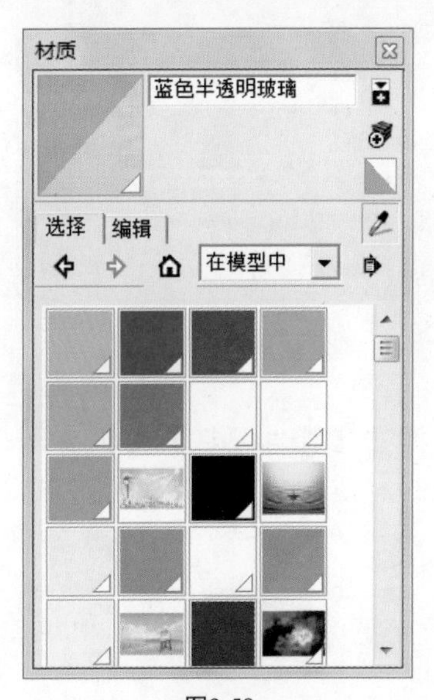

图9-58　　　　图9-59

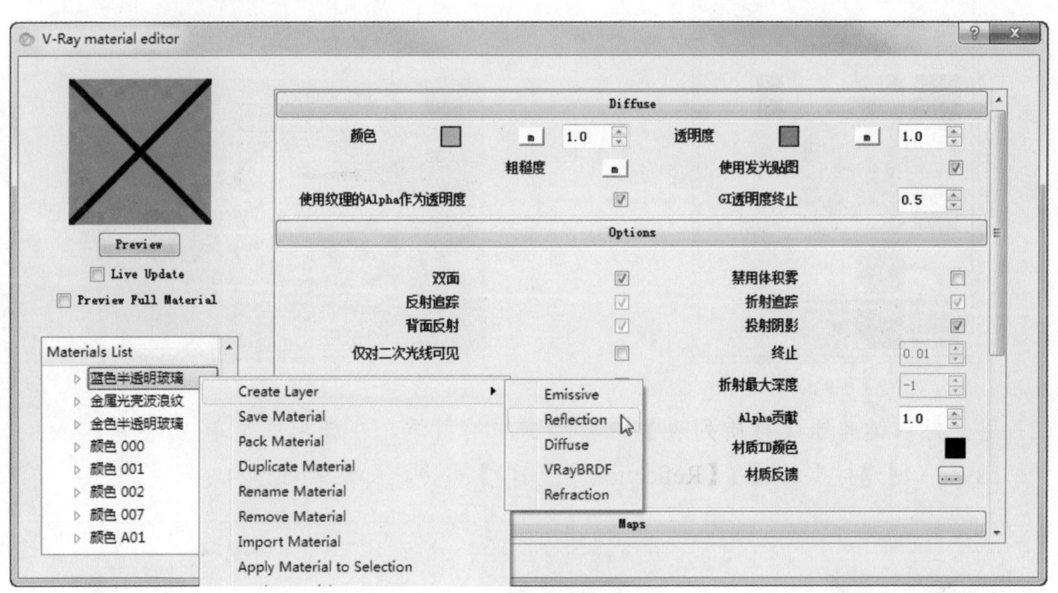

图9-60

3. 将高光光泽度的数值调整为“0.9”，反射光泽度调整为“1”，单击【反射】右侧的【m】按钮，在弹出的对话框中选择TexFresnel“菲涅耳”模式，最后单击 OK 按钮，如图9-61和图9-62所示。

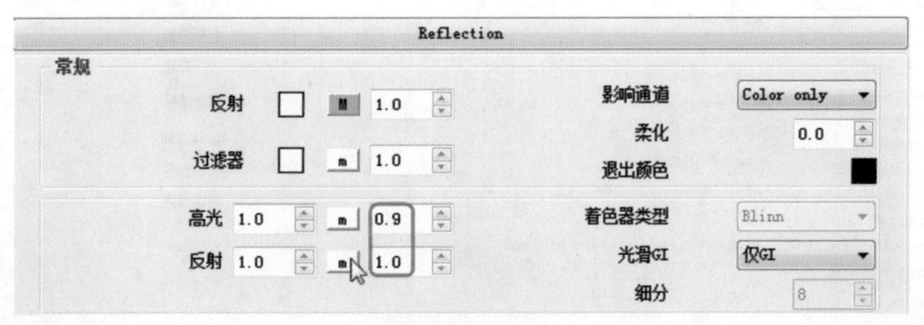

图9-61

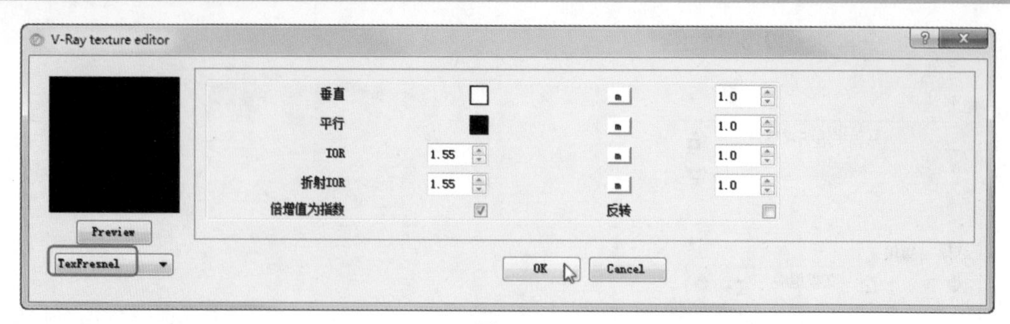

图9-62

（四）设置餐具

1. 单击【颜料桶】按钮，弹出材质管理器对话框，单击【样本颜料】按钮，在茶几上单击一下，该材质的属性会自动显示在V-Ray材质编辑器中，如图9-63和图9-64所示。

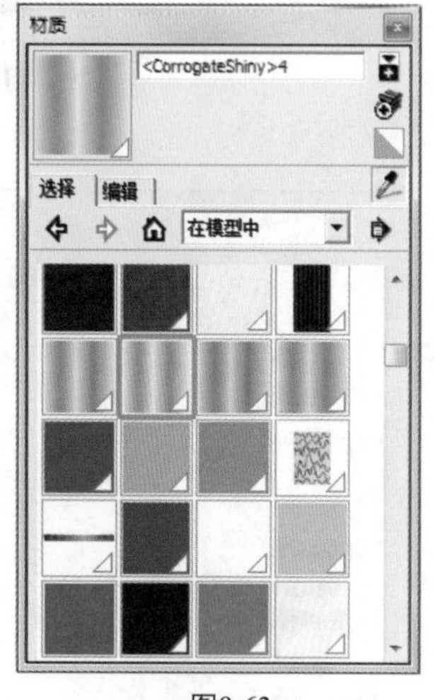

图9-63

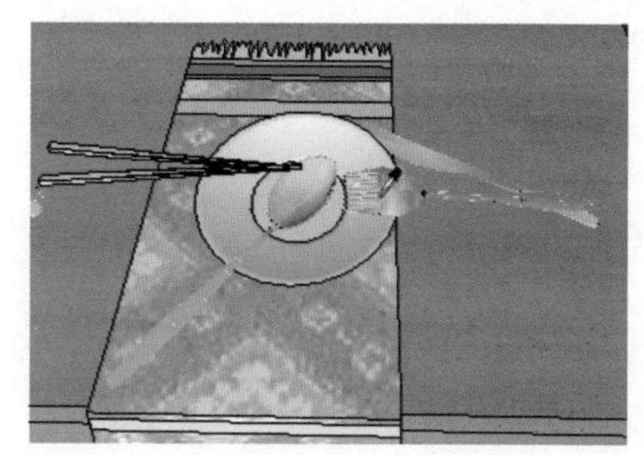

图9-64

2. 用鼠标右键单击【材质列表】中自动选中的材质，在弹出的菜单中选择【Greate Layer（创建材质层）】/【Reflection（反射）】命令，如图9-65所示。

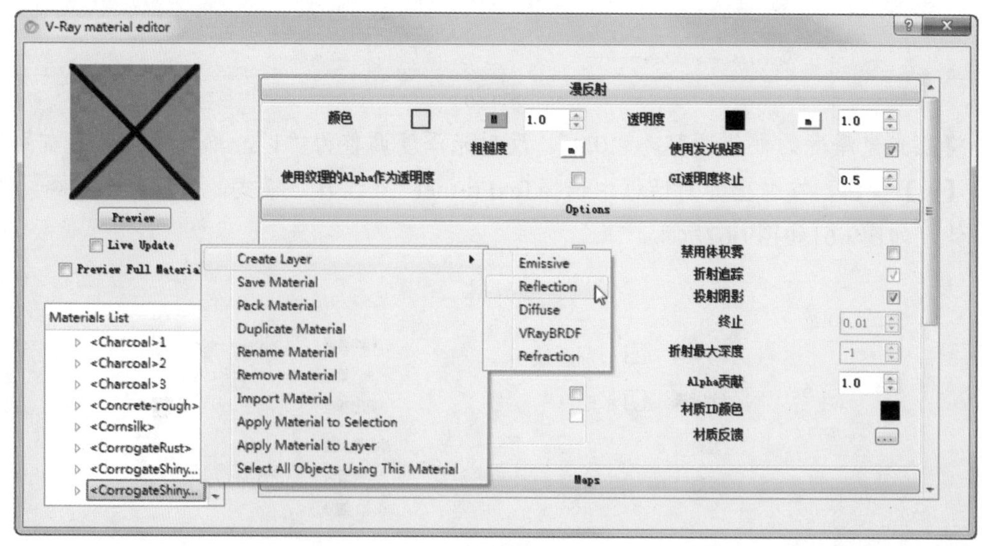

图9-65

3. 单击【反射】右侧的【m】按钮，在弹出的对话框中选择TexFresnel“菲涅耳”模式，最后单击 OK 按钮，如图9-66和图9-67所示。

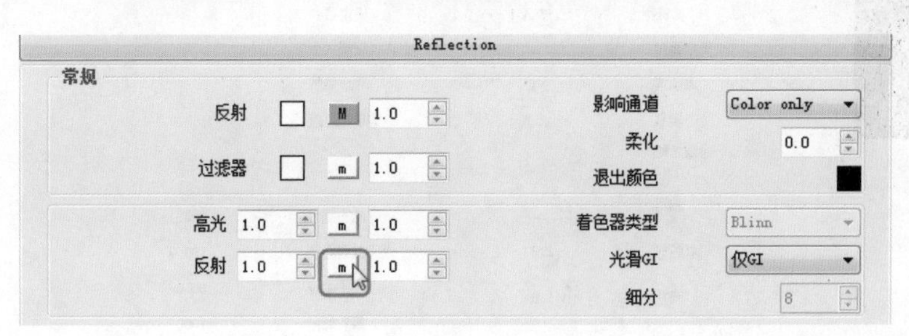

图9-66

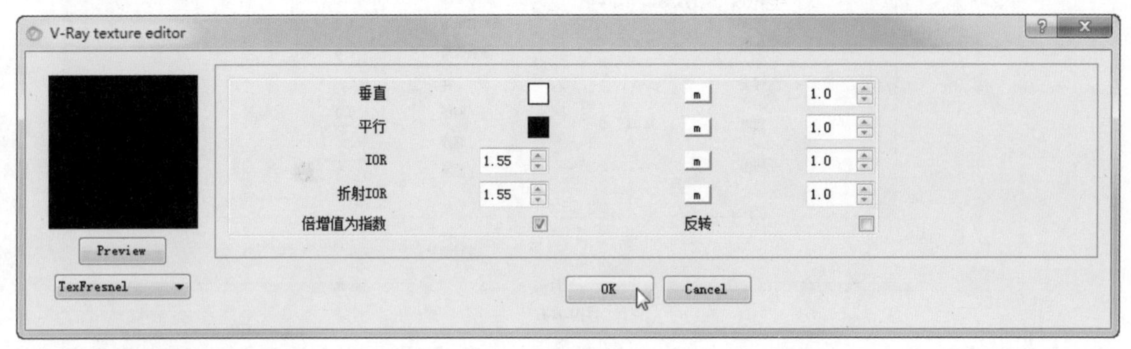

图9-67

四、渲染出图

1. 单击按钮，再单击【Environment】环境选项，将【全局光颜色】和【背景颜色】都设为“1.2”，如图9-68所示。

图9-68

2. 单击GI（天光）开启选项后面的【M】按钮，将【采样】选项栏里的阴影【细分】设为“17”，让室内的阴影更加细腻，其他保持默认值，如图9-69所示。

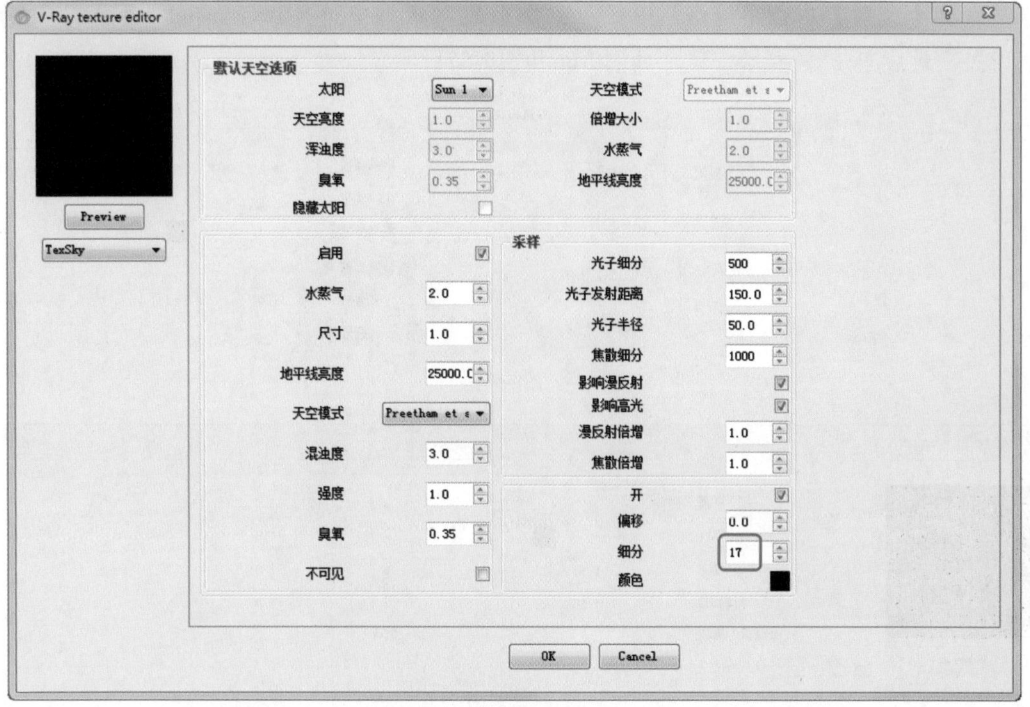

图9-69

3．单击【Image sampler（Antialiasing）】图像采样器选项，将【类型】更改为“自适应DMC”，将【最小细分】设为“1”，【最大细分】设为“17”，提高细节区域的采样，勾选“抗锯齿过滤”复选框，选择常用的“Catmull Rom”过滤器，大小设为“1”，如图9-70所示。

图9-70

4．单击【DMC sampler】选项，将【最小采样】设为“12”，如图9-71所示。

5．单击【Irradiance map】发光贴图选项，将【最小比率】设为“-5”，【最大比率】改成“-3”，如图9-72所示。

6．单击【Light cache】灯光缓存选项，将【细分】设为“1000”，如图9-73所示。

7．单击【Output】输出选项，尺寸设置如图9-74所示。

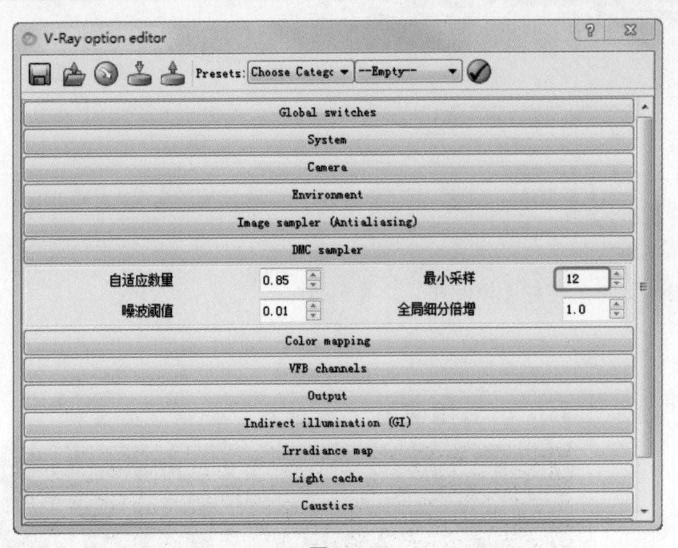

图9-71

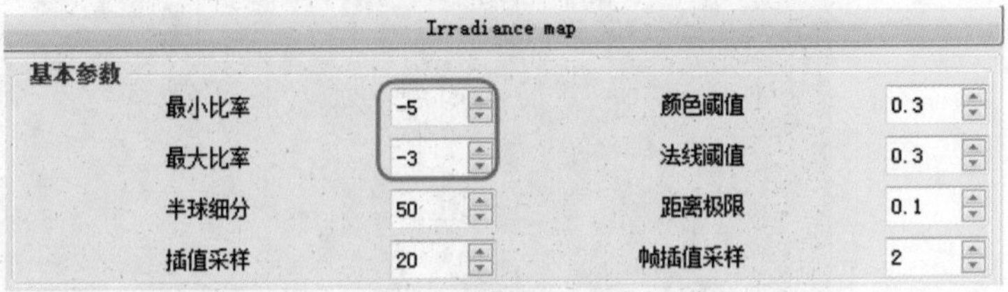

Irradiance map

基本参数

最小比率	-5	颜色阈值	0.3
最大比率	-3	法线阈值	0.3
半球细分	50	距离极限	0.1
插值采样	20	帧插值采样	2

图9-72

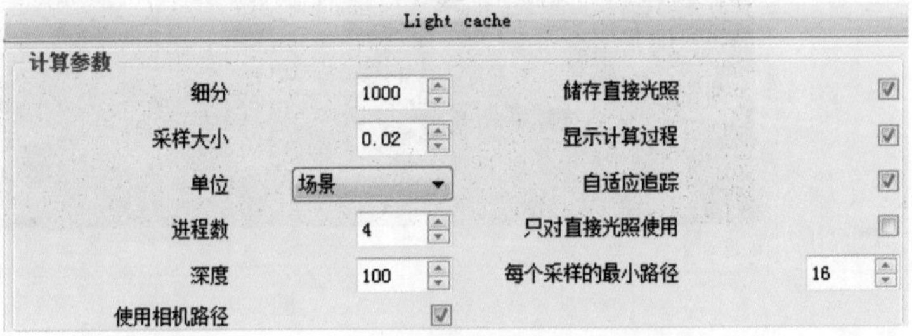

Light cache

计算参数

细分	1000	储存直接光照	☑
采样大小	0.02	显示计算过程	☑
单位	场景	自适应追踪	☑
进程数	4	只对直接光照使用	☐
深度	100	每个采样的最小路径	16
使用相机路径	☑		

图9-73

V-Ray option editor

Presets: Choose Categc --Empty--

VFB channels

Output

Output size

☑ 覆盖视口

宽度 800 640x480 1024x768 1600x1200

高度 600 800x600 1280x960 2048x1536

图像宽高比 1.33333 L 像素长宽比 1.0 L

Get view aspect

渲染输出

保存输出 ☐ 渲染到VRay图像 ☐

文件输出 VFB模式 Preview

单独保存alpha通道 ☐

动画

动画开启 ☐ 包含帧数 ☐

帧率 NTSC 帧/秒 30.0

Indirect illumination (GI)

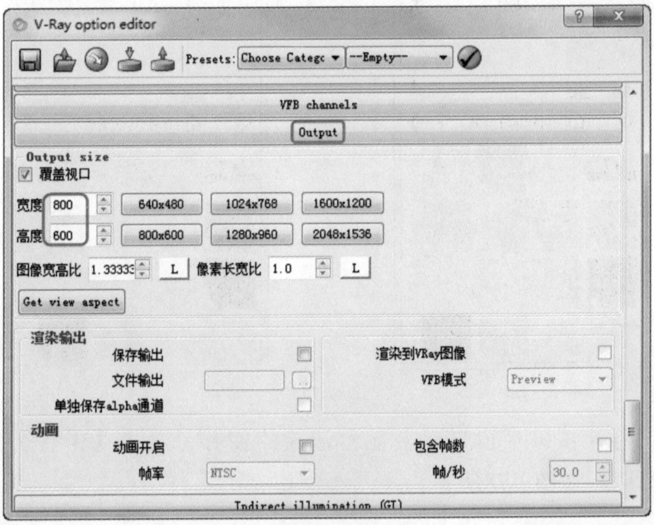

图9-74

8. 设置完成后，单击Ⓡ按钮，即可进入渲染状态，图9-75和图9-76所示为正在渲染，直至渲染完成。

由于 SketchUp Pro 2015是中文版，而 V-ary是英文版，因此在单击Ⓡ按钮时为什么不会立即进行渲染呢？或者就是没有反应？解决的方法是将本案例中所涉及的材质名称由中文改为英文，即将【在模型中的材质】材质名称中的中文字符去掉即可，如图 9-77所示。

图9-75

图9-76

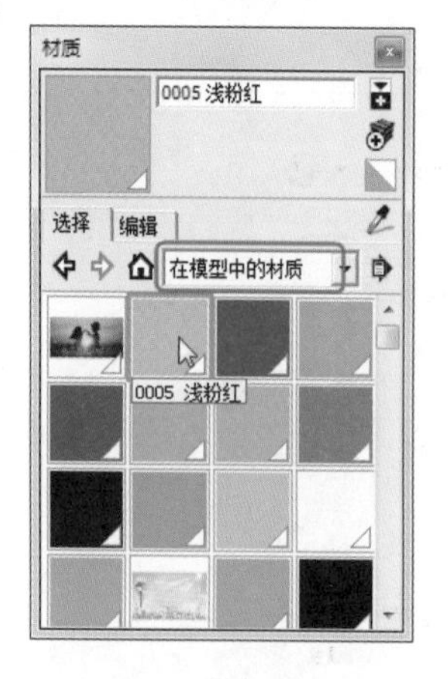

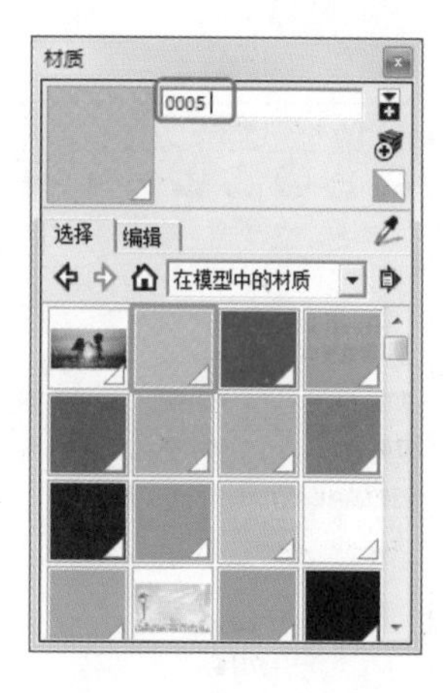

图9-77

9. 单击按钮，打开帧缓存窗口，会显示渲染的图片，单击【保存】按钮，即可保存当前渲染的图片，如图9-78所示。

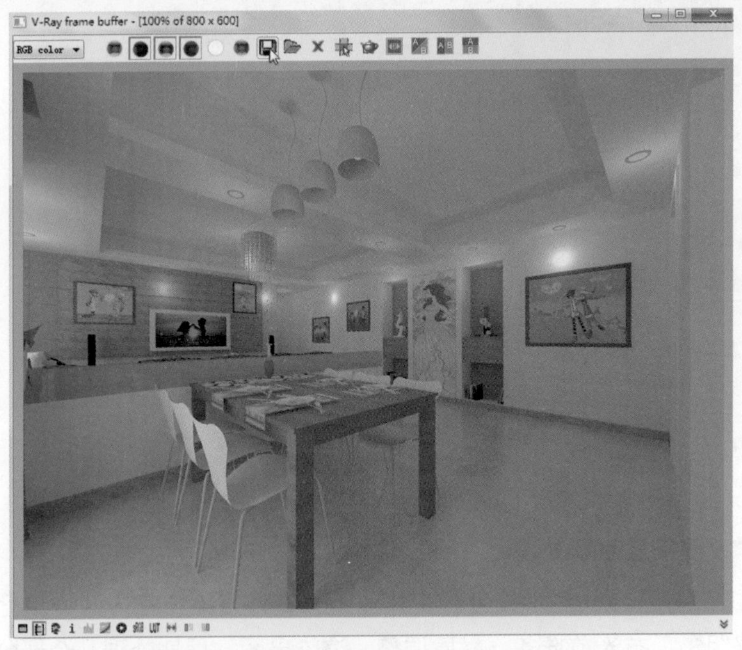

图9-78

10．图9-79、图9-80和图9-81所示为渲染效果图。

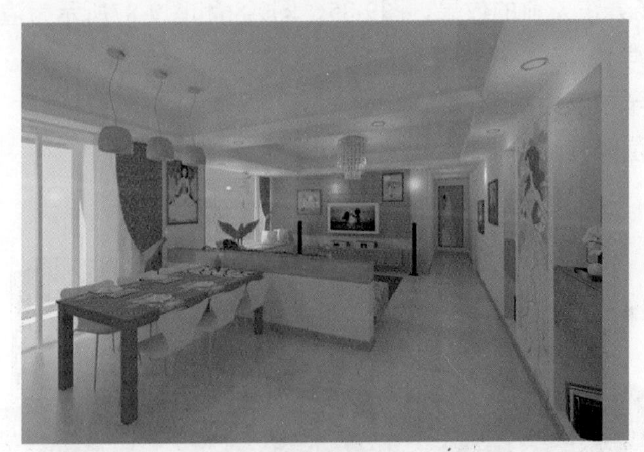

图9-79

图9-80

图9-81

案例——某学校渲染及后期处理

本案例介绍如何利用V-Ray对学校进行室外渲染。室外渲染与室内渲染相比较要简单一些，室外渲染包括调整阴影、布光前准备、材质调整、渲染出图、后期处理几个部分。该模型建立了3个不同的场景页面，根据各个场景页面，可以渲染出学校各个角度的效果。图9-82、图9-83和图9-84所示为3个页面场景渲染前的效果，图9-85、图9-86和图9-87所示为渲染后期的处理效果。

源文件：\Ch09\学校.skp、背景图片1.jpg

结果文件：\Ch09\学校渲染案例\

视频：\Ch09\学校渲染.wmv

图9-82

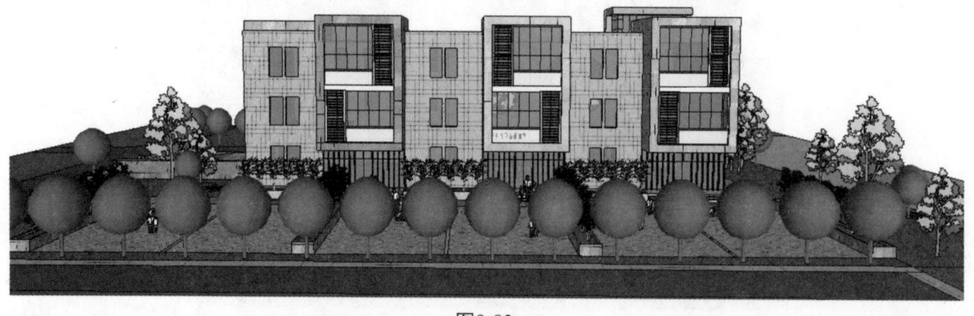

图9-83

图9-84

图9-85

图9-86

图9-87

一、设置阴影

1. 选择【窗口】/【阴影】命令，打开【阴影设置】面板，给页面场景设置一个合适的阴影角度，如图9-88和图9-89所示。

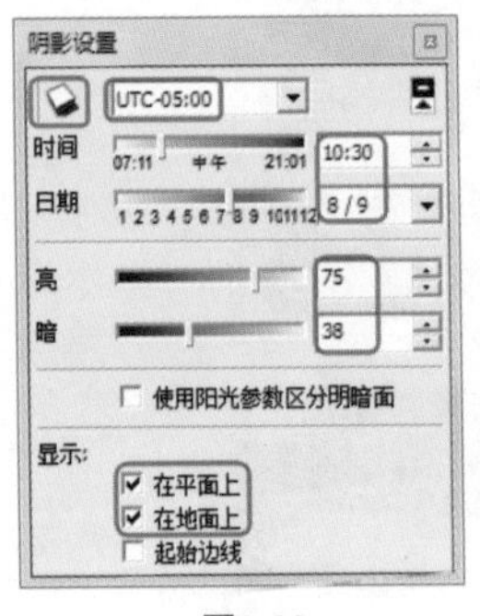

图9-88

图9-89

2. 用鼠标右键单击左上方的【场景号1】选项卡，选择【更新】命令，然后单击 更新场景 按钮，将3个场景替换成有阴影设置的场景，如图9-90和图9-91所示。

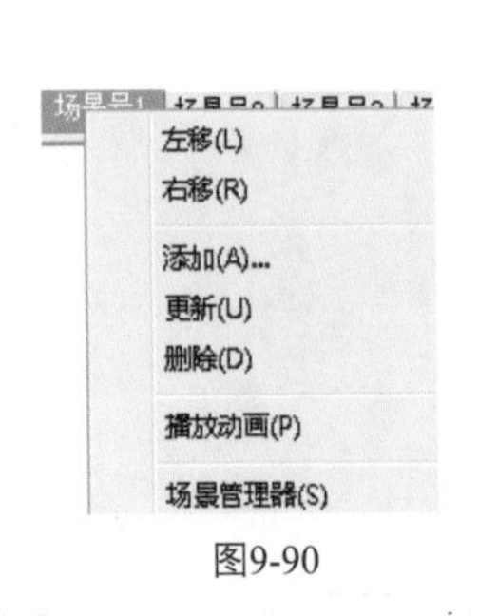

图9-90

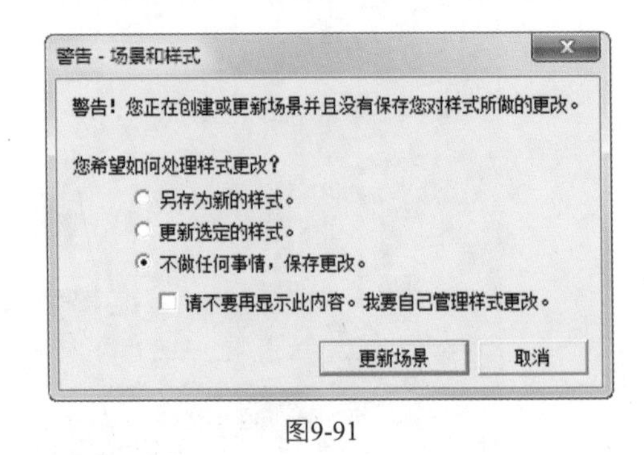

图9-91

二、布光准备

布光准备，主要是对V-Ray渲染设置面板参数进行设置。

1. 打开V-Ray渲染设置面板，如图9-92所示。

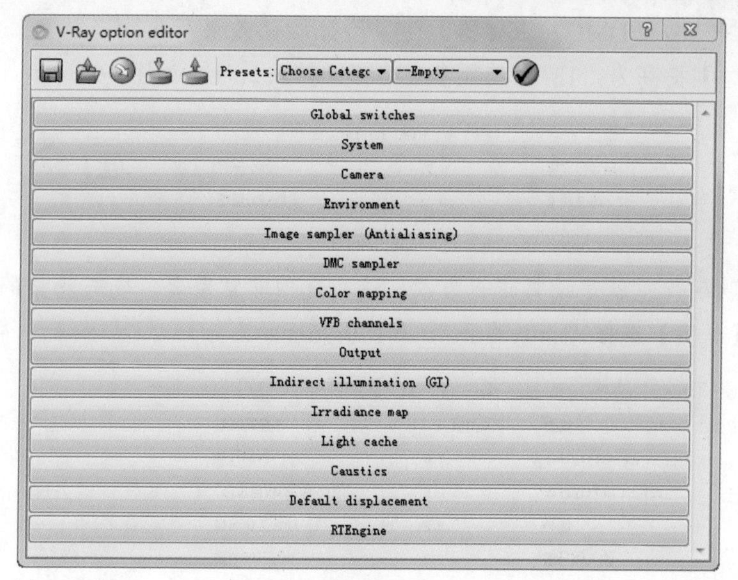

图9-92

2. 设置全局开关。暂时先关闭【反射/折射】选项，激活【替代材质】选项，并单击“替代颜色”色块，设置一个灰度值（R170，G170，B170），如图9-93所示。

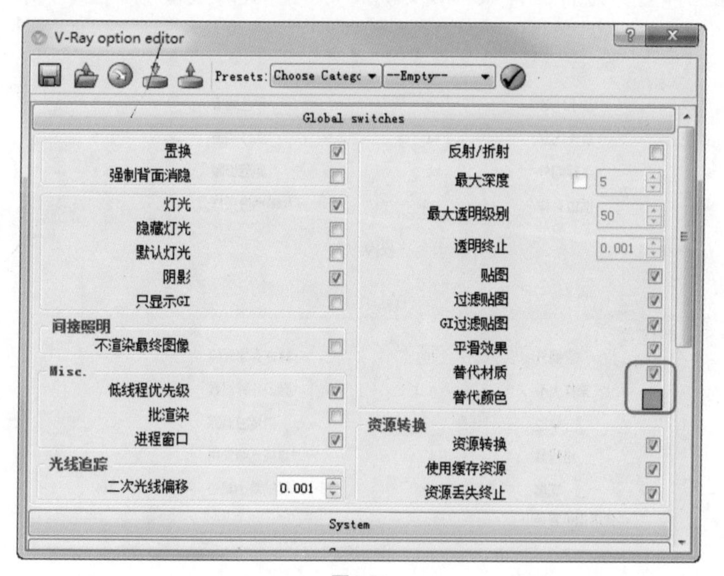

图9-93

3. 设置图像采样器。【类型】一般推荐使用“固定比率”，这样速度更快，同时取消勾选“抗锯齿过滤”复选框，如图9-94所示。

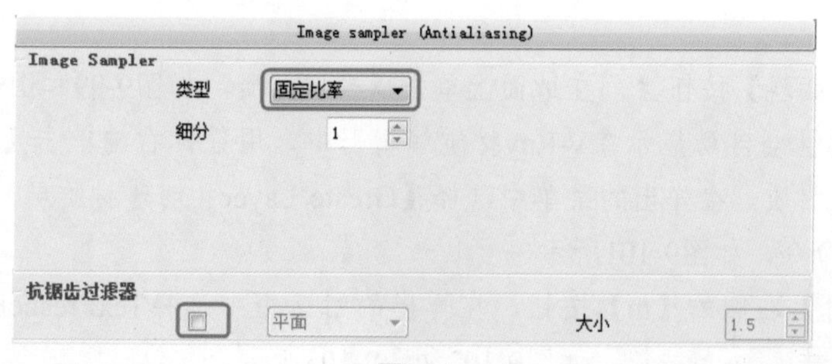

图9-94

4. 设置纯蒙特卡罗（DMC）采样器。为了不让测试效果产生太多的黑斑和噪点，将【最少采样】提高为“13”，其他参数全部保持默认值，如图9-95所示。

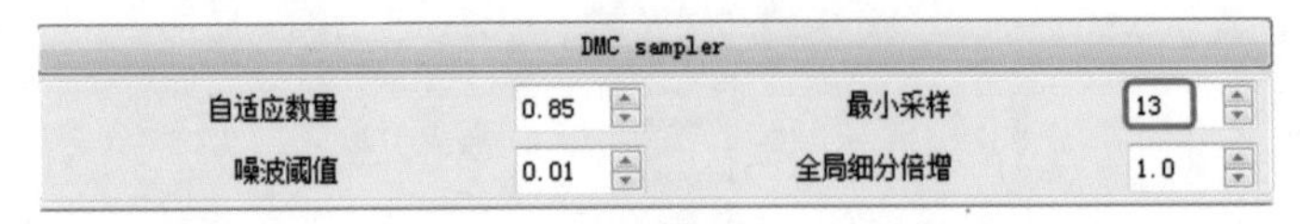

图9-95

5. 设置颜色映射，也就是设置曝光方式。这个选项非常重要，它与场景的特点有很大的关系，【类型】选择“指数曝光”，如图9-96所示。

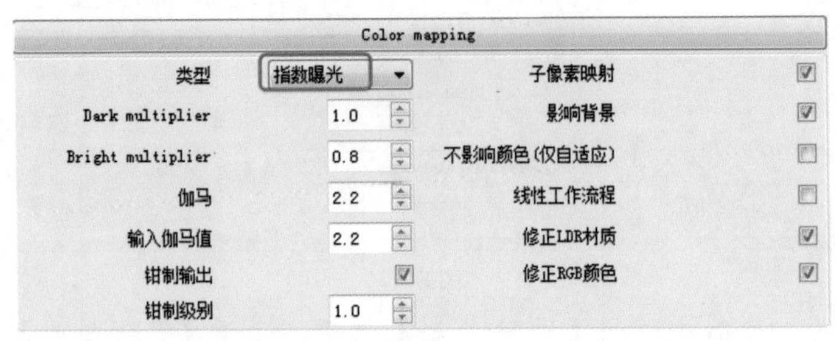

图9-96

6. 设置发光贴图和灯光缓存。两项都设定为相对比较低的数值，如图9-97和图9-98所示。

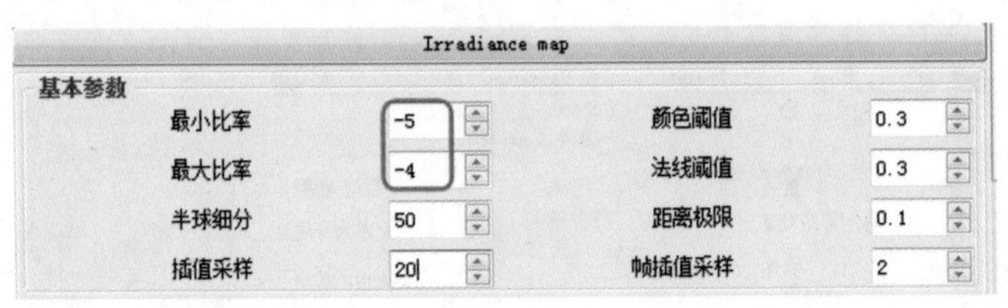

图9-97

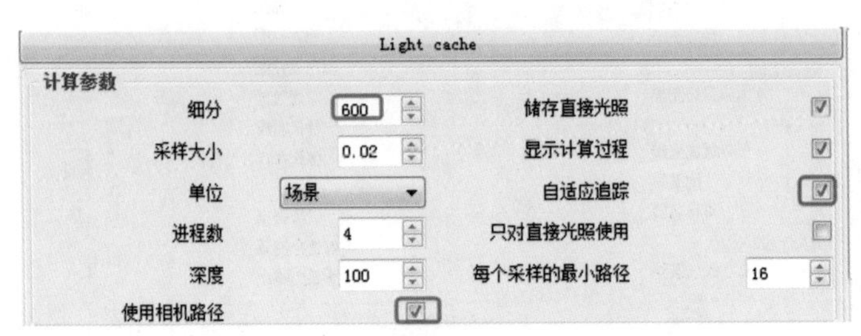

图9-98

三、材质调整

单击【窗口】/【材质】命令，打开【材质】管理器，同时单击Ⓜ按钮，打开V-Ray材质编辑器。

（一）设置地砖

1. 单击【样本颜料】按钮，在地面上单击以吸取材质，如图9-99和图9-100所示。
2. 该材质的属性会自动显示在V-Ray材质编辑器中，用鼠标右键单击【材质列表】中自动选中的材质，在弹出的菜单中选择【Greate Layer（创建材质层）】/【Reflection（反射）】命令，如图9-101所示。
3. 单击【反射】右侧的【m】按钮，在弹出的对话框中选择TexFresnel“菲涅耳”模式，最后单击 OK 按钮，如图9-102和图9-103所示。

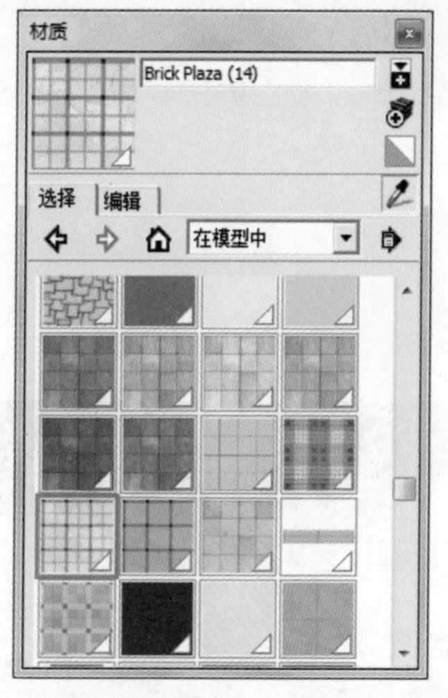

图9-99

图9-100

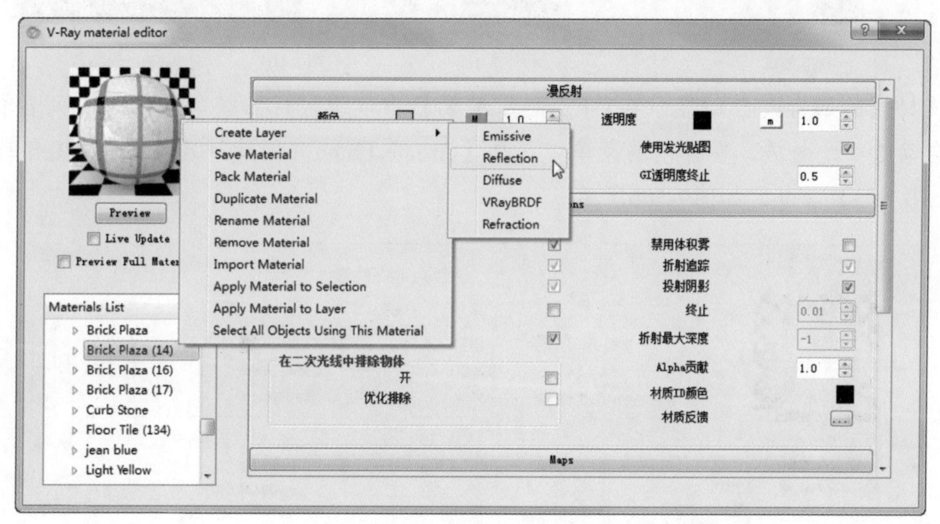

图9-101

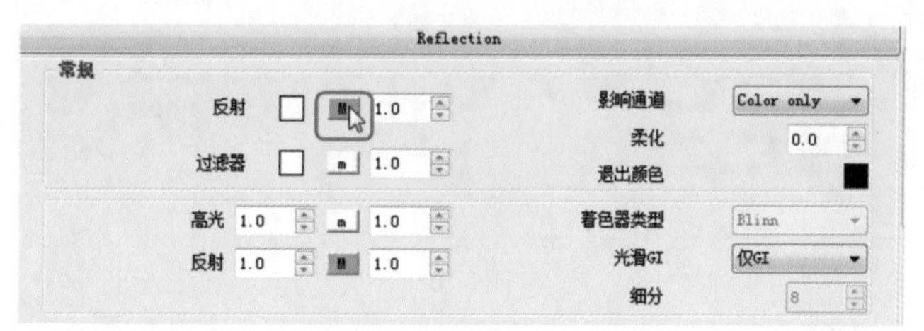

图9-102

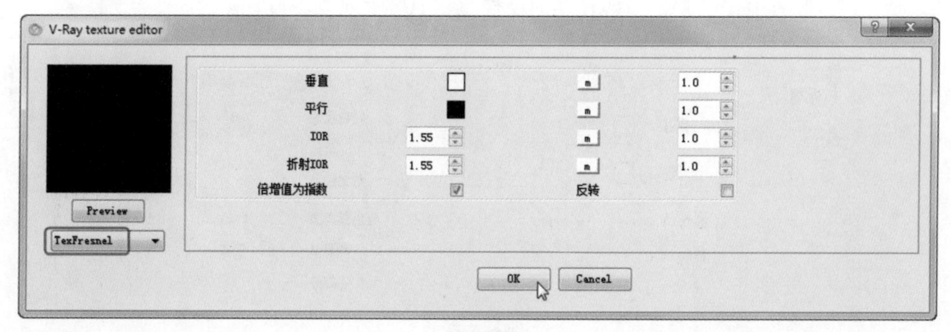

图9-103

（二）设置花坛壁砖

1. 单击【样本颜料】按钮，在壁砖上单击以吸取材质，如图9-104和图9-105所示。

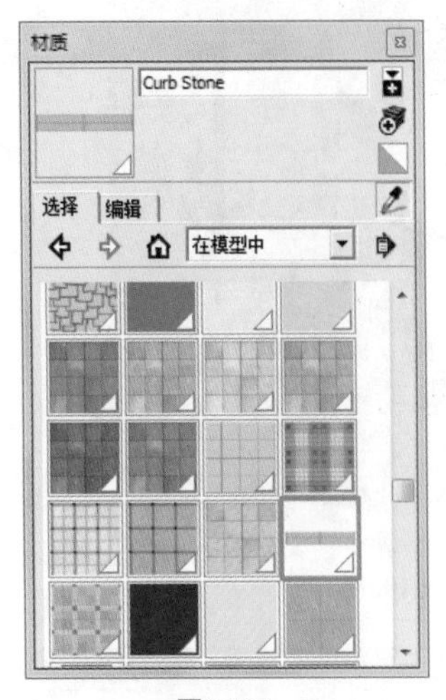

图9-104

图9-105

2. 该材质的属性会自动显示在V-Ray材质编辑器中，用鼠标右键单击【材质列表】中自动选中的材质，在弹出的菜单中选择【Greate Layer（创建材质层）】/【Reflection（反射）】命令，如图9-106所示。

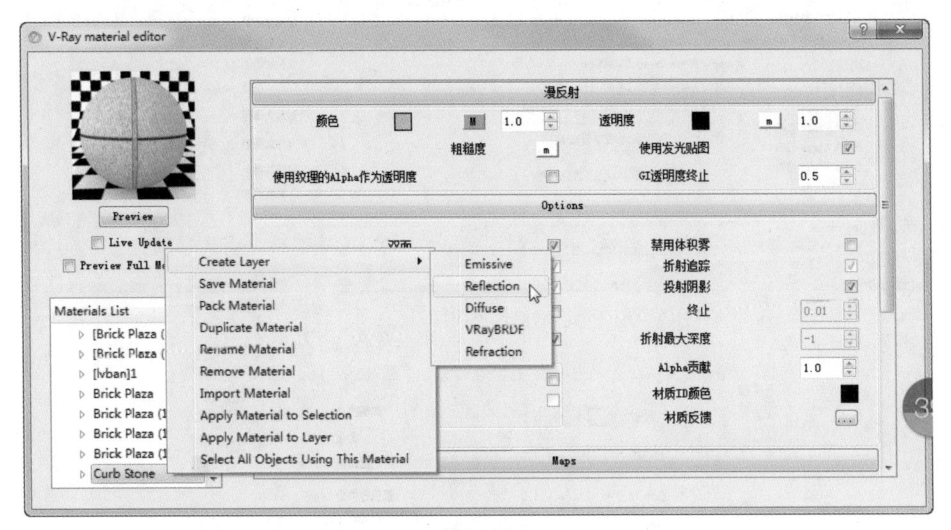

图9-106

3. 单击【反射】右侧的【m】按钮，在弹出的对话框中选择TexFresnel“菲涅耳”模式，最后单击OK按钮，如图9-107和图9-108所示。

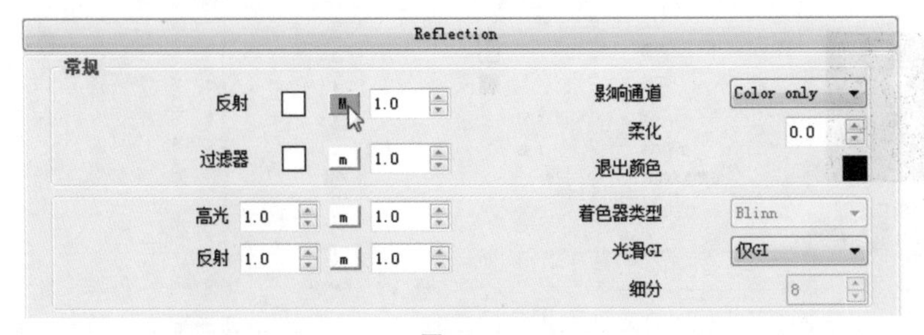

图9-107

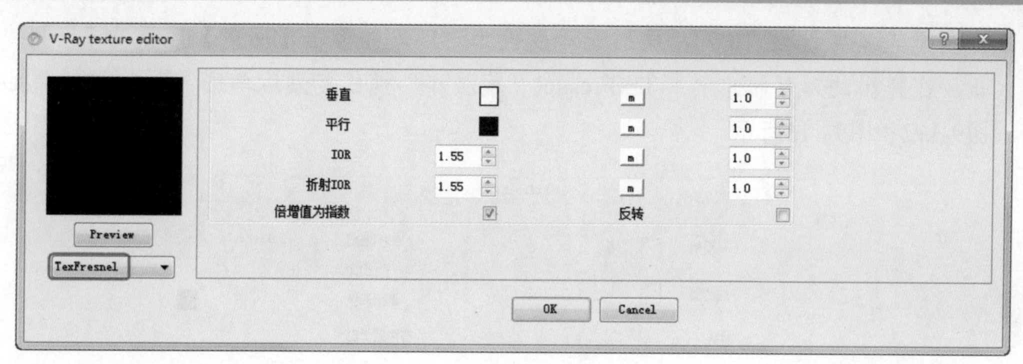

图9-108

（三）设置玻璃

1. 单击【样本颜料】按钮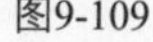，在玻璃上单击以吸取材质，如图9-109和图9-110所示。

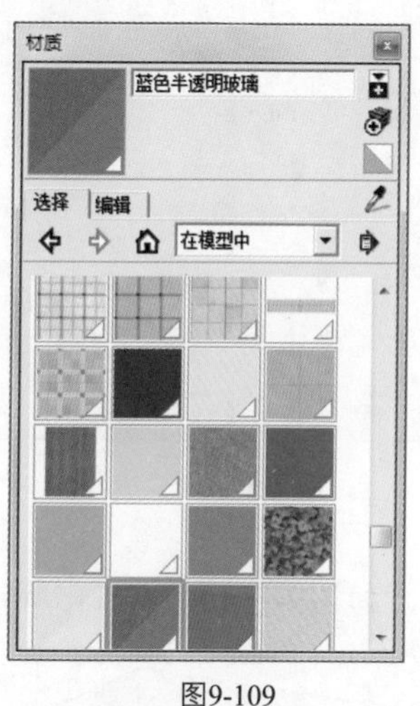

图9-109

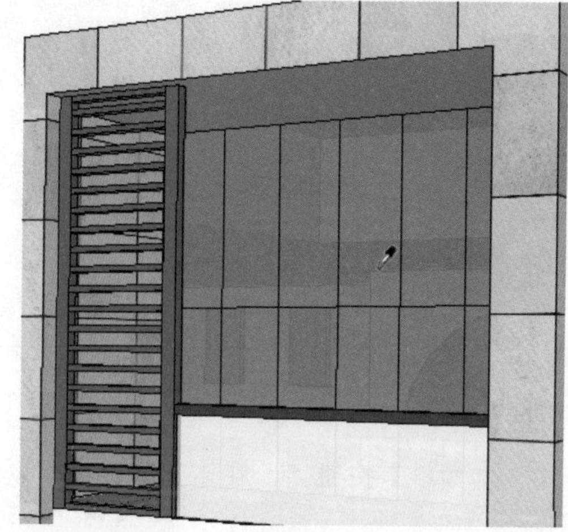

图9-110

2. 该材质的属性会自动显示在V-Ray材质编辑器中，用鼠标右键单击【材质列表】中自动选中的材质，在弹出的菜单中选择【Greate Layer（创建材质层）】/【Reflection（反射）】命令，如图9-111所示。

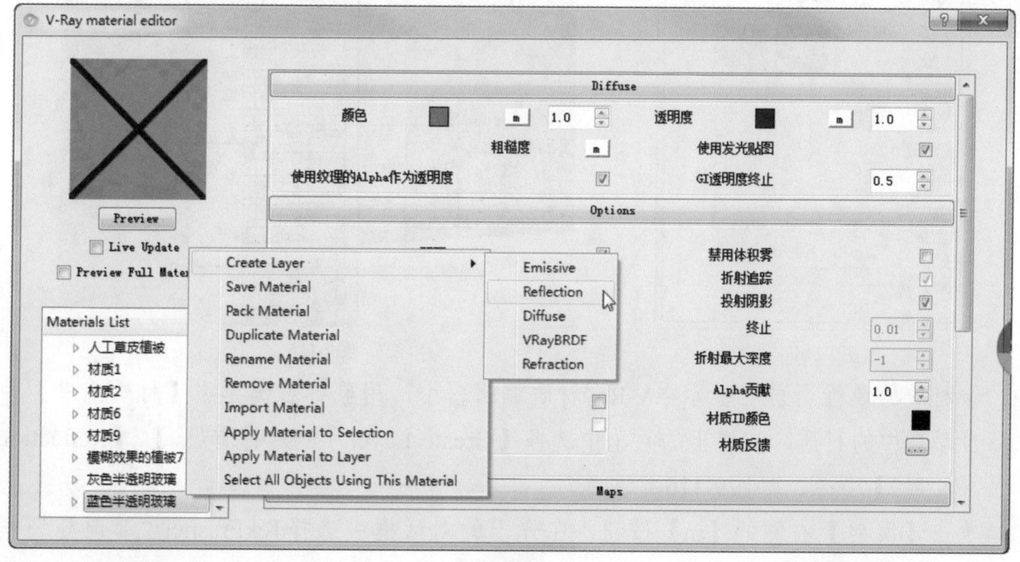

图9-111

3．将高光光泽度设为“0.9”，反射光泽度设为“1”，并单击【反射】后面的【m】按钮，在弹出的对话框中选择TexFresnel“菲涅耳”模式，最后单击 OK 按钮，如图9-112和图9-113所示。

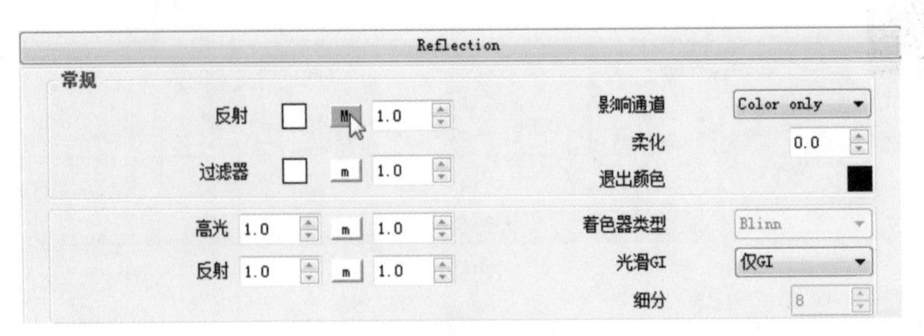

图9-112

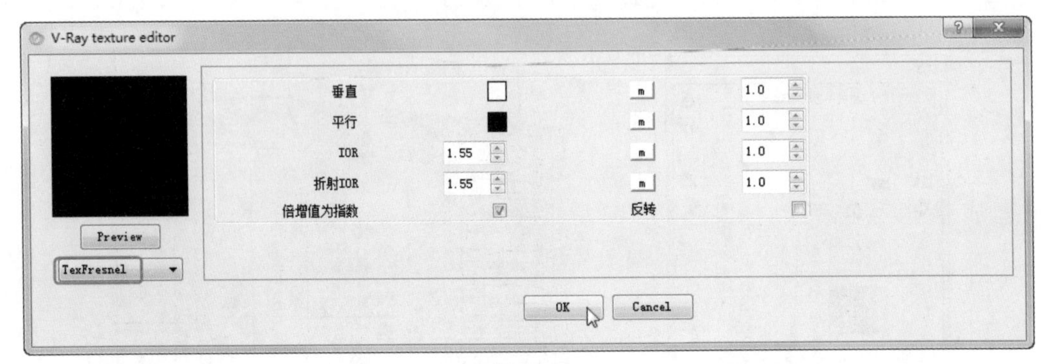

图9-113

（四）设置墙砖

1．单击【样本颜料】按钮，在墙上单击以吸取材质，如图9-114和图9-115所示。

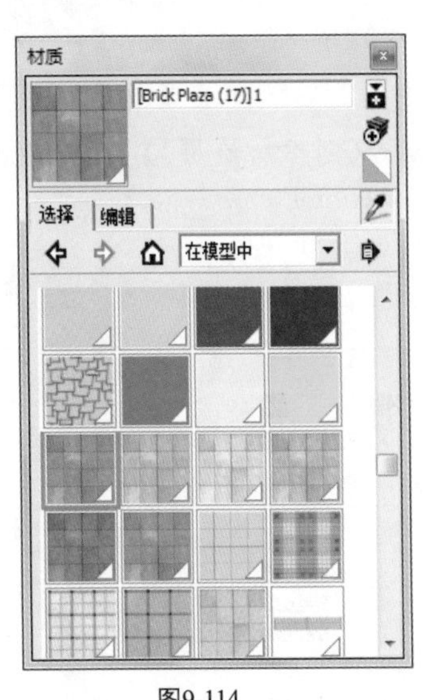

图9-114

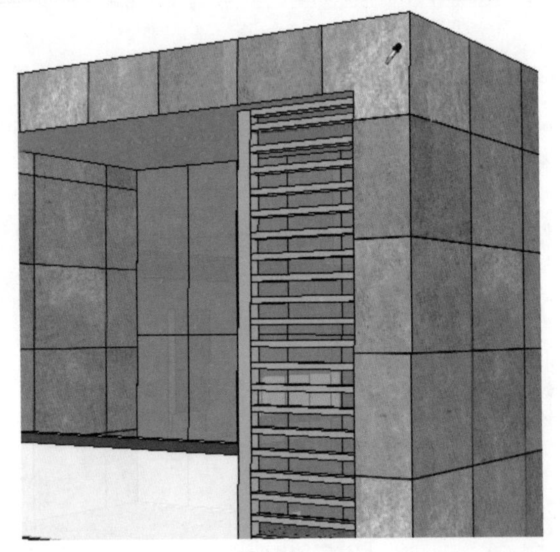

图9-115

2．该材质的属性会自动显示在V-Ray材质编辑器中，用鼠标右键单击【材质列表】中自动选中的材质，在弹出的菜单中选择【Greate Layer（创建材质层）】/【Reflection（反射）】命令，如图9-116所示。

3．单击【反射】右侧的【m】按钮，在弹出的对话框中选择TexFresnel“菲涅耳”模式，最后单击 OK 按钮，如图9-117和图9-118所示。

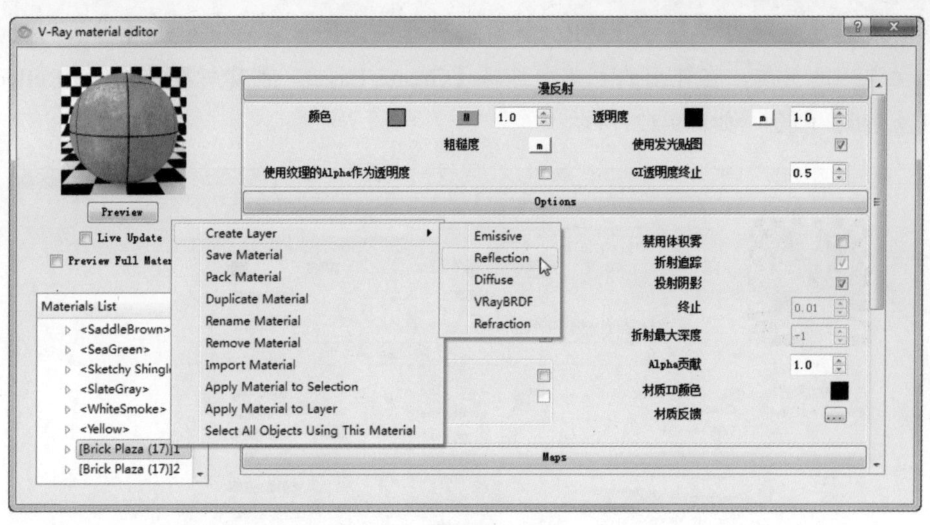

图9-116

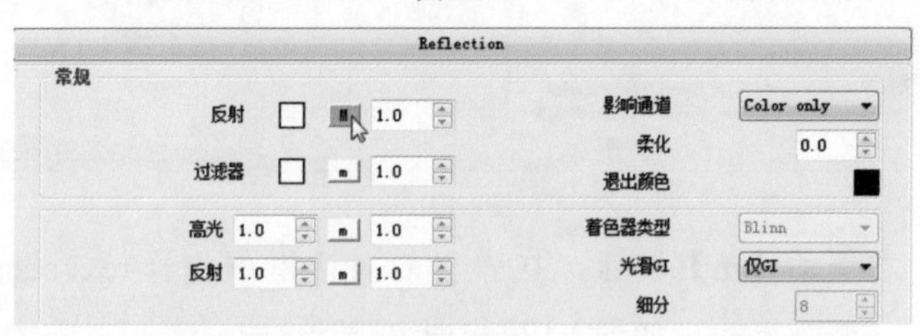

图9-117

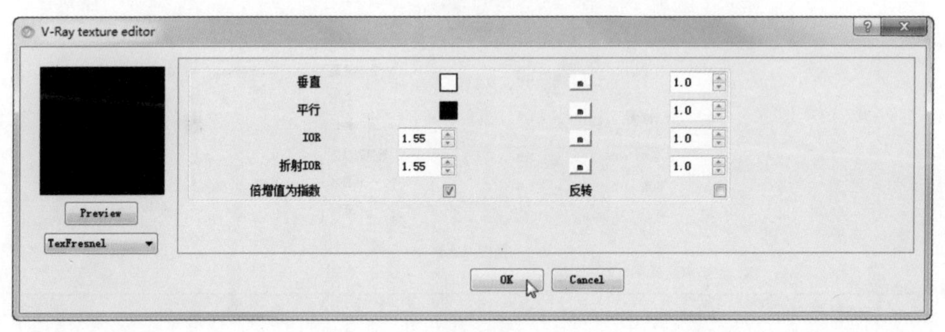

图9-118

（五）设置文字

1．单击【样本颜料】按钮，在文字上单击以吸取材质，如图9-119和图9-120所示。

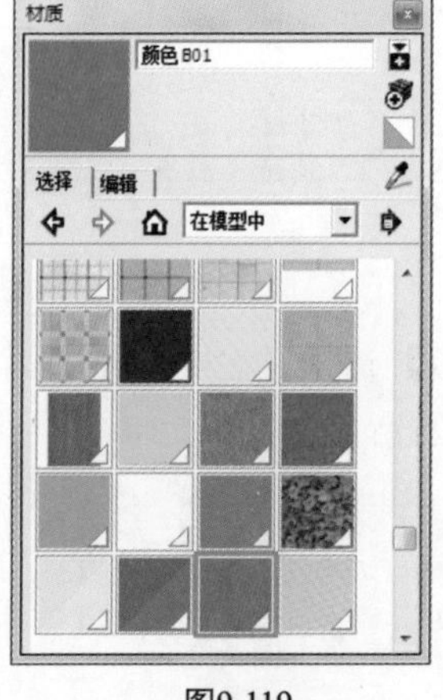

图9-119

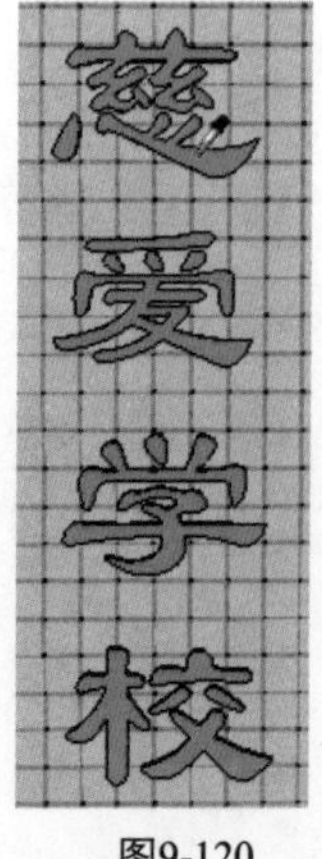

图9-120

2. 该材质的属性会自动显示在V-Ray材质编辑器中，用鼠标右键单击【材质列表】中自动选中的材质，在弹出的菜单中选择【Greate Layer（创建材质层）】/【Reflection（反射）】命令，如图9-121所示。

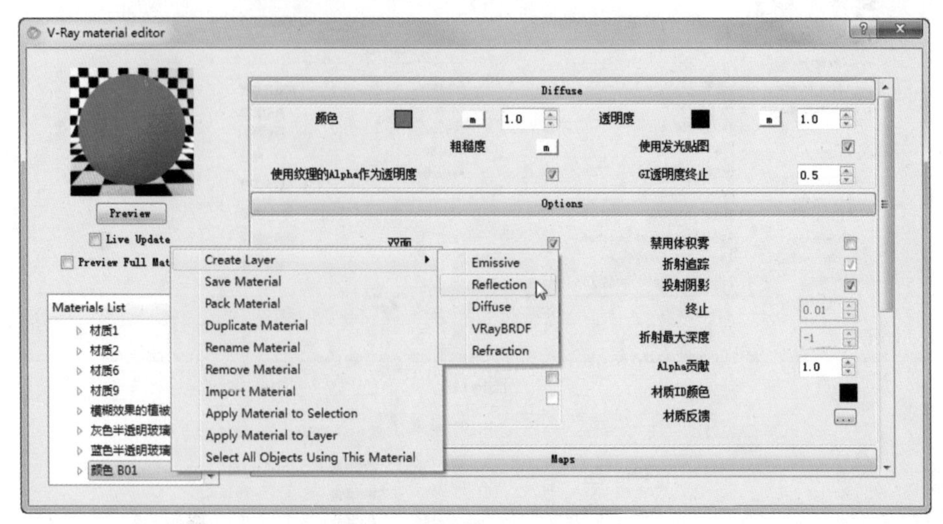

图9-121

3. 单击【反射】右侧的【m】按钮，在弹出的对话框中选择TexFresnel“菲涅耳”模式，最后单击 OK 按钮，如图9-122和图9-123所示。

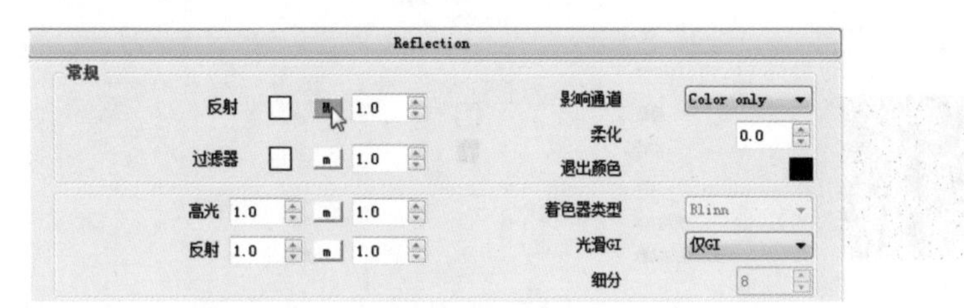

图9-122

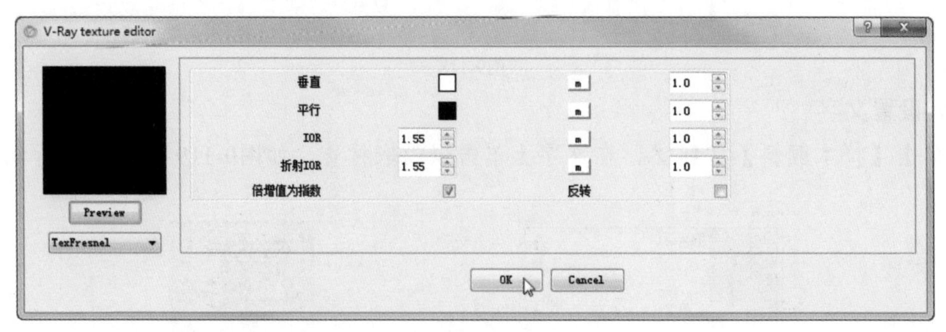

图9-123

四、渲染出图

1. 单击 按钮，再单击【Environment（环境）】选项，分别单击两个“M”按钮，将它们的参数设置为一样，如图9-124和图9-125所示。

图9-124

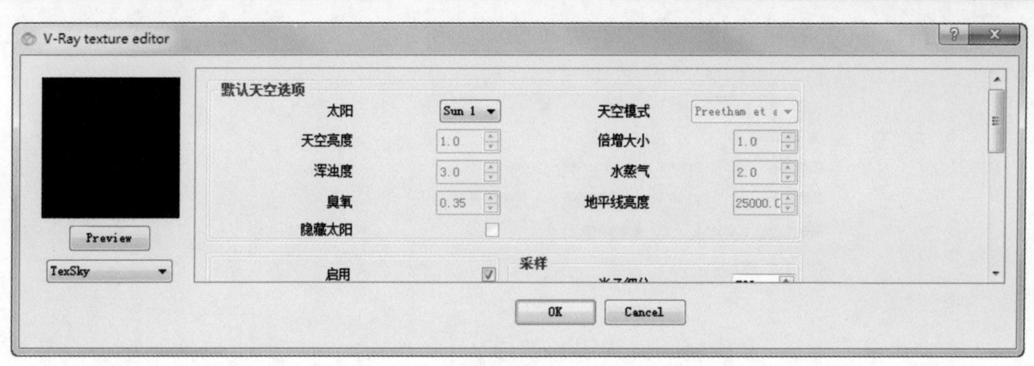

图9-125

2．单击【Image sampler（Antialiasing）】图像采样器选项，将【类型】更改为“自适应DMC”，将【最大细分】设为“17”，提高细节区域的采样。勾选“抗锯齿过滤”复选框，选择常用的“Catmull Rom”过滤器，如图9-126所示。

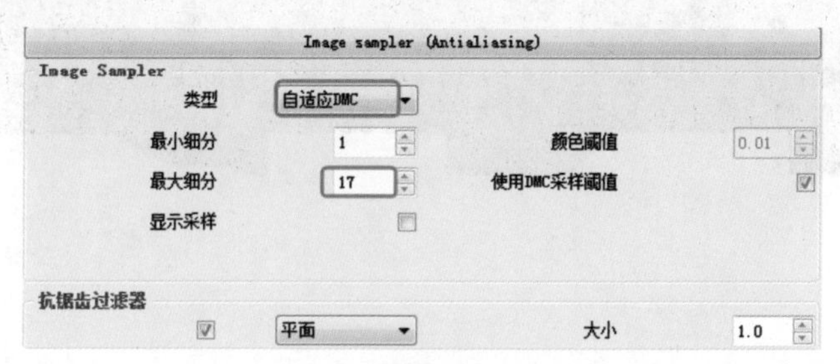

图9-126

3．单击【DMC sampler】纯蒙特卡罗采样器选项，将【最小采样】设为“12”，如图9-127所示。

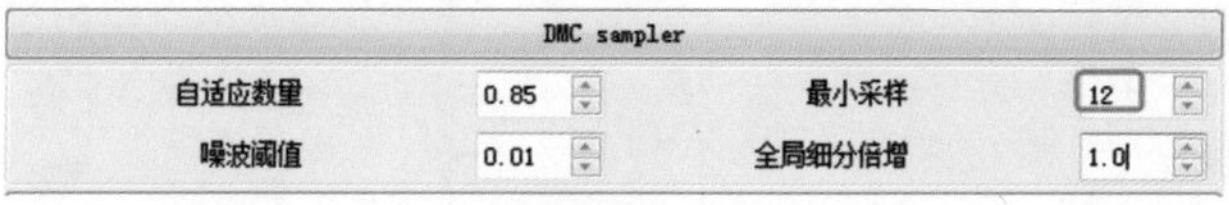

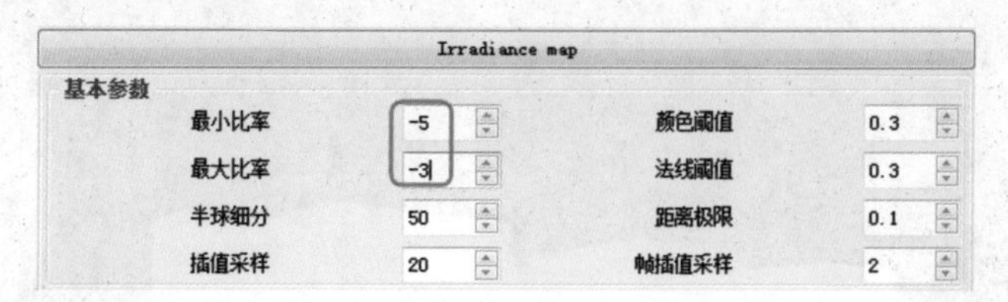

图9-127

4．单击【Irradiance map】发光贴图选项，将【最小比率】设为“-5”，【最大比率】改成“-3”，如图9-128所示。

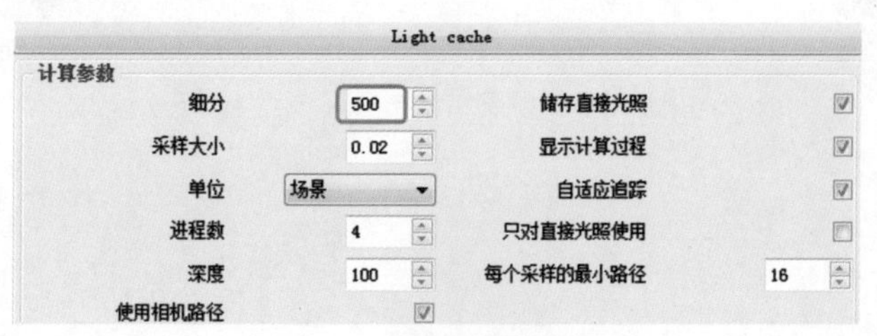

图9-128

5．单击【Light cache】灯光缓存选项，将【细分】设为“500”，如图9-129所示。

Light cache

计算参数			
细分	500	储存直接光照	☑
采样大小	0.02	显示计算过程	☑
单位	场景	自适应追踪	☑
进程数	4	只对直接光照使用	☐
深度	100	每个采样的最小路径	16
使用相机路径	☑		

图9-129

6. 单击【Output】输出选项，将尺寸设为图9-130所示。

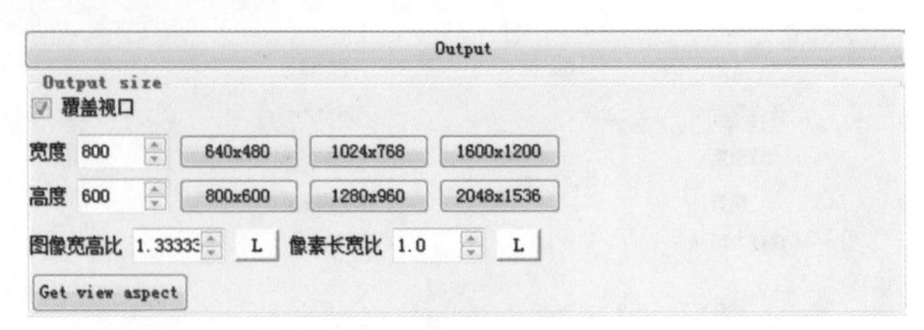

图9-130

7. 设置完成后，单击®按钮，依次对场景页面1、页面2、页面3进行渲染出图，另外还可以得到3张渲染通道图，图9-131、图9-132和图9-133所示为渲染通道图，图9-134、图9-135和图9-136所示为渲染图效果。

图9-131

图9-132

图9-133

图9-134

图9-135

图9-136

五、后期处理

1．将渲染图片导入到Photoshop中，如图9-137所示。

图9-137

2．双击图层进行解锁，如图9-138和图9-139所示。

图9-138

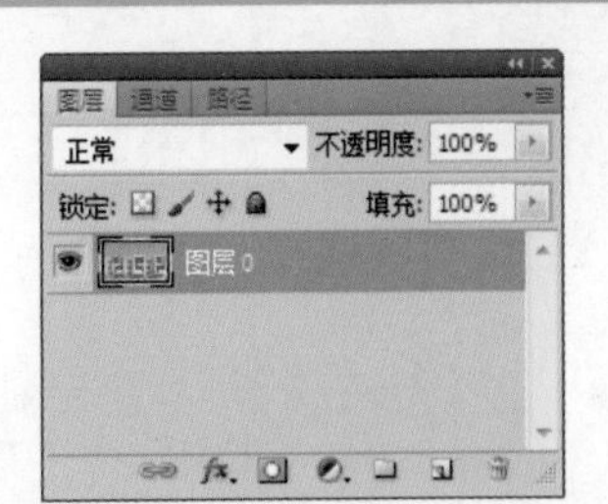

图9-139

3．选择“魔术棒工具”将图片背景选中，按Del键删除背景，并按Ctrl+D组合键取消选区，如图9-140和图9-141所示。

图9-140

图9-141

4．打开背景图片，拖动到图层中作为背景，调整图层顺序，如图9-142和图9-143所示。

图9-142

图9-143

5．按Ctrl+T组合键调整两张图片的大小，进行组合，如图9-144所示。

图9-144

6．选择“裁剪工具”将多余的部分剪掉，如图9-145和图9-146所示。

7．选择【图像】/【调整】/【亮度/对比度】命令，调整亮度，如图9-147和图9-148所示。

图9-145

图9-146

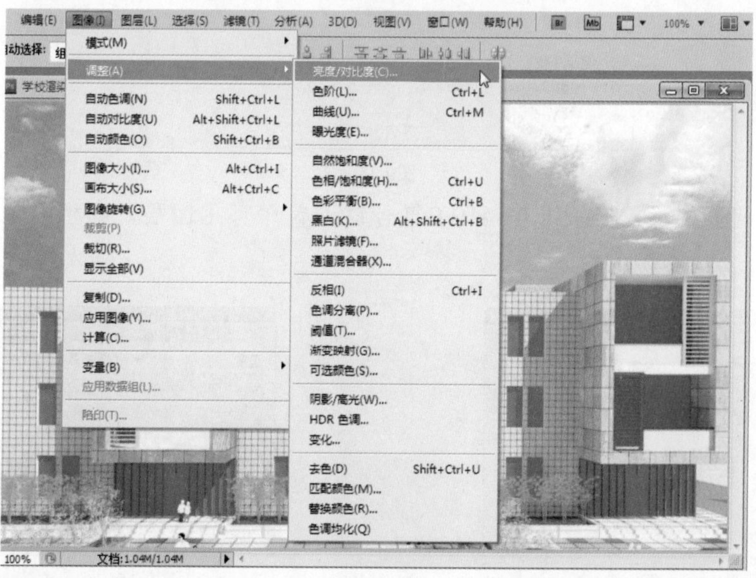

图9-147

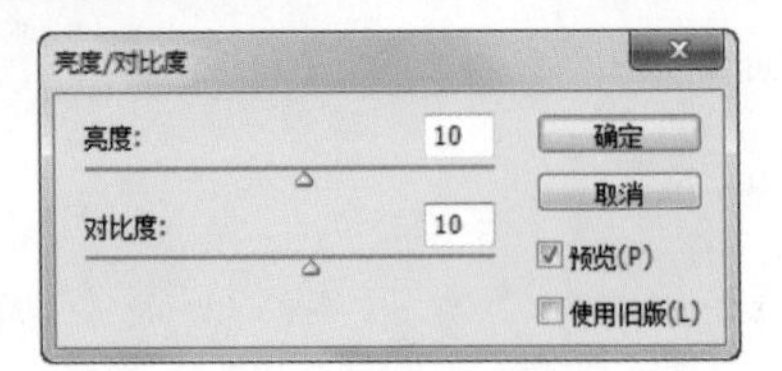

图9-148

8．选择【图像】/【调整】/【色彩平衡】命令，调整颜色，如图9-149和图9-150所示。

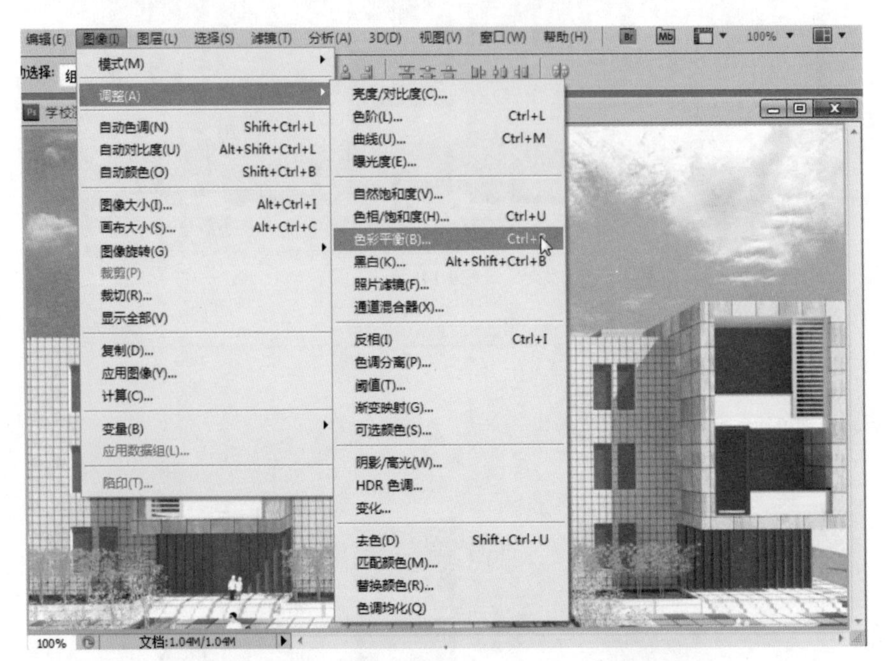

图9-149

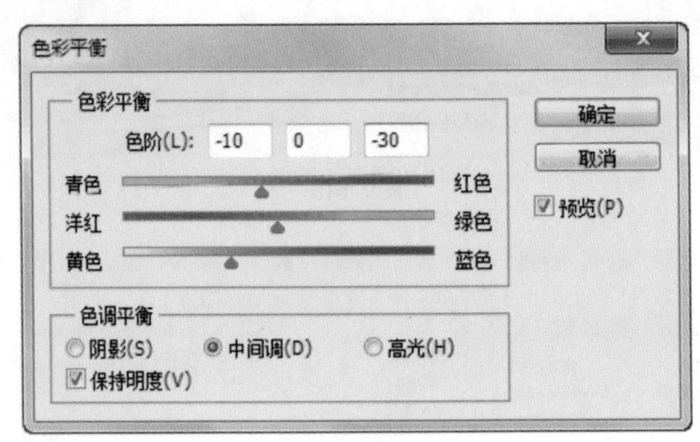

图9-150

9．新建一个图层，按Ctrl+Shift+Alt+E组合键，盖印可见图层，如图9-151和图9-152所示。

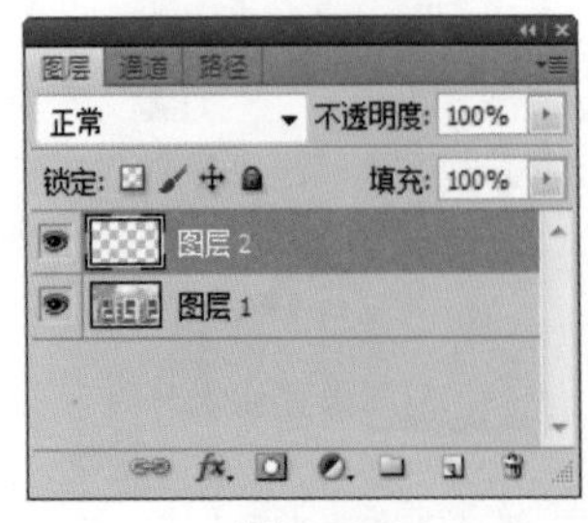

图9-151

图9-152

10. 选择【滤镜】/【模糊】/【高斯模糊】命令，添加模糊效果，如图9-153和图9-154所示。

图9-153

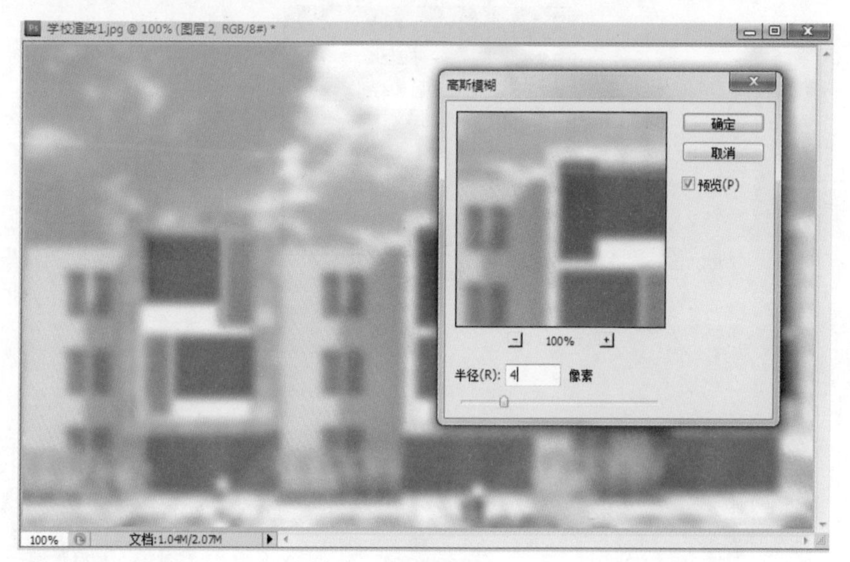

图9-154

11. 将【图像模式】设为“柔光”，【不透明度】设为“50%”，如图9-155所示，效果如图9-156所示。

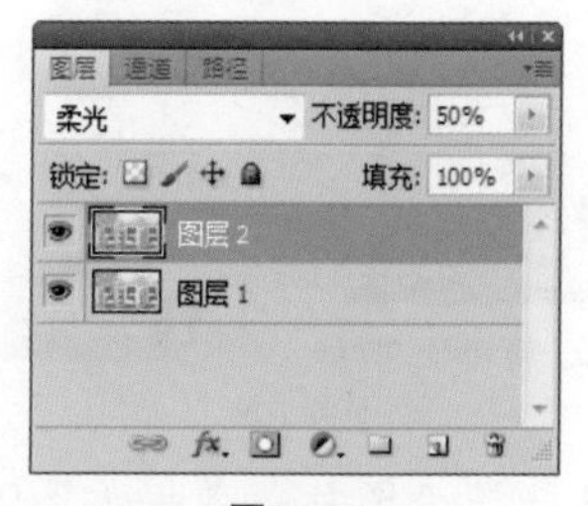

图9-155

图9-156

12．对图层进行合并，选择加深工具和减淡工具，对太亮和太暗的地方进行涂抹处理，如图9-157所示，效果如图9-158所示。

图9-157

图9-158

13．利用同样的方法处理另外两张渲染图片，效果如图9-159和图9-160所示。

图9-159

图9-160

9.2 Artlantis渲染器

Artlantis是法国Advent公司的重量级渲染引擎，也是SketchUp的一个极佳渲染伴侣，它是用于建筑室内和室外场景的专业渲染软件，其超凡的渲染速度与质量、无比友好和简洁的用户界面，令人耳目一新。它的问世被誉为是建筑绘图场景、建筑效果图和多媒体制作领域的一场革命。

9.2.1 Artlantis与V-Ray的区别

- Artlantis与V-Ray不同，它属于单独的一个渲染软件，但好像只为SketchUp而生，而V-Ray是SketchUp的一个插件。

- Artlantis设置材质及参数都比V-Ray设置要简单和方便。
- Artlantis渲染速度比V-Ray渲染速度快，能节约很多时间。
- Artlantis渲染室外效果质量较好，而V-Ray渲染室内效果质量较好。
- Artlantis注重效果，而V-Ray注重品质，所以后者的渲染质量相对较弱。

9.2.2　Artlantis的操作流程

（1）SketchUp模型整理。

- 对模型赋予材质贴图，命名可以用英文和数字，但不可用中文。
- 注意正反面，将所有面设置为正面。
- 添加渲染页面。

（2）在Artlantis里打开SketchUp模型。

（3）调整阳光，可以设置阴影、时间、云彩。

（4）调整相机镜头。

（5）调整材质。

（6）用低参数测试渲染。

（7）用高参数渲染出图。

（8）后期处理。

9.2.3　Artlantis工具介绍

图9-161所示为Artlantis的操作界面。

图9-161

9.2.4　Artlantis渲染器的安装

源文件：\Ch09\Artlantis 5.exe

一、安装Artlantis 5

Artlantis 5（本例安装的是64位系统的渲染器）的安装也非常方便，可以在其官网或其他网站上搜索下载并安装。

1. 双击Artlantis 5安装应用程序，打开安装语言选择对话框，选择简体中文进行安装，然后单击【OK】按钮，如图9-162所示。

图9-162

2. 随后进入安装向导对话框，单击 下一步(N) > 按钮，如图9-163所示。
3. 进入安装许可协议对话框，单击 我接受(I) 按钮，如图9-164所示。

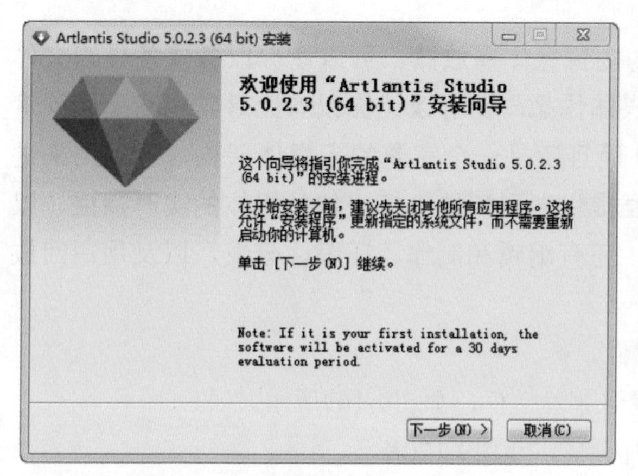

图9-163

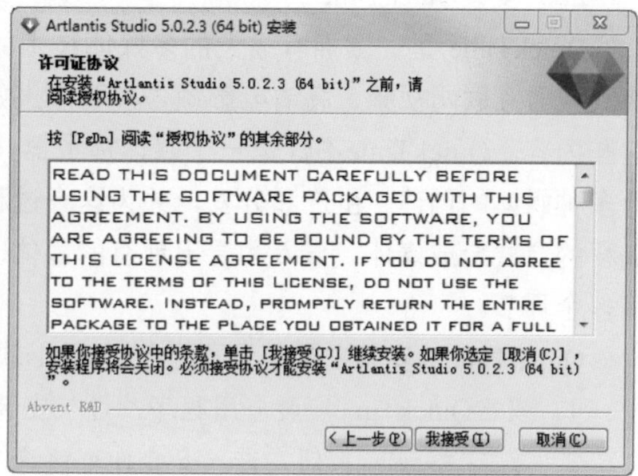

图9-164

4. 然后选择要安装的组件，默认情况下是全部选中的，单击 下一步(N) > 按钮，如图9-165所示。
5. 随后选择安装位置，并单击 下一步(N) > 按钮，如图9-166所示。

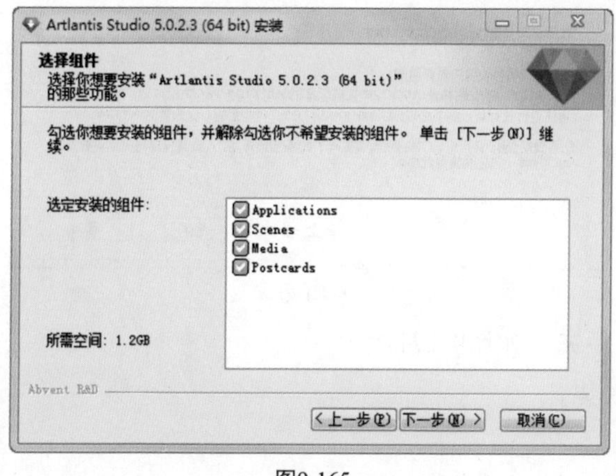

图9-165

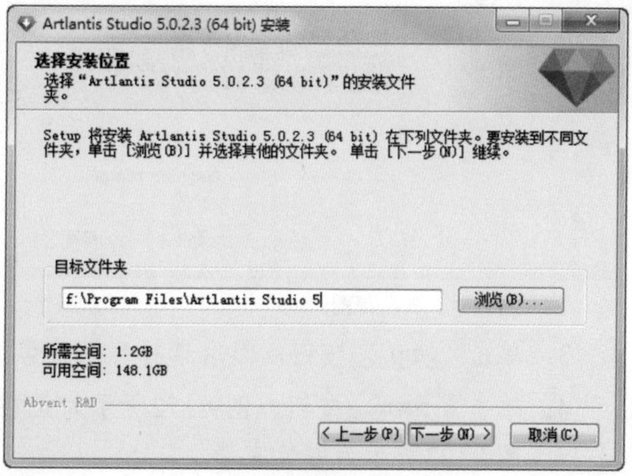

Artlantis Studio 5.0.2.3 (64 bit) 安装
选择安装位置
选择"Artlantis Studio 5.0.2.3 (64 bit)"的安装文件夹。
Setup 将安装 Artlantis Studio 5.0.2.3 (64 bit) 在下列文件夹。要安装到不同文件夹，单击 [浏览(B)] 并选择其他的文件夹。单击 [下一步(N)] 继续。
目标文件夹
f:\Program Files\Artlantis Studio 5
浏览(B)...
所需空间: 1.2GB
可用空间: 148.1GB
Abvent R&D
< 上一步(P) 下一步(N) > 取消(C)

图9-166

6. 接着选择"开始菜单"文件夹，保留默认设置，单击【安装】按钮，开始安装，如图9-167所示。
7. 图9-168所示为安装完毕，单击 完成(F) 按钮即可。

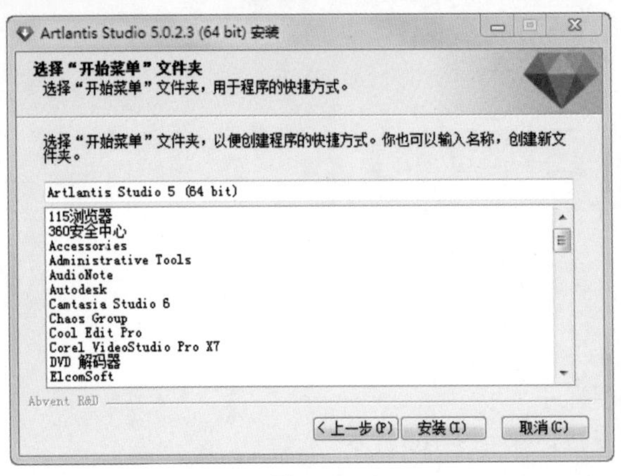

图9-167

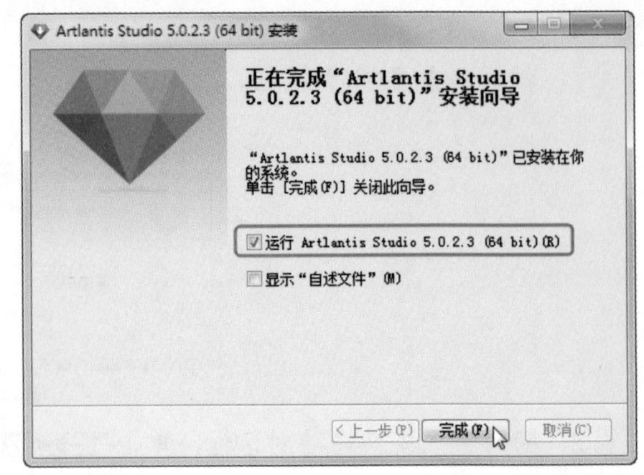

图9-168

二、安装QuickTime

QuickTime 是一款拥有强大的多媒体技术的内置媒体播放器，可以让你以各式各样的文件格式观看互联网视频、高清电影预告片和个人媒体作品，更可以让你以非比寻常的高品质欣赏这些内容。QuickTime不仅是一个媒体播放器，而且还是一个完整的多媒体架构，可以用来进行多种媒体的创建、生产和分发，并为这一过程提供端到端的支持：包括媒体的实时捕捉、以编程的方式合成媒体、导入和导出现有的媒体，还有编辑和制作、压缩、分发，以及用户回放等多个环节。

QuickTime的安装主要是为了配合Artlantis软件。

1．双击QuickTime安装应用程序，进入安装向导对话框，如图9-169所示。

2．单击 下一步(N) > 按钮，进入安装许可协议对话框，如图9-170所示。

图9-169

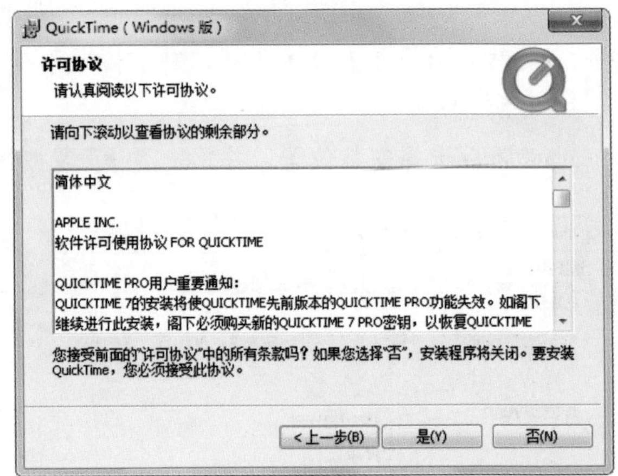

图9-170

3．单击 是(Y) 按钮，然后选择目标安装文件夹，如图9-171所示。

4．单击 安装(I) 按钮，图9-172所示为正在安装。

5．图9-173所示为安装完毕。

在 SketchUp中保存模型时，根据 Artlantis版本不同，可保存相对较低的版本，也可以直接导出为 art格式，但需安装插件；也可以导出为3ds格式，Artlantis可以直接打开。

图9-171

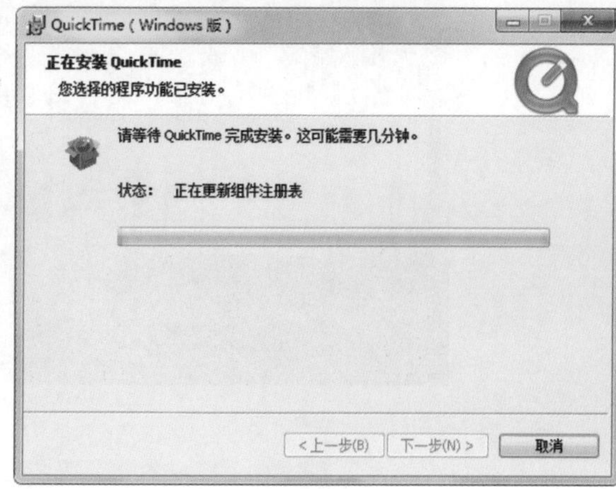

图9-172

图9-173

案例——戏剧室渲染

本案例介绍如何利用Artlantis对戏剧室进行室内渲染。戏剧室建立了2个不同的场景页面，图9-174和图9-175所示为场景原图，图9-176和图9-177所示为渲染后的效果。

源文件：\Ch09\戏剧室.skp

结果文件：\Ch09\戏剧室渲染案例\

视频：\Ch09\戏剧室渲染.wmv

图9-174

图9-175

图9-176

图9-177

一、打开模型

1．启动Artlantis渲染器，在软件左上角单击【打开窗口菜单】按钮，再选择【打开】/【导入】命令，通过【打开】对话框选择“戏剧室.skp”模型，如图9-178所示。

图9-178

导入的SketchUp模型要用低版本保存，否则Artlantis不能正常导入。

2. 在弹出的【导入SKP文件】对话框中单击【导入】按钮，如图9-179所示。加载成功后，界面出现图9-180所示的夜晚场景。

图9-179

图9-180

二、设置阳光

1. 在【日光】选项卡中，先调整月份和日期，默认月份是29/08，修改为15/10，可以直接更改值，也可以拖动滑块进行微调，如图9-181所示。

图9-181

2. 拖动滑块或者键入值，将一天中的时间设置为09：00，如图9-182所示。

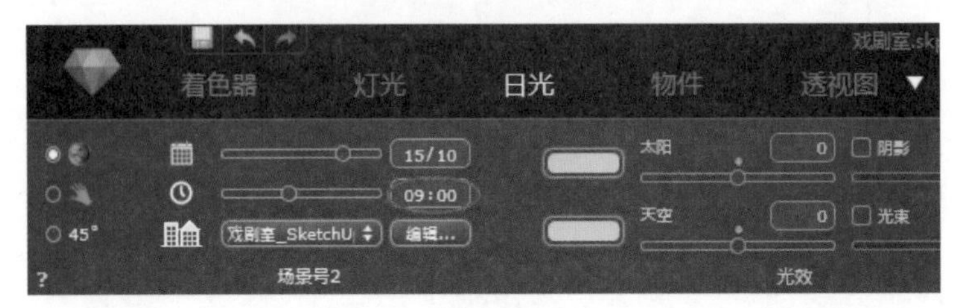

图9-182

3. 将【太阳】强度设置为“30”，单击颜色块，设置阳光颜色为浅黄色，如图9-183所示。

图9-183

4. 将【天空】强度设置为“40”，将天空颜色设置为浅蓝色，如图9-184所示。

图9-184

5. 单击列表中的另一个场景，对阳光参数进行同样的设置，效果如图9-185和图9-186所示。

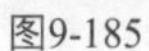

图9-185

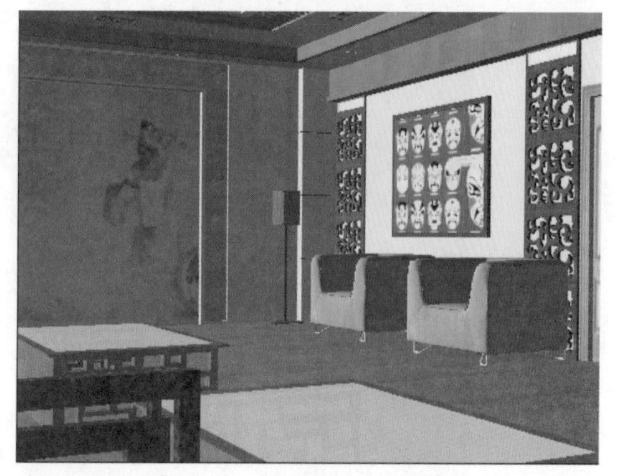

图9-186

提示

在导入模型后，如果发现当前模型材质与 Artlantis不兼容，那么可以在 Artlantis中重新赋予新的材质，也可以在 SketchUp中调整材质。

三、设置材质

1. 在【着色器】选项卡中设置材质参数，图9-187所示为材质列表和下方边框单击弹出的基本材质。

图9-187

2. 单击基本材质菜单中的【显示素材浏览器】按钮，可以单独显示材质目录对话框，如图9-188所示。

图9-188

3．在材质目录对话框，选择“发光菲涅耳”材质，如图9-189所示。

图9-189

4．将“菲涅耳玻璃”拖到场景中的玻璃材质上进行替换，如图9-190和图9-191所示。

图9-190

图9-191

5. 在着色器上方的材质编辑器中，将【反射】颜色设为黄色，将【菲涅耳过渡】设为“2”，如图9-192所示。

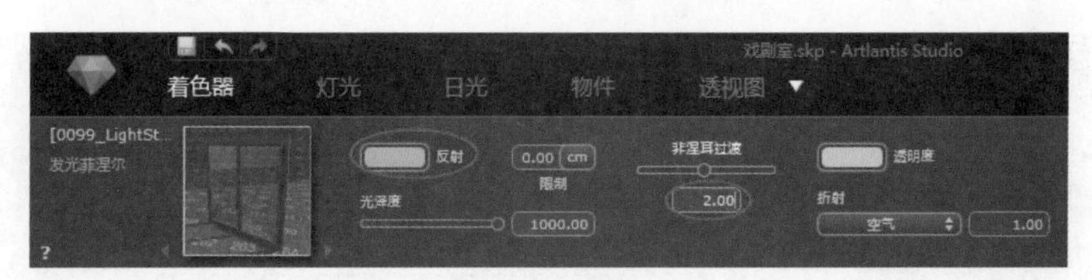

图9-192

6. 单击木柱，当前材质被自动选中，将【凸起】设为“3”，如图9-193所示。

图9-193

7. 单击花纹木材，当前材质被自动选中，将【凸起】设为“3”，如图9-194所示。

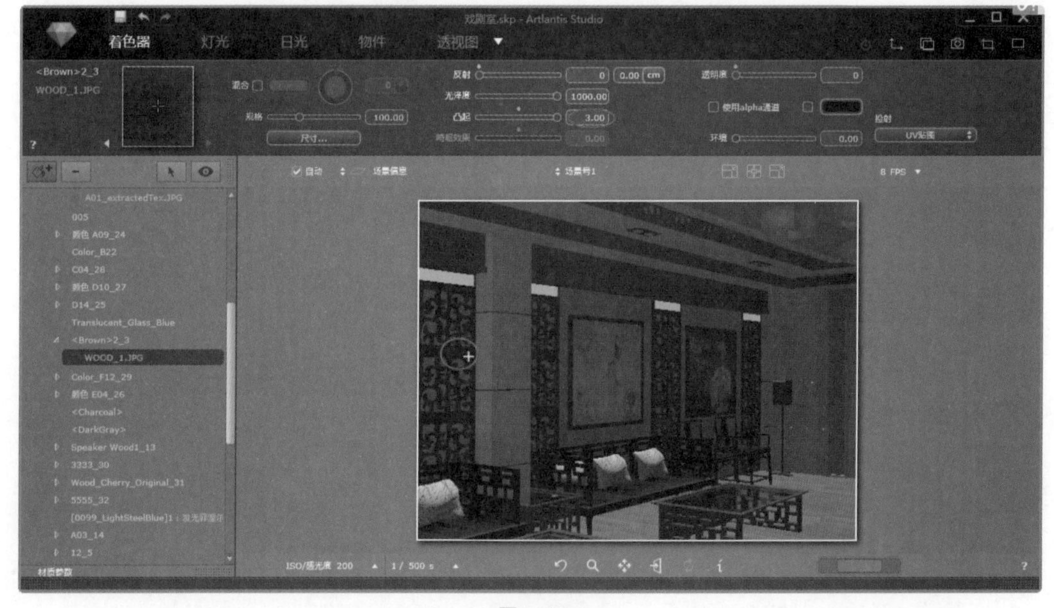

图9-194

8. 单击金属花纹，当前材质被自动选中，将【反射】设为“5”，【凸起】设为“3”，如图9-195所示。

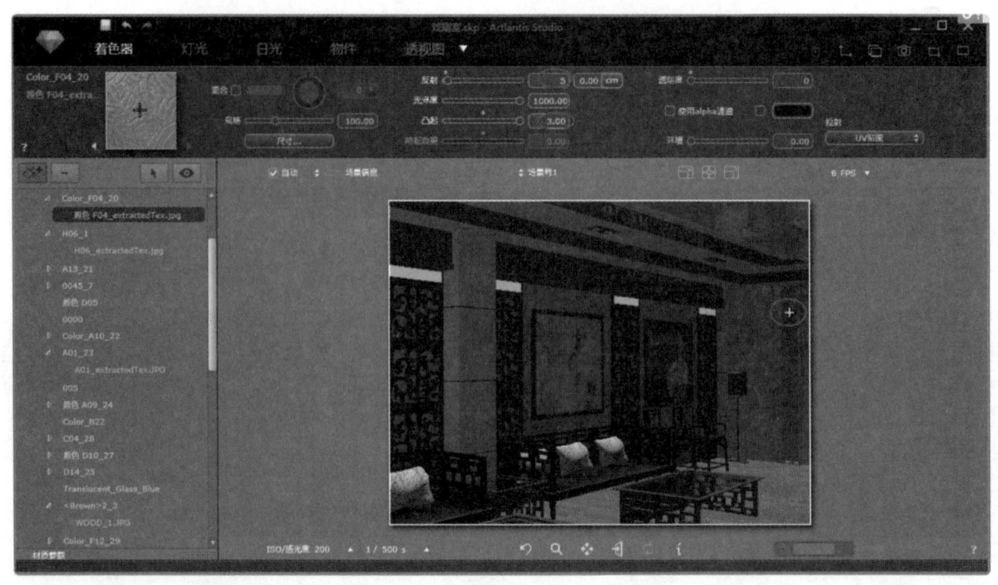

图9-195

9. 在【透视图】选项卡，设置焦距为“32”，并选中面板下方的【稍后渲染】选项，如图9-196所示。

图9-196

10. 单击【继续】按钮，然后为另一个场景设置采样点间距为“35”，设置效果分别如图9-197和图9-198所示。

图9-197

图9-198

提示

调整相机这一步是非常关键的，因为调整的角度就是渲染后的角度。调整的方法可以利用焦距滑块，可以利用抓手工具，可以利用场景中的图标按x、y、z轴进行拖动调整，还可以利用二维视图进行调整。

四、设置渲染

1. 选择场景1，单击【开始渲染】按钮，弹出【最终渲染】面板。
2. 按图9-199所示的参数进行设置。

图9-199

3. 单击 查看... 按钮，弹出图9-200所示的【另存为】对话框，选择保存的位置和文件格式，然后选中【开始渲染】单选选项，随即进入渲染状态，如图9-201所示。

图9-200

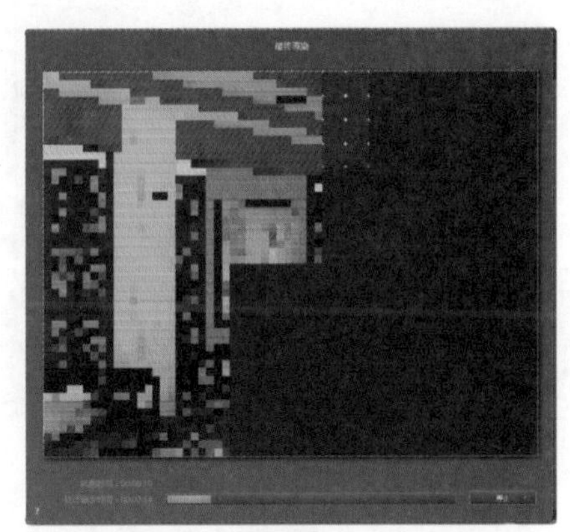

图9-201

4. 同理，对场景2进行参数设置并渲染，最终两个场景渲染的效果如图9-202和图9-203所示。

图9-202

图9-203

案例——办公楼渲染及后期处理

本案例介绍如何利用Artlantis对办公楼进行室外渲染。办公楼建立了两个不同的场景页面，图9-204和图9-205所示为原图，图9-206和图9-207所示为后期处理的效果。

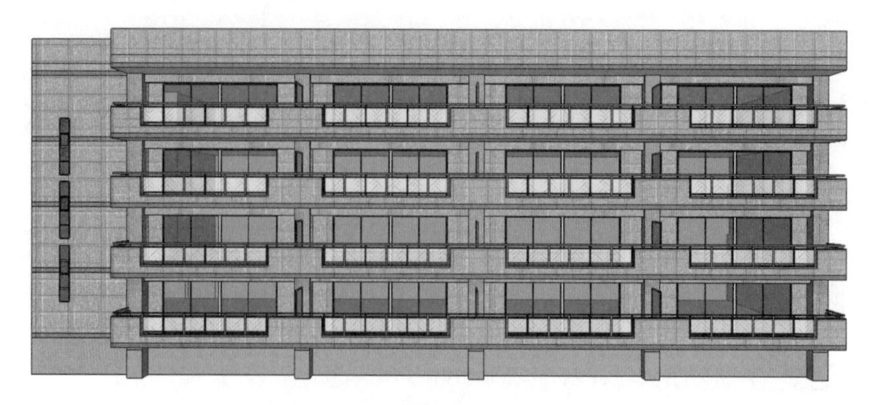

图9-204

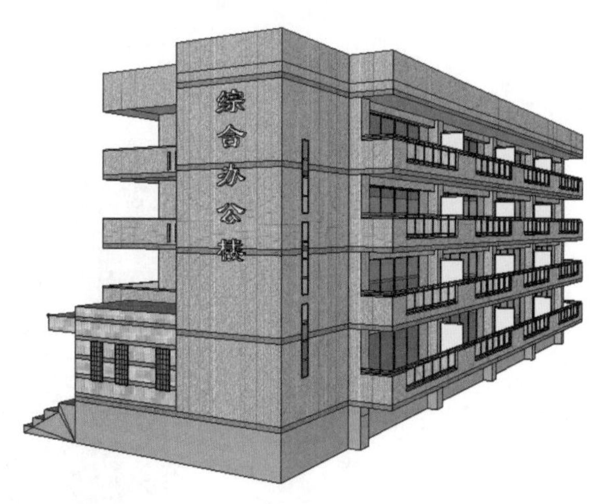

图9-205

图9-206

图9-207

源文件：\Ch09\办公楼.skp，背景图片2.jpg

结果文件：\Ch09\办公楼渲染案例\

视频：\Ch09\办公楼渲染.wmv

一、打开模型

1. 启动Artlantis渲染器，导入“SketchUp（*.skp）”格式的“办公楼.skp”文件，如图9-208所示。

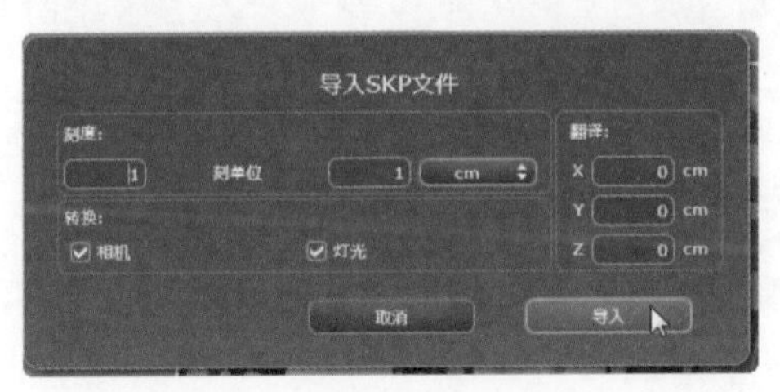

图9-208

2. 导入模型，图9-209所示为夜晚场景。

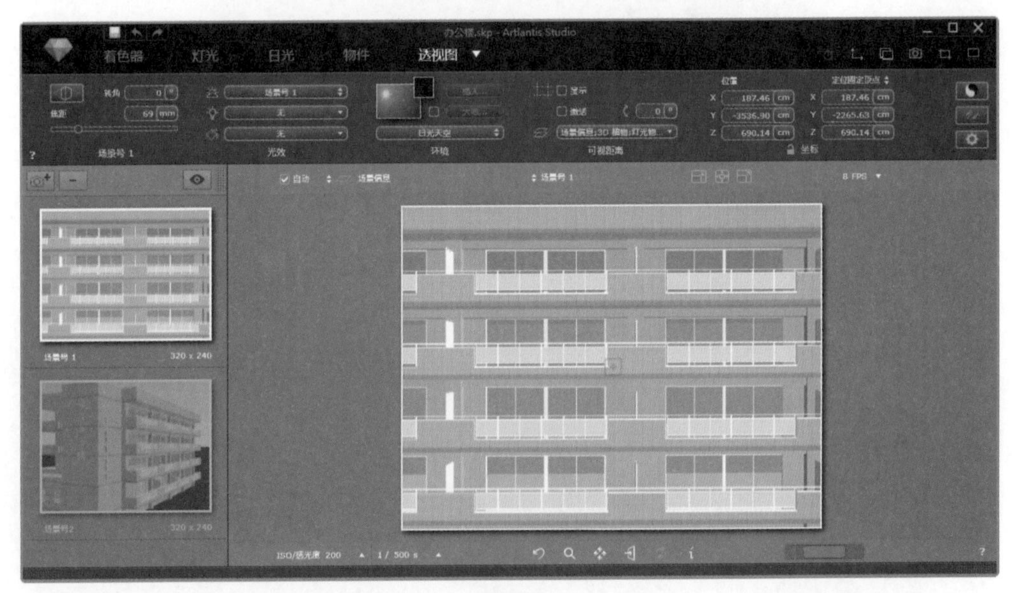

图9-209

二、设置阳光

1. 在【日光】选项卡中设置阳光参数，拖动滑块，将时间设置为“12：00”，日期设为“15/10”。
2. 将“阴影”复选框勾选，设置参数为“10”，如图9-210所示。

图9-210

3. 单击列表中的另一个场景，进行同样的阳光参数设置，效果如图9-211和图9-212所示。

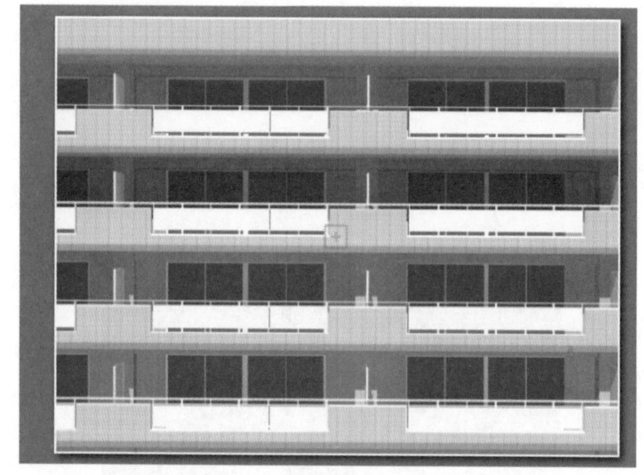

图9-211

图9-212

三、设置材质

1. 在【着色器】选项卡中设置材质参数。
2. 在软件窗口底部单独打开【素材目】材质列表对话框，在材质库列表中选中“玻璃”里的“发光菲涅耳”选项，如图9-213所示。

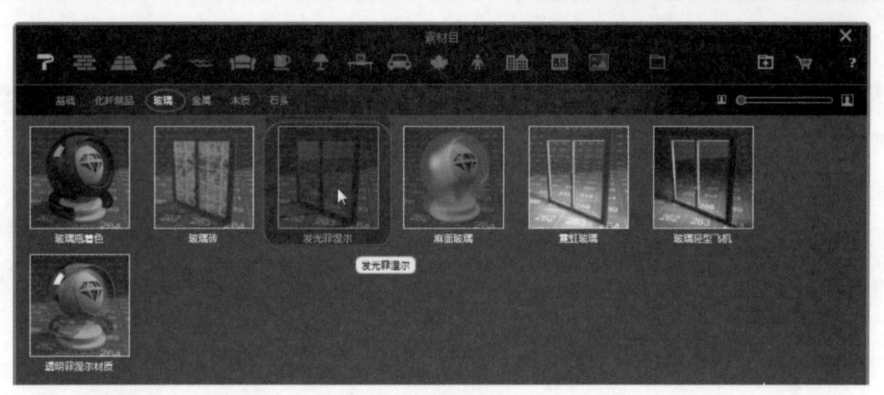

图9-213

3．将“发光菲涅耳”材质直接拖动到办公楼栏杆玻璃上，即替换当前材质，如图9-214和图9-215所示。

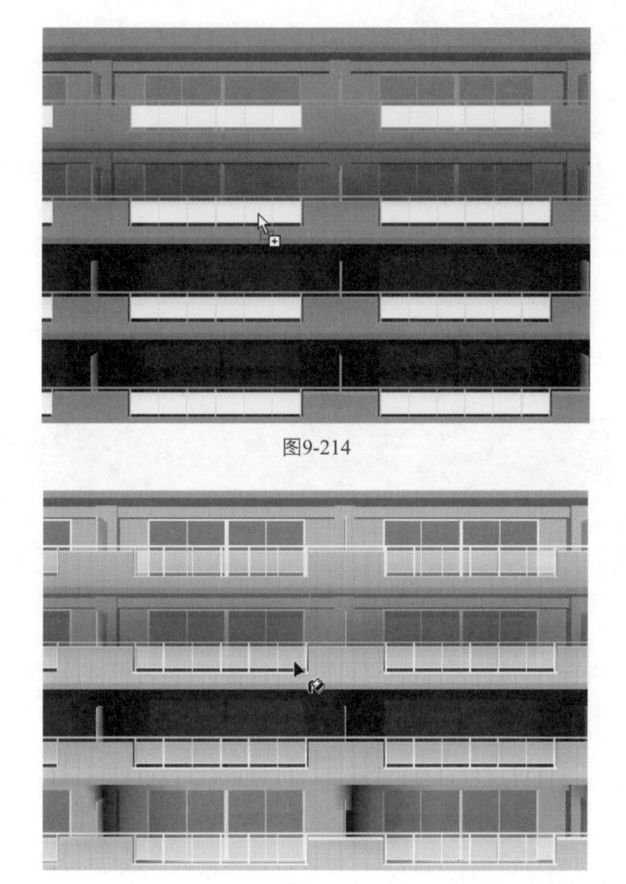

图9-214

图9-215

4．在左侧材质列表中，将【菲涅耳过渡】设为“2”，【反射】颜色设为天蓝色，如图9-216所示。

图9-216

5. 单击玻璃材质，当前材质被自动选中，将【反射】设为“0.2”，如图9-217所示。

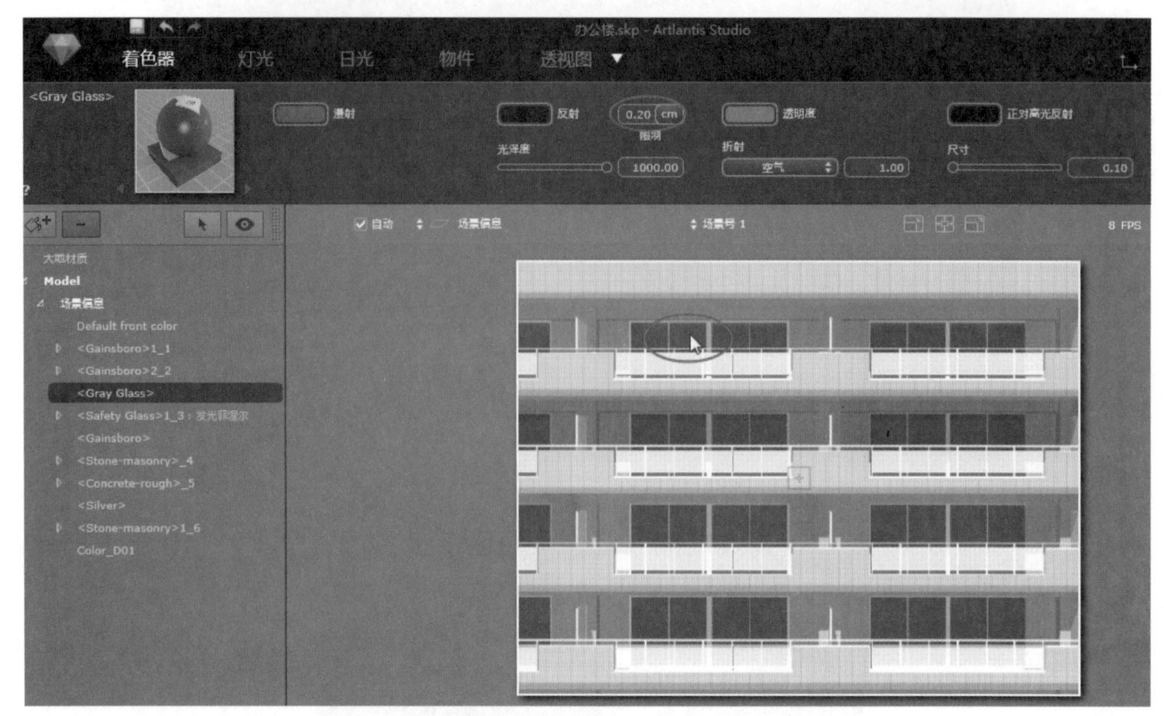

图9-217

6. 单击墙砖，当前材质被自动选中，将【反射】设为“10”，【凸起】值设为“0.2”，如图9-218所示。

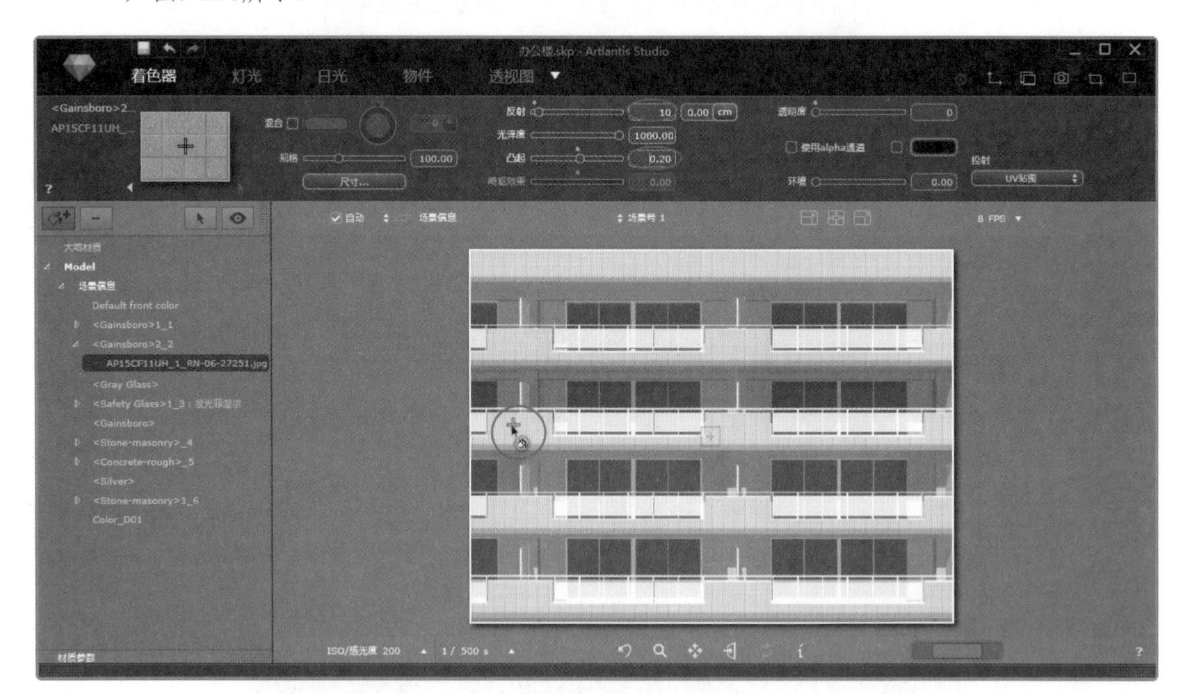

图9-218

7. 单击场景号2中的墙砖，当前材质被自动选中，设置参数，将【反射】设为“10”，【凸起】值设为“0.2”，如图9-219所示。

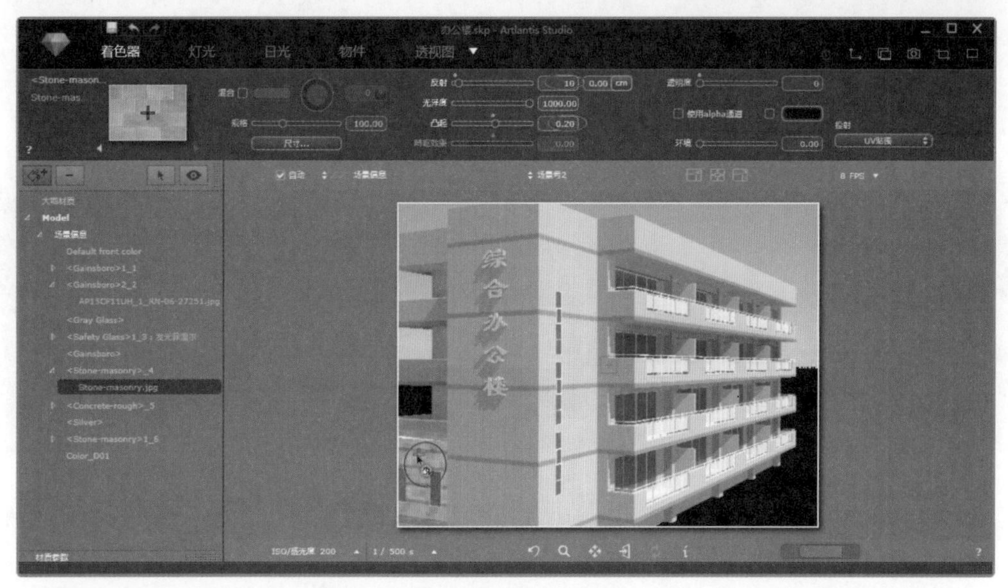

图9-219

四、设置相机

1. 返回到【透视图】选项卡中，设置场景号1的焦距，如图9-220所示。

图9-220

2. 拖动“焦距”滑块，将场景号1的焦距设置为“30”，同理，再对场景号2的焦距设置为“48”，最终设置焦距后的两个场景效果如图9-221和图9-222所示。

图9-221

图9-222

五、设置渲染

1．选择场景1，单击【开始渲染】按钮，弹出【最终渲染】面板。

2．按图9-223所示设置参数。

图9-223

3．选中【开始渲染】单选选项，然后单击 继续 按钮，开始渲染场景1，效果如图9-224所示。

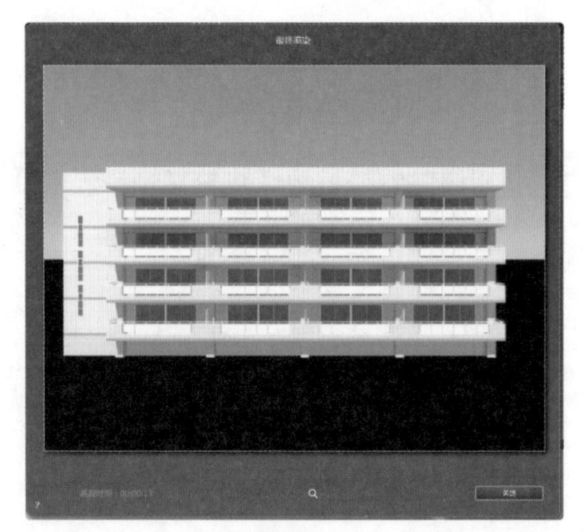

图9-224

4．同理，对场景号2进行渲染设置，并进行最终渲染，效果如图9-225所示。

图9-225

六、后期处理

1．将渲染图片导入Photoshop中，如图9-226所示。

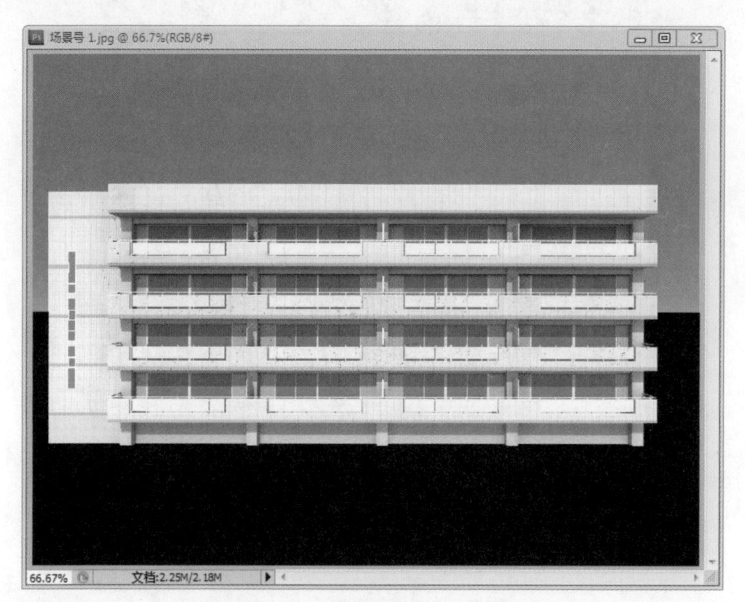

图9-226

2．双击图层进行解锁，如图9-227和图9-228所示。

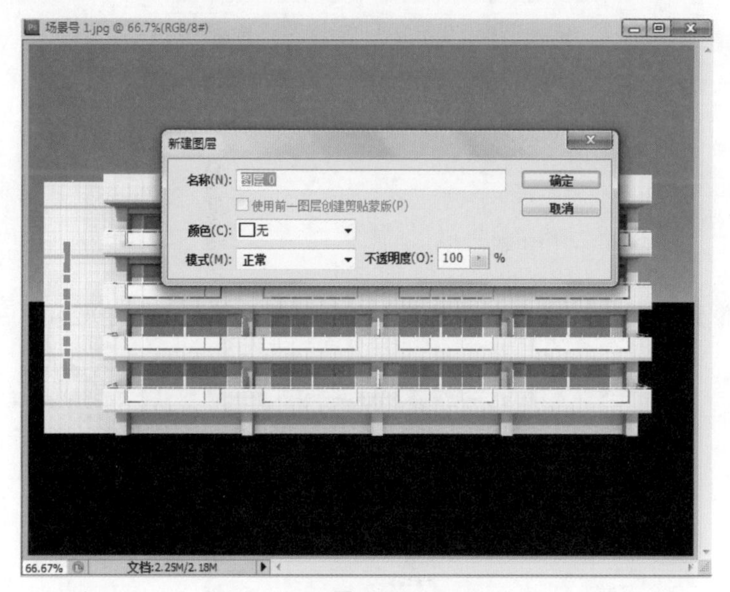

图9-227

图9-228

3．选择“魔术棒”工具，将图片背景选中并删除，如图9-229和图9-230所示。

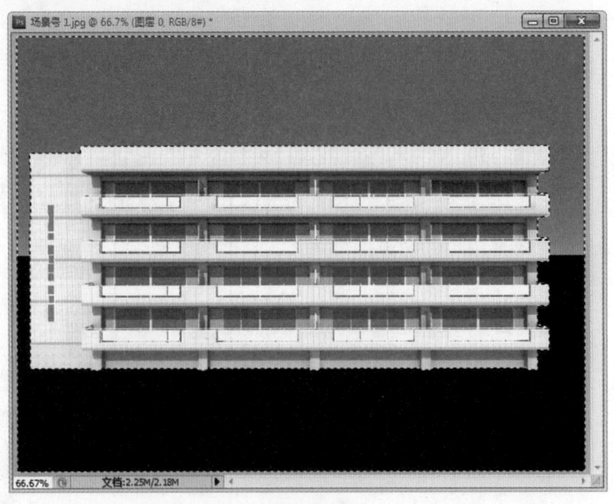

图9-229

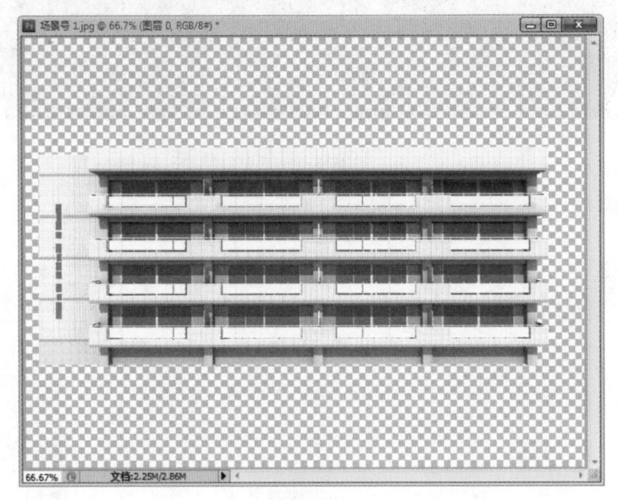

图9-230

4．选择【图像】/【调整】/【亮度/对比度】命令，调整亮度，如图9-231和图9-232所示。

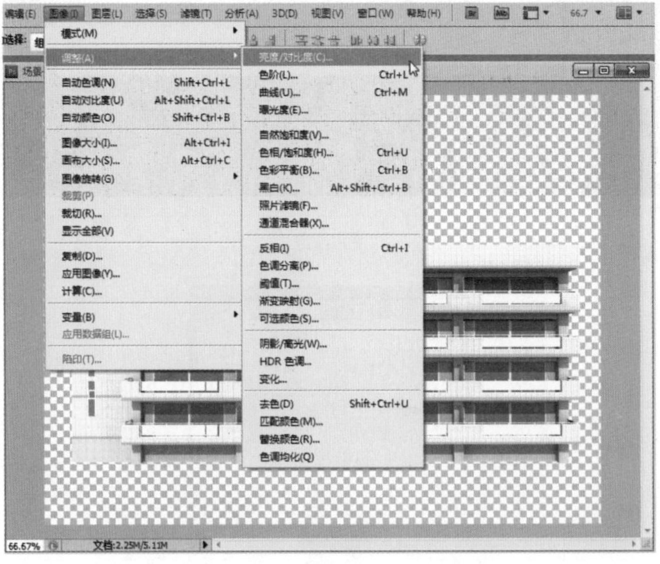

图9-231

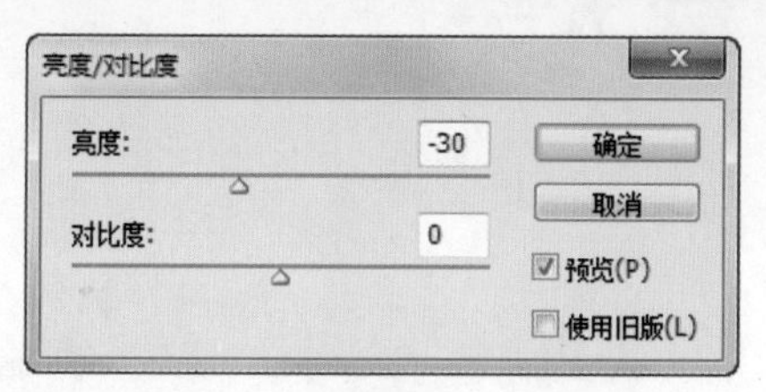

图9-232

5. 选择【图像】/【调整】/【色彩平衡】命令，调整颜色，如图9-233和图9-234所示。

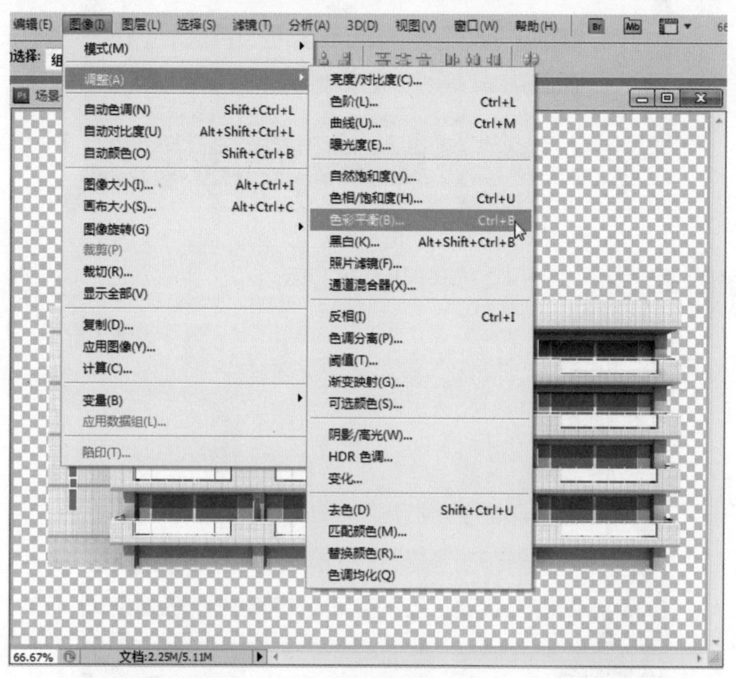

图9-233

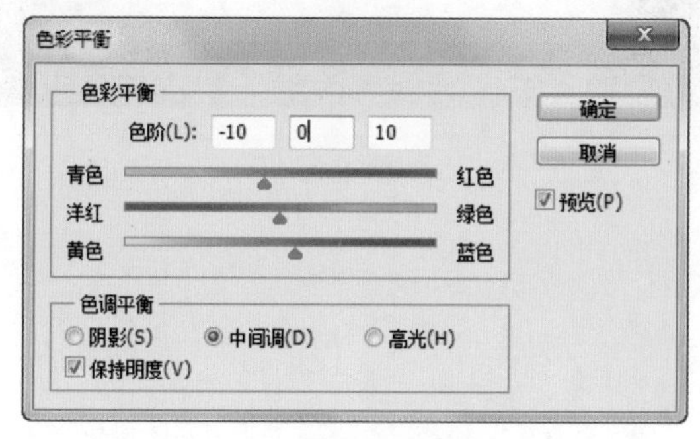

图9-234

6. 打开背景图片，将两张图片组合，并调整图层顺序，如图9-235和图9-236所示。

图9-235

图9-236

7．添加植物和人物素材，如图9-237和图9-238所示。

图9-237

图9-238

8. 选择“加深工具”和“减淡工具”，涂抹出明暗效果。利用同样的方法处理另外一张渲染图片，最终效果如图9-239和图9-240所示。

图9-239

图9-240

9.3 本章小结

本章主要学习了V-Ray和Artlantis渲染器之间的区别及作用，并掌握了渲染器的安装方法和渲染方法，并用两个室内和两个室外模型渲染进行实例讲解，让读者了解室内渲染和室外渲染的区别和操作方法。最后再对渲染的室外模型进行后期处理，使读者能掌握到SketchUp模型渲染与后期制作之间的重要性。

第10章 建筑/园林/景观小品的设计

本章主要介绍SketchUp中常见的建筑、园林、景观小品的设计方法，并以真实的设计图来表现模型在日常生活中的应用。

10.1 建筑单体设计

本节以实例的方式讲解SketchUp建筑单体设计的方法，包括创建建筑凸窗、花形窗户、小房子，图10-1和图10-2所示为常见的建筑窗户和小房屋设计的效果图。

图10-1

图10-2

案例——创建建筑凸窗

本案例主要利用绘制工具制作建筑凸窗，图10-3所示为效果图。

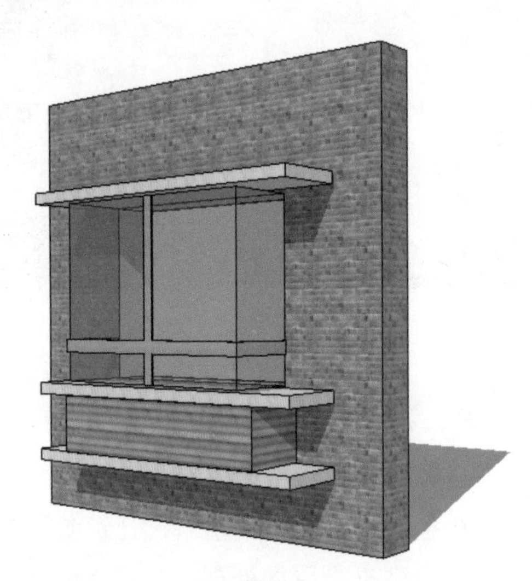

图10-3

结果文件：\Ch10\建筑单体设计\建筑凸窗.skp

视频：\Ch10\建筑凸窗.wmv

1．单击【矩形】按钮，绘制一个长宽都为5000mm的矩形，如图10-4所示。

2．单击【推/拉】按钮，拉伸500mm，如图10-5所示。

3．单击【矩形】按钮，绘制一个长为2500mm，宽为2000mm的矩形，如图10-6所示。

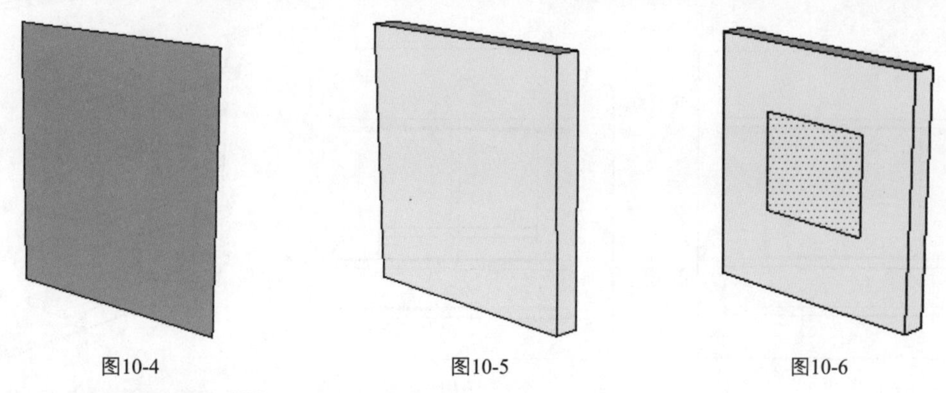

图10-4　　图10-5　　图10-6

4．单击【推/拉】按钮，向里推500mm，如图10-7所示。

5．单击【线条】按钮，绘制一个封闭面，单击【推/拉】按钮，向外拉600mm，如图10-8和图10-9所示。

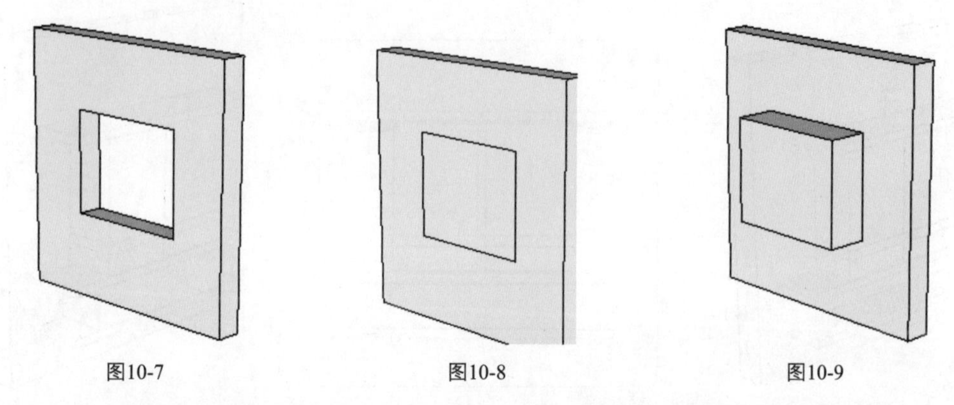

图10-7　　图10-8　　图10-9

6．利用【矩形】按钮和单击【推/拉】按钮，绘制出图10-10所示的矩形块。

7．选中矩形块，选择【编辑】/【创建组】命令，创建一个群组，如图10-11所示。

8．单击【移动】按钮，按住Ctrl键不放进行垂直复制，如图10-12所示。

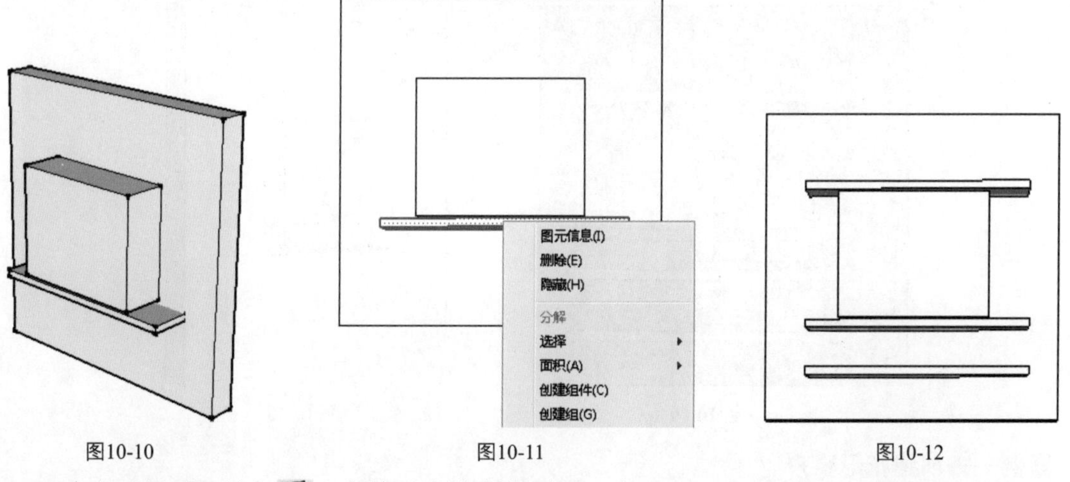

图10-10　　图10-11　　图10-12

9．单击【矩形】按钮，在墙面上绘制矩形面，如图10-13、图10-14和图10-15所示。

10．单击【推/拉】按钮，将矩形面向外推拉25mm，如图10-16所示。

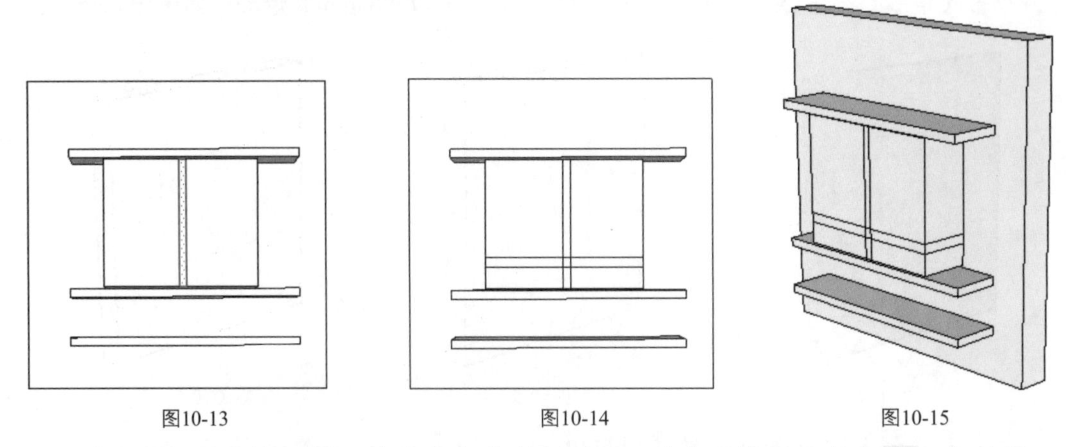

图10-13 图10-14 图10-15

11．单击【矩形】按钮，在窗体上绘制矩形面，单击【推/拉】按钮，向外拉，如图10-17和图10-18所示。

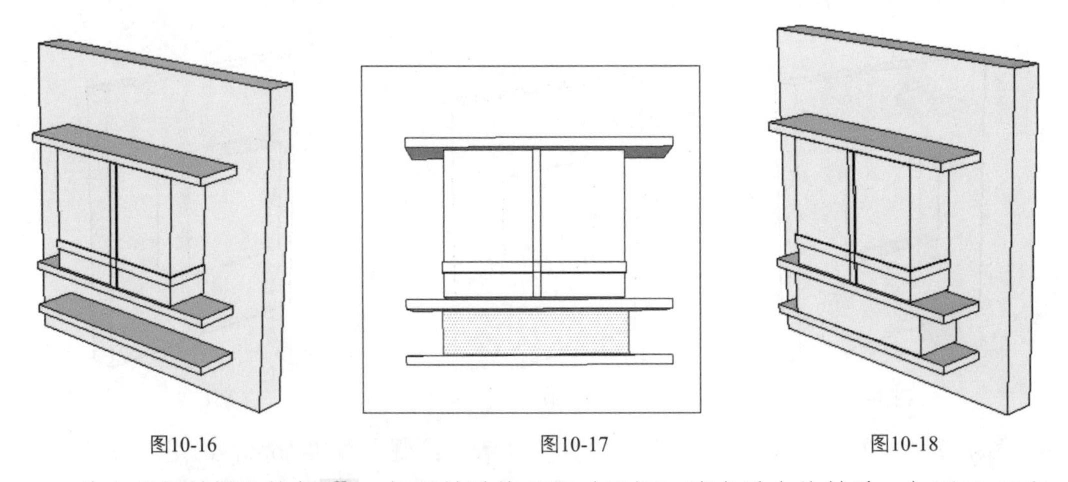

图10-16 图10-17 图10-18

12．单击【颜料桶】按钮，打开材质管理器对话框，填充适合的材质，如图10-19和图10-20所示。

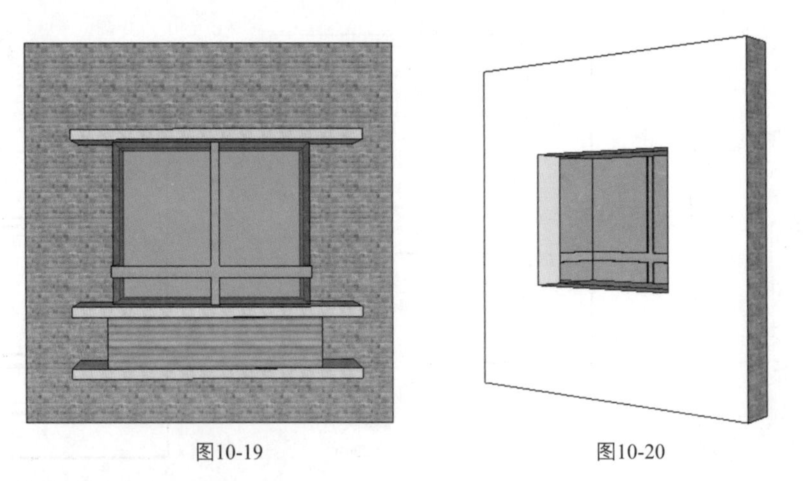

图10-19 图10-20

案例——创建花形窗户

本案例主要利用绘制工具制作花形窗户，图10-21所示为效果图。

图10-21

结果文件：\Ch10\建筑单体设计\花形窗户.skp

视频：\Ch10\花形窗户.wmv

1. 利用【线条】按钮和【圆弧】按钮，绘制两条长度各为200mm的线段，与半径为500mm的圆弧相连接，如图10-22所示。
2. 依次画出其他相等的三边形状，如图10-23所示。

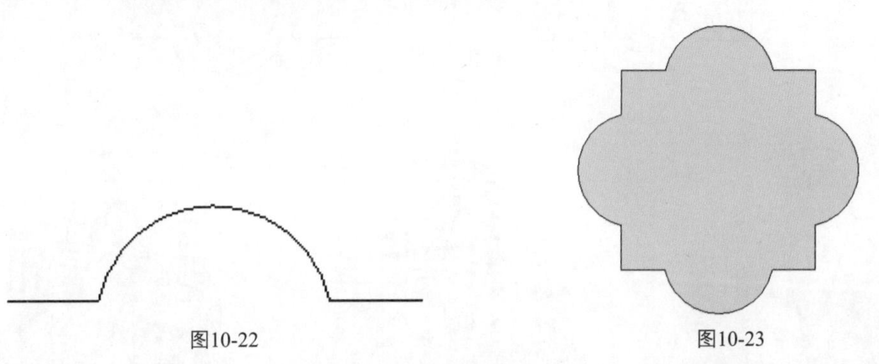

图10-22　　图10-23

3. 选中形状，单击【偏移】按钮，向里偏移复制3次，偏移距离均为50mm，如图10-24和图10-25所示。

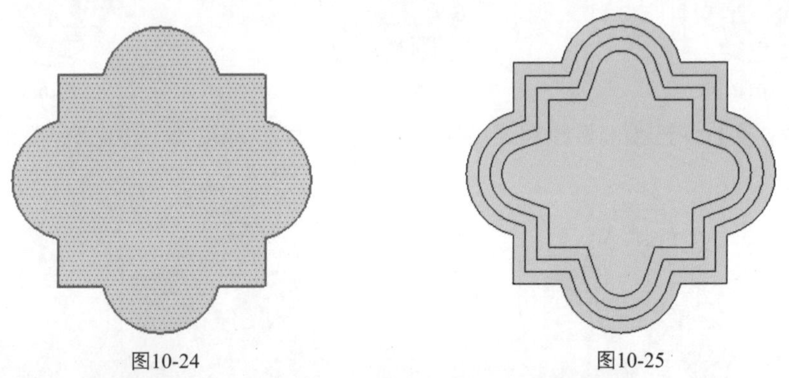

图10-24　　图10-25

4. 单击【圆】按钮，绘制一个半径为50mm的圆，如图10-26所示。
5. 单击【偏移】按钮，向外偏移复制15mm，如图10-27所示。
6. 单击【线条】按钮，连接出图10-28、图10-29所示的形状。
7. 单击【推/拉】按钮，向外拉60mm，向里推60mm、30mm，如图10-30、图10-31和图10-32所示。

图10-26　图10-27

图10-28　图10-29

图10-30　图10-31　图10-32

8．单击【推/拉】按钮，将圆和连接的面分别向外拉20mm，如图10-33和图10-34所示。

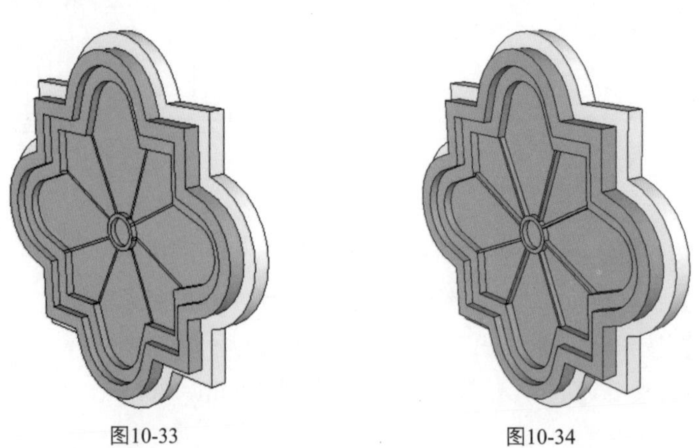

图10-33　图10-34

9．填充适合的材质，效果如图10-35所示。

图10-35

案例——创建小房子

本案例主要利用绘图工具制作一个小房子模型，图10-36所示为效果图。

图10-36

结果文件：\Ch10\建筑单体设计\小房子.skp

视频：\Ch10\小房子.wmv

1．单击【推/拉】按钮，绘制一个长为5000mm，宽为6000mm的矩形，如图10-37所示。

2．单击【推/拉】按钮，将矩形向上拉出3000mm，如图10-38所示。

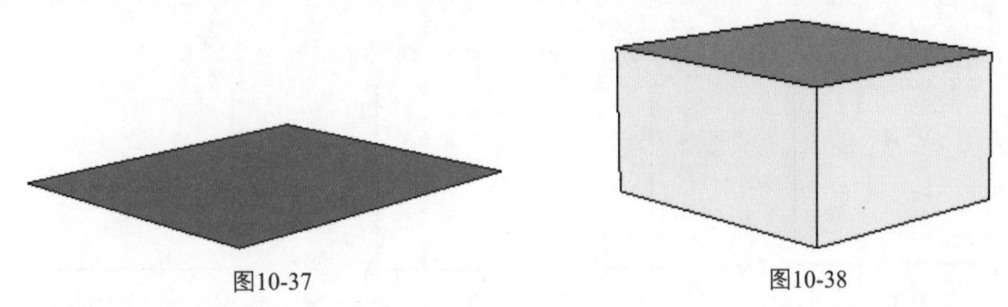

图10-37　　图10-38

3．单击【线条】按钮，在顶面捕捉绘制一条中心线，如图10-39和图10-40所示。

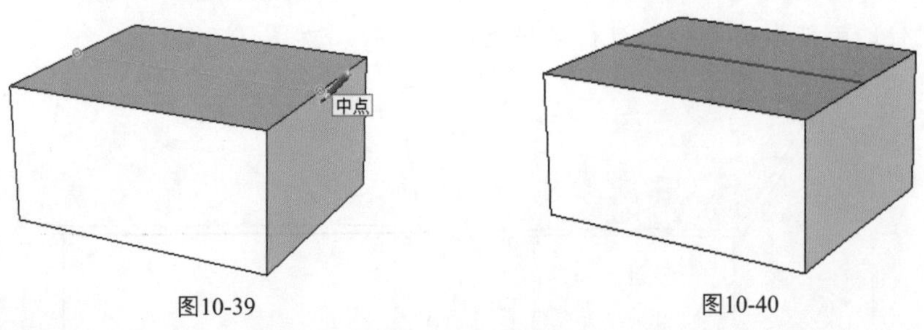

图10-39　　图10-40

4．单击【移动】按钮，向蓝色轴方向垂直移动，移动距离为2500mm，如图10-41和图10-42所示。

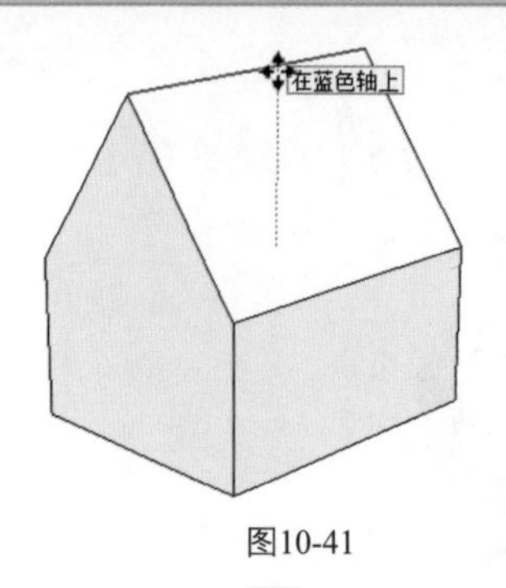

图10-41

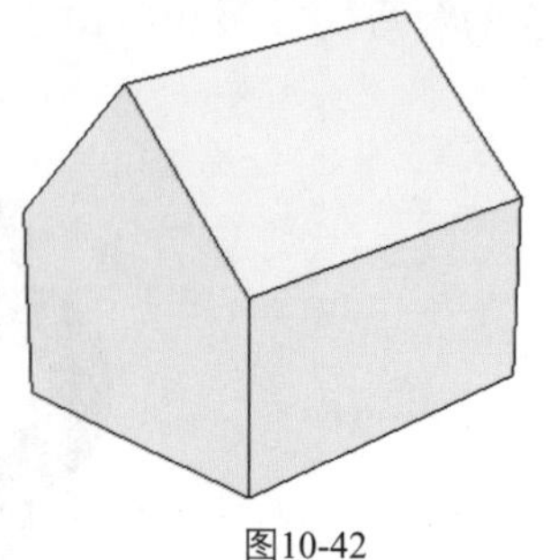

图10-42

5．单击【推/拉】按钮，选中房顶两面往外拉，距离为200mm，如图10-43所示。

6．单击【推/拉】按钮，对房子立体两面往里推，距离为200mm，如图10-44和图10-45所示。

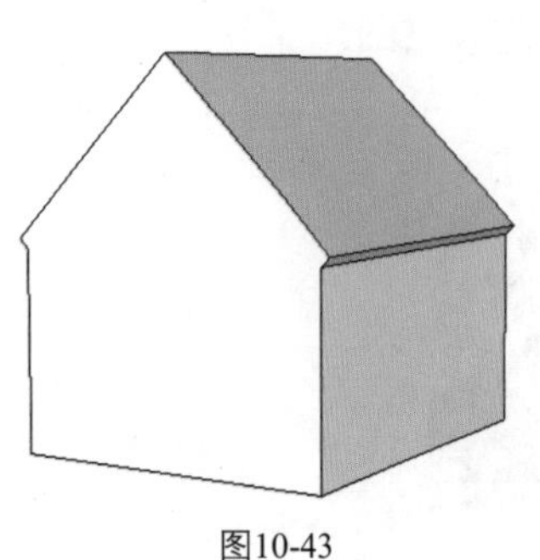

图10-43

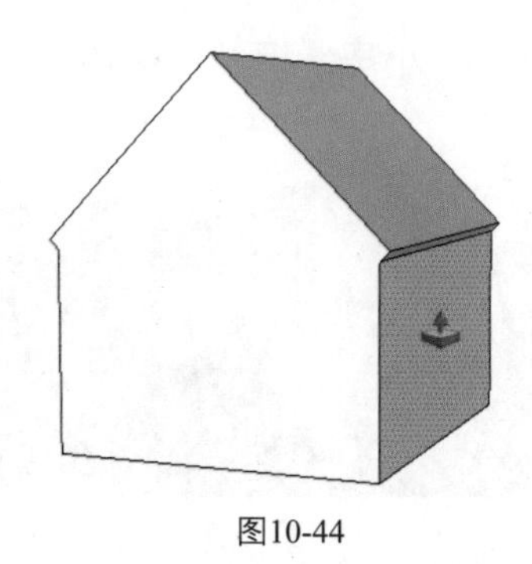

图10-44

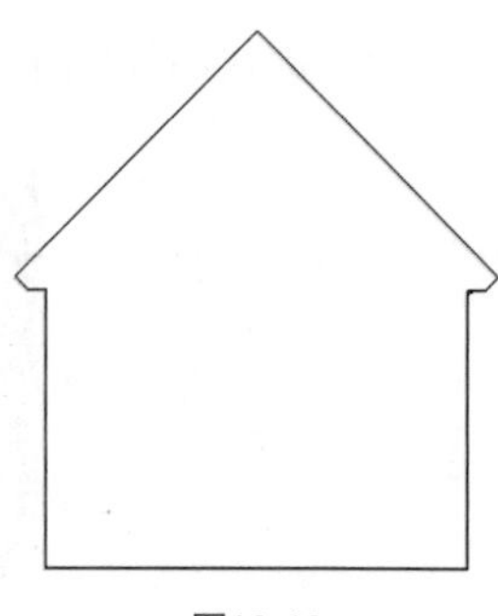

图10-45

7．按住Ctrl键选择房顶两条边，单击【偏移】按钮，向里偏移复制200mm，如图10-46、图10-47和图10-48所示。

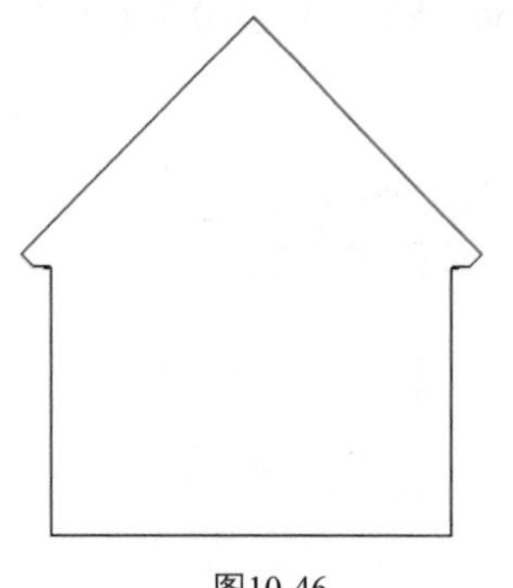

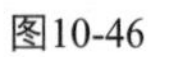

图10-46

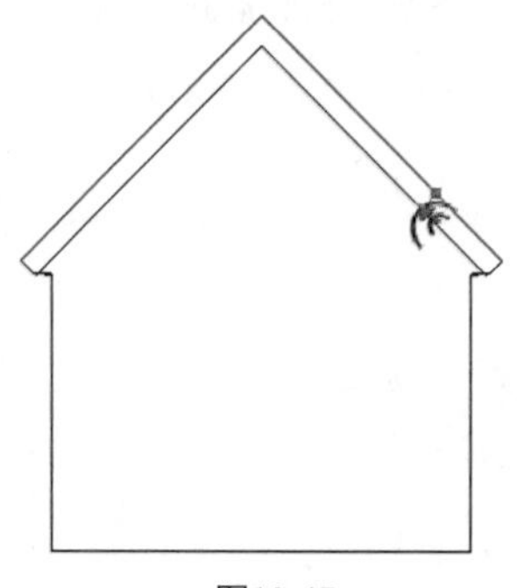

图10-47

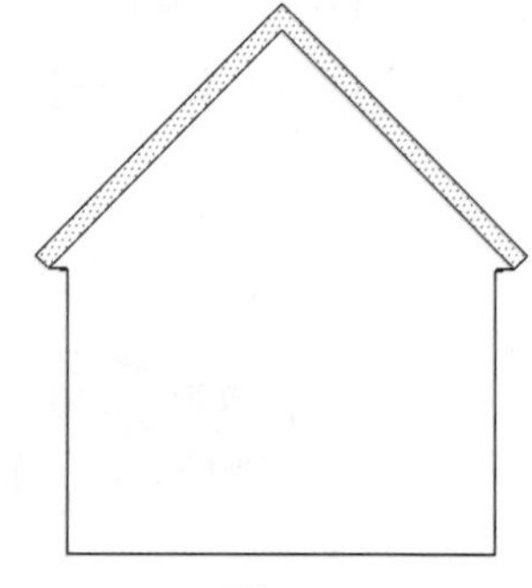

图10-48

8．单击【推/拉】按钮，对偏移复制面向外拉，距离为400mm，如图10-49所示。

9．利用同样的方法，将另一面进行偏移复制和推拉，如图10-50所示。

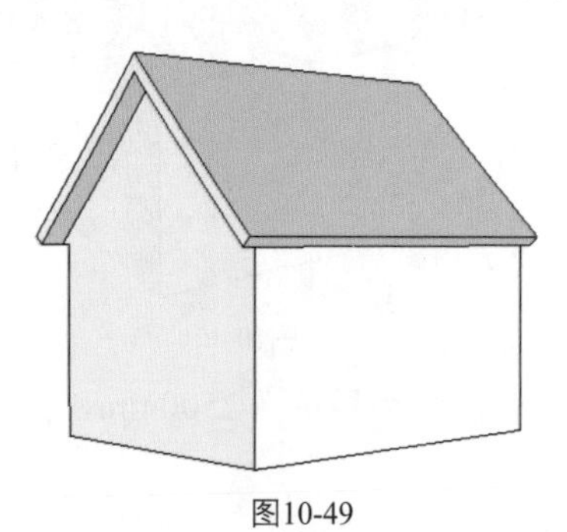

图10-49

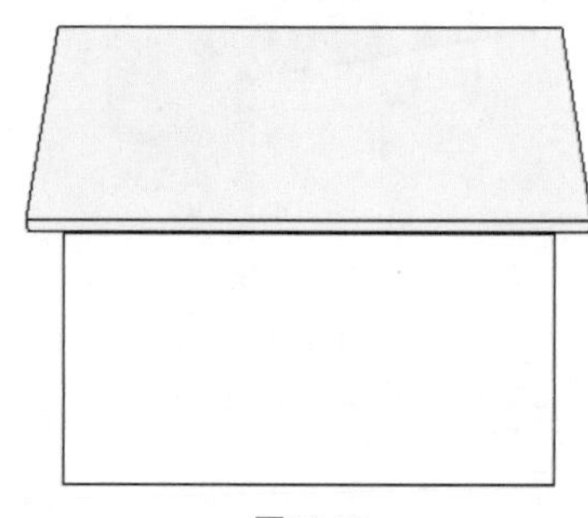

图10-50

10. 选中房底部的一条直线，单击鼠标右键，在快捷菜单中选择【拆分】命令，将直线拆分为3段，如图10-51和图10-52所示。

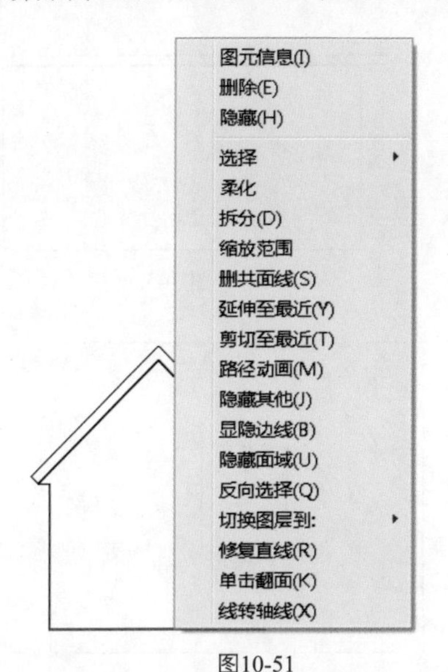

图10-51

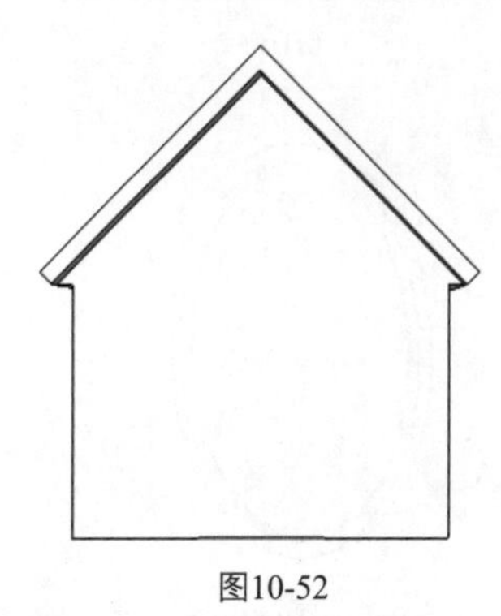
图10-52

11. 单击【线条】按钮，绘制高为2500mm的门，如图10-53和图10-54所示。

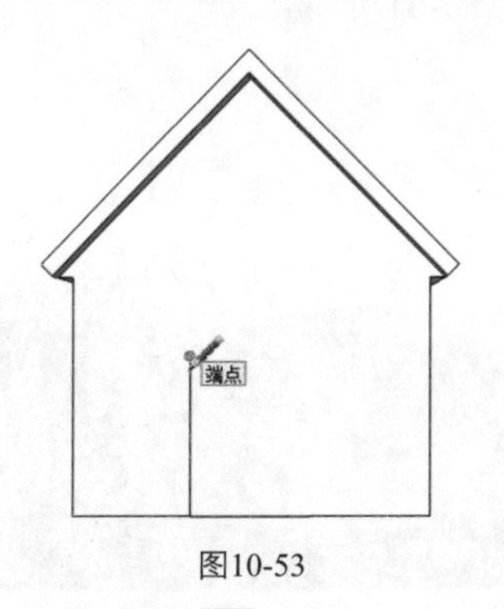

图10-53

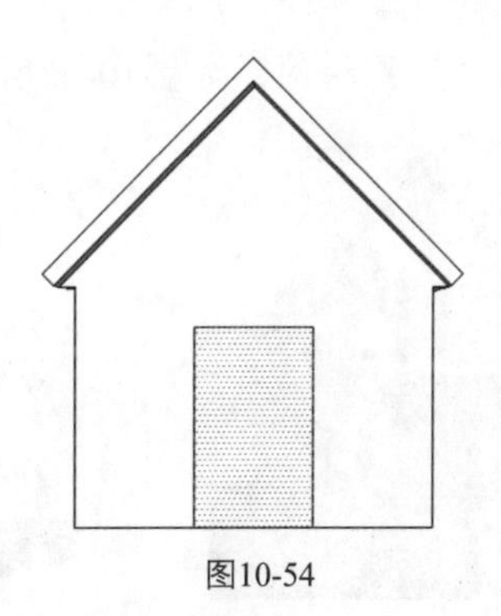
图10-54

12. 单击【推/拉】按钮，将门向里推200mm，然后删除面，即可看到房子内部空间了，如图10-55和图10-56所示。

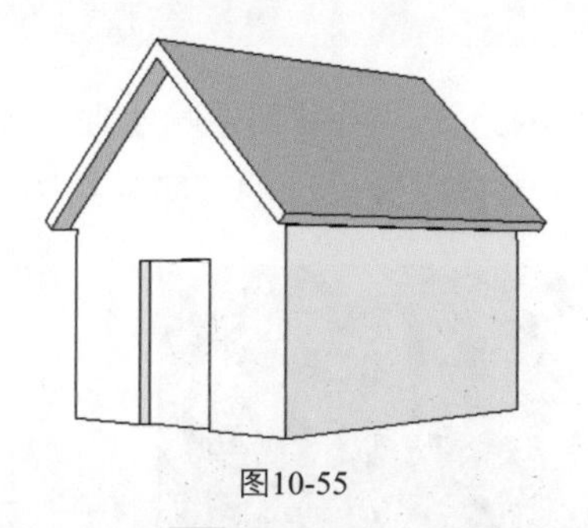
图10-55

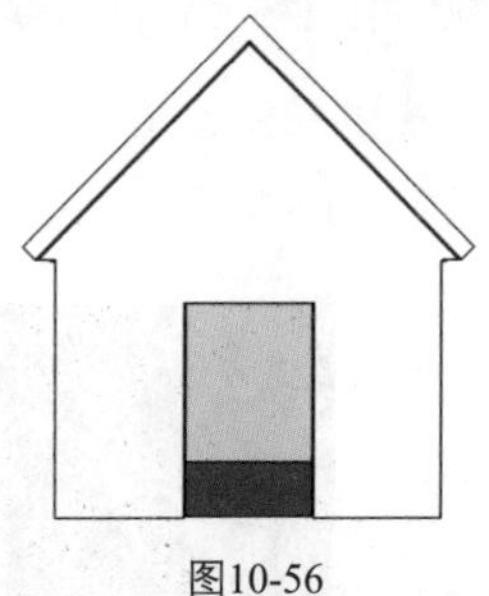
图10-56

13. 单击【圆】按钮，分别在房体两个平面上画圆，半径均为600mm，如图10-57所示。

14. 单击【偏移】按钮，向外偏移复制50mm，如图10-58所示。

15. 单击【推/拉】按钮，向外拉50mm，形成窗框，如图10-59所示。

16. 单击【推/拉】按钮，绘制一个大的地面，如图10-60所示。

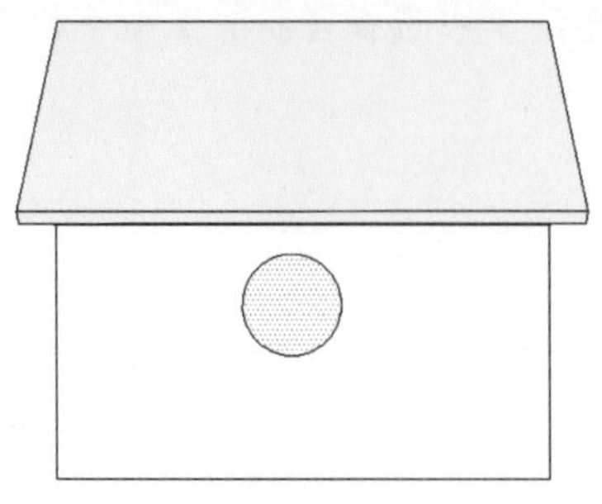

图10-57

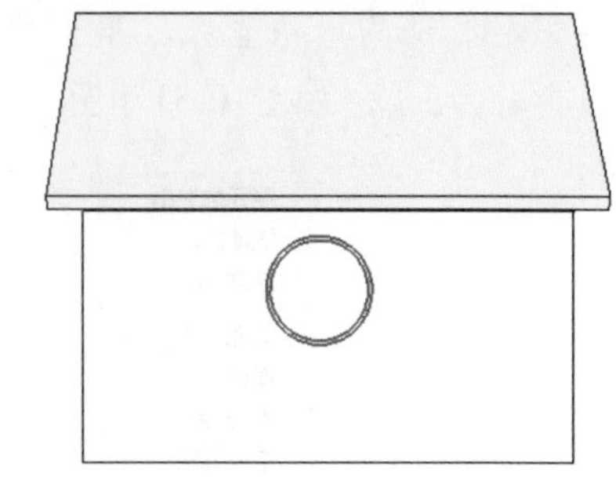

图10-58

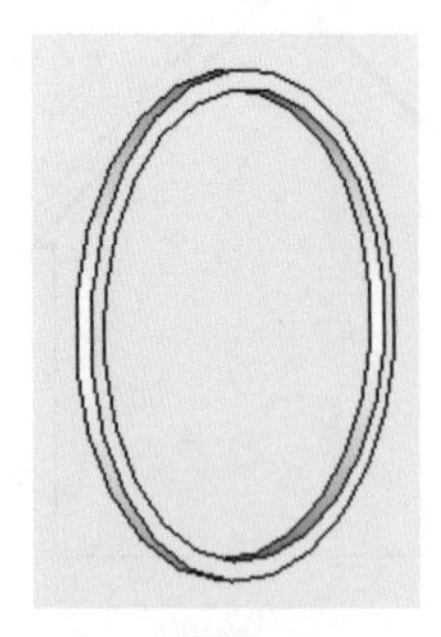

图10-59

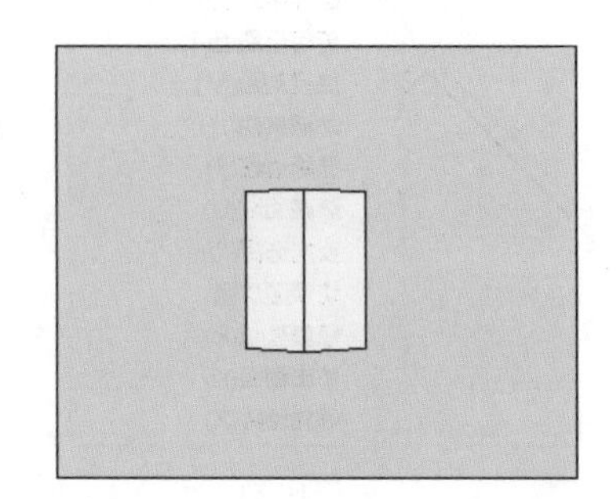

图10-60

17. 填充适合的材质，并添加一个门组件，如图10-61所示。

18. 添加人物、植物组件，如图10-62所示。

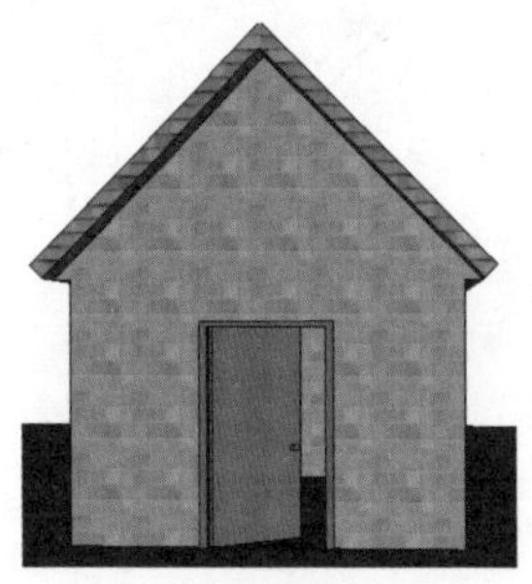

图10-61

图10-62

10.2 园林水景设计

本节以实例的方式讲解SketchUp园林水景设计的方法，包括创建喷水池、花瓣喷泉、石头，图10-63、图10-64、图10-65和图10-66所示为常见的园林水景设计的真实效果图。

图10-63

图10-64

图10-65

图10-66

案例——创建喷水池

本案例主要利用绘图工具制作一个喷水池，图10-67所示为效果图。

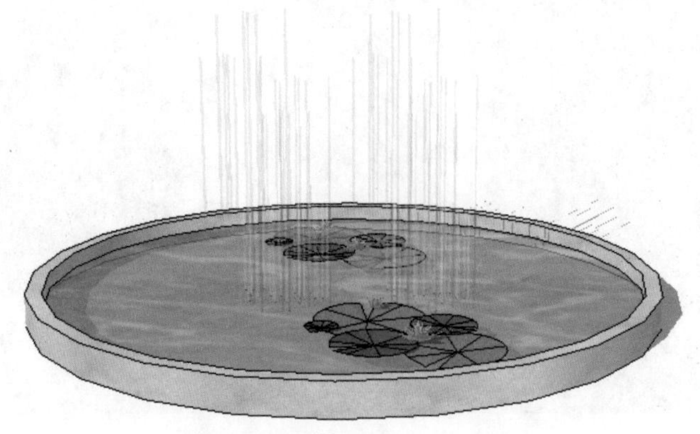

图10-67

结果文件：\Ch10\园林水景设计\喷水池.skp

视频：\Ch10\喷水池.wmv

1. 单击【圆】按钮，绘制一个半径为1000mm的圆，如图10-68所示。
2. 单击【推/拉】按钮，将圆面向上拉100mm，如图10-69所示。

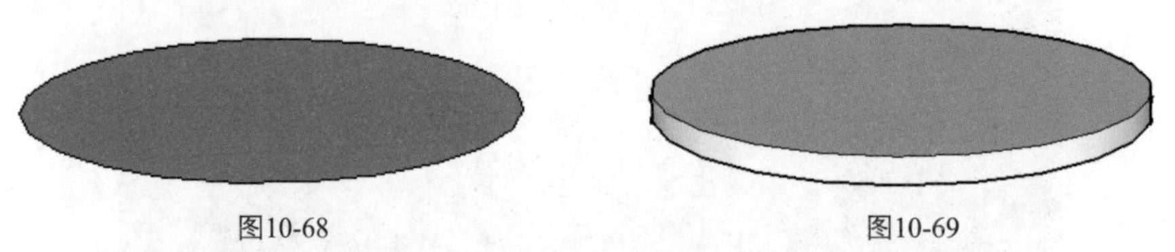

图10-68　　图10-69

3. 单击【偏移】按钮，将圆面向内偏移复制50mm，如图10-70所示。
4. 单击【推/拉】按钮，将偏移复制面向下推50mm，如图10-71所示。

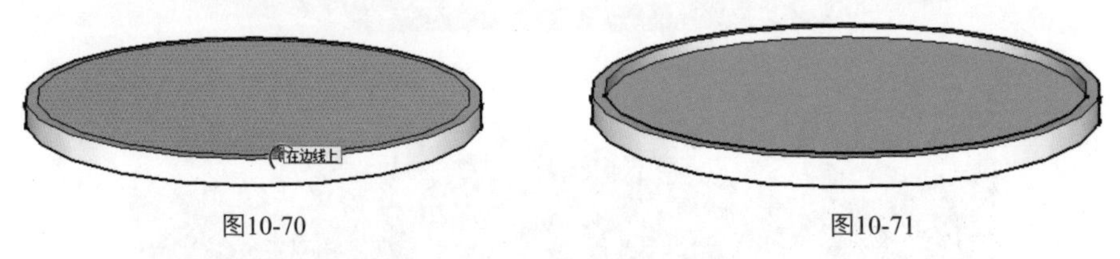

图10-70　　图10-71

5. 单击【矩形】按钮，绘制矩形面，如图10-72所示。

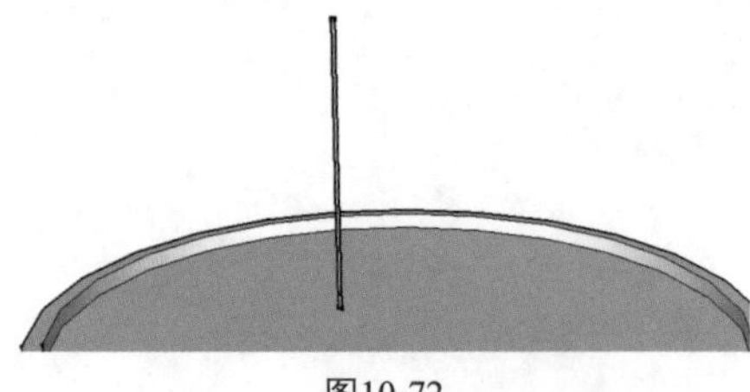

图10-72

6. 选中矩形面的边线，单击鼠标右键，从弹出的菜单中选择【隐藏】命令，将边线隐藏，如图10-73所示。
7. 选中面，单击【移动】按钮，按住Ctrl键不放，复制多个矩形面，如图10-74所示。

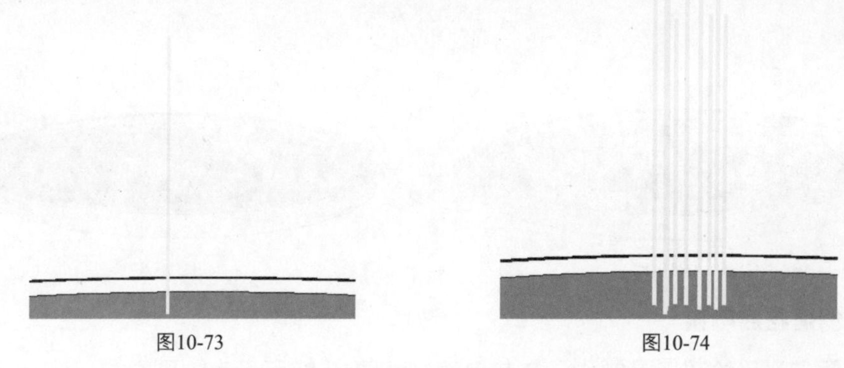

图10-73　　图10-74

8．选中所有矩形面，创建群组，再复制组，使矩形面密集排列，如图10-75所示。

9．单击【拉伸】按钮，适当拉伸缩放矩形面，使它有层次感，如图10-76所示。

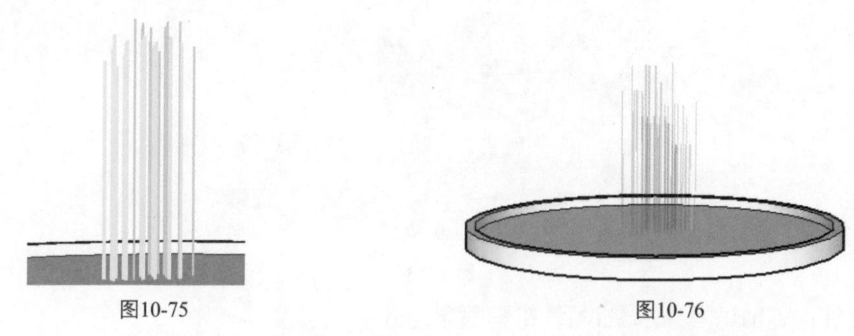

图10-75　　图10-76

10．创建组，单击【移动】按钮，复制组，如图10-77和图10-78所示。

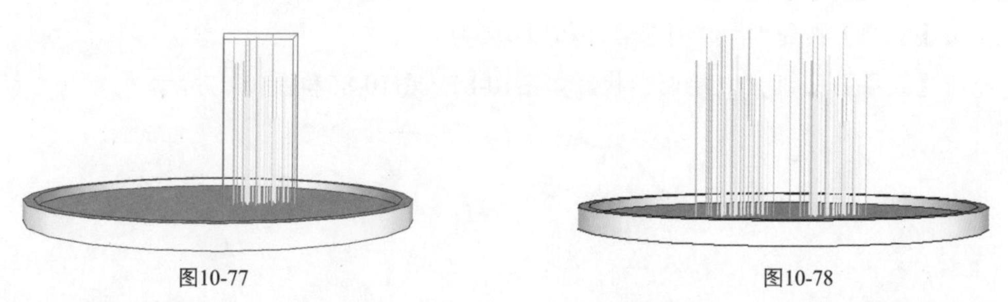

图10-77　　图10-78

11．单击【颜料桶】按钮，给喷水填充一种白色透明颜色，如图10-79和图10-80所示。

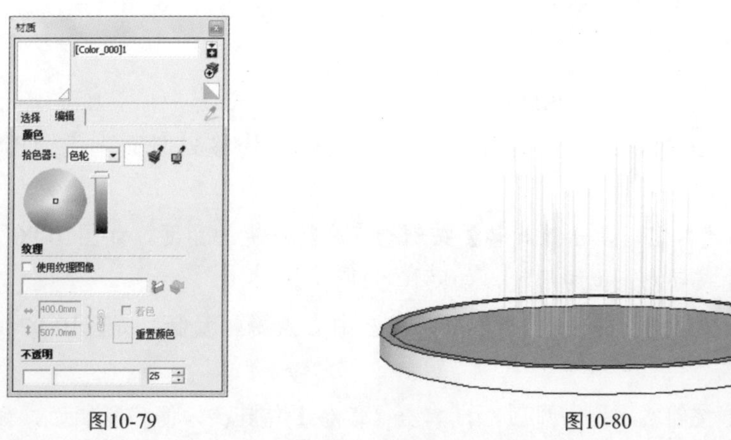

图10-79　　图10-80

12．填充喷池，导入荷花组件，最终如图10-81和图10-82所示。

图10-81

图10-82

案例——创建花瓣喷泉

本案例主要是利用绘图工具制作一个花瓣喷泉，图10-83所示为效果图。

图10-83

结果文件：\Ch10\园林水景设计\花瓣喷泉.skp

视频：\Ch10\花瓣喷泉.wmv

1. 单击【圆弧】按钮，绘制圆弧，如图10-84所示。
2. 单击【线条】按钮，绘制形状，如图10-85、图10-86和图10-87所示。

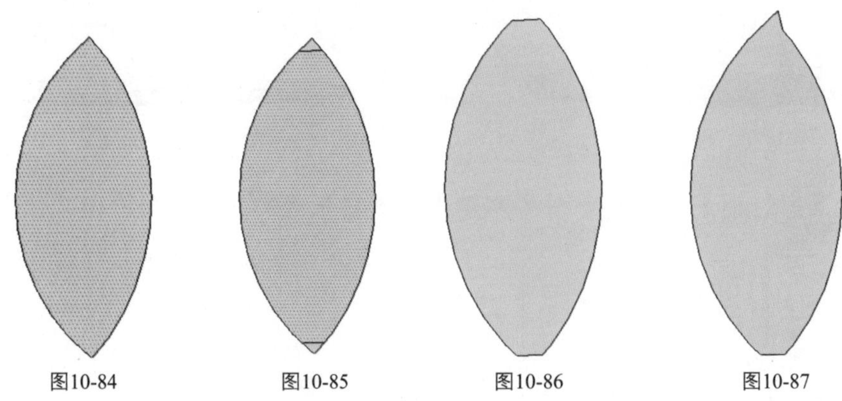
图10-84　图10-85　图10-86　图10-87

3. 单击【圆】按钮，绘制一个圆，然后将花瓣形状移到圆面上，如图10-88和图10-89所示。
4. 将花瓣形状创建群组，单击【旋转】按钮，旋转一定的角度，如图10-90所示。
5. 单击【推/拉】按钮，拉伸形状，如图10-91所示。
6. 单击【旋转】按钮，按住Ctrl键不放，沿圆中心点旋转复制，如图10-92和图10-93所示。
7. 单击【推/拉】按钮，拉伸圆面，再单击【偏移】按钮，偏移复制面，如图10-94和图10-95所示。

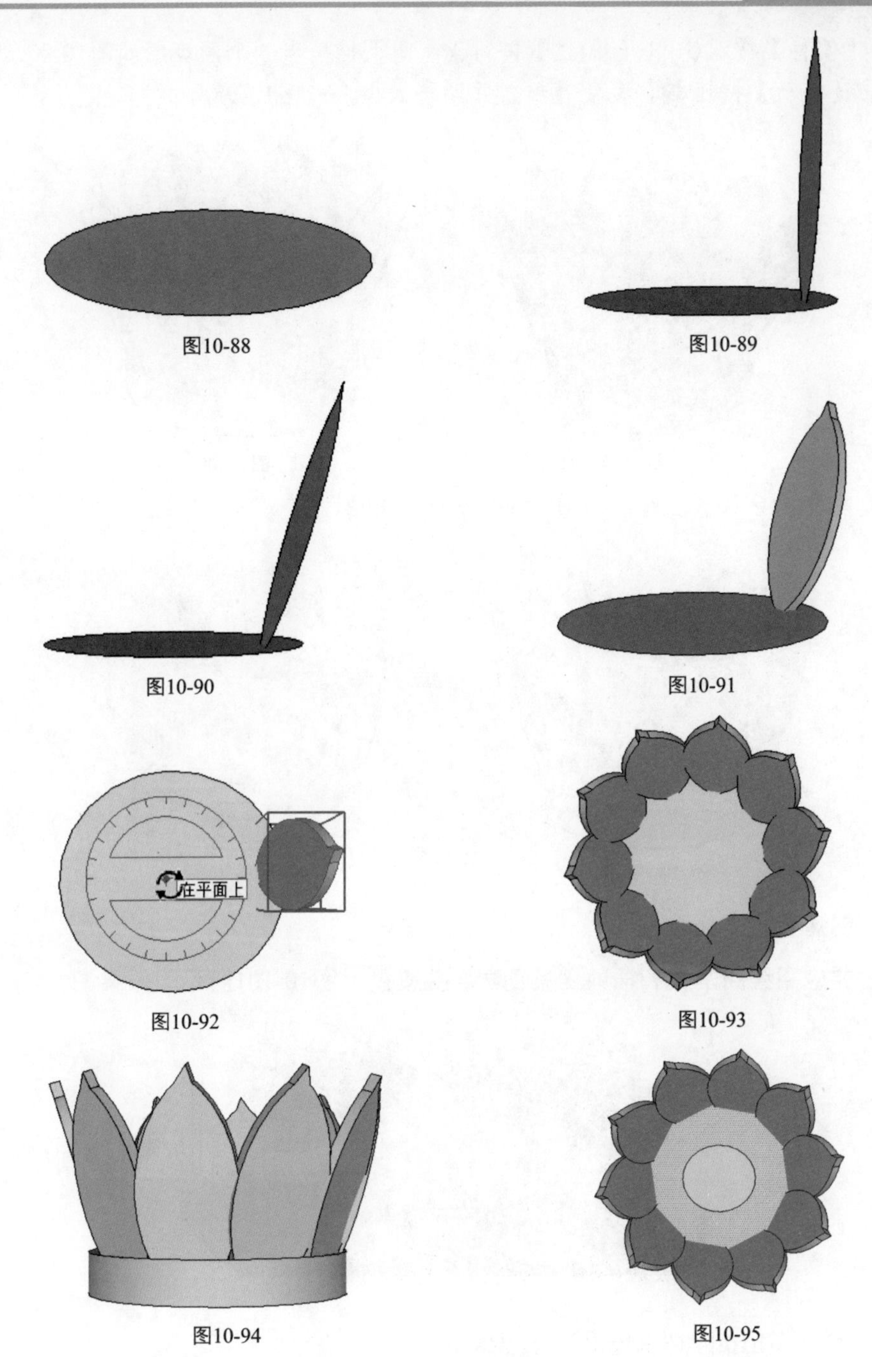

图10-88

图10-89

图10-90

图10-91

图10-92

图10-93

图10-94

图10-95

8. 单击【推/拉】按钮，拉伸圆面，如图10-96所示。

图10-96

9. 单击【偏移】按钮和【推/拉】按钮，向下推拉出一个洞口，如图10-97所示。
10. 单击【移动】按钮，复制花瓣，并调整大小，如图10-98所示。

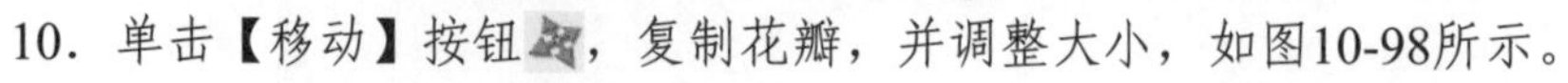

图10-97

图10-98

11. 填充材质，导入水组件，如图10-99和图10-100所示。

图10-99

图10-100

案例——创建石头

本案例主要应用绘图工具和插件工具创建石头模型，图10-101所示为效果图。

图10-101

结果文件：\Ch10\园林水景设计\石头.skp

视频：\Ch10\石头.wmv

1. 单击【矩形】按钮，绘制矩形面，然后单击【推/拉】按钮，拉伸矩形，如图10-102所示。

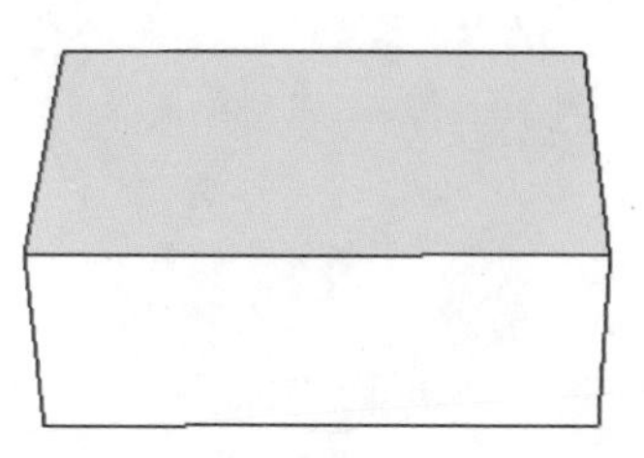

图10-102

2．打开细分光滑插件，单击【细分光滑】按钮，细分模型，如图10-103和图10-104所示。

3．选择【视图】|【隐藏几何图形】命令，显示虚线，如图10-105所示。

图10-103

图10-104

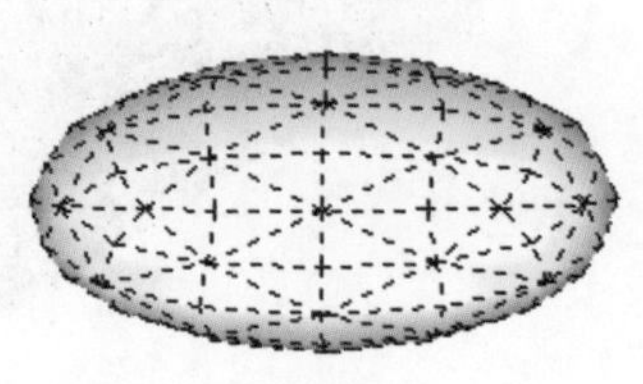
图10-105

4．单击【移动】按钮，移动节点，做出石头形状，如图10-106和图10-107所示。

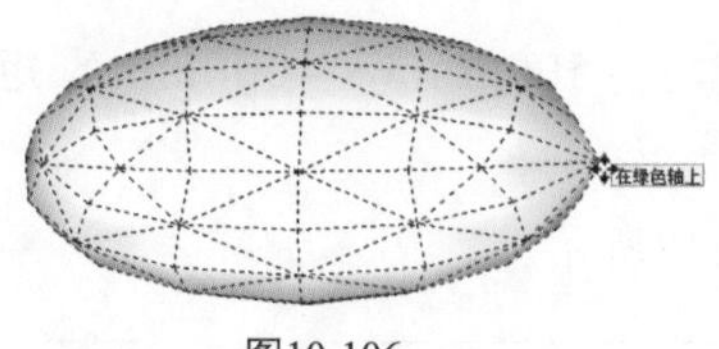

图10-106

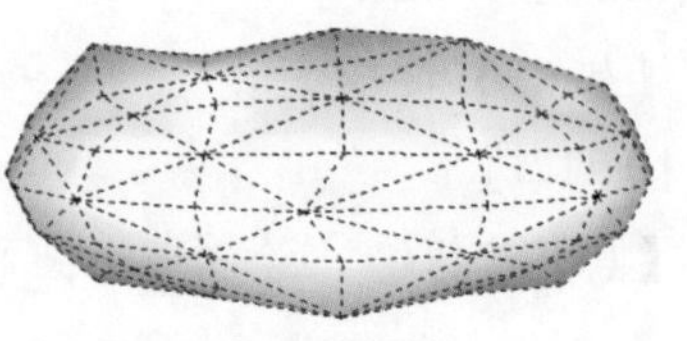
图10-107

5．取消显示虚线，填充材质，如图10-108和图10-109所示。

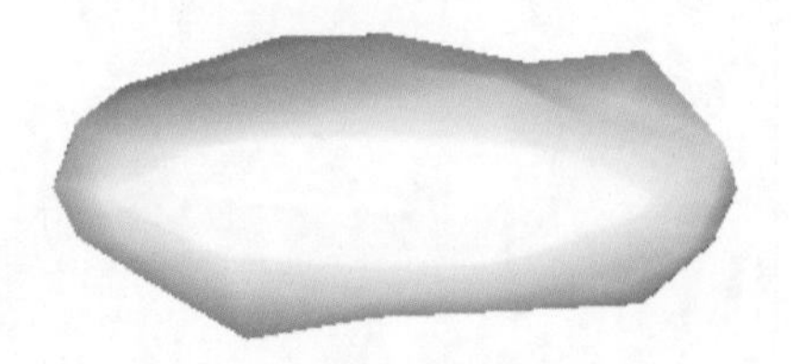
图10-108

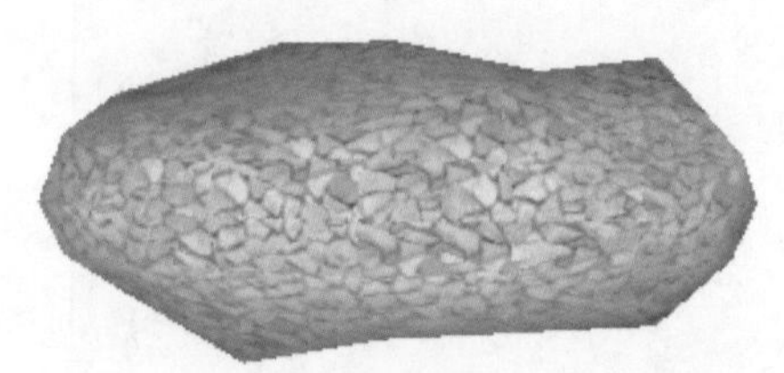
图10-109

6．单击【拉伸】按钮和【移动】按钮，进行自由缩放和复制石头，并添加一些植物组件，如图10-110所示。

图10-110

案例——创建汀步

本案例主要应用绘图工具和插件工具创建水池和草丛中的汀步模型，图10-111所示为效果图。

图10-111

结果文件：\Ch10\园林水景设计\汀步.skp

视频：\Ch10\汀步.wmv

1. 单击【矩形】按钮，绘制一个长和宽分别为5000mm和4000mm的矩形面，如图10-112所示。
2. 单击【圆】按钮，绘制一个圆面，如图10-113所示。

图10-112

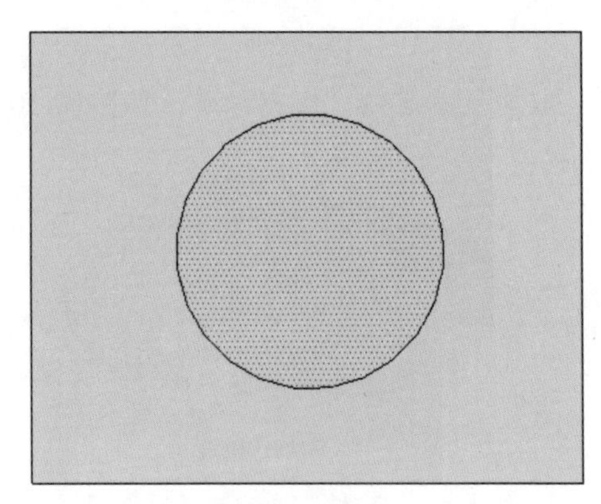

图10-113

3. 单击【圆弧】按钮，绘制几段圆弧相接，单击【擦除】按钮，将多余的线擦掉，形成花形水池面，如图10-114和图10-115所示。

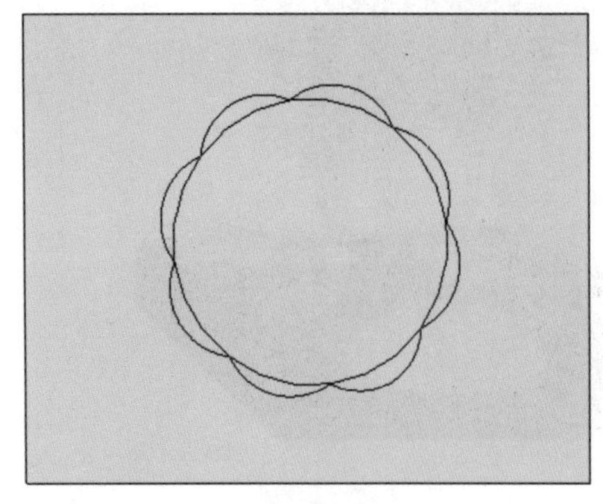

图10-114

图10-115

4. 单击【偏移】按钮，向里偏移一定距离，且单击【推/拉】按钮，分别向上推拉100mm和向下推拉200mm，如图10-116和图10-117所示。

图10-116

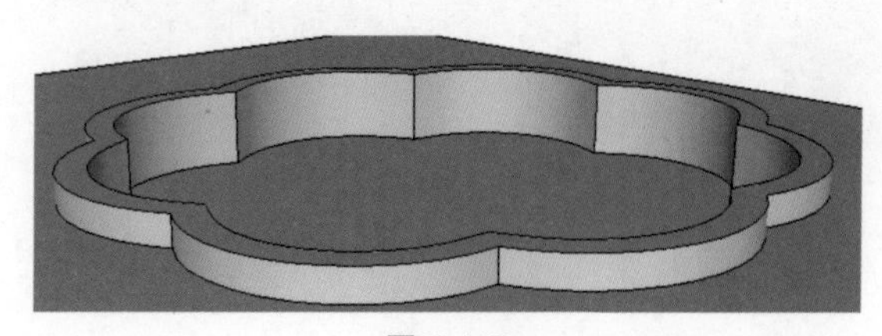

图10-117

5．单击【颜料桶】按钮，为水池底面填充石子材质，如图10-118所示。

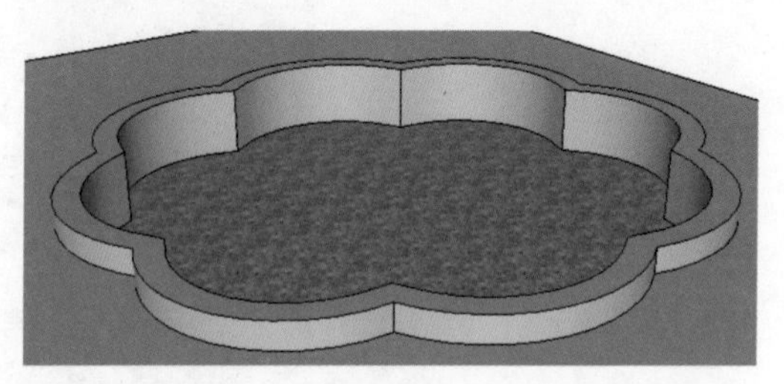

图10-118

6．单击【移动】按钮，将石子面向上复制，并填充水纹材质，如图10-119所示。

7．单击【徒手画笔】按钮，任意在水池面和地面绘制曲线面，如图10-120所示。

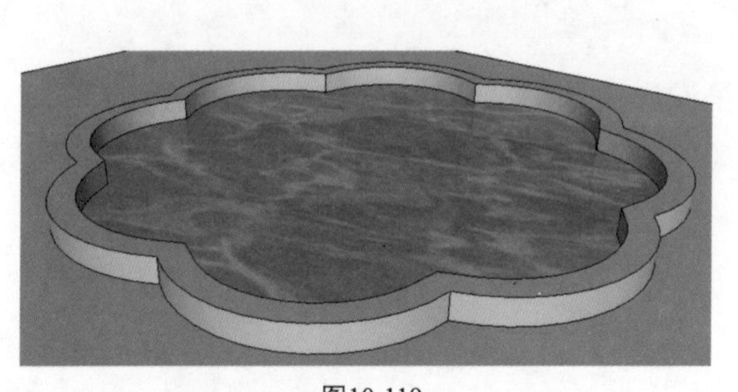

图10-119

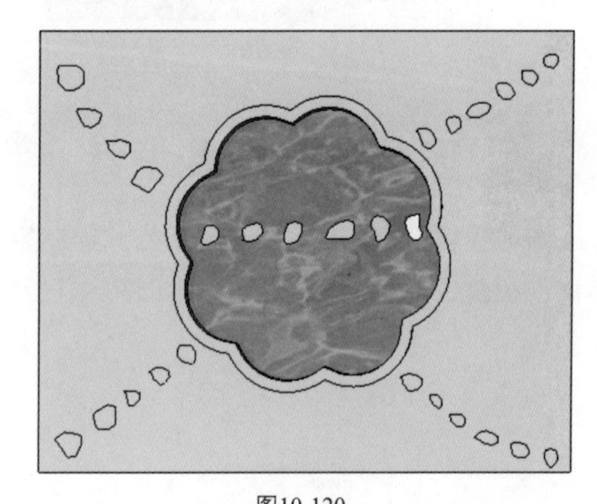

图10-120

8．单击【推/拉】按钮，将水池中的曲线面，分别向上和向下推拉，如图10-121所示。

9．继续单击【推/拉】按钮，推拉地面上的曲线面，如图10-122所示。

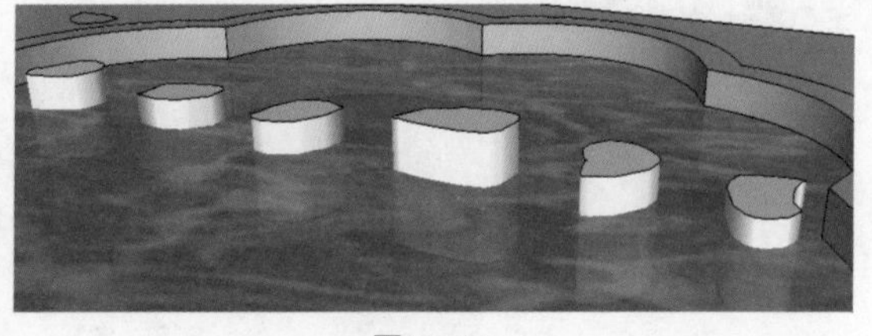

图10-121

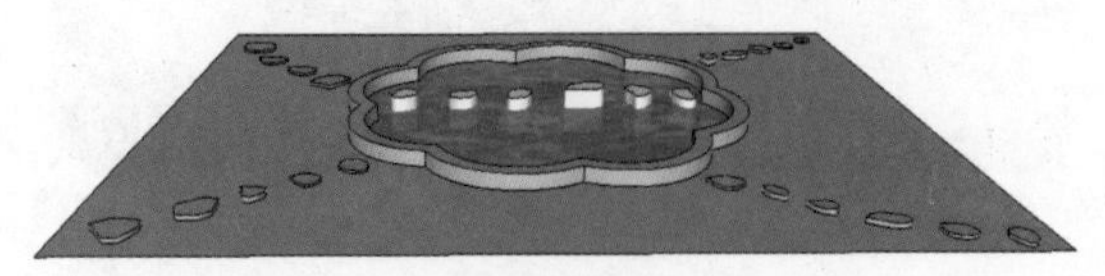

图10-122

10．为水池、地面、汀步填充材质，如图10-123和图10-124所示。

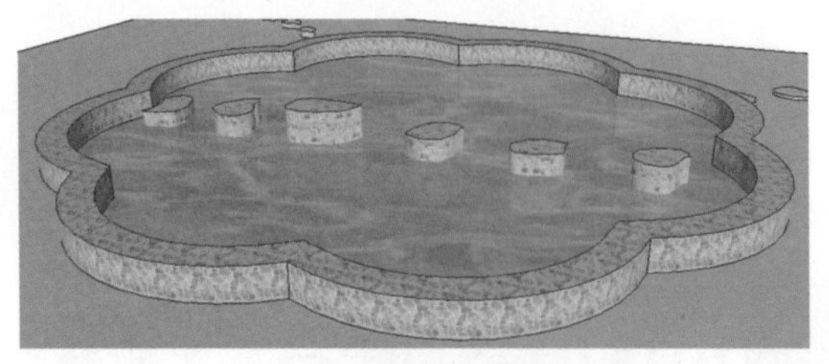
图10-123

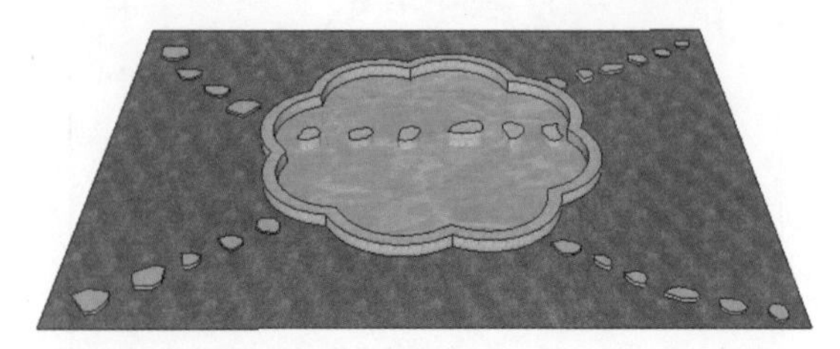
图10-124

11．在汀步的周围添加植物、花草、人物组件，如图10-125和图10-126所示。

图10-125

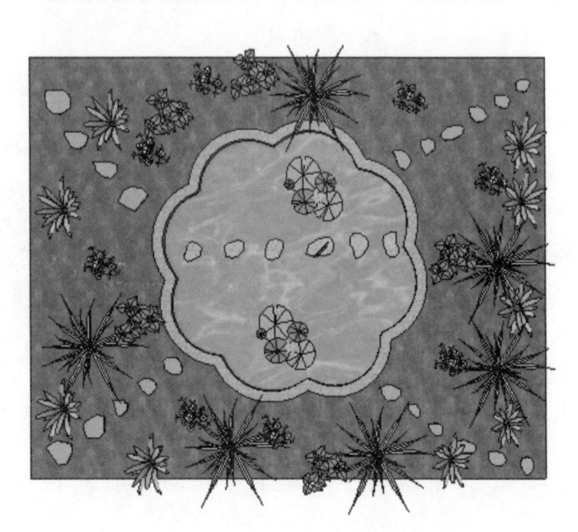
图10-126

10.3 园林植物造景设计

本节以实例的方式讲解SketchUp园林植物造景设计的方法，包括创建二维仿真树木组件、冰棒树、树凳、绿篱、马路绿化带，图10-127至图10-130所示为常见的园林植物造景设计的真实效果图。

图10-127

图10-128

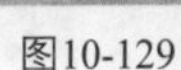
图10-129

图10-130

案例——创建二维仿真树木组件

本案例主要利用一张植物图片制作成二维植物组件，图10-131所示为效果图。

图10-131

源文件：\Ch10\植物图片.jpg

结果文件：\Ch10\园林植物造景设计\二维仿真树木组件.skp

视频：\Ch10\二维仿真树木组件.wmv

1. 启动Photoshop软件，打开植物图片，如图10-132所示。

图10-132

2. 双击图层进行解锁，选择【魔术棒】工具，将白色背景删除，如图10-133、图10-134和图10-135所示。

图10-133

图10-134

3. 选择【文件】/【存储】命令，在【格式】下拉列表中选择PNG格式，如图10-136所示。

图10-135

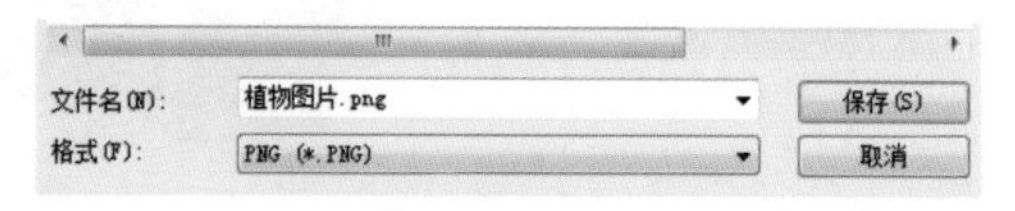

图10-136

4. 在SketchUp中选择【文件】/【导入】命令，在“文件类型”下拉列表中选择PNG格式，如图10-137所示。

提 示

PNG格式可以存储透明背景图片，而 JPG格式不能存储透明背景图片。在导入到 SketchUp时，PNG格式非常方便。

5. 在导入到SetchUp的图片上单击鼠标右键，从弹出的菜单中选择【分解】命令，将

图片炸开，如图10-138所示。

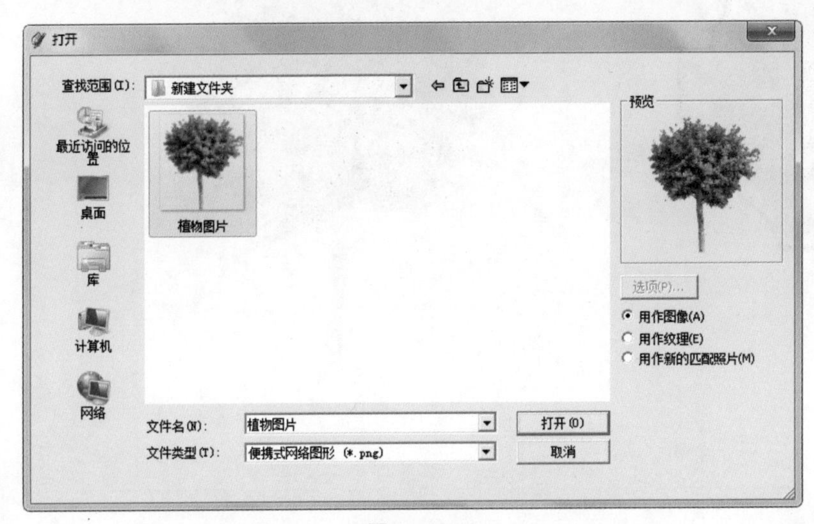

图10-137

图10-138

6．选中线条，单击鼠标右键，从弹出的菜单中选择【隐藏】命令，将线条全部隐藏，如图10-139和图10-140所示。

图10-139

图10-140

7．选中图片，以长方形面显示，单击【线条】按钮，绘制出植物的大致轮廓，如图10-141和图10-142所示。

图10-141

图10-142

8．将多余的面删除，再次将线条隐藏，如图10-143和图10-144所示。

图10-143

图10-144

绘制植物轮廓主要是为了显示阴影时呈树状显示，如不绘制轮廓，则只会以长方形阴影显示。边线只能隐藏而不能删除，否则会将整个图片删掉。

9．选中图片，单击鼠标右键，从快捷菜单中选择【创建组件】命令，如图10-145和图10-146所示。

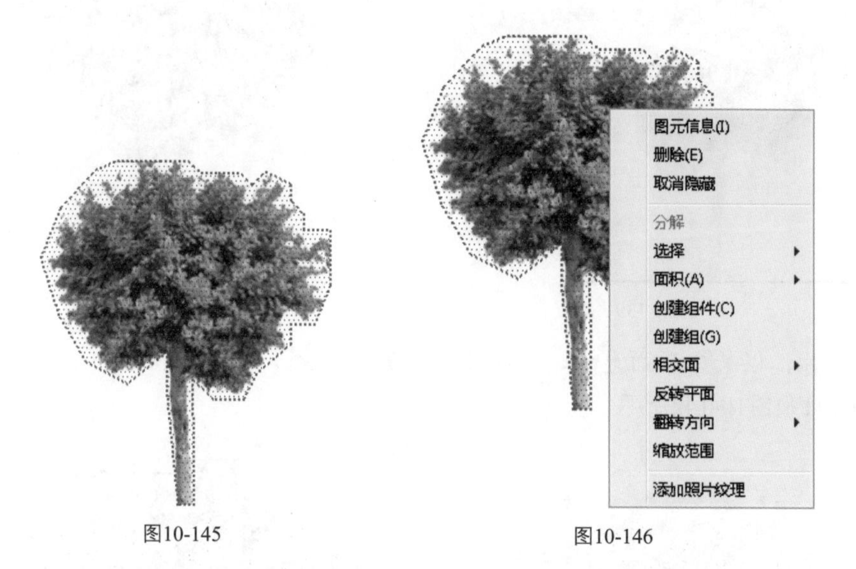

图10-145　　图10-146

10．复制多个植物组件，调整阴影，如图10-147和图10-148所示。

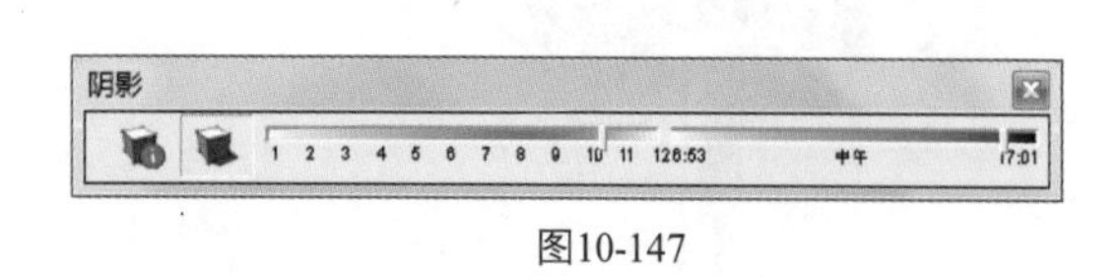

图10-147

图10-148

案例——创建三维冰棒树

本案例主要利用绘图工具制作三维植物冰棒树组件，图10-149所示为效果图。

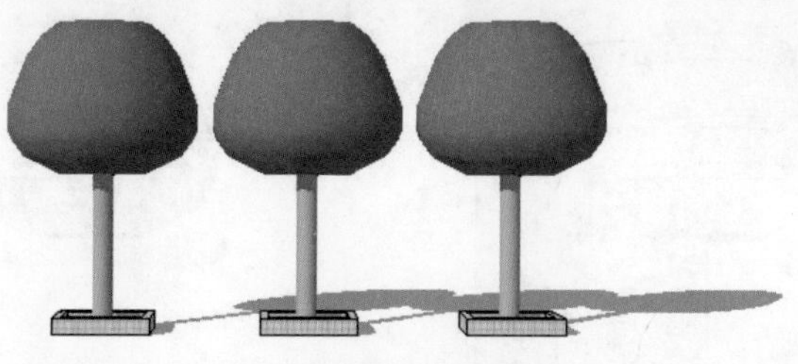

图10-149

结果文件：\Ch10\园林植物造景设计\三维冰棒树.skp

视频：\Ch10\三维冰棒树.wmv

1. 单击【矩形】按钮，绘制一个矩形面，如图10-150所示。
2. 单击【线条】按钮，绘制一个面，如图10-151和图10-152所示。

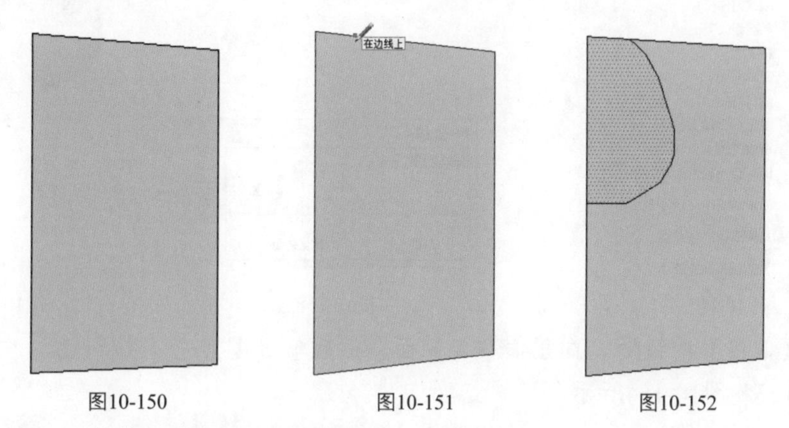

图10-150 图10-151 图10-152

3. 单击【圆】按钮，在矩形面下方绘制一个圆，如图10-153和图10-154所示。

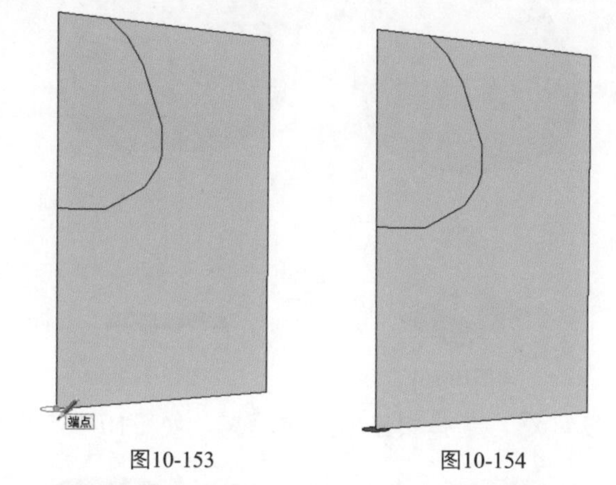

图10-153 图10-154

4. 选择圆面，单击【跟随路径】按钮，最后单击绘制的面，放样出的形状如图10-155所示。
5. 将多余的边线删除，如图10-156所示。
6. 选中形状，单击鼠标右键，在快捷菜单中选择【软化/平滑边线】命令，调整边线效果，如图10-157、图10-158和图10-159所示。
7. 单击【推/拉】按钮，将圆面向上拉，如图10-160所示。
8. 单击【矩形】按钮，绘制一个矩形面，如图10-161所示。
9. 单击【推/拉】按钮，将矩形向上拉，如图10-162所示。

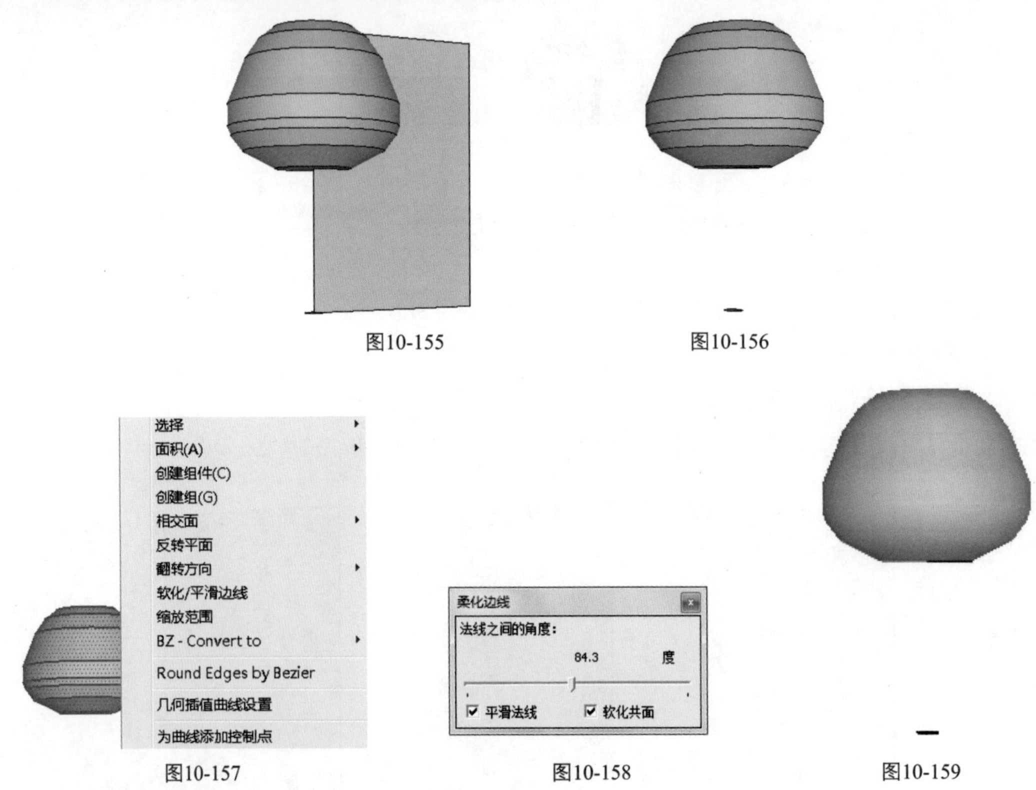

图10-155　图10-156

图10-157　图10-158　图10-159

10．单击【偏移】按钮，向里偏移复制面，然后单击【推/拉】按钮，向下推，如图10-163和图10-164所示。

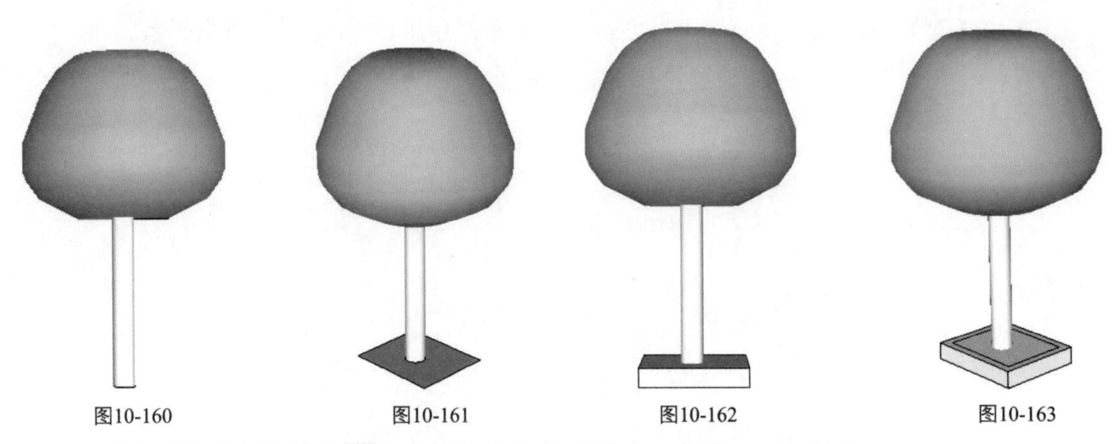

图10-160　图10-161　图10-162　图10-163

11．单击【颜料桶】按钮，选择相应的材质填充，如图10-165所示。

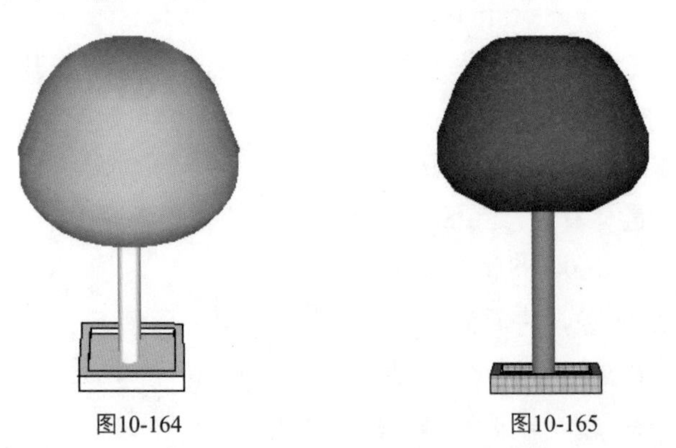

图10-164　图10-165

12．单击【移动】按钮，复制多个树，调整角度，添加阴影，如图10-166所示。

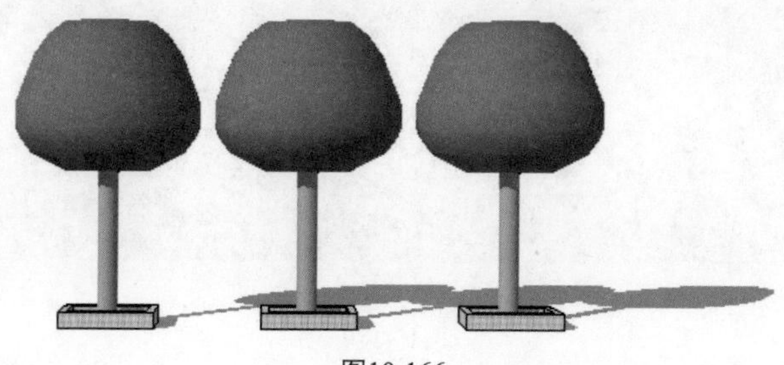

图10-166

案例——创建绿篱

本案例主要利用绘图工具制作绿篱，图10-167所示为效果图。

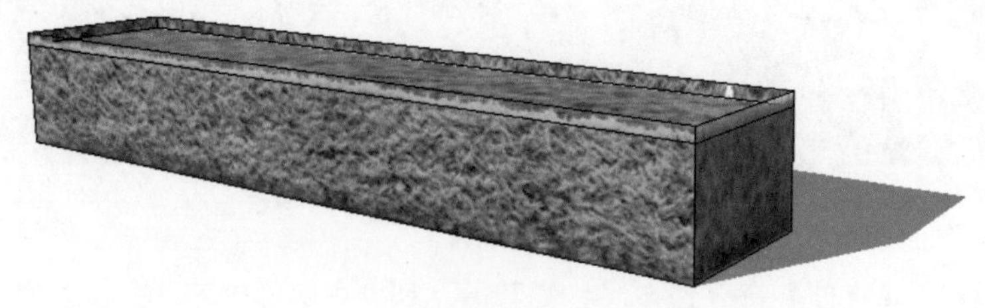

图10-167

源文件：\Ch10\绿篱图片.jpg

结果文件：\Ch10\园林植物造景设计\绿篱.skp

视频：\Ch10\绿篱.wmv

1．启动Photoshop软件，打开植物图片，如图10-168所示。

图10-168

2．双击图层进行解锁，选择【魔术棒】工具，将白色背景删除，如图10-169、图10-170和图10-171所示。

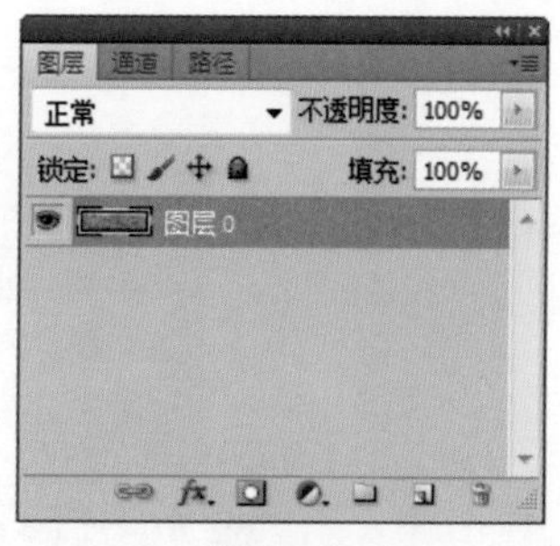

图10-169

图10-170

图10-171

3．选择【文件】/【存储】命令，在【格式】下拉列表中选择PNG格式，如图10-172所示。

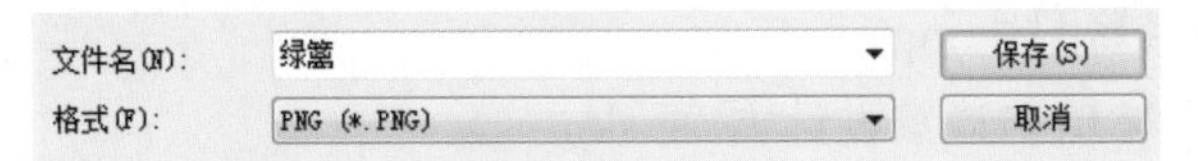

图10-172

4．启动SketchUp，单击【矩形】按钮，绘制一个矩形面，如图10-173所示。

5．单击【推/拉】按钮，将矩形面向上推拉一定的高度，如图10-174所示。

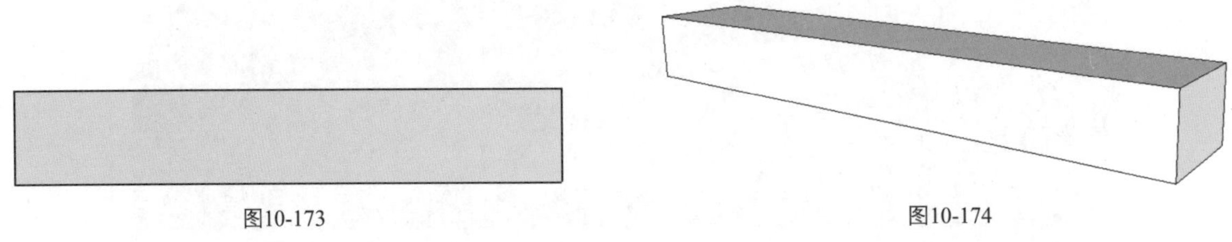

图10-173　　图10-174

6．单击【矩形】按钮，沿矩形边线绘制矩形面，如图10-175和图10-176所示。

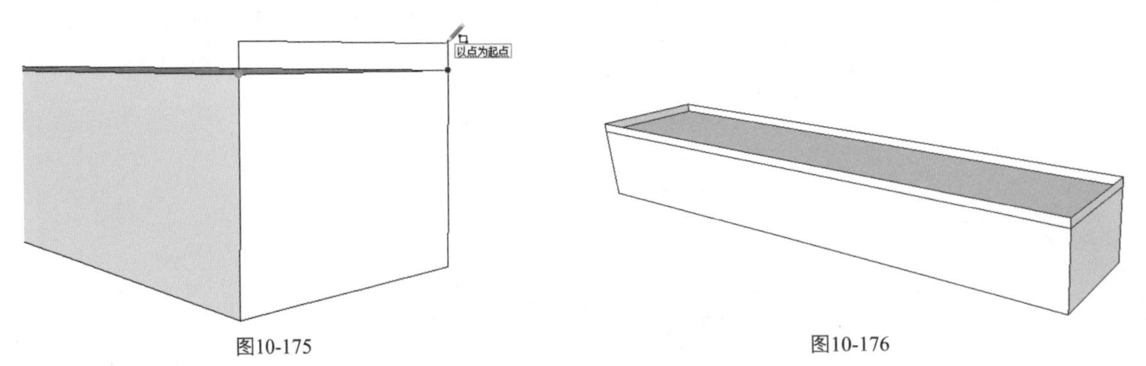

图10-175　　图10-176

7．单击【颜料桶】，使用纹理图像，将处理后的PNG图片作为材质对当前模型进行填充，如图10-177和图10-178所示。

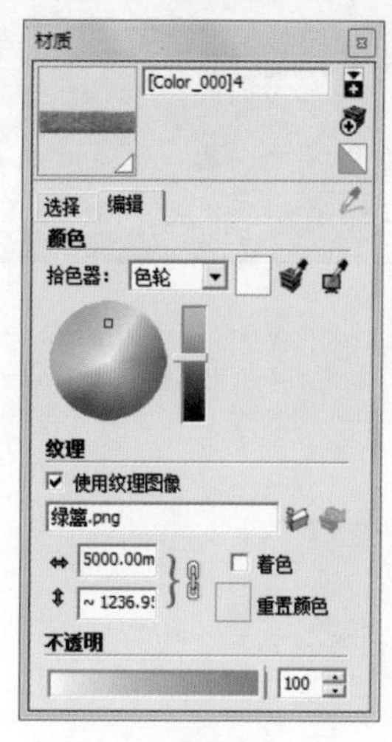

图10-177

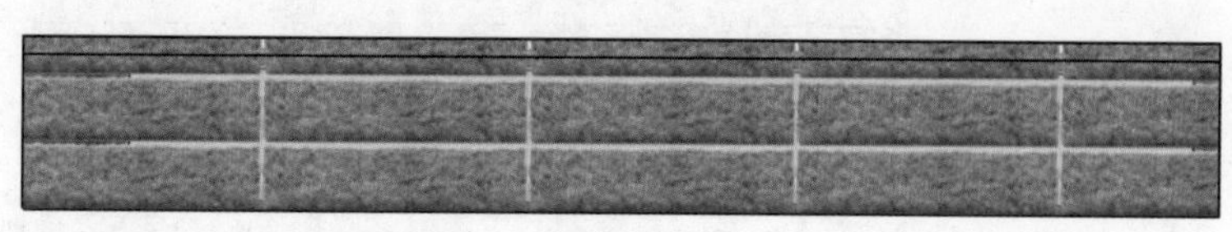
图10-178

8. 选中填充面，单击鼠标右键，选择【纹理】/【位置】命令，对材质进行贴图调整，如图10-179和图10-180所示。

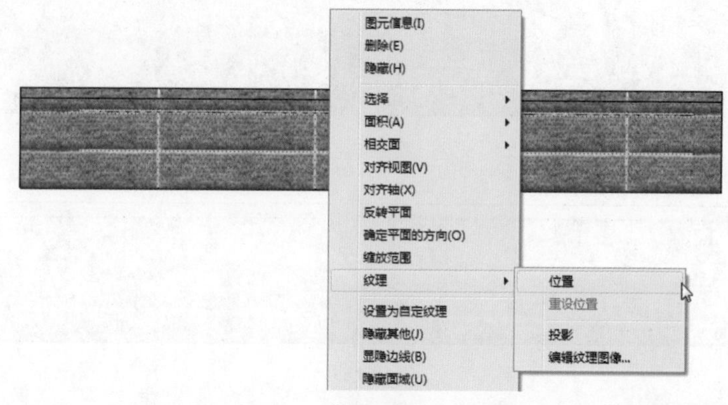

图10-179

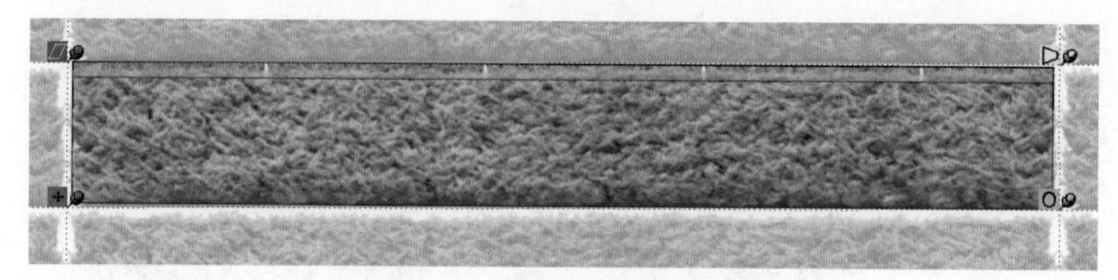
图10-180

9. 调整贴图坐标后，单击鼠标右键，选择【完成】命令，完成贴图效果，如图10-181和图10-182所示。

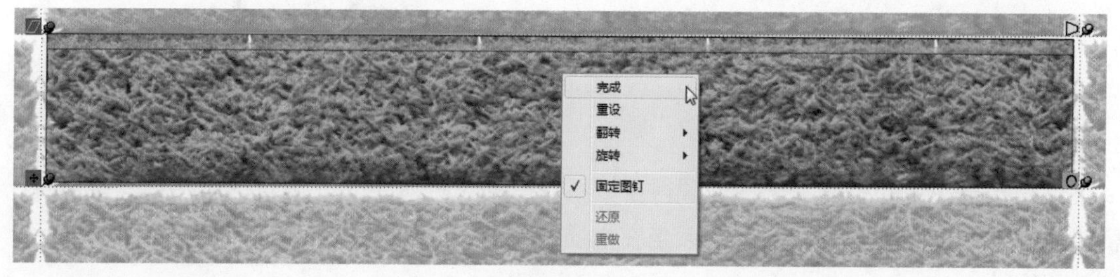

图10-181

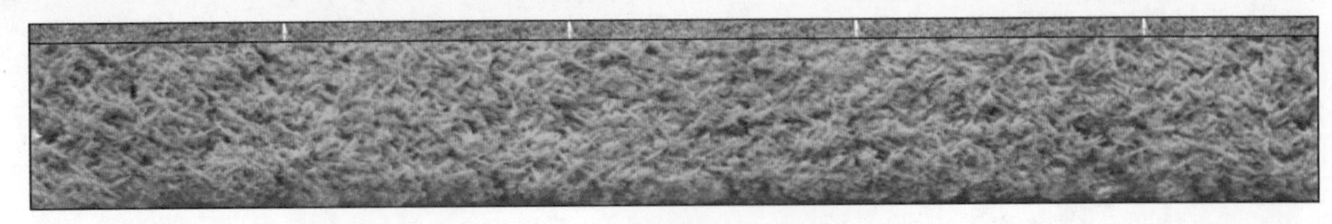

图10-182

10. 单击【样本颜料】按钮，吸取下方矩形面材质，再对着上方矩形面单击，形成无缝相连接的形状，如图10-183、图10-184和图10-185所示。

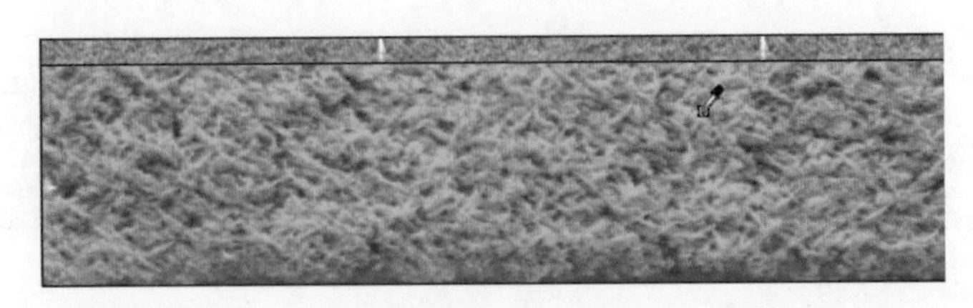

图10-183

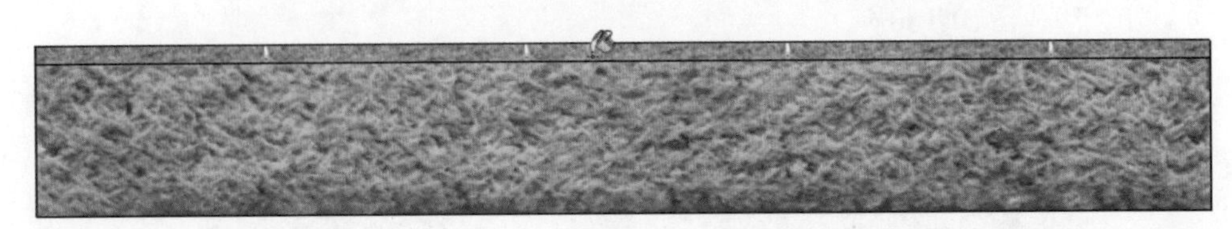

图10-184

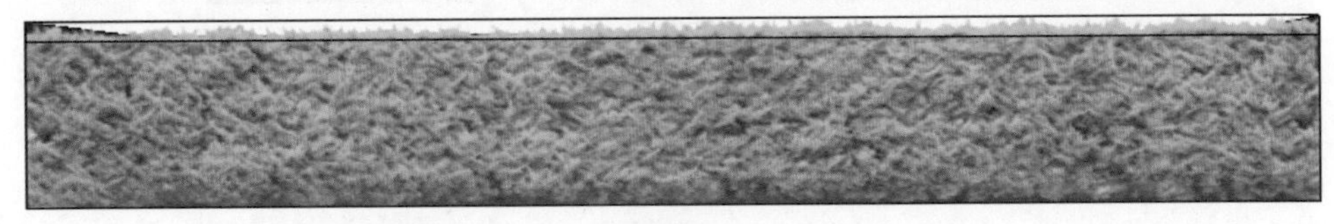

图10-185

11. 利用同样的方法填充其他面的材质，如图10-186所示。

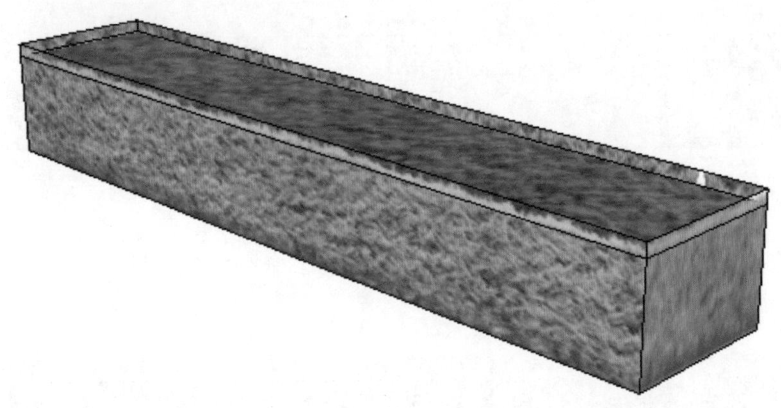

图10-186

案例——创建树池坐凳

树池是种植树木的植槽，树池处理得当，不仅有助于树木生长，美化环境，还具备满足行人的需求，夏天可以在树荫下乘凉，冬天坐在木质的座凳上也不会让人感觉冷。图10-187所示为本案例效果图。

图10-187

结果文件：\Ch10\园林植物造景设计\树池坐凳.skp

视频：\Ch10\树池坐凳.wmv

1. 单击【矩形】按钮，绘制一个长度均为5000mm的矩形，如图10-188所示。
2. 单击【推/拉】按钮，将矩形面向上推拉1000mm，如图10-189所示。

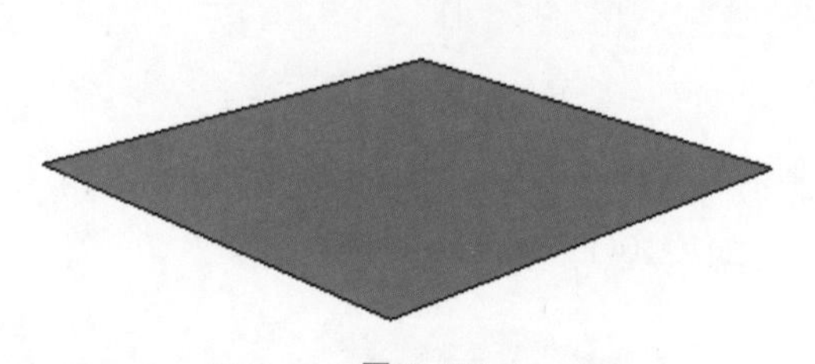

图10-188

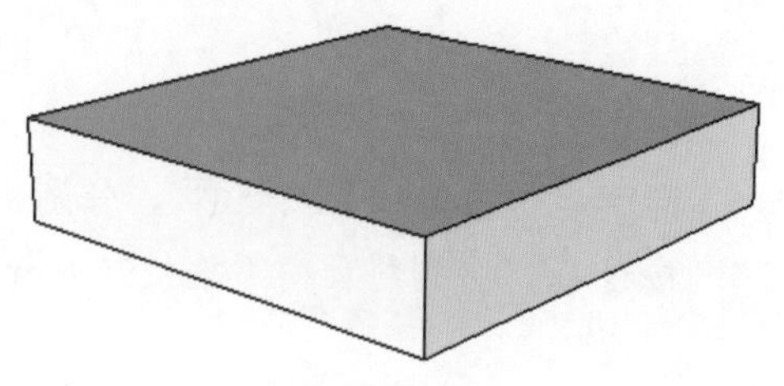

图10-189

3. 继续单击【矩形】按钮，在4个面绘制几个相同的矩形面，如图10-190和图10-191所示。

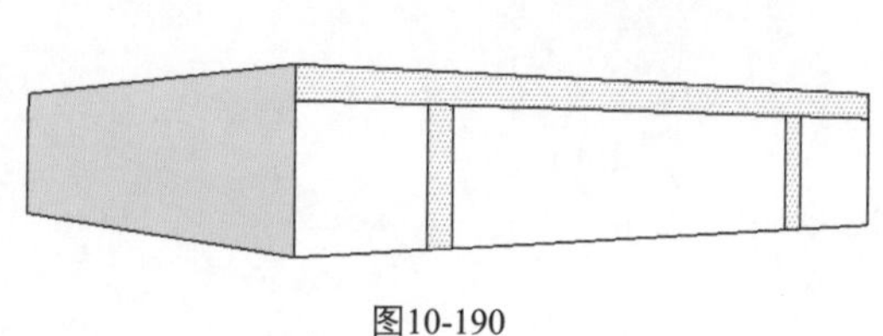

图10-190

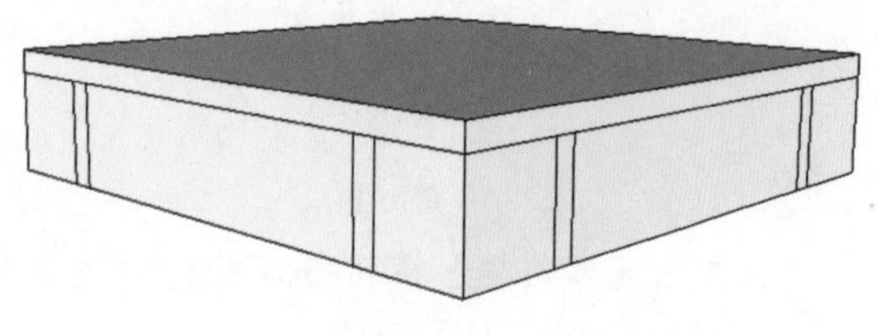

图10-191

提示

在绘制矩形面时，为了精确绘制，可以采用辅助线进行测量再绘制。

4. 单击【推/拉】按钮，将中间的矩形面分别向里推拉600mm，将其他面依次推拉，如图10-192、图10-193和图10-194所示。

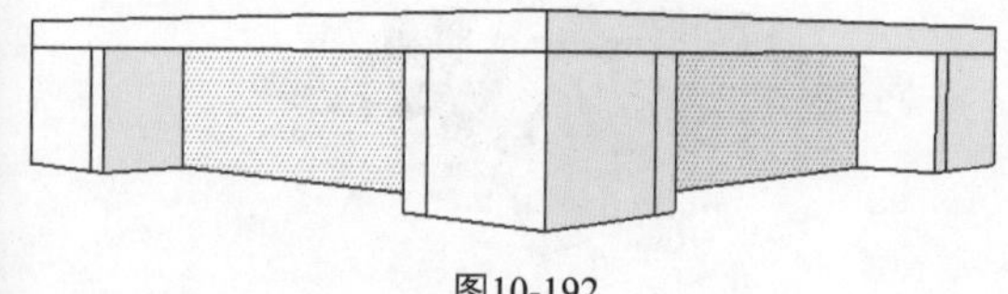

图10-192

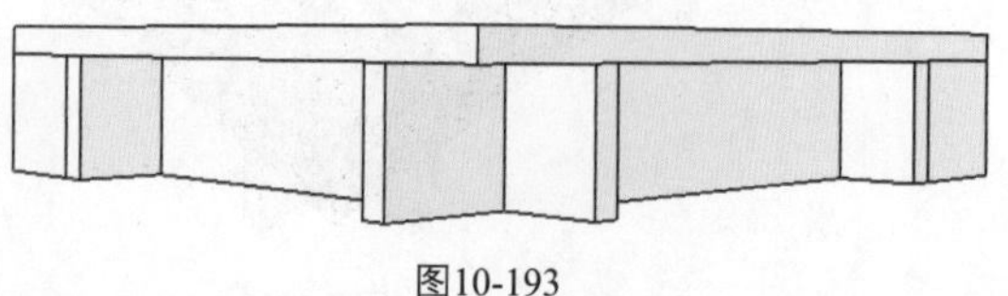

图10-193

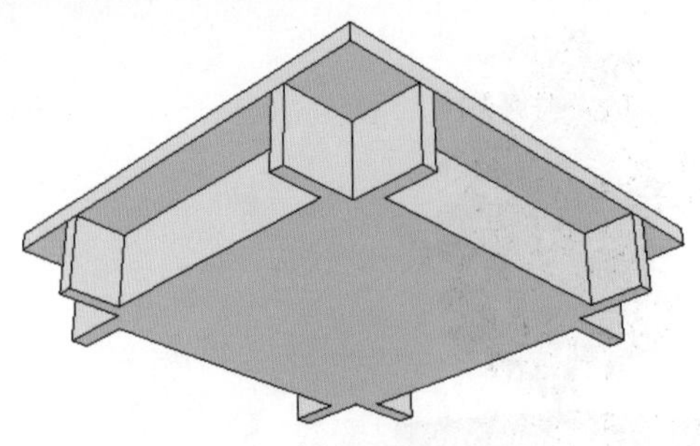

图10-194

5. 单击【偏移】按钮，向里偏移复制1000mm。再单击【推/拉】按钮，将面向上推拉600mm，如图10-195和图10-196所示。

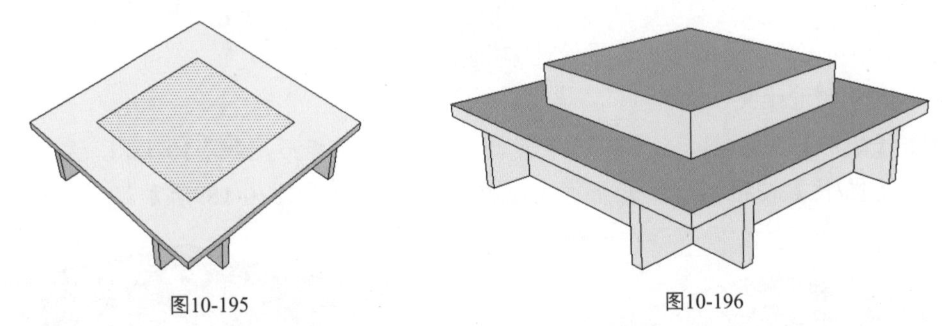

图10-195　　图10-196

6. 继续单击【偏移】按钮，分别向里偏移复制150mm、300mm。再单击【推/拉】按钮，分别将面向下推拉250mm、400mm，如图10-197和图10-198所示。

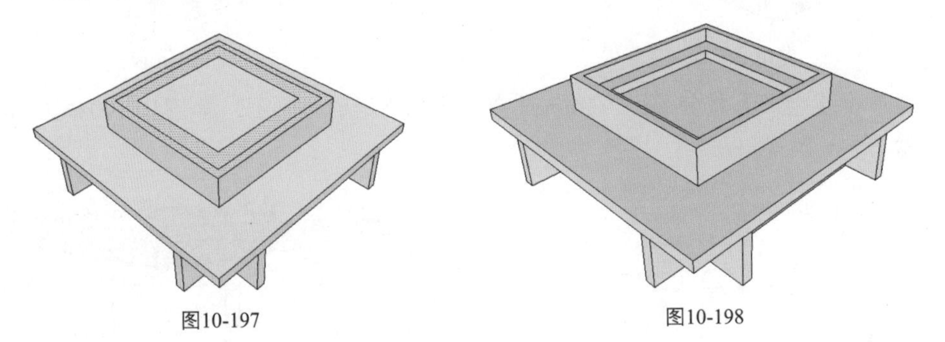

图10-197　　图10-198

7. 单击【颜料桶】按钮，给树池凳填充相应的材质，并为其导入一个植物组件，如图10-199和图10-200所示。

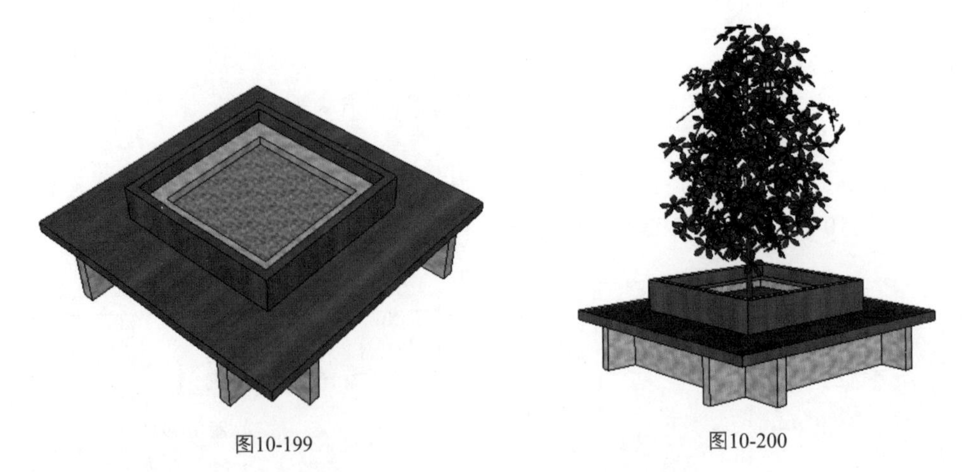

图10-199　　图10-200

案例——创建花钵

本案例主要利用绘图工具制作一个花钵，图10-201所示为效果图。

图10-201

结果文件：\Ch10\园林植物造景设计\花钵.skp

视频：\Ch10\花钵.wmv

1. 单击【多边形】按钮，创建一个八边形，如图10-202所示。
2. 单击【圆弧】按钮，绘制圆弧，如图10-203所示。
3. 将多余的边线删除，如图10-204所示。

图10-202　　图10-203　　图10-204

4. 单击【线条】按钮，绘制直线，如图10-205和图10-206所示。

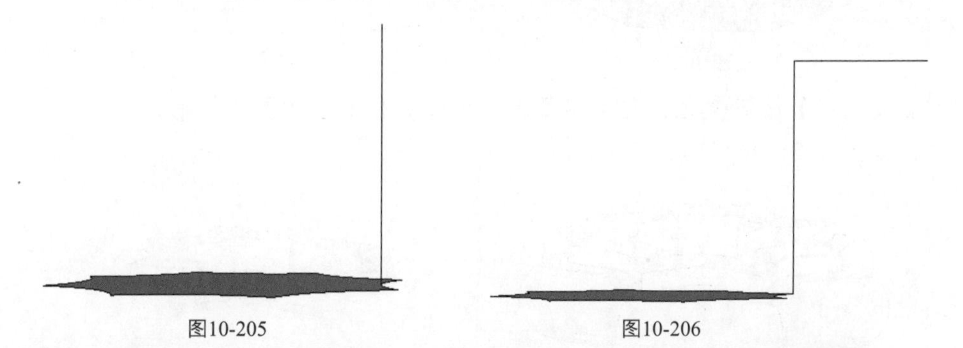

图10-205　　图10-206

5. 单击【圆弧】按钮，绘制圆弧，形成截面，如图10-207和图10-208所示。
6. 选择多边形面，单击【跟随路径】按钮，最后选择截面，放样效果如图10-209所示。
7. 单击【偏移】按钮，向内偏移复制面，且单击【推/拉】按钮，进行推拉，如图10-210和图10-211所示。

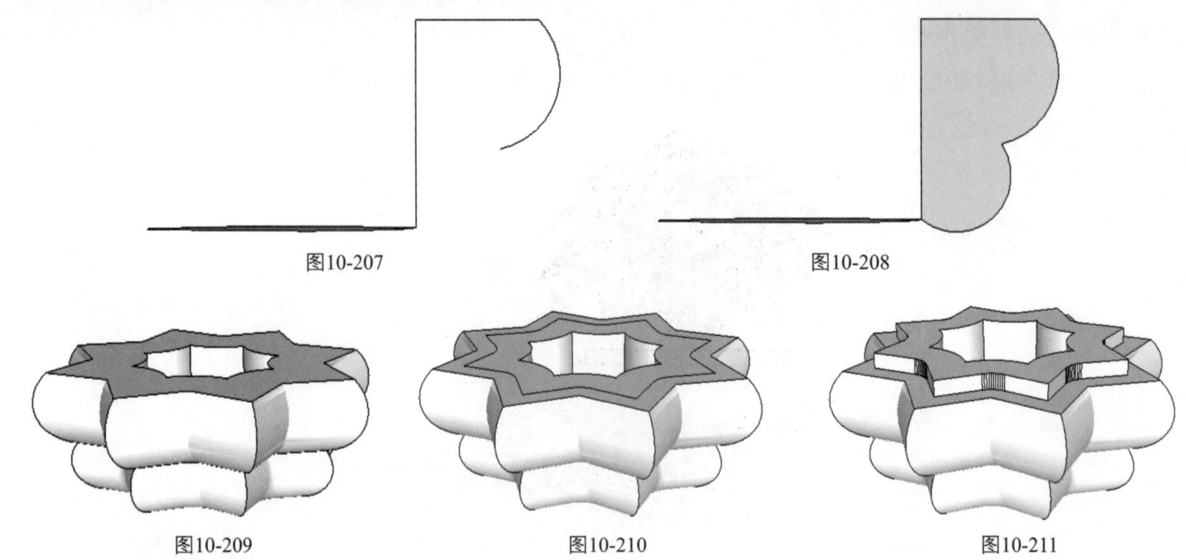

图10-207　　图10-208

图10-209　　图10-210　　图10-211

8．将花钵创建群组，单击【多边形】按钮，绘制多边形，如图10-212、图10-213和图10-214所示。

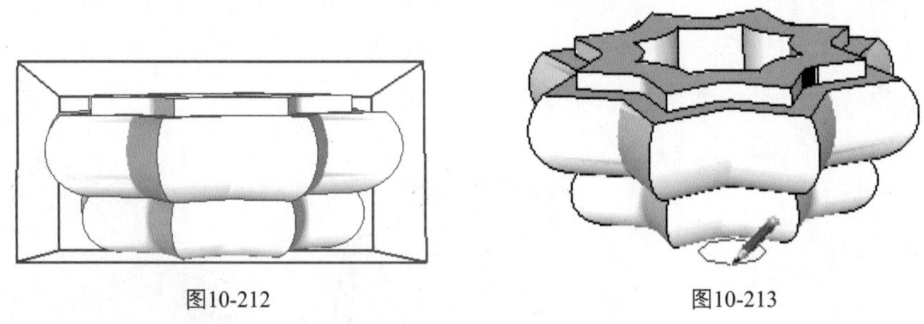

图10-212　　图10-213

9．单击【推/拉】按钮，拉出一定高度，如图10-215所示。

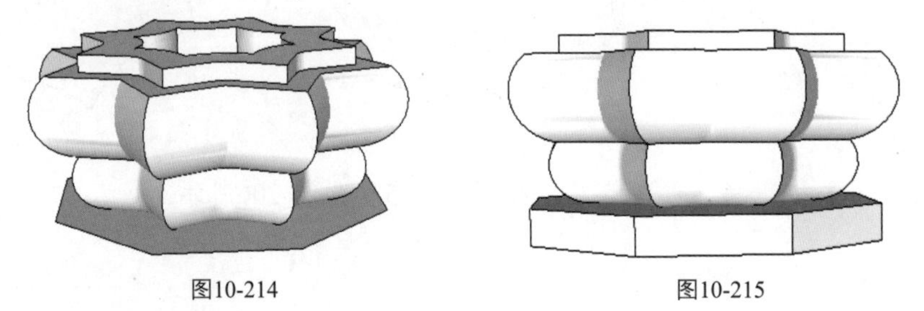

图10-214　　图10-215

10．单击【偏移】按钮，向里偏移复制，然后单击【推/拉】按钮，向下推一定距离，如图10-216和图10-217所示。

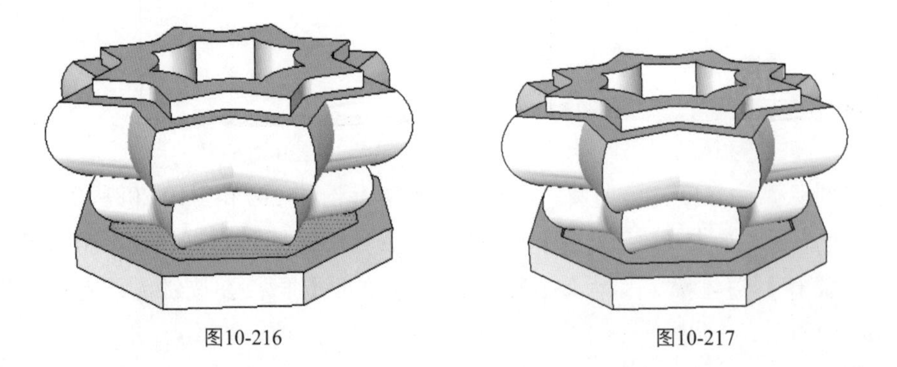

图10-216　　图10-217

11．单击【线条】按钮，进行面封闭，如图10-218所示。

12．单击【推/拉】按钮，向下推一定距离，如图10-219所示。

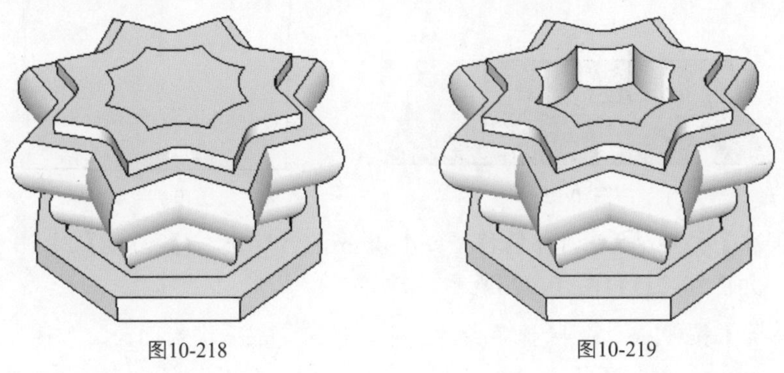

图10-218　　图10-219

13．填充适合的材质，导入植物组件，如图10-220和图10-221所示。

图10-220　　图10-221

案例——创建花架

本案例主要利用绘图工具制作一个花架，图10-222所示为效果图。

图10-222

结果文件：\Ch10\园林植物造景设计\花架.skp

视频：\Ch10\花架.wmv

一、花墩

1．单击【矩形】按钮，画出一个边长为2000mm的正方形，如图10-223所示。

2．单击【推/拉】按钮，将正方形拉高3000mm，如图10-224所示。

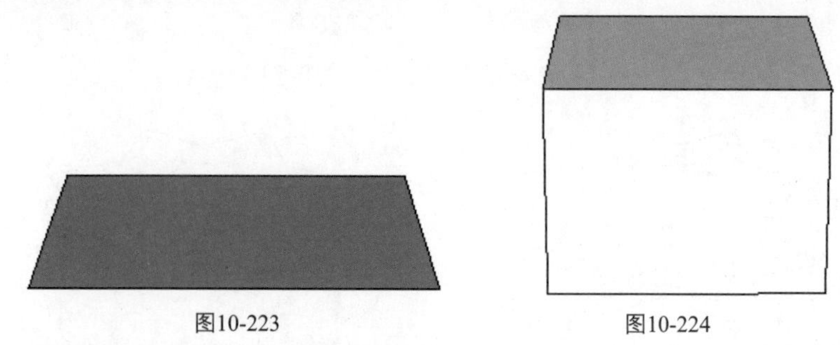

图10-223　　图10-224

3. 单击【偏移】按钮，向外偏移复制400mm，然后单击【推/拉】按钮，向上拉500mm，如图10-225和图10-226所示。

4. 单击【擦除】按钮，擦除掉多余的线条，即可变成一个封闭面，如图10-227所示。

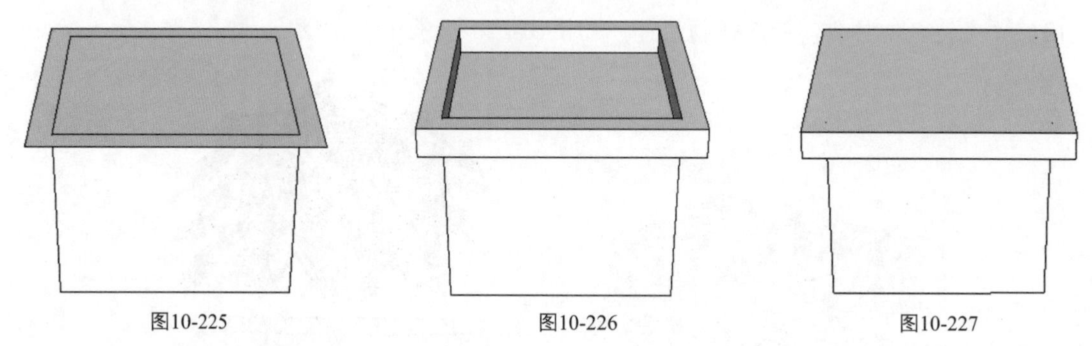

图10-225　　图10-226　　图10-227

5. 单击【偏移】按钮，向里进行偏移复制400mm，然后单击【推/拉】按钮，向上拉500mm，如图10-228和图10-229所示。

6. 再重复上一步操作，这次拉高距离为300mm，如图10-230所示。

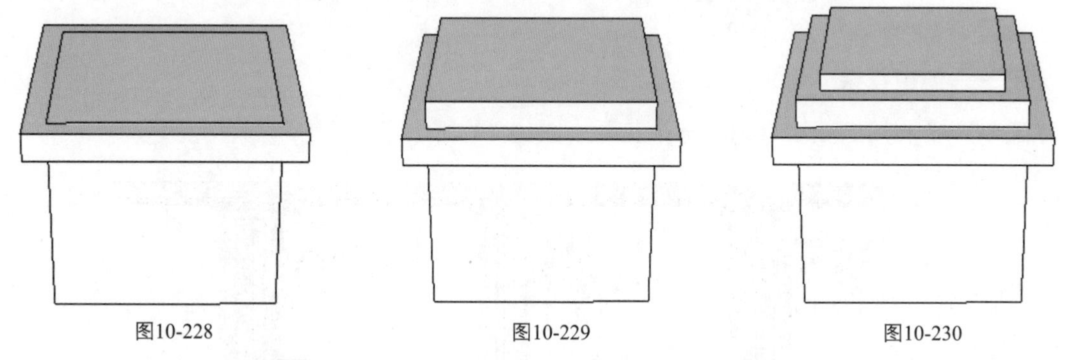

图10-228　　图10-229　　图10-230

7. 单击【圆弧】按钮，画一个与矩形相切的倒角形状，如图10-231和图10-232所示。

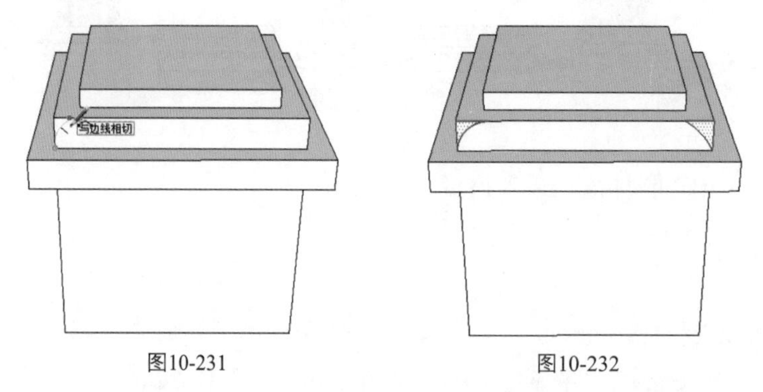

图10-231　　图10-232

8. 选择圆弧面，单击【跟随路径】按钮，按住Alt键不放，对着倒角向矩形面进行变形，即可变成一个倒角形状，如图10-233所示。

9. 单击【圆弧】按钮，在矩形面上绘制一个长为600mm，向外凸出为300mm的4个圆弧组成的花瓣形状，如图10-234和图10-235所示。

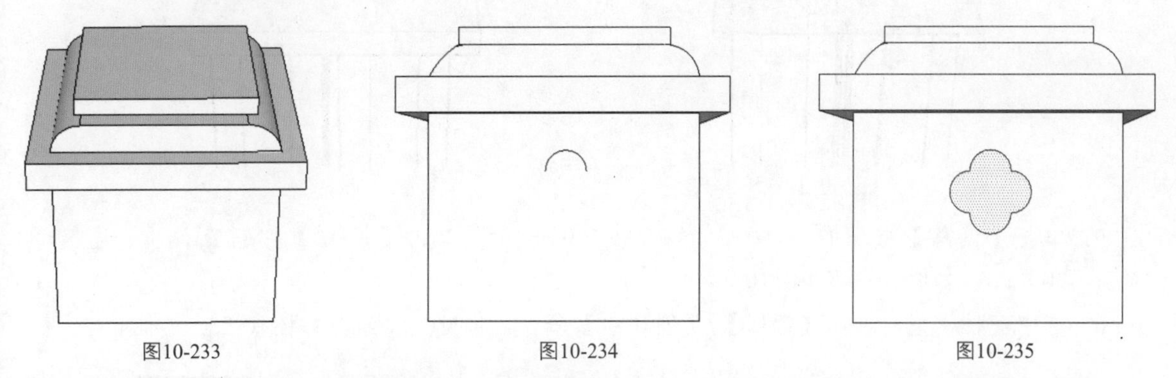

图10-233　图10-234　图10-235

10. 单击【偏移】按钮，向外偏移复制100mm，然后单击【推/拉】按钮，将面向外推拉100mm，如图10-236和图10-237所示。

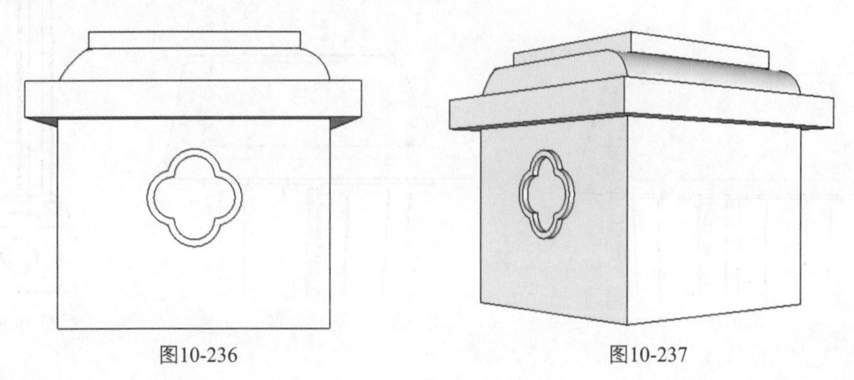

图10-236　图10-237

二、花柱

1. 单击【矩形】按钮，在矩形面上先画4个矩形，再分别在4个矩形里画小矩形，如图10-238和图10-239所示。

2. 单击【推/拉】按钮，将4个面向上拉12000mm，如图10-240所示。

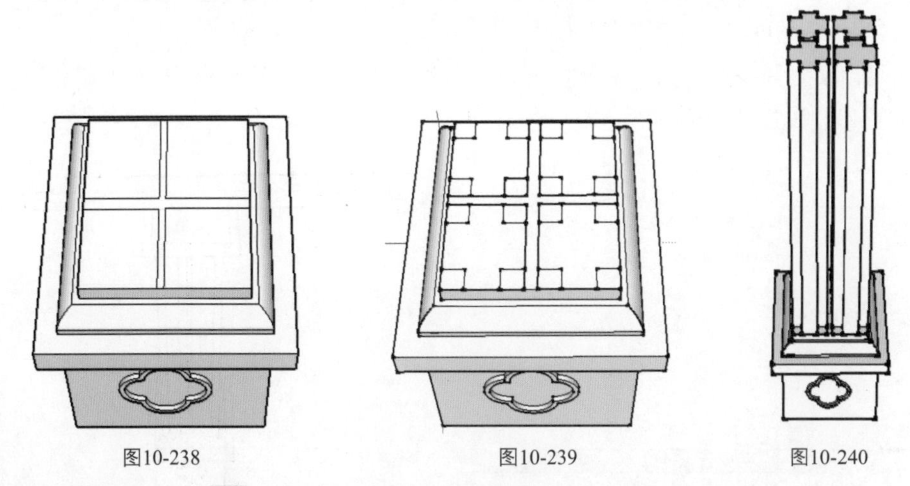

图10-238　图10-239　图10-240

3. 单击【矩形】按钮，在花柱上画一个矩形面，如图10-241所示。

4. 单击【推/拉】按钮，向上推拉300mm，如图10-242所示。

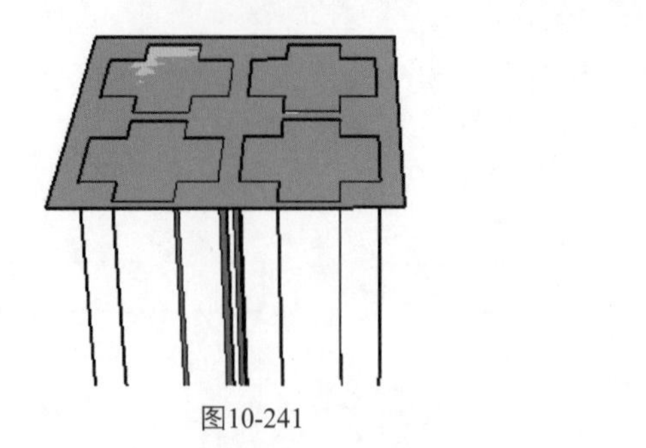
图10-241

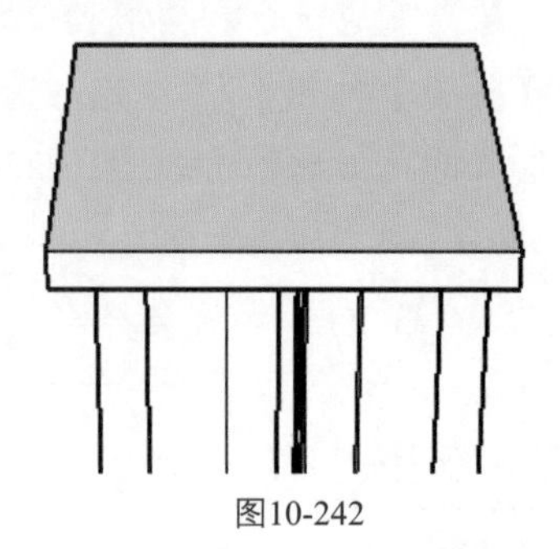
图10-242

5. 单击【偏移】按钮，向外偏移复制500mm，再单击【推/拉】按钮，向上拉300mm，如图10-243和图10-244所示。
6. 选中花柱模型，选择【编辑】/【创建组】命令，创建一个组，如图10-245所示。

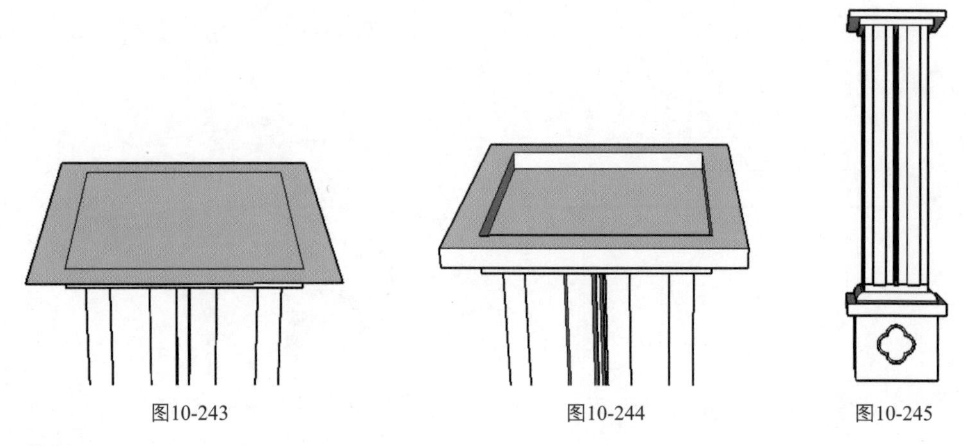
图10-243　图10-244　图10-245

三、花托

1. 单击【线条】按钮，画两条长度都为5000mm的直线，单击【圆弧】按钮，连接两条直线，如图10-246和图10-247所示。

图10-246　图10-247

2. 单击【推/拉】按钮，将面拉出一定高度，将推拉后的模型移到花柱上，如图10-248和图10-249所示。

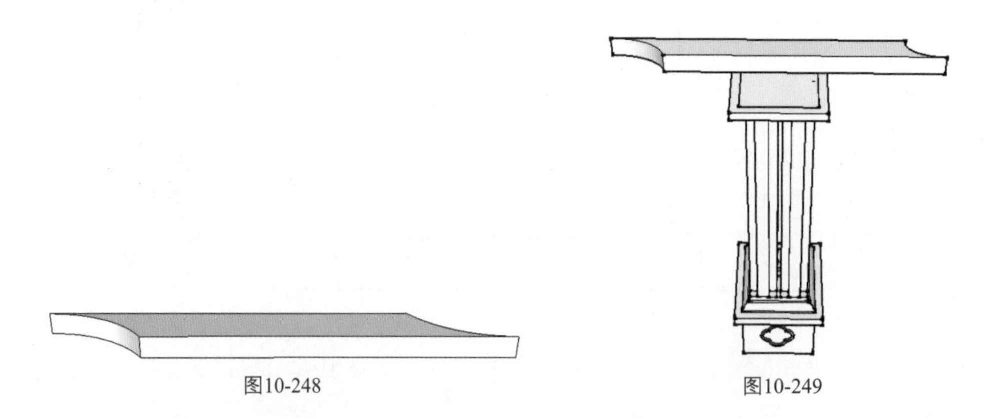
图10-248　图10-249

3．选中模型，单击【拉伸】按钮，对它进行位伸变化，如图10-250所示。

4．单击【移动】按钮，复制两个，放在适当的位置上，如图10-251所示。

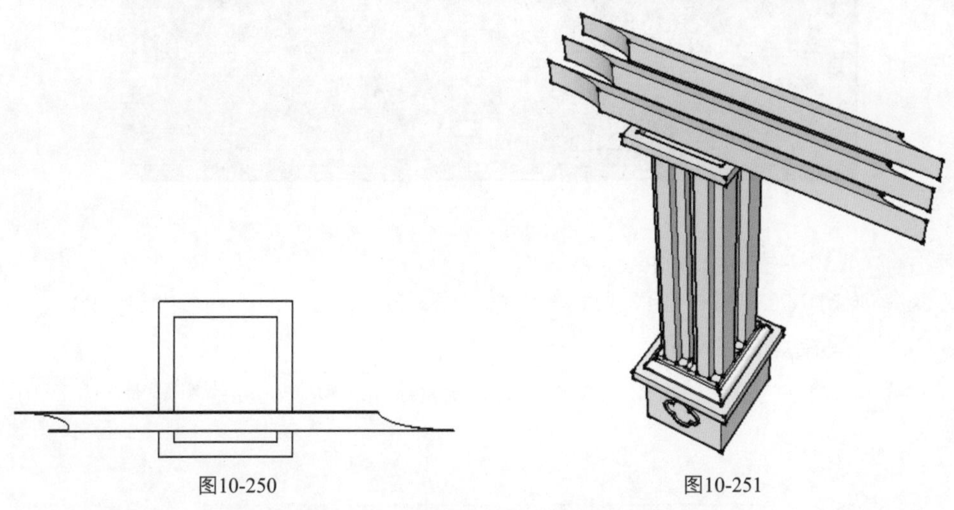

图10-250　　图10-251

5．将整个模型选中，创建群组，花托效果如图10-252所示。

6．单击【移动】按钮，沿水平方向复制两个模型，摆放到相应的位置上，如图10-253所示。

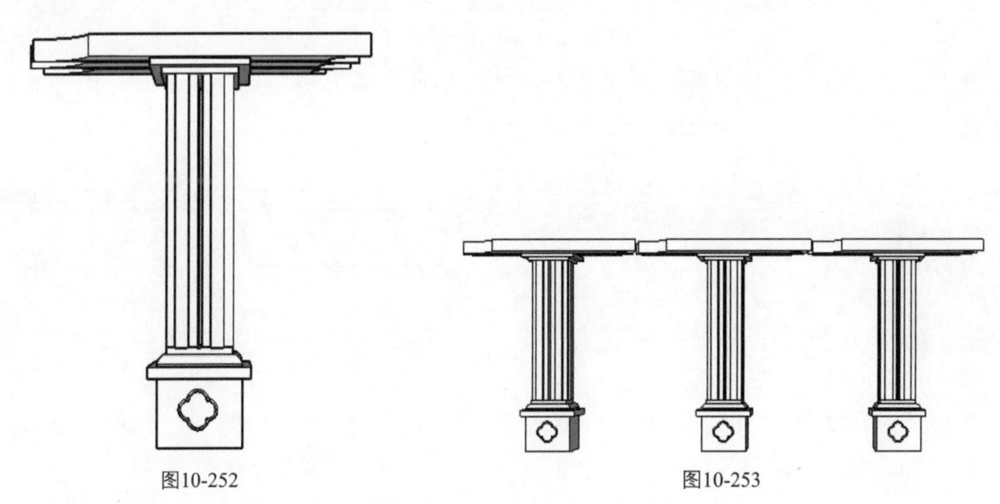

图10-252　　图10-253

7．选择一种适合的材质填充，如图10-254所示。

8．导入一些花篮和椅子组件，最终效果如图10-255所示。

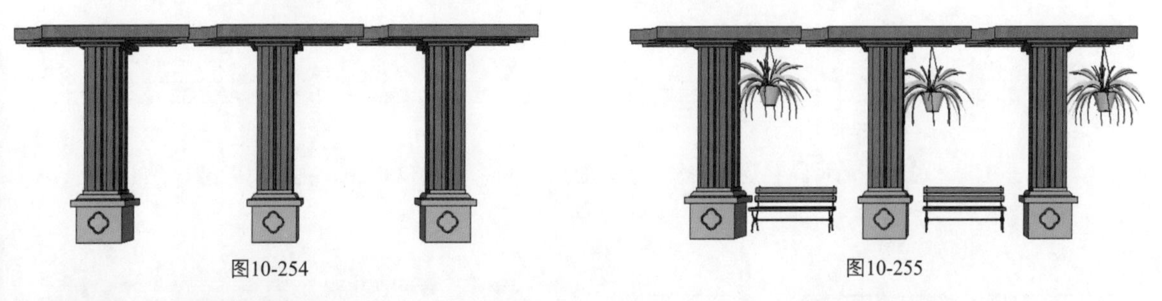

图10-254　　图10-255

案例——创建马路绿化带

本案例主要利用绘图工具制作一个简单的马路和绿化带效果，图10-256所示为效果图。

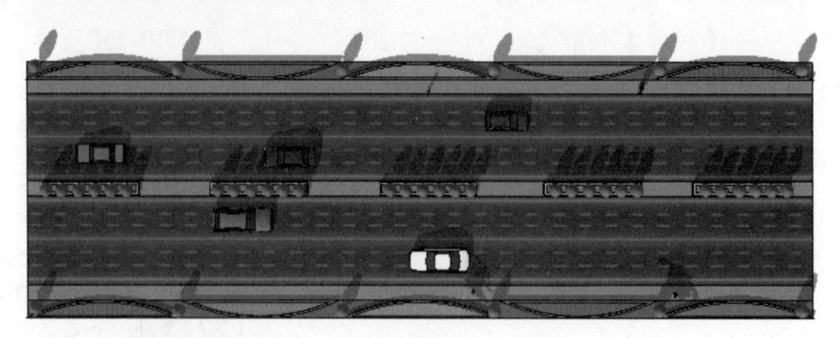

图10-256

源文件：\Ch10\马路图片.jpg

结果文件：\Ch10\园林植物造景设计\马路绿化带.skp

视频：\Ch10\马路绿化带.wmv

1．单击【矩形】按钮，绘制一个长宽分别为8000mm、2000mm的矩形面，如图10-257所示。

图10-257

2．继续单击【矩形】按钮，绘制几个小的矩形面，将大矩形划分成马路、人行道、绿化带几部分，如图10-258和图10-259所示。

图10-258

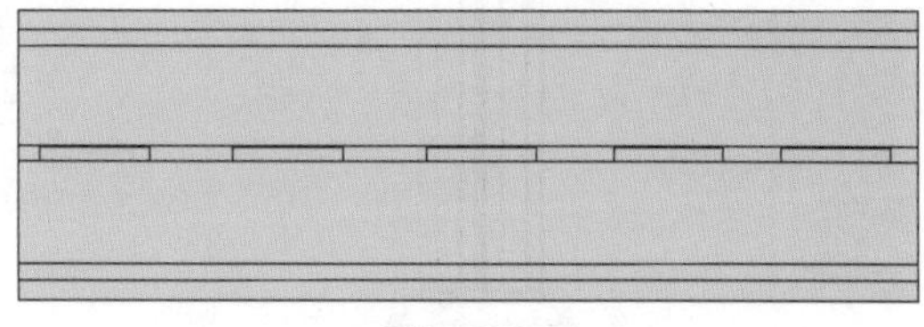

图10-259

3．单击【圆弧】按钮，在两边的矩形面绘制长为1600mm的圆弧，如图10-260和图10-261所示。

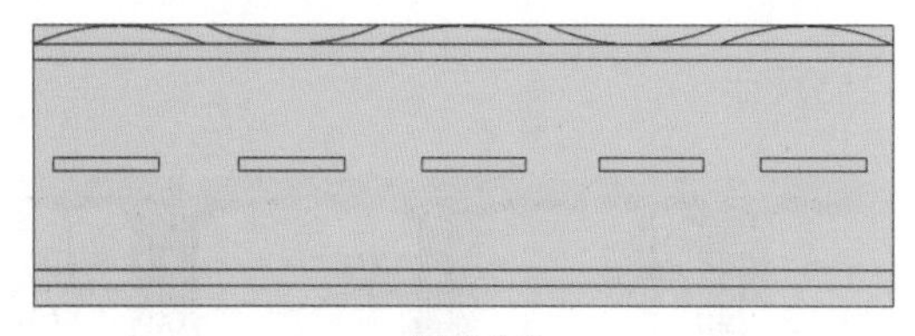

图10-260

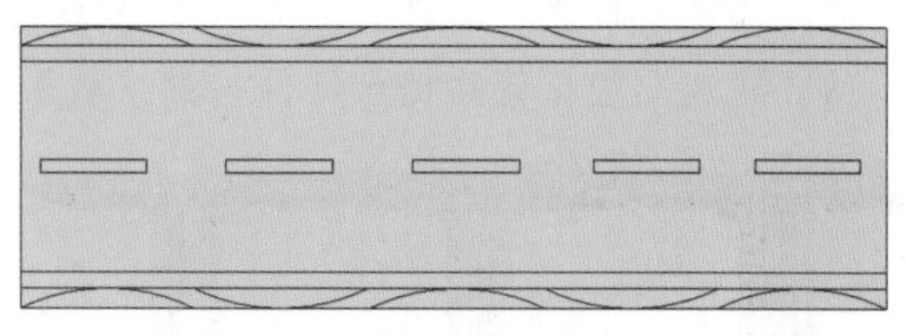

图10-261

4．单击【偏移】按钮，将圆弧面、矩形面向里偏移复制20mm，如图10-262、图10-263和图10-264所示。

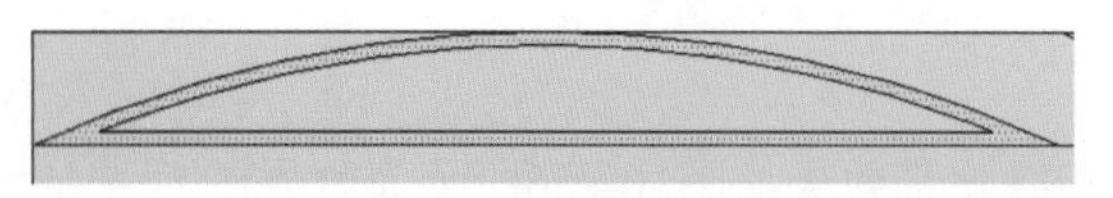

图10-262

图10-263

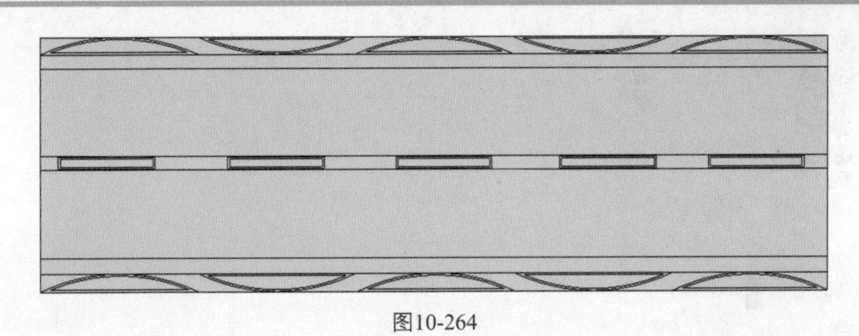

图10-264

5. 单击【推/拉】按钮，将矩形面分别向上推拉50mm、70mm，如图10-265和图10-266所示。

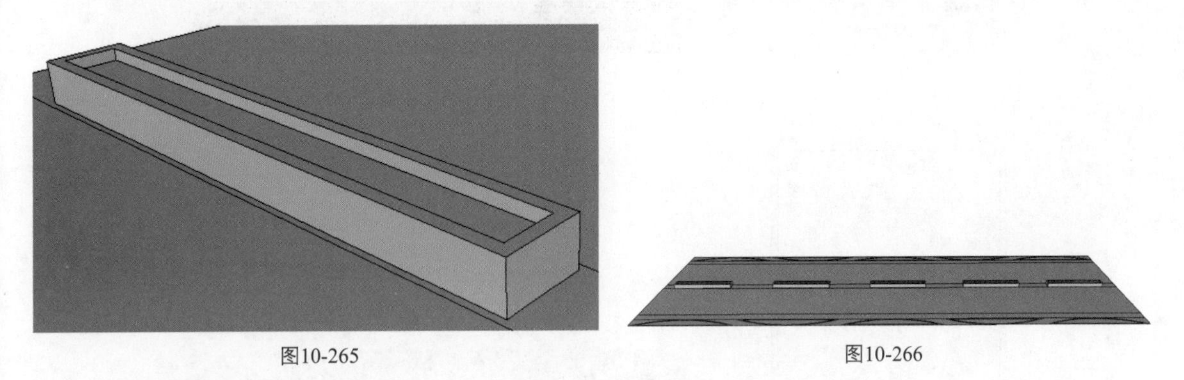

图10-265　　图10-266

6. 单击【颜料桶】按钮，对两边的绿化带填充草坪材质，如图10-267和图10-268所示。

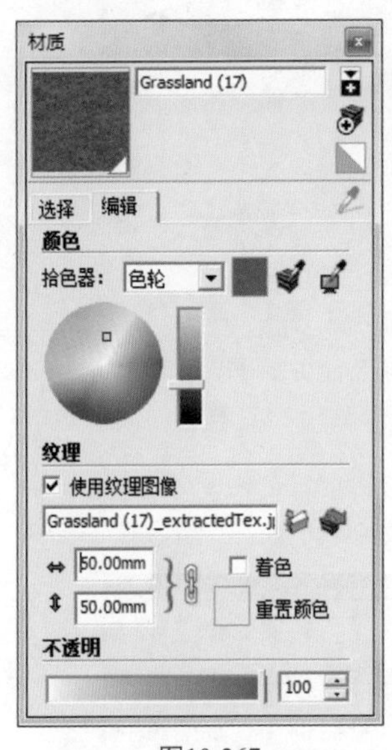

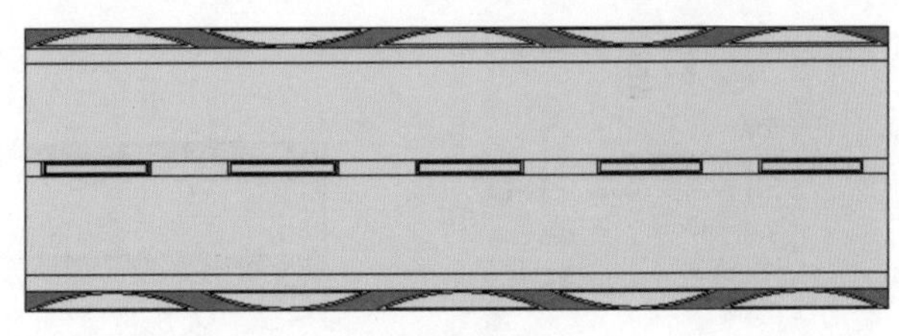

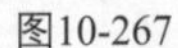

图10-267　　图10-268

7. 对两边绿化带填充花草材质，如图10-269和图10-270所示。
8. 对中间的绿化带填充适合的材质，如图10-271和图10-272所示。
9. 对两边的人行道填充铺砖材质，如图10-273和图10-274所示。
10. 单击【推/拉】按钮，将两边的绿化带分别向上推拉5mm、50mm、35mm，人行道推高10mm，如图10-275和图10-276所示。

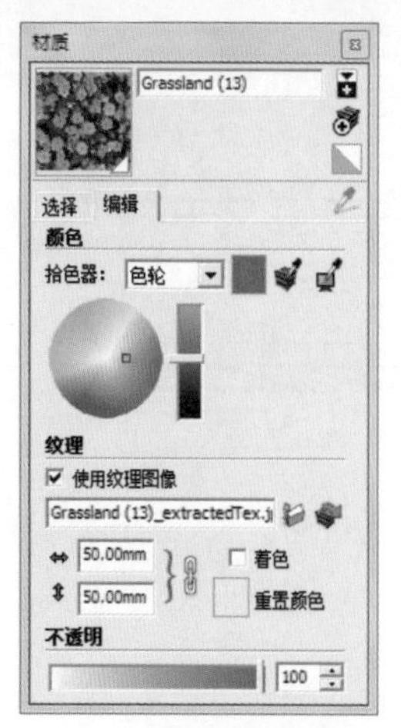

图10-269

图10-270

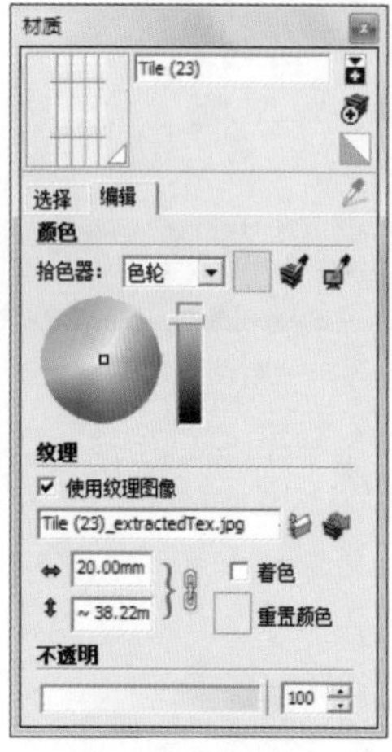

图10-271

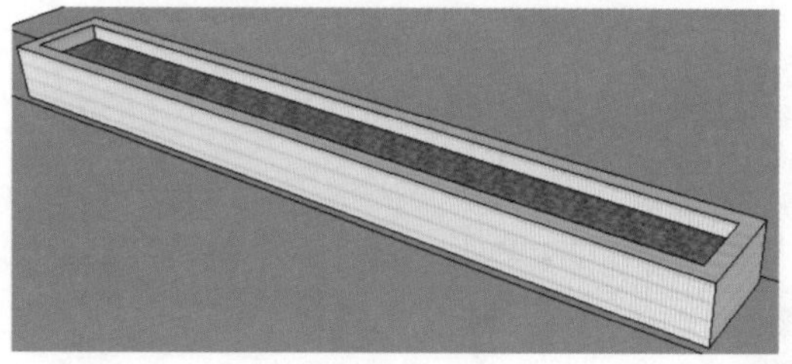

图10-272

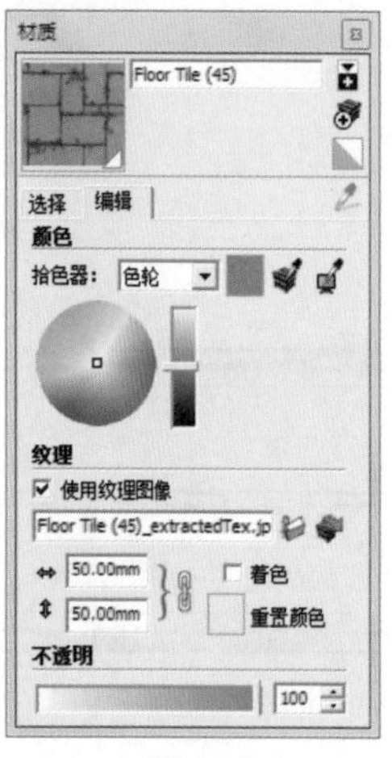

图10-273

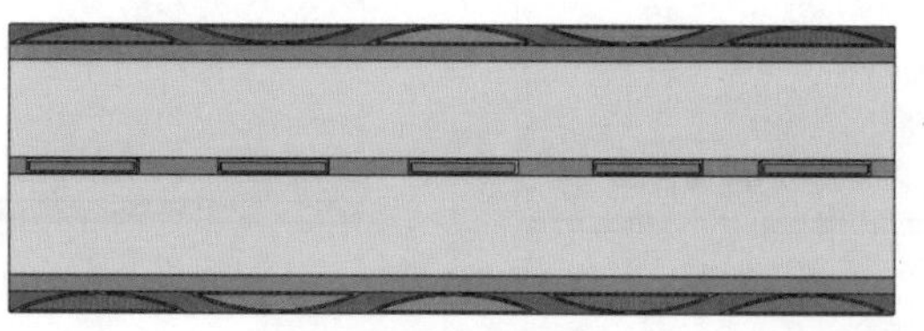

图10-274

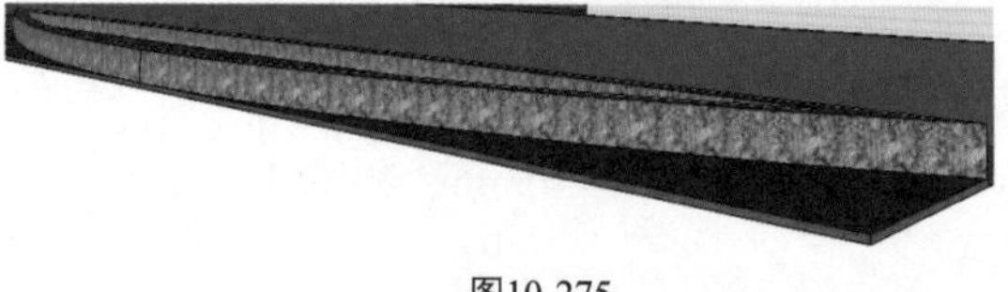

图10-275

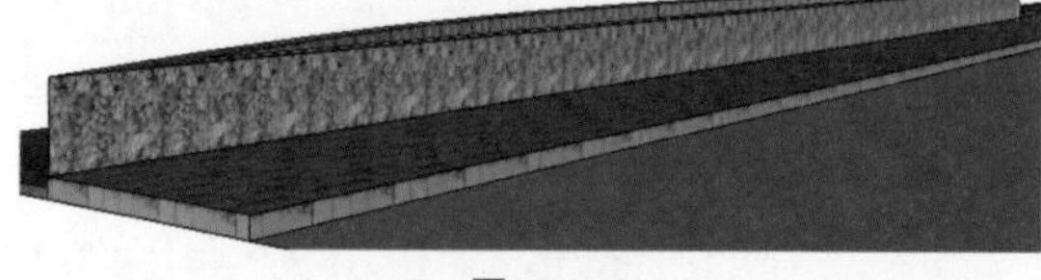

图10-276

11．导入马路图片，对两边的马路进行材质贴图，如图10-277和图10-278所示。

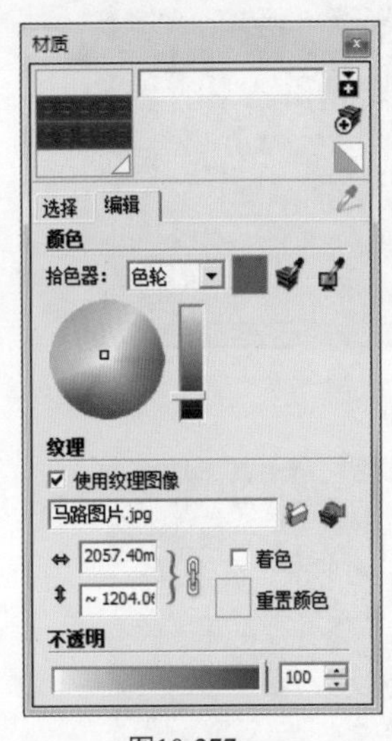

图10-277

图10-278

12．填充马路的材质有点错位，选中材质，单击鼠标右键，选择【纹理】/【位置】命令，调整贴图坐标，如图10-279和图10-280所示。

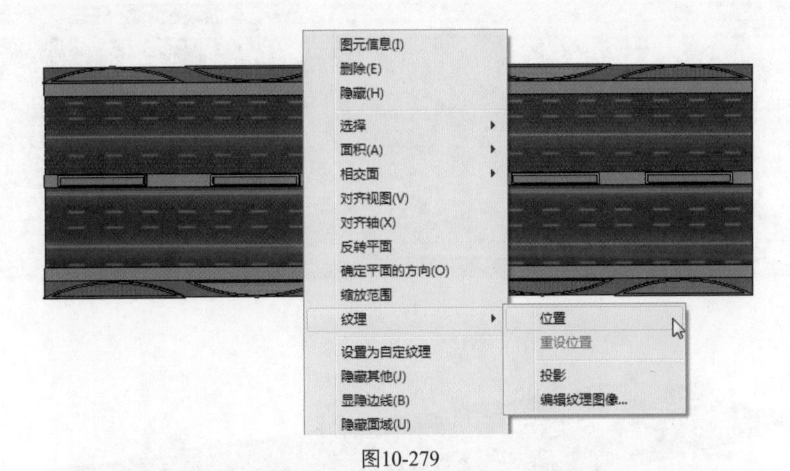

图10-279

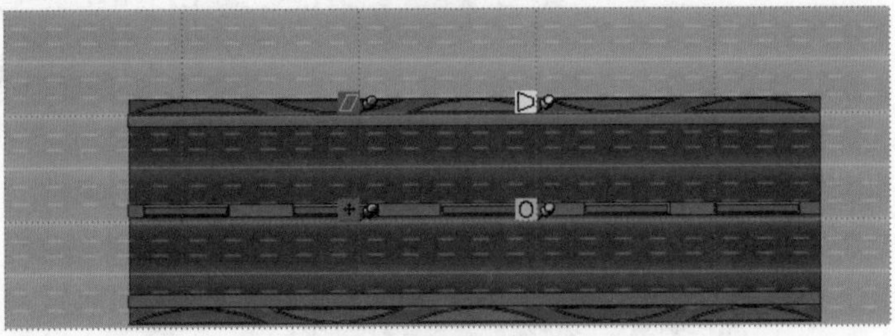

图10-280

13．调整好贴图坐标以后，单击鼠标右键选择【完成】命令，如图10-281和图10-282所示。

14．利用同样的方法完成另一边马路的材质贴图，效果如图10-283所示。

15．导入植物组件，如图10-284所示。

16．导入车辆和人物组件，如图10-285和图10-286所示。

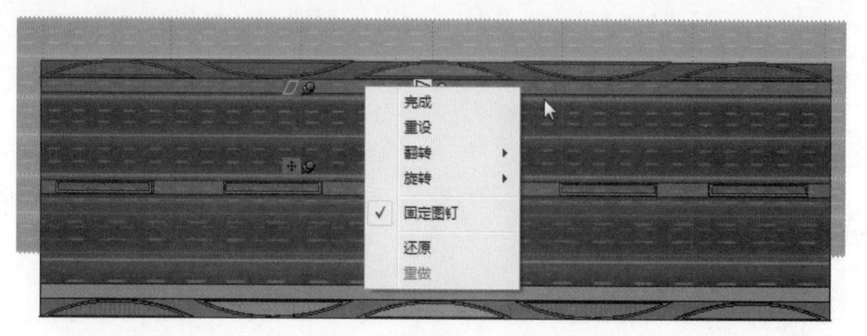

图10-281

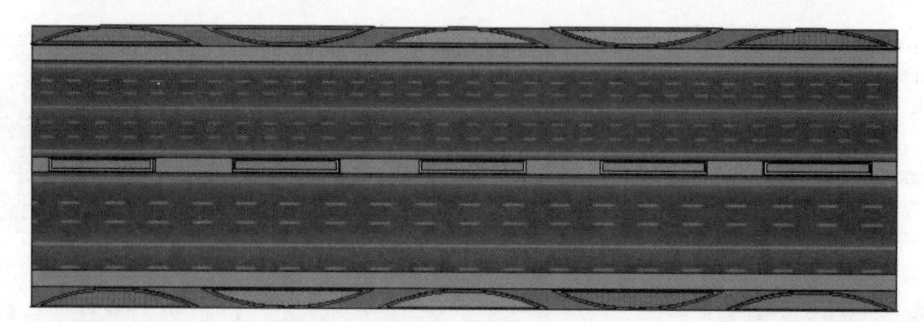

图10-282

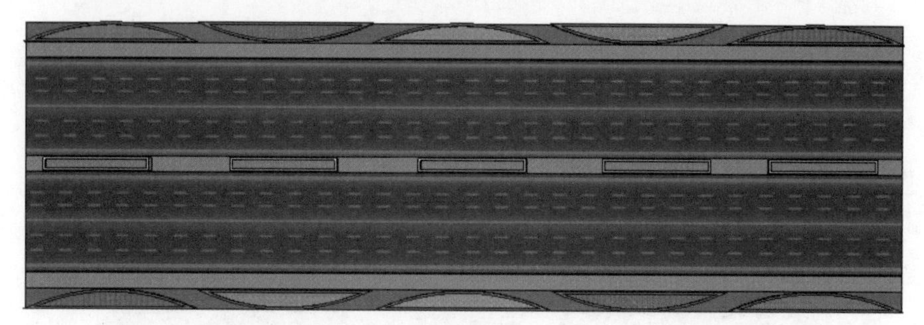

图10-283

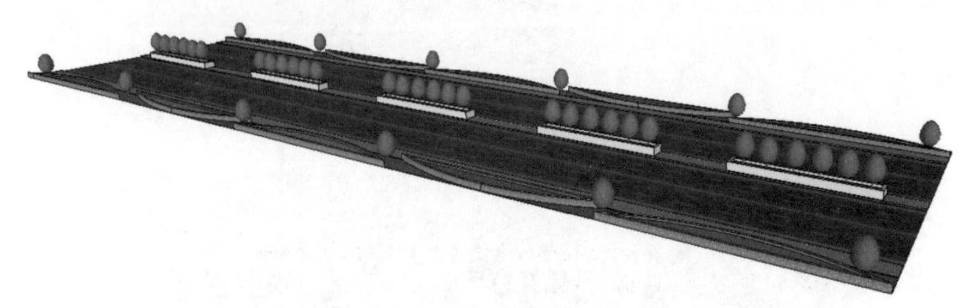

图10-284

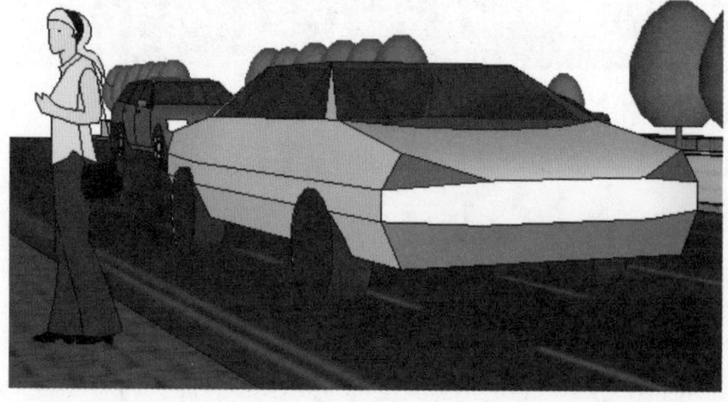

图10-285

图10-286

17. 为创建好的马路绿化带添加阴影，最终效果如图10-287所示。

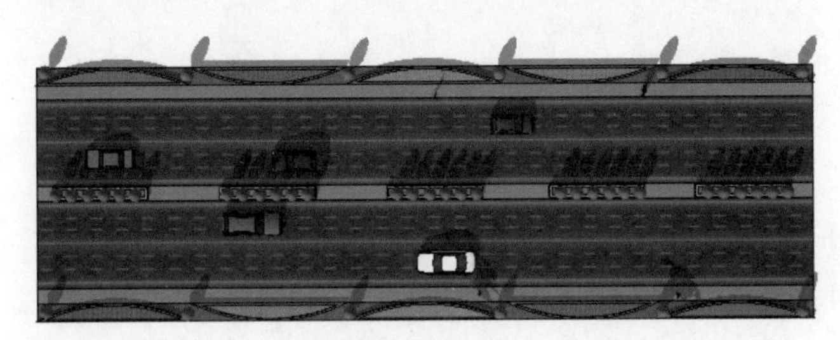

图10-287

10.4 园林景观照明小品设计

本节以实例的方式讲解SketchUp园林景观照明小品设计的方法，包括创建景观路灯、景观灯塔，图10-288和图10-289所示为常见的园林景观照明设计的真实效果图。

图10-288

图10-289

案例——创建景观路灯

本案例主要利用绘图工具制作一个路灯模型，图10-290所示为效果图。

图10-290

结果文件：\Ch10\园林照明小品设计\路灯.skp

视频：\Ch10\路灯.wmv

1．单击【圆】按钮，绘制一个半径为500mm的圆形，如图10-291所示。

2．单击【推/拉】按钮，向上拉200mm，如图10-292所示。

图10-291

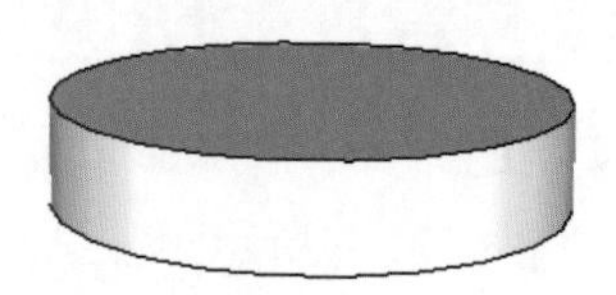

图10-292

3．单击【拉伸】按钮，对圆柱面进行缩放拉伸变形操作，如图10-293和图10-294所示。

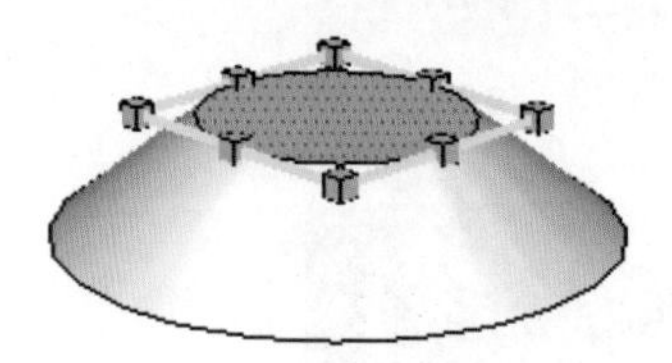

图10-293

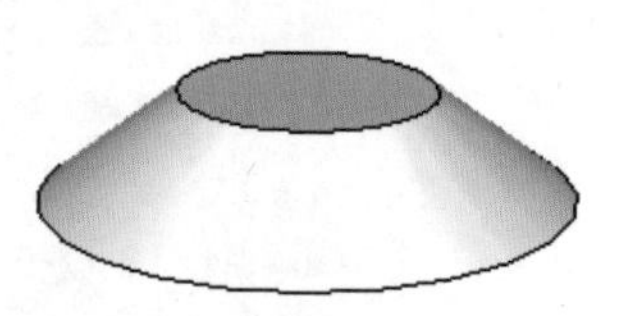

图10-294

4．单击【偏移】按钮，对拉伸面偏移复制一个小圆，如图10-295所示。

5．单击【推/拉】按钮，向上拉2500mm，如图10-296所示。

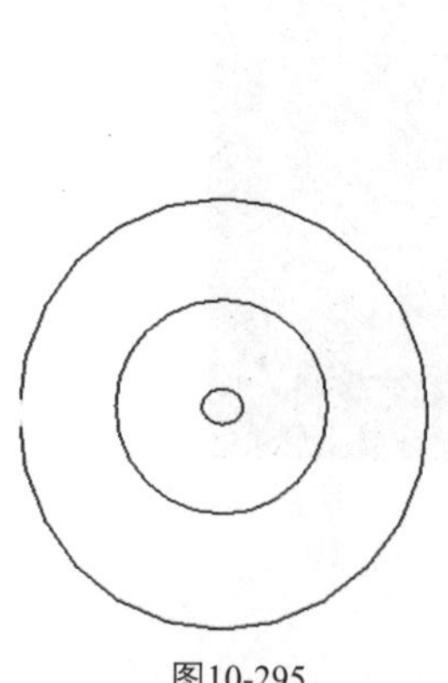

图10-295

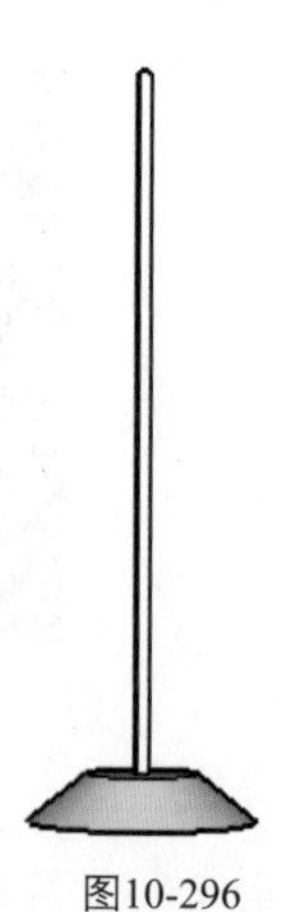

图10-296

6. 单击【圆】按钮和【推/拉】按钮，绘制圆柱，如图10-297所示。
7. 将圆柱创建群组，单击【旋转】按钮，复制旋转圆柱，如图10-298和图10-299所示。

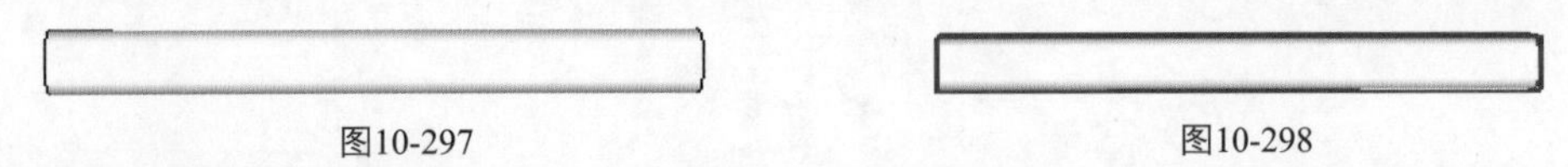

图10-297　　图10-298

8. 选择【编辑】/【创建组】命令，将两个圆柱创建群组，如图10-300所示。

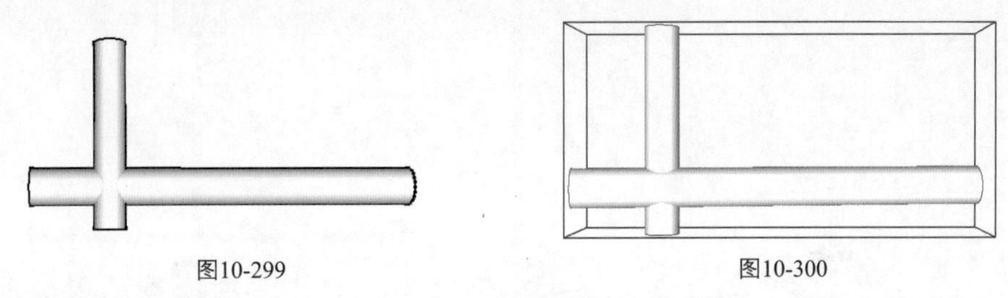

图10-299　　图10-300

9. 单击【圆】按钮，绘制一个圆，单击【推/拉】按钮，向上拉3mm，如图10-301和图10-302所示。

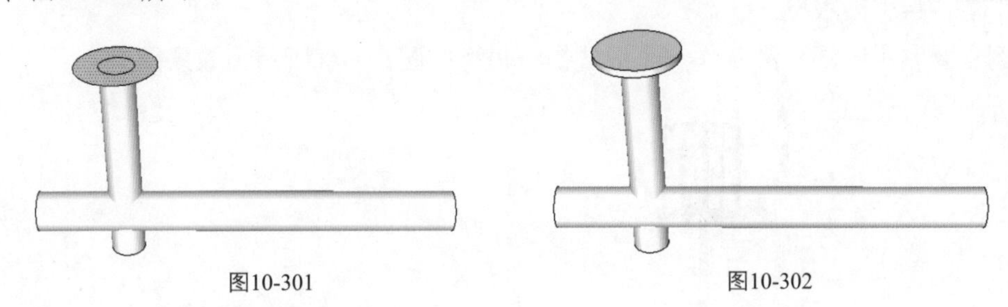

图10-301　　图10-302

10. 利用之前所讲的跟随路径方法绘制一个球体，并将其球体放置于灯杆圆柱上，如图10-303和图10-304所示。
11. 将模型创建一个群组，如图10-305所示。

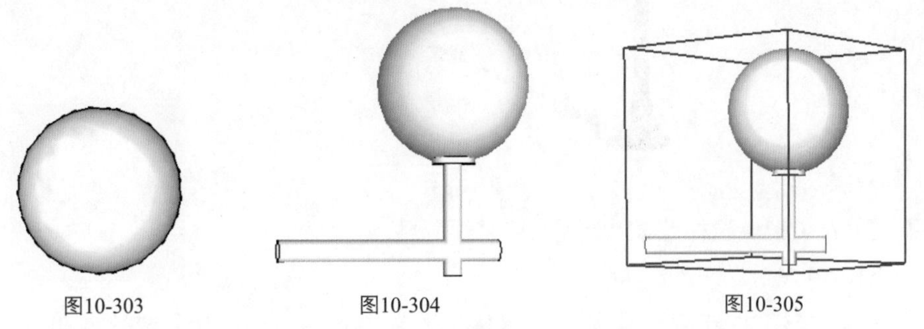

图10-303　　图10-304　　图10-305

12. 将灯放置于灯柱上，单击【移动】按钮，按住Ctrl键不放，复制多个灯交错放置，如图10-306、图10-307和图10-308所示。

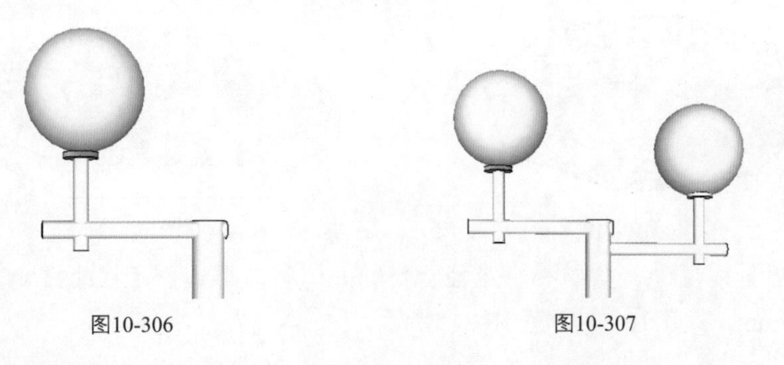

图10-306　　图10-307

13. 填充相应的材质，导入花篮组件，如图10-309和图10-310所示。

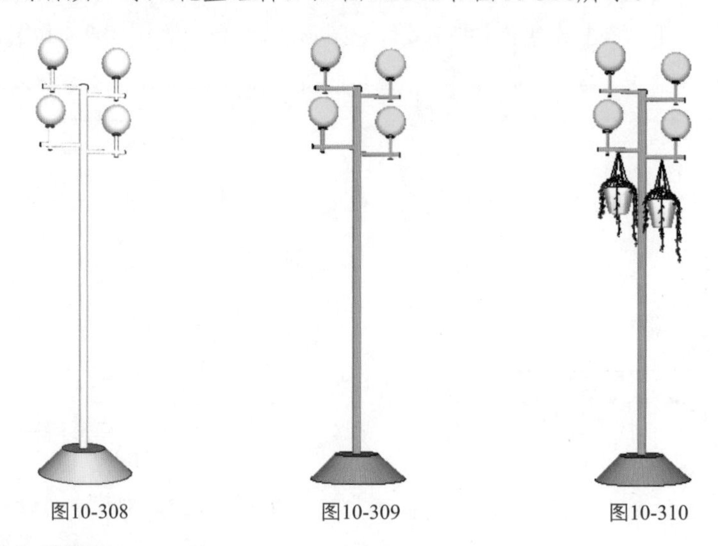

图10-308　　图10-309　　图10-310

案例——创建中式街灯

本案例主要利用绘图工具制作一个中式街灯模型，图10-311所示为效果图。

图10-311

结果文件：\Ch10\园林照明小品设计\中式街灯.skp

视频：\Ch10\中式街灯.wmv

1. 单击【多边形】按钮，绘制八边形，半径为200mm，如图10-312所示。
2. 单击【推/拉】按钮，将多边形面向上推拉30mm，如图10-313所示。

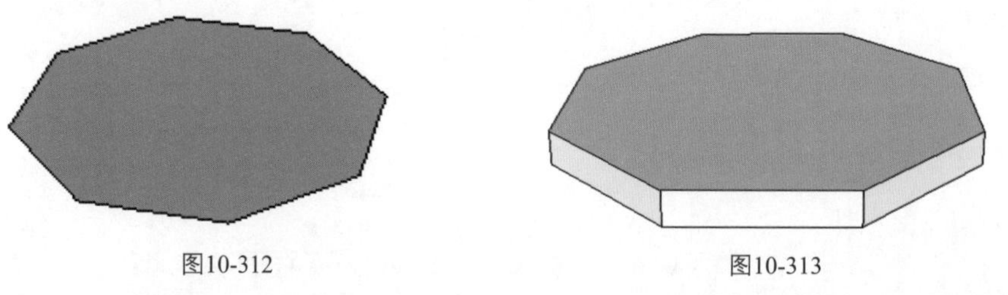

图10-312　　图10-313

3. 单击【圆】按钮，绘制一个半径为150mm的圆，再单击【推/拉】按钮，向上推高300mm，如图10-314和图10-315所示。

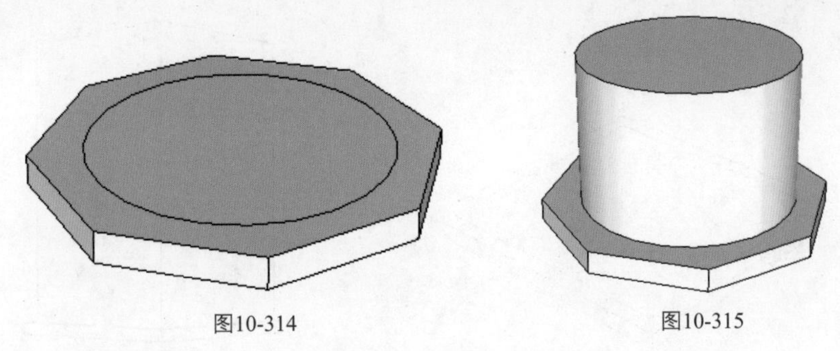

图10-314　　图10-315

4. 单击【拉伸】按钮，分别向里缩放比例为0.8，如图10-316所示。

5. 单击【偏移】按钮，向里偏移复制，距离为10mm，再单击【推/拉】按钮，向上推拉30mm，如图10-317和图10-318所示。

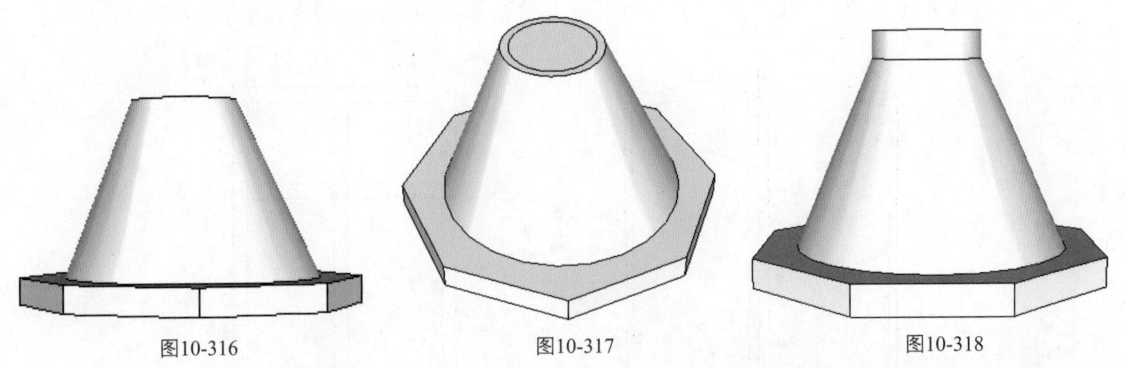

图10-316　　图10-317　　图10-318

6. 单击【推/拉】按钮，将里面的圆面向上推拉2000mm，再单击【拉伸】按钮，同样进行缩放，比例为“0.8”，如图10-319和图10-320所示。

7. 单击【矩形】按钮，在灯柱顶上绘制一个长宽为350mm的矩形，且单击【推/拉】按钮，向上推拉20mm，如图10-321和图10-322所示。

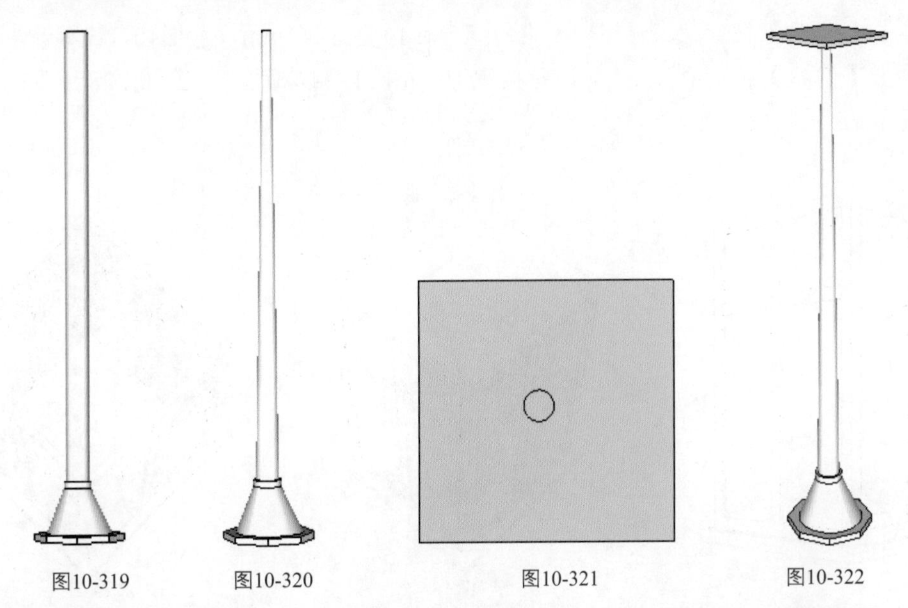

图10-319　　图10-320　　图10-321　　图10-322

8. 单击【偏移】按钮，向里偏移复制20mm，再单击【推/拉】按钮，向上推拉500mm，如图10-323和图10-324所示。

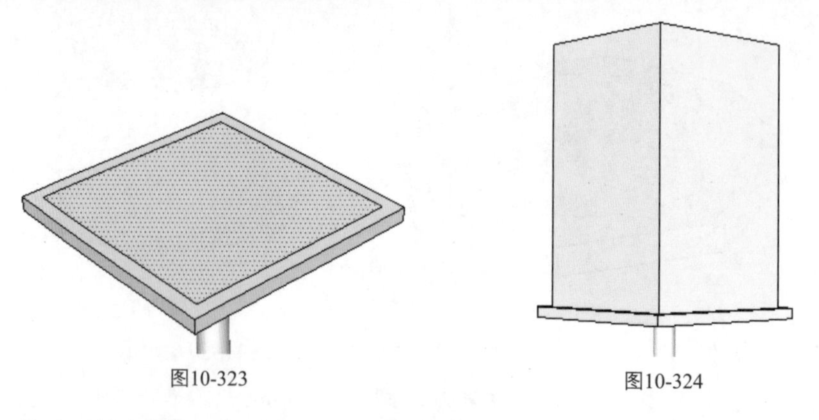
图10-323　　图10-324

9．单击【偏移】按钮，将4个面分别向里偏移复制20mm，如图10-325所示。

10．单击【矩形】按钮，分别再在4个面上绘制矩形面，如图10-326所示。

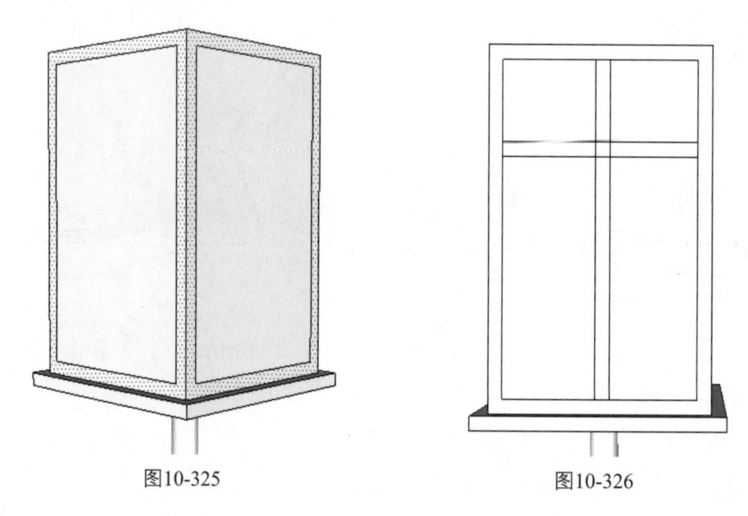
图10-325　　图10-326

11．单击【推/拉】按钮，将4个面里的矩形面向里推拉5mm，如图10-327所示。

12．单击【偏移】按钮，向里偏移复制10mm，再删除面，如图10-328和图10-329所示。

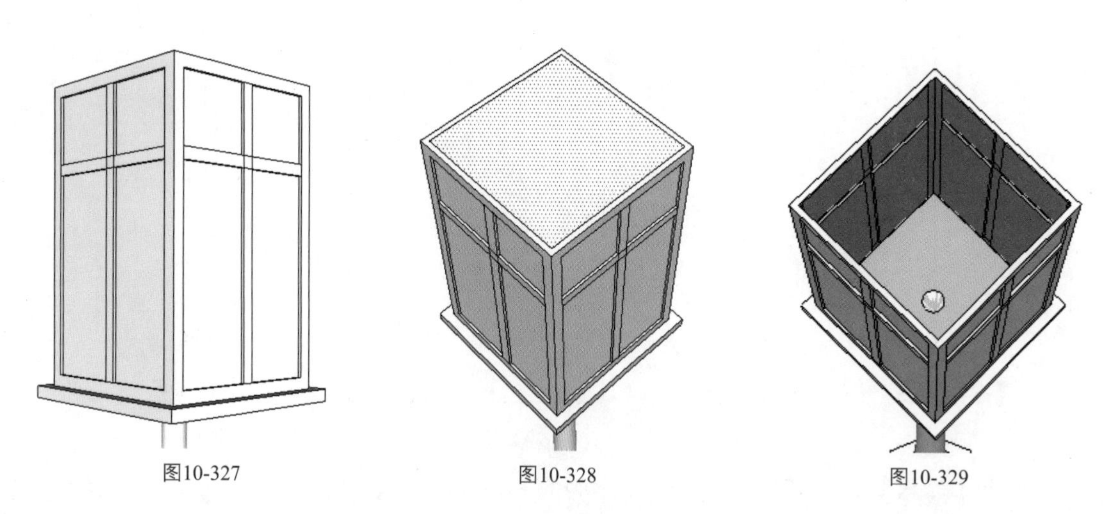
图10-327　　图10-328　　图10-329

13．为创建好的中式街灯填充适合的材质，如图10-330所示。

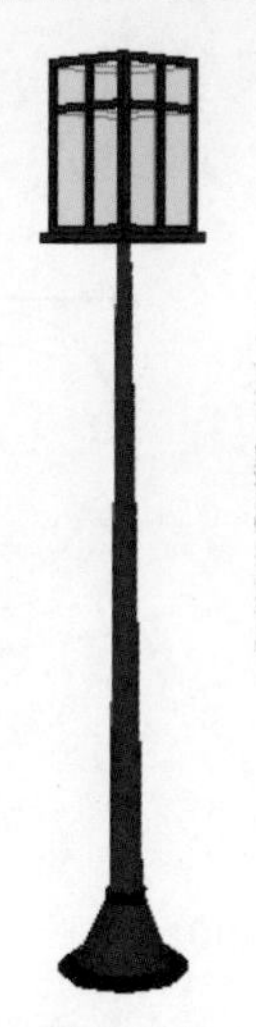

图10-330

案例——创建灯柱

本案例主要利用绘图工具制作一个灯柱模型，图10-331所示为效果图。

图10-331

结果文件：\Ch10\园林照明小品设计\灯柱.skp

视频：\Ch10\灯柱.wmv

1. 单击【矩形】按钮，绘制一个长和宽均为600mm的矩形，如图10-332所示。
2. 单击【推/拉】按钮，向上拉600mm，如图10-333所示。

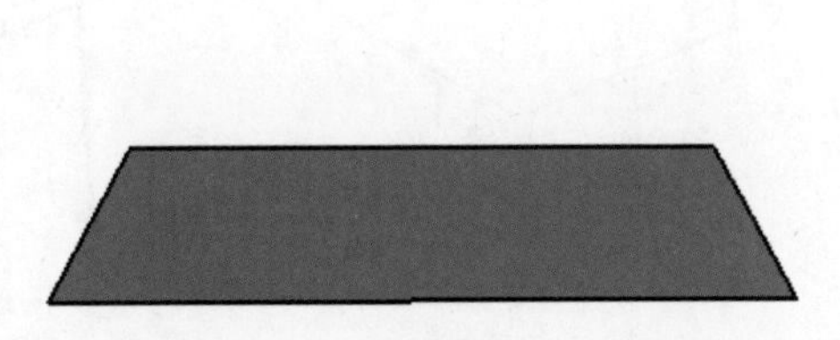

图10-332

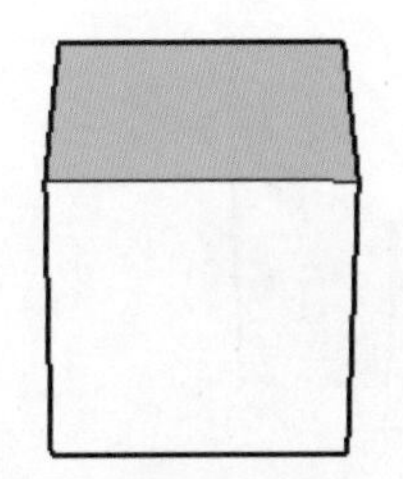

图10-333

3. 单击【圆】按钮，在矩形面上绘制一个半径为200mm的圆，如图10-334所示。
4. 单击【偏移】按钮，对圆向外偏移复制50mm，如图10-335所示。

5. 单击【推/拉】按钮，将第一个圆向里推20mm，如图10-336所示。
6. 依次对4个矩形面制作同一种效果，如图10-337所示。

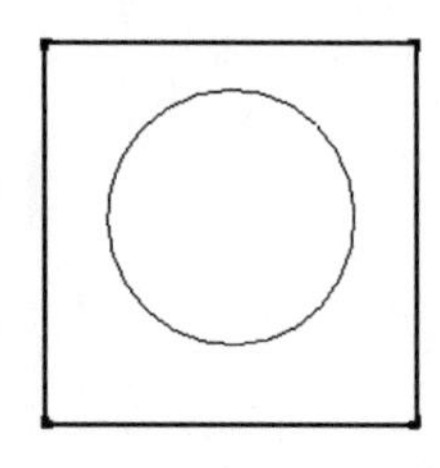
图10-334

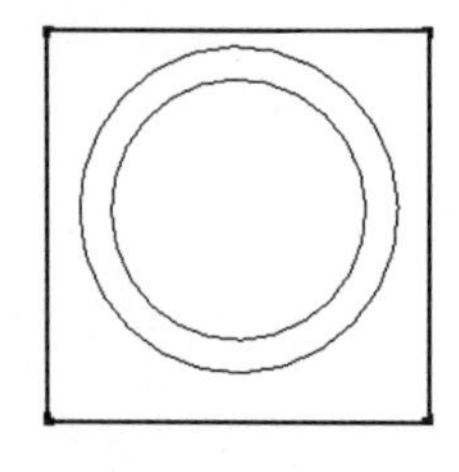
图10-335

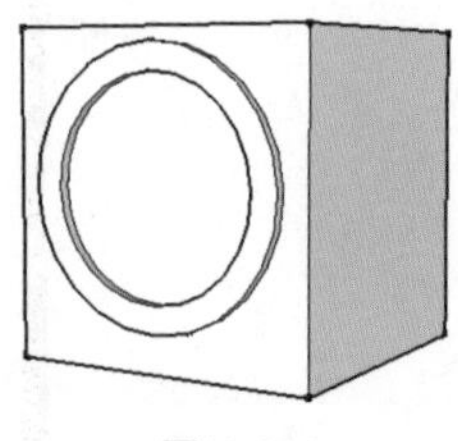
图10-336

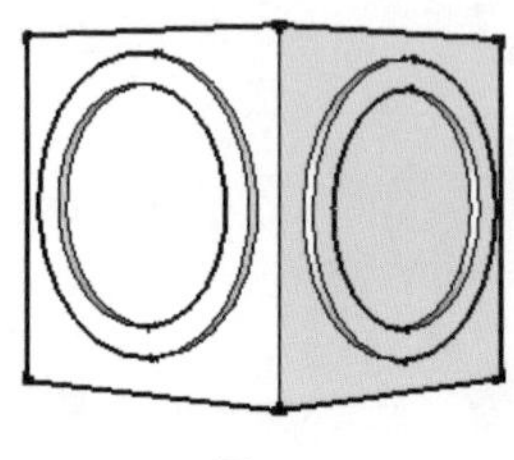
图10-337

7. 单击【偏移】按钮，将矩形面向外偏移复制100mm，如图10-338所示。
8. 单击【推/拉】按钮，向上拉100mm，如图10-339所示。
9. 单击【多边形】按钮，绘制一个五边形，如图10-340所示。
10. 单击【推/拉】按钮，向上拉2500mm，如图10-341所示。

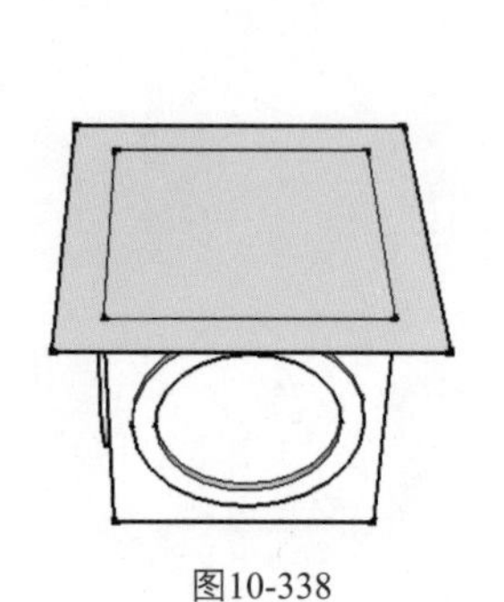
图10-338

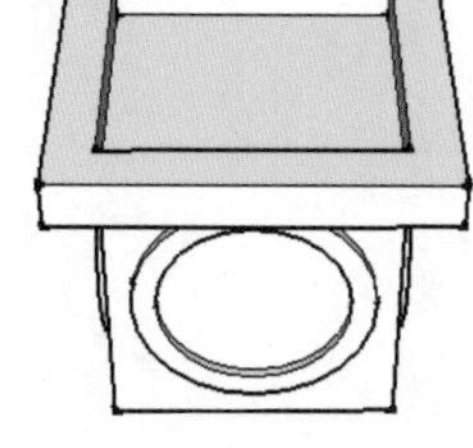
图10-339

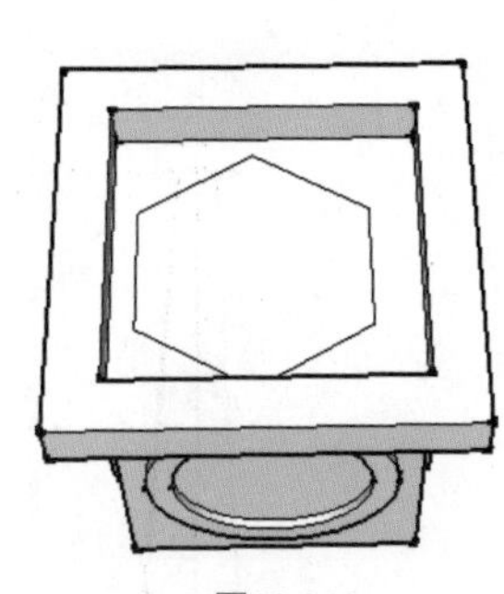
图10-340

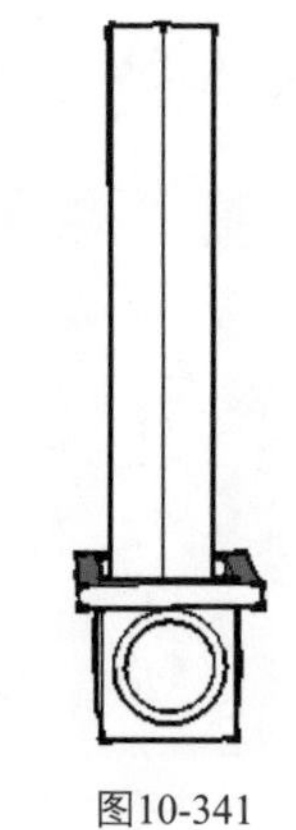
图10-341

11. 单击【拉伸】按钮，对多边形顶面进行拉伸变形，如图10-342和图10-343所示。
12. 单击【偏移】按钮，将多边形顶面向外进行偏移复制100mm，然后单击【推/拉】按钮，向上拉100mm，如图10-344和图10-345所示。

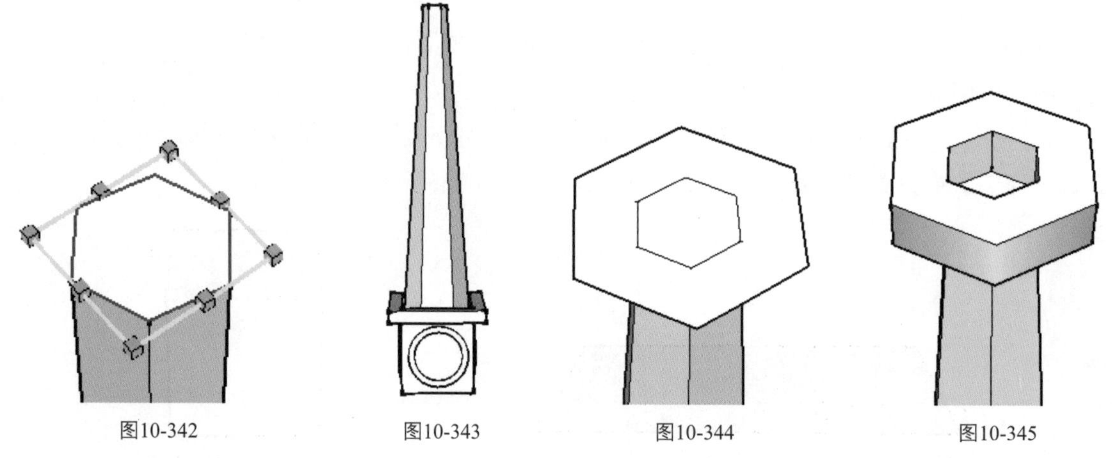
图10-342　图10-343　图10-344　图10-345

13. 将整个灯柱创建一个群组，再绘制一个球体，放置到多边形上，如图10-346和图10-347所示。

14．填充适合的材质，最终效果如图10-348所示。

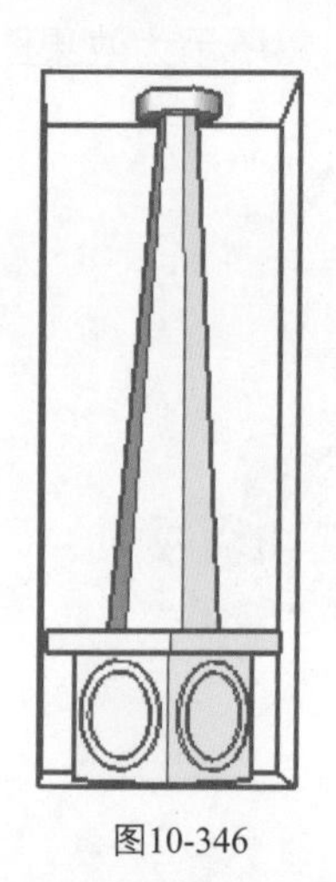
图10-346

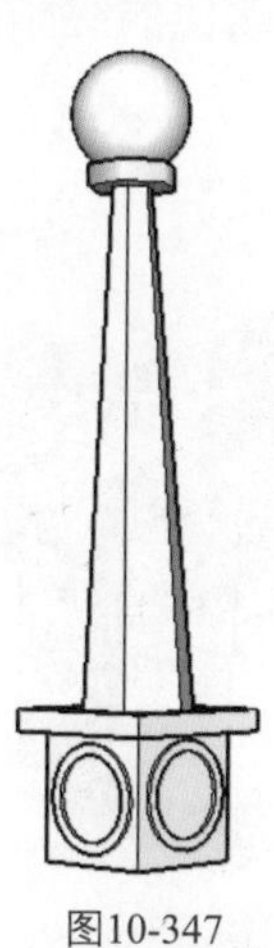
图10-347

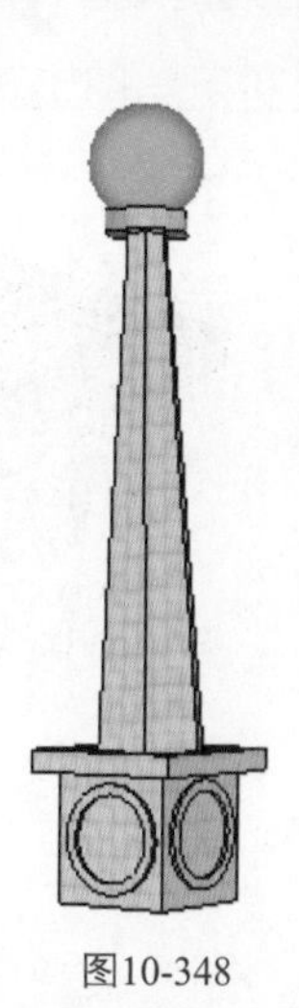
图10-348

10.5 园林景观设施小品设计

本节以实例讲解的方式介绍SketchUp景观服务设施小品设计的方法，包括创建休闲凳、石桌、栅栏、秋千、棚架、垃圾桶，图10-349至图10-352所示为常见的景观设施小品设计的真实效果图。

图10-349

图10-350

图10-351

图10-352

案例——创建休闲凳

本案例主要利用绘图工具制作一个公园里的凳子模型，图10-353所示为效果图。

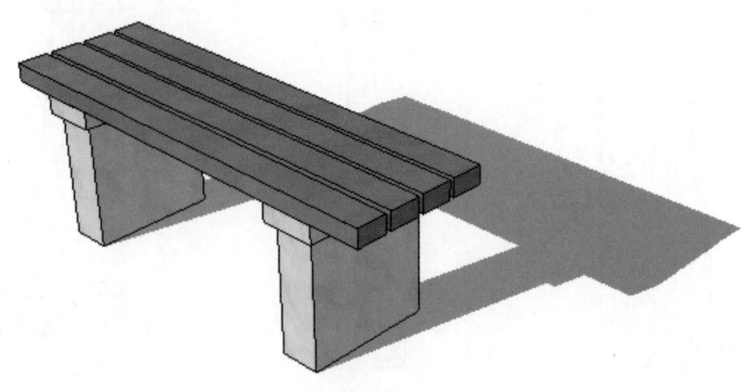

图10-353

结果文件：\Ch10\园林景观设施小品设计\休闲凳.skp

视频：\Ch10\休闲凳.wmv

1. 单击【矩形】按钮，绘制矩形面，如图10-354所示。
2. 单击【移动】按钮，复制矩形面，如图10-355所示。

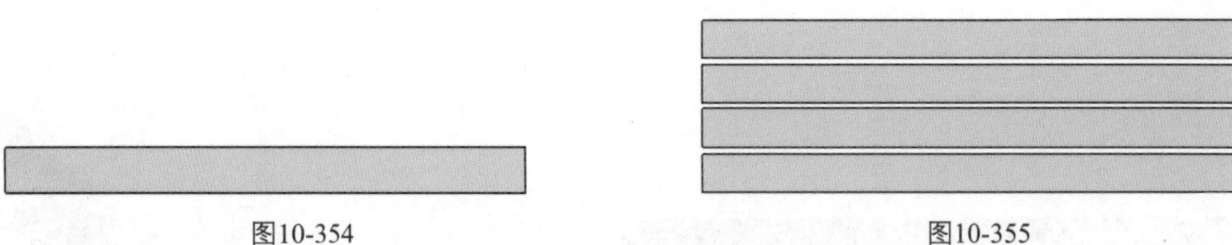

图10-354　　图10-355

3. 单击【推/拉】按钮，推拉高度，如图10-356所示。
4. 将推拉的所有矩形创建群组，如图10-357所示。

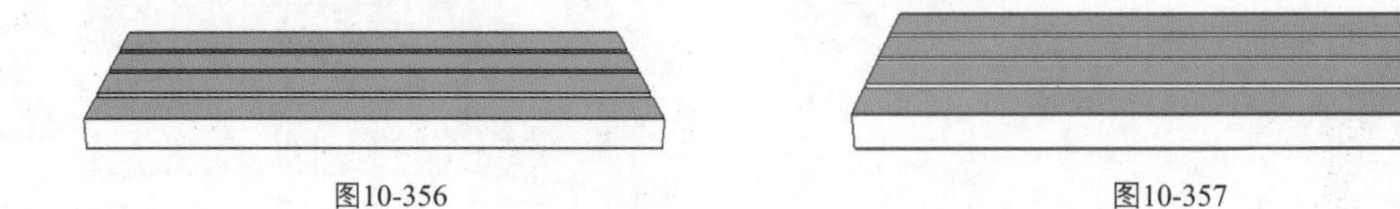

图10-356　　图10-357

5. 单击【矩形】按钮，在底部绘制两个矩形面，如图10-358所示。
6. 单击【推/拉】按钮，向下拉一定距离，如图10-359所示。

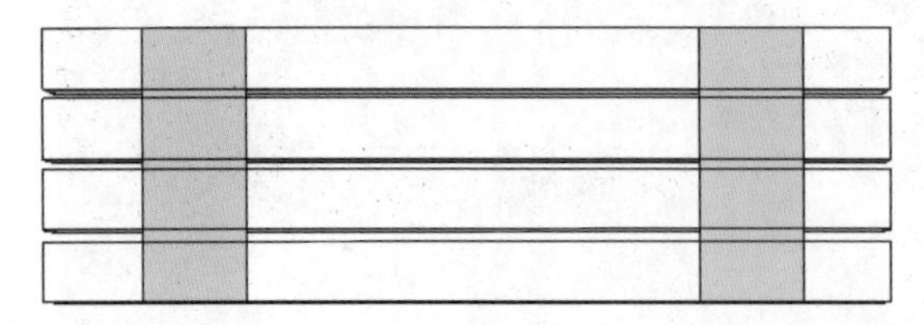

图10-358

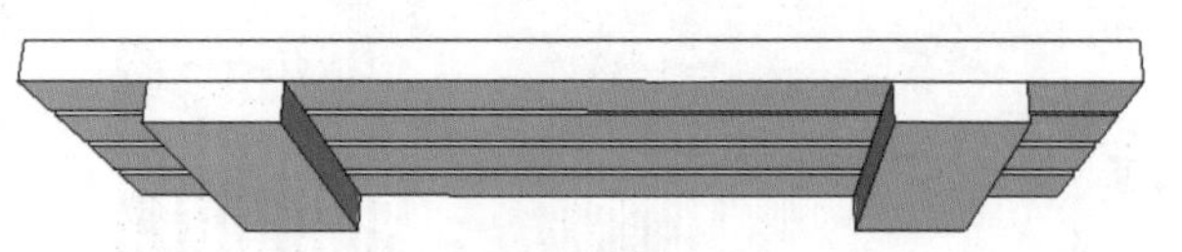

图10-359

7. 单击【偏移】按钮，向里偏移复制一定距离，如图10-360所示。
8. 单击【推/拉】按钮，拉出一定高度，如图10-361所示。
9. 填充适合的材质，效果如图10-362所示。

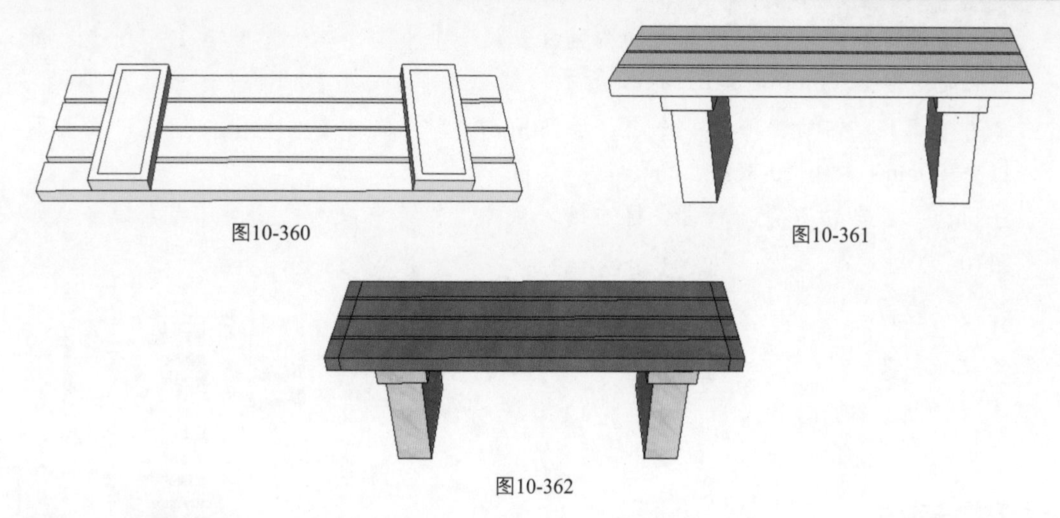

图10-360

图10-361

图10-362

案例——创建石桌

本案例主要是利用绘图工具制作一个公园里的石桌模型，图10-363所示为效果图。

图10-363

结果文件：\Ch10\园林景观设施小品设计\石桌.skp

视频：\Ch10\石桌.wmv

1．单击【圆】按钮，绘制一个半径为500mm的圆，如图10-364所示。

2．单击【推/拉】按钮，将圆面向上拉300mm，如图10-365所示。

图10-364

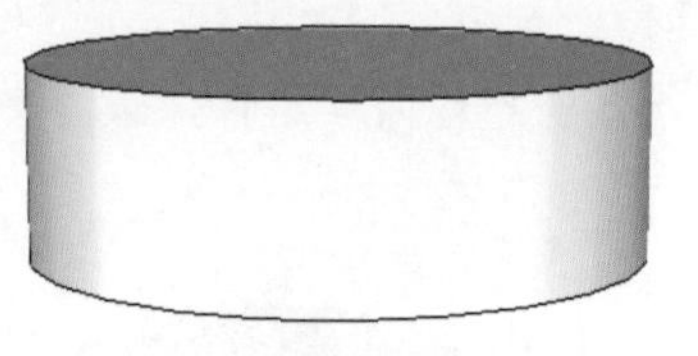

图10-365

3．单击【偏移】按钮，将圆面向内偏移复制250mm，如图10-366所示。

4．单击【推/拉】按钮，将圆面向下拉250mm，如图10-367所示。

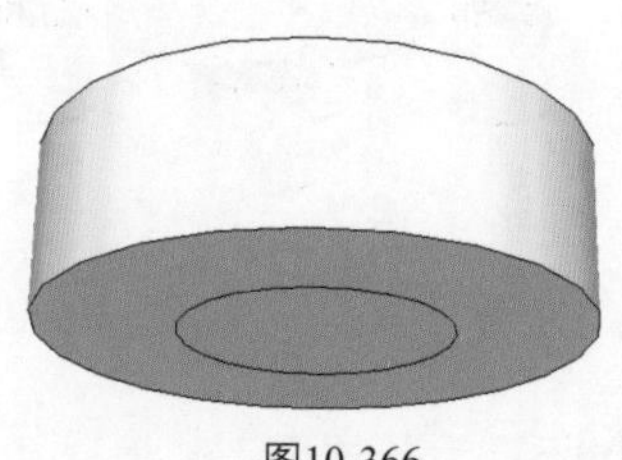

图10-366

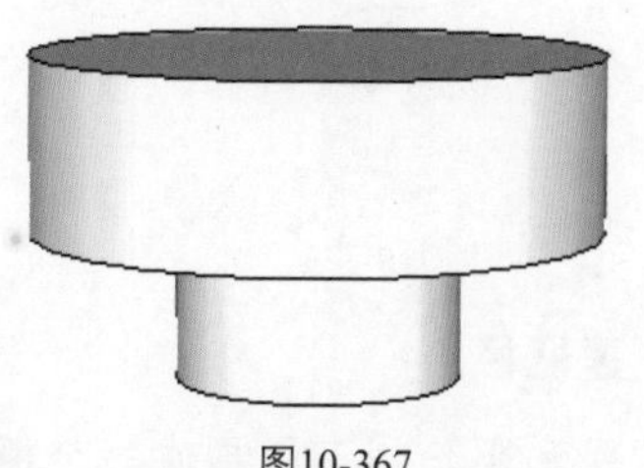

图10-367

5. 单击【偏移】按钮，将圆面向内偏移复制一个小圆，单击【推/拉】按钮，将圆面向下推出200mm，如图10-368所示。
6. 单击【圆】按钮，绘制一个半径为150mm的圆，单击【推/拉】按钮，将圆面拉出300mm，如图10-369所示。
7. 分别选中石桌和石凳，单击鼠标右键，从弹出的菜单中选择【创建组】命令，如图10-370所示。

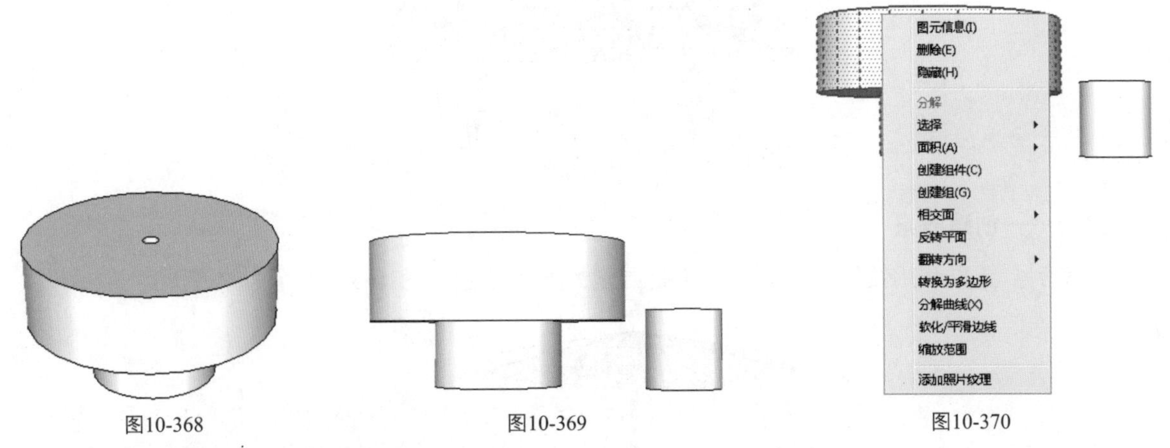

图10-368　图10-369　图10-370

8. 单击【移动】按钮，按住Ctrl键不放，再复制3个石凳，如图10-371和图10-372所示。

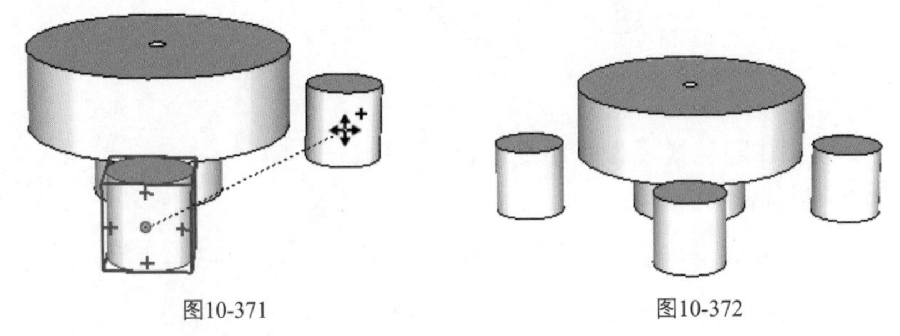

图10-371　图10-372

9. 选择一种适合的材质填充，如图10-373所示。
10. 导入一把遮阳伞组件，最终效果如图10-374所示。

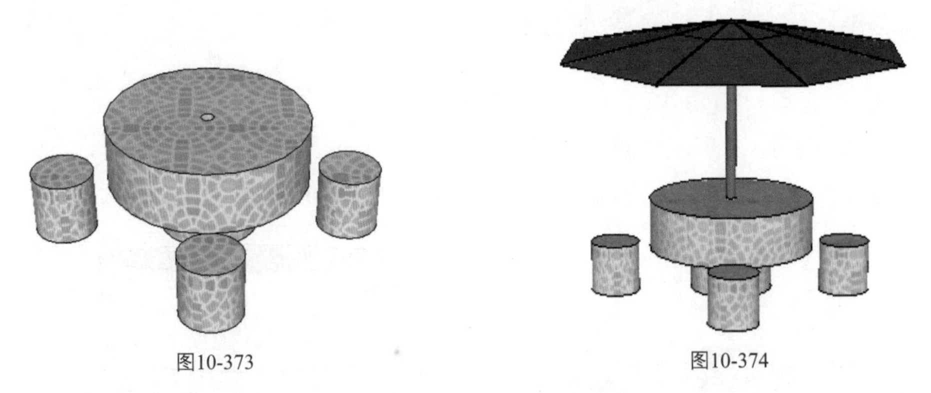

图10-373　图10-374

案例——创建栅栏

本案例主要是利用绘制工具制作一个栅栏，图10-375所示为效果图。

图10-375

结果文件：\Ch10\园林景观设施小品设计\栅栏.skp

视频：\Ch10\栅栏.wmv

1. 单击【矩形】按钮，绘制一个长和宽都为300mm的矩形，如图10-376所示。
2. 单击【推/拉】按钮，向上拉1200mm，如图10-377所示。
3. 单击【偏移】按钮，向外偏移复制面40mm，如图10-378所示。

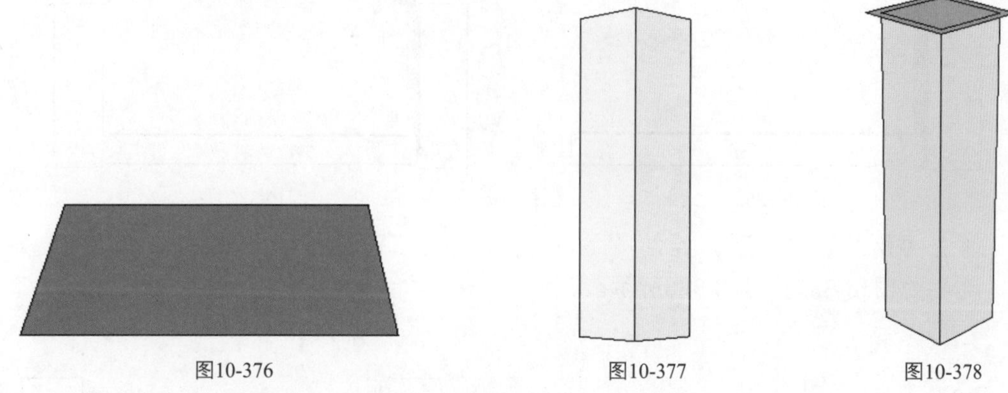
图10-376　图10-377　图10-378

4. 单击【推/拉】按钮，向下推200mm，如图10-379所示。
5. 单击【推/拉】按钮，将矩形面向上拉50mm，如图10-380所示。
6. 单击【拉伸】按钮，对推拉部分进行缩小，如图10-381和图10-382所示。

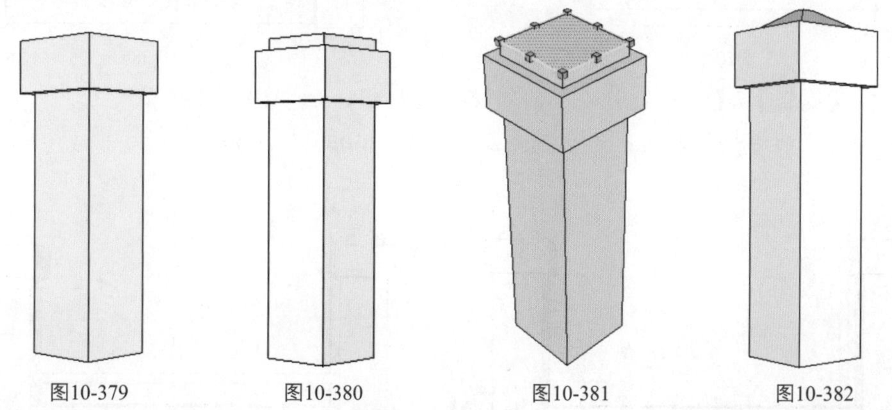
图10-379　图10-380　图10-381　图10-382

7. 选中模型，选择【编辑】/【创建组】命令，创建一个群组，如图10-383所示。
8. 单击【矩形】按钮，绘制一个长为2000mm，宽为200mm的矩形，然后单击【推/拉】按钮，向上拉150mm，如图10-384所示。

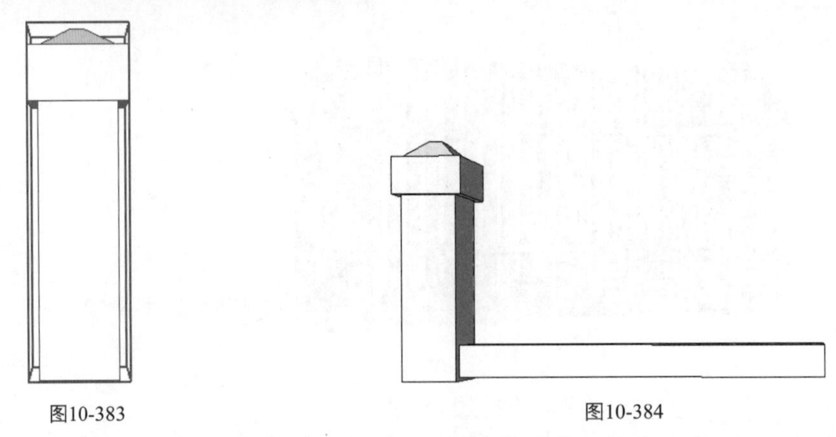

图10-383　　图10-384

9．利用之前讲过的绘制球体的方法，绘制一个球体并放于柱上，如图10-385所示。

10．单击【移动】按钮，复制另一个石柱，如图10-386所示。

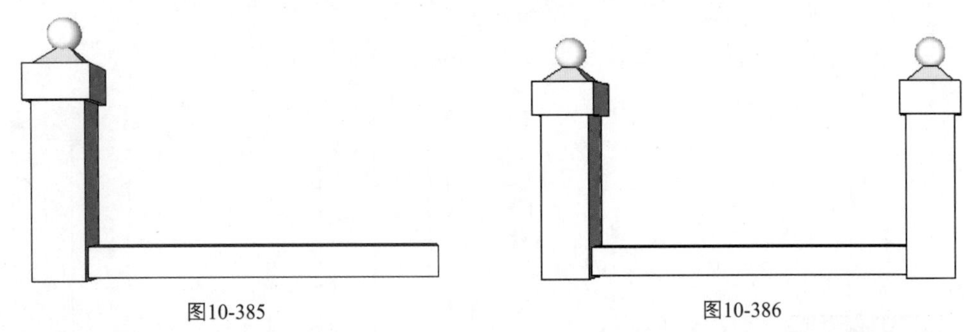

图10-385　　图10-386

11．单击【矩形】按钮，绘制一个矩形面，单击【推/拉】按钮，向上拉一定距离，如图10-387和图10-388所示。

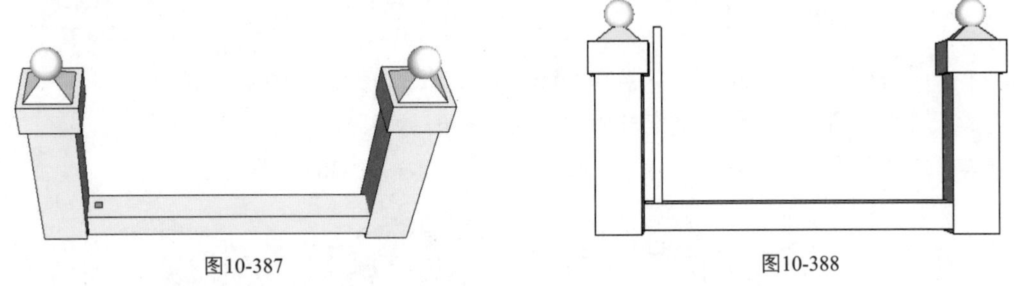

图10-387　　图10-388

12．选择【编辑】/【创建组】命令，创建一个群组，如图10-389所示。

13．利用同样的方法绘制另一个矩形条，如图10-390和图10-391所示。

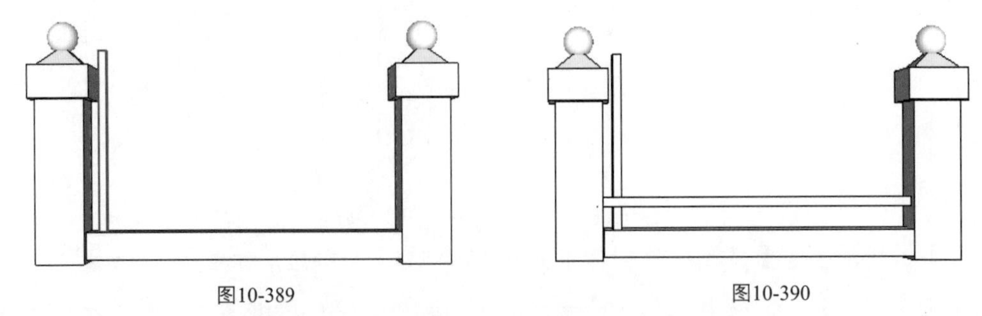

图10-389　　图10-390

14．单击【移动】按钮，按住Ctrl键不放，进行等比例复制，如图10-392、图10-393

和图10-394所示。

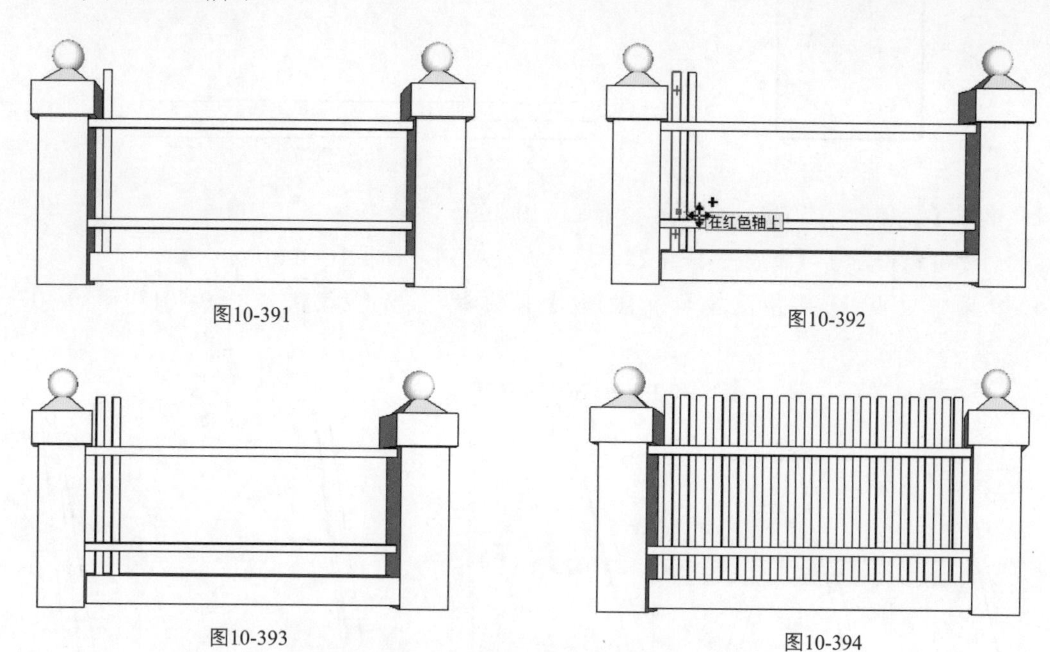

图10-391

图10-392

图10-393

图10-394

15. 填充适合的材质，最终效果如图10-395所示。

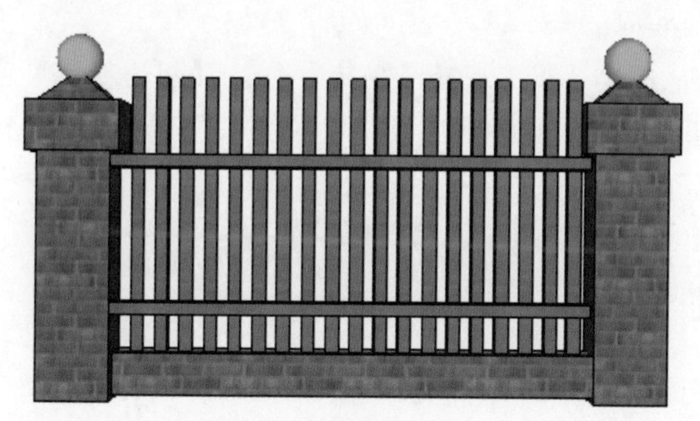

图10-395

案例——创建秋千

本案例主要利用绘制工具制作一个秋千，图10-396所示为效果图。

图10-396

结果文件：\Ch10\园林景观设施小品设计\秋千.skp

视频：\Ch10\秋千.wmv

1. 单击【矩形】按钮，绘制一个长和宽都为300mm的矩形，然后单击【推/拉】按钮，向右拉2500mm，如图10-397和图10-398所示。

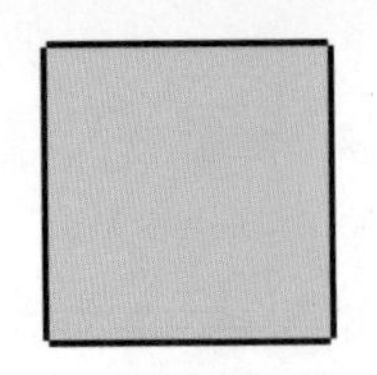

图10-397

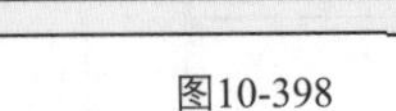

图10-398

2. 单击【旋转】按钮，旋转矩形，如图10-399所示。
3. 创建群组，单击【旋转】按钮，进行旋转复制，如图10-400所示。
4. 将两个矩形创建群组，并单击【移动】按钮，进行复制，如图10-401和图10-402所示。

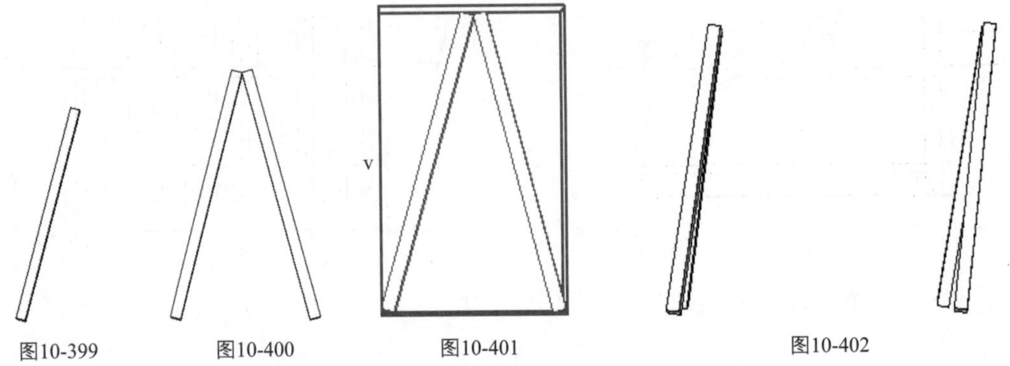

图10-399　图10-400　图10-401　图10-402

5. 单击鼠标右键，从快捷菜单中选择【翻转方向】/【组为红色】命令，如图10-403和图10-404所示。

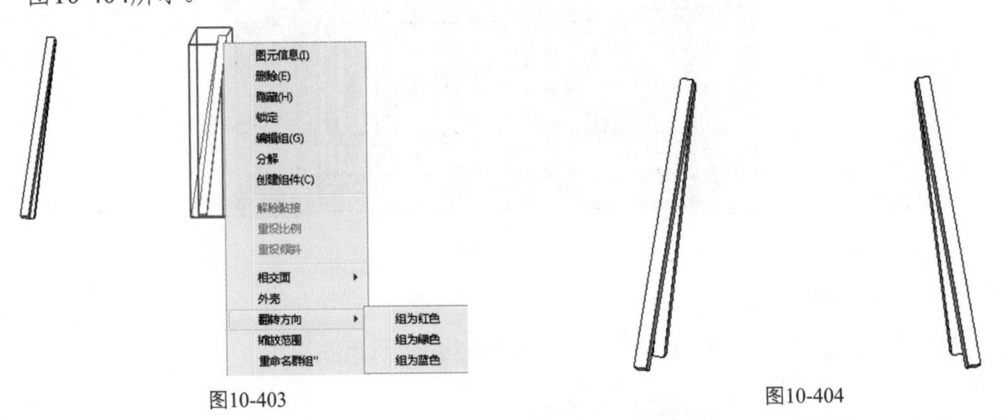

图10-403　图10-404

6. 单击【矩形】按钮，绘制一个矩形面，然后单击【推/拉】按钮，向上拉一定距离，如图10-405和图10-406所示。

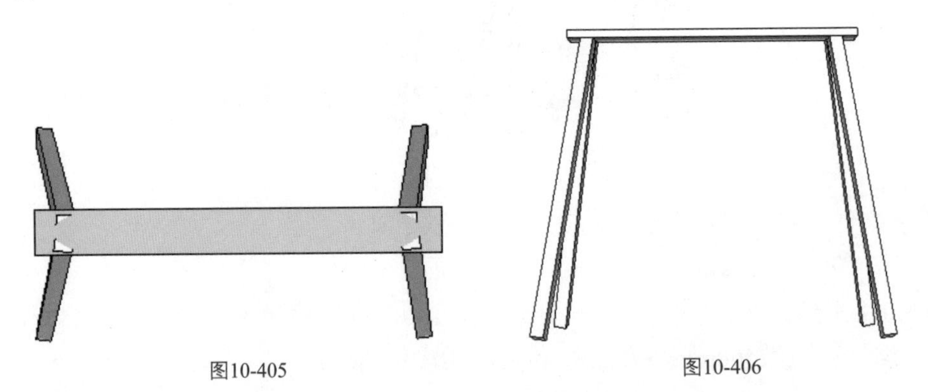

图10-405　图10-406

7. 单击【矩形】按钮，继续绘制一个矩形面，然后单击【推/拉】按钮，拉伸一定距离，如图10-407和图10-408所示。

8. 将矩形块创建组，单击【移动】按钮，将其复制到另一边，如图10-409所示。

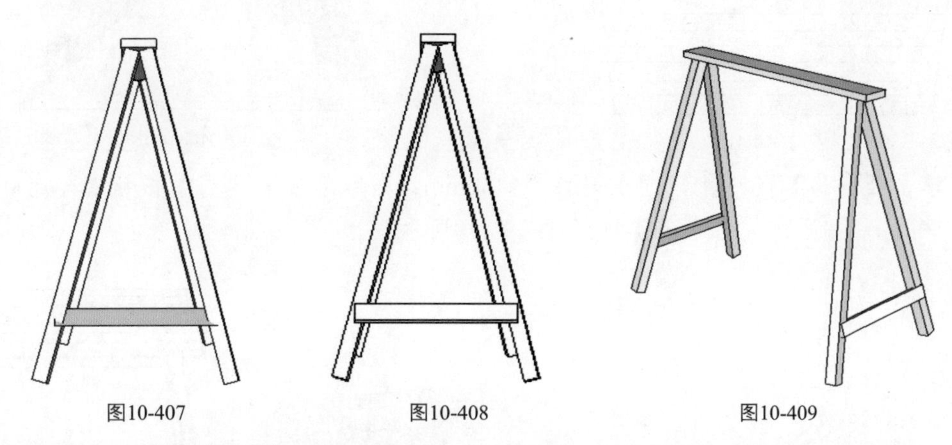
图10-407　图10-408　图10-409

9. 单击【多边形】按钮，在侧面绘制一个三角形，然后单击【拉伸】按钮，缩放三角形，如图10-410、图10-411和图10-412所示。

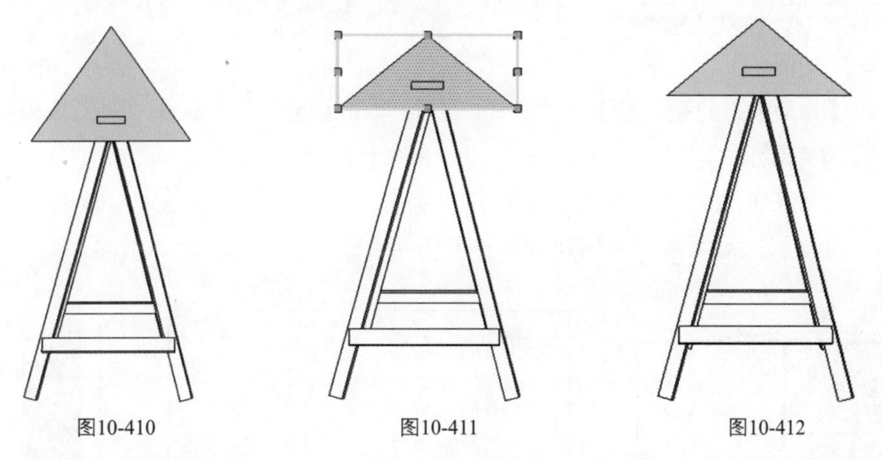
图10-410　图10-411　图10-412

10. 单击【推/拉】按钮，向另一边推，然后将下方的面删除，如图10-413和图10-414所示。

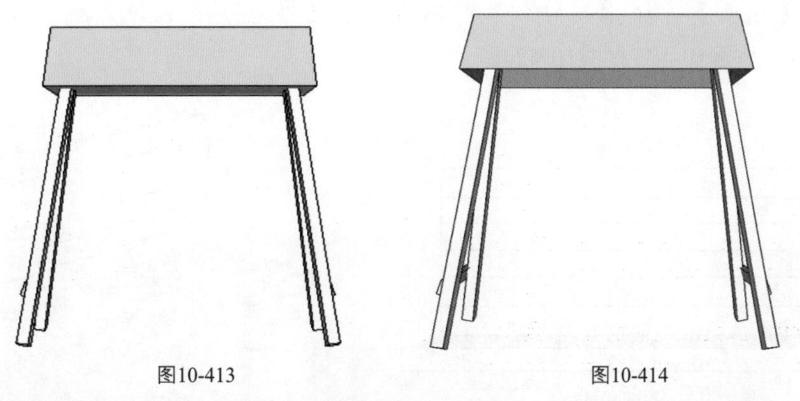
图10-413　图10-414

11. 单击【线条】按钮，在顶面绘制矩形面，然后单击【推/拉】按钮，矩形面间隔拉出30mm，如图10-415和图10-416所示。

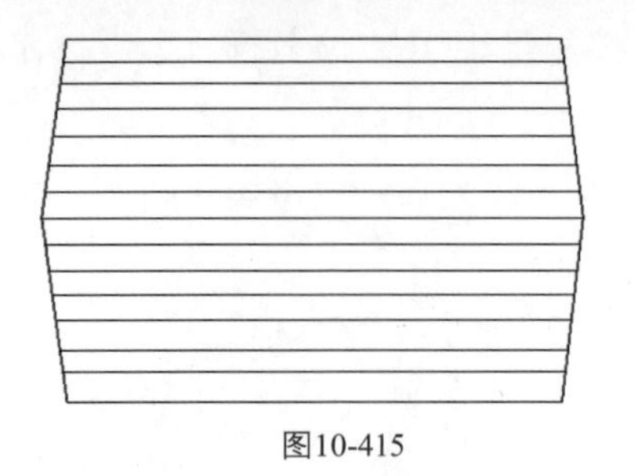
图10-415

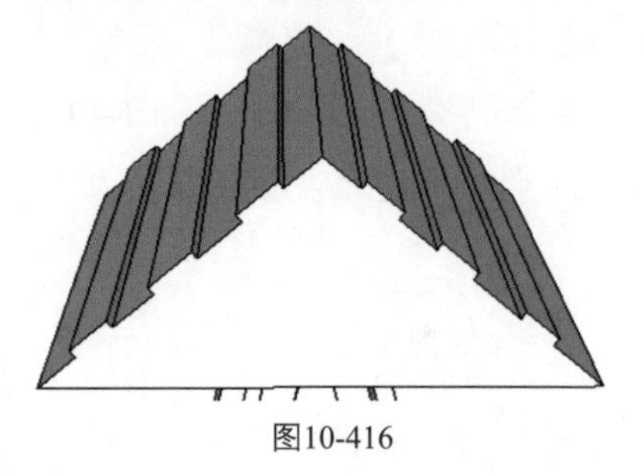
图10-416

12．单击【偏移】按钮，向里偏移复制50mm，然后单击【推/拉】按钮，向外拉50mm，如图10-417、图10-418和图10-419所示。

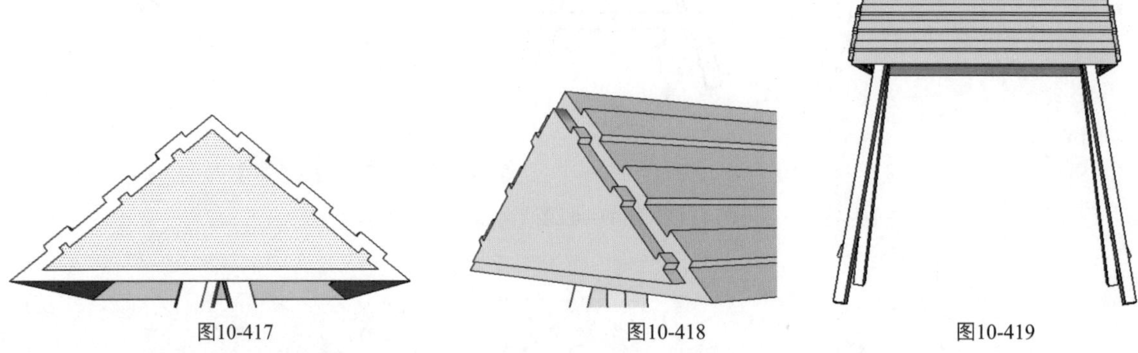
图10-417　　图10-418　　图10-419

13．单击【矩形】按钮，绘制一个矩形，然后单击【推/拉】按钮，向上拉1000mm，如图10-420所示。

14．单击【线条】按钮，绘制一条线，将面分隔成两部分，然后单击【推/拉】按钮，向里推一定距离，如图10-421和图10-422所示。

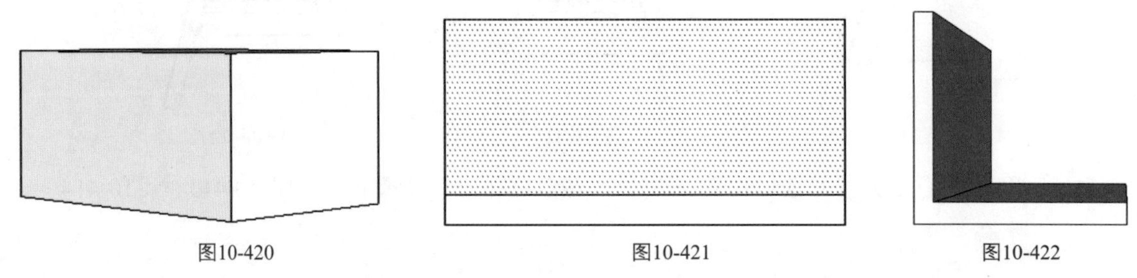
图10-420　　图10-421　　图10-422

15．单击【线条】按钮，绘制线，然后单击【推/拉】按钮，将面间隔向里推30mm，如图10-423和图10-424所示。

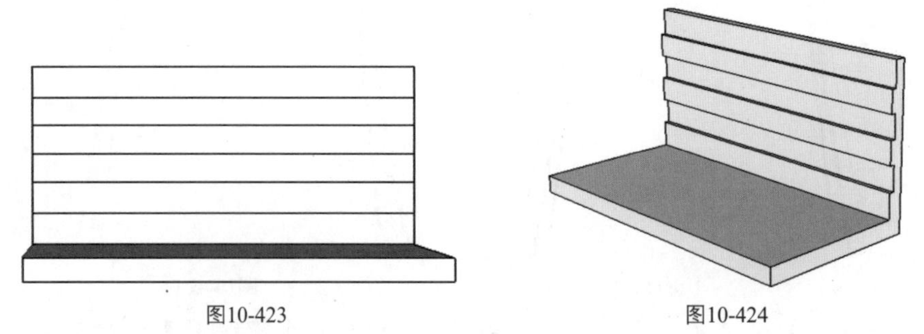
图10-423　　图10-424

16．将形状创建群组，并移到秋千架下，如图10-425所示。

17. 单击【线条】按钮，绘制吊线，如图10-426和图10-427所示。

图10-425　　图10-426

18. 填充适合的材质，最终效果如图10-428所示。

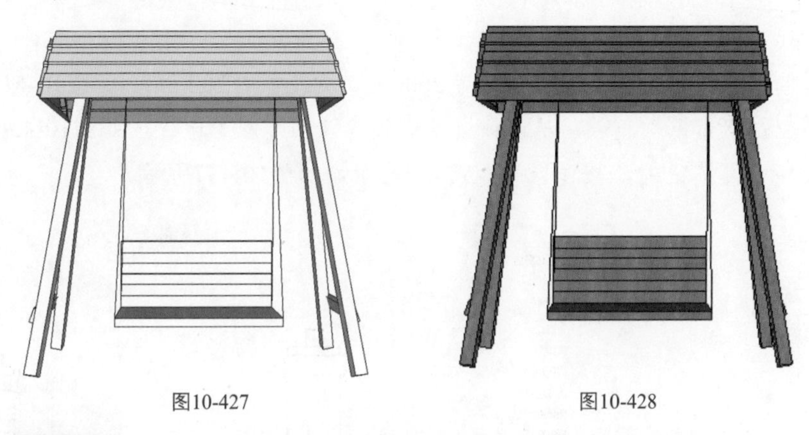

图10-427　　图10-428

案例——创建棚架

本案例主要利用绘制工具制作一个露天棚架，图10-429所示为效果图。

图10-429

结果文件：\Ch10\园林景观设施小品设计\棚架.skp

视频：\Ch10\棚架.wmv

1. 单击【矩形】按钮，绘制长和宽均为600mm的矩形面，如图10-430所示。

图10-430

2. 单击【推/拉】按钮，向上拉2000mm，如图10-431所示。

3. 单击【偏移】按钮，向外偏移复制50mm，如图10-432所示。

4. 单击【推/拉】按钮，分别向上拉200mm、300mm，如图10-433和图10-434所示。

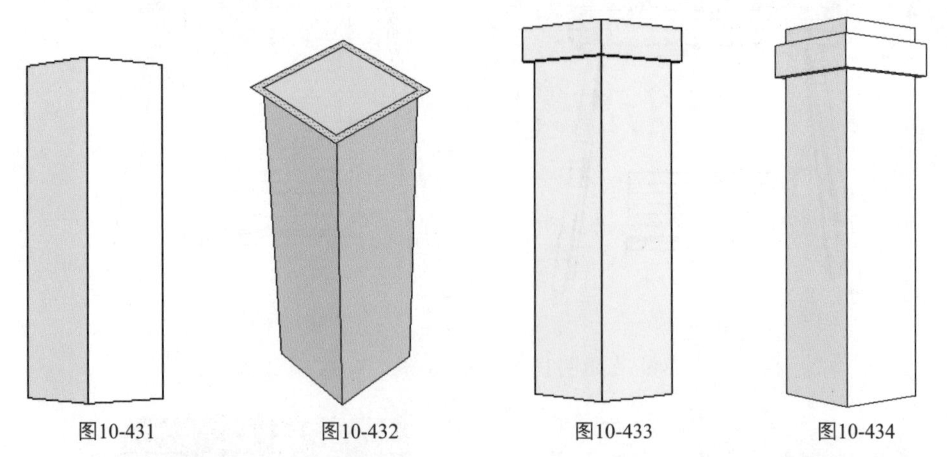

图10-431　　图10-432　　图10-433　　图10-434

5. 单击【偏移】按钮，再次偏移复制200mm，向上推拉200mm，如图10-435所示。

6. 选中模型，单击鼠标右键，从快捷菜单中选择【创建组】命令，如图10-436所示。

7. 单击【移动】按钮，按适合的距离复制3个，如图10-437所示。

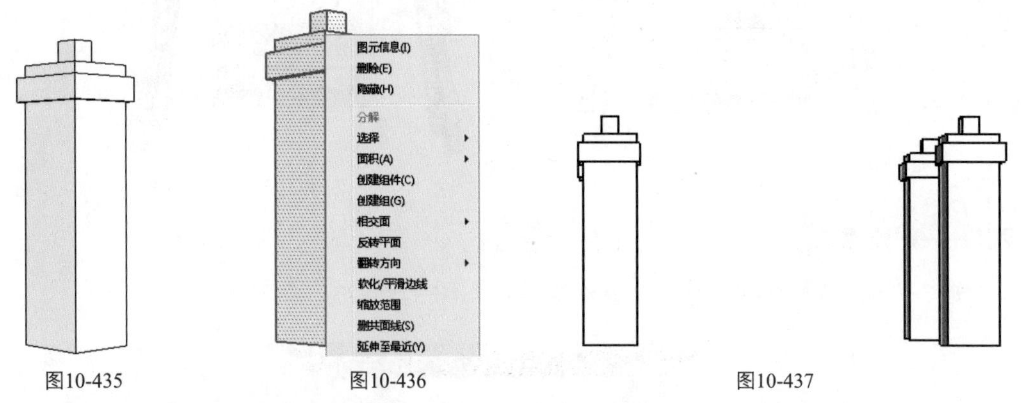

图10-435　　图10-436　　图10-437

8. 单击【矩形】按钮，绘制两个矩形面，然后单击【推/拉】按钮，向上拉200mm，如图10-438和图10-439所示。

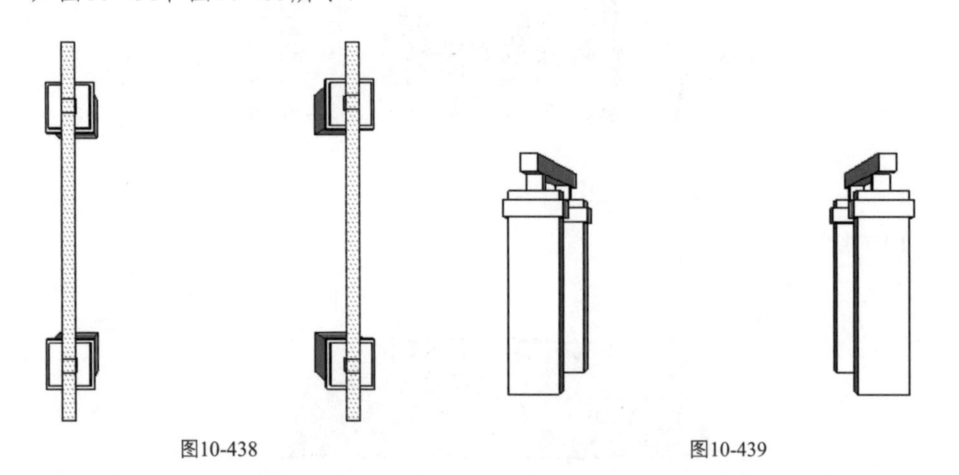

图10-438　　图10-439

9. 单击【矩形】按钮，绘制两个矩形面，然后单击【推/拉】按钮，分别向外和向里推拉100mm，如图10-440和图10-441所示。

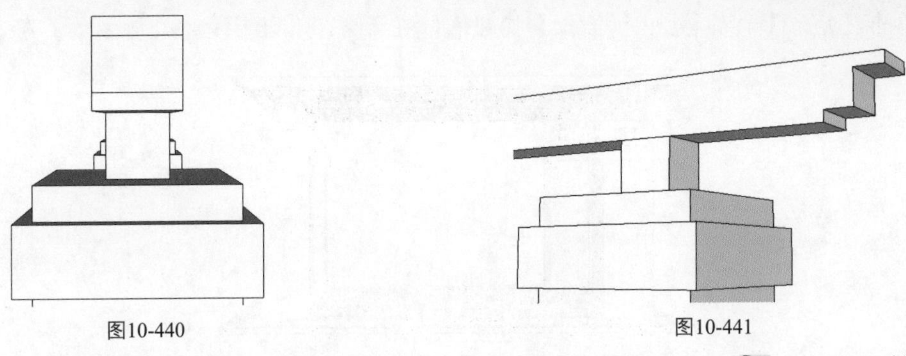

图10-440　　图10-441

10. 单击【圆弧】按钮，绘制3段圆弧，单击【跟随路径】按钮，按住Alt键不放并拖动鼠标，如图10-442和图10-443所示。

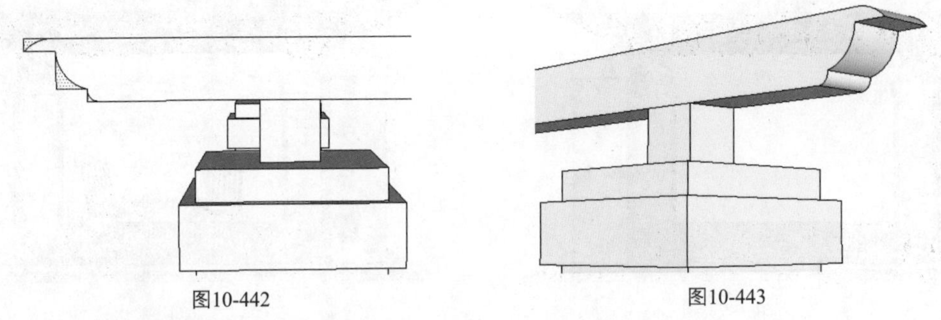

图10-442　　图10-443

11. 依次对其他矩形面绘制同样的形状，如图10-444所示。

12. 将形状创建群组，单击【旋转】按钮，进行旋转复制，如图10-445所示。

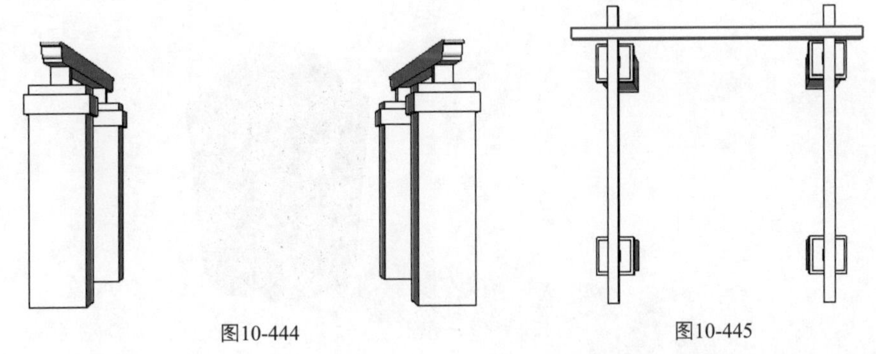

图10-444　　图10-445

13. 单击【拉伸】按钮，对形状进行缩放，单击【移动】按钮，进行水平复制，如图10-446和图10-447所示。

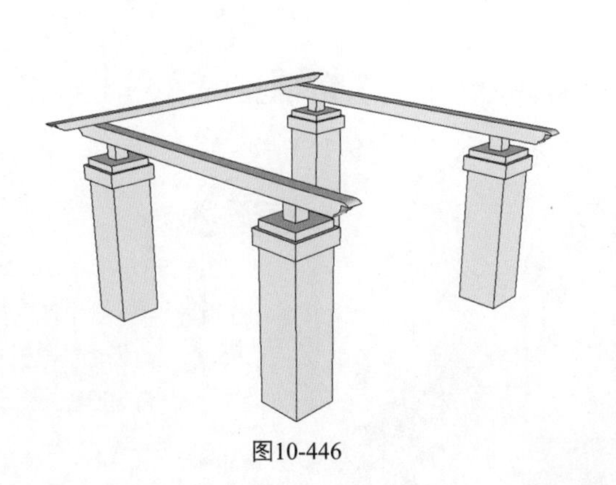

图10-446

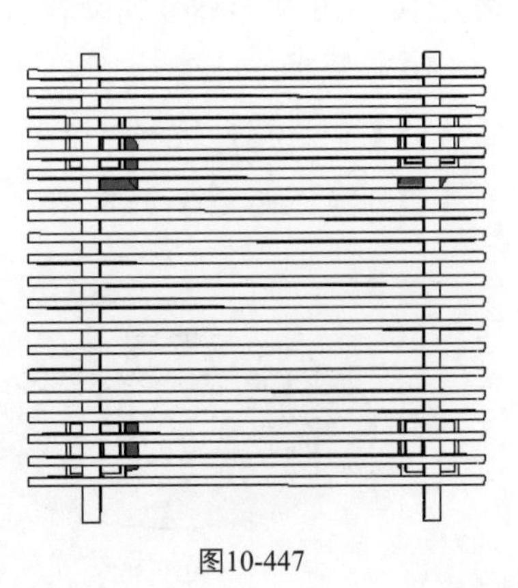

图10-447

14．单击【矩形】按钮和【推/拉】按钮，在下方制作出图10-448所示的石阶。

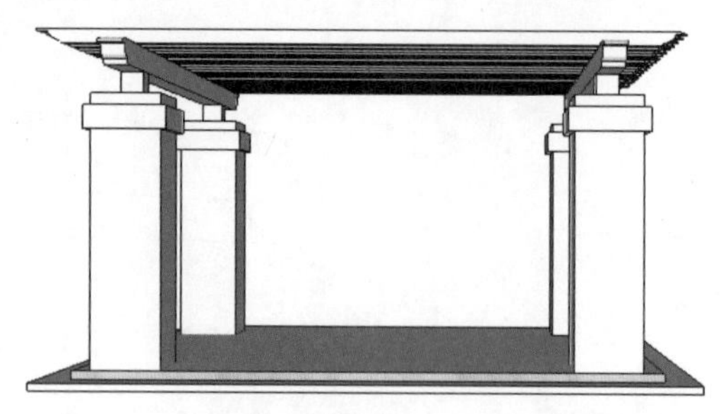

图10-448

15．填充适合的材质，添加配景组件，如图10-449和图10-450所示。

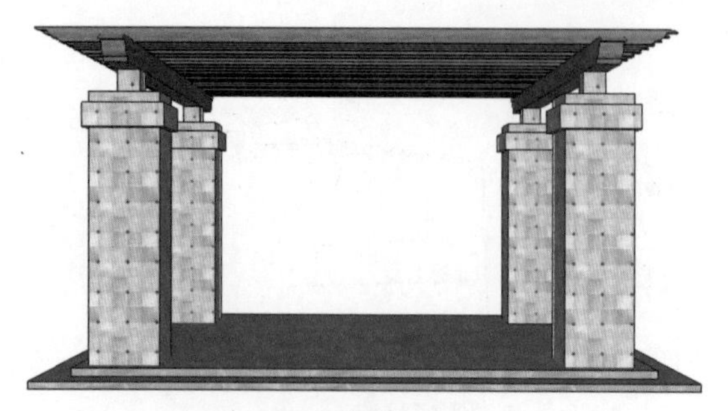

图10-449

图10-450

案例——创建垃圾桶

本案例主要应用圆工具、线条工具、旋转工具来创建垃圾桶模型，图10-451所示为效果图。

图10-451

结果文件：\Ch10\园林景观设施小品设计\垃圾桶.skp

视频：\Ch10\垃圾桶.wmv

1．单击【圆】按钮，绘制一个半径为500mm的圆，如图10-452所示。

2．单击【推/拉】按钮，将圆向上推拉1000mm，如图10-453所示。

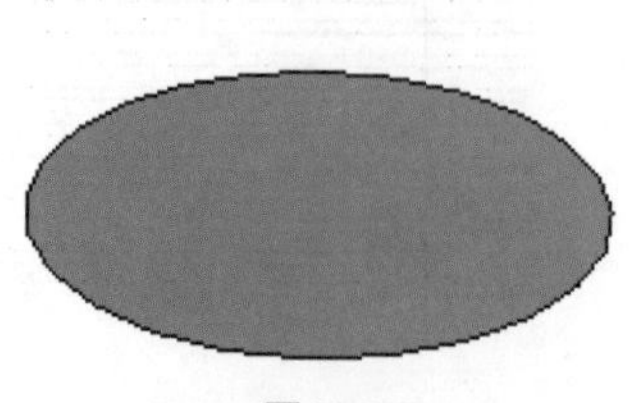

图10-452

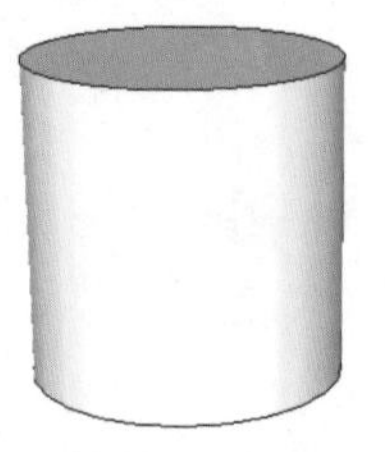

图10-453

3. 单击【拉伸】工具，对圆柱底面进行拉伸缩放，如图10-454和图10-455所示。

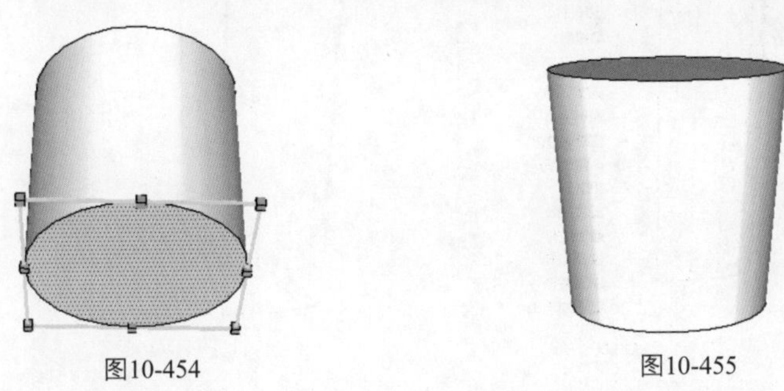

图10-454　　图10-455

4. 选择【视图】/【隐藏几何图形】命令，显示虚线，如图10-456所示。

5. 选中其中的虚线，按Del键删除，如图10-457和图10-458所示。

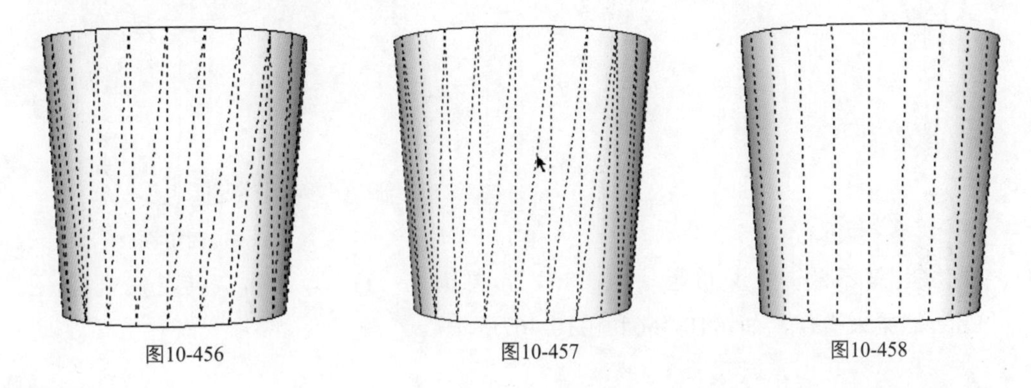

图10-456　　图10-457　　图10-458

提示

当在圆柱上绘制平面时，必须显示“隐藏几何图形”命令，否则绘制时可能不会在圆柱平面上，就无法对绘制的面推拉效果。

6. 单击【线条】按钮，连接虚线成面，如图10-459所示。

7. 单击【圆】按钮，绘制圆面，如图10-460所示。

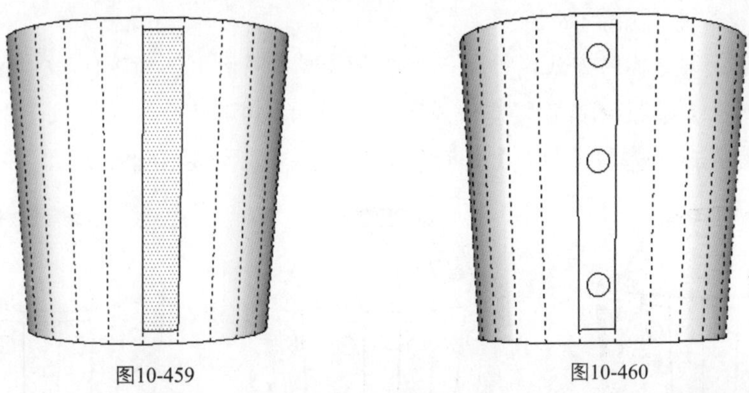

图10-459　　图10-460

8. 选中面，单击鼠标右键，选择【创建组】命令，如图10-461和图10-462所示。

9. 双击群组进入编辑状态，单击【推/拉】按钮，向外推拉一定距离，如图10-463和图10-464所示。

10. 单击【旋转】按钮，选中模型，确定中心点，如图10-465所示。

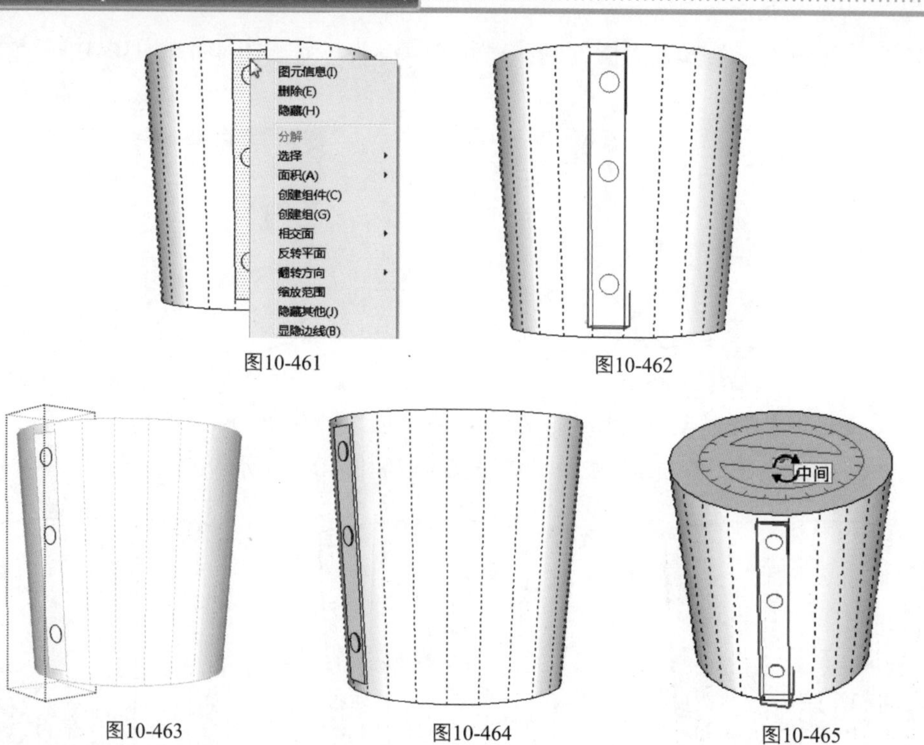

图10-461　图10-462

图10-463　图10-464　图10-465

11．按住Ctrl键不放，在数值栏输入“30°”，再输入“11x”，进行旋转复制模型，按Enter键结束操作，如图10-466和图10-467所示。

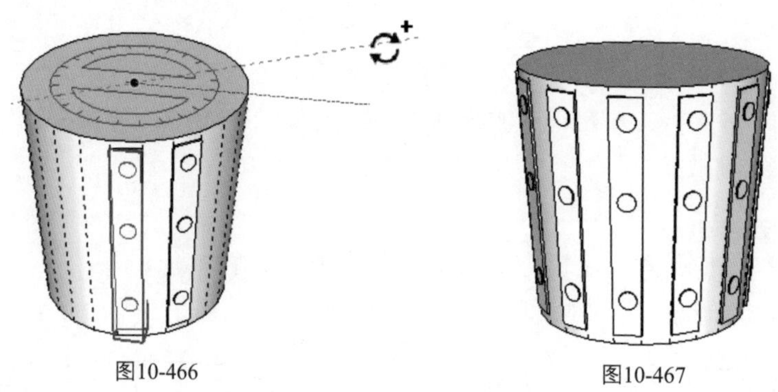

图10-466　图10-467

12．利用之前绘制球体的方法，绘制一个圆形放置在平面上，如图10-468所示。

13．单击【线条】按钮，连接虚线成面，如图10-469所示。

14．单击【圆】按钮和【圆弧】按钮，绘制形状，如图10-470所示。

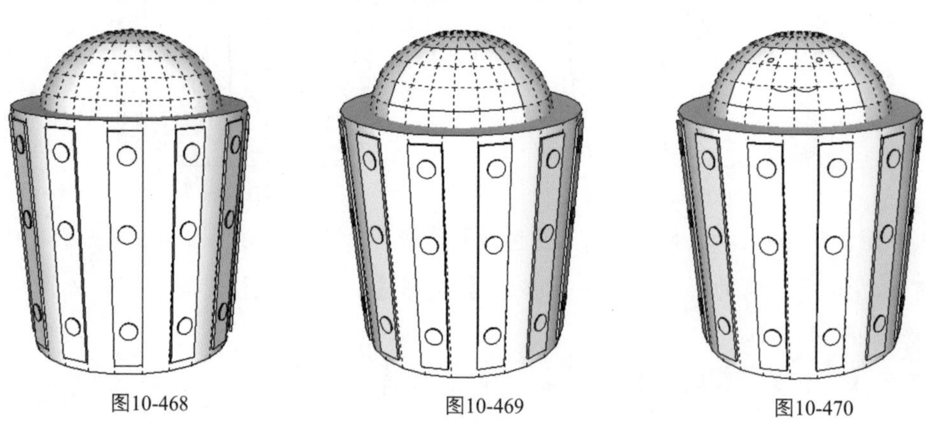

图10-468　图10-469　图10-470

15. 再次选择【视图】/【隐藏几何图形】命令，取消虚线，显示垃圾桶效果，如图10-471所示。

16. 为垃圾桶填充材质，如图10-472所示。

图10-471

图10-472

10.6 园林景观提示牌设计

本节以实例讲解的方式介绍SketchUp园林景观提示牌设计的方法，包括创建景区路线指示牌、景点指示牌、景区温馨提示牌，图10-473至图10-475所示为常见的园林景观提示牌设计的真实效果图。

图10-473

图10-474

图10-475

案例——创建温馨提示牌

本案例主要应用绘制工具来创建温馨提示牌模型，图10-476所示为效果图。

图10-476

结果文件：\Ch10\园林景观提示牌设计\温馨提示牌.skp

视频：\Ch10\温馨提示牌.wmv

1．单击【圆弧】按钮，绘制两段圆弧连接，如图10-477所示。
2．继续单击【圆弧】按钮，绘制两段圆弧连接，再单击【线条】按钮，将它们连接成面，如图10-478和图10-479所示。

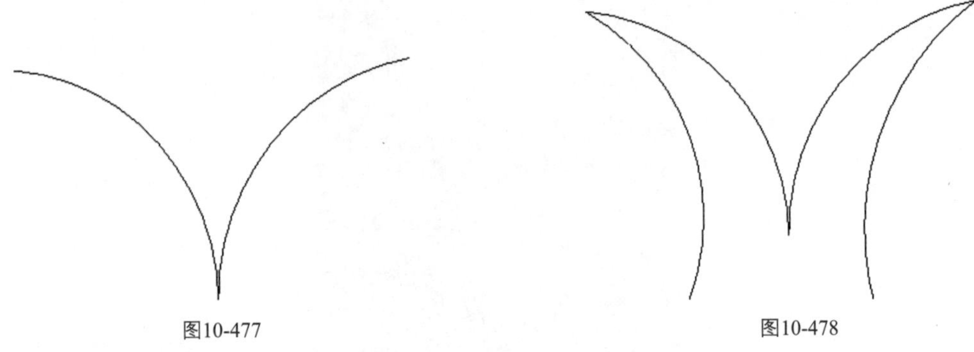

图10-477　　图10-478

3．单击【矩形】按钮，在下方绘制一个矩形面，如图10-480所示。

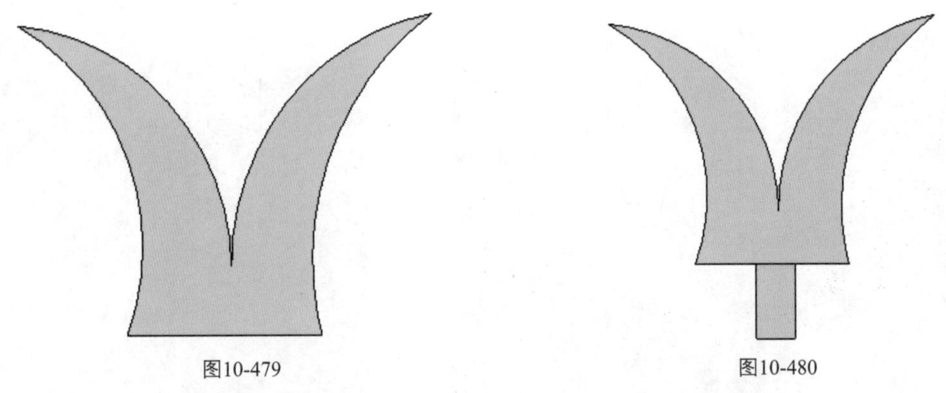

图10-479　　图10-480

4．单击【圆弧】按钮，绘制圆弧连接，如图10-481和图10-482所示。

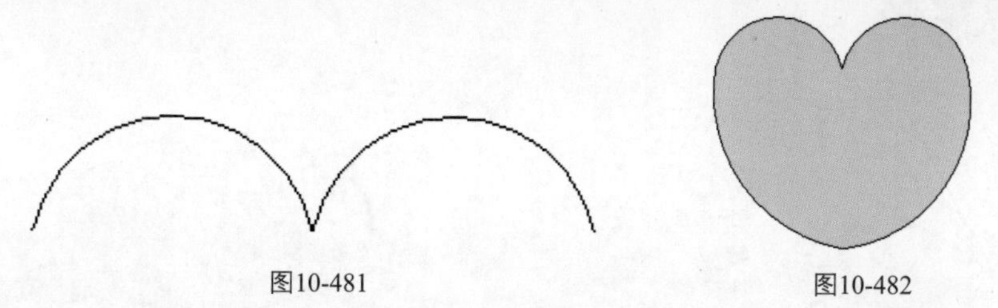

图10-481　　图10-482

5．选中形状，单击鼠标右键，选择【创建组】命令，创建成群组，如图10-483和图10-484所示。

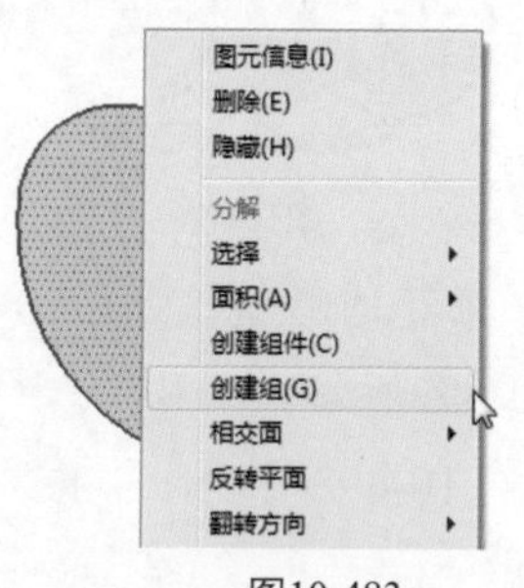

图10-483

图10-484

6．单击【旋转】按钮，按住Ctrl键不放，沿中点进行旋转复制，旋转角度设为60°，如图10-485和图10-486所示。

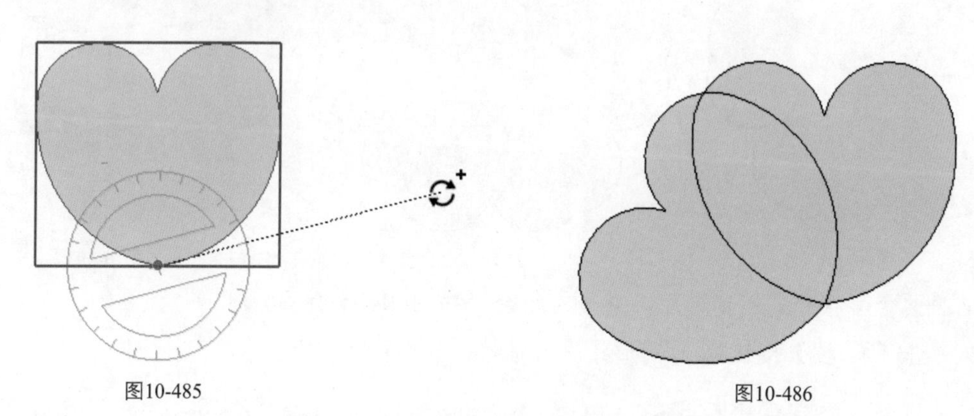

图10-485　　图10-486

7．选中第二个复制对像，沿中点继续旋转复制其他几个形状，如图10-487和图10-488所示。

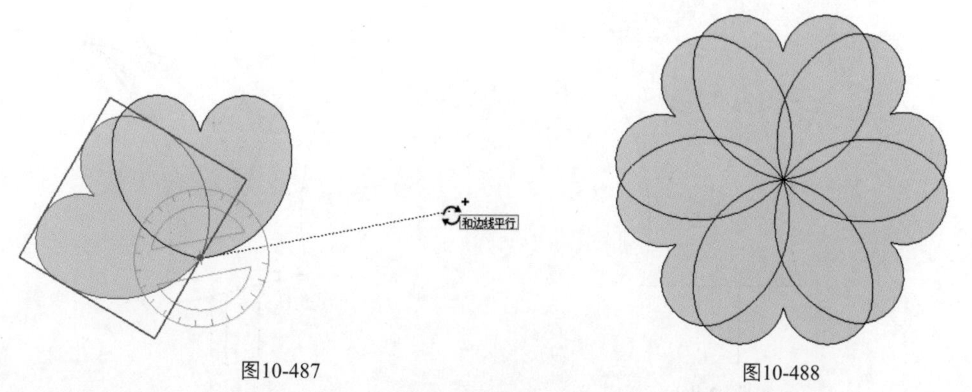

图10-487　　图10-488

8．选中形状，单击鼠标右键，选择【分解】命令，将形状进行分解，如图10-489和

图10-490所示。

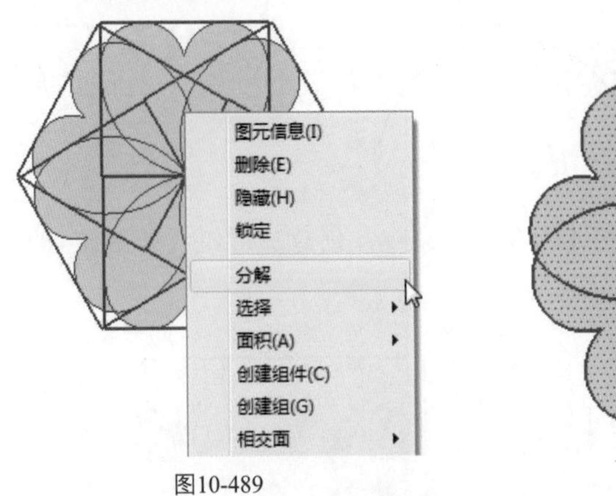

图10-489

图10-490

9．单击【擦除】按钮，将多余的线擦掉，形成一朵花的形状，如图10-491所示。

10．单击【圆】按钮，绘制两个圆形面，如图10-492所示。

11．单击【圆弧】按钮，绘制两段圆弧连接，如图10-493所示。

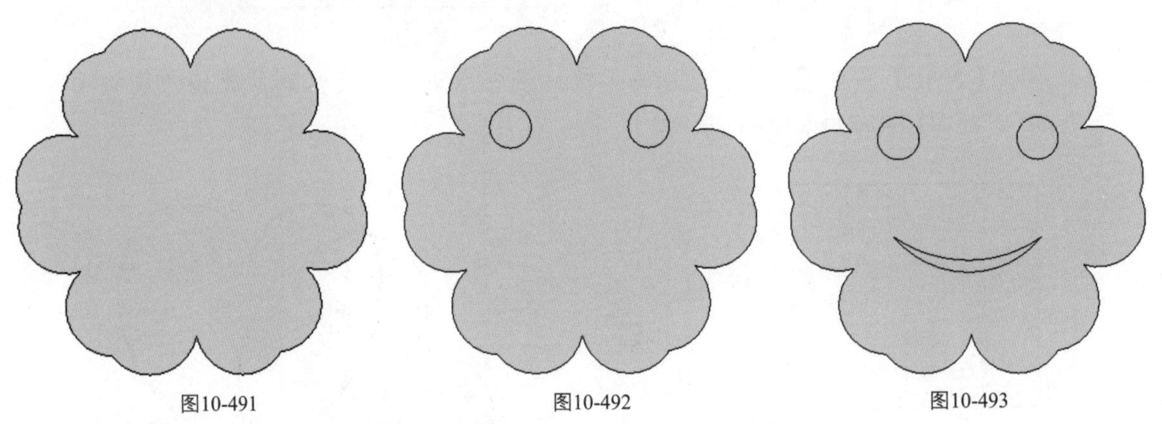
图10-491　图10-492　图10-493

12．将两个形状分别创建群组，并进行组合，如图10-494所示。

13．单击【推/拉】按钮，对形状进行推拉，如图10-495所示。

图10-494　图10-495

14．单击【三维文本】按钮，添加三维文字，如图10-496和图10-497所示。

15．为创建好的模型填充适合的材质，如图10-498所示。

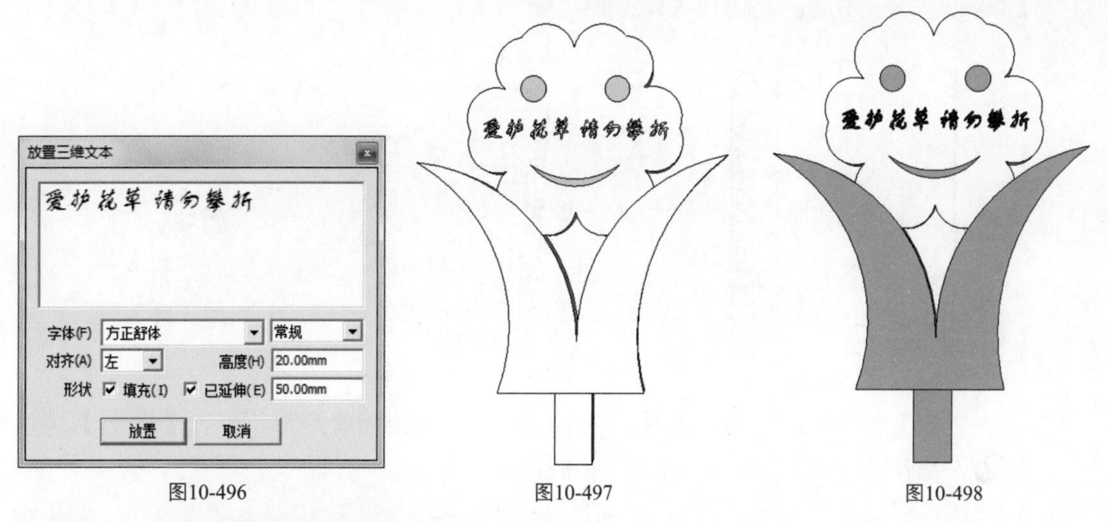

图10-496　　图10-497　　图10-498

案例——创建景区路线提示牌

本案例主要应用绘制工具来创建景区路线提示牌模型，图10-499所示为效果图。

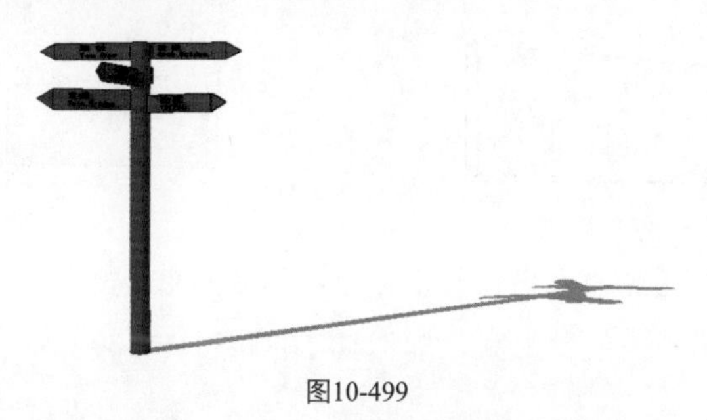

图10-499

结果文件：\Ch10\园林景观提示牌设计\景区路线提示牌.skp

视频：\Ch10\景区路线提示牌.wmv

1．单击【圆】按钮，绘制一个半径为200mm的圆形，如图10-500所示。

2．单击【推/拉】按钮，向上推拉6000mm，如图10-501所示。

3．选择【视图】/【隐藏几何图形】命令，显示虚线，如图10-502所示。

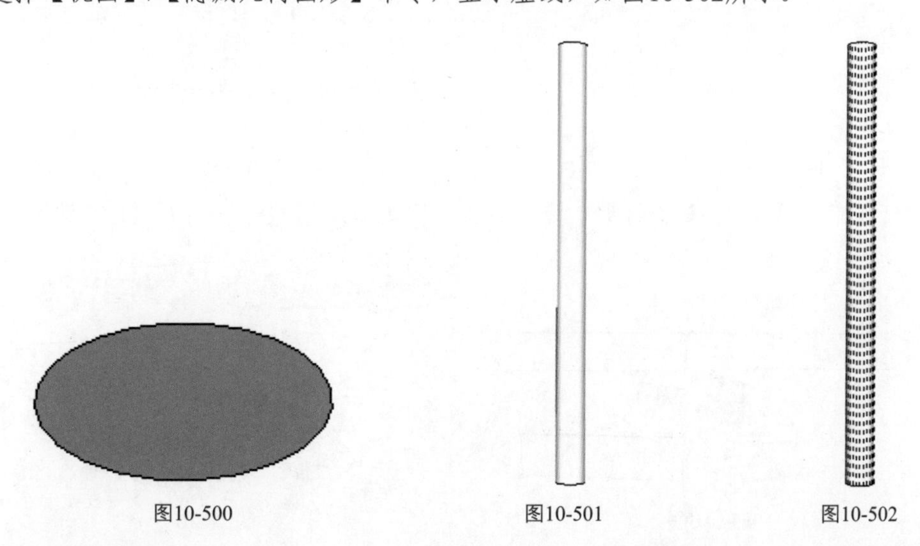

图10-500　　图10-501　　图10-502

4. 单击【矩形】按钮，绘制矩形面。单击【推/拉】按钮，进行推拉，距离为1500mm，如图10-503和图10-504所示。

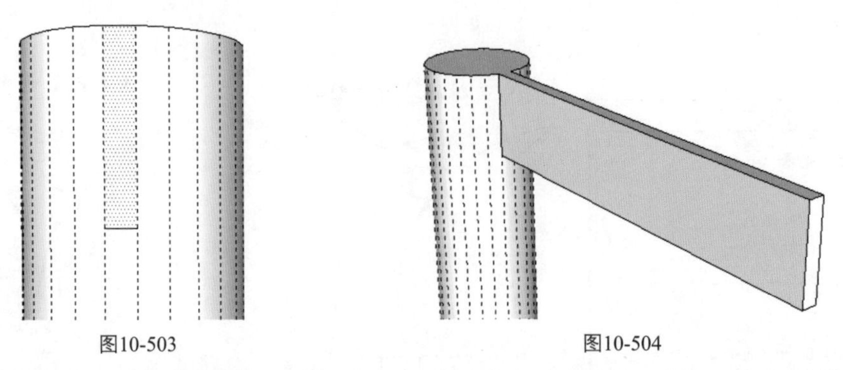

图10-503　　图10-504

5. 继续单击【矩形】按钮，沿柱子下方不同的方法绘制矩形面。单击【推/拉】按钮，推拉出效果，如图10-505和图10-506所示。

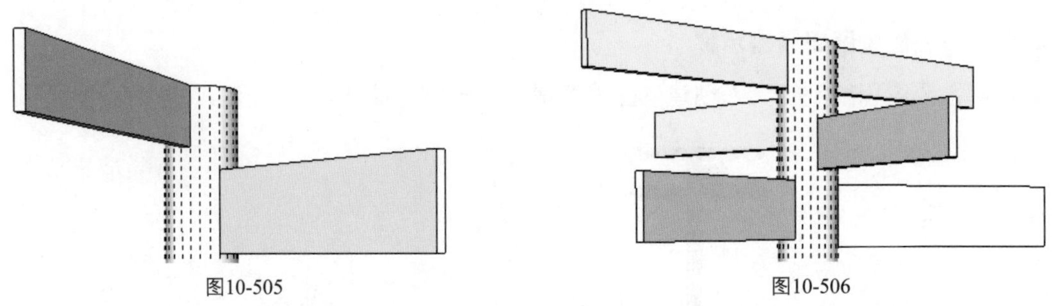

图10-505　　图10-506

6. 再次选择【视图】/【隐藏几何图形】命令，取消虚线，如图10-507所示。

7. 单击【线条】按钮，绘制形状，如图10-508和图10-509所示。

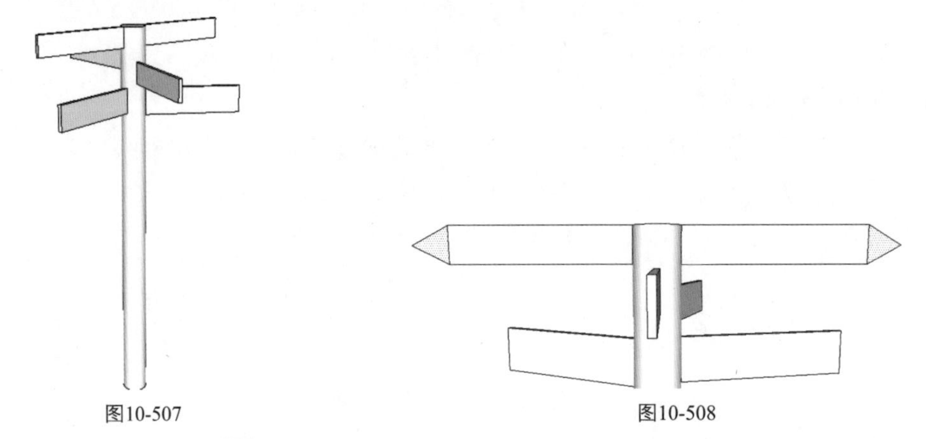

图10-507　　图10-508

8. 单击【推/拉】按钮，将形状进行推拉，距离与距离块一样，如图10-510所示。

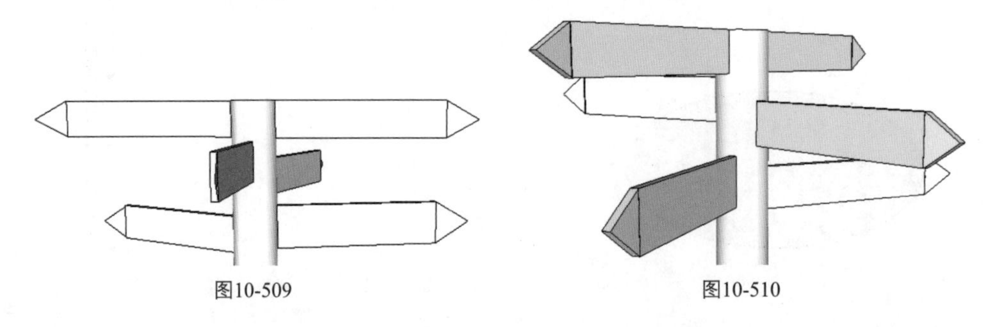

图10-509　　图10-510

9. 单击【三维文本】按钮，添加三维文字，如图10-511和图10-512所示。

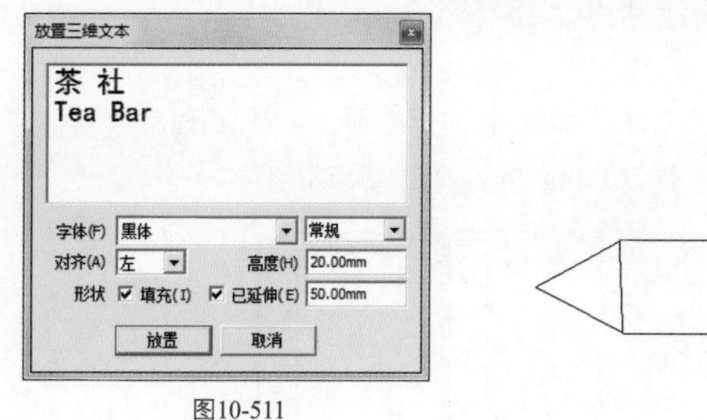

图10-511

图10-512

10. 依次为其他提示牌添加三维文本，效果如图10-513所示。

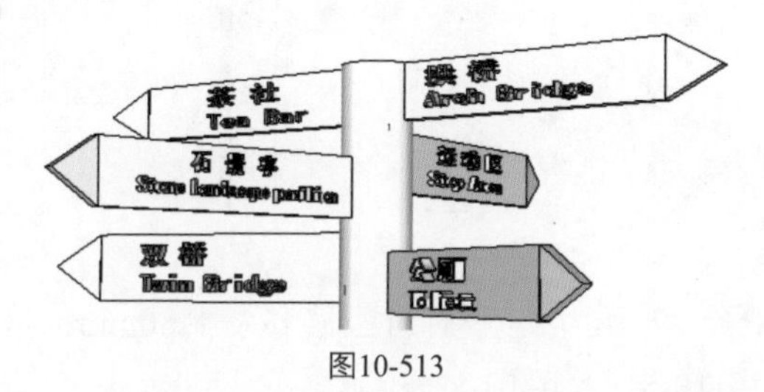

图10-513

11. 为创建好的景区路线提示牌填充适合的材质，如图10-514和图10-515所示。

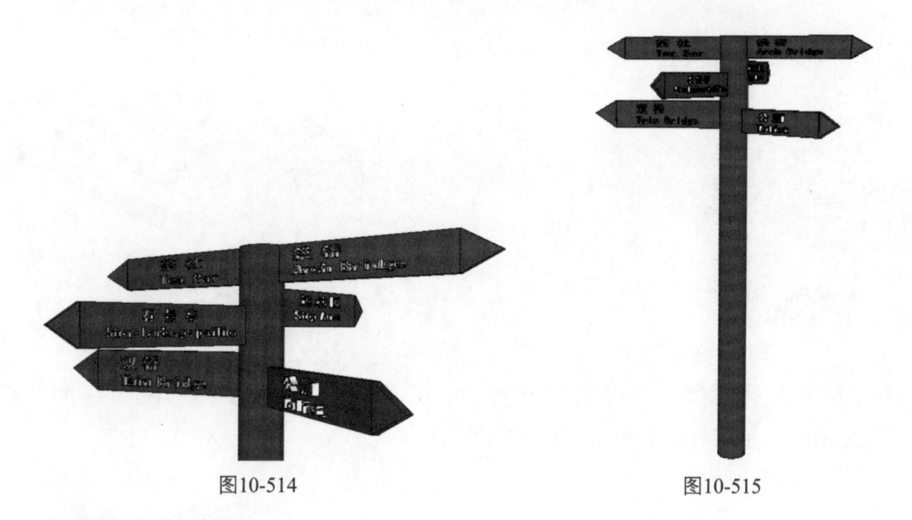

图10-514

图10-515

案例——创建景点介绍牌

本案例主要应用绘制工具来创建景区景点介绍牌模型，图10-516所示为效果图。

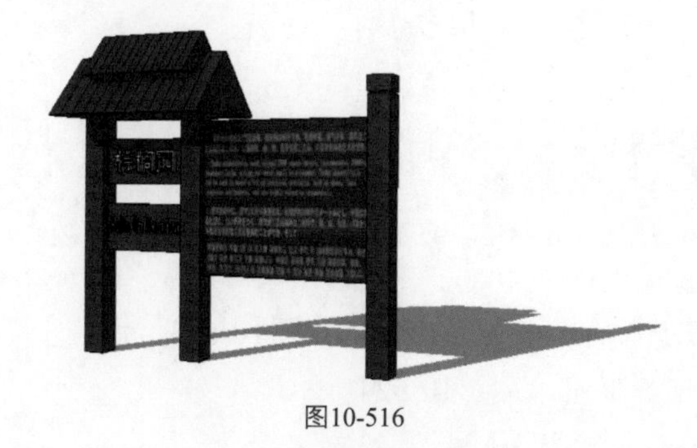

图10-516

源文件：\Ch10\文字图片.jpg

结果文件：\Ch10\园林景观提示牌设计\景点介绍牌.skp

视频：\Ch10\景点介绍牌.wmv

1．单击【矩形】按钮，绘制3个长宽都为300mm的矩形面，如图10-517所示。

2．单击【推/拉】按钮，分别向上推拉3500mm，如图10-518所示。

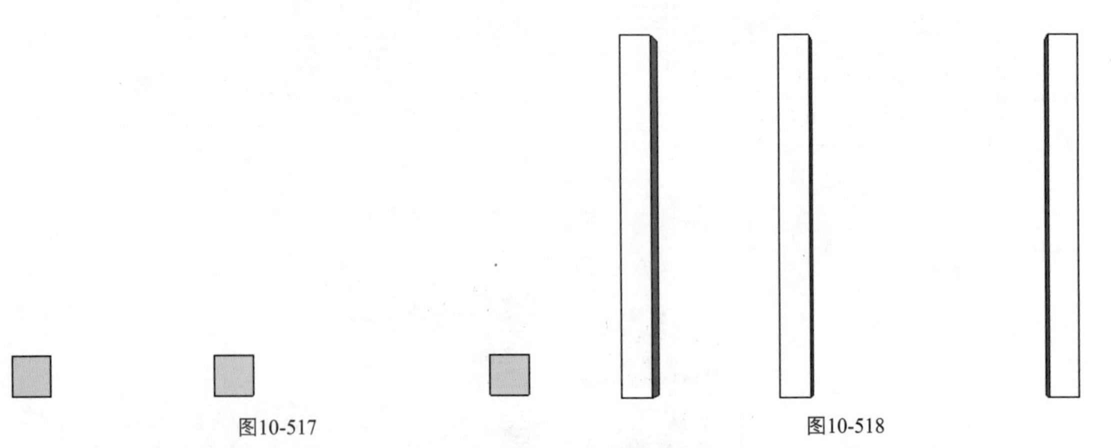

图10-517　　图10-518

3．单击【偏移】按钮，将第3个矩形面向里偏移复制30mm。单击【推/拉】按钮，向上推拉30mm，如图10-519和图10-520所示。

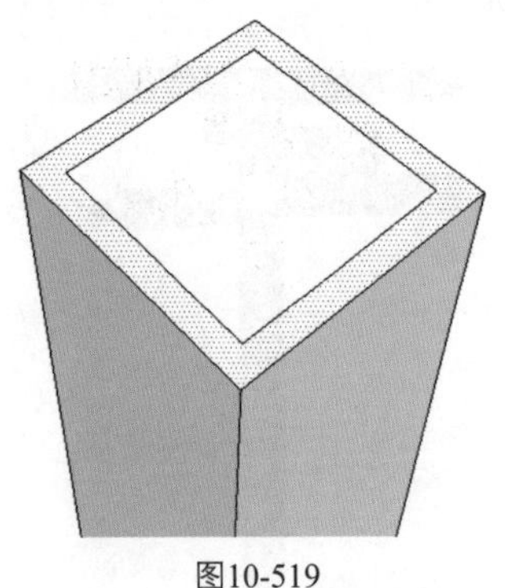

图10-519

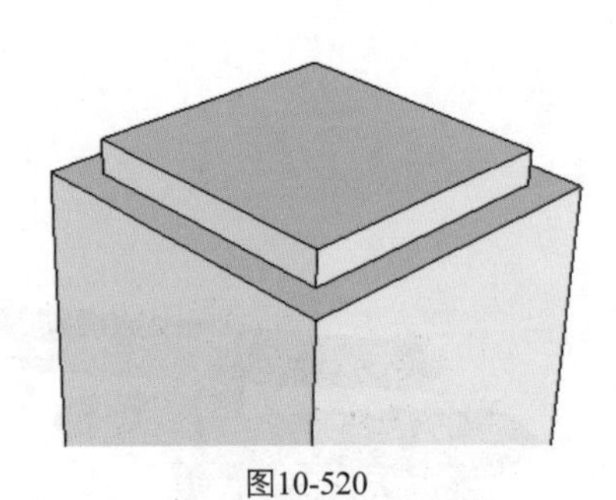

图10-520

4．单击【偏移】按钮，向外偏移复制50mm。单击【推/拉】按钮，将两个面向上推拉200mm，如图10-521和图10-522所示。

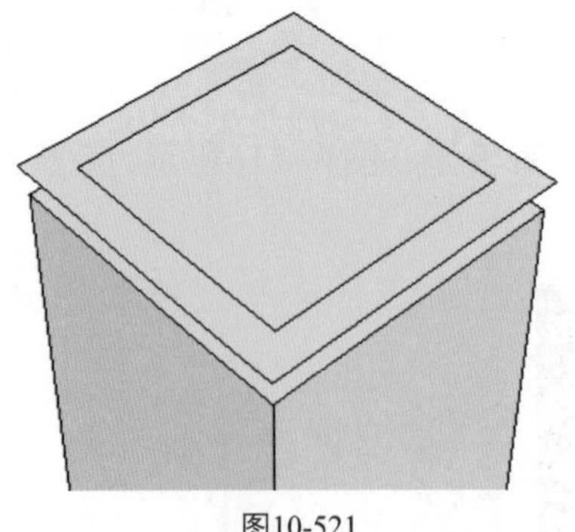

图10-521

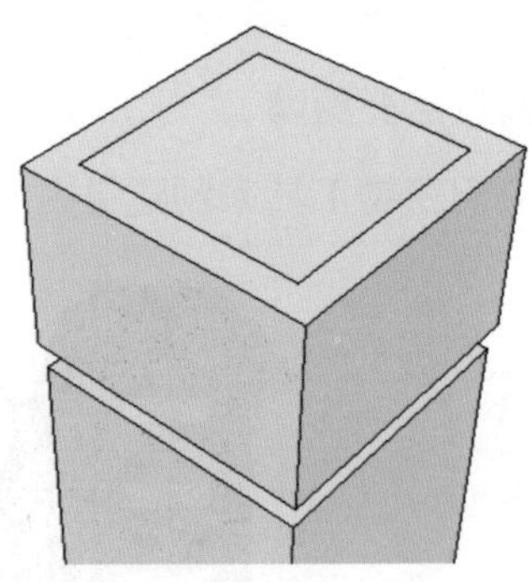

图10-522

5．单击【擦除】按钮，将多余的线擦掉，如图10-523所示。

6．将3个矩形柱分别创建群组，如图10-524所示。

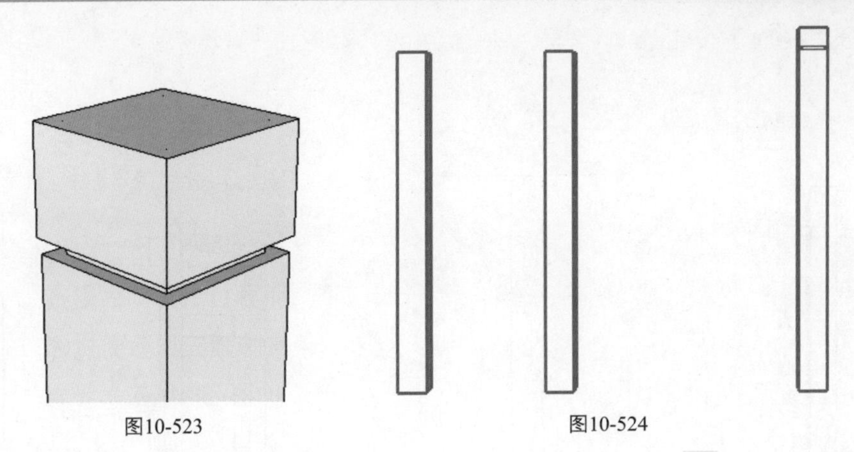

图10-523　　图10-524

7. 单击【矩形】按钮，绘制3个矩形面。单击【推/拉】按钮，向右推拉一定距离，如图10-525和图10-526所示。

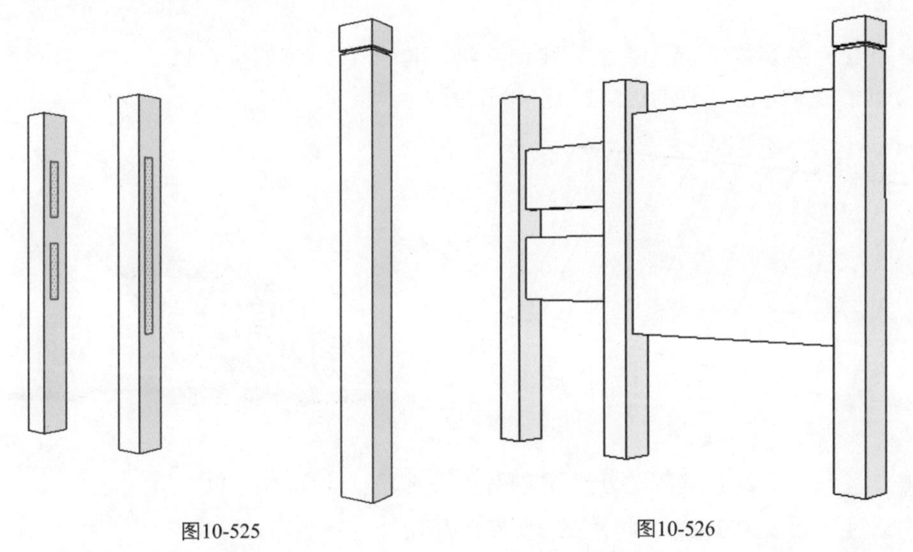

图10-525　　图10-526

8. 单击【矩形】按钮，继续绘制矩形面。单击【推/拉】按钮，推拉效果如图10-527和图10-528所示。

图10-527　　图10-528

9. 单击【多边形】按钮，绘制三边形，如图10-529和图10-530所示。

10．单击【推/拉】按钮，将三边形进行推拉，如图10-531所示。

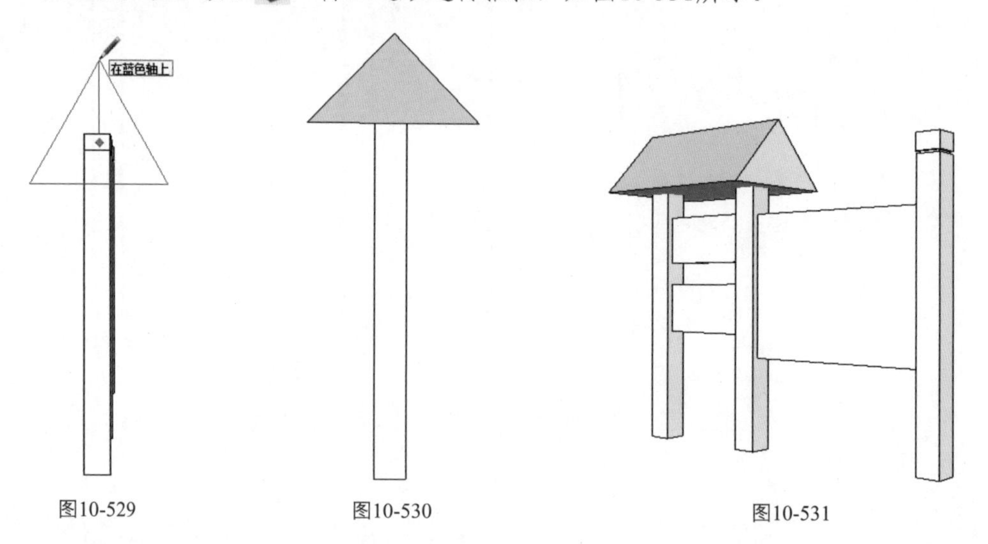

图10-529　　图10-530　　图10-531

11．单击【线条】按钮，在顶面绘制直线。单击【推/拉】按钮，对绘制的面分别向上推拉20mm，如图10-532和图10-533所示。

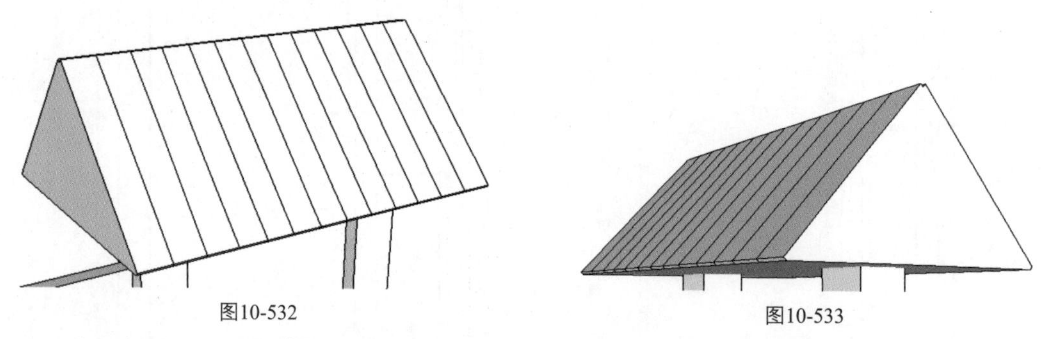

图10-532　　图10-533

12．单击【移动】按钮，在上方复制另一个形状，如图10-534所示。

13．单击【三维文本】，添加三维文字，如图10-535和图10-536所示。

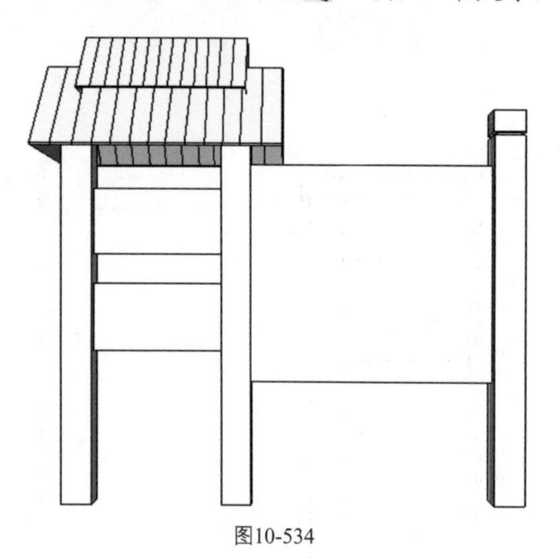

图10-534

图10-535

14．为另一边添加文字图片的材质贴图，如图10-537和图10-538所示。

15．完善其他地方的材质，最终效果如图10-539所示。

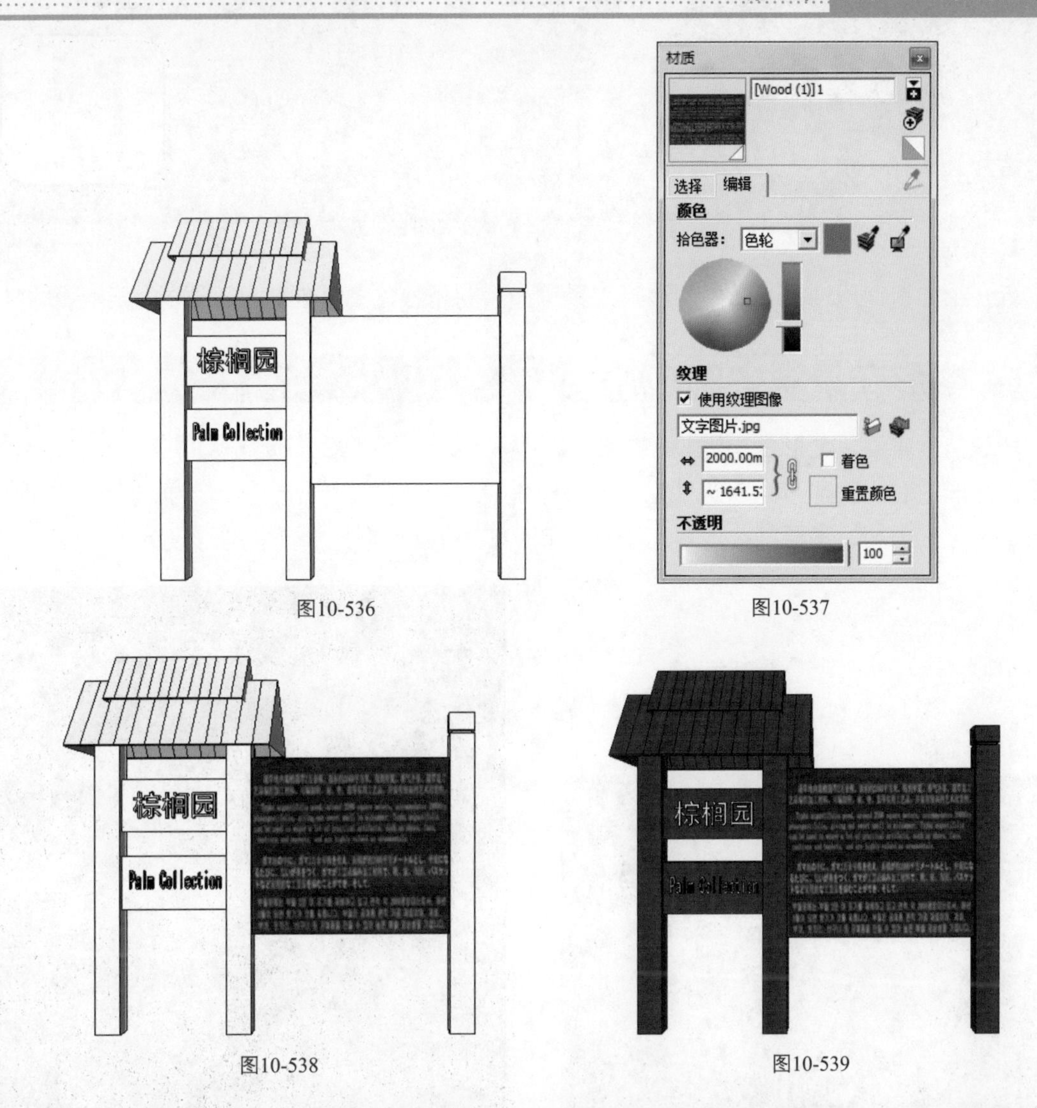

图10-536

图10-537

图10-538

图10-539

10.7 本章小结

本章主要学习了如何用SketchUp创建建筑、园林、景观模型，并参考真实设计图进行创建。主要包括建筑单体、园林水景、园林植物造景、园林景观照明小品、园林景观设施小品和园林景观提示牌设计。本章涉及的内容较多，且设计的风格不一，希望读者以此作为比较，创造出更多更好的园林景观建筑小品组件。

第11章 地形场景设计

本章介绍如何使用SketchUp中的沙盒工具，如何利用沙盒工具创建出不同的地形场景。

11.1 地形在景观中的应用

从地理角度来看，地形是指地貌和地物的统称。地貌是地表面高低起伏的自然形态，地物是地表面自然形成和人工建造的固定性物体。不同地貌和地物的错综结合，就会形成不同的地形，如平原、丘陵、山地、高原、盆地等。图11-1和图11-2所示为常见的景观地形设计。

图11-1

图11-2

11.1.1 景观结构作用

在景观设计的各个要素中，地形可以说是最为重要的一个。地形是景观设计各个要素的载体，为其余各个要素如水体、植物、构筑物等的存在提供了一个依附的平台。地形就像动物的骨架一样，没有地形就没有其他各种景观元素的立身之地，没有理想的景观地形，其他景观设计要素就不能很好地发挥作用。从某种意义上讲，景观设计中的微地形决定着景观方案的结构关系，也就是说在地形的作用下景观中的轴线、功能分区、交通路线才能有效地结合。

11.1.2 美学造景

地形在景观设计中的应用发挥了极大的美学作用。微地形可以更为容易地模仿出自然的空间，如林间的斜坡、点缀着棵棵松柏杉木以及遍布雪松的深谷等。中国的绝大多数古典园林都是根据地形来进行设计的，例如苏州园林的名作狮子林和网师园、北京的寄畅园、扬州的瘦西湖等。它们都充分地利用了微小地形的起伏变换，或山或水，对空间精心巧妙地构建和建筑布局，从而营造出让人难以忘怀的自然意境，给游人以美的享受。

地形在景观设计中还可以起到造景的作用。微地形既可以作为景物的背景，以衬托出主景，同时也起到增加景观深度、丰富景观层次的作用，使景点有主有次。由于微地形本身所具备的特征：波澜起伏的坡地、开阔平坦的草地、水面和层峦叠嶂的山地等，其自身就是景观。而且地形的起伏为绿化植被的立面发展创造了良好的条件，避免了植物种植的单一和单薄，使乔木、灌木、地被各类植物各有发展空间，相得益彰。图11-3和图11-4所示为景观地形设计效果。

图11-3

图11-4

11.1.3 工程辅助作用

众所周知，城市是非农业人口聚集的居民点。城市空间给人一种建筑感和人工色彩非常厚重的压抑感。景观行业的兴起在很大程度上是受到人们对这种压抑的反抗。如明代计成所言“凡结林园，无分村郭，地偏为胜”，可见今天的城市限制了景观园林存在的方式。地形在改变这一状况上，发挥了很大的作用，地形可以通过控制景观视线来构成不同的空间类型。比如，坡地、山体和水体可以构成半封闭或封闭的景观公园。

地形的采用有利于景区内的排水，防止地面积涝。如在我国南方地区，雨水量比较充沛，微地形的起伏有助于雨水的排放。微地形的利用还可以增加城市绿地量。据研究表明，在一块面积为5平方米的平面绿地上可种植树木2或3棵，而设计成起伏的微地形后，树木的种植量可增加1或2棵，绿地量增加了30%。

11.2 地形工具

SketchUp地形工具，又称沙盒工具，使用沙盒工具可以生成和操纵表面。包括根据等高线创建、根据网络创建、曲面拉伸、曲面平整、曲面投射、添加细部、翻转边线7种工具。图11-5所示为沙盒工具条。

图11-5

在初次使用SketchUp时，沙盒工具是不会显示在工具栏上的，需要进行选择。在工具栏单击鼠标右键，并在弹出的快捷菜单中选择【沙盒】命令，可以调出【沙盒】工具条，如图11-6所示。或者在菜单栏选择【视图】/【工具栏】命令，在弹出的【工具栏】对话框中将【沙盒】选项勾选即可，如图11-7所示。

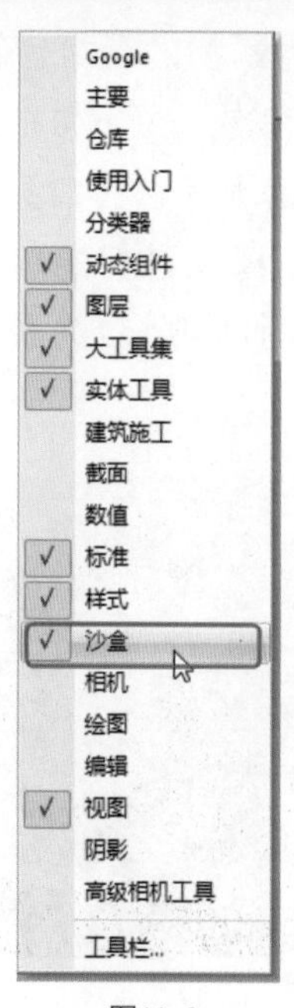

图11-6

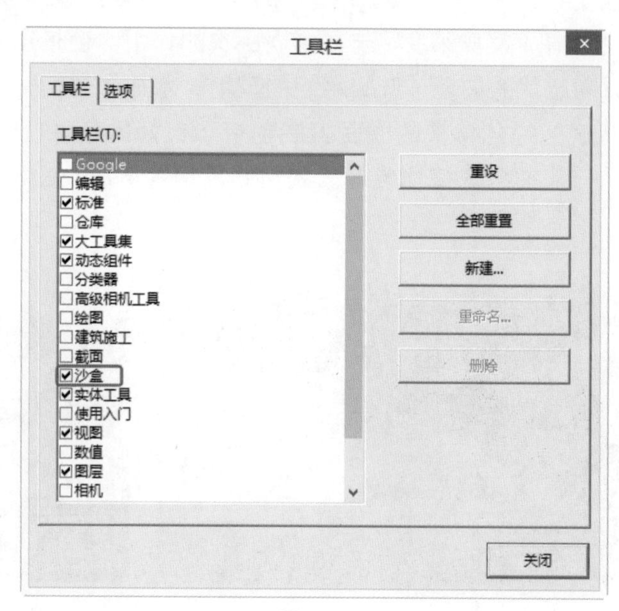

图11-7

11.2.1 等高线创建工具

等高线创建工具，可以封闭相邻等高线形成三角面。等高线可以是直线、圆、圆弧、曲线，将这些闭合或者不闭合的线形成一个面，从而产生坡地。

1. 单击【圆】按钮，绘制几个封闭曲面，如图11-8所示。
2. 因为需要的是线而不是面，所以需要删除面，如图11-9所示。

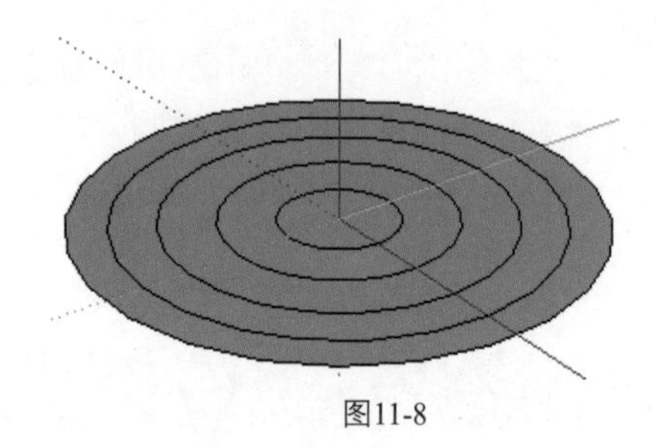

图11-8

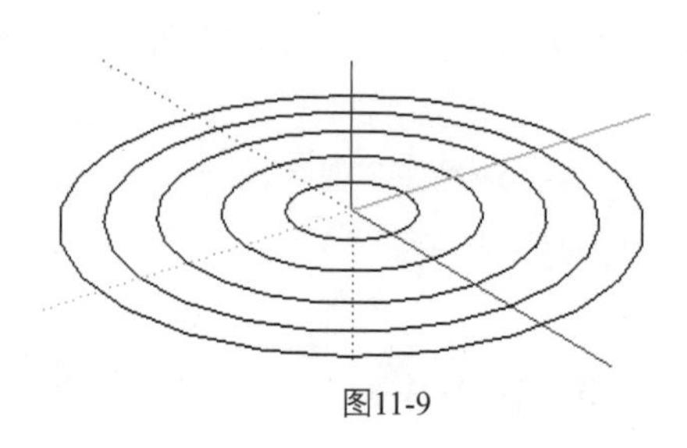

图11-9

3. 单击【选择】按钮，将每条线选中，单击【移动】按钮，移动每条线与蓝轴对齐，如图11-10和图11-11所示。

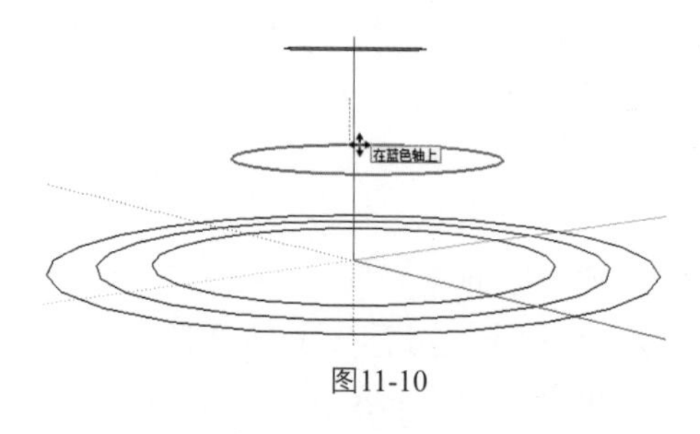

图11-10

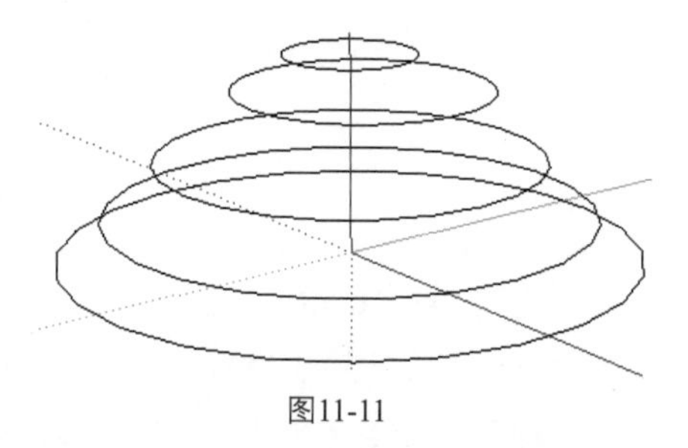

图11-11

4. 单击【选择】按钮，选中等高线，最后单击【根据等高线创建】按钮，即可创建一个像小山丘的等高线坡地，如图11-12和图11-13所示。

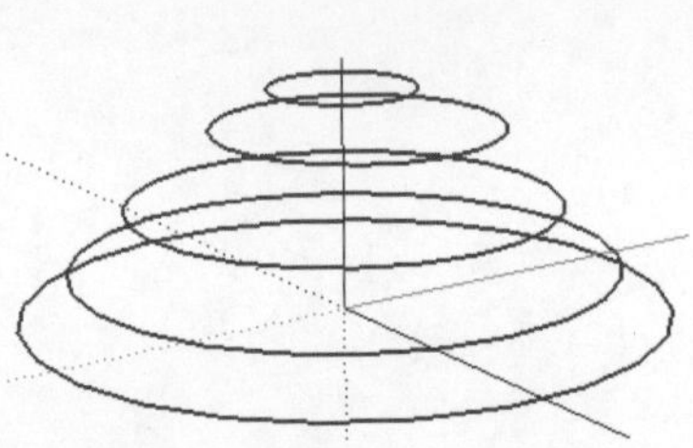

图11-12

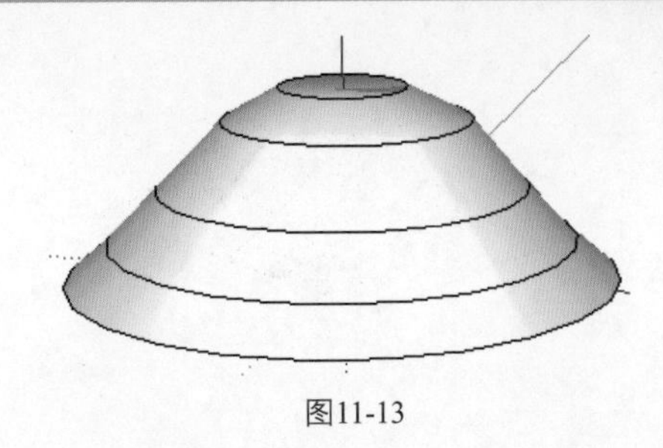

图11-13

11.2.2 网格创建工具

网格创建工具，主要是绘制平面网格，只有与其他沙盒工具配合使用，才能起到一定的效果。

1. 单击【根据网格创建】按钮，在数值控制栏出现以“栅格间距”为名称的输入栏，如输入“2000”，按Enter键结束操作。
2. 在场景中单击确定第一点，按住鼠标不放向右拖动，如图11-14所示。
3. 单击确定第二点，向下拖动鼠标，如图11-15所示。
4. 单击确定网格面，从俯视图转换到等轴视图，如图11-16所示。

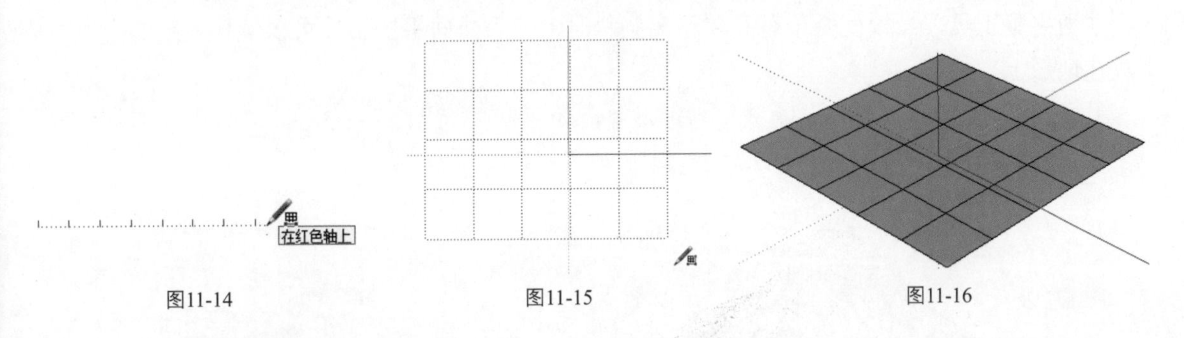

图11-14　　图11-15　　图11-16

11.2.3 曲面拉伸工具

曲面拉伸工具主要对平面线、点进行拉伸，改变它的起伏度。

1. 双击网格，进入网格编辑状态，如图11-17所示。
2. 单击【曲面拉伸】按钮，进入曲面拉伸状态，如图11-18所示。

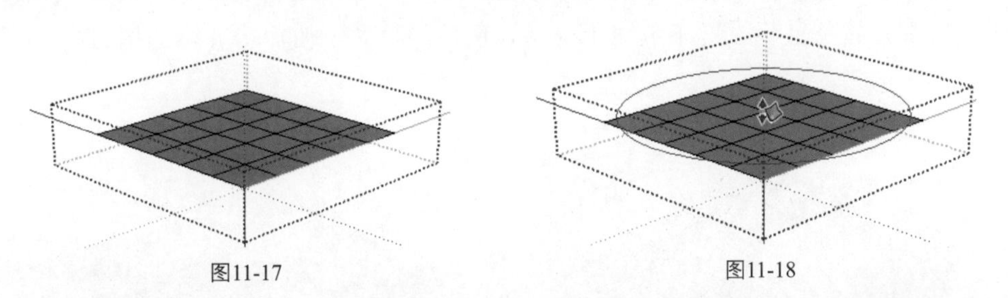

图11-17　　图11-18

3. 红色的圈代表半径大小，数值控制栏输入值可以改变半径大小，如输入“5000”，按Enter键结束操作。对着网格按住鼠标左键不放，向上拖动，如图11-19所示。
4. 松开鼠标，在场景中单击一下，最终效果如图11-20所示。
5. 在数值控制栏中改变半径大小，如输入“500”，曲面拉伸线效果如图11-21所示，曲面拉伸点效果如图11-22所示。

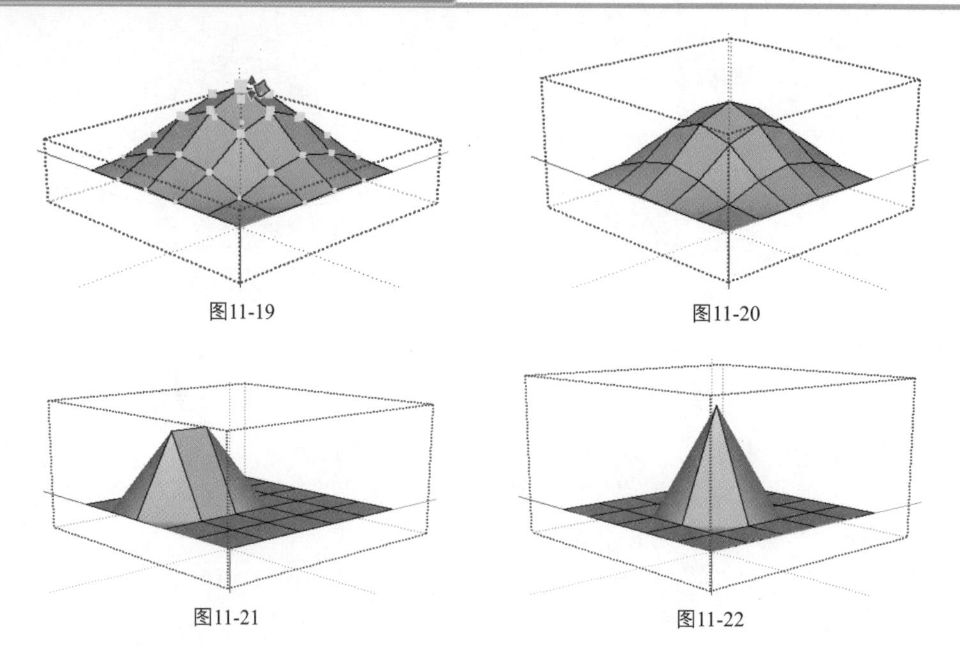

图11-19　　图11-20

图11-21　　图11-22

11.2.4　曲面平整工具

曲面平整工具，当模型处于有高差距离倾斜时，使用曲面平整工具可以偏移一定的距离将模型放在地形上。

1. 绘制一个矩形模型，移动放置到地形中，如图11-23所示。
2. 再移动放置到地形上方，如图11-24所示。

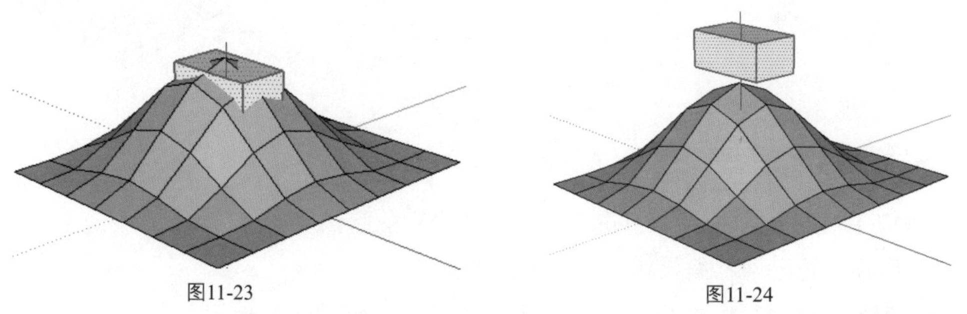

图11-23　　图11-24

3. 单击【曲面平整】按钮，这时矩形模型下方出现一个红色底面，如图11-25所示。
4. 单击地形，按住鼠标左键不放向上拖动，使矩形模型与曲面对齐，如图11-26所示。

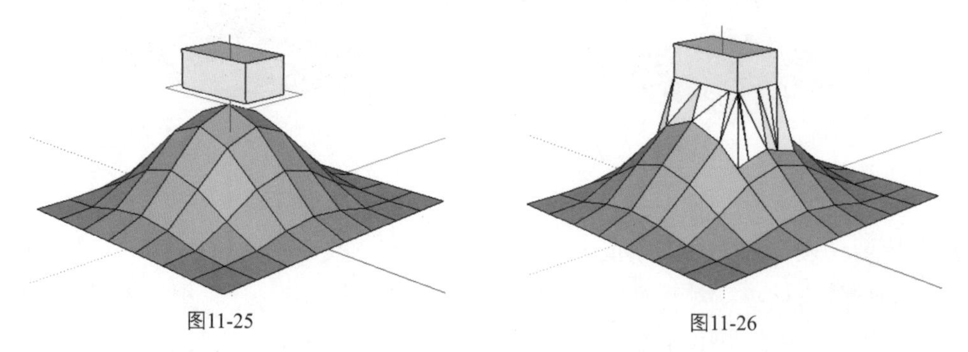

图11-25　　图11-26

11.2.5　曲面投射工具

曲面投射，就是在地形上放置路网，一是将地形投射到水平面上，在平面上绘制路网；二是在平面上绘制路网，再把路网放到地形上。

一、地形投射平面

将地形投射到一个长方形平面上进行。

1．在地形上方创建一个长方形平面，如图11-27所示。

2．用选择工具选中地形，再单击【曲面投射】按钮，如图11-28所示。

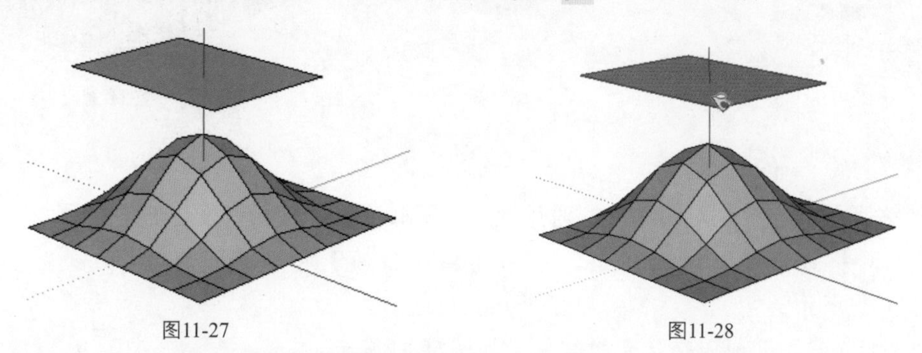

图11-27　　图11-28

3．对着长方形单击确定，则将地形投射在水平面上，如图11-29所示。

二、平面投射地形

将一个圆形平面投射到地形上进行操作。

1．在地形上方创建一个圆形平面，如图11-30所示。

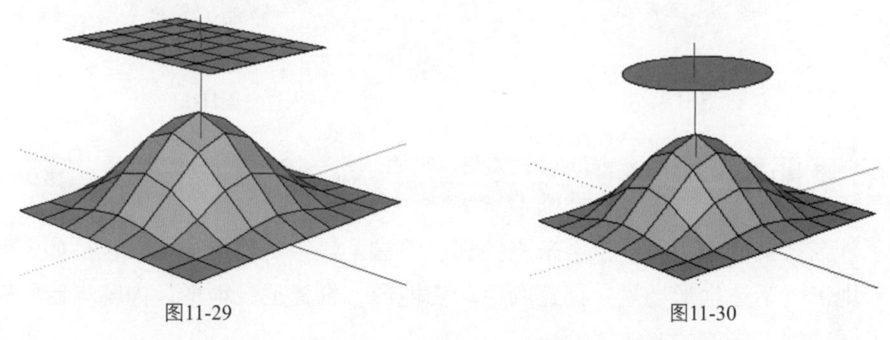

图11-29　　图11-30

2．用选择工具选中平面，再单击【曲面投射】按钮，如图11-31所示。

3．对着地形单击确定，则将平面投射到地形中，如图11-32所示。

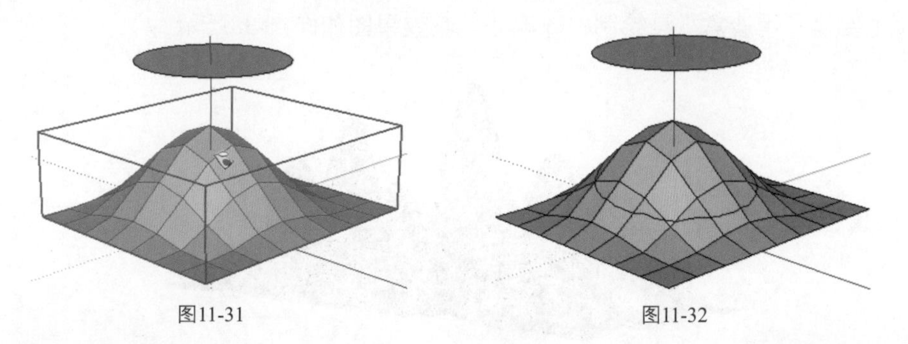

图11-31　　图11-32

11.2.6　添加细部工具

添加细部工具，主要是将网格地形按需要进行细分，以达到精确的地形效果。

1．双击进入网格地形编辑状态，如图11-33所示。

2．选中网格地形，如图11-34所示。

3．单击【添加细部】按钮，当前选中的几个网格即可以被细分，如图11-35所示。

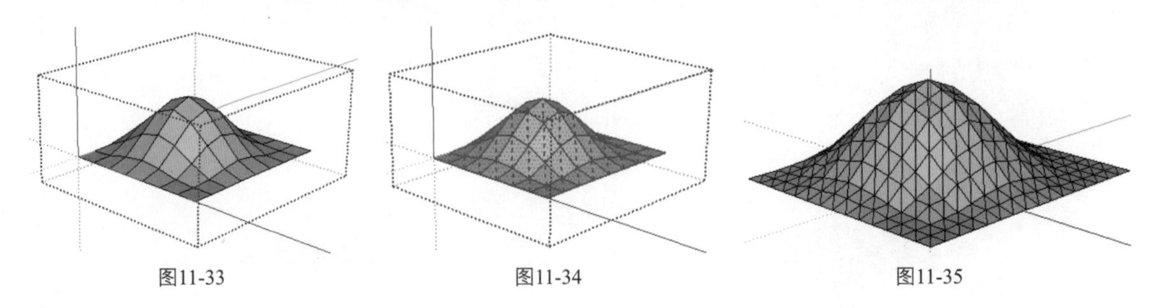

图11-33　　图11-34　　图11-35

11.2.7　翻转边线工具

翻转边线工具，主要是对四边形的对角线进行翻转变换，使模型发生一些微调。

1．双击网格地形进入编辑状态，单击【翻转边线】按钮，移到地形线上，如图11-36所示。

2．单击对角线，此时对角线发生翻转，如图11-37所示。

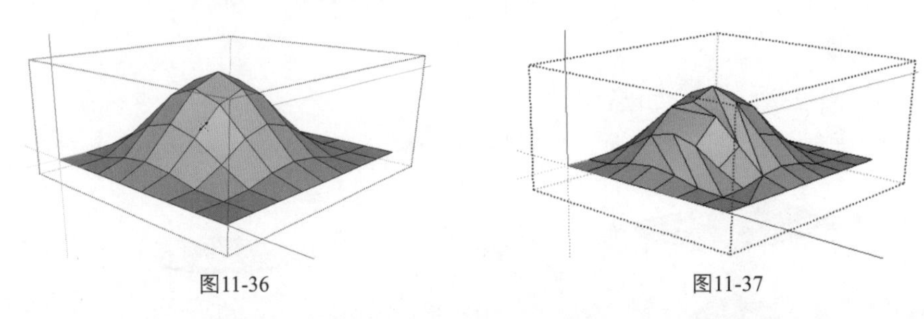

图11-36　　图11-37

11.3　创建地形

在学习了沙盒工具的使用后，接下来主要利用沙盒工具绘制地形场景，包括如何绘制山峰地形、绘制山丘地形、塑造地形场景、创建颜色渐变地形、创建卫星地形，内容丰富，使读者能迅速掌握创建不同的地形场景的方法。

案例——创建山峰地形

本案例主要是利用沙盒工具绘制山峰地形，其效果图如图11-38所示。

图11-38

结果文件：\Ch11\山峰地形.skp

视频：\Ch11\山峰地形.wmv

1．单击【根据网格创建】按钮，在数值控制栏里将栅格间距设为2000mm，绘制网格地形，如图11-39和图11-40所示。

栅格间距 2000.0mm

图11-39

图11-40

2．绘制网格地形如图11-41所示，双击进入网络地形编辑状态，如图11-42所示。

图11-41

图11-42

3．单击【曲面拉伸】按钮，在数值控制栏设定半径值，拉伸网格，如图11-43和图11-44所示。

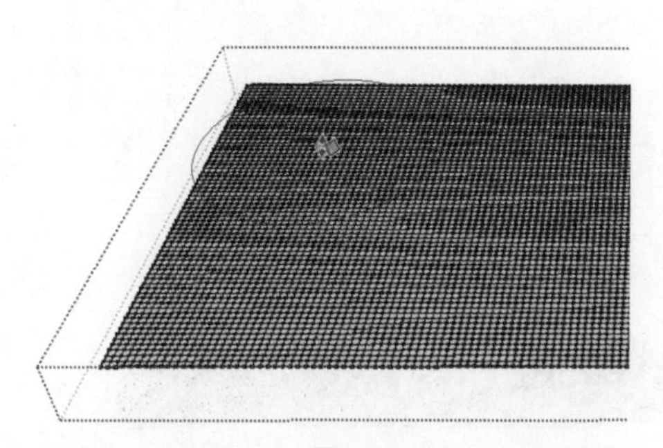

图11-43

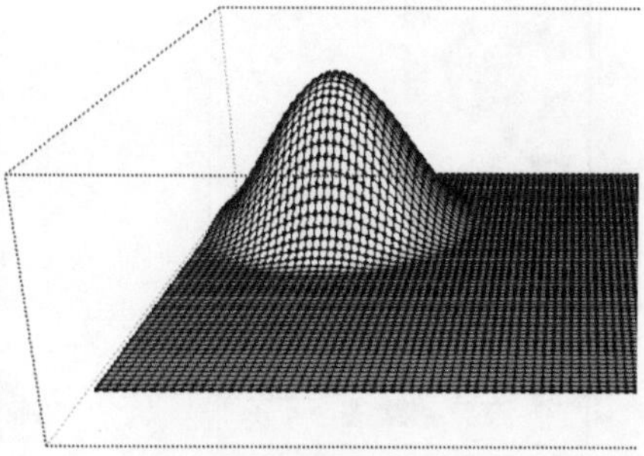

图11-44

4．拉伸出有高低层次感的连绵山锋效果，如图11-45、图11-46、图11-47和图11-48所示。

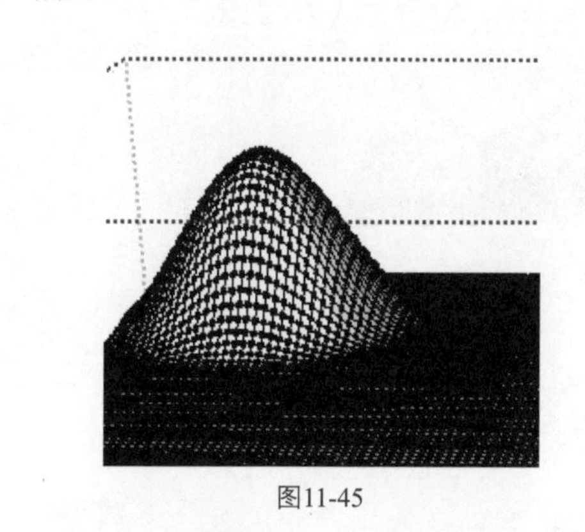

图11-45

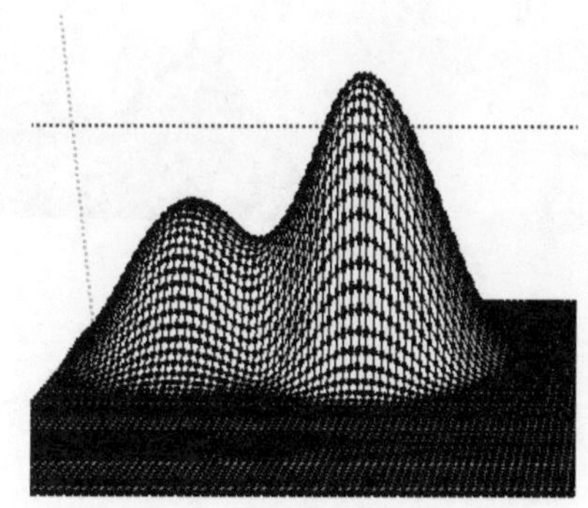

图11-46

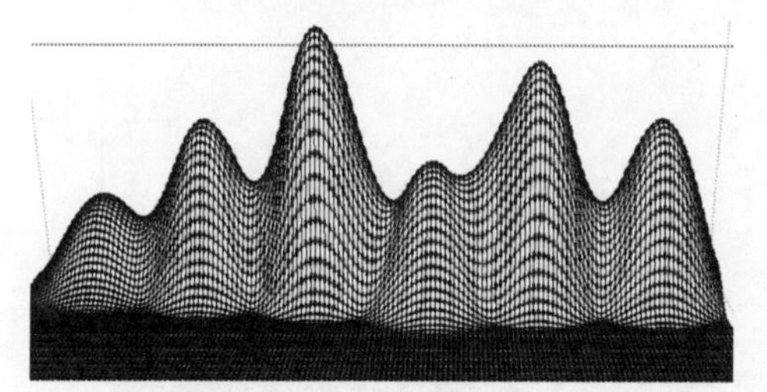

图11-47

图11-48

5．选中地形，选择【窗口】/【柔化边线】命令，勾选“平滑法线”和“软化共面”复选框，如图11-49和图11-50所示。

6．单击【颜料桶】按钮，填充一种适合山峰的材质，如图11-51和图11-52所示。

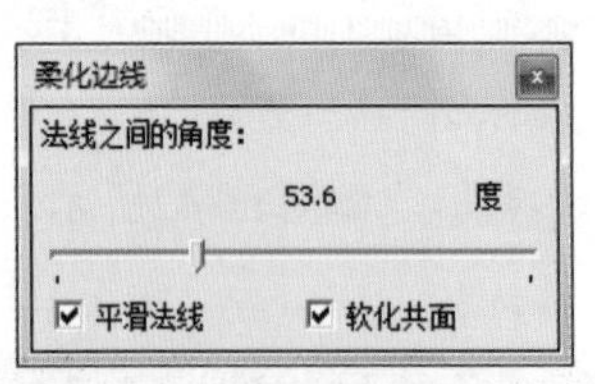

图11-49

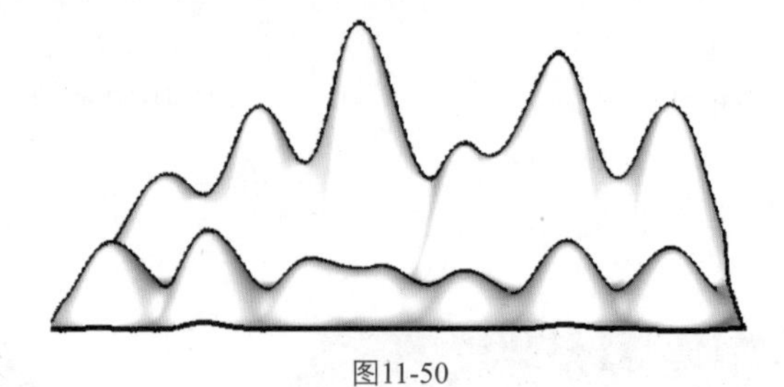
图11-50

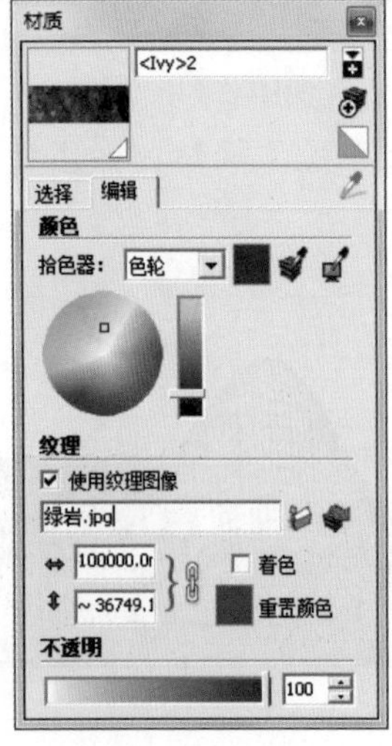

图11-51

图11-52

案例——创建颜色渐变地形

本案例主要是利用一张渐变图片对地形进行投影，图11-53所示为效果图。

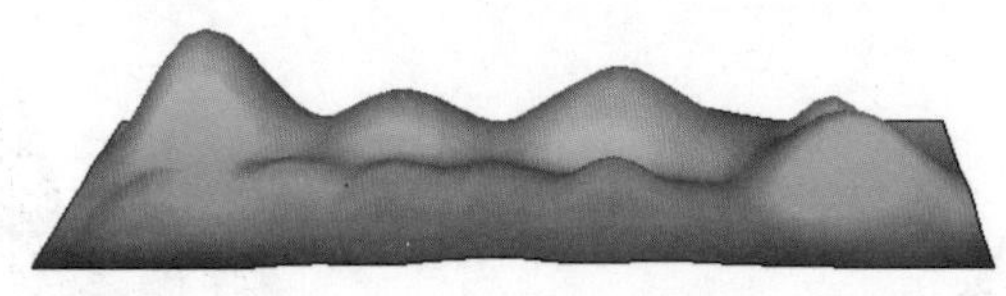
图11-53

结果文件：\Ch11\渐变地形.skp

视频：\Ch11\渐变地形.wmv

1．在Photoshop软件里利用渐变工具，制作一张颜色渐变的图片，如图11-54和图11-55所示。

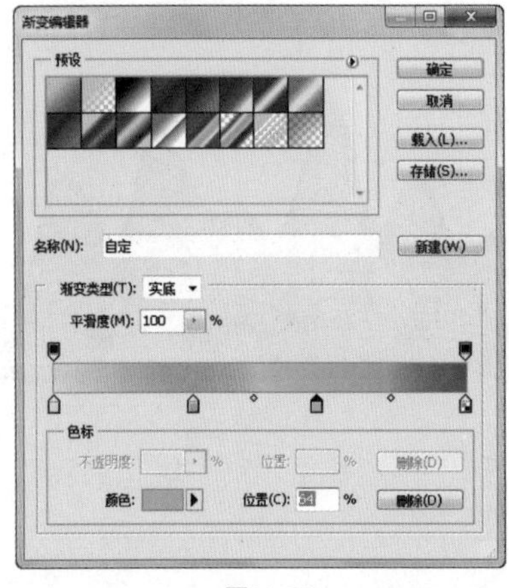

图11-54

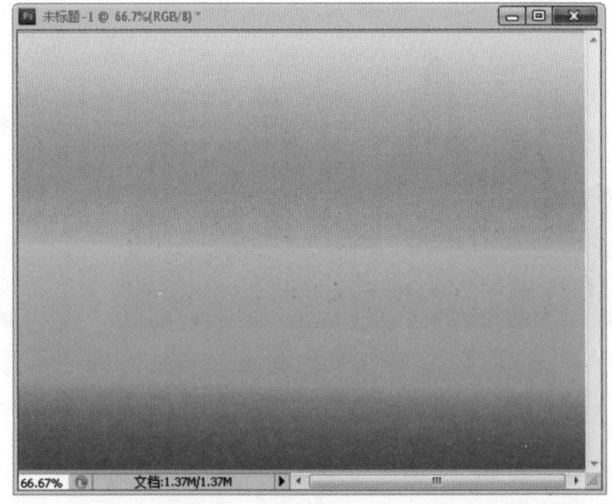

图11-55

2. 在SketchUp里单击【根据网格创建】按钮，绘制网格地形，如图11-56所示。

3. 双击进入编辑状态，单击【曲面拉伸】按钮，创建山体，如图11-57、图11-58和图11-59所示。

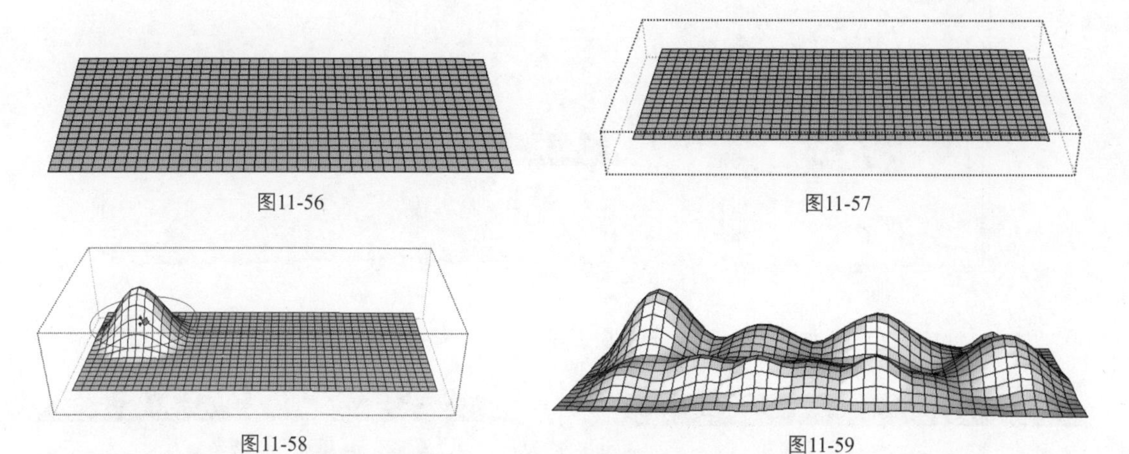

图11-56　图11-57

图11-58　图11-59

4. 选择【窗口】/【柔化边线】命令，如图11-60和图11-61所示。

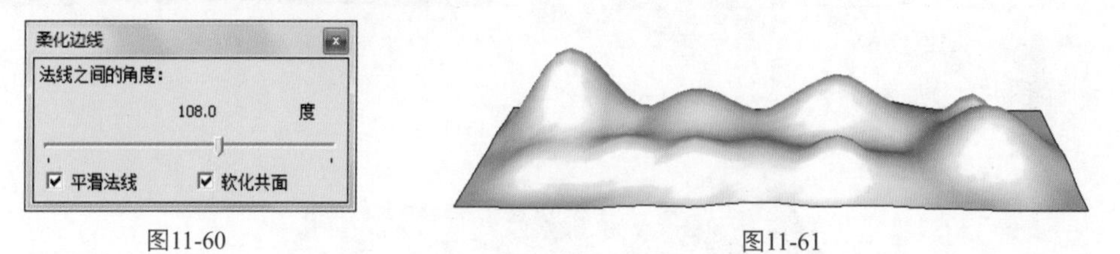

图11-60　图11-61

5. 选择【文件】/【导入】命令，导入渐变图片，摆放在适合的位置，如图11-62所示。

6. 单击【拉伸】按钮，对图片大小进行适当的缩放，使它与地形相适合，如图11-63所示。

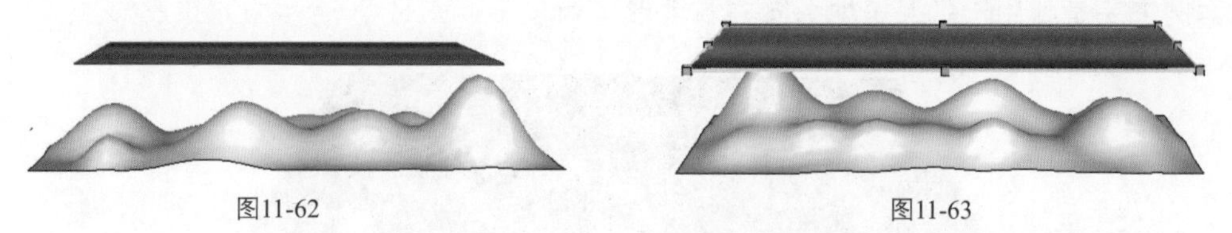

图11-62　图11-63

7. 分别选中图片和地形，单击鼠标右键，选择【分解】命令，如图11-64所示。

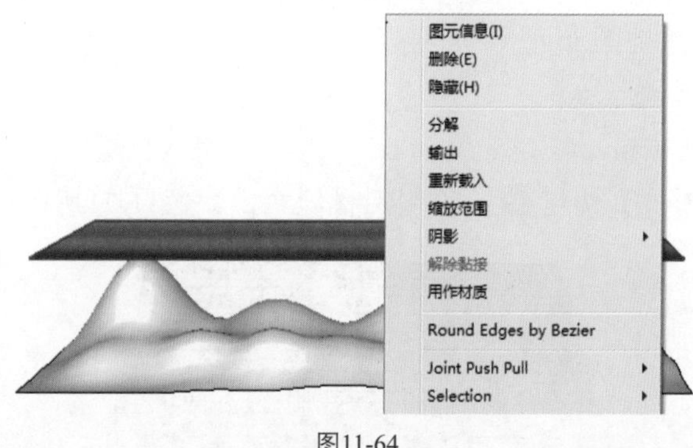

图11-64

8. 选择【窗口】/【材质】命令，单击【样本颜料】按钮，吸取图片材质，如图11-65和图11-66所示。

图11-65

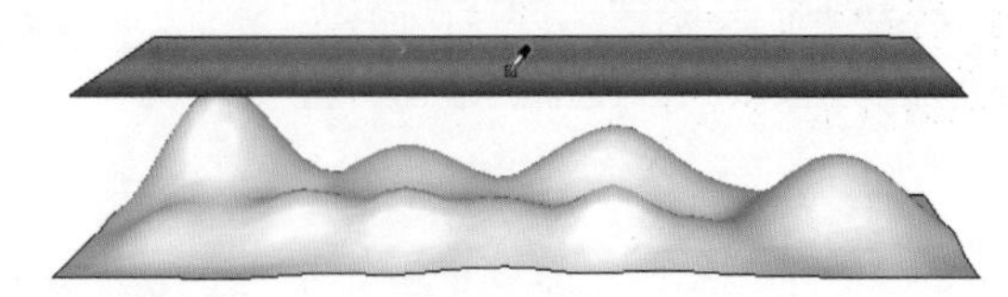

图11-66

9．对地形填充材质，如图11-67和图11-68所示。

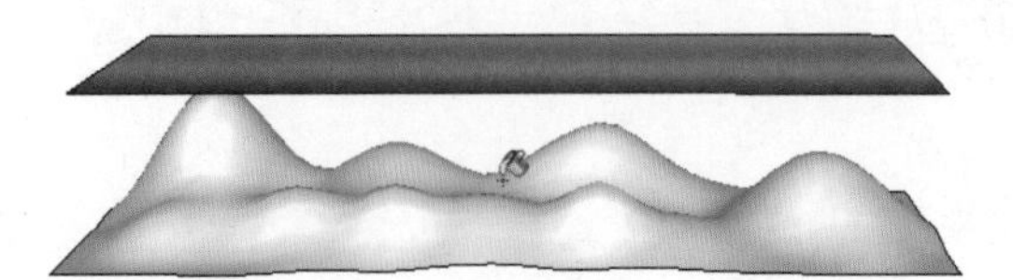

图11-67

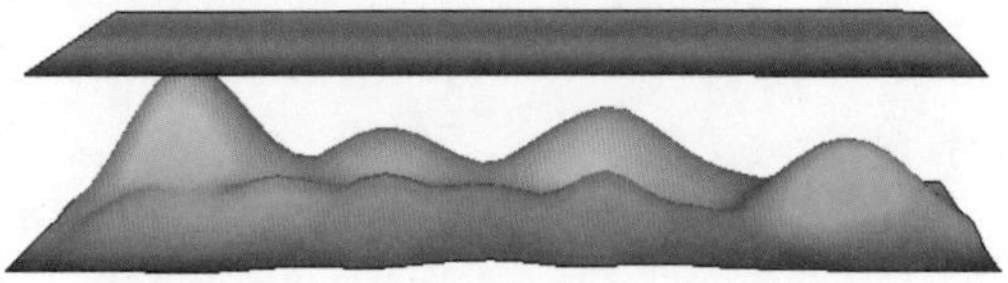

图11-68

10．删除图片，渐变山体效果如图11-69所示。

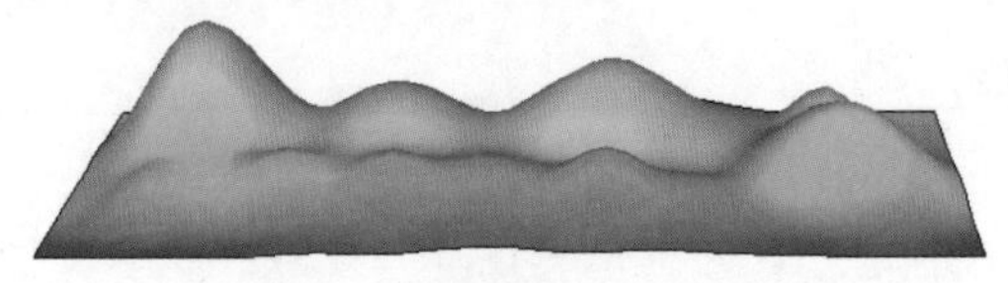

图11-69

案例——创建卫星地形

本案例主要是利用一张卫星地形图片对地形进行投影，图11-70所示为效果图。

图11-70

源文件：\Ch11\卫星地图.jpg

结果文件：\Ch11\卫星地形.skp

视频：\Ch11\卫星地形.wmv

1．单击【根据网格创建】按钮，绘制网格地形，如图11-71所示。

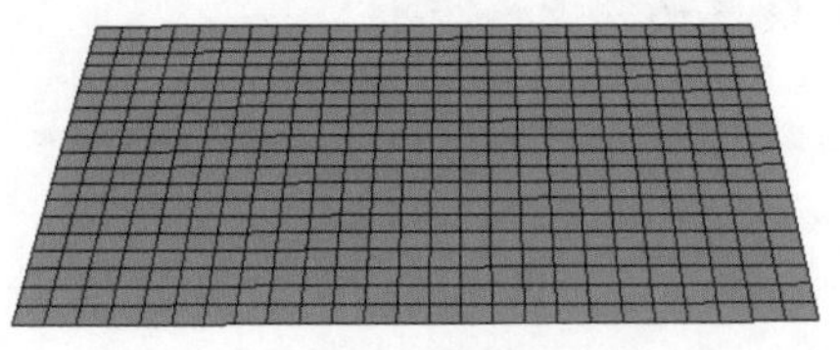

图11-71

2．双击进入编辑状态，单击【曲面拉伸】按钮，创建地形，如图11-72和图11-73所示。

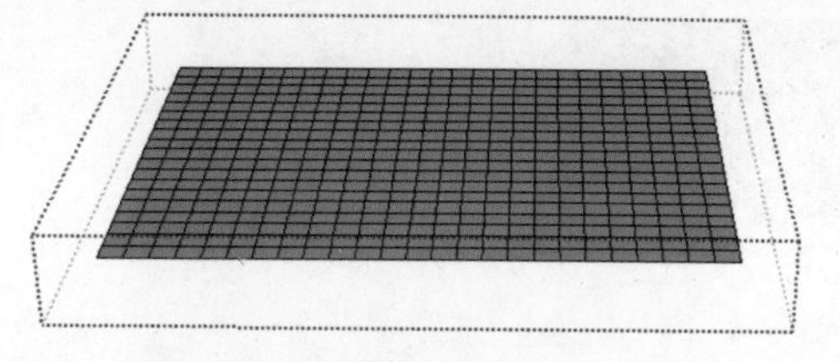

图11-72

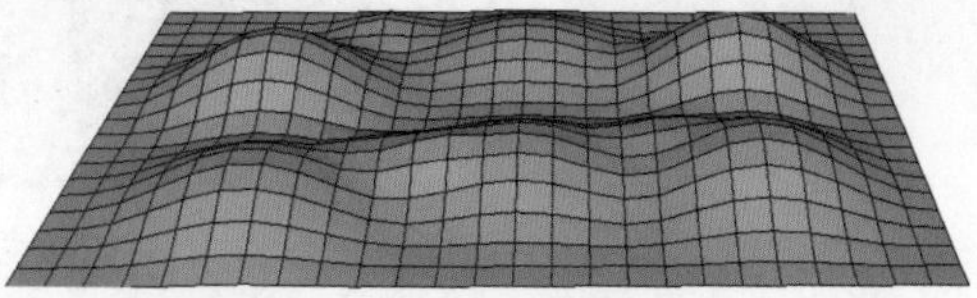

图11-73

3．选中地形，单击【添加细部】按钮，添加细部，如图11-74和图11-75所示。

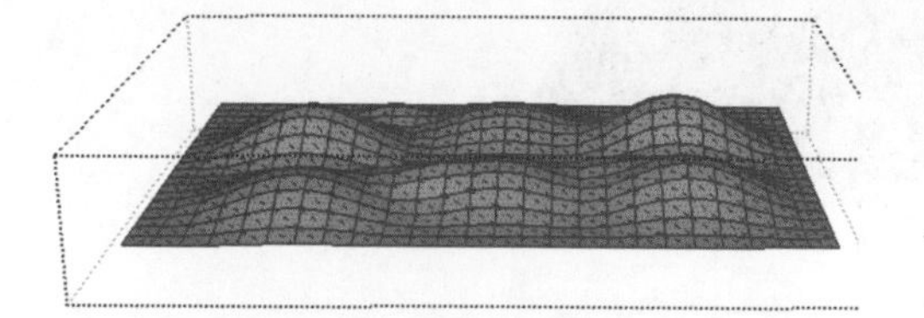

图11-74

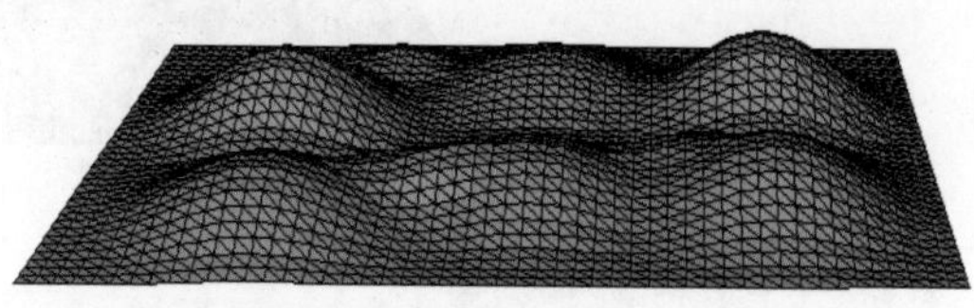

图11-75

4．选择【窗口】/【柔化边线】命令，如图11-76和图11-77所示。

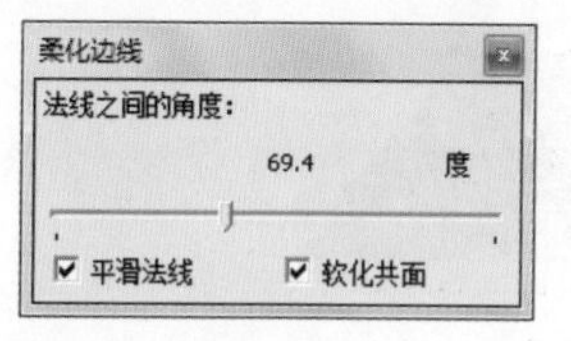

图11-76

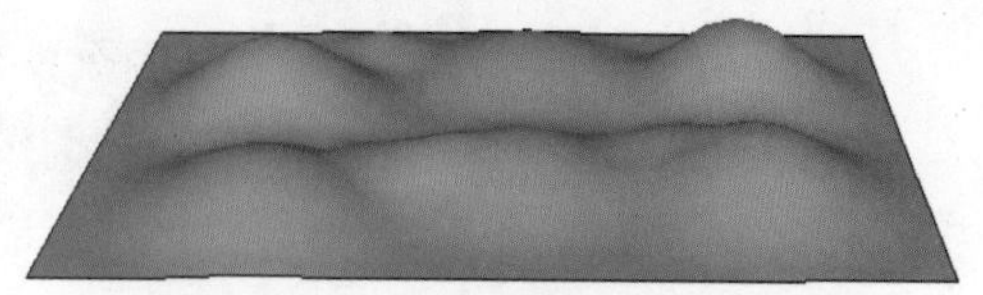

图11-77

5．选择【文件】/【导入】命令，导入卫星地形图片，如图11-78所示。

6．分别选中图片和地形，单击鼠标右键，选择【分解】命令，如图11-79所示。

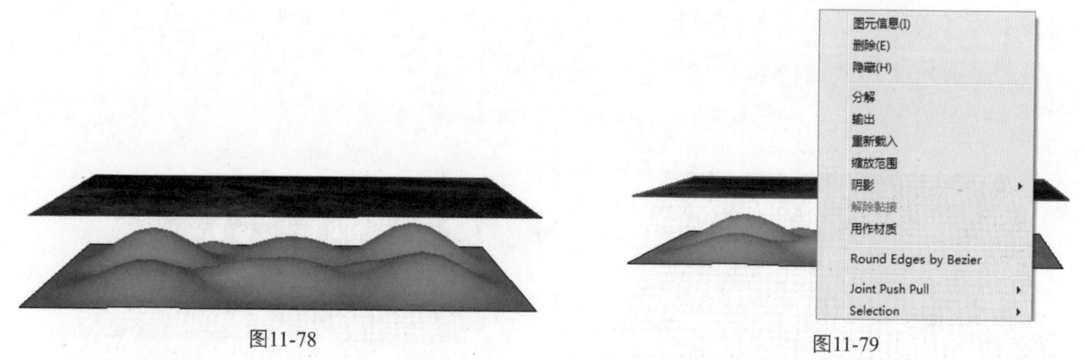

图11-78

图11-79

7．选择【窗口】/【材质】命令，单击【样本颜料】按钮，吸取图片材质进行填充，如图11-80、图11-81和图11-82所示。

图11-80

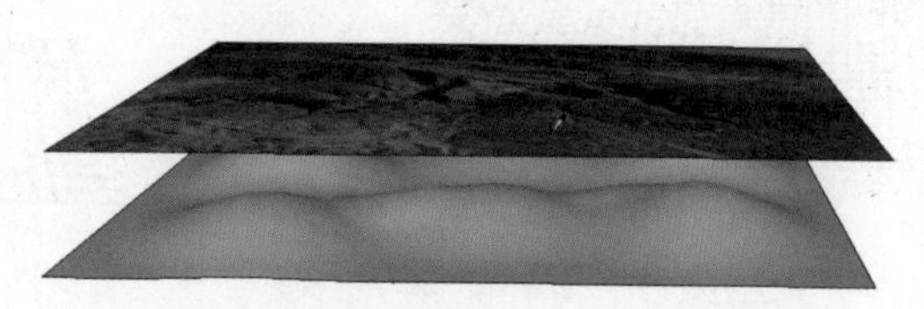

图11-81

图11-82

8．删除图片，卫星地形效果如图11-83所示。

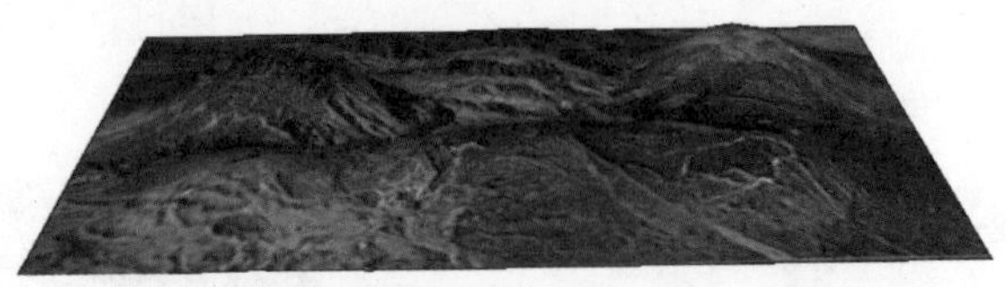
图11-83

案例——塑造地形场景

本案例主要是利用沙盒工具绘制地形，图11-84所示为效果图。

图11-84

源文件：\Ch11\别墅模型.skp

结果文件：\Ch11\塑造地形场景.skp

视频：\Ch11\塑造地形场景.wmv

1．单击【根据网格创建】按钮，在数值控制栏的“栅格距离”中输入2000mm，绘制平面网格，如图11-85所示。

2．双击平面网格，进入编辑状态，如图11-86所示。

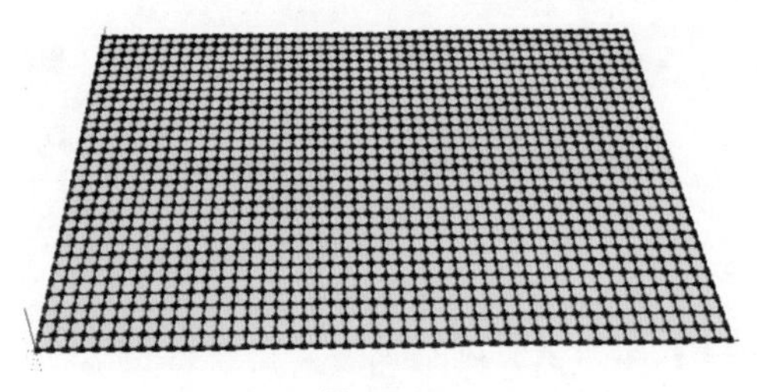
图11-85

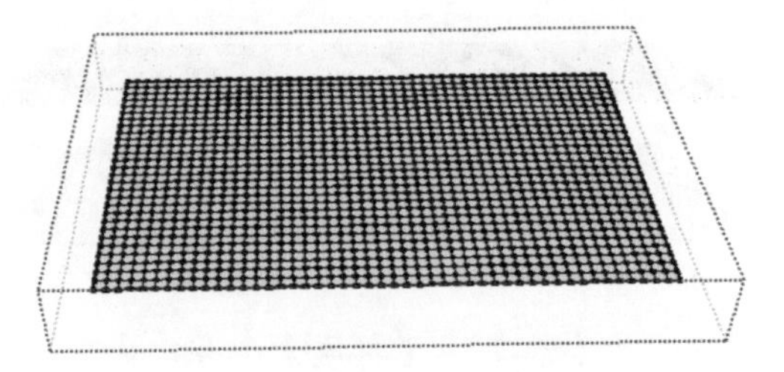
图11-86

3．单击【曲面拉伸】按钮，对网格地形进行任意的曲面拉伸变形，如图11-87所示。

4．这时在数值控制栏输入“半径”值可以改变拉伸大小，曲面拉伸效果如图11-88所示。

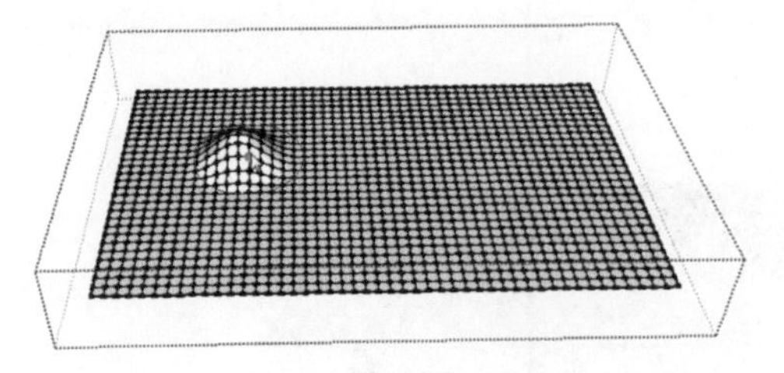
图11-87

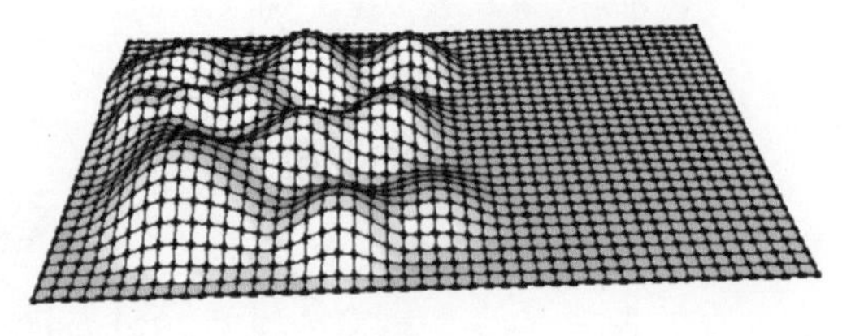
图11-88

5. 对地形网格线进行柔化一下，选择【窗口】/【柔化边线】命令，如图11-89所示，调整后的网格地形边线如图11-90所示。

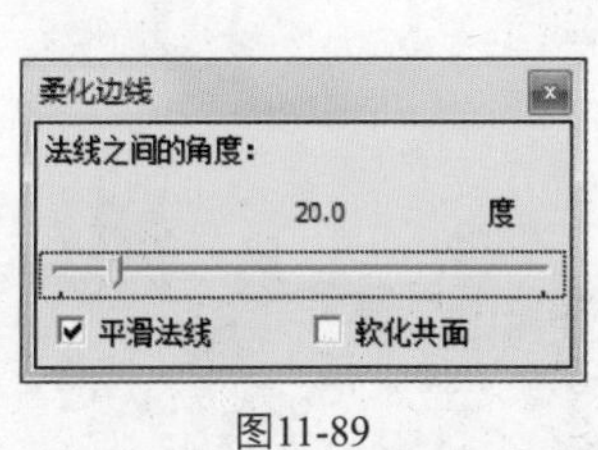

图11-89

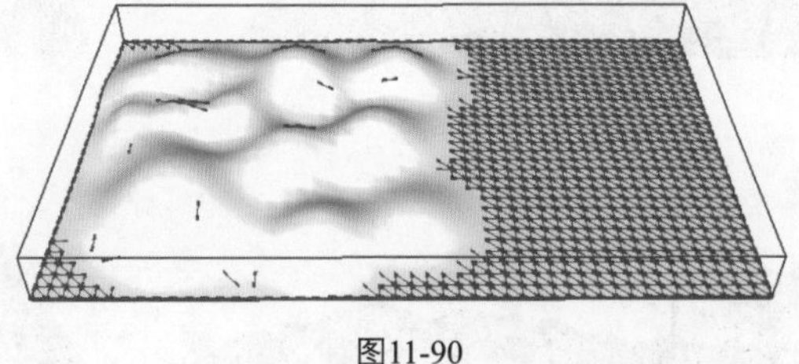
图11-90

6. 再勾选“软化共面”复选框，调整后的效果如图11-91和图11-92所示。

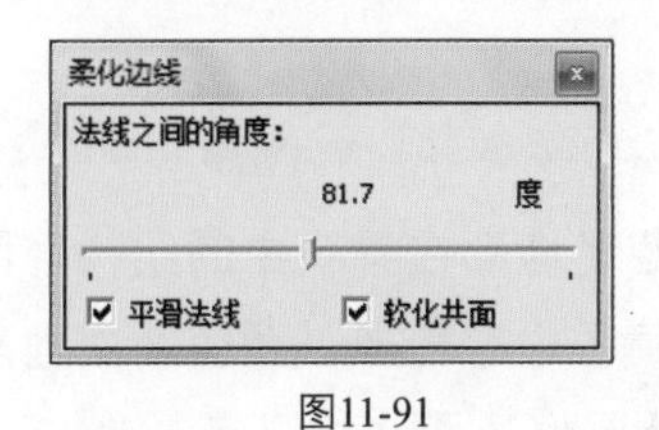

图11-91

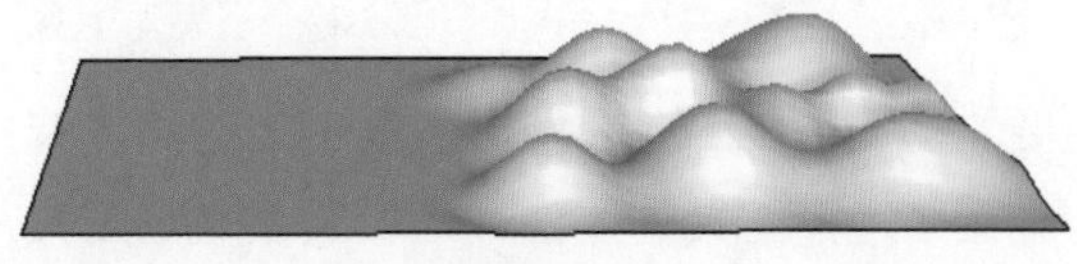
图11-92

7. 双击地形进入编辑状态，如图11-93所示。

8. 单击【颜料桶】按钮，在【材质】编辑器中选择一种颜色材质，如图11-94所示。

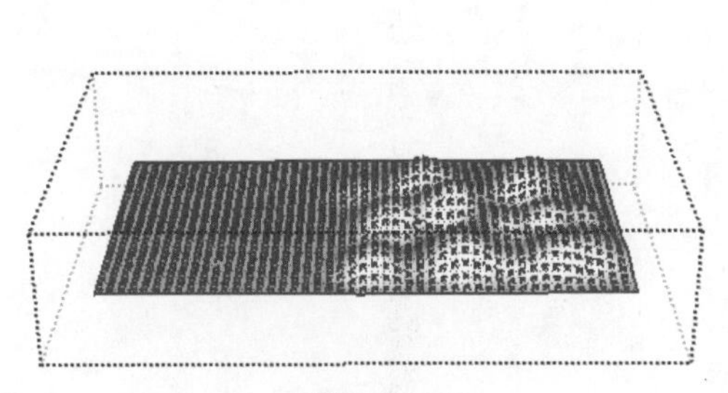
图11-93

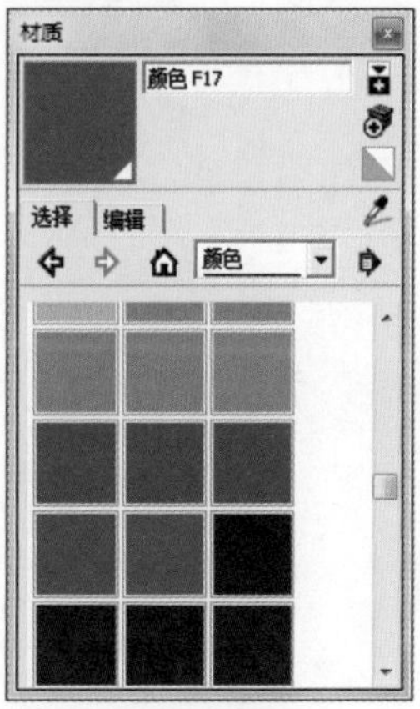

图11-94

9. 为地形填充颜色，如图11-95所示。

10. 单击【圆弧】按钮和【线条】按钮，画一条路面，如图11-96所示。

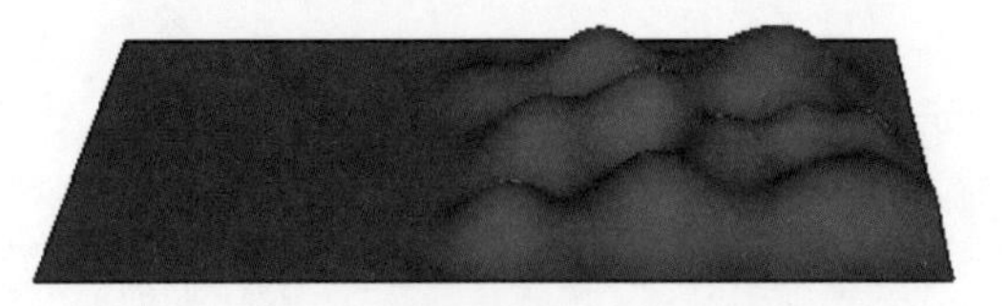
图11-95

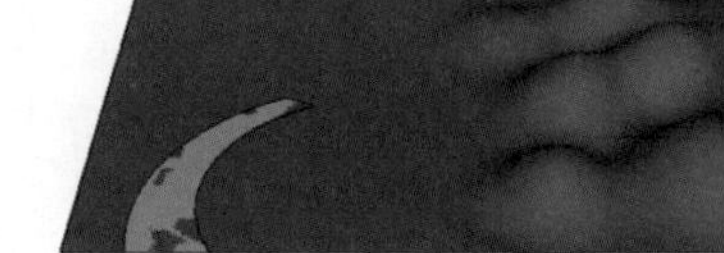
图11-96

11. 单击【推/拉】按钮，将路面向上推拉300mm，如图11-97所示。

12. 单击【颜料桶】按钮，选择一种路面材质进行填充，如图11-98所示。

13. 选择【文件】/【导入】命令，打开别墅模型，放于地形适合的位置，如图11-99所示。

14. 导入植物组件，最终效果如图11-100所示。

图11-97

图11-98

图11-99

图11-100

11.4 本章小结

本章主要学习了SketchUp在地形场景中的应用，首先介绍了地形在景观中的结构，以及美学造景，其次介绍了地形工具的用法，最后结合地形工具，创建了山峰地形、颜色渐变地形、卫星地形、塑造地形场景几个实例模型，地形的场景在SketchUp中是必不可少的环节。

第12章 规划建筑模型设计

本章将介绍SketchUp在规划建筑设计中的应用，以两张不同的CAD图纸创建建筑规划模型为例进行讲解。

12.1 某公司建筑楼规划案例

源文件：\Ch12\某公司建筑规划\

结果文件：\Ch12\某公司建筑规划案例\

视频：\Ch12\某公司建筑规划.wmv

12.1.1 设计解析

本节以创建某公司建筑楼为例，着重讲解建筑设计中需要达到的模型效果，以及场景周围的表现情况。本案例设有两个入口和一个出口，入口处有漂亮的铺砖，并放置了公司的标志性建筑物。整个公司包括两幢办公的建筑楼，一个提供员工住宿的宿舍楼，还有一个供员工休息娱乐的休息室，整个公司周围环境设置得非常完善，配有不同的景观设施，如喷泉、水池、亭子、石凳、园椅、花坛，还有各式各样的植物，可以让职员们在工作之余来呼吸新鲜空气，欣赏美丽的景色。整个公司的建筑设计规划详细，非常具有人性化特点，在一定程度上提升了公司的企业精神。

规划区的总体平面在功能上由3部分组成，包括公司出入口区、景观区、建筑楼区。在交通流线上，由于地处城市繁华的中心地段，临近城市道路较多，所以东西南面都设有完善的交通流线。

图12-1、图12-2和图12-3所示为建模效果，图12-4、图12-5和图12-6所示为后期效果。本案例的操作流程如下。

（1）整理CAD图纸。

（2）在SketchUp中导入图纸。

（3）创建模型。

（4）填充材质。

（5）导入组件。

（6）添加场景页面。

（7）导出图像。

（8）后期处理。

图12-1

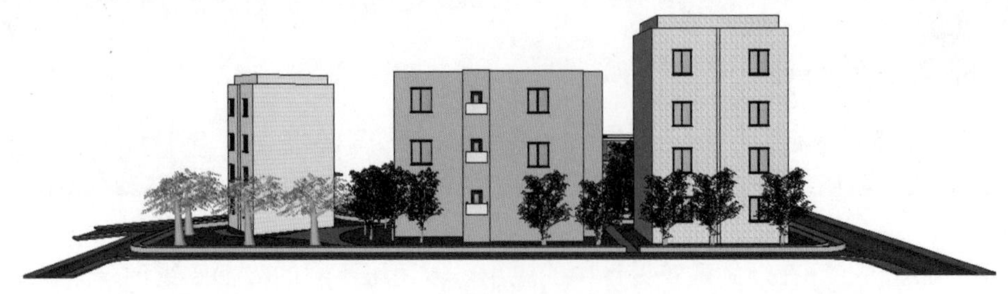
图12-2

图12-3

图12-4

图12-5

图12-6

12.1.2　方案实施

本案例以一张CAD平面设计图纸为例，首先在AutoCAD里对图纸进行清理，然后导入SketchUp中进行描边封面。

一、整理CAD图纸

CAD平面设计图纸里含有大量的文字、图层、线、图块等信息，如果直接导入SketchUp中，会增加建模的复杂性，所以一般先在CAD软件里进行处理，将多余的线删除，使设计图纸简单化，图12-7所示为平面原图，图12-8所示为简化图。

在清理图纸时，如果 CAD图形中出现粗线条，可执行“X”命令将其打散，就会变成单线条，这对于后期导入 SketchUp中进行封面非常重要且更加方便。如果 CAD图纸比较复杂时，可以利用关闭图层的方法减少清理图纸的时间，但清理完成后一定要重新复制图纸到新的 CAD文档，否则导入 SketchUp中可能会造成图层混乱或者进行封面时遇到困难。

1．在CAD命令栏里输入“PU”，按Enter键结束命令，对简化后的图纸进行进一步清理，如图12-9所示。

图12-7

图12-8

2．单击按钮，弹出图12-10所示的对话框，选择“清除所有项目”选项，直到“全部清理”按钮变成灰色状态，即清理完图纸，如图12-11所示。

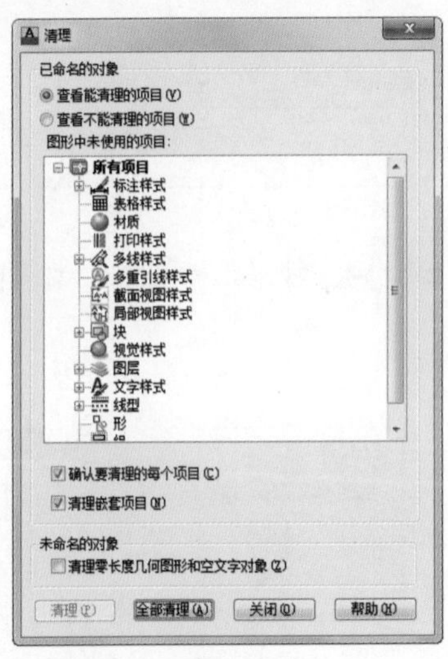

图12-9

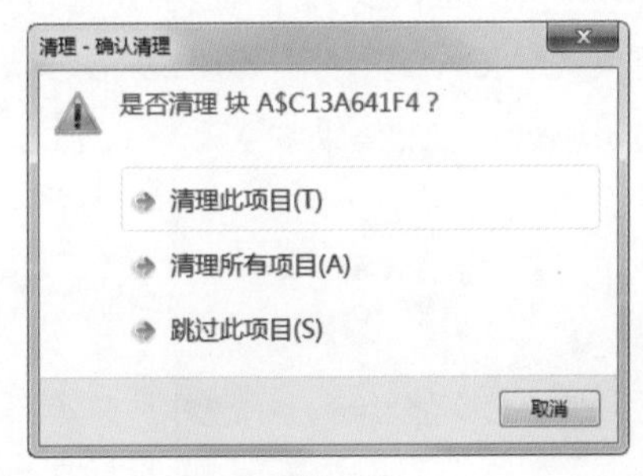

图12-10

3．在SketchUp里先优化一下场景，选择【窗口】/【模型信息】命令，弹出【模型信息】对话框，设置参数如图12-12所示。

图12-11

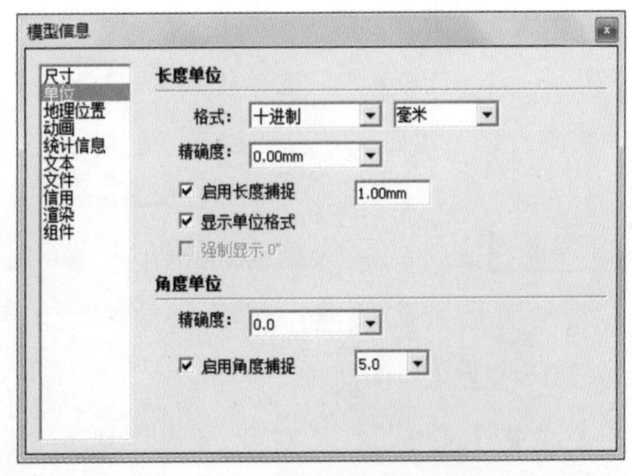

图12-12

二、导入图纸

将图纸导入SketchUp中，创建封闭面，对单独要创建的模型要进行单独封面，这里导入的图纸以“毫米”为单位。

1. 选择【文件】/【导入】命令，弹出【打开】对话框，将文件类型选择为“AutoCAD文件（*.dwg）”格式，导入某公司平面规划设计图，如图12-13和图12-14所示。

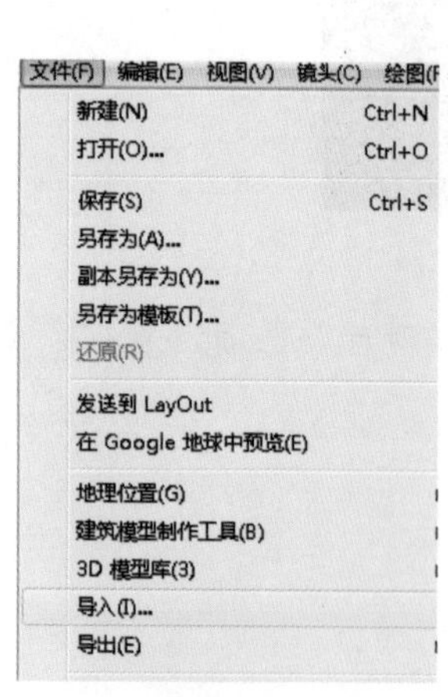

图12-13

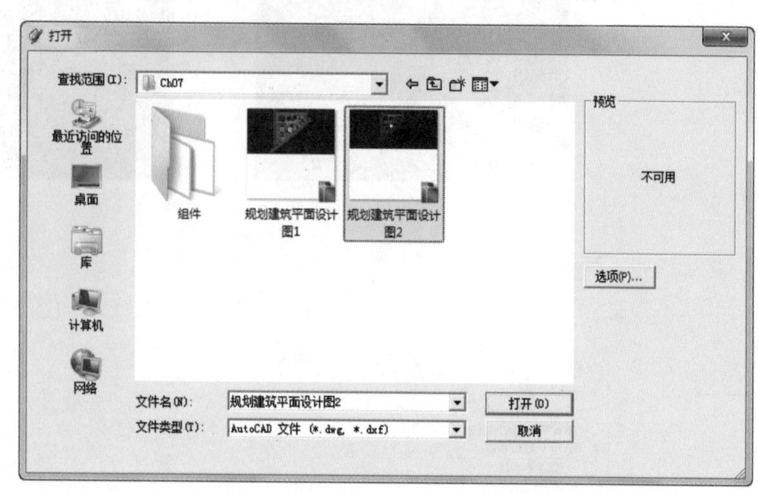

图12-14

2. 单击 选项(P)... 按钮，将单位改为“毫米”，单击 确定 按钮，最后单击 打开(O) 按钮，即可导入CAD图纸，如图12-15所示。

3. 图12-16所示为导入结果。

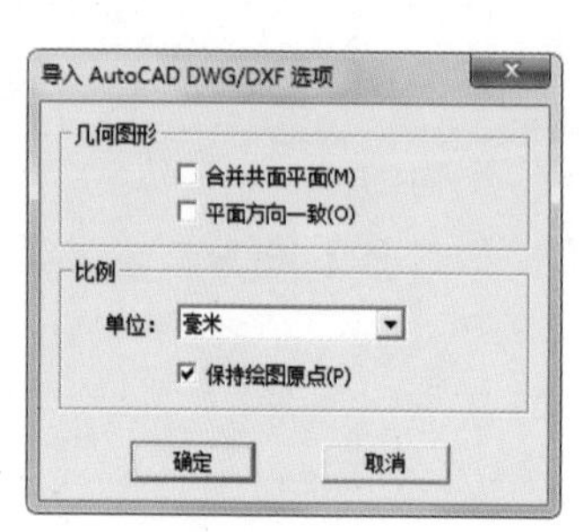

图12-15

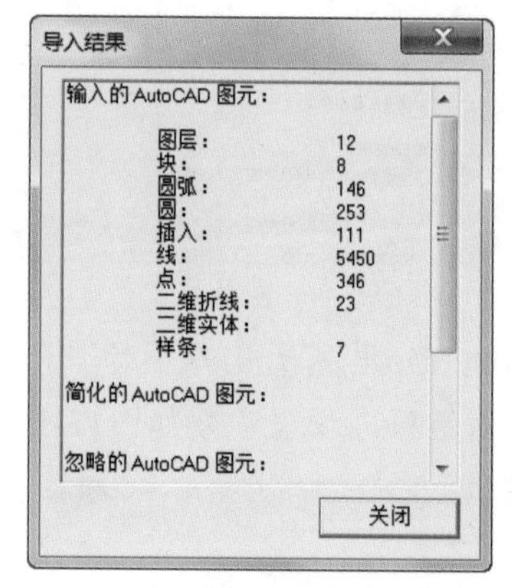

图12-16

如果无法导入CAD图形，请选择用较低CAD版本存储后再重新导入。如果在SketchUp导入CAD图纸的过程中出现自动关闭现象，请确定场景优化是否正确。

4. 单击 关闭 按钮，导入到SketchUp中的CAD图纸是以线条显示的，如图12-17所示。

5. 将图纸放大且再次清理，将多余的线或出头的线进行删除，将断掉的线进行连接，如图12-18和图12-19所示。

6. 单击【线条】按钮，对导入的图纸进行描边，绘制封闭面，如图12-20和图12-21所示。

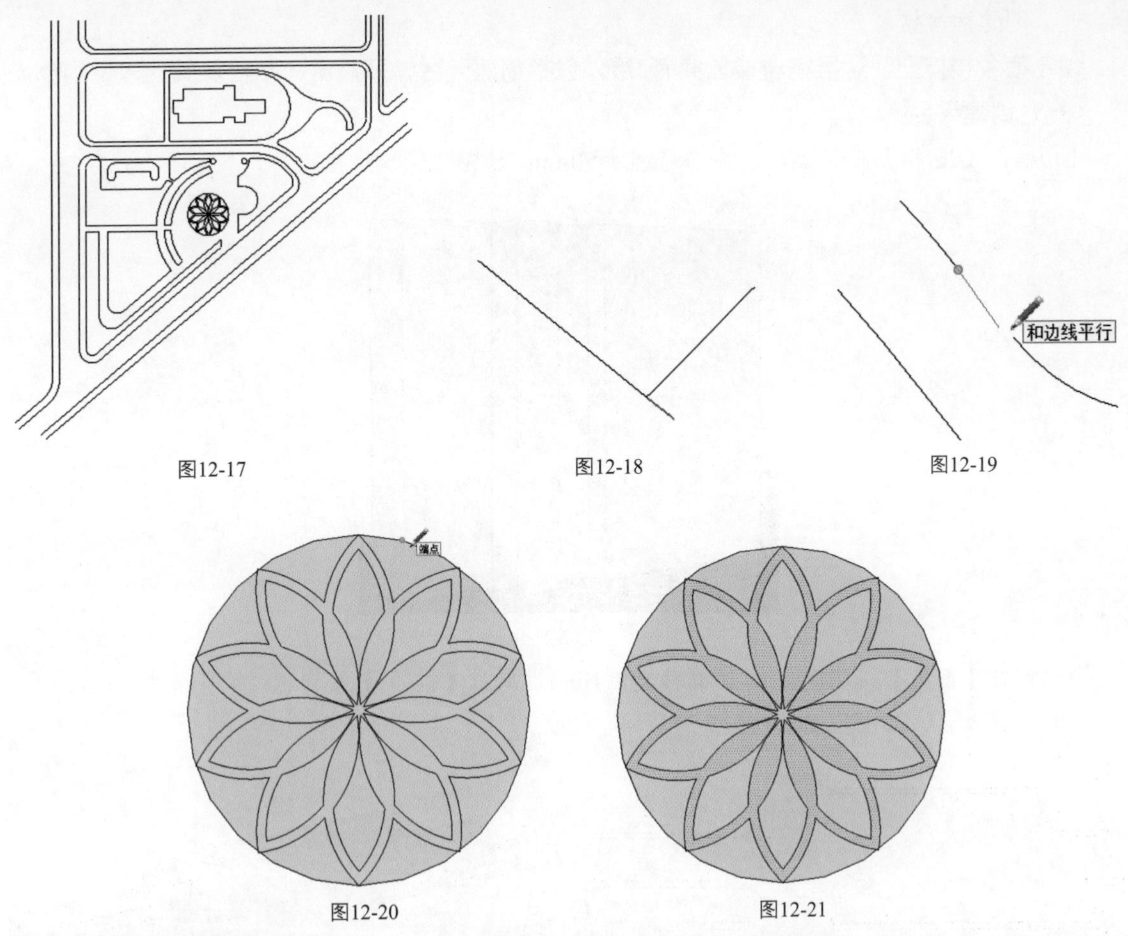

图12-17　图12-18　图12-19

图12-20　图12-21

7. 继续对图纸进行封面，对单独的建筑部分要进行单独描边封面，图12-22和图12-23所示为封面效果。
8. 对马路线条进行连接并创建封面，如图12-24所示。

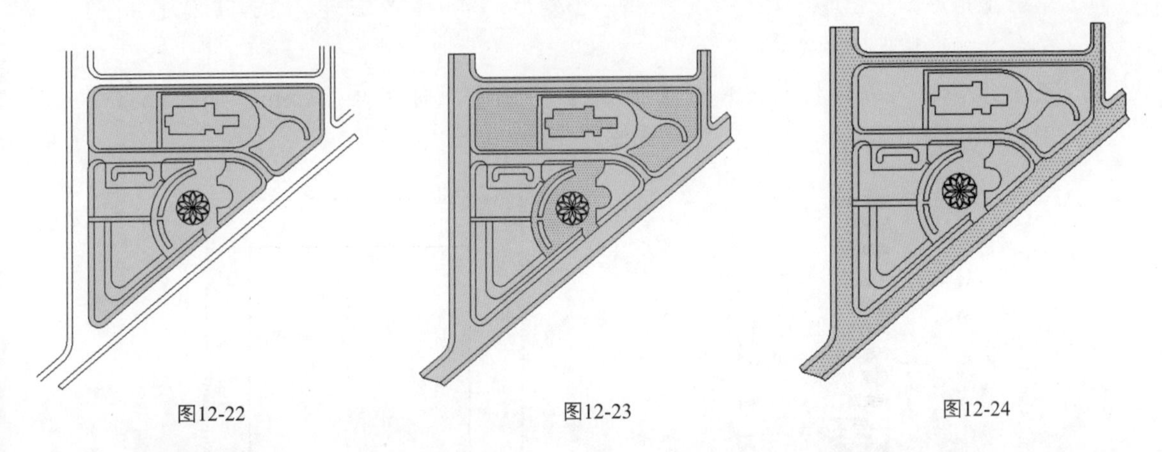

图12-22　图12-23　图12-24

12.1.3 建模流程

参照图纸，创建公司宿舍楼、休息室、办公楼、标志性建筑模型，其次依次创建水池、花坛等景观模型，根据SketchUp场景需要，这里推拉建筑的高度可能与实际图纸不符，但不影响建筑设计的整体布局。

一、创建宿舍楼

创建宿舍楼模型，这里宿舍楼总共有3层，包括创建天台、开口窗、阳台及其他建筑构件。

（一）创建天台

1．单击【推/拉】按钮，将办公楼推高50mm，如图12-25所示。

图12-25

2．单击【偏移】按钮，向里偏移复制1mm。单击【推/拉】按钮，向下推拉9mm，形成天台，如图12-26和图12-27所示。

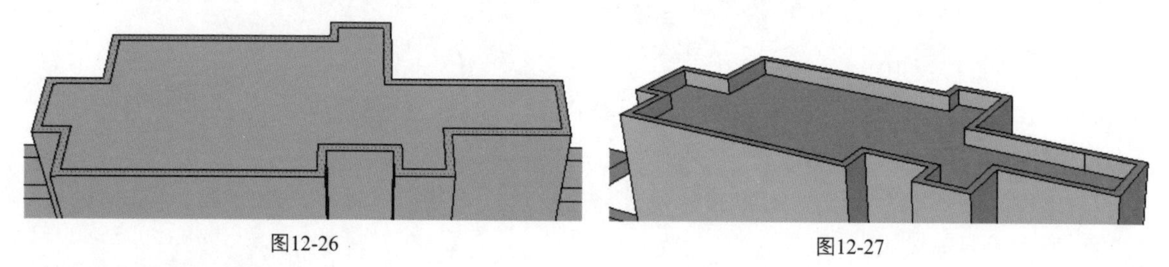

图12-26

图12-27

（二）创建开口窗

1．单击【矩形】按钮，在墙体上绘制一个矩形。单击鼠标右键，选择【创建组件】命令，如图12-28所示。

2．双击组件进入编辑状态，单击【推/拉】按钮，向外推拉1mm，如图12-29和图12-30所示。

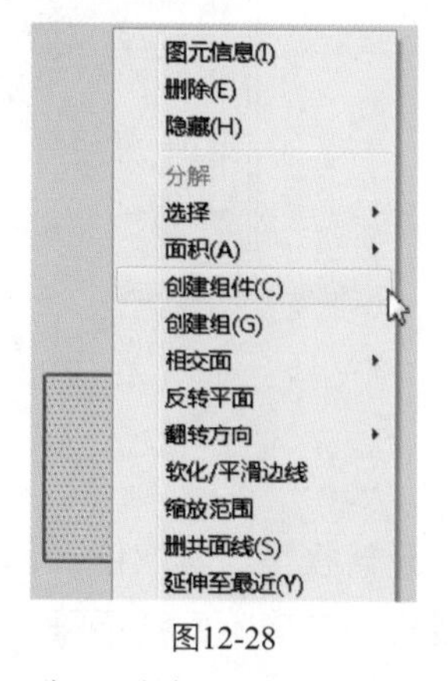

图12-28

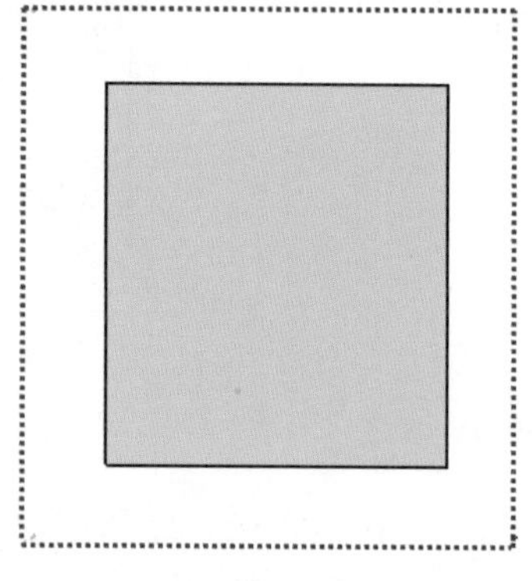

图12-29

3．将侧面进行删除，如图12-31所示。

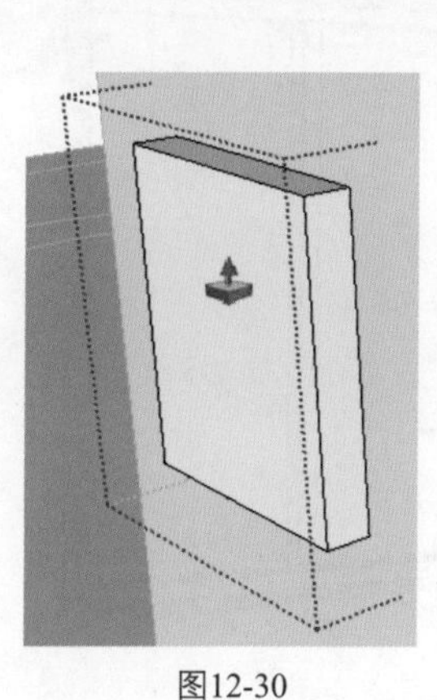

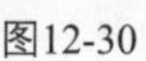

图12-30

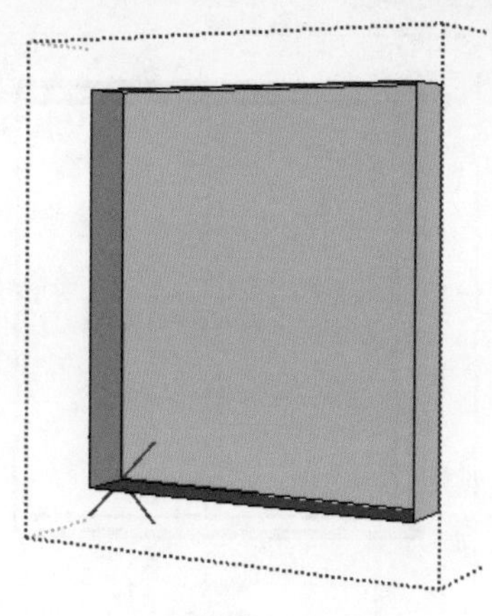

图12-31

4．选中内部面，单击鼠标右键，选择【反转平面】命令，如图12-32和图12-33所示。

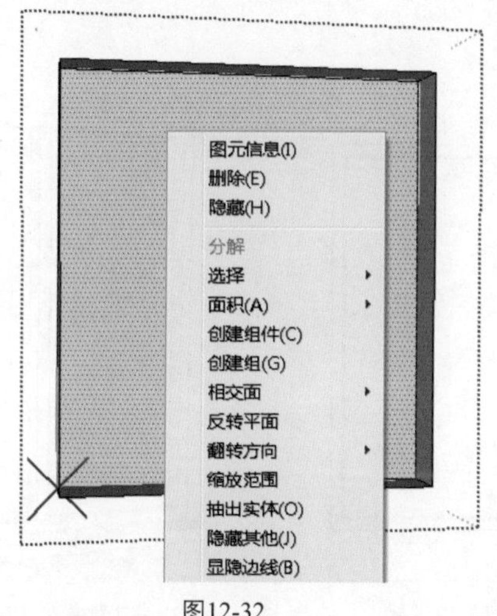

图12-32

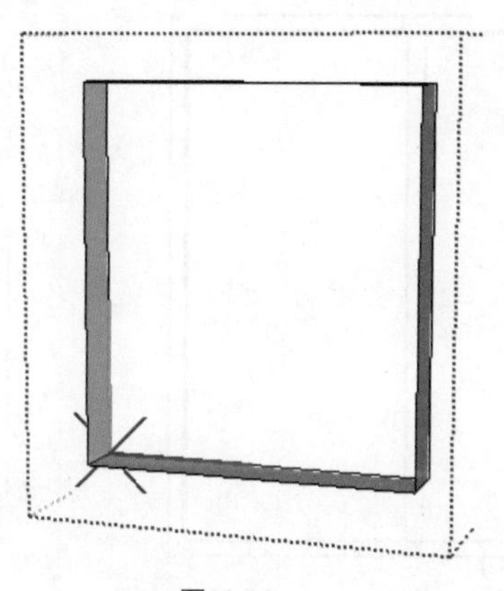

图12-33

5．单击【偏移】按钮，将面向里偏移复制0.9mm，如图12-34所示。

6．单击【推/拉】按钮，向外推拉0.3mm，如图12-35所示。

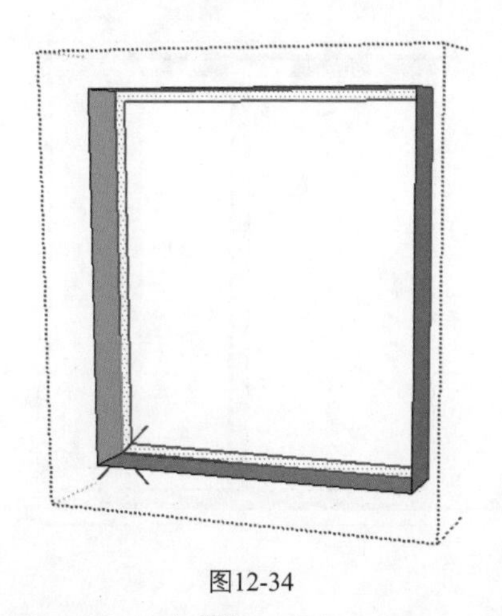

图12-34

图12-35

7．单击【矩形】按钮，绘制矩形面，单击【推/拉】按钮，推拉窗框，如图12-36和图12-37所示。

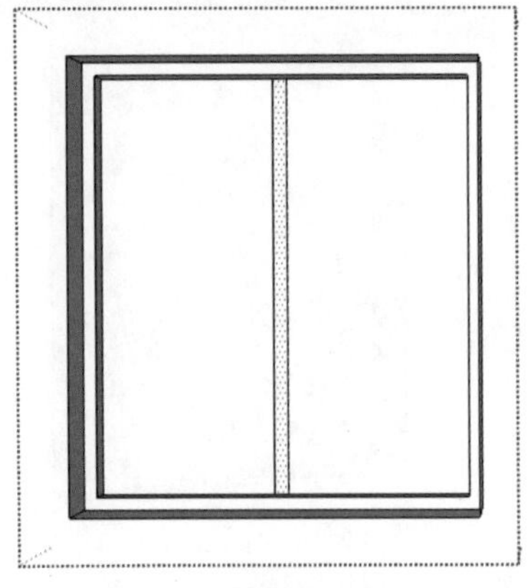

图12-36

图12-37

8．将窗户周围的面删除，如图12-38所示。

9．单击【矩形】按钮，在窗户下方绘制矩形面。单击【推/拉】按钮，向外推拉1mm，形成窗台，如图12-39和图12-40所示。

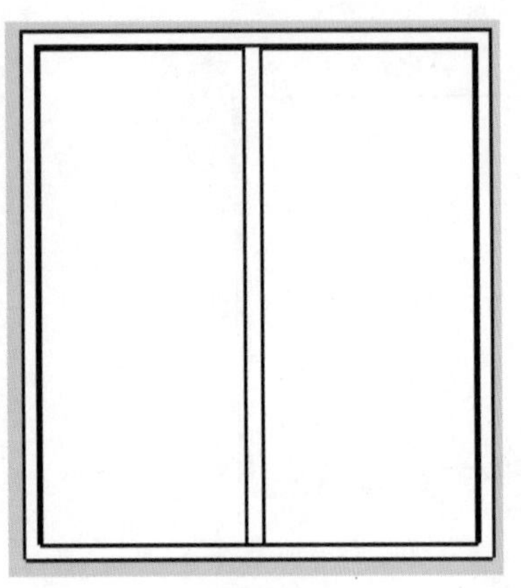

图12-38

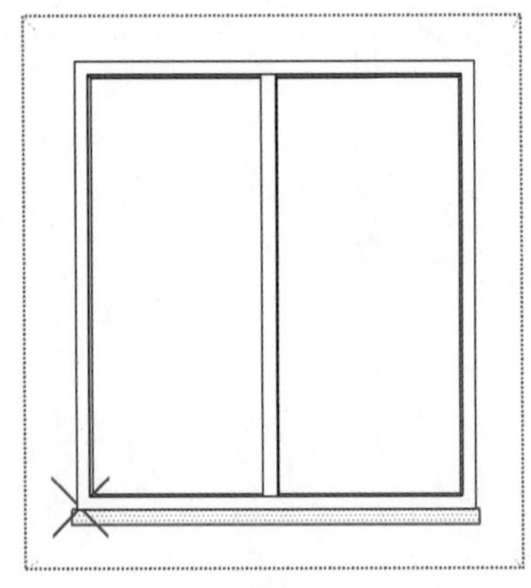

图12-39

图12-40

10．利用同样的方法完成遮阳板，效果如图12-41所示。

11．为窗户填充材质，如图12-42所示。

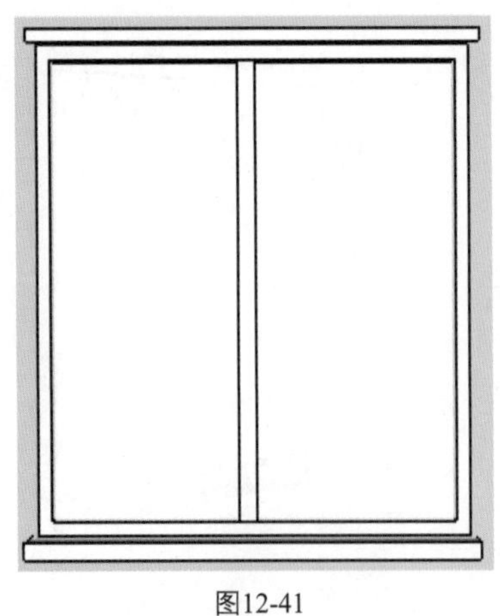

图12-41

图12-42

12．单击【移动】按钮，将窗户组件进行复制，如图12-43所示。

图12-43

（三）创建阳台

1．单击【矩形】按钮，绘制矩形面，且创建成组，如图12-44所示。

2．单击【推/拉】按钮，向外推拉3mm，如图12-45所示。

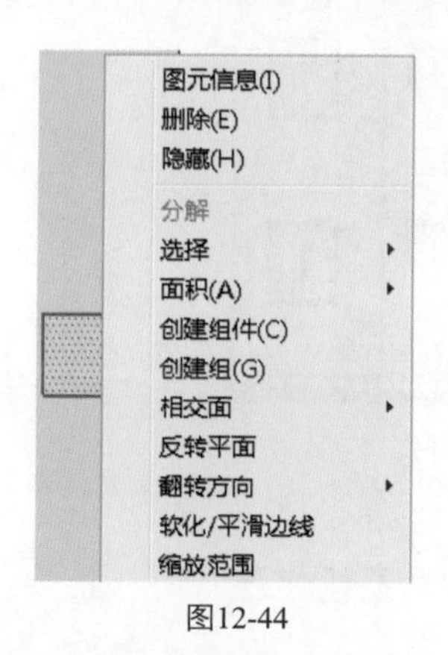

图12-44

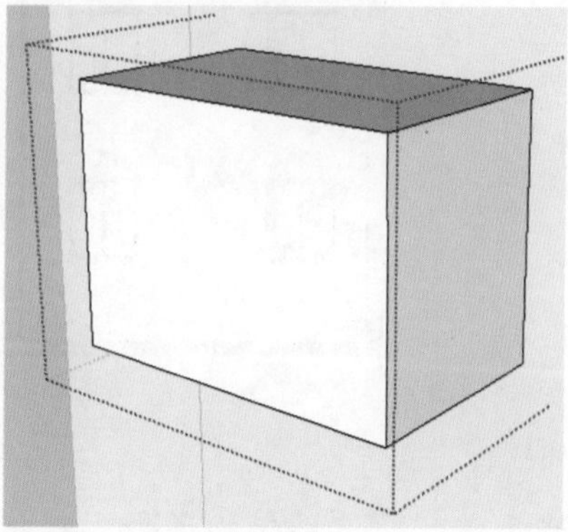

图12-45

3．单击【偏移】按钮，将面向里偏移0.3mm，如图12-46所示。

4．单击【推/拉】按钮，将面推拉一定距离，形成阳台，如图12-47所示。

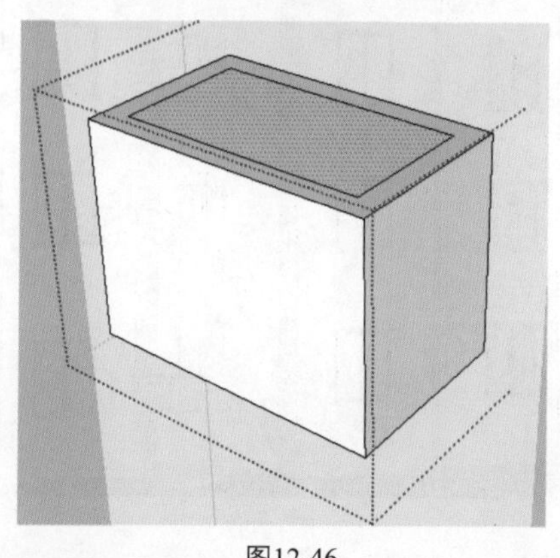

图12-46

图12-47

5．在阳台上方导入玻璃门组件，如图12-48所示。

6．为阳台填充材质，如图12-49所示。

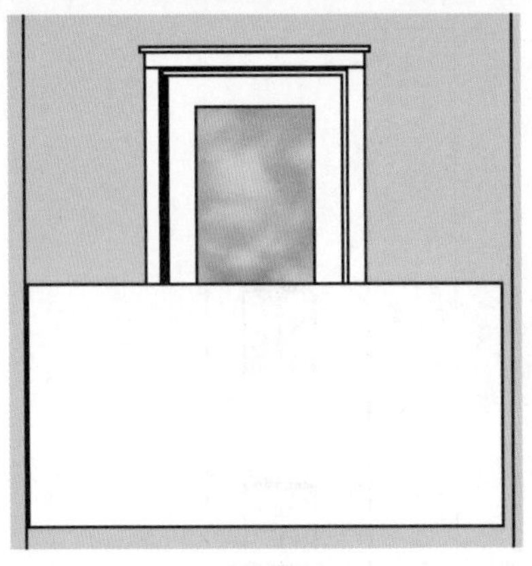
图12-48

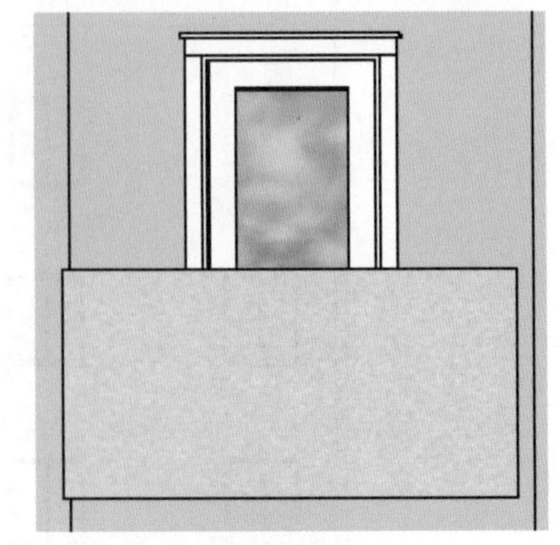
图12-49

7．单击【移动】按钮，对阳台进行复制，如图12-50所示。

图12-50

（四）完善其他构件

1．单击【矩形】按钮，绘制矩形面。单击【推/拉】按钮，向外推拉1mm，如图12-51和图12-52所示。

图12-51

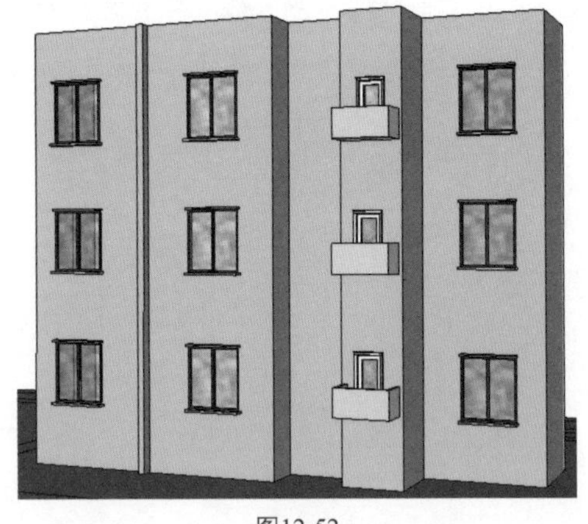
图12-52

2．导入大门组件，如图12-53所示。

3．单击【矩形】按钮，绘制两个矩形面，如图12-54所示。

图12-53

图12-54

4. 单击【推/拉】按钮，推拉矩形，形成遮阳板和石阶，如图12-55所示。

5. 单击【矩形】按钮，绘制矩形面，如图12-56所示。

图12-55

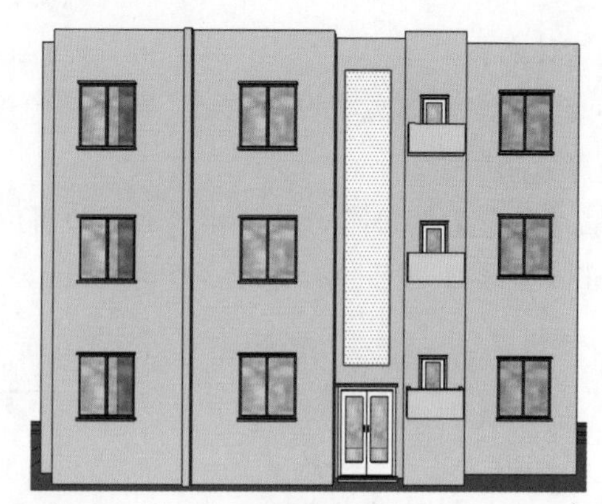

图12-56

6. 启动建筑插件，单击【玻璃幕墙】按钮，创建玻璃幕墙，如图12-57和图12-58所示。

玻璃幕墙参数设置

参数	值
行数	2
列数	2
外框宽(竖向)	0.20mm
外框宽（横向）	0.20mm
内框宽(竖向)	0.20mm
内框宽（横向）	0.20mm
外框厚度	0.20mm
玻璃位置	0.20mm
框颜色	DimGray
玻璃颜色	Blue Glass

确定 取消

图12-57

图12-58

在创建玻璃幕墙时，如果是反面，则无法自动填充玻璃颜色，需要执行“反转平面”命令，再执行“玻璃幕墙”命令时，才会创建成功。

7．宿舍楼创建完毕，最后完善它的材质，效果如图12-59所示。

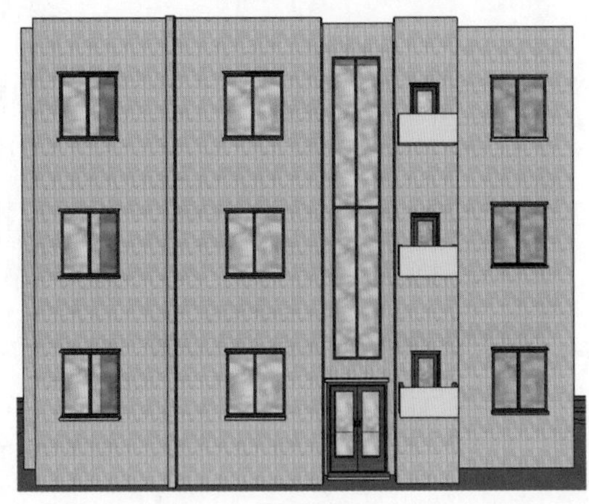

图12-59

二、创建休息室

创建休息室模型，休息室设有两层，第二层由落地窗玻璃设计而成，非常别致，是员工休息娱乐的小型聚会场所。

1．单击【矩形】按钮，绘制矩形面，如图12-60所示。

2．单击【推/拉】按钮，推拉高度为95mm，如图12-61所示。

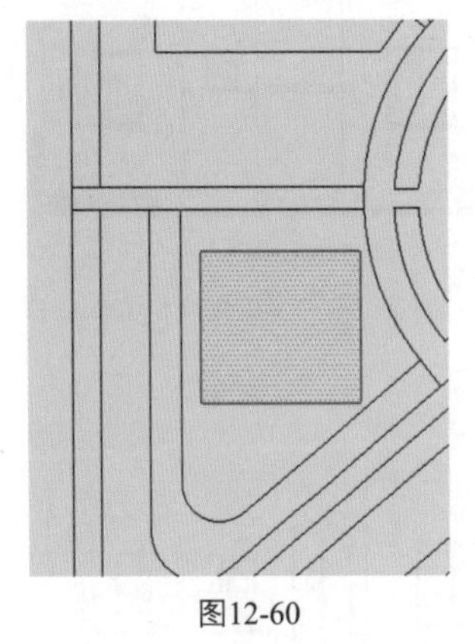

图12-60

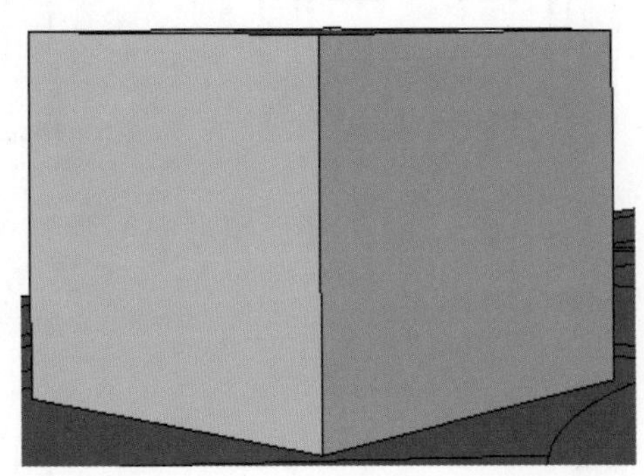

图12-61

3．单击【线条】按钮，打断成一个面，如图12-62所示。

4．单击【推/拉】按钮，向后推拉5mm，如图12-63所示。

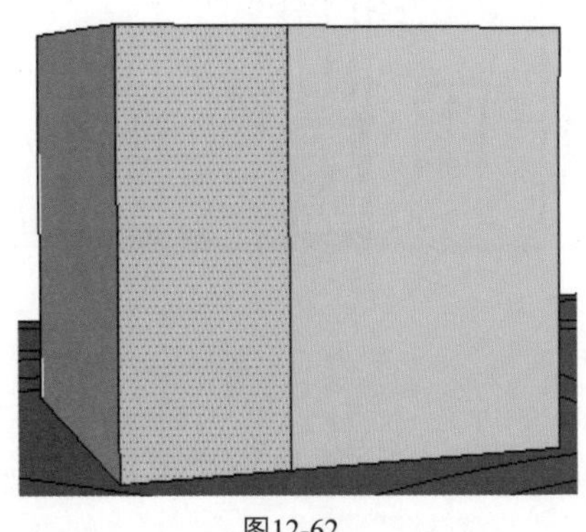

图12-62

图12-63

5．单击【矩形】按钮，在模型四周绘制矩形面，如图12-64所示。

6. 单击【推/拉】按钮，向外推拉1 mm，如图12-65所示。

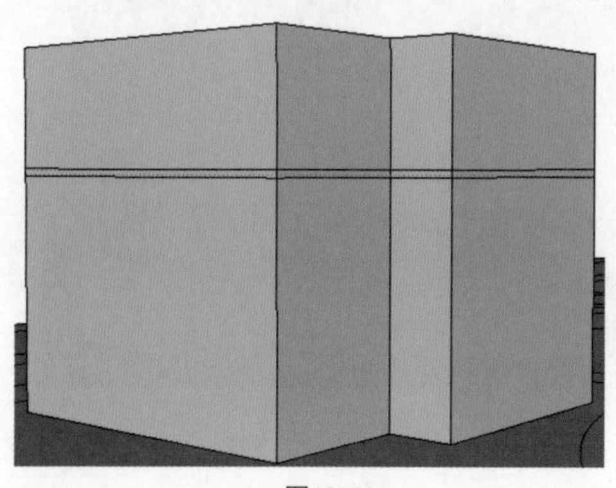

图12-64

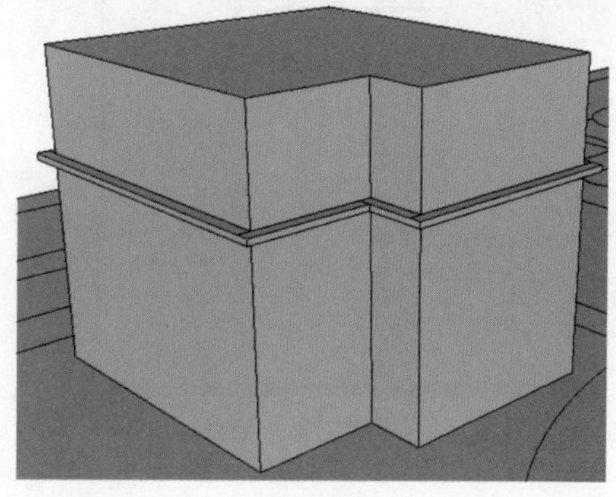

图12-65

7. 创建天台，单击【偏移】按钮，向外偏移复制1mm，如图12-66所示。

8. 单击【推/拉】按钮，向上推拉1mm，如图12-67所示。

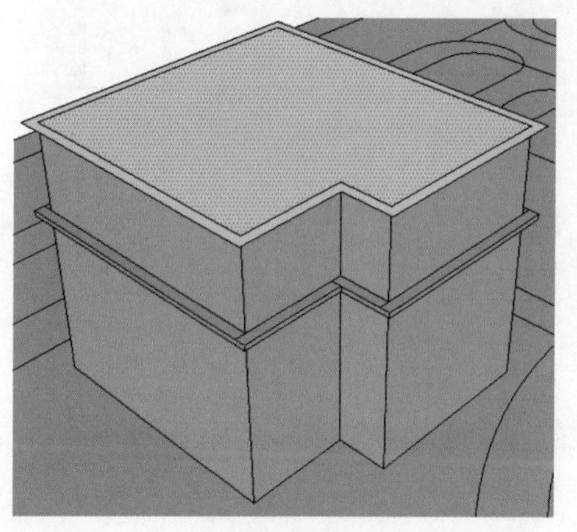

图12-66

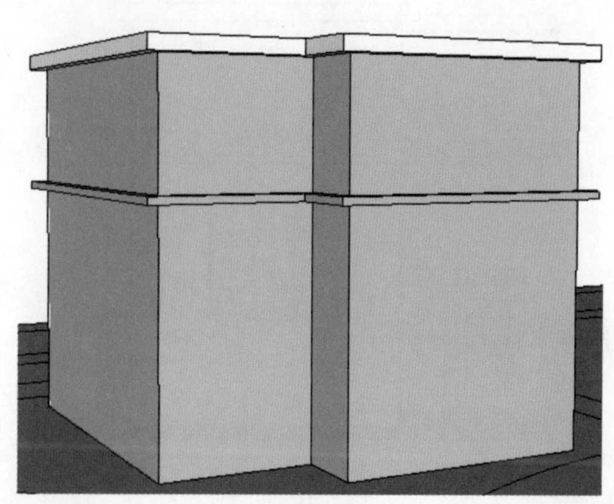

图12-67

9. 单击【矩形】按钮，绘制矩形面，如图12-68所示。

10. 单击【推/拉】按钮，推拉出窗框，如图12-69所示。

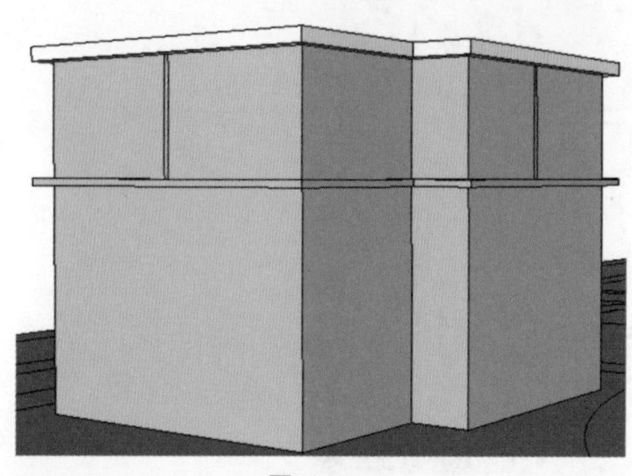

图12-68

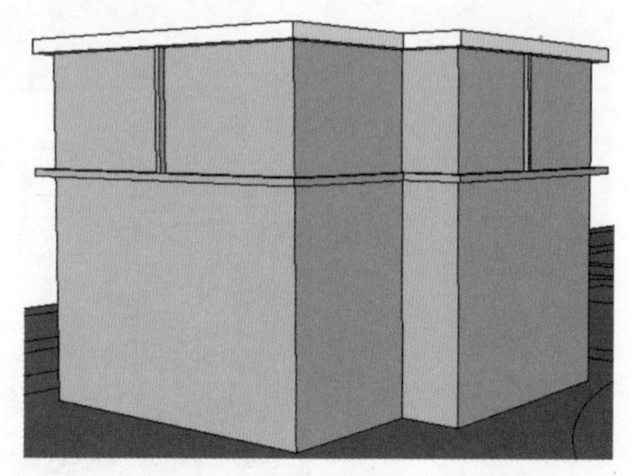

图12-69

11. 导入窗户组件，并单击【移动】按钮，复制窗户组件，如图12-70和图12-71所示。

12. 导入大门组件，如图12-72所示。

13. 单击【三维文本】按钮，添加三维文字，如图12-73所示。

14. 为休息室完善材质，效果如图12-74所示。

图12-70

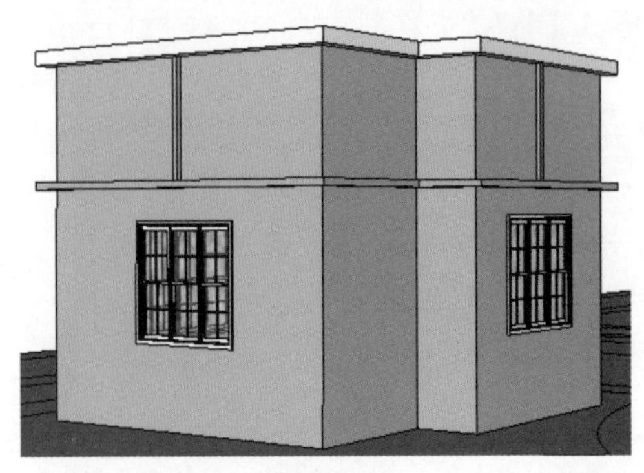
图12-71

图12-72

图12-73

图12-74

三、创建办公楼

办公楼包括两幢，各有4层楼，但设计一样，只是后期过程中修改了一下尺寸和材质。

1. 单击【矩形】按钮，绘制矩形面，如图12-75所示。
2. 单击【推/拉】按钮，推拉高度为80mm，如图12-76所示。

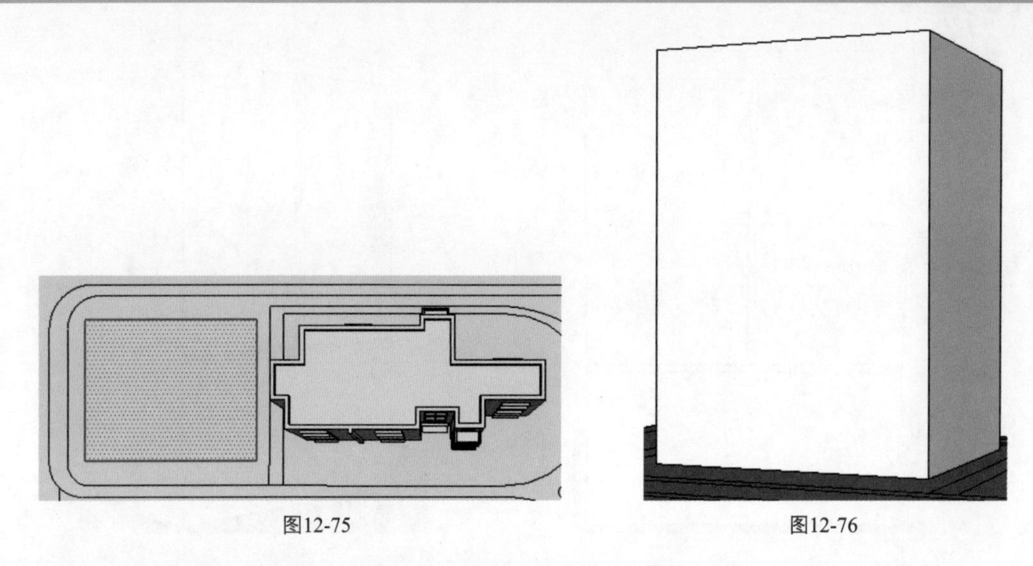

图12-75　　图12-76

3．创建屋顶，单击【偏移】按钮，将面向里偏移复制3mm，如图12-77所示。

4．单击【推/拉】按钮，将面向上推拉5mm，如图12-78所示。

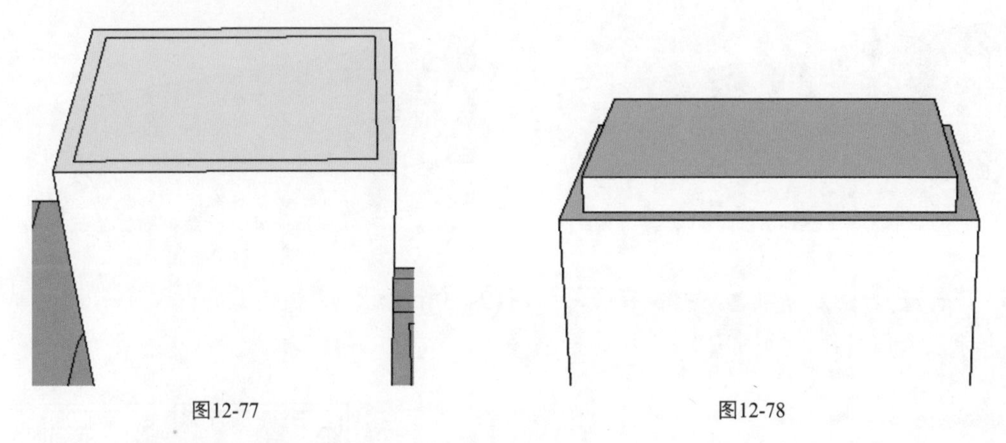

图12-77　　图12-78

5．单击【偏移】按钮，继续向里偏移复制1mm。单击【推/拉】按钮，向下推拉3mm，如图12-79和图12-80所示。

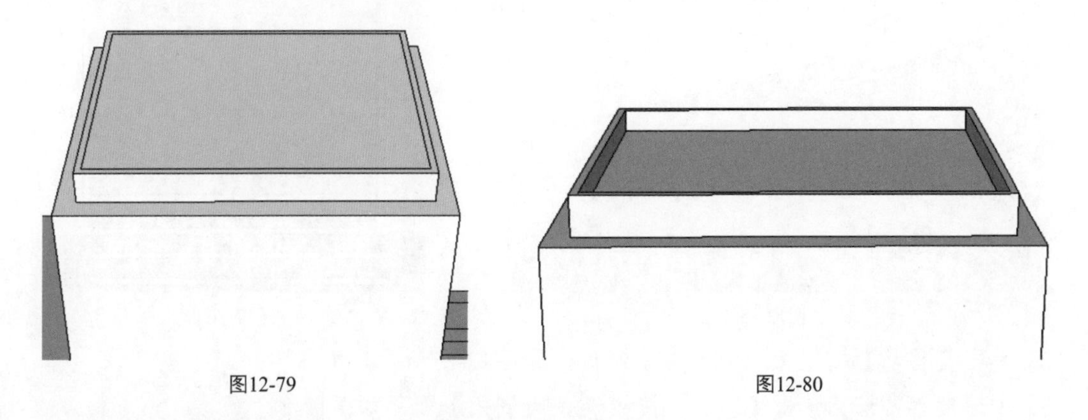

图12-79　　图12-80

6．单击【矩形】按钮，绘制矩形面，如图12-81所示。

7．单击【推/拉】按钮，将矩形面分别推拉1mm和5mm，如图12-82所示。

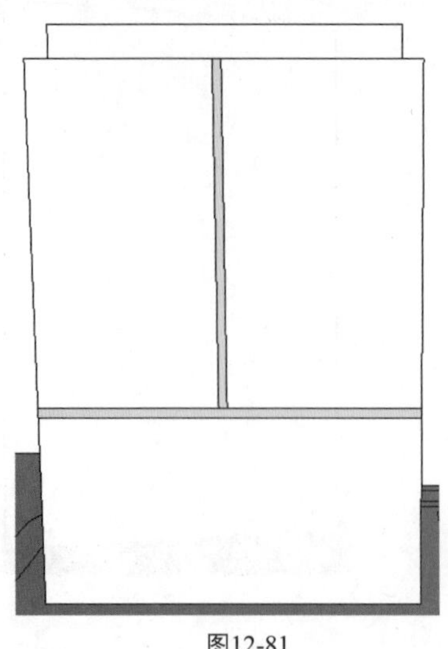

图12-81

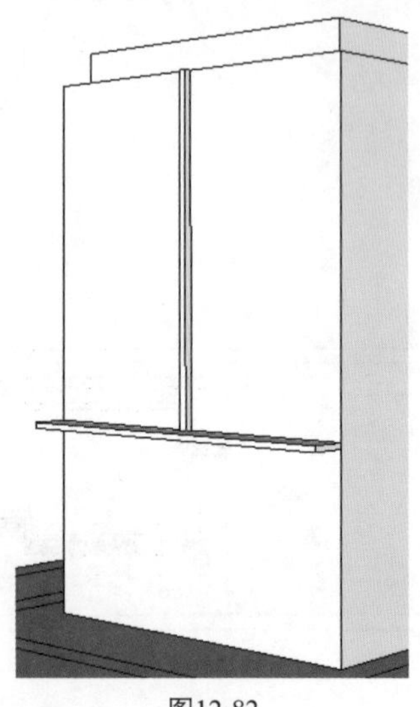

图12-82

8．创建石阶，单击【矩形】按钮，绘制矩形面，如图12-83所示。

9．单击【线条】按钮，绘制直线打断面，如图12-84所示。

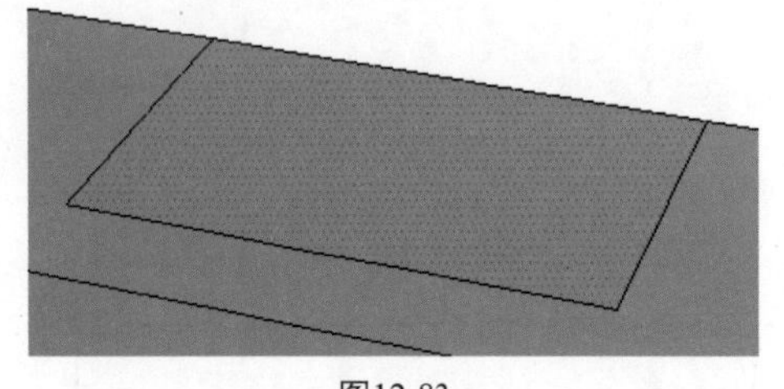

图12-83

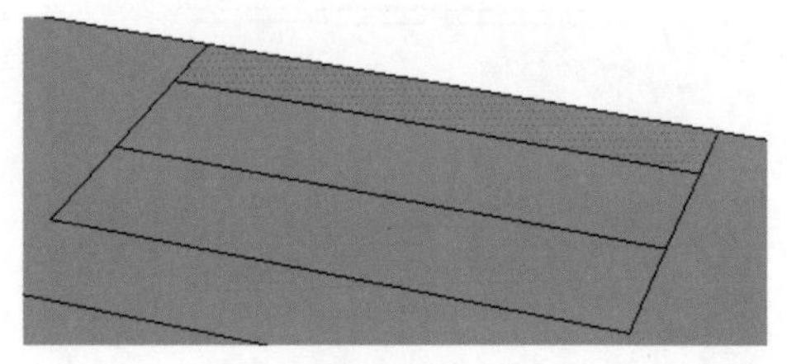

图12-84

10．单击【推/拉】按钮，推拉石阶，如图12-85所示。

11．导入大门组件，如图12-86所示。

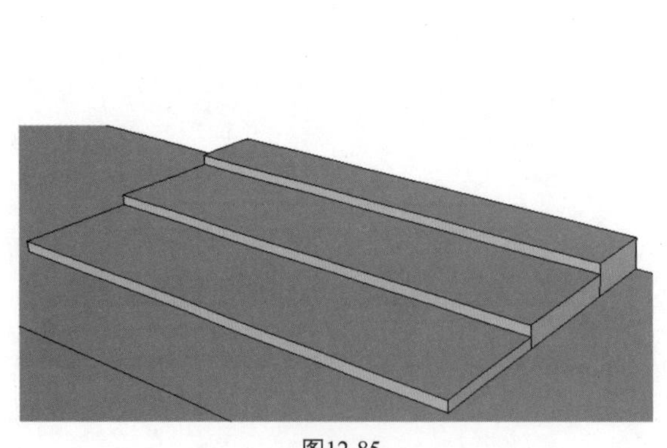

图12-85

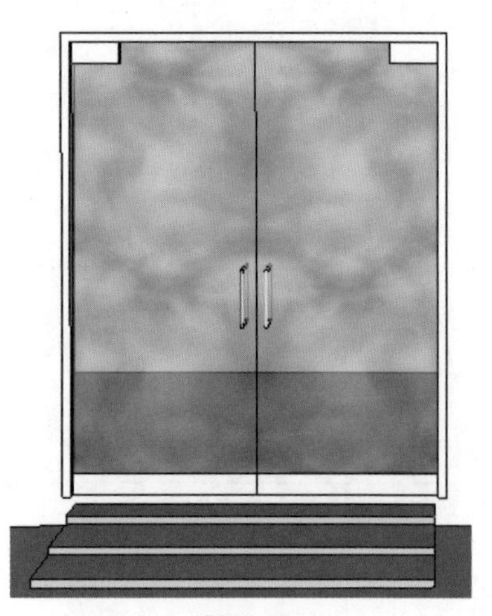

图12-86

12．单击【移动】按钮，复制窗户组件，如图12-87所示。

13．创建玻璃幕墙。单击【矩形】按钮，绘制矩形面，如图12-88所示。

14．图12-89所示为创建的玻璃幕墙。

15．完善办公楼背面效果，如图12-90所示。

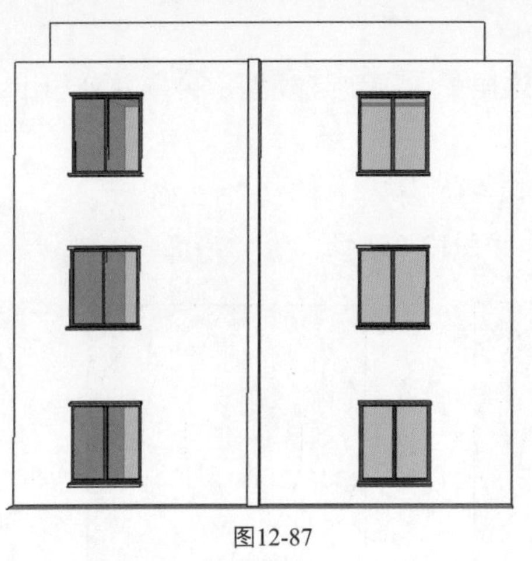

图12-87

图12-88

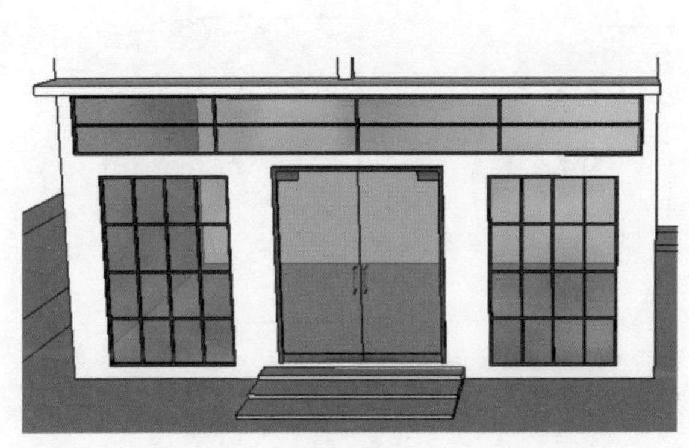

图12-89

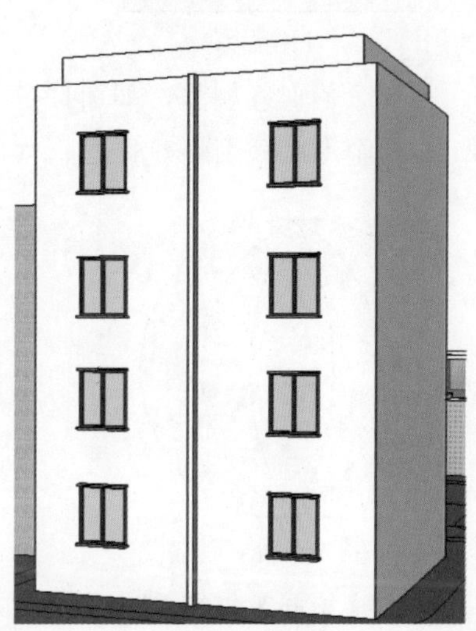

图12-90

16. 为办公楼填充材质，如图12-91所示。

17. 复制办公楼到另一边，并调整大小，修改材质，如图12-92所示。

图12-91

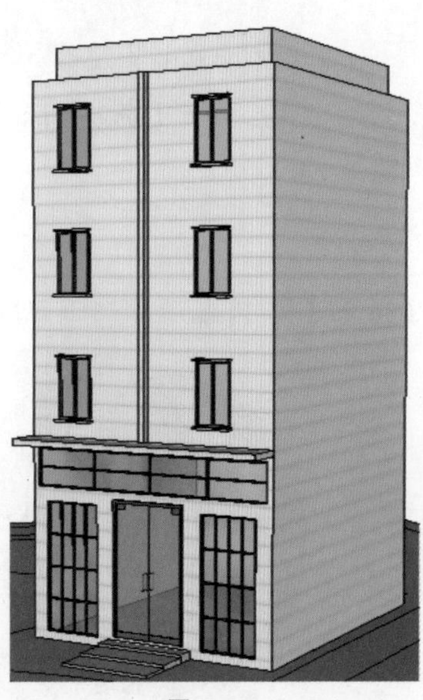

图12-92

四、创建标志性建筑

为公司创建一个具有代表意义的标志性建筑物，这里先单独创建模型，再导入公司出入口处，摆放在适合的位置。

1．单击【矩形】按钮，绘制一个矩形面，如图12-93所示。

2．单击【圆弧】按钮，绘制圆弧面，如图12-94和图12-95所示。

图12-93

图12-94

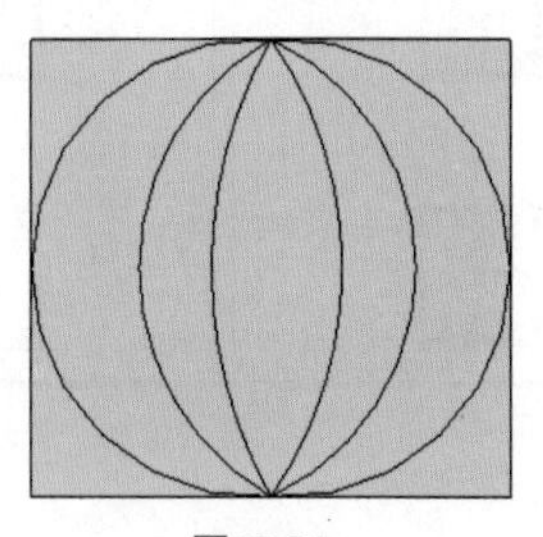
图12-95

3．将多余的面线删除，如图12-96和图12-97所示。

4．将两个形状分别创建群组，如图12-98所示。

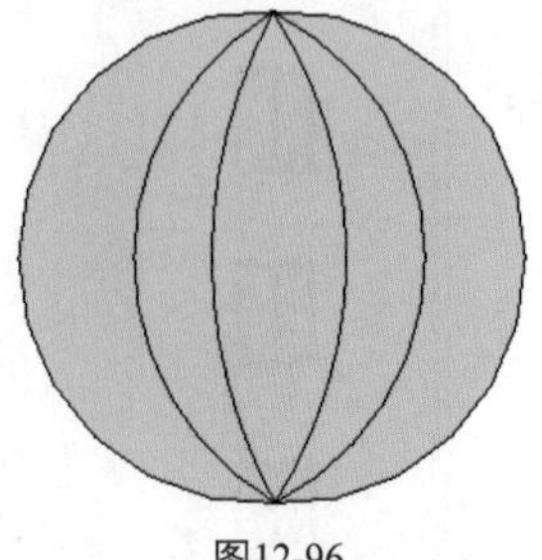

图12-96

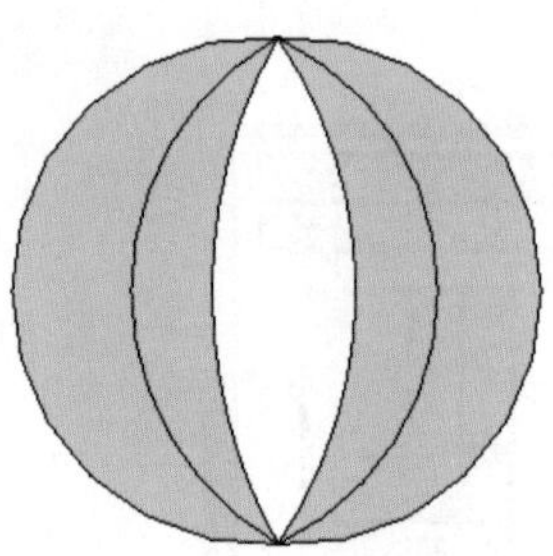
图12-97

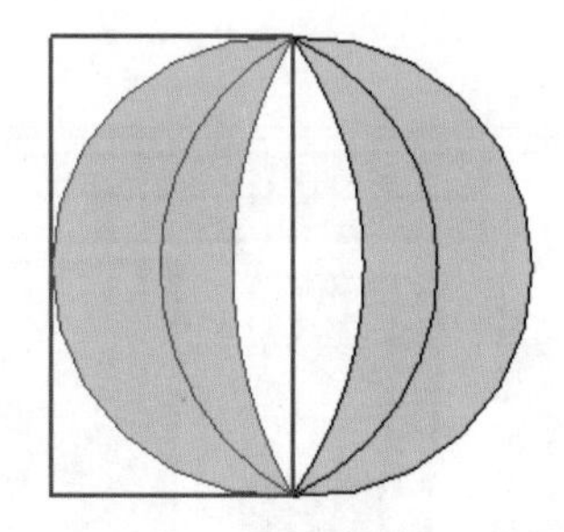
图12-98

5．单击【旋转】按钮，将两个形状向外旋转10°，如图12-99和图12-100所示。

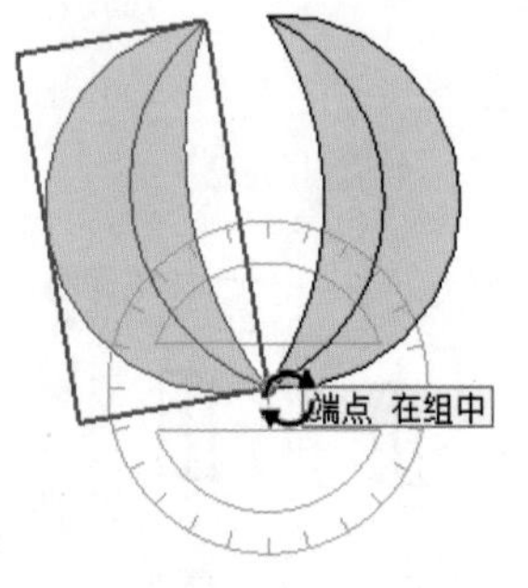

图12-99

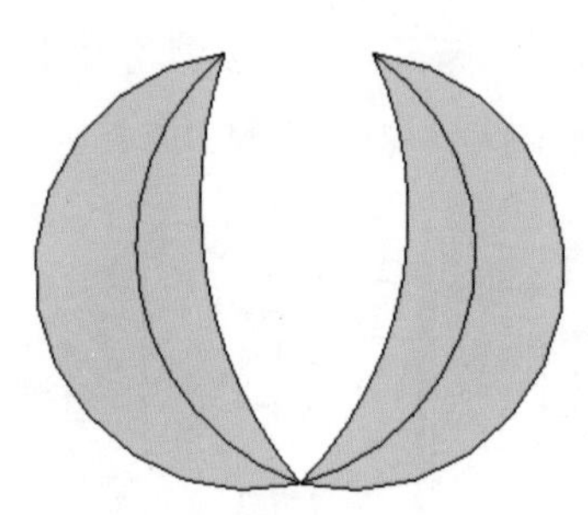
图12-100

6．单击【推/拉】按钮，分别推拉500mm和800mm，如图12-101和图12-102所示。

图12-101

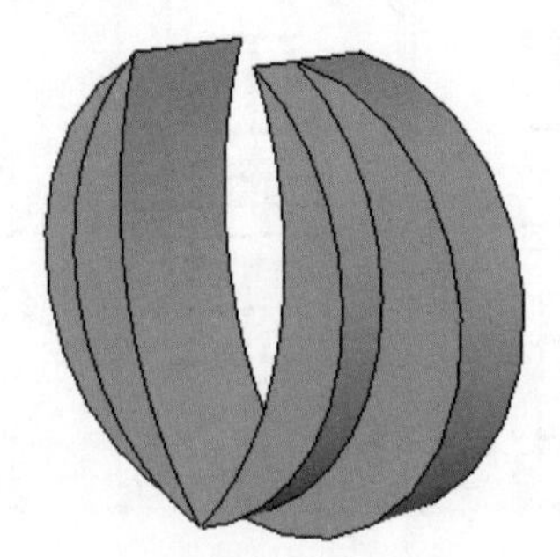
图12-102

7. 单击【矩形】按钮，绘制一个矩形面。单击【推/拉】按钮，推拉300mm，如图12-103和图12-104所示。

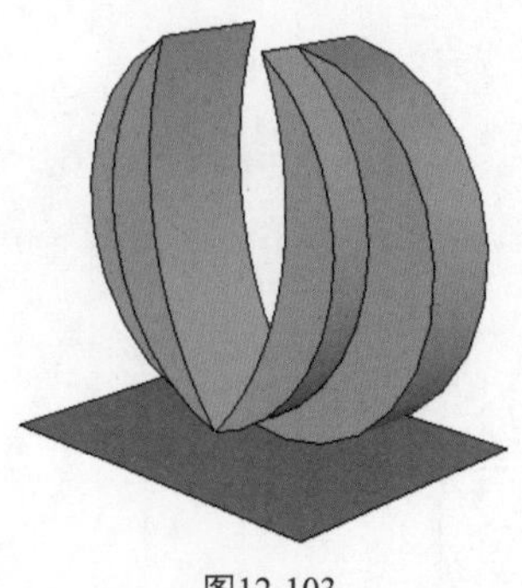
图12-103

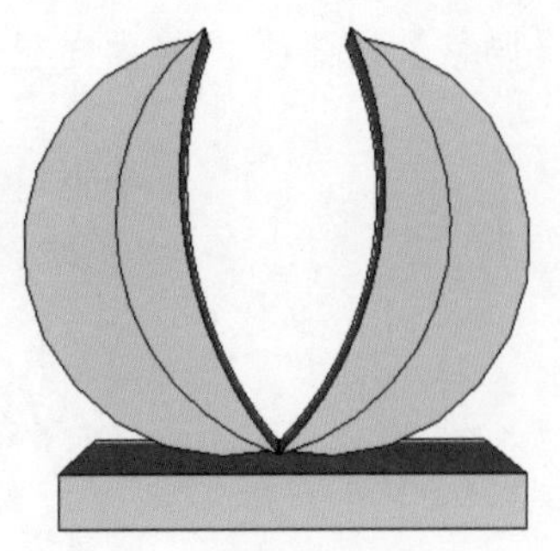
图12-104

8. 单击【偏移】按钮，向里偏移复制面300mm，如图12-105所示。
9. 单击【推/拉】按钮，推拉出图12-106所示的效果。

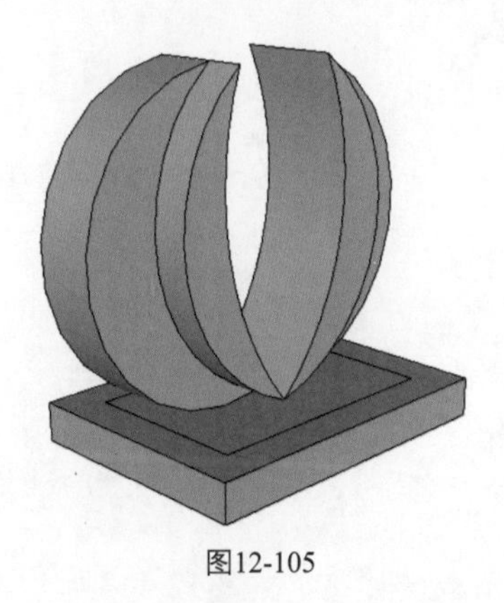
图12-105

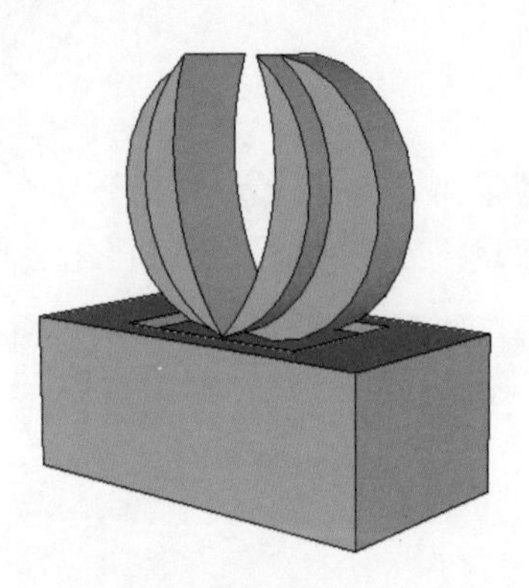
图12-106

10. 单击【移动】按钮，垂直复制模型，如图12-107所示。
11. 单击【旋转】按钮，进行旋转，效果如图12-108所示。
12. 为建筑物填充材质，并添加三维文字，如图12-109所示。

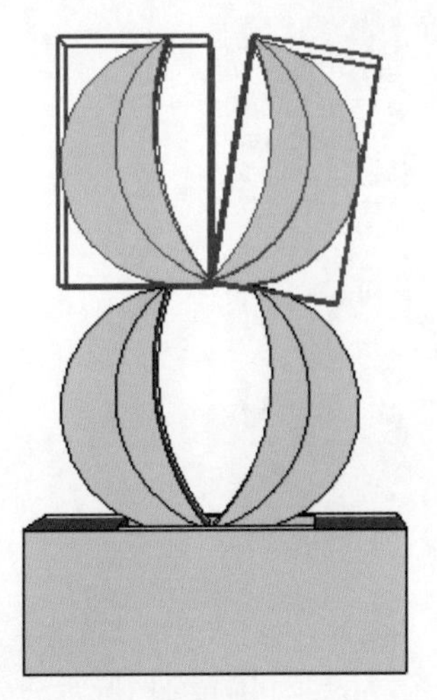
图12-107

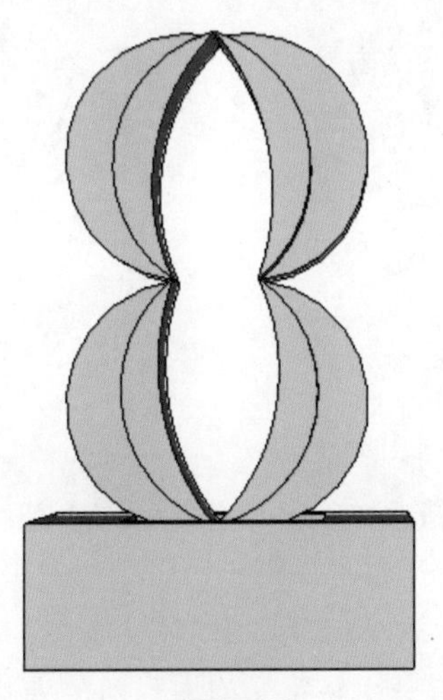
图12-108

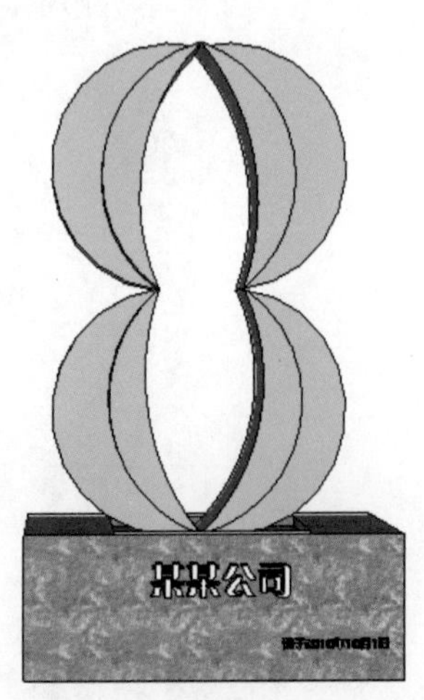

图12-109

五、创建其他模型

创建其他模型，包括景观设施水池、花坛、花形铺砖和马路贴图。

（一）创建水池

1. 单击【偏移】按钮，将面向里偏移复制0.5mm，如图12-110所示。

图12-110

2. 单击【推/拉】按钮，将面分别向上推拉3mm，向下推拉9mm，如图12-111所示。

3. 为底面填充石子材质，如图12-112所示。

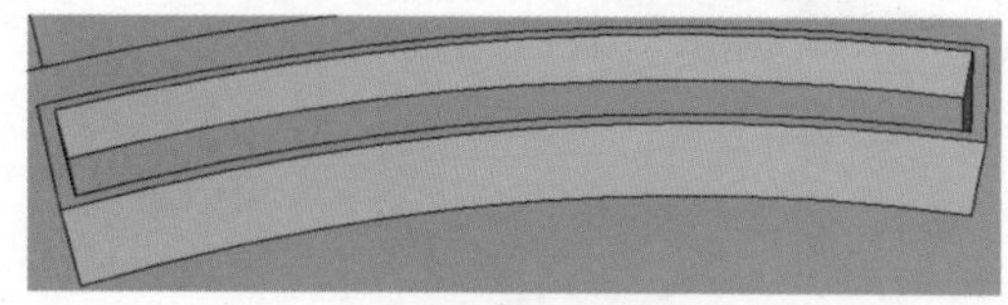

图12-111

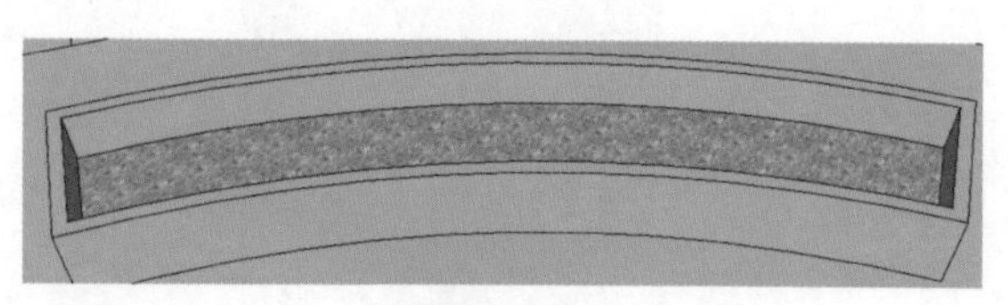

图12-112

4. 单击【移动】按钮，将面进行复制，并填充水纹材质，如图12-113所示。

5. 完善水池材质，效果如图12-114所示。

图12-113

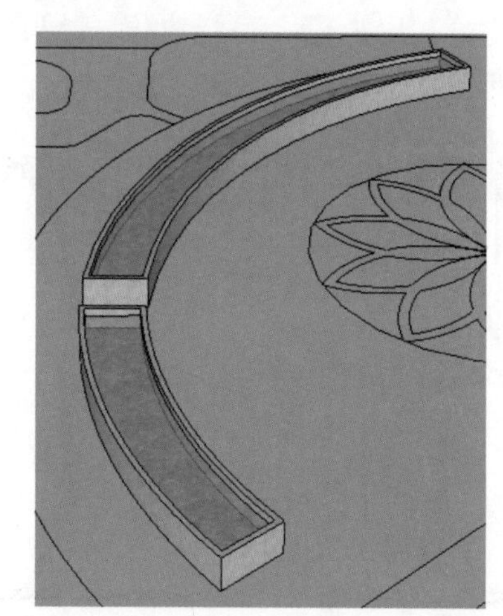

图12-114

（二）创建花坛

1. 单击【偏移】按钮，将需要创建花坛的面都向里偏移复制0.5mm，如图12-115所示。

2. 单击【推/拉】按钮，向上推拉9mm，如图12-116所示。

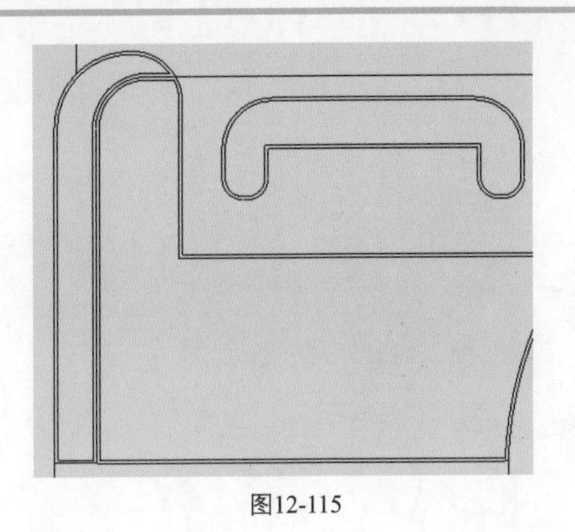

图12-115

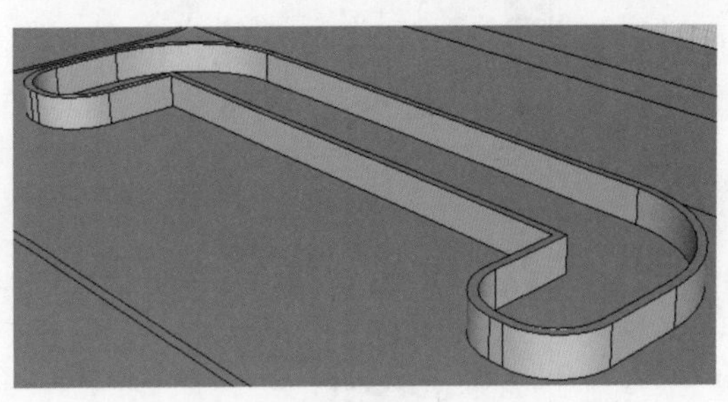

图12-116

提示

创建花坛时要将广场路面保留出来，所以可以利用线条工具打断一些面，形成路面的出口和入口。

3．继续完成其他花坛模型，如图12-117所示。

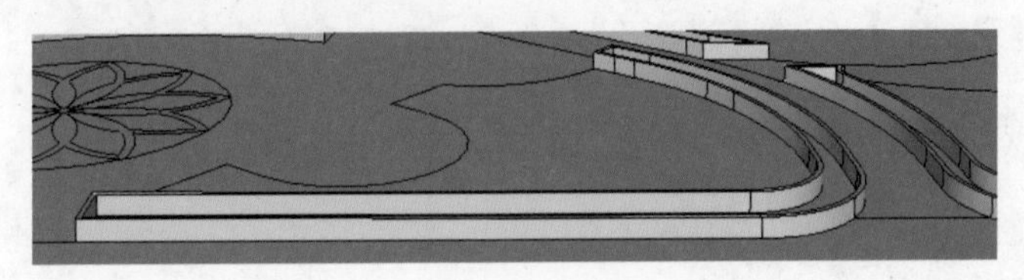

图12-117

4．推拉后会出现很多细线，选中模型，单击鼠标右键，选择【软化/平滑边线】命令，可将线条柔化，如图12-118所示。

5．为花坛填充相应的材质，如图12-119所示。

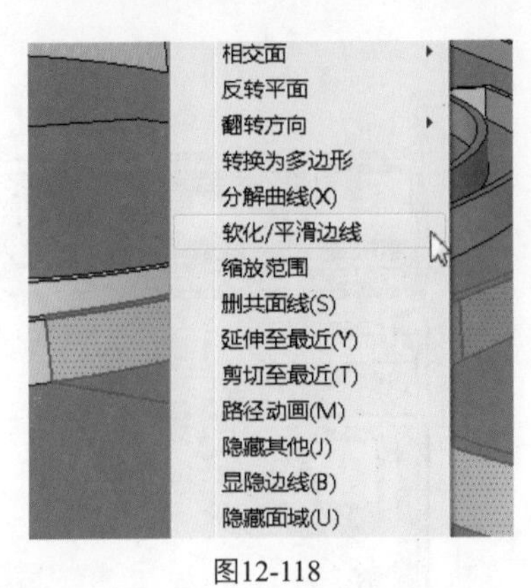

图12-118

图12-119

提示

利用柔化边线命令可以将多余的线进行柔化，这样填充材质会非常方便，而且速度更快。

（三）创建铺砖和草坪

1．单击【颜料桶】按钮，打开【材质】编辑器，如图12-120所示。

2．为花形地面填充材质，如图12-121、图12-122和图12-123所示。

图12-120

图12-121

图12-122

图12-123

3. 为地面填充铺砖和草坪材质，单击【推/拉】按钮，将草坪推高0.9mm，如图12-124和图12-125所示。

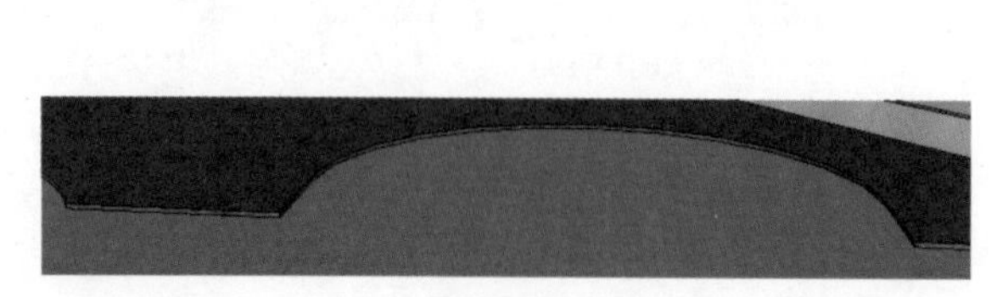

图12-124

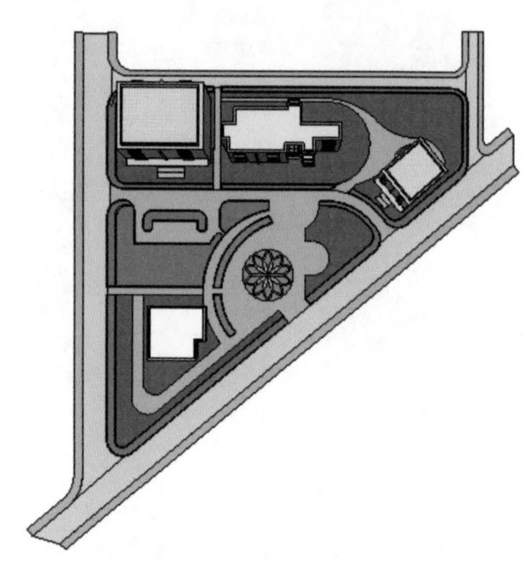

图12-125

（四）创建马路

这里创建的马路利用材质贴图来完成。

1. 马路属于弯曲状，可将它打断成几个面，如图12-126所示。

2．导入马路贴图材质，调整贴图坐标，如图12-127、图12-128和图12-129所示。

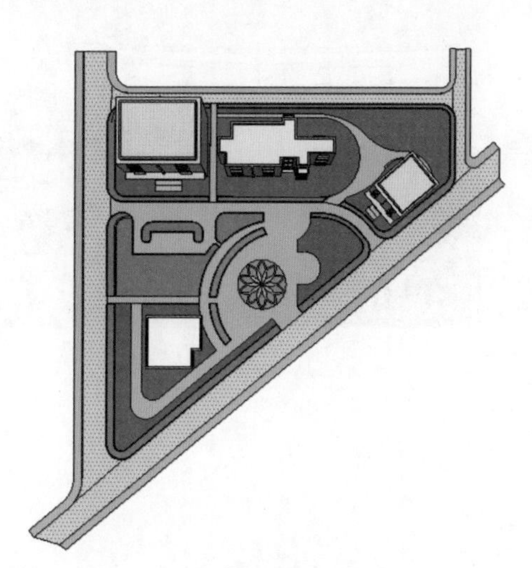

图12-126

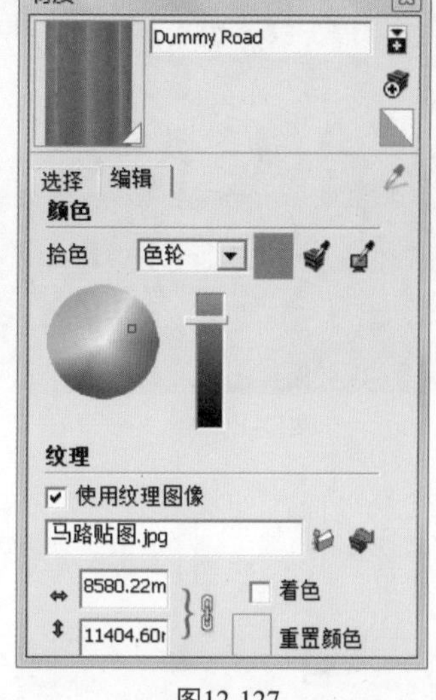

图12-127

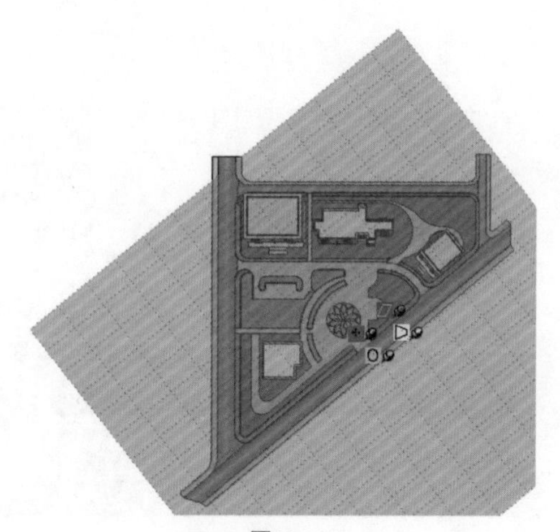

图12-128

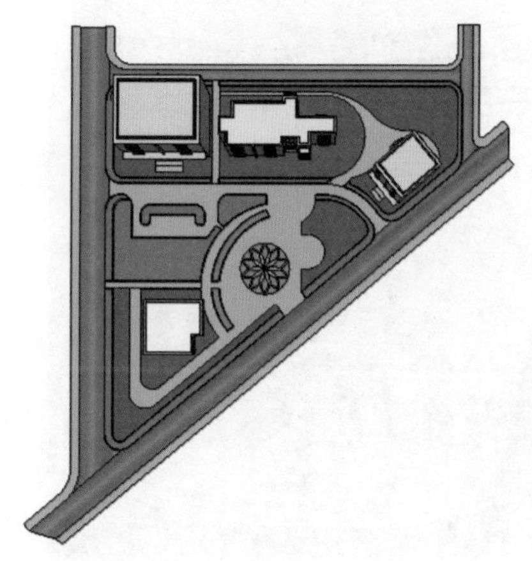

图12-129

3．单击【推/拉】按钮，将马路右边的路面推高0.5mm，如图12-130所示。

4．模型创建完毕，如图12-131所示。

图12-130　　图12-131

12.1.4 导入组件

为创建好的模型导入各式各样的组件，使场景更加丰富。

1．导入石桌组件，如图12-132所示。

2．导入亭子组件，如图12-133所示。

图12-132

图12-133

3．导入喷泉组件，如图12-134所示。

4．导入灯柱组件，如图12-135所示。

图12-134

图12-135

5．导入椅子和人物组件，如图12-136和图12-137所示。

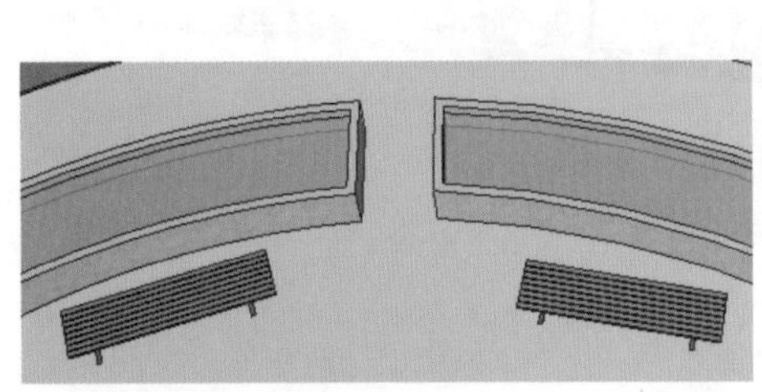
图12-136

图12-137

6．将创建好的标志性建筑物导入到场景中，如图12-138所示。

7．导入植物组件，单击【移动】按钮，复制组件，如图12-139所示。

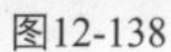
图12-138

图12-139

12.1.5 添加场景页面

为创建好的模型添加4个场景页面，方便浏览观看。

1．选择【镜头】/【两点透视图】命令，将场景显示为两点透视图，如图12-140所示。

2．启动阴影工具栏，显示阴影，如图12-141和图12-142所示。

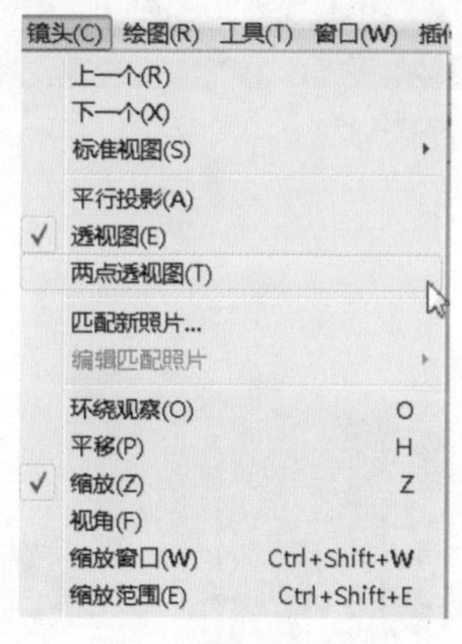

图12-140

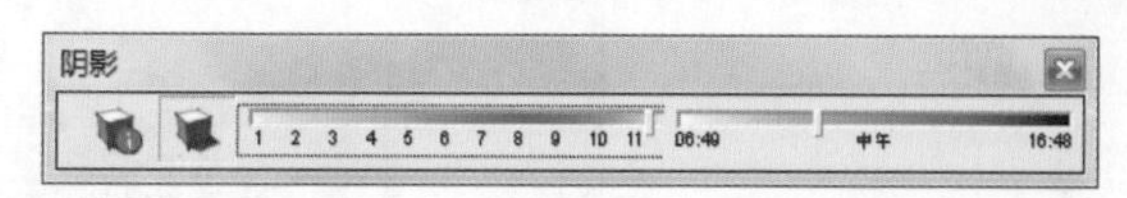

图12-141

3．选择【窗口】/【样式】命令，并取消边线显示，如图12-143所示。

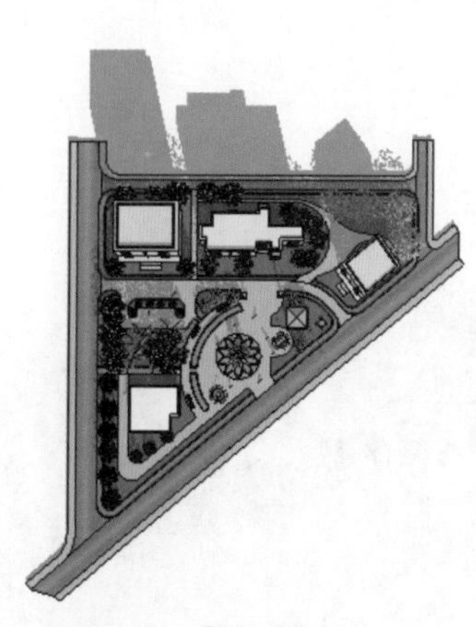
图12-142

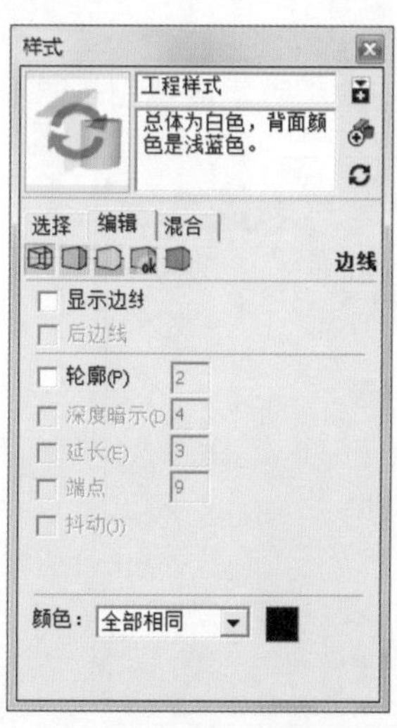

图12-143

4．选择【窗口】/【场景】命令，单击⊕按钮，创建场景1，如图12-144和图12-145所示。

图12-144

图12-145

5．单击⊕按钮，创建场景2，如图12-146和图12-147所示。

图12-146

图12-147

6．单击⊕按钮，创建场景3，如图12-148和图12-149所示。

图12-148

图12-149

7．单击⊕按钮，创建俯视图场景4，如图12-150和图12-151所示。

图12-150

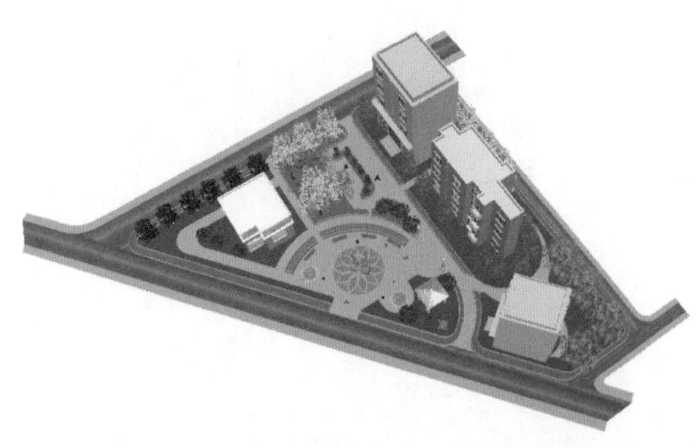

图12-151

12.1.6 导出图像

1. 选择【文件】/【导出】命令，将4个场景以图片格式导出，如图12-152和图12-153所示。

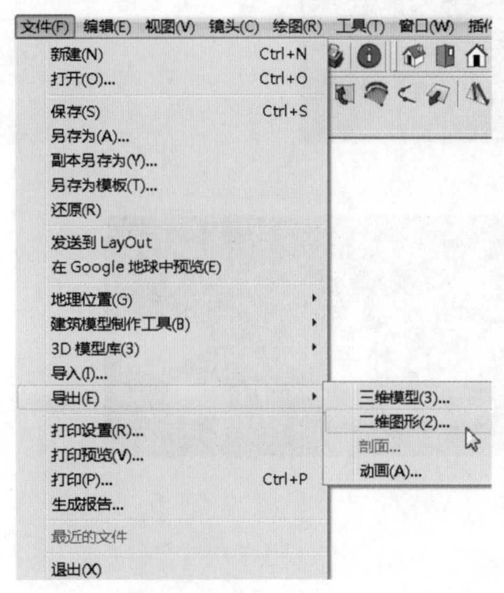

图12-152

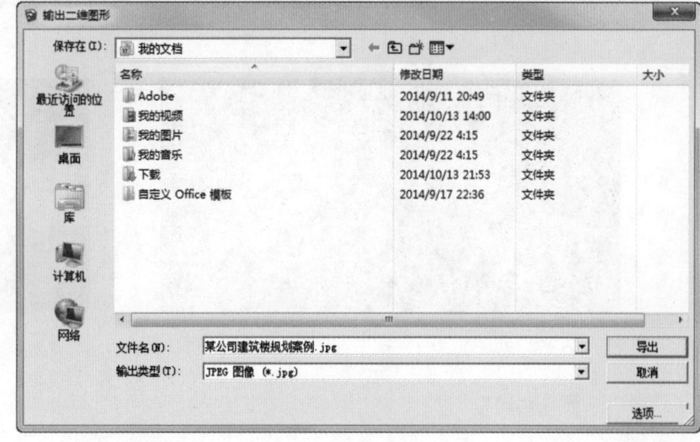

图12-153

2. 单击【选项】按钮，设置输出尺寸大小，如图12-154所示。
3. 设置显示样式为“隐藏线”模式，并将样式背景设为黑色，如图12-155和图12-156所示。

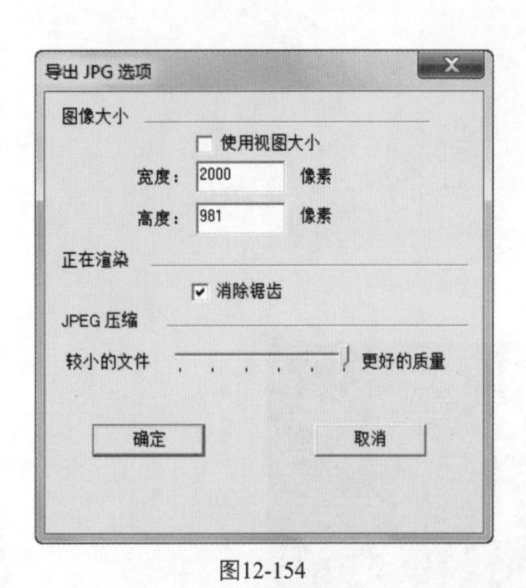

图12-154

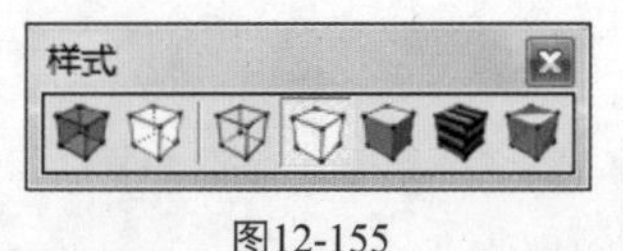

图12-155

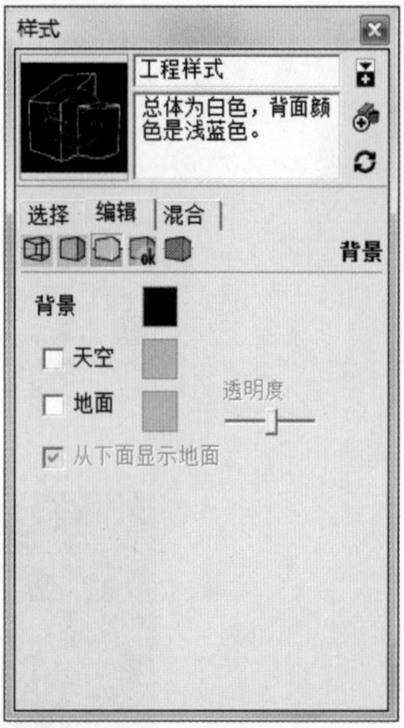

图12-156

4. 选择【文件】/【导出】命令，以同样的方法导出3个场景页面的线框图模式，如图12-157、图12-158和图12-159所示。

图12-157

图12-158

图12-159

12.1.7 后期处理

这里后期处理主要运用Photoshop软件对3个场景页面和俯视图进行处理。

一、处理场景

1．启动Photoshop软件，打开图片和线框图，如图12-160和图12-161所示。

图12-160

图12-161

2. 将线框图拖动到背景图层上，进行重叠，如图12-162所示。

图12-162

3. 双击背景图层解锁，如图12-163和图12-164所示。

图12-163

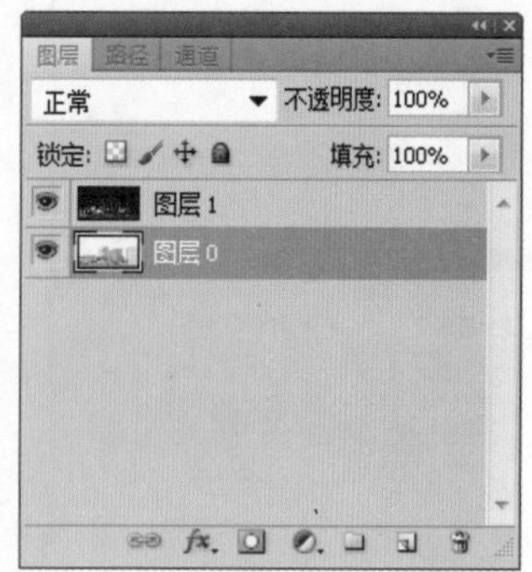

图12-164

4. 单击“图层1”，选择【图像】/【调整】/【反相】命令，对线框图进行反相操作，如图12-165和图12-166所示。

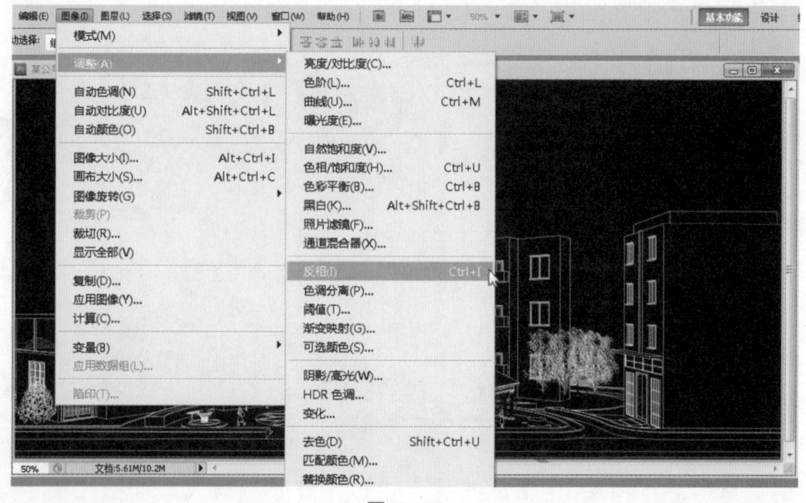

图12-165

5. 将“图层1”设为“正片叠底”模式，不透明度设为“50%”，如图12-167所示。

6. 单击“图层0”，选择【滤镜】/【锐化】/【锐化】命令，将图像进行锐化处理，如图12-168所示。

图12-166

图12-167

图12-168

7. 将图层合并，打开背景图片，如图12-169和图12-170所示。

图12-169

图12-170

8. 将背景图片拖动到“图层0”上，并设为“正片叠底”模式，如图12-171和图12-172所示。

9. 选择“橡皮擦工具”，并设“硬度”为0，将“图层1”多余的部分擦除，如图12-173和图12-174所示。

图12-171

图12-172

图12-173

图12-174

10. 将图层进行合并，选择【图像】/【调整】/【亮度/对比度】命令，设置亮度和对比度，如图12-175、图12-176和图12-177所示。

图12-175

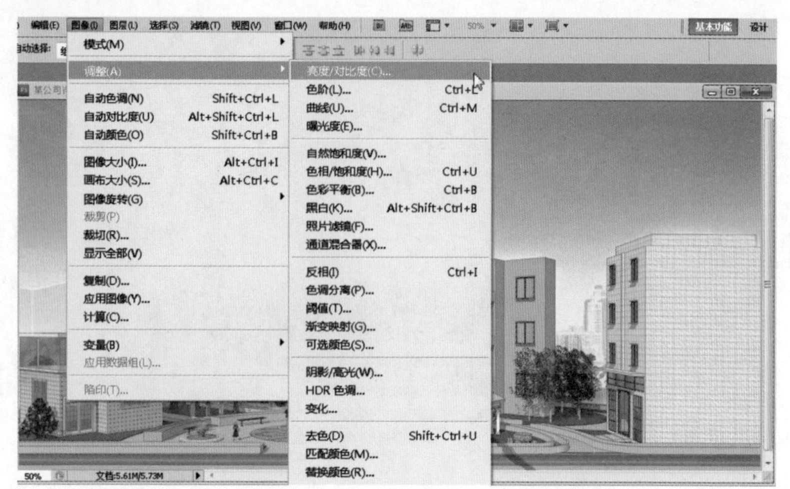

图12-176

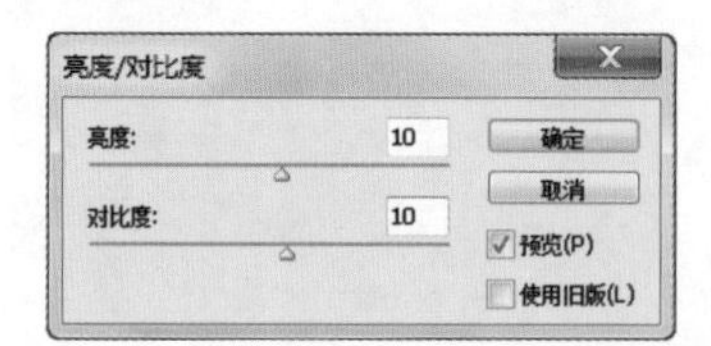

图12-177

11．选择【图像】/【调整】/【色彩平衡】命令，调整颜色，如图12-178和图12-179所示。

图12-178

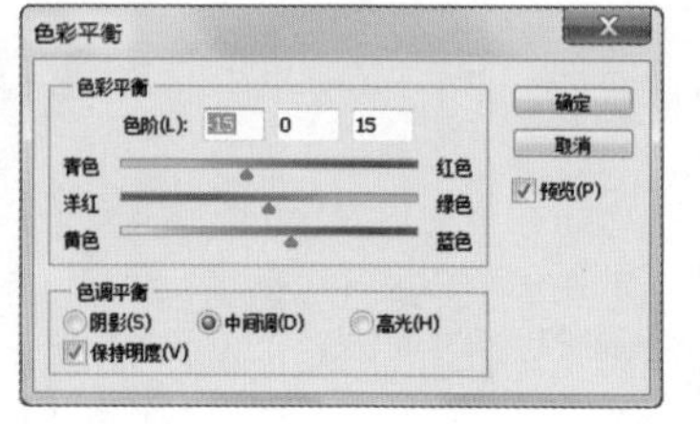

图12-179

12．新建一个图层，按Ctrl+Shift+Alt+E组合键，盖印可见图层，如图12-180和图12-181所示。

图12-180

图12-181

13．选择【滤镜】/【模糊】/【高斯模糊】命令，添加模糊效果，如图12-182和图12-183所示。

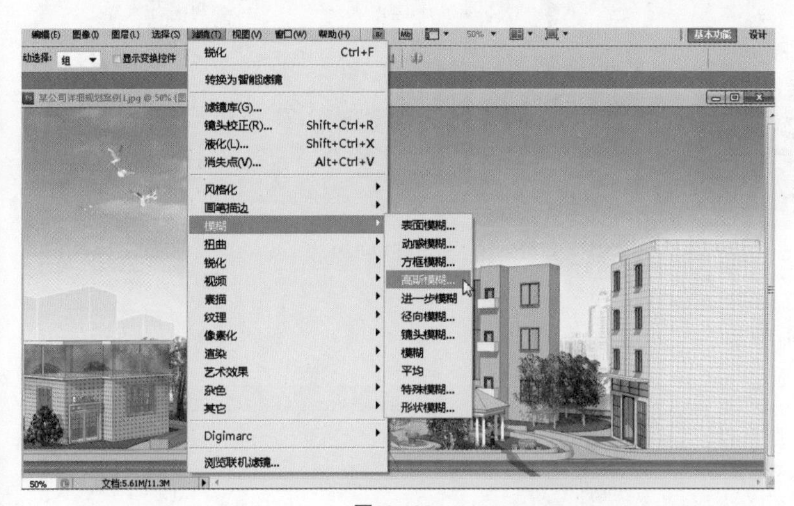

图12-182

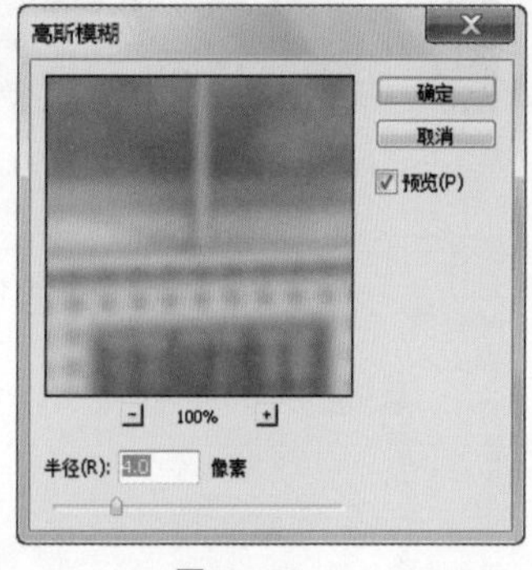

图12-183

14．将图像模式设为“柔光”，不透明度设为50%，如图12-184和图12-185所示。

图12-184

图12-185

15．将两个图层进行合并，选择“加深工具”，给近景涂抹出景深的感觉，如图12-186和图12-187所示。

图12-186

图12-187

16．利用同样的方法处理另外两个场景页面，效果如图12-188和图12-189所示。

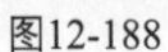

图12-188

图12-189

二、处理鸟瞰图

1．打开俯视图，如图12-190所示。

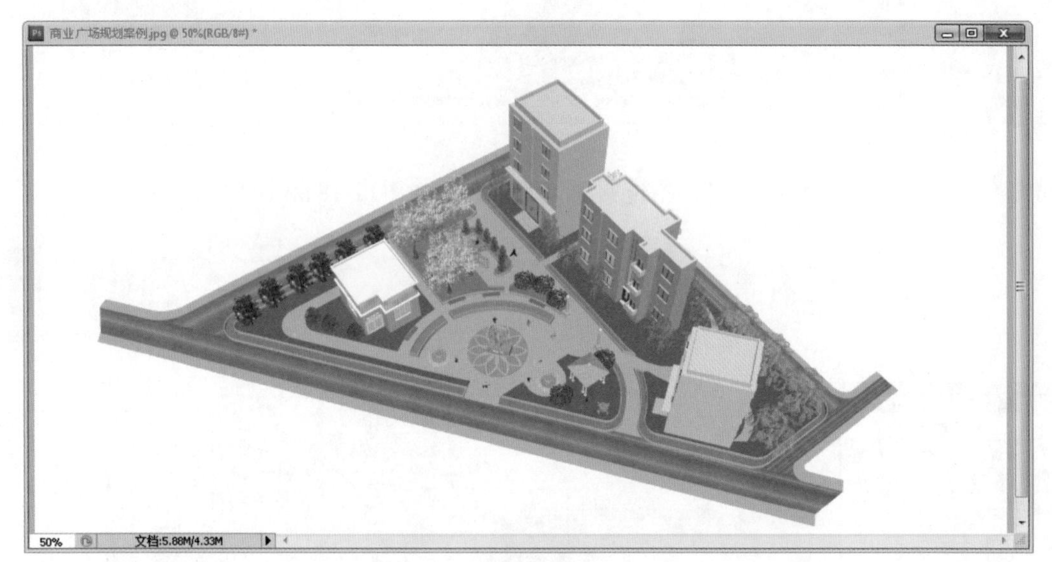

图12-190

2．双击图层进行解锁，如图12-191所示。

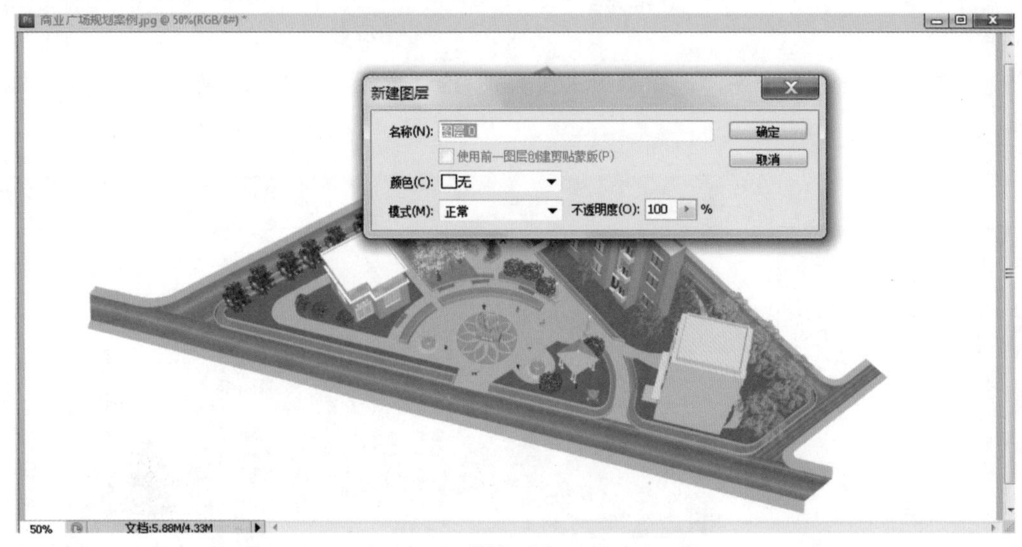

图12-191

3．选择“魔术棒工具”，将白色背景删除，如图12-192所示。

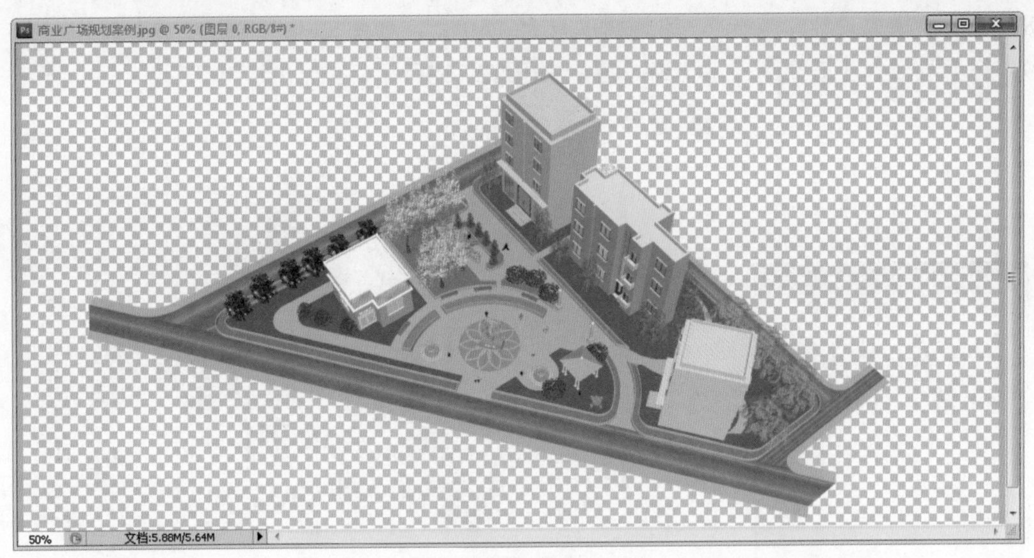

图12-192

4. 选择【图像】/【调整】/【亮度/对比度】命令，设置亮度和对比度，如图12-193所示。
5. 选择【图像】/【调整】/【色彩平衡】命令，调整颜色，如图12-194所示。

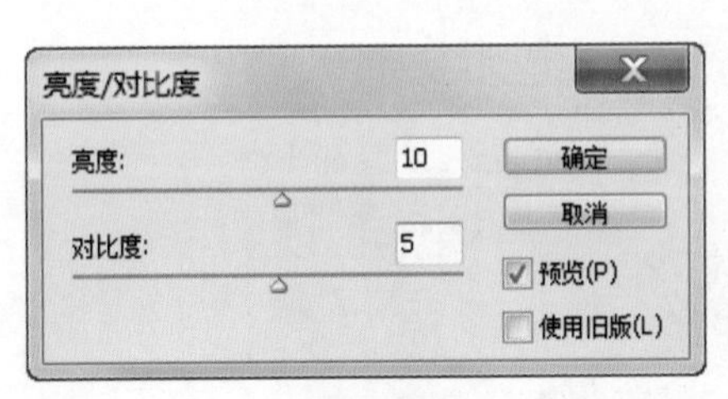

图12-193

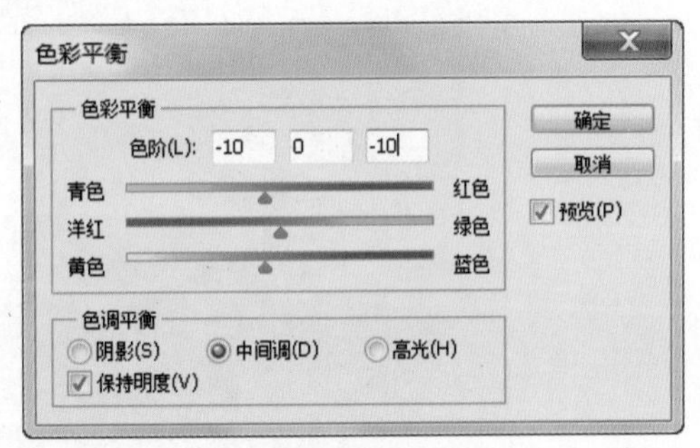

图12-194

6. 新建一个图层，按Ctrl+Shift+Alt+E组合键，盖印可见图层，如图12-195所示。
7. 选择【滤镜】/【模糊】/【高斯模糊】命令，添加模糊效果，如图12-196所示。

图12-195

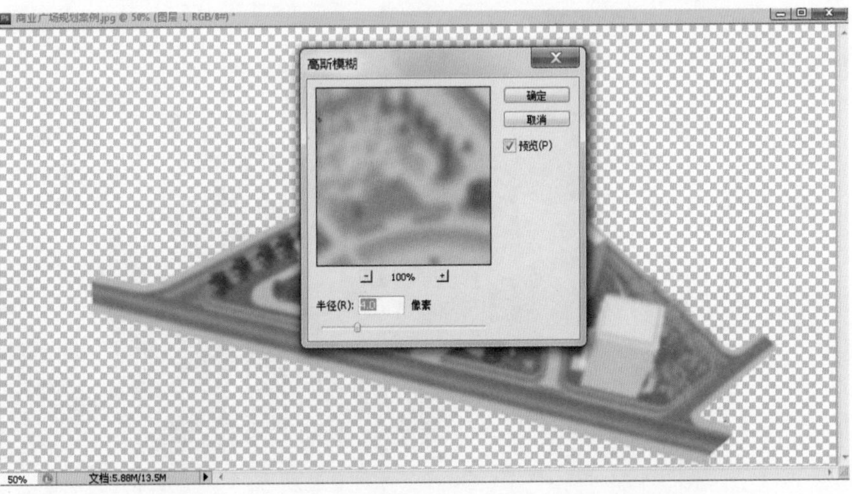

图12-196

8．将图像模式设为“柔光”，不透明度设为“60%”，如图12-197所示。

9．给图层添加上黄色背景和草坪背景，如图12-198所示。

图12-197

图12-198

10．添加植物素材和车辆素材，分别如图12-199和图12-200所示。

图12-199

图12-200

11. 添加云彩效果，将图片以JPG格式导出，如图12-201和图12-202所示。

图12-201

图12-202

12.2 某工业厂区规划案例

源文件：\Ch12\某工业厂区规划\

结果文件：\Ch12\某工业厂区规划案例\

视频：\Ch12\某工业厂区规划.wmv

12.2.1 设计解析

本节以某城市的一个工业厂区详细规划为例，着重讲解规划中需要达到的模型效果，以及场景周围的表现情况。本案例地形以平面为主，没有太大起伏，建筑区域包括办公楼、保安室、食堂、浴室、员工宿舍、值班室、配电房、池塘、休闲室、公共厕所、3个大型厂房，另外，厂区内设有两个停车区域，规划详细，设施齐全。

工业厂区注重与周边环境的协调，为工作人员营造了一个环境优美、适合工作和生活的场景，厂内以地砖铺路，草坪上种植了不同的植物，还有休闲亭子，强调了人与环境之间的交流，能充分地展示公司的企业文化精神。

规划区的总体平面在功能上由3部分组成，包括厂区入口、厂房区和后勤区。在交通流线上，由于只有东面和南面临近城市道路，所以南面设为主出入口，东面设为次出入口，以完善厂区内的交通流线。

图12-203和图12-204所示为建模效果，图12-205至图12-208所示为后期效果。本案例的操作流程如下。

（1）整理CAD图纸。

（2）在SketchUp中导入图纸。

（3）创建模型。

（4）填充材质。

（5）导入组件。

（6）添加场景。

（7）后期处理。

图12-203

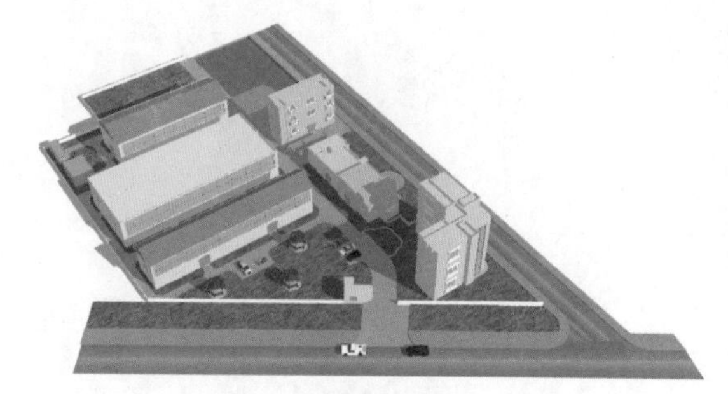

图12-204

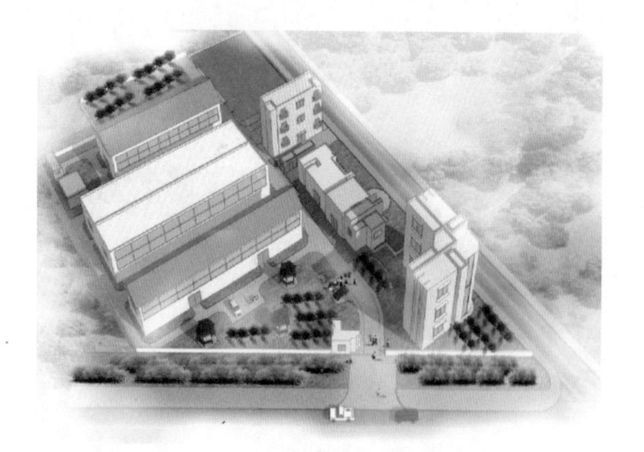

图12-205

图12-206

图12-207

图12-208

12.2.2 方案实施

本案例以一张CAD平面设计图纸为基础，首先在AutoCAD里对图纸进行清理，图12-209所示为原图，图12-210所示为清理后的图纸。

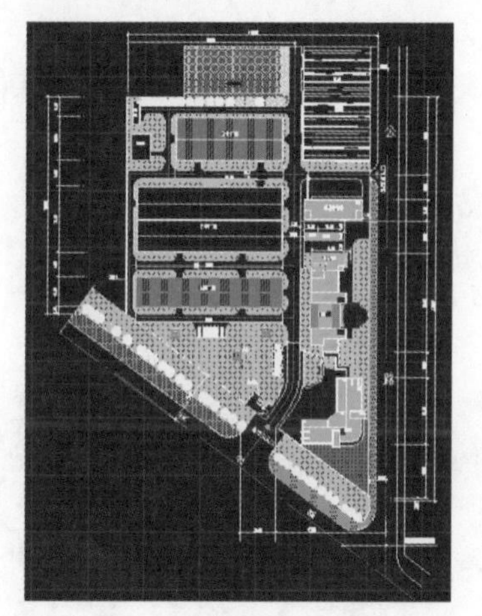

图12-209

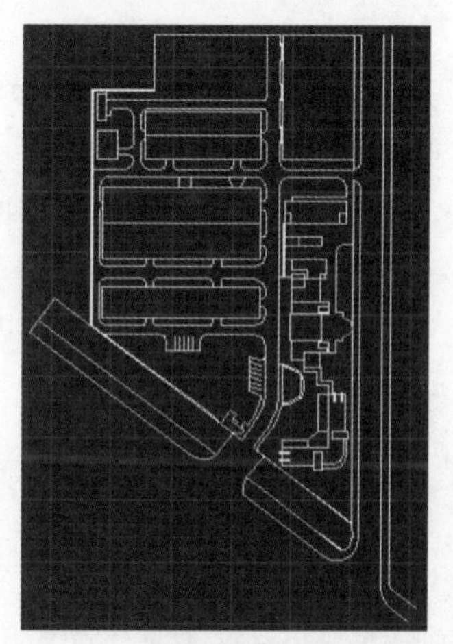

图12-210

将清理后的图纸导入SketchUp中进行描边封面，如图12-211和图12-212所示。

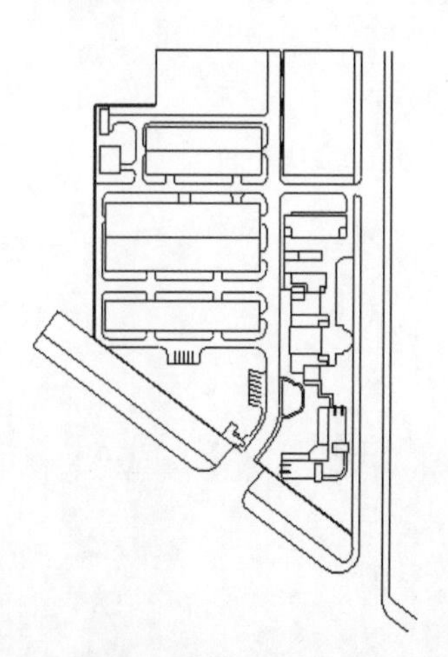

图12-211

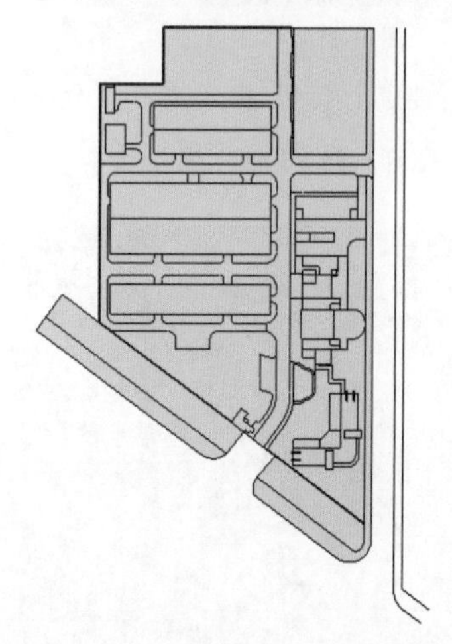

图12-212

参照图纸，绘制两边的马路，如图12-213和图12-214所示。

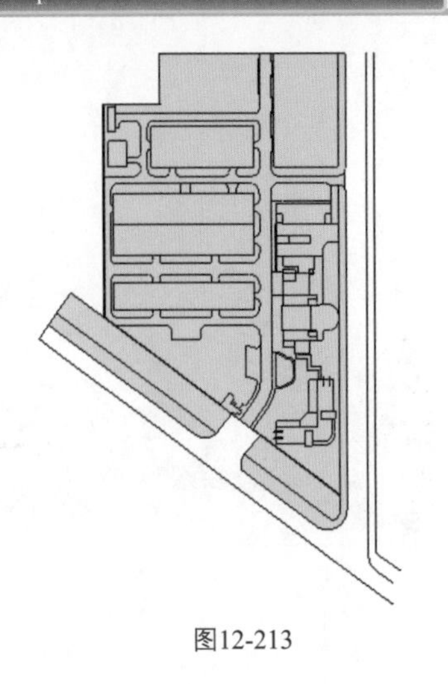
图12-213

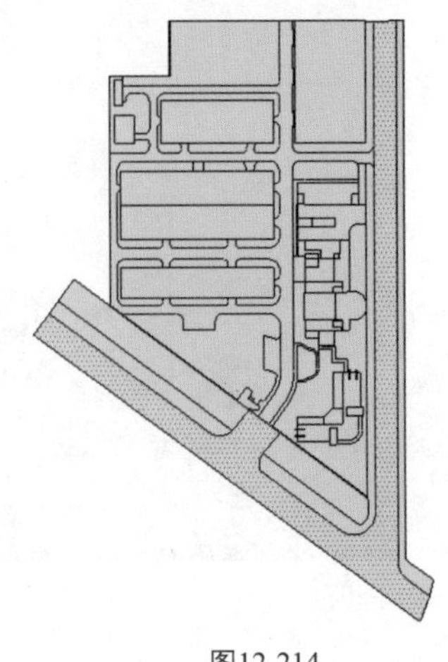
图12-214

12.2.3 建模流程

参照图纸，创建办公楼。

一、创建办公楼

创建工厂办公楼模型，根据SketchUp场景需要，这里推拉建筑的高度可能与实际图纸不符，但不影响工厂总体规划布局。

1. 单击【推/拉】按钮，推拉办公楼，高度为1500mm和50mm，如图12-215和图12-216所示。

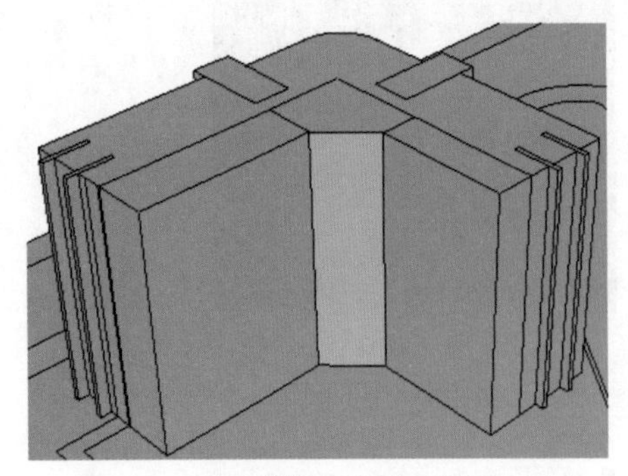
图12-215

图12-216

2. 单击【推/拉】按钮，推高500mm，再偏移复制面，形成天台，如图12-217所示。
3. 单击【擦除】按钮，将多余的线进行删除，如图12-218所示。

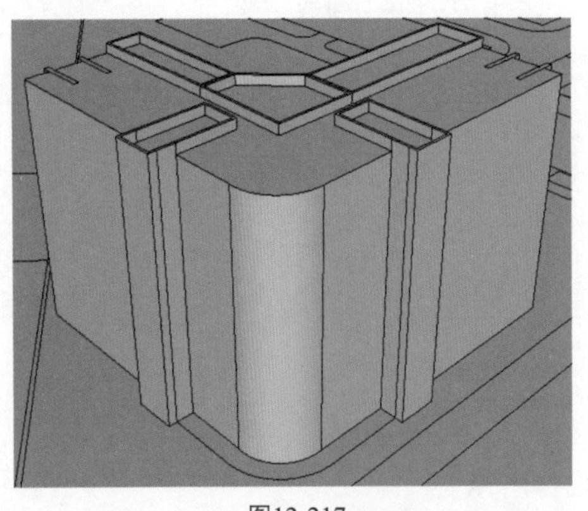
图12-217

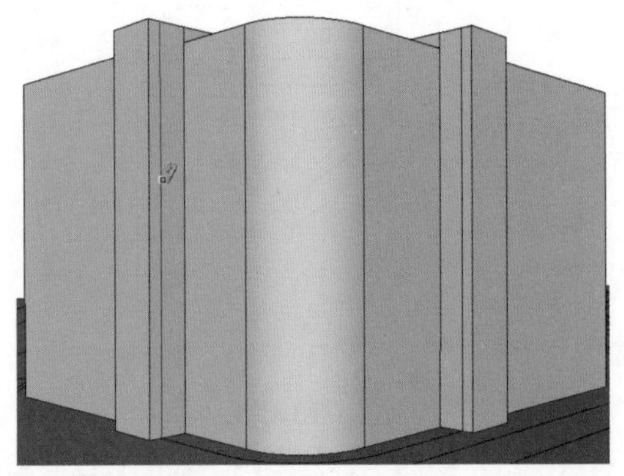
图12-218

4. 制作窗户，启动建筑插件，单击【墙体开窗】按钮，为办公楼创建窗户组件，如图12-219和图12-220所示。

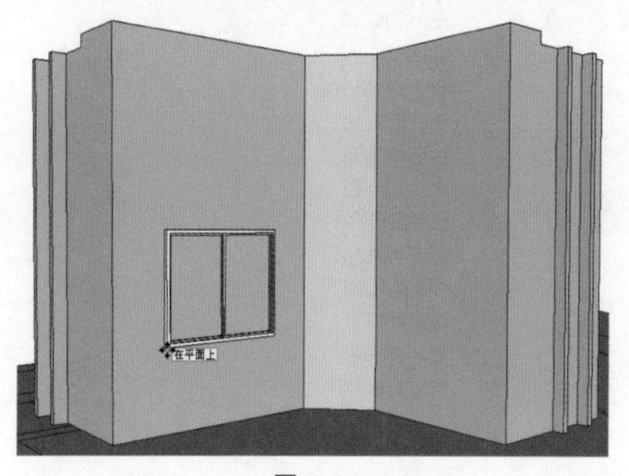

图12-219

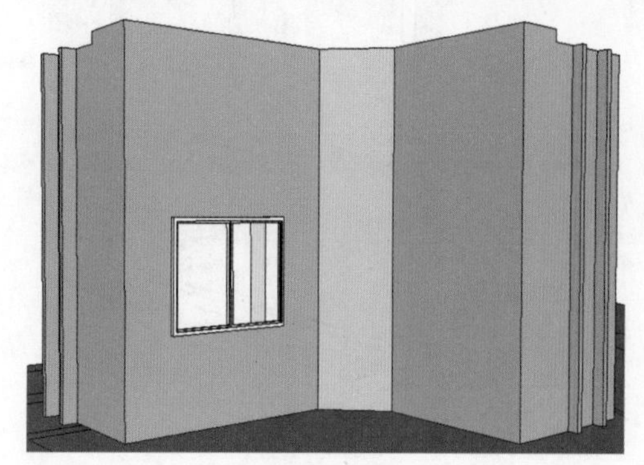
图12-220

5. 调整窗户大小，单击【矩形】按钮，绘制两个矩形面，形成玻璃，如图12-221和图12-222所示。

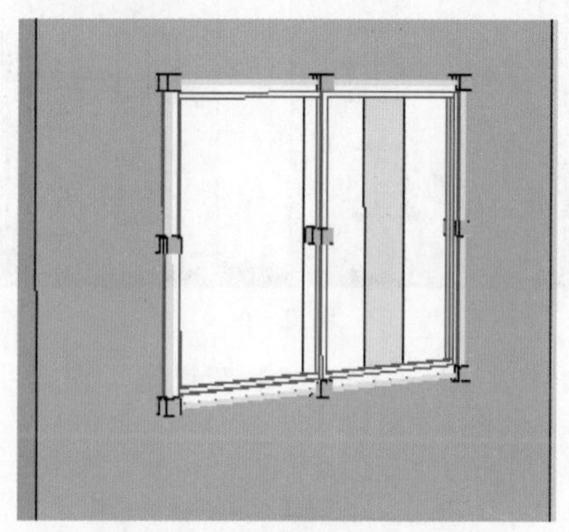
图12-221

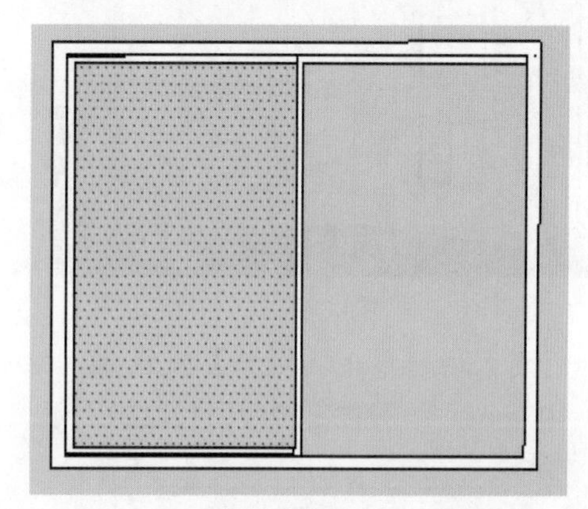
图12-222

6. 单击【颜料桶】按钮，为窗户填充材质，如图12-223所示。
7. 单击【矩形】按钮，在窗户下方绘制矩形面。单击【推/拉】按钮，向外推拉500mm，形成遮阳板和窗台，如图12-224和图12-225所示。

图12-223

图12-224

8. 将窗户选中，单击鼠标右键，选择【创建组】命令，如图12-226所示。
9. 单击【移动】按钮，依次复制窗户，如图12-227和图12-228所示。

图12-225

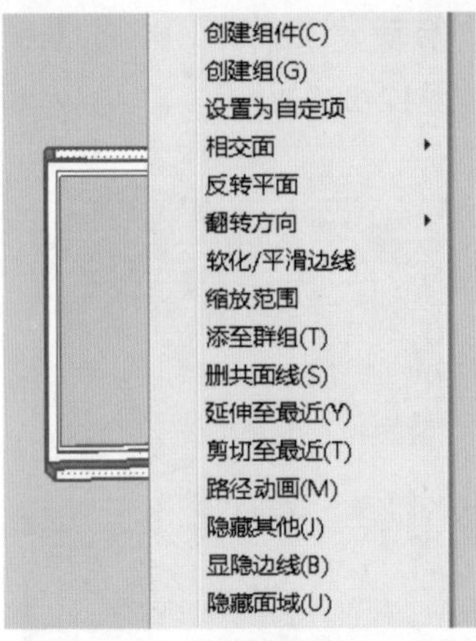

图12-226

图12-227

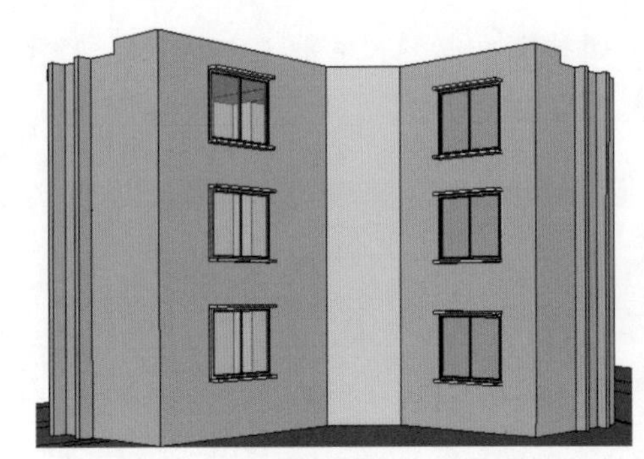

图12-228

10. 创建大门。单击【矩形】按钮，绘制矩形面。单击【推/拉】按钮，向里推拉100mm，如图12-229和图12-230所示。

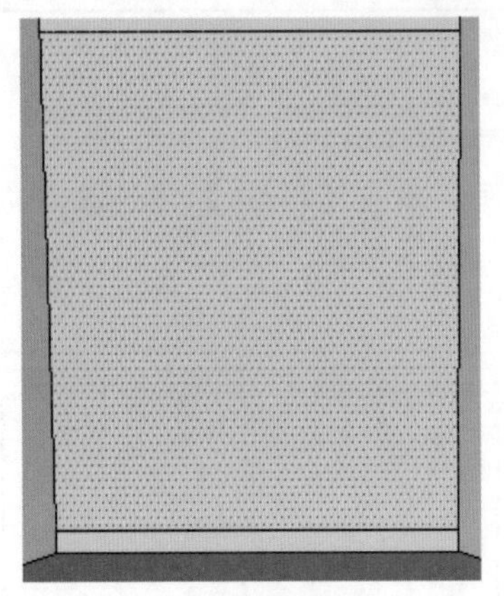

图12-229

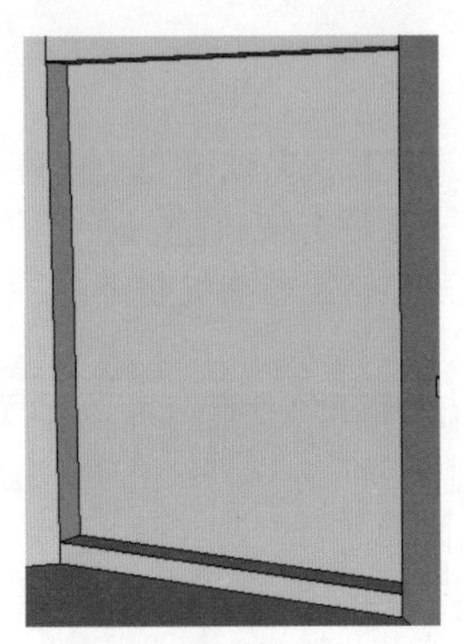

图12-230

11. 单击【线条】按钮，沿中心点绘制直线。单击【偏移】按钮，向里偏移复制50mm，如图12-231和图12-232所示。

12. 单击【推/拉】按钮，向外推拉50mm，如图12-233所示。

13. 单击【矩形】按钮，在上方绘制矩形面。将上方和下方的矩形面分别向外推拉一定距离，如图12-234所示。

14. 为玻璃门填充材质，如图12-235所示。

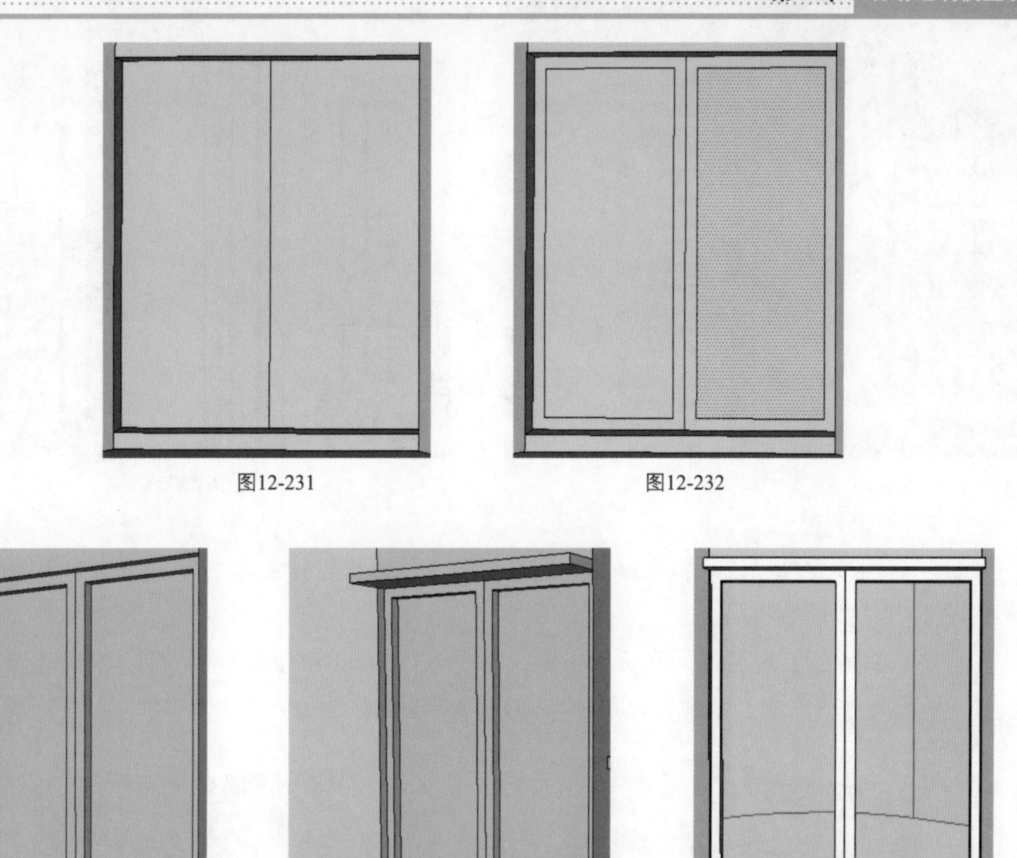

图12-231　　图12-232

图12-233　　图12-234　　图12-235

15. 选中墙面，单击【玻璃幕墙】按钮▥，创建玻璃幕墙，如图12-236和图12-237所示。

图12-236

图12-237

16. 单击鼠标右键，选择【反转平面】命令，创建玻璃幕墙，如图12-238和图12-239所示。

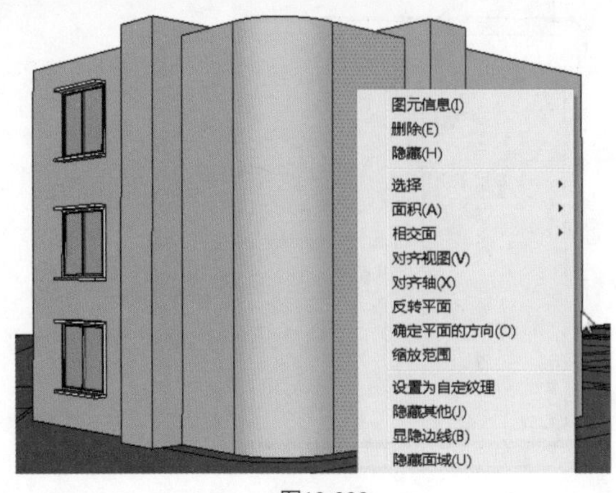

图12-238

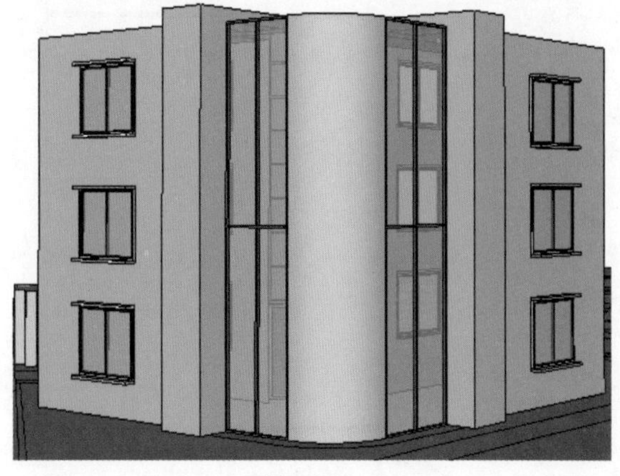
图12-239

二、创建保安室

创建工厂保安室模型，根据SketchUp场景需要，这里推拉建筑的高度可能与实际图纸不符，但不影响工厂总体规划布局。

1. 单击【推/拉】按钮，推拉保安室，高度为1500mm和50mm，如图12-240所示。

2. 利用同样的方法，添加窗户组件，如图12-241所示。

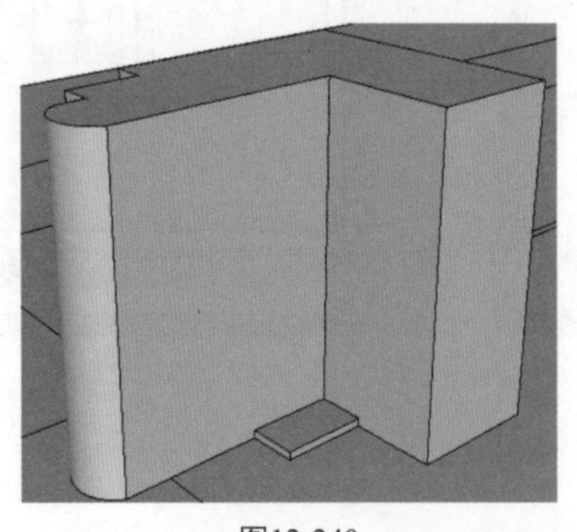
图12-240

图12-241

3. 创建门，导入一个门组件，如图12-242所示。

4. 单击【三维文本】按钮，添加文本，如图12-243所示。

图12-242

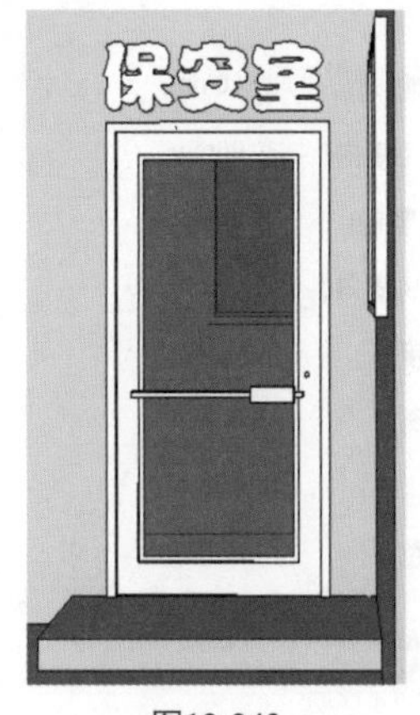

图12-243

三、创建厂房

创建厂房模型，根据SketchUup场景需要，这里推拉建筑的高度可能与实际图纸不符，但不影响工厂总体规划布局。

1. 创建厂房，单击【推/拉】按钮，推拉高度为3000mm，如图12-244所示。

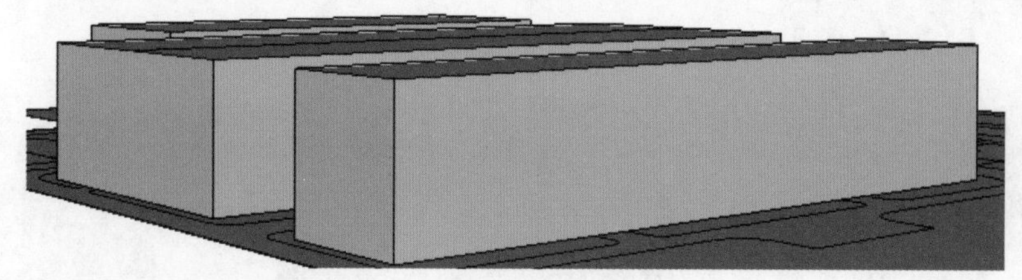

图12-244

2. 单击【线条】按钮，绘制中心线，如图12-245所示。

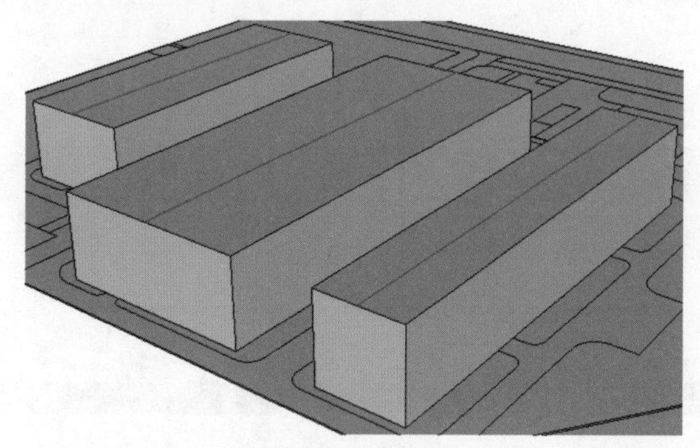

图12-245

3. 单击【移动】按钮，将一号、三号厂房中心线向上移动，距离为1000mm，形成屋顶，如图12-246所示。

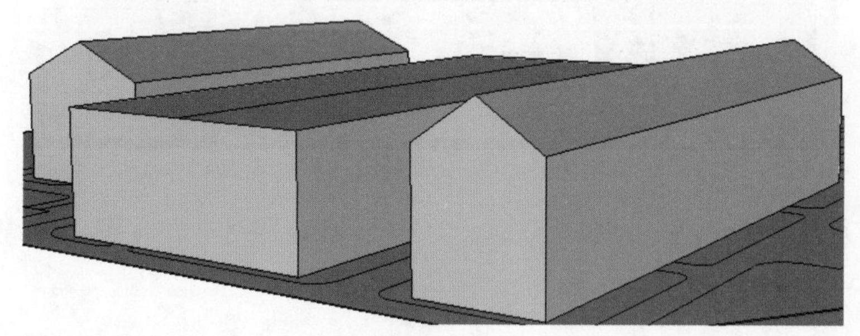

图12-246

4. 单击【线条】按钮，打断厂房四周的屋角面，如图12-247所示。
5. 单击【推/拉】按钮，向外推拉500mm，如图12-248所示。

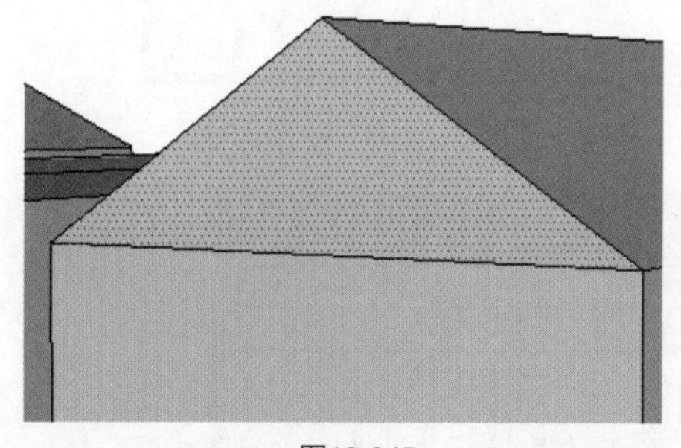

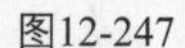

图12-247

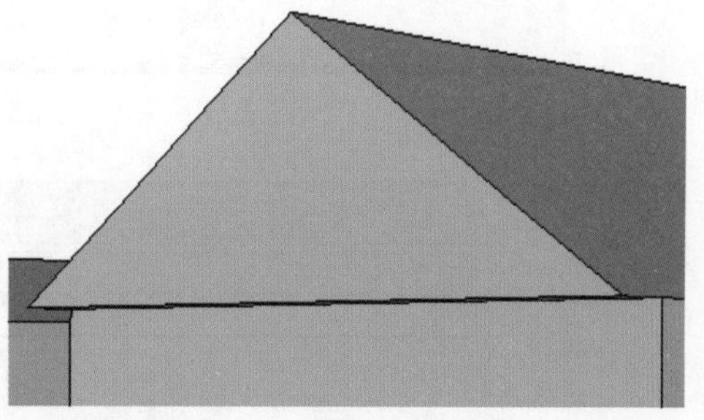

图12-248

6. 单击【偏移】按钮，将二号厂房两个面向里偏移复制50mm，如图12-249所示。

7. 单击【推/拉】按钮，向上推拉500mm，形成天台，如图12-250所示。

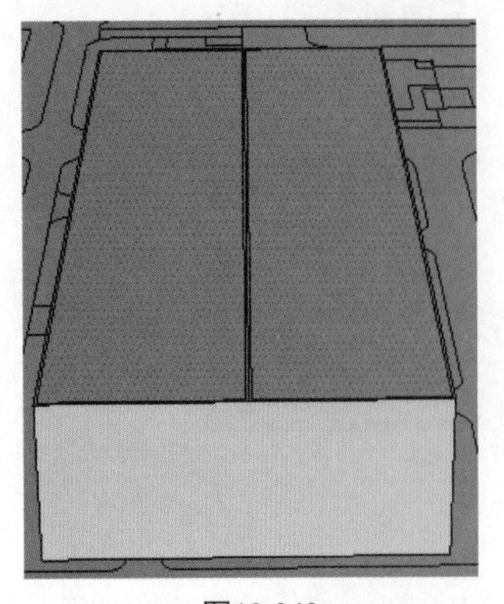

图12-249

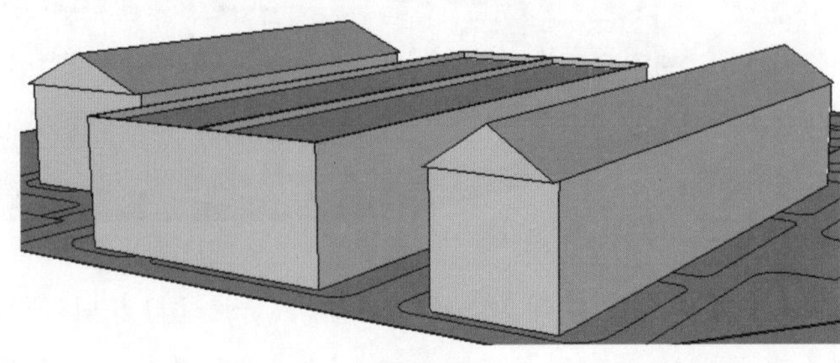

图12-250

8. 在厂房的入口处，导入大门组件，如图12-251所示。

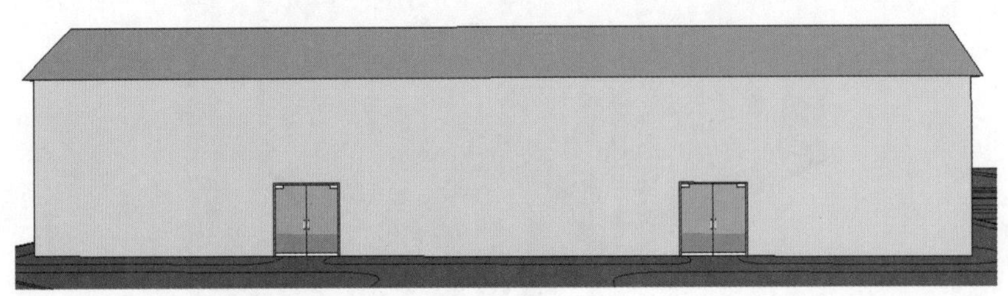

图12-251

9. 在厂房的四周添加窗户组件，如图12-252所示。

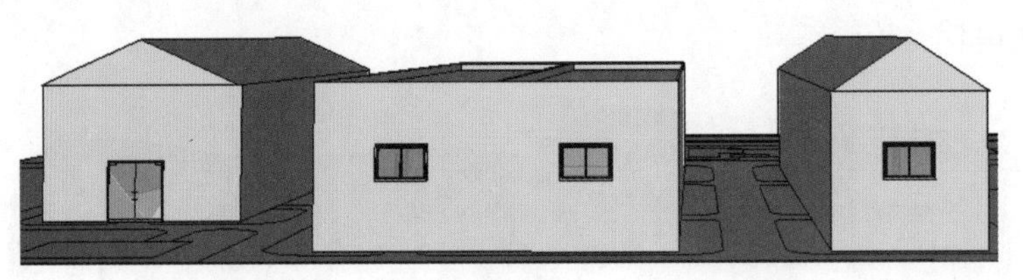

图12-252

10. 单击【矩形】按钮，绘制矩形面，为3个厂房分别创建玻璃幕墙，如图12-253和图12-254所示。

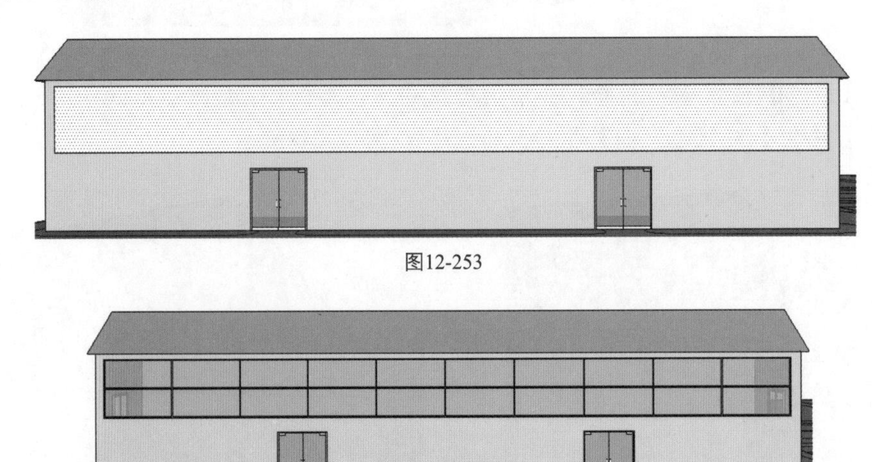

图12-253

图12-254

11. 厂房建模效果如图12-255所示。

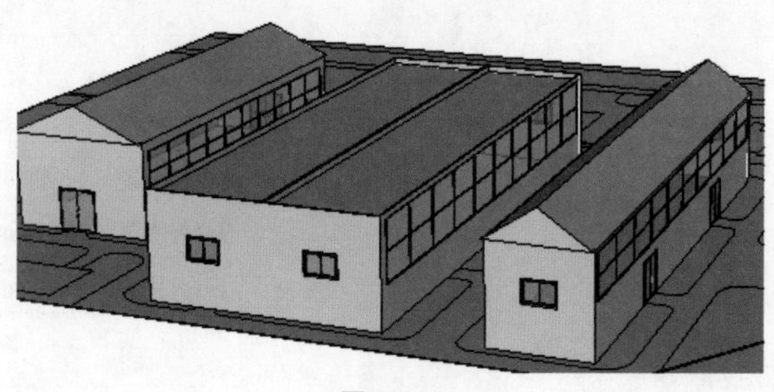

图12-255

四、创建集体宿舍

创建工厂集体宿舍模型，根据SketchUp场景需要，这里推拉建筑的高度可能与实际图纸不符，但不影响工厂总体规划布局。

1. 单击【推/拉】按钮，将宿舍推高5000mm，如图12-256所示。
2. 利用“偏移工具”和“推拉工具”创建天台，如图12-257所示。

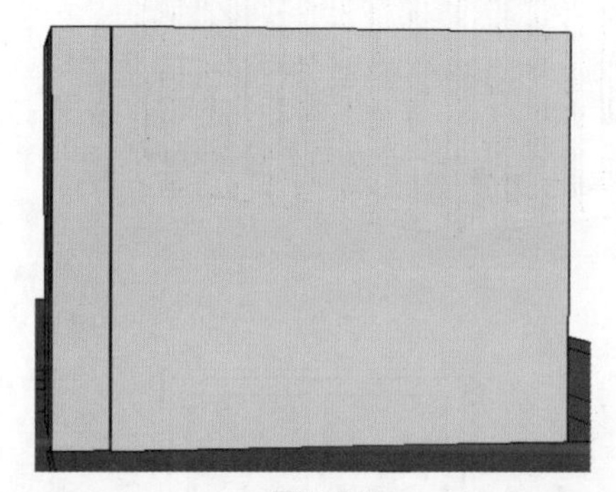

图12-256

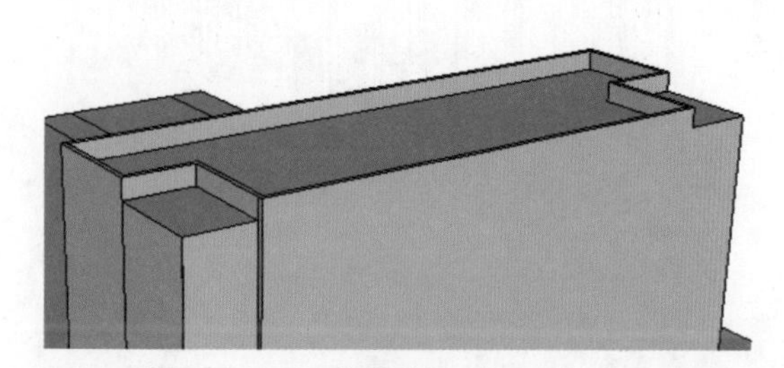

图12-257

3. 创建阳台，单击【矩形】按钮，绘制矩形面。单击【推/拉】按钮，向外推拉400mm，如图12-258所示。
4. 将多余的面线删除，如图12-259所示。

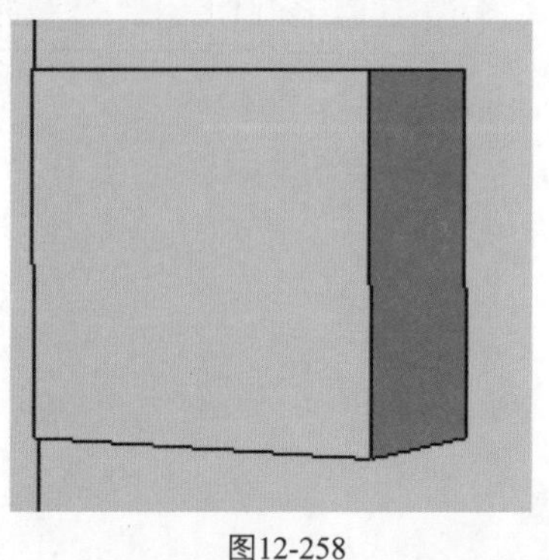

图12-258

图12-259

5. 选中线，单击【创建栏杆】按钮，设置参数值，创建栏杆，如图12-260、图12-261和图12-262所示。
6. 单击【推/拉】按钮，推拉出阳台，如图12-263所示。
7. 将矩形面删除，添加玻璃门组件，如图12-264和图12-265所示。

图12-260

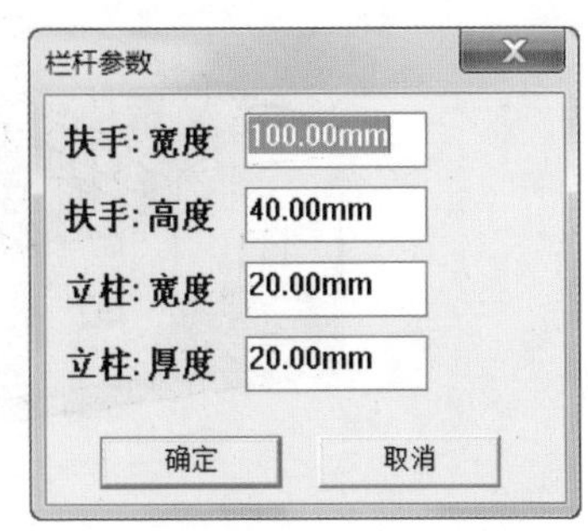

图12-261

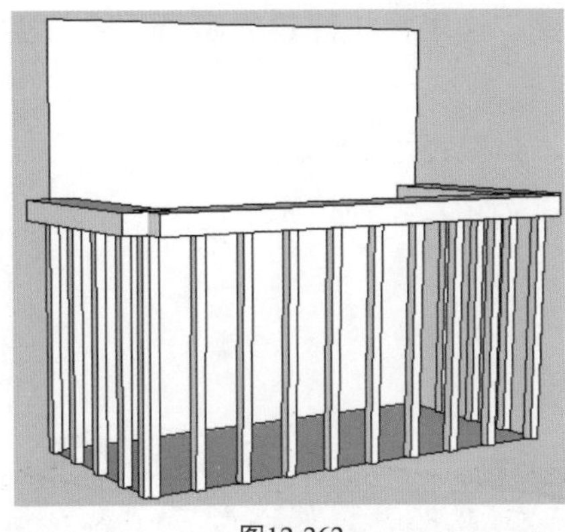

图12-262

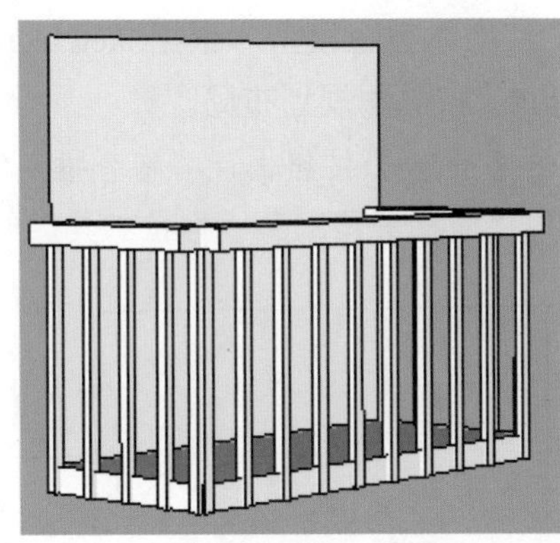

图12-263

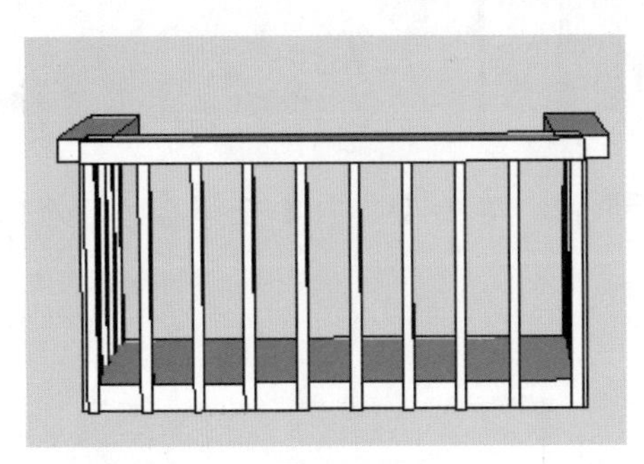

图12-264

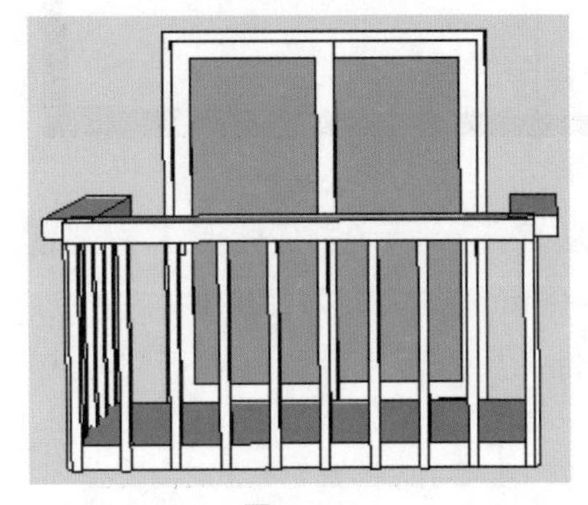

图12-265

8. 利用同样的方法复制组件，完成其他阳台效果，如图12-266所示。

9. 导入大门组件，如图12-267所示。

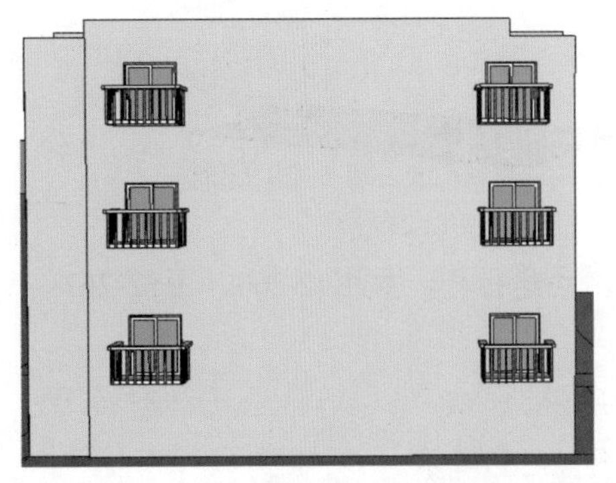

图12-266

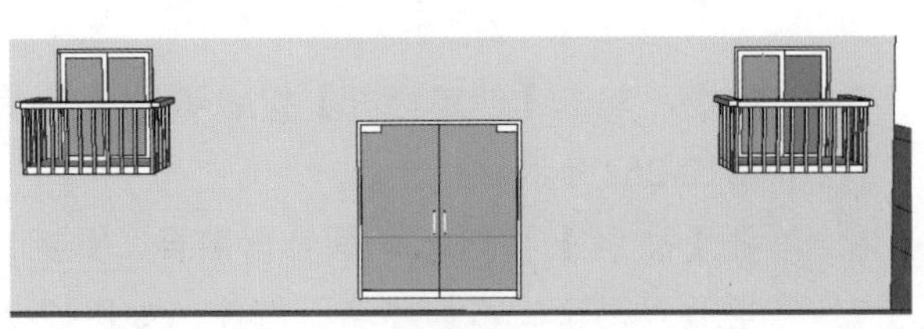

图12-267

10．利用“矩形工具”和“推拉工具”完善大门，如图12-268和图12-269所示。

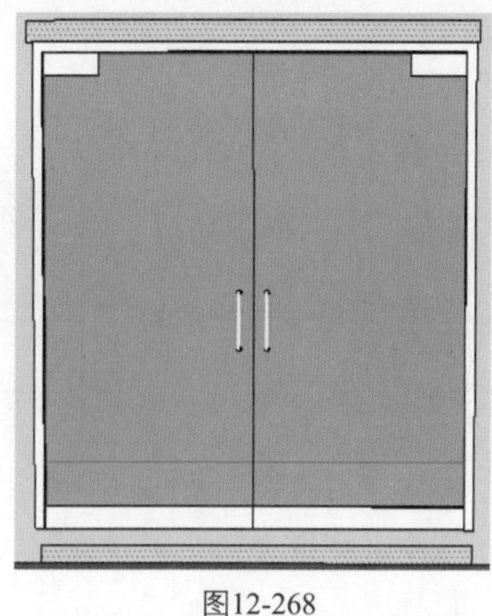

图12-268

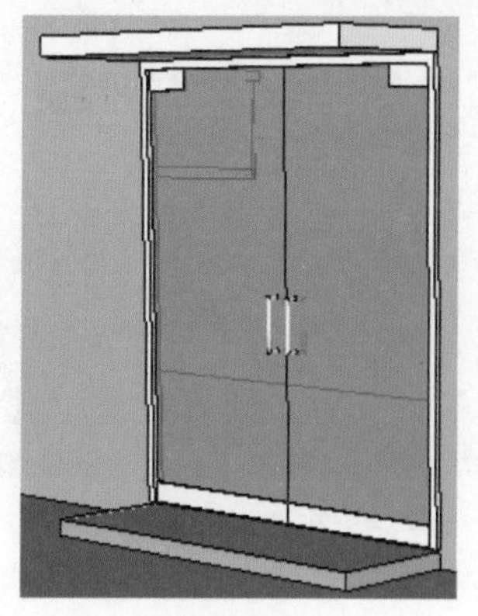

图12-269

11．导入窗户组件，如图12-270和图12-271所示。

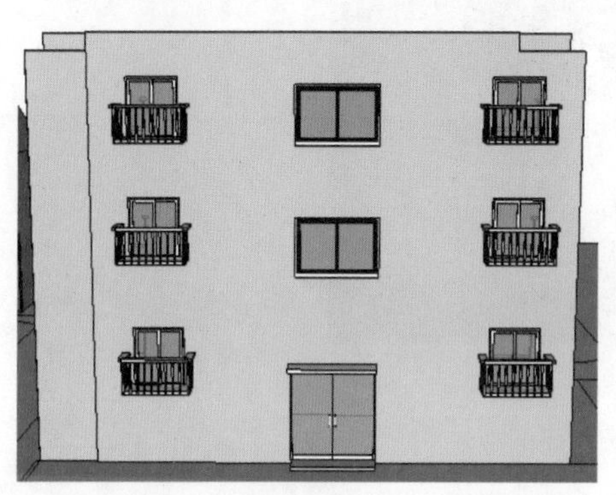

图12-270

图12-271

五、创建其他建筑

创建食堂、浴室、值班室、配电房、厕所、休闲室模型。

1．单击【推/拉】按钮，推拉值班室和配电房高度为1000mm，如图12-272所示。

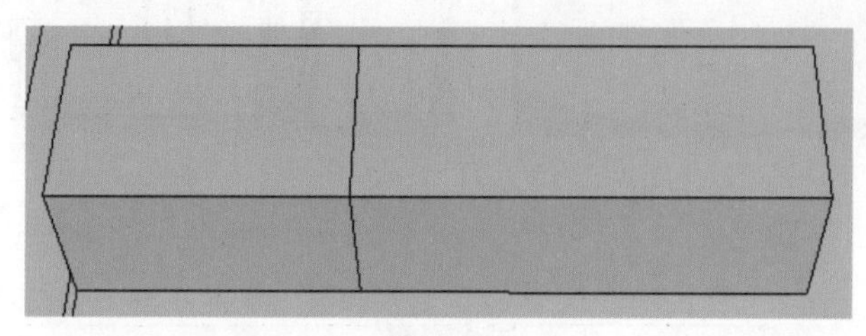

图12-272

2．利用“偏移工具”和“推拉工具”完成房顶，如图12-273所示。

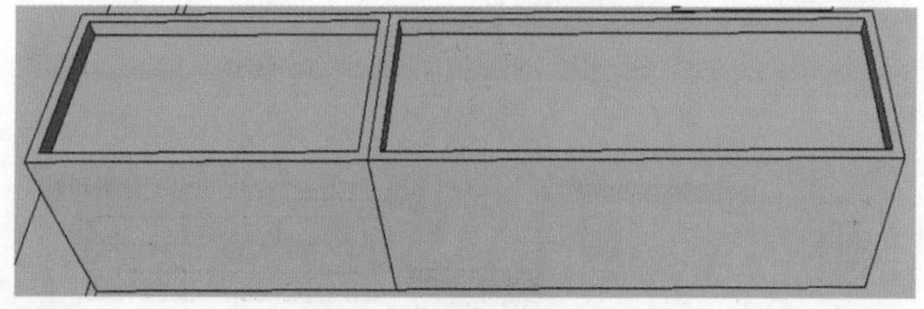

图12-273

3．导入门和窗户组件，如图12-274所示。

4．创建浴室和食堂，单击【推/拉】按钮，将浴室推高5000mm，将食堂推高5500mm，如图12-275所示。

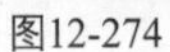
图12-274

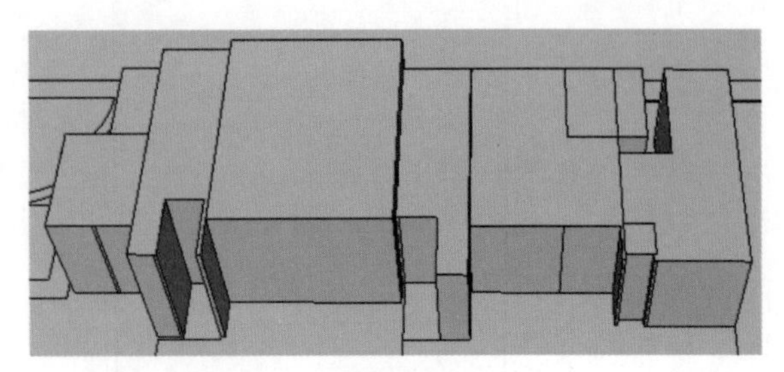

图12-275

5．利用偏移工具和推拉工具完成屋顶效果，如图12-276所示。

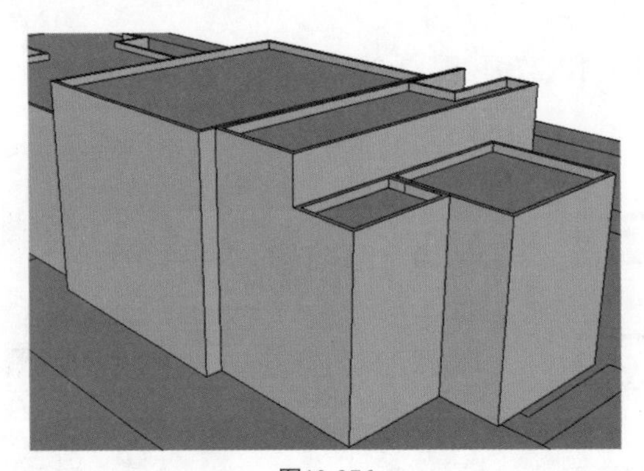

图12-276

6．导入门和窗户组件，如图12-277和图12-278所示。

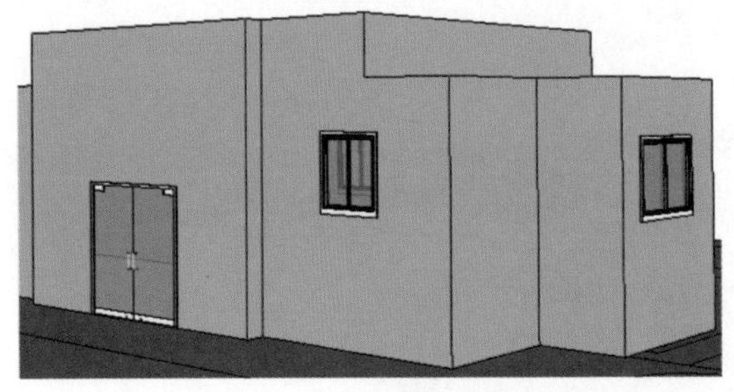

图12-277

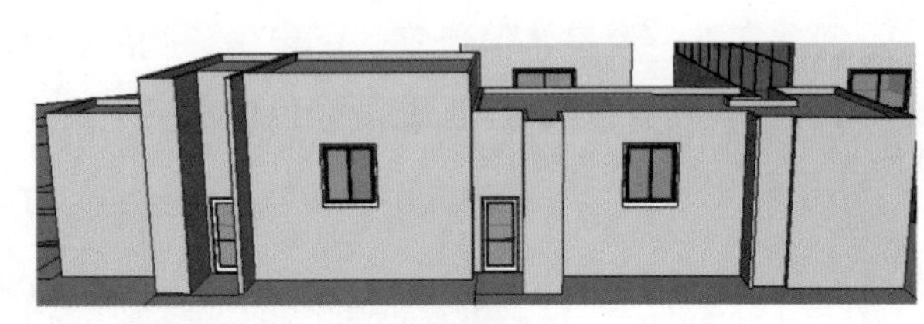

图12-278

7．利用同样的方法，创建休闲室和厕所，如图12-279和图12-280所示。

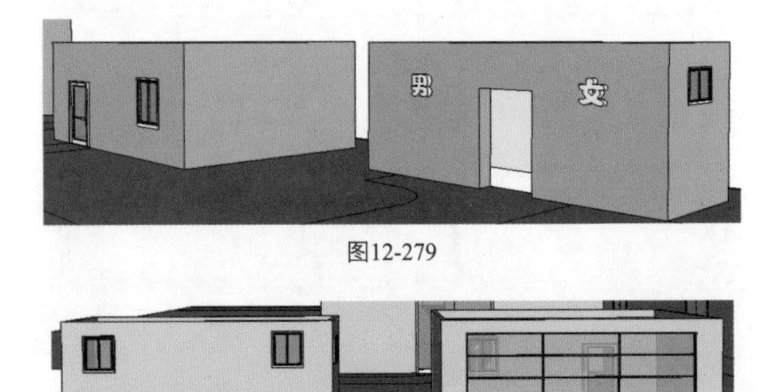

图12-279

图12-280

8．创建池塘。单击【推/拉】按钮，向下推拉深度为300mm，如图12-281所示。

9．继续推拉石阶，如图12-282和图12-283所示。

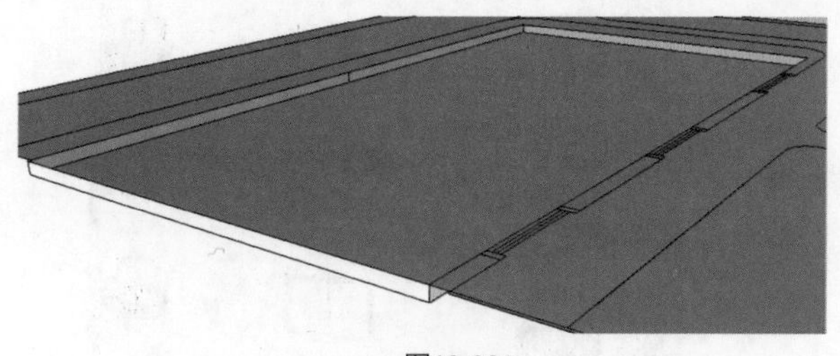

图12-281

图12-282

10．创建外围墙。单击【推/拉】按钮，推拉高度为500mm，如图12-284所示。

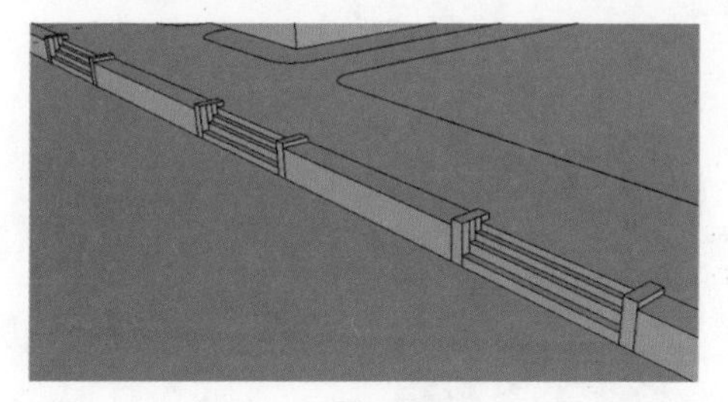

图12-283

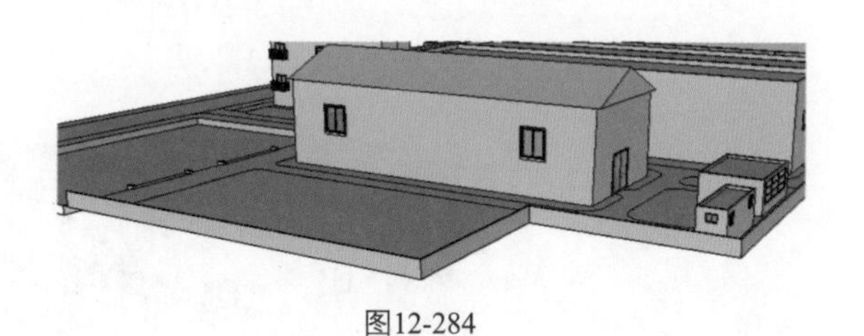

图12-284

12.2.4 填充材质

模型创建完毕，对建筑采用壁砖材质，对地面填充草坪和铺砖材质，使整个场景的颜色更加丰富多彩。

1．单击【颜料桶】按钮，打开【材质】编辑器，为办公楼填充材质，如图12-285所示。

2．为保安室填充材质，如图12-286所示。

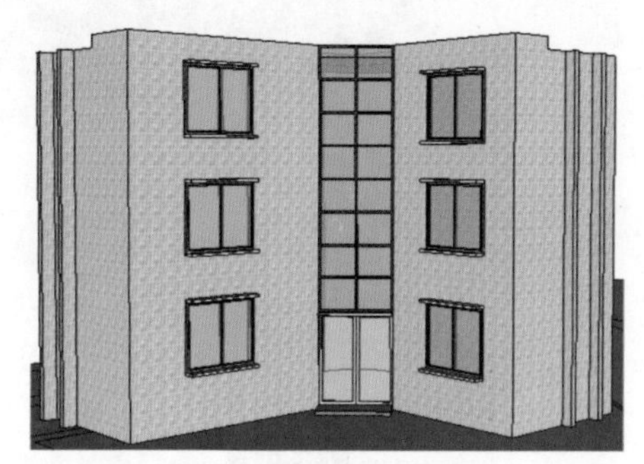

图12-285

图12-286

3．为食堂和浴室填充材质，如图12-287所示。

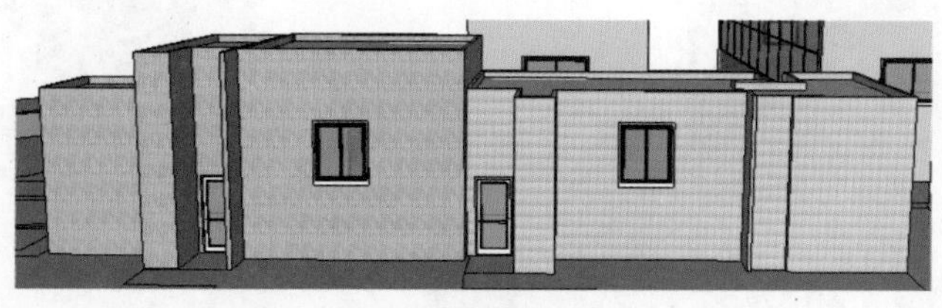

图12-287

4．为配电房和值班室填充材质，如图12-288所示。

5．为集体宿舍填充材质，如图12-289所示。

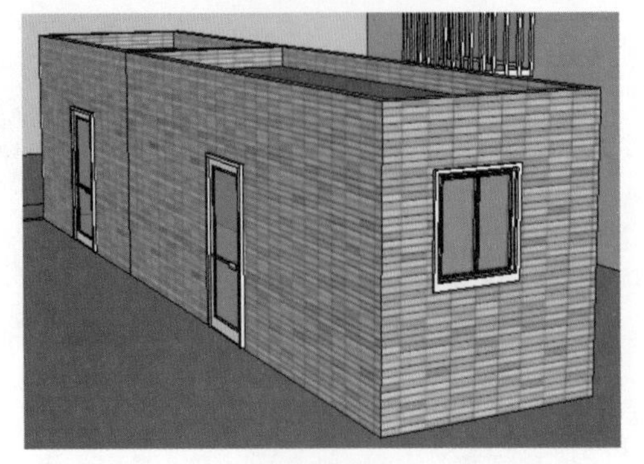

图12-288

图12-289

6．为3个厂房填充材质，如图12-290所示。

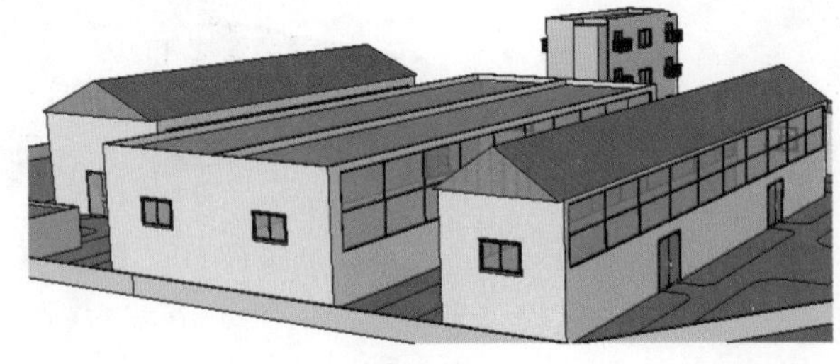

图12-290

7．为厕所和休闲室填充材质，如图12-291所示。

8．为池塘填充材质，如图12-292所示。

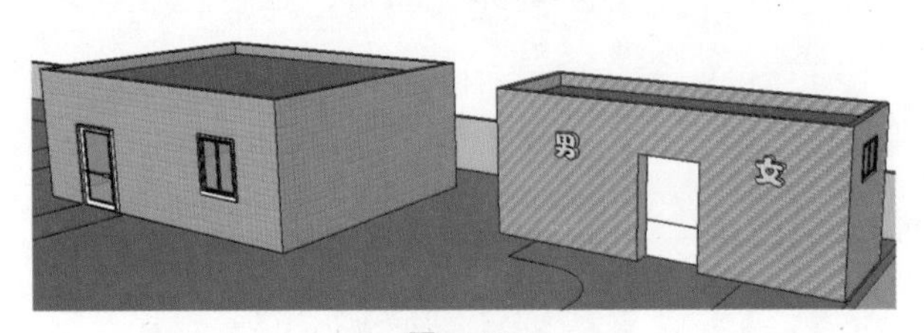

图12-291

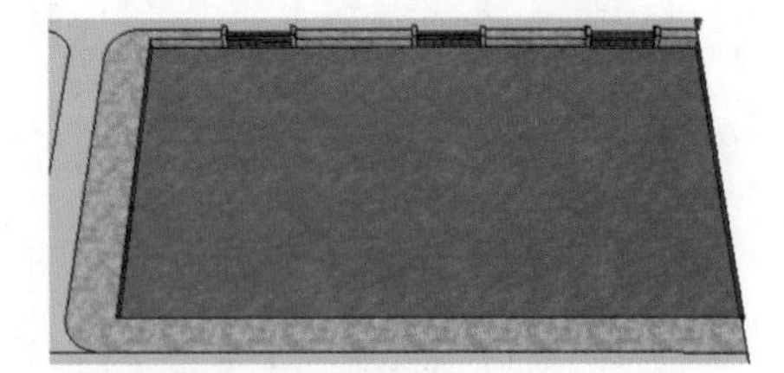

图12-292

9．为地面填充草坪和铺砖材质，如图12-293和图12-294所示。

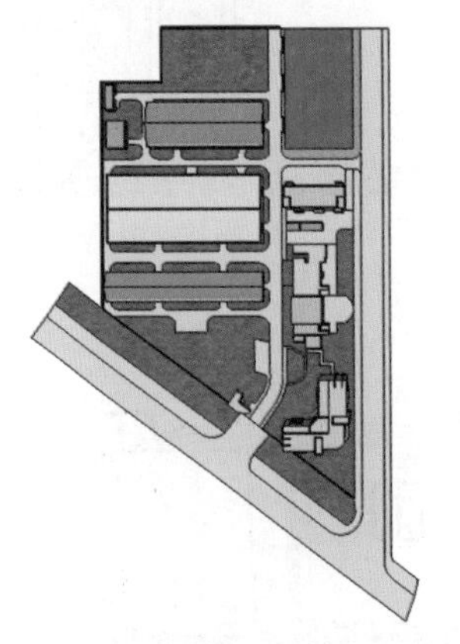

图12-293

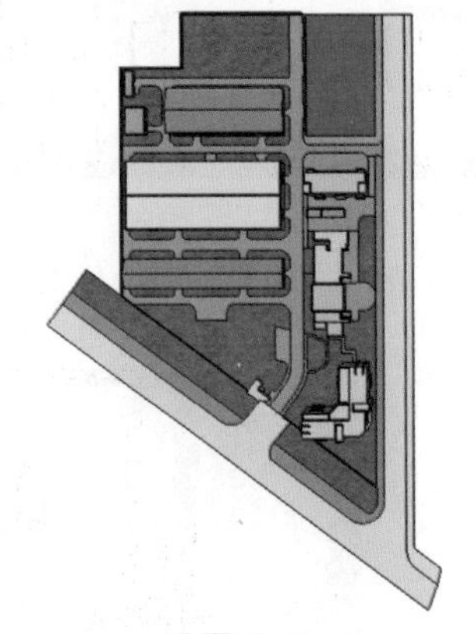

图12-294

10．单击【推/拉】按钮，将铺砖推高100mm，草坪推拉50mm，如图12-295所示。

11. 为马路添加材质贴图，如图12-296和图12-297所示。

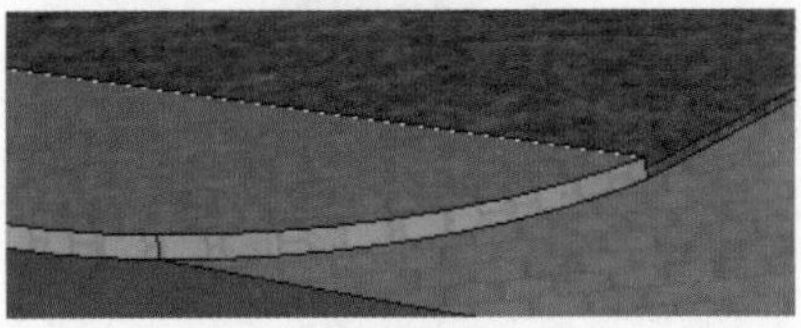

图12-295

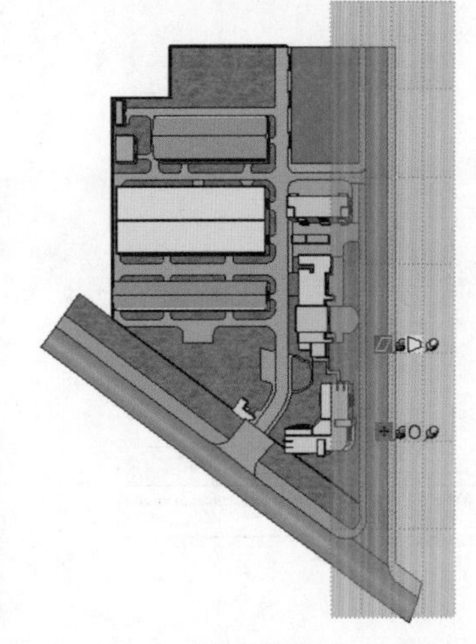

图12-296

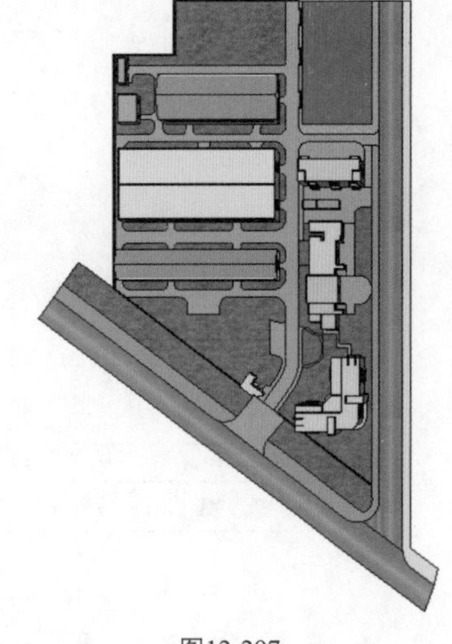

图12-297

12.2.5 导入组件

参照图纸，为工厂模型导入一些适合的组件，如亭子、车辆、垃圾桶组件，使场景更加生动真实。

1. 为场景导入木亭，单击【移动】按钮，复制另外两个，如图12-298所示。
2. 导入车辆组件，如图12-299所示。

图12-298

图12-299

3. 导入垃圾桶组件，如图12-300所示。

图12-300

12.2.6 添加场景

调整好角度，为工业厂区添加阴影，并创建4个场景，方便浏览。

1. 启动阴影工具栏，显示阴影，如图12-301和图12-302所示。

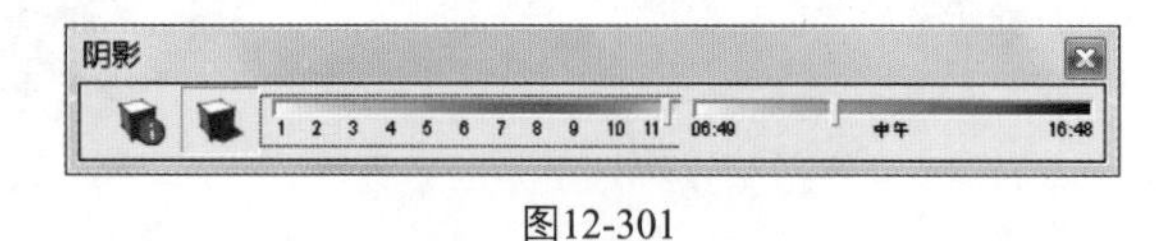

图12-301

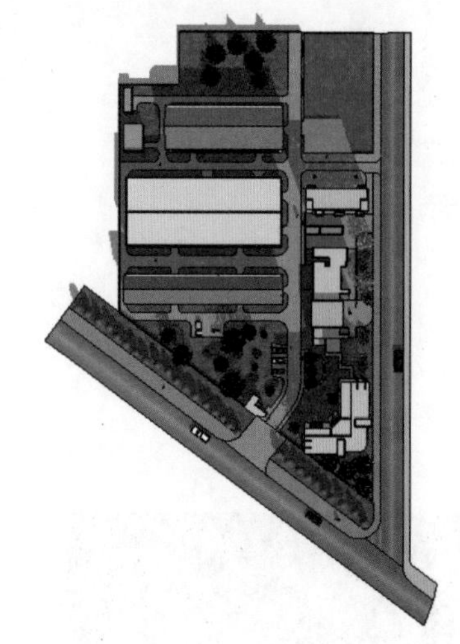

图12-302

2. 选择【镜头】/【两点透视图】命令，将场景显示为两点透视图，如图12-303所示。

3. 选择【窗口】/【样式】命令，取消边线显示，如图12-304所示。

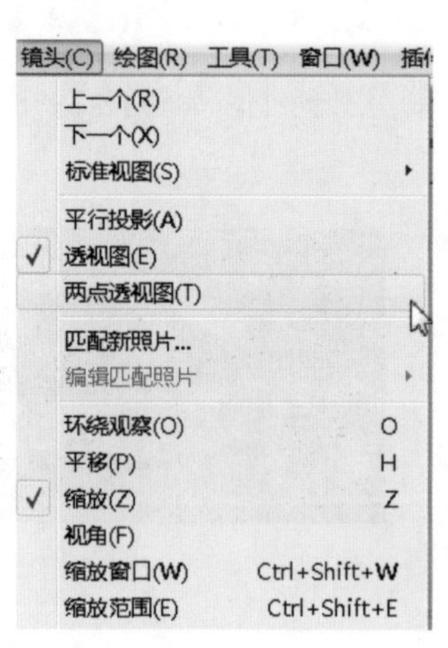

图12-303

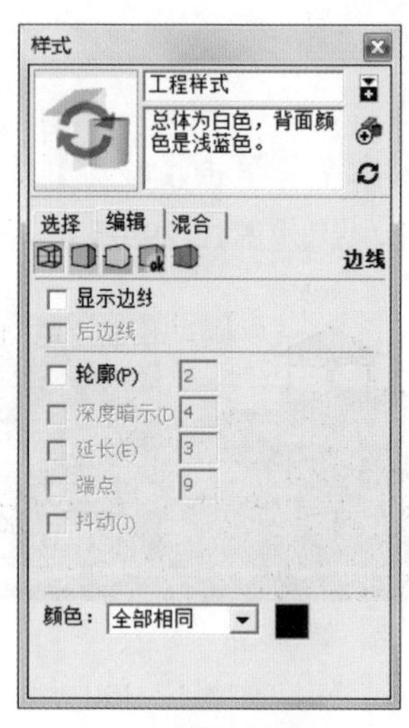

图12-304

4. 选择【窗口】/【场景】命令，单击⊕按钮，创建场景1，如图12-305和图12-306所示。

图12-305

图12-306

5. 单击⊕按钮，创建场景2，如图12-307和图12-308所示。

6. 单击⊕按钮，创建场景3，如图12-309和图12-310所示。

7. 单击⊕按钮，创建俯视图场景4，如图12-311和图12-312所示。

图12-307

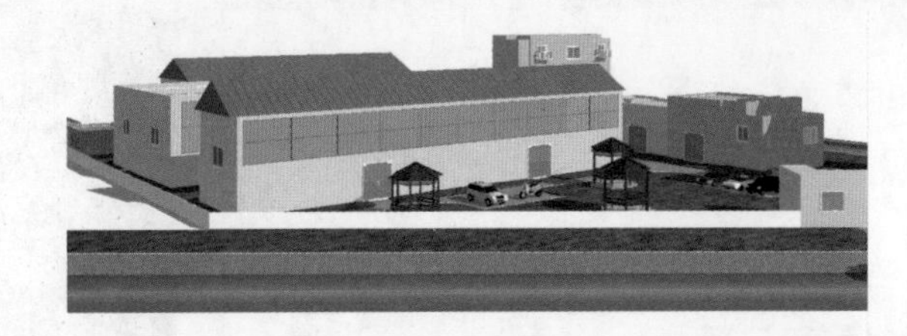

图12-308

图12-309

图12-310

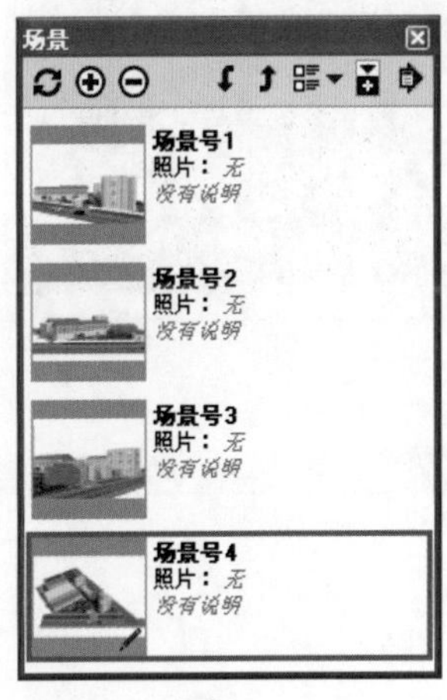

图12-311

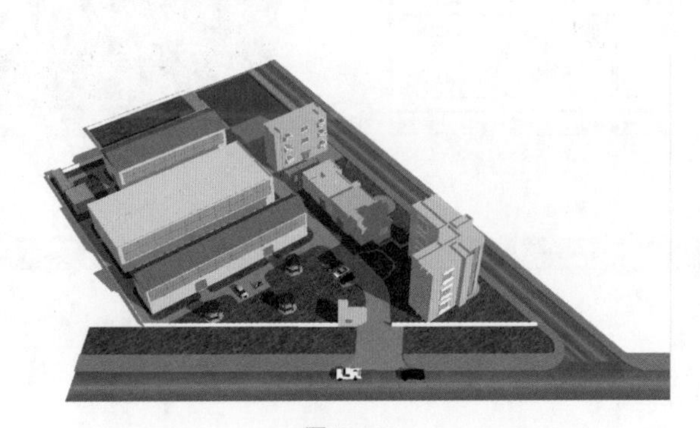

图12-312

12.2.7 后期处理

利用之前所讲导出图像的方法，先导出4个场景页面，再将显示样式设为“隐藏线”模式，然后将样式背景设为黑色，依次导出4个场景的线框图。

1. 启动Photoshop软件，打开图片和线框图，如图12-313和图12-314所示。
2. 将线框图拖动到背景图层上，进行重叠，如图12-315所示。
3. 双击背景图层解锁，如图12-316所示。
4. 单击“图层1”，选择【图像】/【调整】/【反相】命令，对线框图进行反相操作，如图12-317所示。
5. 将“图层1”设为“正片叠底”模式，不透明度设为“50%”，如图12-318所示。

图12-313

图12-314

图12-315

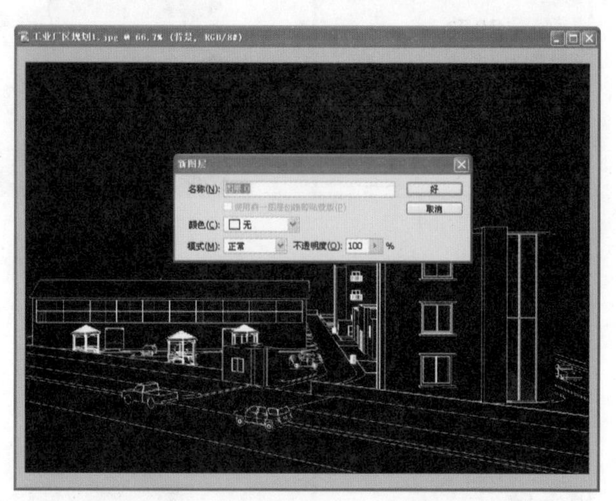

图12-316

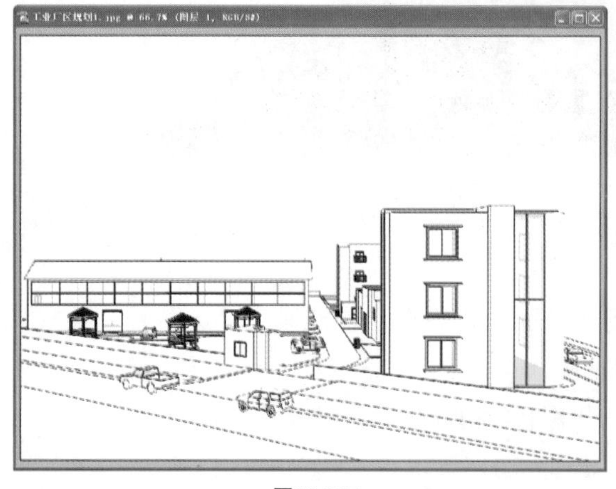

图12-317

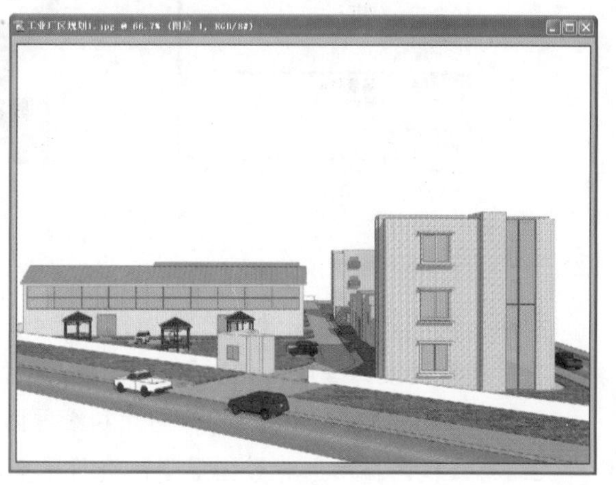

图12-318

6．将图层合并，选择“魔术棒工具”，将背景删除，如图12-319所示。

7．打开背景图片，将背景图片放置到图层下方，如图12-320所示。

8．添加一些植物素材，如图12-321所示。

9．添加一些人物素材，如图12-322所示。

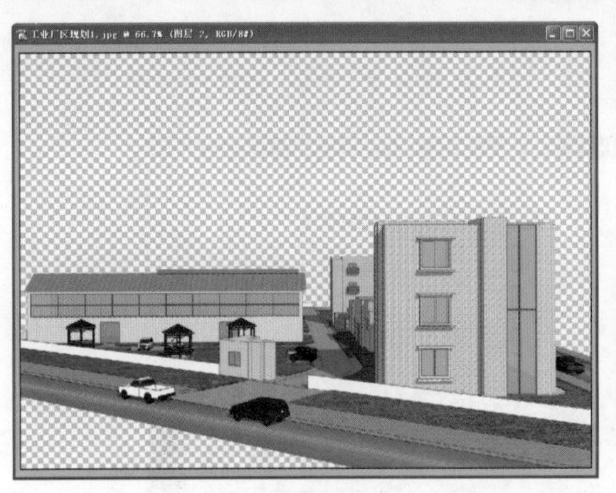

图12-319

图12-320

图12-321

图12-322

10．将图层进行合并，选择【图像】/【调整】/【亮度/对比度】命令，设置亮度和对比度，如图12-323和图12-324所示。

图12-323

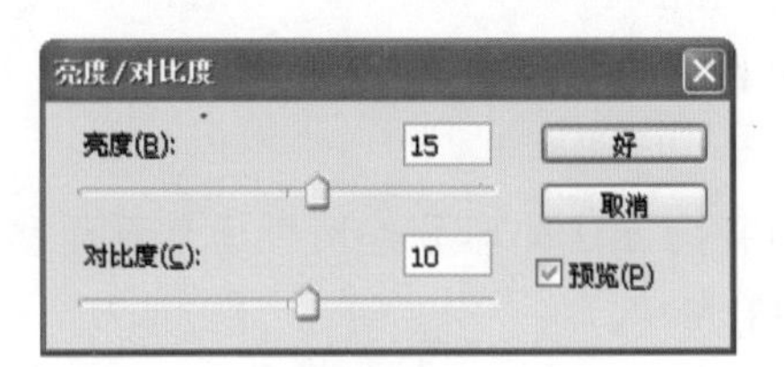

图12-324

11．选择【图像】/【调整】/【色彩平衡】命令，调整颜色，如图12-325所示。

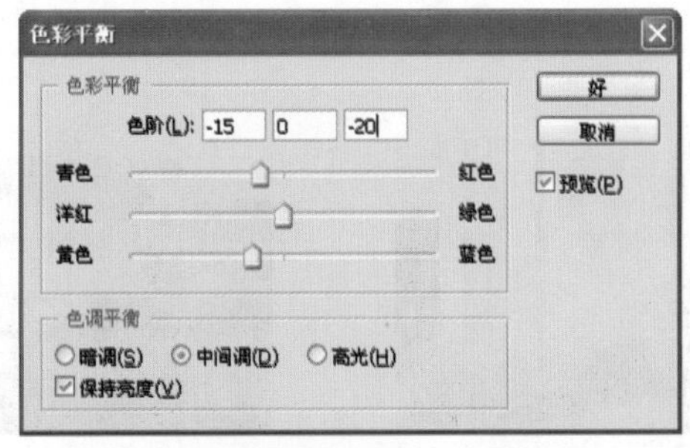

图12-325

12．新建一个图层，按Ctrl+Shift+Alt+E组合键，盖印可见图层，如图12-326所示。

13．选择【滤镜】/【模糊】/【高斯模糊】命令，添加模糊效果，如图12-327所示。

图12-326

图12-327

14．将图像模式设为“柔光”，不透明度设为“50%”，如图12-328和图12-329所示。

图12-328

图12-329

15．将两个图层进行合并，选择加深和减淡工具，涂抹出明暗度，效果如图12-330所示。

16．利用同样的方法处理另外两个场景页面和俯视图，效果如图12-331、图12-332和图12-333所示。

图12-330

图12-331

图12-332

图12-333

12.3 本章小结

本章主要学习了如何将CAD图纸导入SketchUp中创建建筑规划模型。一个是某公司建筑楼设计，另一个是某工业厂区规划设计。两个规划设计的操作过程都包括设计解析、方案实施、建模流程、后期处理4部分。设计解析主要是对整个模型创建的思路分析；方案实施主要是如何将整理好的CAD图纸导入到SketchUp中；建模流程主要介绍了图纸中不同建筑的创建方法，并导入组件完善场景；后期处理主要是将导出的场景进行美化，使它看起来更具有真实感和艺术感。每个环结紧紧相扣，读者们可以利用此方法设计出更多更好的建筑模型。

第13章 住宅规划设计

本章将介绍SketchUp在住宅规划设计中的应用。通过两种不同的方式创建不同的住宅楼为例进行讲解，一种是以CAD图纸为基础创建住宅小区规划模型，另一种是自由创建单体住宅楼。

13.1 住宅小区建模

源文件：\Ch13\住宅小区规划\

结果文件：\Ch13\住宅小区规划案例\

视频：\Ch13\住宅小区规划.wmv

13.1.1 设计解析

下面以某城市的一个高档住宅小区规划为例，着重讲解规划中需要达到的模型效果，以及场景周围的表现情况。本案的四周交通便利，小区设有一个车行出入口和一个人行出入口，并设有两个停车场。人行出入口为小区主入口，配有漂亮的景观设施，两边还有花坛。地面以花形铺砖，并以喷泉和廊亭作为小区的标志性建筑。小区住宅的户型分为3种，共有7幢。每一幢建筑分散均匀，周围都有不同的绿色植物陪衬，让人们可以随时感受绿色的气息。整个小区住宅规划得非常详细，且能很好地展现人们的生活风貌。

规划区的总体平面在功能上由3部分组成，包括小区出入口区、绿化区和住宅区。在交通流线上，由于住宅属于高档小区，地处城市中心地段，且周围建设有其他住宅小区，人流量较多，所以东西南北面都设有完善的交通流线。

图13-1和图13-2所示为建模效果，图13-3至图13-6所示为后期效果。本次案例的操作流程如下。

（1）整理CAD图纸。

（2）在SketchUp中导入图纸。

（3）创建模型。

（4）导入组件。

（5）添加场景。

（6）导出图像。

（7）后期处理。

图13-1

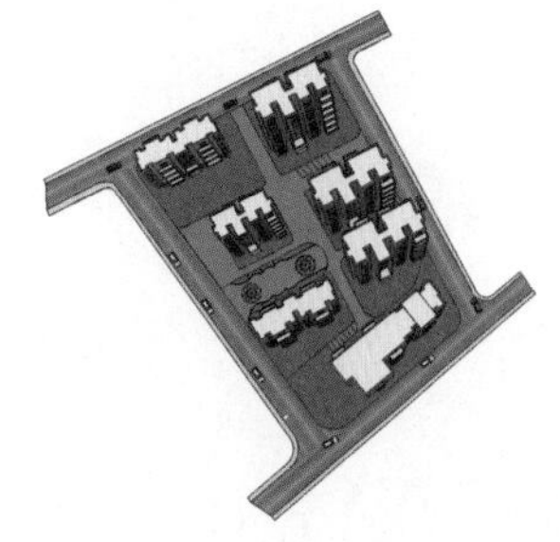

图13-2

图13-3

图13-4

图13-5

图13-6

13.1.2 方案实施

本案例以一张CAD平面图纸设计为例，首先在AutoCAD里对图纸进行清理，再导入SketchUp中进行描边封面。

一、整理CAD图纸

CAD平面设计图纸里含有大量的文字、图层、线、图块等信息，如果直接导入SketchUp中，会增加建模的复杂性，所以一般先在CAD软件里进行处理，将多余的线删除掉，使设计图纸简单化，图13-7所示为原图，图13-8所示为简化图。

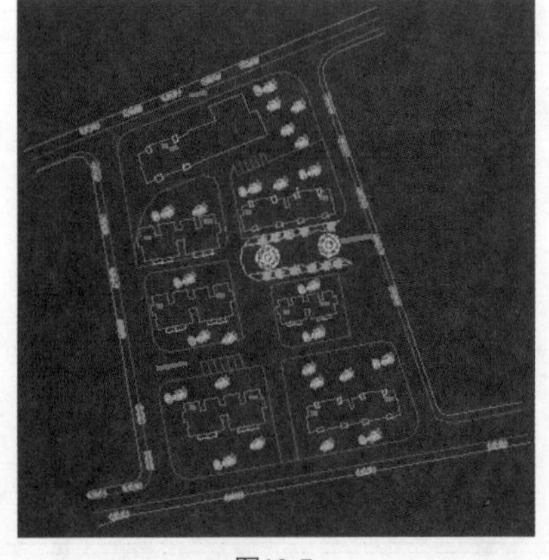

图13-7

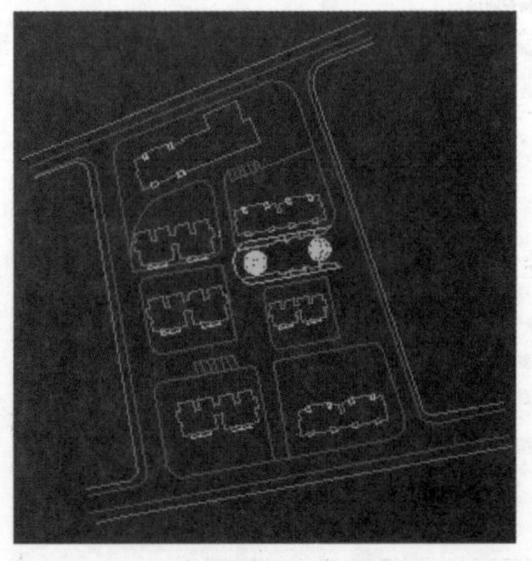

图13-8

在清理图纸时，如果CAD图形中出现粗线条，可执行“X”命令将其打散，就会变成单线条，这对于后期导入SketchUp中封面非常重要且更加方便。如果CAD图纸比较复杂时，可以利用关闭图层的方法减少清理图纸的时间，但清理完成后，一定要重新复制图纸到新的CAD文档，否则导入SketchUp中可能会造成图层混乱或者封面时遇到困难。

1. 在CAD命令栏里输入“PU”，按Enter键结束命令，对简化后的图纸进行进一步清理，如图13-9所示。
2. 单击全部清理(A)按钮，弹出图13-10所示的对话框，选择“清除所有项目”选项，直到“全部清理”按钮变成灰色状态，即清理完图纸，如图13-11所示。

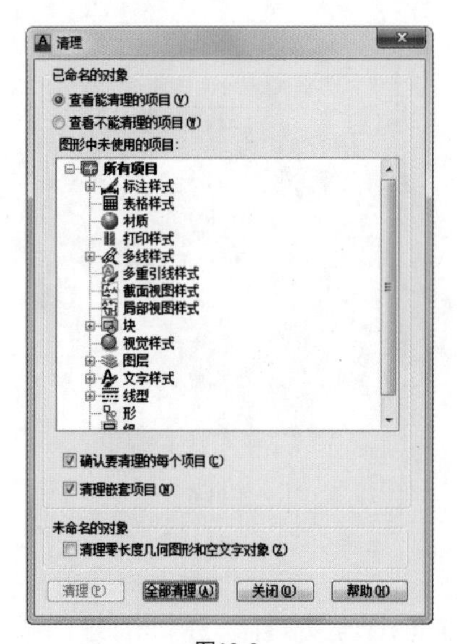

图13-9

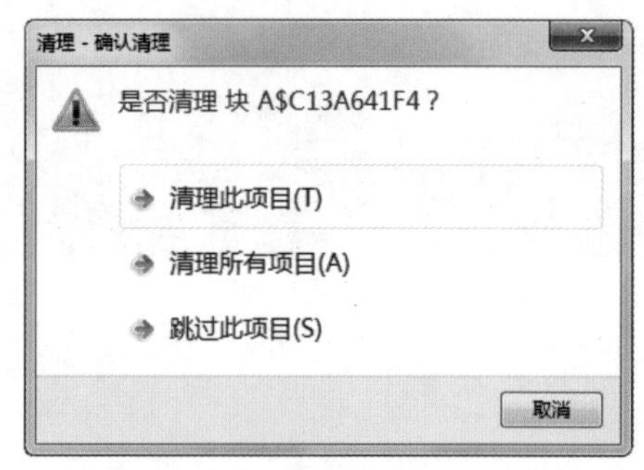

图13-10

3. 在SketchUp里先优化一下场景，选择【窗口】/【模型信息】命令，弹出【模型信息】对话框，设置参数如图13-12所示。

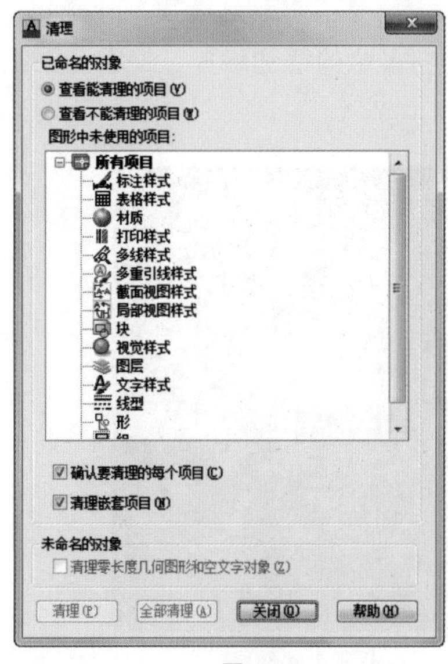

图13-11

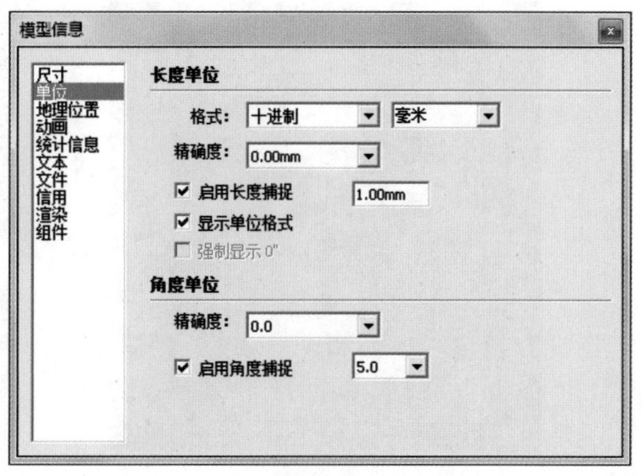

图13-12

二、导入图纸

将图纸导入到SketchUp中，创建封闭面，对单独要创建的模型要进行单独封面。这里导入的图纸以“毫米”为单位。

1. 选择【文件】/【导入】命令，导入住宅小区规划平面图2，弹出【打开】对话框，将文件类型选择为“AutoCAD文件（*.dwg）”格式，如图13-13和图13-14所示。

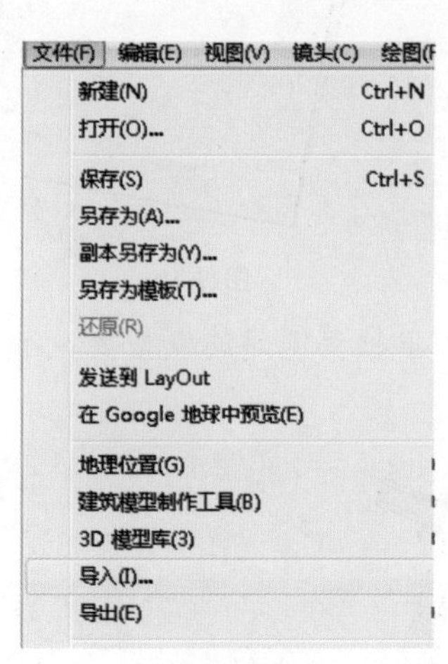

图13-13

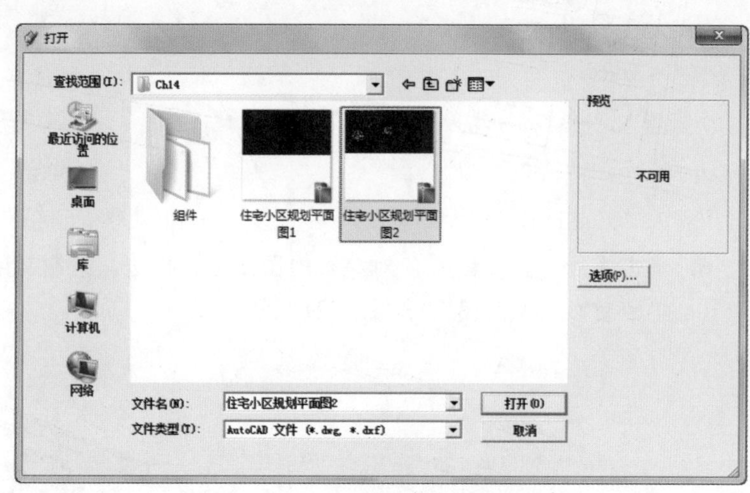

图13-14

2. 单击选项(P)...按钮，将单位改为“毫米”，单击确定按钮，最后单击打开(O)按钮，即可导入CAD图纸，如图13-15所示。
3. 图13-16所示为导入结果。

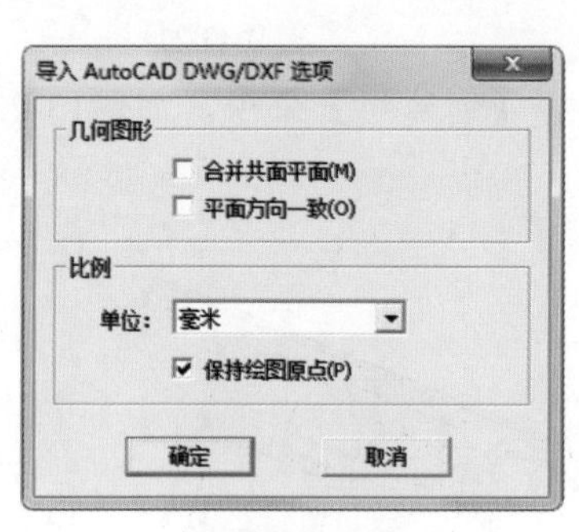

图13-15

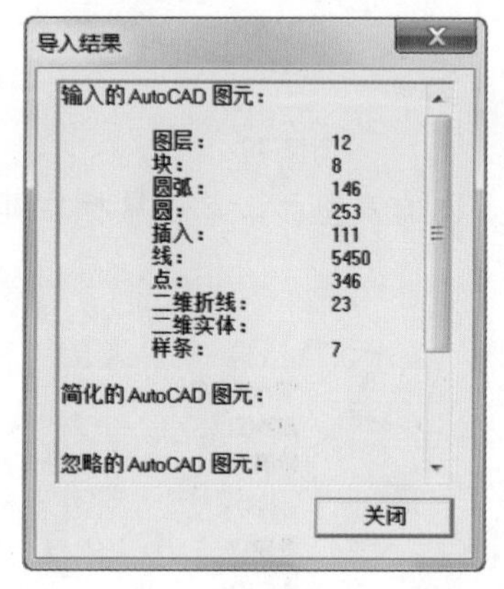

图13-16

如果无法导入CAD图形，请选择用较低的CAD版本存储，再重新导入。如果在SketchUp导入CAD图纸的过程中出现了自动关闭的现象，请确定场景优化是否正确。

4. 单击关闭按钮，导入SketchUp中的CAD图纸是以线显示的，导入后的图纸以线显示，如图13-17所示。
5. 将图纸放大并清理，将多余的线或出头的线删除，将断掉的线连接好，如图13-18和图13-19所示。

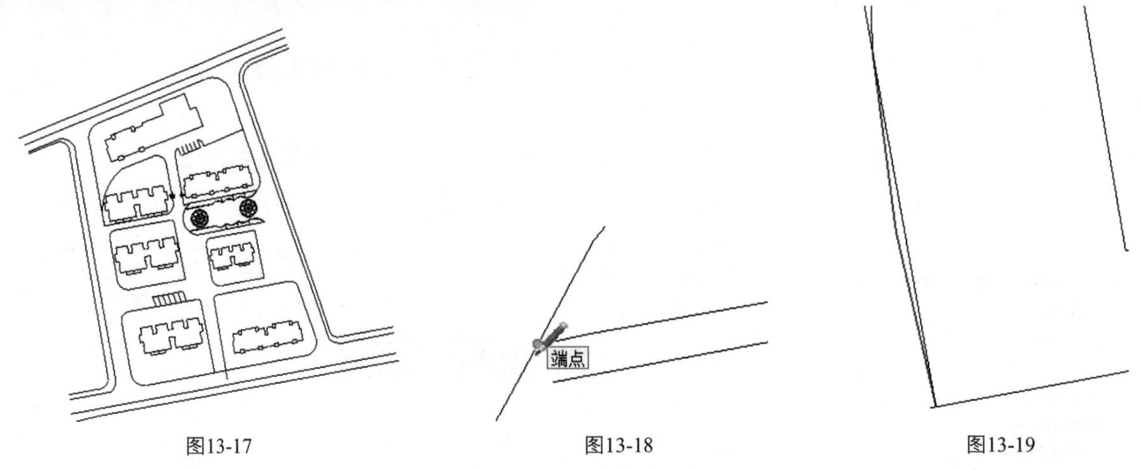

图13-17　　图13-18　　图13-19

6. 单击【线条】按钮，对导入的图纸进行描边，绘制封闭面。单独要创建的模型要单独封面，如图13-20和图13-21所示。

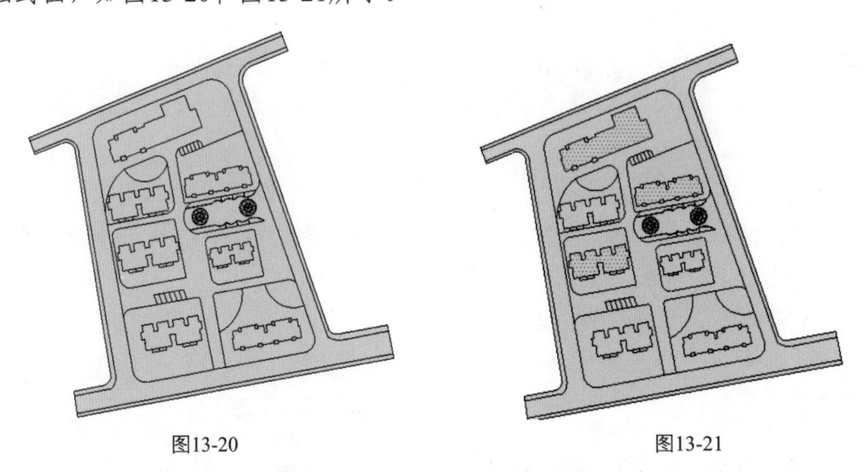

图13-20　　图13-21

7. 选中3个不同的户型面，单击鼠标右键，选择【创建组】命令，如图13-22和图13-23所示。

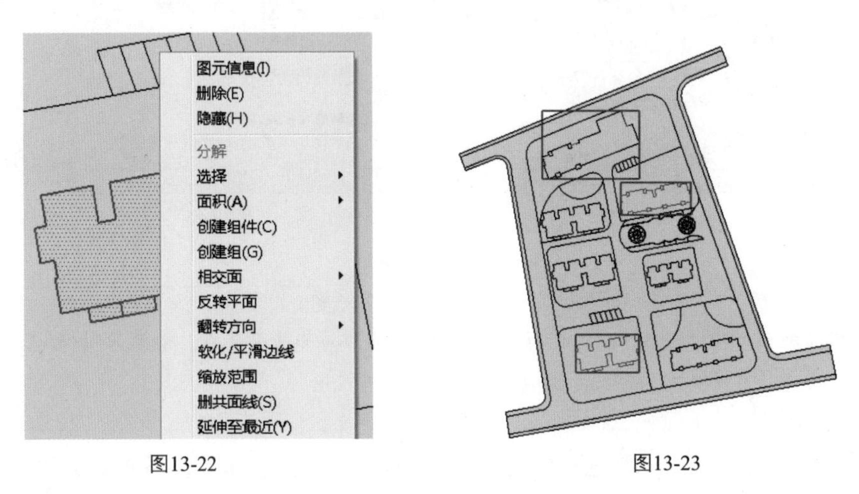

图13-22　　图13-23

13.1.3 建模流程

参照图纸，分别创建住宅小区A、B、C户型，包括创建住宅入口石阶、遮阳板、楼梯间模型，创建开口窗户和户外阳台模型等，其他还要创建小区内部景观设施。

一、创建A户型

创建住宅小区A户型的建筑模型，这里包括创建住宅入口石阶、遮阳板、楼梯间模型，创建开口窗户、户外阳台模型，创建天台以及绿化池模型。

（一）创建石阶和遮阳板

1．单击【推/拉】按钮，将户型推高80mm，如图13-24所示。

2．导入大门组件，并填充玻璃材质，如图13-25和图13-26所示。

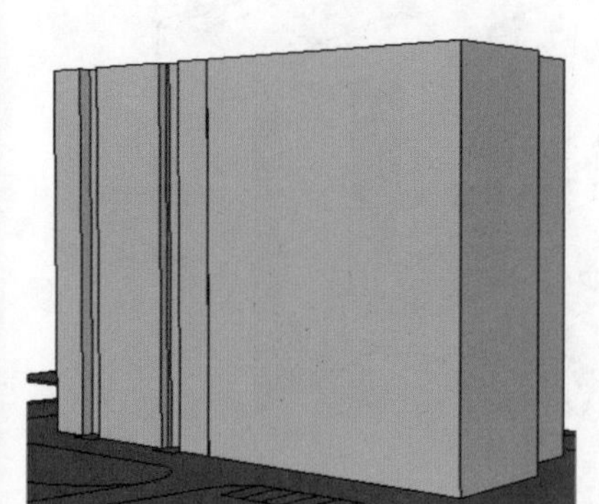

图13-24

图13-25

图13-26

3．单击【矩形】按钮，绘制矩形面，如图13-27所示。

4．单击【推/拉】按钮，推拉矩形为5mm，如图13-28所示。

图13-27

图13-28

5．单击【线条】按钮，绘制直线。单击【推/拉】按钮，推拉出石阶，如图13-29和图13-30所示。

6．单击【偏移】按钮，向里偏移复制面0.5mm。单击【推/拉】按钮，推拉出遮阳板效果，如图13-31和图13-32所示。

图13-29

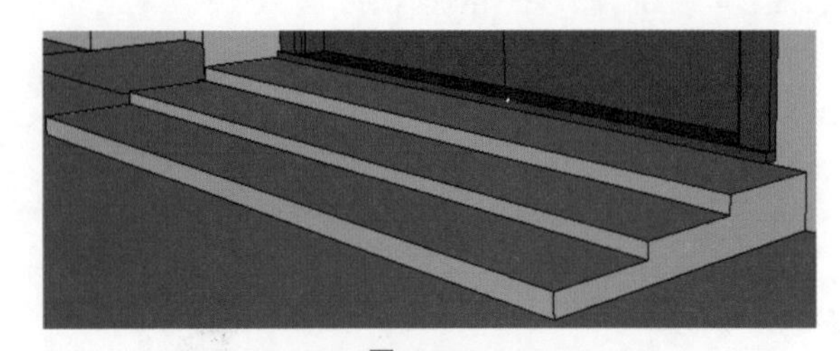

图13-30

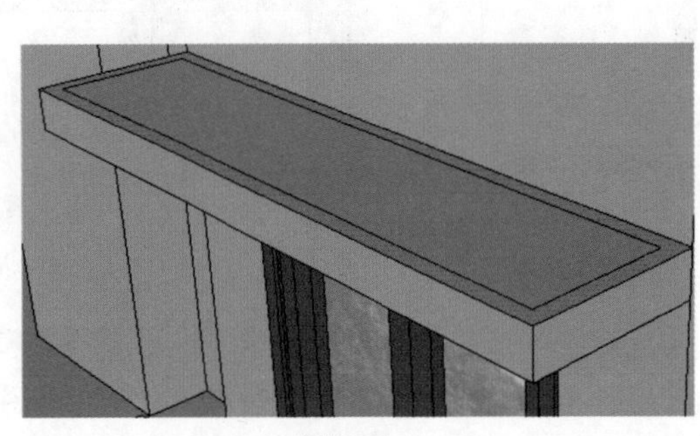

图13-31

图13-32

（二）创建开口窗

1. 单击【矩形】按钮，在墙体上绘制一个矩形。单击鼠标右键，选择【创建组件】命令，如图13-33所示。
2. 双击组件进入编辑状态，单击【推/拉】按钮，向外推拉1.5mm，如图13-34和图13-35所示。

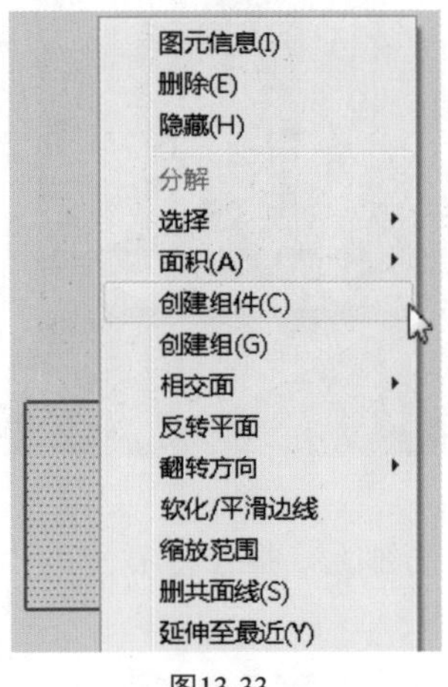

图13-33

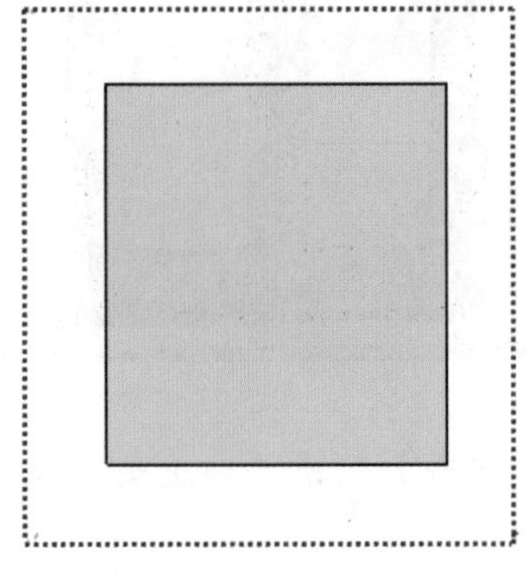

图13-34

3. 将多余的侧面删除，如图13-36所示。

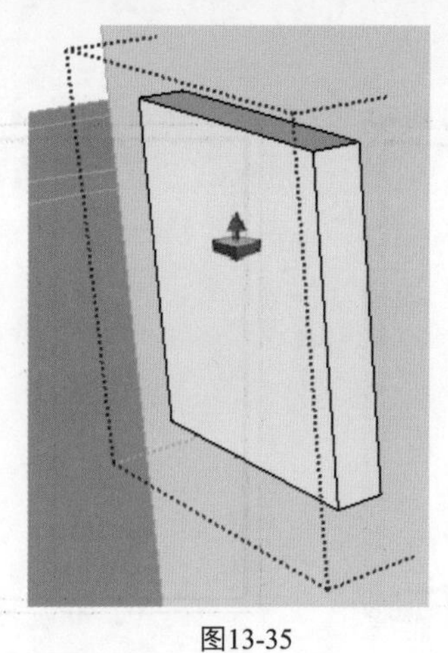
图13-35

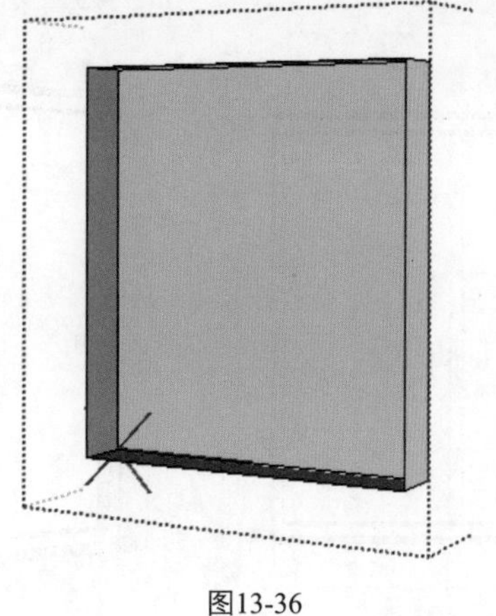
图13-36

4．选中内部面，单击鼠标右键，选择【反转平面】命令，如图13-37和图13-38所示。

图13-37

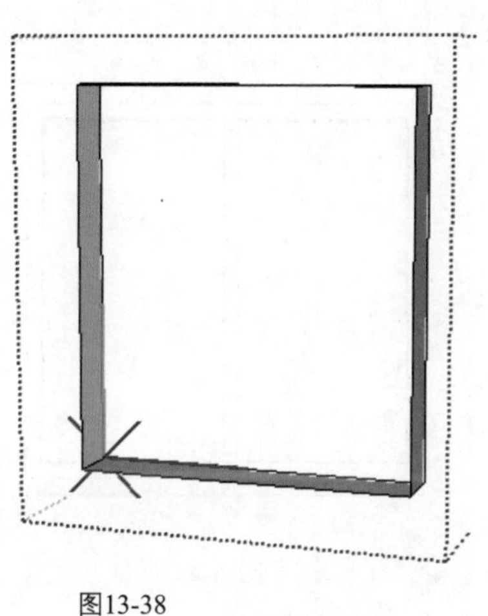
图13-38

5．单击【偏移】按钮，将面向里偏移复制0.5mm，如图13-39所示。

6．单击【推/拉】按钮，向外推拉0.5mm，如图13-40所示。

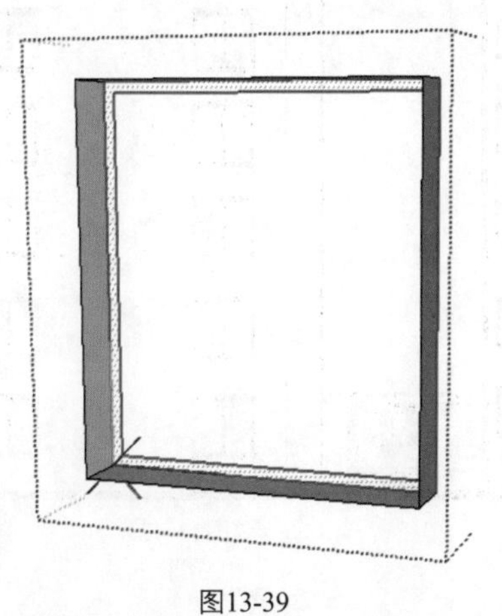
图13-39

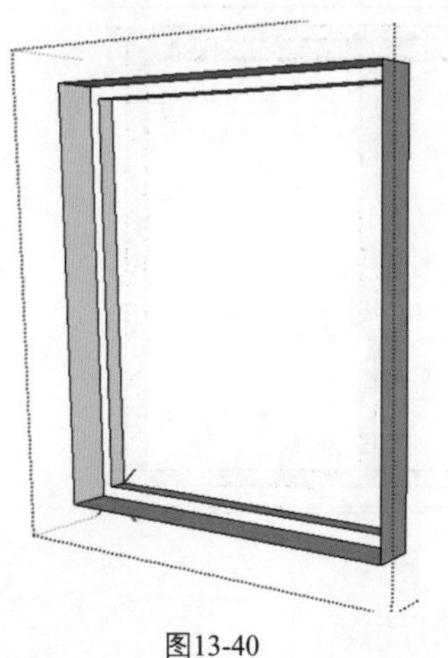
图13-40

7．单击【矩形】按钮，绘制矩形面。单击【推/拉】按钮，推拉窗框，如图13-41和图13-42所示。

8．将窗户周围的面删除，如图13-43所示。

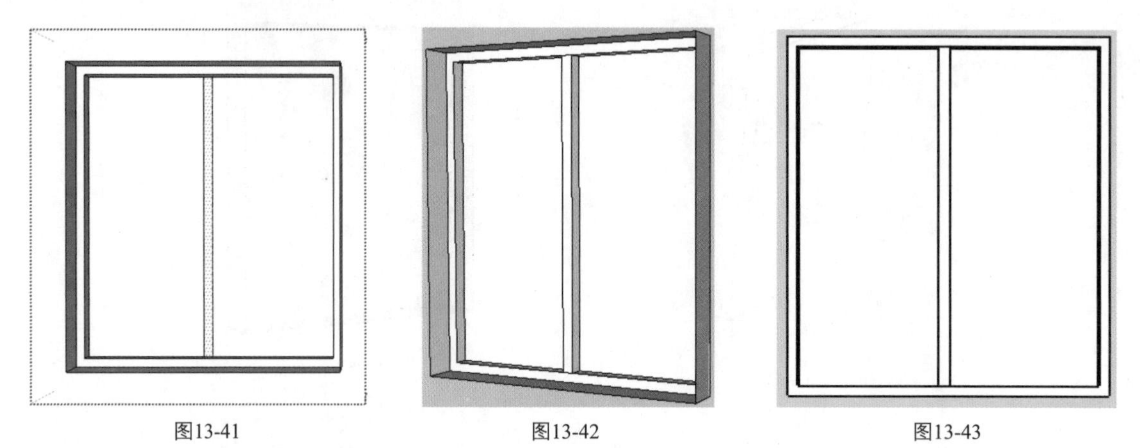

图13-41　　图13-42　　图13-43

9．单击【矩形】按钮，在窗户下方绘制矩形面。单击【推/拉】按钮，向外推拉14mm，形成窗台，如图13-44和图13-45所示。

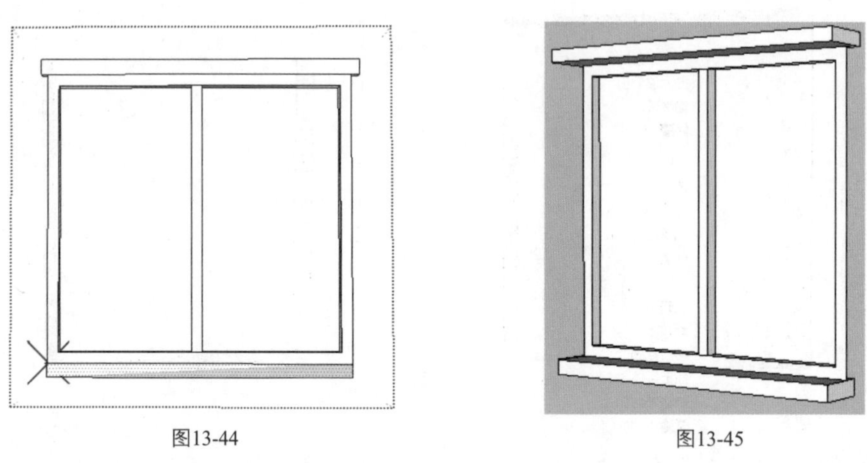

图13-44　　图13-45

10．为窗户填充相应的材质，效果如图13-46所示。

11．单击【移动】按钮，将窗户组件进行复制，并缩放其大小，如图13-47所示。

图13-46　　图13-47

（三）创建阳台

1．单击【矩形】按钮，绘制矩形面，再将其创建成组，如图13-48所示。

2．单击【推/拉】按钮，向外推拉4mm，如图13-49所示。

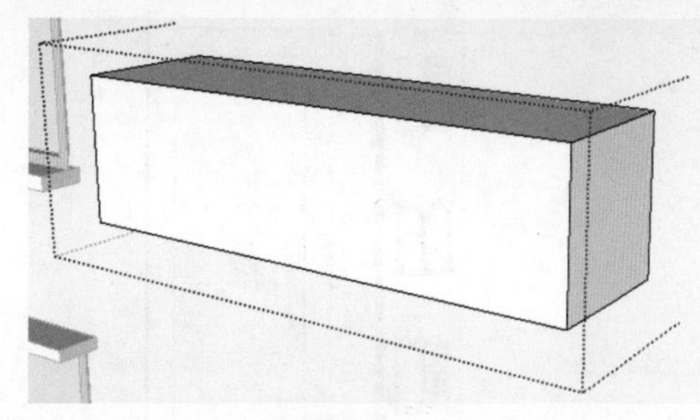

图13-48　　图13-49

3．单击【偏移】按钮，将面向里偏移一定距离，如图13-50所示。

4．单击【推/拉】按钮，推拉出阳台，如图13-51所示。

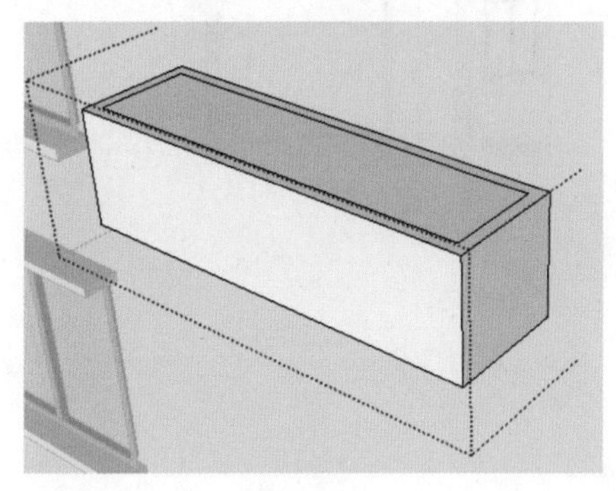

图13-50

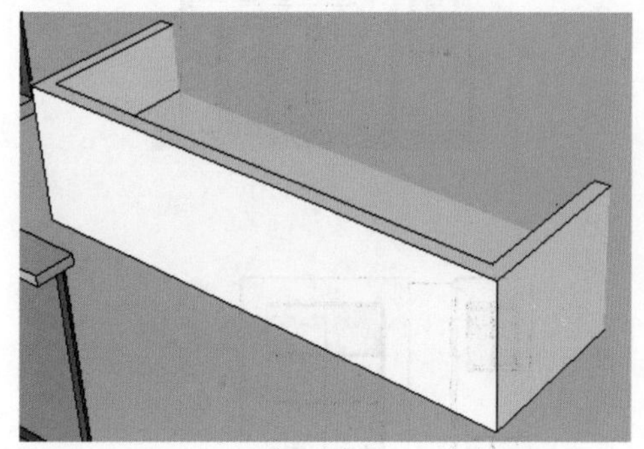

图13-51

5．在阳台上方导入门组件，如图13-52所示。

6．单击【移动】按钮，对阳台进行复制，如图13-53所示。

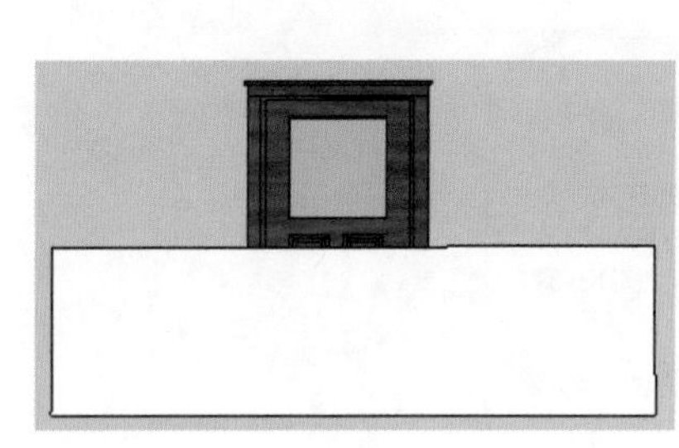

图13-52

图13-53

（四）创建楼梯间和天台

1．创建楼梯间，单击【偏移】按钮，将面向里偏移3mm，如图13-54所示。

2．单击【推/拉】按钮，向里推拉1mm，如图13-55所示。

3．启动建筑插件，单击【玻璃幕墙】按钮，创建玻璃幕墙，如图13-56所示。

4．创建天台。单击【偏移】按钮，偏移复制1mm，如图13-57所示。

在创建玻璃幕墙时，如果是反面，则无法自动填充玻璃颜色，需要执行【反转平面】命令，再执行【玻璃幕墙】命令，才能创建成功。

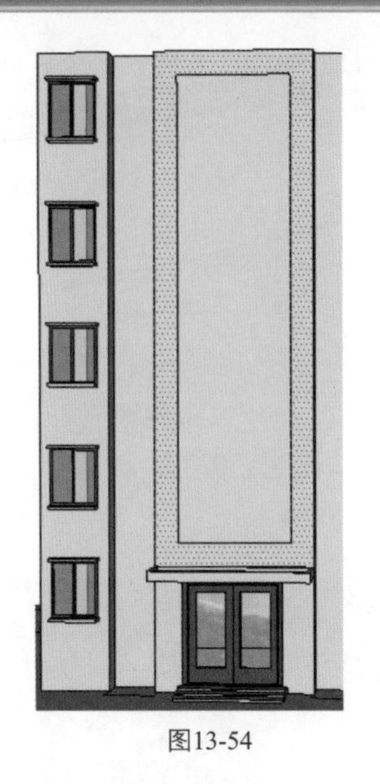
图13-54

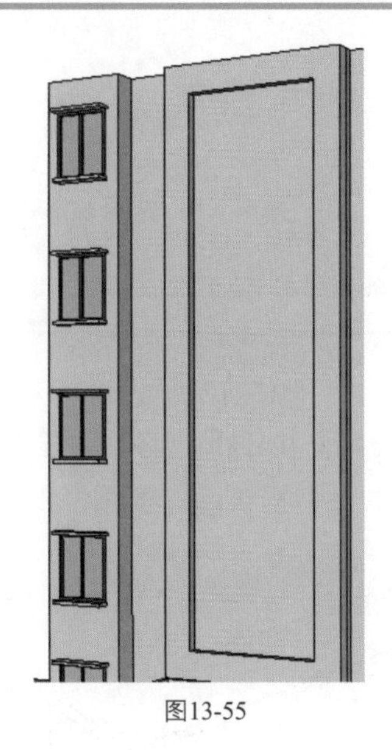
图13-55

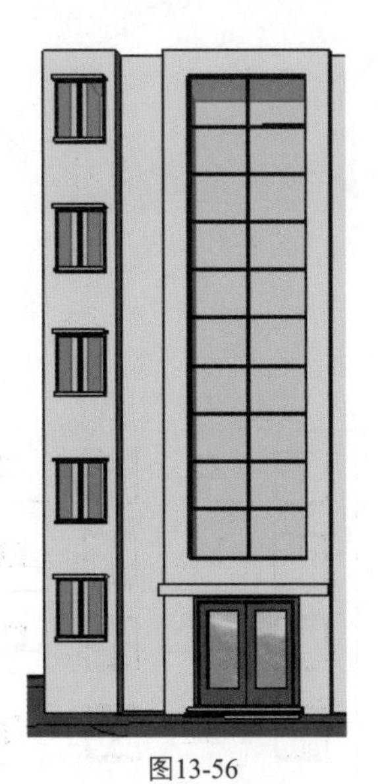
图13-56

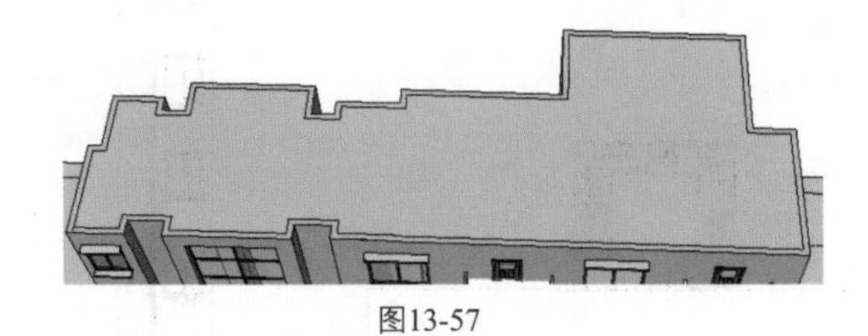
图13-57

5．单击【推/拉】按钮，推拉出天台，如图13-58所示。

6．单击【推/拉】按钮，继续推拉出图13-59所示的效果。

图13-58

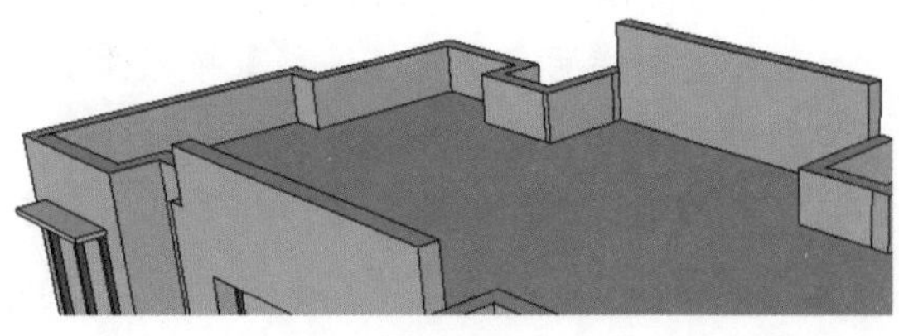
图13-59

7．单击【线条】按钮，绘制直线。单击【推/拉】按钮，推拉形状，如图13-60和图13-61所示。

8．单击【移动】按钮，复制窗户及阳台，完善户型背面效果，如图13-62所示。

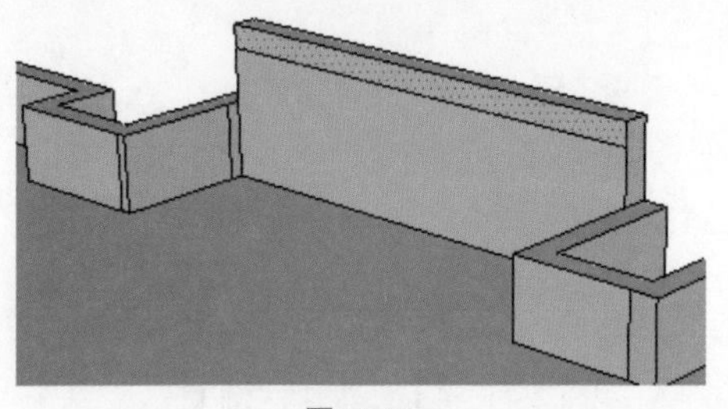

图13-60

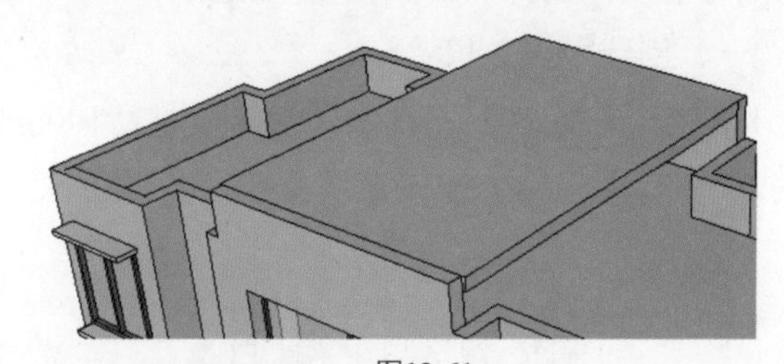

图13-61

图13-62

（五）创建绿化池

1．单击【偏移】按钮，向里偏移复制0.5mm，如图13-63所示。

2．单击【推/拉】按钮，分别推拉1mm、6mm，如图13-64所示。

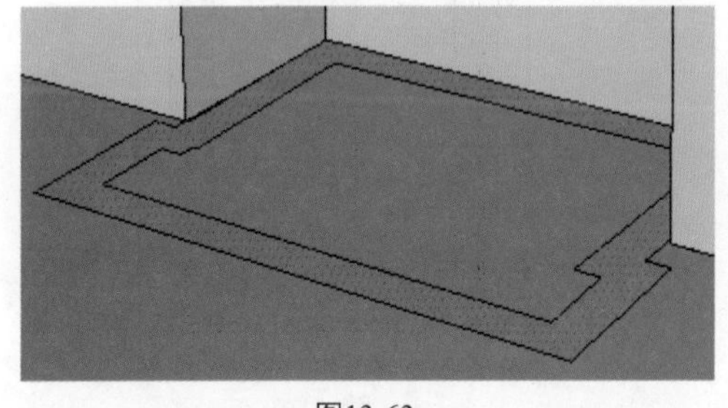

图13-63

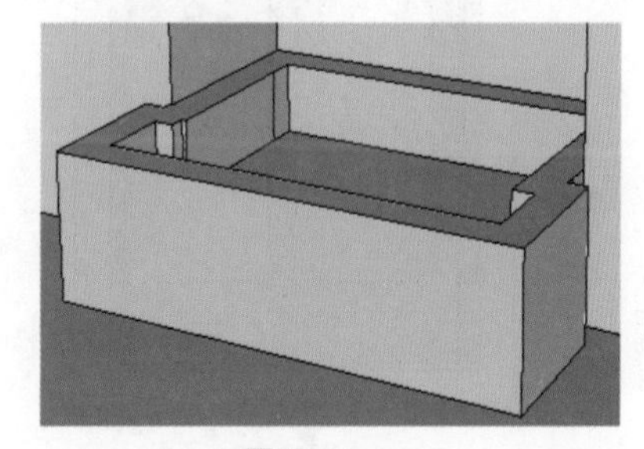

图13-64

3．为绿化池填充材质，如图13-65所示。

4．为创建好的A户型完善材质，如图13-66所示。

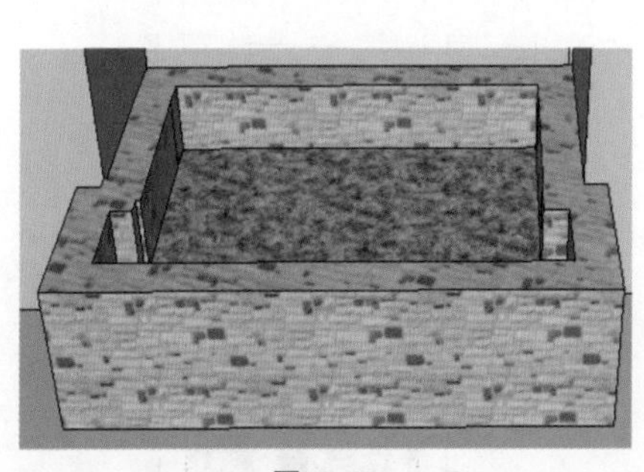

图13-65

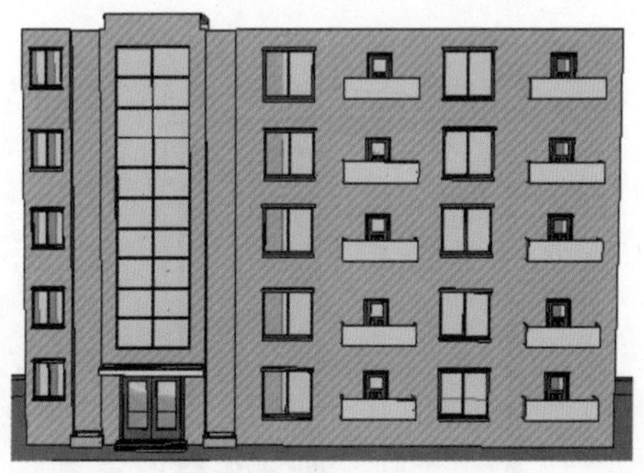

图13-66

二、创建B户型

参照图纸，创建住宅小区B户型的建筑模型，这里包括创建住宅大门入口模型，创建窗户、户外阳台模型，创建天台和楼梯间模型。

（一）创建大门入口

1. 单击【推/拉】按钮，将户型推高100mm，如图13-67所示。

2. 单击【擦除】按钮，将多余的线擦除，如图13-68所示。

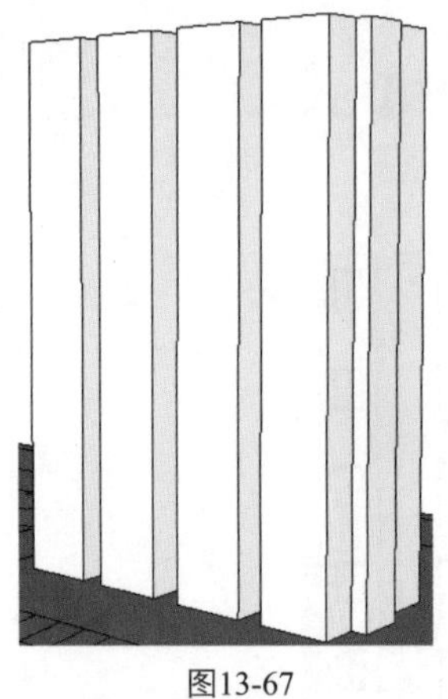

图13-67

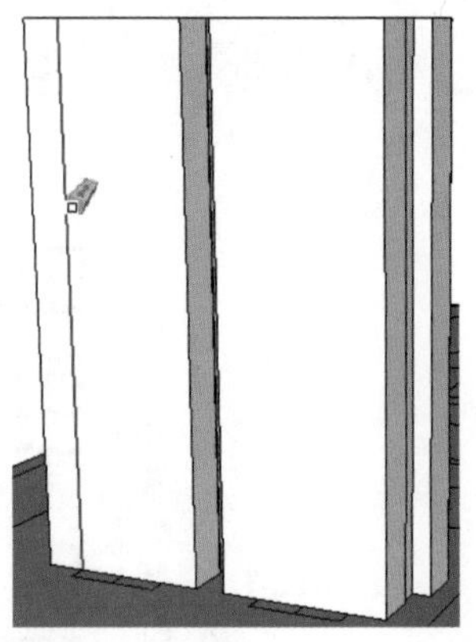

图13-68

3. 导入大门组件，如图13-69所示。

4. 单击【矩形】按钮，绘制矩形面，如图13-70所示。

图13-69

图13-70

5. 单击【推/拉】按钮，向外推拉8mm，如图13-71所示。

6. 单击【圆】按钮，绘制两个圆。单击【推/拉】按钮，推拉出圆柱，如图13-72所示。

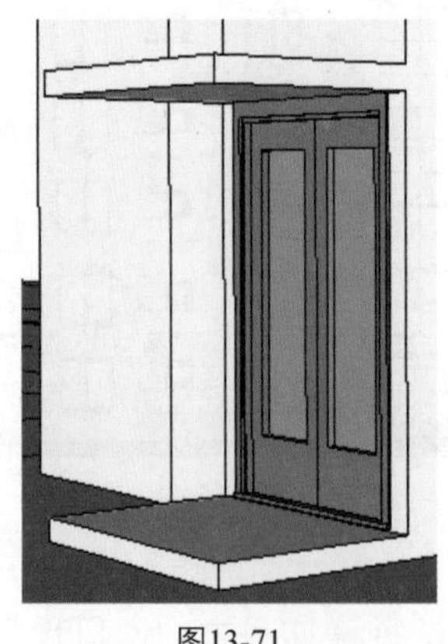

图13-71

图13-72

7. 单击【线条】按钮，绘制直线。单击【推/拉】按钮，推拉出石阶，如图13-73和图13-74所示。

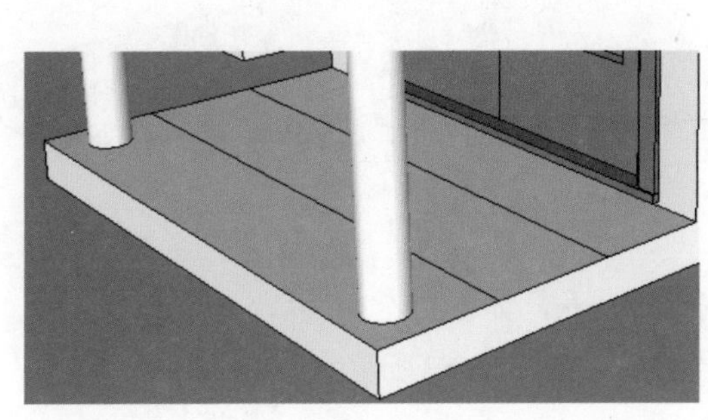
图13-73

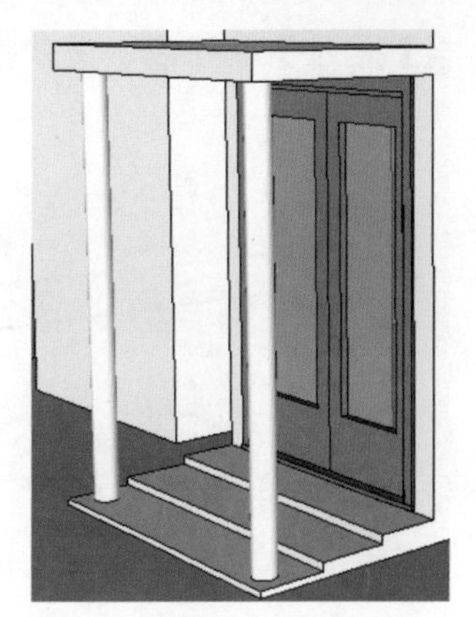
图13-74

（二）创建窗户

1. 导入窗户组件，如图13-75所示。
2. 单击【矩形】按钮，绘制矩形面，如图13-76所示。

图13-75

图13-76

3. 单击【推/拉】按钮，向外推拉一定距离，如图13-77所示。
4. 为窗户填充材质，如图13-78所示。
5. 单击【移动】按钮，复制窗户组件，如图13-79所示。

图13-77

图13-78

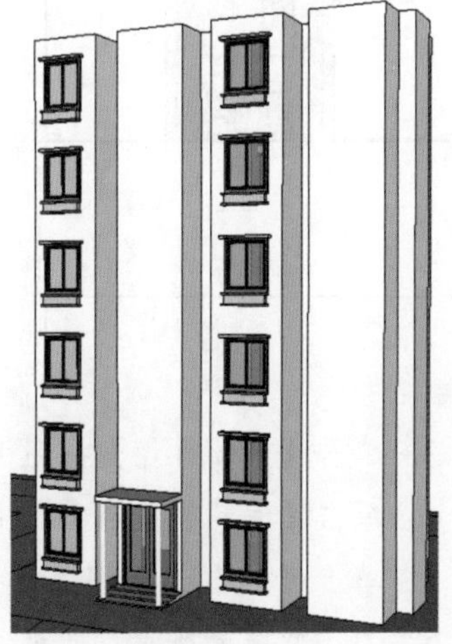
图13-79

（三）创建阳台

1．单击【矩形】按钮，绘制矩形面，如图13-80所示。

2．单击【推/拉】按钮，向外推拉14mm，如图13-81所示。

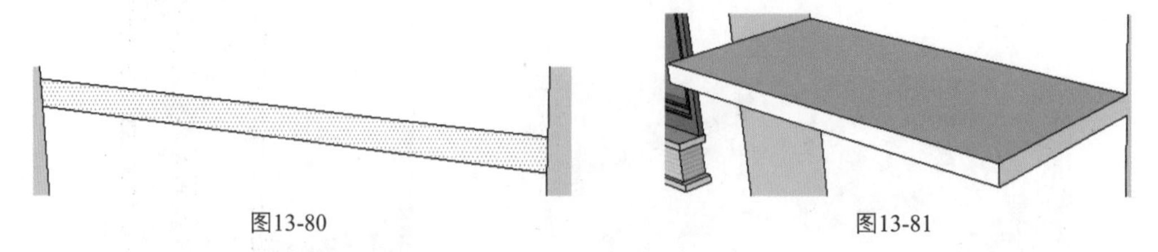

图13-80　　图13-81

3．单击【偏移】按钮，将面向里偏移0.5mm，如图13-82所示。

4．单击【推/拉】按钮，推拉出阳台效果，如图13-83所示。

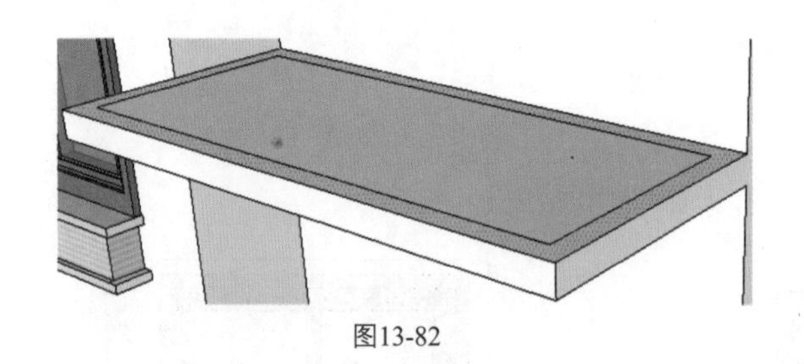

图13-82

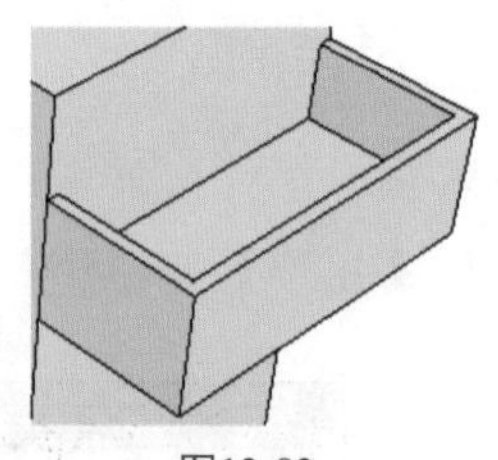

图13-83

5．导入玻璃门组件，如图13-84所示。

6．单击【移动】按钮，复制阳台，如图13-85所示。

（四）创建楼梯间和天台

1．单击【线条】按钮，绘制直线形成面，如图13-86所示。

2．单击【推/拉】按钮，向外推拉一定距离，如图13-87所示。

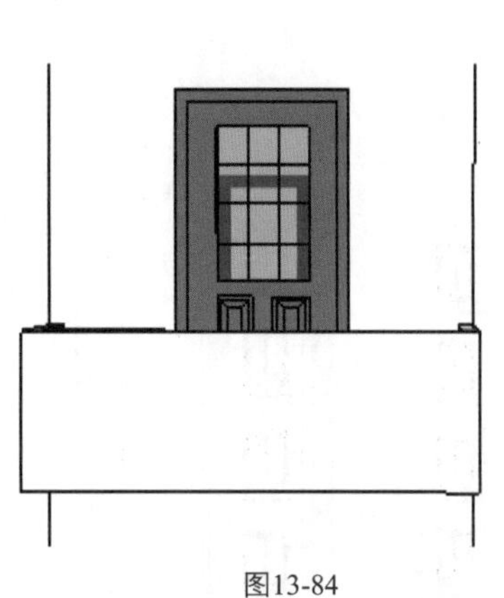

图13-84

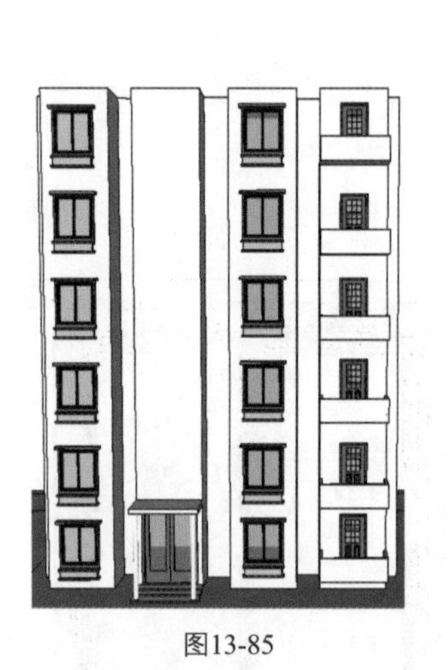

图13-85

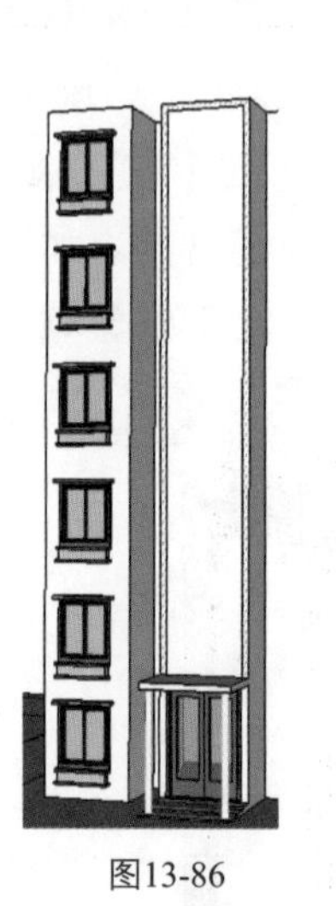

图13-86

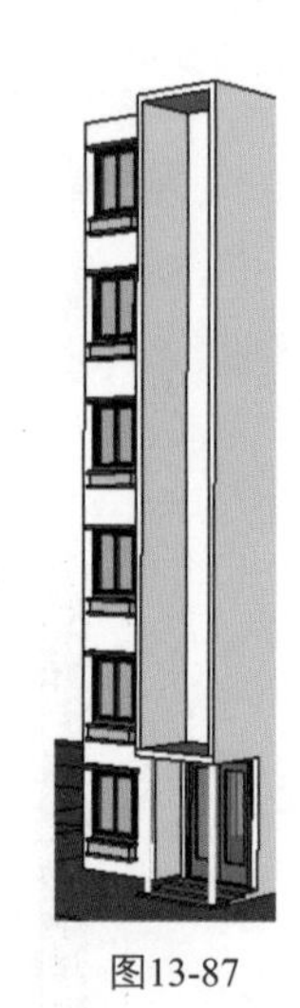

图13-87

3．单击【玻璃幕墙】按钮，创建玻璃幕墙，如图13-88所示。

4．单击【偏移】按钮，将面向里偏移1mm，如图13-89所示。

5．单击【推/拉】按钮，推拉出天台，如图13-90所示。

6．为户型填充材质，完善效果，如图13-91所示。

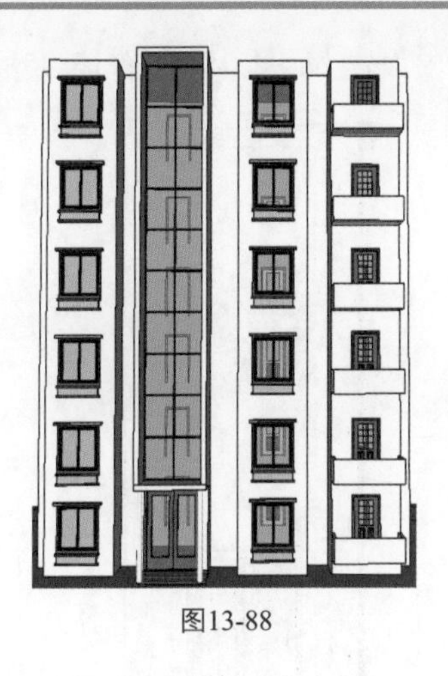

图13-88

图13-89

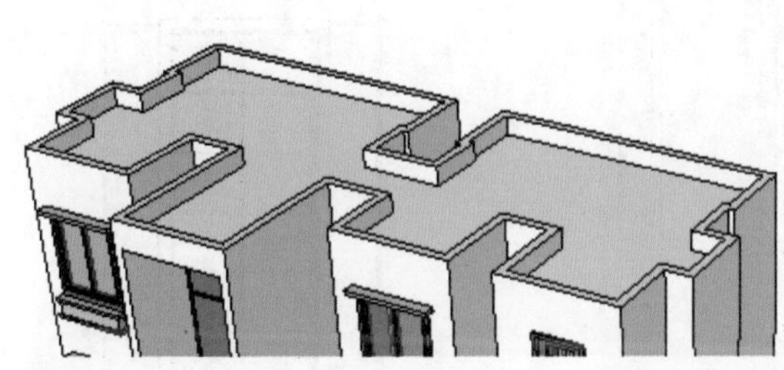

图13-90

图13-91

三、创建C户型

参照图纸，C户型的创建模型的方法与A、B户型类似，很多步骤就不再重复讲解了，主要包括创建住宅大门入口模型，创建窗户和户外阳台模型，创建天台和楼梯间模型。

1. 单击【推/拉】按钮，将户型推高140mm，如图13-92所示。

2. 创建大门入口效果，如图13-93所示。

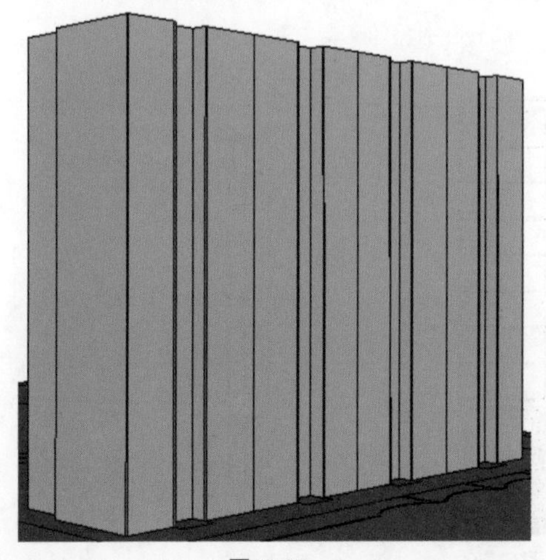

图13-92

图13-93

3．创建楼梯间。单击【线条】按钮，绘制直线形成面，如图13-94和图13-95所示。

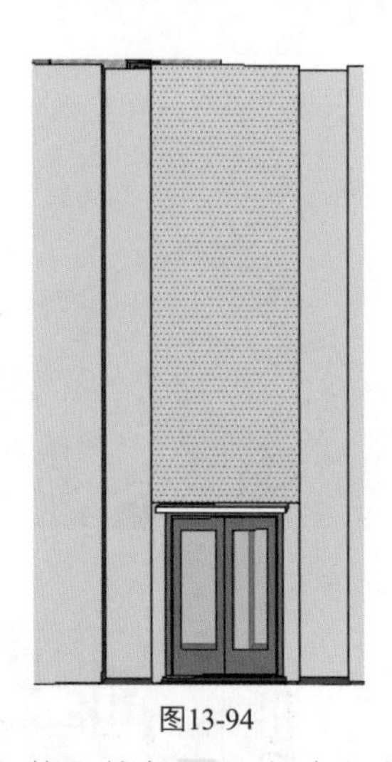

图13-94

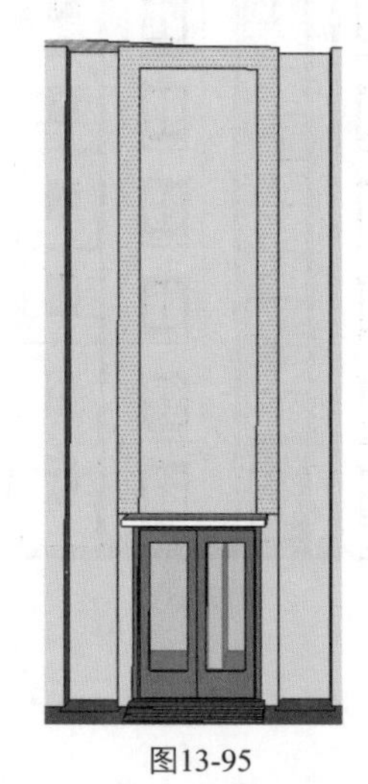

图13-95

4．单击【推/拉】按钮，向外和向下推拉一定距离，如图13-96和图13-97所示。

5．创建玻璃幕墙，如图13-98所示。

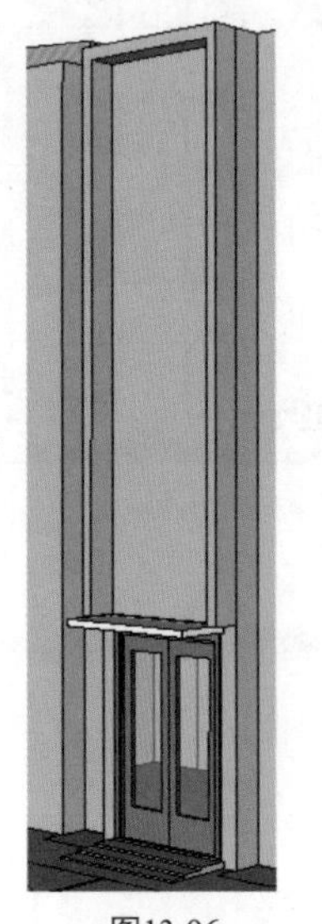

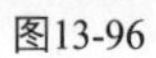

图13-96

图13-97

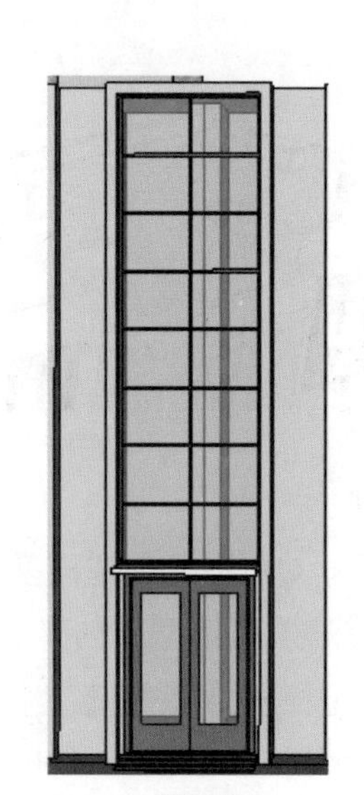

图13-98

6．创建窗户，并利用移动工具复制窗户，如图13-99所示。

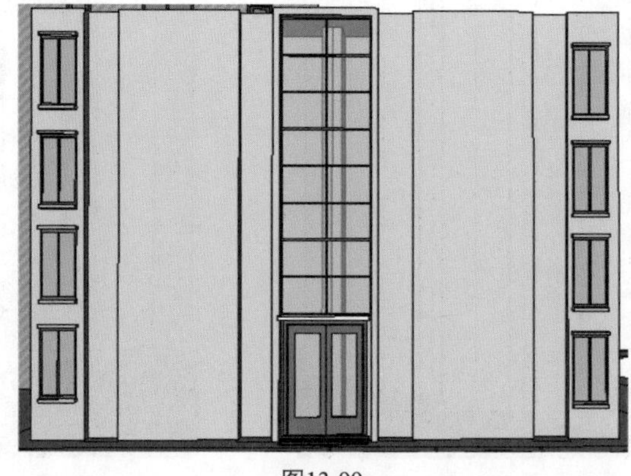

图13-99

7．创建阳台，并利用移动工具进行复制，如图13-100所示。

8．完成户型的背面效果，如图13-101所示。

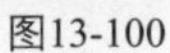

图13-100

图13-101

9．创建天台和绿化池，如图13-102和图13-103所示。

图13-102

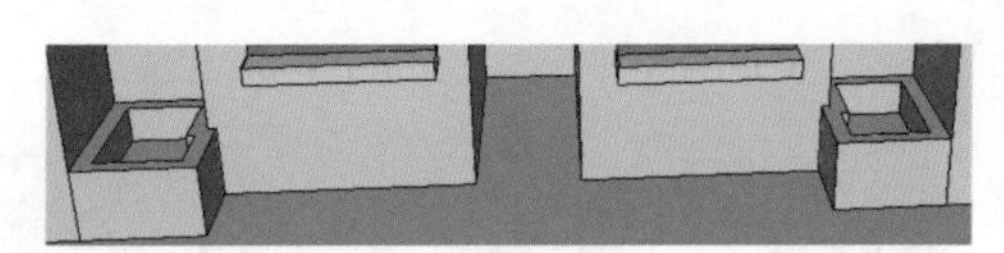

图13-103

10．为建好的户型填充材质，如图13-104所示。

11．参照图纸，将3个不同的户型复制到其他位置上，住宅建模完毕，如图13-105所示。

图13-104

图13-105

四、完善其他设施

参照图纸，对住宅小区的其他地方进行建模，包括创建入口处的花坛和花形铺砖，以及小区内部的路面铺砖和草坪，最后就是创建马路的斑马线和绿化带效果。

1．单击【推/拉】按钮，将花坛推高1mm和0.3mm，如图13-106和图13-107所示。

2．为花坛和花形图案填充材质，如图13-108和图13-109所示。

3．为小区路面填充混泥砖和草坪材质，如图13-110和图13-111所示。

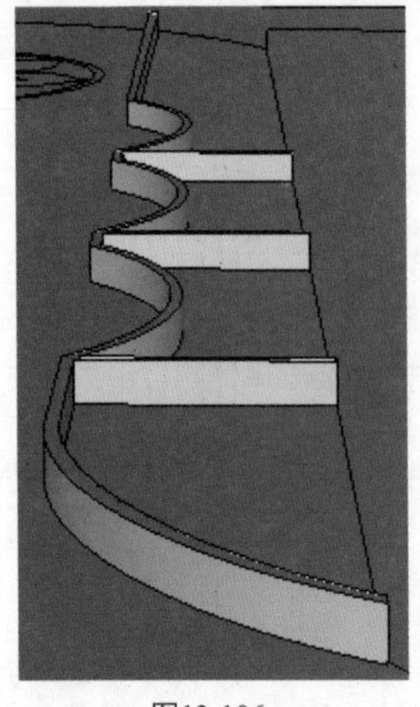
图13-106

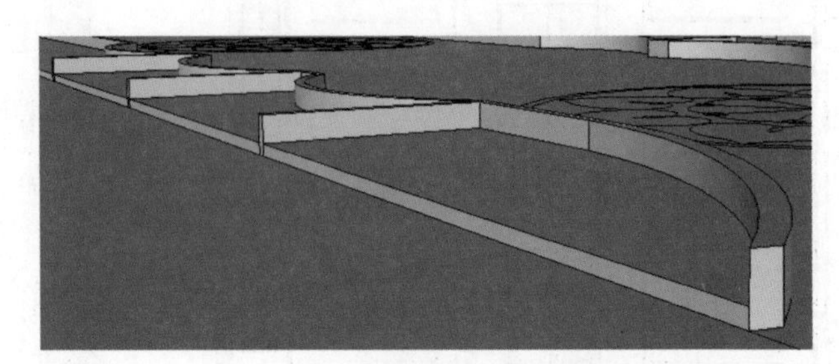
图13-107

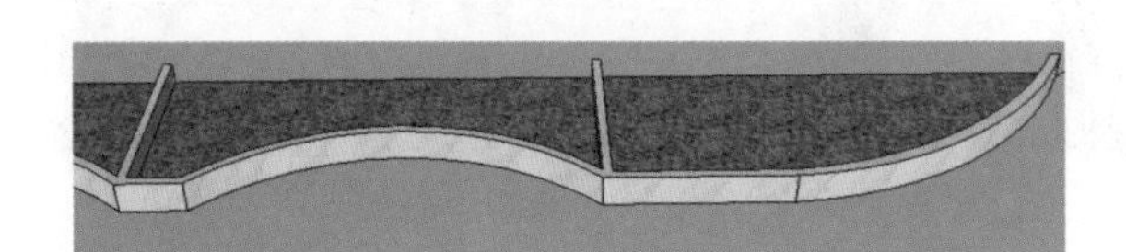
图13-108

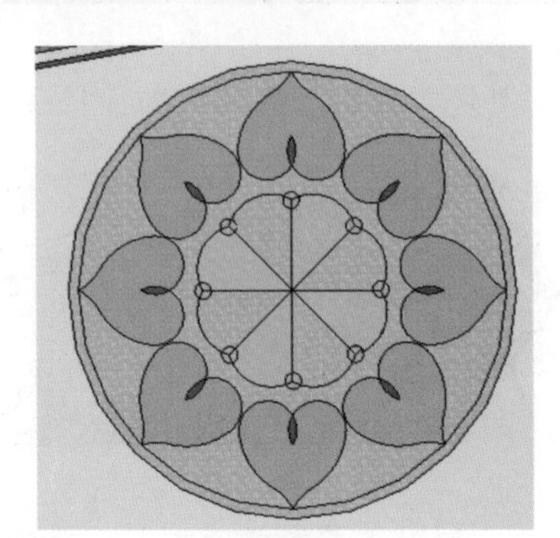
图13-109

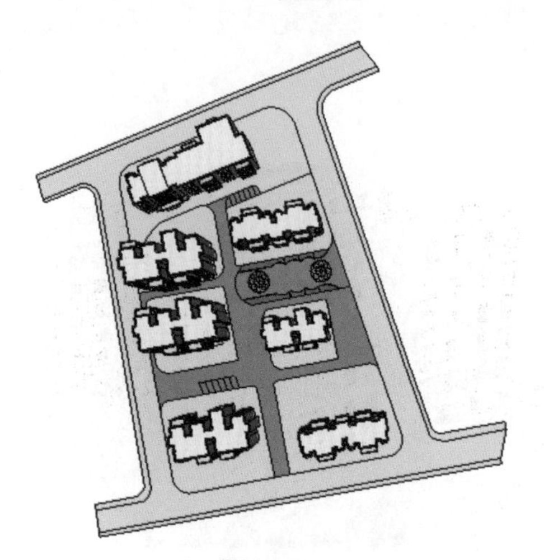
图13-110

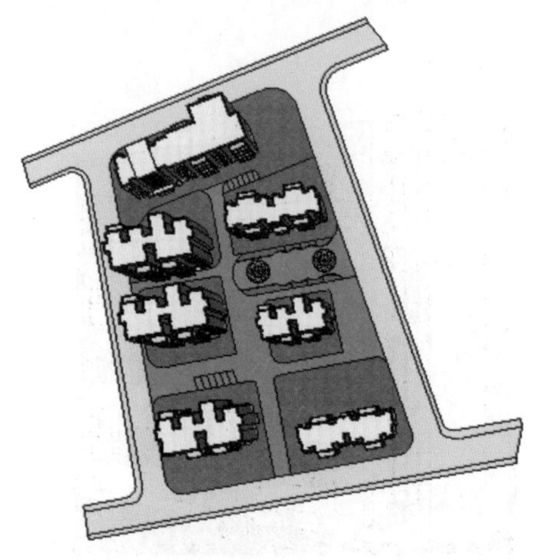
图13-111

4．单击【推/拉】按钮，将草坪推高0.3mm，如图13-112所示。

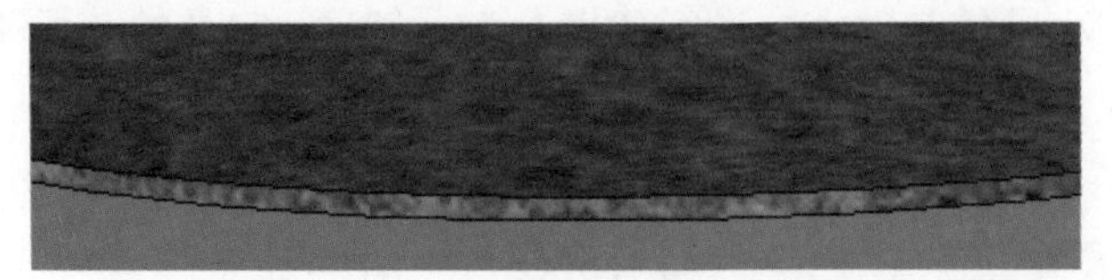
图13-112

5．导入马路图片，为马路创建贴图材质，如图13-113和图13-114所示。

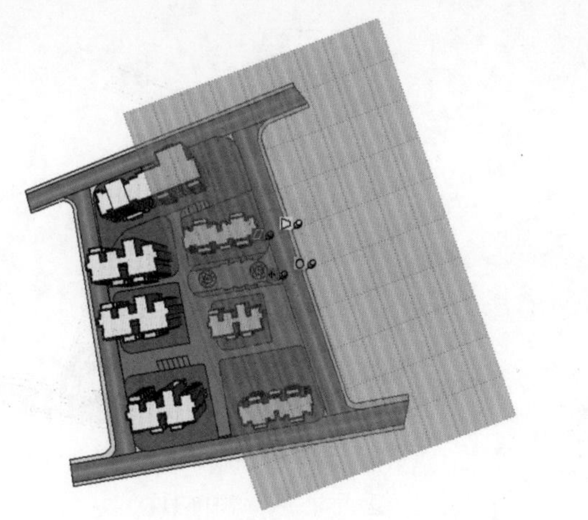
图13-113

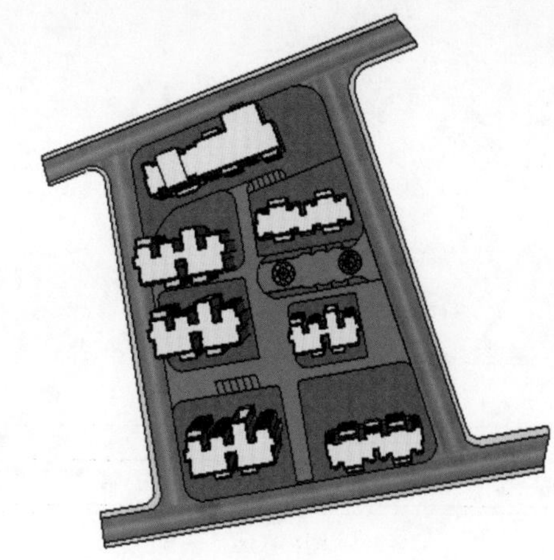
图13-114

6. 添加车辆组件，如图13-115所示。

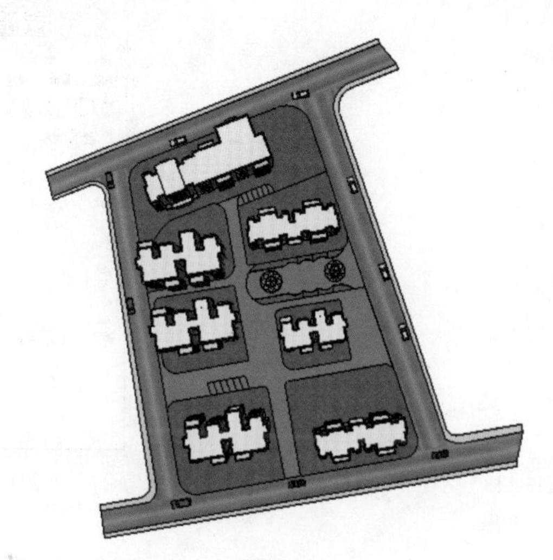
图13-115

提示

在创建马路贴图时，如果道路比较复杂，需要用线条工具打断成面，然后单独进行平面贴图，再将线进行隐藏，这样就能很好地完成贴图效果。

13.1.4 添加场景页面

为住宅小区设置阴影，并创建3个场景页面和一个俯视图场景页面，方便浏览观看，然后导出图片格式进行后期处理。

1. 启动阴影工具栏，显示阴影，如图13-116和图13-117所示。
2. 选择【镜头】/【两点透视图】命令，将场景显示为两点透视图，如图13-118所示。
3. 选择【窗口】/【样式】命令，取消显示边线，如图13-119所示。
4. 选择【窗口】/【场景】命令，单击⊕按钮，创建场景1，如图13-120和图13-121所示。
5. 继续单击⊕按钮，创建场景2，如图13-122和图13-123所示。

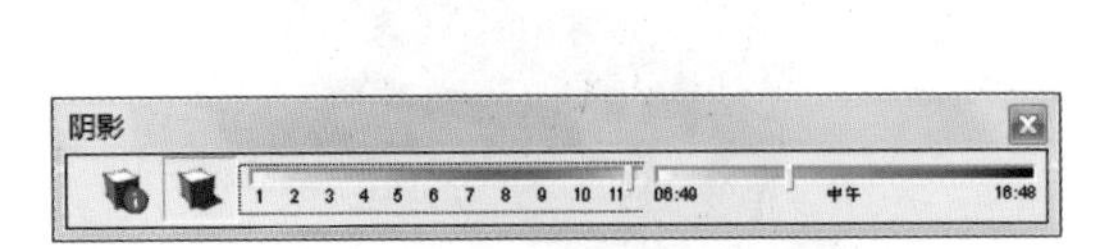

图13-116

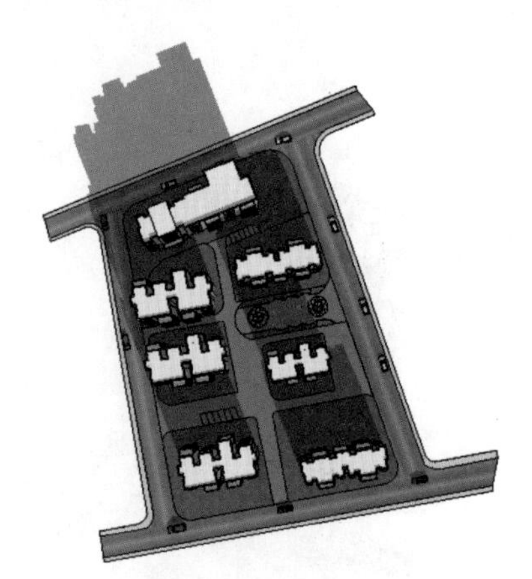
图13-117

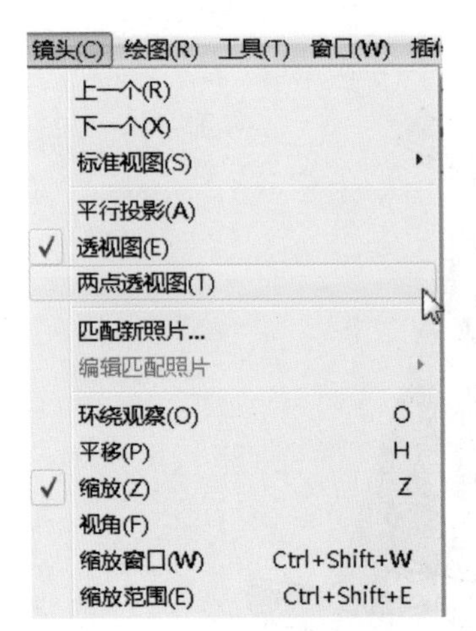

图13-118

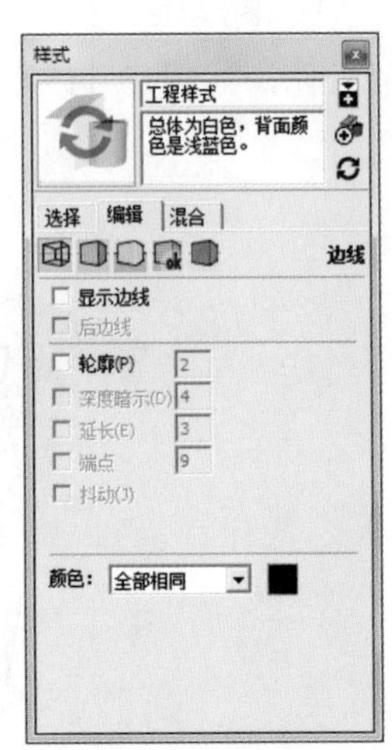

图13-119

图13-120

图13-121

图13-122

图13-123

6．继续单击⊕按钮，创建场景3，如图13-124和图13-125所示。

图13-124

图13-125

7．调整视图角度，单击⊕按钮，创建场景4为俯视图，如图13-126和图13-127所示。

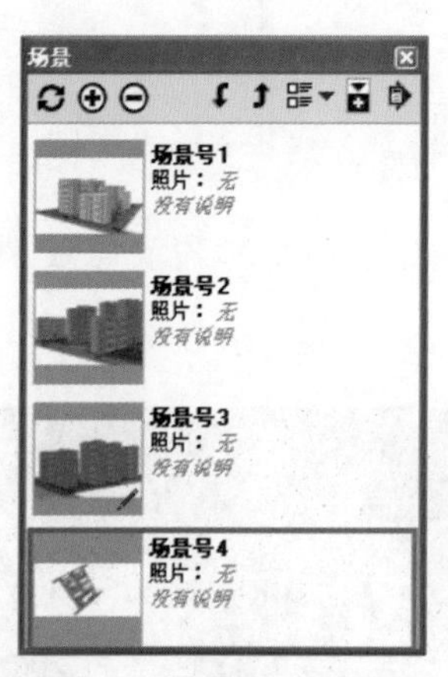

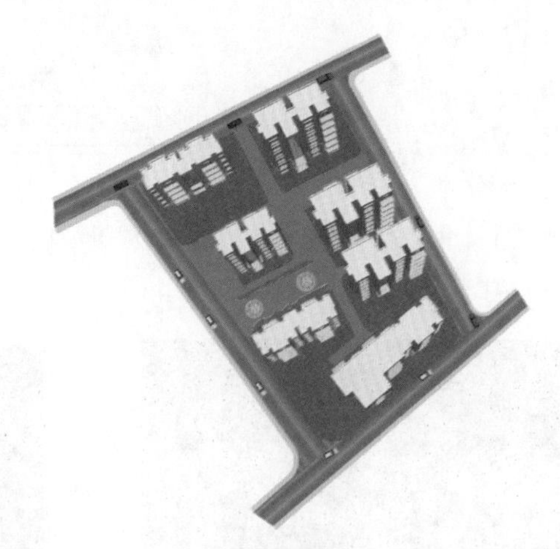

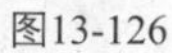

图13-126

图13-127

13.1.5 导出图像

1．选择【文件】/【导出】命令，依次将4个场景以图片格式导出，如图13-128和图13-129所示。

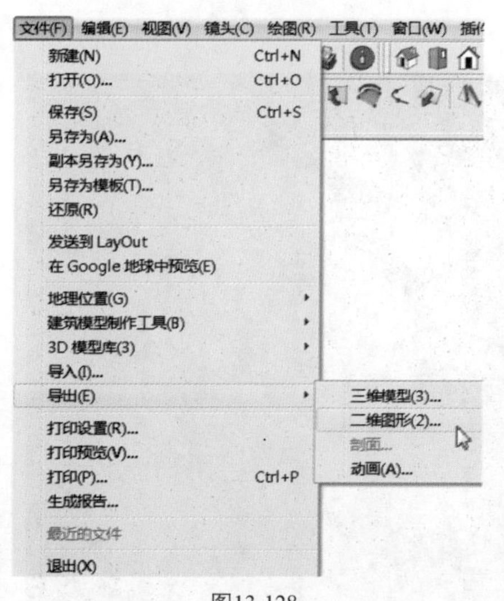

图13-128

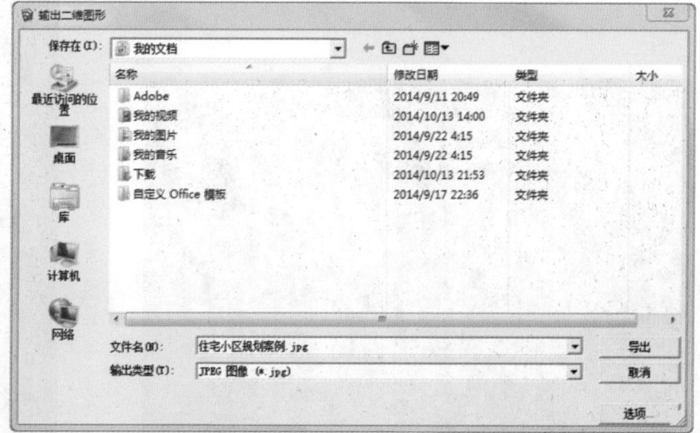

图13-129

2．单击【选项】按钮，设置输出尺寸大小，如图13-130所示。

3．设置显示样式为“隐藏线”模式，并将样式背景设为黑色，如图13-131和图13-132所示。

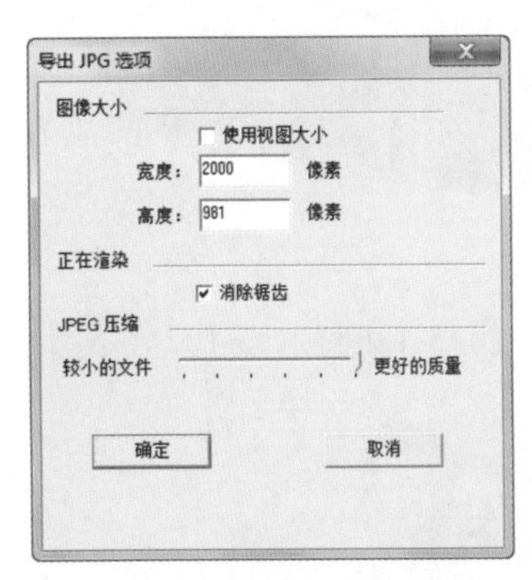

图13-130

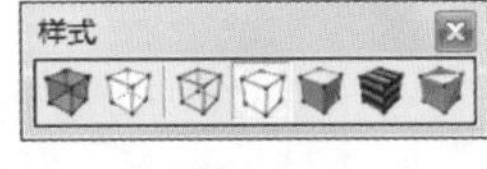

图13-131

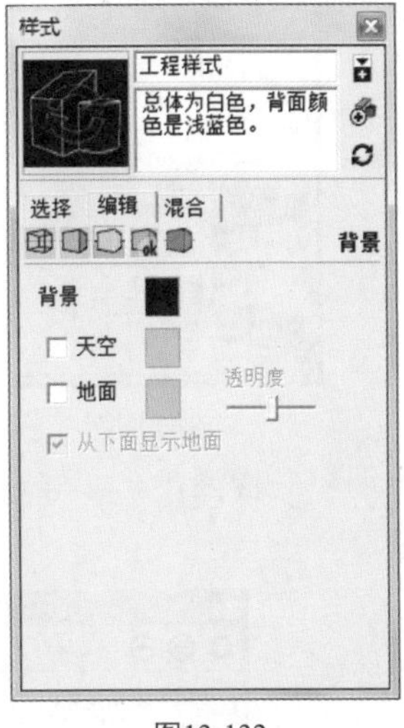

图13-132

4．选择【文件】/【导出】命令，以同样的方法导出4个场景页面的线框图模式，如图13-133、图13-134、图13-135和图13-136所示。

图13-133

图13-134

图13-135

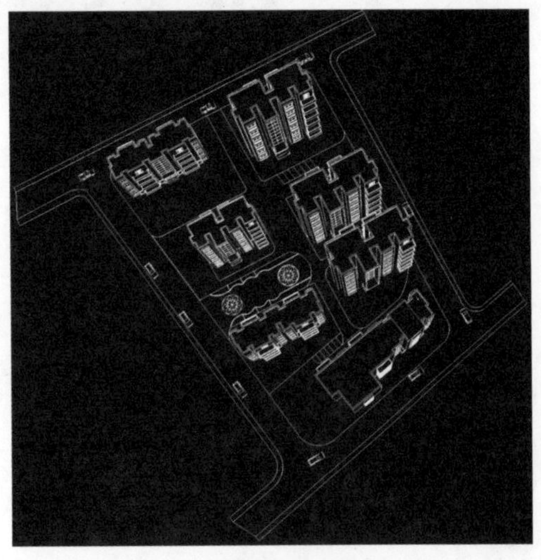

图13-136

13.1.6 后期处理

这里的后期处理主要运用Photoshop软件对3个场景进行处理，并将俯视图制作成一张后期鸟瞰图。

一、处理场景页面

1．启动Photoshop软件，打开图片和线框图，如图13-137和图13-138所示。

图13-137

2．将线框图拖动到背景图层上，进行重叠，如图13-139所示。

图13-138

图13-139

3．双击背景图层进行解锁，如图13-140和图13-141所示。

4．选择“图层1”，再选择【图像】/【调整】/【反相】命令，对线框图进行反相操作，如图13-142和图13-143所示。

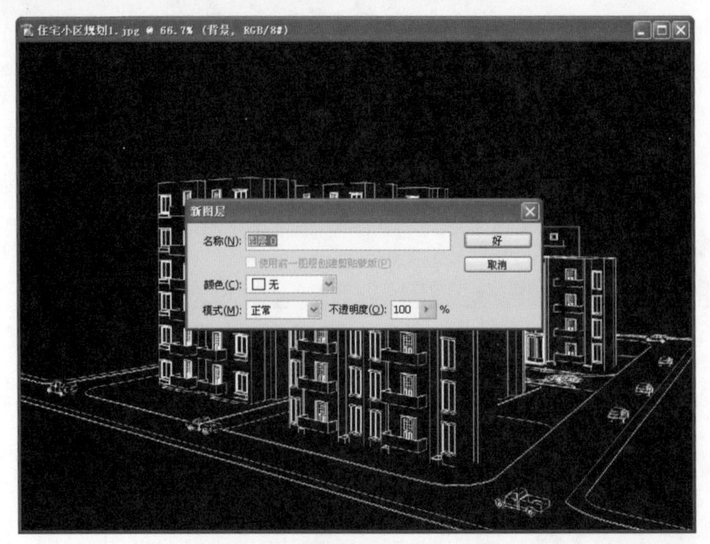

图13-140

图13-141

图13-142

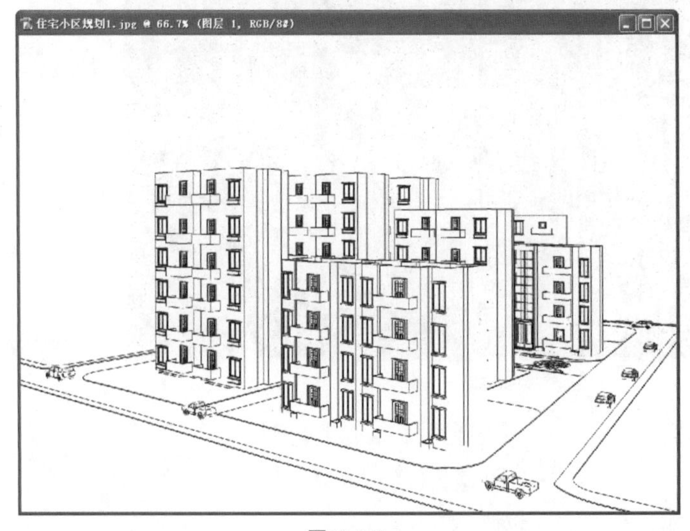

图13-143

5. 将“图层1”设为“正片叠底”模式，不透明度设为“50%”，如图13-144所示。

6. 将图层合并，选择【魔术棒】工具，选中白色区域，将背景删除，如图13-145、图13-146和图13-147所示。

图13-144

图13-145

图13-146

图13-147

7. 打开背景图片，将其进行组合，作为背景，如图13-148和图13-149所示。

图13-148

图13-149

8. 添加一些植物和人物素材，丰富场景效果，如图13-150和图13-151所示。
9. 将图层进行合并，选择【图像】/【调整】/【亮度/对比度】命令，设置亮度和对比度，如图13-152、图13-153和图13-154所示。

图13-150

图13-151

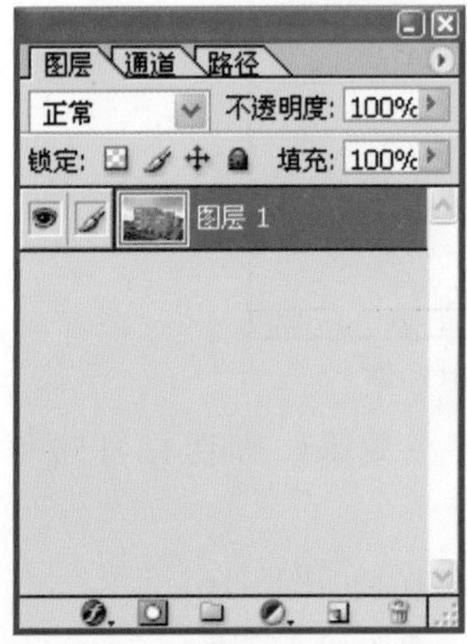

图13-152

图13-153

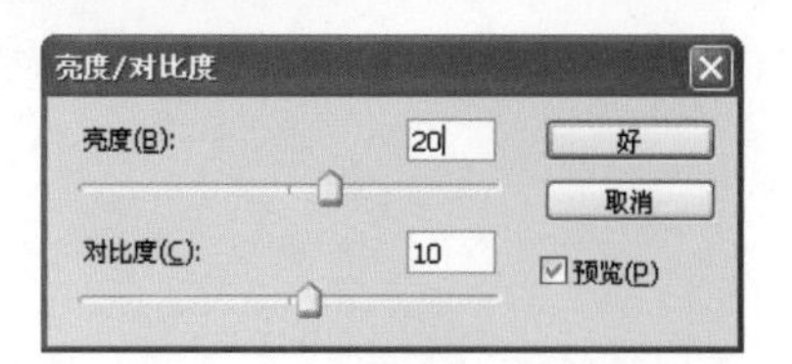

图13-154

10．选择【图像】/【调整】/【色彩平衡】命令，调整颜色，如图13-155和图13-156所示。

图13-155

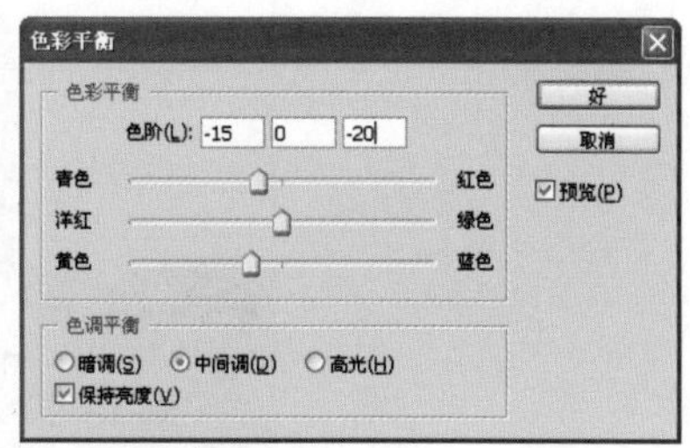

图13-156

11．新建一个图层，按Ctrl+Shift+Alt+E组合键，盖印可见图层，如图13-157和图13-158所示。

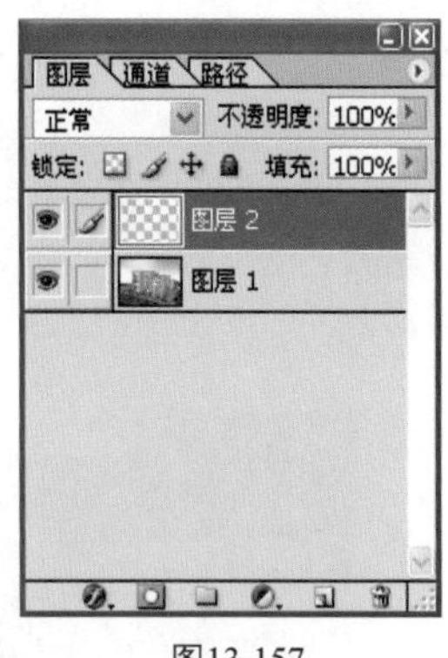

图13-157

图13-158

12．选择【滤镜】/【模糊】/【高斯模糊】命令，添加模糊效果，如图13-159和图13-160所示。

13．将图像模式设为“柔光”，不透明度设为“60%”，如图13-161和图13-162所示。

14．选择加深工具和减淡工具对图片进行涂抹，出现明暗度，如图13-163所示。

图13-159

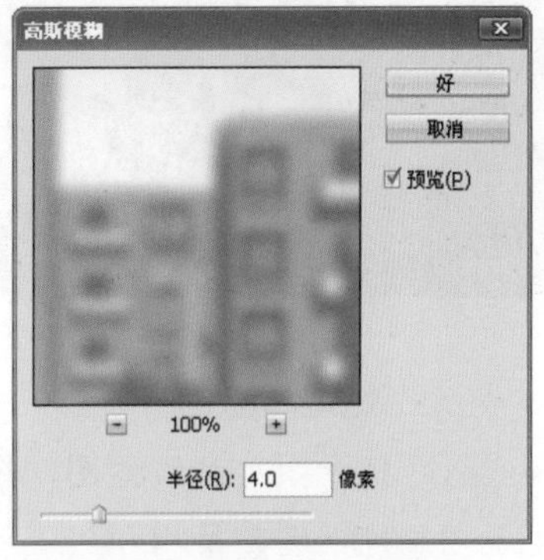

图13-160

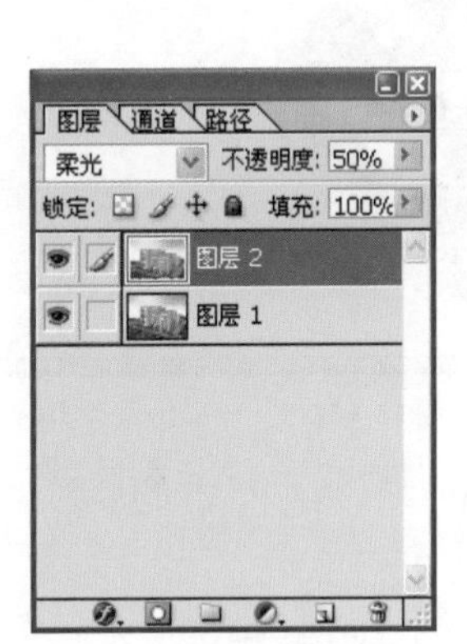

图13-161

图13-162

图13-163

15．利用同样的方法处理另外两张图片，最终效果如图13-164和图13-165所示。

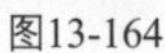

图13-164

图13-165

二、处理鸟瞰图

1．打开图片和线框图，将它们进行重叠，如图13-166所示。

2．执行调整反相和“正片叠底”效果，如图13-167所示。

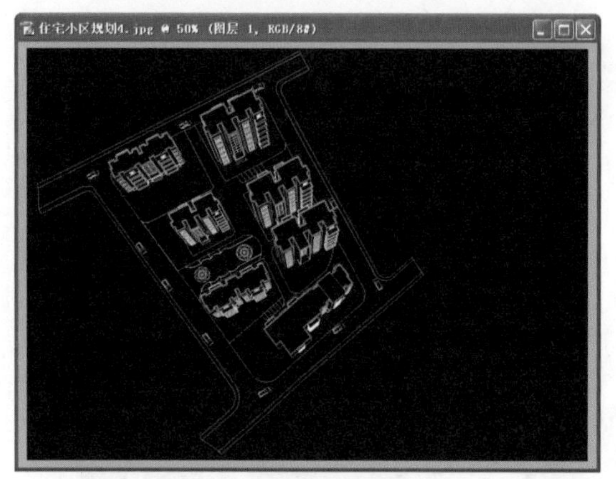

图13-166

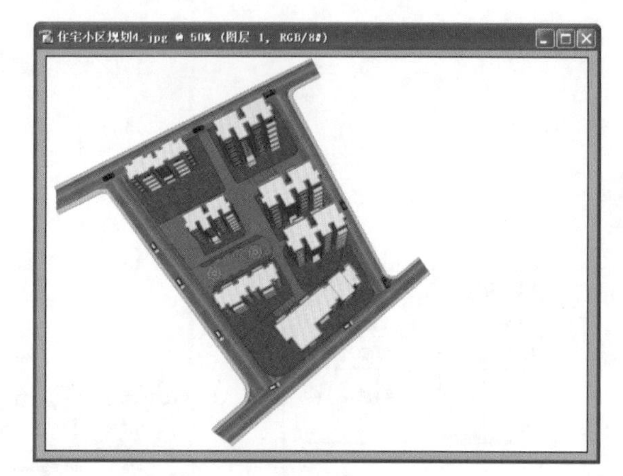

图13-167

3．将图层合并且双击图层解锁，选择“魔术棒”工具将白色背景区域选中，并删除背景，如图13-168所示。

4．选择【图像】/【调整】/【亮度/对比度】命令，设置亮度和对比度，如图13-169所示。

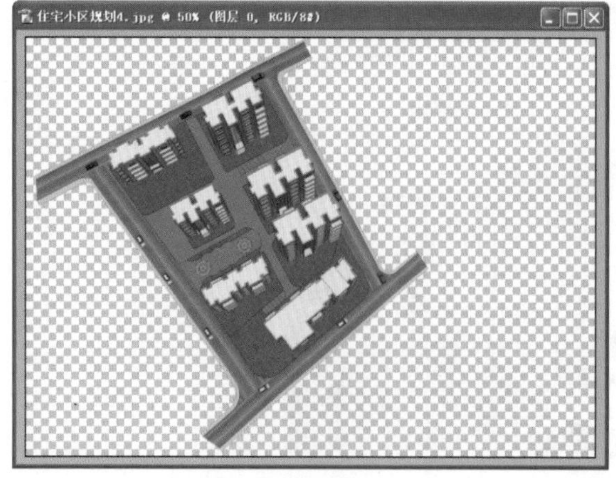

图13-168

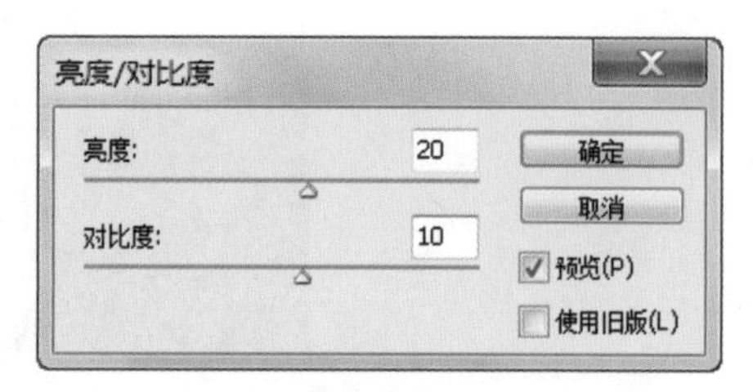

图13-169

5. 选择【图像】/【调整】/【色彩平衡】命令，调整颜色，如图13-170所示。

6. 新建一个图层，按Ctrl+Shift+Alt+E组合键，盖印可见图层，如图13-171所示。

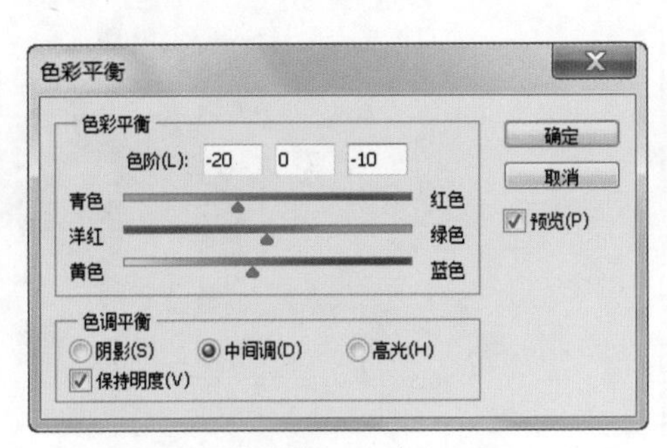

图13-170

图13-171

7. 选择【滤镜】/【模糊】/【高斯模糊】命令，添加模糊，如图13-172所示。

8. 将图像模式设为“柔光”，不透明度设为“60%”，如图13-173所示。

图13-172

图13-173

9. 导入背景素材，如图13-174所示。

10. 添加云彩效果，如图13-175所示。

图13-174

图13-175

11. 添加人物和植物素材，如图13-176所示。

12. 添加文字素材，鸟瞰图效果如图13-177所示。

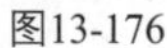
图13-176

图13-177

13.2 单体住宅楼建模

源文件：\Ch13\单体住宅楼建模\
结果文件：\Ch13\单体住宅楼建模案例\
视频：\Ch13\单体住宅楼建模.wmv

13.2.1 设计解析

下面以建立一个单体住宅建筑楼为例，介绍在SketchUp里如果按自己的需求设计一个住宅楼，包括创建墙体、窗户、屋顶、入口大门、阳台几部分的方法。墙体利用推/拉工具直接拉高，窗户利用创建组件的方法，能快速编辑整栋建筑楼的窗户，非常快速。屋顶可利用路径跟随工具进行放样，增加了一种别致的效果。入口大门以玻璃门形式创建，四周推拉出石阶，方便行人上下。阳台以封闭式进行设计，四面增加了推拉玻璃。

整个设计比较符合现代住宅的要求，后期再导入组件以丰富场景，然后进行渲染和后期处理，使住宅楼更加贴近真实效果。

图13-178和图13-179所示为建模效果，图13-180和图13-181所示为渲染效果和后期效果。本案例的操作流程如下。

（1）创建模型。

（2）添加场景和渲染。

（3）后期处理。

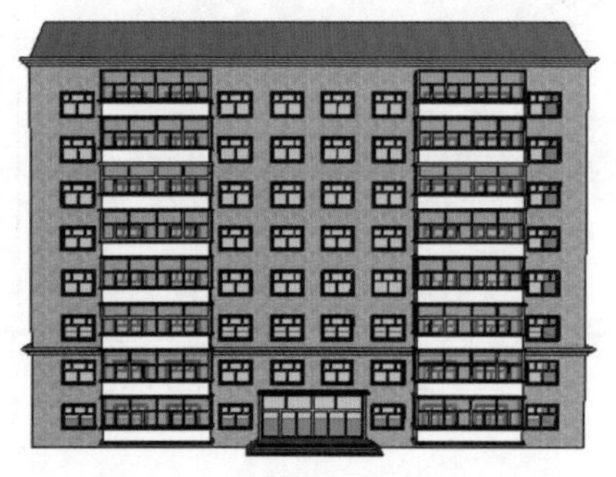
图13-178

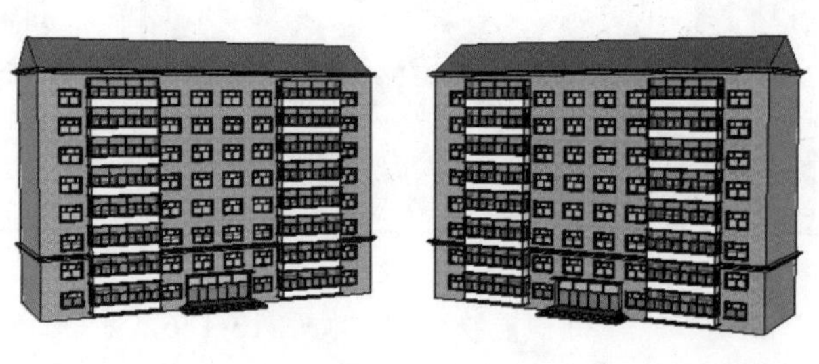
图13-179

图13-180

图13-181

13.2.2 建模流程

参照图纸，包括创建墙体、窗户、屋顶、入口大门、阳台等。

一、创建墙体

1. 单击【矩形】按钮，在场景中绘制一个长和宽分别为45000mm、15000mm的矩形面，如图13-182所示。
2. 单击【推/拉】按钮，向上推高30000mm，如图13-183所示。

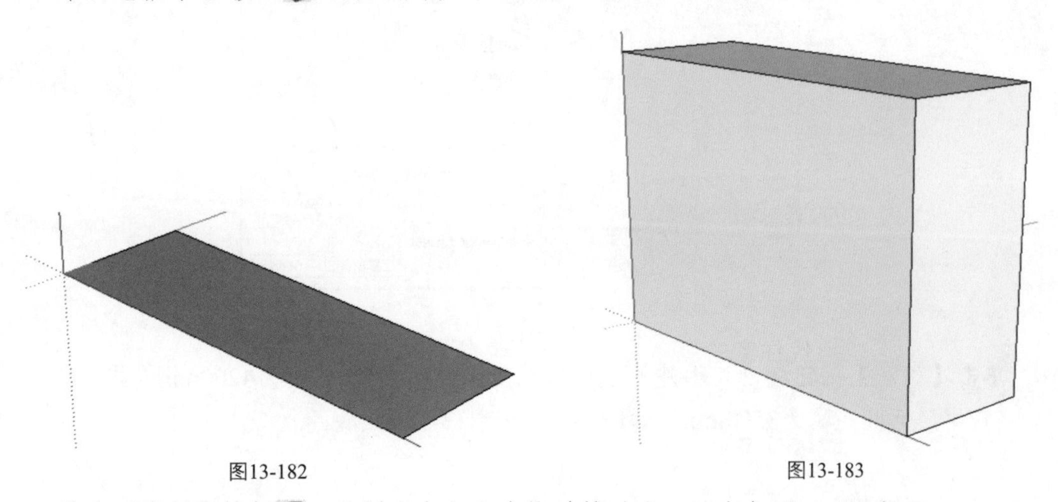
图13-182　　图13-183

3. 单击【卷尺】按钮，分别向上和向右拖动辅助线，距离如图13-184所示。

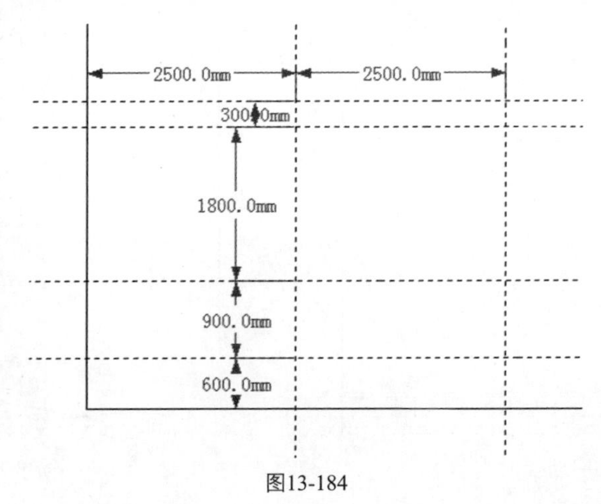

图13-184

4. 单击【矩形】按钮，在辅助线中间绘制矩形面。单击【推/拉】按钮，向里推拉200mm，如图13-185和图13-186所示。

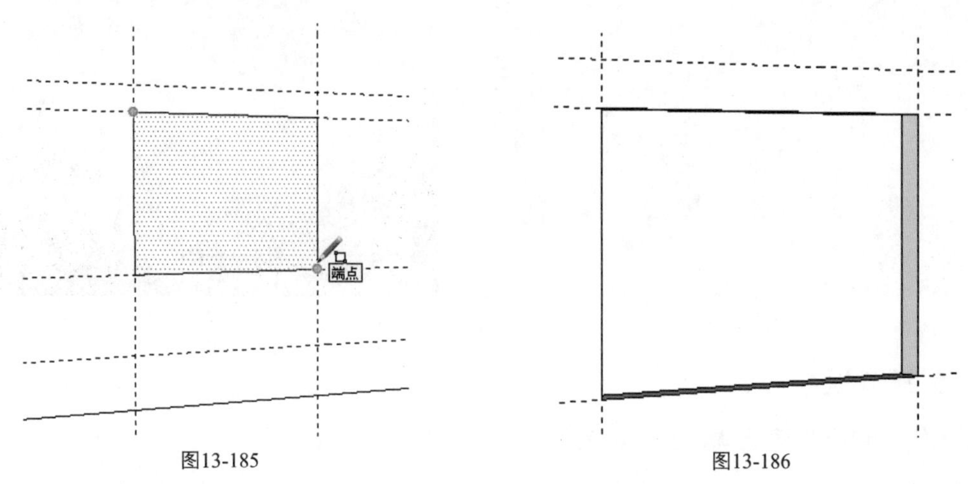

图13-185　　图13-186

5. 将推拉的矩形面选中，选择【编辑】/【创建组件】命令，将矩形创建组件，如图13-187所示。

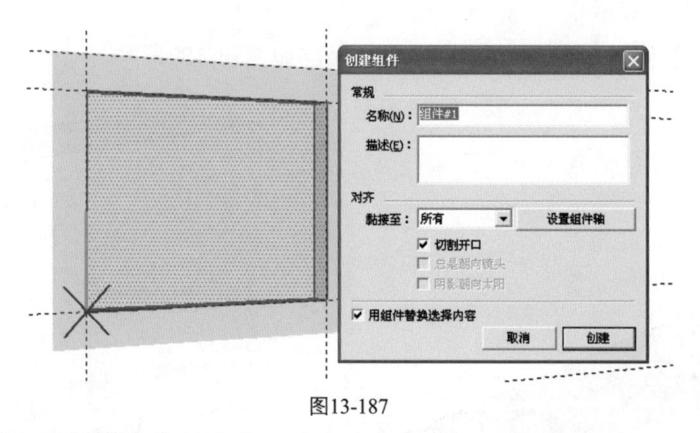

图13-187

6. 单击【移动】按钮，将创建的组件向右复制9个，间隔距离为4200mm，再向上复制7排，间隔距离为3500mm，如图13-188和图13-189所示。

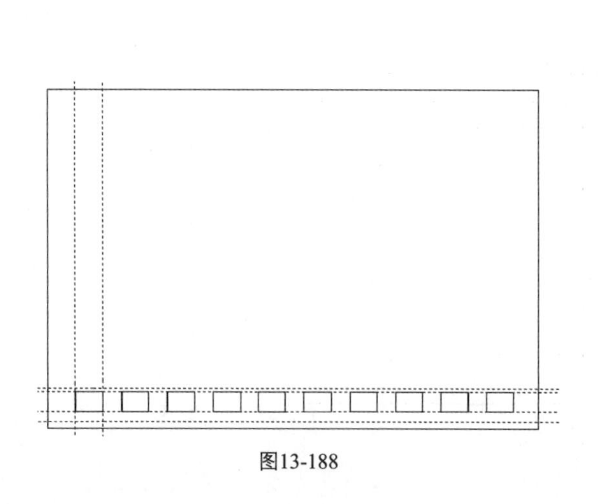

图13-188

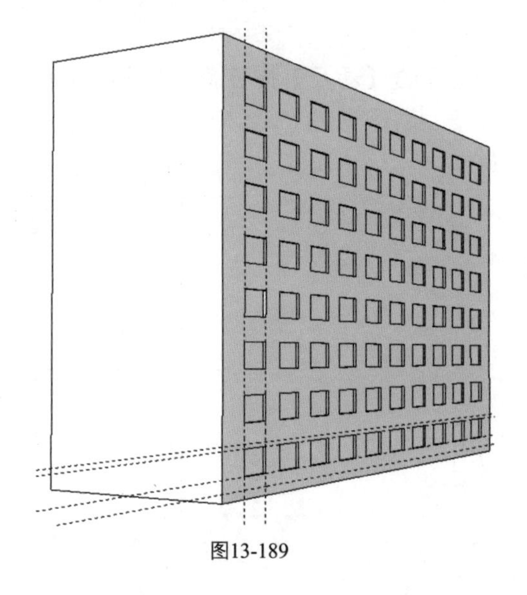

图13-189

二、创建窗户

1．单击【偏移】按钮，将矩形面向里偏移复制100mm，如图13-190所示。

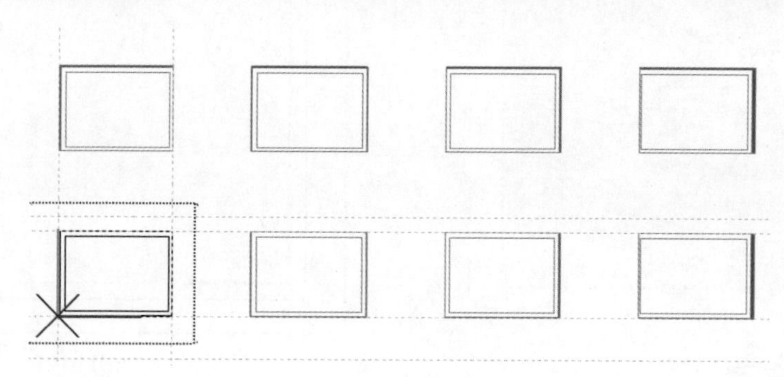

图13-190

2．单击【矩形】按钮，绘制几个矩形面。单击【擦除】按钮，将多余的线擦掉，如图13-191和图13-192所示。

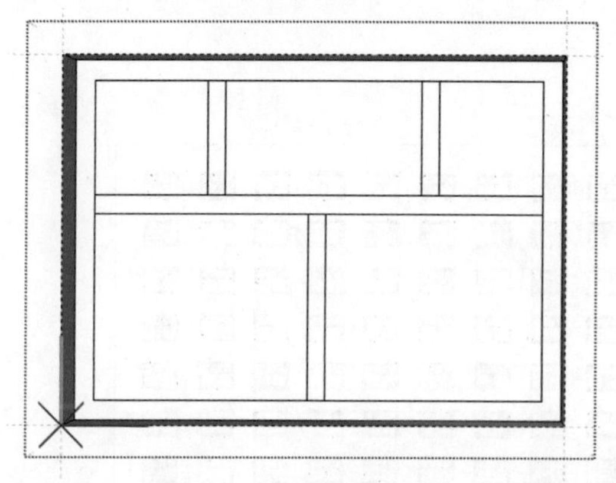

图13-191

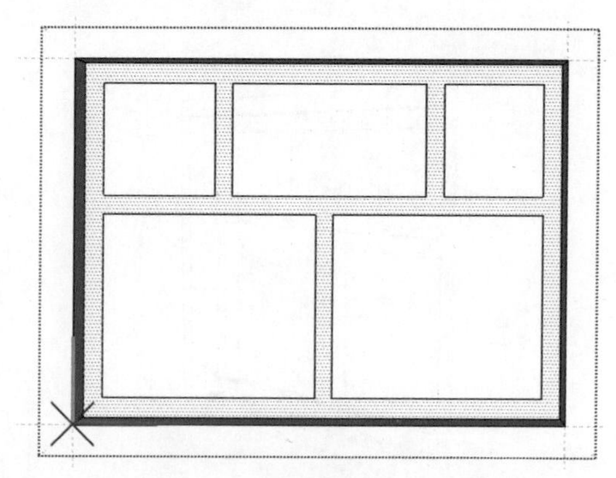

图13-192

3．单击【推/拉】按钮，将窗框向外推拉100mm，如图13-193所示。

图13-193

4．单击【矩形】按钮，进行封闭面。单击【偏移】按钮，向外偏移复制100mm，如图13-194和图13-195所示。

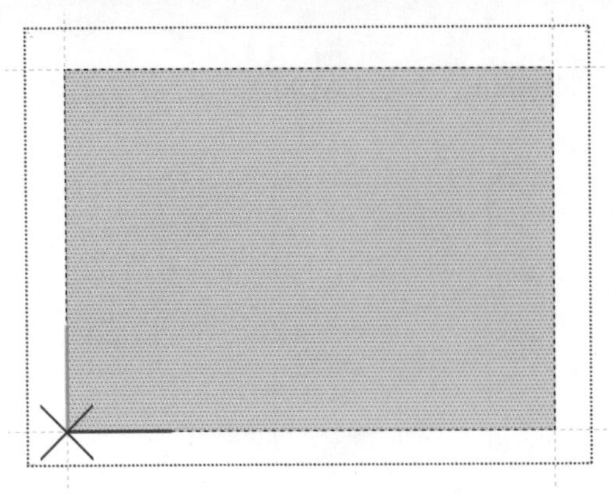
图13-194

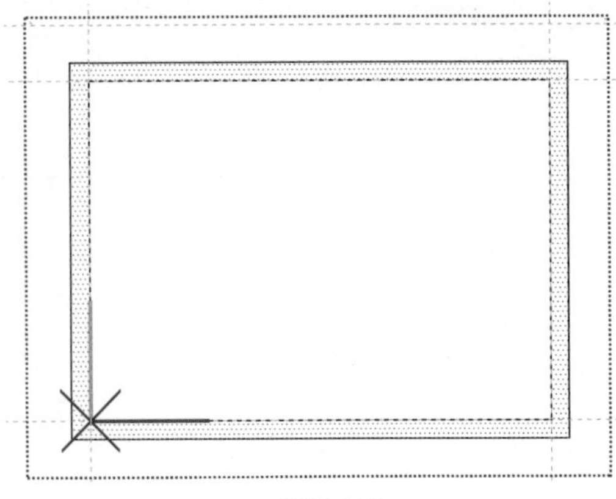
图13-195

5. 单击【推/拉】按钮，将偏移复制面向外推拉100m，删除多余的面，如图13-196所示。
6. 单击【颜料桶】按钮，为窗户填充适合的材质，如图13-197所示。

图13-196

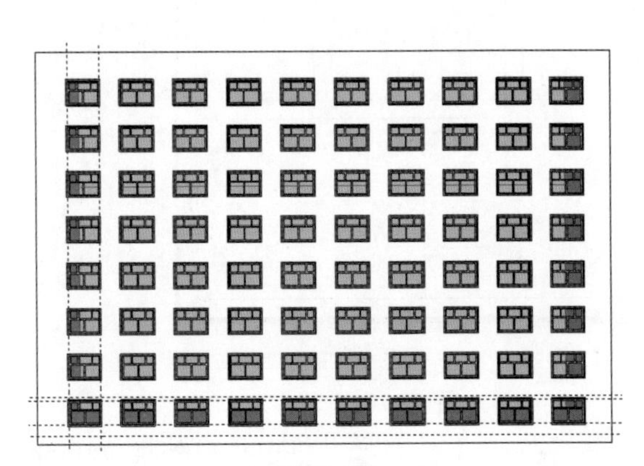
图13-197

三、创建屋顶

1. 单击【线条】按钮，在顶面沿中心绘制一条直线，如图13-198所示。
2. 选择【编辑】/【创建组】命令，将面创建群组。单击【移动】按钮，将直线向上移动4000mm，如图13-199所示。

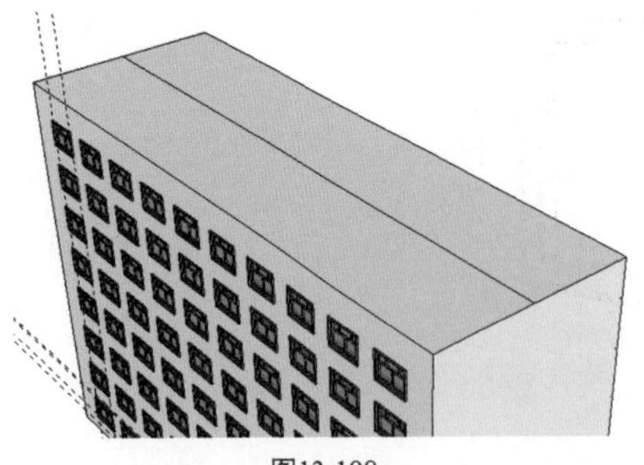
图13-198

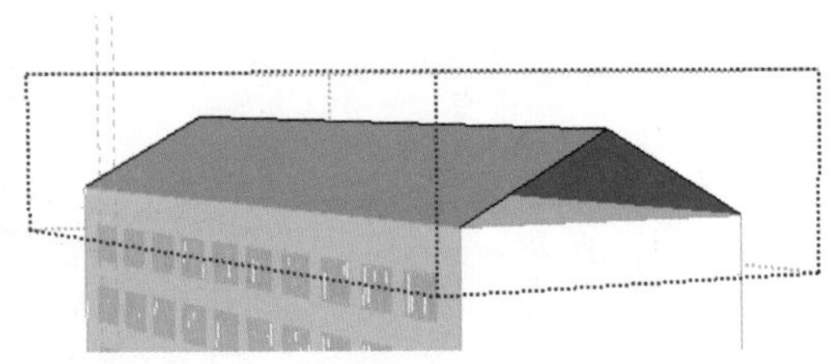
图13-199

3. 单击【线条】按钮，将面进行封闭，如图13-200所示。
4. 将屋顶面向上移高距离，单击【矩形】按钮，在边缘上绘制一个小的矩形面，如

图13-201所示。

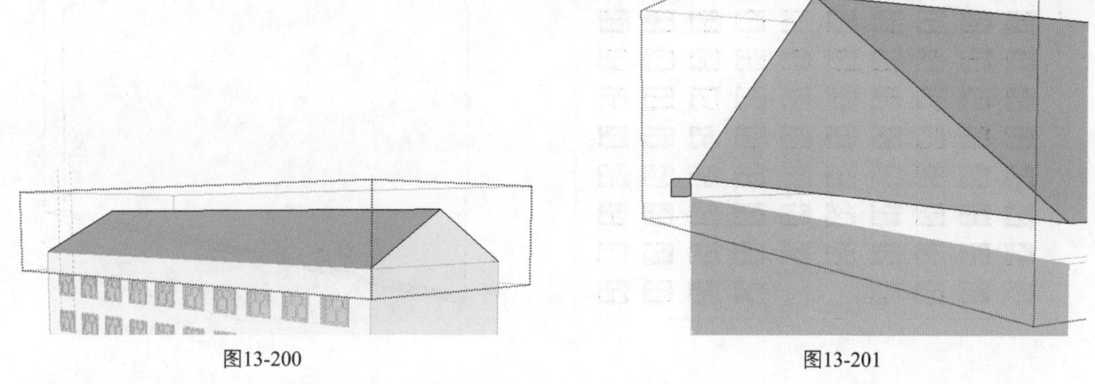

图13-200　　图13-201

5. 单击【线条】按钮，在矩形面上绘制形状，删除多余的线，如图13-202和图13-203所示。

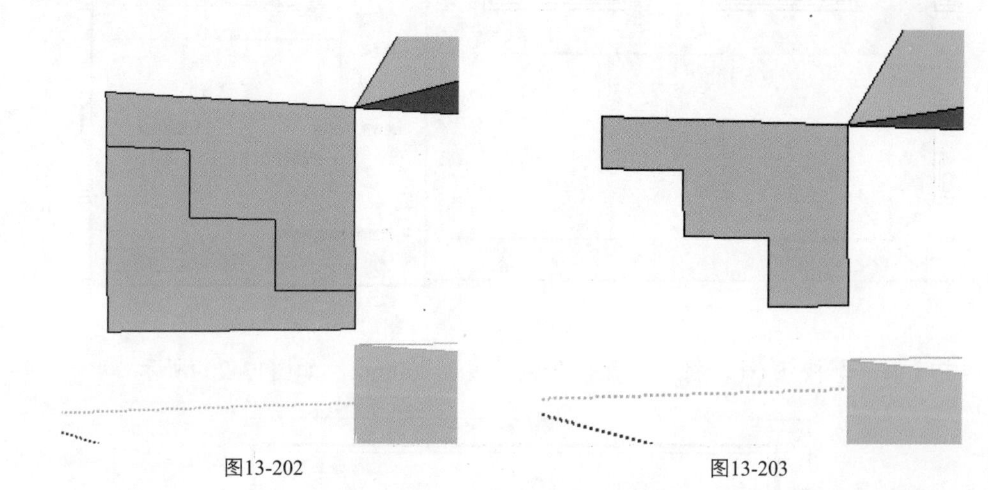

图13-202　　图13-203

6. 选中屋顶底面，单击【跟随路径】按钮，再选择形状面进行放样，如图13-204和图13-205所示。

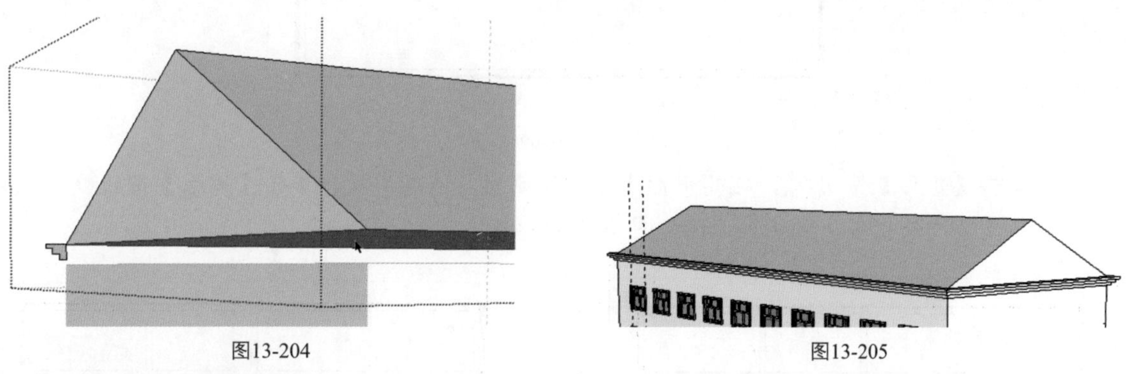

图13-204　　图13-205

四、创建入口大门

1. 将第一排窗户删除两个，将辅助线隐藏。单击【矩形】按钮，绘制一个矩形面，如图13-206所示。
2. 单击【推/拉】按钮，将面向里推拉300mm，再创建组件，如图13-207和图13-208所示。

图13-206

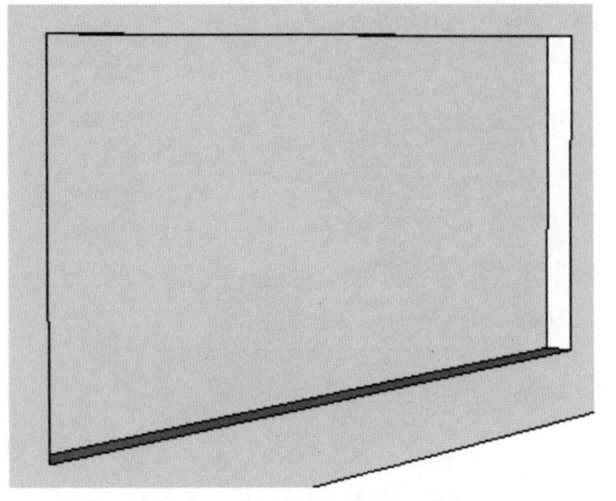

图13-207

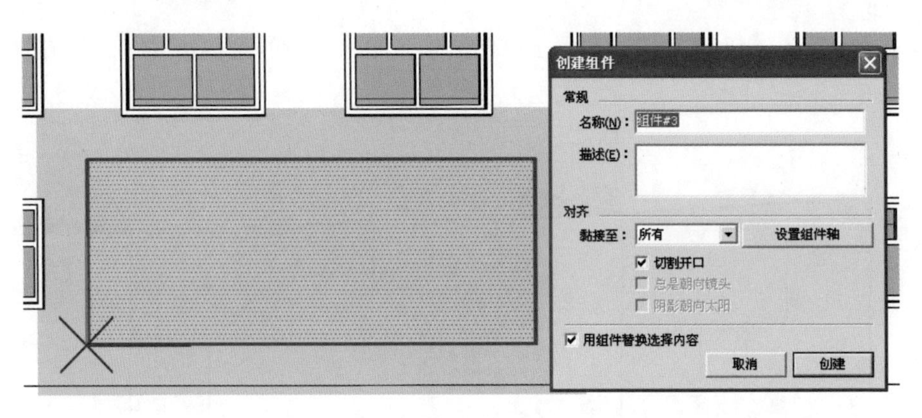

图13-208

3．单击【偏移】按钮，将矩形面向里偏移复制100mm，如图13-209所示。

图13-209

4．单击【矩形】按钮，在矩形面上继续绘制出其他矩形面。单击【擦除】按钮，将多余的线擦掉，如图13-210和图13-211所示。

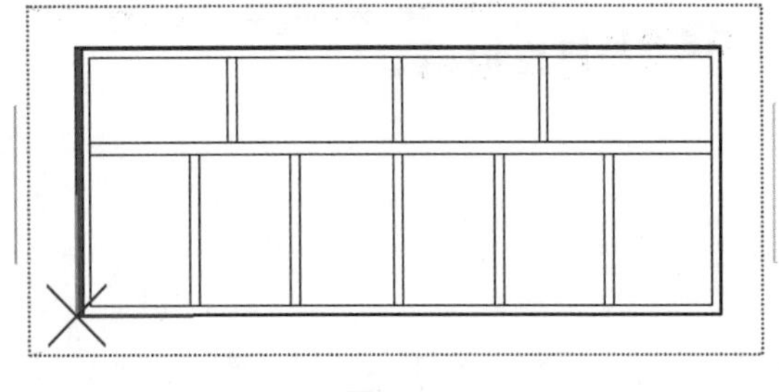

图13-210

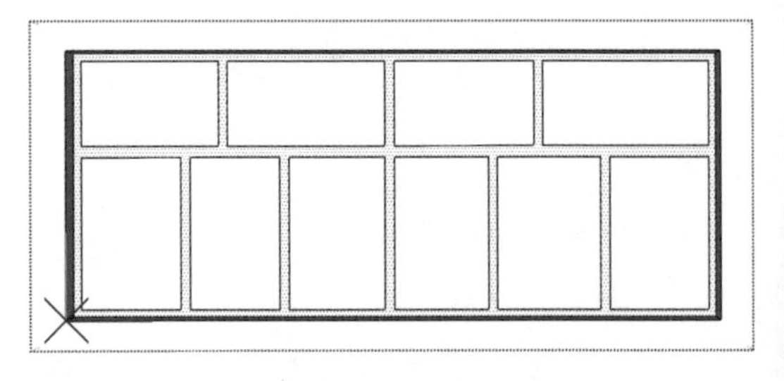

图13-211

5．单击【推/拉】按钮，将面向外推拉100mm，形成门框，如图13-212所示。

图13-212

6. 单击【矩形】按钮，封闭面。单击【偏移】按钮，将封闭面向外偏移复制200mm，如图13-213和图13-214所示。

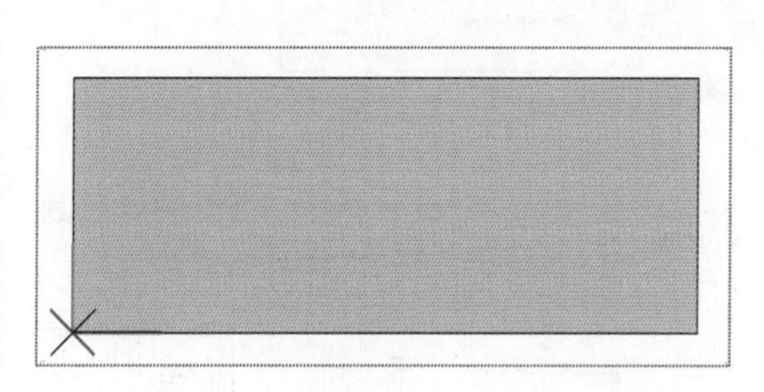

图13-213

图13-214

7. 单击【推/拉】按钮，将偏移复制面向外推拉200mm，再将封闭面删除，如图13-215和图13-216所示。

图13-215

图13-216

8. 单击【擦除】按钮，将门框下方进行删除，如图13-217所示。
9. 单击【矩形】按钮，在下方绘制一个矩形面，再将其创建为组件，如图13-218和图13-219所示。
10. 单击【线条】按钮，绘制几条直线。单击【推/拉】按钮，向外推拉3000mm，如图13-220和图13-221所示。

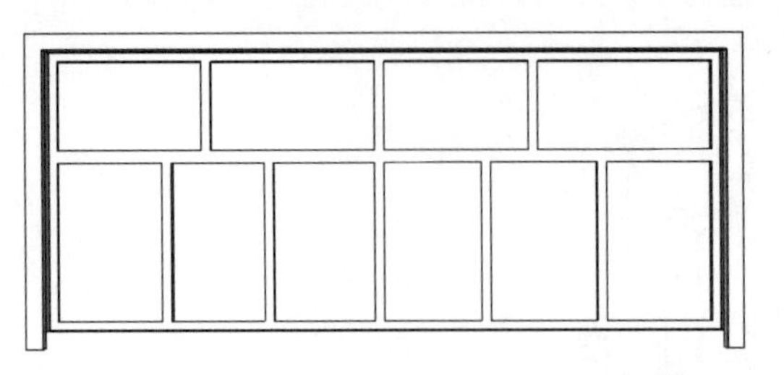

图13-217

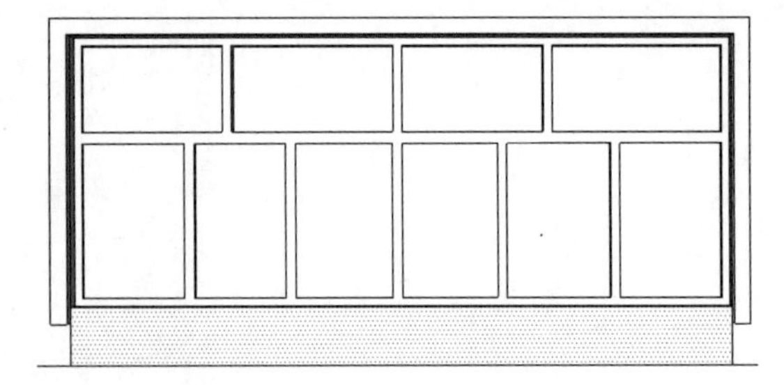

图13-218

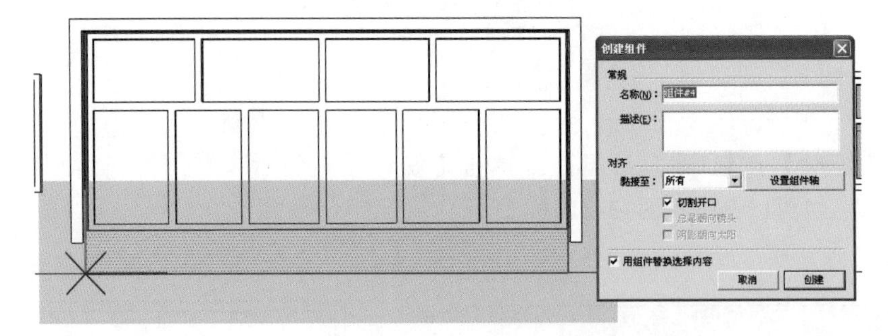

图13-219

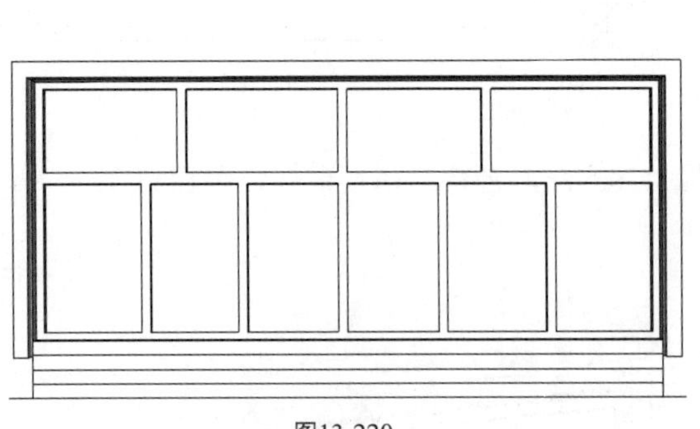

图13-220

图13-221

11．继续单击【推/拉】按钮，将4个矩形面分别向外推拉300mm、600mm、900mm、1200mm，形成石阶，如图13-222和图13-223所示。

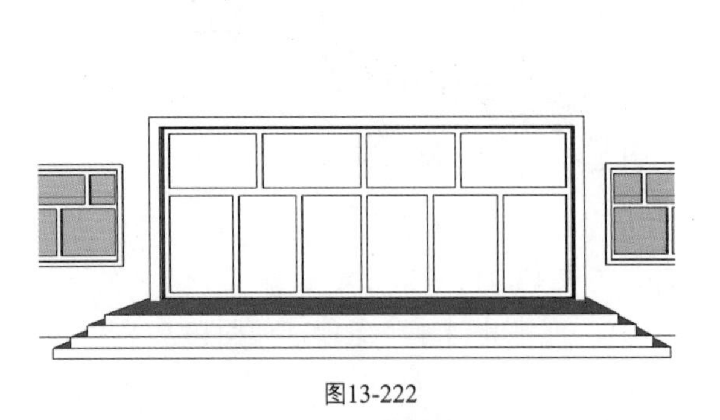

图13-222

图13-223

12．单击【矩形】按钮，在门上方绘制一个矩形面，再将其创建为组件，如图13-224所示。

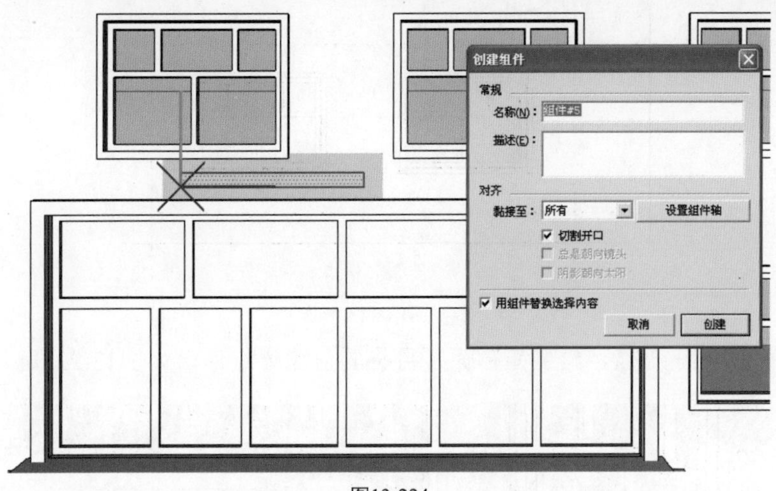

图13-224

13．单击【推/拉】按钮，将矩形面推拉成遮阳板，如图13-225所示。

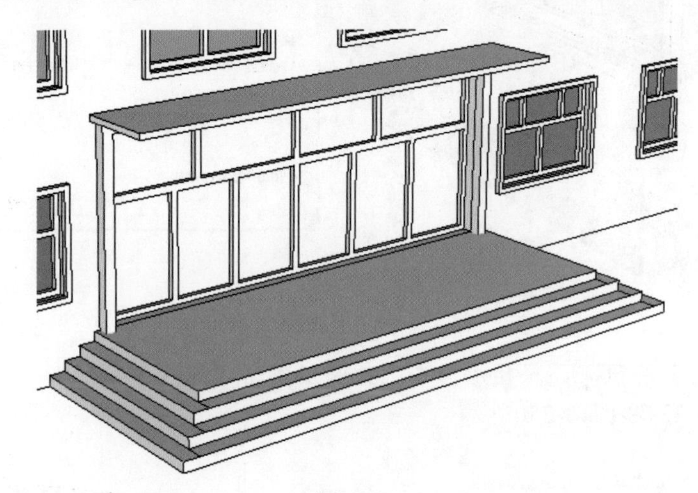

图13-225

14．单击【颜料桶】按钮，为入口大门填充适合的材质，如图13-226所示。

图13-226

五、创建阳台

1．单击【卷尺】按钮，拉出几条辅助线，如图13-227所示。

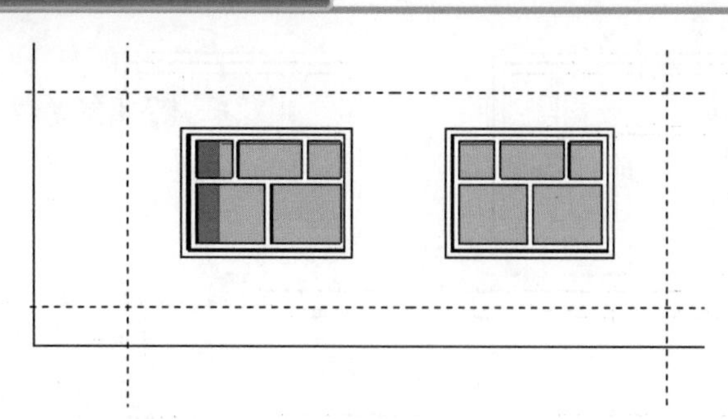

图13-227

2. 单击【矩形】按钮，绘制矩形面，再将其创建为组件，如图13-228所示。

图13-228

3. 单击【推/拉】按钮，将矩形面向上推高。单击【擦除】按钮，将多余的面删除，如图13-229和图13-230所示。

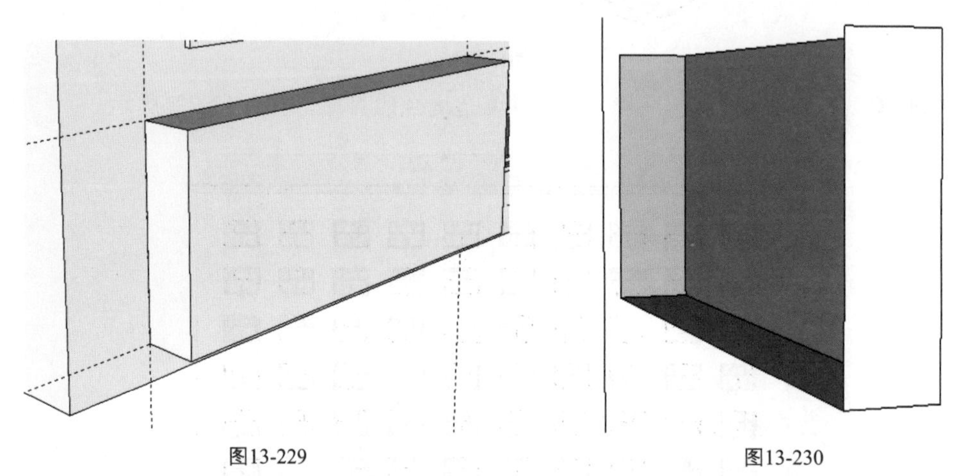

图13-229　　图13-230

4. 选中底面，单击【移动】按钮，将底面进行复制，距离分别为100mm、1000mm，如图13-231所示。

5. 单击【推/拉】按钮，将面向外推拉100mm，如图13-232所示。

6. 单击【偏移】按钮，将侧面向里偏移复制100mm。单击【矩形】按钮，绘制矩形面，如图13-233和图13-234所示。

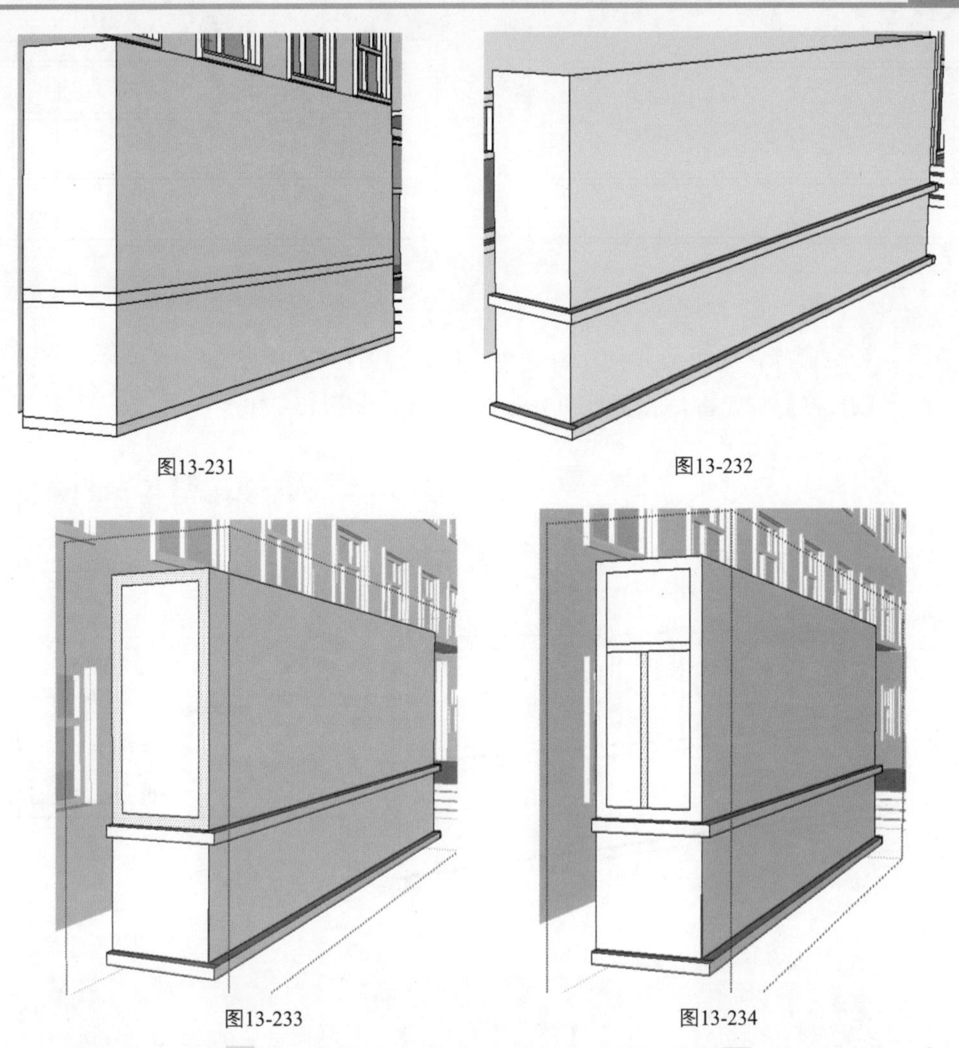

图13-231 图13-232

图13-233 图13-234

7. 单击【擦除】按钮，将多余的线删除。单击【移动】按钮，复制到另一边，如图13-235和图13-236所示。

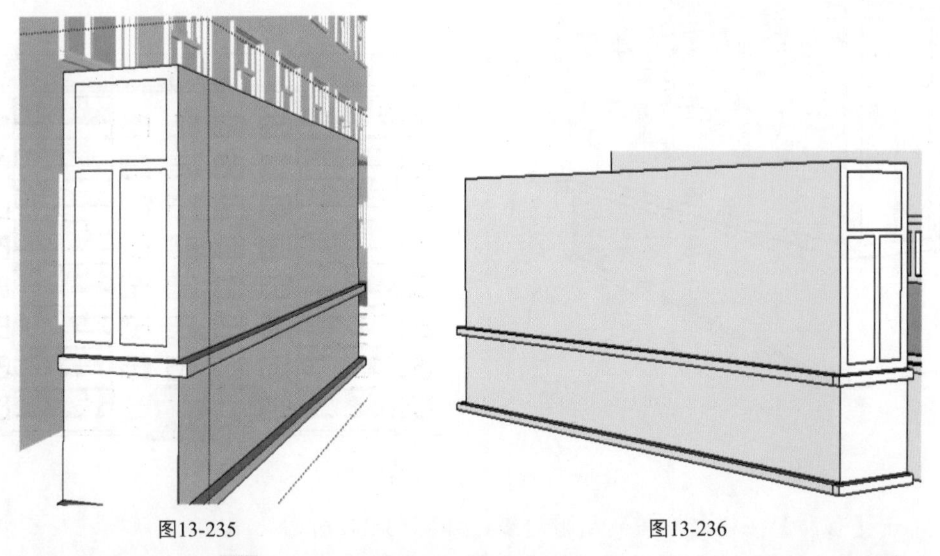

图13-235 图13-236

8. 单击【偏移】按钮，将正面向里偏移复制100mm。单击【矩形】按钮，绘制矩形面，如图13-237和图13-238所示。

图13-237

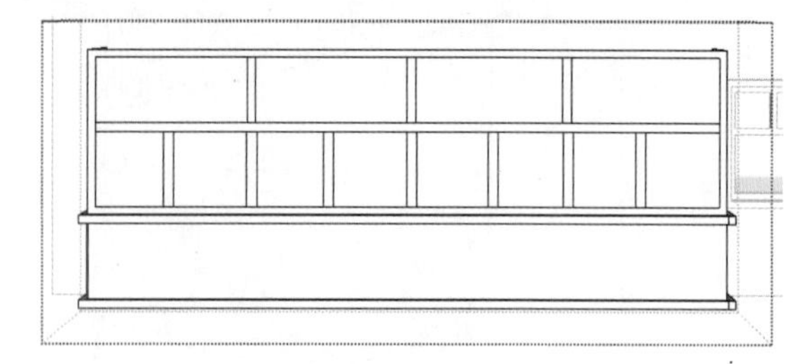

图13-238

9．将多余的线删除，选中面并将其创建为组件，如图13-239所示。

10．单击【推/拉】按钮，将窗框向外推拉50mm，如图13-240所示。

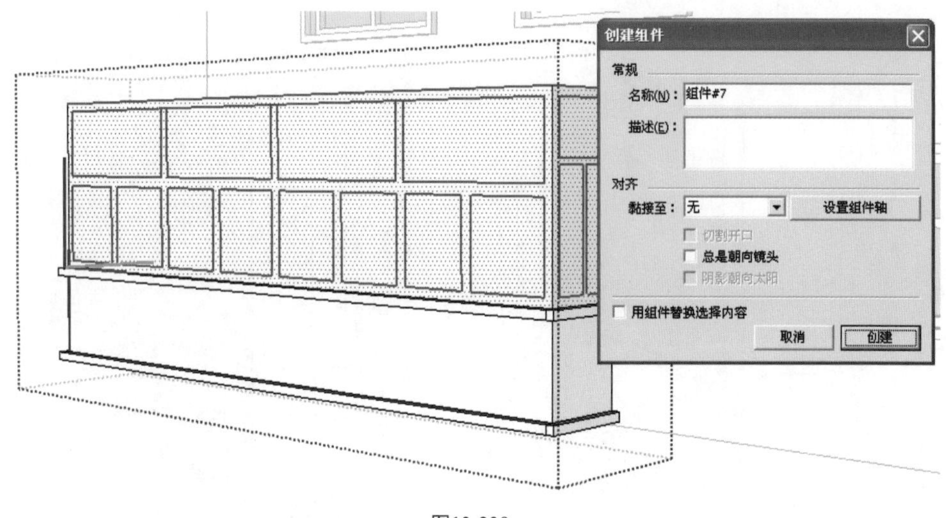

图13-239

11．为阳台窗户填充材质，再单击【移动】按钮，复制阳台，如图13-241所示。

图13-240

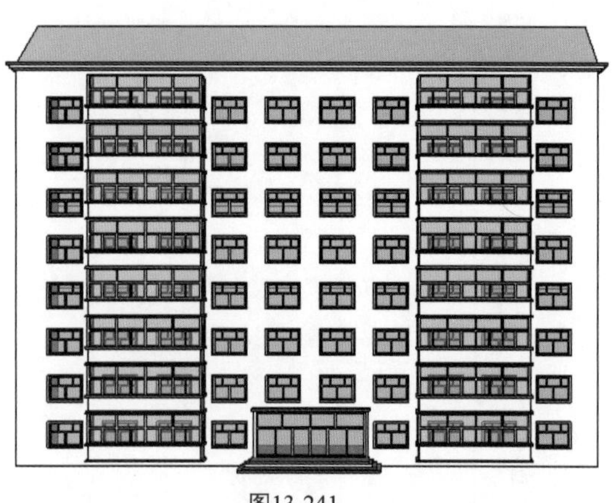

图13-241

12．单击【移动】按钮，复制屋顶边缘，如图13-242所示。

13．单击【颜料桶】按钮，完善模型的材质，如图13-243所示。

图13-242

图13-243

13.2.3 添加场景及渲染

为创建好的模型添加两个场景页面，并利用之前所教V-Ray的渲染方法，将两个场景进行渲染。

1. 单击【移动】按钮和【旋转】按钮，将模型复制成两个，如图13-244所示。

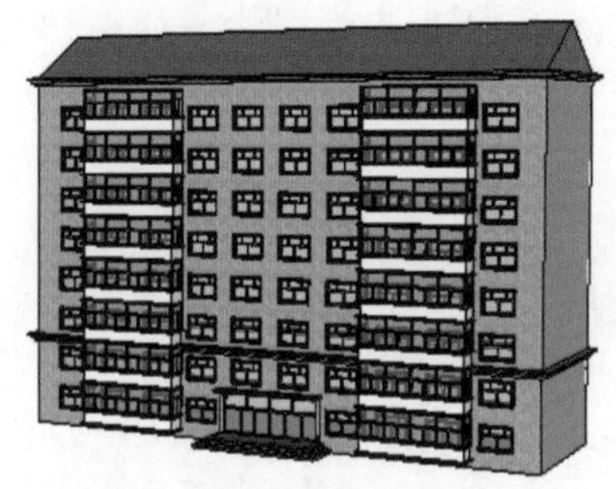

图13-244

2. 启动“阴影”工具栏，调整角度，显示阴影，如图13-245和图13-246所示。

图13-245

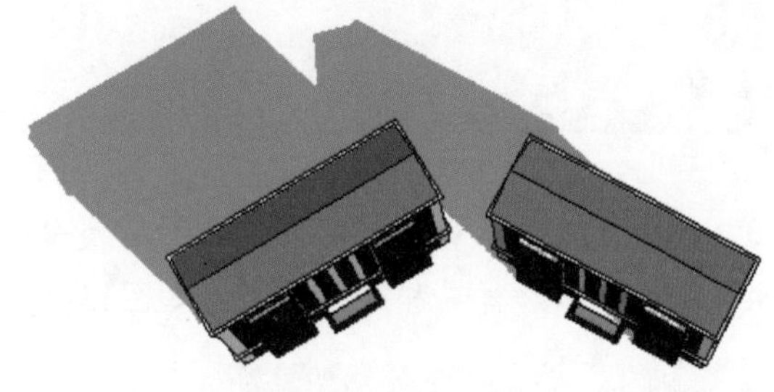

图13-246

3. 选择【窗口】/【场景】命令，为创建好的模型添加一个场景页面，并以图片格式导出，如图13-247和图13-248所示。

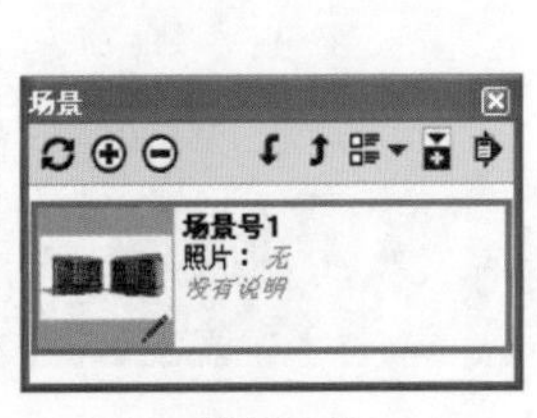

图13-247

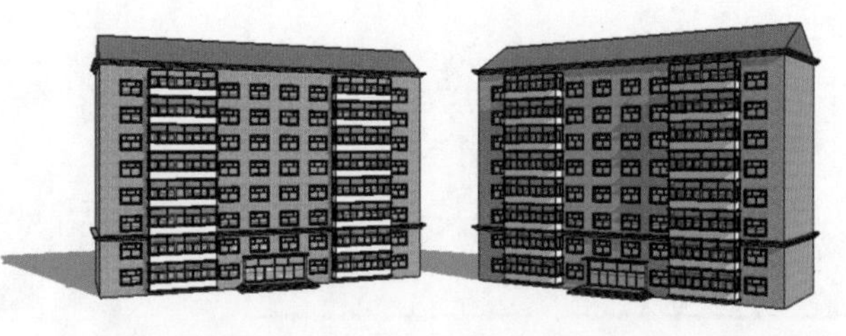

图13-248

4. 启动渲染插件V-Ray，利用之前所学方法，对场景1页面进行渲染，渲染效果如图13-249所示。

图13-249

13.2.4 后期处理

对渲染的图片进行后期处理，丰富建筑周围环境，使它更具真实性。

1. 在Photoshop里打开渲染图片，如图13-250所示。
2. 双击背景图层进行解锁，如图13-251所示。

图13-250

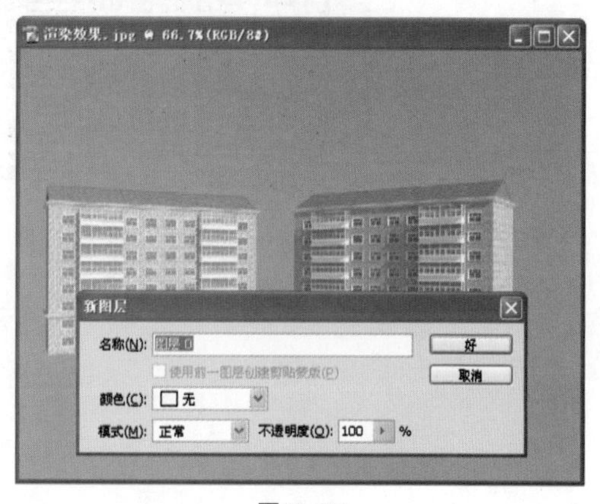

图13-251

3. 选择“魔术棒”工具，将背景图层删除，如图13-252所示。
4. 给图片添加背景和人物素材，如图13-253所示。

图13-252

图13-253

5. 选择【图像】/【调整】/【色彩平衡】命令，调整颜色，如图13-254和图13-255所示。

图13-254

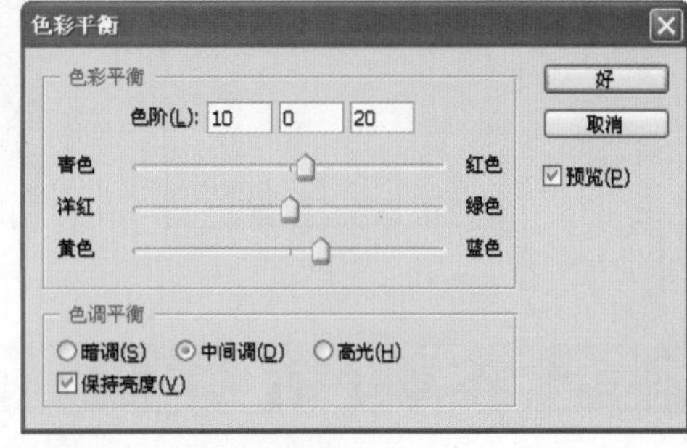

图13-255

6. 新建一个图层，按Ctrl+Shift+Alt+E组合键，盖印可见图层，如图13-256和图13-257所示。

图13-256

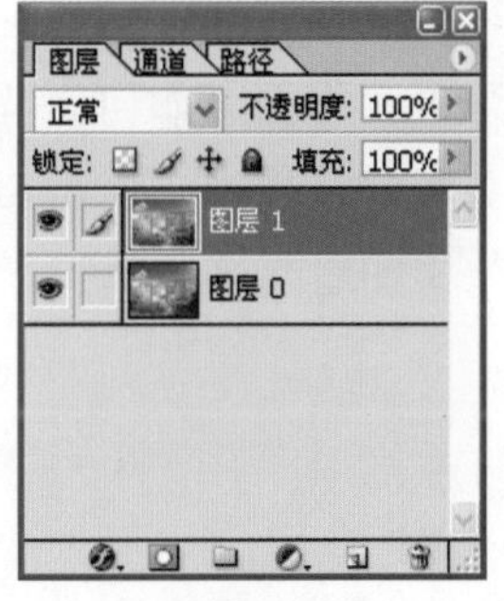

图13-257

7. 选择【滤镜】/【模糊】/【高斯模糊】命令，添加模糊效果，如图13-258和图13-259所示。

图13-258

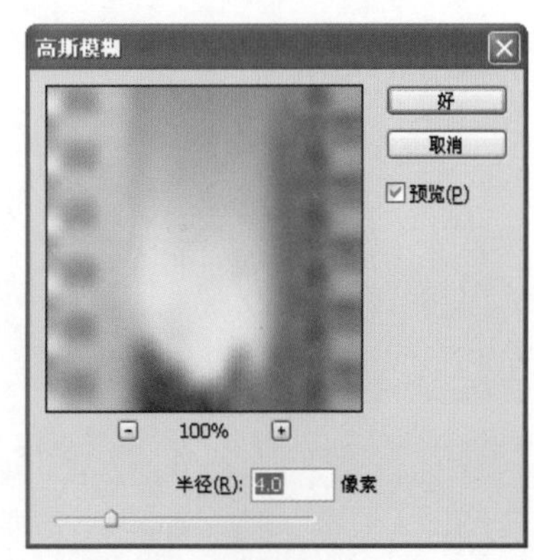

图13-259

8．将图像模式设为“柔光”，不透明度设为“50%”，如图13-260和图13-261所示。

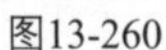
图13-260

图13-261

13.3 本章小结

本章主要学习了如何在SketchUp中通过两种不同的方法创建住宅楼，一种是利用CAD图纸为基础创建住宅小区规划模型，另一种是自由创建单体住宅楼。第一种主要是以一个小区规划图纸为例，创建小区里不同户型的住宅楼，它结合图纸和周边的实际情况，创建了3种不同的户型楼，在创建模型的过程中，掌握了如何为墙体开窗、如何制作阳台、如何制作遮阳板、石阶和天台。第二种则是参考真实建筑模型，进行自由创建高层住宅楼。最后进行后期处理，增加了住宅周围的环境效果，使效果图看起来更真实。

第14章 乡村简约农舍设计

14 Chapter

本章将介绍SketchUp在规划设计中的应用，以一张CAD图纸为基础创建乡村农舍模型。

14.1 设计解析

源文件：\Ch14\乡村农舍设计图2.dwg、背景图片.jpg

结果文件：\Ch14\乡村农舍设计\

视频：\Ch14\乡村农舍.wmv

本案例将建立一个乡村农舍模型，图纸分为平面、正面和侧面，小院以一种古朴的风格设计，简单而别致。墙体以最简单的红砖相砌，窗户和门采用喜气的红色窗花贴图效果，特别具有乡村气息。图14-1、图14-2和图14-3所示为建模效果，图14-4、图14-5和图14-6所示为后期处理效果。操作流程如下所述。

（1）先在CAD软件里整理平面图纸。

（2）导入图纸。

（3）创建模型。

（4）填充材质。

（5）导入组件。

（6）添加场景页面。

（7）渲染。

（8）后期处理。

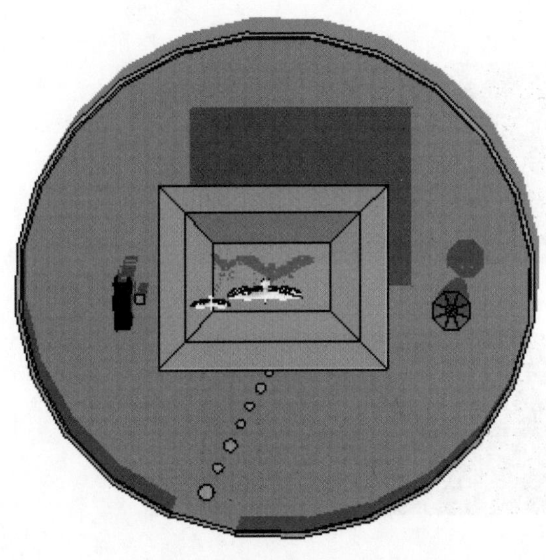

图14-1

图14-2

图14-3

图14-4

图14-5

图14-6

14.2 方案实施

本案例以一张CAD平面图纸设计为例，首先在AutoCAD里对图纸进行清理，再导入到SketchUp中进行描边封面。

14.2.1 整理CAD图纸

CAD平面设计图纸里含有大量的文字、图层、线、图块等信息，如果直接导入SketchUp中，会增加建模的复杂性，所以一般先在CAD软件里进行处理，将多余的线删除掉，使设计图纸简单化，图14-7所示为原图，图14-8所示为简化图。

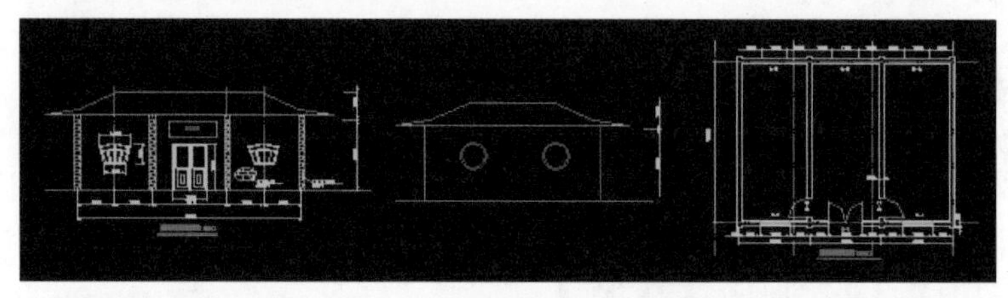

图14-7

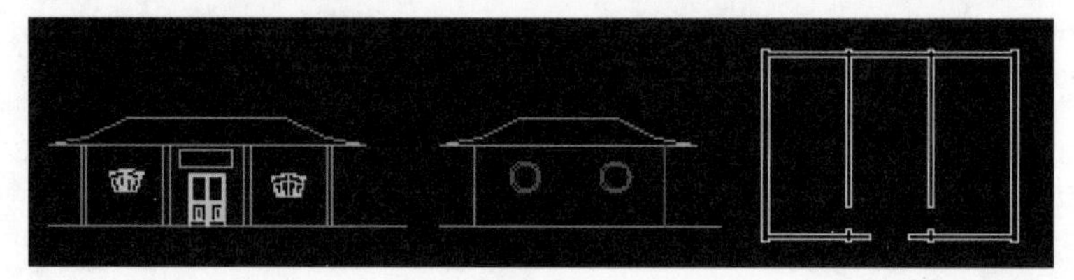

图14-8

1. 在CAD命令栏里输入“PU”，按Enter键，对简化后的图纸进行进一步清理，如图14-9所示。

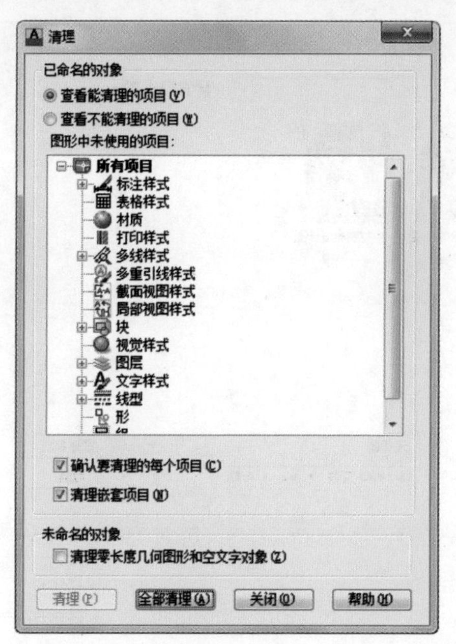

图14-9

2. 单击全部清理(A)按钮，弹出图14-10所示的对话框，选择“清除所有项目”选项，直到“全部清理”按钮变成灰色状态，即清理完图纸，如图14-11所示。

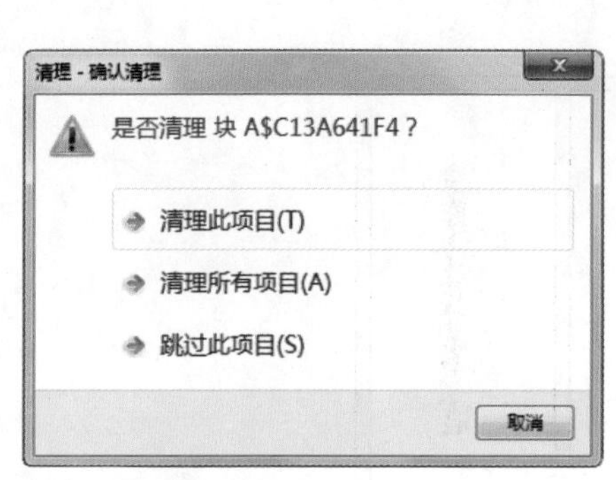

图14-10

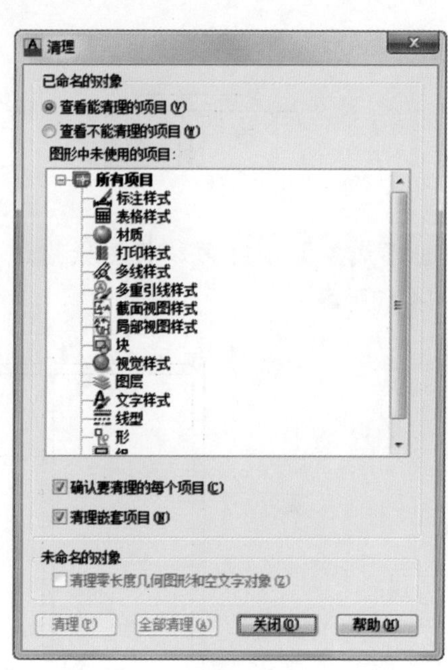

图14-11

14.2.2 导入图纸

导入平面、正面、侧面3个图纸，并创建封闭面。

1. 选择【文件】/【导入】命令，弹出【打开】对话框，导入图纸，将文件类型选择为“AutoCAD文件（*.dwg，*.dxf)”格式，如图14-12所示。
2. 导入SketchUp中的CAD图纸是以线显示的，如图14-13所示。
3. 将多余的线进行删除，如图14-14所示。

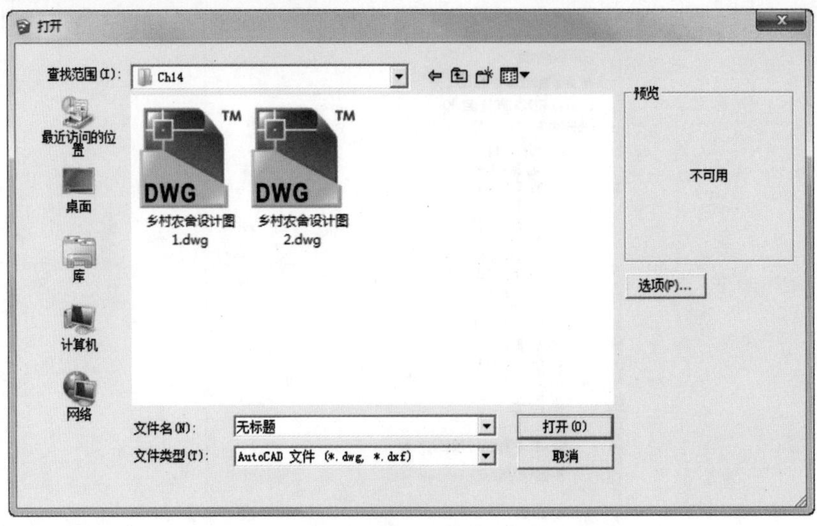

图14-12

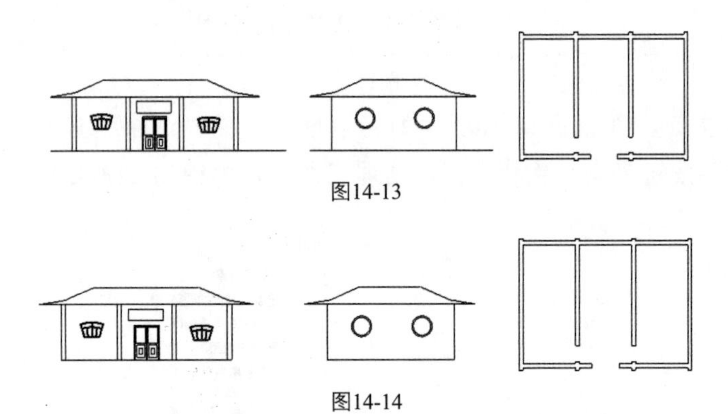

图14-13

图14-14

4．单击【线条】按钮，将图纸描边并创建一个封闭面，如图14-15、图14-16和图14-17所示。

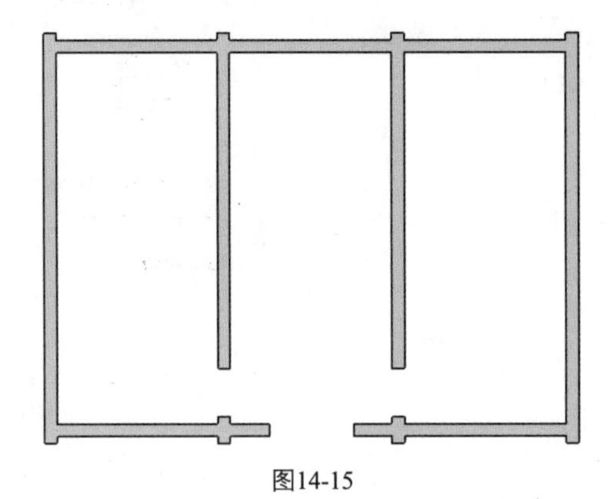

图14-15

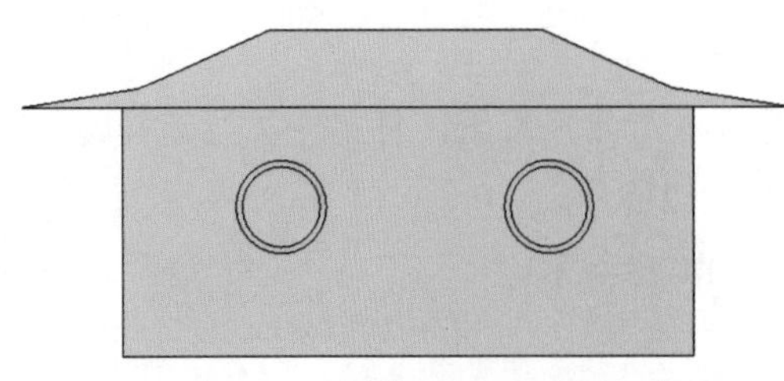

图14-16

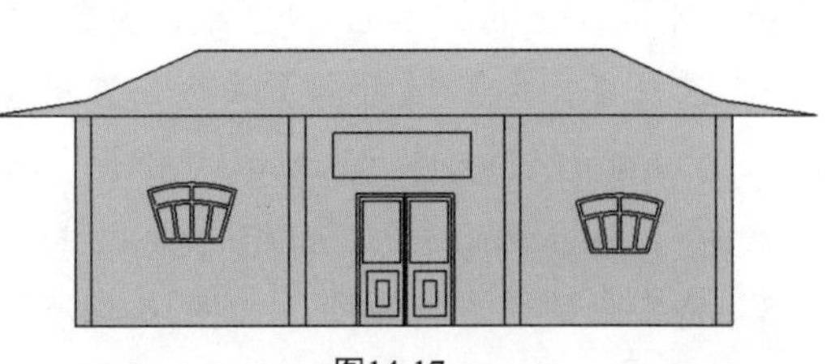

图14-17

5. 对于要单独创建模型的窗户和门要单独描边封面，如图14-18、图14-19和图14-20所示。

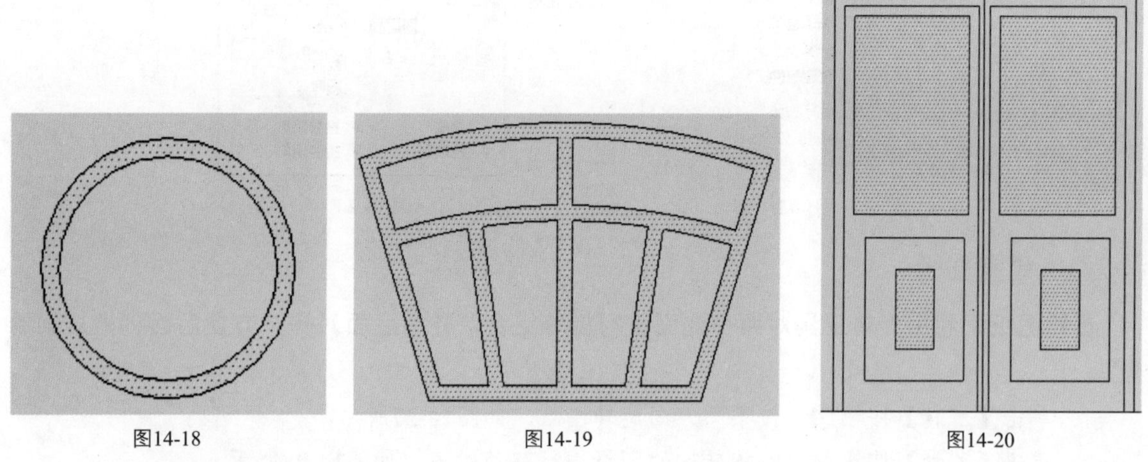

图14-18　　图14-19　　图14-20

14.2.3 创建图层

将3个面分别创建群组，并创建图层进行管理。

1. 选中图纸，单击鼠标右键，从快捷菜单中选择【创建组】命令，将3个面分别创建群组，如图14-21和图14-22所示。

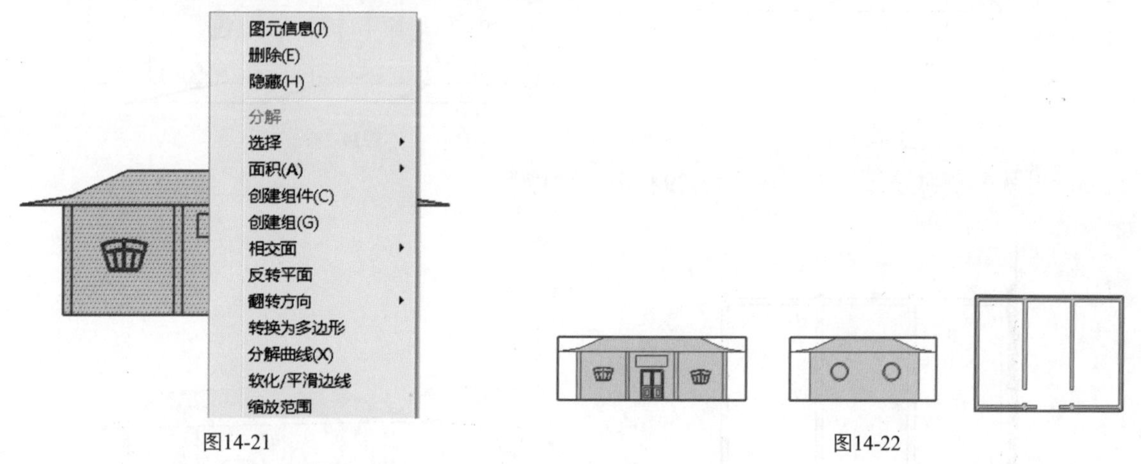

图14-21　　图14-22

2. 选择【窗口】/【图层】命令，创建3个图层，并分别命名，如图14-23和图14-24所示。

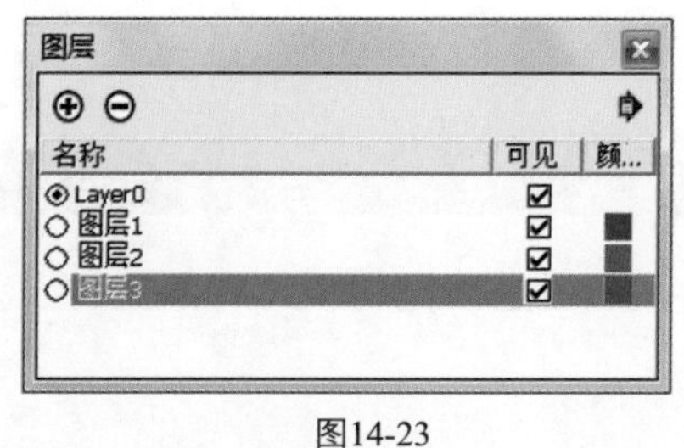

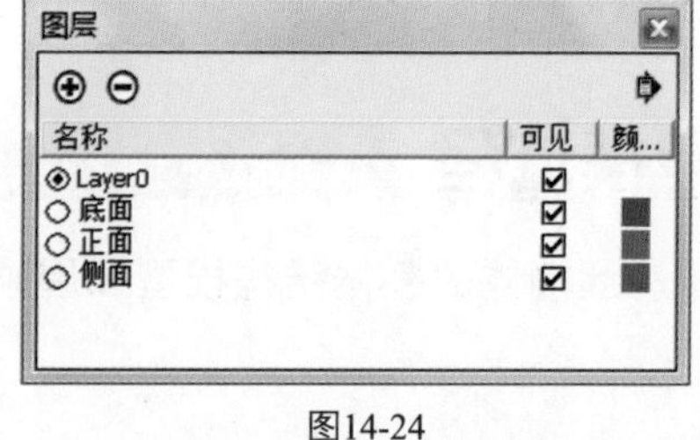

图14-23　　图14-24

3. 单击鼠标右键，选择【图元信息】命令，对3个面划分图层，如图14-25和图14-26所示。

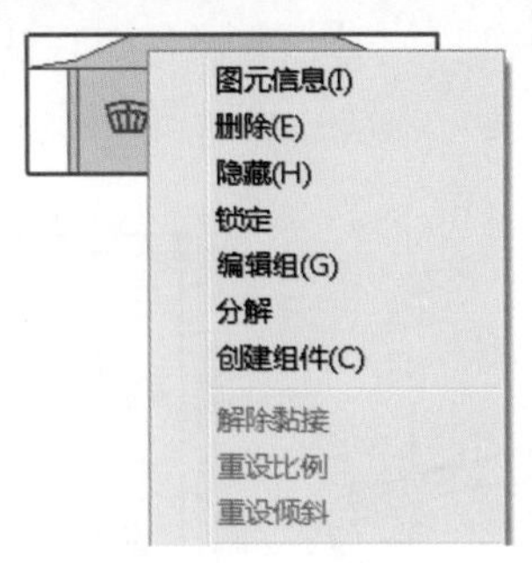

图14-25

图14-26

14.2.4 调整图纸

参照图纸，利用旋转工具对两个侧面进行旋转组合，并与底面对齐，方便后面创建准确的模型。

1. 单击【旋转】按钮，按不同方向旋转图纸，如图14-27所示。
2. 单击【移动】按钮，对旋转后的图纸进行移动对齐，如图14-28所示。

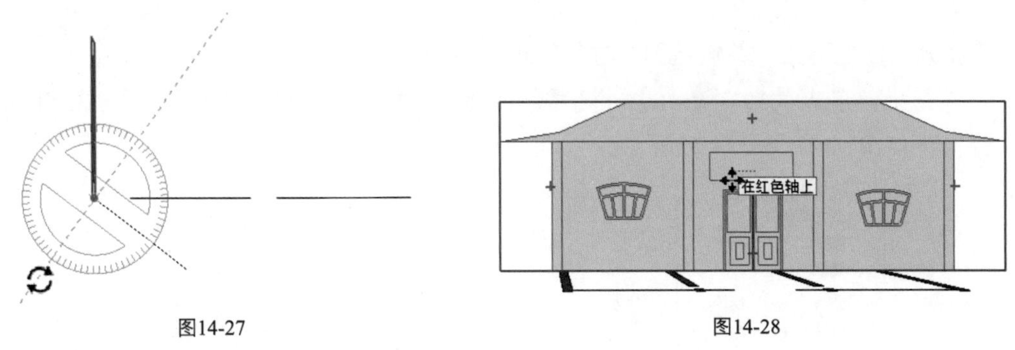

图14-27　　图14-28

3. 对另一个面进行旋转，如图14-29和图14-30所示。

图14-29　　图14-30

14.3 建模流程

包括创建房屋墙体的整体结构模型和屋顶模型，然后是填充材质、导入组件、添加场景几部分。

14.3.1 创建房屋结构

这里主要对底面、正面、侧面分别进行创建模型，包括创建墙体、窗户、门、牌匾。

1. 双击底面进入群组编辑状态，单击【推/拉】按钮，将底面推拉成墙体，高度与两个面一样高，如图14-31和图14-32所示。

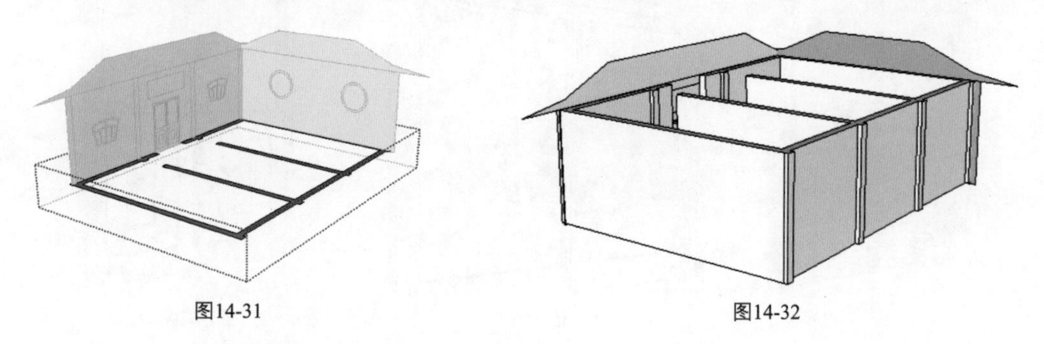

图14-31　　图14-32

2. 单击【矩形】按钮，封闭底面，如图14-33和图14-34所示。

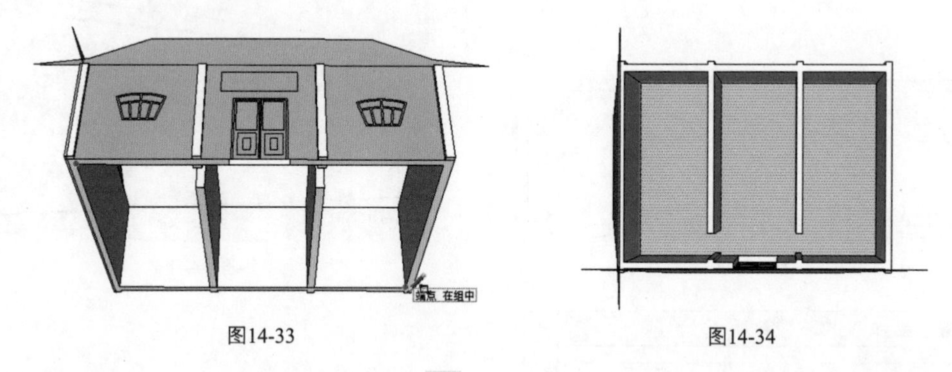

图14-33　　图14-34

3. 创建正面窗户，单击【推/拉】按钮，向外推拉出窗框，距离为2mm，如图14-35和图14-36所示。

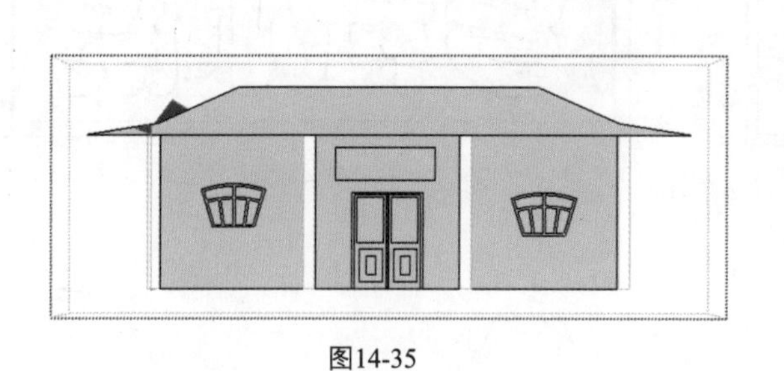

图14-35

图14-36

4. 创建门，单击【推/拉】按钮，门框向外推拉1mm，如图14-37所示。
5. 单击【推/拉】按钮，继续向外推拉0.5mm和向里推拉0.5mm，如图14-38和图14-39所示。
6. 创建牌匾。单击【偏移】按钮，向里偏移复制1mm，如图14-40所示。
7. 单击【推/拉】按钮，向外推拉1mm，如图14-41所示。
8. 单击【三维文本】按钮，添加字体，放置在牌匾内，如图14-42和图14-43所示。
9. 创建侧面窗户模型。单击【推/拉】按钮，向外推拉窗框，距离为1mm，如图14-44和图14-45所示。

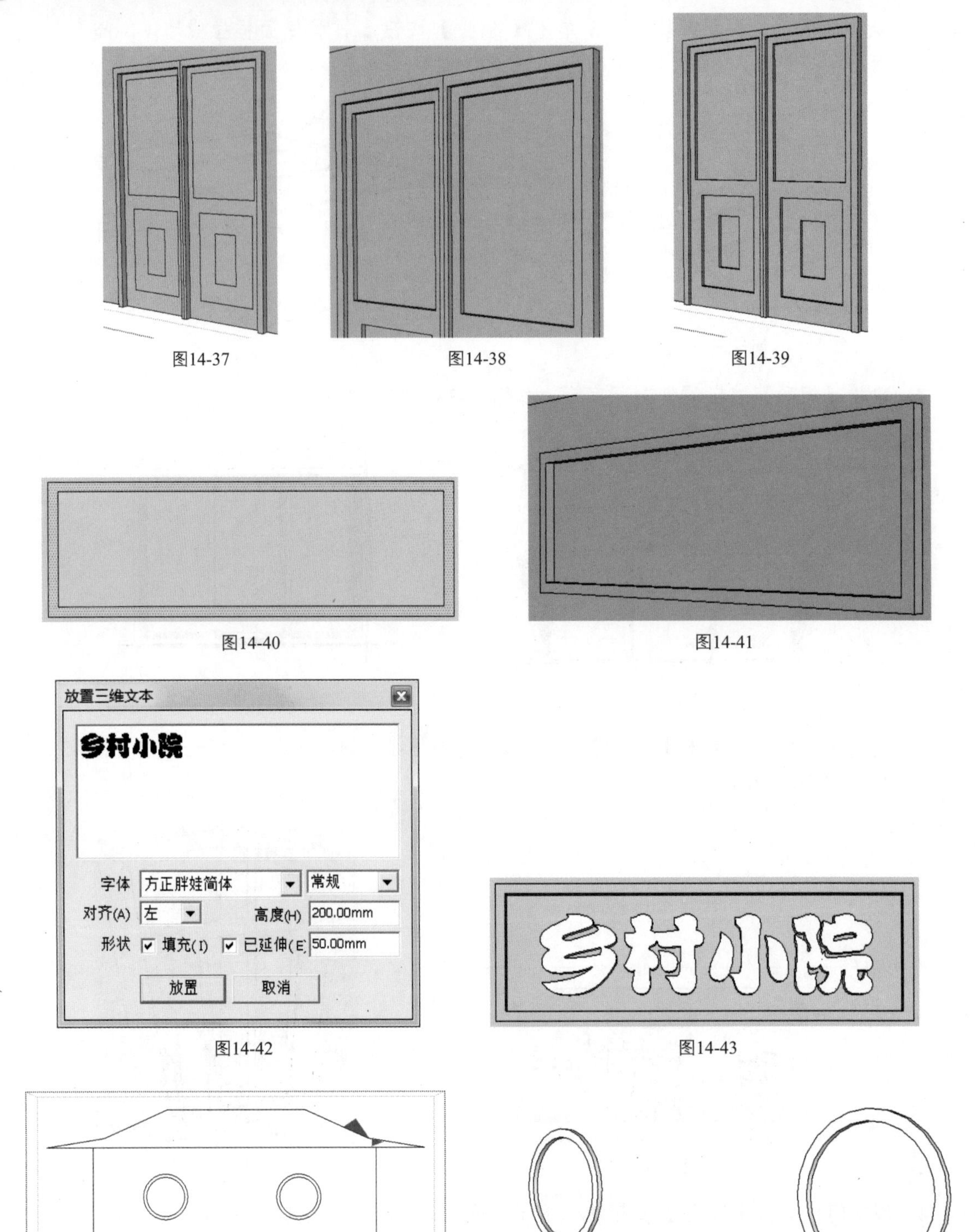

图14-37 图14-38 图14-39

图14-40 图14-41

图14-42 图14-43

图14-44 图14-45

14.3.2 创建屋顶

下面利用路径跟随工具创建屋顶模型，非常方便。

1. 双击侧面进入群编辑状态，单击【线条】按钮，打段面形成屋角面，如图14-46、图14-47和图14-48所示。

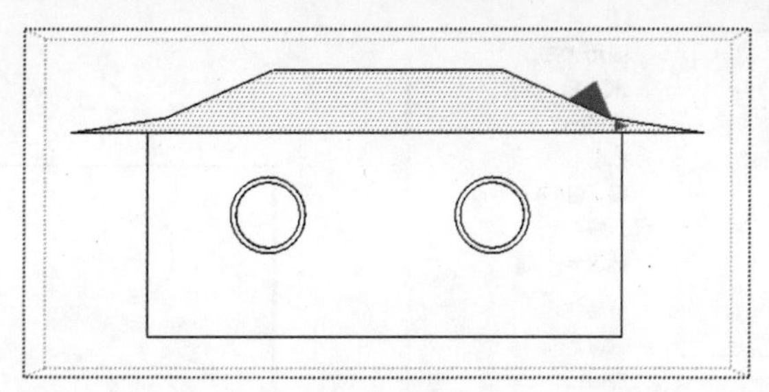

图14-46

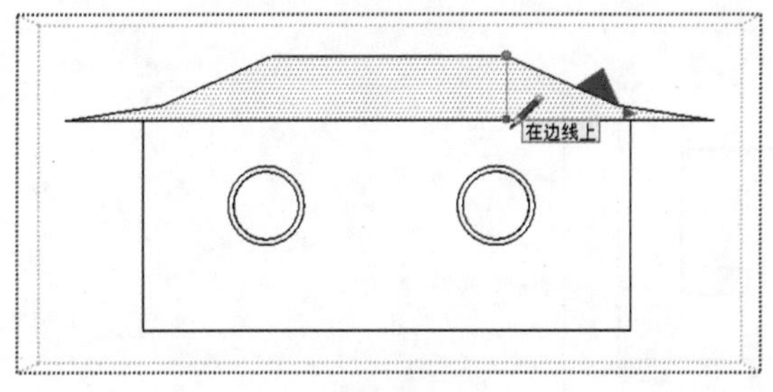

图14-47

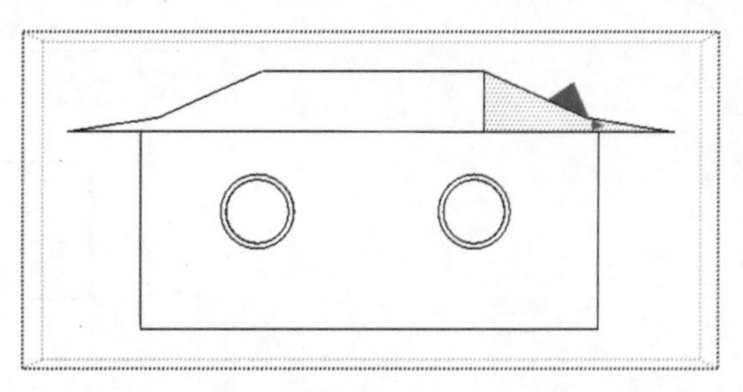

图14-48

2．将侧面和正面多余的线进行删除，如图14-49和图14-50所示。

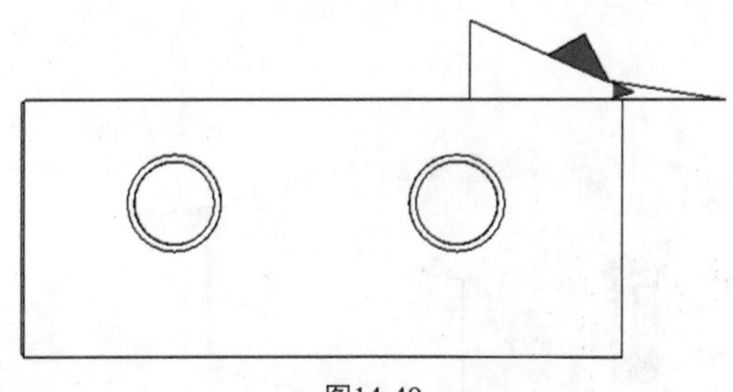

图14-49

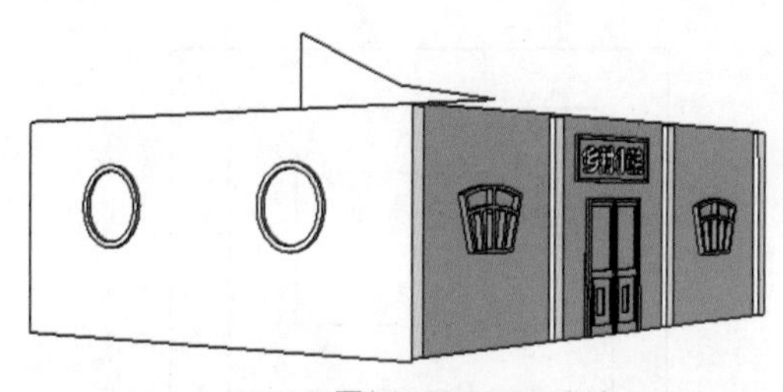

图14-50

3．单击【矩形】按钮，绘制顶面，再将面删除，只留线，如图14-51和图14-52所示。

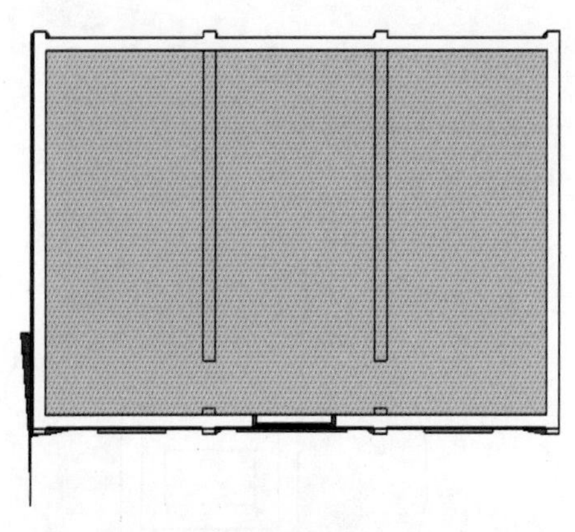

图14-51

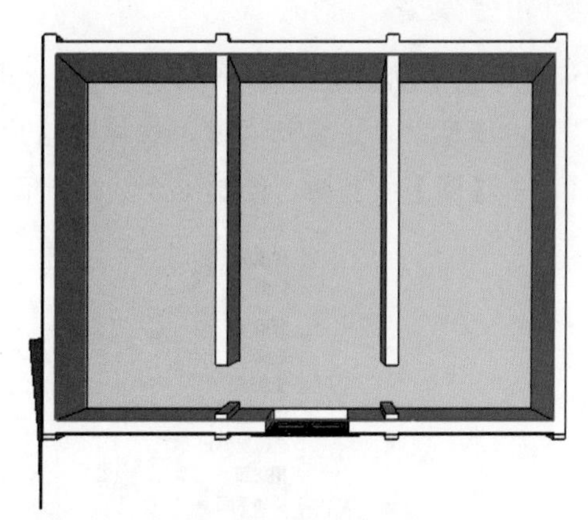

图14-52

4．选择侧立面，单击鼠标右键，选择【分解】命令，将屋角面分解为单独的一个面，如图14-53和图14-54所示。

5．按住Ctrl键不放，先选中4条矩形线，再单击【跟随路径】按钮，最后选中屋角面，即可创建屋顶放样效果，如图14-55所示。

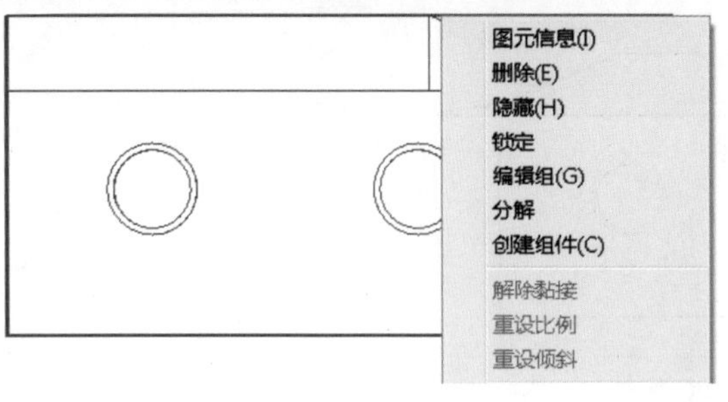

图14-53

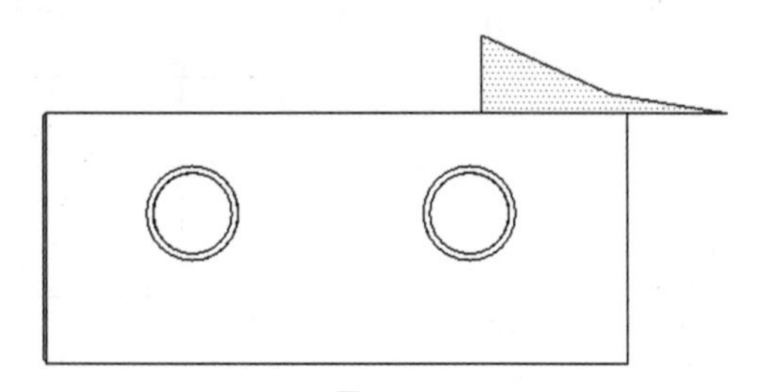

图14-54

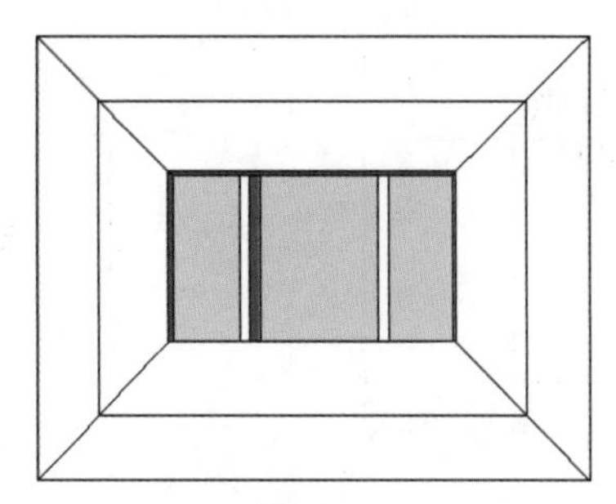

图14-55

6．单击【矩形】按钮，将屋顶封面，屋顶效果如图14-56和图14-57所示。

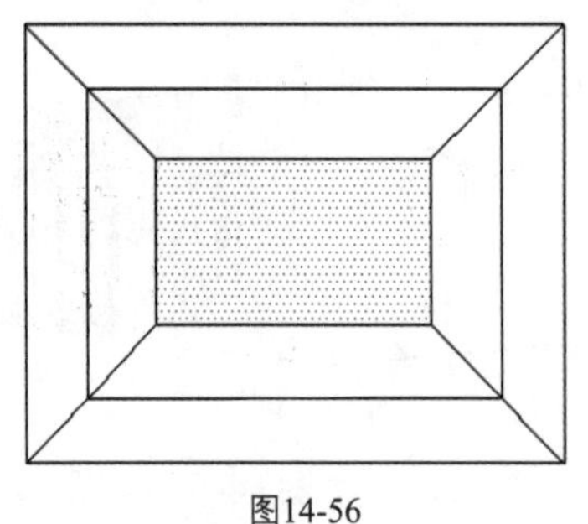

图14-56

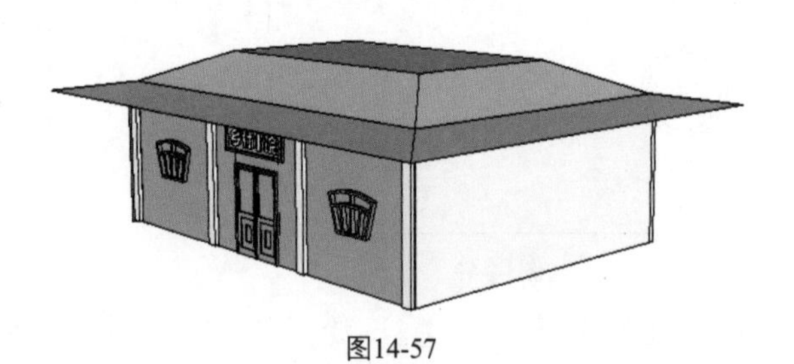

图14-57

14.3.3 完善模型

为创建好的小院模型绘制一个大的地面，再添加小石路和外围墙模型。

1．选中模型，单击鼠标右键，选择【创建组】命令，如图14-58所示。

2．单击【圆】按钮，绘制一个大的地面，如图14-59所示。

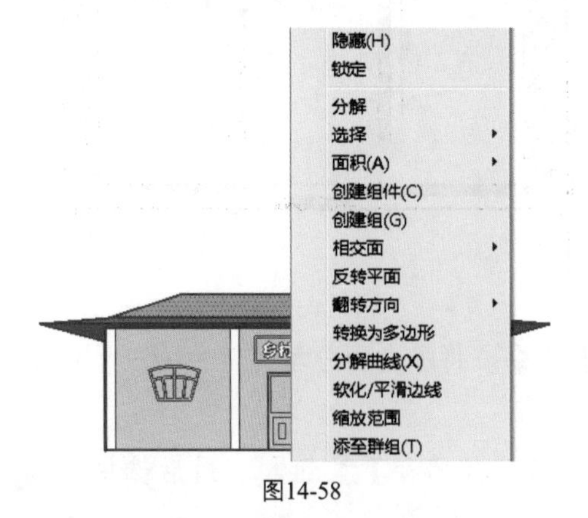

图14-58

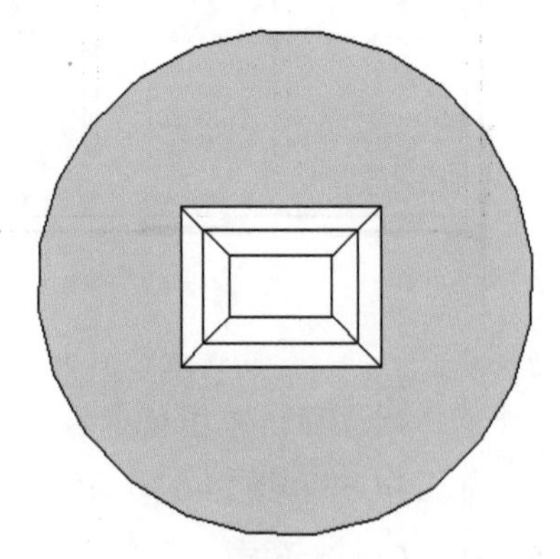

图14-59

3．单击【圆】按钮，绘制一条小石路，如图14-60所示。

4．单击【推/拉】按钮，将石路推拉一定高度，如图14-61所示。

图14-60

图14-61

5．单击【偏移】按钮，向里偏移复制6mm，如图14-62所示。

图14-62

6．单击【线条】按钮，打断面。单击【推/拉】按钮，向上推拉15mm，形成外围墙，如图14-63和图14-64所示。

图14-63

图14-64

14.3.4 填充材质

为建好的模型添加适合的材质，呈现出乡村小院的气息。

1．单击【颜料桶】按钮，为屋顶填充适合的材质，如图14-65所示。

2．为墙体填充砖材质，如图14-66所示。

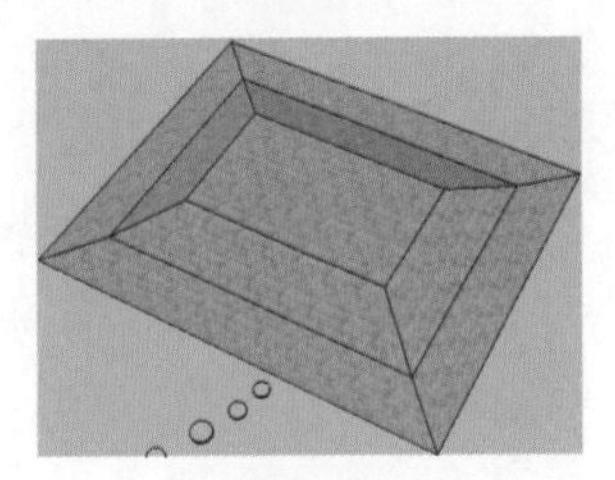

图14-65

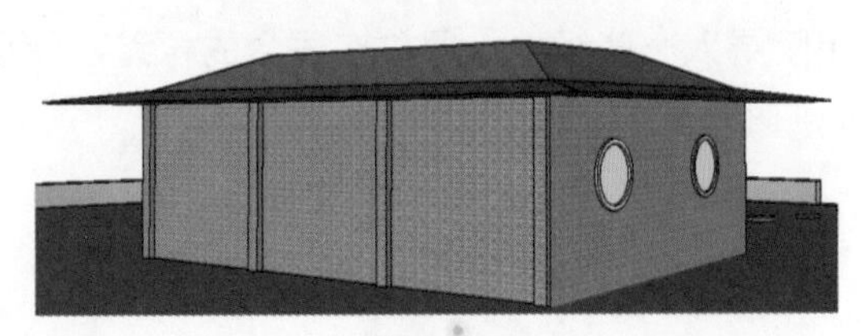

图14-66

3．为窗框填充木质材质，并贴上漂亮的窗花材质，如图14-67和图14-68所示。

图14-67

图14-68

4. 为门填充材质贴图，如图14-69和图14-70所示。

图14-69

图14-70

5. 为牌匾填充材质，如图14-71所示。

图14-71

6. 为地面、外围墙、石板路填充材质，如图14-72和图14-73所示。

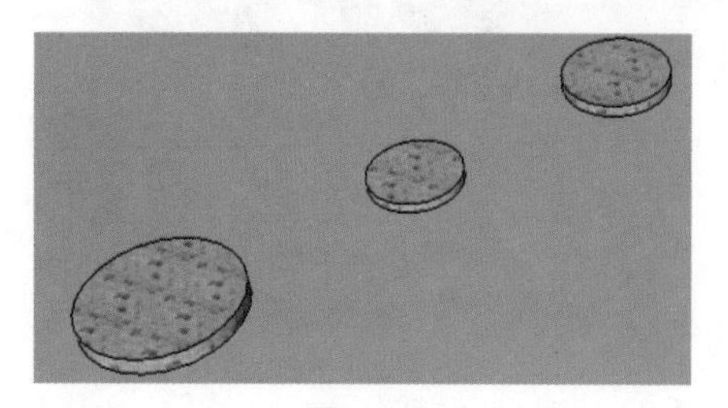

图14-72

图14-73

14.3.5 导入组件

为乡村小院导入一些组件，摆放在适合的位置，使场景更加丰富生动。

1. 导入遮阳伞组件，如图14-74所示。

2. 导入休闲长椅组件，如图14-75所示。

图14-74

图14-75

3. 导入飞鸟组件，如图14-76所示。

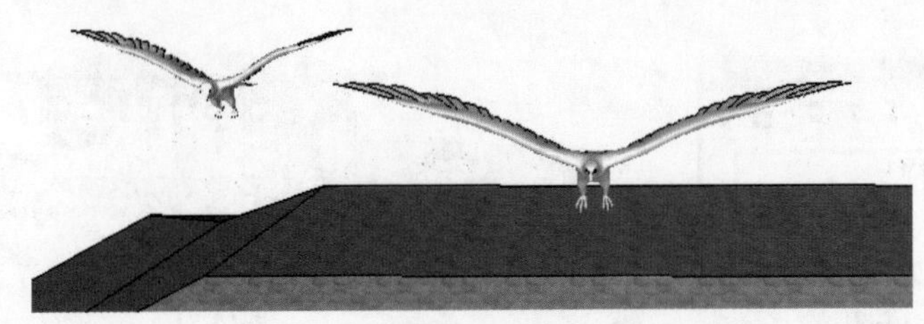

图14-76

14.3.6 添加场景

为小院创建3个场景页面，方便浏览模型，并导出图片为后期处理做准备。

1．启动阴影工具栏，添加阴影效果，如图14-77和图14-78所示。

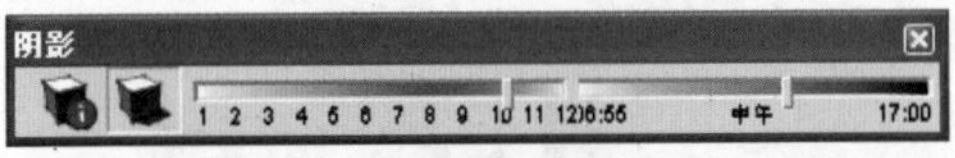

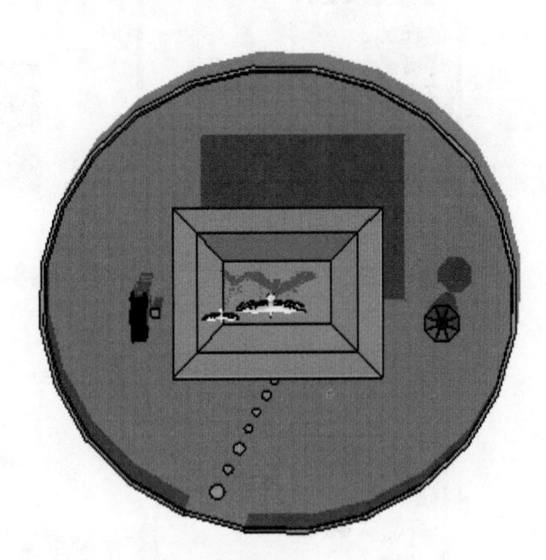

阴影

1 2 3 4 5 6 7 8 9 10 11 12 06:55 中午 17:00

图14-77

图14-78

2．选择【镜头】/【两点透视图】命令，给场景添加透视图效果，如图14-79所示。

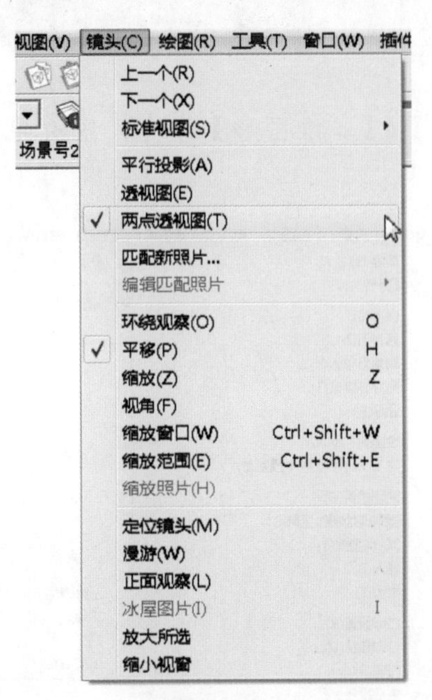

图14-79

3．选择【窗口】/【场景】命令，单击⊕按钮，创建场景1，如图14-80和图14-81所示。

图14-80

图14-81

4. 单击⊕按钮，创建场景2，如图14-82和图14-83所示。

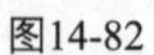

图14-82

图14-83

5. 单击⊕按钮，创建场景3，如图14-84和图14-85所示。

图14-84

图14-85

6. 选择【文件】/【导出】/【二维图形】命令，依次导出3个场景，如图14-86和图14-87所示。

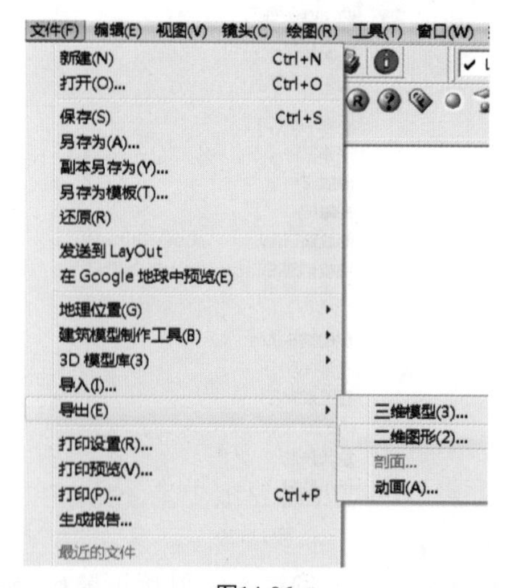

图14-86

图14-87

14.4 渲染设计

这里主要利用V-Ray渲染器对小院的3个场景进行依次渲染。

一、布光准备

1. 打开V-Ray渲染设置面板，如图14-88所示。

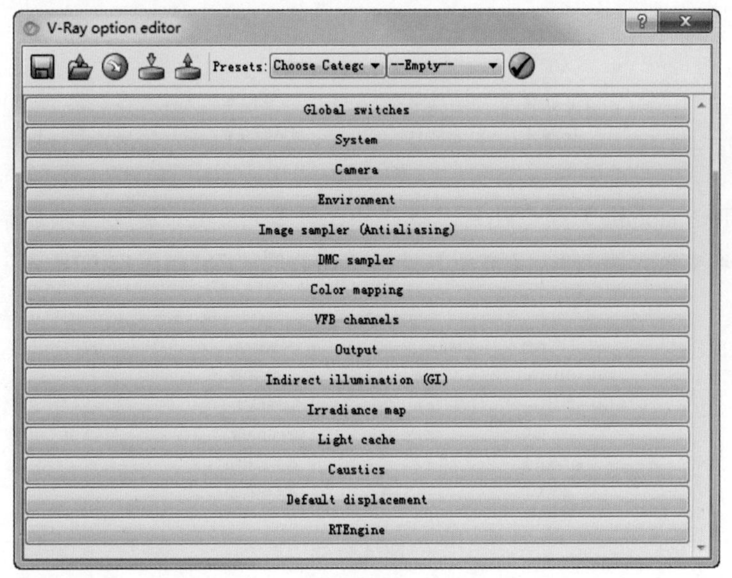

图14-88

2. 设置【Global switches】全局开关。暂时先关闭【反射/折射】选项，激活【替代材质】选项，并单击颜色块，设置一个灰度值（R170，G170，B170），如图14-89所示。
3. 设置【Image sampler（Antialiasing)】图像采样器。【类型】一般推荐使用“固定比率”采样器，速度更快。同时关闭【抗锯齿过滤】选项，如图14-90所示。
4. 设置纯蒙特卡罗【DMC sampler】采样器。为了不让测试效果产生太多的黑斑和噪点，将【最小采样】提高为“13”，其他参数全部保持默认值，如图14-91所示。

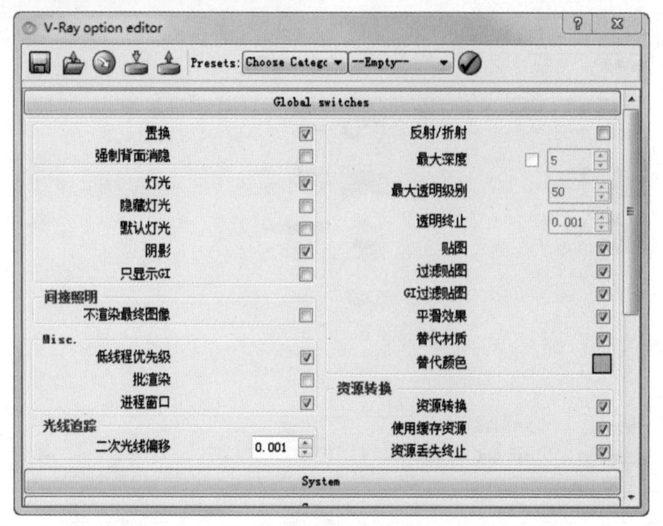

图14-89

图14-90

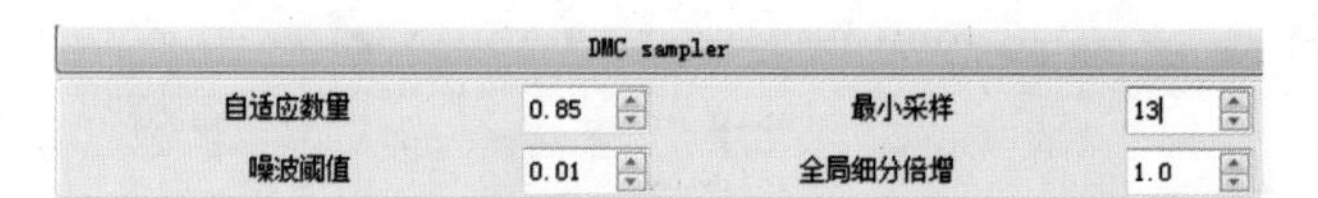

图14-91

5. 设置【Color mapping】颜色映射。也就是设置曝光方式，这个选项非常重要，它与场景的特点有很大的关系，【类型】选择“指数曝光”，如图14-92所示。

Color mapping

类型	指数曝光	子像素映射	☑
Dark multiplier	1.0	影响背景	☑
Bright multiplier	0.8	不影响颜色(仅自适应)	☐
伽马	2.2	线性工作流程	☐
输入伽马值	2.2	修正LDR材质	☑
钳制输出	☑	修正RGB颜色	☑
钳制级别	1.0		

图14-92

6. 设置【Irradiance map】发光贴图和【Light cache】灯光缓冲。两项都设定为相对比较低的数值，如图14-93和图14-94所示。

Irradiance map

基本参数

最小比率	-5	颜色阈值	0.3
最大比率	-4	法线阈值	0.3
半球细分	50	距离极限	0.1
插值采样	20	帧插值采样	2

图14-93

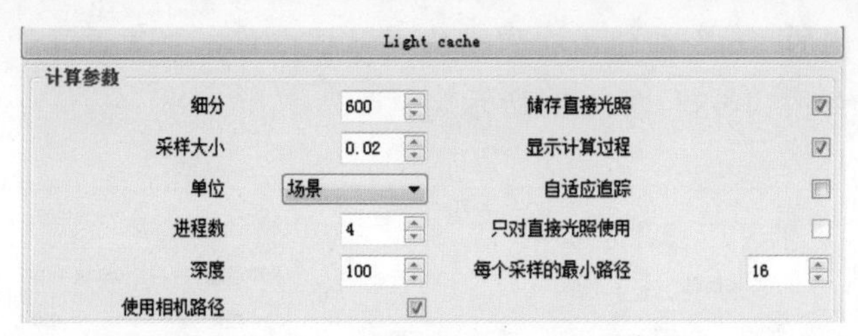

图14-94

二、材质调整

选择【窗口】/【材质】命令，打开【材质】编辑器，同时单击Ⓜ按钮，打开V-Ray材质编辑器。

（一）设置墙砖

1. 单击【样本颜料】按钮，在墙面上单击一下吸取材质，如图14-95和图14-96所示。

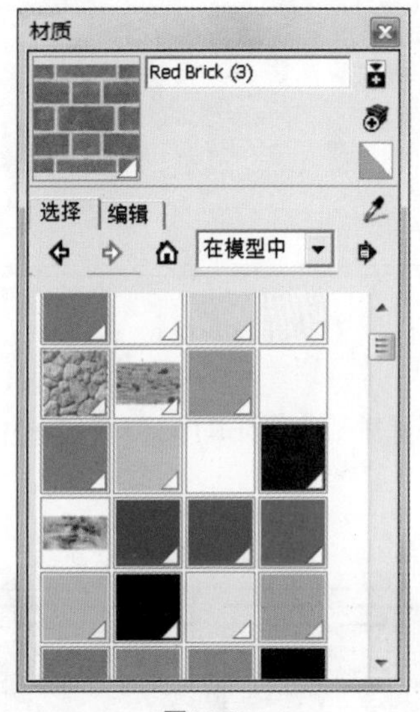

图14-95

图14-96

2. 该材质的属性会自动显示在V-Ray材质编辑器中，用鼠标右键单击【材质列表】中自动选中的材质，在弹出的菜单中选择【创建材质层】/【反射】命令，如图14-97所示。

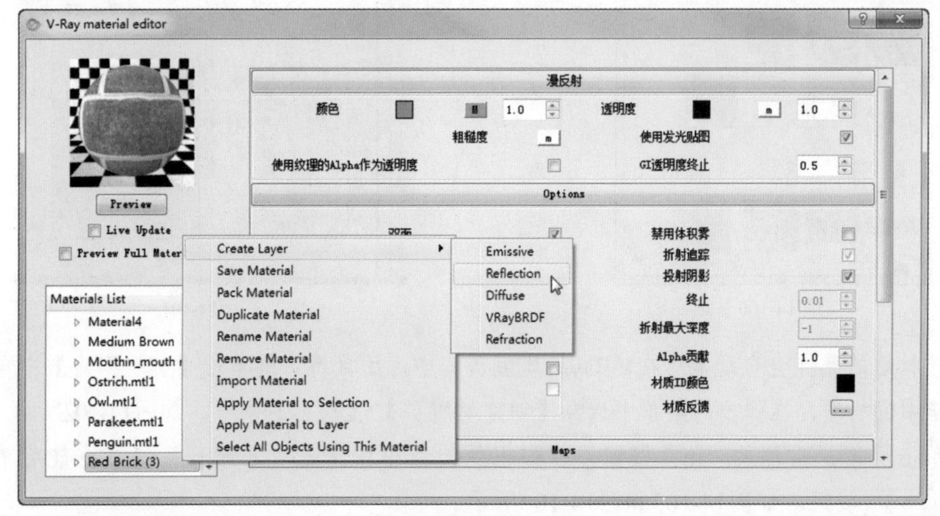

图14-97

3．单击反射层右侧的“m”按钮，在弹出的对话框中单击“菲涅耳”模式，最后单击 OK 按钮，如图14-98和图14-99所示。

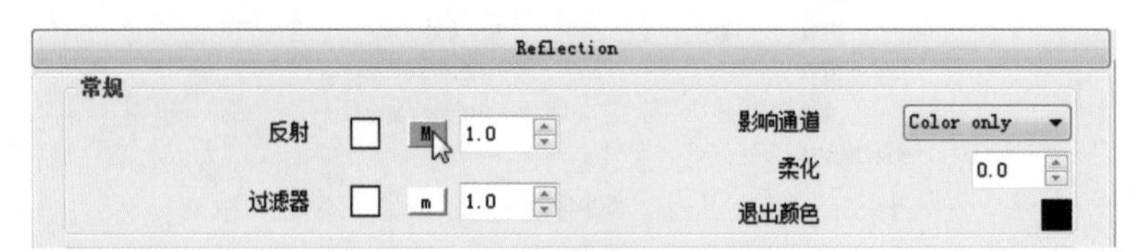

图14-98

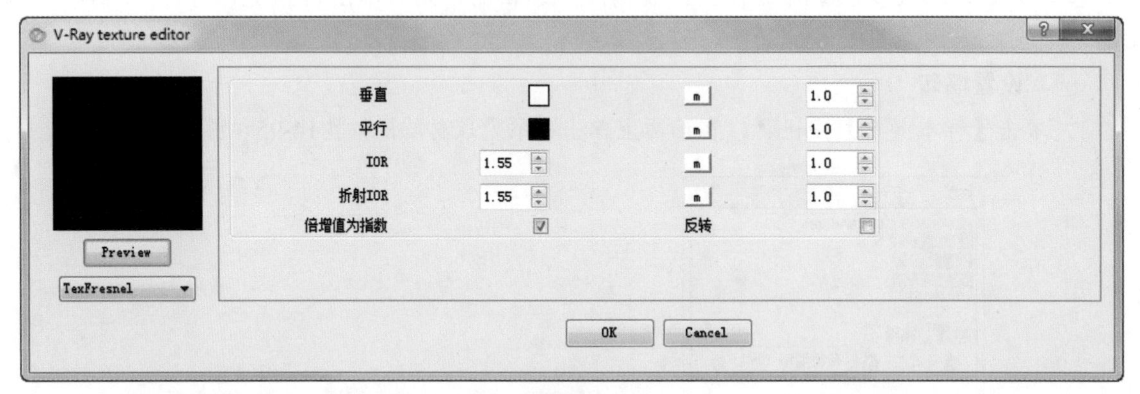

图14-99

（二）设置木材

1．单击【样本颜料】按钮，在木材上单击一下吸取材质，如图14-100和图14-101所示。

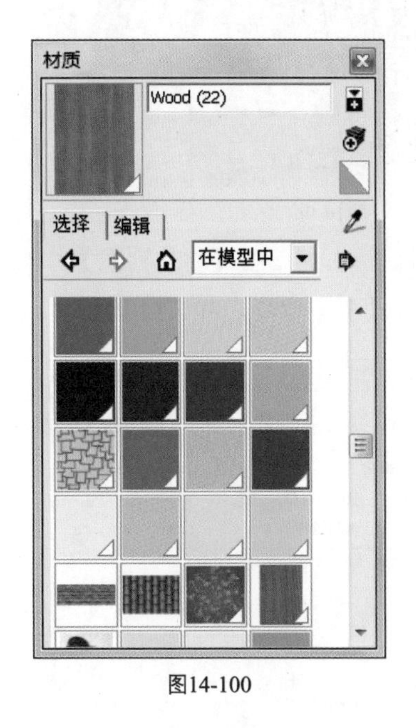

图14-100

图14-101

2．该材质的属性会自动显示在V-Ray材质编辑器中，用鼠标右键单击【材质列表】中自动选中的材质，在弹出的菜单中选择【创建材质层】/【反射】命令，如图14-102所示。

3．单击反射层右侧的“m”按钮，在弹出的对话框中单击“菲涅耳”模式，最后单击 OK 按钮，如图14-103和图14-104所示。

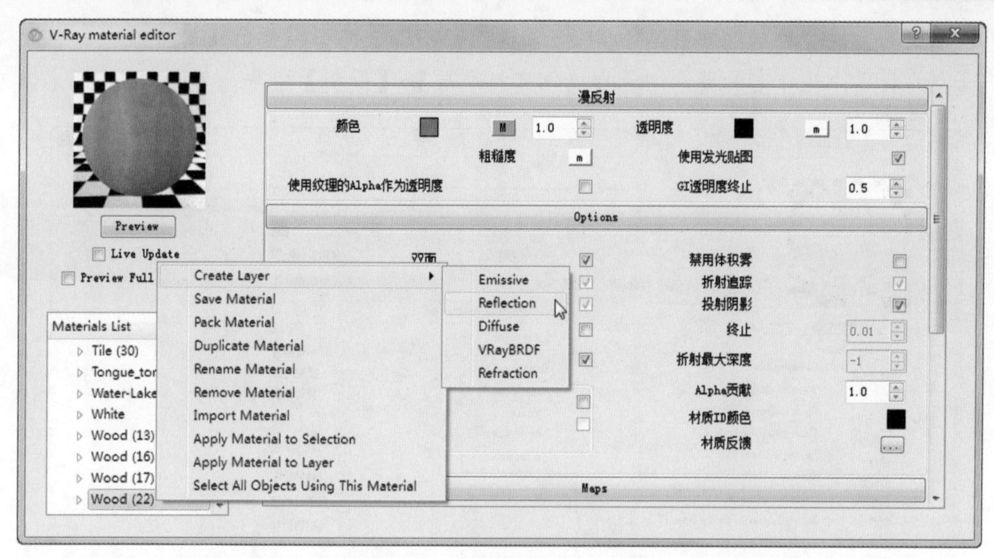

图14-102

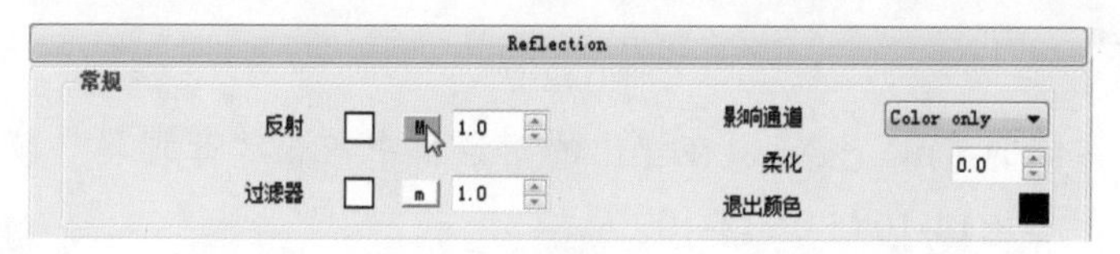

图14-103

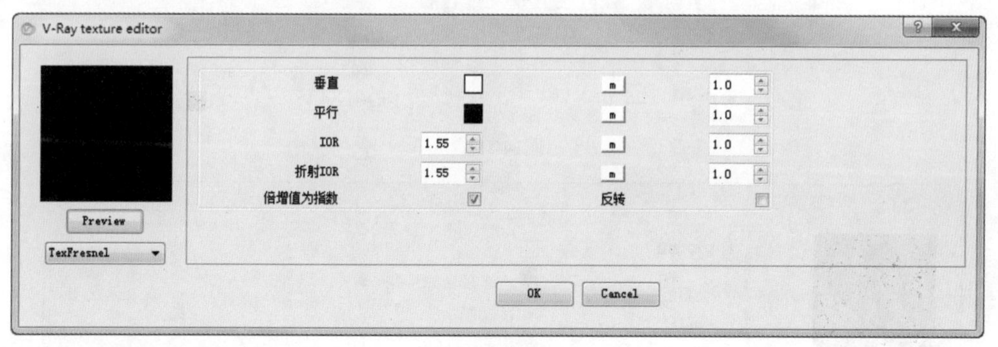

图14-104

（三）设置文字

1．单击【样本颜料】按钮，在文字上单击一下吸取材质，如图14-105和图14-106所示。

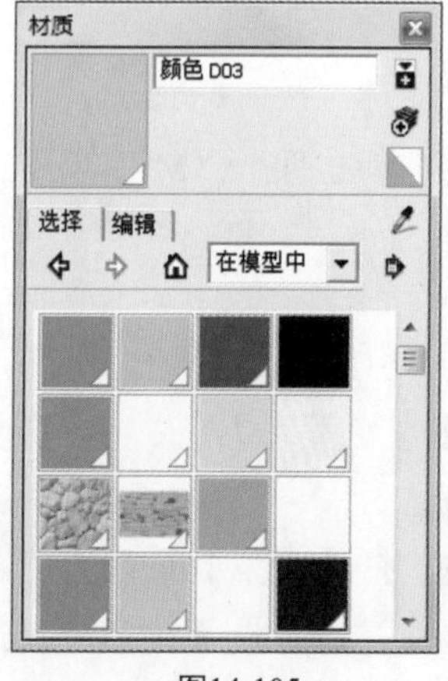

图14-105

图14-106

2. 该材质的属性会自动显示在V-Ray材质编辑器中，用鼠标右键单击【材质列表】中自动选中的材质，在弹出的菜单中选择【创建材质层】/【反射】命令，如图14-107所示。

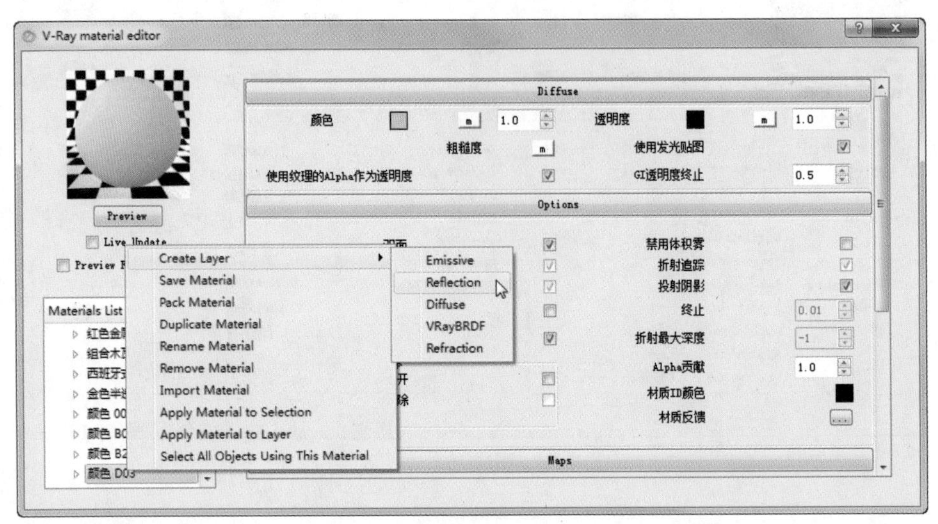

图14-107

3. 单击反射层右侧的“m”按钮，在弹出的对话框中单击“菲涅耳”模式，最后单击 OK 按钮，如图14-108和图14-109所示。

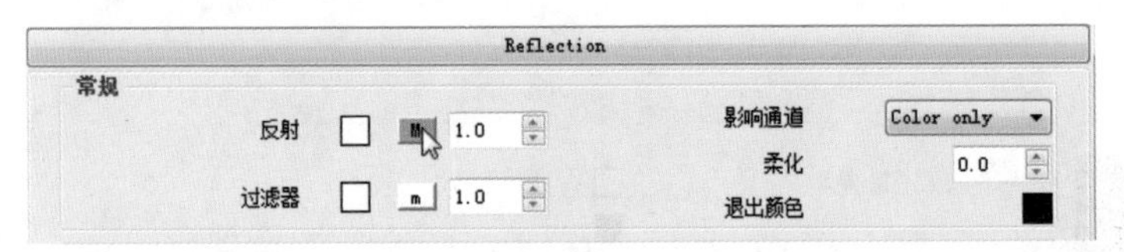

图14-108

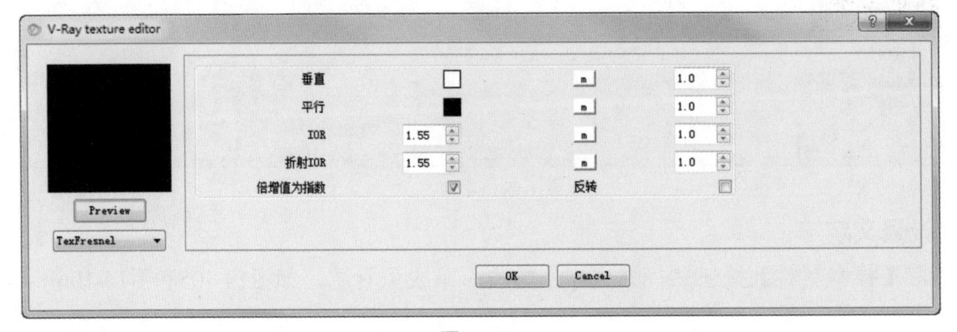

图14-109

三、渲染出图

1. 单击按钮，再单击【Environment】环境选项，分别单击两个“M”符号，设置相同的参数，如图14-110和图14-111所示。

图14-110

2. 单击【Image sampler（Antialiasing）】图样采样器选项，将【类型】更改为“自适应DMC”，将【最大细分】设为“17”，提高细节区域的采样，勾选【抗锯齿过滤器】复选框，选择常用的Catmull Rom过滤器，如图14-112所示。

图14-111

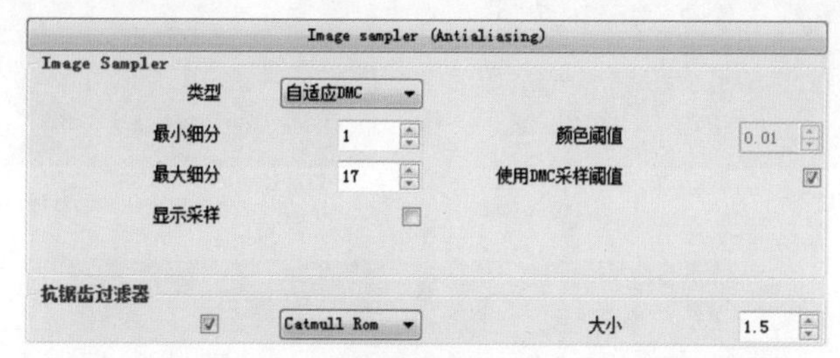

图14-112

3．单击【DMC sampler】选项，将【最小采样】设为“12”，如图14-113所示。

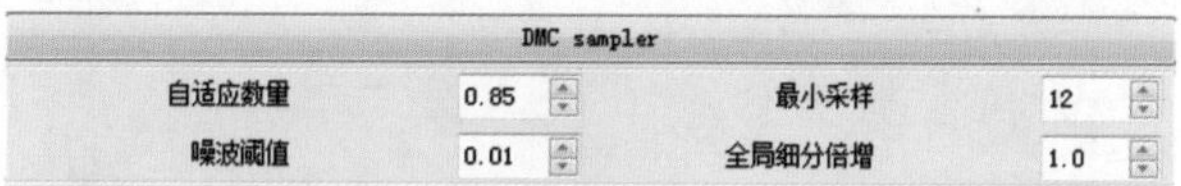

DMC sampler

自适应数量	0.85	最小采样	12
噪波阈值	0.01	全局细分倍增	1.0

图14-113

4．单击【Irradiance map】发光贴图选项，将【最小比率】设为“–5”，【最大比率】设为“–3”，如图14-114所示。

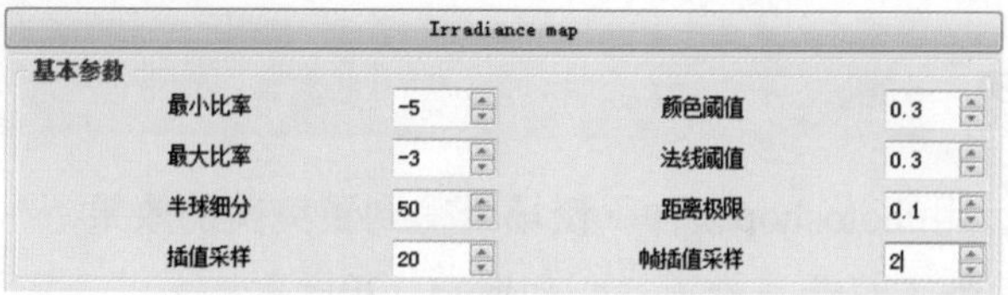

Irradiance map

基本参数

最小比率	-5	颜色阈值	0.3
最大比率	-3	法线阈值	0.3
半球细分	50	距离极限	0.1
插值采样	20	帧插值采样	2

图14-114

5．单击【Light cache】灯光缓存选项，将【细分】设为“500”，如图14-115所示。

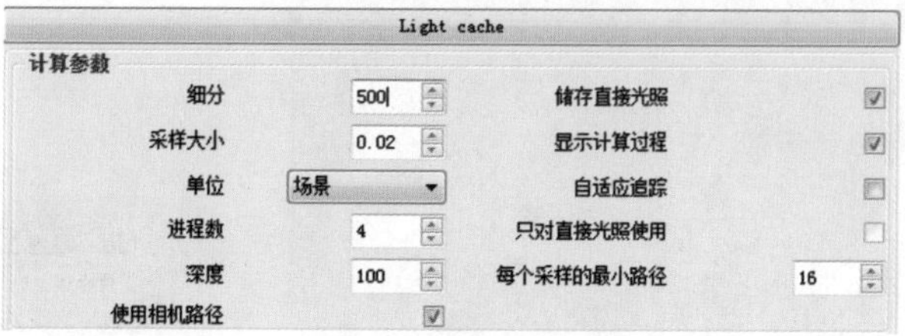

Light cache

计算参数

细分	500	储存直接光照	☑
采样大小	0.02	显示计算过程	☑
单位	场景	自适应追踪	☐
进程数	4	只对直接光照使用	☐
深度	100	每个采样的最小路径	16
使用相机路径	☑		

图14-115

6．单击【Output】选项，将尺寸设为图14-116所示。

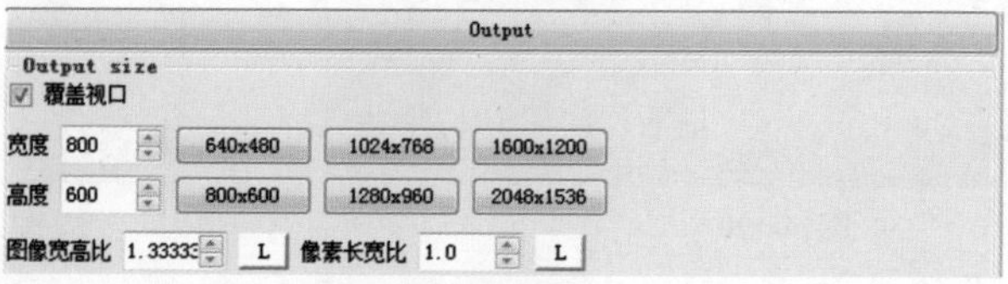

Output

Output size

☑ 覆盖视口

宽度	800	640x480	1024x768	1600x1200
高度	600	800x600	1280x960	2048x1536

图像宽高比 1.33333 L 像素长宽比 1.0 L

图14-116

7．设置完成后，单击®按钮，依次对场景页面1、页面2、面页3进行渲染出图，图14-117、图14-118和图14-119所示为渲染图效果。

图14-117

图14-118

图14-119

14.5 后期处理

这里后期处理主要运用Photoshop软件，使场景得到更完美的效果。

1．启动Photoshop软件，打开渲染图片，如图14-120所示。

2．为图片添加背景素材，并设为“正片叠底”模式，如图14-121和图14-122所示。

图14-120

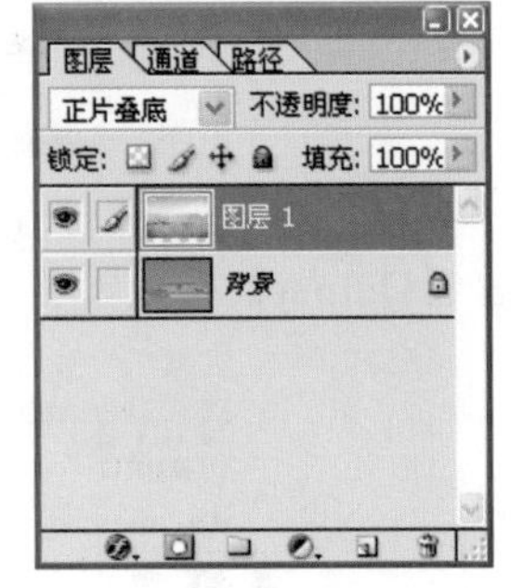

图14-121

3．选择裁剪工具将多余的部分剪掉，如图14-123所示。

图14-122　　图14-123

4．选择橡皮擦工具，将“硬度”设为“0”，将多余的部分擦掉，如图14-124和图14-125所示。

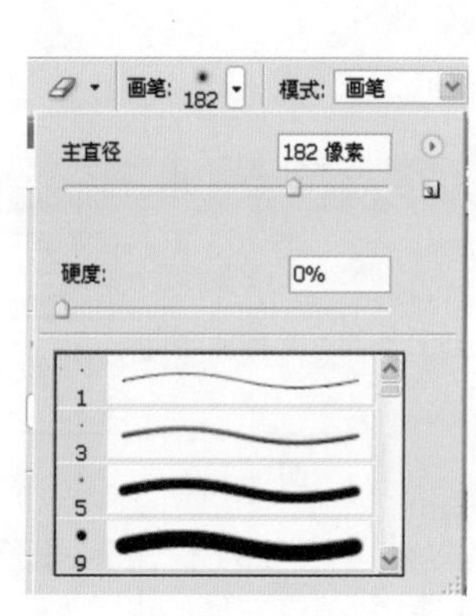

图14-124　　图14-125

5．添加植物、花草、人物素材，如图14-126、图14-127和图14-128所示。

图14-126

6．将所有图层合并，然后选择【图像】/【调整】/【亮度/对比度】命令，调整一下图片亮度，如图14-129和图14-130所示。

图14-127

图14-128

图14-129

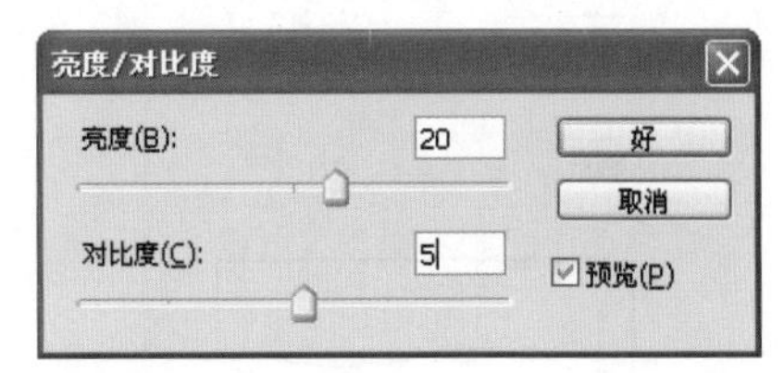

图14-130

7. 选择【图像】/【调整】/【色彩平衡】命令，调整颜色，如图14-131和图14-132所示。

图14-131

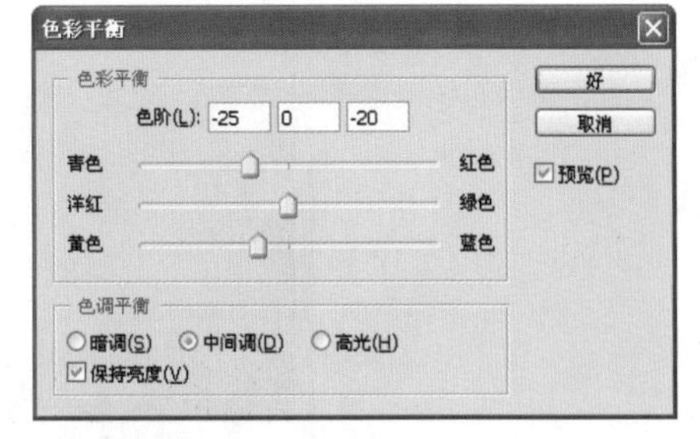

图14-132

8. 新建一个图层，按Ctrl+Shift+Alt+E组合键，盖印可见图层，如图14-133和图14-134所示。

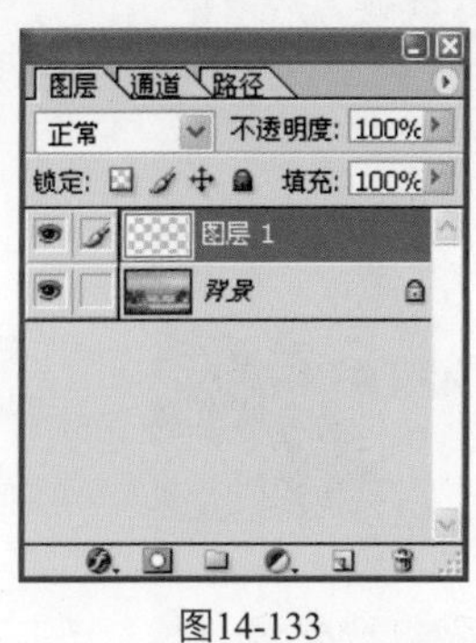

图14-133

图14-134

9. 选择【滤镜】/【模糊】/【高斯模糊】命令，添加模糊效果，如图14-135和图14-136所示。

图14-135

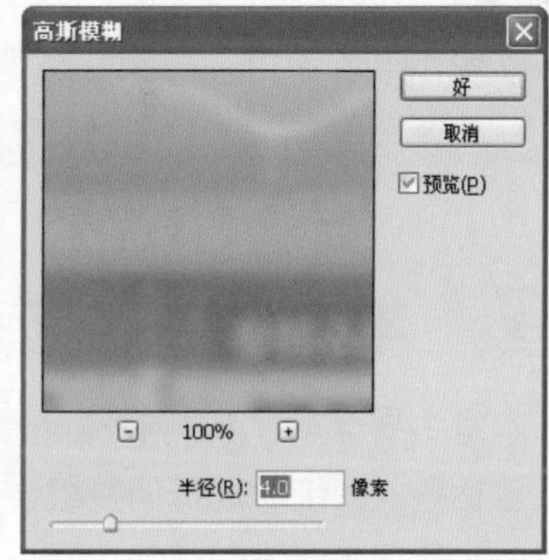

图14-136

10. 将图像模式设为“柔光”，不透明度设为“50%”，如图14-137和图14-138所示。

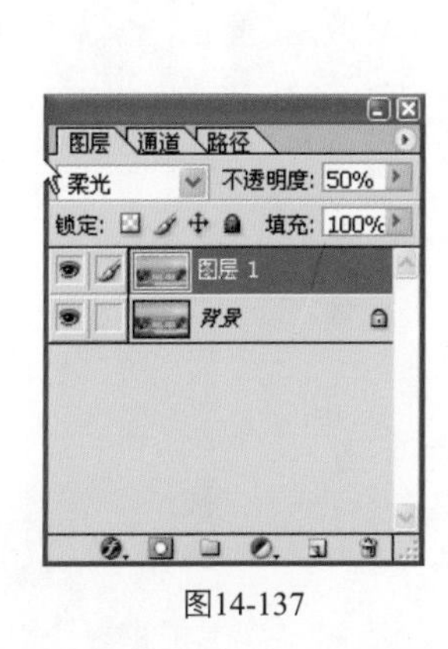

图14-137

图14-138

11. 将图层进行合并，选择加深工具和减淡工具，对太亮和太暗的地方进行涂抹处理，效果如图14-139所示。

12. 利用同样的方法处理另外两张图片，最终效果如图14-140和图14-141所示。

图14-139

图14-140

图14-141

14.6 本章小结

本章主要学习了如何在SketchUp中创建乡村农舍模型。整个设计完全根据图纸的要求来进行，包括导入图纸后进行调整组合，然后创建模型，再完善材质和场景组件。除了掌握建模的流程以外，后期还对模型进行了渲染和图片处理，使整个设计更具特色。虽然创建方法简单，但希望读者们能以此为例，创建出更好、更复杂的模型。

第15章 公园园林设计

本章将介绍SketchUp在园林设计中的应用，主要是对一个公园进行园林设计。

15.1 设计解析

源文件：\Ch15\公园园林设计\

结果文件：\Ch15\公园园林设计\

视频：\Ch15\公园园林设计.wmv

本案例介绍如何对某小型公园进行园林绿化设计。整个公园的形状为四方形，公园位于人流繁华的市中心，周边有住宅小区和商业办公大楼，所以设有5个出入口，可供人们在闲暇之余来享受公园带来的绿色气息。

整个公园设计了一个休息区和娱乐区，供人们休息、玩耍、锻炼身体；另外还设计了一个小型舞台，在节假日可表演节目供游人欣赏，设计得非常人性化及富有特点。

公园内配有不同的园林景观设施，包括亭子、假山、水池、花架、园椅、各种各样的植物，在很大程度上体现了园林的特点。图15-1、图15-2和图15-3所示为建模效果，图15-4、图15-5和图15-6所示为后期处理效果。操作流程如下。

（1）整理CAD图纸。

（2）在SketchUp中导入CAD图纸。

（3）创建模型。

（4）填充材质。

（5）导入组件。

（6）添加场景。

（7）后期处理。

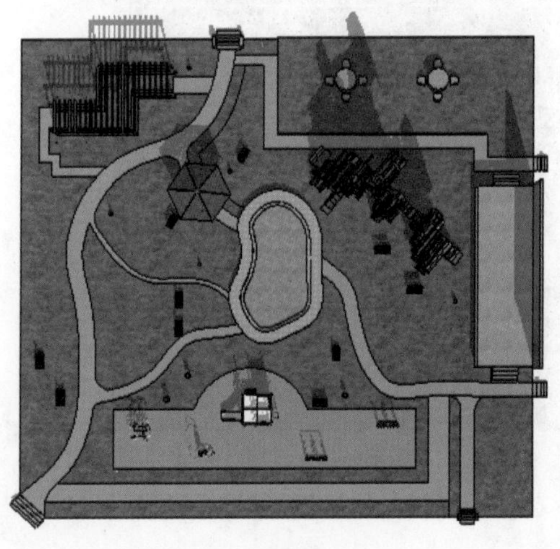

图15-1

图15-2

图15-3

图15-4

图15-5

图15-6

15.2 方案实施

本案例以一张CAD平面图纸设计为基础，首先在AutoCAD里对图纸进行清理，然后导入SketchUp中进行描边封面。

15.2.1 整理CAD图纸

CAD平面设计图纸里含有大量的文字、图层、线、图块等信息，如果直接导入SketchUp中，会增加建模的复杂性，所以一般先在CAD软件里进行处理，将多余的线删除，使设计图纸简单化，图15-7所示为原图，图15-8所示为简化图。

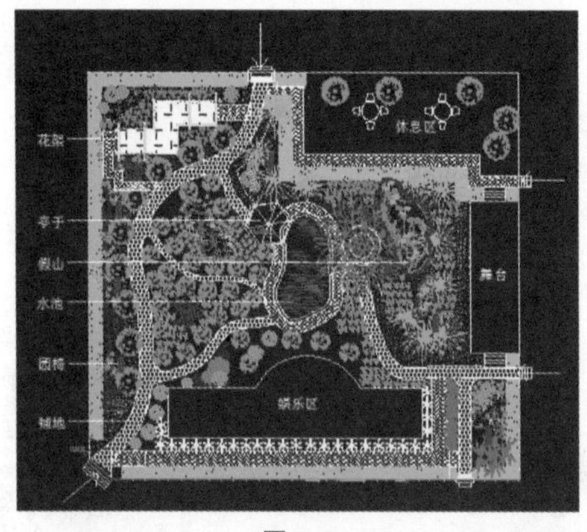

图15-7

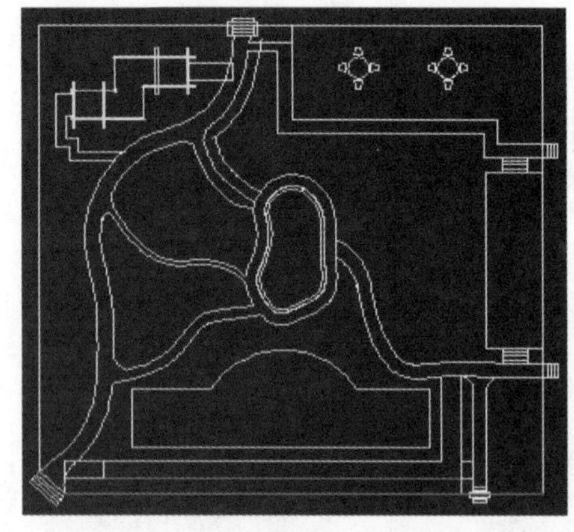

图15-8

1. 在CAD命令栏里输入“PU”，按Enter键结束命令，对简化后的图纸进行进一步清理，如图15-9所示。

2. 单击全部清理(A)按钮，弹出图15-10所示的对话框，选择“清除所有项目”选项，直到“全部清理”按钮变成灰色状态，即清理完图纸，如图15-11所示。

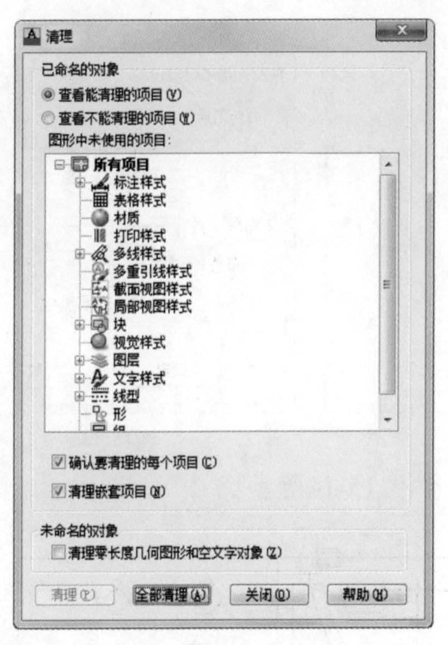

图15-9

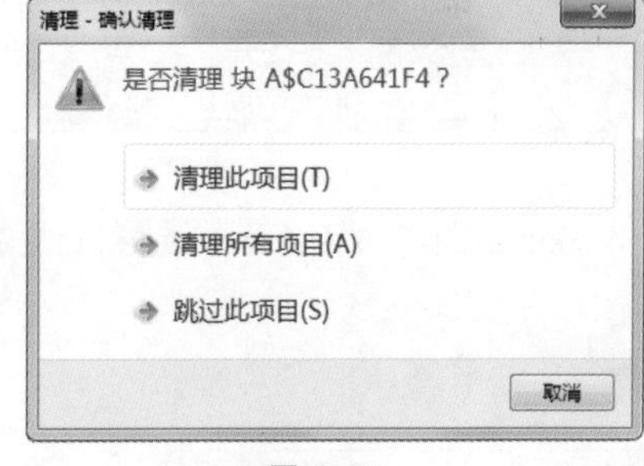

图15-10

3. 在SketchUp里先优化一下场景，选择【窗口】/【模型信息】命令，弹出【模型信息】对话框，图15-12所示为参数设置。

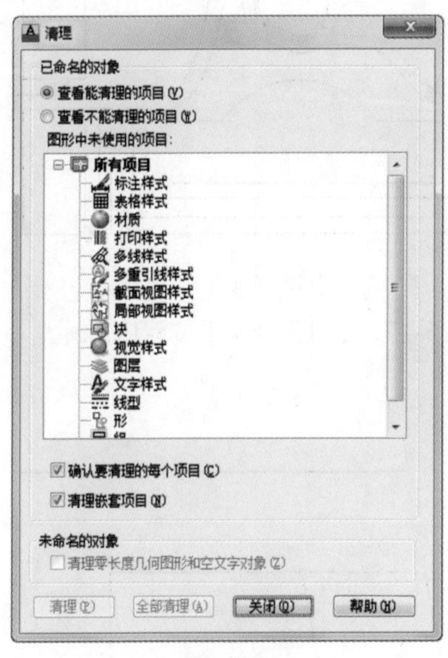

图15-11

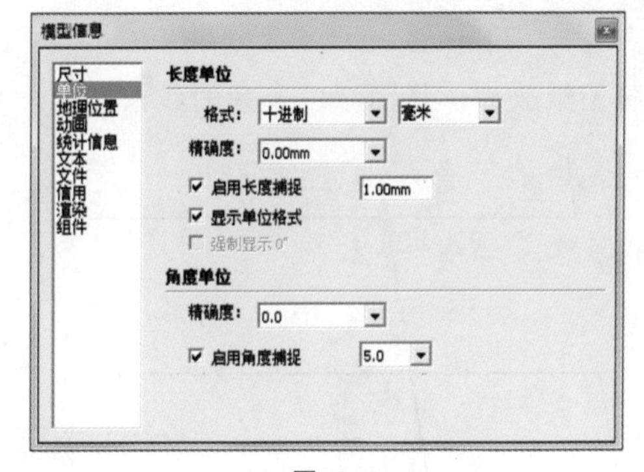

图15-12

15.2.2 导入图纸

导入图纸，并参照图纸创建封闭面，对单独要创建的模型要单独进行描边封面。

1. 选择【文件】/【导入】命令，弹出【打开】对话框，导入图纸，将文件类型选择为“AutoCAD文件（*.dwg）”格式，如图15-13所示。

2. 单击【选项】按钮，设置【单位】为“毫米”，单击【确定】按钮，最后单击【打开】按钮，即可导入CAD图纸，如图15-14和图15-15所示。

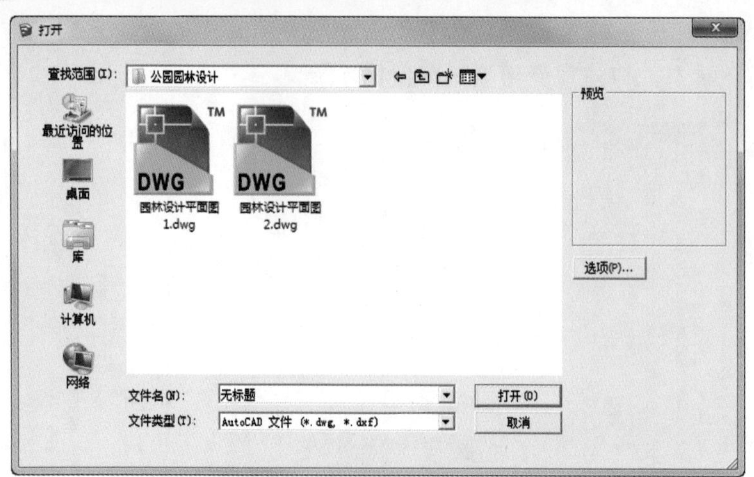

图15-13

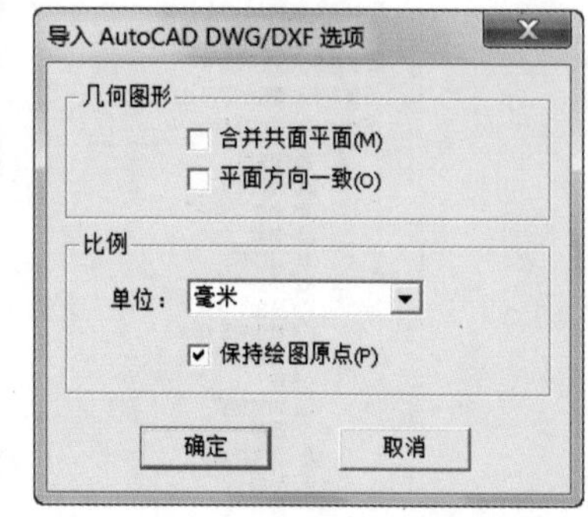

图15-14

3．导入SketchUp中的CAD图纸是以线条显示的，如图15-16所示。

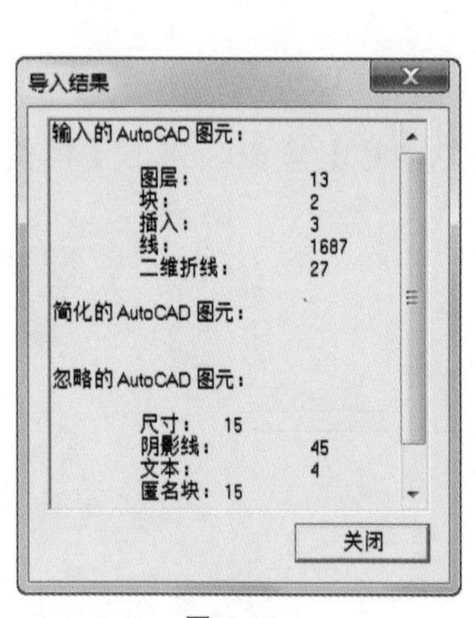

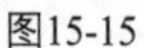

图15-15

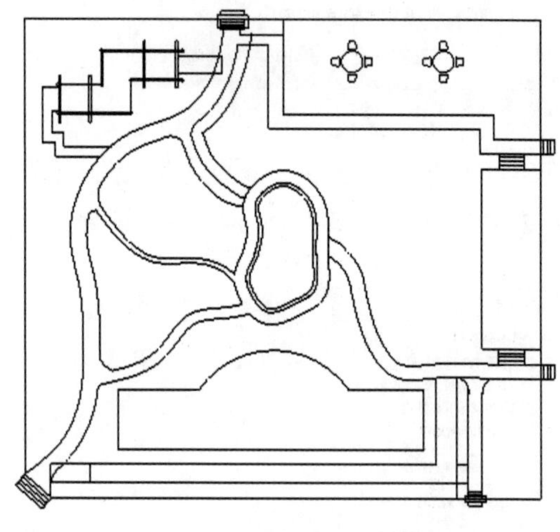

图15-16

4．将图纸放大，将图纸中多余的线条删除，如图15-17、图15-18和图15-19所示。

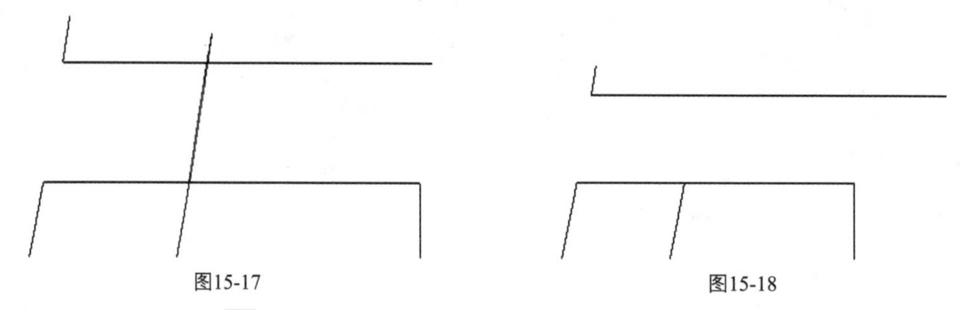

图15-17　　图15-18

5．单击【线条】按钮，将图纸进行描边封面，对单独要创建的模型单独进行封面，如图15-20、图15-21和图15-22所示。

提示

在线与线没有闭合，以及线出头的情况下，无法形成面，要形成面必须将多余的线头清除，将断掉的线进行连接。

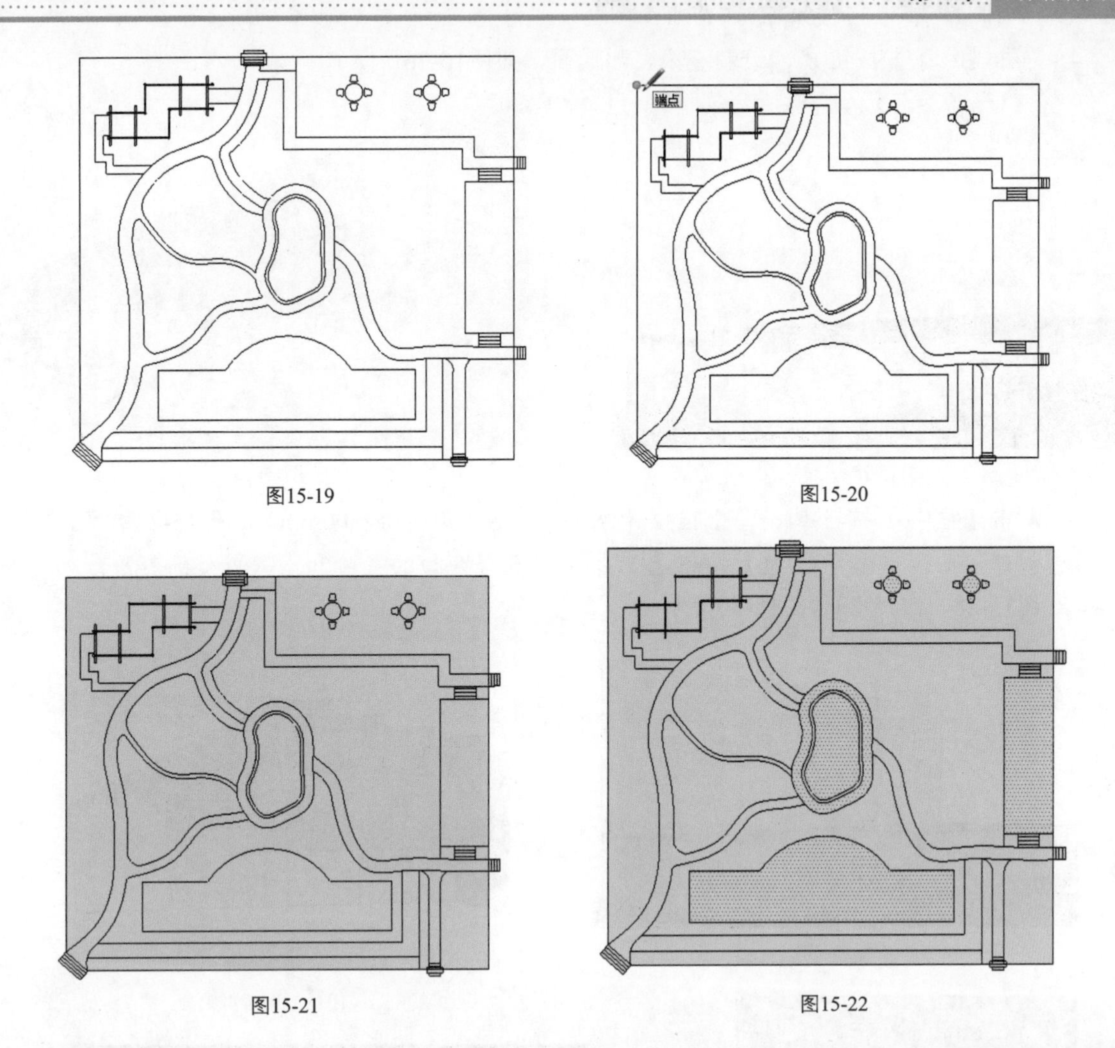

图15-19

图15-20

图15-21

图15-22

15.3 建模流程

参照图纸，首先创建水池、舞台、石桌、石阶模型，再填充材质，导入组件，添加场景页面。

15.3.1 创建其他模型

1. 创建水池。单击【推/拉】按钮，向下推拉水池深度400mm，如图15-23所示。
2. 单击【推/拉】按钮，向上推拉水池边500mm，如图15-24所示。

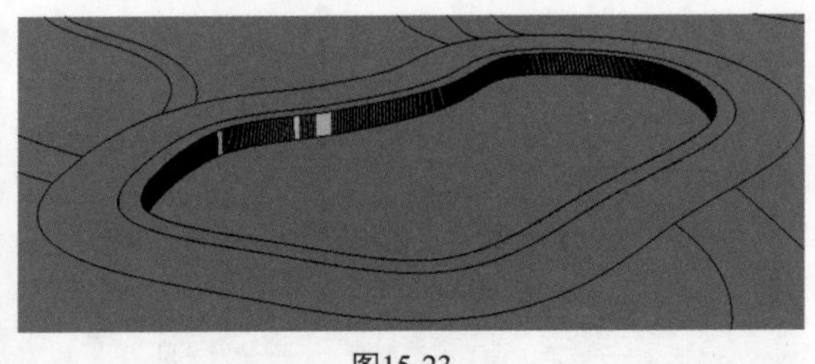

图15-23

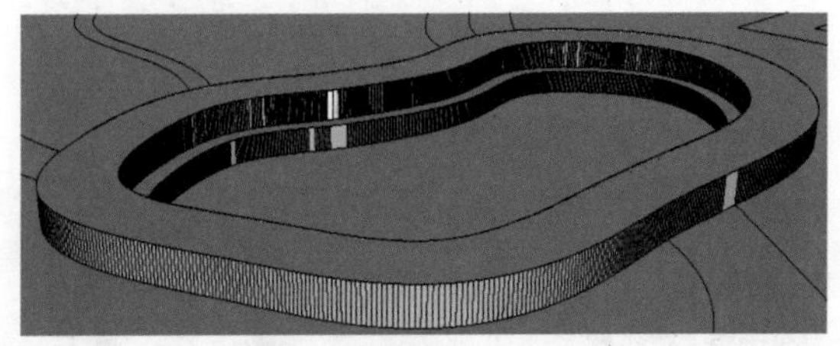

图15-24

3. 创建舞台。单击【推/拉】按钮，推拉舞台高度，距离为1500mm，如图15-25所示。

4．单击【线条】按钮，绘制直线，形成面，如图15-26所示。

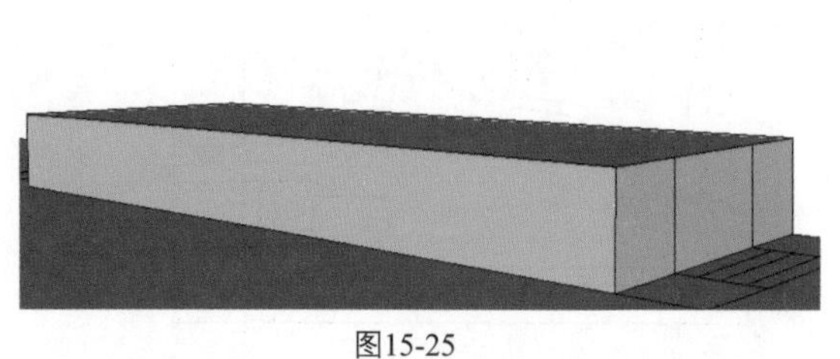

图15-25

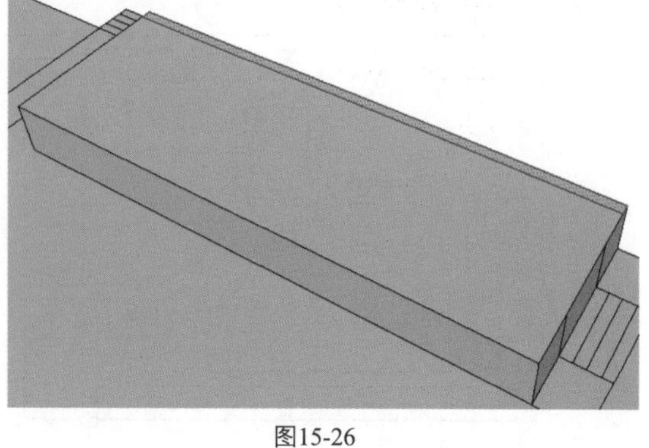

图15-26

5．单击【推/拉】按钮，向上推拉舞台的背景墙，距离为4500mm，如图15-27所示。

6．创建石阶。单击【推/拉】按钮，推拉出舞台两边的石阶和出入口处的石阶，如图15-28、图15-29和图15-30所示。

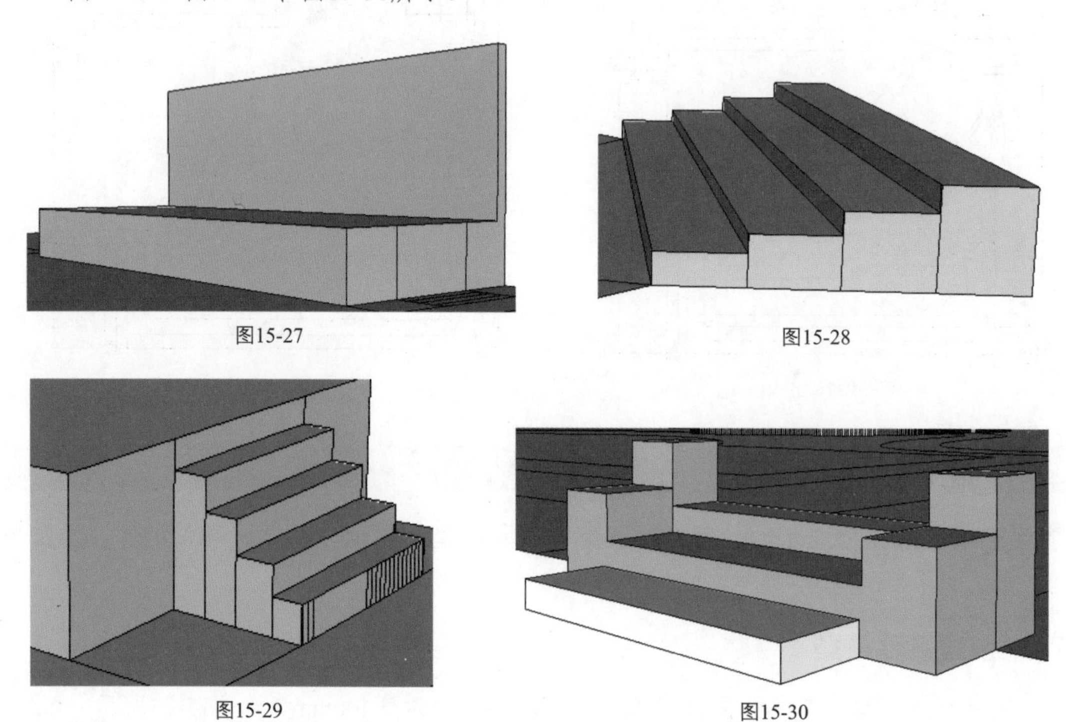

图15-27

图15-28

图15-29

图15-30

7．创建石桌。单击【推/拉】按钮，将桌子向上推高1000mm，将凳子向上推高500mm，如图15-31和图15-32所示。

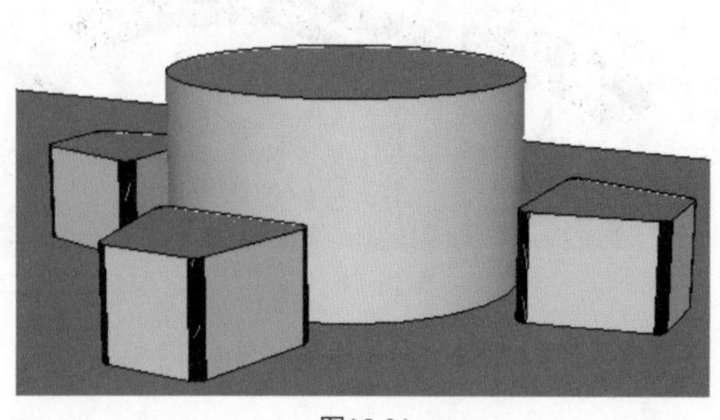

图15-31

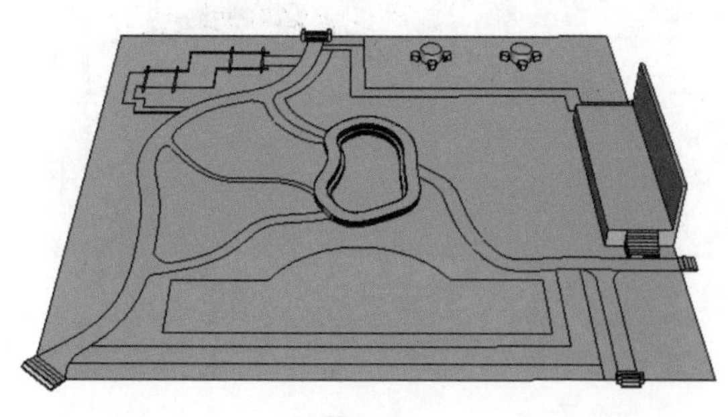

图15-32

15.3.2 创建古典亭

创建一个中式古典亭子，以增加公园的古典式园林效果。

1. 单击【多边形】按钮，绘制一个边长为2000mm的六边形，如图15-33所示。
2. 单击【偏移】按钮，将多边形面向外偏移复制400mm，如图15-34所示。

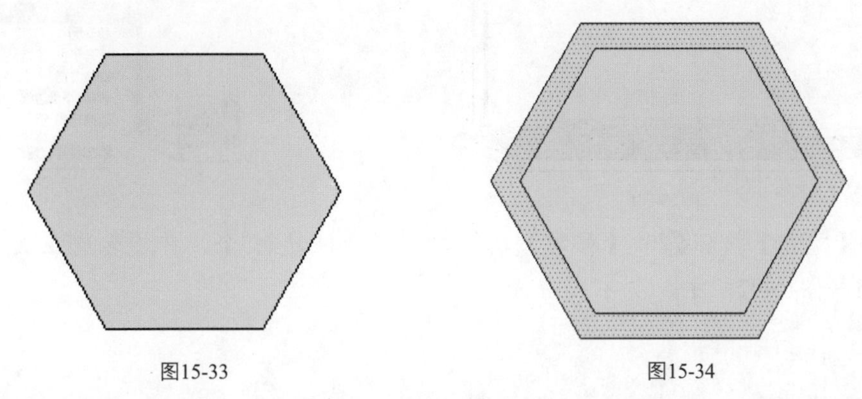

图15-33　　图15-34

3. 单击【推/拉】按钮，将两个面分别向上推高100mm和50mm，如图15-35所示。
4. 单击【矩形】按钮，绘制一个长宽分别为250mm的矩形面，如图15-36所示。

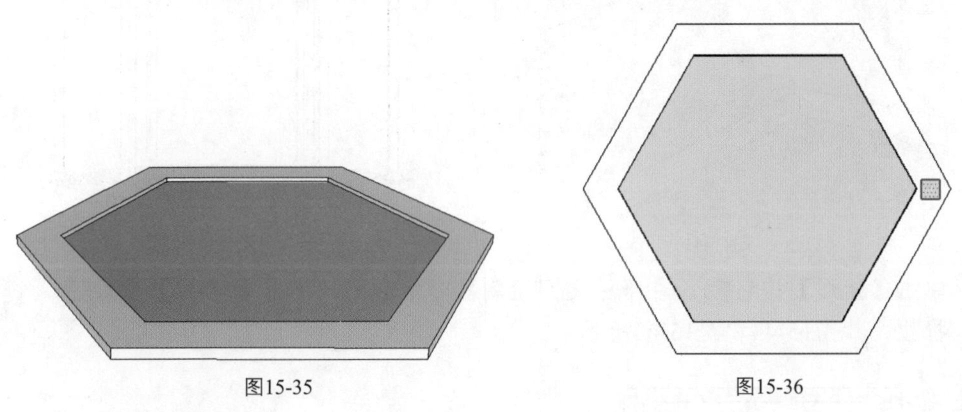

图15-35　　图15-36

5. 单击【推/拉】按钮，向上推拉100mm，如图15-37所示。
6. 单击【拉伸】按钮，将顶面缩放0.8比例，如图15-38所示。

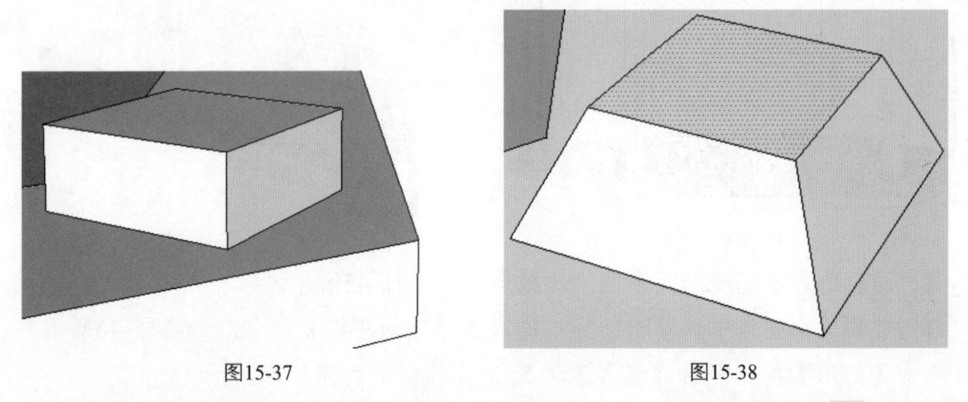

图15-37　　图15-38

7. 单击【偏移】按钮，将面向里偏移复制20mm。单击【推/拉】按钮，将面向上推高2500mm，如图15-39所示。
8. 选中亭柱，单击鼠标右键，选择【创建组】命令，如图15-40所示。

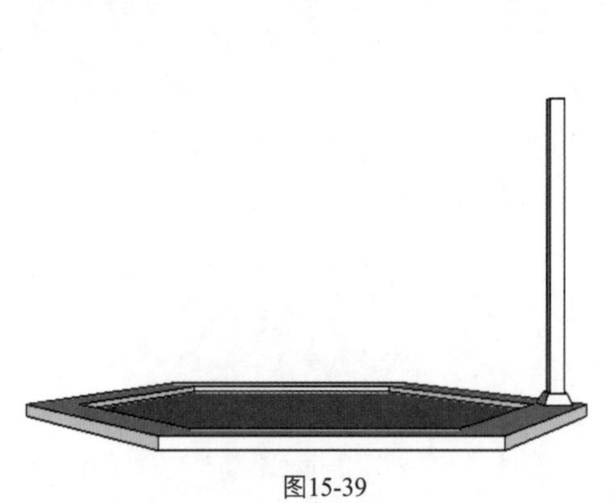
图15-39

图15-40

9. 单击【旋转】按钮和【移动】按钮，将亭柱复制5个，并旋转成正面，如图15-41和图15-42所示。

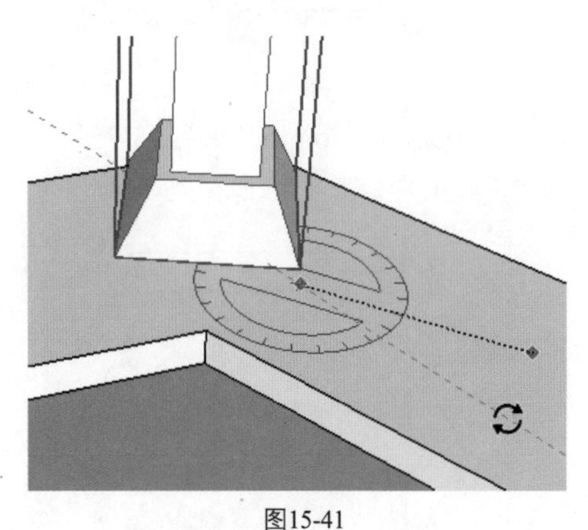
图15-41

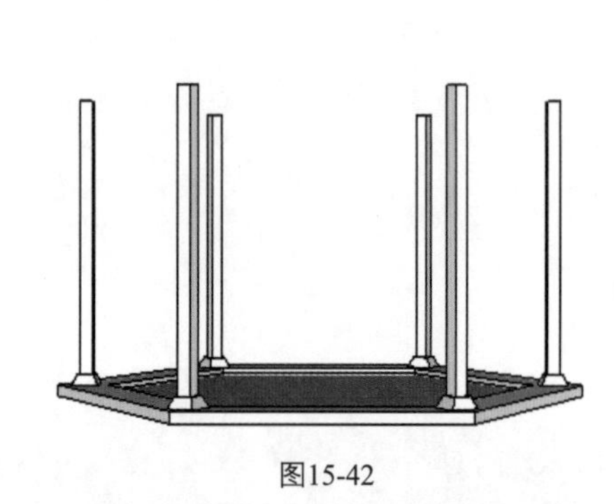
图15-42

10. 单击【矩形】按钮，在亭柱之间绘制两个矩形面。单击【推/拉】按钮，进行推拉，如图15-43和图15-44所示。

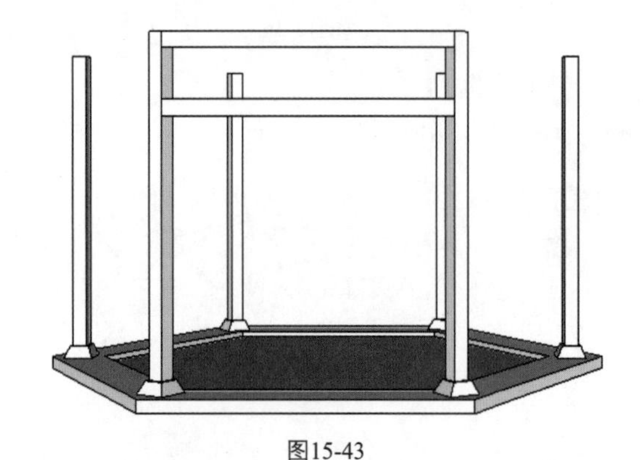
图15-43

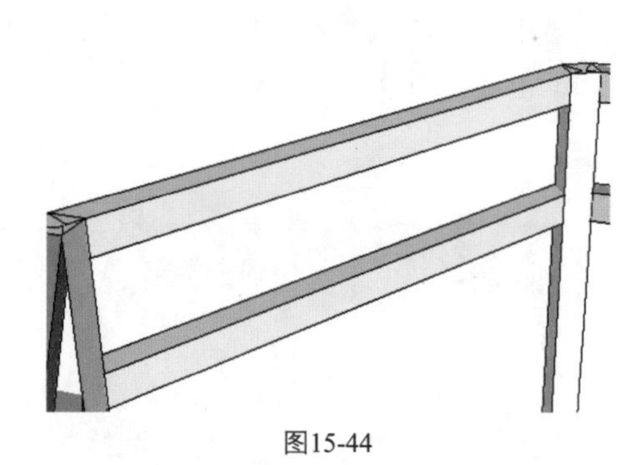
图15-44

11. 利用同样的方法完成其他亭柱间的效果，如图15-45所示。
12. 将创建好的模型选中，单击鼠标右键，选择【创建组】命令，如图15-46所示。
13. 单击【矩形】按钮和【线条】按钮，绘制出的图形如图15-47所示。
14. 将多余的线删除，再将其创建群组，如图15-48所示。
15. 将绘制的形状移到亭架上，单击【推/拉】按钮，向外推拉30mm，如图15-49所示。

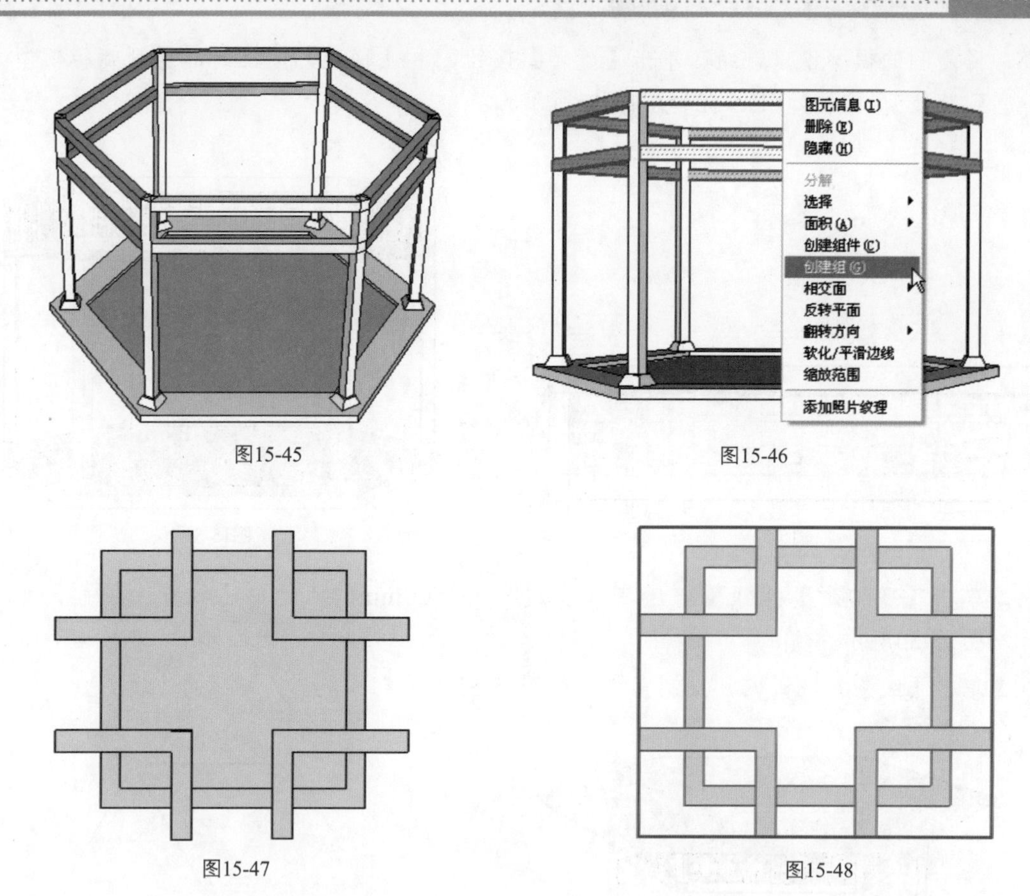

图15-45　图15-46

图15-47　图15-48

16. 单击【矩形】按钮和【推/拉】按钮，推拉出矩形块，如图15-50所示。

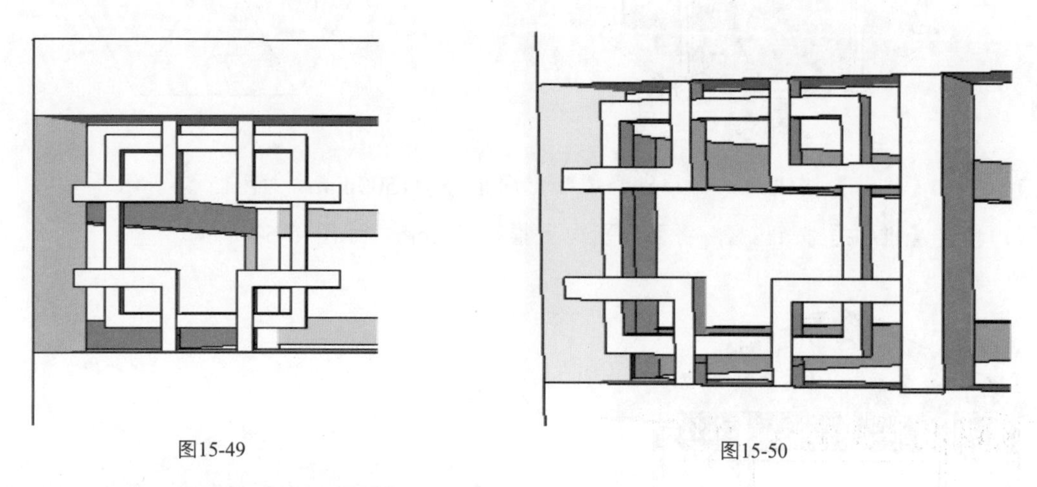

图15-49　图15-50

17. 单击【移动】按钮，将模型进行复制，如图15-51所示。

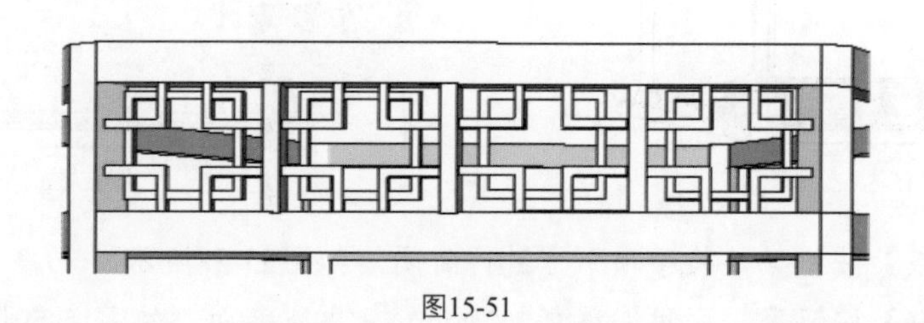

图15-51

18. 将复制的模型创建群组，单击【旋转】按钮和【移动】按钮，复制旋转模型到其他5个面，如图15-52和图15-53所示。

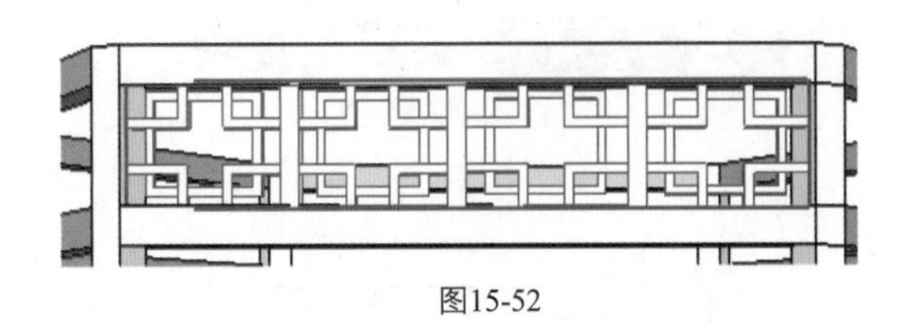
图15-52

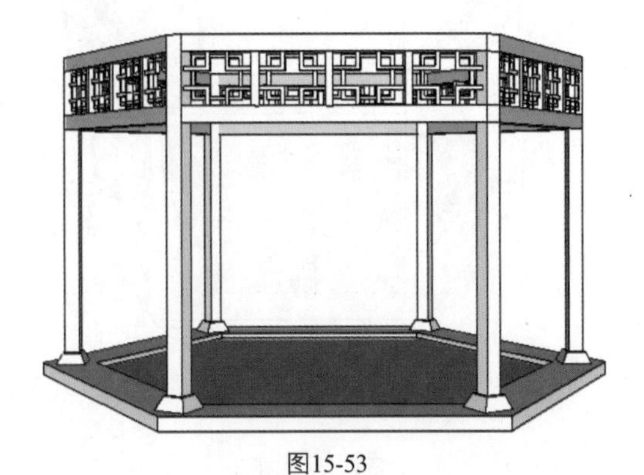
图15-53

19. 单击【多边形】按钮，绘制一个边长为3500mm的六边形，放置于顶面，如图15-54所示。
20. 单击【线条】按钮，绘制直线，如图15-55所示。

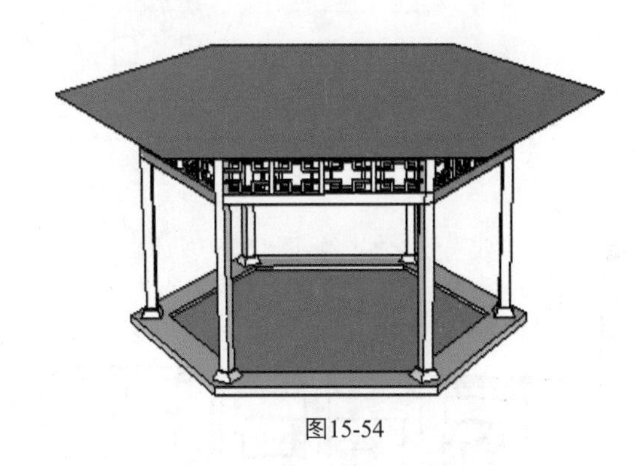
图15-54

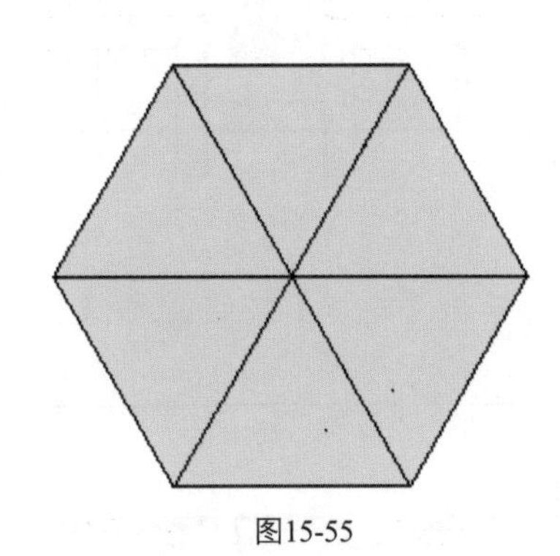
图15-55

21. 单击【移动】按钮，将顶点沿中心点向上移动1500mm，如图15-56所示。
22. 单击【推/拉】按钮，将面分别向上推拉100mm，如图15-57所示。

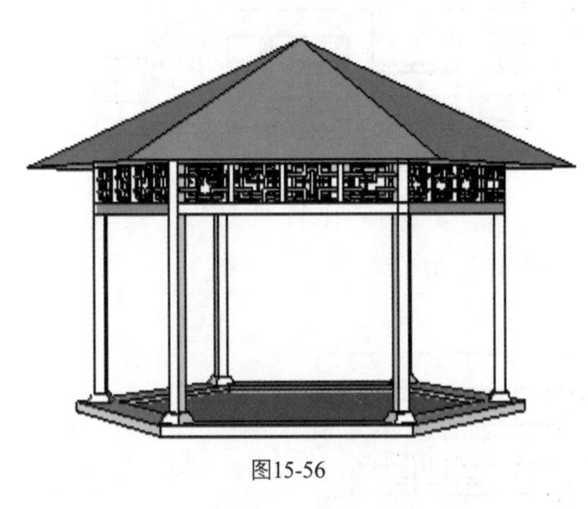
图15-56

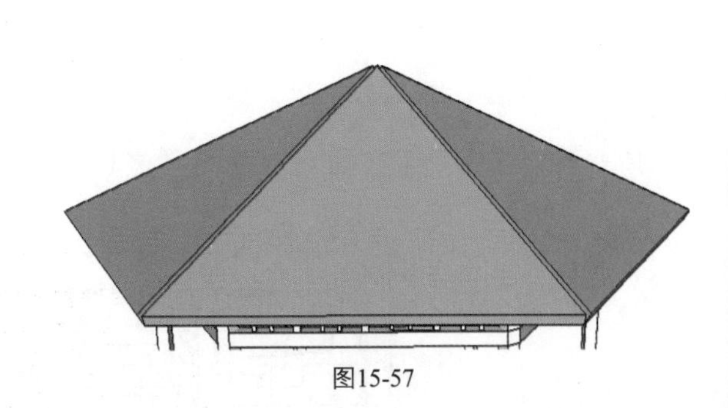
图15-57

23. 单击【线条】按钮，将亭顶下方进行封闭，如图15-58所示。
24. 单击【偏移】按钮，向里偏移复制700mm，再删除面，如图15-59所示。

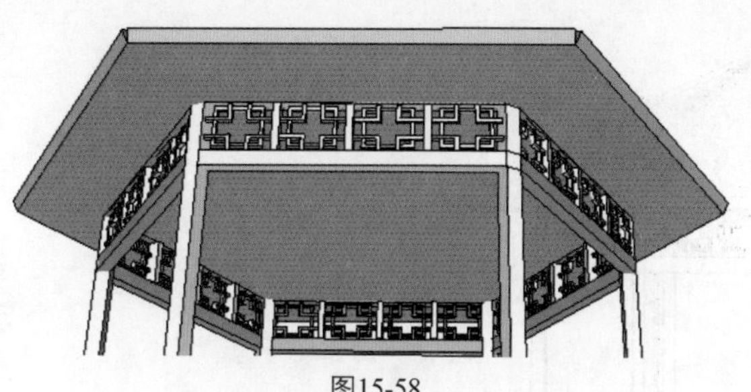
图15-58

图15-59

25．单击【圆】按钮，在亭顶绘制一个半径为150mm的圆面。单击【推/拉】按钮，分别向上和向下推拉50mm，如图15-60所示。

26．单击【拉伸】按钮，将面向里缩放0.7，在亭顶绘制一个球体，如图15-61所示。

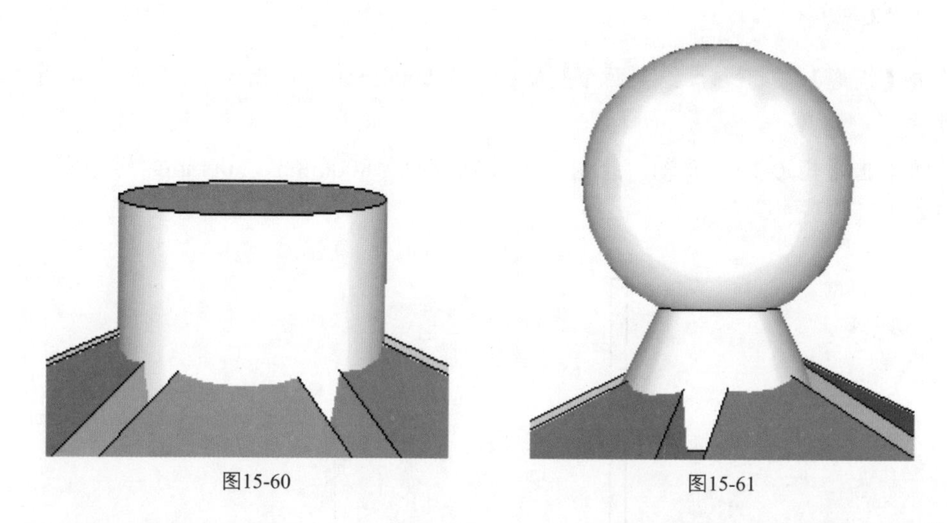
图15-60　图15-61

27．单击【线条】按钮，将缝隙进行连接，且单击【推/拉】按钮，进行推拉50mm，如图15-62和图15-63所示。

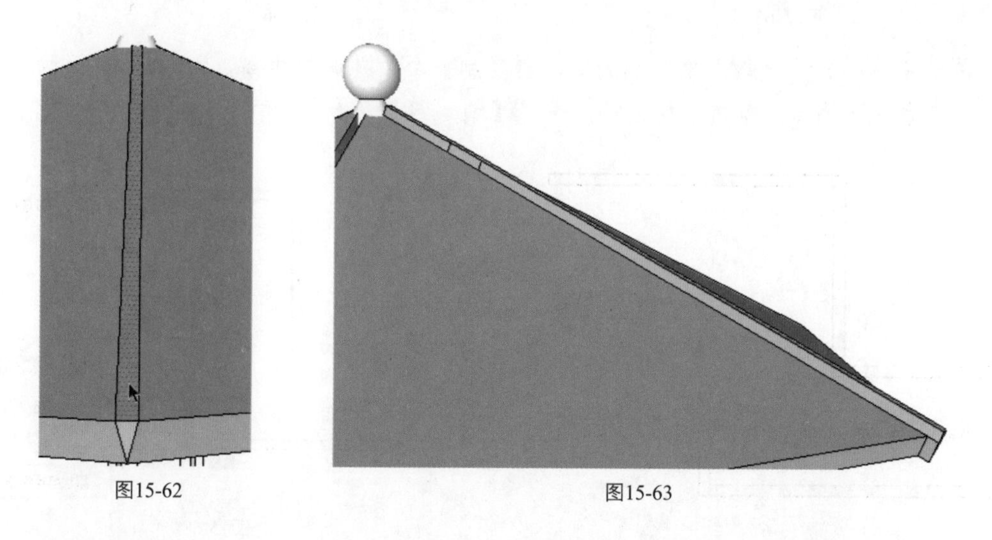
图15-62　图15-63

28．利用同样的方法完成其他缝隙连接及推拉效果，亭子效果如图15-64所示。

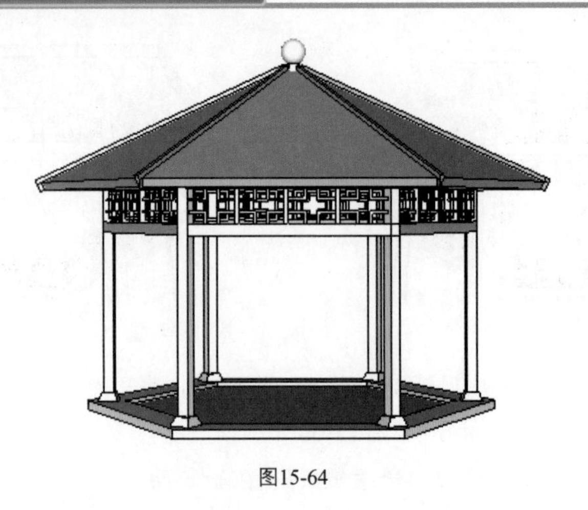

图15-64

15.3.3 创建花架

1．单击【矩形】按钮，绘制两个长宽分别为5000mm、300mm的矩形面，如图15-65所示。

2．继续单击【矩形】按钮，绘制一个长宽分别为8000mm、300mm的矩形面，如图15-66所示。

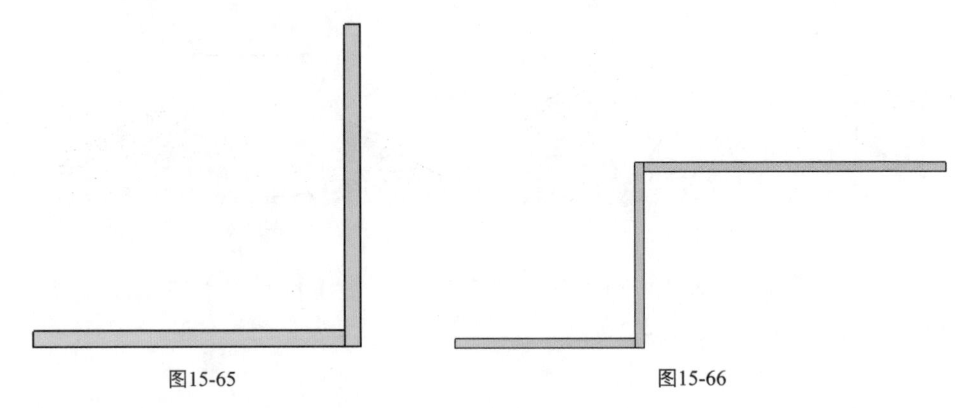

图15-65　　图15-66

3．单击【移动】按钮，将绘制的矩形再复制一个，并调整距离，如图15-67所示。

4．将多余的线删除，单击鼠标右键，选择【创建组】命令，如图15-68所示。

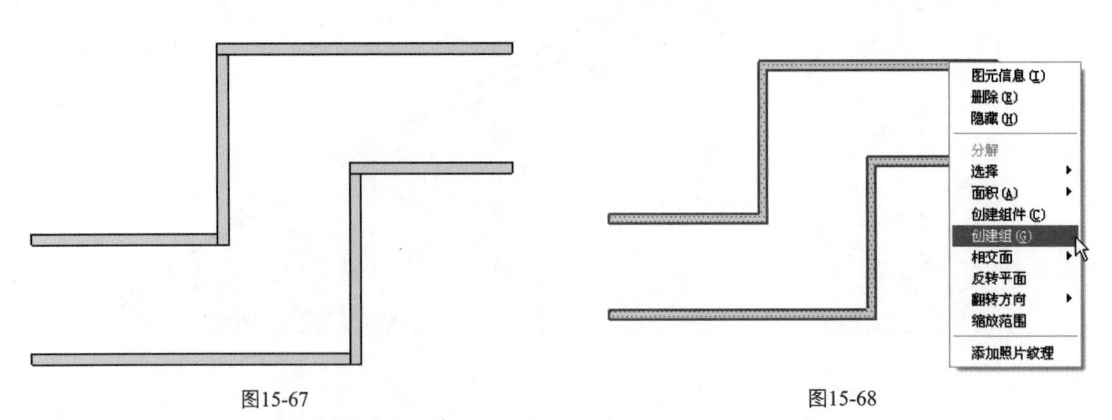

图15-67　　图15-68

5．单击【推/拉】按钮，将矩形面推高200mm，如图15-69所示。

6．单击【圆】按钮，绘制8个半径为120mm的圆面，如图15-70所示。

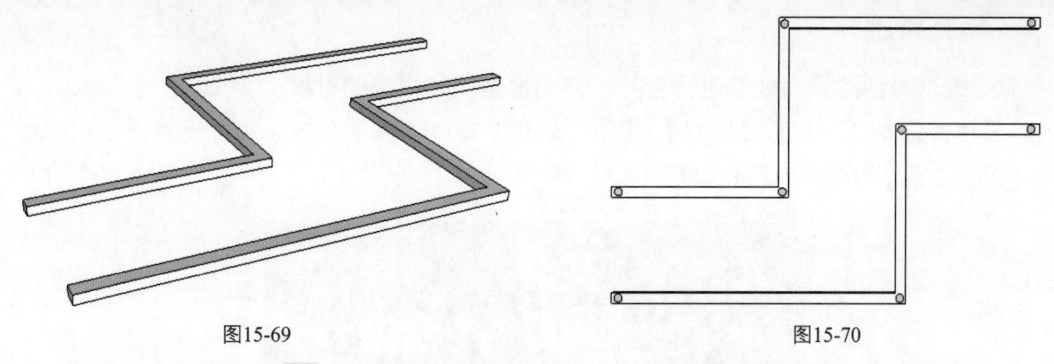

图15-69　　　　图15-70

7. 单击【推/拉】按钮，将圆面推高4000mm，形成圆柱，如图15-71所示。
8. 单击【移动】按钮，将底部形状垂直复制一个，如图15-72所示。

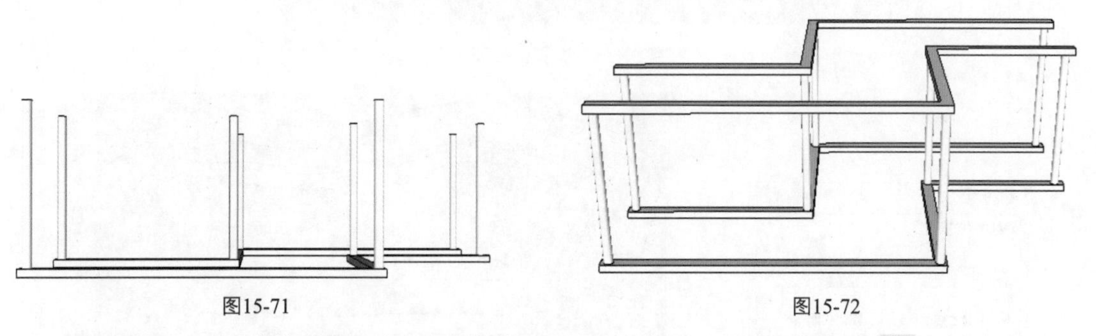

图15-71　　　　图15-72

9. 单击【矩形】按钮，在顶面绘制矩形面。单击【推/拉】按钮，向上推高100mm，如图15-73和图15-74所示。

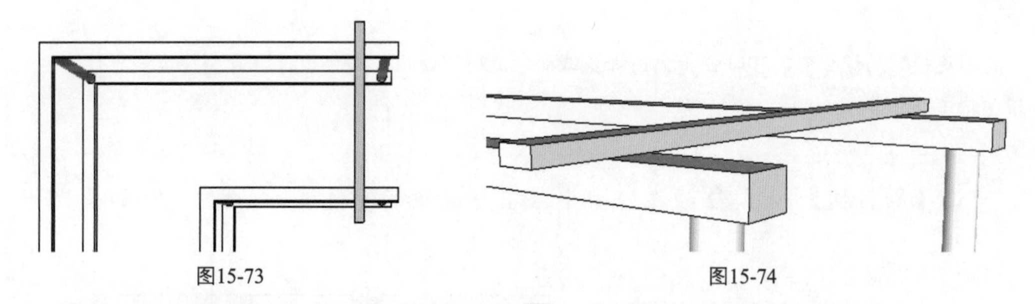

图15-73　　　　图15-74

10. 将矩形块创建群组，单击【移动】按钮，进行复制，如图15-75所示。
11. 单击【移动】按钮，复制矩形块。单击【拉伸】按钮，缩放大小，如图15-76所示。

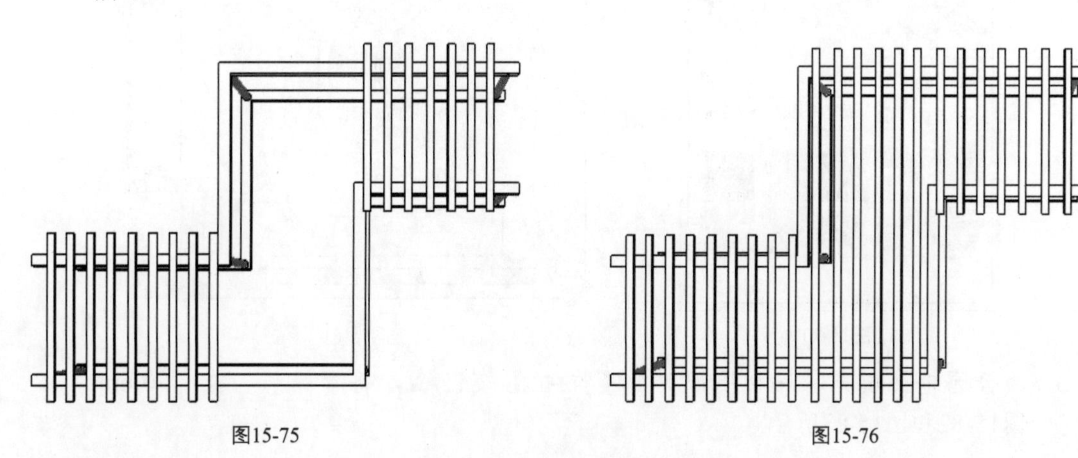

图15-75　　　　图15-76

15.3.4 填充材质

参照图纸，将创建好的模型进行合并，并为模型填充相应的材质。

1. 选中水池模型，选择【窗口】/【柔化边线】命令，将模型多余的边线进行柔化，如图15-77、图15-78和图15-79所示。

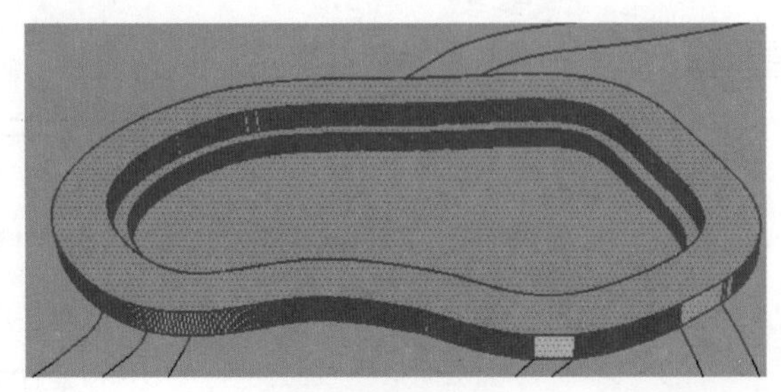

图15-77

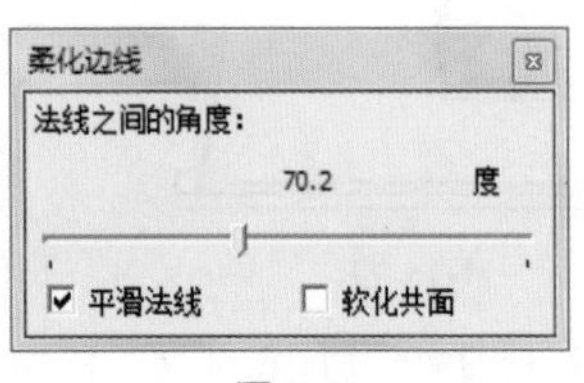

图15-78

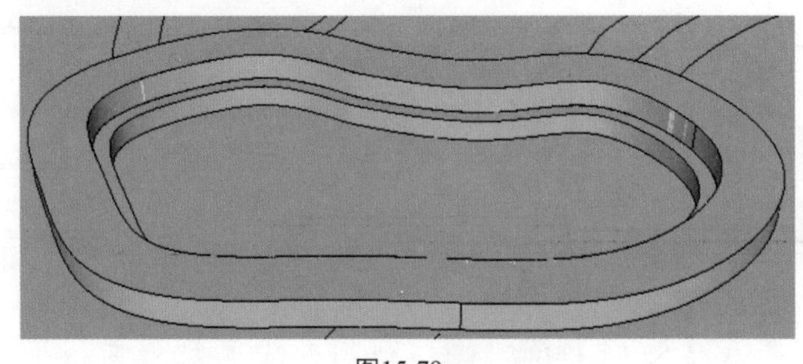

图15-79

在创建模型的过程中，有时会推拉出许多线面，这时可使用“柔化边线”命令将边线进行柔化，这样填充材质会非常方便。

2. 单击【颜料桶】按钮，为公园小路填充混泥铺砖材质，如图15-80和图15-81所示。

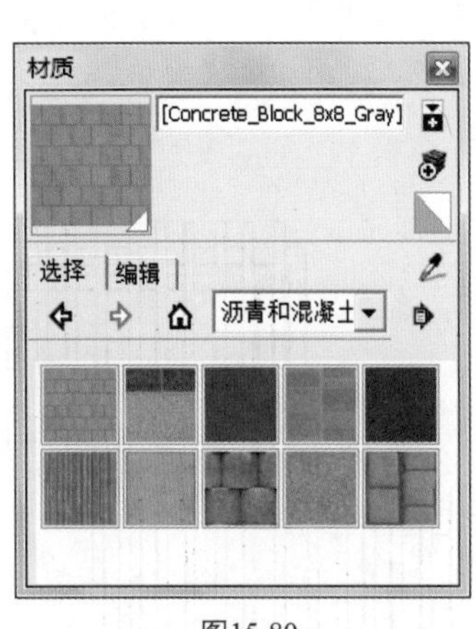

图15-80

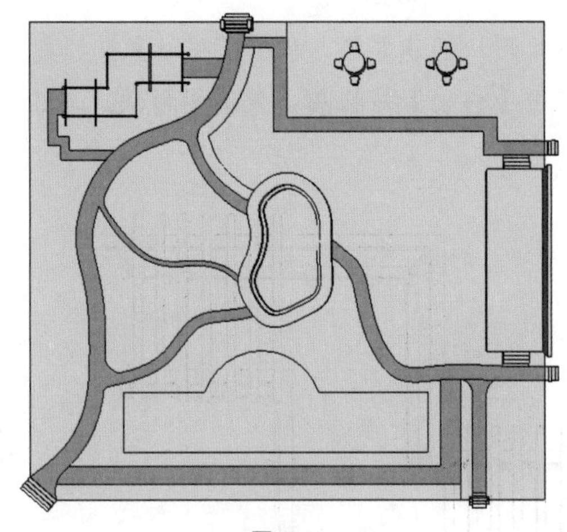

图15-81

3. 为公园地面填充草坪材质，单击【推/拉】按钮，将草坪统一推高50mm，如图15-82和图15-83所示。

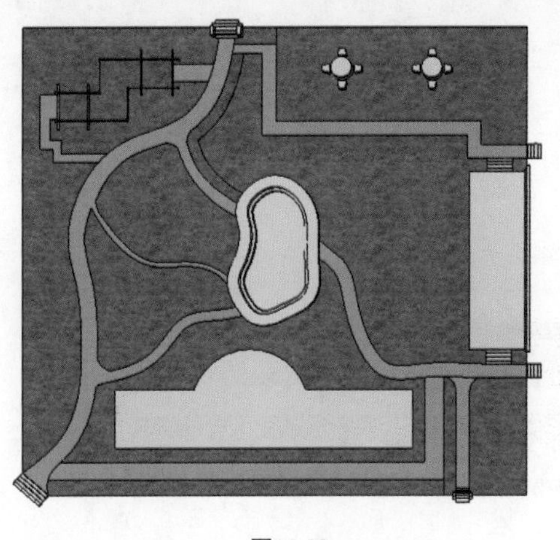

图15-82

图15-83

4．为娱乐区填充沙粒材质，如图15-84和图15-85所示。

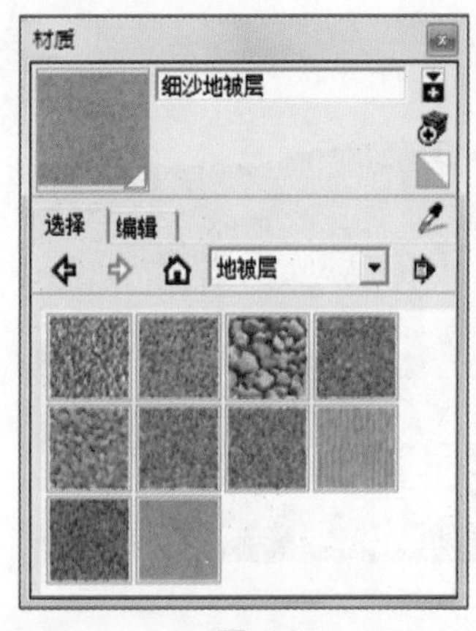

图15-84

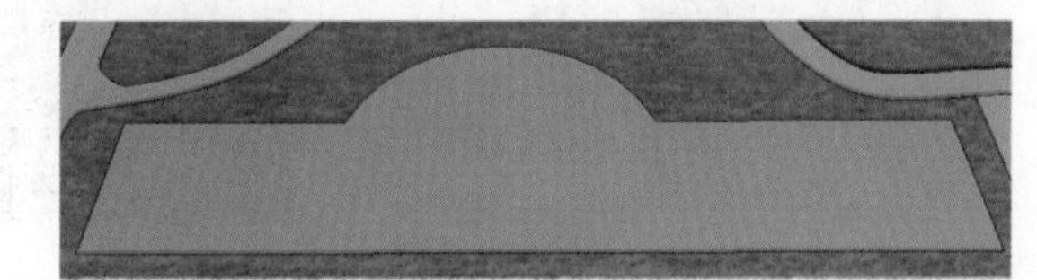

图15-85

5．为水池填充适合的材质，如图15-86和图15-87所示。

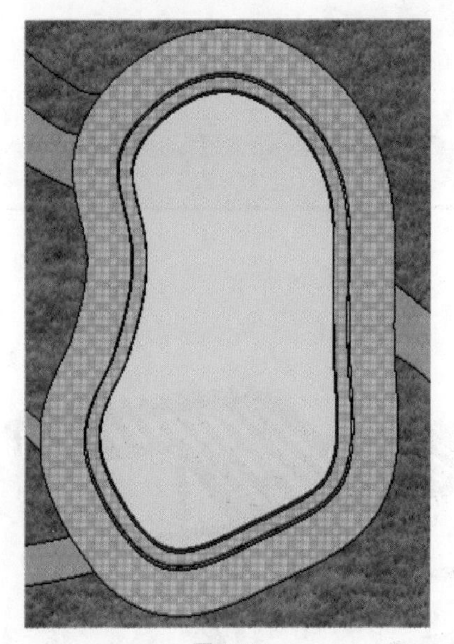

图15-86

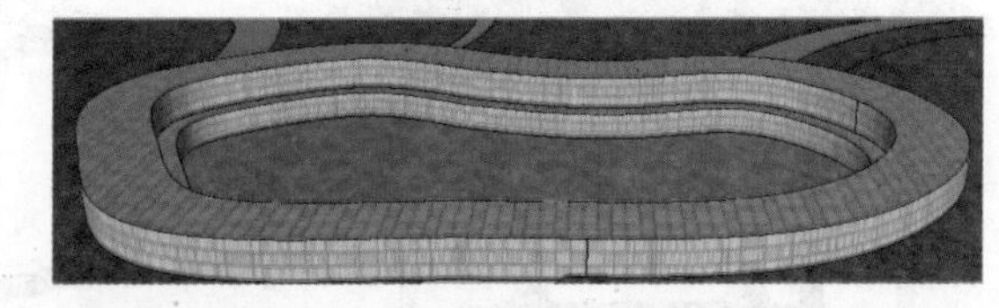

图15-87

6．为石阶填充适合的材质，如图15-88和图15-89所示。

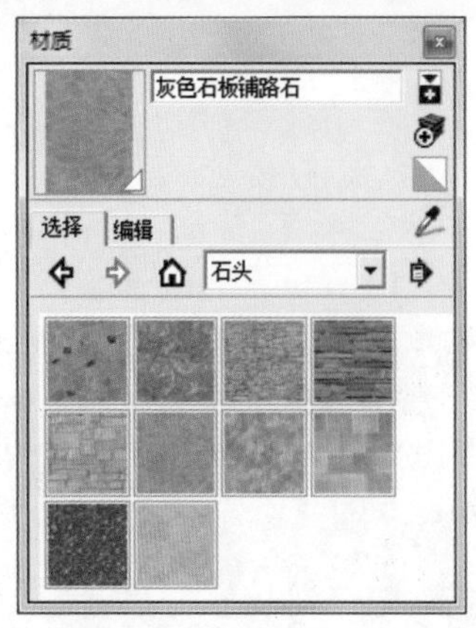

图15-88

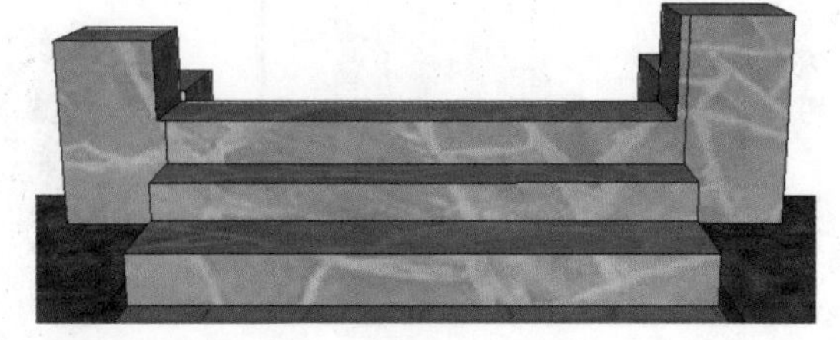

图15-89

7．为石桌填充适合的材质，如图15-90和图15-91所示。

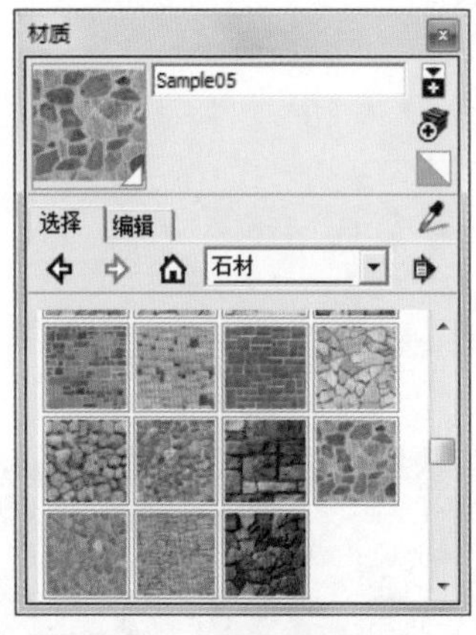

图15-90

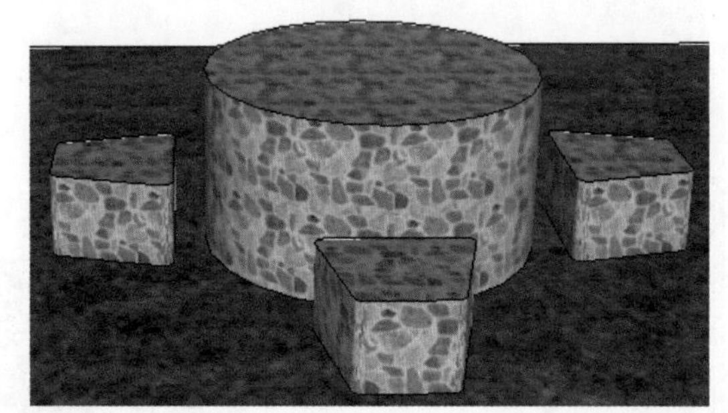

图15-91

8．为舞台背景填充材质贴图，如图15-92和图15-93所示。

图15-92

图15-93

9．将创建好的花架和亭子填充适合的材质，如图15-94和图15-95所示。

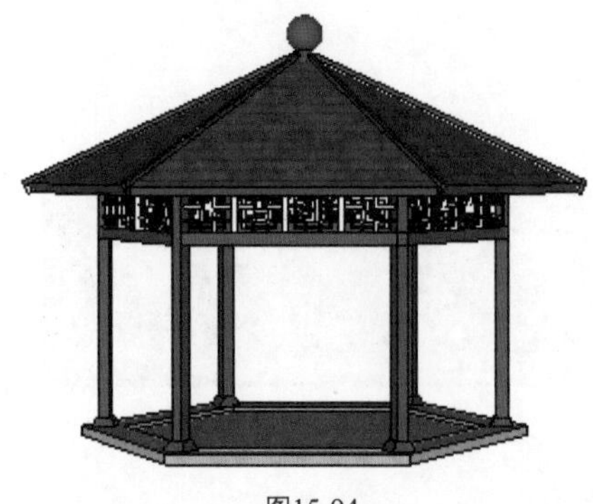

图15-94

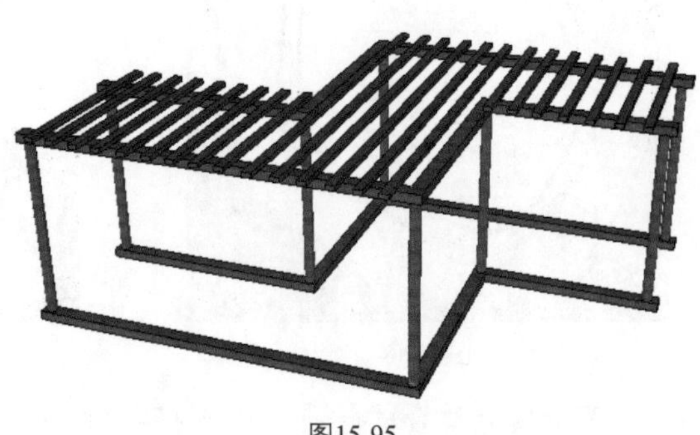

图15-95

15.3.5 导入组件

为创建好的公园模型导入花架、亭子、假山、植物、人物、园椅、园灯组件，使场景更加丰富。

1．将创建好的花架导入场景中，如图15-96所示。

2．导入亭子组件，如图15-97所示。

图15-96

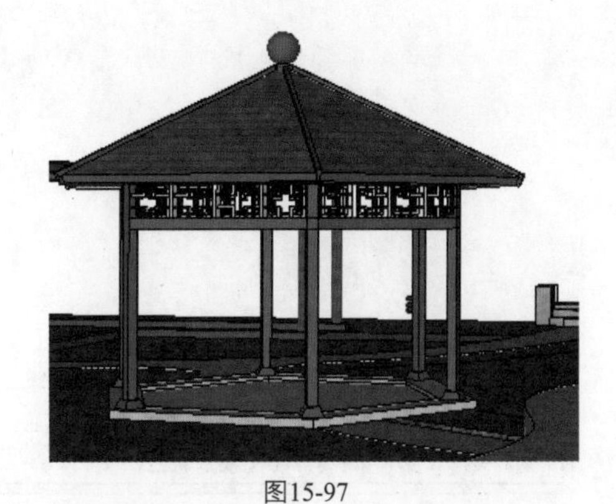

图15-97

3．导入假山组件，如图15-98所示。

4．为娱乐区导入健身器材组件，如图15-99所示。

图15-98

图15-99

5．导入园椅和园灯组件，单击【移动】按钮，复制组件，如图15-100和图15-101所示。

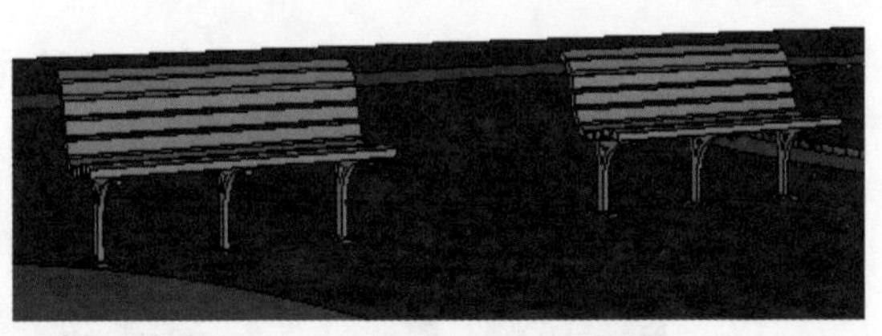

图15-100

图15-101

提示

在SketchUp中创建模型时，到后期到进行V-Ray渲染，导入的组件应尽量减少，可使用后期处理添加素材，否则渲染速度会非常慢，或者出现死机等故障。

15.3.6 添加场景页面

为学校园林绿化创建3个场景页面，方便浏览模型，并添加阴影效果。

1．选择【窗口】/【阴影】命令，显示阴影工具栏，调整时间，显示阴影，如图15-102和图15-103所示。

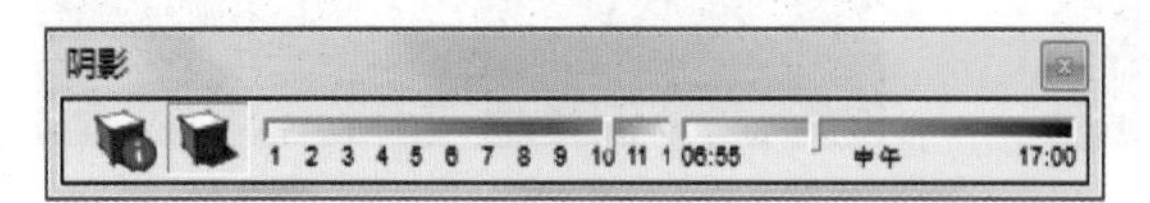

图15-102

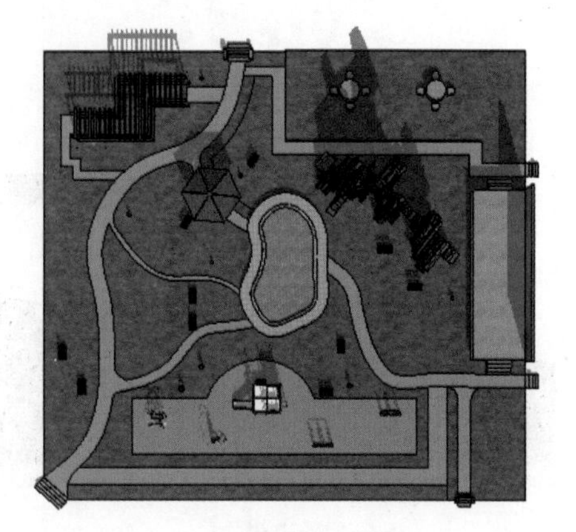

图15-103

2．选择【镜头】/【两点透视图】命令，给场景添加透视图效果，如图15-104所示。

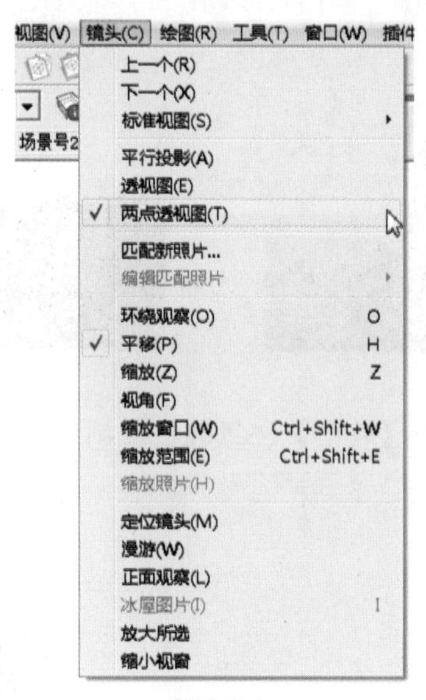

图15-104

3．选择【窗口】/【场景】命令，单击⊕按钮，创建场景1，如图15-105和图15-106所示。

图15-105

图15-106

4. 单击⊕按钮，创建场景2，如图15-107和图15-108所示。

图15-107

图15-108

5. 单击⊕按钮，创建场景3，如图15-109和图15-110所示。

图15-109

图15-110

6. 选择【文件】/【导出】/【二维图形】命令，依次导出3个场景，如图15-111和图15-112所示。

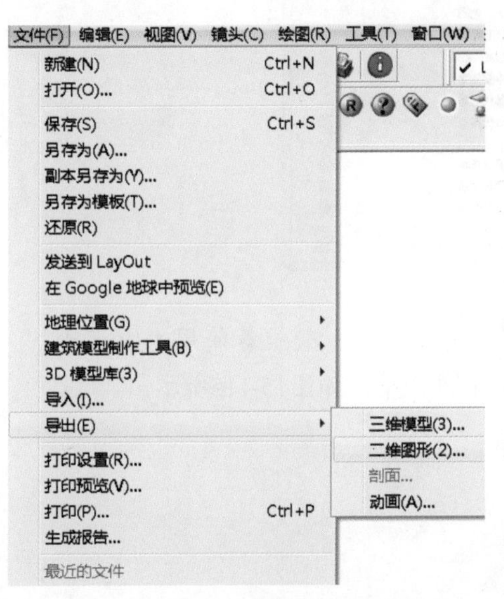

图15-111

图15-112

15.4 渲染设计

这里主要利用V-Ray渲染器对园林绿化的3个场景依次进行渲染。

一、布光准备

1. 打开V-Ray渲染设置面板，如图15-113所示。

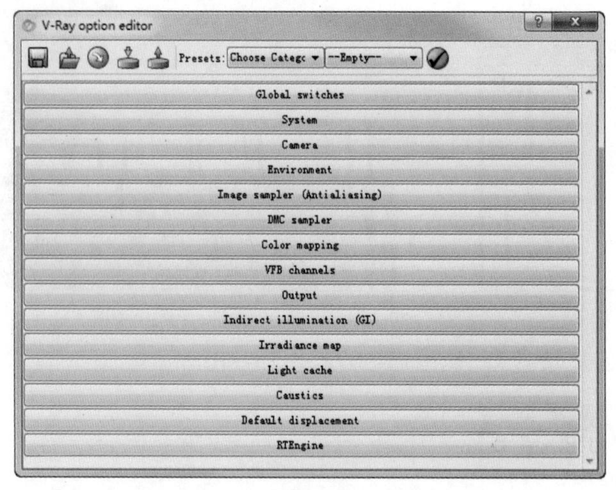

图15-113

2. 设置【Global switches】全局开关。暂时先关闭【反射/折射】选项，激活【替代材质】选项，并单击颜色块，设置一个灰度值（R170，G170，B170），如图15-114所示。

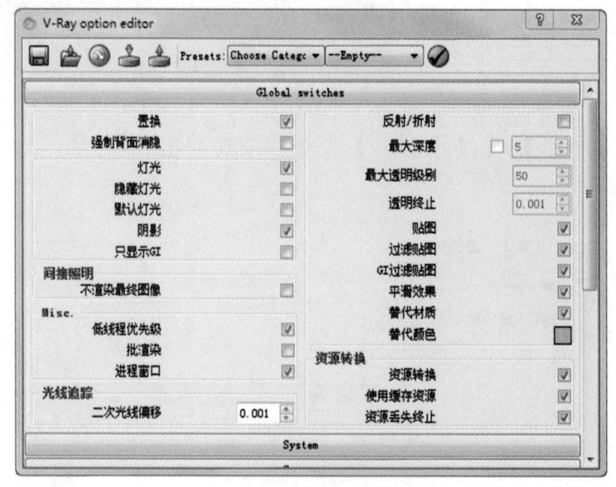

图15-114

3. 设置【Image sampler（Antialiasing）】图像采样器。【类型】一般推荐使用“固定比率”采样器，速度更快，同时关闭【抗锯齿过滤】复选框，如图15-115所示。

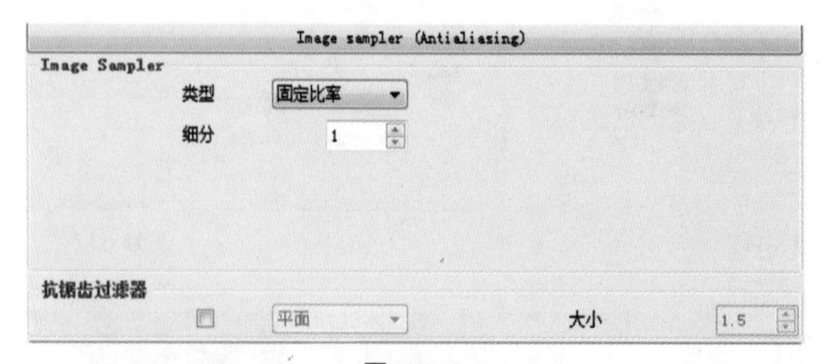

图15-115

4. 设置纯蒙特卡罗【DMC sampler】采样器。为了不让测试效果产生太多的黑斑和噪点，将【最小采样】提高为“13”，其他参数全部保持默认值，如图15-116所示。

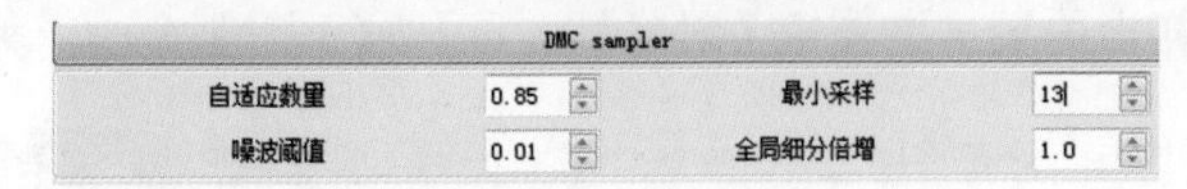

图15-116

5. 设置【Color mapping】颜色映射，也就是设置曝光方式，这个选项非常重要，它与场景的特点有很大的关系，【类型】选择“指数曝光”，如图15-117所示。

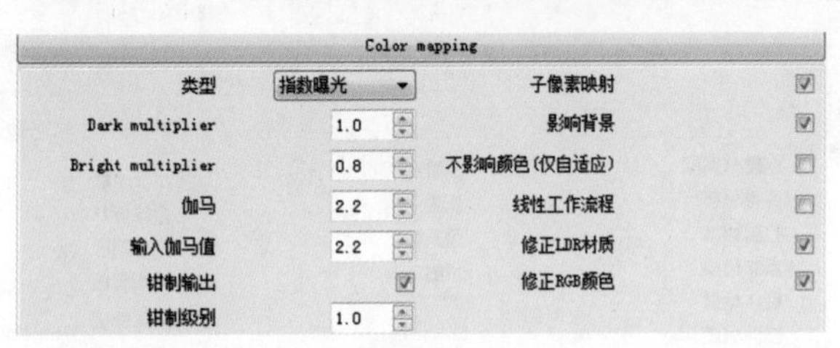

图15-117

6. 设置【Irradiance map】发光贴图和【Light cache】灯光缓存。两项都设定为相对比较低的数值，如图15-118和图15-119所示。

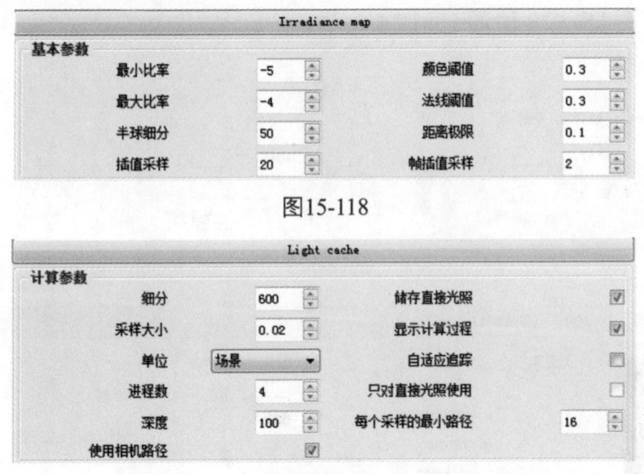

图15-118

图15-119

二、材质调整

单击【窗口】/【材质】命令，打开材质编辑器，同时单击Ⓜ按钮，打开V-Ray材质编辑器。

(一) 设置地砖

1. 单击【样本颜料】按钮，在地面砖单击一下以吸取材质，如图15-120和图15-121所示。

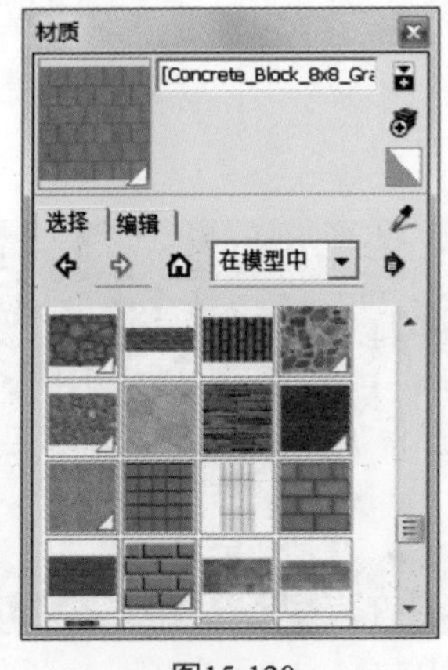

图15-120

图15-121

2．该材质的属性会自动显示在V-Ray材质编辑器中，用鼠标右键单击【材质列表】中自动选中的材质，在弹出的菜单中选择【创建材质层】/【反射】命令，如图15-122所示。

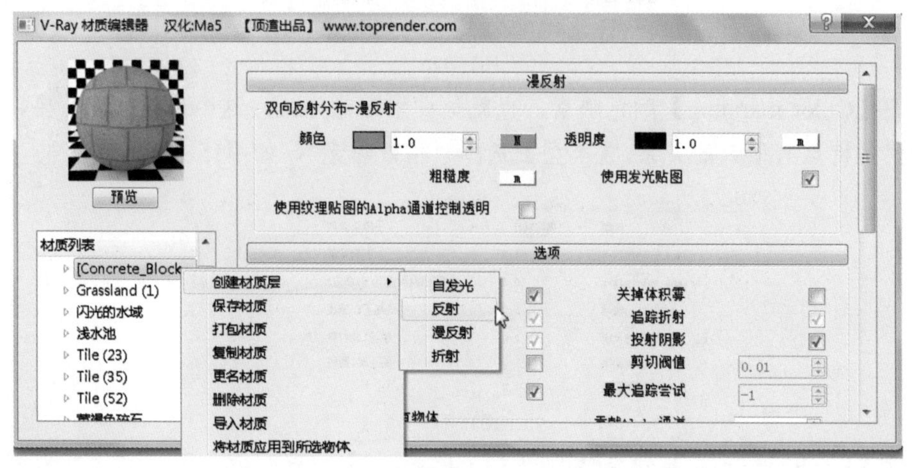

图15-122

3．单击反射层右侧的“m”按钮，在弹出的对话框中选择“菲涅耳”模式，最后单击 OK 按钮，如图15-123和图15-124所示。

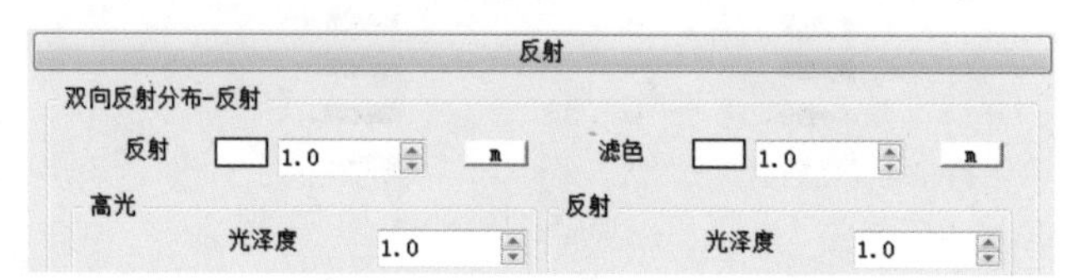

图15-123

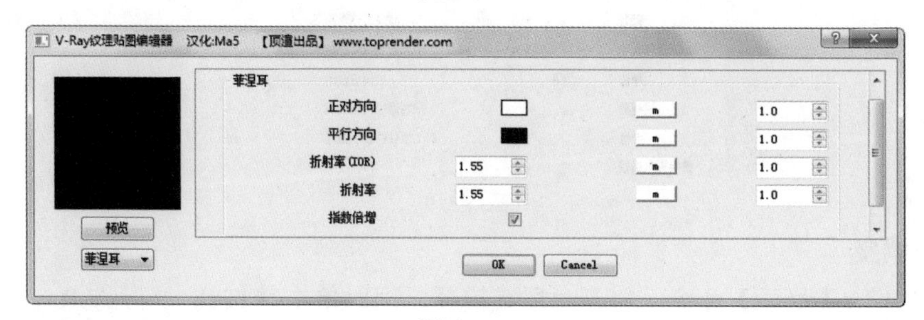

图15-124

（二）设置大理石

1．单击【样本颜料】按钮，在玻璃上单击一下以吸取材质，如图15-125和图15-126所示。

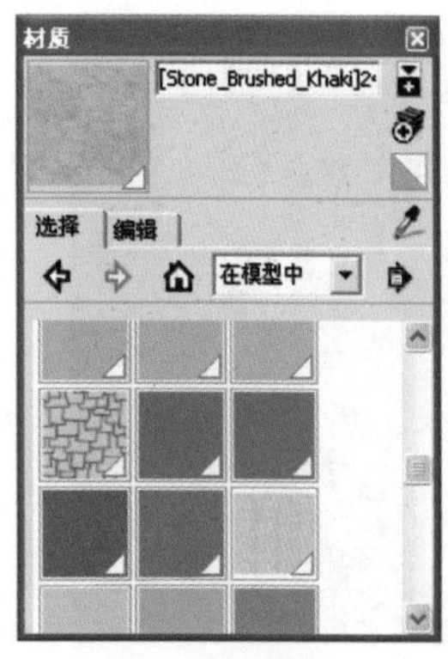

图15-125

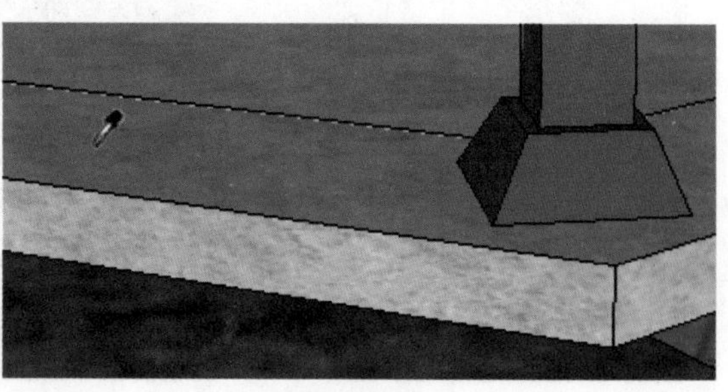

图15-126

2．该材质的属性会自动显示在V-Ray材质编辑器中，用鼠标右键单击【材质列表】中自动选中的材质，在弹出的菜单中选择【创建材质层】/【反射】命令，如图15-127所示。

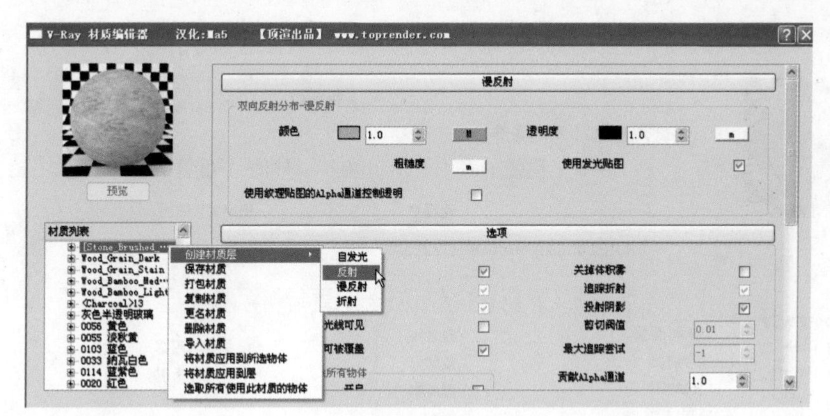

图15-127

3．将【高光光泽度】设为“0.9”，【反射光泽度】设为“1”，并单击反射层右侧的“m”按钮，在弹出的对话框中选择“菲涅耳”模式，最后单击 OK 按钮，如图15-128和图15-129所示。

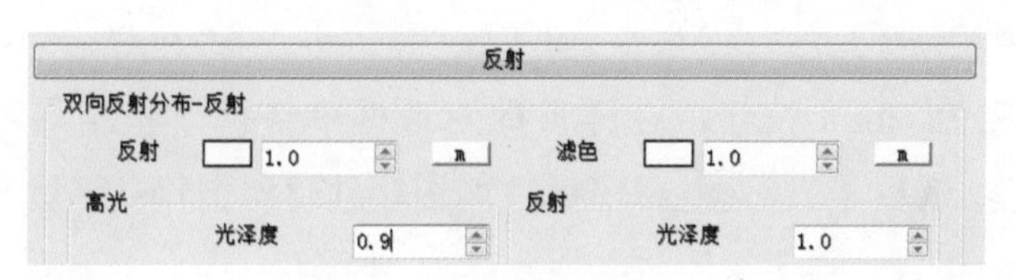

图15-128

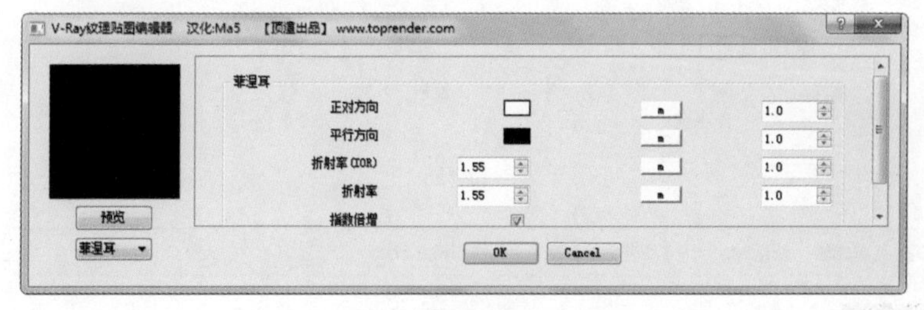

图15-129

（三）设置水

1．单击【样本颜料】按钮，在水面上单击一下以吸取材质，如图15-130和图15-131所示。

图15-130

图15-131

2．该材质的属性会自动显示在V-Ray材质编辑器中，用鼠标右键单击【材质列表】中自动选中的材质，在弹出的菜单中选择【创建材质层】/【反射】命令，如图15-132所示。

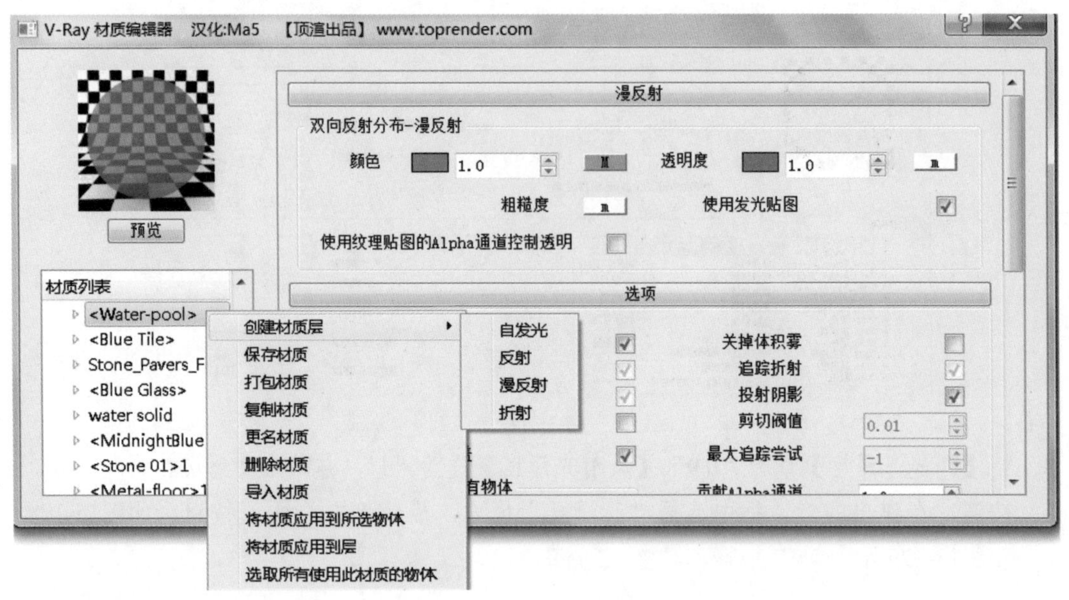

图15-132

3．单击反射层右侧的“m”按钮，在弹出的对话框中选择“菲涅耳”模式，将【折射率】设为“16”，最后单击 OK 按钮，如图15-133和图15-134所示。

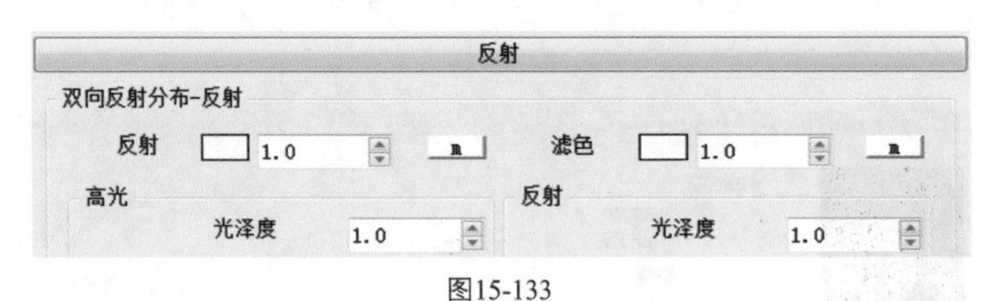

图15-133

图15-134

三、渲染出图

1．单击按钮，再单击【Environment】环境选项，分别单击两个“M”符号，将它们的参数设置为相同，如图15-135和图15-136所示。

图15-135

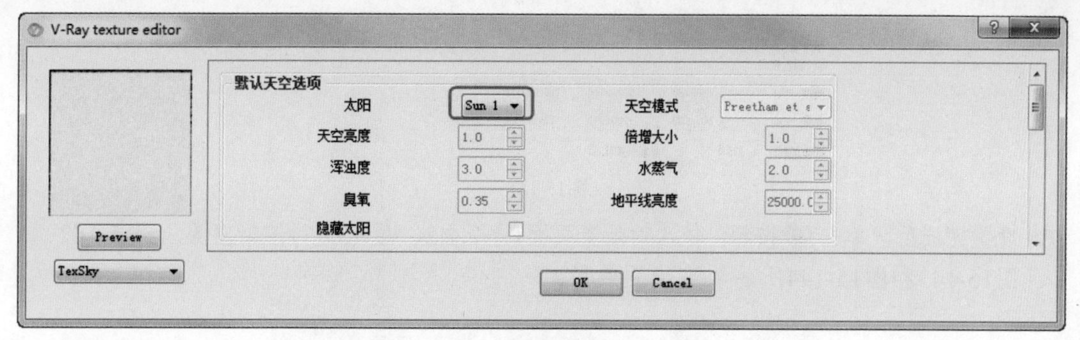

图15-136

2. 单击【Image sampler（Antialiasing)】图样采样器选项，将【类型】更改为“自适应DMC”，将【最多细分】设为“17”，提高细节区域的采样，勾选【抗锯齿过滤器】复选框，选择常用的“Catmull Rom”过滤器，如图15-137所示。

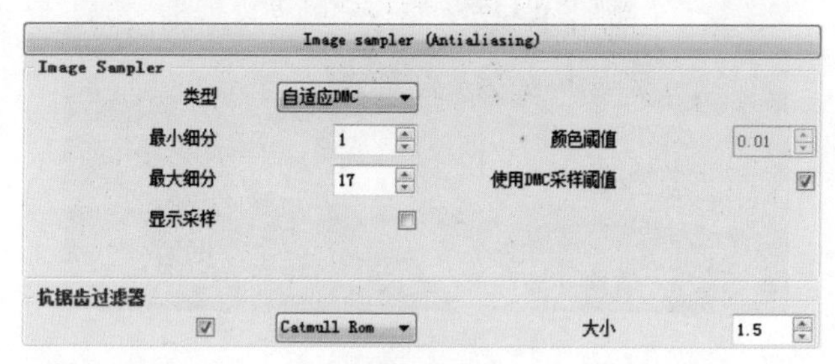

图15-137

3. 单击【DMC sampler】选项，将【最小采样】设为“12”，如图15-138所示。

DMC sampler			
自适应数量	0.85	最小采样	12
噪波阈值	0.01	全局细分倍增	1.0

图15-138

4. 单击【Irradiance map】发光贴图选项，将【最小比率】设为“-5”，【最大比率】改成“-3”，如图15-139所示。

Irradiance map			
基本参数			
最小比率	-5	颜色阈值	0.3
最大比率	-3	法线阈值	0.3
半球细分	50	距离极限	0.1
插值采样	20	帧插值采样	2

图15-139

5. 单击【Light cache】灯光缓存选项，将【细分】设为“500”，如图15-140所示。

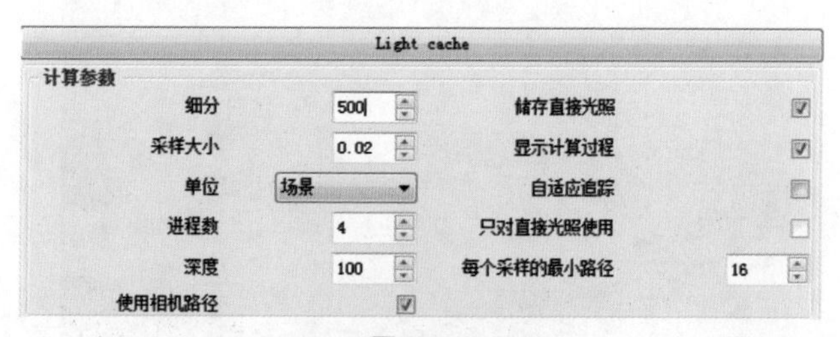

图15-140

6. 单击【Output】选项，将尺寸设为图15-141所示。

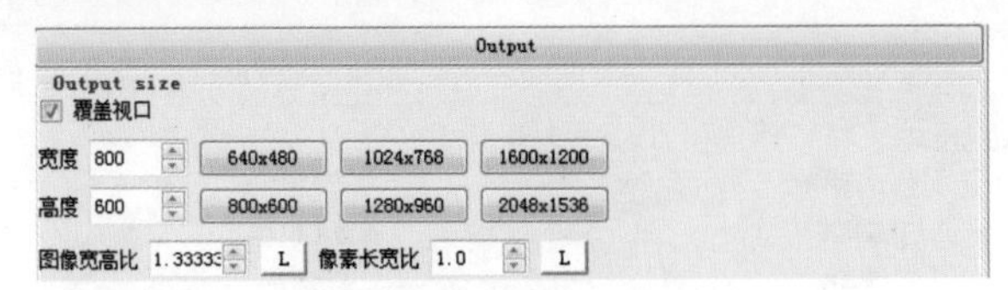

图15-141

7. 设置完成后，单击 R 按钮，依次对场景页面1、页面2、面页3进行渲染出图，图15-142、图15-143和图15-144所示为渲染图效果。

图15-142

图15-143

图15-144

15.5 后期处理

这里后期处理主要是运用Photoshop软件进行的，使场景得到更完美的效果。

1．启动Photoshop软件，打开渲染图片，如图15-145所示。

2．双击“背景图层”进行解锁，如图15-146所示。

图15-145

图15-146

3．选择“魔术棒”工具将背景选中且删除，如图15-147和图15-148所示。

图15-147

图15-148

4．将背景图片拖到“图层0”下方，形成背景，如图15-149和图15-150所示。

图15-149

图15-150

5．给场景添加植物和花草素材，如图15-151所示。

6．给水池面添加湖水和荷花素材，如图15-152所示。

图15-151

图15-152

7．添加人物素材，如图15-153所示。

图15-153

8．将图层进行合并，选择【图像】/【调整】/【亮度/对比度】命令，调整图层亮度，如图15-154和图15-155所示。

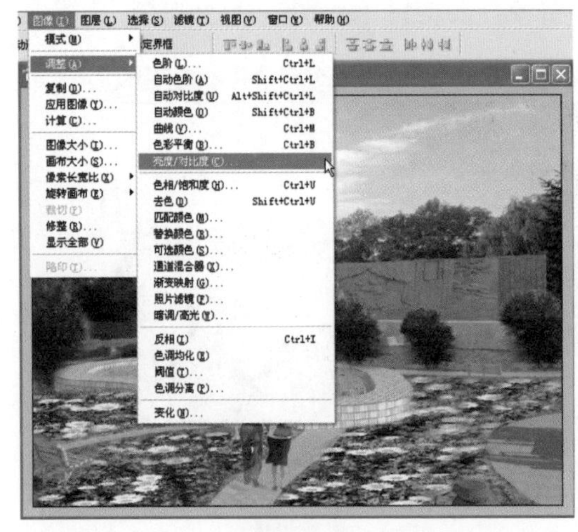

图15-154

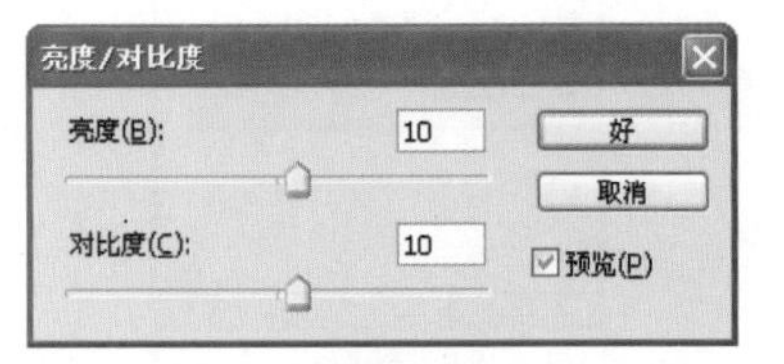

图15-155

9. 选择【图像】/【调整】/【色彩平衡】命令，调整颜色，如图15-156和图15-157所示。

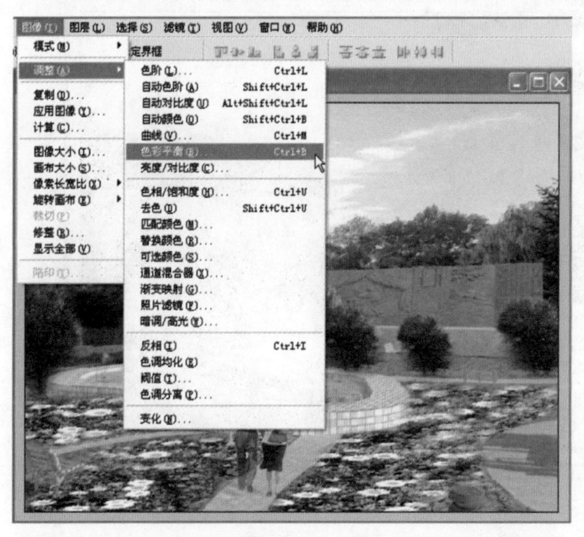

图15-156

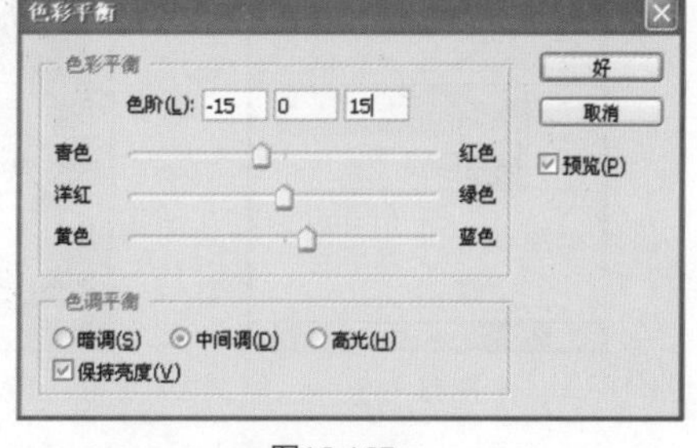

图15-157

10. 新建一个图层，按Ctrl+Shift+Alt+E组合键，盖印可见图层，如图15-158和图15-159所示。

图15-158

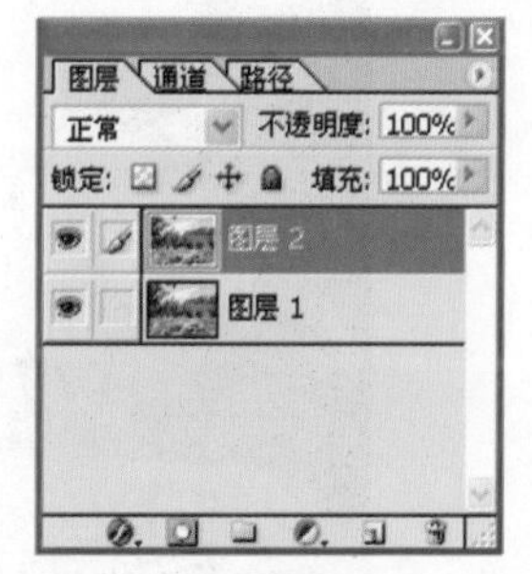

图15-159

11. 选择【滤镜】/【模糊】/【高斯模糊】命令，添加模糊效果，如图15-160和图15-161所示。

图15-160

图15-161

12．将图像模式设为“柔光”，不透明度设为“50%”，如图15-162和图15-163所示。

图15-162

图15-163

13．将图层进行合并，选择“加深”工具和“减淡”工具，对太亮和太暗的地方进行涂抹处理，效果如图15-164所示。

图15-164

14．利用同样的方法处理另外两张图片，最终效果如图15-165和图15-166所示。

图15-165

图15-166

15.6 本章小结

本章主要学习了在SketchUp中如何对一个公园进行园林设计。根据公园的规划图纸，创建的过程相对简单清晰。创建的模型都是园林设计中最常见的一些模型，包括水池、石阶、石桌等，后期再对公园进行渲染和图片处理，使整个公园置于山水园林之间。希望读者能掌握创建园林的方法，并根据自己的想法，创造出更具特性的园林设计。

第16章 现代室内装修设计

本章主要介绍SketchUp在室内设计中的应用，讲解如何创建一个室内模型，然后对室内空间进行装修设计。

16.1 设计解析

源文件：\Ch16\室内平面设计图2.dwg，以及相应组件

结果文件：\Ch16\现代室内装修设计\

视频：\Ch16\现代室内装修设计.wmv

本案例以一张CAD室内平面图纸为基础，学习如何将一张室内平面图迅速创建为一张室内模型效果图。

该室内户型属于两室一厅的小户型，建筑面积为72.3m^2，使用面积为53.5m^2。整个室内空间包括主卧、次卧、客厅、阳台、卫生间、厨房6个部分，其中客厅和餐厅相通，所以在设计过程中要尽量利用空间进行模型创建。

此次室内设计风格以简约温馨、现代时尚为主，非常适合现代都市白领人群居住。整个空间以绿色为主色调。为客厅制作了简单的装饰墙和装饰柜，对室内各个房间采用不同的壁纸和瓷砖材质进行填充，还导入了一些室内家具及装饰组件为其添加不同的效果，最后进行了室内渲染和后期处理，使室内效果更加完美。图16-1、图16-2和图16-3所示为室内建模效果，图16-4、图16-5和图16-6所示为渲染后期效果，操作流程如下。

（1）在CAD软件里整理平面图纸。

（2）导入图纸。

（3）创建模型。

（4）填充材质。

（5）导入组件。

（6）添加场景。

（7）导出图像。

（8）后期处理。

（9）室内渲染。

图16-1

图16-2

图16-3

图16-4

图16-5

图16-6

16.2 方案实施

首先在AutoCAD里对图纸进行清理，然后将其导入SketchUp中进行描边封面。

16.2.1 整理CAD图纸

CAD平面设计图纸里含有大量的文字、图层、线和图块等信息，如果直接导入SketchUp中，会增加建模的复杂性，所以一般先在CAD软件里进行处理，将多余的线删除，使设计图纸简单化，图16-7所示为室内平面原图，图16-8所示为简化图。

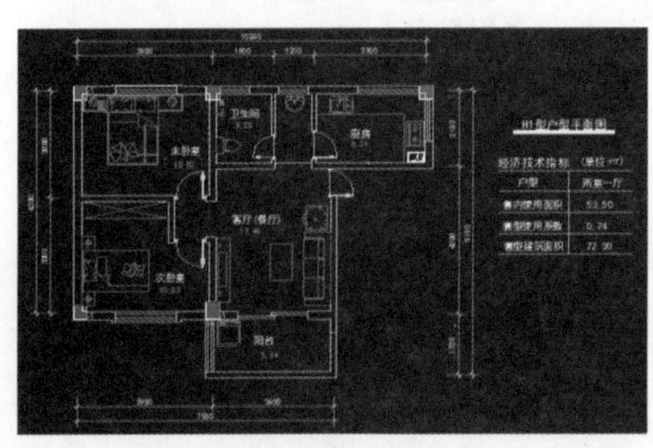

图16-7

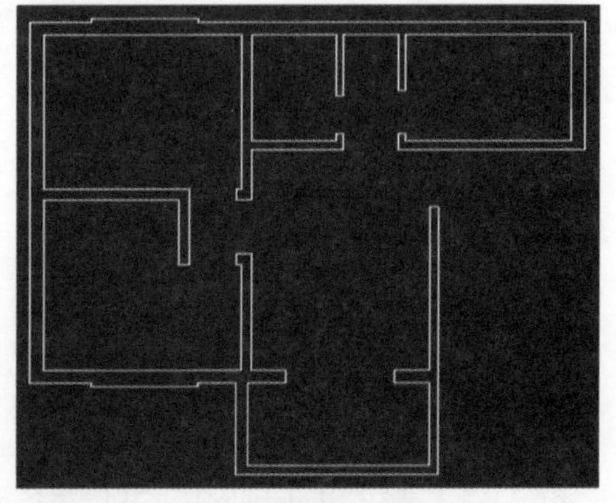

图16-8

1. 在CAD命令栏里输入“PU”，按Enter键结束操作，对简化后的图纸进行进一步清理，如图16-9所示。

2. 单击全部清理(A)按钮，弹出图16-10所示的对话框，选择“清除所有项目”选项，直到“全部清理”按钮变成灰色状态，即清理完图纸，如图16-11所示。

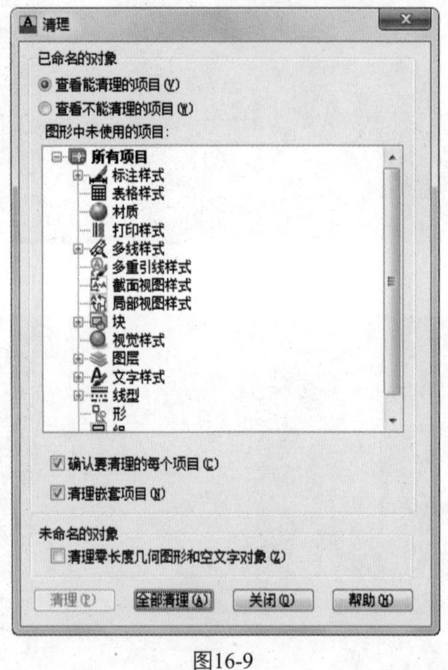

图16-9

图16-10

3. 在SketchUp里先优化一下场景，选择【窗口】/【模型信息】命令，弹出【模型信息】对话框，参数设置如图16-12所示。

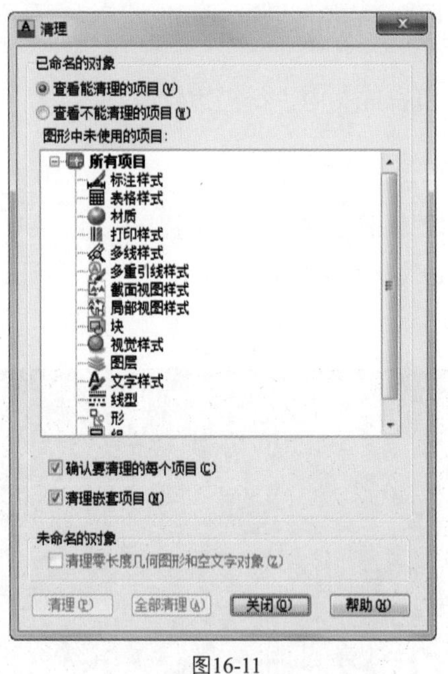
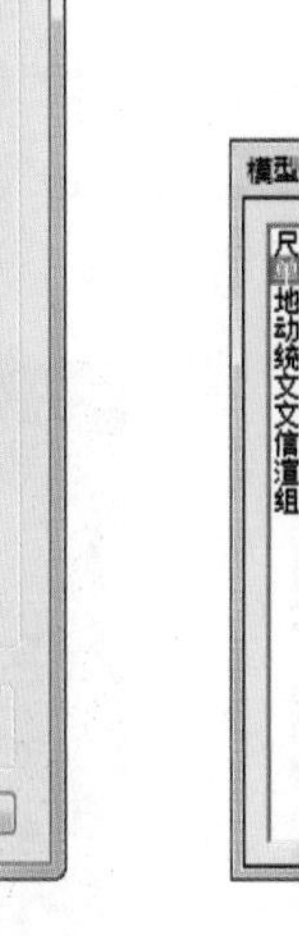

图16-11

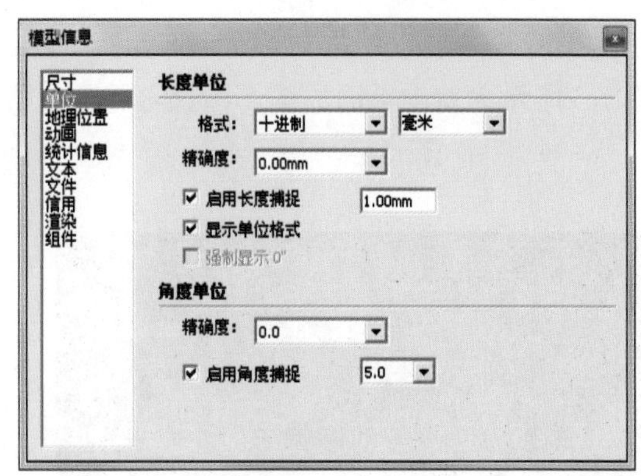

图16-12

16.2.2 导入图纸

将CAD图纸导入SketchUp中，并以线条显示。

1. 选择【文件】/【导入】命令，弹出【打开】对话框，将文件类型设置为“AutoCAD

文件（*.dwg）”格式，选择“室内设计平面图2”，如图16-13所示。

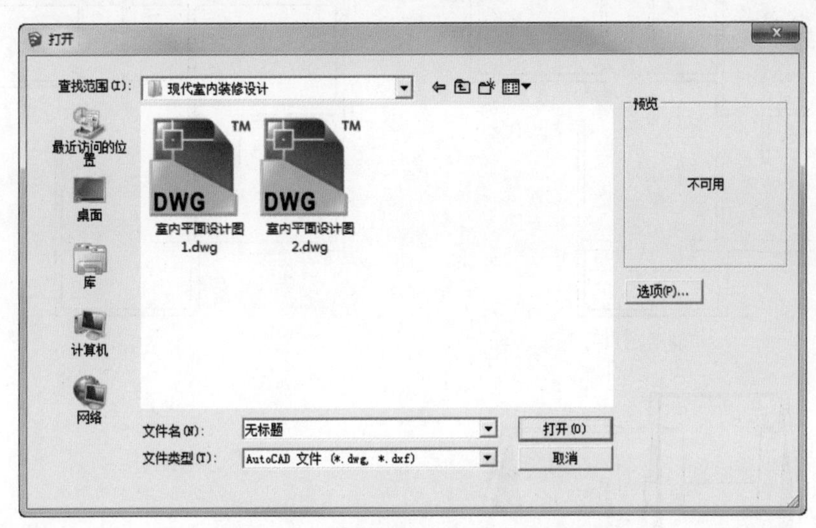

图16-13

2. 单击 选项(P)... 按钮，将单位改为“毫米”，单击 确定 按钮，最后单击 打开(O) 按钮，即可导入CAD图纸，如图16-14所示。
3. 图16-15所示为导入结果。
4. 单击 关闭 按钮，导入到SketchUp中的CAD图纸是以线条显示的，如图16-16所示。

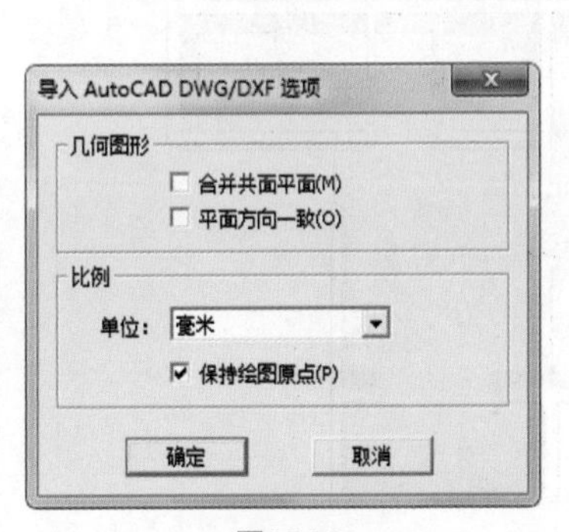

图16-14

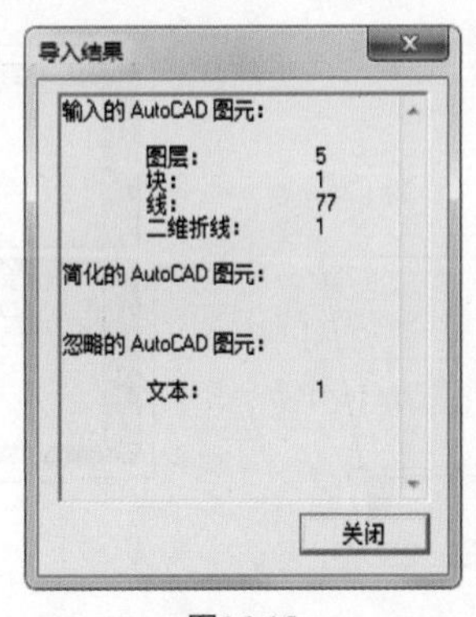

图16-15

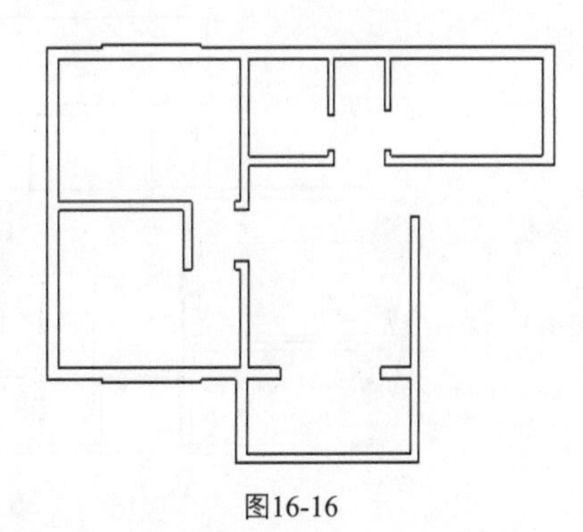

图16-16

16.3 建模流程

参照图纸创建模型，包括创建室内空间、绘制客厅装饰墙、制作阳台，再填充材质、导入组件、添加场景页面。

16.3.1 创建室内空间

将导入的图纸线条创建封闭面，快速建立空间模型。

1. 单击【线条】按钮，将断掉的线条进行连接，使它形成一个封闭面，如图16-17和图16-18所示。
2. 单击【推/拉】按钮，向上推拉3200mm，形成一个室内空间，如图16-19所示。
3. 单击【擦除】按钮，将多余的线条删除掉，如图16-20所示。
4. 单击【矩形】按钮，将室内地面进行封闭，如图16-21和图16-22所示。

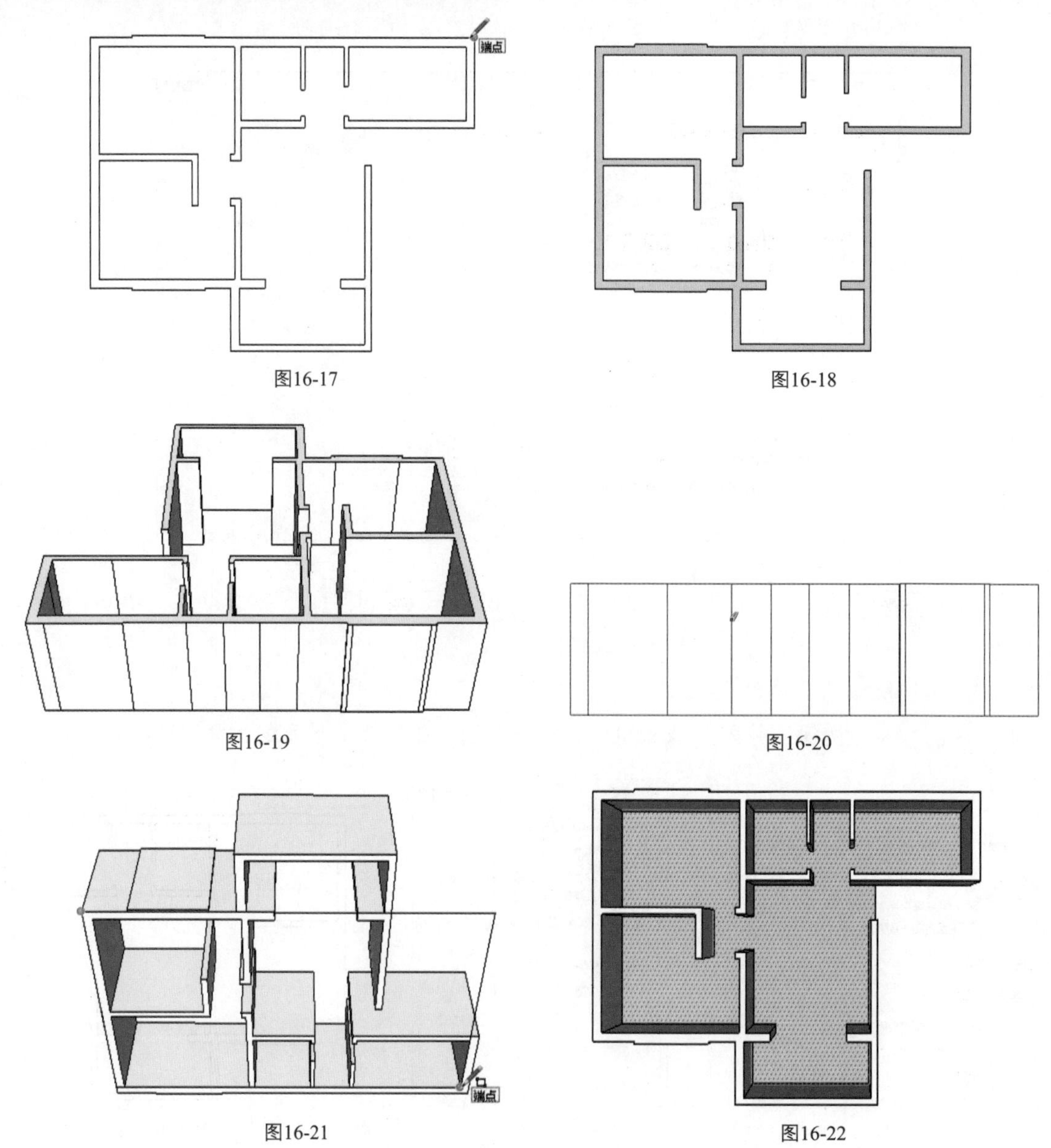

图16-17　图16-18

图16-19　图16-20

图16-21　图16-22

16.3.2　绘制装饰墙

在客厅背景墙处绘制一个简单的装饰墙，使室内客厅画面更加丰富多彩。

1．单击【矩形】按钮，在墙面绘制一个矩形，如图16-23和图16-24所示。

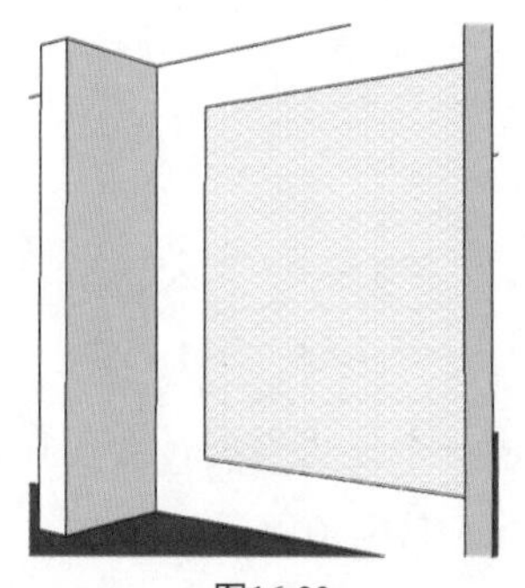

图16-23

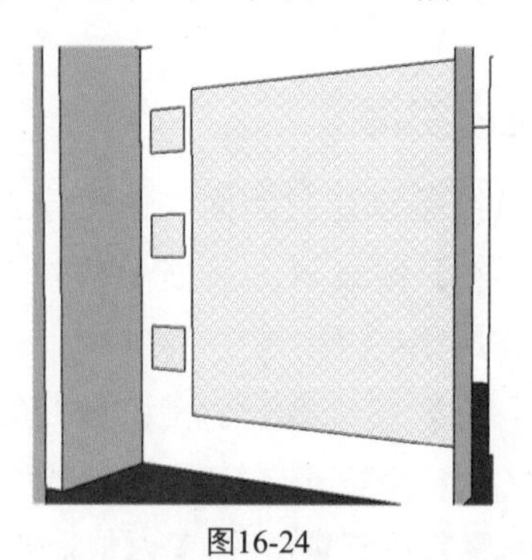

图16-24

2．单击【推/拉】按钮，将矩形面分别向里推50mm、100mm，如图16-25所示。

3．单击【线条】按钮，绘制出图16-26所示的面。

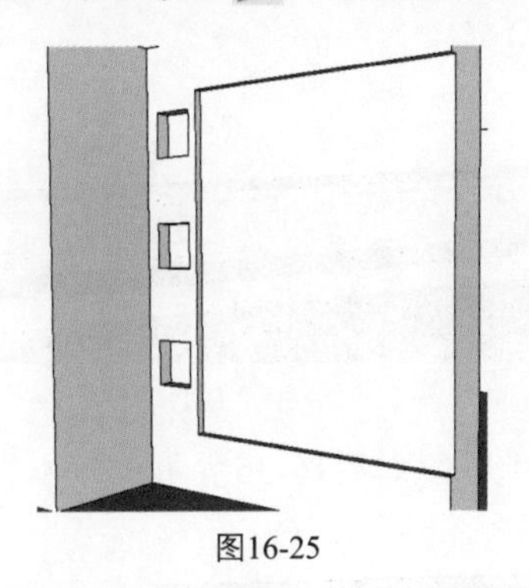

图16-25

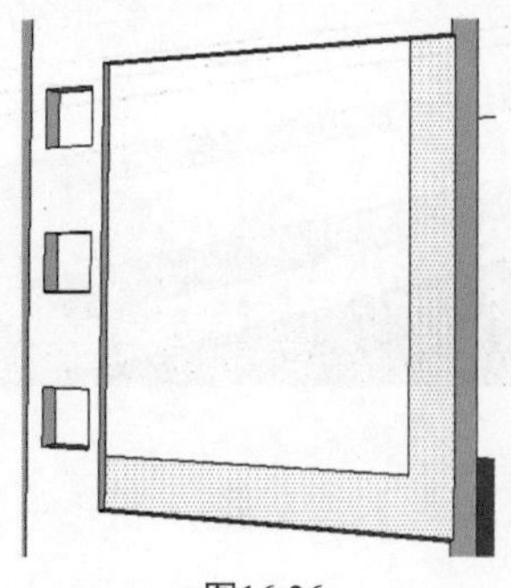

图16-26

4．单击【偏移】按钮，向里偏移复制面，如图16-27所示。

5．单击【推/拉】按钮，分别向里和向外推拉效果，如图16-28所示。

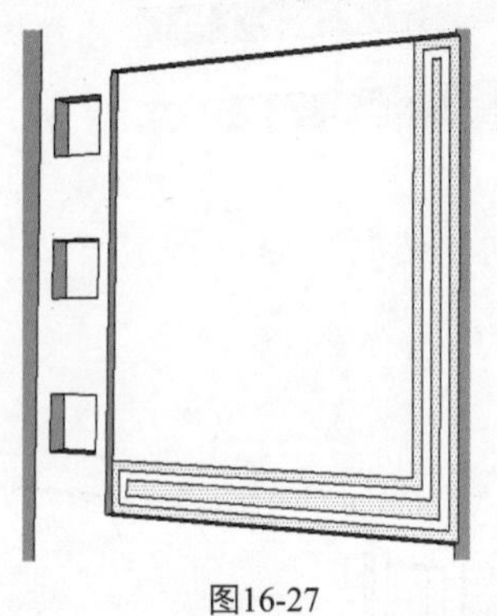

图16-27

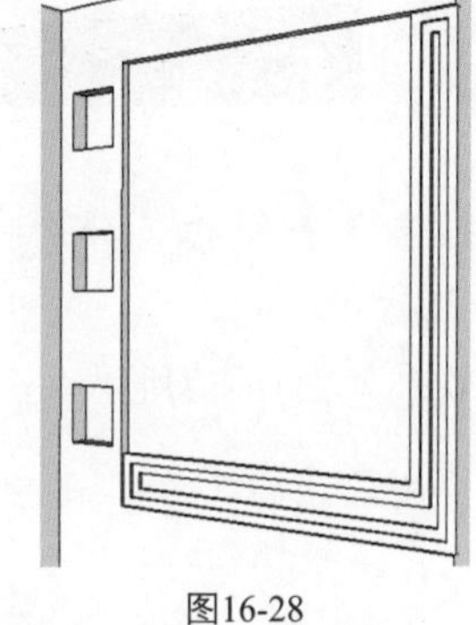

图16-28

6．单击【线条】按钮，打断一个面，如图16-29所示。

7．单击【推/拉】按钮，向外推拉500mm，如图16-30所示。

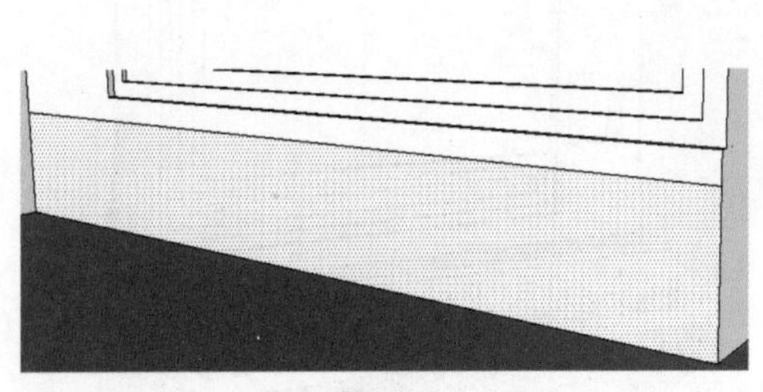

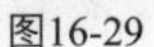

图16-29

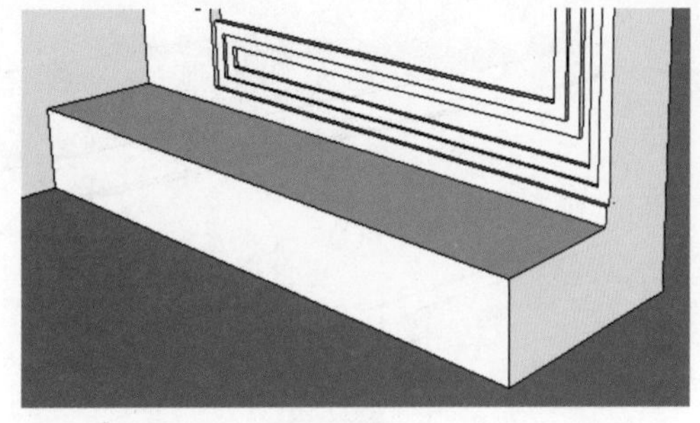

图16-30

8．单击【线条】按钮，沿中心点绘制面，如图16-31和图16-32所示。

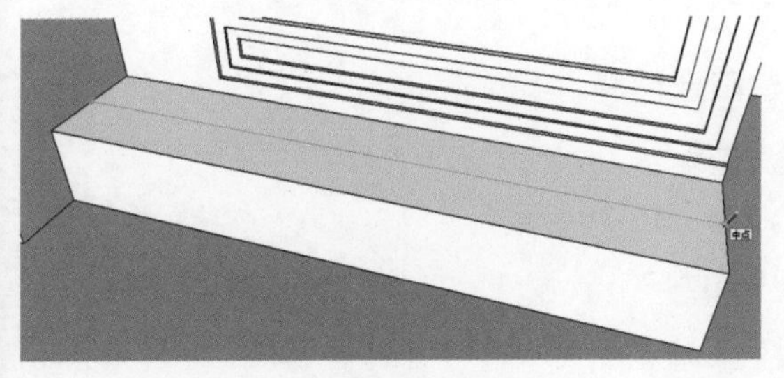

图16-31

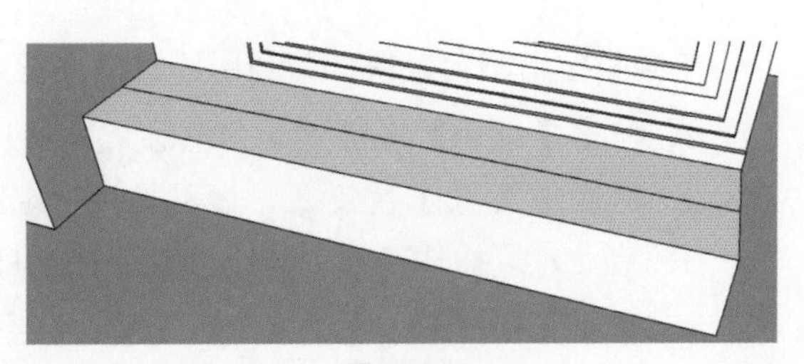

图16-32

9. 单击【推/拉】按钮，向下推拉一定距离，如图16-33所示。

10. 单击【矩形】按钮，绘制3个矩形面，如图16-34所示。

图16-33

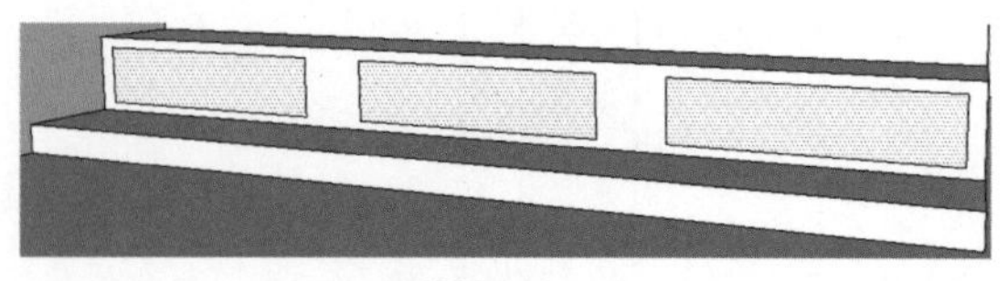

图16-34

11. 单击【圆形】按钮，在矩形面上绘制几个圆形，如图16-35所示。

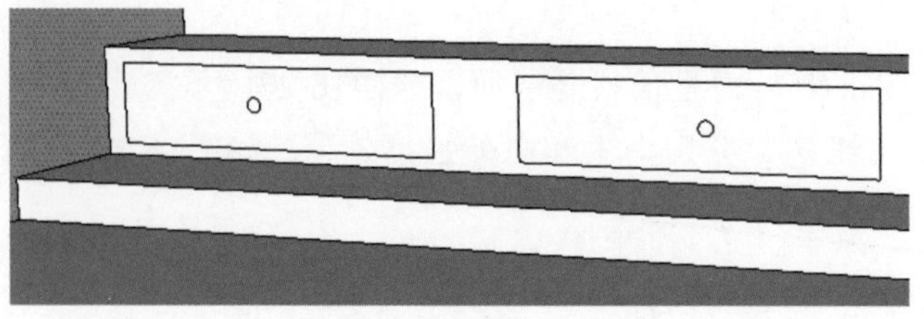

图16-35

12. 单击【推/拉】按钮，分别将矩形面和圆面向外进行推拉，形成一个抽屉效果，如图16-36所示。

13. 装饰墙效果如图16-37所示。

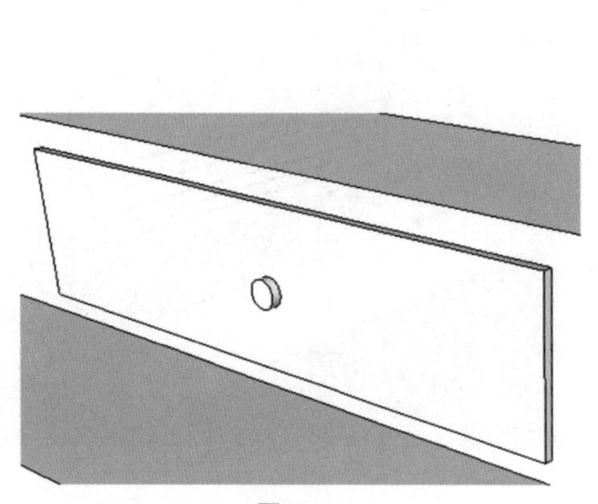

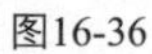

图16-36

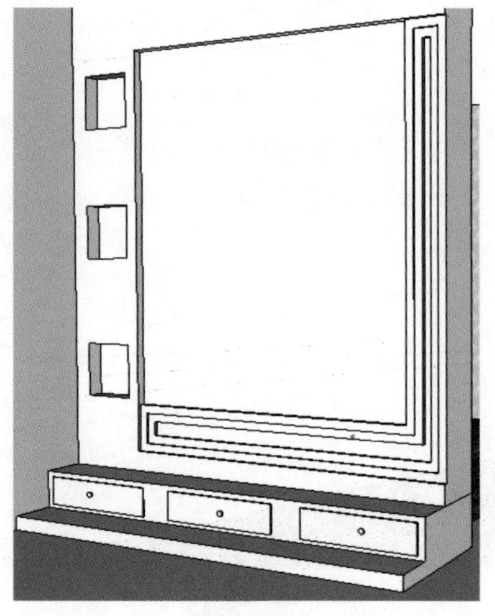

图16-37

16.3.3 绘制阳台

单独推拉出阳台效果，并利用建筑插件快速创建阳台栏杆。

1. 单击【线条】按钮，打断面，如图16-38所示。

2. 单击【推/拉】按钮，向下推拉一定距离，如图16-39所示。

3. 启动建筑插件，选中边线，如图16-40和图16-41所示。

4. 单击【创建栏杆】按钮，设置【栏杆构件】参数，创建阳台栏杆，如图16-42、图16-43和图16-44所示。

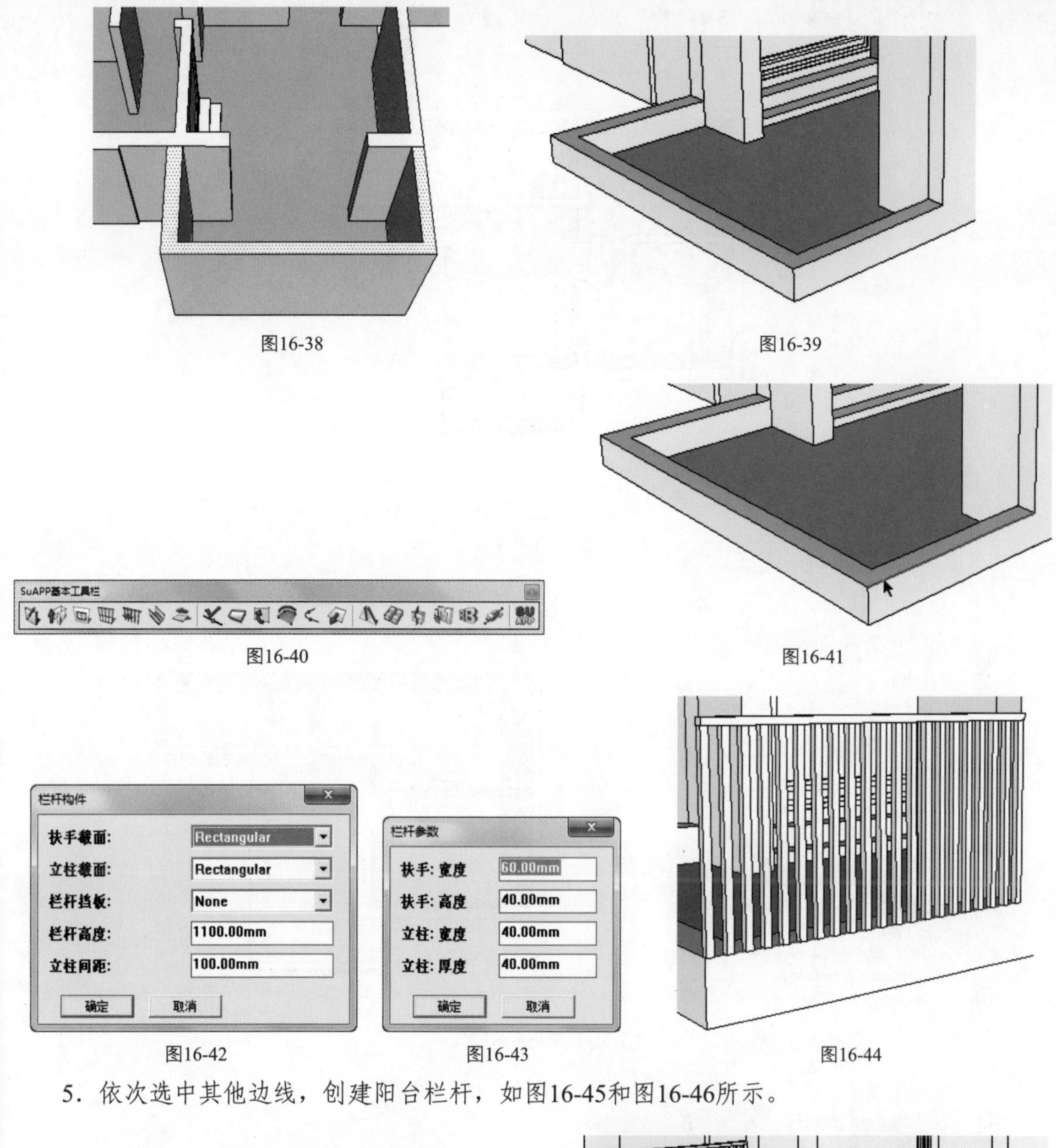

图16-38 图16-39

图16-40 图16-41

图16-42 图16-43 图16-44

5. 依次选中其他边线，创建阳台栏杆，如图16-45和图16-46所示。

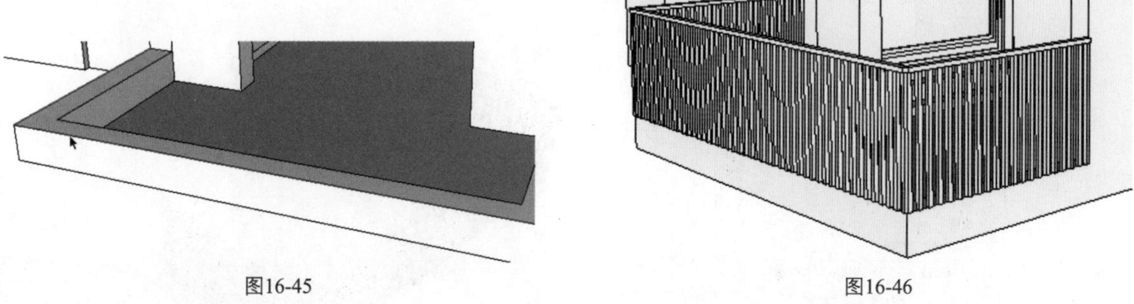

图16-45 图16-46

16.3.4 填充材质

根据不同的场景填充适合的材质，如客厅采用地砖材质，墙面采用壁纸材质，厨房和卫生间采用一般的地拼砖材质，卧室采用木地板材质。

1．为了方便对每个房间进行材质填充，单击【线条】按钮，打断面，如图16-47所示。

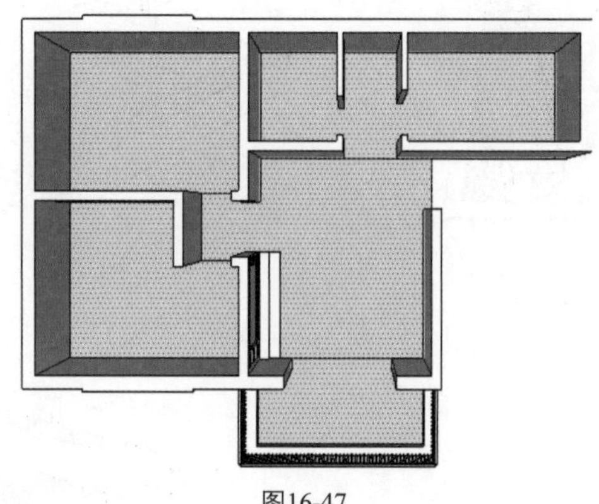

图16-47

2．单击【颜料桶】按钮，选择地砖材质填充客厅，如图16-48和图16-49所示。

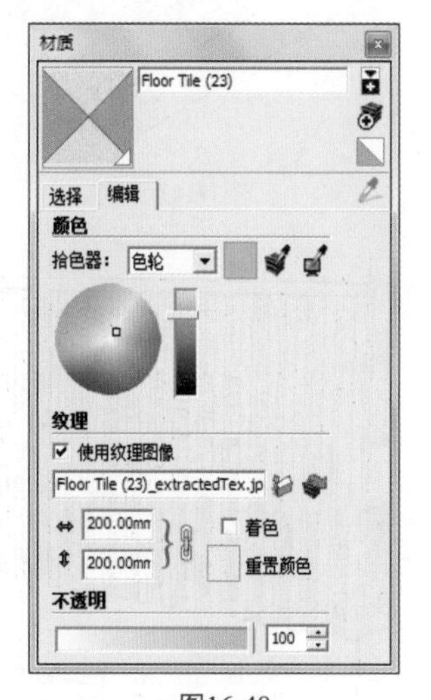

图16-48

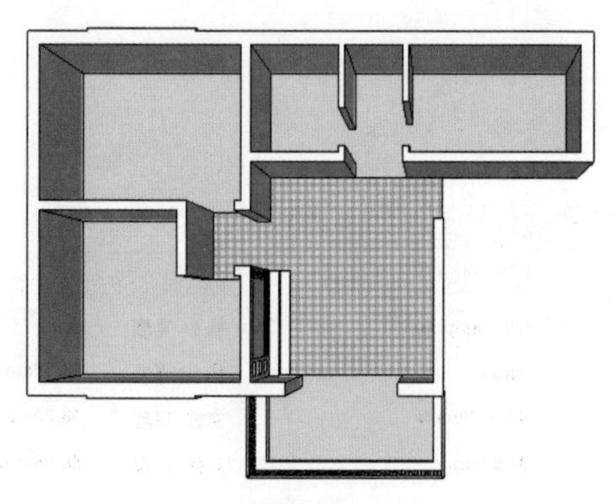

图16-49

3．为阳台填充适合的材质，如图16-50和图16-51所示。

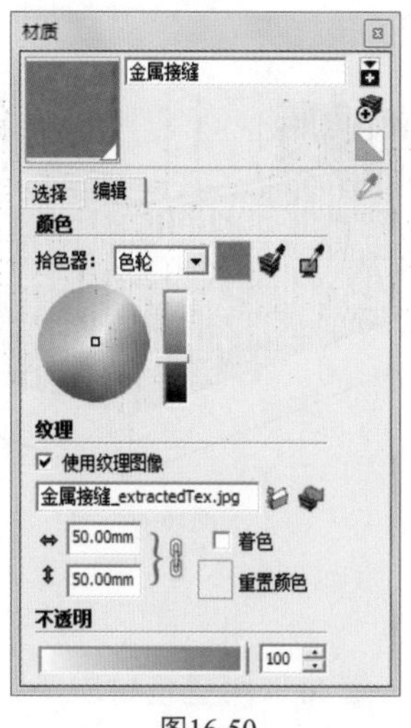

图16-50

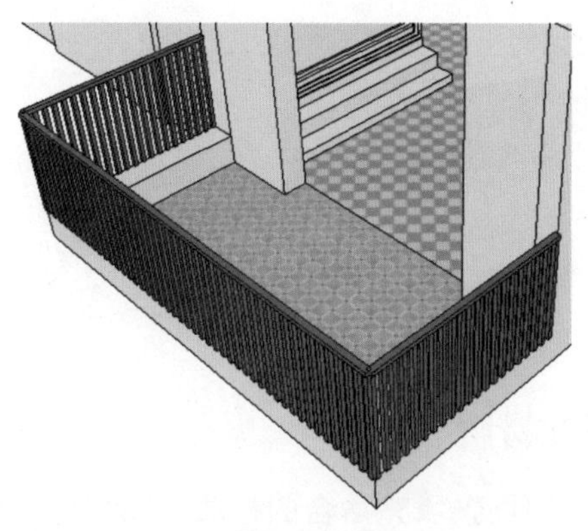

图16-51

4．为卫生间、厨房填充适合的材质，如图16-52和图16-53所示。

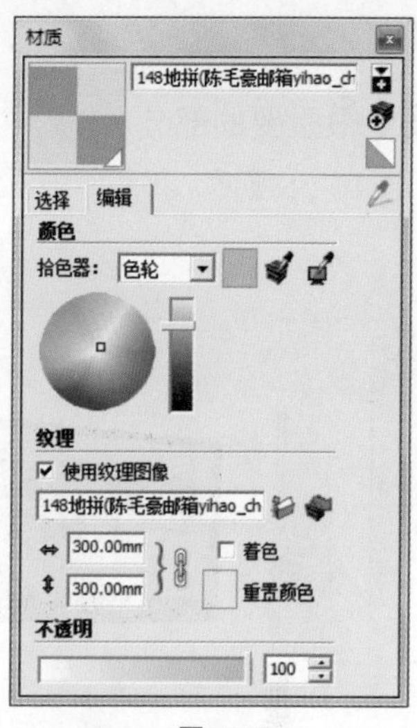

图16-52

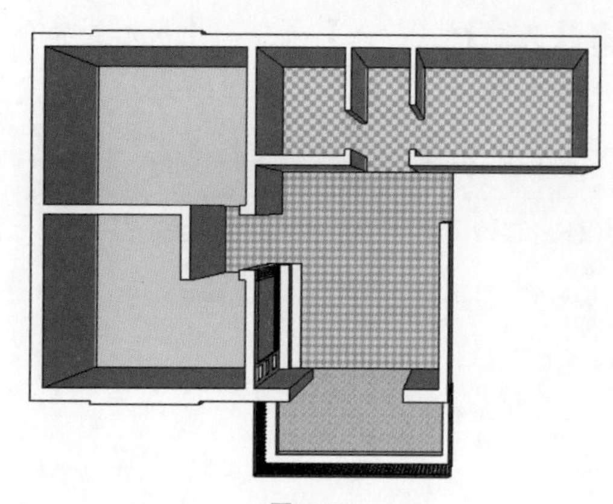

图16-53

5. 为卧室填充木地板材质，如图16-54和图16-55所示。

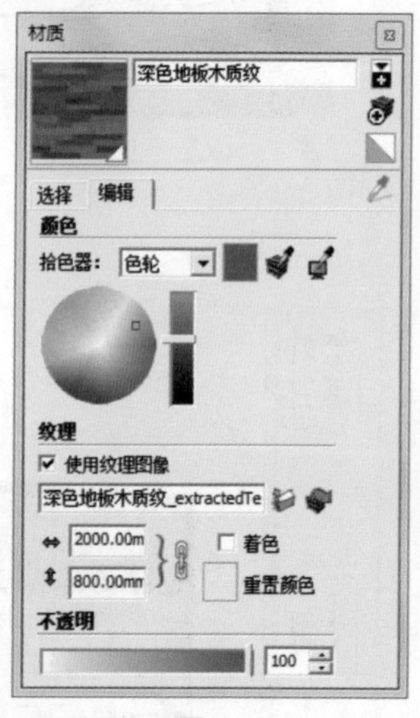

图16-54

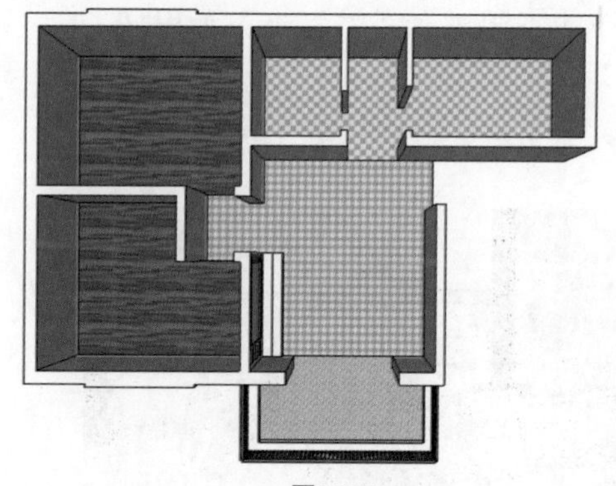

图16-55

6. 为客厅装饰墙填充适合的材质，如图16-56所示。

7. 依次完善室内其他房间的材质效果，如图16-57所示。

图16-56

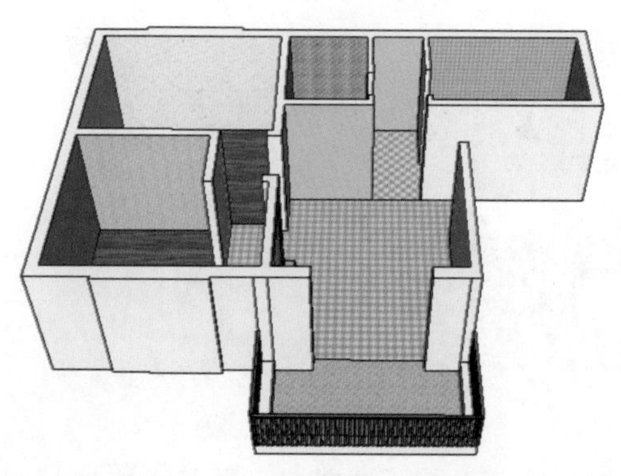

图16-57

16.3.5 导入组件

导入室内组件，让室内空间的内容更丰富，这部分是建模中很重要的部分。

1．选择【文件】|【导入】命令，导入光盘中的组件，如图16-58所示。

2．导入的电视和音箱组件，如图16-59所示。

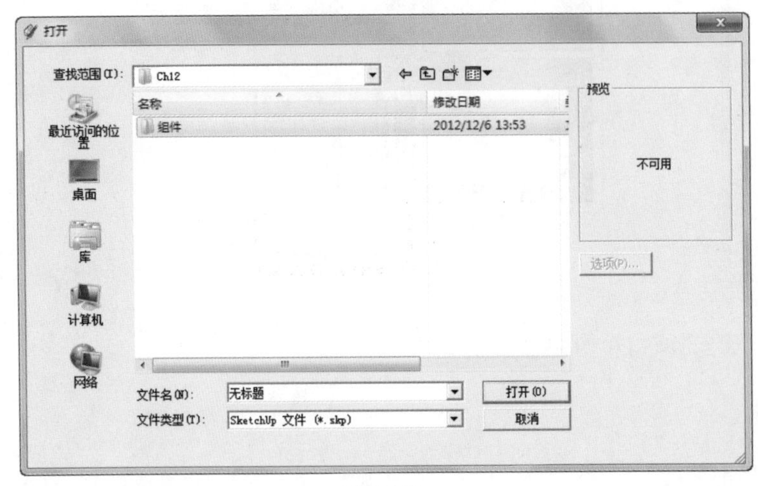

图16-58

图16-59

3．导入装饰品组件进行摆设，如图16-60和图16-61所示。

图16-60

图16-61

4．导入沙发和茶几组件，将其摆放在客厅，如图16-62所示。

5．导入餐桌组件，如图16-63所示。

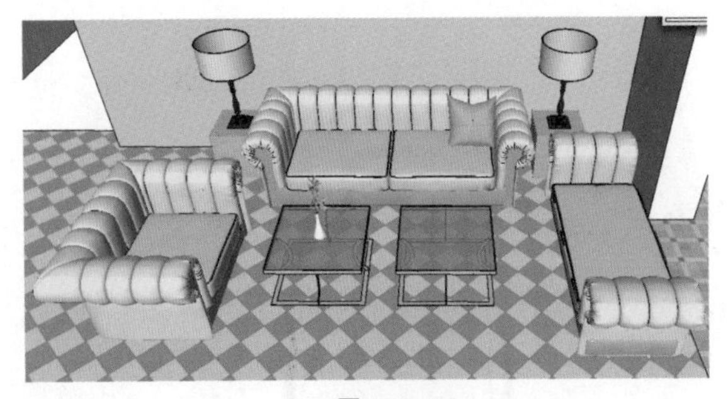

图16-62

图16-63

6．给阳台添加推拉玻璃门，并将上方的墙封闭，如图16-64所示。

7．导入窗帘组件，如图16-65所示。

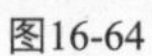
图16-64

图16-65

8．导入装饰画组件，如图16-66和图16-67所示。

图16-66

图16-67

9．单击【矩形】按钮，对室内空间封闭顶面，如图16-68和图16-69所示。

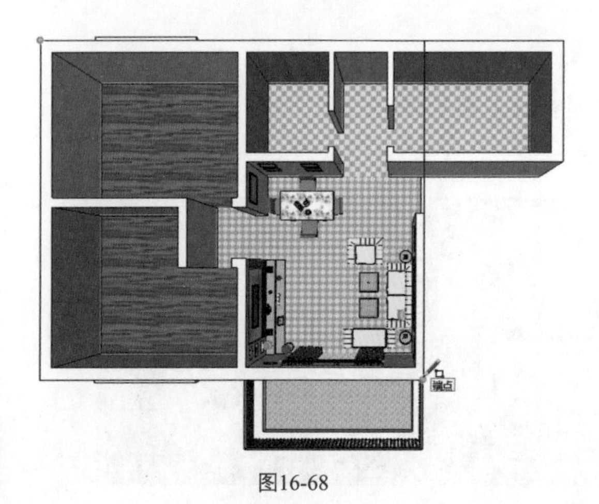

图16-68

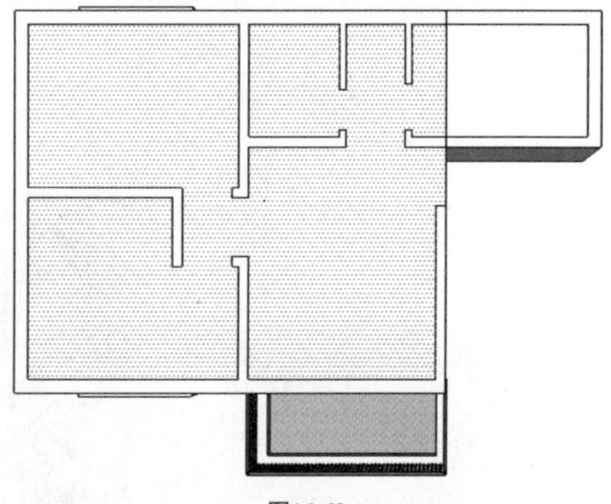

图16-69

10．最后为客厅和餐厅导入吊灯和射灯组件，如图16-70和图16-71所示。

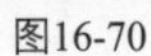
图16-70

图16-71

16.3.6 添加场景页面

这里为客厅和餐厅创建3个室内场景，方便浏览室内空间。

1．选择【镜头】/【两点透视图】命令，设置两点透视效果，如图16-72所示。

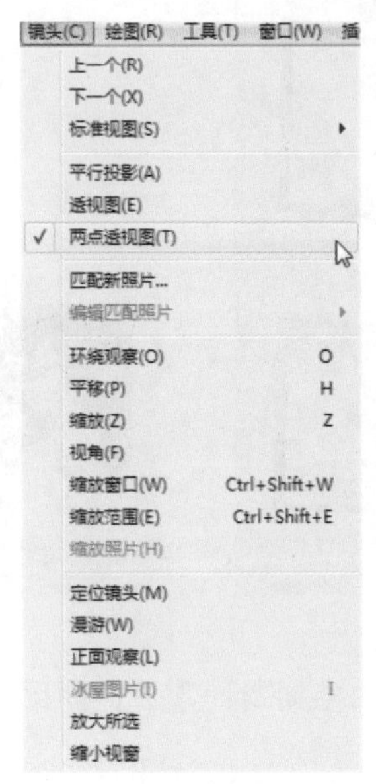

图16-72

2．选择【窗口】/【场景】命令，单击【添加场景】按钮⊕，创建场景1，如图16-73和图16-74所示。

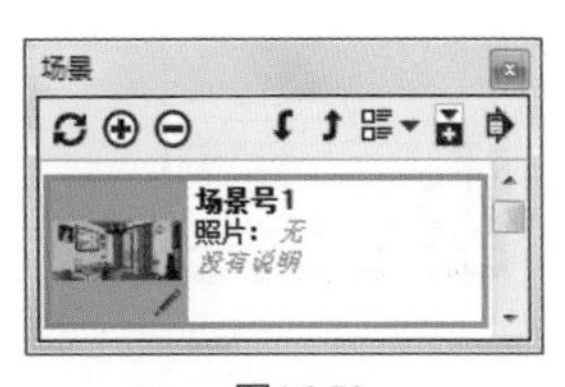

图16-73

图16-74

3．单击【添加场景】按钮⊕，创建场景2，如图16-75和图16-76所示。

图16-75　　图16-76

4. 单击【添加场景】按钮⊕，创建场景3，如图16-77和图16-78所示。

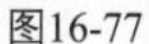

图16-77　　图16-78

16.4 渲染设计

根据之前学习过的V-Ray渲染方法，对室内进行简单的渲染，将灯光设为暖黄色调，其他参数根据需要进行设置。

一、布光准备

1. 设置【Global switches】全局开关。暂时先关闭【反射/折射】选项，激活【替代材质】选项，并单击颜色块，设置一个灰度值（R170，G170，B170），如图16-79所示。

图16-79

2. 设置【Image sampler（Antialiasing）】图像采样器。【类型】一般推荐使用“固定比率”采样器，这种采样器速度更快，同时关闭【抗锯齿过滤】复选框，将【细分】

设为“1”，如图16-80所示。

Image sampler (Antialiasing)

Image Sampler

类型	固定比率
细分	1

抗锯齿过滤器

☐	平面	大小	1.5

图16-80

3．设置纯蒙特卡罗【DMC sampler】采样器，是为了不让测试效果产生太多的黑斑和噪点，将【最小采样】提高为“13”，其他参数全部保持默认值，如图16-81所示。

DMC sampler

自适应数量	0.85	最小采样	13
噪波阈值	0.01	全局细分倍增	1.0

图16-81

4．设置【Color mapping】颜色映射，也就是设置曝光方式。这个选项非常重要，它与场景的特点有很大的关系，【类型】选择“指数曝光”，如图16-82所示。

Color mapping

类型	指数曝光	子像素映射	☑
Dark multiplier	1.0	影响背景	☑
Bright multiplier	0.8	不影响颜色(仅自适应)	☐
伽马	2.2	线性工作流程	☐
输入伽马值	2.2	修正LDR材质	☑
钳制输出	☑	修正RGB颜色	☑
钳制级别	1.0		

图16-82

5．设置【Irradiance map】发光贴图和【Light cache】灯光缓存，这两项都设定为相对比较低的数值，图16-83和图16-84所示为设置的参数。

Irradiance map

基本参数

最小比率	-4	颜色阈值	0.3
最大比率	-4	法线阈值	0.3
半球细分	50	距离极限	0.1
插值采样	20	帧插值采样	2

图16-83

Light cache

计算参数

细分	600	储存直接光照	☑
采样大小	0.02	显示计算过程	☑
单位	场景	自适应追踪	☐
进程数	4	只对直接光照使用	☐
深度	100	每个采样的最小路径	16
使用相机路径	☑		

图16-84

二、设置灯光

1．显示V-Ray工具栏，单击【光域网】按钮，为室内添加灯光，如图16-85所示。

图16-85

2．用鼠标右键单击光源，在快捷菜单中选择【V-Ray for SketchUp】/【编辑光源】命令，设置“颜色”为暖黄色，如图16-86和图16-87所示。

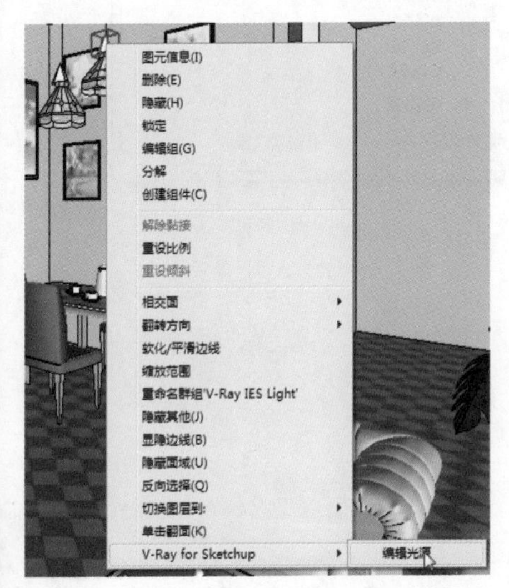

图16-86

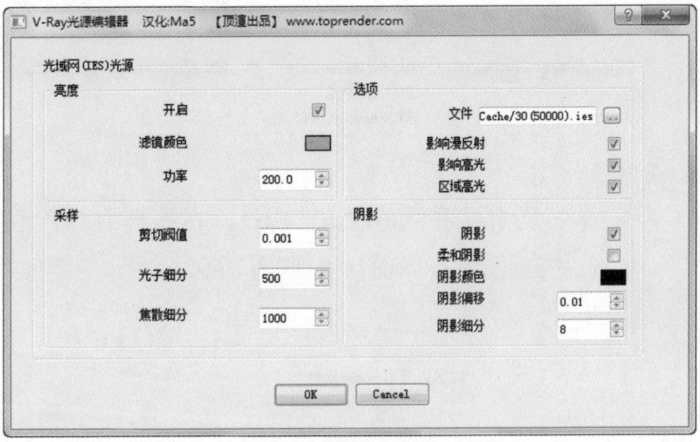

V-Ray光源编辑器 汉化:Ma5 【顶渲出品】 www.toprender.com
光域网(IES)光源
亮度
开启
滤镜颜色
功率 200.0
选项
文件 Cache/30 (50000).ies
影响漫反射
影响高光
区域高光
采样
剪切阀值 0.001
光子细分 500
焦散细分 1000
阴影
阴影
柔和阴影
阴影颜色
阴影偏移 0.01
阴影细分 8
OK
Cancel

图16-87

三、材质调整

选择【窗口】/【材质】命令，打开材质管理器，同时单击Ⓜ按钮，打开V-Ray材质编辑器。

（一）设置地砖

1．单击【样本颜料】按钮，在地砖上单击一下吸取材质，如图16-88和图16-89所示。

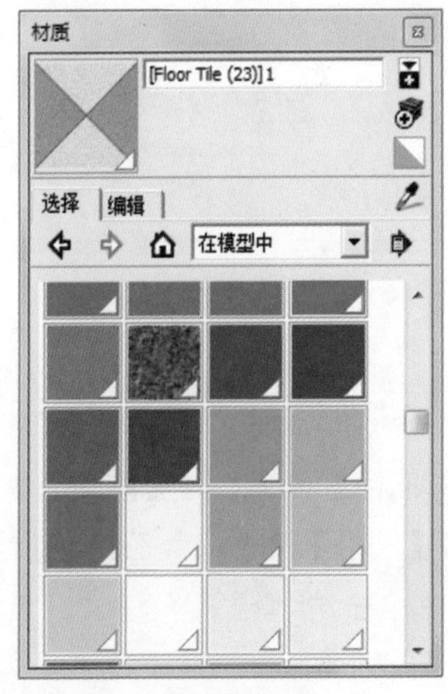

图16-88

图16-89

2．该材质的属性会自动显示在V-Ray材质编辑器中，用鼠标右键单击【材质列表】中自动选中的材质，在弹出的菜单中选择【创建材质层】/【反射】命令，如图16-90所示。

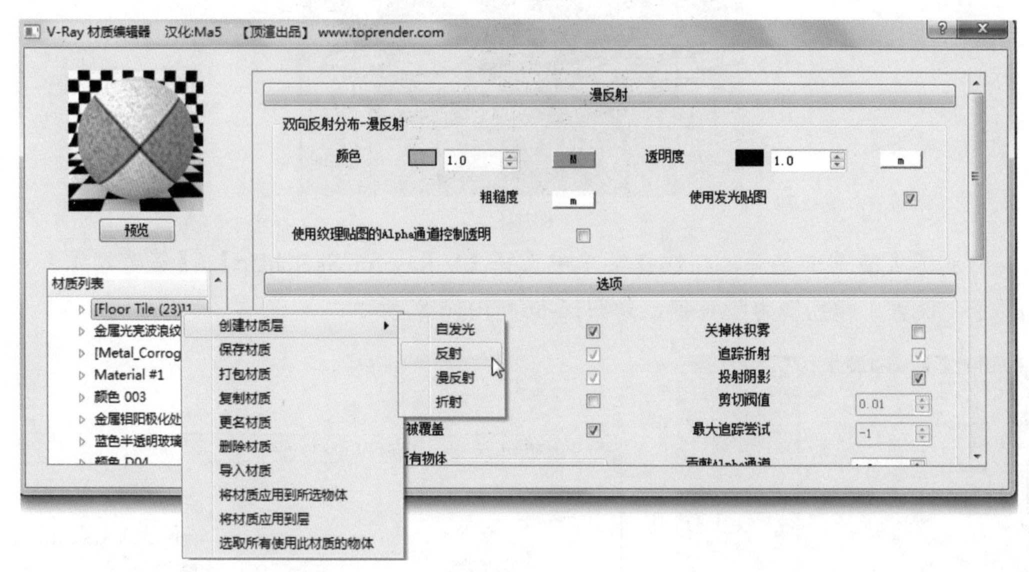

图16-90

3．单击反射层右侧的“m”按钮，在弹出的对话框中单击“菲涅耳”模式，最后单击 OK 按钮，如图16-91和图16-92所示。

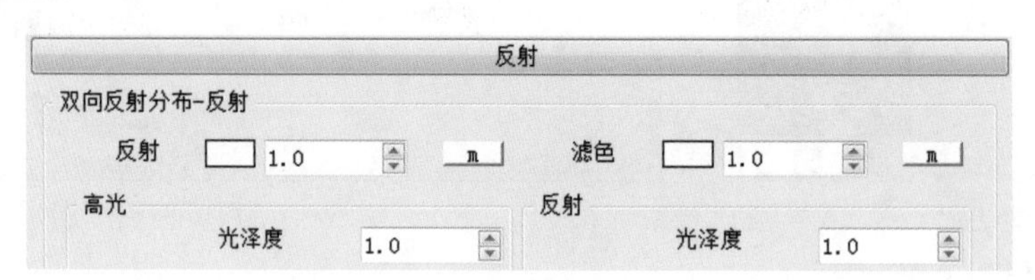

图16-91

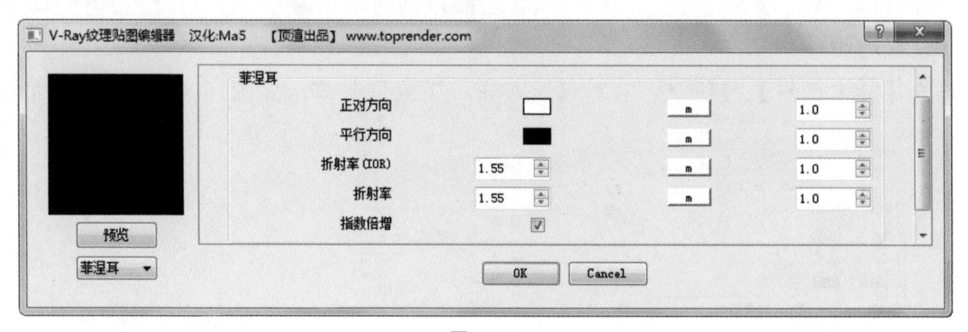

图16-92

（二）设置墙壁

1．单击【样本颜料】按钮，在墙壁上单击一下以吸取材质，如图16-93和图16-94所示。

2．该材质的属性会自动显示在V-Ray材质编辑器中，用鼠标右键单击【材质列表】中自动选中的材质，在弹出的菜单中选择【创建材质层】/【反射】命令，如图16-95所示。

3．单击反射层右侧的“m”按钮，在弹出的对话框中单击“菲涅耳”模式，最后单击 OK 按钮，如图16-96和图16-97所示。

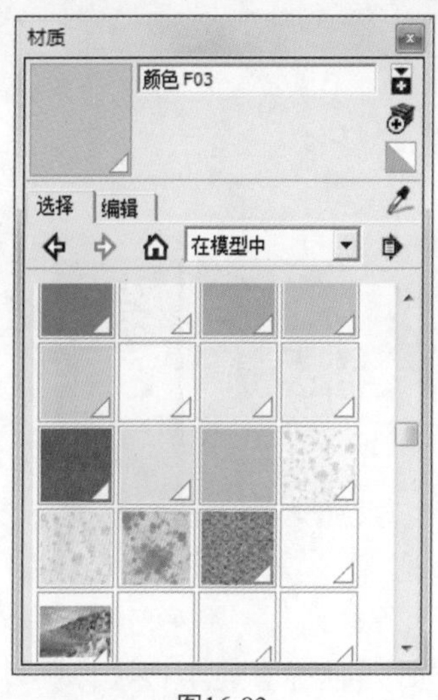

图16-93

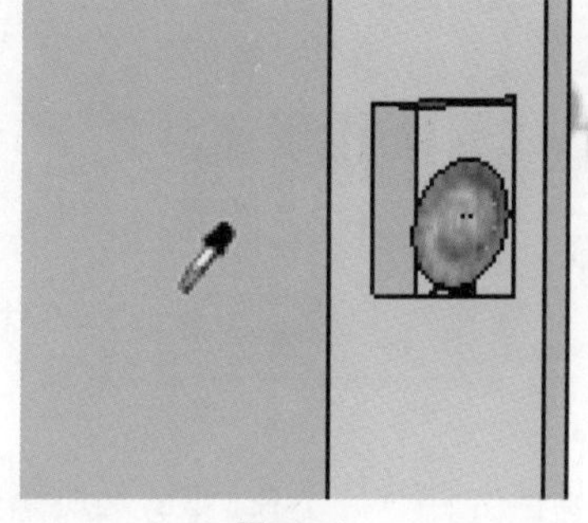

图16-94

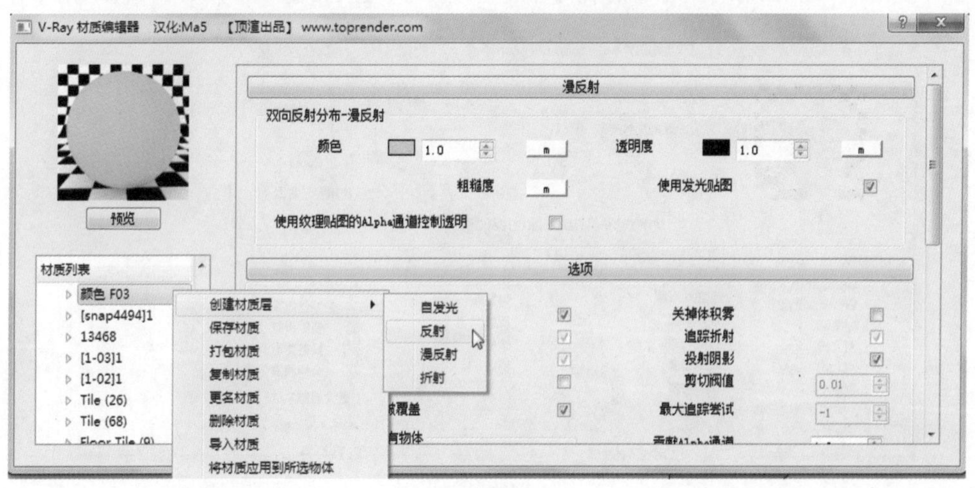

图16-95

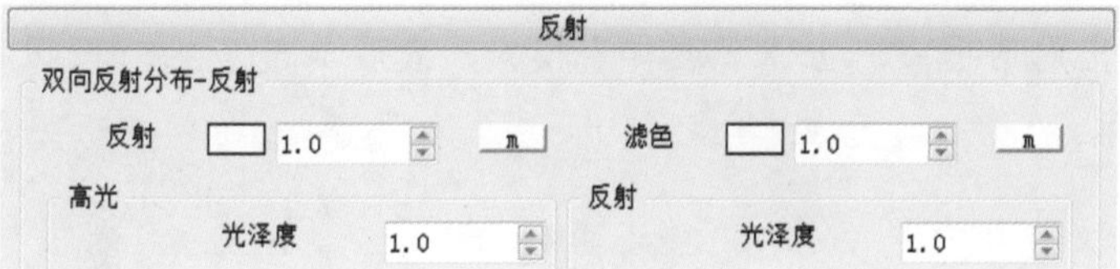

反射
双向反射分布-反射
反射 1.0 滤色 1.0
高光 光泽度 1.0
反射 光泽度 1.0

图16-96

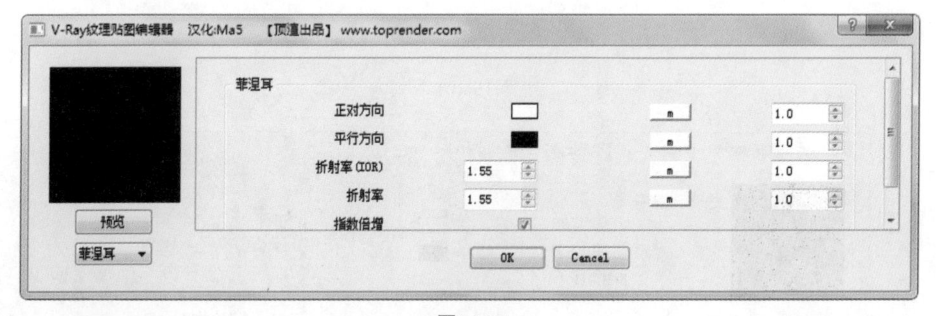

图16-97

（三）设置玻璃

1. 单击【样本颜料】按钮，在玻璃上单击一下以吸取材质，如图16-98和图16-99所示。

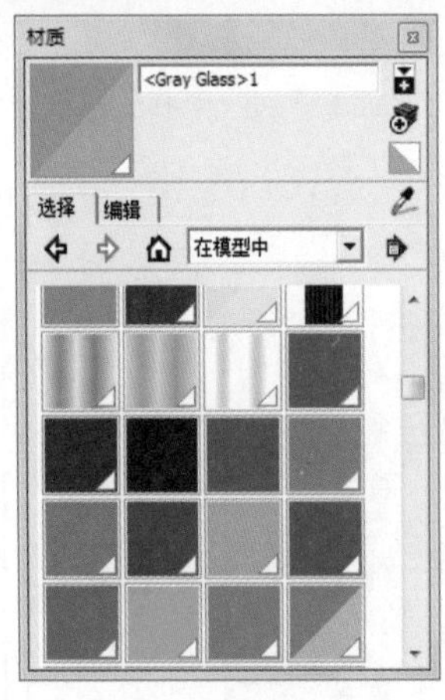

图16-98

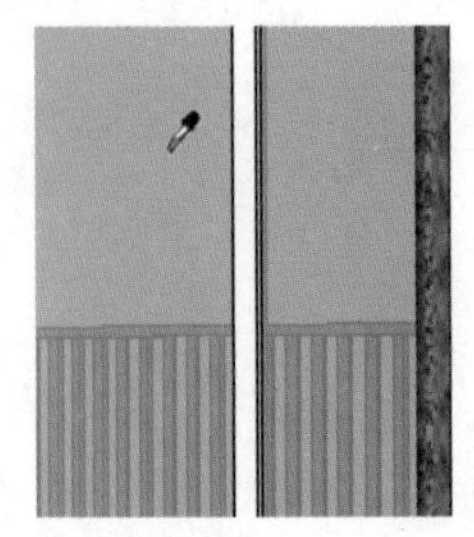

图16-99

2．该材质的属性会自动显示在V-Ray材质编辑器中，用鼠标右键单击【材质列表】中自动选中的材质，在弹出的菜单中选择【创建材质层】/【反射】命令，如图16-100所示。

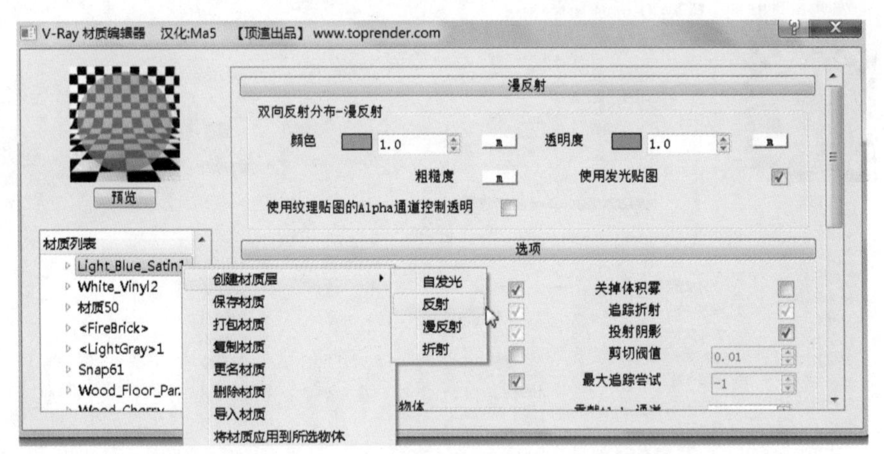

图16-100

3．将【高光光泽度】设为“0.9”，【反射光泽度】设为“1”，并单击反射层右侧的“m”按钮，在弹出对话框中单击“菲涅耳”模式，最后单击 OK 按钮，如图16-101和图16-102所示。

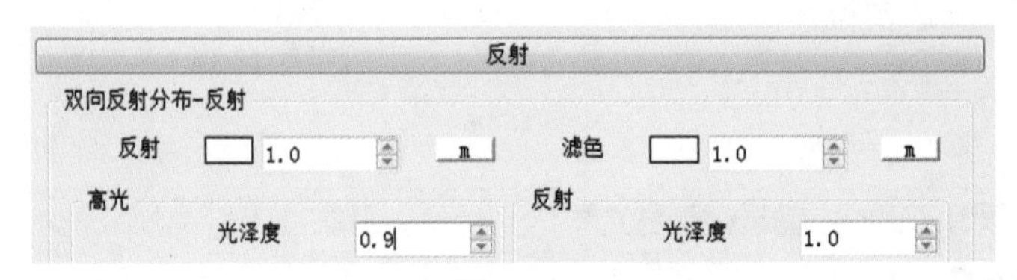

图16-101

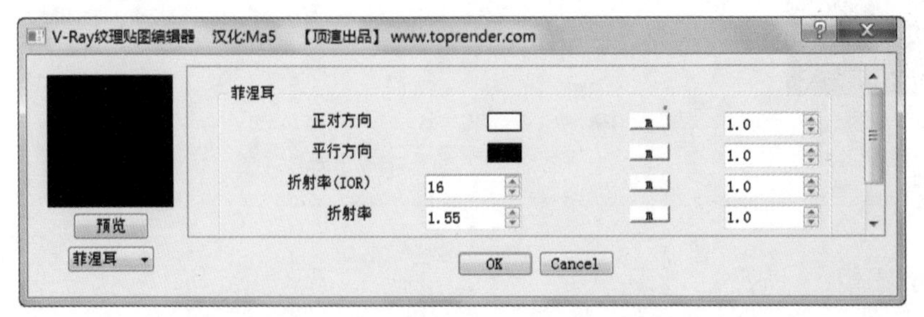

图16-102

四、渲染出图

根据之前所学方法，在这里设置渲染出图参数。

1. 单击按钮，单击【Environment】环境选项，将【全局光颜色】和【背景颜色】都设为“1.2”，如图16-103所示。

图16-103

2. 单击“M”按钮，将【Sun 1】选项栏里阴影选区中的【细分】设为“17”，让室内的阴影更加细腻，其他保持默认值，如图16-104所示。

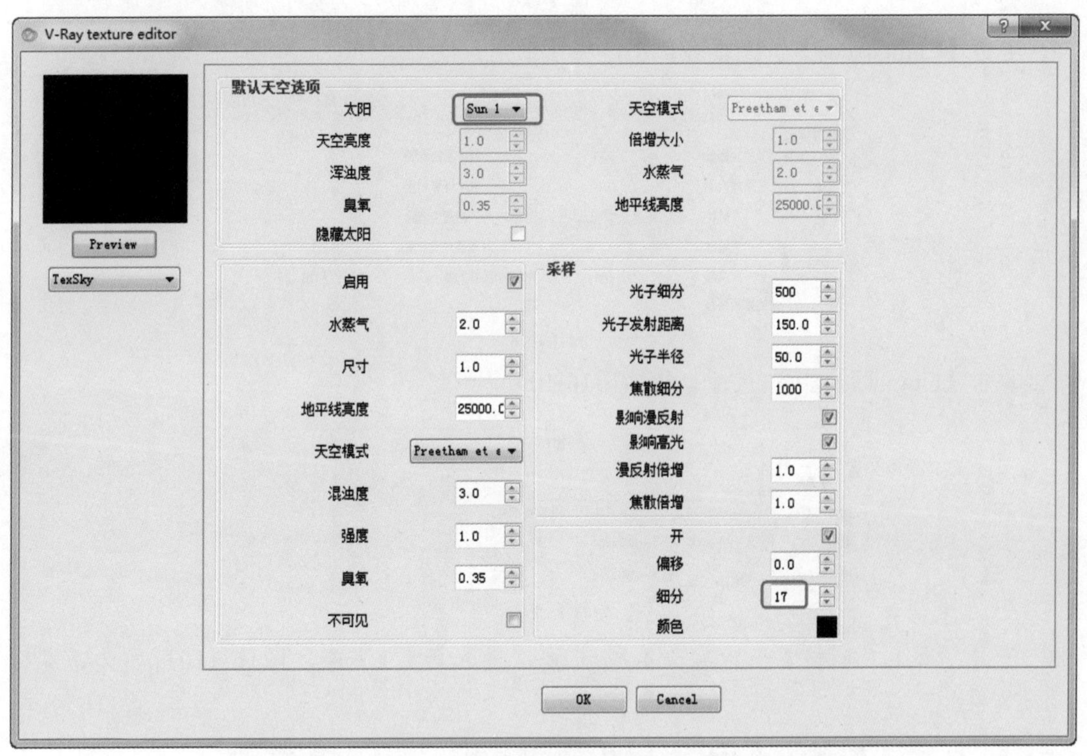

图16-104

3. 单击【Image sampler（Antialiasing)】图样采样器选项，将【类型】更改为“自适应DMC”，将【最大细分】设为“17”，提高细节区域的采样，勾选【抗锯齿过滤器】复选框，选择常用的“Catmull Rom”过滤器，如图16-105所示。

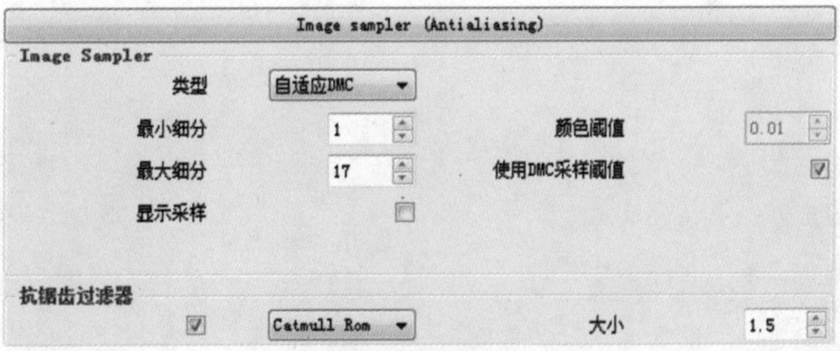

图16-105

4. 单击【DMC sampler】选项，将【最小采样】设为“12”，如图16-106所示。

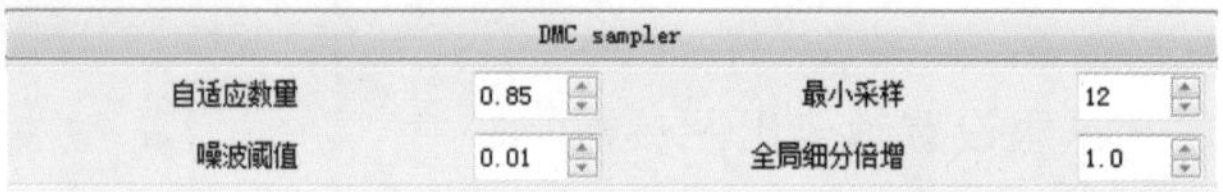

DMC sampler

自适应数量	0.85	最小采样	12
噪波阈值	0.01	全局细分倍增	1.0

图16-106

5. 单击【Irradiance map】发光贴图选项，将【最小比率】设为“-5”,【最大比率】改成“-3”，如图16-107所示。

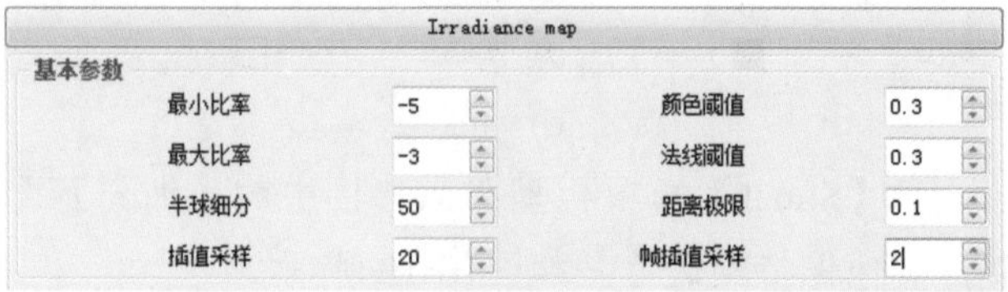

Irradiance map

基本参数

最小比率	-5	颜色阈值	0.3
最大比率	-3	法线阈值	0.3
半球细分	50	距离极限	0.1
插值采样	20	帧插值采样	2

图16-107

6. 单击【Light cache】灯光缓存选项，将【细分】设为“500”，如图16-108所示。

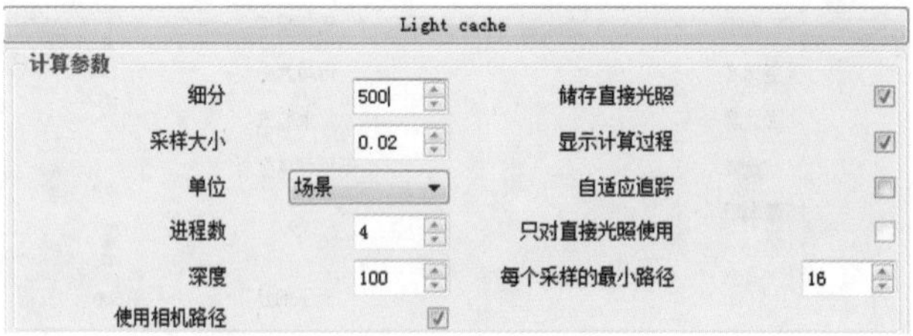

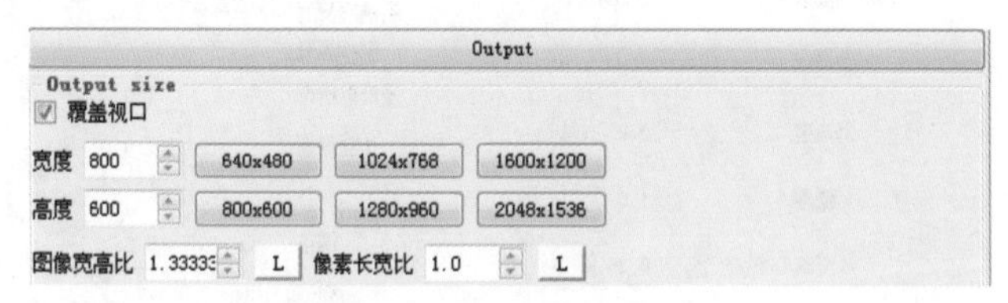

图16-108

7. 单击【Output】选项，尺寸设置如图16-109所示。

Output

Output size

☑ 覆盖视口

宽度	800	640x480	1024x768	1600x1200
高度	600	800x600	1280x960	2048x1536

图像宽高比 1.33333 L 像素长宽比 1.0 L

图16-109

8. 选择场景1，单击【开始渲染】按钮Ⓡ，进入场景1渲染，图16-110所示为渲染效果。

图16-110

在渲染场景时将显示阴影关闭。

9．依次选择场景2、场景3进行渲染，效果如图16-111和图16-112所示。

图16-111

图16-112

16.5 后期处理

这里主要运用Photoshop软件进行后期处理，使场景得到更加完美的效果。

1．启动Photoshop软件，打开渲染图片，如图16-113所示。

图16-113

2．选择【图像】/【调整】/【亮度/对比度】命令，调整亮度，如图16-114和图16-115所示。

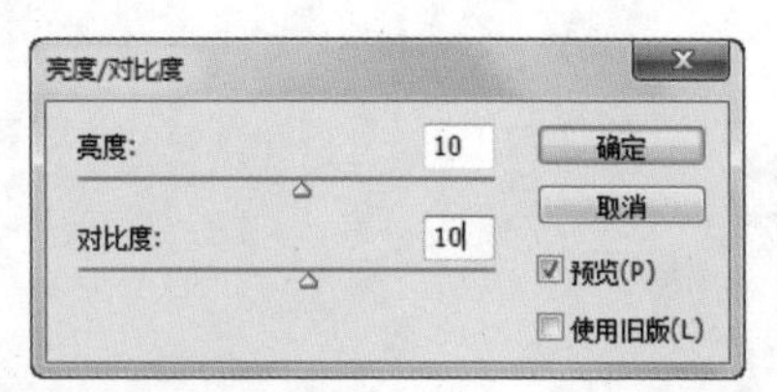

图16-114　　图16-115

3. 选择【图像】/【调整】/【色彩平衡】命令，调整颜色，如图16-116和图16-117所示。

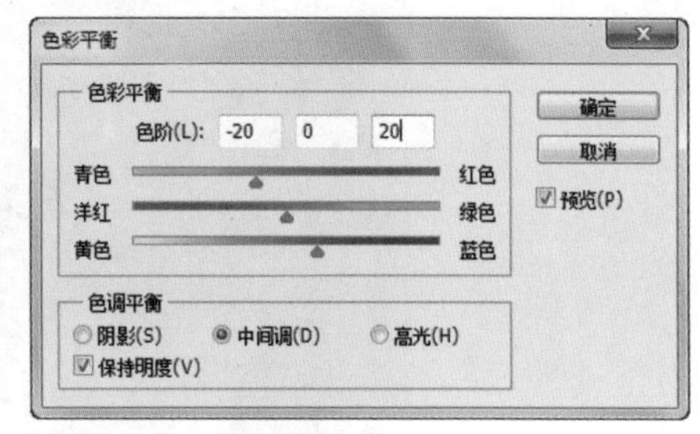

图16-116　　图16-117

4. 新建一个图层，按Ctrl+Shift+Alt+E组合键，盖印可见图层，如图16-118和图16-119所示。

图16-118　　图16-119

5. 选择【滤镜】/【模糊】/【高斯模糊】命令，添加模糊效果，如图16-120和图16-121所示。

图16-120

图16-121

6. 将图像模式设为“柔光”，“不透明度”设为“50%”，如图16-122和图16-123所示。

图16-122

图16-123

7．将图层进行合并，最终效果如图16-124和图16-125所示。

图16-124

图16-125

8．利用同样的方法处理另外两张渲染图片，如图16-126和图16-127所示。

图16-126

图16-127

16.6 本章小结

本章主要利用了SketchUp对室内进行装修设计，创建一个现代温馨的客厅效果。整个设计的流程参照实际的图纸进行布置，室内的装修采用相对简约的方式，包括如何绘制装饰墙、创建阳台。在填充材质的过程中要注意颜色的搭配，导入的组件要配合室内设计风格，再对室内光线进行渲染，使它达到更真实的效果。每个环节都紧紧相扣，如果读者有兴趣，可以根据不同的图纸设计出更漂亮的室内效果。

第17章 庭院景观设计

本章主要介绍SketchUp在景观设计中的应用，如何创建普通的庭院景观模型。

17.1 私人住宅庭院景观

源文件：\Ch17\私人住宅庭院景观\
结果文件：\Ch17\私人住宅庭院景观案例\
视频：私人住宅庭院景观.wmv

17.1.1 设计解析

本案例以CAD庭院平面设计图为基础，建立一个私人庭院景观模型。整张图纸主要分为房屋和庭院两部分，外面设有围墙。庭院内以亭子为中心，配有不同的花草植物，还有假山和水池供人欣赏，让人们在繁忙之余享受最好的休闲生活。图17-1、图17-2和图17-3所示为建筑效果图，图17-4、图17-5和图17-6所示为后期处理效果图。操作流程如下。

（1）在CAD软件里整理平面图纸。
（2）导入图纸。
（3）创建模型。
（4）填充材质。
（5）导入组件。
（6）添加场景。
（7）渲染模型。
（8）后期处理。

图17-1

图17-2

图17-3

图17-4

图17-5

图17-6

17.1.2 方案实施

首先在AutoCAD里对图纸进行清理，然后导入SketchUp中进行描边封面。

一、整理CAD图纸

CAD平面设计图纸里含有大量的文字、图层、线和图块等信息，如果直接导入SketchUp中，会增加建模的复杂性，所以一般先在CAD软件里进行处理，将多余的线删除掉，使设计图纸简单化。图17-7所示为原图，图17-8所示为简化图。

图17-7

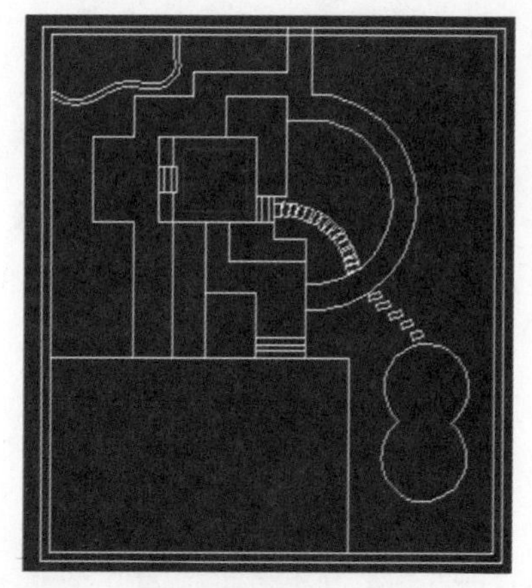

图17-8

1. 在CAD命令栏里输入“PU”，按Enter键结束命令，对简化后的图纸进行进一步清理，如图17-9所示。
2. 单击全部清理(A)按钮，弹出图17-10所示的对话框，选择“清除所有项目”选项，直到“全部清理”按钮变成灰色状态，即清理完图纸，如图17-11所示。

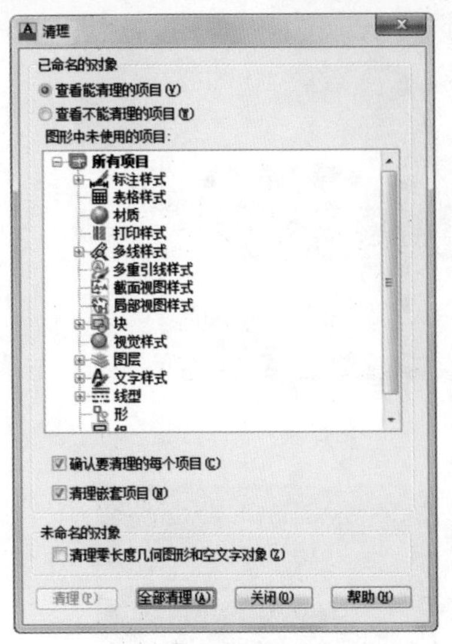

图17-9

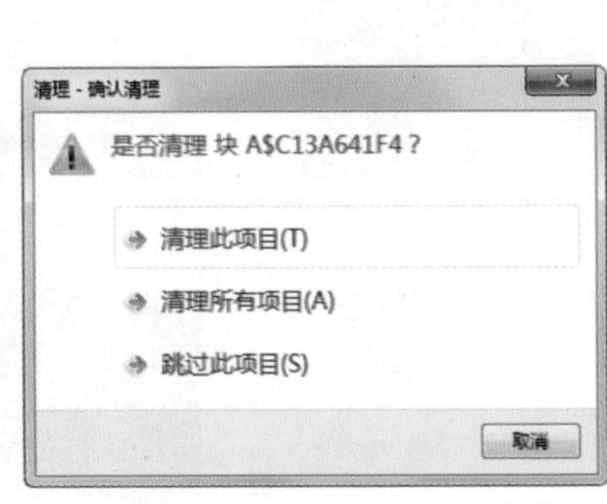

图17-10

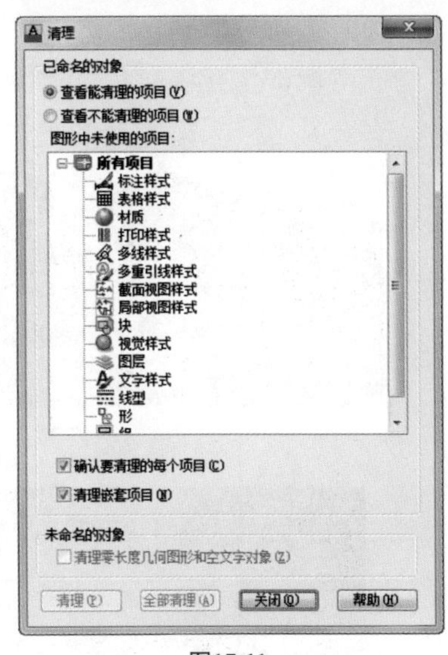

图17-11

二、导入图纸

导入图纸，并设置参数创建封闭面，对单独要创建的模型单独进行描边封面。

1. 选择【文件】/【导入】命令，弹出【打开】对话框，导入图纸，将文件类型选择为“AutoCAD文件（*.dwg）”格式，如图17-12所示。

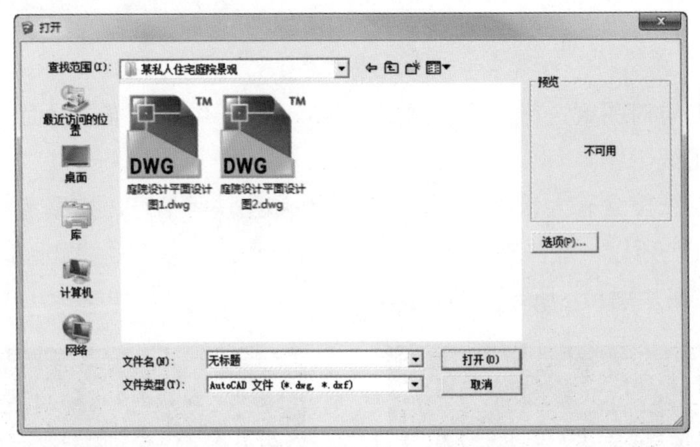

图17-12

2. 单击【选项】按钮，设置单位为“毫米”，单击【确定】按钮，最后单击【打开】按钮，即可导入CAD图纸，如图17-13和图17-14所示。

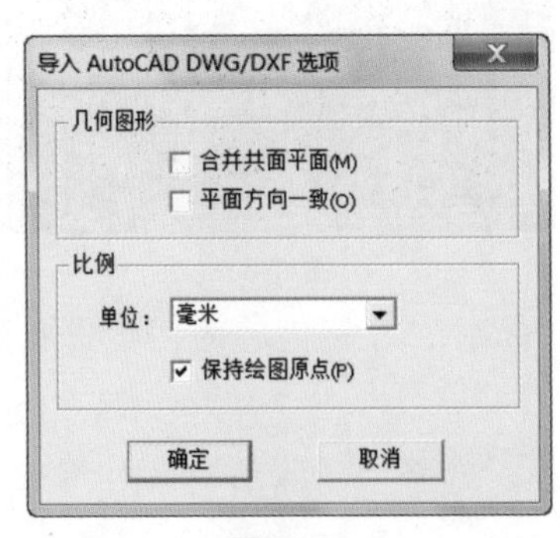

图17-13

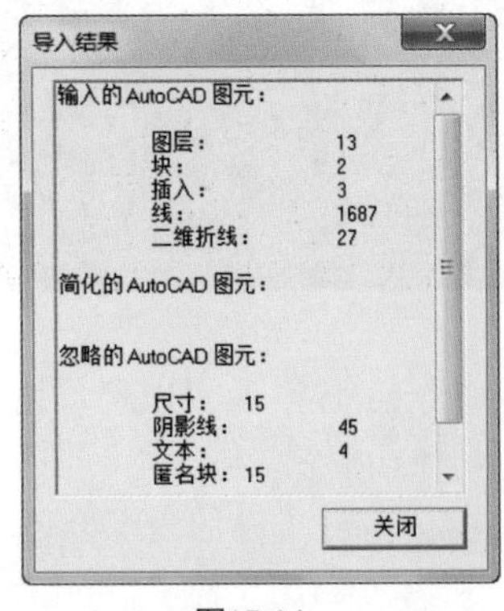

图17-14

3．导入SketchUp中的CAD图纸是以线显示的，如图17-15所示。

4．单击【线条】按钮，将图纸进行描边封面，如图17-16和图17-17所示。

5．对单独要创建的模型要单独进行封面，如图17-18所示。

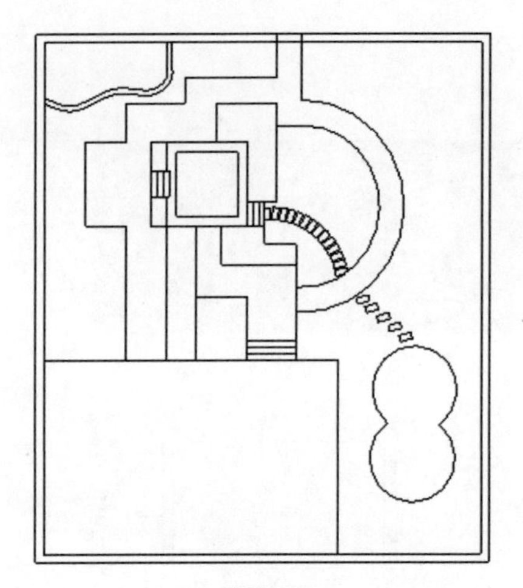

图17-15

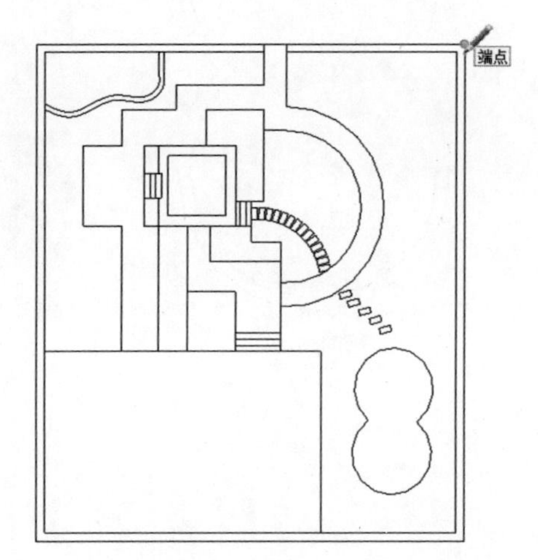

图17-16

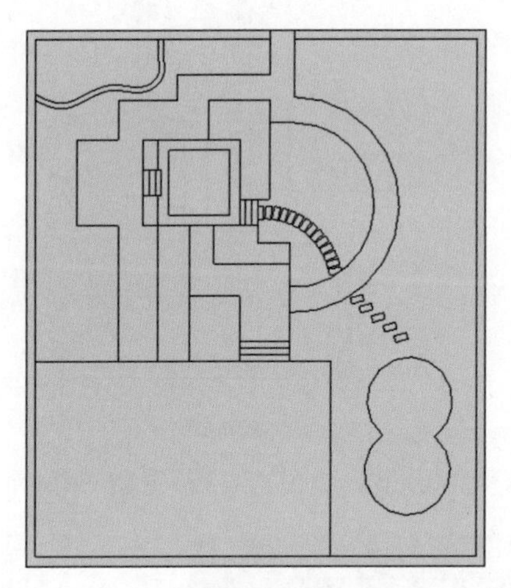

图17-17

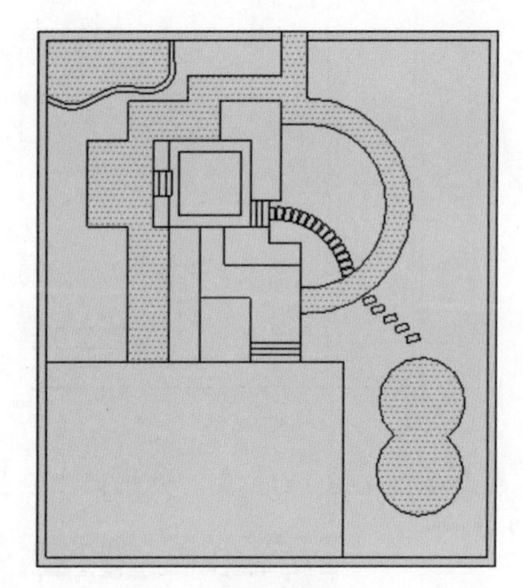

图17-18

提示

在线与线没有闭合及线出头的情况下，无法形成面，要形成面必须将多余的线头清除，将断掉的线进行连接。

17.1.3 建模流程

参照图纸进行建模，包括创建围墙、水池、花圃、假山园、石板铺路、木板铺路、石阶。

1．单击【偏移】按钮，将水池面向外偏移复制200mm，如图17-19所示。

2．单击【推/拉】按钮，向下推拉300mm和向上推拉150mm，如图17-20所示。

3．创建花圃。单击【偏移】按钮，将面向里偏移复制150mm，如图17-21和图17-22所示。

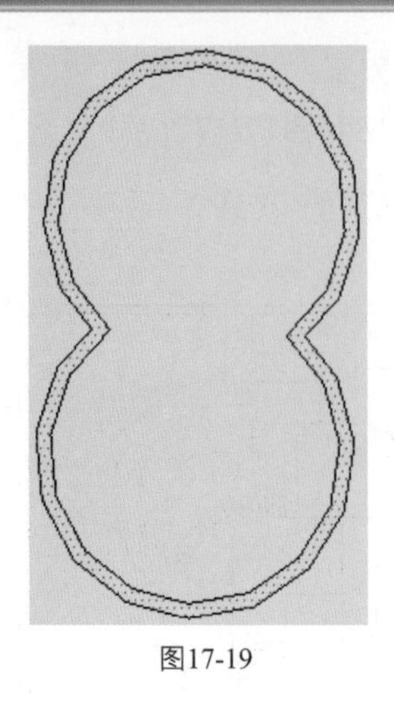

图17-19

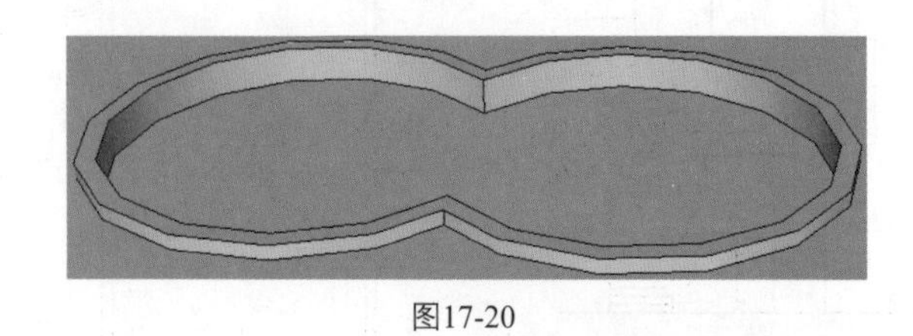

图17-20

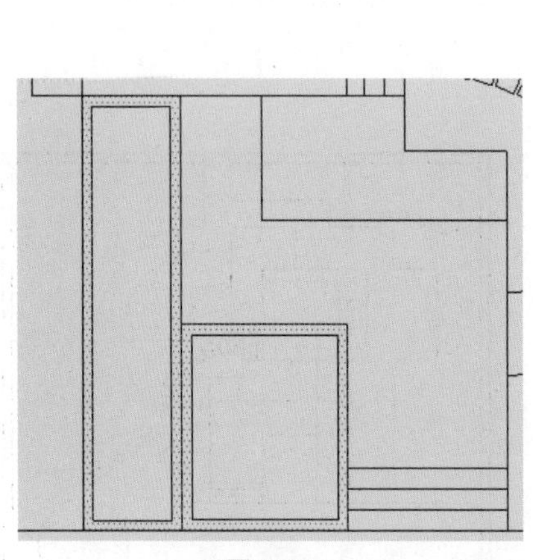

图17-21

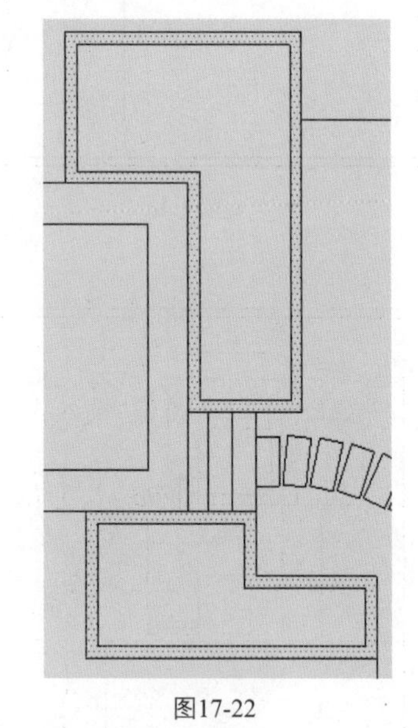

图17-22

4．单击【推/拉】按钮，分别向上推拉600mmt和300mm，如图17-23和图17-24所示。

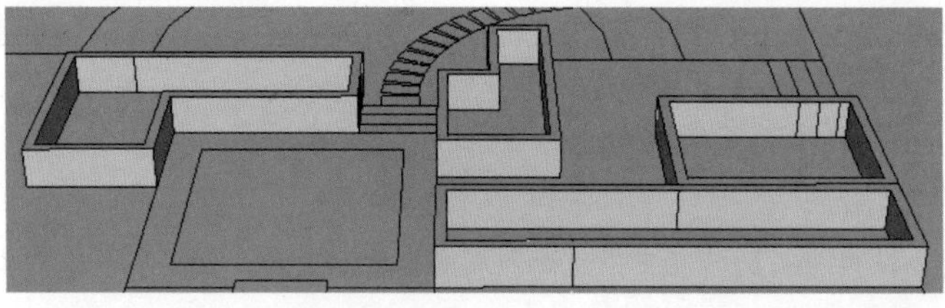

图17-23

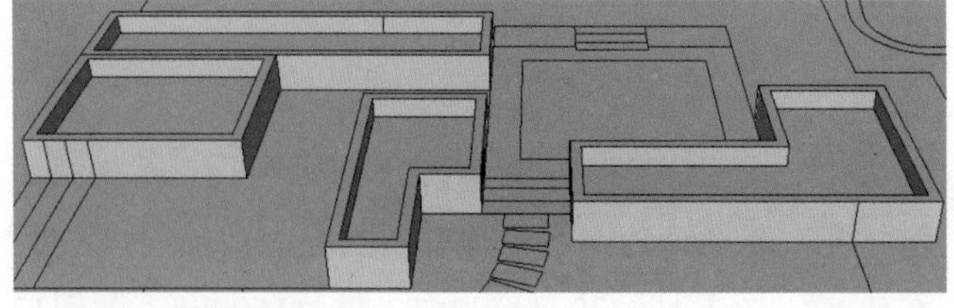

图17-24

5．创建石阶。单击【推/拉】按钮，分别向上推拉500mm和700mm，如图17-25和图17-26所示。

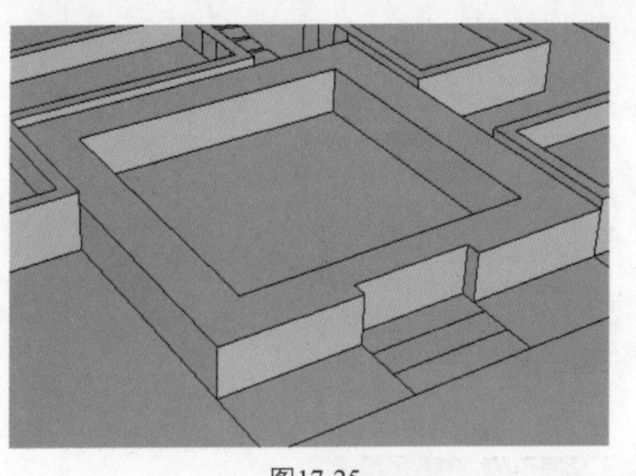
图17-25

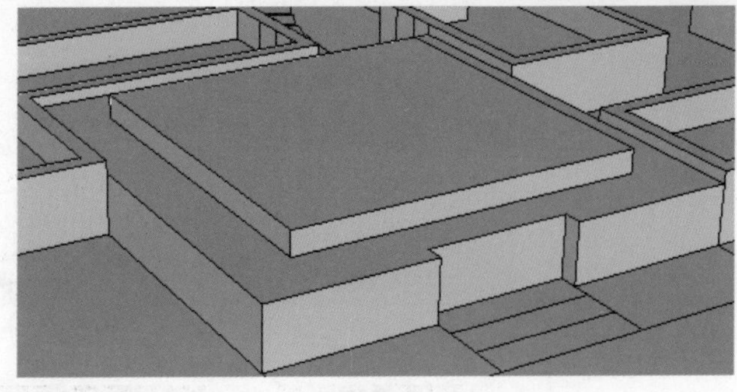
图17-26

6．单击【推/拉】按钮，分别推拉两边的石阶，如图17-27和图17-28所示。

图17-27

图17-28

7．创建石板路。单击【推/拉】按钮，向上推拉100mm，如图17-29和图17-30所示。

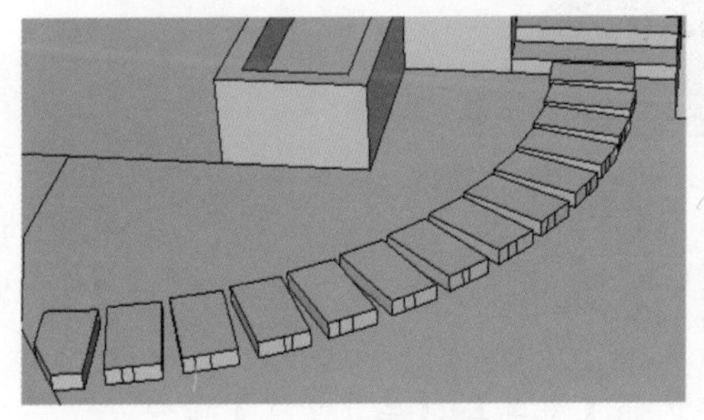
图17-29

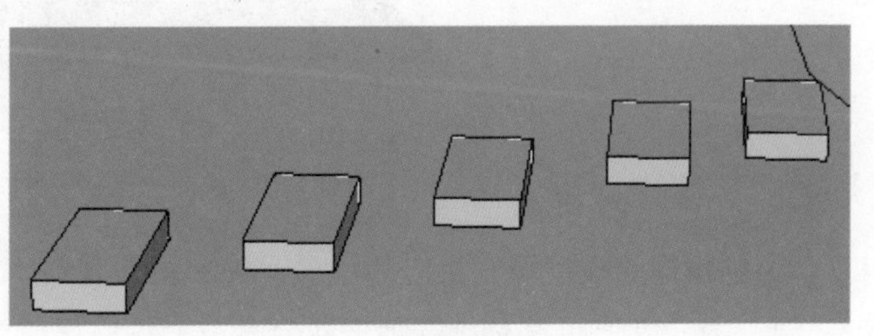
图17-30

8．创建外围墙。单击【推/拉】按钮，向上推拉500mm，如图17-31所示。

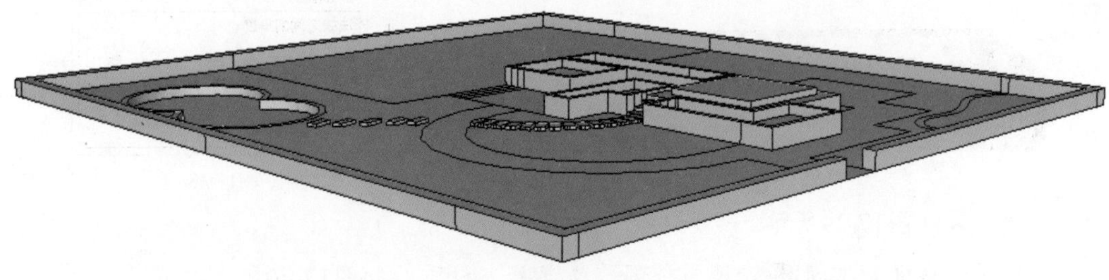
图17-31

9．创建假山园。单击【推/拉】按钮，向上推拉500mm，如图17-32所示。

10．创建石板路。单击【推/拉】按钮，向上推拉50mm，如图17-33所示。

11．创建石板路。单击【推/拉】按钮，向上推拉100mm，如图17-34和图17-35所示。

12．建模完毕，如图17-36所示。

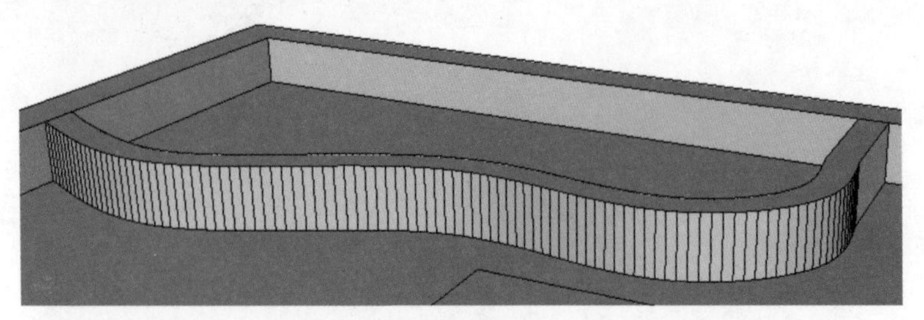

图17-32

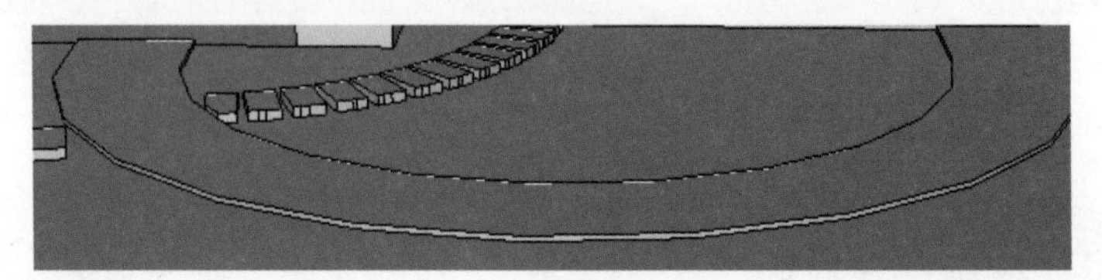

图17-33

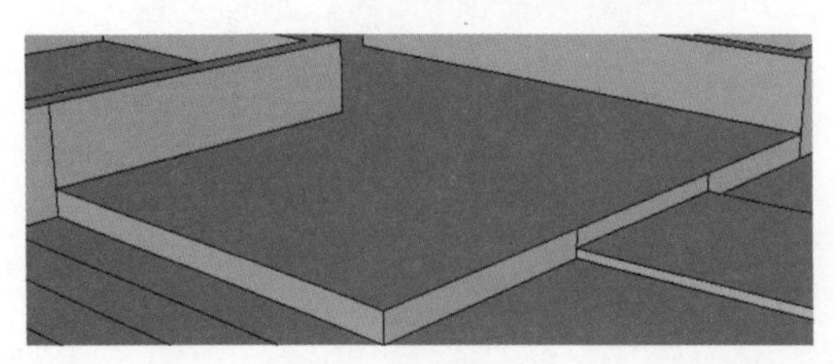

图17-34

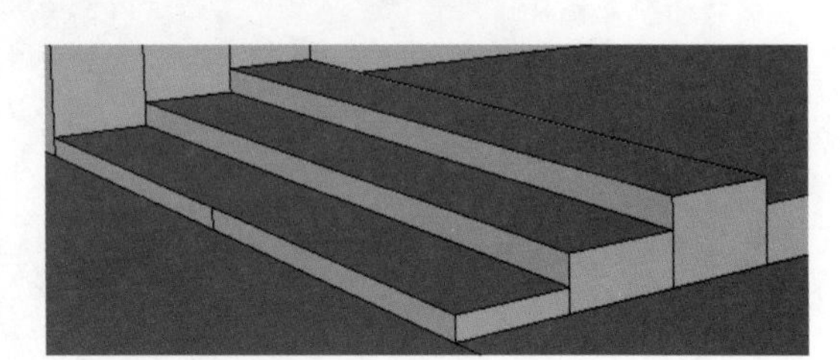

图17-35

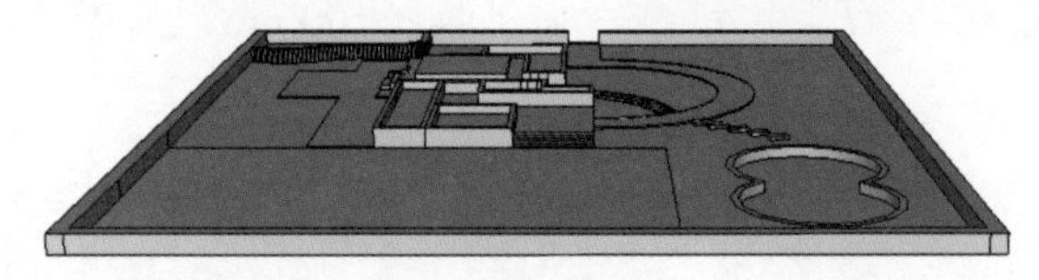

图17-36

17.1.4 填充材质

为创建好的模型填充相应的材质，使它更美观。

1. 为了方便填充材质，选中部分有多余线的模型，选择【窗口】/【柔化边线】命令，如图17-37和图17-38所示。

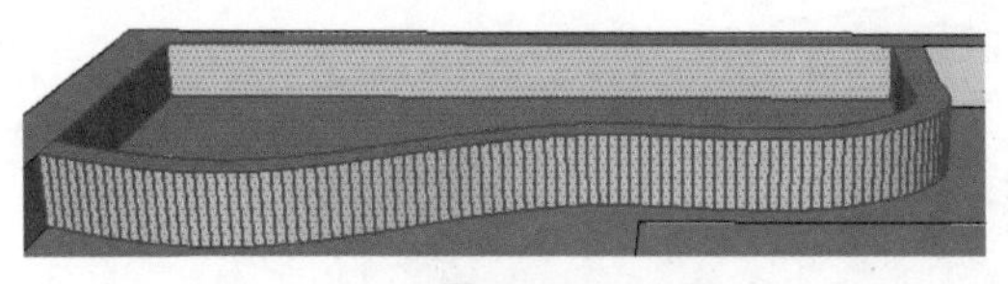

图17-37

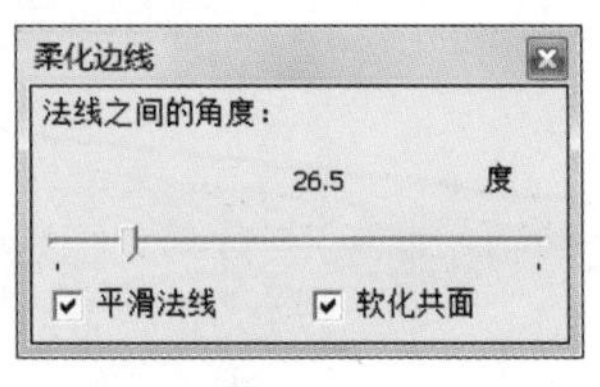

图17-38

2. 柔化效果如图17-39所示。
3. 单击【颜料桶】按钮，填充外围墙为混凝土材质，如图17-40所示。

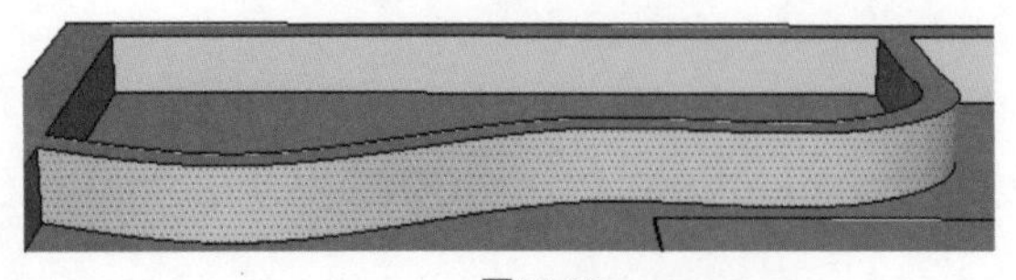

图17-39

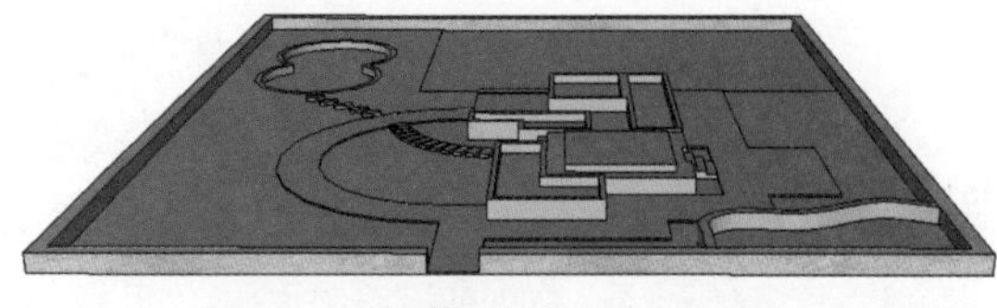

图17-40

4．填充地面为草坪材质，如图17-41所示。

5．填充面砖铺路材质，如图17-42所示。

图17-41

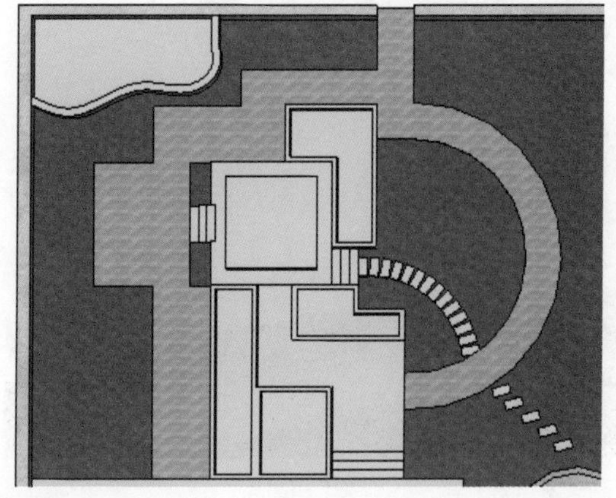

图17-42

6．为水池填充适合的材质，如图17-43所示。

7．为花圃填充适合的材质，如图17-44所示。

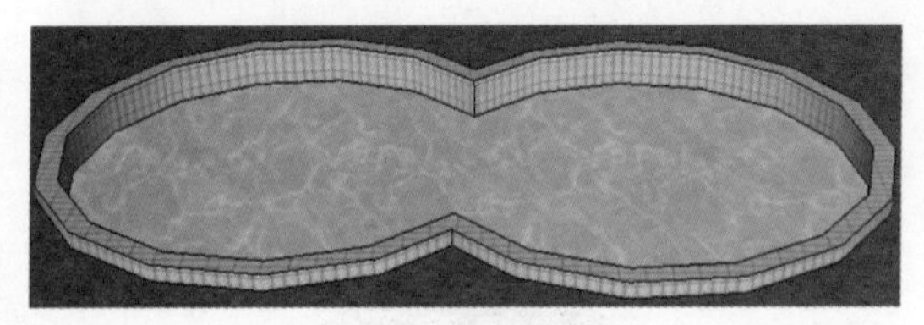

图17-43

图17-44

8．填充木板路为木质材质，如图17-45所示。

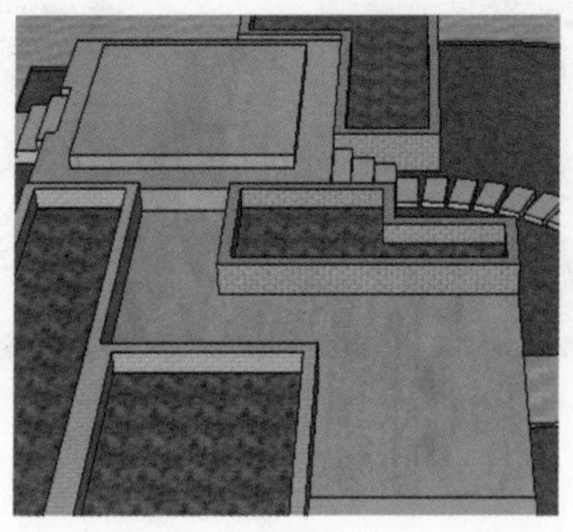

图17-45

9．为石阶填充石头材质，如图17-46和图17-47所示。

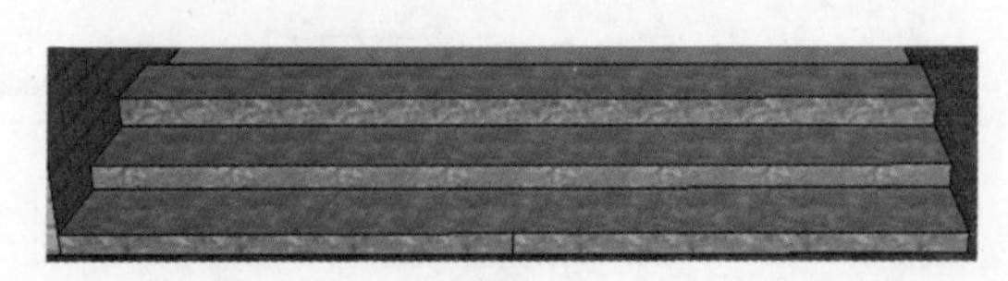

图17-46

图17-47

10．为假山园填充适合的材质，材质填充完毕，如图17-48和图17-49所示。

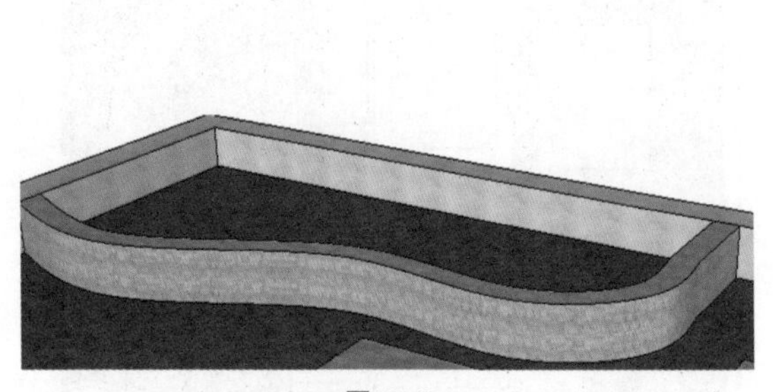
图17-48

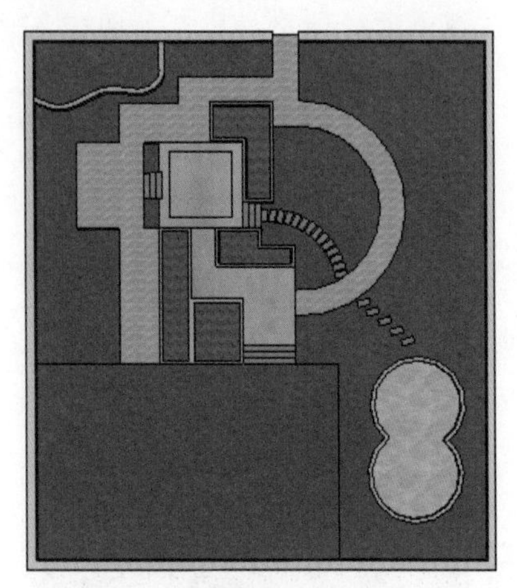
图17-49

17.1.5 导入组件

参照图纸，在光盘下导入庭院组件，也可以根据需要自行下载组件摆放在适合的位置。

1．导入房屋模型组件，如图17-50所示。

2．导入凉亭组件，如图17-51所示。

图17-50

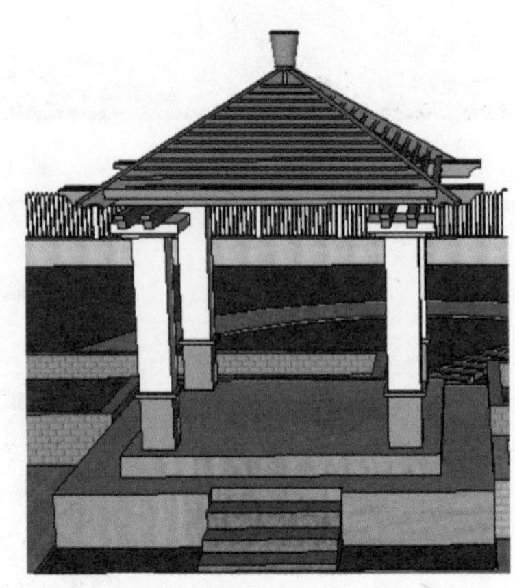
图17-51

3．导入石头和假山组件，如图17-52和图17-53所示。

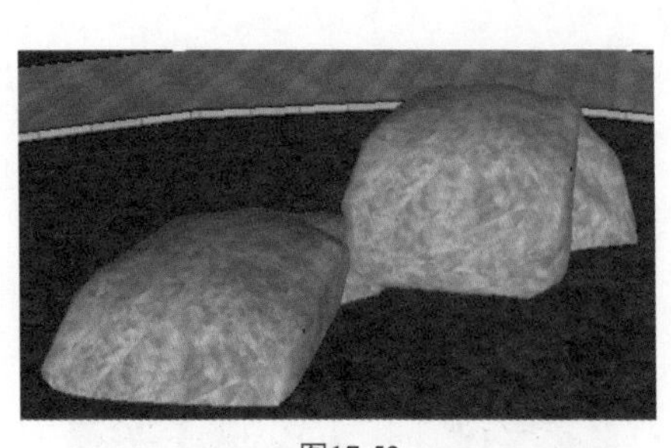
图17-52

图17-53

4．导入植物和花草组件，单击【移动】按钮，沿庭院进行复制，如图17-54、图17-55和图17-56所示。

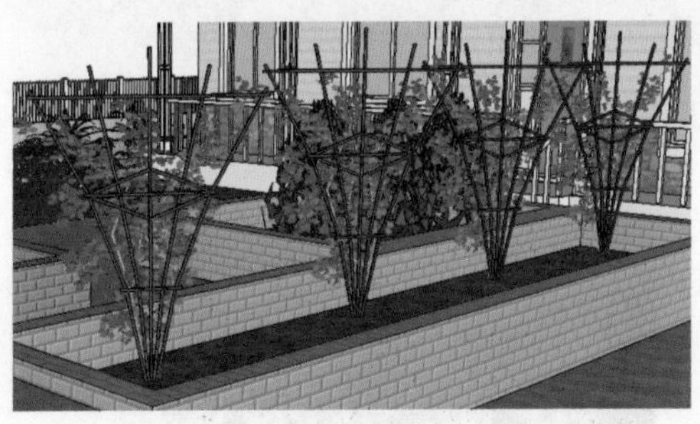

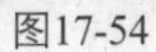

图17-54

图17-55

图17-56

5. 导入人物组件，如图17-57和图17-58所示。

图17-57

图17-58

6. 导入栅栏组件，单击【移动】按钮，沿围墙进行复制，如图17-59和图17-60所示。

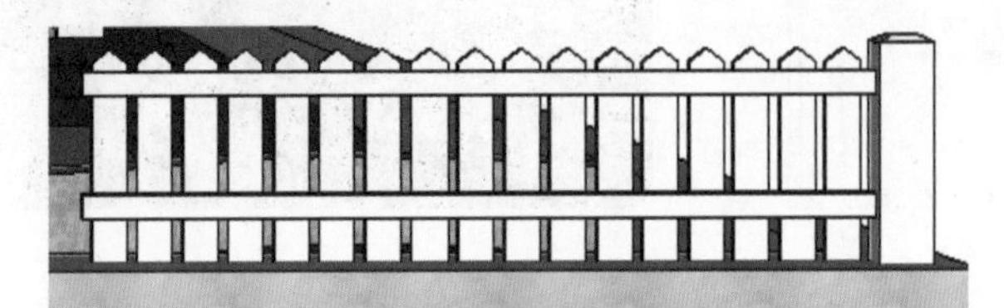

图17-59

图17-60

17.1.6 添加场景页面

为别墅庭院创建3个场景页面，并调整角度，设置阴影效果。

1. 打开阴影工具栏，为别墅庭院设置阴影效果，如图17-61和图17-62所示。

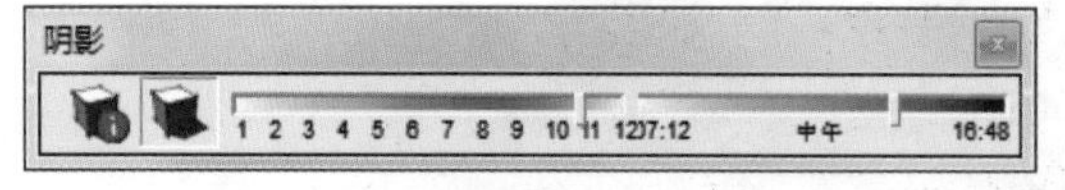

图17-61

图17-62

2. 选择【窗口】/【场景】命令，单击【添加场景】按钮⊕，创建场景1，如图17-63和图17-64所示。

图17-63

图17-64

3. 单击【添加场景】按钮⊕，创建场景2，如图17-65和图17-66所示。

图17-65

图17-66

4. 单击【添加场景】按钮⊕，创建场景3，如图17-67和图17-68所示。

图17-67

图17-68

5. 选择【文件】/【导出】/【二维图形】命令，依次导出3个场景，如图17-69和图17-70所示。

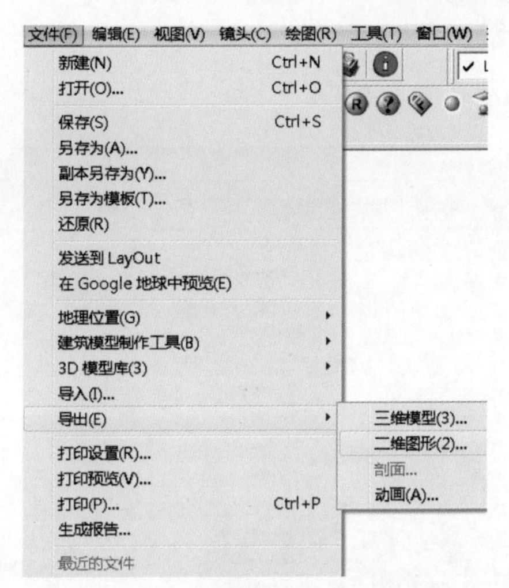

图17-69

图17-70

6. 单击【选项】按钮，可设置输出大小，如图17-71所示。

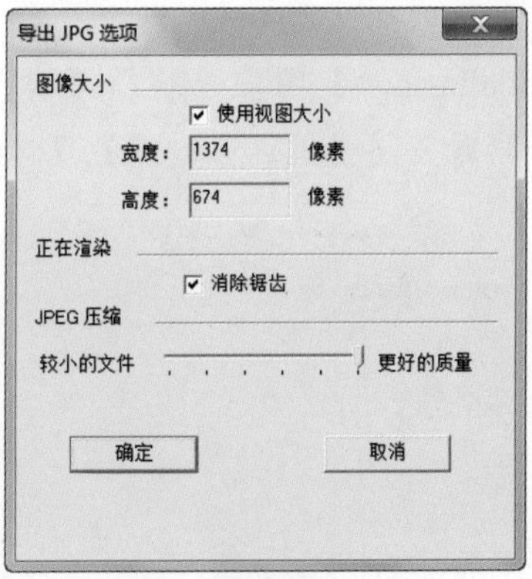

图17-71

17.1.7 渲染模型

主要利用V-Ray渲染器对庭院的3个场景进行依次渲染。

一、布光准备

1．打开V-Ray渲染设置面板，如图17-72所示。

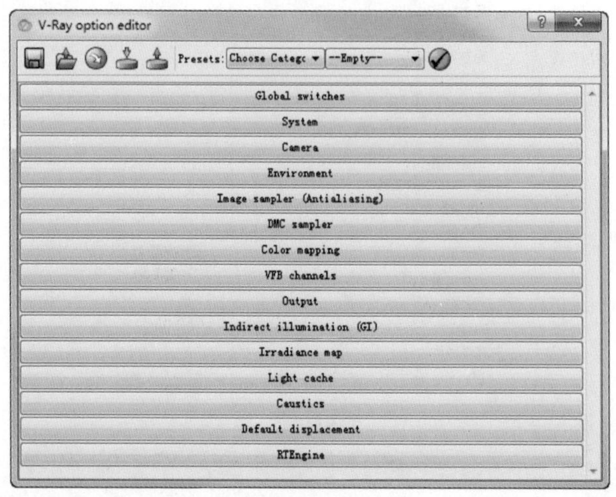

图17-72

2．设置【Global switches】全局开关。暂时先关闭【反射/折射】选项，激活【替代材质】选项，并单击颜色块，设置一个灰度值（R170，G170，B170），如图17-73所示。

图17-73

3．设置【Image sampler（Antialiasing）】图像采样器。【类型】一般推荐使用“固定比率”采样器，速度更快，同时关闭【抗锯齿过滤】复选框，如图17-74所示。

图17-74

4．设置纯蒙特卡罗【DMC sampler】采样器。为了不让测试效果产生太多的黑斑和噪点，将【最小采样】提高为“13”，其他参数全部保持默认值，如图17-75所示。

DMC sampler
自适应数量
0.85
最小采样
13
噪波阈值
0.01
全局细分倍增
1.0

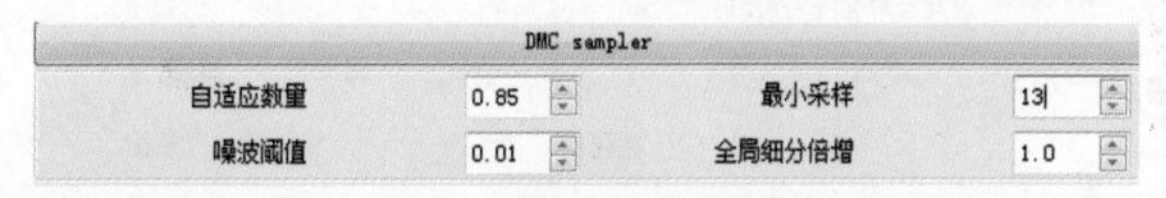

图17-75

5．设置【Color mapping】颜色映射。也就是设置曝光方式，这个选项非常重要，它与场景的特点有很大的关系，【类型】选择“指数曝光”，如图17-76所示。

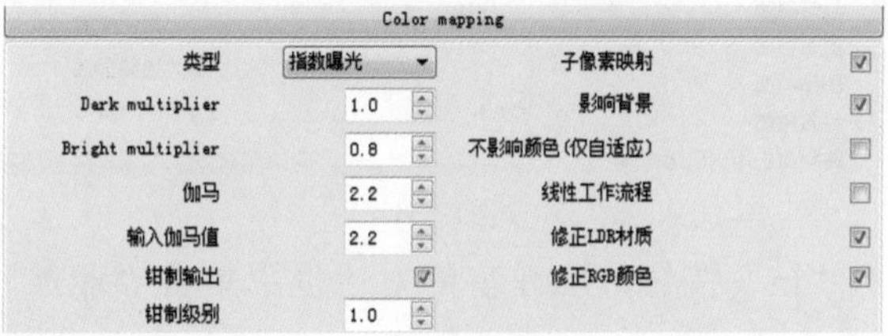

Color mapping
类型
指数曝光
子像素映射
Dark multiplier
1.0
影响背景
Bright multiplier
0.8
不影响颜色(仅自适应)
伽马
2.2
线性工作流程
输入伽马值
2.2
修正LDR材质
钳制输出
修正RGB颜色
钳制级别
1.0

图17-76

6．设置【Irradiance map】发光贴图和【Light cache】灯光缓冲。两项都设定为相对比较低的数值，如图17-77和图17-78所示。

Irradiance map
基本参数
最小比率
-5
颜色阈值
0.3
最大比率
-4
法线阈值
0.3
半球细分
50
距离极限
0.1
插值采样
20
帧插值采样
2

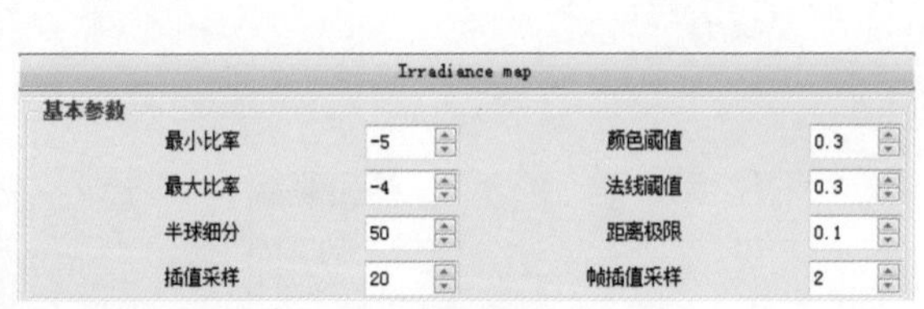

图17-77

Light cache
计算参数
细分
600
储存直接光照
采样大小
0.02
显示计算过程
单位
场景
自适应追踪
进程数
4
只对直接光照使用
深度
100
每个采样的最小路径
16
使用相机路径

图17-78

二、材质调整

单击【窗口】/【材质】命令，打开材质管理器，同时单击按钮，打开V-Ray材质编辑器。

（一）设置地砖

1．单击【样本颜料】按钮，在地面单击一下吸取材质，如图17-79和图17-80所示。

材质
Tile (39)
选择
编辑
在模型中

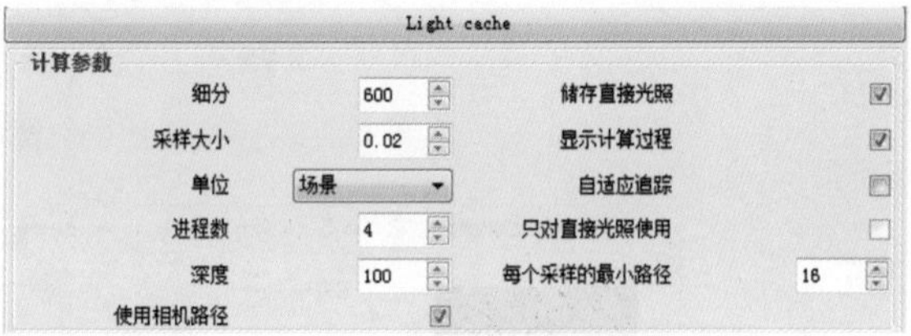

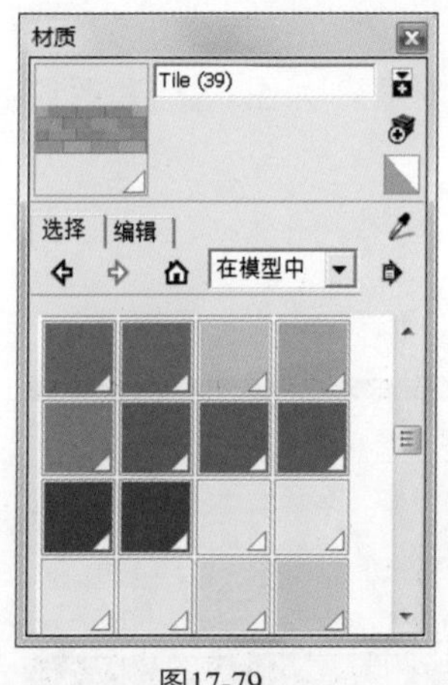

图17-79

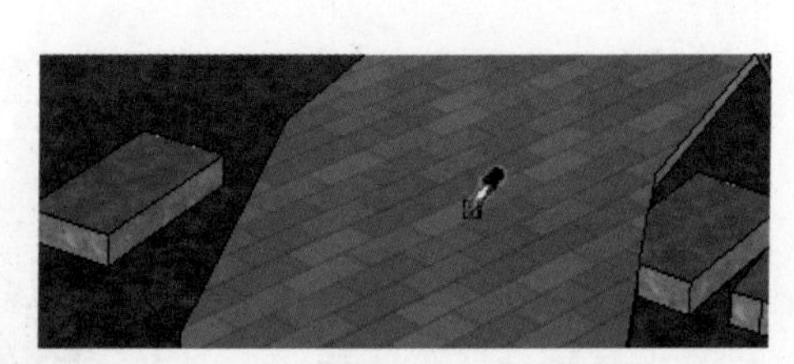

图17-80

2．该材质的属性会自动显示在V-Ray材质编辑器中，用鼠标右键单击【材质列表】中自动选中的材质，在弹出的菜单中选择【创建材质层】/【反射】命令，如图17-81所示。

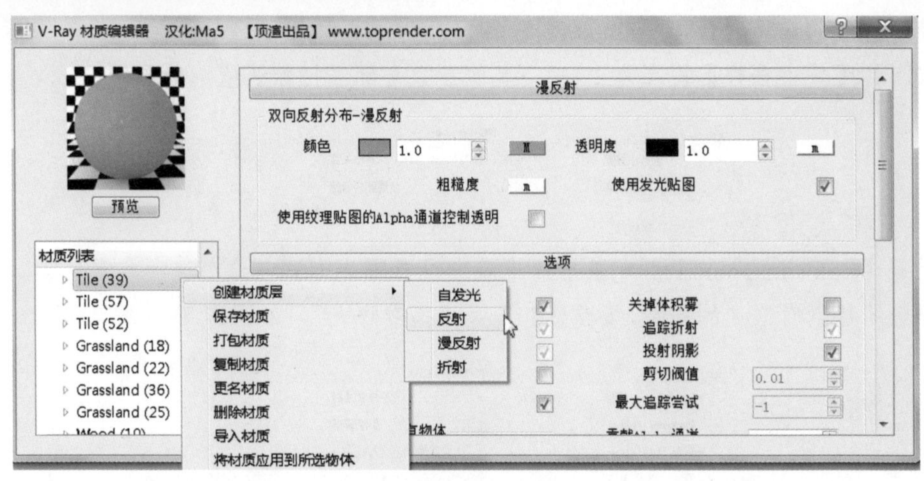

图17-81

3．单击反射层右侧的“m”按钮，在弹出的对话框中单击“菲涅耳”模式，最后单击 OK 按钮，如图17-82和图17-83所示。

图17-82

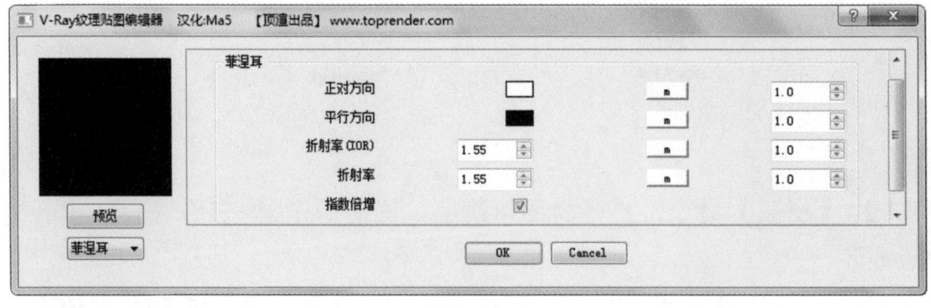

图17-83

（二）设置磁砖

1．单击【样本颜料】按钮，在磁砖上单击一下吸取材质，如图17-84和图17-85所示。

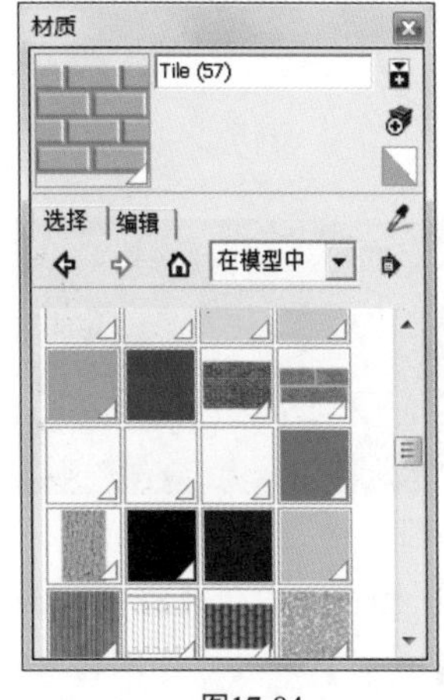

图17-84

图17-85

2．该材质的属性会自动显示在V-Ray材质编辑器中，用鼠标右键单击【材质列表】中自动选中的材质，在弹出的菜单中选择【创建材质层】/【反射】命令，如图17-86所示。

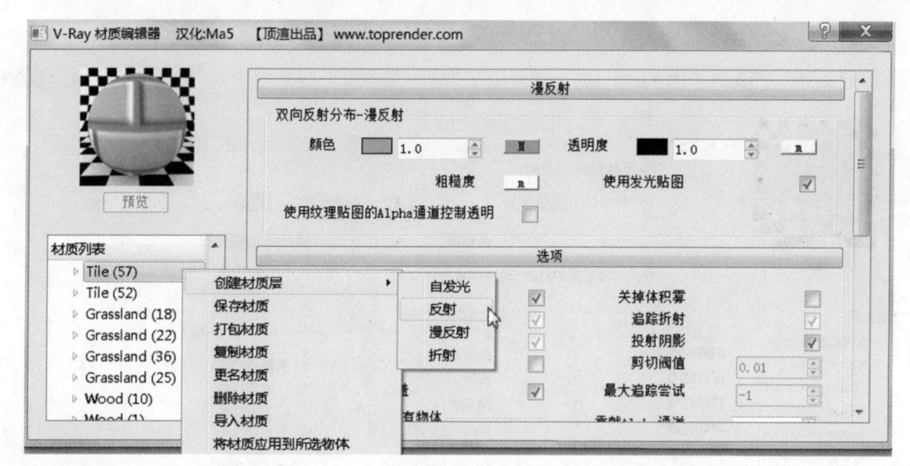

图17-86

3．单击反射层右侧的“m”按钮，在弹出的对话框中单击“菲涅耳”模式，最后单击 OK 按钮，如图17-87和图17-88所示。

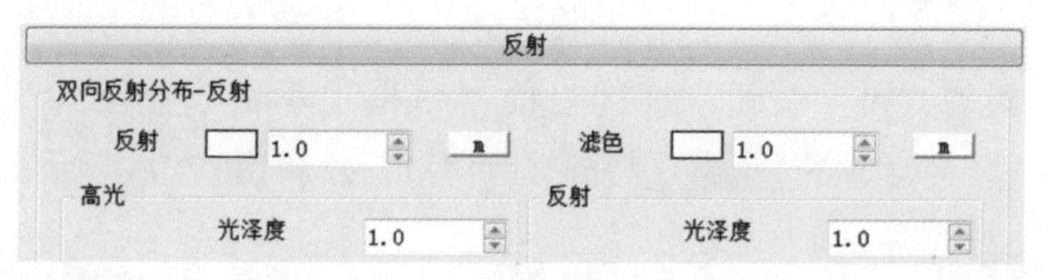

图17-87

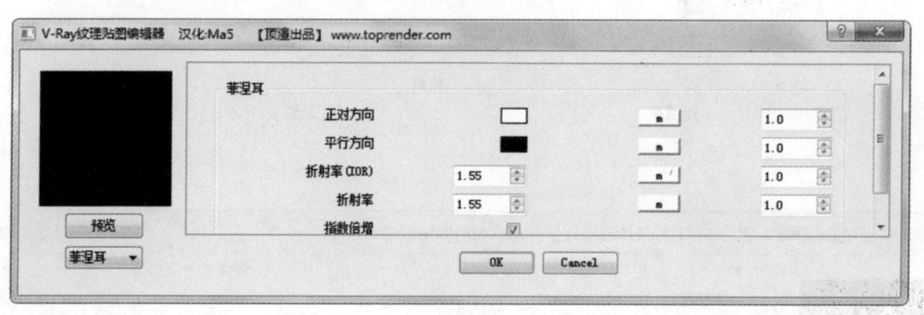

图17-88

（三）设置水

1．单击【样本颜料】按钮，在水面上单击一下吸取材质，如图17-89和图17-90所示。

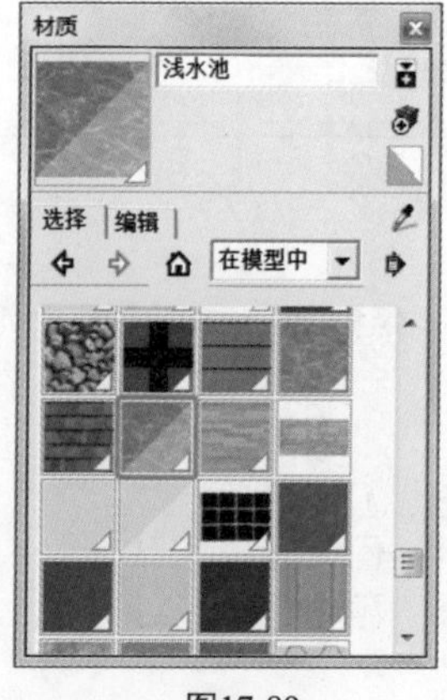

图17-89

图17-90

2. 该材质的属性会自动显示在V-Ray材质编辑器中，用鼠标右键单击【材质列表】中自动选中的材质，在弹出的菜单中选择【创建材质层】/【反射】命令，如图17-91所示。

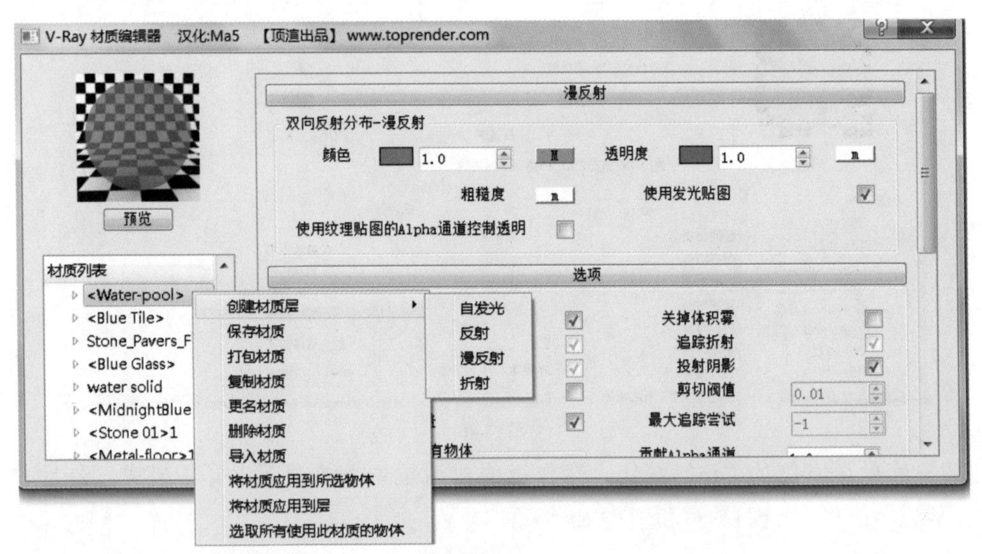

图17-91

3. 单击反射层右侧的“m”按钮，在弹出的对话框中单击“菲涅耳”模式，将【折射率】设为“16”，最后单击 OK 按钮，如图17-92和图17-93所示。

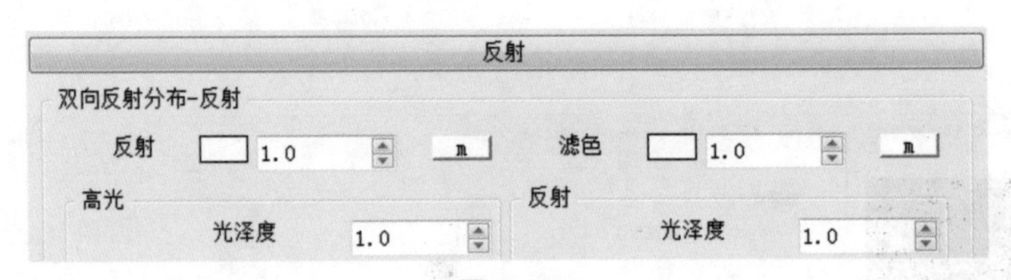

图17-92

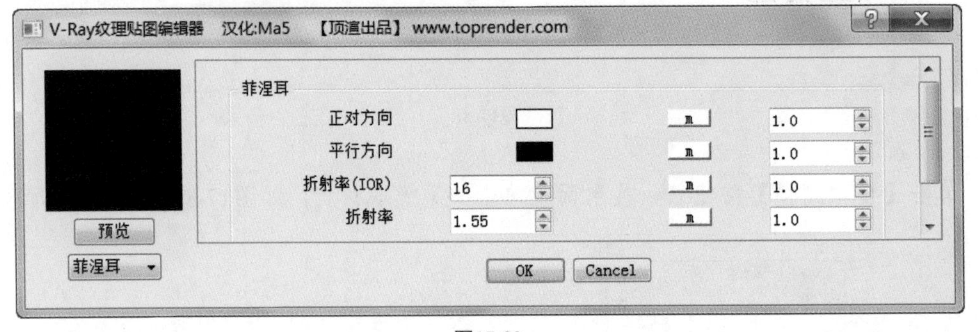

图17-93

三、渲染出图

1. 单击按钮，再单击【Environment】环境选项，分别单击两个“M”符号，将两个参数采用同样的设置，如图17-94和图17-95所示。

图17-94

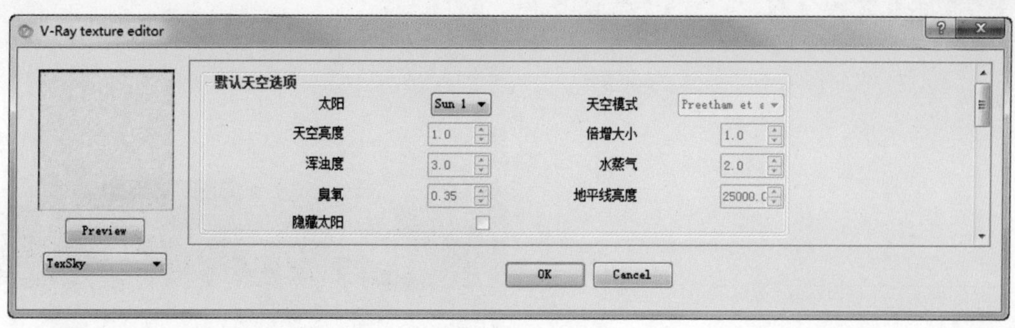

图17-95

2. 单击【Image sampler（Antialiasing）】图样采样器选项，将【类型】更改为“自适应DMC”，将【最大细分】设为“17”，提高细节区域的采样，勾选【抗锯齿过滤器】复选框，选择常用的“Catmull Rom”过滤器，如图17-96所示。

Image sampler (Antialiasing)

Image Sampler

类型	自适应DMC		
最小细分	1	颜色阈值	0.01
最大细分	17	使用DMC采样阈值	☑
显示采样	☐		

抗锯齿过滤器

☑	Catmull Rom	大小	1.5

图17-96

3. 单击【DMC sampler】选项，将【最小采样】设为“12”，如图17-97所示。

DMC sampler

自适应数量	0.85	最小采样	12
噪波阈值	0.01	全局细分倍增	1.0

图17-97

4. 单击【Irradiance map】发光贴图选项，将【最小比率】设为“–5”，【最大比率】改成“–3”，如图17-98所示。

Irradiance map

基本参数

最小比率	-5	颜色阈值	0.3
最大比率	-3	法线阈值	0.3
半球细分	50	距离极限	0.1
插值采样	20	帧插值采样	2

图17-98

5. 单击【Light cache】灯光缓存选项，将【细分】设为“500”，如图17-99所示。

Light cache

计算参数

细分	500	储存直接光照	☑
采样大小	0.02	显示计算过程	☑
单位	场景	自适应追踪	☐
进程数	4	只对直接光照使用	☐
深度	100	每个采样的最小路径	16
使用相机路径	☑		

图17-99

6. 单击【Output】选项，尺寸参数设置如图17-100所示。

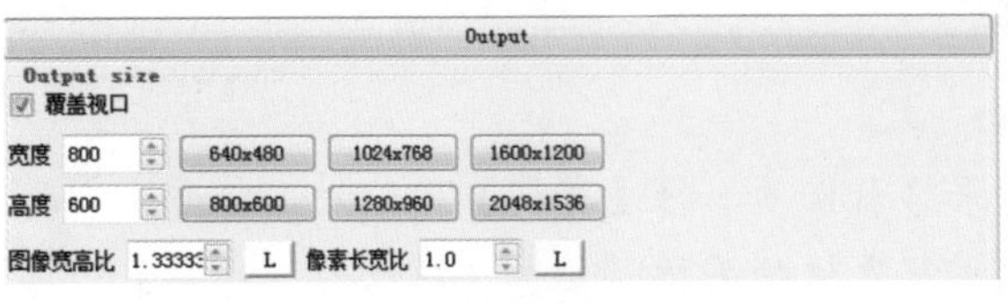

图17-100

图17-101

7. 设置完成后，单击Ⓡ按钮，依次对场景页面1、页面2、页面3进行渲染出图，图17-101、图17-102和图17-103所示为渲染图效果。

图17-102

图17-103

17.1.8 后期处理

这里后期处理主要运用Photoshop软件来进行，使场景得到更加完美的效果。

1. 启动Photoshop软件，打开渲染图片和背景图片，如图17-104所示。

图17-104

2. 将背景图片拖动到背景图层中，并设为“正片叠底”模式，如图17-105和图17-106所示。

图17-105

图17-106

3. 选择“橡皮擦”工具，设【硬度】为“0”，将“图层1”多余的部分擦掉，如图17-107和图17-108所示。

图17-107

4. 将两个图层进行合并，如图17-109所示。
5. 选择【图像】/【调整】/【亮度/对比度】命令，调整一下亮度，如图17-110和图17-111所示。

图17-108

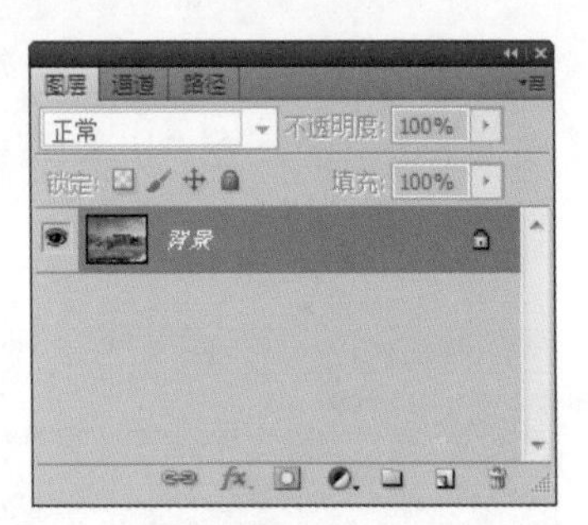

图17-109

图17-110

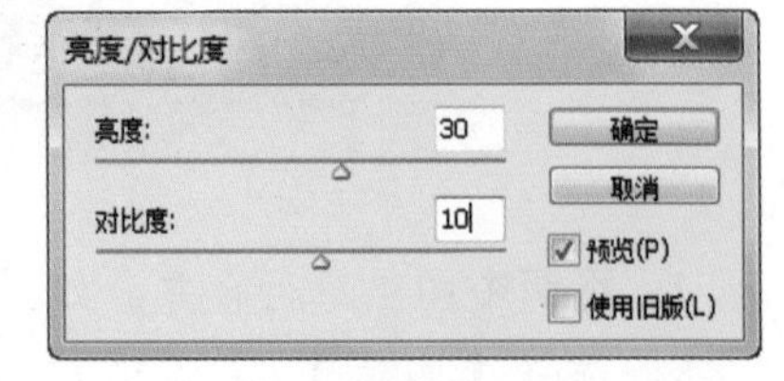

图17-111

6．选择【图像】/【调整】/【色彩平衡】命令，调整一下颜色，如图17-112和图17-113

所示。

图17-112

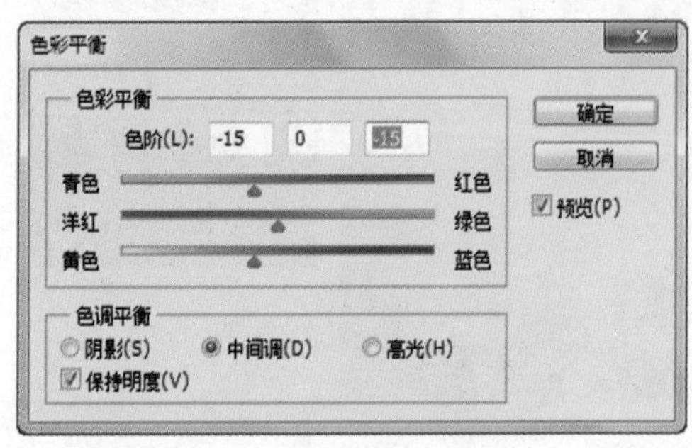

图17-113

7. 新建一个图层，按Ctrl+Shift+Alt+E组合键合并可见图层，如图17-114和图17-115所示。

图17-114

图17-115

8. 选择【滤镜】/【模糊】/【高斯模糊】命令，如图17-116和图17-117所示。

9. 将图像模式设为“柔光”，不透明度设为“50%”，如图17-118和图17-119所示。

图17-116

图17-117

图17-118

图17-119

10．将图层进行合并，添加一些植物素材，如图17-120和图17-121所示。

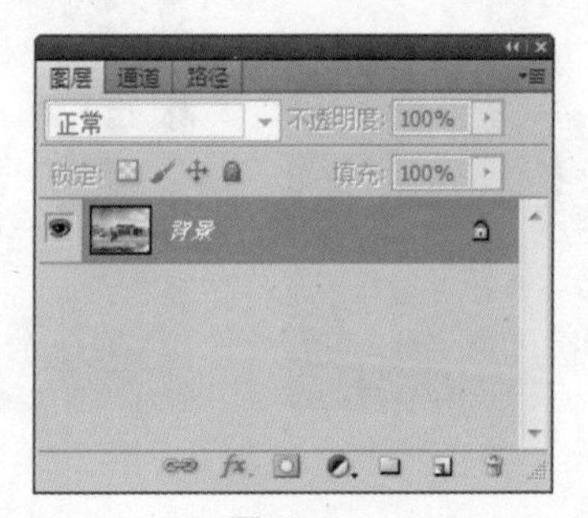

图17-120

图17-121

11．选择“加深”工具和“减淡”工具，对图层涂抹出亮暗度，如图17-122所示。

图17-122

12．利用同样的方法处理另外两张图片，最终效果如图17-123和图17-124所示。

图17-123

图17-124

17.2 单位庭院小景

源文件：\Ch17\单位庭院小景\

结果文件：\Ch17\单位庭院小景案例\

视频：单位庭院小景.wmv

17.2.1 设计解析

本案例以CAD庭院平面设计图为例，建立一个某私人庭院景观模型，整张图纸主要分为房屋和庭院两部分，外面设有围墙。庭院内以亭子为中心，配有不同的花草植物，有假山和水池供人欣赏，让人们在繁忙之余享受最好的休闲生活。图17-125和图17-126所示为建模效果，图17-127和图17-128所示为渲染和后期处理效果。操作流程如下。

（1）在CAD软件里整理平面图纸。

（2）导入图纸。

（3）创建模型。

（4）填充材质。

（5）导入组件。

（6）添加场景及渲染。

（7）后期处理。

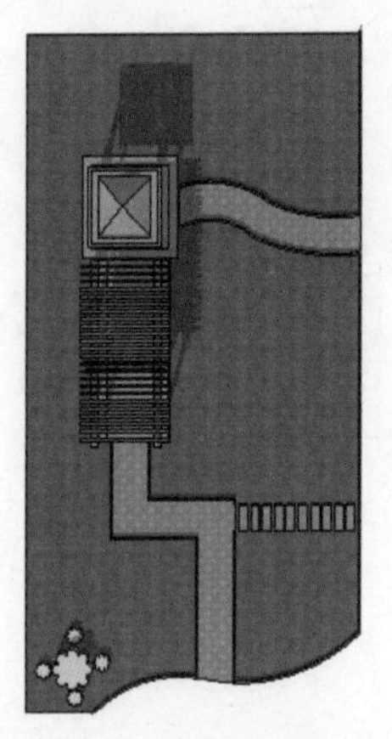

图17-125

图17-126

图17-127

图17-128

17.2.2 方案实施

本案例以一张CAD平面图纸设计为基础，首先在AutoCAD里将不需要建模的线进行删除，再执行PU命令，对图纸进一步清理，图17-129所示为原图，图17-130所示为清理后的图。

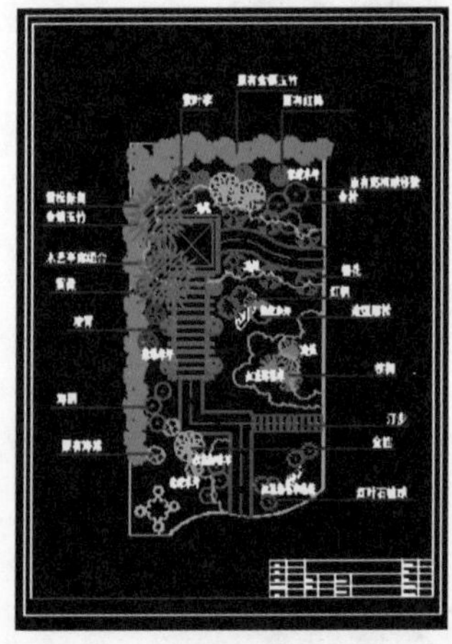

图17-129

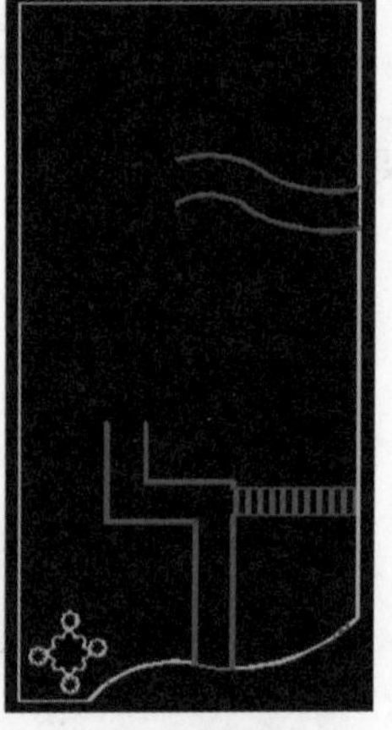

图17-130

将清理后的图纸导入SketchUp中进行描边封面，图17-131所示为导入的图纸，图17-132所示为封面效果。

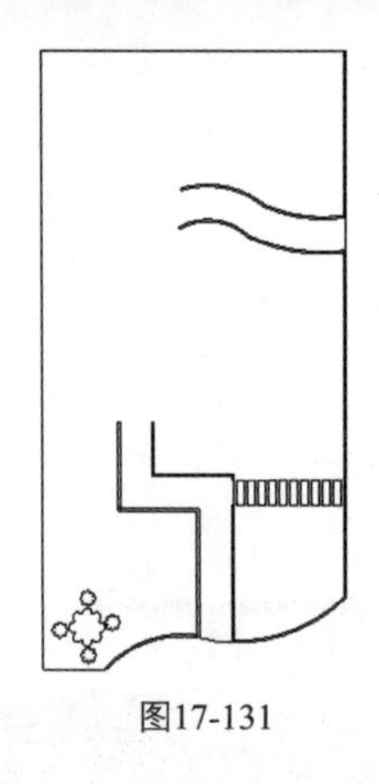
图17-131

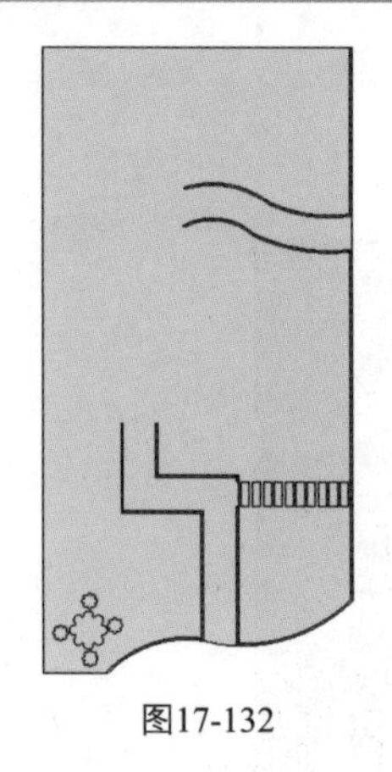
图17-132

17.2.3 建模流程

参照图纸进行建模，包括创建石板铺路、石桌、廊架、亭子。

一、创建其他模型

1．单击【推/拉】按钮，将石板路外围向上推高2000mm，如图17-133所示。

2．单击【推/拉】按钮，将石板路向上推高2000mm，如图17-134所示。

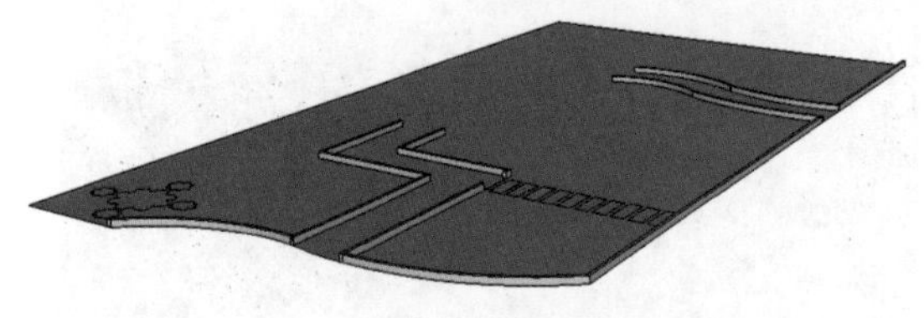
图17-133

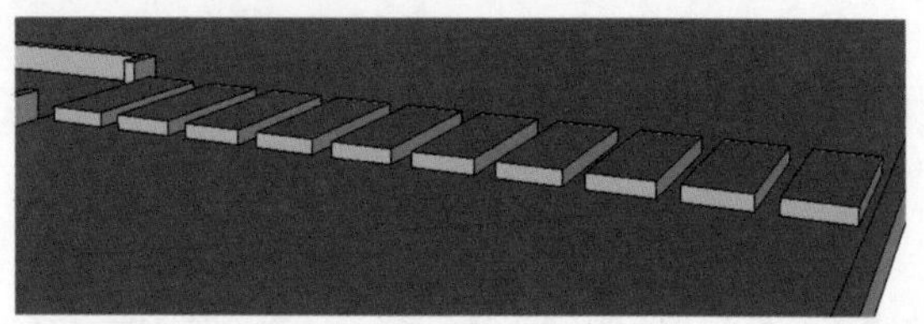
图17-134

3．单击【推/拉】按钮，将石桌向上推高7000mm和3000mm，如图17-135所示。

图17-135

二、创建廊架

1．单击【矩形】按钮，绘制一个长宽分别为80000mm、35000mm的矩形面，如图17-136所示。

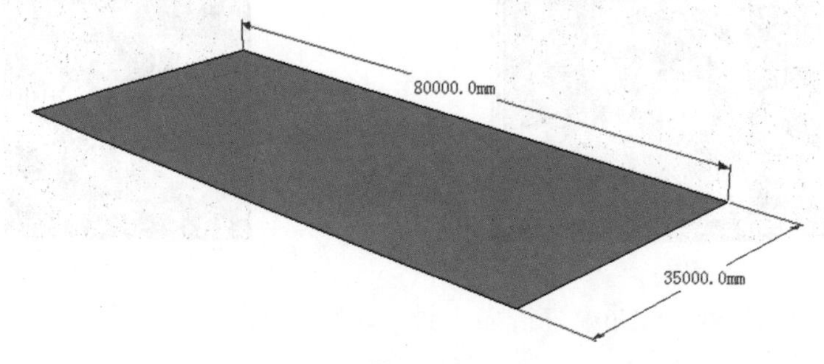

图17-136

2. 单击【推/拉】按钮，向上推高1000mm，单击鼠标右键创建群组，如图17-137和图17-138所示。

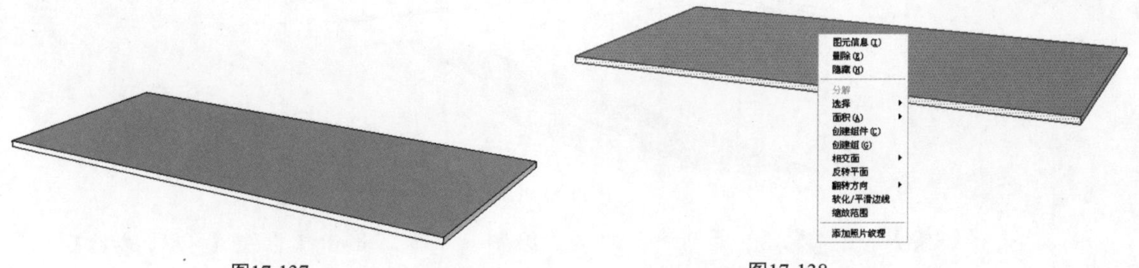

图17-137　　图17-138

3. 单击【圆】按钮，绘制半径为1000mm的圆，如图17-139所示。
4. 单击【推/拉】按钮，将圆向上推拉30000mm，形成圆柱，如图17-140所示。

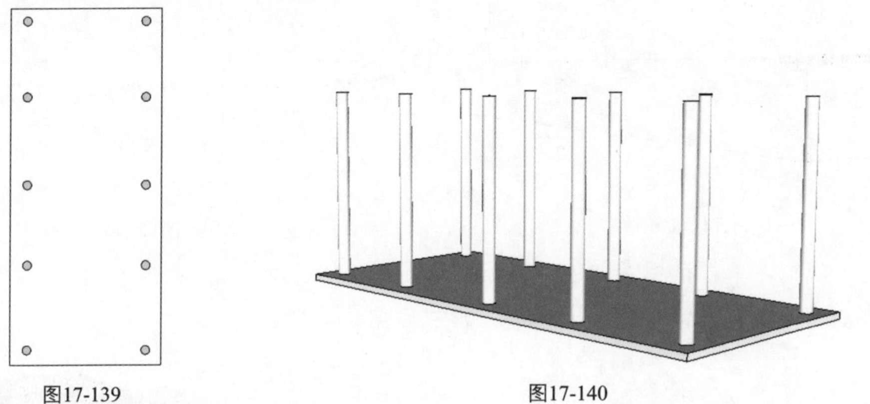

图17-139　　图17-140

5. 单击【矩形】按钮，绘制两个矩形面，单击【推/拉】按钮，将面向上推高1000mm，如图17-141和图17-142所示。

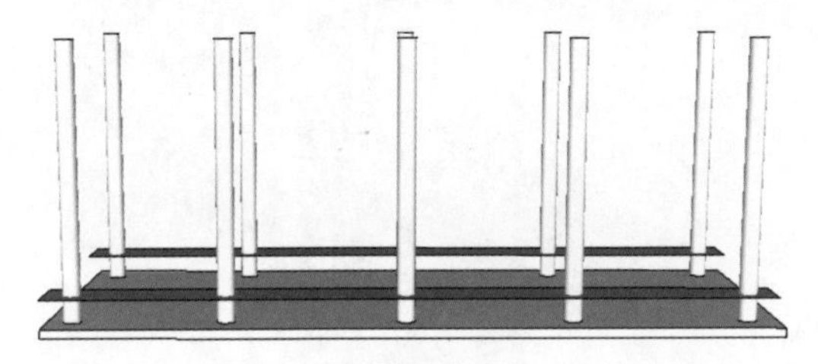

图17-141

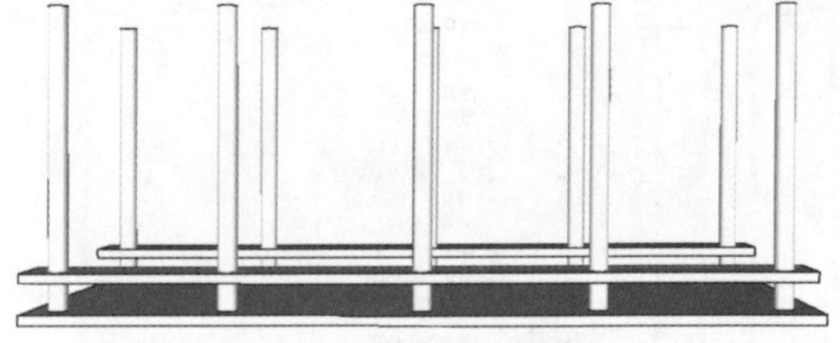

图17-142

6. 单击【移动】按钮，复制矩形块到圆柱顶部，如图17-143所示。
7. 单击【拉伸】按钮，将矩形块进行缩放，如图17-144所示。

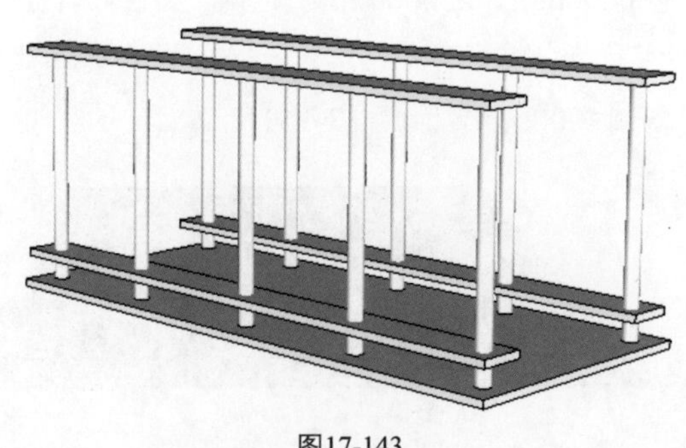

图17-143

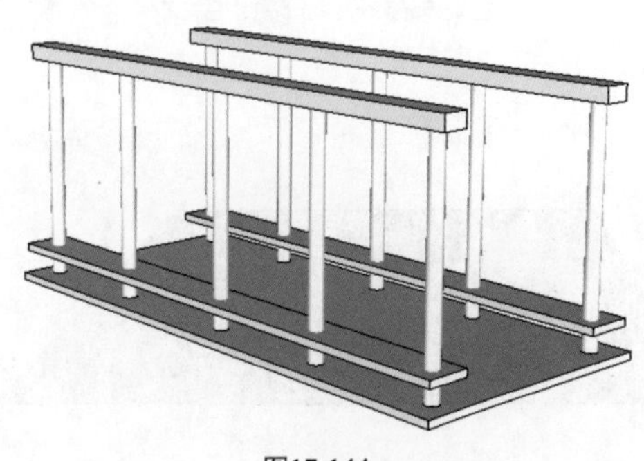

图17-144

8．单击【移动】按钮和【拉伸】按钮，复制缩放矩形块，如图17-145所示。

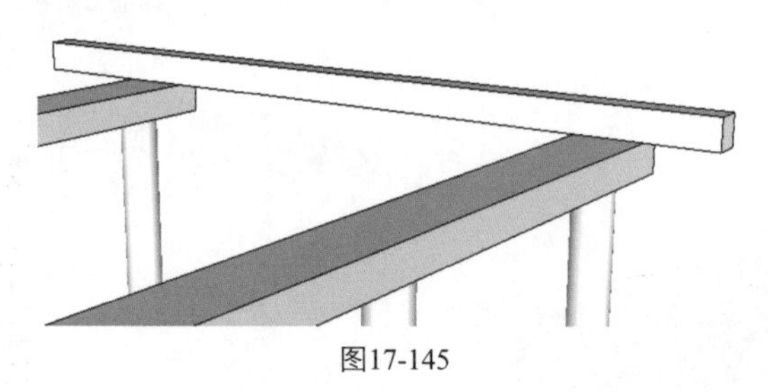

图17-145

9．单击【线条】按钮，在矩形块上的两边绘制一个面。单击【推/拉】按钮，将绘制的面向后推拉，如图17-146和图17-147所示。

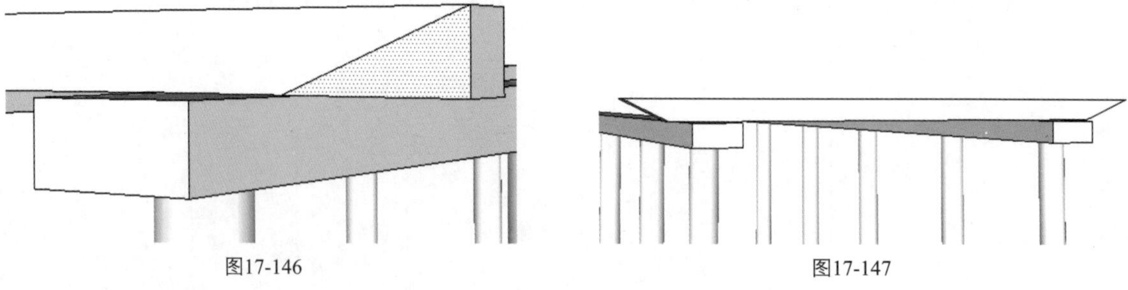

图17-146　　图17-147

10．选中模型，单击鼠标右键创建群组，如图17-148所示。

11．单击【移动】按钮，复制模型，形成廊架，如图17-149所示。

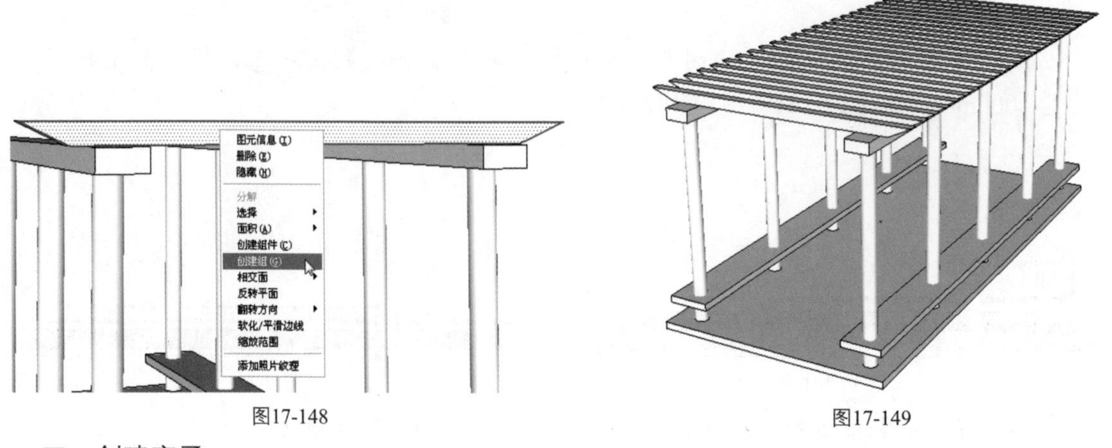

图17-148　　图17-149

三、创建亭子

1．单击【矩形】按钮，绘制一个长宽分别为40000mm、45000mm的矩形，如图17-150所示。

2．单击【偏移】按钮，将矩形面向里偏移复制4000mm，如图17-151所示。

图17-150

图17-151

3．单击【推/拉】按钮，将矩形面分别向上推高2000mm、1000mm，如图17-152所示。

4．将矩形块创建群组，单击【圆】按钮，绘制半径为1000mm的圆，如图17-153所示。

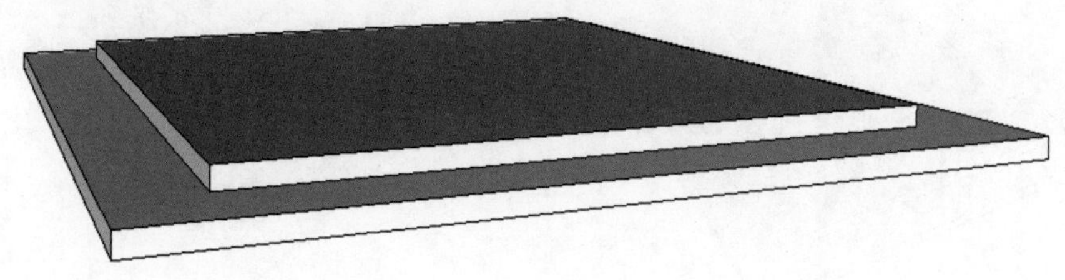

图17-152

5．单击【推/拉】按钮，将圆面推高25000mm，如图17-154所示。

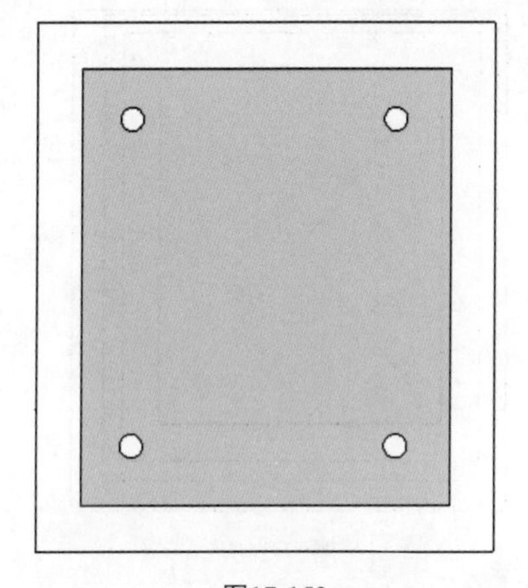

图17-153

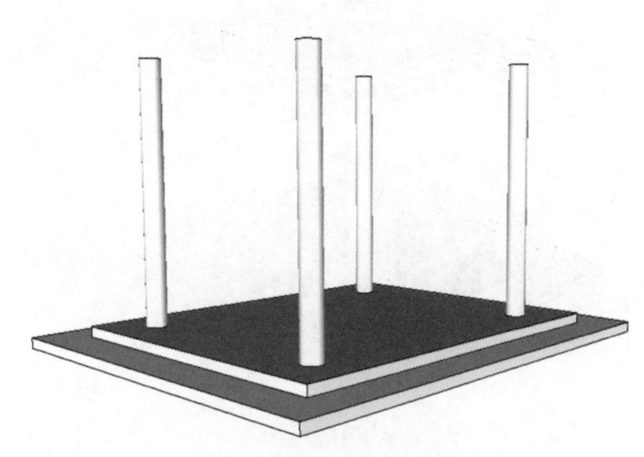

图17-154

6．单击【矩形】按钮，绘制两个矩形面。单击【推/拉】按钮，将矩形面推高1000mm，如图17-155和图17-156所示。

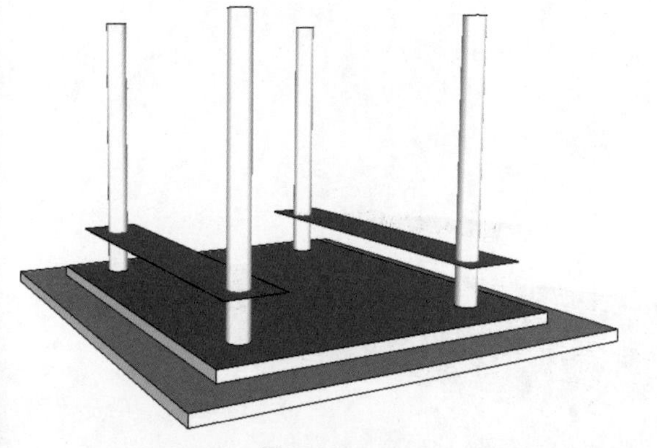

图17-155

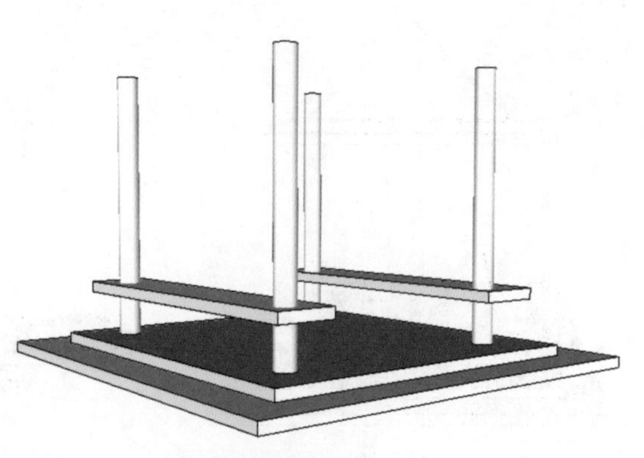

图17-156

7．单击【矩形】按钮，在柱子上方绘制一个矩形面，如图17-157所示。

8．单击【偏移】按钮，将矩形面向外和向里偏移一定距离，如图17-158所示。

9．单击【推/拉】按钮，将矩形面进行推拉，如图17-159所示。

10．单击【线条】按钮，在顶面绘制直线，如图17-160所示。

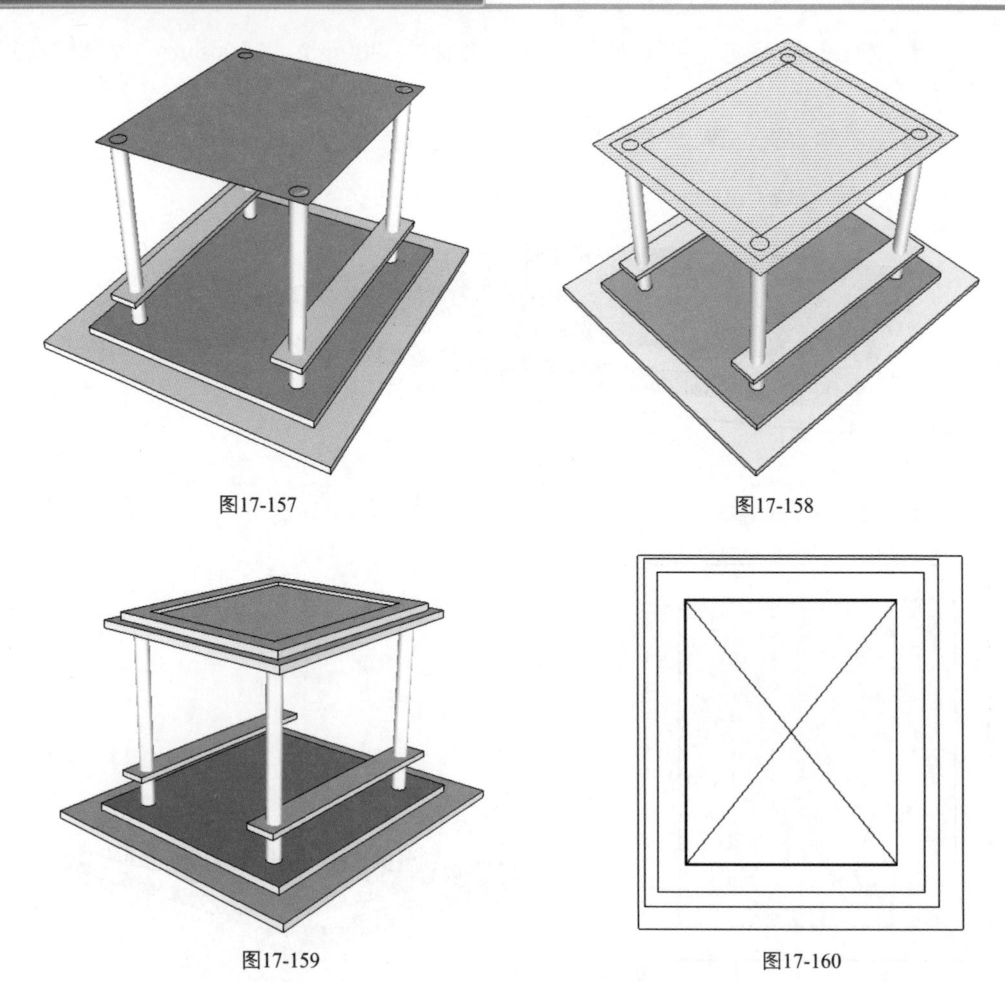

图17-157　图17-158

图17-159　图17-160

11．单击【移动】按钮，向上沿蓝轴方向垂直移动10000mm，形成亭顶，如图17-161所示。

12．将亭创建群组，将亭子与廊架组合，如图17-162所示。

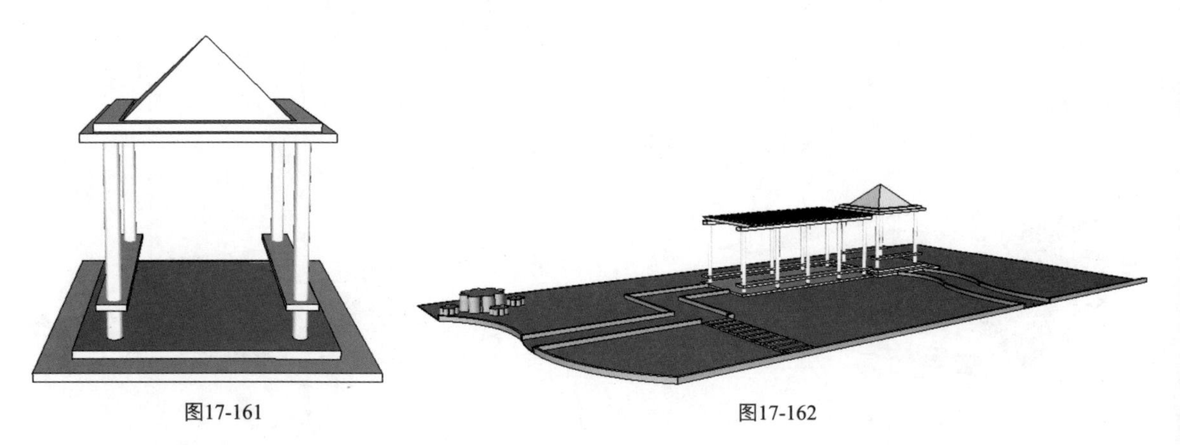

图17-161　图17-162

17.2.4 填充材质

为创建好的模型填充适合的材质，使它更具真实性。

1．单击【颜料桶】按钮，为地面填充草坪材质，如图17-163所示。

2．为石板路填充铺砖和石子材质，如图17-164和图17-165所示。

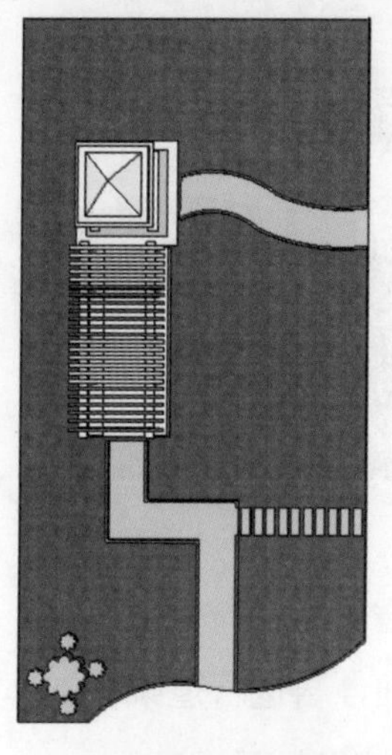
图17-163

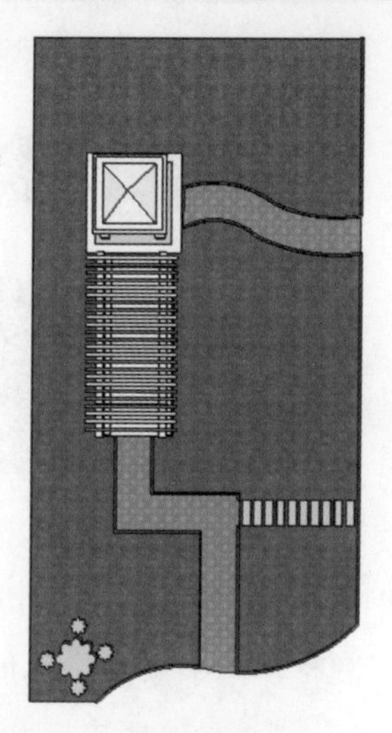
图17-164

图17-165

3. 为石桌和石凳填充磁砖材质，如图17-166所示。

图17-166

4. 为廊亭填充适合的材质，如图17-167和图17-168所示。

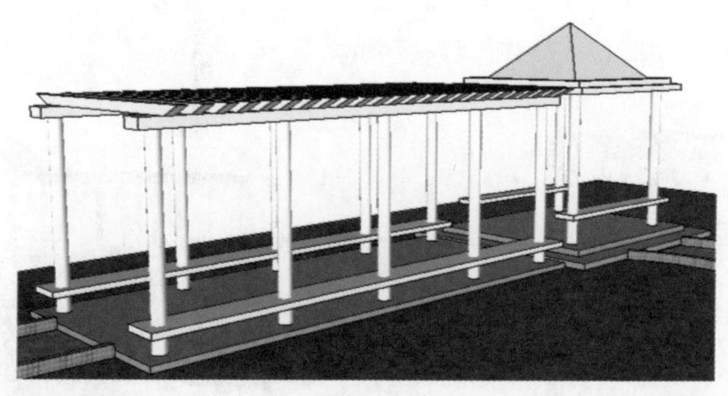
图17-167

图17-168

17.2.5 添加场景及渲染

给创建的模型调整好一个角度，添加阴影和场景页面，再进行渲染。

1．启动阴影工具栏，显示阴影，如图17-169和图17-170所示。

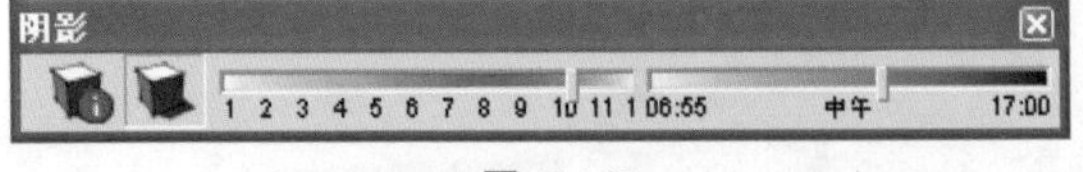

图17-169

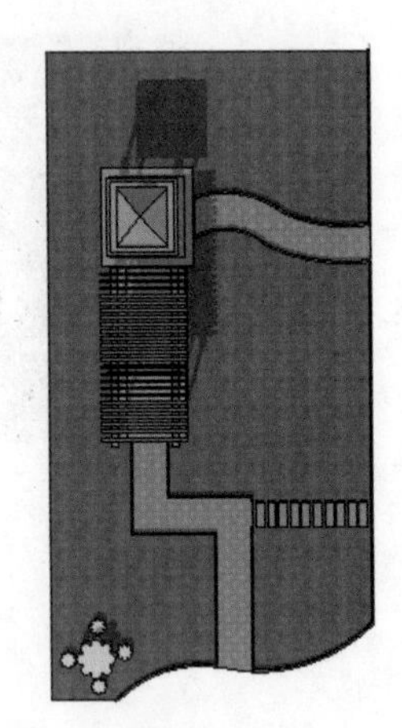

图17-170

2．选择【窗口】/【场景】命令，单击⊕按钮，创建场景1，如图17-171和图17-172所示。

图17-171

图17-172

3．继续创建场景2，如图17-173和图17-174所示。

图17-173

图17-174

4．启动V-Ray渲染插件，将场景1进行渲染，效果如图17-175所示。

图17-175

17.2.6 后期处理

将渲染后的图片进行后期处理，丰富周围环境，使它更具真实性。

1．启动Photoshop软件，打开渲染图片，如图17-176所示。

图17-176

2．双击图层解锁，选择“魔术棒”工具，将背景删除，如图17-177和图17-178所示。

图17-177

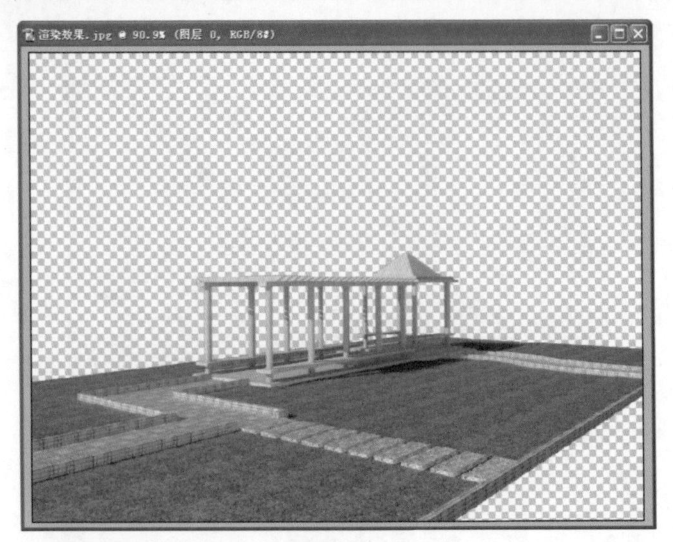

图17-178

3．添加背景素材，如图17-179所示。

图17-179

4．添加植物和花草素材，如图17-180所示。

图17-180

5．添加地面铺砖和人物素材，如图17-181所示。

图17-181

6．将所有图层进行合并，选择【图像】/【调整】/【亮度/对比度】命令，调整一下亮度，如图17-182和图17-183所示。

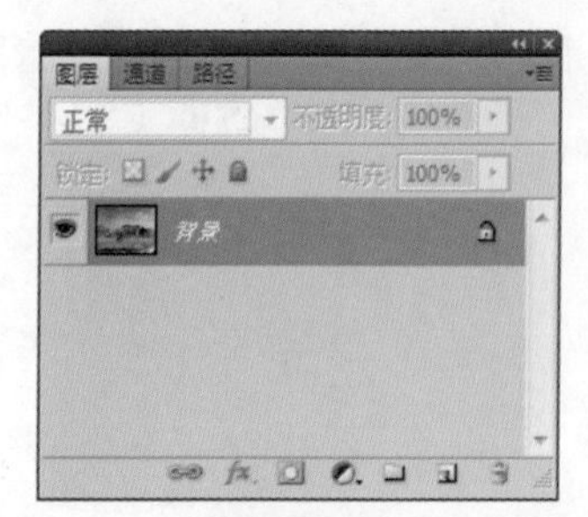

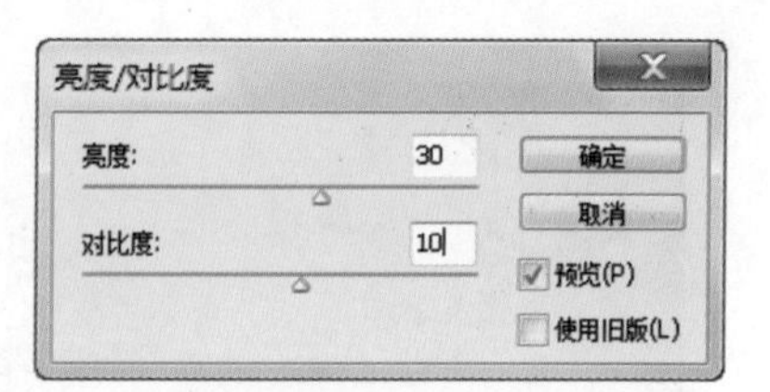

图17-182　　图17-183

7．选择【图像】/【调整】/【色彩平衡】命令，调整一下颜色，如图17-184所示。

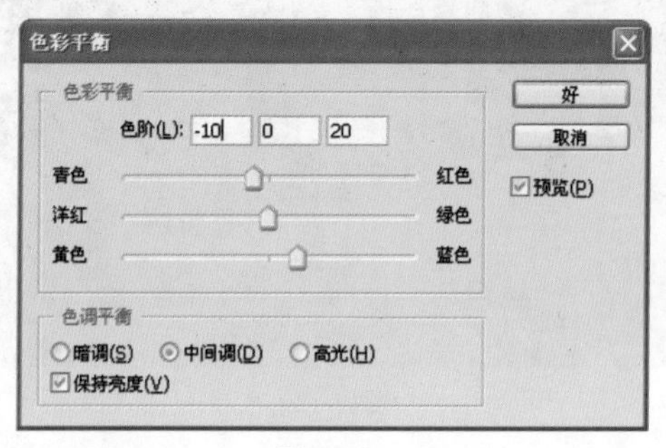

图17-184

8．新建一个图层，按Ctrl+Shift+Alt+E组合键合并可见图层，如图17-185和图17-186所示。

图17-185　　图17-186

9．选择【滤镜】/【模糊】/【高斯模糊】命令，如图17-187所示。

10．将图像模式设为“柔光”，不透明度设为“50%”，如图17-188所示。

图17-187

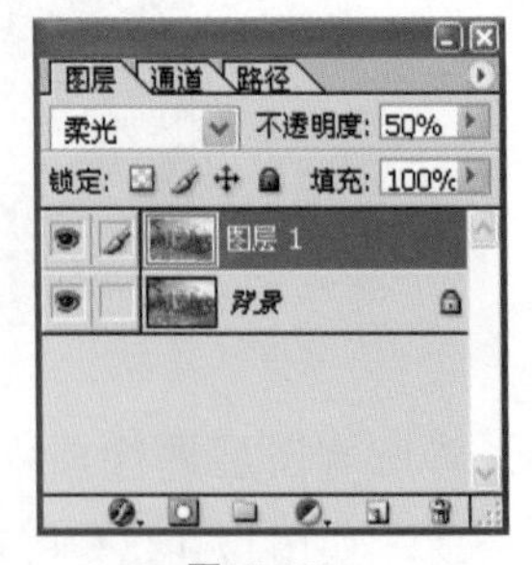

图17-188

11．选择“加深”工具和“减淡”工具，对图层涂抹出亮暗度，最终效果如图17-189所示。

图17-189

17.3 本章小结

本章介绍了如何在SketchUp中创建一个现代的庭院景观模型，以两个实例进行操作，一个是以居住环境设计的庭院景观，一个是以工作单位设计的庭院景观，两个案例风格相似，但各自有各自的特点。整个创建的过程包括整理和导入图纸、创建模型、填充材质和导入组件、渲染和后期处理几部分，使读者掌握庭院里的水池、花圃、石板铺路等常见的景观模型的创建方法。读者可以利用此方法多加练习，创建出更多、更丰富的庭院景观效果。

第18章 城市街道规划设计

18 Chapter

本章主要介绍SketchUp在城市规划设计中的应用，以一张CAD城市街道规划图纸为基础，最终创建出一个真实的城市街道环境。

18.1 设计解析

源文件：\Ch18\城市街道设计平面图2.dwg、马路图片.jpg、背景图片.jpg、建筑模型.skp

结果文件：\Ch18\城市街道规划设计案例\

视频：\Ch18\城市街道规划设计.wmv

本案例以某城市街道CAD平面设计图为基础，建立街道规划图模型，整个街道有5个路口，有两个交通路灯，马路两边有高档写字楼、法院、学校、住宅楼等建筑物。马路两边以砖铺路，且有大小不一的花坛，花坛里有各式各样的植物，可以供路人欣赏。图18-1所示为建模效果，图18-2所示为鸟瞰图，图18-3和图18-4所示为后期处理效果，操作流程如下。

（1）在CAD软件里整理平面图纸。

（2）导入图纸。

（3）创建模型。

（4）填充材质。

（5）导入组件。

（6）添加场景页面。

（7）后期处理。

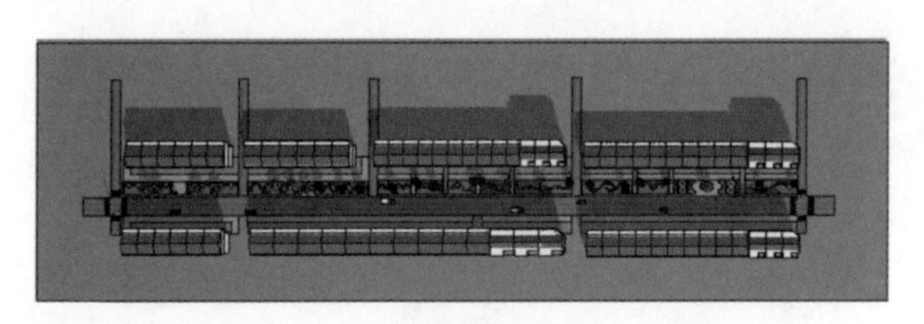

图18-1

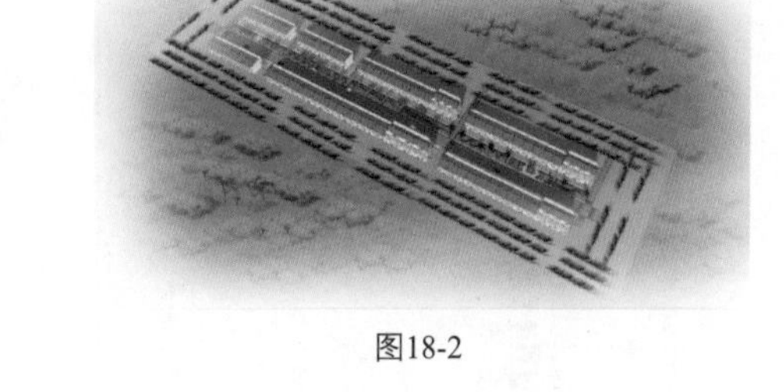

图18-2

图18-3

图18-4

18.2 方案实施

首先在AutoCAD里对图纸进行清理，再导入SketchUp中进行描边封面。

18.2.1 整理CAD图纸

一般先在CAD软件里进行处理，因为CAD平面设计图纸里含有大量的文字、图层、线、图块等信息，所以必须先将多余的线删除，使设计图纸简单化，图18-5所示为室内平面原图，图18-6所示为简化图。

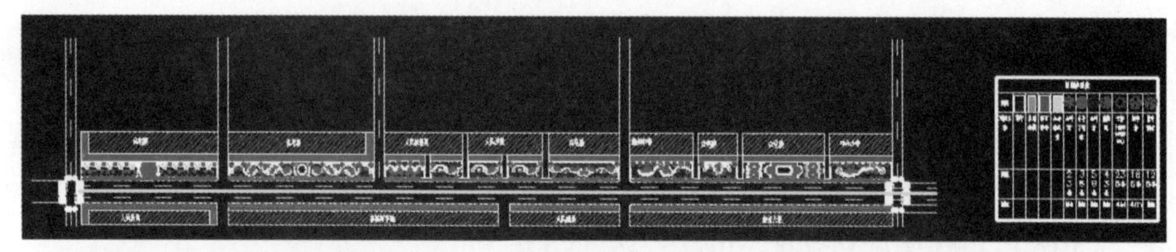

图18-5

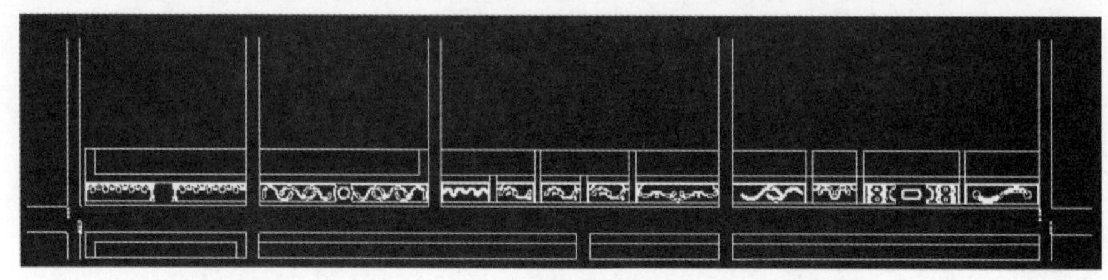

图18-6

1. 在AutoCAD命令栏里输入“PU”，按Enter键，对简化后的图纸进行进一步清理，如图18-7所示。
2. 单击全部清理(A)按钮，弹出图18-8所示的对话框，选择“清理所有项目”选项，直到“全部清理”按钮变成灰色状态，即清理完图纸，如图18-9所示。

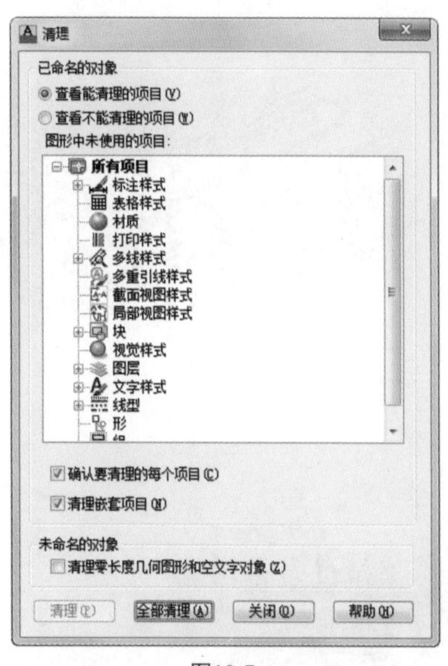

图18-7

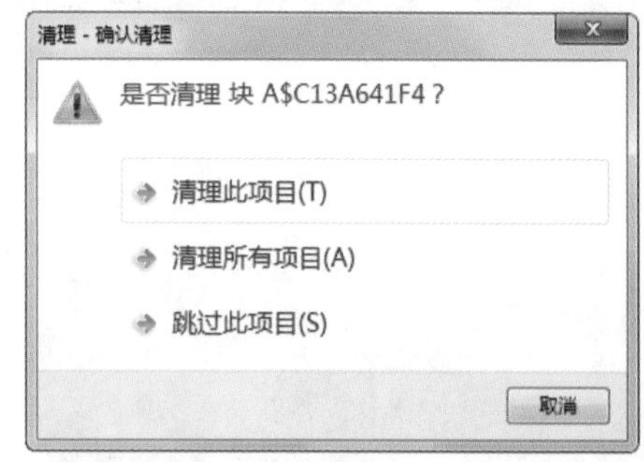

图18-8

3. 在SketchUp中优化场景，选择【窗口】/【模型信息】命令，弹出【模型信息】对话框，按图18-10所示设置参数。

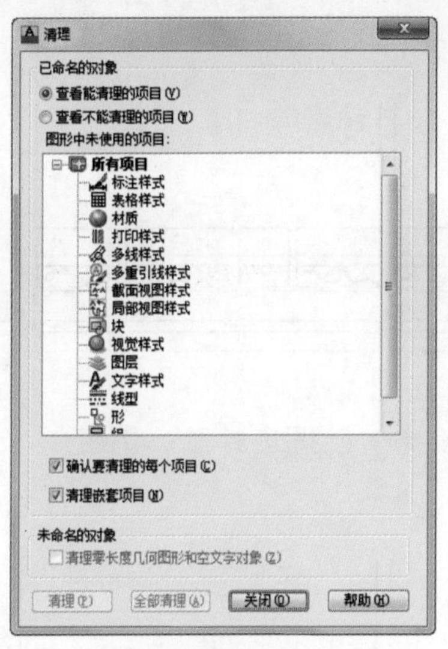

图18-9

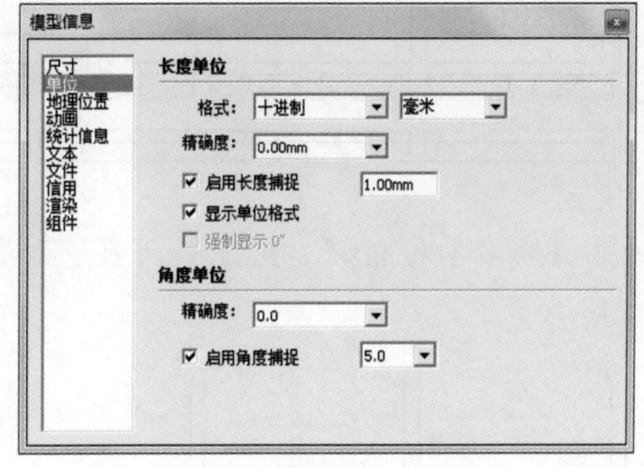

图18-10

18.2.2 导入图纸

将CAD图纸导入SketchUp中，模型将以线条显示。

1. 选择【文件】/【导入】命令，导入图纸，弹出【打开】对话框，“文件类型”选择“AutoCAD文件（*.dwg，*.dxf)”格式，如图18-11所示。

图18-11

2. 单击选项(P)...按钮，将“单位”改为“毫米”，单击确定按钮，最后单击打开(O)按钮，即可导入CAD图纸，如图18-12所示。图18-13所示为导入结果。

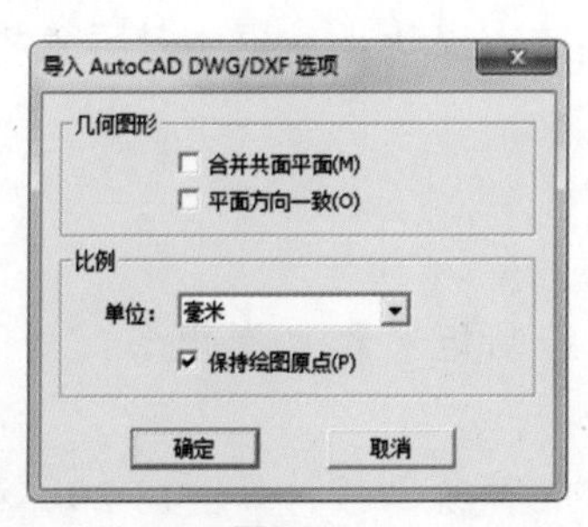

图18-12

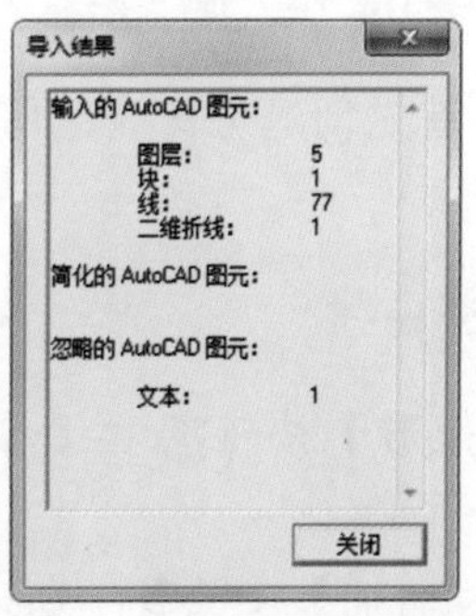

图18-13

3. 单击 关闭 按钮，导入SketchUp中的CAD图纸是以线条显示的，如图18-14所示。

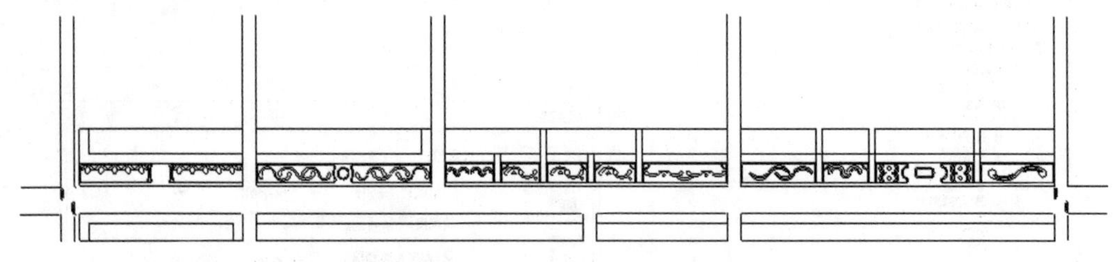

图18-14

4. 单击【线条】按钮，绘制封闭面，将花坛形状单独描边封面，如图18-15和图18-16所示。

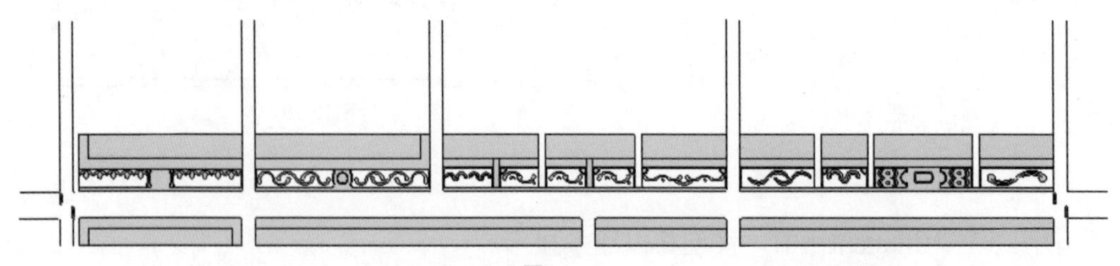

图18-15

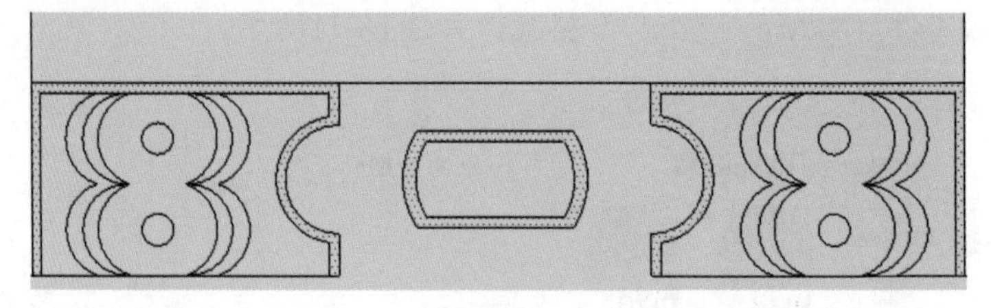

图18-16

5. 参照图纸，绘制马路封闭面，如图18-17所示。

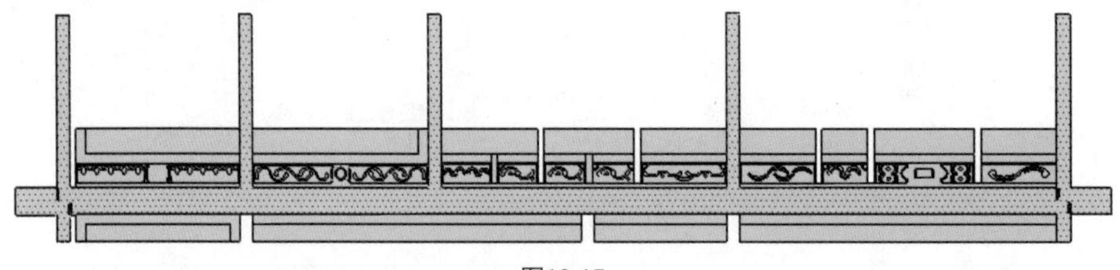

图18-17

18.3 建模流程

参照图纸，首先创建斑马线、马路贴图、人行铺砖、绿化带，再为其导入植物、人物、车辆、建筑组件。

18.3.1 创建斑马线

1. 单击【矩形】按钮和【移动】按钮，绘制矩形和复制矩形，如图18-18和图18-19所示。
2. 单击【颜料桶】按钮，为其填充白色材质，形成斑马线，如图18-20所示。

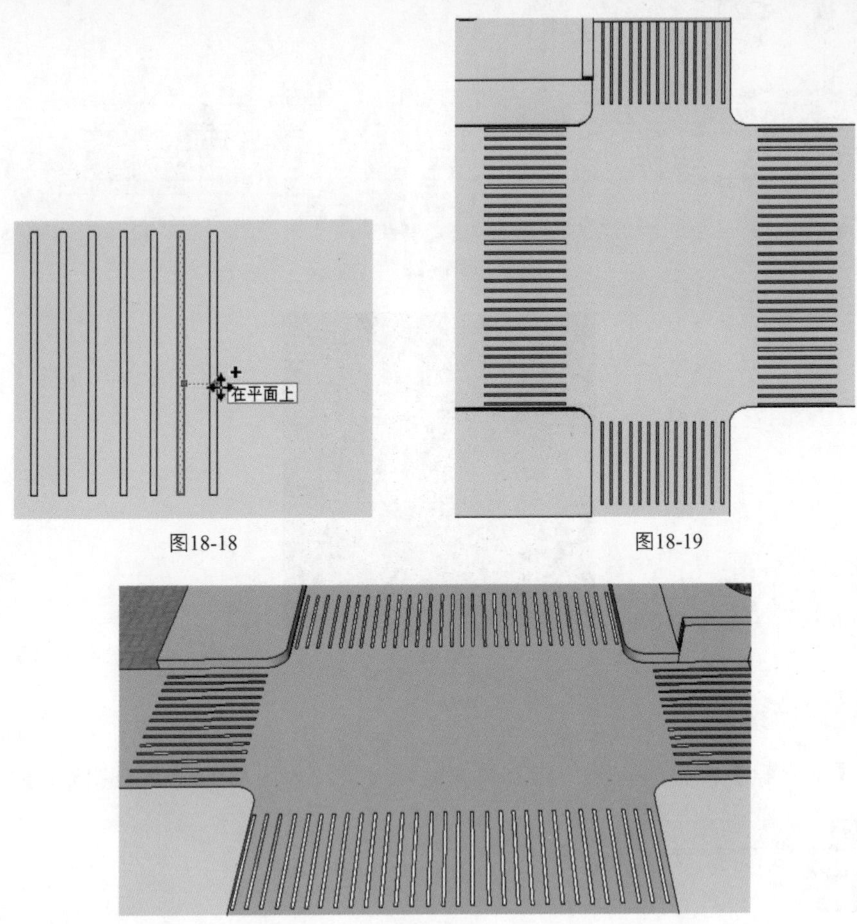

图18-18

图18-19

图18-20

18.3.2 创建马路贴图

对街道马路采用材质贴图，这种方法简单而且具有真实效果。

1. 导入马路贴图，填充马路材质，如图18-21所示。

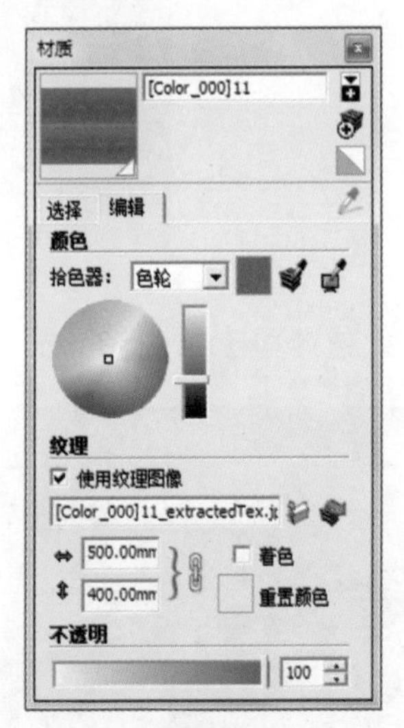

图18-21

2. 对马路面进行材质贴图坐标调整，如图18-22和图18-23所示。

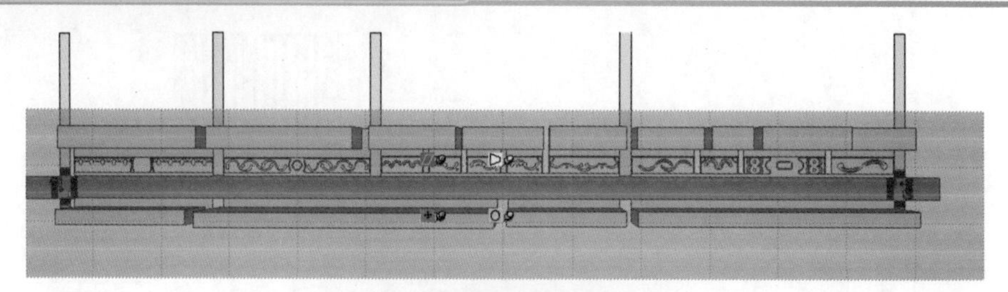

图18-22

图18-23

18.3.3 创建人行铺砖

1．单击【颜料桶】按钮，为人行道填充地砖材质，如图18-24和图18-25所示。

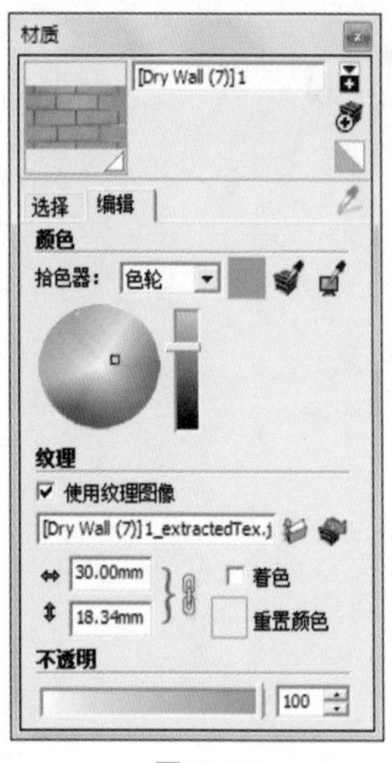

图18-24

图18-25

2．单击【推/拉】按钮，将人行铺砖向上推高50mm，如图18-26所示。

图18-26

18.3.4 创建绿化带

1. 单击【颜料桶】按钮，依次对马路边的绿化带填充草坪材质，如图18-27所示。

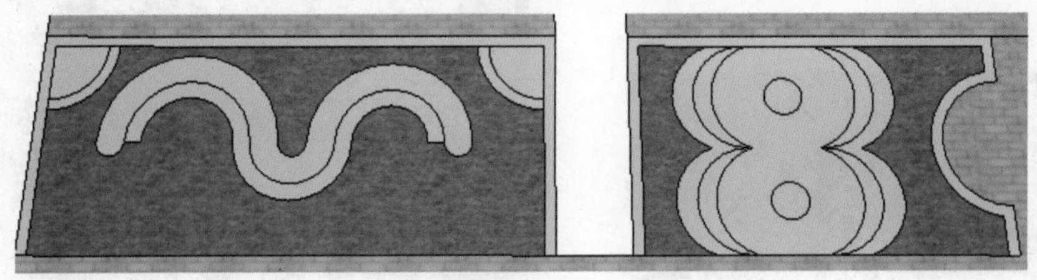

图18-27

2. 对绿化带填充不同的花材质，如图18-28和图18-29所示。

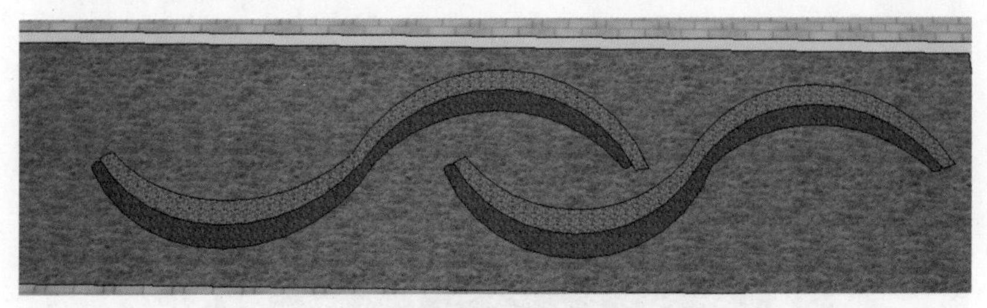

图18-28

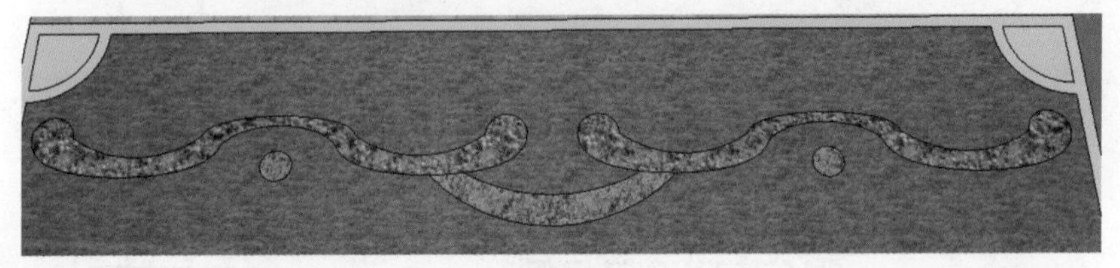

图18-29

3. 单击【推/拉】按钮，将草坪、花推拉高度，形成人行道绿化带效果，如图18-30和图18-31所示。

图18-30

图18-31

18.3.5 导入组件

导入光盘中的交通灯、植物、车辆、人物组件作为装饰，使城市大街更加生动活泼。

1. 为街道两边导入交通灯组件，如图18-32所示。
2. 导入路灯组件，单击【移动】按钮，复制组件，如图18-33所示。

图18-32

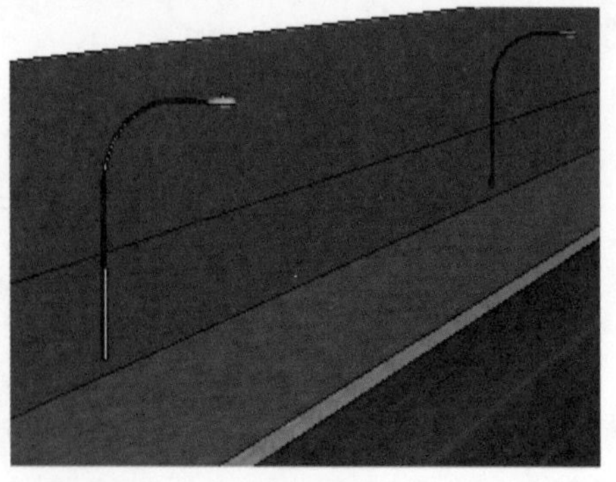

图18-33

3．导入植物组件，单击【移动】按钮，复制植物，如图18-34所示。

图18-34

4．为街道两边导入商业建筑模型，单击【移动】按钮，复制建筑，如图18-35和图18-36所示。

图18-35

图18-36

5．导入车辆和人物组件，如图18-37和图18-38所示。

图18-37

图18-38

6. 单击【矩形】按钮，为城市街道绘制一个大的地面，如图18-39所示。

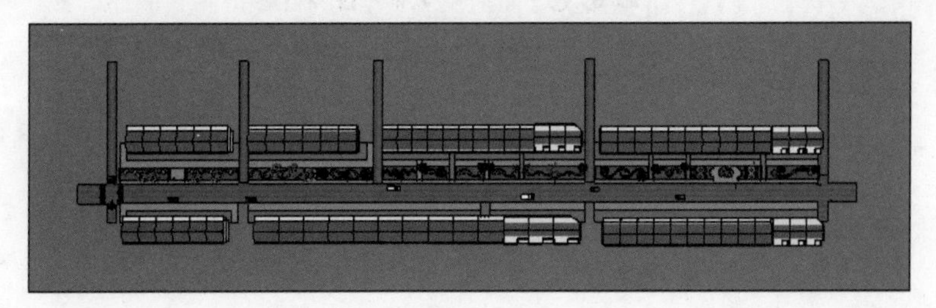

图18-39

18.3.6 添加场景页面

为创建好的城市街道模型设置阴影，并添加3个场景页面，以便浏览观看。

1. 启动阴影工具栏，显示阴影，如图18-40和图18-41所示。

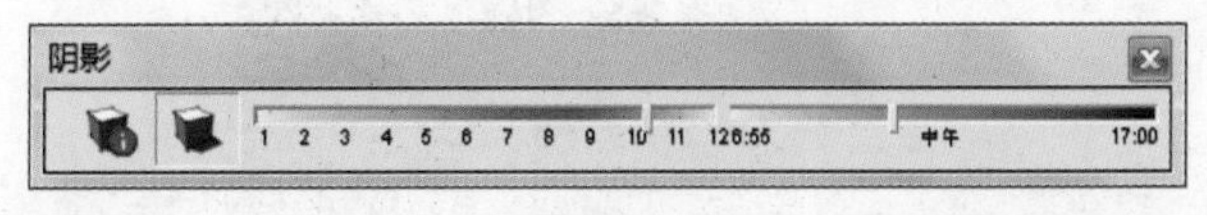

图18-40

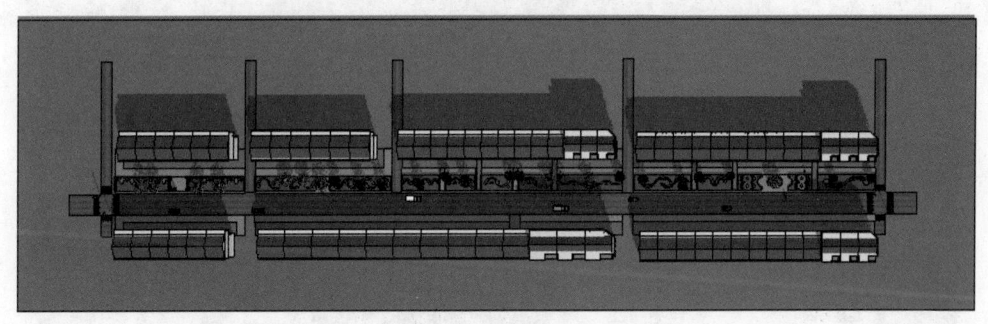

图18-41

2. 选择【窗口】/【样式】命令，取消边线显示，如图18-42所示。

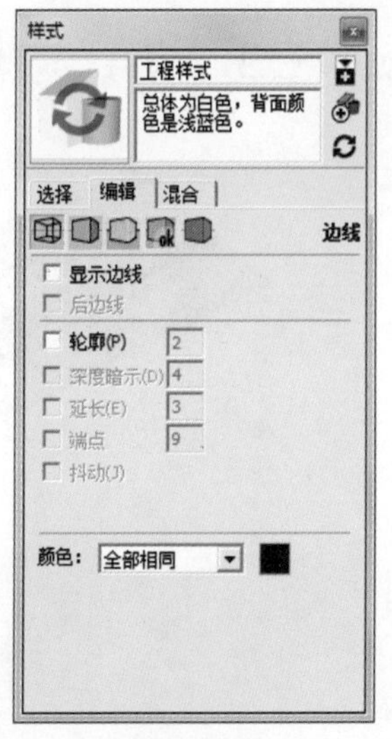

图18-42

3. 选择【窗口】/【场景】命令，单击【添加场景】按钮⊕，创建场景1，如图18-43和图18-44所示。

图18-43

图18-44

4. 单击【添加场景】按钮⊕，创建场景2，如图18-45和图18-46所示。

图18-45

图18-46

5. 单击【添加场景】按钮⊕，创建场景3，如图18-47和图18-48所示。

图18-47

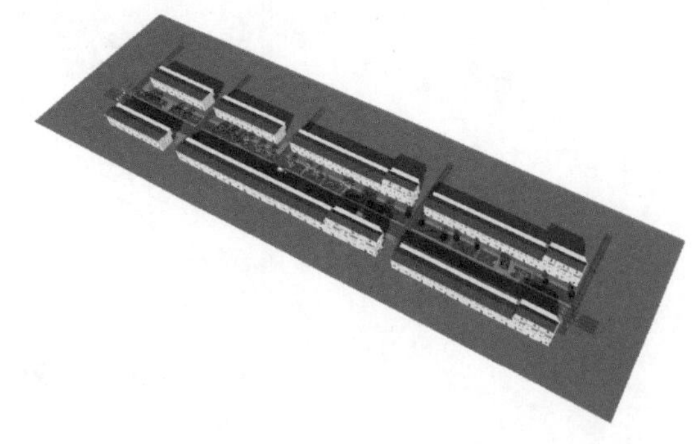

图18-48

18.3.7 导出图像

1. 选择【文件】/【导出】/【二维图形】命令，依次导出3个场景，如图18-49和图18-50所示。

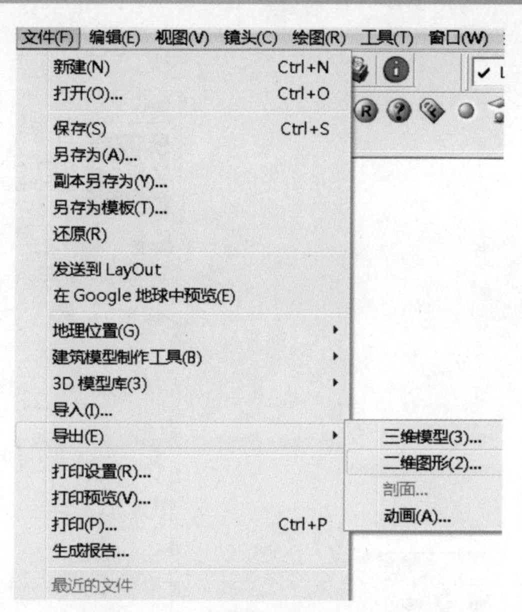

图18-49

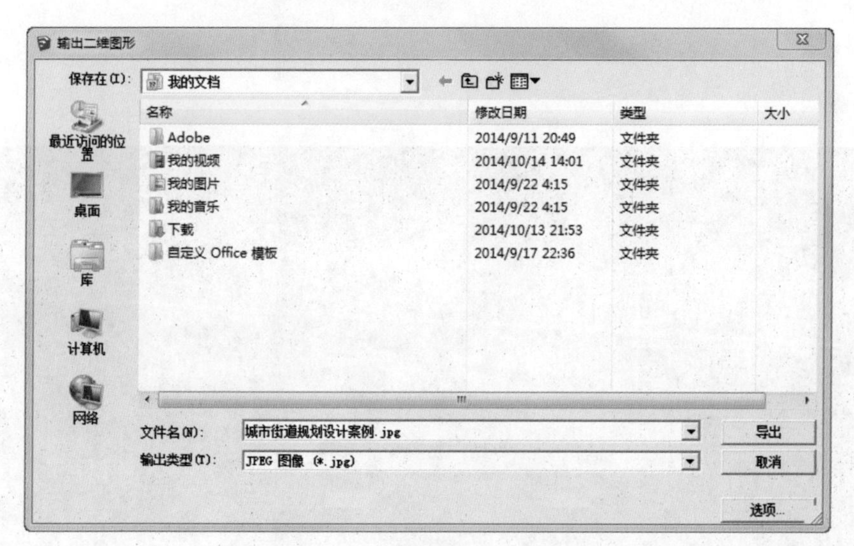

图18-50

2. 单击【选项】按钮，可设置输出大小，如图18-51所示。

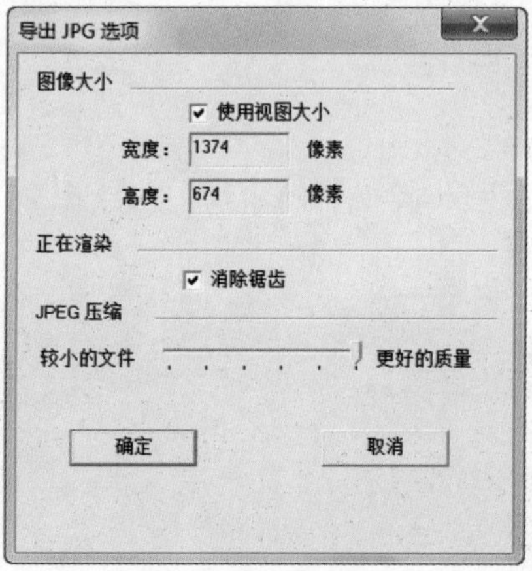

导出 JPG 选项
图像大小
使用视图大小
宽度：1374 像素
高度：674 像素
正在渲染
消除锯齿
JPEG 压缩
较小的文件 更好的质量
确定 取消

图18-51

3．设置显示样式为“隐藏线”模式，并将样式背景设为黑色，如图18-52和图18-53所示。

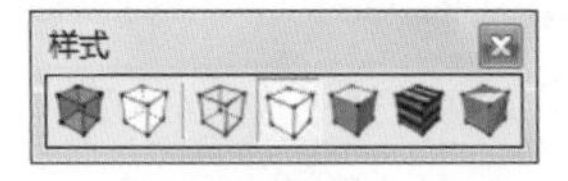

图18-52

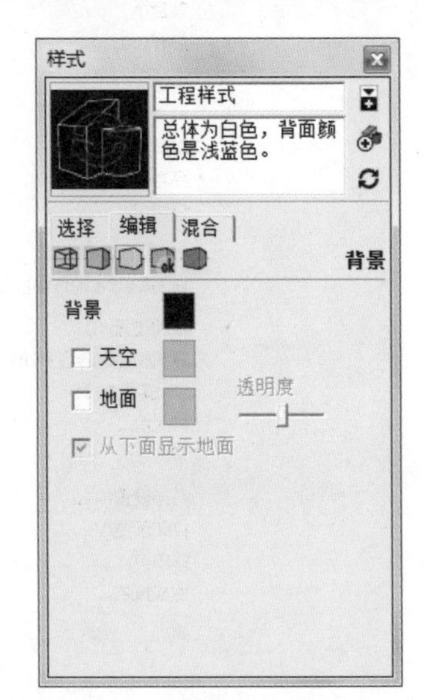

图18-53

4．选择【文件】/【导出】命令，以同样的方法导出3个场景页面的线框图模式，如图18-54、图18-55和图18-56所示。

图18-54

图18-55

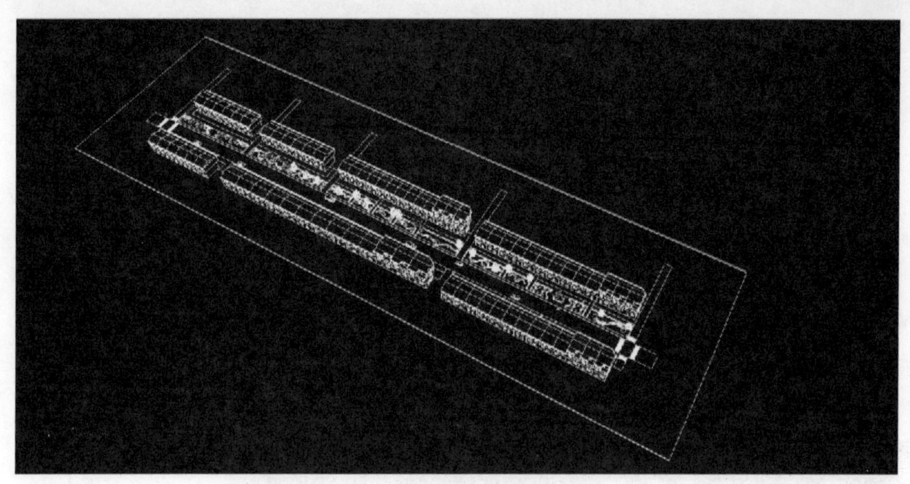

图18-56

18.3.8 后期处理

运用Photoshop软件进行后期处理，使场景呈现更完美的效果。

一、处理场景页面

1．启动Photoshop软件，打开图片和线框图，如图18-57和图18-58所示。

图18-57

图18-58

2．将线框图拖动到背景图层上，进行重叠，如图18-59所示。

图18-59

3．双击背景图层进行解锁，如图18-60和图18-61所示。

图18-60　　　　图18-61

4．选择“图层1”，选择【图像】/【调整】/【反相】命令，对线框图进行反相操作，如图18-62和图18-63所示。

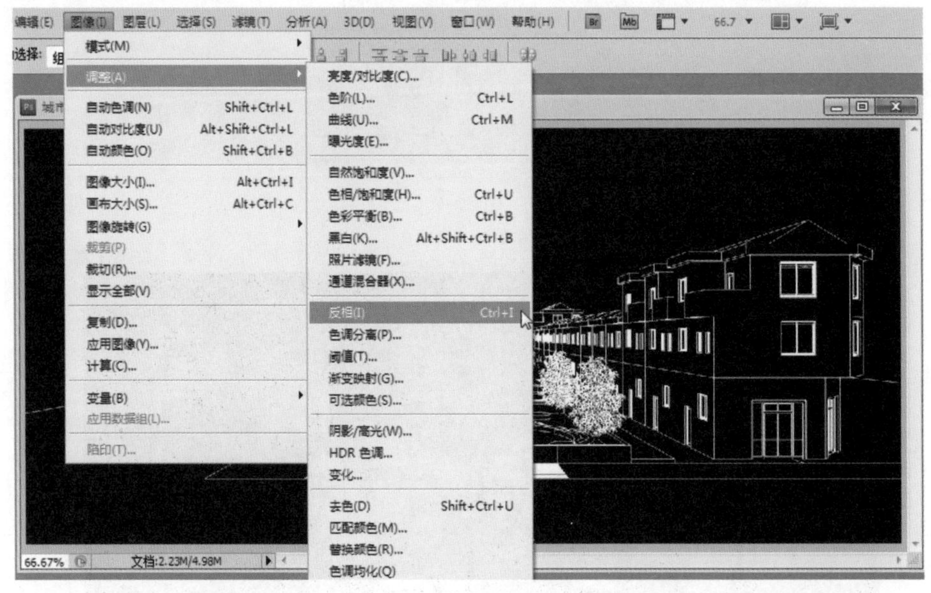

图18-62

5．将“图层1”设为“正片叠底”模式，不透明度设为“50%”，如图18-64所示。

6．将图层合并，选择【魔术棒】工具，选中白色区域，将背景删除，如图18-65和图18-66所示。

图18-63

图18-64

图18-65

图18-66

7. 将背景图片拖动到“图层0”下方，调整“图层1”的大小，将它们组合作为背景，如图18-67和图18-68所示。
8. 为场景添加一些草坪植物素材，如图18-69所示。
9. 将图层进行合并，然后选择【图像】/【调整】/【亮度/对比度】命令，设置亮度和对比度，如图18-70、图18-71和图18-72所示。

图18-67

图18-68

图18-69

图18-70

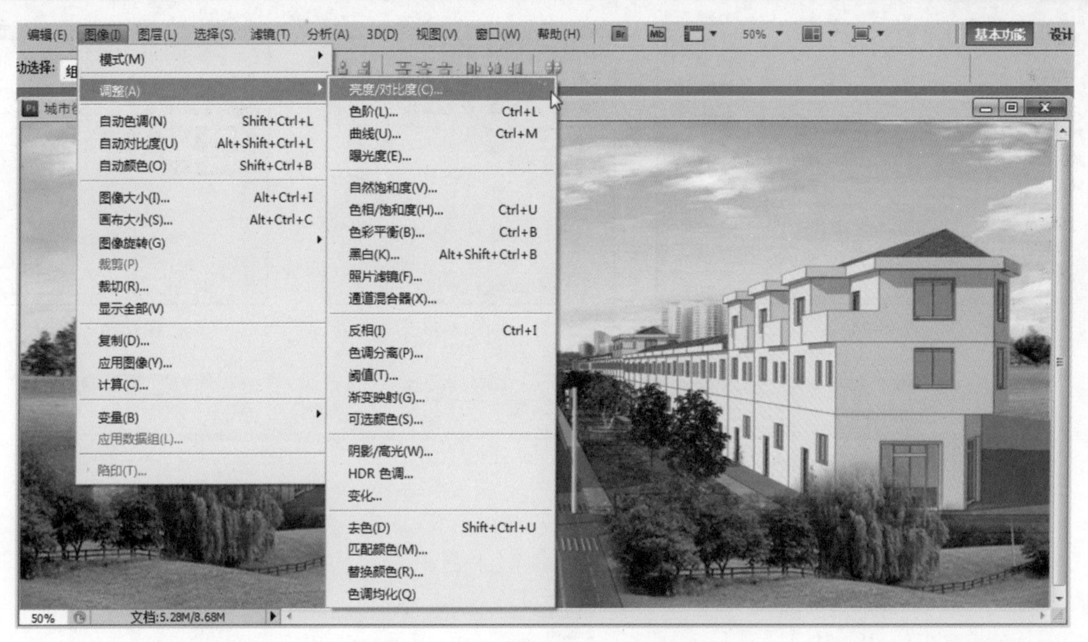

图18-71

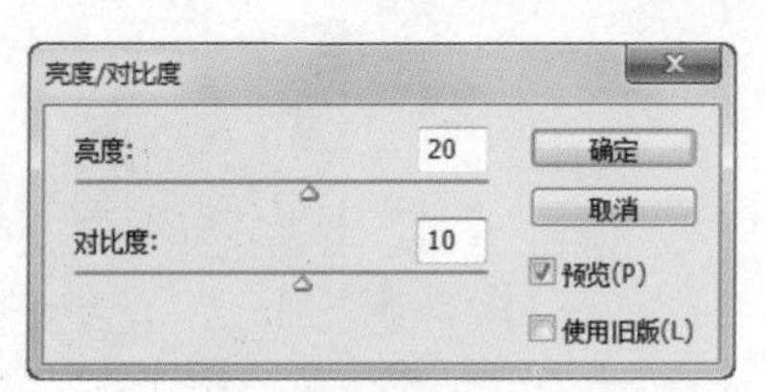

图18-72

10．选择【图像】/【调整】/【色彩平衡】命令，调整颜色，如图18-73和图18-74所示。

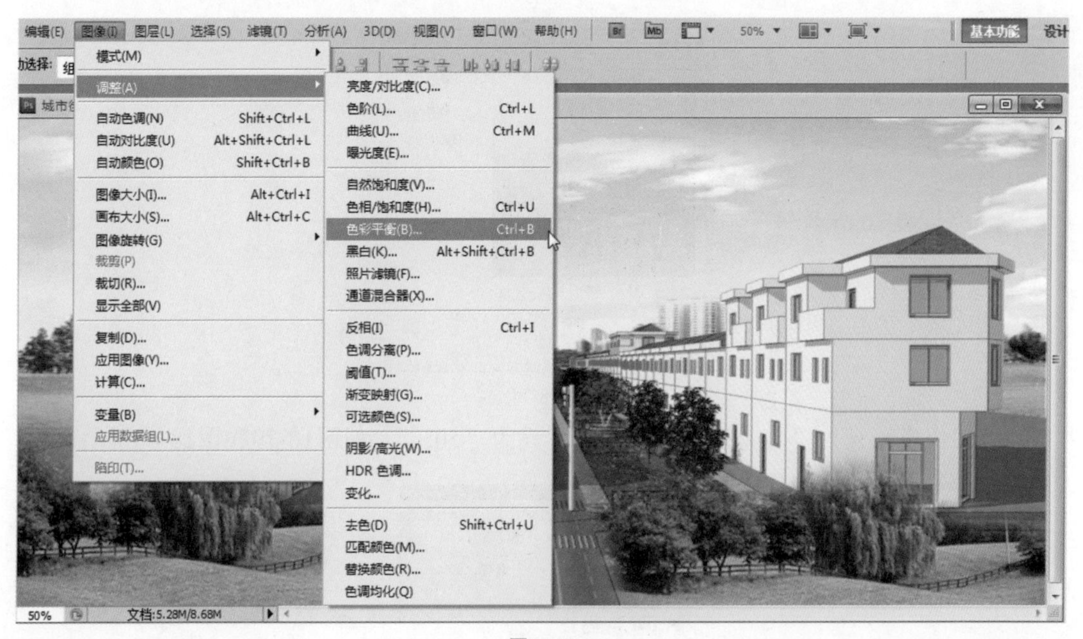

图18-73

11．新建一个图层，按Ctrl+Shift+Alt+E组合键盖印可见图层，如图18-75和图18-76所示。

12．选择【滤镜】/【模糊】/【高斯模糊】命令，如图18-77和图18-78所示。

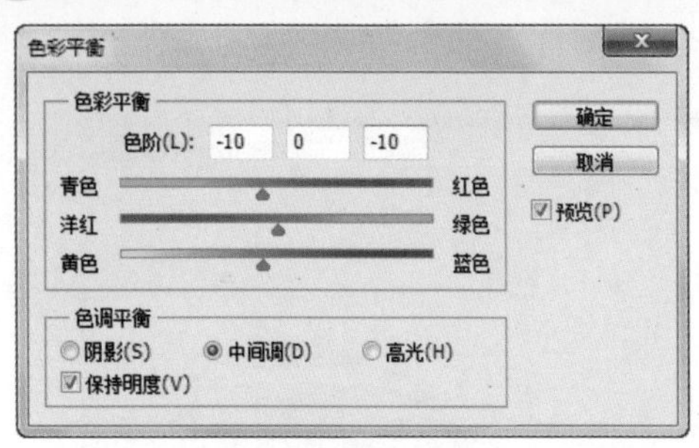

图18-74

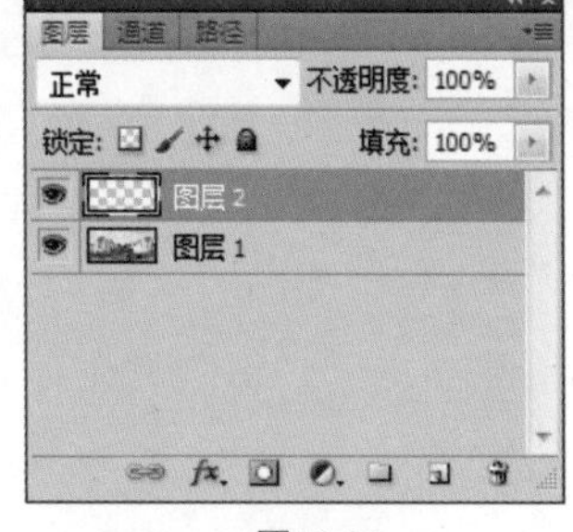

图18-75

图18-76

图18-77

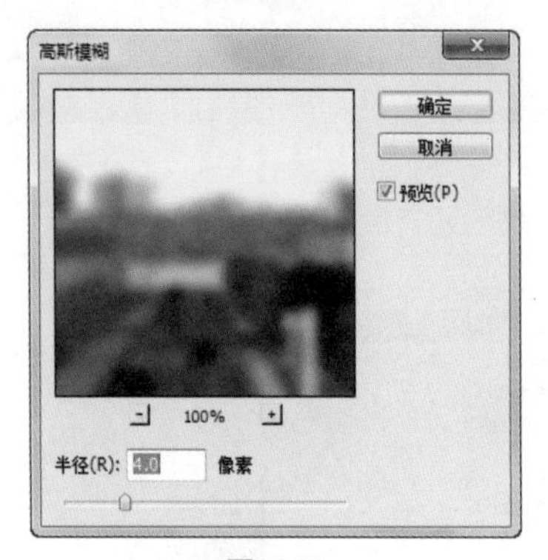

图18-78

13．将图像模式设为“柔光”，“不透明度”设为“50%”，如图18-79和图18-80所示。

图18-79

图18-80

14．利用同样的方法处理另外一张图片，最终效果如图18-81和图18-82所示。

图18-81

图18-82

二、处理鸟瞰图

1．打开图片和线框图，如图18-83和图18-84所示。

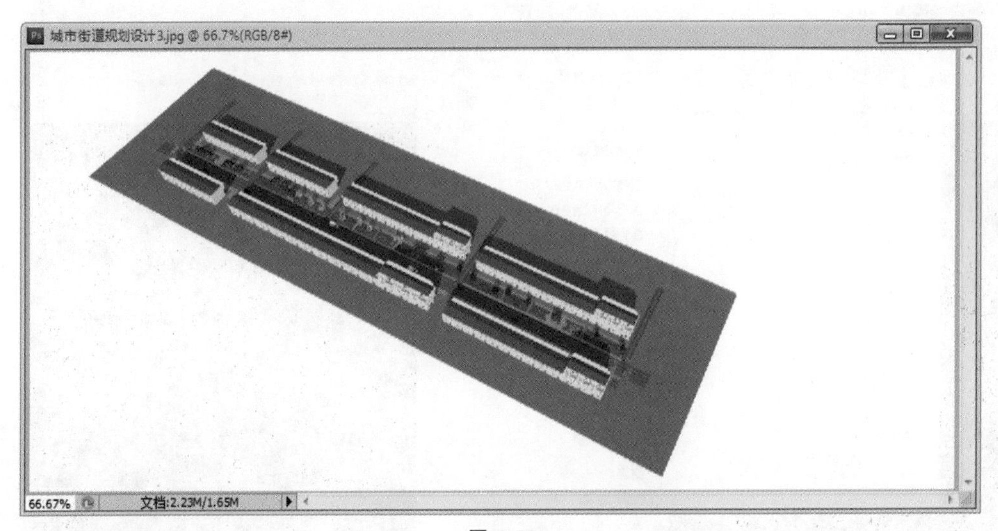

图18-83

2．利用之前所学的方法，将线框图拖动到背景图层上进行重叠，并对图层进行解锁，如图18-85所示。

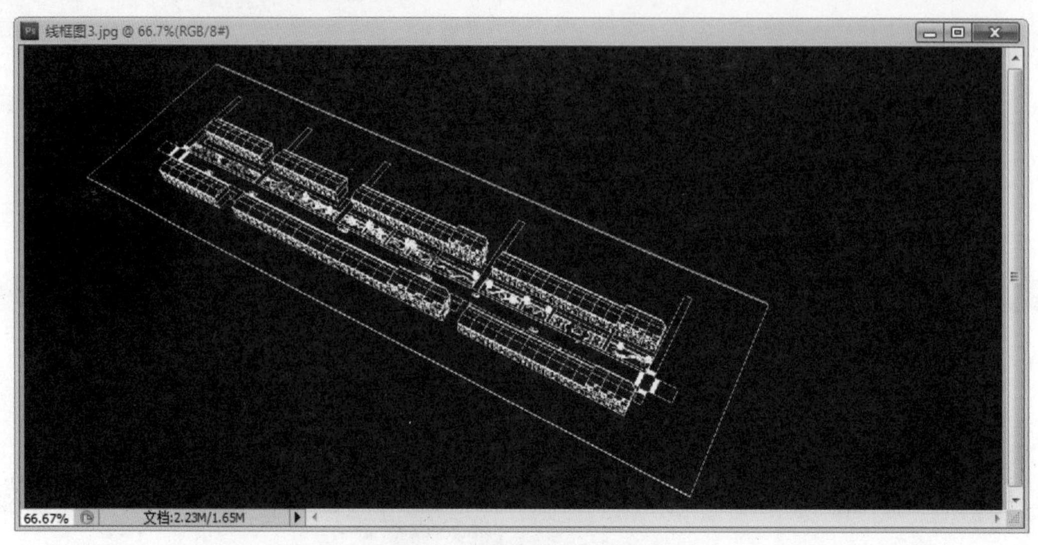

图18-84

图18-85

3. 选择【图像】/【调整】/【反相】命令，对线框图进行反相操作，并将“图层1”设为“正片叠底”模式，不透明度设为“50%”，如图18-86、图18-87和图18-88所示。

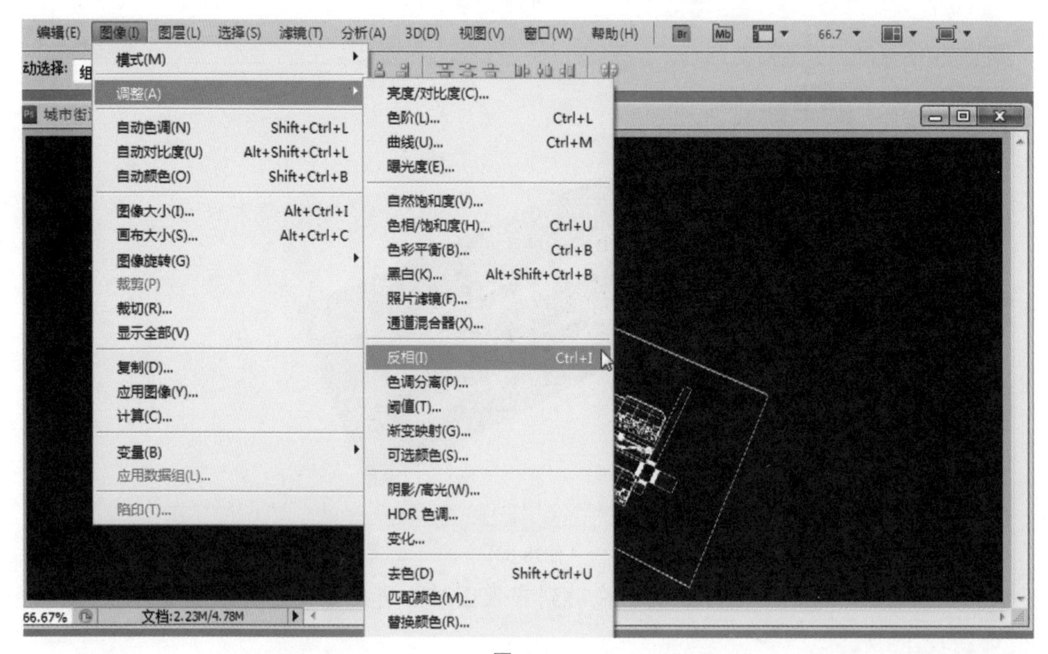

图18-86

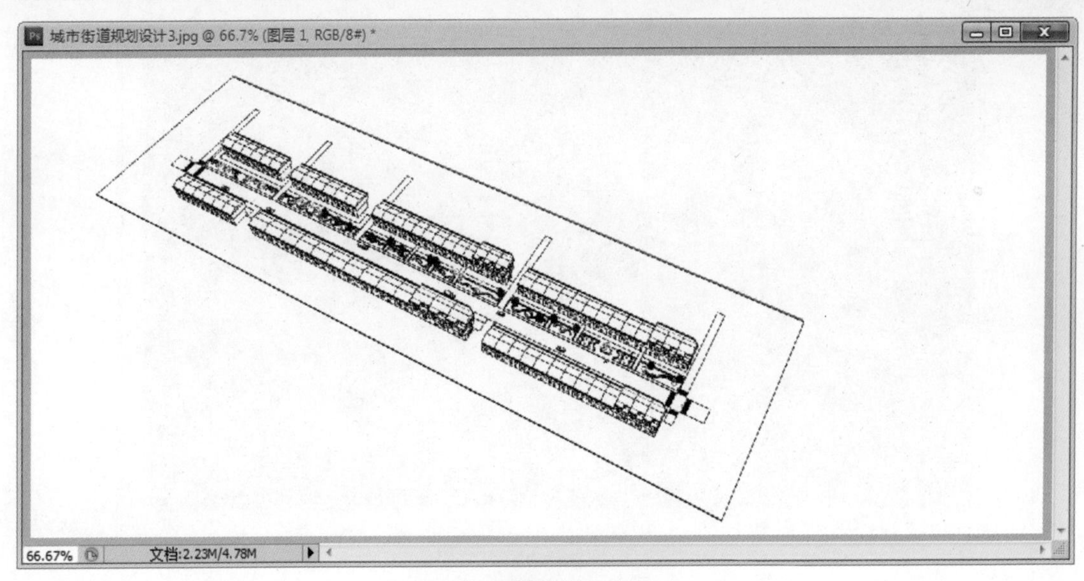

图18-87

图18-88

4．将图层合并，选择【魔术棒】工具，选中白色区域，将背景删除，如图18-89所示。

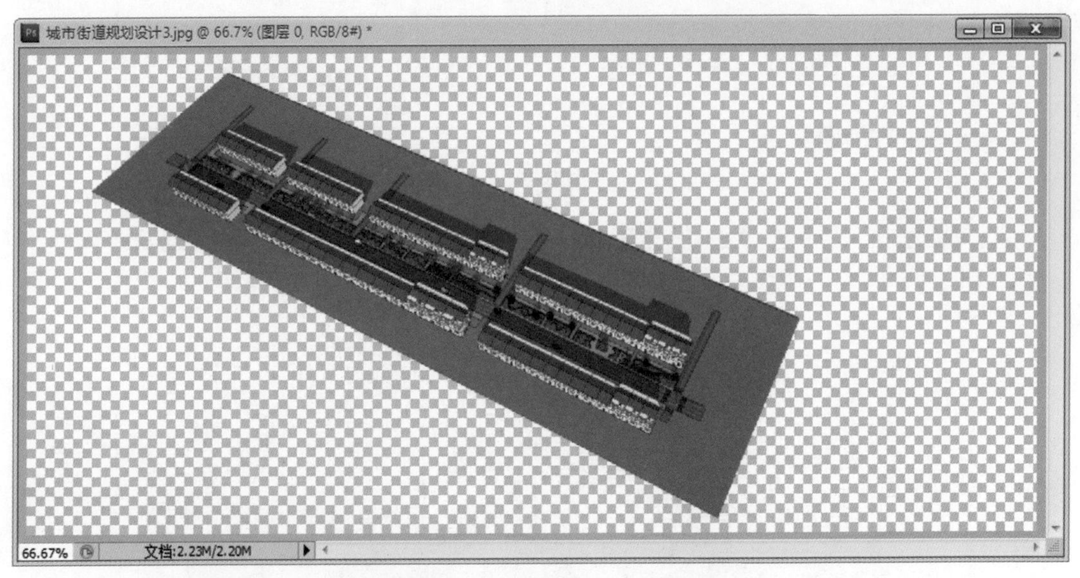

图18-89

5．导入背景草坪素材，如图18-90所示。

6．添加云彩效果，如图18-91所示。

7．添加远景植物素材，如图18-92和图18-93所示。

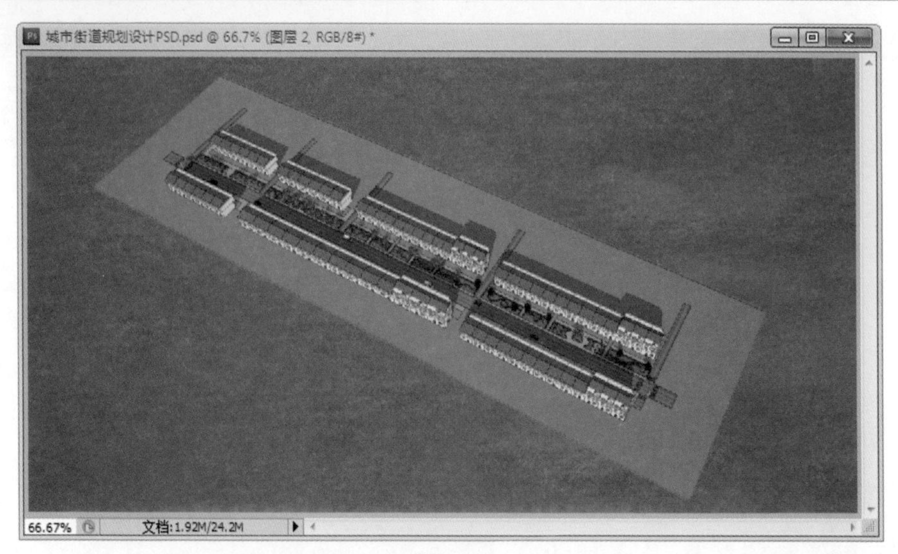

图18-90

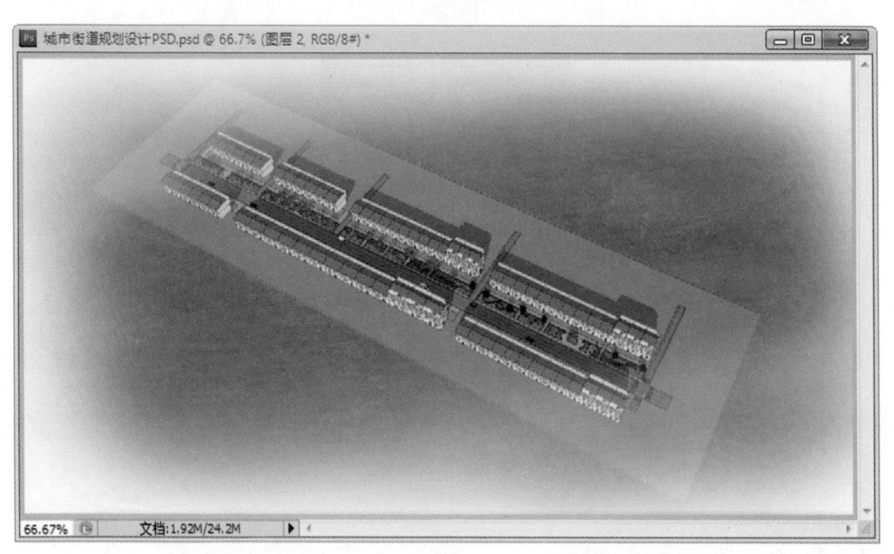

图18-91

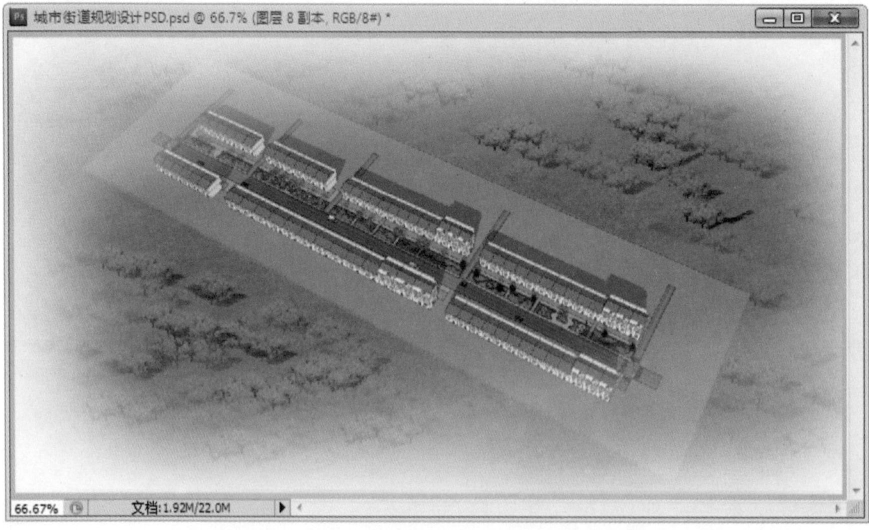

图18-92

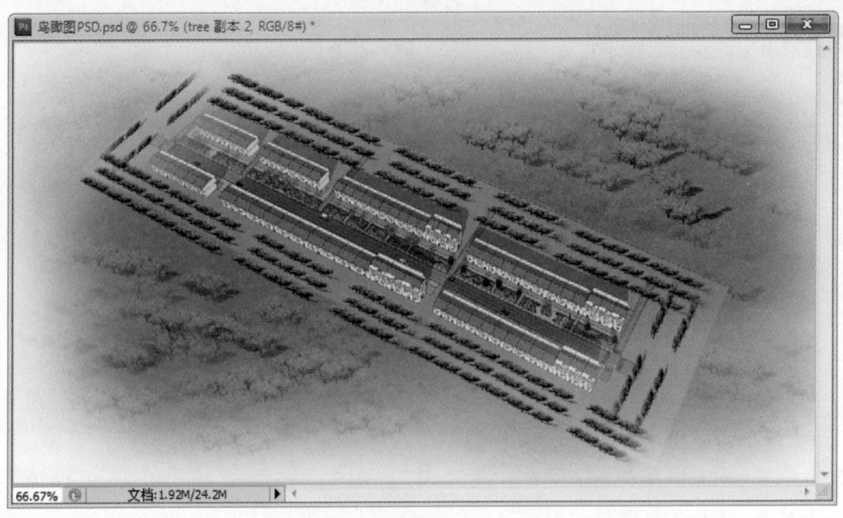

图18-93

8．将所有图层合并，选择【图像】/【调整】/【亮度/对比度】命令，设置亮度和对比度，如图18-94所示。

9．选择【图像】/【调整】/【色彩平衡】命令，调整颜色，如图18-95所示。

10．新建一个图层，按Ctrl+Shift+Alt+E组合键，盖印可见图层，如图18-96所示。

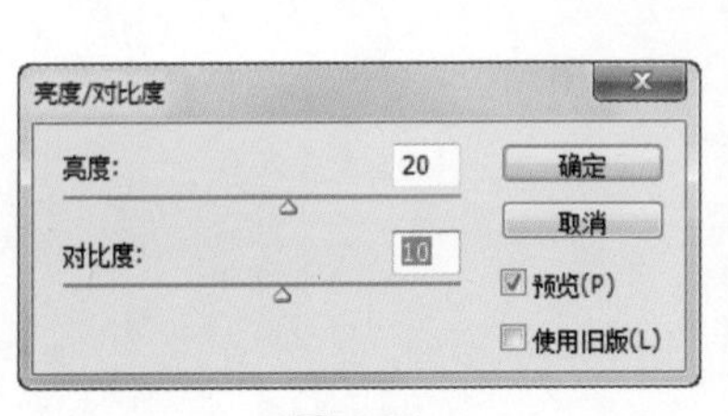

图18-94

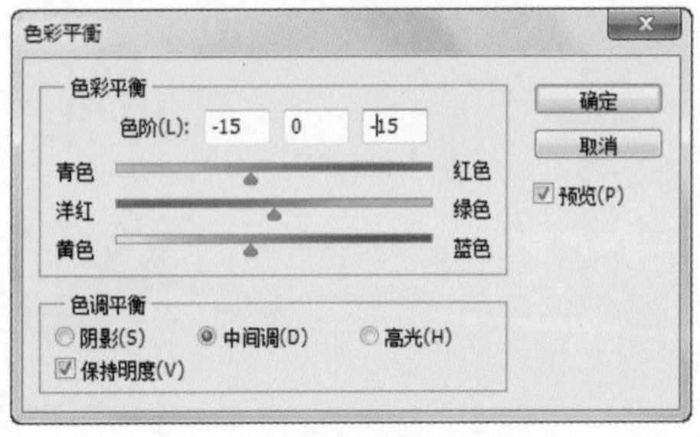

图18-95

图18-96

11．选择【滤镜】/【模糊】/【高斯模糊】命令，添加模糊，如图18-97所示。

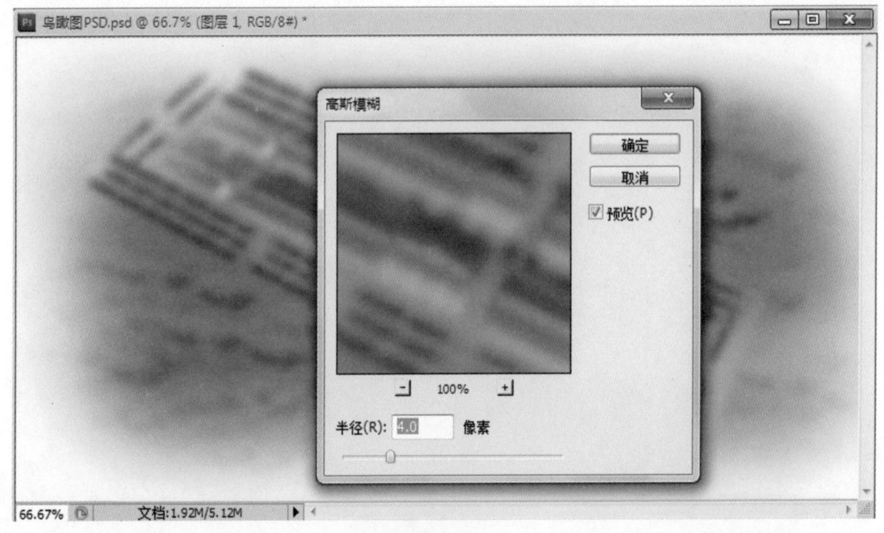

图18-97

12．将图像模式设为“柔光”，不透明度设为50%，如图18-98和图18-99所示。

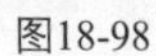
图18-98

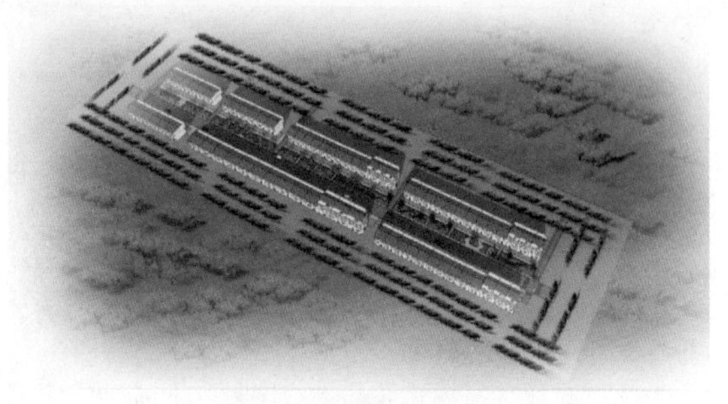
图18-99

18.4 本章小结

本章主要介绍了SketchUp在城市规划设计中的应用，并以创建一个城市街道规划设计为实例，让读者了解创建马路和斑马线、人行铺路、绿化带的方法。导入的组件丰富了街道的场景，后期的图片处理增加了场景的真实性，并以鸟瞰图的方式展现了城市街道的整体面貌。希望读者能掌握城市规划创建的方法，创造出更具特色的规划设计。